Humanbasierte Innovationsidentität
als Managementherausforderung

Europäische Hochschulschriften
Publications Universitaires Européennes
European University Studies

Reihe V
Volks- und Betriebswirtschaft

Série V Series V
Sciences économiques, gestion d'entreprise
Economics and Management

Bd./Vol. 2582

PETER LANG
Frankfurt am Main · Berlin · Bern · Bruxelles · New York · Wien

Alexander Fliaster

Humanbasierte Innovationsidentität als Managementherausforderung

Interdisziplinäres Erklärungsmodell des japanischen Wissensmanagements

PETER LANG
Europäischer Verlag der Wissenschaften

Die Deutsche Bibliothek - CIP-Einheitsaufnahme

Fliaster, Alexander:

Humanbasierte Innovationsidentität als Managementherausforderung : interdisziplinäres Erklärungsmodell des japanischen Wissensmanagements / Alexander Fliaster. - Frankfurt am Main ; Berlin ; Bern ; Bruxelles ; New York ; Wien : Lang, 2000
(Europäische Hochschulschriften : Reihe 5, Volks- und Betriebswirtschaft ; Bd. 2582)
Zugl.: München, Univ. der Bundeswehr, Diss., 1999
ISBN 3-631-35831-8

ISSN 0531-7339
ISBN 3-631-35831-8

Für meine Mutter Irina Fliaster

Geleitwort

Die Erhaltung und Entwicklung der betrieblichen Innovationsidentität als zukunftsentscheidende Herausforderung für das Personalmanagement

Im globalen technologieintensiven Wettbewerb wird die Innovationsfähigkeit der Unternehmen zum zentralen Überlebens- und Erfolgsfaktor. Die Analyse der Bestimmungsgrößen von Innovationsfähigkeit und ihrer Wirkungsinterdependenzen hat aber in der betriebswirtschaftlichen Forschung bisher relativ wenig Aufmerksamkeit gefunden. Das gilt vor allem für die Frage, ob Innovationsfähigkeit eine generelle oder sehr unternehmensspezifische Kompetenz darstellt. Dabei bedingt die stetig steigende Komplexität von Technologien, Produkten, Produktionsverfahren und Märkten, daß Innovationen in aller Regel nur durch das gemeinsame engagierte Bemühen einer größeren Zahl von Mitarbeitern entwickelt werden können, die subjektiv neues Wissen auf der Basis individueller Anstrengungen schaffen, miteinander teilen und zielorientiert umsetzen. Dementsprechend geht Fliaster davon aus, daß technologische Innovation aus der Erklärungs- und Gestaltungsperspektive eher als kognitiver und sozio-emotionaler Prozeß der Wissenshandhabung im jeweiligen intraorganisationalen zwischenmenschlichen Beziehungsfeld denn als ein überindividuell rationales technisches Phänomen anzusehen ist.

Damit rückt in den Mittelpunkt seiner Überlegungen das Phänomen der *human- und wissensbasierten Innovationsidentität der Unternehmung*. Er versteht darunter eine nachhaltige kollektive Kernfähigkeit der Unternehmensmitglieder zu einer jeweils spezifischen Art und Weise der Wissenshandhabung sowie das individuelle wie kollektive Commitment zu dieser Art der Wissenshandhabung. Diese Innovationsidentität betrachtet er als eine fundamentale Grundlage für Vorteile im Wissenswettbewerb. Die Entwicklung, Förderung und Stabilisierung der betrieblichen Innovationsidentität kann daher als eine der größten, zukunftsentscheidenden Herausforderungen für das betriebliche Personalmanagement bezeichnet werden.

Die kognitiven und sozio-emotionalen Eigenarten des Denkens und des Handelns von Mitarbeitern als Wissens- und Innovationsträger sieht Fliaster durch den kultur- und sozialisationsspezifischen Modus ihrer personellen Identitätsauslegung geprägt, d.h. durch die spezifische Art, Grenzen und Beziehungen zwischen dem "Selbst" und den Anderen zu definieren und zu gestalten. Aus der Managementperspektive ist diese Definition des Selbst bzw. der Modus der personellen Identitätsauslegung nicht nur als Merkmal zur Unterscheidung von Kulturen relevant, sondern auch für das personalwirtschaftlich orientierte Wissensmanagement von zentraler Bedeutung. Denn sie übt einen ganzheitlichen Einfluß auf mehrere Aspekte der Wahrnehmung, der Kognition, der Emotion und der Motivation der Organisationsmitglieder aus.

Vor diesem Hintergrund unternimmt Fliaster den sehr interessanten und für die Entwicklung der betriebswirtschaftlichen Innovationsforschung wichtigen Versuch, basierend auf der Analyse der Innovationspraxis japanischer Großunternehmen, die im Verhältnis zu den Gegebenheiten in Europa oder den USA verschiedenartigen personellen Identitätsauslegungen und innovationsrelevanten Fähigkeiten herauszuarbeiten und damit auch den personalwirtschaftlichen Kern einer betriebswirtschaftlichen Innovationsforschung deutlich werden zu lassen.

Mehrere im deutschen Innovationsmanagement bisher kaum berücksichtigte Betrachtungsperspektiven, vor allem

- die *psychologische Identitätsforschung*,
- der *"resource-based view" des strategischen Managements* und
- eine *personalwirtschaftliche Sicht der Zusammenhänge*

sollen dementsprechend zu einem konsistenten ganzheitlichen Modell zur Erklärung und Prognose des Innovationsverhaltens integriert werden.

Ausgangspunkt ist dabei die Unterscheidung zwischen zwei idealtypischen Modi der Organisationsmitgliedschaft, denen zwei unterschiedliche Modi der personellen Identitätsauslegung zugrunde liegen:

- einem vom zwischenmenschlichen betrieblichen Umsystem weitgehend geprägten, insbesondere für japanische Großunternehmen charakteristischen "*Company Man*" und
- einem eher autonomen, insbesondere für den US-amerikanischen Kulturkreis kennzeichnenden "*Man of the Job*".

Diese beiden Idealtypen verfügen generell über sehr unterschiedliche Wissensbasen und Kompetenzen und leisten daher sehr unterschiedliche Beiträge zur Innovationsfähigkeit und zu den Wettbewerbsvorteilen der Unternehmen, in denen sie mitarbeiten. Der letztgenannte Mitarbeitertyp entspricht auch weitgehend dem idealtypischen Mitarbeiterbild, mit dem die deutsche Personalwirtschaftslehre explizit und implizit seit Jahrzehnten operiert. Es stellt sich aber die Frage, ob dieses Mitarbeiterbild der Realität in deutschen Unternehmen entspricht, oder ob dort nicht in stärkerem Maße Mischformen zwischen den genannten Idealtypen vorzufinden sind. Dem müßte dann durch eine differenzierte personalwirtschaftliche Praxis Rechnung getragen werden.

Fliasters Überlegungen öffnen nicht nur ein neues wichtiges personalwirtschaftliches Forschungsfeld, sondern sind auch von unmittelbarem praktischen Interesse: Viele deutsche Unternehmen sind in den letzten Jahren zu Global Players geworden und haben sich dabei insbesondere verstärkt auch dem asiatischen Markt zugewandt – und damit Ländern, in denen die Traditionen der wechselseitigen Bindungen und Verpflichtungen, des Vertrauens und des beziehungsorientierten Denkens und Handelns sehr stark sind. Daraus folgt als eine zunehmend wichtige Aufgabe der Personalarbeit eine interkulturelle Diversifikation von Managementroutinen, die der Heterogenität der personellen Identitätsauslegung in global agierenden Unternehmen Rechnung zu tragen hat. Dieser Differenzierungsgedanke läßt sich ohne weiteres auch übertragen auf die intraorganisatorischen Subkulturen, d. h. Mitarbeitergruppen mit unterschiedlichen Verhaltensdispositionen. Mitarbeiter, die ihre Identität in stärkerem Ausmaß aus Beziehungsnetzwerken ableiten, in die sie integriert sind, werden sich vermutlich nicht auf die gleiche Art und Weise managen lassen, wie Mitarbeiter, die ihre Identität hauptsächlich aus ihrer beruflichen Expertenqualifikation und dem individuellen Bedarf an Weiterentwicklung dieser persönlichen Kompetenzen ableiten. Hier öffnet sich ein weites Experimentierfeld für die personalwirtschaftliche Praxis.

Es ist Fliaster gelungen, mit der humanbasierten Innovationsidentität ein Konstrukt von zentraler Bedeutung für die Wettbewerbsfähigkeit von Unternehmen nicht nur ins Bewußtsein zu führen und für die weitere Forschung zu erschließen, sondern auch mit der überzeugenden Stringenz seiner Argumentationslogik sehr deutlich zu machen, um welche Felder das Wissenschaftsprogramm der Personalwirtschaft, des Innovationsmanagements wie auch des sich noch in einer frühen Entwicklungsphase befindlichen Wissensmanagements erweitert werden muß, um den notwendigen Wandel erfolgreich gestalten zu können.

Fliasters Werk ist damit nicht nur eine reichhaltige Informationsquelle für alle Unternehmen, die am Aufbau eigener Strukturen in asiatischen Märkten interessiert sind, sondern auch eine anregende Hypothesenplattform für die personalwirtschaftliche Forschung und Praxis in Deutschland. Daher ist ihm eine breite Resonanz zu wünschen.

München, November 1999 Prof. Dr. Rainer Marr

VORWORT[1]

Im Mittelpunkt des vorliegenden Buches steht die Frage, wie Menschen *mit dem Wissen* umgehen. Diese Frage läßt sich aus meiner Sicht insbesondere im Zusammenhang damit analysieren, wie die Menschen *miteinander* umgehen. Wissenshandhabung und die darauf aufbauende Innovation sind eben ein sehr menschlicher und vielfach auch ein zwischenmenschlicher Prozeß, dessen intellektuelle und emotionale Dimensionen enge *Wechselwirkungen* aufweisen. Mit wem und wie man seine Ideen diskutiert ist beispielsweise nicht nur ein Merkmal der formellen Organisationsstruktur, sondern vor allem die Frage der persönlichen Sympathie und des Vertrauens.

Wenngleich dieser Zusammenhang von vielen eher technokratisch orientierten Konzepten des organisationalen Lernens und des Wissensmanagements ignoriert wird, scheint er mir allgemein zu gelten, d.h. nicht nur für die ökonomischen und auch nicht nur für die japanischen Organisationen. Es ist kein Zufall, daß sich seit Jahrhunderten mehrere Kulturen mit den Phänomenen des Lernens und des Lehrens eben vor dem Hintergrund der *Beziehungen zwischen den Beteiligten* beschäftigt haben.

'Verschaffe dir einen *Meister* und erwirb dir einen *Freund,*" legte zum Beispiel der Talmudweise Jehoschua, Sohn Perachjas, seinen Schülern im zweiten Jahrhundert vor unserer Zeit ans Herz. Circa zwei Tausend Jahre später fügte der Frankfurter Rabbiner S. R. Hirsch (1808-1888) diesem Rat hinzu, daß Lehrer und Freund die höchsten Titel seien, unter denen ein Mensch uns teuer werden kann, und bemerkte, es seien in der Regel nur wenige Menschen, die wir als solche die unsern nennen können.

Es ist mir ein Anliegen, anläßlich dieser Publikation *meinen Lehrer* und *meine Freunde* zu nennen, denen ich einen besonderen Dank schulde.

An der ersten Stelle möchte ich Herrn Professor Dr. Rainer Marr Dank aussprechen. Nicht nur ist er mir bei der Erstellung dieser Arbeit wie auch bei sämtlichen anderen Forschungs- und Lehraufgaben stets zur Seite gestanden und hat am eigenen Beispiel gezeigt, daß man als Wissenschaftler offen gegenüber neuen Themen und gleichzeitig resistent gegenüber flüchtigen Managementmoden sein kann bzw. zu sein hat. Wie es das Wort *Meister* zum Ausdruck bringt, beinhaltete sein Einfluß wesentlich mehr als eine mit dem Dissertationsprojekt verbundene Förderung: er hat meine *Persönlichkeit* und im Endeffekt auch meine *Biographie* nachhaltig geprägt. Für das vertrauensvolle Verhältnis und all das, was ich von ihm (mit Absicht, aber mit Sicherheit auch durch unbewußtes Nachmachen) lernen durfte, bin ich Professor Marr einen sehr persönlichen Dank schuldig.

Für die Übernahme des Zweitgutachtens danke ich Frau Professorin Sonja Sackman, PhD.

Wie oben bereits angedeutet, handelt das vorliegende Buch unter anderem von Beziehungskontexten und ihrem Einfluß auf das Denken und das Verhalten der Teilnehmer. Es fragt bei-

[1] Mein Dank gebührt der Universität der Bundeswehr München, die einen Druckkostenzuschuß zur Publikation dieses Buches gewährt hat.

spielsweise, wie Personen in verschiedenen Kulturen ihr *Selbst* bzw. ihre *Identität auslegen* - und welche Rolle bei dieser Auslegung das *Zwischenmenschliche* spielt. Und während ich über diese Fragen im Zusammenhang mit dem Wissens- und Personalmanagement speziell vor dem Hintergrund der japanischen Kultur nachgedacht habe, lebte natürlich auch ich selbst in einem *zwischenmenschlichen Beziehungskontext* mit all seinen Freuden und Zores, mit Trennungen und Wiedersehen, mit Geben und Nehmen von Ideen und Gefühlen.

In diesem Beziehungskontext gilt mein ganz herzlicher Dank Katrin Wenglein - von der ich gelernt habe, was die emotionale Intelligenz *wirklich* bedeutet - nämlich eine einmalige Gabe, Freuden und Sorgen der anderen zu teilen. Ihrer Kreativität habe ich auch zu verdanken, daß mein Arbeitsbüro mittlerweile eher nach einer Gemäldegalerie aussieht.

Dieses Buch enthält fünfzehn Kapitel, und in jedem davon sind auch offene Fragen enthalten; also habe ich einzelne Abschnitte auf der Suche nach zufriedenstellenden Antworten ggf. mehrfach überarbeitet. Es waren drei meine Lehrstuhlkollegen und Freunde, die mir dabei als erste Leser ganz große Hilfe geleistet haben.

Einen besonderen Dank schulde ich Joe Spieß, der stets bereit war, sein umfangreiches Wissen mit mir zu teilen, nach Problemlösungen gemeinsam zu suchen, und insgesamt wesentlich mehr getan hat, als dies bloß das Prinzip der Kollegialität voraussetzt: Beim Verfassen dieser Arbeit hat er mich in kognitiver und motivationaler Hinsicht mit einem solchen Engagement unterstützt, als ob es sich um seine eigene Arbeit handelte.

Ganz herzlich danke ich auch Karin Steiner. Ungeachtet ihres projektbedingten Termindrucks hat sie immer Zeit gefunden, um einen aufmerksamen Blick auf die Entwürfe zu werfen und wertvolle problembezogene sowie stilistische Verbesserungsvorschläge zu machen. Auch in menschlicher Hinsicht ist es mir eine ganz große Freude, sie als Kollegin zu haben.

Für seine profunden Kommentare und ständige Hilfsbereitschaft möchte ich mich bei Martin Elbe, einem ebenso kritischen wie liebenswürdigen Diskussionspartner, bedanken.

Es versteht sich von selbst, daß trotz dieser vielseitigen Unterstützung, die ich während der Arbeit in Anspruch nehmen durfte, für alle eventuellen Unzulänglichkeiten im vorliegenden Buch die Verantwortung ich alleine trage.

Einen großen Dank schulde ich ferner Frau Dr. h.c. Eva Krack, stellvertretende Leiterin des Münchener Sprachen- und Dolmetscher-Instituts; von ihrem „Leadership by Example", welches sie als etwas ganz selbstverständliches an den Tag legte, kann man als Mitarbeiter bzw. als Kollege eigentlich nur träumen.

Neben den Arbeitskollegen möchte ich weitere Freunde gesondert hervorheben, die - um wieder einmal einen Begriff aus diesem Buch aufzugreifen - für mich im Sinne "*Mensch als Dialog*" eine sehr wichtige Rolle spielen.

Mein Dank gilt Claudia und Schaja Nowotny für ihre unglaubliche Herzlichkeit und die Wärme ihres Hauses, die ich in den letzten acht Jahren so häufig genießen durfte. Ihre Kinder Hanna, Ricky, Jakob und Jonathan haben mir, ohne es bemerkt zu haben, in mancher Hinsicht viel wichtigere Dinge beigebracht als ich das als Erwachsener ihnen gegenüber zu tun vermochte.

Ich freue mich sehr, zu meinen Freunden Renate Steinbach zählen zu können, eine faszinierende Persönlichkeit und die netteste Gesprächspartnerin im ganzen World Wide Web.

Ebenfalls ist es mir ein Bedürfnis, an dieser Stelle Helen Oppenheimer und Dr. Uwe Fischer für ihre Freundschaft zu danken, die mir in intellektueller und gleichermaßen in emotionaler Hinsicht viel bedeutet.

Sehr viel habe ich mit Elfrun und Alois Hilmer zwei wunderbaren Menschen zu verdanken, die für mich immer da waren - vor allem dann, wenn es mir besonders wichtig war.

Für Ihre Rücksichtnahme und Aufmerksamkeit, die ich insbesondere im letzten Stadium der Arbeit an diesem Buch erfahren durfte, möchte ich mich bei Petra Schmidt herzlich bedanken.

Mein herzlichster Dank gilt Anna Lubinsky & Konstantin Rozenshteyn, Fanya & Arkady Polyak und Zhenya & George Agasandian, mit denen mich eine fünfzehnjährige Freundschaft verbindet, welche sämtliche Schicksalswendungen überstanden hat. Nicht zuletzt ihrer Gastfreundlichkeit habe ich auch einige Abschnitte dieses Buches zu verdanken, die während meiner Aufenthalte in New York und Tel Aviv fertig geschrieben wurden.

Widmen möchte ich dieses Buch meiner Mutter, Frau Dr. Irina Fliaster, mit Bewunderung für ihre unwahrscheinliche Geduld und Hingabe, Intelligenz und Einfühlungsvermögen - und mit tiefstem Dank für ihre bedingungslose Liebe.

München, im Herbst 1999 Alexander Fliaster

INHALTSÜBERSICHT

INHALTSVERZEICHNIS

ABBILDUNGSVERZEICHNIS

TABELLENVERZEICHNIS

ABKÜRZUNGSVERZEICHNIS

A. d. V.	Anmerkung des Verfassers
avl.	available
BRD	Bundesrepublik Deutschland
bzw.	Beziehungsweise
CEO	Chef Executive Officer
DIHS	Dentsu Instutute for Human Studies
DBW	Die Betriebswirtschaft
d. d. Verf.	durch den Verfasser
d.h.	das heißt
evtl.	eventuell
FuE	Forschung und Entwicklung
ggf.	gegebenenfalls
HRM	Human Resource Management
Hrsg.	Herausgeber
HWB	Handwörterbuch der Betriebswirtschaft
HWO	Handwörterbuch der Organisation
Jhg.	Jahrgang
JCER	Japan Center for Economic Research
JETRO	Japanese External Trade Organization
KAGAKU GIJUTSUCHÔ	Science and Technology Agency (STA)
KEIDANREN	Japan Federation of Economic Organizations
KEIZAI DÔYÛKAI	Japan Association of Corporate Executives
KEIZAI KIKAKUCHÔ / KOKUMIN SEIKATSUKYOKU	Economic Planning Agency / Social Policy Bureau
KEIZAI KÔHÔ CENTÂ	Japan Institute for Social and Economic Affairs
m. E.	meines Erachtens

MIR	Management International Review
NIRA	National Institute for Research Advancement, Japan
No./Nr.	Nummer
NRI	Nomura Research Institute, Ltd.
o.J.	ohne Angabe des Jahres
o.V.	ohne Angabe des Verfassers
R&D	Research and Development
SÔMUCHÔ TÔKEIKYOKU / TÔKEI SENTÂ	Management and Coordination Agency / Statistics Bureau
SZ	Süddeutsche Zeitung
TSÛSHÔ SANGYÔSHÔ	Ministry of International Trade and Industry (MITI)
u.a.	unter anderem
USA	Vereinigte Staaten von Amerika
usw.	undsoweiter
u.U.	unter Umständen
vgl.	vergleiche
Vol.	Volume
WiSt	Wirtschaftswissenschaftliches Studium
z.B.	zum Beispiel
ZfB	Zeitschrift für Betriebswirtschaft
ZfbF	Schmalenbachs Zeitschrift für betriebswirtschaftliche Forschung
ZfO	Zeitschrift Führung und Organisation
zfP	Zeitschrift für Personalforschung
zit.	zitiert
z.T.	zum Teil
z.Z.	zur Zeit

PROLOG
GEGENSTAND UND ZIELSETZUNG DER VORLIEGENDEN ARBEIT
(Ein Kurzportrait)

"Welchen Zweck hat Ihr Besuch bei Iwan Wassiljewitsch?"
"Leonti ... hat mir ein Stück gebracht," antwortete Iwan Wassiljewitsch.
"Von wem ist es?" fragte das Altchen und sah mich mit traurigen Augen an.
"Leonti ... hat es selbst geschrieben!"
"Und wozu?" fragte Nastassja Iwanowna sorgenvoll..
"Wozu? Hm ... hm ..."
"Gibt es denn Stücke auch schon nicht mehr?" fragte Nastassja Iwanowna zärtlich-vorwurfsvoll. "Es hatte doch so gute Stücke. Und so viele! Wenn man anfängt, die alle zu spielen, wird man in zwanzig Jahren nicht fertig damit. Wozu also mußten Sie noch eins schreiben?"
Sie sprach so überzeugend, daß ich keine Erwiderung fand.
Iwan Wassiljewitsch trommelte mit den Fingern und sagte:
"Leonti ... hat doch ein Gegenwartsstück geschrieben!"
Das Tantchen wurde unruhig.
"Wir meutern nicht gegen die Macht," sagte sie."
(M. A. Bulgakov)[1]

Wie sich ihrem Titel entnehmen läßt, handelt die vorliegende Arbeit von einem bestimmten *managementrelevanten Phänomen*, nämlich der *humanbasierten Innovationsidentität*, in den *Unternehmen* eines bestimmten *Landes*, nämlich *Japans*. Überträgt man die Argumentation des Altchens aus dem Roman von Bulgakov auf diese Unternehmensproblematik, läßt sich leicht feststellen, daß es auch zur Wirtschaft Japans und Wettbewerbsfähigkeit seiner Unternehmen weltweit so viele "*Stücke*" gibt, daß bei der Ursachenforschung des "japanischen Erfolges" anscheinend kaum ein Lebens- oder Arbeitsbereich unerwähnt geblieben ist.[2] Diese Vielfalt von Beschreibungs- und Erklärungsansätzen, mit denen man wahrlich auch "*in zwanzig Jahren nicht fertig werden kann,*" verursachte natürlich Inkonsistenzen und führte zu konfliktären Ansichten, was Keys/Miller von einem "*Entanglement in the Jungle of Japanese Management Theory*"[3] sprechen ließ.

---

[1] Bulgakov, 1993, S. 329.
[2] Müller, 1996, S. 113; vgl. auch Goodman, 1992, S. 5. Das sozial- und wirtschaftswissenschaftliche Interesse an Japan im Westen kann dabei in solche zentrale Problembereiche wie "interest in the sources of industrialization", "interest in competing with the Japanese", "Japanese lessons for the industrialized world", "assessing the pluses and minuses of Japanese-style development", "debates on convergence and divergence" und "internationalization and Japanese society" aufgeteilt werden (vgl. Mouer/Sugimoto, 1986, S. 2 ff.).
[3] vgl. im Anschluß an Koontz Keys/Miller, 1984. In diesem "Dschungel" war jedoch bis Mitte der 80er Jahre zum *Management von Forschung, Entwicklung und Innovationen* in japanischen Unternehmen recht wenig veröffent-licht worden (vgl. Abegglen/Stalk, 1986, S. 347), und auch noch 1992 konnte man konstatieren, die Untersuchun-gen zur industriellen FuE mit spezieller Berücksichtigung der japanischen Gegebenheiten seien nach wie vor - jedenfalls gemessen am gesamten Publikationsvolumen - vergleichsweise selten (vgl. Wiesner, 1992, S.9). Erst in jüngster Zeit hat auch die deutsche betriebswirtschaftliche Forschung angefangen, sich *verstärkt* mit der Gestaltung von technologischen Innovationen durch japanische Unternehmen zu beschäftigen (vgl. Laumer, 1994, S. I).

Vor diesem Hintergrund war es vor allem der Autor selbst, der sich bereits im Vorfeld als erster die unbequeme Frage zu stellen hatte und sie auch beantworten (also "*Erwiderung finden*") sollte: *Wozu muß man noch ein Stück schreiben*?

Folgende *Gründe* haben den Autor zum Schreiben des vorliegenden "*Stückes*" bewegt:

Prinzipiell ging es ihm darum, ein Problem in Angriff zu nehmen, das ihm aus der heutigen und ganz besonders der Zukunftsperspektive des Personal- und Innovationsmanagements generell als extrem wichtig erscheint - also darum, ein "*Gegenwartsstück*" zu schreiben. Der Autor versuchte mit seiner Arbeit, zu erforschen, wie die Mitarbeiter in Unternehmen innovieren und warum sie so innovieren, wie die Unternehmen mit den Mitarbeitern umgehen und warum, und welche Wettbewerbsvorteile sie dadurch erreichen können. Aus diesem Versuch ist die grundlegende *Idee der humanbasierten Innovationsidentität der Unternehmen* entstanden.

Dieses richtunggebende wissenschaftliche Interesse an humanbasierten Prozessen der organisationalen Innovationsgestaltung wurde in der vorliegenden Arbeit auf das Verhalten konkreter Akteure im Innovationswettbewerb, nämlich der Topunternehmen *Japans*, angewandt. Um an diesem, für die deutschen Unternehmen sehr wettbewerbsrelevanten, Objekt ganz konkret zu analysieren, wie eine mehrdimensionale Innovationsidentität funktionieren und sich wandeln kann, *mußte* versucht werden, nicht nur neue objekt-, also japanbezogene Daten als "Baumaterial" zu akquirieren, sondern auch die generelle "Baukonstruktion" der Innovationsidentität detailliert auszuarbeiten. Im Hinblick auf die Japanforschung, aber auch im Hinblick auf die personalwirtschaftlich orientierte Innovationsforschung bedeutete diese Aufgabe für den Autor, einen Beitrag zur - zumindest streckenweisen - Ausrodung des "theoretischen Dschungels" zu leisten, und dabei

- sowohl einige Ideen, die von seinen Vorgängern entwickelt wurden ("*gute Stücke*"), dankbar zu übernehmen, weiter auszubauen und miteinander in Verbindung zu bringen, als auch
- einen eigenen, neuen[1] Weg zu bahnen ("*gegen die Macht zu meutern*").

Als mögliche Antwort auf diese wissenschaftliche Herausforderung wurde das *Konzept der humanbasierten Innovationsidentität der japanischen Unternehmen* ausgearbeitet.

Während die Ausprägungen *einzelner* Merkmale der *innovierenden Menschen* und ihrer *Organisationen* sowie einzelne idiosynkratische *Managementroutinen* jeweils *spezifischer* (hier: japanspezifischer) Natur sind, wurde das Modell *der humanbasierten betrieblichen Innovationsidentität als allgemeingültig* konzipiert. Mit anderen Worten: Dieses Konzept sollte zur Analyse der humanbasierten Innovationsfähigkeit der *deutschen* Unternehmen ebenfalls anwendbar sein.

Um dem Leser die Möglichkeit zu bieten, sich einen Überblick über den Inhalt und die Zielsetzungen dieser Arbeit im einzelnen zu verschaffen, sei sie an dieser Stelle in einem

---

[1] zu den angestrebten Dimensionen der Neuheit vgl. den Punkt 4 unten.

Kurzportrait zusammengefaßt. Dazu sollen sechs klassische „journalistische" Fragen beantwortet werden:

Tabelle I: **Kurzportrait der vorliegenden Arbeit**

WHO?	Welches Objekt soll erforscht werden?	*erfolgreiche japanische Großunternehmen in technologie-intensiven Branchen* als wichtige *Wettbewerber* der deutschen Unternehmen
WHAT?	Welches Phänomen soll erforscht werden?	*Innovationsidentität* als spezifisches Set der human- und wissensbasierten *Kernkompetenzen* der Unternehmung und dementsprechend als *Grundlage für ihre Vorteile im globalen Innovationswettbewerb*
WHEN?	In welcher zeitlichen Dimension wird das zu erforschende Phänomen betrachtet?	Innovationsidentität als aktuelles Phänomen in der *Gegenwart*, welches die *transzendierte Vergangenheit* beinhaltet und zugleich die Plattform für die *Zukunftsentwicklung* darstellt
WHERE?	Auf welcher Ebene wird das untersuchte Phänomen analysiert?	auf der *personellen*, der *zwischenmenschlichen* und der *organisationalen* Ebene
HOW?	Welche theoretischen Annahmen sollen der Erforschung zugrunde gelegt werden?	Hypothesen über: - die Unternehmung bzw. Organisation *als Netzwerk zwischenmenschlicher Beziehungen* ihrer Mitglieder, - die wettbewerbsentscheidenden humanbasierten Kern-kompetenzen der Unternehmung als *spezifische kollektive Fähigkeiten ihrer Mitglieder zur Wissenshandhabung im entsprechenden sozio-emotionalen Beziehungsfeld* und - die Fähigkeiten der Unternehmensmitglieder zur Wissenshandhabung im entsprechenden sozio-emotionalen Beziehungsfeld *als in der kulturspezifischen Art der persönlichen Identitätsbestimmung verankert*

Tabelle I: **Kurzportrait der vorliegenden Arbeit** (Fortsetzung)

WHY?	Welche Zielsetzungen sollen mit der Erforschung des Phänomens erreicht werden?	- die *Rolle des Japanese-style Management* für das westliche Management soll kritisch analysiert werden, - ein geeigneter *theoretischer Bezugsrahmen* zur Erforschung des Konstruktes *humanbasierte Innovationsidentität der Unternehmen* soll unter spezieller Berücksichtigung japanischer Eigenarten erarbeitet werden, - die *Innovationsidentität japanischer Großunternehmen* soll im Hinblick auf die *Vorteile* im Innovationswettbewerb (ergebnisorientierte Sicht) und auf die ihnen zugrunde liegenden *human- und wissensbasierten Kernkompetenzen* (prozessuale Sicht) als mehrdimensionales ganzheitliches Konstrukt aufgezeigt werden, - eine *Zukunftsprognose* bezüglich der identitätsbedingten Stärken und Schwächen der japanischen Großunternehmen im globalen Innovationswettbewerb soll ermöglicht werden, - relevante Konsequenzen für die *deutschen* Unternehmen als Wettbewerber der japanischen sollen gezogen werden, - relevante Schlußfolgerungen zur Weiterentwicklung der personalwirtschaftlichen Perspektive im *deutschen Wissens- und Innovationsmanagement* sollen gemacht werden.

Allen Ausführungen in der vorliegenden Arbeit liegt folgende grundsätzliche Überlegung zugrunde: Die Komplexität des technologischen Wissens sowie der Endprodukte und die fortgeschrittene Arbeitsteilung in modernen Unternehmen bedingen, daß Innovationen *nur* von mehreren, miteinander kommunizierenden und interagierenden Menschen durchgeführt werden können: "Within industrial organizations, innovation arises from the collective skills of a number of *individuals working together*."[1] Dementsprechend kristallisieren sich zwei Aspekte heraus, die für die weitere Analyse von maßgeblicher Relevanz sind:

Einmal sind es *kognitive und sozio-emotionale Determinanten des Denkens und Handelns der* (hier: *japanischen*) *Wissensträger*, die subjektiv neue Ideen erfahren, generieren, teilen und umsetzen. Sofern diese Determinanten durch das kulturspezifische personelle *Construal of Self*[2] bedingt sind, sollen sie im weiteren unter die Lupe genommen werden.

Zweitens geht es darum, wie die Denk- und Handlungsfähigkeiten dieser Innovationsträger von der sie beschäftigenden (japanischen) *Organisation* beeinflußt und zu einem synergetischen Bündel integriert werden, das *nachhaltige Vorteile im globalen technologischen Innovationswettbewerb* zu erzielen ermöglicht.

---

[1] Edge, 1995, S. 117; Hervorhebung d. d. Verf.

[2] Dieser Begriff, der als *Auslegung* bzw. *Interpretation des Selbst* übersetzt werden kann und in der vorliegenden Arbeit durchgehend verwendet wird, ist den im Kapitel 4 näher diskutierten Beiträgen von Markus/Kitayama (insb. 1991) entnommen.

Das Bindeglied zwischen diesen Aspekten - den *Menschen, der Organisation und ihren Wettbewerbsvorteilen* - stellt ein Phänomen dar, das in der vorliegenden Arbeit als **human- und wissensbasierte Innovationsidentät** bezeichnet wird. Es handelt sich dabei um

- **eine auf spezifischen kognitiven und sozio-emotionalen Fähigkeiten der Organisationsmitglieder bzw. dem kulturspezifischen Construal of Self basierende beständige kollektive Kernfähigkeit der Organisationsmitglieder**
- **zu einer bestimmten Art und Weise der innovationsrelevanten Wissenshandhabung sowie**
- **das Commitment der Organisationsmitglieder zu dieser bestimmten Art der Wissens-handhabung,**
- **die von ihrer Organisation beeinflußt werden und**
- **eine fundamentale Grundlage für die Vorteile im Innovationswettbewerb bilden.**

Dementsprechend wird in der vorliegenden Arbeit im Rahmen eines ganzheitlichen gedanklichen Konstruktes die Argumentation auf folgenden fünf interdependenten *Abstraktionsebenen* geführt:

- der Ebene des kulturspezifischen *Construal of Self* (1),
- der Ebene der aus dem *Construal of Self* resultierenden individuellen und kollektiven *Kernfähigkeiten der Unternehmensmitglieder* (2),
- der Ebene der auf den *Kernfähigkeiten der Unternehmensmitglieder* basierenden und sie gleichzeitig beeinflussenden *personalbezogenen Routinen des Unternehmens*[1] (3),
- der Ebene der auf diesen *personalbezogenen Routinen* aufbauenden *Kernfähigkeiten des Unternehmens* (4) und
- der Ebene der aus diesen *Kernfähigkeiten des Unternehmens* resultierenden *Wettbewerbsvorteile* (5).

Etwas einfacher formuliert: **In der vorliegenden Arbeit soll erforscht werden, was für Menschen die Mitarbeiter der japanischen Unternehmen sind, wie sie mit sich selbst, miteinander und mit ihren Unternehmen sowie wie ihre Unternehmen mit ihnen umgehen, und welche Stärken diese Unternehmen dadurch entwickelt haben und entwickeln werden, die sie für deutsche Unternehmen im globalen Innovationskampf als Konkurrenten gefährlich machen.**

Nach diesem, im Kapitel 3 theoretisch begründeten **Multi-Level-Konstrukt** richtet sich in inhaltlicher Hinsicht auch der Aufbau der vorliegenden Arbeit:

---

[1] Der Begriff Unternehmensroutinen wird in der vorliegenden Arbeit durchgehend in Sinne von Nelson/Winter als unternehmensspezifische "ways of doing things" (Nelson/Winter, 1982, S. 401) verwendet, die z.B. in bestimmten Produktionstechniken, in organisationalen Prozeduren zur Auswahl und Freisetzung von Personal und zur Auswahl von alternativen Input- und Output-Kombinationen, in organisationsspezifischen Preisbildungregeln und Methoden zur Entwicklung und Durchsetzung von Investitionsprojekten, in der FuE-Politik u.a. inkorporiert werden (vgl. Nelson, 1987, S. 21 u. Nelson/Winter, 1982, S. 14).

- Nachdem einführend die zentrale Rolle des Japanese-style Management für sein westliches Pendant in der Theorie und Praxis detailliert aufgezeigt und der theoretische Bezugsrahmen entworfen wird (Teil I der Arbeit), werden
- im Teil II das japanspezifische Construal of Self und die entsprechenden sozio-emotionalen und kognitiven Fähigkeiten sowie deren Wandel analysiert (*Abstraktionsebenen 1 und 2*),
- im Teil III die Entwicklung der Vorteile im Innovationswettbewerb und der ihnen zugrunde liegenden Kernfähigkeiten der japanischen Großunternehmen geschildert bzw. für die Zukunft prognostiziert (*Abstraktionsebenen 4 und 5*),
- und im letzten IV. Teil wird es um die pesonalbezogenen Routinen der japanischen Großunternehmen gehen, die die innovationsrelevanten Fähigkeiten dieser Unternehmen stiften, wie auch um ihren aktuellen Wandel (*Abstraktionsebenen 4 und 3*);
- basierend auf der Analyse dieses Multi-Level-Konstruktes wird im anschließenden Kapitel 15 das Konzept der Innovationsidentität der Unternehmung als generelle theoretische und praktische Managementherausforderung unter die Lupe genommen; insbesondere werden relevante Konsequenzen für die deutschen Unternehmen als Wettbewerber der japanischen gezogen und Schlußfolgerungen zur Verstärkung der personalwirtschaftlichen Perspektive im Wissens- und Innovationsmanagement gemacht.

Eine besondere Bedeutung wird in der vorliegenden Arbeit der Analyse des *Wandels* bzw. der *neueren Entwicklungen* auf *allen obengenannten Ebenen* beigemessen, so daß die Betrachtungsperspektive eine *dynamische* sein soll.[1] Ebenfalls soll sie aber eine *eingehende* und *detaillierte* sein, denn jede von diesen Ebenen stellt auch für sich genommen ein komplexes mehrdimensionales innovations- und personalwirtschaftliches Problemfeld dar, das einer aufmerksamen, tiefschürfenden Analyse bedarf.

Diese detaillierte Darstellung erfolgt im Hauptteil der Arbeit, hier soll die Argumentation nur auf die notwendigen einleitenden Erörterungen beschränkt werden, die fünf Dimensionen des wissenschaftlichen Bedarfs ansprechen, denen das Konzept der Innovationsidentität Rechnung tragen will.

1) **Bedarf an einer ganzheitlichen, integrativen Sichtweise im Innovationsmanagement**

Im Anschluß an Bleicher kann für das heutige Management - aber auch für die Managementforschung - ein systemisches Denken als notwendig angesehen werden, “das ein gedankliches Wechselspiel zwischen Teil und Ganzheit, das Einordnen von Teilerkenntnissen in Gesamtkonzepte sowie ein wechselseitiges Denken auf unterschiedlichen Abstraktionsebenen erlaubt“[2]. Vor dem Hintergrund, daß die Stärke des japanischen Managements vielfach in seinem ganzheitlichen Ansatz, d.h. der Fähigkeit, in Zusammenhängen zu denken und zu handeln, gesehen wird,[3] gewinnt diese integrative Komponente in der vorliegenden Arbeit an Bedeutung.

---

[1] Auch Steffensen/Dirks heben die Notwendigkeit hervor, eine dynamische Perspektive in die Betrachtung der japanischen Unternehmen einzubringen (vgl. Steffensen/Dirks, 1997, S. 194).
[2] Bleicher, 1990a, S. 22.
[3] so z.B. Esser/Nakajima, 1994, S. 155.

Das *Japanese-style Innovation Management* ist als interdependentes, mehrdimensionales, menschenbezogenes System wahrzunehmen; zu seiner adäquaten Behandlung soll auch ein interdependentes mehrdimensionales, systemisches Konzept der menschenbasierten Innovationsidentität der japanischen Großunternehmen entworfen werden. Bereits Mitte der 80er Jahre sind Keys/Miller in ihrer Auseinandersetzung mit den "Theorien über das japanische Management" zu einer Schlußfolgerung gekommen, die heute aktueller denn je zu sein scheint[1]:

> "What appears to be most needed is the development of *integrated, internally consistent models* that encompass the evaluation and the *context of Japanese management practice*, rather than focusing on the techniques or concepts in isolation."[2]

In der vorliegenden Arbeit wird versucht, eine mögliche Antwort auf diese Herausforderung mit dem Konzept der Innovationsidentität zu geben.

2) **Bedarf an der theoretischen Verknüpfung zwischen fundamentalen kulturspezifischen Einflußfaktoren und der Gestaltung von Innovationen in den Unternehmen**

In der neueren westlichen Literatur zur Erforschung des Japanese-style Management wird nach wie vor bemängelt, daß "*... there is a lack of plausible method to infer the central features of the Japanese management system from the Japanese cultural background.*"[3] Auch für das Management von Innovationen gilt dies uneingeschränkt.

Insbesondere psychologische und anthropologische Forschung haben jedoch nachgewiesen, daß Menschen in unterschiedlichen Kulturen unterschiedlich miteinander kommunizieren und interagieren, daß sie unterschiedliche Werte und Denkmuster haben und daß auch eine Reihe ihrer Emotionen kulturspezifisch ist.[4] Betrachtet man die *Innovation als Prozeß der Wissenshandhabung im Feld der zwischenmenschlichen kognitiven und sozio-emotionalen Beziehungen*, liegt es nahe zu vermuten, daß Menschen auch *kulturabhängig unterschiedlich innovieren*. Mit anderen Worten: Konzepte zur Erklärung und Gestaltung von Innovationen, die kulturspezifische Eigenarten der Innovationsträger in den Mittelpunkt stellen, können zum besseren bzw. tiefgreifenderen Verständnis des Phänomens Innovation beitragen.

Die zentrale Frage lautet demzufolge: Was sind die maßgeblichen kultur- bzw. traditionsspezifischen Faktoren, die die idiosynkratische Innovationsfähigkeit prägen, und wie sehen die Zusammenhänge im konkreten Fall Japan aus? Eine mögliche Antwort kann im fundamentalen *Construal of Self* bzw. der personellen Identitätsauslegung gefunden werden, die die sozio-emotionalen und kognitiven Grundlagen der innovationsrelevanten individuellen und kollektiven Denk- und Handlungsprozesse wesentlich beeinflußt.

---

[1] Diese Aktualität hängt vor allem damit zusammen, daß das Japanese-style Management heute im Wandel begriffen ist (s.u.).
[2] Keys/Miller, 1984, S. 352; hervorgehoben d. d. Verf.
[3] Axel, 1995, S.58; hervorgehoben d. d. Verf.
[4] vgl. dazu detailliert Kapitel 4 bis 7 und die dort angegebenen Quellen.

Gerade heute, wenn vor allem dank den Arbeiten japanischer Wissenschaftler, wie Nonaka und Takeuchi, die Aufmerksamkeit der betriebswirtschaftlichen Managementforschung wie auch der Managementpraxis im Westen auf japanische Ansätze der "Knowledge Creation" gelenkt wurde, scheint es von maßgeblicher Bedeutung zu sein, einen aufmerksamen Blick auf diese sozio-emotionalen und kognitiven Grundlagen der japanischen Art der Wissenshandhabung zu werfen, um die Chancen und Gefahren ausfindig zu machen, die das Lernen vom japanischen Management in diesem Bereich bringt bzw. in sich verbirgt. Auch diesem Problem widmet sich die vorliegende Arbeit.

3) **Bedarf an der Selbsterkenntnis durch den Umgang mit dem Fremden**

"It is difficult to know yourself, if you do not know others,"[1] sagte der berühmte japanische Schwertkämpfer Miyamoto Musashi (1584-1645). Auf die betriebswirtschaftliche Japanforschung übertragen würde es bedeuten, daß man *das japanische Management auch als Instrument zur Erforschung des eigenen* wahrnimmt, so wie dies z.B. Pascale/Athos in ihrem einflußreichen Buch bereits explizit erklärten:

> "Wir wollen die Japaner betrachten, als wären sie eine besondere Art von Spiegel, der es uns erlaubt, uns selbst auf neue Art zu sehen."[2]

Auch dies gilt für die Wahrnehmung des japanischen Innovationsmanagements bzw. der Innovationsidentität in der vorliegenden Arbeit voll und ganz. Geht man davon aus, daß "*(c)ontrasting problems do not call for common solutions, but seeing their differences gives perspective for the solution of each*,"[3] wird die Zielsetzung dieser Reflexion deutlich. Die festzustellenden Kontraste sollen nicht (selbst wenn möglich) zu einer übereilten Änderung eigener Vorgehensweisen nach dem Prinzip "Implementation japanischer Erfolgstechniken" führen, sondern zunächst zu einem tieferen Verständnis auch der eigenen Werte und Praktiken beitragen.[4] D.h. sie sollen unsere westlichen Grundvorstellungen über das Wesen der Innovation zunächst ergänzen und modifizieren.

Einer der entscheidenden Gründe dafür, warum die besten japanischen Unternehmen erfolgreich waren und sind, wird in der vorliegenden Arbeit denn auch darin gesehen, daß man dort in der Regel gewußt zu haben scheint, was man nachahmen, sprich: von den Anderen übernehmen bzw. lernen kann, und was man nur selbst schaffen kann, um unnachahmlich zu bleiben. Eine *Kombination aus dem Nachahmen und dem Unnachahmlichen* bringt die Vorteile im Innovationswettbewerb zustande, und diese Kombination wird in dieser Arbeit verstärkt interessieren.

---

[1] zit. in: Jones, 1992, S. 57; vgl. zu seiner Biographie und seinem Werk Katô, 1990, S. 258 ff. sowie Schinzinger, 1983, S. 35 f.
[2] Pascale/Athos, 1982, S. 248. vgl. zur Rolle Japans als "Spiegel" für den Westen (vor allem für Amerika) bereits bei Vogel, 1979, S. 4 ff.
[3] Bartels, 1982, S. 8, hervorgehob. d. d. Verf.
[4] vgl. Ballon, 1994, S. 292; vgl. auch speziell in Bezug auf das "japanische Menschenbild" Ehmcke, 1990, S. 262.

Durch den Versuch, ein konsistentes mehrstufiges Modell der Innovationsidentität japanischer Unternehmen zu entwickeln, sollen ferner einige Aussagen zur Gestaltung des Innovationswettbewerbes und des Innovationsverhaltens in der *Zukunft* ermöglicht werden:

4) **Bedarf an einer dynamischen Betrachtungsperspektive**

Wie im weiteren noch detailliert zu zeigen sein wird,[1] haben japanische Unternehmen insbesondere in den 90er Jahren mehrere Innovationen in die Wege geleitet. Diese Innovationen sind sehr vielfältig: Sie betreffen die technologische Wissensbasis, die Konzepte des Innovationsmanagements, die Ausrichtung der FuE- und Marktstrategie, die Personalarbeit und andere menschenbezogene Unternehmensroutinen - und sie hängen auch mit einem Wertewandel in der japanischen Gesellschaft zusammen.

Da die deutsche ebenso wie die japanische Gesellschaft heute vor der Aufgabe der *zukunftssichernden Modernisierung* steht, und da die japanischen Spitzenunternehmen mit die gefährlichsten Wettbewerber deutscher Firmen auf den technologieintensiven Zukunftsmärkten sind, bedürfen diese Innovationen und dieser Wertewandel in Japan der höchsten Aufmerksamkeit. Der Modus des globalen technologischen Innovationswettbewerbs hat sich in den letzten Jahren ebenfalls geändert, und an dieser Transformation haben erfolgreiche japanische Unternehmen maßgeblich mitgewirkt. Man sollte daher nach den Antworten auf die Frage suchen, wie die Chancen japanischer Großunternehmen als Wettbewerber unter diesen neuen Bedingungen stehen? Mit welchen Fähigkeiten begegnen sie den Gefahren und kreieren neue Chancen für sich?

Daß auch diese Fähigkeiten und die entsprechenden Unternehmensroutinen als Kernelemente des Japanese-style Management heute in vielen japanischen Unternehmen selbst in Frage gestellt werden, verleiht der in der vorliegenden Arbeit durchgeführten Analyse eine weitere *dynamische Dimension.*

Dementsprechend wird mit der vorliegenden Arbeit die **Neuheit in zweierlei Hinsicht angestrebt**:

Bei der **Neuheit in faktisch-prognostischer Hinsicht** geht es darum, Daten bzw. "schwache Signale" aufzunehmen, die für den Wandel bei den Einzelkomponenten des zu untersuchenden Phänomens Innovationsidentität von Relevanz sein können, aus diesem (bei jedem Wandel zwangsläufig vorhandenen) "*Datengeräusch*" mit analytischen Mitteln Signale aufzuspüren, die mögliche Kerntrends konstituieren können, und darauf basierend die Zukunftsentwicklung zu prognostizieren zu versuchen. Dieser Aspekt der Neuheit soll insbesondere mit den Kapiteln 7 (Zukunftsentwicklung des Construal of Self), 10 (Innovationsoffensive an der Schwelle zum 21. Jahrhundert), 12 (Globalisierung der Innovationsgestaltung), und 14 (Wandel der innovationsrelevanten personalbezogenen Unternehmensroutinen) angestrebt werden.[2]

---

[1] vgl. insb. Kapitel 10, 11, 12 u. 14.
[2] Wie man sieht, sind diese Einzelkomponenten selbst *ohne* ihre Wechselbeziehungen recht komplex.

Die **Neuheit in systemisch-konzeptueller Hinsicht** beinhaltet die Entwicklung eines ganzheitlich aufgebauten Konzeptes, welches an das gesamte zu untersuchende Phänomen, insbesondere an die Verbindungen zwischen den Einzelkomponenten bzw. an ihre Wandelprozesse am nähesten heranzukommen erlaubt. Unter einem solchen Konzept wird hier das oben erwähnte *Multi-Level-Konstrukt der Innovationsidentität der Unternehmen* verstanden.

Vor dem Hintergrund des bereits Gesagten versteht es sich beinahe von selbst, daß in dieser Arbeit die Vorgehensweise eigentlich *nur interdisziplinär* sein kann.

5) Bedarf an der interdisziplinären Erforschung von innovierenden Menschen und Unternehmen

Abbildung I soll einen Überblick über diese interdisziplinäre Vorgehensweise liefern. Die beiderseitige Ausrichtung der Pfeile soll darauf aufmerksam machen, daß die Überlegungen zu humanbasierten Aspekten der technologischen Innovation in japanischen Großunternehmen nicht nur auf der Integration von Wissenskomponenten aus allen gezeigten Wissenschaftsbereichen basieren, sondern auch ihrerseits in Form eines Feedbacks zur Weiterentwicklung dieser verschiedenen sozialwissenschaftlichen Wissensbereiche beitragen können.

Das Dargestellte mag an folgendem Beispiel verdeutlicht werden: Die individuelle und kollektive Innovationsidentität der Mitarbeiter in japanischen Organisationen hängt mit der Spezifik des Construal of Self bzw. der personellen Identitätsbestimmung zusammen. Das Construal of Self stellt ein Phänomen dar, das in den letzten Jahren insbesondere in der interkulturellen Psychologie, Sozialpsychologie und der klinischen Psychologie ein recht hohes Interesse hervorgerufen hat. In so gut wie keinem der Beiträge aus diesen Wissenschaftsbereichen, denen die vorliegende Arbeit zur betrieblichen Innovationsforschung zahlreiche Anregungen verdankt, ist aber das Wort Innovation im Sachregister zu finden, von der technologischen Innovation oder organisationalem Innovationsmanagement ganz zu schweigen.[1] Die Brücke zwischen diesen Disziplinen zu schlagen zu versuchen hat sich als eine sehr spannende Aufgabe erwiesen, die auch einer weiteren Nachforschung in theoretischer wie auch objekt-, sprich: kulturspezifischer Hinsicht bedarf.[2]

Diese interdisziplinäre Vorgehensweise setzt auch voraus, daß viele Erkenntnisse der einzelnen Disziplinen in einem neuen Kontext betrachtet und daher auch u.U. neu bewertet werden müssen. Das gilt z.B. für die Analyse der personalwirtschaftlichen Unternehmensroutinen wie der Job Rotation oder des On-The-Job-Training, die in der vorliegenden Arbeit insbesondere im Zusammenhang mit der Wissenshandhabung und der identitätsspezifischen Rollenverteilung und -wahrnehmung in Organisationen betrachtet werden.

---

[1] Eine Ausnahme stellen Markus/Kitayama dar, die sich auch mit dem Einfluß des spezifischen Construal of Self auf die Motivation und die Kognition beschäftigen. Aber auch diese beiden Psychologen setzen sich weder mit organisationstheoretischen noch mit personalwirtschaftlichen Fragestellungen noch mit den Themen des betrieblichen Wissens- und Innovationsmanagements auseinander.

[2] Vor allem im Hinblick auf die Untersuchung der deutschen Innovationsidentität.

Abbildung I: **Erforschung der Innovationsidentität japanischer Unternehmen als interdisziplinäres Vorhaben**

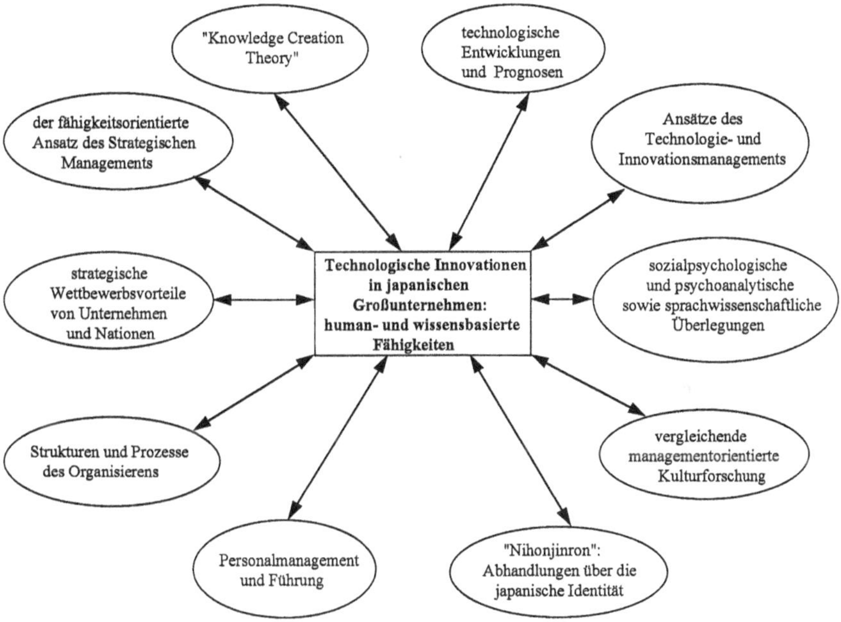

Die **zentrale Hypothese der Arbeit** kann zusammenfassend wie folgt formuliert werden:

Eine mögliche Antwort auf die Frage, wie die Innovationsprozesse in Unternehmen ablaufen, gibt das Konzept der *Innovationsidentität.* Innovationsidentität ist als situativer Erfolgsparameter anzusehen bzw. als nachhaltige Fähigkeit, im Innovationswettbewerb anders als die Konkurrenten zu denken und zu handeln und dadurch den Kundenvorteil (Leistung, Kosten, Qualität, Zeit) auf eine andere Art und Weise und/oder besser zu stiften. Die Innovationsidentität einer Unternehmung basiert auf fundamentalen sozio-emotionalen und kognitiven Fähigkeiten ihrer Mitglieder, und diese Fähigkeiten sind für das bestimmte Construal of Self konstitutiv, das der jeweiligen Kultur zugrunde liegt. Die aus der Interaktion zwischen diesen idiosynkratischen Fähigkeiten der Unternehmensmitglieder und den menschen- und wissensbezogenen Routinen der Unternehmen resultierende Managementaufgabe, die Innovationsidentität der Unternehmung bewußt zu beeinflussen, kann als eine der größten, zukunftsentscheidenden **Herausforderungen** für das Management nicht nur der japanischen, sondern gleichermaßen auch der **deutschen** Unternehmen angesehen werden.

Dementsprechend orientiert sich die vorliegende Arbeit prinzipiell an der Interessenlage nicht der japanischen, sondern vielmehr der deutschen Theorie und Praxis des Managements. **Der Weg führt zwar nach Japan, aber er fängt im ersten Kapitel in Deutschland** bzw. im

Westen **an und wird im letzten Kapitel auch nach Deutschland zurück führen**. Vor diesem Hintergrund lassen sich die ersten Forschungsfragen dieser Arbeit folgendermaßen formulieren:

Welche Rolle hat das Japanese-style Management für das **deutsche** Management bis jetzt gespielt? Wie steht die deutsche und, allgemein formuliert, die westliche Theorie und Praxis des Managements ihrem japanischen Pendant (und Wettbewerber) *grundsätzlich* gegenüber? Tendiert sie zum Beispiel dazu, seine Herausforderungen zu ignorieren, lernt sie etwas von ihm oder lehnt sie seine Ideen strikt ab? Hat sich an ihren dominierenden Einstellungen gegenüber dem Japanese-style Management in der letzten Zeit etwas geändert - und, wenn ja, worauf ist dieses geänderte Fremdbild zurückzuführen und wie sind diese Änderungen zu bewerten? Und, schließlich, wie schätzt seine aktuelle Lage das japanische Management *selbst* ein, d.h.: Wie sieht sein aktuelles Selbstbild (vor allem angesichts der anhaltenden Wirtschaftskrise in Japan) aus?

Diese Fragen zu beantworten erscheint sehr wichtig, vor allem um

- den *historisch entstandenen wissenschaftlichen, aber auch emotionalen Hintergrund der an Japan interessierten Theorie und Praxis des westlichen Managements* verstehen zu können,
- und gleichzeitig den *aktuellen Wahrnehmungs- bzw. Meinungskontext* zu analysieren, in den auch die in dieser Arbeit vorgenommene Auseinandersetzung mit der Innovationsidentität japanischer Unternehmen unvermeidlich hineingelangt.

Aufgrund dieser Kontextanalyse und der Gegenüberstellung des Selbst- und des Fremdbildes des Japanese-style Management soll die *Fundamentaleinstellung* zum japanischen Management, die in *der vorliegenden Arbeit* vertreten wird, begründet werden.

Diesen Fragen ist das erste Kapitel gewidmet.

TEIL I

ENTWICKLUNG EINES MODELLS
DER HUMANBASIERTEN INNOVATIONSIDENTITÄT
JAPANISCHER UNTERNEHMEN

KAPITEL I
DAS JAPANESE-STYLE-MANAGEMENT: FREMDBILD, SELBSTBILD UND WAHRNEHMUNGSMUSTER IN DER VORLIEGENDEN ARBEIT

Bevor in weiteren Teilen dieser Arbeit
- das System des Japanese-style Management eingehend thematisiert und
- das theoretische Modell zur Erforschung der humanbasierten Innovationsidentität japanischer Unternehmen als managementrelevantes Phänomen entwickelt wird,

soll das Japanese-style Management zunächst mit der spezifischen Interessenlage bzw. Wahrnehmungsperspektive der *deutschen* Unternehmen in Verbindung gebracht werden, und darauf basierend soll die Grundeinstellung gegenüber dem Japanese-style Management, die in der vorliegenden Arbeit vertreten wird, begründet werden. Dementsprechend sieht der Aufbau dieses Kapitels folgendermaßen aus:

Tabelle 1.1: **Aufbau des Kapitels 1**

Zentrale Fragestellung	Abschnitt
Welche *Rolle* spielen die japanischen Unternehmen für die deutschen, vor allem als *Wettbewerber?*	1.1
Wie hat das deutsche Management das japanische *bisher* gesehen und wie sieht es das *heute*?	1.2
Wie sieht das *heutige Handlungsumfeld* des japanischen Managements, d.h. die Wirtschaftssituation in Japan, aus? Wie sieht in dieser Wirtschaftssituation die *Leistung* des japanischen Managements aus, d.h. wie ist es heute um die *Wettbewerbsfähigkeit* der japanischen Unternehmen bestellt? und Wie sieht sich heute das japanische Management *selbst*?	1.3
Schlußfolgerungen: Ist das Japanese-style Management in der heutigen Situation für das deutsche Management *nicht mehr* oder *erst recht* von Interesse? und Welche Grundeinstellung gegenüber dem Japanese-style Management soll in *der vorliegenden Arbeit* vertreten werden und *warum*?	1.4

1.1 Japanische Unternehmen als Konkurrenten der deutschen im zukunftsentscheidenden Innovationswettbewerb

Der immens harte internationale Wettbewerb insbesondere auf technologieintensiven Märkten und in der ihnen im ökonomischen Wertschöpfungsprozeß vorgelagerten Forschung und Entwicklung verwandelt sich heutzutage immer mehr zu einem "*economic war where fighting is by weapons of creativity, invention, productivity, speed, and innovation.*"[1] In diesem globalen *Innovationswettbewerb* ist Japan der *zweitgrößte Konkurrent* der Bundesrepublik: 1995 rangierte es mit 635 Milliarden DM Exportvolumen an der dritten Stelle hinter den USA (mit 837 Mrd. DM) und Deutschland (mit 749 Mrd. DM).[2] Dabei stellt etwa die Hälfte aller deutschen Ausfuhren von Industriegütern *FuE-intensive* Produkte dar[3] - und gerade in diesen Kernbranchen treffen deutsche Firmen auf die japanische Konkurrenz; hier nur zwei Beispiele:

- Im Maschinenbau, einer der traditionell wichtigsten Industriebranchen in Deutschland, belegt Japan mit dem Welthandelsanteil von 17.4% den zweiten Platz hinter der Bundesrepublik (23.3%) und vor den USA (13.5%);[4]
- In der Autoindustrie lag 1996 der Anteil des größten deutschen Autoherstellers VW am Weltmarkt bei 10.6%, der von Toyota bei 10.3%, von Nissan bei 6.0% und von Honda bei 5.4%.[5]

Insgesamt stehen in der "Fortune Global 500"-Liste 1995 40 deutschen mit 141 *mehr als dreimal so viele* japanische Großunternehmen gegenüber, also fast genauso viele wie aus den USA (153).[6] Diese Zahlen per se sagen zwar noch nichts über die *Excellence* einzelner Organisationen aus, eine Schlußfolgerung über die *Intensität der Konkurrenz* lassen sie jedoch zu: Die Bedeutung japanischer Spitzenunternehmen als Wettbewerber ist für deutsche Industriefirmen nach wie vor *erheblich*.

Wie man als westliches Unternehmen gegen japanische Firmen *konkurriert*, aber auch wie man mit ihnen kooperiert,[7] hängt nicht zuletzt damit zusammen, wie man diese Wettbewerber grundsätzlich *wahrnimmt*: Davon, worin man die Stärken und Schwächen der Konkurrenten zu sehen und wodurch man sie zu erklären neigt, wird im Regelfall auch die Entwicklung von eigenen Reaktionsmaßnahmen jedenfalls als Denkorientierung mit abhängig sein.

---

[1] Cleland/Bursic, 1992, S. 120, hervorgehoben d. d. Verf.
[2] vgl. o.V.: Deutsche M+E-Industrie: Hartes Ringen um Marktanteile, 1996, S. 4.
[3] Stand 1994 (vgl. BMBF, 1996, S.40); vgl. frühere Angaben bei Langmann, 1988, S. 146.
[4] Stand 1993 (vgl. BMBF, 1996, S.40).
[5] vgl. o.V.: The Coming Car Crash, May 10th, 1997, S. 23. In den letzten Jahren haben zwar deutsche *Champions* wie BMW und Daimler-Benz sehr bemerkenswerte Erfolge im *„face-to-face"-Wettbewerb* gegen die Japaner beispielsweise auf asiatischen Märkten verbuchen können (vgl. detailliert die jährlichen "Special Reports" in Far Eastern Economic Review, 04.01.1996 und 02.01.1997), aber auch dort bleibt die japanische Präsenz sehr stark: Die führende Autofirma in Asien mit dem Anteil von 21% an allen in ASEAN-Ländern verkauften Autos heißt Toyota (vgl. Moffett, 26.12.1996-02.01.1997, S. 77).
[6] Berechnet nach: Fortune Global 500; vgl. auch Blöske/Fuchs, 25.07.1996.
[7] Die Bedeutung technologieintensiver japanischer Unternehmen liegt aus der deutschen Managementperspektive auch darin begründet, daß sie nicht nur als Konkurrenten, sondern darüber hinaus als wichtige Partner in strategischen Allianzen auftreten.

Eine langfristig orientierte Betrachtung zeigt, daß das westliche, auch das deutsche, Management in der Nachkriegszeit seinen japanischen Kontrahenten *nie* ausgewogen und gelassen analysiert hat: Als Modell seiner Einstellung dem Japanese-style Management gegenüber kann m.E. vielmehr das **Pendel** gelten, also eine wiederholte Bewegung von einem Extrem zu dem anderen:

Abbildung 1.1: **Westliche Einstellung dem Japanese-style Management gegenüber: ein Pendel-Denkmuster**

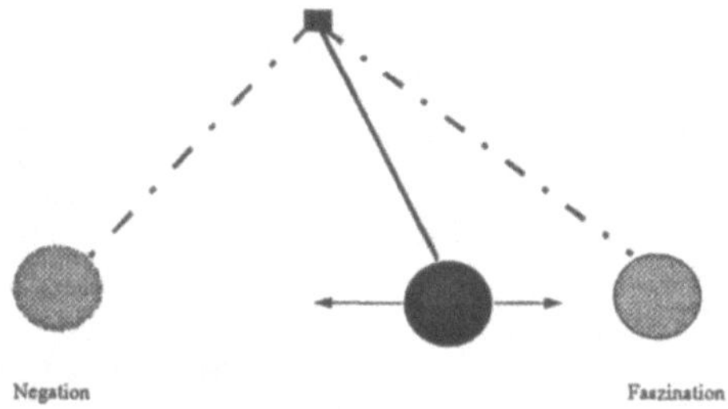

Es erscheint wichtig, auf dieses einflußreiche Denkmuster das Augenmerk kritisch zu richten, um die Basiseinstellung gegenüber dem Japanese-style Management, die der vorliegenden Arbeit zugrunde gelegt werden soll, herauszuarbeiten.

1.2 Das Fremdbild des Japanese-style Management aus der Sicht der westlichen Wettbewerber

1.2.1 Das Pendelmodell als fundamentales westliches Wahrnehmungsmuster des Japanese-style Management

Im Hinblick darauf, wie das Japanese-style Management grundsätzlich wahrgenommen wurde und welche Konsequenzen und Entscheidungen aus dieser Wahrnehmung gezogen wurden, scheinen im westlichen Management *Negation* und *Faszination* als zwei extreme Positionen vertreten zu sein, und diese beiden sind bisher vielfach als *Überreaktion* in Erscheinung getreten:

Unter der *Negation* ist hier ein in der Kulturforschung viel diskutiertes Syndrom gemeint, das als "fervent belief in the superiority of our values"[1] bezeichnet werden kann. Praktiker wie J. Jasinowski, Präsident der amerikanischen National Association of Manufacturers, halten die Arroganz des westlichen Managements für eine Ursache für viele Wettbewerbsprobleme,[2] und auch im Hinblick auf den Wettbewerb mit Japan scheint das oft der Fall zu sein. Für das Verhalten einiger Manager in etablierten westlichen Unternehmen, das in den 70er und 80er Jahren ihren japanischen Konkurrenten als Aufsteigern die Eroberung mehrerer Industriefelder sehr erleichtert hat, findet man jedenfalls im nachhinein in der Literatur recht drastische

[1] vgl. Fingleton, 1996.
[2] vgl. z.B. Jasinowski, April 1995.

Bezeichnungen wie 'Mischung aus Apathie, Arroganz, Selbstgefälligkeit, Unterlassung, Inkompetenz und einfacher Nachlässigkeit."[1]

Je offensichtlicher aber der Wettbewerbserfolg der japanischen Unternehmen wurde, um so mehr war bei westlichen Managern in vielen Branchen ein psychologischer Wahrnehmungseffekt zu verzeichnen, der m.E. etwas pointiert als *faszinierendes Schreckgespenst Japan* bezeichnet werden kann. Wie Rapp bemerkt,

> "Japanese success has been so thorough and spectacular in so many areas that foreign managers routinely project Japanese competition in their industry or product as being possible even if it has not yet occurred."[2]

Vor der Gefahr, die Grundlagen für die Wettbewerbserfolge japanischer Unternehmen zu mißinterpretieren - und somit eine *äußerst ungünstige Grundlage für die Entwicklung eigener Managementkonzepte* zu schaffen - haben westliche Japanexperten zwar noch Mitte der 80er ausdrücklich gewarnt; so z.B. Abegglen/Stalk:

> "Obwohl Japans Kaishas die Hauptkonkurrenten vieler westlicher Unternehmen geworden sind, ... (wurden) ihre unternehmerischen Strategien ... zunächst unterschätzt. Nach dem fortgesetzten und gesteigerten Erfolg der Kaishas tendierte die überwiegende Meinung über sie in jüngster Zeit zum anderen Extrem. Japanische Geschäftsmethoden werden als Modelle für westliche Wettbewerber hingestellt ... . So besteht nunmehr die Gefahr, daß die Stärken der Kaishas ebenso überschätzt werden, wie sie zuvor lange unterschätzt worden sind."[3]

Trotz der vereinzelten Mahnrufe ist das *Pendel* jedoch in Bewegung gekommen, und die ursprüngliche Arroganz gegenüber Japan schlug spätestens in den 80er Jahren über die aus Marktverlusten entstandene Verunsicherung vielfach in ein anderes Extrem um, das m.E. als *Suche nach japanischen Allheilmitteln* bezeichnet werden kann. Als sich alarmierende Berichte über die Verschiebung des Produktivitätsvorteils zugunsten japanischer Unternehmen in wichtigen Industrien häuften, wurde die westliche Negation weitgehend von der "Glorifizierung japanischer Managementmethoden und angeblicher Mysterien japanischer Kultur"[4] abgelöst. Dementsprechend konnte man für die 80er und Anfang der 90er Jahre einen interdisziplinären Boom des "Lernens von Japan" verzeichnen, bei dem den westlichen Lesern überwiegend ein recht einseitiges "lobens- und nachahmenswertes Beispiel Japans"[5] vor die Augen geführt wurde. Dieser Boom hat in Bezug auf die Managementkonzepte mehrere Jahre gedauert und auch viele deutsche Unternehmen stark tangiert.

---

[1] vgl. James, 1990, S.302. In mehreren Branchen wie der Fernsehindustrie, der Kameraindustrie oder bei den Videorecordern sind von den Deutschen ehemals beherrschte Marktsegmente an japanische Unternehmen verlorengegangen (vgl. im einzelnen Vogel, 1979, S. 10; Porter, 1991, S. 194, 425, 736; Mizukoshi, 1991, S. 142; Riesenhuber, 1988, S. 129; Nakamura, 1994, S. 208; Ishibashi, 15.07.1996).
[2] Rapp, 1992, S. 229.
[3] Abegglen/Stalk, 1986, S. 27.
[4] vgl. Abegglen/Stalk, 1986, S. 78.
[5] vgl. Naumann, 1987, S. 173.

1.2.2 Japanisierung des westlichen Managements

Mitte 1992 hat das namhafte amerikanische Magazin Business Week folgende 5 „*Tenets*" hervorgehoben, die in der Theorie und Praxis des Managements eine extrem hohe Popularität (auch als Diskussionsstoff) genießen:[1] Learning Organization, Business Reengineering, Core Competencies, Organizational Architecture und Time-based Competition.

Nimmt man die Entwicklungsgeschichte von diesen und mehreren anderen westlichen Managementansätzen[2] unter die Lupe, stellt sich heraus, daß ein Großteil von ihnen etwas mit *Japan* zu tun hat, wobei sich, wie die Abbildung 1.2 zeigt, drei verschiedene Zusammenhänge[3] erkennen lassen:

Diese 1992 erstellte Liste von einflußreichen Management-Ansätzen kann im Hinblick auf japangeprägte Konzepte erheblich ergänzt werden; zu solchen japanischen Ideen, die in den USA und Europa von einem viel breiteren Interessentenkreis als nur den Japanforschern im Hinblick auf ihre Vorteilhaftigkeit und Übertragbarkeit intensiv diskutiert wurden, zählen ebenfalls das *Total Quality Management*, das *Kanban*-System, eine *langfristige strategische Orientierung* und *langfristige Personalstrategien* sowie "*weiche*" *Faktoren* wie z.B. eine konsistente *Unternehmenskultur* etc.[4] Soweit diese Ansätze des Japanese-style Management ganz besonders auf Effizienz und Prozeßoptimierung ausgerichtet sind, sind sie in der Literatur auch unter der Gesamtbezeichnung *Toyotaism* bekannt geworden.[5]

---

[1] vgl. Byrne, 1992.

[2] Von der Diskussion über die Unterschiede zwischen den Begriffen Ansatz, Konzept und Idee soll hier abgesehen werden, sondern es wird hervorgehoben, daß allen diesen Begriffen die *denk- und verhaltenslenkende Funktion des Wissens* gemeinsam ist, so daß sie im weiteren synonym verwendet werden.

[3] Für diese Zusammenhänge lassen sich zahlreiche Belege bringen. So führen Hamel/Prahalad als Musterbeispiel für eine erfolgreiche Entwicklung von *Kernkompetenzen* vor allem die japanischen Unternehmen Canon, Honda und Matsushita an (vgl. Prahalad/Hamel, 1990; Prahalad/Hamel, 1994) und einen der wichtigsten Beiträge zur Entwicklung dieser fähigkeitsorientierten Perspektive hat der japanische Wissenschaftler Itami mit dem Konzept der *Invisible Assets* geleistet (vgl. Itami, 1987). Auch zur Entwicklung des Wissenschaftsfeldes des *Organisationalen Lernens* und des *Wissensmanagements* haben japanische Autoren, vor allem Nonaka (vgl. mehrere Angaben im Literaturverzeichnis der vorliegenden Arbeit) deutlich beigetragen. *Time-Based Competition* (vgl. Stalk/Hout, 1990) wurde für westliche Manager ganz besonders dann zum Thema, als ihre Unternehmen die der japanischen Konkurrenz gelungenen drastischen Produktentwicklungs- und Lebenszyklusverkürzungen (etwa in der Automobilindustrie) im Wettbewerb schmerzhaft zu spüren bekamen (vgl. explizit dazu Stalk, 1988, S. 37; vgl. auch die Ausführungen im Kapitel 9). Die Diskussion über *Lean Production* und *Lean Management* (vgl. insb. Womack/Jones/Roos, 1990) wurde ebenfalls durch Hinweise auf die Wettbewerbserfolge von Toyota und anderen japanischen Autoherstellern ausgelöst, und das im Westen vermutlich bekannteste Buch über *Kaizen* wurde vom Japaner Imai (1994) geschrieben.

[4] Einige dieser Managementansätze sind ursprünglich nicht in Japan entstanden, wie z.B. die Qualitätszirkel, die noch vor dem 2. Weltkrieg in Deutschland bekannt waren, und die statistische Qualitätskontrolle, die in den 50er Jahren aus den USA nach Japan „importiert" wurde (vgl. hierzu S. Müller, 1996, S.133; Johnson, 1988, S. 40; zu diesen Ansätzen vgl. z.B. die Literaturanalyse bei Keys/Miller, 1984, S. 343 f.). Perfektioniert wurden sie allerdings in Japan und sind weltweit eben als „*japanische* Erfolgsrezepte" populär geworden (vgl. zur Diskussion auch Weltz, 1995, S.241 f.).

[5] vgl. zu diesem Begriff Park 1995; Wood, 1989, S. 449. Daß Toyota so stark (wenngleich z.T. implizit) in der westlichen Managementdiskussion als Musterbeispiel dient, hat sicherlich viele objektive Gründe. Das Unternehmen hatte im Geschäftsjahr 1995 mit ca. 40% einen gigantischen Anteil am extrem wettbewerbs-intensiven japanischen Automarkt und will ihn bis zum Jahre 2000 auf 45% weiter ausbauen (vgl. o.V.: Toyota targets domestic market share of 45% in 2000, 12.09.1996). Bereits in den 50er Jahren war Toyota ein Pionier der Automation (vgl. Esser/Nakajima, 1994, S. 141; zur Entstehung des Produktionssystems von Toyota vgl.

Abbildung 1.2: **Zur Etymologie der neueren Management-Konzepte im Westen: das Japanese-style Management auf dem Vormarsch**

Insofern hat man sich als Managementforscher der Tatsache zu stellen, daß Japan in den meisten westlichen Management-Diskussionen explizit oder implizit präsent ist. Ohne die obengenannten japangeprägten Ansätze und Konzepte erscheint das westliche, auch das deutsche Management der letzten Jahrzehnte, *schlicht nicht präsent*.

Vor diesem Hintergrund erscheint es *äußerst wichtig*, nach einem Verständnis von dem zu streben, *was das System des Japanese-style Management ist* und *wohin sich dieses System heute bewegt und warum*. Dieser Frage, die das japanische und *darum auch* das von ihm beeinflußte westliche Management unmittelbar betrifft, ist ein Großteil der vorliegenden Arbeit gewidmet.

Diese Überlegungen hinsichtlich des Einflusses des *Japanese-style Management* auf sein westliches Pendant könnten und sollten auch in einem breiteren Kontext betrachtet werden: Die wirtschaftlichen Erfolge Japans in der Nachkriegszeit haben nämlich die westlichen Grundvorstellungen über einige *Entwicklungsgesetze der Weltgeschichte* - und damit über die **eigene Identität als Zivilisation**[1] - in Frage gestellt. Diesbezüglich existiert in der sozialwissenschaftlichen Japanforschung eine umfangreiche Literatur, auf die hier nicht näher eingegangen werden kann, um den Rahmen der vorliegenden Arbeit nicht zu sprengen; stellvertretend für andere Beiträge soll diese Rolle Japans mit folgender Zusammenfassung der Thesen von Morley/Robins verdeutlicht werden:

Pegels, 1984, S. 95 ff.) und gilt nach wie vor weltweit als Maßstab für höchst effiziente Null-Fehler-Produktion (vgl. Esser, 1994c, S. 174). Auch andere wichtige Managementbegriffe, wie z.B. die innerbetriebliche Kontaktpflege außerhalb der Arbeitszeit, hat Toyota in Japan stark geprägt (vgl. Nakamura, 1994, S. 203).

[1] vgl. hierzu Kapitel 2.

"The category 'West" has always signified the positional superiority of Europe, and then also of the United States, in relation to the 'East" or 'Orient." ... Japan has come to exist within the western political and cultural unconscious as a figure of danger, and it has done so because it has destabilized the neat correlation between East/West and modern/premodern. ... The scandalous and unthinkable possibility is raised that the West may have now to 'learn from Japan" - that is, to 'orientalize" itself in order to become economically competitive with the emerging economies of a 'Confucian zone" in the twenty-first century. ... . What Japan has done is to call into question the supposed centrality of the West as a cultural and geographical locus for the project of modernity. It has also confounded the assumption that modernity can only be articulated through the forms the West has constructed. ... Japan's differentness is a very particular problem for the West."[1]

Es scheint heute niemanden mehr zu wundern, wenn der deutsche Forschungsminister die Fähigkeit, mit Asien erfolgreich zu konkurrieren und zu kooperieren sowie von Asien zu lernen zum 'entscheidenden Gradmesser für die Zukunftsfähigkeit" Deutschlands und Europas erklärt.[2] Man sollte sich aber darüber im Klaren sein, daß es gerade *Japan* war, mit dem *das erste Mal in der neueren Wirtschaftsgeschichte des Westens* eine massive wirtschaftliche Herausforderung von einem *nicht-westlichen* Land kam.[3] Darüber hinaus ist mitzuberücksichtigen, daß mit die wichtigste Qualifikation, die es Japan ermöglichte, zur wirtschaftlichen Herausforderung für den Westen zu werden, die *Fähigkeit seiner Bürger* darstellt, neues *Wissen* und fremde Erfahrungen bedürfnisgerecht aufnehmen, anpassen und umsetzen zu können.[4] Diese Fähigkeit hat, wie in der vorliegenden Arbeit noch zu zeigen sein wird, mit einer spezifischen Innovationsidentität sehr viel zu tun.

Sofern man das Wettbewerbsproblem Japan als eine fundamentale Herausforderung einer fremden Moderne interpretierte, wundert es nicht, daß westliche Beobachter in Japan ein Musterbeispiel nicht nur für erfolgreiche ökonomische Strategien und Praktiken sehen wollten. Ende der 80er Jahre war vor allem in den USA das Gewahrwerden von niedrigen Wachstumsraten, schrumpfenden Produktivitätsvorteilen, verlorengegangenen Marktanteilen, steigendem Handelsdefizit, fallenden Aktienkursen, schwindender Technologieführerschaft und den Qualitätsmängeln mit der Ansicht verknüpft, daß auch in der Handhabung des *gesellschaftlichen Wertewandels* Japan viel erfolgreicher ist: So sah stellvertretend für andere Autoren der amerikanische Professor Bartels die Wettbewerbsprobleme amerikanischer Unternehmen aus den "changes in the thinking of our society" resultieren und hob insbesondere den "zurückgegangenen Idealismus", "wachsenden Hedonismus", die "jeder-für-sich-allein-Atmosphäre" u.ä. hervor.[5] Die *ökonomische* und etwas später auch die *naturwissenschaftlich-*

---

[1] Morley/Robins, 1992, S. 146 f., Fußnoten ausgelassen; vgl. zu dieser Problematik die dort angegebene Literatur, insb. Sakai 1988.

[2] vgl. Rüttgers, 1997, S. 120.

[3] vgl. Hirschbühl, 1990, S. 47.

[4] vgl. Röpke, 1989, S. 36.

[5] vgl. Bartels, 1982, S. 10. Infolge dessen wurden im Westen die traditionellen japanischen, insbesondere die Zen-buddhistischen Werte als Erfolgsursache des Japanese-style Management den westlichen Werten gegenübergestellt und - vielfach äußerst voreilig - als Heilmittel hochgepriesen. Gerechtigkeitshalber muß man sagen, daß zu dieser unausgeglichenen Wahrnehmung auch die Japaner selbst gerne beitrugen; so wurde der im Westen damals aktiv popularisierte Buddhismus von einem japanischen Autor gar als "Überwinder des toten Punktes im westlichen Denken" (Inui, 1991, S. 126) propagiert.

technische Herausforderung Japan wurde damit auch ganz generell zu einer *ideenmäßigen* - was sie für die Personalforschung natürlich viel interessanter und anspruchsvoller als Untersuchungsobjekt macht, denn zu den operativen, schwerpunktmäßig techno-ökonomischen sind auch *fundamentale*, *sinnbezogene* Fragestellungen hinzugekommen.

Aus den obigen Ausführungen lassen sich zwei *Schlußfolgerungen* ziehen:

Zum einen kann konstatiert werden, daß das Japanese-style Management in der Denkwelt des westlichen Managements eine sehr umfang- und einflußreiche Rolle spielt.[1]
Darüber hinaus zeugt die Intensität des Transfers japanischer Managementideen davon, daß in den 80er Jahren und Anfang der 90er Jahre das Japanese-style Management im Westen (aber auch natürlich in Japan selbst) im Großen und Ganzen den Ruf eines sicheren *Erfolgsrezeptes* genossen hat.

Setzt man sich mit der Situation der 90er Jahre eingehend auseinander, läßt sich allerdings feststellen, daß *sich das Pendel der westlichen (auch der deutschen) Japanwahrnehmung heute wieder in Bewegung gesetzt hat*: "Currently the pessimists seem to be in vogue again."[2]

Diese neue Bewegung des Pendels ist offensichtlich im Kontext der neueren Entwicklungen in Japan selbst zu betrachten. Immer wieder berichten in der letzten Zeit die Experten sowie die japanische und die westliche Wirtschaftspresse über massive Krisenerscheinungen in Japans Wirtschaft und Gesellschaft, und so stellt sich die Frage, ob diese Krisenerscheinungen auch das Japanese-style Management tangiert haben und, wenn das zutrifft, welche Konsequenzen die *deutsche* Managementforschung - d.h. auch die vorliegende Arbeit - aus dieser Entwicklung zu ziehen hat?

1.3 Handlungsumfeld, Leistung und Selbstbild des Japanese-style Management Ende der 90er Jahre

Wie bereits gezeigt, beinhaltete die Faszination als bis vor kurzem vorherrschende Position des japanbezogenen Wahrnehmungspendels unter anderem die weit verbreitete Grundüberzeugung, das westliche Management sei gut beraten, japanische Ansätze als Erfolgsrezepte zu übernehmen bzw. sich von ihnen inspirieren zu lassen, und dies sollte es auch in der *Zukunft* tun.

Setzt man sich allerdings mit der aktuellen Diskussion in Japan über die *Zukunftsfähigkeit des Japanese-style Management*, aber auch des *gesamten* Systems des *Japanese-style Capitalism,* so wie es sich in der Nachkriegszeit gebildet hat, eingehend auseinander, kann man sich nicht mehr der Frage entziehen, *ob sich das westliche Management doch nicht einen völlig falschen,*

[1] Nachdem in weiteren Teilen der vorliegenden Arbeit das Japanese-style Innovation Management ausführlich diskutiert wird, soll im abschließenden 15. Kapitel nochmals auf diesen Japanisierungsprozeß aus der Sicht des deutschen Managements ein Blick geworfen werfen.
[2] Hielscher, January 1996.

oder, pointiert ausgedrückt, *ideenmäßig bankrotten Lehrmeister ausgesucht hat*? Die Situation kann mit der *JETRO* folgendermaßen zusammengefaßt werden:

> "*Japanese management methods continue to earn praise in the West. At home in Japan, however, Nihon-gata keiei (Japanese-style management) is coming under siege, as corporate Japan ... confronts the economic realities of the 1990s.*"[1]

Diese Frage ist für das deutsche Management - und dementsprechend auch für die Themenwahl der vorliegenden Arbeit - offenbar von ganz entscheidender Bedeutung, denn: Wäre es wirklich der Fall, sollte man nicht das *Lernen*, sondern das *Verlernen* von japanischen Konzepten anstreben, und zwar so schnell wie nur möglich.

Es ist also erforderlich, zu klären, wie die relevanten "*economic realities*" der späten 90er Jahre aussehen, die das japanische Management zu Hause ins Kreuzfeuer der Kritik brachten.

1.3.1 Handlungsumfeld japanischer Unternehmen: Zur Wirtschaftskrise in Japan

Für die im Innovationsmanagement etablierte These, eines der wenigen konstanten Merkmale der Unternehmensumwelt stellen ihre permanenten Änderungen dar, die häufig den gesamten Rahmen des betrieblichen Entscheidungsfeldes betreffen *und nur sehr begrenzt vorhersehbar* sind,[2] kann man die ökonomische Entwicklung in Japan in den letzten Jahren als 'Beweismaterial" verwenden. In Zahlen ausgedrückt sah diese turbulente Entwicklung folgendermaßen aus:

Im Juli 1996 berichtete die Nihon Keizai Shimbun über die Endergebnisse des Finanzjahres 1995, daß "(t)otal group net profits at manufacturers rose 120% after steel, autos and autoparts, and paper and pulp returned to the black. Group net profits in the electric machinery sector were up 120%, and rose 170% in the precision instrument industry."[3] Folgerichtig prognostizierte im August 1996 der Informationsdienst des Instituts der deutschen Wirtschaft das Jahreswachstum in Japan in Höhe von 3[4] bis 3.5 Prozent und betrachtete die Struktur- und Konjunkturkrise in Japan als "offenbar bewältigt."[5] In der Tat ist das japanische Bruttoinlandsprodukt im Finanzjahr 1996 um 3%[6] gewachsen;[7] man stellte fest, daß 'Japan's top ... multinationals are showing clear signs of recovery,"[8] und rechnete (trotz der geplanten

---

[1] JETRO, 1994, Teil "People, Structural Changes: Transforming the Wokplace", hervorgehoben d. d. Verf.
[2] vgl. Marr/Fliaster, 1994, S. 312.
[3] o.V.: Group net profits of listed firms double in FY95: Nikkei, 1.07.1996.
[4] vgl. zu dieser Prognose auch Moffett, 24.10.1996, S. 63.
[5] vgl. o.V.: Auslandskonjunktur: Ein gespaltenes Bild, in: IWD, Jhg. 22, 1.08.1996, S. 5.
[6] vgl. o.V.: 96-nendo GDP seichôritsu ga seifu mittoshi uwamawaru, 13.06.1997.
[7] Journalisten fanden natürlich prägnantere Ausdrücke für diese wirtschaftlichen Kennzahlen: "It's the recovery, stupid"- betitelte der Japankorrespondent des Far Eastern Economic Review seinen Bericht in der Auflage des Magazins von Oktober 1996 (vgl. Moffett, 24.10.1996, S. 63).
[8] Bremner/Takahashi, 16. 12.1996; hervorgehoben d. d. Verf. Auch führende japanische Wertpapierhäuser gingen damals davon aus, daß sich der Trend zur Einkommenssteigerung in wichtigen Branchen der japanischen Verarbeitungsindustrie wie dem elektrischen Maschinenbau, dem Präzisionsmaschinenbau und dem Autobau auch 1997 und 1998 fortsetzen wird (vgl. o.V.: Seizôgyôchûshin-ni zôeki tsuku yosô, 11.06.1997).

Erhöhung der Verbrauchsteuer) grundsätzlich mit der *Fortsetzung* dieses Wachstumstrends: Laut der OECD-Prognose vom Juni 1997 sollte das reale BIP Japans 1997 um 2.3%, im Jahr 1998 um 2.9% steigen.[1]

Nach dem Zusammenbruch der *Bubble Economy*[2] schien also vielen Experten die japanische Wirtschaft wieder langsam Fuß gefaßt zu haben, und diese positiven ökonomischen Tendenzen standen mit der im wesentlichen positiven Stimmung in der japanischen Bevölkerung im Einklang. Das *"Heisei 7-nendo kokumin seikatsu hakusho"*, *Weißbuch des Lebens der Nation 1995*, stellte fest, daß der gesamte Zufriedenheitsgrad der Bevölkerung Japans (gemessen als Differenz zwischen dem Prozentanteil der Zufriedenen [72%] und der Unzufriedenen [24%]) trotz aller Sorgen und aller heftigen (und vielfach berechtigten) Kritik an Politik, staatlicher Bürokratie etc. mit 48% den absoluten Höchstwert erreichte.[3] (vgl. Abbildung 1.3)

Eine andere amtliche Studie hat darüber hinaus ergeben, daß über 62% der befragten Japaner im Alter zwischen 20 und 59 im Jahr 1995 mit ihrer *Arbeit* zufrieden waren,[4] und daß die japanischen Bürger im wesentlichen auch optimistische *Zukunftserwartungen*[5] an den Tag legten.

---

[1] vgl. o.V.: Nihon no seichô wa 2.3% o yosoku -- OECD ga jôhô shûsei, 13.06.1997.

[2] vgl. zum Kollaps der Spekulationskonjunktur bzw. der „Seifenblasenökonomie" und seinem Einfluß auf die japanische Wirtschaft z.B. Economic Planning Agency: Economic Survey of Japan (1993-1994). In den 90er Jahren sind z.B. die Immobilienpreise in Japan auf 60% der Spitzenwerte gesunken (vgl. Sommer, 26.12.1997, S. 4; zu weiteren statistischen Angaben bezüglich der Grundstückpreise vgl. z.B. o.V.: "Good-bye, Japan", 1997, S. 96 ff.).

[3] vgl. die Datenangaben in: KEIZAI KIKAKUCHÔ, 14.11.1995, Teil I, Sektion 2.2, u. Abb. 1-1-52. Auch andere Studien zeigten ein ähnliches Bild (vgl. z.B. DIHS, o.J., Teil I.1.).

[4] vgl. KEIZAI KIKAKUCHÔ KOKUMIN SEIKATSUKYOKU, 22.08.1996, Teil II, Punkt 1.4 und Punkt 2.1. Dabei war der Arbeitszufriedenheitsindex um so höher, je größer das Alter, das Einkommen und das Ausbildungsniveau der Befragten sowie die Größe ihres Arbeitgebers war.

[5] Erstens schätzten unter den Japanern, die sich mit ihrem heutigen Leben zufrieden erklärten, 72.5% auch ihre Zukunftsperspektiven positiv ein (vgl. KEIZAI KIKAKUCHÔ KOKUMIN SEIKATSUKYOKU, 22.08.1996, Tel II, Punkt 1.4). Zweitens hat selbst von den 57.9% der Japaner, die im Hinblick auf den heutigen Zustand der japanischen Gesellschaft der Meinung waren, es gäbe sehr viele Unsicherheiten, mehr als die Hälfte (50.2%) *ihre eigenen Zukunftsperspektiven* als *positiv* eingeschätzt (vgl. KEIZAI KIKAKUCHÔ KOKUMIN SEIKATSUKYOKU, 22.08.1996, Teil II, Punkt 4.1 u. detailliert Abb. 4-1 u. 4-2). Selbst jene also, die die Situation in Japan *grundsätzlich* als problematisch sahen, leiteten daraus nicht unbedingt negative Konsequenzen *für sich persönlich* ab.

Abbildung 1.3: **Über 70% der japanischen Bevölkerung waren mit ihrem Leben 1995 zufrieden**

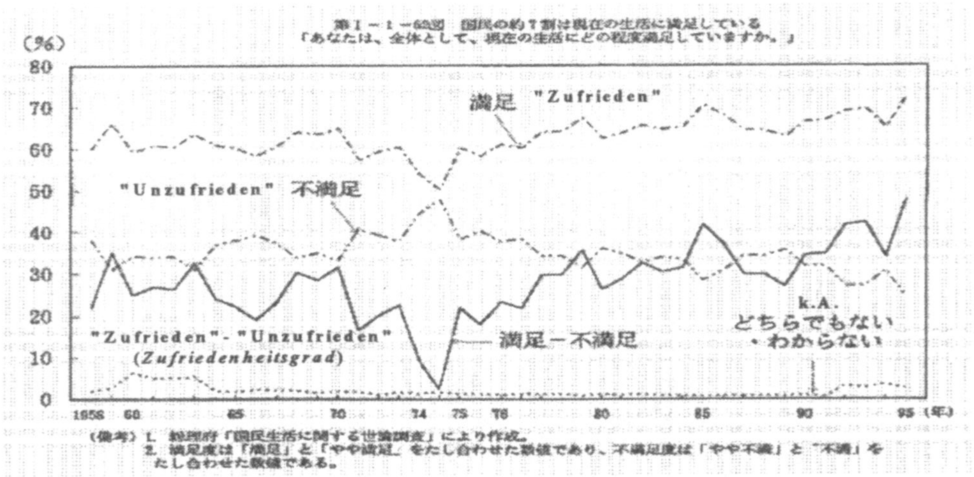

Legende: Der Zufriedenheitsgrad wurde als Differenz zwischen der Zahl der “Zufriedenen“ und “einigermaßen Zufriedenen“ einerseits und der von “Unzufriedenen“ und “eher Unzufriedenen“ andererseits ermittelt.
Die Frage lautete: „Inwieweit sind Sie mit Ihrem heutigen Leben insgesamt zufrieden?“

Quelle: KEIZAI KIKAKUCHÔ, 14.11.1995, Abb. 1-1-52.

Spätestens Ende 1997 hat sich jedoch herausgestellt, daß diese positiven ökonomischen Entwicklungen nur einen vorübergehenden, nicht-selbsttragenden Charakter hatten und einer ganzen Reihe nicht gelöster alter und hinzugekommener neuer Probleme[1] auf die Dauer nicht standhalten konnte. Dementsprechend wurden die Wirtschaftsprognosen immer weiter nach unten korrigiert,[2] und im Endeffekt ist das Finanzjahr 1997 (01.04.1997-31.03.1998) für Japan in vielerlei Hinsicht zu einem richtigen "**nightmare**"[3] geworden:

- im Finanzjahr 1997 ist das japanische Bruttoinlandsprodukt real um 0.7% gegenüber dem Vorjahr zurückgegangen[4] - das erste negative Wachstum seit 1974/75 bzw. der stärkste BIP-Rückgang in der japanischen Nachkriegsgeschichte überhaupt;[5]
- die amtliche Arbeitslosenquote hat mit 3.4% das Höchstniveau seit 1953 erreicht;[6]
- die Staatsverschuldung hat 90% des Bruttosozialproduktes erreicht;[7]
- Prognosen zufolge dürfte die Zahl der Konkurse im Geschäftsjahr 1997/98 auf die Rekordzahl von 17300 und die Verbindlichkeiten der betroffenen Unternehmen auf 13.5 Billionen Yen angestiegen sein;[8]
- insbesondere im Frühjahr 1998 wurden beinahe ununterbrochen Korruptionsskandale im Finanzministerium und in der Zentralbank Japans gemeldet, gekrönt durch den Rücktritt des Zentralbank-Gouverneurs, worüber japanische und westliche Zeitungen und Wirtschaftsmagazine[9] sehr ausführlich berichteten;
- die anhaltende Krise des Bankensektors[10] wirkte sich über eine mangelhafte Kreditversorgung negativ auf das Wachstum aus;
- auch die Finanz- und Währungskrise in Asien dürfte zur Verschlechterung der Situation massiv beigetragen haben, denn die exportorientierte japanische Wirtschaft hat sich in den letzten Jahren verstärkt auf die asiatischen Märkte orientiert.[11]

---

[1] vgl. hierzu z.B. o.V.: Waiting for Japan`s typhoon to pass by, 29.11.1997, S. 86 f. und die unten angegebenen Quellen.

[2] Goldman Sachs hat z.B. im November 1997 seine Prognose des japanischen BIP-Wachstums für das Jahr 1998 von 2.9% auf 0.6% gesenkt (vgl. o.V.: Variable fallout, 29.11.1997, S. 87).

[3] vgl. Amaha/Landers, 25.12.1997-1.01.1998, S. 72.

[4] vgl. o.V.: Japan's Jan-March Real GDP Shrinks 1.3% From Oct-Dec, June 12, 1998; o.V.: Japan's GDP Suffers Largest Postwar Fall In FY97, June 13, 1998; o.V.: Asienkrise und Konsumflaute lösen in Japan unerwartet tiefe Rezession aus, 13.06.1998.

[5] Bereits bevor diese Daten im Juni 1998 publik gemacht wurden, sah die OECD (die noch im Dezember 1997 für Japan im Jahr 1998 ein Wachstum in Höhe von 1.7% vorhersagte) das Land am Rande einer Rezession stehen: Ihrer Prognose vom April 1998 zufolge soll das BIP Japans im Kalenderjahr 1998 real um 0.3% sinken (vgl. o.V.: OECD ga bunseki „Nihon no keiki wa setogiwa" - Kotoshi 0.3% mainasu seichô yosoku, 09.04.1998; o.V.: OECD fordert von Japan höhere Investitionen und Steuersenkungen, 09.04.98; o.V.: Japanese Economy Faces First Contraction In 24 Years: OECD, April 9, 1998).

[6] vgl. SÔMUCHÔ TÔKEIKYOKU*TÔKEI CENTÂ: PSI nenpô (1998 Nenpan) dêta no kôshinjôhô, 1998.

[7] vgl. Klotz, 1998, S.11; vgl. auch zu weiteren Angaben Fukui/Fukai, 1997, S. 23; Moffett, 26.12.1996, S.119; o.V.: Japan erholt sich nur langsam, 8.12.1995; o.V.: Why Hashimoto Has To Hang Tough, 27.01.1997, S. 35.

[8] vgl. Köhler, 16.03.1998, S. 26; Köhler, 04.04.1998. Die spektakulärsten Beispiele sind offensichtlich die Pleiten des Wertpapierhauses Yamaichi Securities Co. und der Hokkaido Takushoku Bank (vgl. hierzu z.B. mehrere Berichte von P. Landers in *Far Eastern Economic Review*).

[9] vgl. stellvertretend für viele andere Berichte o.V.: Japans Zentralbankchef bietet Rücktritt an, 13.03.1998; Macintyre, March 23, 1998; Köhler, 13.03.98 u. 19.03.1998; o.V.: BOJ chief faces the ax, 12.03.1998.; o.V.: BOJ arrest may rock economy, 12.03.1998; o.V.: Bank of Japan men took entertainment for granted, 12.03.1998; o.V.: Public mistrust central in central bank scandal (Editorial), 12.03.1998.

[10] vgl. hierzu z.B. Köhler, 06.11.1996; Kobyakow, 20.04.1998. Allein in Japan müssen die japanischen Banken mindestens eine Billion notleidende Kredite verarbeiten (vgl. o.V.: Asienkrise und Konsumflaute lösen in Japan unerwartet tiefe Rezession aus, 13.06.1998).

[11] Gingen 1985 37% der japanischen Exporte in die USA und 24% nach Asien, fielen im Jahr 1995 auf die USA 27%, auf Asien aber bereits 42% der japanischen Exporte (vgl. Nukazawa, January 1998). Mehr als die Hälfte der Ende 1997 von Nikkei Weekly befragten japanischen Industrieunternehmen hat mitgeteilt, ihre Umsätze in Südostasien seien infolge der Finanzkrise in der Region zurückgegangen (vgl. Isaka, 12.01.1998).

Diese und andere Krisenerscheinungen haben einige Beobachter zu richtigen *Hiobsbotschaften* verleitet; so verglich C. Prestowitz, Präsident des Washingtoner Economic Strategy Institute, Japan mit der *Titanic*, die - sollte sie untergehen - auch den Westen mit sich in den Sog hineinziehen würde.[1]

Diese Wirtschaftskrise ist schwerer und dauert deutlich länger als es viele Verantwortungsträger in der japanischen Wirtschaft wie auch viele Börsenexperten[2] erwartet haben.[3] Insgesamt kann für Japan Ende der 90er eine „*Standort-Neurose*“[4] mit Symptomen wie der Angst vor dem Verlust der internationalen Wettbewerbsfähigkeit, dem Kollaps der Währung, der Flucht des Produktionskapitals ins Ausland, dem Wegfall von Arbeitsplätzen etc.[5] diagnostiziert werden.

Einem japaninteressierten deutschen Personalmanager mag diese japanische Standort-Neurose auch deshalb besonders bemerkenswert vorkommen, weil er noch vor ein paar Jahren (sprich: in einer anderen Phase der "Pendelbewegung") in einem auf Deutsch erschienenen Sammelwerk zum japanischem Personalmanagement nachlesen konnte, daß

- für Japan eine "möglichst angenehme, freudvolle, mit einem Wort optimistische Bewältigung" der Zukunft kennzeichnend sei, die ein positives Gegenstück darstelle
- zu einer angeblich für Deutschland typischen "pessimistischen Arbeitshaltung", den "hedonistisch anmutenden Ansprüchen", der "Angst vor technischem Fortschritt in der Zukunft", der "ständigen Vergangenheitsbewältigung" (sic!) sowie einer "so pessimistischen, so vergangenheitsbezogenen Mündigkeit."[6]

Die Realität scheint derartige eher ideologisch geprägte als wissenschaftlich begründete Japanbilder unmißverständlich widerlegt zu haben. Für das heutige Japan trifft vielmehr das zu, was japanische Wissenschaftler bereits in früheren Krisen beobachtet haben, nämlich daß "die ganze Nation in der Ölkrise so verzweifelt [war], daß man es nicht mitansehen konnte"[7] (so T.Suzuki) und daß sogar die "Gefühle der Selbstverachtung"[8] aufgekommen sind (so K. Imai

---

[1] vgl. Prestowitz, April 16, 1998, S.15. Auch ein anderer amerikanischer Wissenschaftler, R. Dornbusch von MIT, glaubt, "Japan is flirting with bancruptcy" (Dornbusch, 26.02.1998, S. 52).

[2] Die Prognosen der Experten für den Nikkei-Index für das Jahr 1998 schwankten Anfang 1998 von 13000 bis zu 20000 Punkten (vgl. zum Überblick Klotz, 1998, S.11).

[3] Die japanische Regierung will natürlich dem düsteren Entwicklungsszenario entgegenwirken (vgl. zu den Maßnahmen z.B. Köhler, 27.03.1998, S.29; o.V.: Regierung in Tokyo plant größtes Konjunkturprogramm aller Zeiten, 27.03.1998, S.29). Als Voraussetzung für den gesamtwirtschaftlichen Aufschwung in Japan ist offensichtlich eine ganze Reihe von interdependenten konjunktur-, struktur-, steuer-, handels-, geld- und währungspolitischen sowie anderen Faktoren zu sehen, die weit über das Problemfeld der vorliegenden Arbeit hinausgehen und hier nicht weiter behandelt werden können. Für die hier angestrebte Auseinandersetzung mit *Innovationsprozessen* auf der *einzelbetrieblichen Ebene* sind die Situation und die Zukunftsperspektiven von *global agierenden technologieintensiven japanischen Spitzenunternehmen* (mit denen ja die deutschen Firmen zu konkurrieren haben) wesentlich relevanter als die gesamtwirtschaftlichen Prognosen, die sich vielfach auf das nationale Umfeld („Business Environment") dieser Unternehmen beziehen. Im weiteren soll die Darstellung auf diese Spitzenfirmen beschränkt bleiben.

[4] Dieser Begriff wurde dem Beitrag von Dill, 21.08.1996, S. VI, entnommen.

[5] "Düsternis und Schwermut lasten auf dem Inselreich", schrieb DIE ZEIT über Japan im Dezember 1997 (Sommer, 26.12.1997, S.4); vgl. hierzu aus japanischer Sicht Katô, 1997, S. 31 ff. und Sakakibara in: Wir haben die Orientierung verloren," 1998, S. 112 f.

[6] Alexander, 1994, S. 83, 87.

[7] T. Suzuki, 1990, S. 142.

[8] vgl. Imai, Nr. 4, 1996, S. 38. Auch persönliche Eindrücke des Verfassers von seinen Gesprächen mit japanischen Kollegen, Mitgliedern der *Euro-Asia-Management Studies Association*, zeugen vielmehr von einer

über die Rezession der frühen 90er Jahre). In der jetzigen Rezession sieht es nicht viel anders aus: Einer im Mai und Juni 1998 durchgeführten Umfrage zufolge hatten die Japaner die pessimistischsten Zukunftserwartungen unter 29 untersuchten Nationen.[1]

Diese sich breit machende Krisenstimmung kann auch in der neueren innerjapanischen Debatte über das *Managementsystem* diagnostiziert werden.

1.3.2 Das aktuelle Selbstbild des Japanese-style Management

Um die obige These über die Krisenstimmung in Japan in Bezug auf das nationale Management- und Wirtschaftssystem zu belegen, sollen an dieser Stelle prominente japanische Experten und Entscheidungsträger aus Politik und Wirtschaft zu Wort kommen:

Tabelle 1.2: **Krisenstimmen aus Japan**

"Das System, das wir in den 50 Jahren seit dem Zweiten Weltkrieg aufgebaut haben, stößt überall an seine Grenzen. Das gilt sowohl für die Gesellschaft, die Industrie als auch für die Bürokratie"[2];

"... I strongly feel that the political, economic, and social systems that have supported Japan's advancement to date are reaching an impasse in various respects, with a resulting loss of vitality and orientation in every sector of society. ... If we fail to tackle the problems now before us, contenting ourselves with symptomatic treatment instead of radical surgery, our country's very future may be jeopardized"[3];

"... (T)he Japanese business community is now in the midst of the painful process of re-evaluating corporate capitalism and its management system"[4];

"... Japan must rethink its basic economic system"[5];

"The existing socioeconomic system ... is now reaching the limit of its effectiveness and has even become an impediment to further progress. Japan is to regain its identity and sense of direction."[6];

"Japanese businesspeople and bureaucrats alike have lost confidence in their established system of corporate capitalism. This change from excessive self-confidence, which had prevailed in the late 1980s ... to very severe self-criticism, is indeed very dramatic"[7];

"Corporate Japan currently is engaged in a close self-examination"[8];

"Unsere Industrie hat ihr Selbstvertrauen verloren."[9]

Die Liste mit Aussagen dieser Art kann man noch lange fortsetzen, aber die oben angeführten mögen genügen. Hervorzuheben ist lediglich die Besonderheit der Autorenschaft: Hashimoto war Ministerpräsident Japans, Toyoda war Vorsitzender und Ishihara war Chairman des

großen Besorgnis über die Zukunftsperspektiven der japanischen Wirtschaft als von einer "freudvollen Zukunftsbewältigung."

[1] vgl. o.V.: Yet another Asian value, August 1st, 1998, S. 54.
[2] "Ich sehe Gefahren," 1995.
[3] Toyoda, An Attractive Japan - A Word of Introduction from the Chairman, January 1996.
[4] Ishihara, August 1995.
[5] Takao/Nemoto, 1995.
[6] An Attractive Japan: Keidanren's Vision for 2020 (Provisional Summary), January 1996.
[7] Ishihara, August 1995.
[8] JETRO, 1993, Teil „Changes in Corporate Philosophy, Behaviour."
[9] "Ich sehe Gefahren" - Interview mit R..Hashimoto über die Krise Japans, 1995.

einflußreichen Unternehmensverbandes *KEIDANREN*, in dem 1200 Unternehmen vertreten sind,[1] Takao und Nemoto sind Experten des bekannten Nomura Research Institute.

Wenn also heute so viele japanische Entscheidungsträger unisono von einer *Systemkrise* sprechen, ist es einerseits kein Wunder, daß auch im Westen sich das "Pendel" Richtung Negation wieder bewegt. Andererseits aber gilt es, die brisante Frage zu stellen, was diese Krisenmeldungen für das Management im einzelnen bedeuten können?

Brisanz hat diese Frage offensichtlich nicht nur für das japanische, sondern auch für das westliche, u.a. das *deutsche* Management. Denn: Wenn dem wirklich so sein sollte, daß "... Japan Inc. was a façade, the economic miracle was a myth and the Pacific Century would last a decade,"[2] so sollte man sich in Westeuropa und den USA angesichts des im Abschnitt 1.2 festgestellten, lange anhaltenden "Learning Boom" von Japan fragen, *was man denn eigentlich von Japan lernen wollte*? Wenn das japanische Managementsystem sich mittlerweile in eine Sackgasse hineinmanövriert haben sollte - *wird uns als Nachahmer das gleiche Schicksal mit einem kurzen Zeitaufschub treffen*?

Mit anderen Worten: Wie sollte man heute als westlicher Managementforscher mit diesen japanischen Krisenmeldungen umgehen?

Die mögliche Antwort, die in der vorliegenden Arbeit angeboten und belegt werden soll, läßt sich in drei interdependente Komponenten aufteilen.
Die erste Teilantwort lautet: *Kultur- und historiebewußt betrachten und nicht alles wörtlich interpretieren.*
Die zweite lautet: *Grundsätzlich ernst nehmen, den tieferliegenden Gründen nachgehen und die Fakten differenziert analysieren.*
Die dritte lautet: *Japanische Probleme auch als Anlaß zur Selbst-Erkenntnis nutzen.*

Zur ersten Teilantwort. Sofern bisherige Erfahrungen mit den Japankrisen hilfreich sein können, sprechen sie für eine gewisse Vorsicht gegenüber einer zu wörtlichen Interpretation von medienwirksamen Hiobsbotschaften. Autoren wie M. Koji, Generaldirektor des Center for International Economic Studies, empfehlen folgerichtig, daß "It might be good to remember that discussions of the collapse of the Japanese corporate system have continued practically without halt for the past 40 years."[3] Die meisten dieser düsteren Prophezeiungen waren bisher bestenfalls dürftig belegt.[4] Speziell im Hinblick auf die personalwirtschaftliche Problematik, die für die vorliegende Arbeit eine ganz zentrale Rolle spielt und im Mittelpunkt ihres IV. Teils stehen wird, läßt sich diese kumulierte Erfahrung mit Wakita folgendermaßen zusammenfassen:

---

[1] zur Rolle von KEIDANREN vgl. detailliert z.B. bereits bei Vogel, 1979, S. 113 ff. sowie Toyoda, 1994, S. 72 f.
[2] Bartholet, 08.07.1996, S. 36; hervorgehoben d. d. Verf.
[3] Koji, 1998.
[4] vgl. zu dieser Feststellung Dirks, 1995, S. 118 f. sowie Buckley/Mirza, 1985, S. 26.

> "Japanese newspaper articles have announced the collapse of Japanese-style management repeatedly during the last 20 years; in recessions the press warns that firms are about to fire vast numbers of middle-aged workers, and in booms it deplores young workers' movement to better jobs - basing both claims on the flimsiest anecdotal evidence. The fact is that the Japanese ... labor market practices are not going to change drastically."[1]

Bemerkenswert erscheint in diesem Zusammenhang die Beobachtung eines amerikanischen Magazins, derzufolge die besonders pessimistischen Prognosen in der heutigen Rezessionsphase ausgerechnet *von Japanern selbst* kommen.[2] Diese Beobachtung kann mit Abegglen, einem der profundesten westlichen Kenner des Japanese-style Management, unter anderem auf folgenden wichtigen Aspekt der nationalen Kultur Japans zurückgeführt werden: "Japanese generally are much given to self-criticism and denigration."[3] Dafür spricht auch die Beobachtung von Porter, der als spezifisches Merkmal der japanischen Unternehmen einen "gewissen Pessimismus und ein "Sich-nie-sicher-sein" festgestellt haben will:

> "Fast jeder [japanische] Manager kann aus dem Steckgreif die zehn, zwölf dringendsten Probleme seines Unternehmens aufzählen; wollte man ihm die Stärken entlocken, wäre das für ihn wahrscheinlich wie Zähne ziehen."[4]

Für diese Bemerkungen der westlichen Autoren lassen sich auch im japanischen Selbstbild Pendants finden; so z.B. bemerkt T. Suzuki zum japanischen Charakter, daß die Japaner entweder maßlos überheblich sind oder in extreme Selbstunterschätzung verfallen.[5]

In diesem Zusammenhang sollte man auch den sozio-ökonomischen und psychologischen Ausgangskontext berücksichtigen, aus dem Japan in die Krise hineingerutscht ist und der eine mögliche Überreaktion auch etwas verständlicher macht. Die gegenwärtigen Probleme[6] haben Japan aus dem seligen Zustand eines siegessicheren wirtschafts- und sozialpolitischen Musterknaben (*"well-managed society, perhaps the best in the world,"*[7] so Farrell) praktisch in die psychologische Gefühlslage eines totalen Versagers versetzt. Versteht man allerdings die jedem Wandelzustand immanenten Probleme als Zeichen der *Normalität*, kann man mit Hielscher die aktuelle Entwicklung sogar dahingehend interpretieren, daß Japan sich inzwischen auf dem Weg zu einem "normalen G-7-Land"[8] vielmehr als auf dem Weg in den Ruin befindet.

---

[1] Wakita, April 1995.
[2] vgl. Bartholet, 08.07.1996, S. 38; vgl. in diesem Zusammenhang auch die Forderung von E. Sakakibara, damals Vize-Finanzminister Japans, im Spiegel-Interview im Juni 1998, „Japaner sollten ein wenig mehr Selbstvertrauen besitzen." (Wir haben die Orientierung verloren," 1998, S. 113).
[3] Abegglen, 1996, February 2-9.
[4] Porter, 1991, S. 432.
[5] vgl. T. Suzuki, 1990, S. 142. Diese Maßlosigkeit scheint ein bemerkenswertes japanisches Pendant zum westlichen Pendel-Denkmuster darzustellen.
[6] Neben den oben genannten sozio-ökonomischen Problemen sind auch solche Faktoren wie Terroranschläge der Aum-Sekte, das Hanshin/Awaji-Erdbeben oder starke Turbulenzen auf der politischen Bühne nicht zu vergessen, die auf eine Nation mit überdurchschnittlich starker Unsicherheitsvermeidung (vgl. Hofstede, 1993, S. 133) allesamt nicht gerade beruhigend einwirken.
[7] Farrell, 1996, hervorgehoben d. d. Verf.
[8] vgl. Hielscher, January 1996.

Angesichts dieser Tatsachen ist auf alle Fälle eine *gewisse Vorsicht* angebracht, will man die obigen öffentlich proklamierten Thesen zum Kollaps des Japanese-style Management analysieren. Darüber hinaus ist im Hinblick auf die Interpretation der japanischen Hiobsbotschaften zu berücksichtigen, daß in der japanischen Sprache (und damit auch der Kultur) zwei feste Begriffe

- *Tatemae* als das, was *öffentlich* geäußert wird, und
- *Honne* als das, was sich der Sprechende dabei *tatsächlich* denkt,

traditionell *nicht* als deckungsgleich gesehen werden.[1]

Also sollte man als Managementforscher versuchen, nicht nur auf das *Tatemae* das Augenmerk zu richten, sondern verstärkt auch dem *Honne* nachzugehen.[2] Im Anschluß an Steffensen/Dirks, die sich u.a. mit personalwirtschaftlicher Transformation in japanischen Unternehmen beschäftigten, kann man in diesem Zusammenhang von der Notwendigkeit sprechen, die *Realität* von der *Rhetorik* deutlich zu trennen.[3]

Zur zweiten Teilantwort: *Realität* von *Rhetorik* trennen und dem japanischen Selbstkritizismus Rechnung tragen heißt natürlich auch nicht, sich über die Tatsachen hinwegsetzen. Ganz im Gegenteil: Die kritischen Stimmen japanischer Entscheidungsträger sind grundsätzlich *sehr ernst* zu nehmen.

Diese Schlußfolgerung erscheint angesichts der oben angeführten Daten zur Rezession in Japan trivial. Wichtig ist allerdings, folgendes mitzuberücksichtigen: Die als „japanischer Krisenchor" zitierten Aussagen wurden 1995 und 1996 gemacht, d.h. noch **vor** dem Ausbruch der Finanz- und Währungskrise in Asien und **vor** der radikalen Verschlechterung der wirtschaftlichen Situation in Japan im Frühjahr 1998. Mit anderen Worten: Die schwierige Situation der 90er Jahre hat in Japan insgesamt etwas anderes ausgelöst als bloß eine übliche Mißstimmung, die mit dem Beginn einer Rezession entsteht und sich mit dem nächsten Aufschwung leicht auflöst.

Viele Probleme, die japanische Unternehmen heute zu lösen haben, sind durch *weltweite* - also auch für *deutsche* Firmen relevante - soziale, ökonomische und technologische Trends ausgelöst, die über den aktuellen konjunkturellen Kontext hinausgehen, einen langfristigen Charakter haben und (zum Teil jedenfalls) auch Chancen für entwicklungsfähige Unternehmen und Volkswirtschaften bieten; als Beispiele[4] seien der steigende Wettbewerbsdruck, der zunehmende Zwang zur Entwicklung von Produktinnovationen, die Deregulierung, der Trend zur Dienstleistungsgesellschaft, der allgemeine Wertewandel, die Alterung der Bevölkerung und die voranschreitende Globalisierung genannt. Auf einige dieser Trends bzw. die Reaktion japanischer Unternehmen wird an geeigneten Stellen in der vorliegenden Arbeit detailliert einzugehen sein.

---

[1] vgl. zu diesen Begriffen z.B. Lafayette De Mente, 1995, S. 6 f. sowie Goodman, 1992, S. 6 f. und Mouer/Sugimoto, 1986, S. 15.
[2] vgl. die dritte Teilantwort.
[3] vgl. Steffensen/Dirks, 1997, S. 191 ff.
[4] vgl. hierzu z.B. Dirks, 1995, S. 120; zum Umweltwandel als Auslöser des Wandels im Personalmanagement und der Restrukturierung der Unternehmen vgl. Steffensen/Dirks, 1997, S. 193 f.

Diese prinzipielle Ähnlichkeit von sozio-ökonomischen und technologischen Problemen deutscher und japanischer Unternehmen an der Schwelle zum 21. Jahrhundert stellt für die vorliegende Arbeit ein sehr wichtiges *Motiv zur tiefgreifenden Auseinandersetzung mit dem Wandel des Japanese-style Management* dar. Um mit Bundespräsident Herzog zu sprechen: Es dürfte schwerfallen, "*zwei Länder zu nennen, die bei gleich großer geographischer Distanz einen ähnlich hohen Grad der Vergleichbarkeit ihrer Probleme in Wirtschaft, Gesellschaft, Kultur und internationalen Beziehungen aufweisen wie Japan und Deutschland.*"[1]

Mit anderen Worten. Die japanischen Krisenstimmen sind für den deutschen Analytiker heute um so mehr von Interesse, weil man in Japan nicht nur über neue, ausgeklügelte Management-Einzeltechniken nachdenkt, sondern vielmehr die *fundamentalen Grundlagen* des gesamten Management-Systems hinterfragt:

> "Waves of change are sweeping Japan's corporate scene as we move further into the 1990s. These changes are bringing new thought and action to all aspects of corporate life, from business strategies and management styles, down through production and distribution systems, personnel policies and staff working conditions."[2]

Daraus resultiert als Schlußfolgerung zwangsläufig, daß *auch in der vorliegenden Arbeit nicht die einzelnen Managementtechniken, sondern vielmehr fundamentale Fragen nach den Grundlagen des Japanese-style Management, speziell des Managements der humanbasierten Innovationsfähigkeit der Unternehmen, wie auch die Frage nach Ursachen, Ablauf und Folgen des aktuellen Wandels dieser Managementgrundlagen im Mittelpunkt stehen sollen.*

Der von R. Herzog gemachte Vergleich von Problemen bestätigt darüber hinaus die These, daß es auch in der Bundesrepublik heute darum geht, daß die "*Grundlagen des Wirtschaftens*" neu überdacht werden müssen, wenn die Existenz des Standortes Deutschland langfristig gesichert werden soll.[3] Das bedeutet, daß in den letzten Jahren deutsche nicht weniger als japanische Unternehmen nicht nur *ökonomisch die Rezession meistern*, sondern auch eine *Sinnkrise bewältigen* mußten.[4] Hier knüpft die dritte Teilantwort an:

Die Bewältigung einer *Sinnkrise* setzt vor allem eine vertiefte Auseinandersetzung mit der eigenen *Identität* voraus. Daß man sich in Japan gerade heute darum bemüht,[5] dürfte nicht sonderlich wundern, weil die Wahrscheinlichkeit für eine bewußte Auseinandersetzung mit Identitätsfragen (*Reflexion* nach Luhmann) bei einer gefährdeten Handlungsfähigkeit, also gerade in solchen Krisenzeiten, in der Regel grundsätzlich steigt.[6] In der Literatur wird zu Recht darauf hingewiesen, daß die Rekonstruktion der Identität an den "Tiefenstrukturen"

---

[1] Herzog, 7.04.1997; hervorgehoben d. d. Verf.
[2] JETRO, 1993, Teil "Introduction: Waves of Change."
[3] vgl. z.B. Maier-Mannhart, 21.08.1996, S. I.
[4] Bleicher, 1994, S. 65.
[5] "Japan is to regain its identity", fordert z.B. KEIDANREN in ihrer Zukunftsvision (vgl. oben unter den „Krisenstimmen").
[6] vgl. Knyphausen-Aufsess, 1995, S. 314, 323.

eines sozialen Systems anzusetzen hat, die in vielen Aspekten einen impliziten Charakter haben.[1] Nun wird dieses implizite Wissen in Japan verbalisiert und über dieses aktiv reflektiert.

Die Reflexion über die *Grundlagen des Japanese-style Management* scheint eines der zentralen Elemente dieser Rekonstruktion der Identität darzustellen. In diesem Zusammenhang sollte man sich als Vertreter einer praxis- und gestaltungsorientierten Wissenschaft wie der Personal- und der Innovationsforschung die Frage stellen, ob es nicht etwas gäbe, was man in Europa vom Japanese-style Management gerade in dieser Sinnkrise lernen könnte?

Während seines Besuches in Japan 1997 hat Roman Herzog als weitere wichtige Determinanten deutsch-japanischer Beziehungen einen *"reichen Schatz gemeinsamer Werte und Erfahrungen"* und *ein Interesse an gemeinsamen Visionen für die Zukunft*[2] hervorgehoben. Zusammen mit der *"frappierenden Ähnlichkeit"* von Problemen bilden diese gemeinsamen Erfahrungen und Interessen einen sehr wichtigen Beweggrund dafür, die intensive Auseinandersetzung mit der Innovationsidentität japanischer Unternehmen auch als Mittel zur *Selbst-Erkenntnis* - d.h. konkret, zur Weiterentwicklung der Theorie und Praxis des deutschen Personal- und Innovationsmanagements - zu nutzen.

Vor diesem Hintergrund ist an dieser Stelle die aktuelle Situation in Japan genauer unter die Lupe zu nehmen und dabei ganz besonders danach zu fragen, wie man *heute* die Leistung des Japanese-style Management bewerten kann. Die hauptsächliche Leistung eines Managementsystems liegt ja offensichtlich in der Wettbewerbsfähigkeit der jeweiligen Unternehmen, und so läßt sich die obige Frage dahingehend umformulieren, wie es heute um die Wettbewerbsfähigkeit japanischer *Top*unternehmen als Wettbewerber der Deutschen bestellt ist? Gibt es zur Zeit jemand in Japan, der auch die Krise - die ökonomische wie auch die Sinnkrise - erfolgreich meistert?

1.3.3 Leistung des Japanese-style Management in der Wirtschaftskrise: "Dynamic Japan" als Untersuchungsfeld der vorliegenden Arbeit

Will man aus einer aktuellen Entwicklung pragmatische Konsequenzen für die Zukunft ableiten, erscheint es vielfach sinnvoll, einen Blick auf die *Vergangenheit* zu werfen. Nicht daß die früheren Erfahrungen sich ohne weiteres auf die Zukunft extrapolieren lassen, aber: Alles hat seine Historie, und ohne aus diesen Erfahrungen gelernt zu haben wird man von der Zukunft selbst dann überrascht, wenn diese Überraschungen sich hätten vermeiden lassen. Was lehrt also die Historie des Krisenmanagements in japanischen Unternehmen?

---

[1] vgl. Kirsch, 1992; Knyphausen-Aufsess, 1995, zum impliziten Wissen vgl. detailliert Polanyi 1958; Holyoak/Spellman, 1993, S. 278 ff. wie auch (insbesondere im Zusammenhang mit der organisationalen Wissenshandhabung und Innovationsgestaltung) Nonaka/Byosiere/Borucki/Konno, 1994, S. 338 f.; Nonaka 1992; Nonaka/Takeuchi 1995, S. 8 ff. u. 59 ff.; Nonaka, 1994, S. 249 ff.; Nonaka, o.J, S. 29 ff.; Nonaka/ Takeuchi/Umemoto, 1996, S. 834 ff.; Müller-Stewens/Osterloh, 1996, S. 19; Foray/Lundvall, 1996, S. 19 ff.
[2] Herzog, 7.04.1997; hervorgehoben d. d. Verf.

1979 stellte Vogel *mit irritierender Aktualität* fest, daß "(t)he Japanese for the last two decades have been caught up in a series of crises, shocks, disasters ... . *Each time there was a wave of panic, and each time Japan rallied to astound the pessimists.*"[1]

10 Jahre später hat auch Porter das Gleiche konstatiert und folgendermaßen verallgemeinert:

> "Alle Schocks (der Nixon-Schock, d.h. der Importaufschlag durch die Vereinigten Staaten, die Erdölschocks, der Yen-Schock) erwiesen sich als starker Anstoß für Fortschritt und Innovation in der japanischen Industrie. ... Aufgenommen mit allgemeiner Bestürzung und Pessimismus, setzten sie die japanische Industrie Anreizen aus, die Innovationslawinen lostraten. *Wären die Schocks nicht gewesen, hätte Japan sie erfinden müssen*"[2].

Nach demselben Grundmuster hat sich die Situation teilweise auch in der ersten Hälfte der 90er Jahre entwickelt. Es gibt "erstaunlich viele"[3] japanische Unternehmen, die die Überbewertung des Yen überlebt haben, konstatierte der stellvertretende *KEIDANREN*-Vorsitzende Sekimoto 1996, und auch die Experten des Nomura Research Institute kamen in einer Studie im Herbst 1996 zum Ergebnis, daß "*Japanese companies hardly lack competitiveness in the global arena. In fact, there is good evidence that some are readying themselves for a renewed assault on world markets.*"[4]

Bewaffnet mit diesen Kenntnissen über die Vergangenheit, die gegenüber den aktuellen Meldungen über den schlagartigen Zusammenbruch des Japanese-style Management auf jeden Fall eine gewisse Vorsicht nahelegen, kann man nun die Situation *Ende der 90er Jahre* unter die Lupe nehmen. Die erste ganz wichtige Frage, die sich in diesem Zusammenhang stellen läßt, lautet folgendermaßen: *Wer genau* ist in der japanischen Wirtschaft heute in der Krise, und wer ist es *nicht*, und *warum*?

An dieser Stelle ist zunächst hilfreich, sich in Erinnerung zu rufen, daß die japanische Wirtschaft traditionell eine *duale Struktur* hat, welche im wesentlichen als Anpassung an den Import von Technologien aus dem Westen in der Nachkriegszeit entstanden ist[5] und die Koexistenz von hochmodernen technologie-, kapital- und innovationsintensiven Sektoren mit mehreren wettbewerbsschwachen, ineffizienten Bereichen bedeutet.

Auf einem Pol dieser dualen Struktur befinden sich Branchen wie die Autoindustrie, Roboter und Elektronik bzw. deren Top-Vertreter wie Toyota oder Sony, die

---

[1] Vogel, 1979, S. 248; hervorgehoben d. d. Verf.
[2] Porter, 1991, S. 422; hervorgehoben d. d. Verf.; vgl. dazu auch Ebenda, S. 149 sowie Hirschbühl, 1990, S. 49.
[3] vgl. Sekimoto, Nr. 4, 1996, S. 28.
[4] "Japan's Resurging Industrial Competitiveness", Autumn 1996, Vol. 5, No. 3, Chapter 1.1; hervorgehoben d. d. Verf. Auch die Analytiker des Dai-Ichi Kangyo Bank Research Institute stellten Mitte 1996 fest, daß "Japanese manufacturers ... have regained their competitive edge and can expect their earnings to rise significantly" (Shiratori, 12.06.1996). Einige dieser Unternehmen haben in der Periode rapiden Wachstums immense Geldressourcen akkumuliert, die ihnen ermöglichen, eine noch so schwierige Krise zu überstehen; so z.B. hat Toyota 20 Mrd. Dollar „in cash" (vgl. Bremner/Capell, 08.09.1997, S.48).
[5] vgl. Ozawa, 1982, S. 3.

- schon seit Jahren der globalen Konkurrenz ausgesetzt waren und
- selbst bei der Aufwertung des Yen von 250 pro Dollar im Jahre 1985 auf 86 bis 90 Yen pro Dollar zehn Jahre später durch umfangreiche Rationalisierungsmaßnahmen ein extrem hohes Produktivitätsniveau ["probably ... the highest level of productivity in the world," so Ishihara[1]] erreicht haben, und
- durch massive Anstrengungen ihre Innovationsfähigkeit in diesem globalen *„economic war where fighting is by weapons of ... innovation“*[2] gestärkt haben.

Auf dem anderen Pol befinden sich dagegen Branchen, die international nie erfolgreich gewesen sind und dank protektionistischer Maßnahmen, Kartellen und Wettbewerbsbeschränkungen dem harten internationalen Wettbewerb bis jetzt weitgehend fernbleiben konnten. Zu diesen Branchen, die durch eine wesentlich niedrigere Produktivität, Effizienz und Innovationskraft gekennzeichnet sind, zählen die Landwirtschaft und die Nahrungsmittelindustrie, der Service, die Bauwirtschaft, das Transportwesen, öffentliche Versorgungsunternehmen, der Einzel- und Großhandel und einige andere.[3]

In diesem Sinne sprach das Magazin Business Week im Januar 1997 von *Two Japans*, zwischen denen heute die Kluft wächst - dem *Slow-Growth Japan* und dem *Dynamic Japan.*[4] In der vorliegenden Arbeit wird das Slow-Growth Japan *nicht* analysiert: Letzen Endes stellt es ein Problem vor allem *für Japan selbst* dar, während die *hocheffizienten, innovationsintensiven, dynamischen Marktführer aus Japan* Probleme für die *deutschen Unternehmen* verursachen. Japanische Spitzenfirmen sind es also, die hier untersucht werden müssen - und an diesen führt an allen wichtigen Märkten *kein Weg vorbei.*[5] Wie ist es heute um die Wettbewerbsfähigkeit des 'Dynamic Japan,“ d.h. der führenden japanischen Industrieunternehmen, bestellt?

Im allgemeinen läßt sich feststellen, daß mehrere Experten „Dynamic Japan“ nicht als Teil des Problems, sondern als Leidtragenden der Krise sehen. So erklärte *KEIDANREN*'s Vice Chairman Maeda im März 1998, Japan habe heute keine *Wirtschaftskrise*, sondern eine *Finanzkrise.*[6] Auch andere japanische und westliche Experten teilen diese Auffassung; als sich die Wirtschaftslage in Japan Ende 1997 massiv verschlechtert hat, konstatierte z.B. das renommierte englische Magazin 'The Economist“ nüchtern, daß “ (o)utside the financial system, Japan's economy remains formidable: many of its manufacturers are world-beaters ... .“[7]

---

[1] Ishihara, August 1995.
[2] Cleland/Bursic, 1992, S. 120, hervorgehoben d. d. Verf.
[3] vgl. Porter, 1991, S. 435 u. 728; Siems, 31.07.1996; Buckley/Mirza, 1985, S. 29; o.V.: A better sort of Japan-basher, 11.01.1991, S. 14; Bremner/Glasdall/Galuszka, 20.01.1997, S. 30 f. Insgesamt lag die Produktivität der japanischer Wirtschaft Anfang der 90er Jahre immer noch hinter dem amerikanischen Niveau zurück (vgl. Porter, 1991, S. 442 u. 303 f.), und in einzelnen Sektoren wie dem Handel liegt sie in Japan um etwa 30% unter dem internationalen Niveau. (vgl. o.V.: Japan erholt sich nur langsam, 8.12.1995).
[4] vgl. Bremner/Glasdall/Galuszka, 20.01.1997, S. 30 f.
[5] vgl. Hirschbühl, 1990, S. 47 sowie die Daten im Abschnitt 1.1 und detailliert Kapitel 9 bis 11.
[6] vgl. Maeda, March 1998. Auch der international bekannte Experte K. Ômae wird im Juni 1998 mit der Aussage zitiert, *die japanische Wirtschaft sei kerngesund* (zit. in: Bork, 10.06.1998, S. 28).
[7] vgl. o.V.: Reality hits Japan, 29.11.1997, S. 13.

Diese Meinung scheinen auch die japanischen „world-beaters" selbst zu vertreten, jedenfalls nach Außen: In einer Umfrage, die Mitte Januar 1998 von Asahi Shimbun bei 52 führenden Unternehmen der Verarbeitungsindustrie und 48 führenden Unternehmen der Dienstleistungsbranche durchgeführt wurde, haben über 80% der Unternehmen ihre pessimistischen Einschätzungen der weiteren Konjunkturentwicklung auf die sinkende Ausgabenfreudigkeit der japanischen Konsumenten[1] und ebenfalls über 80% auf die instabile Lage des japanischen Finanzsystems zurückgeführt, die sich ihrer Ansicht nach durch Pleiten des Wertpapierhauses Yamaichi und der Hokkaido Takushoku Bank weiter verschärft hat;[2] eigene grobe Managementfehler wurden von den befragten Unternehmen als Krisenursache nicht genannt.

Trotz dieser Daten bleibt jedoch die gestellte Frage nach der *Leistung des japanischen Managements* noch größerenteils offen. Um sie zu beantworten, kann man nicht auf der Ebene von ganzen Industrien bleiben und mit aggregierten Daten argumentieren. Es bedarf *konkreter Daten auch über einzelne Unternehmen,* denn nur mit solchen „hart facts" läßt sich feststellen, ob das Japanese-style Management in seinem Wirkungsbereich generell unerfolgreich war oder ob es doch positive Unternehmensbeispiele für *antizyklisch angestiegene* Wettbewerbsfähigkeit gibt.

Einen ersten Hinweis kann folgende Feststellung von Yo. Kobayashi, als früherer CEO und Chairman von Fuji Xerox Co. einer der bekanntesten japanischen Topmanager, geben:

> "... (P)art of the Japanese economy has been doing very well in recent years--companies in the high-tech manufacturing and non-regulated sectors. This is due in part to their more direct exposure to the rapid appreciation of the yen, which has spurred many companies to take serious action to improve their efficiency and competitiveness. Some observers have talked about the Japanese economy becoming polarized into competitive and noncompetitive players ... ."[3]

Solchen *„competitive players doing very well"* wird zwar in der aktuellen westlichen Wirtschaftspresse wesentlich weniger Aufmerksamkeit gewidmet als etwa der Beamtenkorruption in Japan. Nimmt man allerdings genauer die Situation etwa bei den Unternehmen unter die Lupe, die auf der japanischen „Top Ten"-Rangliste des Magazins Far Eastern Economic Review *Jahr für Jahr* ganz oben rangieren (Sony, Toyota, Honda, NEC, Canon und einige andere),[4] läßt sich feststellen, daß es solche *„competitive high-tech manufacturing companies"* in Japan nach wie vor gibt.

In der Tabelle 1.3 sind konkrete Unternehmensbeispiele aus verschiedenen Branchen unter der Überschrift "*Wettbewerbsvorteile trotz Krise*" zusammengefaßt; auf einige dieser Top-

---

[1] Auf den privaten Konsum fallen in Japan rund zwei Drittel des Bruttoinlandproduktes (vgl. z.B. o.V.: Im Kampf gegen die Rezession lockert Japan die Steuerschraube, 11./12./13. April 1998, S.27).

[2] Über 60% dieser japanischen Großunternehmen haben als Ursache für die Instabilität des Finanzsystems eine unverantwortliche Geldvergabepolitik der Finanzinstitutionen zu den Zeiten der Bubble-Economy Ende der 80er Jahre sowie ihre Unfähigkeit hervorgehoben, faule Kredite frühzeitig in Griff zu bekommen (vgl. o.V.: Keiki "gekô" "akka" kyûzô 72 sha, 21.01.1998; o.V.: Business mood grim, survey says, 21.01.1998).

[3] Kobayashi, February 1998.

[4] vgl. diese Liste 1997 in: Far Eastern Economic Review, 25.12.1997-1.01.1998, S. 72 f.

unternehmen wird an geeigneten Stellen in weiteren Kapiteln, insbesondere im Zusammenhang mit den von ihnen durchgeführten Veränderungen im Managamentbereich, näher einzugehen sein (*"Dynamic Japan" als Untersuchungsfeld der vorliegenden Arbeit*).

Die gesamte Situation scheint also in Wirklichkeit viel komplizierter zu sein als wenn es sich tatsächlich um einen allgemeinen Zusammenbruch des japanischen Managementsystems handeln würde. Wie Fingleton bemerkt, "*in the case of virtually every story of financial and economic trouble in Japan in recent years, there has been another side to the story* ... ."[1] Bringt man die beiden Seiten der Story zusammen, lassen sich folgende *Schlüsse* ziehen, die für die Einschätzung der Leistungen und Perspektiven des Japanese-style Management von zentraler Relevanz sind:

Auch im Rezessionsjahr 1997 haben es japanische *Spitzenunternehmen* insbesondere dadurch wieder geschafft, an der Spitze zu bleiben, daß

- sie es nicht versäumt haben, *neue innovative Technologien und Produkte* zu entwickeln und diese
- auf den *Weltmärkten* abzusetzen, d.h. den *unterschiedlichen Bedürfnissen der Kunden* Rechnung zu tragen,
- so daß die gelungene Technologie- und Marktintegration als *hohe Leistung* ihres Managements, insbesondere des *Innovationsmanagements* anzusehen ist,
- während die Tatsache, daß sie diese ökonomischen Erfolge ohne massiven Personalabbau haben erzielen können,[2] darüber hinaus für die Leistung ihres *Personalmanagements* spricht.

Diese Daten von technologie- und innovationsintensiven japanischen Spitzenunternehmen liefern insgesamt einen quantitativen Beweis dafür, daß japanische Topunternehmen nach wie vor über immens starke Krisenbewältigungskräfte verfügen; Abegglen/Stalk haben sie seinerzeit zu Recht als *Überlebenskünstler*[3] bezeichnet.

Vor diesem Hintergrund wäre es m.E. gerade zu den heutigen Zeiten der japanischen Wirtschaftskrise aus der westlichen Sicht besonders *gefährlich*, dieses Anpassungspotential zu ignorieren - und gerade davor warnt mit C.K. Prahalad ein international sehr angesehener Managementexperte die amerikanischen Unternehmen:

> "Average American middle managers think we've beaten the Japanese. They think we've won. They think we're smarter. But they don't understand the nature of the competition. The Japanese have a proven ability to cope with crisis."[4]

---

[1] Fingleton, 1996; hervorgehoben d.d. Verf.

[2] vgl. hierzu detailliert Kapitel 14.

[3] vgl. Abegglen/Stalk, 1986, S. 344.

[4] zit. nach: Henkoff et al, 27.12.1995. Es scheint kein Zufall zu sein, daß gerade C.K. Prahalad als einer der Entwickler des *fähigkeitsorientierten Ansatzes des strategischen Managements* auf diese Krisenbewältigungs-*fähigkeit* der japanischen Unternehmen nachdrücklich aufmerksam macht. In der vorliegenden Arbeit, die vielfach an den fähigkeitsorientierten Ansatz knüpft (vgl. detailliert Kapitel 3), wird darauf näher einzugehen sein.

Tabelle 1.3: **Japanische Topunternehmen 1997: Starke Wettbewerbsvorteile trotz starker Wirtschaftskrise**

Erfolgsstory Honda	**Erfolgsstory Toyota**	**Erfolgsstory Sony**	**Erfolgsstory Nintendo**	**Erfolgsstory Nidec**
Für **Honda** ist 1997 zum erfolgreichsten Jahr der Unternehmensgeschichte geworden: „Honda is expecting to have pulled in a net profit approaching $2 billion on sales of more than $40 billion when it tallies results for its fiscal year ending March 31. And despite the downturn in the Japanese economy last year, the company achieved its long-time goal of selling 800,000 cars domestically. ... The popular Accord was the second best-selling sedan in the U.S. in both 1996 and 1997.“[1]	Auch für **Toyota** war 1997 ein erfolgreiches Jahr[2]: “Toyota Motor Corp. expects consolidated net profit to rise 17% to about 450 billion yen in the year ended March [1998, A.d.V.], buoyed by strong sales in the U.S. and improved export profitability from the weaker yen, company officials said.“ [3]	Ähnlich gut geht es in der allgemeinen Krise **Sony**: “Sony Corp. will increase its dividend payment in the current fiscal year through March 1999 for the third consecutive year. The company estimates consolidated net profit in the fiscal year ended March at a record 220 billion yen, up 58% over the previous year ... . Moreover, the consumer electronics giant expects to break last year's record on the strength of the growing popularity of its digital electronic products, including MiniDiscs and TVs. ...“[4]	Erfolge verbuchte 1997 auch **Nintendo**, Hersteller von elektronischen Spielen: “Nintendo Co. ... announced consolidated net profit up 28% ... for fiscal 1997. Sales grew 28% ... . Foreign markets accounted for 78% of total sales. Pretax profit soared 44% to 157.6 billion yen. Return on equity climbed 1.8 percentage points to 14%.“[5] „Strong exports ... were credited for much of the increase; the weaker yen also played a significant role.“[6] „For fiscal 1998, Nintendo expects group net profit up 19% to 100 billion yen, well beyond the current record of 88.6 billion yen posted in fiscal 1992.“[7]	Auch im Maschinenbaubereich lassen sich positive Beispiele finden, etwa die **Nidec Corp.**: “Nidec Corp. for the third straight year is set to post record high consolidated pretax and net profits in fiscal 1997 ... . High output of small precision motors is behind the strong showing, which is likely to prompt Nidec to add 6 yen to its FY97 annual dividend payment, making the total about 24 yen per share. The precision equipment manufacturer reckons that its group pretax profit jumped 43% from fiscal 1996 to 13.5 billion yen, about 2.5 billion yen more than an earlier forecast, while group net profit climbed a healthy 21% to 6 billion yen“.[8]

[1] Crowell/Murakami, March 13, 1998; vgl. auch weitere Angaben in: o.V.: Honda Motor Nets Record Quarterly Profit, February 19, 1998.
[2] Im Geschäftsjahr 1995 hat Toyota ihren Profit bei leicht gesunkenem Umsatz von 2.5 auf 3.5 Mrd DM erhöht; Honda hat ihren Gewinn 1995 auf 982 Millionen DM erhöht, im Geschäftsjahr 1996 haben ihre Netto-Einkünfte bereits 1.9 Mrd. US-Dollar erreicht (vgl. o.V.: Automobilindustrie: Japaner drehen auf, 1996, S. 101; Naughton/Thornton, September 8, 1997, S. 39; vgl. auch o.V.: Honda Motor expects record pretax profit of around 100 bln yen in FY96, 9.07. 1996).
[3] o.V.: Toyota Motor Sees Group Net Profit Up 17% In FY97, April 27, 1998; Toyotas Absatzmenge auf dem japanischen Binnenmarkt ist allerdings 1997 zurückgegangen (Ebenda) - dafür entwickelten sich Exporte nach Europa positiv (vgl. o.V.: Toyota To Raise Dividend, Buy Back 100 Bln Yen In Shares, February 25, 1998).
[4] o.V.: High-Flying Sony To Raise Dividend In FY98, April 7, 1998.
[5] o.V.: Group Earnings: Nintendo Records 28% Rise In Net Profit For FY97, May 15, 1998.
[6] o.V.: Group Earnings: Nintendo Estimates 46% Rise In FY97 Pretax Profit, April 9, 1998.
[7] o.V.: Group Earnings: Nintendo Records 28% Rise In Net Profit For FY97, May 15, 1998.
[8] o.V.: Group Earnings: Nidec To Post Record High Profit, April 8, 1998.

Viele amerikanische Unternehmen, die bislang Japan als unerschöpfliche Quelle von neuen Managementideen betrachteten, scheinen heute tatsächlich dem Wunschdenken zu verfallen bzw. zu glauben, daß es mit dem Wettbewerber Japan vorbei ist. Abegglen spricht in diesem Zusammenhang von einer "widespread impression in America that somehow, while the U.S. economy has recovered and competitiveness regained, a weakened Japan poses little competitive threat."[1]

Daß Prahalad und Abegglen *amerikanische* Unternehmen warnen, bedeutet jedoch keinesfalls, daß ihre Argumente für deutsche Firmen und deutsche Managementdiskussion belanglos sind. Der Westen macht heute wieder denselben Fehler, japanische Unternehmen zu unterschätzen - appelliert an seine Berufskollegen Ende 1996 R. Gündling, Leiter des Japan-Geschäfts bei *Siemens*,[2] und auch der Präsident des Bundesverbandes der deutschen Industrie H.-O. Henkel weiß: "**Die Krise der japanischen Wirtschaft kann für uns kein Ruhekissen sein. Japan hat es stets verstanden, gestärkt aus seinen Krisen hervorzugehen.**"[3]

Die Wettbewerbserfolge von Sony, Honda, Nintendo etc. haben deutlich gezeigt, daß die japanische Finanzkrise, die Asienkrise und andere negative Umwelttrends die „japanische Herausforderung" nicht endgültig *aufgehoben*, sondern vielmehr etwas *aufgeschoben* und, was noch wichtiger ist, gewissermaßen "*verschoben*" haben. Mit anderen Worten: Sie haben demonstriert, daß man nicht von einer 'japanischen Herausforderung" im allgemeinen,[4] sondern immer von sehr konkreten Herausforderungen 'fokussiert"[5] sprechen sollte, die vielmehr von ganz konkreten, anpassungs- bzw. innovationsfähigen japanischen Spitzenunternehmen als von einer mythischen "Japan AG" ausgehen.

Es erscheint vor diesem Hintergrund sehr wichtig, die Entwicklung gerade bei solchen japanischen Spitzenunternehmen heute aufmerksam zu verfolgen. Um die in der jüngsten Zeit erreichten Wettbewerbserfolge zu sichern bzw. auszubauen und die früher gemachten Wahrnehmungs- und Einschätzungsfehler nicht zu wiederholen, sollten die deutschen Unternehmen sich nach wie vor mit der Prognose möglicher Aktionen und Reaktionen der japanischen Wettbewerber - und daher auch mit der Analyse ihrer *Innovationsidentität als Handlungsgrundlage* - intensiv beschäftigen. "*Better the enemy known than the enemy unknown*", wie die Engländer - und das Einmaleins des strategischen Managements - sagen. Dazu einen Beitrag zu leisten, ist ein wichtiges *praxisrelevantes* Ziel der vorliegenden Arbeit.

---

[1] Abegglen, 1996, February 2-9; vgl. auch Holdridge, in: o. V: Tracking Japanese Technology, Summer 1994.
[2] vgl. "Scheibe abschneiden", 12.9.1996, S. 58; vgl. ähnlich auch F. Hirschbühl, Carl Zeiss-Direktor in Japan (Hirschbühl, 1990, S. 48) sowie Ziesemer, 13.7.1995, S. 56.
[3] Henkel, 18.09.1996.
[4] vgl. hierzu auch die im Abschnitt 1.2.1 zitierte These von Rapp (Fußnote 11).
[5] Diese „Fokussierung" bzw. Konkretisierung kann man sich leicht veranschaulichen, indem man z.B. die in der Tabelle 1.3 angeführten Gewinnraten der Topfirmen vor dem Hintergrund der allgemeinen Gewinnsituation börsennotierter japanischer Unternehmen im Krisenjahr 1997 betrachtet: "According to a Nikkei survey ... of 1,744 companies, excluding the financial industry, ... (t)otal pretax profits ... declined 4.9% in fiscal 1997 from the previous year, the first decline in four years ... . Pretax profits among manufacturers dropped by 6.9%." (o.V.: Japanese Corporate Net Profits Slide 24.5% In FY97: Nikkei Survey, April 18, 1998).

Bindet man diese These in den *historischen* Kontext ein, sprich: betrachtet man sie im Zusammenhang mit dem *Pendel-Modell*, lassen sich aus den Ausführungen im 1. Kapitel auch weitere Schlußfolgerungen für die vorliegende Arbeit ableiten.

1.4 Auf der Suche nach der Balance: Schlußfolgerungen zur Betrachtung des Japanese-style Management in der vorliegenden Arbeit

Oben wurde bereits festgestellt, daß das westliche *Wahrnehmungspendel* heute wieder in Bewegung Richtung Negation begriffen ist. J.Abegglen, der die Entwicklung des Japanese-style Management seit den 50er Jahren verfolgte und auch japanische Unternehmen beriet, machte 1996 eine sehr ernüchternde Feststellung hierzu:

> "The views of the 1980s of an all-conquering Japan, taking over the world from a brilliantly managed domestic base, were a gross overstatement. So too the current view of Japan as financial, industrial and sociological failure has too rather little to do with Japan's reality."[1]

Mehrere westliche Experten haben schon vor Jahren die Gefahr erkannt, die sich hinter diesem Pendel-Denkmuster verbirgt, und auf diese wiederholt hingewiesen:

> "Western assessment of Japanese capabilities tend to oscillate between total awe and serious underestimation."[2]

> "Westerners looking at Japan tend to follow one of two extremes: Either they see it as a kind of superhuman economic powerhouse that somehow always comes out on top, or they expect Japan to collapse at any moment. The former view breeds uncritical admiration or fear, the latter contempt or pity."[3]

Die obigen Ausführungen im Kapitel 1 mögen bewiesen haben, wie wichtig es für die westliche Managementtheorie und -praxis gerade heute ist, sich von diesem Pendel-Denkmuster *zu distanzieren*. Mit Abegglen kann ihre neu anzustrebende Grundeinstellung dem Japanese-style Management gegenüber folgendermaßen beschrieben werden kann:

> "For a few years, it was perceived that Japanese companies could do nothing wrong, which was quite inaccurate; now the perception is that they can do nothing right. You'd think we'd be able to *maintain some kind of balance*."[4]

Dieser Aufforderung, das Pendel zum Gleichgewicht zu bringen, soll in der *vorliegenden Arbeit* vor allem dadurch Rechnung getragen werden, daß *man die humanbasierte Innovationsidentität der Unternehmen als ein grundsätzlich ambivalentes Phänomen wahrnimmt, das sowohl die idiosynkratischen Stärken wie auch die idiosynkratischen Schwächen der Unternehmen im Wettbewerb bedingt.*

---

[1] Abegglen, 1996, February 2-9.
[2] Mroczkowski/Hanaoka, 1989, S. 52.
[3] Hielscher, January 1996.
[4] Abegglen, March 1996; hervorgehoben d. d. Verf.; vgl. auch A. Shipley, zit. in: Bartholet, 08.07.1996, S. 36.

Neben dieser zentralen Schlußfolgerung sind aufgrund der Ausführungen des 1. Kapitels an dieser Stelle auch weitere Thesen zu formulieren, die die Auseinandersetzung mit dem Japanese-style Management in der vorliegenden Arbeit grundsätzlich prägen:

- Betrachtet man die Analyse des Japanese-style Management als relevante Aufgabe der betriebswirtschaftlichen Personal- und Innovationsforschung, die auch als Mittel zur *Selbst-Erkenntnis* dienen sollte, ist vor allem angesichts der hohen Popularität, die japanische Ansätze zum *Wissensmanagement* in den letzten Jahren im deutschsprachigen Raum genießen, im Anschuß an Wüthrich ausdrücklich auf die Gefahr hinzuweisen, daß die "übermäßige Popularität tendenziell einen unkritischen Umgang mit einer Thematik bewirkt und schließlich dazu führen kann, daß Prämissen nicht mehr hinterfragt werden."[1] In der vorliegenden Arbeit wird die Innovationsidentität japanischer Unternehmen mit spezifischen Prozessen der Wissenshandhabung durch die Unternehmensmitglieder in Verbindung gebracht, und dementsprechend soll versucht werden, detailliert die *Prämissen* zu erforschen, die das Besondere an diesen Prozessen bewirken. Wie im weiteren zu zeigen sein wird, liegen diese Prämissen vielfach in der *Eigenart des personellen Identitätsauslegung* und den auf sie abgestimmten konsistenten *Unternehmens-routinen* begründet.

- Das japanische Managementsystem befindet sich heute - offensichtlich ebenso wie sein deutsches Pendant - an einer sehr wichtigen „Wasserscheide". Der sich vollziehende Wandel verändert die Wettbewerbsfähigkeit japanischer Spitzenunternehmen nicht nur im Sinne *„stärker-schwächer,"* sondern vielfach im Sinne *„anders realisiert als bisher."* So gesehen können das Japanese-style Management (auch seine *Fehler*) und der Wandel seiner *Grundlagen* in dieser komplizierten Entwicklungsperiode für den Westen viel *lehrreicher* sein als in den relativ sorgenfreien Wachstumszeiten. Soweit es sich um den Wandel handelt, kommt aber dem Phänomen der *Innovation* eine zentrale Bedeutung zu, und somit verdient auch die Frage nach der *Innovations-Identität* japanischer Unternehmen eine verstärkte Aufmerksamkeit seitens der Theorie wie auch der Praxis des Managements.

- Im Zusammenhang mit Innovation und Wandel ist darüber hinaus festzustellen, daß in Japan nicht nur die traditionell vorhandenen Unterschiede zwischen den Polen der dualen Wirtschaftsstruktur größer werden, sondern auch die Differenzen zwischen den bisher erfolgreichen Unternehmen des „Dynamic Japan" deutlicher als bisher ans Tageslicht kommen. Einige Firmen scheinen den Wandelprozeß der letzten Jahre wesentlich besser bewältigt zu haben als die anderen in den jeweiligen Industrien,[2] und gerade diese japanische Topfirmen verdienen unsere verstärkte Aufmerksamkeit.

Vor diesem Hintergrund kann das japanische Managementmodell nicht mit Hinweis auf seinen vermeintlichen Kollaps pauschal für erledigt erklärt werden, sondern es ist, ganz im Gegenteil, als ein *grundsätzlich lebens- und entwicklungsfähiges* System zu betrachten. Das kritische

---

[1] Wüthrich, 1990, S. 178.

[2] Beispiel: Während es Honda und Toyota, wie die Tabelle 1.3 deutlich zeigte, sehr gut ging, hatte Nissan 1997 Wettbewerbsprobleme und, als Folge, verbuchte deutliche Verluste (vgl. z.B. die Angaben in: o.V.: Nissan Estimates Big Loss, Announces Restructuring, May 20, 1998).

Bewußtsein, das durchaus viele Entscheidungsträger in der japanischen Wirtschaft an den Tag legen, ist somit vor allem anzusehen als ein *"Beweis für einen intensiven intellektuellen Gärungsprozeß, der darauf abzielt, ... Lösungen zu finden."*[1]

Auf der Suche nach diesen Lösungen auf der betrieblichen Ebene werden die bisher in sozialer und ökonomischer Hinsicht effizienten Elemente des Japanese-style Management, *wie im weiteren noch zu zeigen sein wird,* nicht im Crash-Verfahren des Typs Business Reengineering beiseite geräumt, sondern es wird versucht, sie sorgfältig zu *modernisieren*, durch *innovative Elemente zu bereichern* und zu einem synergetischen Bündel zu *integrieren*.

In der "Ära des *Shareholder Value*" sollte man das Gesagte vielleicht auch folgendermaßen umformulieren. Wenn etwa der Aktienmarkt-Guru André Kostolany im Mai 1998 erklärt, Japan sei kein Tigerland, sondern ein reiches und produktives Land, und er habe dort jetzt schon einige Aktien gekauft,[2] ist mitzuberücksichtigen, daß es vielfach gerade das *entwicklungsfähige Japanese-style Management* war, das zum Reichtum und zur Produktivität der Unternehmen stark beigetragen hat und dies höchstwahrscheinlich auch in der Zukunft tun wird.

- Nichtsdestotrotz - ja *gerade deshalb* - gilt es vor dem Hintergrund der oben angeführten Kritik, vor allem in Japan selbst, in der vorliegenden Arbeit auch die *Grenzen zu erforschen*, auf die das personal- und innovationswirtschaftliche Japanese-style Management an der Schwelle zum 21. Jahrhundert stößt. Hier erscheint weder eine selbstvergessene Begeisterung noch eine selbstgefällige Ignoranz angebracht; vielmehr ist zu analysieren, inwiefern diese Grenzen bzw. *Probleme ebenso wie die Systemstärken* auf fundamentaler Betrachtungsebene durch den spezifischen Modus der personellen *Identitätsauslegung der Mitarbeiter* in japanischen Unternehmen und durch den Einsatz entsprechender Unternehmensroutinen bedingt sind.

Bevor die idiosynkratische humanbasierte Innovationsidentität japanischer Unternehmen eingehend analysiert werden kann, soll der *theoretische Bezugsrahmen* für diese Analyse konzipiert und dargestellt werden. Vor allem soll der Begriff *Identität* näher erörtert und das *Konzept der Innovationsidentität* ausgearbeitet werden.

Diesen Aufgaben sind Kapitel 2 und 3 gewidmet.

---

[1] K. Katô, 1997, S. 32. Katô hebt auch zu Recht hervor, daß dieses kritische Bewußtsein wesentlich früher hätte kommen sollen.

[2] o.V.: „Der Neue Markt ist eine Spielhölle mit gezinkten Karten," 14.05.1998.

KAPITEL 2

EINLEITENDE ÜBERLEGUNGEN ZUM BEGRIFF DER IDENTITÄT

"*Der Name offenbart das Wesen.*"
(Japanischer Spruch)[1]

"*Identity* implies a commitment to a way of life ... ."
(R. Helson/ A. J. Stewart/ J. Ostrove)[2]

2.1 Einführung: Definitionen und Ebenen der Identität

In der vorliegenden Arbeit ist von der *humanbasierten Innovationsidentität japanischer Großunternehmen* die Rede. Diesem Konstrukt liegt implizit die Hypothese zugrunde,

- daß diese *Unternehmen* eine Innovationsidentität haben,
- die sich in spezifischen Denk- und Verhaltensweisen ihrer *japanischen Mitarbeiter* niederschlägt,[3]
- indem diese Mitarbeiter als Akteure in einem bestimmten *sozio-emotionalen und kognitiven Feld* (sprich: in den *Groß*unternehmen mit ihren spezifischen *personalwirtschaftlichen und organisatorischen Routinen*) Innovationen durchführen.

Bevor diese Grundhypothese im weiteren Ablauf der vorliegenden Arbeit detailliert ausgearbeitet wird, soll an dieser Stelle der *allgemeine Begriff der Identität* näher erörtert werden. Ohne Anspruch auf Vollständigkeit zu erheben, können mindestens *drei Ebenen* der Betrachtung des Phänomens der Identität in der westlichen sozialwissenschaftlichen Literatur unterschieden werden:

Auf der *Personenebene* geht es um die *Identität* bzw. das *Konzept des Selbst des Individuums*[4] und die Bestandteile dieses Konzeptes, insbesondere um die *ethnische Identität* und die *kulturelle Identität*[5] sowie die *soziale Identität*.[6] Auf einer *kollektiven Meso-Ebene* kann man eine *Identität von sozialen Gruppen*, insbesondere die für die vorliegende Arbeit besonders

---

[1] vgl. Takashima, 1985, Nr. 421.
[2] Helson/Stewart/Ostrove, 1995, S. 546.
[3] Die Beschäftigung japanischer Mitarbeiter ist das Entscheidende, was japanische Unternehmen japanisch macht.
[4] vgl. z.B. Erikson, 1973 (1956) u. 1973 (1946), sowie Schubert, 1984; Heinz, 1993. Angesichts der Literaturfülle scheint es im Hinblick auf die Begriffe *Identität* und *Selbst* unmöglich zu sein, eine Einheit im Definitionsbereich zu erlangen (vgl. Breakwell, 1992, S. 3). Es kann allerdings festgestellt werden, daß im Rahmen der *europäischen* Forschungstradition der Begriff Identität insbesondere die *kollektiven* Aspekte der Selbst-Definition impliziert (vgl. Deaux, 1992, S. 13 sowie die Ausführungen im Kapitel 15), und gerade die sozialen, kollektiven Aspekte ergeben sich auch für das Verständnis des *japanischen* interdependenten Construal of Self als ausschlaggebend (vgl. Kapitel 4 bis 7). Vor diesem Hintergrund erscheint es im Hinblick auf die Zielsetzung der vorliegenden Arbeit zweckmäßig, die Begriffe Identität und Self auf der personellen Ebene im weiteren *synonym* zu verwenden.
[5] Sehr intensiv wird z.B. die jüdische Identität diskutiert (vgl. z.B. Horenczyk/Nisan, 1996; Meyer, 1992 und die dort angegebene Literatur); vgl. zur ethnischen Identität Liebkind, 1992; Heinz, 1993 sowie mehrere Quellen bei Kagitçibaishi/Berry, 1989; zur kulturellen Identität vgl. z.B. Ferdman, 1995.
[6] vgl. Tajfel, 1982; detaillierter s.u.

relevante *Unternehmensidentität*[1] hervorheben. Auf der *kollektiven Makro-Ebene* kann man zwischen einer *nationalen Identität*[2] und einer *metanationalen*[3] Identität unterscheiden.

Zwischen diesen Ebenen der Identität scheint es mannigfaltige Wechselwirkungen zu geben. Insbesondere ist hervorzuheben, daß sich die Unternehmensidentität als Identität einer sozialen Gruppe unter dem starken Einfluß der komplexen Identitäten ihrer Mitglieder bildet, und umgekehrt können die ggf. sehr langfristigen zwischenmenschlichen Beziehungen, die sich aus der Unternehmenszugehörigkeit ergeben, eine zentrale, ggf. konstitutive Rolle für das Selbst-Konzept der Unternehmensmitglieder (ihr *Construal of Self, die Auslegung des eigenen Selbst*) spielen; darauf wird an geeigneter Stelle näher eingegangen.

Insgesamt läßt sich feststellen, daß die Wissenschaftler des 20. Jahrhunderts über die Konzepte des Selbst mit derselben Selbstverständlichkeit sprechen wie die früheren Generationen ihrer Kollegen über die Seele oder den Geist gesprochen haben.[4] Das Konstrukt 'Identität" erfreut sich aber nicht nur in sozialwissenschaftlicher Fachliteratur einer breiten Verwendung: Große deutsche Zeitungen sprechen von der "*Ost-Identität*" einer politischen Partei[5] und von einer *Identität von Fernsehprogrammen*[6], während das Organ des Zentralverbandes des deutschen Handwerks sich mit der Suche nach *Identität von Unternehmerfrauen* beschäftigt.[7]

Diese Beliebtheit scheint grundsätzlich darin begründet zu liegen, daß, in Heideggers Worten, "*(ü)berall, wo und wie wir uns zum Seienden jeglicher Art verhalten, ... wir uns von der Identität angesprochen* [*finden*]."[8] Insbesondere aber scheint der Begriff der Identität in den Situationen aufzutauchen, in denen es sich um eine *Transformation* handelt bzw. um etwas, was ihr Träger subjektiv als fundamentale Herausforderung seiner Denk- und Handlungsweise wahrnimmt. So z.B. läßt die Herausforderung durch andere Gesellschaften, die als fremdartig wahrgenommen werden *und* unter aktuellen Bedingungen ökonomisch und technologisch effizienter sind als die eigene, die Frage nach der eigenen Identität bzw. dem notwendigen Wandel sehr häufig aufkommen; dies wurde im Kapitel 1 am Beispiel des Pendel-Modells bereits gezeigt.

Gerade wegen dieser Popularität und Mehrdimensionalität ist es erforderlich, zu klären, in welchem Sinne der Begriff Identität in der vorliegenden Arbeit verwendet wird. Bei dieser Klärung des Verständnisses von Identität könnte man unterschiedlich vorgehen. Man könnte insbesondere versuchen, eine (angesichts der Literaturfülle in mehreren Wissensbereichen und

---

[1] vgl. Weber, 1985; Kahle, 1988; Kirsch, 1990; Kirsch/Trux, 1981; Kleinfeld, 1992; Große-Oetringhaus, 1996.
[2] vgl. z.B. Schlesinger, 1987 und die dort angegebene Literatur.
[3] So z.B. erforscht das British Journal of Social Psychology die Entwicklung der *europäischen Identität* und deren Verhältnis zu nationalen Identitäten (vgl. Cinnirella, 1997), und der prominente amerikanische Politikwissenschaftler Huntington entwickelt das Konzept einer "*civilization identity*" (vgl. Huntington, 1993 u. 1997) als "the broadest level of identification" (vgl. Huntignton, 1993, S. 24 u. 28).
[4] vgl. Kitzinger, 1992, S. 227f.
[5] vgl. den Titel des Artikels von Bergdoll, 27.05.1997.
[6] vgl. z.B. den Titel eines Artikels von Precht "Die dritten Programme suchen ihre Identität: Bildungsfernsehen, Regionalfernsehen oder Vollprogramm?" in: Die Zeit, 04.04.1997, Nr.15.
[7] vgl. die Titelgeschichte des Deutschen Handwerk-Reports, Nr. 5, Mai 1997, S. 12ff.
[8] Heidegger, 1996 (1957) S. 13, hervorgehoben d. d. Verf. Auch viele andere Philosophen haben sich mit dem Phänomen der Identität eingehend beschäftigt (vgl. z.B. Guzzoni (1981) und die dort analysierte Literatur).

der Vielfalt von Kontexten realistischerweise ziemlich unvollständige) Klassifizierung unterschiedlicher Identitätskonzepte in verschiedenen für die Betriebswirtschaftslehre relevanten sozialwissenschaftlichen Disziplinen wie vor allem der Psychologie, der Anthropologie und der Soziologie[1] vorzunehmen bzw. die entsprechenden Modelle zu rezipieren, um sodann den *eigenen Standort* zu markieren.

In der vorliegenden Arbeit wird eine pragmatischere, objektorientierte Vorgehensweise gewählt,[2] bei der zwischen 2 Stufen der Darstellung unterschieden werden kann. In diesem Kapitel (**Stufe 1**) wird zunächst eine allgemeine Definition der Identität vorgeschlagen, die für *alle* obengenannten Ebenen Gültigkeit haben und ein *grundlegendes Verständnis* sicherstellen soll, das für weitere differenziertere Ausführungen erforderlich ist. Sodann werden (ebenfalls im Kapitel 2) die oben genannten **3 Ebenen der Identität** (Person, Unternehmen, Nation) umrissen, diesmal unter besonderer Berücksichtigung der spezifischen japanischen Identität bzw. der in Japan geführten Identitätsdebatte. Das Ziel wird auf dieser 1. Stufe weniger eine tiefschürfende Analyse möglichst *vieler* Aspekte sein, sondern vielmehr die Vorbereitung des Vorfeldes für eine eingehende Auseinandersetzung *mit einigen wenigen, für die Gestaltung von Innovationen relevanten Dimensionen der Identität*, die in der 2. Stufe erfolgt.

Diese **2. Stufe** wird allerdings nicht an einer bestimmten Stelle im vorliegenden Kapitel erreicht, sondern sie wird an mehreren Stellen in weiteren Kapiteln plaziert, dort, wo sich dies aus der Logik der Arbeit am sinnvollsten ergeben wird, und jeweils werden primär psychologische oder kulturtheoretische oder aber personalwirtschaftliche bzw. führungstheoretische Modelle angewandt.[3] Diese Vorgehensweise kann am ehesten erlauben, den angestrebten interdisziplinären Ansatz zu verfolgen, ohne den das Phänomen der Identität grundsätzlich nicht erschlossen werden kann. Wenn es denn tatsächlich - wie in dieser Arbeit vermutet - *ein Phänomen der humanbasierten Innovationsidentität japanischer Großunternehmen* gibt, kann vermutet werden, daß die durch viele Untersuchungen in verschiedenen Wissenschaftsbereichen gewonnenen Kenntnisse miteinander *im großen und ganzen* kompatibel sein dürften, d.h. ein im wesentlich konsistentes Gebilde feststellen lassen. „Konsistent" soll dabei allerdings nicht als harmonisch und auch nicht unbedingt als funktional verstanden werden: Vielmehr geht es in der vorliegenden Arbeit darum, zu zeigen, daß sich auch die (in welcher Hinsicht auch immer) "negativen," d.h. in der jeweiligen Situation problemschaffenden Komponenten der japanischen Innovationsidentität in das Gesamtkonstrukt einordnen lassen und daß auch ihre Ursache-Wirkungs-Zusammenhänge mit anderen Komponenten (jedenfalls teilweise) ermittelt und aufgezeigt werden können.

---

[1] Insbesondere diese 3 Wissenschaften sind durch eine lange Tradition des "Study of the Self" gekennzeichnet (vgl. Triandis, 1989, S. 506 und die dort angegebene Literatur). In der psychologischen Literatur waren allein in der Dekade von 1981 bis 1990 36445 Einträge mit dem Wort "Self" und mehr als 4500 mit dem Wort Identity registriert (vgl. Deaux, 1992, S. 9).

[2] Sehr pragmatisch ist z.B. auch H. Tajfel (1982) bei der Definition der sozialen Identität (s.u.) vorgegangen.

[3] So werden das japanspezifische Construal of Self im Zusammenhang mit der "interaktiven Kreativität," dem Rollenverhältnis der Individuen in japanischen Organisationen und den sozio-emotionalen Aspekten wie dem Vertrauen in den Kapiteln 6.1 und 7, die nationale japanische Identität in Verbindung mit der Modernisierung und der Übernahme fremderworbener Kulturkomponenten im Kapitel 6.2, die Identität japanischer Unternehmen im Zusammenhang mit spezifischen innovationsrelevanten personalwirtschaftlichen Routinen in den Kapiteln 13 und 14 zur Sprache kommen.

Was ist also grundsätzlich unter dem Wort Identität zu verstehen? Das Duden-Fremdwörterbuch definiert Identität folgendermaßen[1]:

Identität -

1) *vollkommene Gleichheit oder Übereinstimmung (in Bezug auf Dinge oder Personen); Wesensgleichheit; das Existieren von jemandem, etwas als ein Bestimmtes, Individuelles, Unverwechselbares;*
2) *die als "Selbst" erlebte innere Einheit der Person.*

Somit ergeben sich zwei Dimensionen der Identität, die für die weiteren Ausführungen maßgeblich sein werden:

Einmal ist es die Frage nach den Merkmalen, die das "Existieren von jemandem, etwas als ein Bestimmtes" ausmachen, also die Frage nach identitätsstiftenden *Kerneigenschaften.*[2] Vorwegnehmend kann man bereits an dieser Stelle folgende Kerneigenschaften hervorheben, die für die vorliegende Arbeit von zentraler Bedeutung sind:

Grundlegende innovationsrelevante Kerneigenschaft des Construal of Self	**Grundlegende innovationsrelevante Kerneigenschaft der Unternehmensidentität**
spezifische Art der Gestaltung der Beziehung zwischen dem Selbst und den Anderen	spezifische Art der Handhabung des Wissens im organisationsinternen zwischenmenschlichen sozio-emotionalen und kognitiven Feld sowie spezifische Art der Beeinflussung dieses Feldes und seiner Akteure

Wie man sieht, haben diese beiden Kerneigenschaften im wesentlichen einen **prozessualen** Charakter.

Zweitens ist es die Frage nach der inneren Einheit, Konsistenz und dem Fortbestehen im Wandel bzw. nach dem, was Heidegger als "es selber mit ihm selbst dasselbe"[3] bezeichnet hat und was mit der Interpretation der Identität im Psychologischen Wörterbuch als Selbigkeit bzw. die "Einheit und letzthinnige Unveränderlichkeit eines "Selben" (Ding, Individuum, Begriff usw.) in seinem Selbstsein"[4] zusammenhängt.

Im weiteren wird dieses Begriffsverständnis in seinen beiden Dimensionen sowohl auf Individuen als auch auf deren Organisationen bezogen.

2.2 Construal of Self: Identität auf der Personenebene

Geht man grundsätzlich davon aus, daß in der angelsächsischen aber auch in anderen westlichen Kulturen "the self consists of all statements made by a person, overtly or covertly, that include the words "I", "me", "mine", and "myself,"[5] können als wichtige, das Selbst

---

[1] vgl. das Duden Fremdwörterbuch, 1990.
[2] Der Begriff *Kerneigenschaften* wurde Kirsch (1990) entnommen (s.u.).
[3] Heidegger, 1996 (1957) S. 12.
[4] vgl. Psychologisches Wörterbuch, 1976, S. 264.
[5] im Anschluß an Cooley (1902) Triandis, 1989, S. 506.

konstituierende Parameter insbesondere Einstellungen, Überzeugungen und Glaubensvorstellungen, Intentionen, Normen und Werte, sowie die Rollen, die die jeweilige Person übernimmt, hervorgehoben werden; diese Parameter üben Einfluß auf die Selektion, Verarbeitung und Bewertung von Wissenskomponenten durch die Person und damit auch auf ihr soziales Verhalten aus.[1] Da auch die *technologischen Innovationen* aus personalwirtschaftlicher Sicht als **Prozesse der Wissenshandhabung im zwischenmenschlichen Beziehungsfeld** betrachtet werden können, übt das jeweilige Construal of Self notwendigerweise auch einen Einfluß auf die Innovationsidentität aus.

En detail werden das spezifische japanische Construal of Self und seine innovationsrelevanten Auswirkungen in den Kapiteln 4 bis 7 diskutiert. In diesem Abschnitt soll lediglich auf einen zentralen Punkt eingegangen werden, nämlich darauf, *welche* Merkmale dieses Selbstkonzept als *Kern grundlegender innovationsrelevanter Eigenschaften* prinzipiell aufweist.

Bei einem Verständnis der betrieblichen technologischen Innovationsprozesse, das ihre "*essentially social nature*"[2] in den Mittelpunkt stellt, liegt es nahe, insbesondere nach **sozialen Eigenschaften**, die die personelle Identität des Innovationträgers stiften und für die Innovationsgestaltung von Relevanz sind, sowie natürlich auch nach entsprechenden theoretischen Konzepten zu suchen, die diese Eigenschaften behandeln.

Unter den westlichen theoretischen Konzepten, die als Kandidaten hierfür in Frage kommen, soll in erster Linie die *Social Identity Theory* von Tajfel[3] genannt werden. Diese Theorie spielt eine sehr wichtige Rolle gerade im Hinblick auf die "recognition of the *collective aspects of self*"[4] und wird daher als "an important part of a 'European,' non-reductionist approach to the social psychology"[5] angesehen. Sie basiert auf der Erkenntnis, daß die Mitgliedschaft in sozialen Gruppen bzw. Kollektiven eine wichtige Basis für die Selbst-Definition bildet[6] bzw. interpretiert die soziale Identität als „Teil des Selbstkonzeptes eines Individuums ..., der sich aus seinem Wissen um seine Mitgliedschaft in sozialen Gruppen und aus dem Wert und der emotionalen Bedeutung ableitet, mit der diese Mitgliedschaft besetzt ist."[7] Somit bezieht sich die Social Identity Theory auf die individuelle Wahrnehmung der Grenzen zwischen den Gruppenmitgliedern und den Außenstehenden bzw. zwischen "wir" und "sie," und indem sie explizit diese Grenzen anspricht, mißt sie der sozialen Kategorisierung und dem sozialen Vergleich eine ganz zentrale Rolle bei.[8]

---

[1] vgl. Triandis, 1989, S. 506; zu den Zusammenhängen zwischen der Identität und den Rollen vgl. z.B. Thoits, 1992.
[2] vgl. Rickards, 1991, S. 105.
[3] vgl. Tajfel, 1978; Tajfel, 1982 u.a.
[4] vgl. Deaux, 1992, S. 12f.
[5] Abrams, 1992, S. 57.
[6] vgl. auch Erikson, 1956/1973, S. 124; Schubert (o.J., S. 121 u. 1992, S. 201); Deaux et al., 1995, S. 280.
[7] Tajfel 1982, S. 102. Zum Konzept des Self in westlichen Sozialwissenschaften vgl. einen Überblick bei Banaji/Prentice, 1994 und die dort zitierten zahlreichen Quellen; zur Social Identity vgl. van Knippenberg/van Oers, 1984; Turner/Oakes, 1986; Mummendey, 1985; Abrams/Hogg, 1990; Abrams, 1992.
[8] zum sozialen Vergleich und sozialer Kategorisierung vgl. auch Tajfel, 1982, S.101ff.

Dementsprechend wird im Rahmen der insbesondere von Turner entwickelten *Self-Categorization Theory* zwischen der *Social Identity* und der *Personal Identity* als unterschiedlichen Ebenen der Self-Categorization unterschieden:

> "Personal identity refers to self-categories that define the individual as a unique person in terms of his or her individual differences from other (in-group) persons. Social identity refers to social categorizations of self and others, self-categories that define the individual in terms of his or her shared similarities with members of certain social categories in contrast to other social categories."[1]

Angesichts der ggf. großen Anzahl dieser sozialen Kategorien stellt die soziale Identität ein komplexes Konstrukt dar, bei dem verschiedene Formen zu unterscheiden sind,[2] zwischen denen ggf. hierarchische Beziehungen bestehen können.[3]

Dieses Konzept der sozialen Identität liefert einen wichtigen Gedanken, der den weiteren Überlegungen als Ausgangspunkt dienen kann: Es unterstreicht den Einfluß der Gruppenmitgliedschaft auf die Bildung und Wahrnehmung des Selbst bzw. den *kollektiven Aspekt des Selbst*. Dennoch wird die Social Identity Theory in der vorliegenden Arbeit nicht näher verfolgt. Der Grund dafür liegt darin, daß diesem Konzept - trotz seiner sozialen Ausrichtung - implizit vielfach die klassische westliche Sichtweise des Individuums und die damit zusammenhängenden westlichen Werte und Basisannahmen zugrunde liegen.[4] Da sich die vorliegende Arbeit mit der "*japanischen* Innovationsidentität" beschäftigt, soll sie dagegen vielmehr nach einem Konzept suchen, das gerade die *Differenzen*, gerade das *Besondere* an dem japanischen Selbst-Konstrukt aufzuzeigen erlaubt - das also, was die Identität als *Existieren als ein Unverwechselbares*[5] ausmacht.

Daher scheint es logisch zu sein, sich nicht an die "social identity tradition", sondern insbesondere an die Ideen der Cross-Cultural Psychology zu wenden[6] und nach relevanten theoretischen Konzepten Ausschau zu halten, die von diesen Ideen abgeleitet wurden. Ein solches, in theoretischer Hinsicht wie auch im Hinblick auf die herangezogenen empirischen Belege sehr fundiertes Konzept stellt m.E. insbesondere das vergleichende Modell des **Interdependent vs. Independent Construal of Self** von Markus/Kitayama dar, auf welches im Kapitel 4 detailliert eingegangen wird.

Bei der Darstellung des japanischen Construal of Self wird im weiteren auch auf andere Beiträge vor allem in der psychologischen Literatur rekurriert, die mit dem Modell von Markus/Kitayama kompatibel zu sein scheinen. Knüpft man bereits an dieser Stelle an die Ideen des japanischen Psychologen Kimura an, läßt sich mit seinem deutschen Übersetzer und

---

[1] Turner/Oakes/Haslam/McGarty, 1994, S. 454; vgl. auch Breakwell, 1992, S. 3f.
[2] vgl. z.B. Deaux et al., 1995, S. 280.
[3] vgl. z.B. Horenczyk/Nisan, 1996.
[4] vgl. hierzu Kapitel 4 und Kapitel 15.2.
[5] vgl. Kapitel 2.1.
[6] vgl. dazu Deaux, 1992, S. 13. Auch andere Beiträge, wie z.B. die von Kimura und Hamaguchi (vgl. detailliert Kapitel 4) können diesem "cross-cultural"-Bereich zugeordnet werden, denn sie bedienen sich sehr stark der Komparation zwischen Japan und anderen Kulturen.

Herausgeber Weinmayr vorwegnehmend feststellen, daß das Selbstsein des Menschen "nicht als Bestand und Selbsthabe einer essentiell bestimmten oder *substanzhaft feststehenden* Identität, sondern als *Ereignis und Geschehen einer unablässig und immer wieder neu zu vollziehenden Findung und Realisierung des eigenen individuellen Selbst*"[1] betrachtet werden kann. Im weiteren wird noch zu zeigen sein, daß sich eine kontinuierliche "feststehende" Identität, die in erster Linie durch situations- und umfeld**un**abhängige Attribute der Person gestiftet wird, als eine westliche, insbesondere amerikanische Perspektive ergibt, die von mehreren japanischen Autoren (aus der *Insider-Perspektive*) als zur Analyse der japanischen Eigenart ("*Existieren als ein Unverwechselbares*") ungeeignet bewertet wird.

Folgt man Kimura weiter, läßt sich folgende programmatische Feststellung machen: Man könnte, schreibt er, "... meine Beziehungsfähigkeit, meine Möglichkeit, mich zu etwas zu verhalten, als mein Selbst bezeichnen."[2] Die japanische Auslegung („Construal") des Selbst bzw. die japanische Identität auf der Personenebene kann dementsprechend (im Sinne des "Kernes grundlegender Eigenschaften") als eine **spezifische zwischenmenschliche Beziehungsfähigkeit** interpretiert werden.

Somit tritt nun die Kategorie der Anderen *als identitätsstiftende Komponente für das Selbst* in Erscheinung.[3] Nicht einzelne "feststehende" umfeldunabhängige Attribute der Person, sondern in erster Linie die idiosynkratische *Metafähigkeit* dieser Person zur spezifischen Art der Gestaltung von Beziehungen zu anderen Personen wird in der vorliegenden Arbeit als **prozessuale Kerneigenschaft des japanischen Construal of Self** hervorgehoben. Diese **Art der Gestaltung der Beziehung zwischen dem "Selbst" und den "Anderen"** bzw. die **spezifische Rolle der "Anderen" in der Bildung des "Selbst"** wird an der geeigneten Stelle[4] als zentrale Dimension des japanischen "Selbst" eingehend analysiert, die auch für das Verständnis der Innovationsidentität als Handhabung des Wissens im jeweiligen zwischenmenschlichen Beziehungsfeld eine ausschlaggebende Rolle spielt.

Daß ein *Individuum* eine unverwechselbare Identität besitzt, ist, wie Kirsch zu Recht bemerkt, grundsätzlich nichts Neues - "(u)ngewohnter ist es, auch von einem *sozialen System*, insbesondere von einer *Unternehmung*, zu sagen, es habe eine ganz spezifische Identität."[5] Wie kann dieses Phänomen der *Unternehmensidentität* interpretiert werden?

---

[1] Weinmayr, 1995, S. 180; hervorgehoben d. d. Verf.
[2] Kimura, 1985, S. 44.
[3] Hier sei erwähnt, daß als wesentliche Konnotation des Begriffes der Identität auch in der westlichen Literatur die *Reziprozität* genannt wird (vgl. Weber, 1985, S.36ff.), die allerdings als Vergesellschaftung bzw. Integration in ein bestimmtes soziales System und spätere Individuierung bzw. Unabhängigkeit gegenüber diesem System (vgl. Habermas, 1976, S. 68 sowie den Kommentar in: Kleinfeld, 1992, S. 124f.) interpretiert wird.
[4] vgl. detailliert die Kapitel 4 bis 7.
[5] Kirsch, 1990, S.292; hervorgehoben d. d. Verf.

2.3 Zum Begriff der Identität einer Unternehmung

"Wenn man ... die strukturellen Gegebenheiten, die Verfassung, die Politik und nicht zuletzt auch die Kultur eines Unternehmens beschreibt und mit jenen anderer Unternehmen *vergleicht*, dann kristallisiert sich u.U. *ein Kern grundlegender Eigenschaften* heraus, durch den dieses Unternehmen seine *unverwechselbare Identität* erhält."[1] Diese von Kirsch vorgeschlagene Interpretation der Unternehmensidentität als Kern grundlegender Eigenschaften kann gewissermaßen als Übertragung auf die Unternehmensebene des Gedanken von Erikson angesehen werden, der die *individuelle Identität* in Verbindung mit dem "im Kern des Individuums" Angelegten[2] brachte, so daß diese Interpretation also für mehrere Ebenen der Identität Gültigkeit zu besitzen scheint.

Dementsprechend ist nach identitätsstiftenden Eigenschaften zu suchen, die sich insbesondere über den *Vergleich* feststellen lassen, in *internen Mechanismen des Seins*, Regeln und Normen (wie der Struktur oder Kultur) sowie in Verhaltensmustern nach Außen (vor allem dem *Wettbewerbsverhalten*) niederschlagen und die *Einzigartigkeit* der Unternehmung begründen.[3]

In der deutschsprachigen betriebswirtschaftlichen, auch innovationswirtschaftlichen Literatur der letzten 20 Jahre wurden mehrere Eigenschaften diskutiert, die als Determinanten der Unternehmensidentität in Frage kommen können. Nach Kirsch/Trux ist die *Unternehmensidentität* u.a. durch solche Faktoren geprägt wie die strategische Grundhaltung im Produkt/Markt-Bereich und die Grundhaltung im Bereich der Organisations- und Führungssysteme, den Marketing-Mix, die Ausstattung mit Sach- und Finanzmitteln, die Ziele der das Unternehmen durch die Verfassung oder die Eigentumsverhältnisse beherrschenden Koalition.[4] Große-Oetringhaus sieht die "strategische Identität" der Unternehmung als aufbaubares *Erfolgskonzept* auf der Schlüssigkeit zwischen Vision und Kompetenzen beruhen.[5] Probst, der dieses Phänomen aus systemtheoretischer Perspektive aufgreift und somit die System-/Umwelt-Beziehung in den Vordergrund stellt, versteht unter der Unternehmensidentität das, was ein System Unternehmung „einmalig und eindeutig erkennbar macht;"[6] diese "auf den systemspezifischen Ordnungsmustern beruhende Identität" kommt nach seiner Auffassung zum Ausdruck "sowohl in der Kultur und der strukturellen Konfiguration als auch im Eigenbild des Unternehmens oder den Verhaltensmustern seiner Mitarbeiter."[7]

Von Kupsch/Marr/Picot wird die Unternehmensidentität als einer der zu berücksichtigenden Rahmenfaktoren auch für *innovationswirtschaftliche* Entscheidungen gesehen, wobei Unterschiede zwischen der *hard identity* und der *soft identity* gezogen werden: Die *hard identity* sei durch strukturelle Gegebenheiten, insbesondere die Organisationsstruktur, aber

---

[1] Kirsch, 1990, S.292; hervorgehoben d. d. Verf.; vgl. auch Stock, 1991, S. 614.
[2] vgl. Erikson, 1973 (1956), S. 124.
[3] Bereits hier kann darauf hingewiesen werden, daß dieses Verständnis der Identität eines Unternehmens dem Verständnis von *Kernkompetenzen* als Grundlage seiner nachhaltigen Wettbewerbsvorteile sehr nahe steht.
[4] vgl. Kirsch/Trux, 1981, S. 316f.
[5] vgl. Große-Oetringhaus, 1996.
[6] Probst, 1992, S. 491.
[7] Ebenda.

auch die Unternehmensgröße, die Verfassung, die Betätigungsfelder etc. gekennzeichnet, während die *soft identity* die Unternehmenskultur widerspiegele und eng mit der strategischen Grundhaltung verbunden sei.[1]

In einer anderen innovationswirtschaftlich orientierten Formulierung von Marr bildet die Unternehmensidentität neben den unternehmenspolitischen Zielen und Grundsätzen *interne Rahmenbedingung für das Innovationsmanagement* und wird durch das Selbstverständnis zentraler Machtträger geprägt, das seinerseits meistens durch die Größe der Organisation, ihre Struktur und Verfassung, die Branche etc. beeinflußt wird.[2] Unterschiede im Innovationsverhalten von Organisationen können demzufolge jedenfalls teilweise auf die jeweilige Unternehmensidentität zurückgeführt werden.[3]

Aus diesen recht unterschiedlichen Konzepten lassen sich zwei für die weiteren Ausführungen wichtige Thesen definitorischer Natur ableiten:

Die **Innovationsidentität** kann erstens als **Kern grundlegender innovationsrelevanter Eigenschaften der Unternehmung** definiert und als wichtige Dimension der Unternehmensidentität analysiert werden. Zweitens kann die **Innovationsidentität** als **vielschichtiges Phänomen** aufgefaßt werden, das mit der jeweiligen *nationalen Kultur*, aber auch mit *strategischen, strukturellen, technologischen, personalbezogenen und anderen unternehmensspezifischen Faktoren* zusammenhängt. Dementsprechend ist sie auch durch die *Historizität* gekennzeichnet, denn im Gegensatz zu biologischen Systemen, die stets eine Identität besitzen, müssen " ... soziale Systeme, insbesondere Organisationen ... ihre Identität erst entwickeln oder “finden“... ."[4]

Will man die Innovationsidentität *japanischer* Unternehmen analysieren, wird offensichtlich, daß die fundamentale gemeinsame Grundlage der Identitäten dieser Unternehmen weder rein strategischer noch etwa rein technologischer Natur sein kann, sondern mit **gemeinsamen Eigenschaften ihrer Mitarbeiter als Träger der spezifischen Identität**, also mit **ihrem Wissen, ihren Fähigkeiten,**[5] und **den fundamentalen Mechanismen zur Gestaltung ihrer zwischenmenschlichen Beziehungen** zu tun hat.[6] Indem im Kapitel 3 die (japanische) Unternehmung als *Netzwerk von zwischenmenschlichen Beziehungen* definiert wird, wird dieses Verständnis der Innovationsidentität deutlich zum Ausdruck gebracht werden. Es geht also bei dieser Identitätsanalyse nicht darum, nach einem, um mit Heinen zu sprechen, mysteriösen Geiste der Organisation zu suchen, sondern darum, theoretische Ansätze anzuwenden, die als Gegenstand “das Zusammenwirken von Individuen und die Herausbildung von einigermaßen dauerhaften Regeln und Gewohnheiten für dieses Zusammenwirken“[7] haben.

---

[1] vgl. Kupsch/Marr/Picot, 1991, S. 1093.
[2] vgl. Marr, 1993a, Sp. 1799f.
[3] vgl. Trux/Müller/Kirsch, 1985b, S. 327.
[4] Kirsch, 1990, S.309.
[5] Als eine der wesentlichen Konnotationen des Begriffes der Identität wird in der Literatur der Bezug zu Kompetenzen sprach- und handlungsfähiger Subjekte genannt (vgl. im Anschluß an Habermas Weber, 1985, S.36ff.).
[6] Eine Parallele läßt sich hier zu dem von Kirsch diskutierten Begriff der "Tiefenstrukturen" herstellen, die hinter dem Handeln von Organisationen und Individuen stehen, in besonderem Maße "Träger" der *Historizität* eines Systems sind und in einer engen Verbindung mit der Kultur eines Landes stehen (vgl. z.B. den Kommentar bei zu Knyphausen-Aufsess, 1995, S.248f.).
[7] So bereits bei Heinen, 1981, S. 135.

Schließlich soll noch eine Abgrenzung zu dem Begriff vorgenommen werden, der von Wissenschaftlern und Praktikern etwa seit Mitte der 70er Jahre aktiv behandelt wird (wobei diese Mode heute wenigstens in Deutschland vorbei zu sein scheint) - der *Corporate Identity*. Für diesen Begriff gilt vielfach dasselbe, was einige kritisch gesinnte Autoren auch der Diskussion über die Unternehmenskultur attestieren: Es liegt keine weitgehend akzeptierte Begriffsfassung vor, und die Unterschiede zwischen einzelnen Begriffsfassungen sind keineswegs klar und eindeutig.[1] Kritisch sei aber mit Weber vor allem folgendes einzuwenden: Den meisten Konzepten der Corporate Identity liegt die Vorstellung zugrunde, daß

> "... „alles" in einer Unternehmung - Unternehmenspersönlichkeit, Verhalten, Kommunikation und Erscheinungsbild - abgestimmt, zusammenpassend, ... harmonisch etc. sein sollte - Identität wird dabei sehr formal im Sinne von „Gleichheit" verstanden, ohne daß dieser Begriff mit konkreten theoretischen Inhalten gefüllt würde."[2]

Wie oben bereits gesagt, wird dagegen in der vorliegenden Arbeit auch eine "nicht-harmonische," z.B. im Wandel befindliche Identität durchaus als eine Identität verstanden, auch bei einer Unternehmung. Das heißt unter anderem, daß organisationsinterne Innovationsbarrieren, soweit sie einen nicht-zufälligen, langfristigen Charakter haben und auf die praktische Gestaltung von Innovationen im konkreten Unternehmen auf fundamentaler Ebene einwirken, *auch* als Element der Innovationsidentität des jeweiligen Unternehmens anzusehen sind - zumal das, was heute eine (auch mentale) Barriere für eine bestimmte Art von Innovationen bildet, morgen sehr förderlich für eine andere Innovationsart sein kann. Große Revolutionäre sind bekannterweise nicht unbedingt willens und auch nicht unbedingt sonderlich befähigt dazu, durch kleine, evolutionäre inkrementale Neuerungen das bereits Vorhandene zu verbessern bzw. weiter zu vervollkommnen. So sind humanbasierte *Stärken* und *Schwächen* der Unternehmung - auch als Begriff des Strategischen Managements verstanden - vielfach situationsgebunden und entlarven sich als solche nur im Hinblick auf konkrete Umweltanforderungen; daher muß die Innovationsidentität ebenfalls sowohl Stärken wie auch Schwächen umfassen.

2.4 "Nihonjinron" als Identitätssuche einer Zivilisation und ihr Einfluß auf die japanischen Unternehmen

> *"Japan ist ... heute mehr denn je dazu aufgefordert,*
> *seine ... Identität zu suchen."*
> (T. Aoki)[3]

Die zivilisationsbezogene Ebene der Identität soll hier nicht allgemeintheoretisch analysiert werden, sondern mit Blick auf die *humanbasierte Innovationsidentität japanischer Großunternehmen*. Und Japan wird bemerkenswerterweise in der Literatur aus sehr verschiedenen Perspektiven heraus recht einheitlich als Gesellschaft und Zivilisation zugleich bzw. als Nation, Kultur und Zivilisation zugleich[4] gesehen. Da der Begriff Zivilisation einen umfassenderen

[1] vgl. Kleinfeld, 1992, S.1ff., detailliert: Ebenda, S. 22ff.; zu diesem Punkt der Unternehmenskulturdiskussion vgl. z.B. Wollnik, M., 1991.
[2] Weber, 1985, S.178.
[3] Aoki, 1996, S. 15.
[4] vgl. z.B. Huntignton, 1993; Simonton, 1997, S. 87.

Charakter hat und sowohl sozio-emotionale als auch intellektuelle (u.a. naturwissenschaftliche) Tradition miteinschließt, wurde er hier als Titel genommen. Im weiteren sollen einige Punkte der Diskussion über die Identität der japanischen Zivilisation und deren Mitglieder angesprochen werden.

Es gibt - vielleicht außer der deutschen - kaum eine andere Industrienation, die sich so viel und so ausdrücklich mit der Suche nach den Besonderheiten der eigenen Identität beschäftigt wie es Japan seit Jahrzehnten tut. Es entstand im Zuge dieser Suche so etwas wie eine „literarische Gattung“,[1] die als

> *Nihonron, Nihonjinron, Nihonshakairon* oder *Nihonbunkaron*
>
> [auf Deutsch: Debatten um bzw. Theorien und Abhandlungen über Japan, das Japanertum, die japanische Gesellschaft, die japanische Kultur]

bezeichnet wurde.[2]

Diese Abhandlungen werden von vielen Japanforschern als eine bewußte Suche nach der eigenen japanischen *Identität* interpretiert,[3] und dementsprechend werden sie im weiteren unter dem hier besonders passenden und generell sehr verbreiteten Begriff *Nihonjinron* behandelt. Vorangetrieben von einem “tiefempfundenen Verlangen nach einer Identität“ und einem „Bedürfnis, herauszufinden, “was Japan zu einer Nation von Japanern“ macht,“[4] entwickelte sich *Nihonjinron* im Laufe der Jahre zu einem gesellschaftlichen Phänomen,[5] das in erster Linie der *Selbstidentifikation* und *Selbstverständigung* dienen soll.[6] Eine wichtige Bedeutung, die diesen identitätsbezogenen Abhandlungen beizumessen ist, ist dementsprechend nicht zuletzt darauf zurückzuführen, daß sie viele aktuelle Probleme des Landes[7] in einem tiefgründigeren Kontext betrachten lassen. Man kommt dabei z.B. zur Schlußfolgerung, daß die Lösung der gesellschaftlichen Systemprobleme in Japan nur durch eine Erweiterung der Identität der Japaner gelingen wird - etwa “wenn sich die universalistische Orientierung durchsetzt und wenn sich schließlich eine neue Form der Sozialintegration bildet“.[8] Damit wird die Frage der Identität zur Frage des individuellen und des gesellschaftlichen, aber auch des betrieblichen Wandels - und umgekehrt.

---

[1] vgl. Heise, 1995. Die Bezeichnung „literarisch“ erscheint allerdings bereits zu eng angesichts eines breiten Einsatzes von Massenmedien wie Fernsehen oder Radio (vgl. hierzu z.B. Manabe/Befu, 1993, S.91f.).

[2] vgl. zum Überblick Befu, 1992; Naumann, 1987; Weinmayr, 1995; Heise, 1989; Dale 1986; Mouer/ Sugimoto, 1986; Aoki 1996 und die insbesondere in den letzteren Beiträgen angegebene umfangreiche Literatur.

[3] vgl. T. Suzuki, 1990, S.7; Müller, 1984, S. 540; Hijiya-Kirschnereit, 1990, S. 12.

[4] vgl. Aoki, 1996, S. 110 u. 22. Goregliad (1997, S. 6) zufolge war dieses Bedürfnis für japanische Wissenschaftler auch in anderen Epochen charakteristisch.

[5] Um sich das Ausmaß dieser öffentlichkeitswirksam geführten japanischen Identitätsdebatte zu vergegenwärtigen, seien folgende Statistiken angeführt: Allein zwischen 1946 und 1978 wurden ca. 700 Beiträge zu *Nihonjinron* als Monographien publiziert; berücksichtigt man auch Aufsätze und Essays, dürfte die Gesamtzahl aller Beiträge zur japanischen *Identität* bei weit über 2000 liegen (Angaben des Nomura Research Institute, zitiert in: Aoki, 1996, S. 21 und Dale 1986, S. 15; vgl. auch eine etwas andere Einschätzung bei Manabe/Befu, 1993, S.89). Bei einer derart regen Beteiligung kann es auch nicht wundern, daß diese japanische Identitätssuche ein sehr unterschiedliches intellektuelles Niveau aufweist (vgl. Weinmayr, 1995, S. 177) und zum Teil sogar Formen angenommen hat, die dem Außenstehenden nahezu krankhaft erscheinen mögen (Naumann, 1987, S. 174).

[6] vgl. zu den obigen Thesen Mouer/Sugimoto, 1986, S. 134ff.; Weinmayr, 1995, S. 177.

[7] vgl. zu einigen dieser Probleme Kapitel 1.

[8] Eswein, 1996.

Der wissenschaftlich geprägte Teil der Diskussion über die japanische Identität hat einen *komparativen*, d.h. kulturvergleichenden Charakter und ist bemerkenswerterweise sehr *interdisziplinär* angelegt. Der berufliche Hintergrund ihrer prominenten Teilnehmer (deren Bücher in Japan vielfach zu Bestsellern geworden sind) kann als guter Indikator hierfür dienen: T. Suzuki ist Soziolinguist, B. Kimura gilt als "der gegenwärtig bedeutendste Repräsentant der phänomenologischen Psychopathologie in Japan,“[1] T. Doi ist Psychiater und Psychoanalytiker, Ch. Nakane und S. Kumon sind Soziologen, T. Lebra ist Anthropologin - um nur einige tonangebende Namen zu nennen. Dies schafft auch Voraussetzungen dafür, daß in der vorliegenden Arbeit interdisziplinär vorgegangen werden kann, um der **Ganzheit des Human Being als Innovationssubjekt** wenigstens ansatzweise Rechnung zu tragen.[2]

Außer einer interdisziplinären Reihe von *japanischen* Autoren stützen sich die weiteren Überlegungen in dieser Arbeit verstärkt auf die Ideen mehrerer an Japan interessierter *westlicher* Sozialwissenschaftler, die *Nihonjinron* zwar nicht zugeordnet werden können, dennoch mit zentralen Themen des wissenschaftlichen Japandiskurses bzw. der Identitätsanalyse in Verbindung gebracht werden können und zur Entwicklung des Konzeptes der Innovationsidentität fruchtbar gemacht werden können. Gemeint sind insbesondere die Arbeiten von Berndt, Esser, Hall, Heise, Hijia-Kirschnereit, Hofstede, Kagitçibasi, Markus (in Zusammenarbeit mit Kitayama), Rosenberger, Schubert und Triandis.[3]

Daß die *Nihonjinron* als Diskussion über die japanische Identität seit Jahrzehnten geführt wird, gibt dem Wissenschaftler, der sie für ein anderes Gebiet - die personalwirtschaftlich orientierte Innovationsforschung - fruchtbar machen (also eine jedenfalls subjektive Anwendungsinnovation vornehmen) möchte, eine Möglichkeit, nicht den Modetrends zu folgen, sondern zu versuchen,

- einige wissenschaftliche Thesen, die sich im Laufe der Zeit bzw. der wissenschaftlichen Diskussion als grundlegend herauskristallisiert haben,[4] aufzugreifen und zu „transferieren“;
- und gleichzeitig die entsprechende kritische Argumentation, die in der Auseinandersetzung mit diesen etablierten Thesen hervorgebracht wurde, mitzuberücksichtigen.

Man kann also versuchen, nicht nur das, was *den augenblicklichen Modetrend*, sondern vielmehr das, was die *Tradition* der japanischen Identitätsdebatte stiftet, für einen anderen Bereich - den der Innovationsforschung - fruchtbar zu machen, und dabei sowohl einige relevante etablierte Theorien als "*great tradition*“ wie auch ggf. die "*little traditions*“ als kritische Einwendungen gegen diese etablierten Theorien[5] einzubeziehen. Das heißt, man kann versuchen, *eine antizyklische personalwirtschaftliche japanorientierte Innovationsforschung* zu betreiben und damit auch dem deutschen Leser einige Anregungen zur Selbstreflexion zu liefern.

[1] Weinmayr, 1995, S. 174. Es ist offensichtlich kein Zufall, daß auch E. Erikson, der im Westen zur Diskussion über die Identität maßgeblich beigetragen hat, Psychoanalytiker und Psychotherapeut war.
[2] Im weiteren wird auch auf die Gedanken des Architekten Kurokawa, des Literaturwissenschaftlers Katô, des Politikwissenschaftlers Maruyama, der Management- bzw. Innovationsforscher Nonaka und Takeuchi sowie der Vertreter anderer sozialwissenschaftlicher Disziplinen in Japan rekurriert, deren Beiträge zwar nicht der *Nihonjinron* im *traditionellen* Sinne (vgl. hierzu Manabe/Befu, 1993, S.94ff.) zugeordnet werden können, jedoch für die eine oder andere Dimension der japanischen *Innovationsidentität* äußerst relevante Themen diskutieren.
[3] Nennung in alphabetischer Reihenfolge.
[4] So hat das im weiteren diskutierte Buch von B. Kimura mittlerweile 26 Auflagen in Japan erlebt.
[5] vgl. zu den beiden Begriffen Mouer/Sugimoto, 1986.

Neben dem obengenannten selbstidentifikatorischen Aspekt hat die *Nihonjinron* auch eine *normative* Orientierung; d.h. der *Identitätssuche* kommt *eine erzieherische und stabilisierende* bzw. *eine selbstbehauptende Funktion* zu, in deren Rahmen die Unverwechselbarkeit der japanischen Identität betont wird.[1] Somit hat die japanische Identitätssuche nicht einen rein akademischen, erklärungsorientierten Charakter, sondern auch sehr praktische gestaltungsbezogene Konsequenzen - speziell für die **Unternehmen**:

Es ist nämlich grundsätzlich gang und gäbe in japanischen Unternehmen, daß sie auf die Selbstentwicklung ihrer Mitarbeiter als Form der Personalentwicklung einen gezielten Einfluß ausüben[2] und daß die Manager z.B. eine Liste von Fachbüchern verteilen, die von den Mitarbeitern "freiwillig" gelesen werden sollten. Es sind jedoch nicht nur rein technische oder ökonomische Fachbücher: Im Hinblick auf das zentrale Problemfeld der vorliegenden Arbeit ist mit Aoki als "sehr bedeutsam" einzuschätzen, daß

> "... japanische Unternehmen sich auf den Japandiskurs beziehen, wenn sie ihren im Ausland lebenden Angestellten in Handbüchern erklären wollen, was es heißt, Japaner zu sein. Das heißt, wenn man im Ausland versucht, sich selbst zu definieren, sucht man zuerst in seinen kulturellen Grundlagen nach einem Grundmuster für die eigene Identität."[3]

So wird selbst das Deskriptive u.U. zum Normativen. Konkret bedeutet das, daß viele japanische Firmen ihren im Ausland tätigen Angestellten Werke der *Nihonjinron* als *Handbuch* empfehlen[4] - und die japanischen Angestellten nehmen die Empfehlungen ihrer Organisationen in aller Regel sehr ernst. Diese Unternehmensstrategie erscheint sehr plausibel, bedenkt man mit E. Schein, daß ganz grundsätzlich

> "... einer der besten Wege, ... (die) Identität zu bewahren, ist, sie mit der von anderen Gruppen zu vergleichen und zu kontrastieren. Mit anderen Worten: Der Vergleich mit anderen Gruppen, Wettstreite und/oder Konflikte helfen, Kulturen zwischen den Gruppen aufzubauen und zu erhalten."[5]

Aus einer anderen Perspektive heraus gelangen auch Probst/Schwager zu der gleichen Schlußfolgerung, indem sie betonen, daß ein System bei konfligierendem Verhältnis zu einem anderen System ein vitales Interesse hat, die System-Umwelt-Differenz - und damit die spezifische Systemidentität aufrechtzuerhalten.[6]

Das soziale System "*japanische Unternehmung*" scheint also diese systemerhaltende Differenz auch mit den Mitteln der *Nihonjinron* bewußt und sehr pragmatisch aufzubauen,[7] und allein schon wegen dieser verhaltenslenkenden Wirkung sollten die Ideen der *Nihonjinron* für die

---

[1] vgl. Menzel, 1989, S. 20; Naumann, 1987, S. 177f.; Weinmayr, 1995, S. 177.
[2] vgl. z.B. Kawakita, April 1, 1996.
[3] Aoki, 1996, S. 36.
[4] vgl. Aoki, 1996, Fußnote 15.
[5] Schein, 1991, S. 26; vgl. auch den obigen Hinweis auf den komparativen Charakter des japanischen Identitätsdiskurses.
[6] Probst/Schwager, 1990, S. 227.
[7] Ob dies nicht etwa als Indoktrination anzusehen ist, soll hier nicht diskutiert werden - es handelt sich an dieser Stelle erst einmal um eine Erklärung von Fakten, nicht um eine normative Empfehlung nachzumachen.

personalwirtschaftliche, insbesondere die kulturvergleichende Innovationsforschung von Interesse und Bedeutung sein.

Benutzt man auch an dieser Stelle den Vergleich als Mittel zur Erkenntnis der Identität, läßt sich feststellen, daß die Entwicklung Japans als Beweis dafür gelten kann, daß eine *idiosynkratische*, nach anderen als den abendländischen Mechanismen ablaufende Entwicklung zur Moderne möglich und - jedenfalls im Hinblick auf die ökonomische und soziale Effizienz - vielfach erfolgreich sein kann:

> "Perhaps Japan is just a mirror of our own modernity and of its discontents. ... Japan ... potentially suggests to us a way beyond the simple binary logic that first differentiate the modern and the traditional, and then superimposes this distinction on West and Orient. In so far as Japan complicates and confuses this impoverished kind of categorization it challenges us to rethink our white modernity."[1]

Diese Feststellung erlaubt uns auf die *hamletsche* Frage - "*What's Hecuba to him, or he to Hecuba, That he should weep for her?*" -, die sinngemäß bereits im ersten Kapitel der vorliegenden Arbeit gestellt wurde und im abschließenden Kapitel 15 wieder gestellt wird, eine weitere ergänzende Antwort zu geben. Wie Müller vor einigen Jahren zu Recht betonte, befindet sich nämlich auch *Europa* in der Zwiespalt von Tradition und Moderne: "Die gerade in den ökonomisch fortgeschrittensten Teilen Europas besonders *lebhafte Suche* nach den Resten der eigenen Tradition belegt das deutlich genug - nicht so ganz und gar anders als in Japan mit der Suche nach der eigenen ... Identität ... ."[2] Dies war zu den Zeiten des hohen Wirtschaftswachstums der Fall - und in der heutigen Zeit, in der sich Japan ebenso wie Deutschland in einer wesentlich komplizierteren Wettbewerbs- und sozialen Situation *fühlen* und der Wandel zum Diskussionsthema Nr. 1 geworden ist, dürfte der Orientierungsbedarf eher noch gestiegen sein.

Die These von Hamaguchi, die Frage, wer die Japaner seien, sei auch für die Japaner selbst ein ewiges Rätsel,[3] könnte m.E. auch aus der Feder eines deutschen Autors stammen. An anderen Stellen stellt denn auch Müller fest, daß der japanischen politisch-kulturellen Identitätssuche u.a. einige Probleme zugrunde liegen, die auch Deutschland als "Nachzügler in der "modernen Entwicklung" ... nicht ganz fremd sind"[4] und daß es zwischen Europa und Japan *fundamentale Übereinstimmungen* gibt.[5]

Somit ist die in der vorliegenden Arbeit vorgenommene wissenschaftliche Auseinandersetzung mit der japanischen Innovationsidentität als Anregung zu einer intensiveren Beschäftigung mit der deutschen und ggf. der europäischen zu deuten, im Sinne einer Suche nach *eigenen Wegen in die neue Moderne des 3. Jahrtausends*.[6]

---

[1] Morley/Robins, 1992, S. 155f.; vgl. ähnliche Schlußfolgerung auch bei Greiff (1984, S. 446) und Kawai (1990b, S. 124f.) sowie die These über Japan als "eigenständiges Projekt der Moderne" bei Heise (1990a, S. 7).
[2] Müller, 1989a, S. 268.
[3] Hamaguchi, 1990, S. 138.
[4] Müller, 1984, S. 506.
[5] vgl. v. Greiff/Müller, 1989, S. 161.
[6] vgl. hierzu auch das Kapitel 15.

Nachdem der allgemeine Begriff der Identität auf der Personenebene, der kollektiven Meso-Ebene und der kollektiven Makro-Ebene thematisiert wurde, soll der theoretische Bezugsrahmen konzipiert werden, der

- die *komplexe humanbasierte Innovationsidentität der Unternehmen* und
- ihre *Einzelkomponenten*, vor allem die *idiosynkratische Identitätsauslegung auf der Personenebene*,
- unter spezieller Berücksichtigung der japanischen Eigenarten *en detail* zu analysieren erlaubt.

Dieser Aufgabe widmet sich das nächste, dritte Kapitel.

KAPITEL 3

MULTI-LEVEL-MODELL DER HUMANBASIERTEN INNOVATIONSIDENTITÄT JAPANISCHER UNTERNEHMEN (ENTWICKLUNG DES THEORETISCHEN BEZUGSRAHMENS)

Wie im Kapitel 1 festgestellt, erscheint es heute auch vielen japanischen Experten nicht mehr selbstverständlich, daß ihre Unternehmen die Wettbewerbsfähigkeit auf den technologie- und innovationsabhängigen Zukunftsmärkten werden ohne weiteres aufrechterhalten können. In Frage werden, jedenfalls verbal, selbst die fundamentalen Grundlagen des japanischen Managements gestellt. Diese Situation macht zunächst einen recht verwirrenden Eindruck, und vor diesem Hintergrund erscheint es sinnvoll, wichtige Ansätze zur Erklärung der Grundlagen der bisherigen japanischen Wettbewerbs- und Innovationserfolge, die die umfangreiche Literatur bietet, kritisch unter die Lupe zu nehmen. Dementsprechend lautet die Hauptfrage, die im Punkt 3.1 zu beantworten sein wird, folgendermaßen: Welche der bisher entwickelten Denkorientierungen bzw. Ideen können zur Entwicklung des Konstruktes der human- und wissensbasierten Innovationsidentität japanischer Unternehmen als Grundlage für deren Vorteile im wissensintensiven Wettbewerb fruchtbar[1] gemacht werden?

Im darauffolgenden Punkt 3.2 soll aus dem Arsenal des Strategischen Managements der fähigkeitsorientierte Ansatz ausgewählt und näher betrachtet werden, der unabhängig von japanischen oder anderen kulturspezifischen Spezifika eine allgemeingültige Antwort auf die Frage bietet, wodurch die Wettbewerbsvorteile der Unternehmen prinzipiell zustande kommen.

Im abschließenden Punkt 3.3 soll

- unter Berücksichtigung der im Punkt 3.1 identifizierten fruchtbaren *japanbezogenen* Ideen und
- unter Zugrundelegung der im Punkt 3.2 analysierten *kulturübergreifenden* (sprich: japanunabhängigen) fähigkeitsorientierten Sichtweise des Strategischen Managements
- das *mehrdimensionale, ganzheitliche Gesamtkonstrukt der Innovationsidentität der japanischen Unternehmen* entwickelt werden.

In darauffolgenden Teilen II, III und IV der vorliegenden Arbeit werden die einzelnen Komponenten dieses Konstruktes einer detaillierten dynamisch orientierten Analyse unterzogen.

[1] Im Vordergrund wird also nicht eine streng chronologisch aufgebaute Darstellung sämtlicher Ansätze der betriebswirtschaftlich orientierten Japanforschung, sondern die Suche nach *relevanten Anregungen* stehen.

3.1 Transformation der Ansätze zur Erklärung der Wettbewerbs- und Innovationserfolge japanischer Unternehmen als Orientierungshilfe

3.1.1 Günstige Rahmenbedingungen als außerorganisationale Erklärungsfaktoren des japanischen Wettbewerbserfolgs

Vor allem in der früheren Phase des Wirtschaftserfolges japanischer Unternehmen (und somit vielfach in der "Überheblichkeitsposition" des westlichen Denkpendels) hat man im Westen nach der Erklärung insbesondere in *günstigen ökonomischen Rahmenbedingungen* für japanische Großunternehmen gesucht,[1] in erster Linie in:

- der Strategischen Allianz mit den USA, die Japan nationale Sicherheit ohne hohe Verteidigungsausgaben garantierte und damit finanzielle Ressourcen für ökonomische und soziale Zwecke, etwa für die Schaffung eines hochentwickelten Ausbildungssystems, aber auch für zivile Forschung freigab;
- der "free-riding"-Strategie bei der Technologieentwicklung bzw. der Möglichkeit, das im Westen entwickelte Know-how günstig zu beschaffen ("Ernten ohne Sähen"[2]);
- einem "geschlossenen" japanischen Markt, auf dem sich westliche Firmen nicht etablieren konnten;
- einer hohen Ersparnisbildung und einem Finanzsystem, das günstige Kapitalbeschaffungsmöglichkeiten für die Unternehmen schuf;
- niedrigeren Lohnkosten, die sich entsprechend auf die (Dumping-)Preise übertragen ließen;
- der Unterbewertung des Yen und den damit verbundenen Exportvorteilen;
- einem stabilen und in Wirtschaftsfragen kompetenten Regierungssystem (vor allem der fördernden "Industrial Targeting"-Politik des MITI mit Subventionen, Gemeinschaftsforschungsprojekten etc.)[3].

Diese und einige andere unternehmensexternen Faktoren haben seinerzeit sicherlich zur Wettbewerbsfähigkeit japanischer Unternehmen beigetragen, in den 80er - 90er Jahren hat sich aber ihr Einfluß weitgehend relativiert. Nichtsdestotrotz ist die Wettbewerbsfähigkeit japanischer Spitzenunternehmen *nicht* zurückgegangen:

- Ein Wettbewerbsvorteil, der auf Arbeits- oder anderen Faktorkosten beruht, ist für noch niedrigere Faktorkosten anderswo grundsätzlich sehr anfällig.[4] So sind die *Lohnkosten* in Japan in der Nachkriegszeit stark gestiegen[5] - aber führende japanische Unternehmen haben in vielen wichtigen Branchen, wie z.B. der Automobilindustrie[6] immer noch Produktivitätsvorteile;

[1] vgl. hierzu kritisch auch Rosenberg/Steinmüller, 1988, S. 229; Abegglen/Stalk, 1986, S. 324 f.; Vogel, 1979, S. 225.
[2] vgl. Miura, 1991, S. 102.
[3] vgl. dazu z.B. Vogel, 1979, S. 53 ff.; zur kritischen Auseinandersetzung mit den früheren Erklärungsansätzen des "Japanese superstate" und der "Japan, Inc." vgl. Mouer/Sugimoto, 1986, S. 34 ff.
[4] vgl. Porter, 1991, S.35.
[5] Nach einigen Angaben zahlt die deutsche Konkurrenz 85%, die amerikanische 67%, die britische 54% und die südkoreanische 43% der japanischen Stundenlöhne (vgl. Köhler, 20.07.1996; vgl. auch Zeit-Punkte, 1997, Nr. 1, S. 13 und detailliert Köddermann, 1996).
[6] vgl. Aufterbeck, 14.03.1997.

- der *Yen* wurde in den 39 Monaten zwischen Juni 1985 und September 1988 gegenüber dem US-Dollar nach und nach um 85% aufgewertet - aber diese Aufwertung, die sich auch Mitte der 90er Jahre fortgesetzt hat, hat sich auf die Konkurrenzfähigkeit japanischer Spitzenunternehmen langfristig eher positiv - da *reformfördernd* - ausgewirkt.[1]
- das *MITI* wird im heutigen Japan (ebenso wie das Finanzministerium, aber auch andere mächtige Behörden) heftig kritisiert. Die Zeitschrift "The Economist" brachte diesen gesellschaftlichen Meinungswandel sehr prägnant auf den Punkt: " *The state apparatus is no longer seen as the solution to problems; it is seen as a part of the problem.*"[2] Führende japanische Unternehmen wie etwa Sony gehören jedoch nach wie vor zu den wichtigsten Global Players im Innovationswettbewerb[3];
- auch bei den *Technologien* stellte man fest, daß es nicht die Zugriffsmöglichkeit per se ist, sondern vielmehr die *Fähigkeit* der japanischen Unternehmen, das technologische Wissen zu entwickeln und intelligent einzusetzen, die zu Wettbewerbsvorteilen führt.[4]

Wie im Zusammenhang mit dem Pendel-Modell bereits gezeigt, bedeutete der dauerhafte Erfolg vieler japanischer Wettbewerber nicht nur eine ernstzunehmende *praktische Herausforderung für die westlichen Industrieunternehmen*, sondern auch eine *theoretische Herausforderung für die westliche Managementforschung*. Vor dem Hintergrund der genannten Veränderungen erscheint es durchaus verständlich, warum die letztere im wesentlichen zur Schlußfolgerung gelangt ist, der Hinweis auf außerorganisationale (vielfach auch noch als *unfair* interpretierte) Rahmenbedingungen sei als Erklärung der nachhaltigen japanischen Wettbewerbsstärken unzureichend. Also suchte man nach anderen Erklärungsansätzen - und das, was dabei spätestens Mitte der 80er Jahre entdeckt wurde, kann man stellvertretend für viele andere Autoren mit Pegels folgendermaßen bezeichnen: "If there is one key factor that accounts for Japan's success, it must be identified as **superior management**."[5]

Diese Erkenntnis markierte einen sehr bemerkenswerten Wendepunkt in der Denkweise bzw. im Weltbild des westlichen Managements, denn das " *learn from Japan boom*" (R. Dore) war, wie Breger bemerkt, "... the first time that the elite of Europe and America seriously contemplated learning from an eastern country, accepting that they themselves were not necessarily the world's unchallenged leaders."[6]

Dieses "überlegene japanische Management" ließ sich mit den damals etablierten Ansätzen der westlichen Managementlehre nur unbefriedigend erklären; so ist in den letzten 15 Jahren eine Vielzahl von Beiträgen entstanden, die anhand von verschiedenen theoretischen Ansätzen und empirischen "Best Practice"-Studien diese Lücke zu überbrücken versuchten.[7] Diese Flut von Beiträgen bedingte, daß in der managementorientierten Japanforschung mittlerweile die gleiche Situation eingetreten ist, wie in der Managementforschung im Ganzen: Es kann "... von einer

---

[1] vgl. z.B. James, 1990, S. 29, 73 f., 282 f.; Bremner/Glasdall/Galuszka, 20.01.1997, S. 32.
[2] o.V.: A better sort of Japan-basher, 11.01.1997, S. 14; hervorgehoben d. d. Verf. Zur "elite bureaucracy as an obstacle to growth" vgl. z.B. auch Smith, 15.07. 1995, S. 44 ff.
[3] vgl. Kapitel 1 und Kapitel 11.
[4] vgl. Porter, 1991, S. 189. Auf die relative technologische Position Japans wird im Kapitel 10 detailliert eingegangen.
[5] Pegels, 1984, S. 6 f.; Hervorhebung d. d. Verf.
[6] Breger, 1992, S. 179.
[7] vgl. zu Knyphausen-Aufsess, 1995, S. 114 f.

fast unüberschaubaren Theorievielfalt die Rede sein - und die meisten Ansätze bieten ihre spezifischen Einsichten und Erkenntnisse in bzw. für das Management in und von Organisationen... ."[1]

Im Hinblick auf die Fragestellung der vorliegenden Arbeit lassen sich aus dieser Theorievielfalt einige zentrale Dimensionen des **Japanese-style Management** ableiten, die für den Aufbau des Modells der Innovationsidentität von Relevanz sind.

3.1.2 Personalarbeit als Faktor des Wettbewerbserfolges und Kerndimension des Japanese-style Management

Die betriebliche Innovationsgestaltung ist vor allem eine organisatorische und *personalwirtschaftliche* und erst dann eine technische Angelegenheit. In diesem Zusammenhang ist es ganz wichtig, daß als der zentrale Wesenszug des Japanese-style Management seine *Menschenorientierung* festgestellt wird[2] und daß, angefangen spätestens mit dem einflußreichen Buch von Abegglen (1958), gerade die *personalwirtschaftlich relevanten* Komponenten als "*drei Hauptmerkmale des Japanese-style Management*" hervorgehoben werden - die lebenslange Beschäftigung [*shûshin koyô*], die senioritätsbasierte Entgeltpolitik [*nenkô (joretsu) chingin*] und die Betriebsgewerkschaften [*kigyô betsu kumiai*].[3]

Darin, daß japanische und internationale Experten diese personalwirtschaftlich relevanten Merkmale gleichzeitig als wichtigste Eigenschaften des japanischen Managements schlechthin ansehen, schlägt sich unverkennbar die *besondere Rolle* nieder, *die dem Personalmanagement im Gesamtsystem des Japanese-style Management zukommt*. Insofern ist es auch kein Zufall, daß die Präsidenten vieler führender japanischer Unternehmen vorher im Personalbereich tätig waren.[4] Erfolgreiche japanische Großunternehmen stellen eher human- als funktionszentrierte Organisationen dar,[5] und nach Bleichers Auffassung ließen ausgerechnet die japanischen Markterfolge die Bedeutung einer humanorientierten Managementphilosophie auch im Westen erkennen.[6]

Auch in Japan selbst sieht man die Grundlage seiner bisherigen, aber, was viel wichtiger ist, auch seiner *künftigen* Wettbewerbsfähigkeit insbesondere in den *Menschen*; so betont z.B. die *KAGAKU GIJUTSUCHÔ* folgendes:

> "Man kann feststellen, daß Japans Nachkriegsentwicklung das Ergebnis der Verwertung der wichtigsten Ressource ist, über die Japan als rohstoffarmes Land verfügt, nämlich der Intelligenz seiner Bürger, sowie ihrer kumulierten fleißigen Anstrengungen. Damit man auf die Entwicklung Japans im 21. Jahrhundert vertraut, ist es wichtig, diese Intelligenz der Bürger als die Hauptressource des Landes weiter zu akkumulieren und einzusetzen."[7]

---

[1] Staehle, 1994, S. 65. Im Prolog wurde diese unüberschaubare Theorievielfalt im Hinblick auf die Japanforschung im Anschluß an Keys/Miller auch mit Dschungeln verglichen.
[2] vgl. Eguchi, March 1996 wie auch Tzöl Tae Chung, 1994, S. 194.
[3] vgl. z.B. Abegglen/Stalk, 1986, S. 244 ff.; Koyama, 1991, S. 275; Osawa, 1994, S. 34; Harada, 1995; Mouer/Sugimoto, 1986, S. 48; Stern/Mita, 1990, S. 74; KEIZAI KIKAKUCHÔ, 14.11.1995, Teil I, Punkt 2, Sektion 1; Tokunaga, 1983, S. 79; Buckley/Mirza, 1985, S. 24; Khlynow, 1995, S. 9; Esser/Nakajima, 1994, S. 139.
[4] vgl. Shimada, April 1, 1992.
[5] vgl. im Anschluß an Yamada Buckley/Mirza, 1985, S. 24 sowie die Diskussion im Kapitel 3.3.
[6] vgl. Bleicher, 1994, S. 67 sowie die Schlußfolgerungen im Kapitel 15.1.
[7] KAGAKU GIJUTSUCHÔ, July 1995, Teil 1, Punkt 3, Sektion 2.

Das bedeutet im Klartext, daß hinter *allen* japanischen Managementideen, die im Westen popularisiert wurden, *eine treibende Kraft* steht - die *Menschen*, die diese Ideen entwickeln und umsetzen.[1] Dementsprechend erscheint es sinnvoll, auch in der vorliegenden Arbeit die *Innovationsidentität der Unternehmen* als *humanbasiertes Phänomen* zu interpretieren. Folgende drei Fragen kristallisieren sich heraus, die für die Analyse dieses Phänomens von besonderer Relevanz sind und in der Literatur bisher (jedenfalls in systematischer, tiefschürfender Form) weitgehend unbeantwortet waren:

- Wie lassen sich die wichtigsten personalwirtschaftlichen Unternehmensroutinen, vor allem die lebenslange Beschäftigung und die senioritätsbasierte Entgeltpolitik *grundsätzlich* in das theoretische Modell der Innovationsidentität einbauen, d.h. insbesondere, wie lassen sich diese Routinen mit den innovationsbasierten Wettbewerbsvorteilen *konzeptuell* in Verbindung bringen?
- Welchen Einfluß üben konkrete personalwirtschaftliche Routinen auf die Innovationsidentität japanischer Unternehmen *im einzelnen* aus?[2]
- Werden die personalwirtschaftlichen Routinen in japanischen Großunternehmen heute *modifiziert* und, wenn ja, welchen Einfluß kann ihre Modifikation auf den Wandel der humanbasierten Innovationsidentität dieser Unternehmen haben?

Diese Fragen werden im weiteren an geeigneten Stellen eingehend[3] zu beantworten sein. Hier soll noch ein weiterer Aspekt genannt werden, der mit der Personalarbeit als Erklärungsansatz für japanische Wettbewerbsstärken zu tun hat: Als fundamentale Grundlage für die Effizienz der personalwirtschaftlichen Routinen in japanischen Großunternehmen wird in der Literatur unter anderem hervorgehoben, daß diese Routinen an die *kulturellen*,[4] d.h. auch an die *sozio-emotionalen* Traditionen anknüpfen und insbesondere

> "... dadurch der Mitarbeit im Unternehmen Sinn und Bedeutung [vermitteln], die ihr in ausschließlich materiell-rational ausgerichteten Arbeitsbeziehungen, wie sie in westlichen Unternehmen üblich sind, fremd ... geworden ist. Hier liegt der Grund für die bessere Motivation, Arbeitsmoral und höhere Belastbarkeit japanischer Arbeitnehmer."[5]

Die aus dem Gedankengut der heutigen westlichen Managementlehre nicht wegzudenkende Überzeugung, die Organisations- und Managementsysteme seien vielfach **kulturabhängig**,[6] hat sich nicht zuletzt dank der Auseinandersetzung mit den Erfolgsfaktoren gerade der *japanischen* Unternehmen etabliert. Auf diese kulturgebundene Dimension des Japanese-style Management soll hier näher eingegangen werden.[7]

---

[1] vgl. Esser, 1994a, S. 3.
[2] Auch Burr weist vom theoretischen Standpunkt aus darauf hin, daß Regeln (sprich: Routinen) für die Aufnahme neuer Mitarbeiter in das Unternehmen oder den Ausschluß der Mitarbeiter die Identität des jeweiligen Unternehmens stark prägen (vgl. Burr, 1998, Fußnote 36). Die zentrale Frage ist aber, *wie* sie das *im einzelnen* tun.
[3] vgl. Kapitel 3.3 und detailliert Kapitel 13 und 14.
[4] vgl. z.B. Bartlett/Yoshihara, 1988, S. 20 f.
[5] Esser, 1994a, S. 9.
[6] Bleicher, 1991, S. 124.
[7] Mehrere kulturspezifische Aspekte, die auf das Construal of Self zurückgeführt werden können, werden im

3.1.3 Nationale Kultur als Faktor des Wettbewerbserfolgs japanischer Unternehmen

Die einflußreichsten Arbeiten der 80er Jahre, die japanische Kultur nicht nur in die vergleichende Managementforschung, sondern in eine grundlegende Managementdebatte eingebracht haben, sind das auf dem "7-S"-Modell von McKinsey aufbauende Konzept des japanischen Managements von Pascale/Athos[1] sowie die "Theory Z" von Ouchi.[2] Diese Modelle sind mittlerweile so bekannt geworden, daß sie hier nicht näher rezipiert werden müssen;[3] hervorzuheben sind dagegen zwei Thesen aus der im Bereich der kulturvergleichenden managementorientierten Japanforschung inzwischen entstandenen Literaturfülle, die speziell im Hinblick auf die Fragestellung der vorliegenden Arbeit von besonderer Relevanz sind:

Erstens läßt sich als einer der übergeordneten Bestimmungsgründe des Erfolges der japanischen Unternehmen die weitgehende Übereinstimmung zwischen den nationalen kulturellen Orientierungen und der praktizierten Managementphilosophie feststellen.[4] Gerade dieser Tatbestand sowie die Unterschiedlichkeit der dort vorherrschenden Denkweisen zu den in westlichen Ländern dominierenden Kulturen haben Japan zu einem wichtigen und interessanten Analyseobjekt der westlichen Managementforschung gemacht,[5] so daß selbst die Ansätze, die sich mit nicht primär kulturbasierten Aspekten der japanischen Wirtschaft auseinandersetzen, meist zumindest einen Seitenblick auf die kulturbedingte Andersartigkeit japanischer Unternehmungen werfen.[6]

Zweitens ist hervorzuheben, daß diese Kulturbasiertheit nicht nur für das Personalmanagement, sondern auch für andere Managementbereiche charakteristisch ist. Sie gilt auch für das hier besonders interessierende Technologie- und Innovationsmanagement, und dementsprechend wird in der Literatur auf "the close relationship between Japan's cultural tradition and industrial technology"[7] bzw. auf "a deep-lying connection between the high level of Japanese technology and the traditional arts"[8] aufmerksam gemacht. Generell läßt sich in diesem Zusammenhang auch konstatieren, daß es vielfach gerade die Auseinandersetzung mit dem Japanese-style Management war, die dazu führte, daß die westliche Managementforschung "... widely recognized that culture and thus the spirit and attitude of citizens in a given country form the *base for developing or adapting technologies.*"[9]

III. Teil der vorliegenden Arbeit diskutiert.

[1] Bei den "7-S" handelt es sich um *Superordinate goals, Structure, Strategy, Systems, Staff, Skills, Style* (vgl. detailliert Pascale/Athos, 1982).

[2] Als Hauptcharakteristiken der japanischen Organisationen hat Ouchi *lifetime employment, slow evaluation and promotion, non-specialized career paths, implicit control mechanism, collective decision making, collective responsibility, holistic concern for employees* hervorgehoben (vgl. Ouchi, 1981).

[3] zur kritischen Würdigung der beiden Konzepte vgl. Staehle, 1994, S. 478 ff.; Keys/Miller, 1984, S. 345 ff.

[4] vgl. hierzu wie auch zu anderen Ursachen für japanische Wettbewerbsfähigkeit eine Übersicht bei S. Müller, 1992, 1996.

[5] vgl. zu Knyphausen-Aufsess, 1995, S.142; vgl. auch Vogel, 1979, S. 4 ff. u. Staehle, 1994, S. 478.

[6] Dirks, 1995, S. 112.

[7] Ken, 1993, S. 32 f.

[8] Ebenda.

[9] Schneidewind, 1992, S.73; hervorgehoben d. d. Verf.

Vor diesem Hintergrund ist offensichtlich, daß auch in der vorliegenden Arbeit zur humanbasierten Innovationsidentität der Blick auf die kulturbedingte Andersartigkeit der japanischen Unternehmungen *erforderlich* ist.

Die Frage ist aber, wie tiefschürfend dieser Blick hier sein soll. Mit anderen Worten: In welchen Bereichen der (japanischen) Kultur soll nach den Faktoren gesucht werden, die im Hinblick auf die Gestaltung der betrieblichen Innovationsprozesse besonders relevant sein können?

Drei Aspekte sind für die Beantwortung dieser Frage von prinzipieller Bedeutung:

Erstens hat die vergleichende Kulturforschung in den letzten Jahren deutlich gezeigt, daß die "(m)embers of a common culture not only share information, they share methods of coding, storing and retrieving that information. These methods vary from culture to culture."[1] Auf die betriebliche Ebene übertragen heißt das unter anderem, daß die nationale Kultur das *Wie* der Wahrnehmung und der Lösung von Problemen in Unternehmen beeinflußt,[2] so daß die "(m)anagers from different countries may look at the ... challenge with different lenses."[3]

Vor diesem Hintergrund stellen japanische wie auch westliche Wissenschaftler fest, daß gerade "Japanese cognitive skills at carrying out organizational learning are the real source of Japanese managerial success ... ."[4] Um so wichtiger ist es, zur Erklärung der Innovationsidentität der Unternehmen diesen spezifischen **kulturgeprägten kognitiven Fähigkeiten** der Unternehmensmitglieder en detail nachzugehen.

Zweitens kann konstatiert werden, daß sich der Einfluß der nationalen Kultur nicht auf die kognitive Dimension des innovationsrelevanten Verhaltens der Unternehmensmitglieder beschränkt, sondern auch seine **soziale** und die **emotionale Dimension** tangiert:

Die betrieblichen Innovationsprozesse stellen im wesentlichen, wie oben bereits erwähnt, *soziale* Prozesse dar; d.h. insbesondere, sie setzen als Erfolgsfaktor intensive Interaktionen zwischen mehreren Unternehmensmitgliedern voraus. Diese Interaktionen stellen im Endeffekt *zwischenmenschliche Beziehungen* dar - und die fundamentale Art, die letzteren zu gestalten, ist vielfach kulturgeprägt.[5]

Was die *emotionale* Dimension des kulturellen Einflusses auf die betrieblichen Innovationsprozesse betrifft, hat insbesondere die psychologische Literatur der letzten Jahre gezeigt, daß Emotionen nicht rein "natürliche", ausschließlich biologisch bedingte Phänomene sind; vielmehr werden sie eben durch *soziale* und *kulturelle* Prozesse geprägt.[6] Mit anderen

---

[1] Hall/Hall, 1990, S. XIV.
[2] vgl. bereits Pascale/Athos, 1982, S. 19.
[3] Gilbert/Lorange, 1994, S. 415.
[4] Sullivan/Nonaka, 1986, S. 129 f.
[5] vgl. detailliert die Ausführungen in den Kapiteln 4 und 6.1.
[6] vgl. Kitayama/Markus, 1994, S. 2; vgl. zu sozialen Funktionen und sozialen Rollen von Emotionen z.B. Markus/Kitayama, 1994b; Frijda/Mesquita, 1994, S. 73 ff. und die dort angegebene Literatur.

Worten bedeutet das, daß "(m)any of emotions ... cannot be separated from culture-specific patterns of thinking, acting, and interacting."[1] "*Thinking, acting, interacting*" - diese Drei sind aber nichts anderes als *elementare Kernelemente eines Innovationsprozesses.*

Diese "*differenzierten sozio-emotionalen Bedingtheiten des Verhaltens,*" die kulturell tradiert sind, bleiben trotz der fortschreitenden Globalisierung *langfristig erhalten* und können weiterhin Grundlage für strategische Erfolgspotentiale von Unternehmen bilden;[2] somit sind sie auch für die betriebswirtschaftliche, insbesondere personalwirtschaftlich orientierte Innovationsforschung von zentralem Interesse.

Es gibt also wenigstens zwei interdependente Dimensionen, die sowohl der Innovation wie auch der Kultur immanent sind und dementsprechend als Dimensionen der humanbasierten Innovationsidentität der japanischen Unternehmungen für die weiteren Ausführungen von besonderer Relevanz sind: Es handelt sich einmal um die **kognitiven Aspekte der Handhabung des innovationsrelevanten Wissens** und zweitens um die **sozio-emotionale Dimension**, die primär die **Beziehungen der Unternehmensmitglieder zueinander sowie zu ihrem Unternehmen** betrifft.

Der dritte Aspekt bezieht sich auf die Verknüpfung zwischen den zwei ersteren. Die Kultur ist ein extrem komplexes Phänomen, das in den Sozialwissenschaften auch sehr unterschiedlich ausgelegt wird,[3] so daß die zahlreichen Ansätze eine fast unüberschaubare Vielfalt an möglichen Erklärungszusammenhängen bieten. Der obige Hinweis auf die Kulturbasiertheit von zentralen kognitiven und sozio-emotionalen Dimensionen der betrieblichen Innovationsgestaltung führt somit zu einer weiteren Frage, nämlich ob es Ansätze gibt, die diese beiden Dimensionen auf einen gemeinsamen Nenner zu bringen erlauben?

Mit anderen Worten: Da es in der vorliegenden Arbeit vielfach darum geht, "to examine how technological advancement ... is related to Japanese culture,"[4] ist danach zu fragen,

- ob es ein *fundamentales Kernelement der Kultur* gibt, auf dem der spezifische Ablauf von technologischen *Innovationsprozessen* in japanischen Unternehmen beruht und
- das mit der *Wissenshandhabung* und den *zwischenmenschlichen Beziehungen* die beiden obengenannten Dimensionen mitbeinhaltet?

In der vorliegenden Arbeit wird versucht, insbesondere im Anschluß an die Ideen von Markus/Kitayama[5] folgende Antwort auf diese Frage zu bieten: "The way people, initially, and thus thereafter, *most naturally or effortlessly perceive and understand the world is rooted in*

---

[1] Kitayama/Markus, 1994, S. 4.
[2] vgl. Bleicher, 1990b, S. 5.
[3] Bereits 1952 haben Kroeber/Kluckhohn in ihrem "critical review" mehr als 150 Kulturdefinitionen direkt miteienander verglichen und als Resultat ihre eigene Definition vorgeschlagen - an der sich die Kulturforscher allerdings nicht orientieren wollten, sondern immer wieder neue Definitionsversuche unternommen haben (vgl. Thomas, 1993, S. 381; Cornelsen, 1991, S. 41 ff.). 1989 stellten Albach et al. im Anschluß an die Arbeit von Steinbacher aus dem Jahr 1976 fest, daß die Anzahl der Definitionen des Begriffes Kultur nicht weniger als 257 beträgt (vgl. Albach/de Pay/Okamuro, 1989, S. 56).
[4] Ken, 1993, S. 32.
[5] vgl. dazu Kapitel 4.3.

their self-perceptions and self-understandings ... ."[1] "Understand the world" bedeutet aber im Endeffekt nichts anderes als "create the knowledge" und hängt somit auch mit der Innovation eng zusammen, und die "self-perceptions and self-understandings" sind nichts anderes als die personelle *Identität* bzw. in Terminologie von Markus/Kitayama das *Construal of Self*. Sie stellen damit das in dieser Arbeit ganz zentral interessierende innovationsrelevante Kernelement der Kultur dar, das im Teil II einer detaillierten Analyse unterzogen werden soll.

Auf die kognitive und sozio-emotionale Dimension der humanbasierten Innovationsidentität der Unternehmen wird im Punkt 3.1.5 noch einmal zurückzukommen sein. Zunächst aber sollen noch zwei andere Aspekte genannt werden, die mit den obengenannten im unmittelbaren Zusammenhang stehen und für das Verständnis der Innovationsidentität der japanischen Firmen von zentraler Bedeutung sind.

3.1.4 Ganzheitliche Ansätze zur Erklärung des Innovationserfolgs japanischer Unternehmen

Mit der Verschiebung des theoretischen Blickwinkels hin zur Wissenshandhabung und zur zwischenmenschlichen Zusammenarbeit hängen zwei weitere Transformationen der Betrachtungsperspektive zusammen, die für die Ausführungen zur Innovationsidentität der Unternehmen von ganz zentraler Bedeutung sind. Diese beiden Transformationen lassen sich mit Esser dahingehend zusammenfassen, daß "(w)enn es denn überhaupt ein Erfolgsgeheimnis japanischer Unternehmen gibt, dann sind es deren Mitarbeiter und nicht einzelne Management-Techniken."[2]

Bei der ersten Transformation geht es darum, daß nicht mehr nur das **Management** als personifizierte Erfüllung von Planungs-, Organisations-, Führungs- und Kontrollaufgaben[3] von zentralem Interesse ist. Als Grundlage für den Erfolg der japanischen Unternehmungen im Innovationswettbewerb rücken in den Mittelpunkt der Analyse vielmehr die Fähigkeiten **aller Unternehmensmitglieder** (jedenfalls aller Innovationsträger). Der im Prolog erwähnte ganzheitliche Erklärungsansatz ist hier also zunächst im vertikalen, hierarchischen Sinne zu verstehen: Nicht mehr nur die Spitze der Organisation - ihre Führungskräfte -, sondern die gesamte Unternehmung ist das Analyseobjekt der personalwirtschaftlich orientierten kulturvergleichenden Innovationsforschung, d.h. auch das der vorliegenden Arbeit.

Mit den obigen Thesen wurde auch die zweite Umorientierung in der Suche nach japanischen Erfolgsfaktoren im Innovationswettbewerb angesprochen, nämlich die Verschiebung **von Einzelansätzen zu einer integrierten Denk- und Handlungsweise hin**. Eine negative Entwicklung insbesondere in der früheren westlichen Auseinandersetzung mit dem Japanese-style Management stellt die Tatsache dar, daß viele japanische Einzelansätze aus ihrem Entstehungs- und Anwendungskontext herausgegriffen und als kontextunabhängige, d.h. ohne weiteres übertragbare "Patentrezepte des japanischen Managements" präsentiert wurden. Wie

---
[1] Markus/Kitayama, 1991, S. 246; hervorgehoben d. d. Verf.
[2] Esser, 1994a, S. 4.
[3] vgl. z.B. Brockhoff, 1992. S. 112.

das Beispiel des Lean Management zeigt, geschieht das immer noch, so daß man im Anschluß an Kieser von ganzen "Organisationsmoden" im Westen skeptisch sprechen kann,[1] die, wie das erste Kapitel dieser Arbeit verdeutlichte, nicht zuletzt durch "aufgedeckte japanische Erfolgsgeheimnisse" ausgelöst wurden.

Tiefgreifende Auseinandersetzungen mit dem Japanese-style Management liefern dagegen die Erkenntnis, daß die Explikationen, die durch eines oder zwei Merkmale des japanischen Managements seinen Erfolg zu erklären versuchten, im Endeffekt bestenfalls eine Teilerklärung liefern konnten.[2] Die Stärke des Japanese-style Management wird vielfach gerade in seiner ganzheitlichen Denk- und Handlungsweise gesehen,[3] und daher soll mit der vorliegenden Arbeit ein ganzheitliches, integratives Erklärungskonzept versucht werden, das sowohl die Stärken wie auch die Schwächen aufzudecken erlaubt.

Welche ganzheitlichen Erklärungsansätze für die Innovations- und Wettbewerbsfähigkeit der japanischen Unternehmen bietet als Ausgangspunkt die Literatur?

Unter solchen Ansätzen ist vor allem der in den letzten Jahren vieldiskutierte *"Diamond-Approach"* von Porter hervorzuheben.[4] Porter macht darauf aufmerksam, daß die japanischen Unternehmen bei weitem nicht in allen, sondern nur in bestimmten Branchen international (mit) an der Spitze waren bzw. sind, und sieht dementsprechend die Konkurrenzfähigkeit dieser Unternehmen als branchenbezogenes Phänomen. Als Bestimmungsfaktoren des nationalen Wettbewerbsvorteils in einer Branche unterscheidet er folgende Landeseigenschaften:[5]: Faktorbedingungen, Nachfragebedingungen, verwandte und unterstützende Branchen; Unternehmensstrategie, Struktur und Wettbewerb.

Ferner weist Porter darauf hin, daß diese Bestimmungsfaktoren des nationalen Wettbewerbsvorteils generell nicht unabhängig voneinander sind, sondern daß der "Diamant" ein sich wechselseitig verstärkendes *System* darstellt.[6] Nach Porters Auffassung besitzt gerade *Japan* einmalige Voraussetzungen dafür, die sich selbst verstärkenden Bestimmungskräfte des "Diamanten" eben als System wirken zu lassen, und er sieht Japan dementsprechend als das anschaulichste Beispiel für diese systemische Wirkung der Bestimmungsfaktoren an.[7] Die systemische Art des "Diamanten" begünstigt die Bildung von Clusters bzw. die Ballung der wettbewerbsfähigen Branchen eines Landes, die durch vertikale oder horizontale Kanäle miteinander verbunden sind.[8] Dies ist ein insbesondere für Japan im Hinblick auf die Technologiefusionen als Muster des Innovationswettbewerbs äußerst wichtiger Aspekt, auf den an geeigneter Stelle ausführlich eingegangen wird.[9]

---

[1] vgl. Kieser, 1996.
[2] vgl. Keys/Miller, 1984, S. 348.
[3] vgl. z.B. Esser/Nakajima, 1994, S. 155.
[4] Porter, 1991, zur Kritik und zu anderen Modellen vgl. z.B. zu Knyphausen-Aufsess, 1995; Perlitz, 1993.
[5] Porter, 1991, S. 95 ff.
[6] vgl. Porter, 1991, S. 96.
[7] vgl. Porter, 1991, S. 415 u. 441.
[8] vgl. Porter, 1991, S. 171 f.
[9] vgl. Kapitel 11.

Porter selbst bezeichnet sein System der Bestimmungsfaktoren des nationalen Wettbewerbsvorteils als *Investitions- und Innovationstheorie*,[1] er beschäftigt sich aber mit der Verbindung zwischen den kulturellen *soft factors* und dem Innovationsmuster japanischer Großunternehmen nicht. Daß der Einfluß der kulturgeprägten Faktoren auf die Wettbewerbsfähigkeit der Nationen in Porters Ausführungen zu kurz kommt, erscheint beinahe verblüffend, denn spätestens Mitte der 70er Jahre sind so gut wie alle ökonomischen Wachstumstheorien von der Vorstellung abgekommen, daß die Kombination einiger "rein ökonomischer" strategischer Variablen zur Erklärung reiche und die sozialen, politischen und kulturellen Determinanten unter der ceteris-paribus-Klausel subsumiert werden können.[2]

Während bei Porter die Entwicklung von *Branchen* im Mittelpunkt steht, wird in der vorliegenden Arbeit ein integratives Gesamtkonstrukt der Innovationsidentität als Erfolgsfaktor der *Unternehmen* benötigt, das die Verbindungen der Innovationsidentität zur Kultur und zur personellen Identitätsbestimmung, zu den Prozessen der betrieblichen Innovationsgestaltung und zu den Wettbewerbsvorteilen von Unternehmen beleuchten könnte.

Zur Entwicklung dieses Gesamtkonstruktes können die Überlegungen von Bowonder/Miyake weiterhelfen, die 1992 elf maßgebliche Ansätze der betriebswirtschaftlich orientierten Japanforschung verglichen haben.[3] In dem Tatbestand, daß der einschlägigen Literatur bereits Anfang der 90er Jahre so viele Ansätze zur Erklärung gerade der *Gestaltung von technologischen Innovationsprozessen* in japanischen Unternehmen entnommen werden konnten, spiegelte sich unmißverständlich die verstärkte *Innovationsfähigkeit* dieser Unternehmen wider, in der man zunehmend eine ihrer *zentralen Wettbewerbsstärken* sah.

Auf der Basis dieses Vergleiches haben diese Autoren ein *integratives Modell* zur Erklärung des Innovationsprozesses japanischer Art erarbeitet, demzufolge als Hauptkomponenten des japanischen "corporate innovation process" insbesondere die folgenden hervorzuheben sind:[4]

- horizontal fusion of different technologies to get new products;
- interorganizational collaboration for developing core competence;
- acquisition of technologies from multiple sources so as to lower risk and for integrating technologies into new business areas;
- concurrent engineering or simultaneous engineering;
- quick organizational learning by which rapid assimilation and development of new technological products is possible;
- intensive organizational intelligence through a variety of sources and linkages, encompassing commercial, financial, and technological aspects;
- subsidiaries are formed in new business areas through tie ups with other firms;

---

[1] vgl. Porter, 1991, S. 197.
[2] vgl. Wehler, 1975, S. 7. Porter sieht zwar ein, daß die "beständige und schnelle Aufwertung des Humankapitals" für Japans Wettbewerbsfähigkeit wichtiger war und ist als die natürlichen Faktoren (vgl. Porter, 1991, S. 418), dennoch werden von ihm die spezifischen, kulturgeprägten Denk- und Handlungsweisen der dieses Humankapital verkörpernden Mitarbeiter in japanischen Unternehmungen außer Betracht gelassen. Andere Autoren dagegen sehen die erfolgreiche technisch-ökonomische Entwicklung Japans im wesentlichen "von geistigen Faktoren bestimmt ..., die als die eigentlichen wettbewerbsentscheidenden Größen anzusehen sind" (so z.B. Nefiodow, 1993, S. 222).
[3] vgl. Bowonder/Miyake, 1992.
[4] vgl. mit geringfügigen Kürzungen Bowonder/Miyake, 1992, S. 323 ff.

- developing core competence in one or two major areas through a series of long-term development strategies;
- continuos technology innovations arising out of learning by doing, learning by using, learning by selling.

Dieses Modell ist im Hinblick auf die Fragestellung der vorliegenden Arbeit von großem Interesse, weil es mit die wichtigsten innovationsrelevanten Komponenten aufzeigt, unter denen nach den **wettbewerbsentscheidenden Innovationsfähigkeiten** (Kernkompetenzen[1]) technologieintensiver japanischer Großunternehmen zu suchen ist. Es zeigt z.B., daß diese Spitzenunternehmen viele neue Produkte durch Fusionen von heterogenen Technologien entwickeln,[2] und daß sie diesen Entwicklungsprozeß sehr schnell[3] durchführen können. Daneben zeigt das Modell aber auch einige der wichtigsten **innovationsrelevanten Unternehmensroutinen** auf, wie z.B. das Simultaneous Engineering,[4] durch welche diese wettbewerbsentscheidenden Innovationsfähigkeiten ihre strategische, strukturelle und personalwirtschaftliche Verwirklichung erfahren.

Was mit diesem Modell aber nicht erklärt wird bzw. was in der vorliegenden Arbeit erklärt werden muß, ist die Frage, warum *ausgerechnet diese* Fähigkeiten und *ausgerechnet diese* Routinen die Erfolgsfaktoren des japanischen Innovationsprozesses darstellen? Mit anderen Worten: Verkörpern diese Routinen irgendwelche individuellen und kollektiven Fähigkeiten der Unternehmensmitglieder, und wenn ja, dann eben welche? Und: Haben diese Mitarbeiterfähigkeiten kulturspezifische, identitätsbasierte Wurzeln, und wenn ja, dann eben welche? Und: Wie hängen diese Fähigkeiten und Routinen im Sinne einer klaren Struktur des integrativen Modells zusammen?

Um diese Fragen beantworten zu können, bedarf das Modell von Bowonder/Miyake offensichtlich einer Ergänzung und Transformation. Über die Richtung, in welcher nach erforderlichen Instrumenten zur Ergänzung und Transformation dieses Modells gesucht werden soll, kann folgende These von Nonaka/Takeuchi Aufschluß geben:

> "Understanding how organizations create new products, new methods, and new organizational forms is important. A more fundamental need is to understand how organizations create new knowledge that makes such creations possible."[5]

So kann man erneut feststellen, daß zunächst nach den *Fähigkeiten zur Wissenshandhabung* zu suchen ist, aus denen mit Hilfe von *Unternehmensroutinen* die spezifischen *organisationalen Innovationsfähigkeiten* gebildet werden können.

Wie werden diese Fähigkeiten zur Wissenshandhabung in der Literatur behandelt und wie lassen sie sich grundsätzlich mit den oben bereits hervorgehobenen Erfolgsfaktoren wie der Kultur bzw. dem Construal of Self in Verbindung bringen?

---

[1] zu diesem Begriff s. detailliert Kapitel 3.2.
[2] vgl. detailliert Kapitel 11.
[3] vgl. detailliert Kapitel 9.4.
[4] vgl. zu dieser Routine Kapitel 9.4 und die dort angegebene Literatur.
[5] Nonaka/Takeuchi 1995, S. 50.

3.1.5 "Knowledge Handling" als Faktor des Innovationserfolgs japanischer Unternehmen

"... (T)he central competitive dimension of what firms know how to do is to create and transfer knowledge efficiently within an organizational context." (B. Kogut/ U. Zander)[1]

Porter zufolge stellen die Informationen bzw. das Wissen einen sehr wichtigen, in mancher Hinsicht sogar den entscheidenden Bereich der Bildung von Wettbewerbsvorteilen *speziell in Japan* dar.[2] Diese These kann im Anschluß an mehrere Arbeiten von Nonaka dahingehend konkretisiert werden, daß der Erfolg der besten japanischen Unternehmen im innovationsbasierten Wettbewerb im wesentlichen auf ihre Fähigkeiten zu einer spezifischen *Organizational Knowledge Creation* zurückzuführen ist, d.h. auf "the capability of a company as a whole to create new knowledge, disseminate it throughout the organization, and embody it in products, services, and systems."[3] Da diese Definition nicht nur die Generierung (Creation), sondern auch den Transfer und die Umsetzung von Wissen in Organisationen - kurzum, sämtliche Phasen der Handhabung von Wissen umfaßt -, wird in der vorliegenden Arbeit der umfassendere Begriff des **Knowledge Handling** (Wissenshandhabung) vorgezogen.

Im Anschluß an theoretische und empirische Arbeiten japanischer Autoren kann man folgende Merkmale des japanischen und des westlichen Modus der organisationalen Wissenshandhabung hervorheben:

Tabelle 3.1: **Unterschiedliche Modi des Knowledge Handling in japanischen und westlichen Organisationen**[4]

"*Organizational knowledge creation is the key to the distinctive ways that Japanese companies innovate.*" (I. Nonaka/ H. Takeuchi)[5]

Japanese Organization	Western Organization
* Group-based	* Individual-based
* Tacit knowledge-oriented	* Explicit knowledge-oriented
* Strong on socialization and internalization	* Strong on externalization and combination
* Emphasis on experience	* Emphasis on analysis
* Dangers of "group think" and "overadaptation to the past success"	* Danger of "paralysis by analysis"

1 Kogut/Zander, 1992, S. 384.
2 vgl. Porter, 1991, S. 420.
3 Nonaka/Takeuchi, 1995, S. VIII. Zur "Knowledge Creation Theory" vgl. insb. Nonaka (1992, 1994, o.J.); Nonaka/Takeuchi, 1995; Nonaka/Byosiere/Borucki/Konno, 1994; Nonaka/Takeuchi/Umemoto, 1996; zur Kritik vgl. Wiegand, 1996, S. 167 ff. Diese Theorie wird im vorliegenden Kapitel nicht näher rezipiert, denn auf viele relevante Ideen von Nonaka wird im weiteren an geeigneten Stellen eingegangen.
4 Zusammengefaßt nach Nonaka/Takeuchi, 1995, S. 199; Kagono et al., 1985, S. 224 f. u. 263.
5 Nonaka/Takeuchi, 1995, S. 3; hervorgehoben d. d. Verf.

Tabelle 3.1 (Fortsetzung):

Japanese Organization	Western Organization
* Ambiguous organizational intention	* Clear organizational intention
* Group autonomy	* Individual autonomy
* Creative chaos through overlapping task	* Creative chaos through individual differences
* Frequent fluctuation from top management	* Less fluctuation from topmanagement
* Redundancy of information	* Less redundancy of information
* Requisite variety through cross-functional teams	* Requisite variety through individual differences
* Conflict resolution by broad consultation before action, and by forcing	* Conflict resolution by confrontation
* Behavioral control and control by sharing of values and information	* Output control
* Knowledge stored in soft organizational memories	* Knowledge stored in hard organizational memories (structure and system)
* Learning through people	* Learning by elite

Dieser Vergleich zeigt sehr deutlich, daß zwischen den beiden Modi der Wissenshandhabung in vielerlei Hinsicht *krasse Differenzen* bestehen. Wodurch sind diese Differenzen zu erklären?

Da zu der Theorie der Wissenshandhabung Nonaka maßgeblich beigetragen (und auch viele dieser Differenzen ermittelt) hat, erscheint es sinnvoll, sich auf der Suche nach der Erklärung zunächst an seine Explikationen zu wenden. Bereits in einer früheren kultur- bzw. managementvergleichenden empirischen Studie haben Nonaka und Sullivan folgende Hypothese entworfen:

> "... (D)ifferences in Japanese and American managing were to a large extent the result of (1) *different emphases on the role of information management and* (2) *different styles of informational processing stemming from the different culture-bound perspectives.*"[1]

Mit anderen Worten: In japanischen Spitzenunternehmen wird dem Knowledge Handling nicht nur mehr Aufmerksamkeit gewidmet, sondern es wird auch auf eine andere Art und Weise praktiziert, und diese "andere Art und Weise" ist *kulturgeprägt.*

Bedenkt man im Anschluß an Wollnik, daß sich die Kultur auch in (innovationsrelevanten) Interaktions- und Interpretationsmustern des jeweiligen Sozialsystems ausprägt und entsprechende Handlungsweisen und Perspektiven beeinflußt,[2] leuchtet die obige Hypothese von Nonaka und Sullivan ein. 9 Jahre später formulierten Nonaka/Takeuchi diesen Gedanken noch deutlicher: Es handelt sich nämlich um ...

---

[1] Sullivan/Nonaka, 1986, S. 134, hervorgehoben d. d. Verf.

[2] vgl. Wollnik, 1991, S. 79.

"... a basic difference in the way Western and Japanese managers approach "knowledge creation," which is deeply rooted in the intellectual traditions of the two cultures. To understand the difference, we need to examine fundamental assumptions about what knowledge is and how knowledge comes about."[1]

Bezugnehmend auf diese Aussage soll auf drei Aspekte hingewiesen werden, die vor dem Hintergrund aller oben festgestellten Einflußfaktoren der Wettbewerbs- und Innovationsfähigkeit der japanischen Unternehmen von ganz besonderer Relevanz sind.

Erstens sind es offensichtlich nicht nur die *Manager*, sondern praktisch *alle Unternehmensmitglieder*, die ihren jeweils spezifischen Beitrag zur Schaffung, Diffusion, Umwandlung und Umsetzung des Wissens leisten[2] - und die in den weiteren Ausführungen als Akteure in organisationalen Innovationsprozessen interessieren sollen.

Zweitens ist der Bezug auf die *kulturelle Tradition*, den Nonaka und seine Mitautoren explizit nehmen, von ausschlaggebender Bedeutung. Die zentrale Frage ist dabei natürlich, wie man den Begriff *Tradition* interpretiert. Speziell im Hinblick auf Japan ist in diesem Zusammenhang auf folgende Bemerkung des Architekten Kurokawa aufmerksam zu machen: Es sei sinnvoll,

> "... do not regard tradition as being restricted to the transmission of tangible forms; tradition includes such intangibles as styles of life, customs, thoughts, aesthetic sensibilities, and sensitivities. In the transmitting of Japanese culture in particular these intangibles are stressed."[3]

Und wenn Rapp bei der Analyse der Wettbewerbsfähigkeit exportorientierter japanischer Großunternehmen feststellen konnte, daß "*Japanese corporate behavior is very much a product of custom and history* ...",[4] dann sind es vielfach genau diese kulturgeprägten Aspekte - *der Denkstil, die Kommunikationsmuster, die sozialen Werte* usw. -, die im Hinblick auf die humanbasierte Innovationsidentität der japanischen Unternehmen im Mittelpunkt des Interesses stehen sollen.

Drittens wurde oben festgestellt, daß nicht nur die intellektuelle, also rein *kognitive kulturspezifische Tradition* für die Innovationsgestaltung bzw. die Wissenshandhabung ausschlaggebend ist, sondern auch die *sozio-emotionale*. Im Zusammenhang mit der Behandlung dieser beiden Dimensionen in der Managementliteratur kann in den letzten Jahren eine bemerkenswerte *Schwerpunktverschiebung* festgestellt werden: Während die

---

[1] Nonaka/Takeuchi, 1995, S. 20; hervorgehoben d. d. Verf.

[2] Auch Nonaka/Takeuchi (1995) heben im Hinblick auf die Wissenshandhabung nicht nur die Rolle des Topmanagements hervor, sondern diskutieren auch den spezifischen Beitrag von den Mitarbeitern auf mittleren und unteren Ebenen der Organisationshierarchie.

[3] Kurokawa, 1994, Chapter 14; vgl. hierzu auch Aoki, 1996, S. 78.

[4] Rapp, 1992, S.233; hervorgehoben d. d. Verf. Rapp hat zwar festgestellt, daß zur Erklärung des Wettbewerbsverhaltens japanischer Großunternehmen die Theorie der Unternehmensroutinen von Nelson/Winter sehr fruchtbar sein kann (Rapp, 1992, S. 231), allerdings hat er lediglich einige der entsprechenden Routinen kurz angesprochen, ohne sich eingehend mit theoretischen Fragen auseinandergesetzt und ein systemisches, mehrdimensionales Modell der Innovationsverhaltens der japanischen Unternehmen aufgebaut zu haben bzw. überhaupt ohne sich speziell auf Innovationen bezogen zu haben. Dies ist es aber, was mit der vorliegenden Arbeit angestrebt wird.

maßgeblichen früheren Beiträge (insbesondere die von Ouchi und Pascal/Athos) vor allem die *sozio-emotionalen* Erfolgsfaktoren, insbesondere das *Vertrauen* behandelten, wird in der letzten Zeit in der japanorientierten Managementforschung der *Wissenshandhabung* die zentrale Bedeutung beigemessen;[1] so z.B. erklärten Sullivan/Nonaka bereits vor einigen Jahren programmatisch, daß

> "(i)n OUCHI's influential formulation, the focus of Japanese managing is the *development of trust*. In our organizational learning perspective, the important variable is the *process of handling information*."[2]

Oben wurde allerdings darauf hingewiesen, daß im Hinblick auf die individuelle und kollektive Wissenshandhabung in den Unternehmungen diese Ausgrenzung der sozio-emotionalen Faktoren - auch aus der Perspektive des organisationalen Lernens heraus betrachtet - nicht sinnvoll erscheint. Es wird noch in der vorliegenden Arbeit zu zeigen sein,[3] daß diese beiden Faktorengruppen weitgehend als *interdependente Ausprägungen ein und desselben Phänomens des kontextualistischen Construal of Self* anzusehen sind und daher *integrativ* untersucht werden sollten.

In den weiteren Ausführungen wird daher der Fokus auf die Verknüpfung der beiden Perspektiven zu einem integrativen kultur- und identitätsbasierten Modell der Innovationsidentität japanischer Unternehmen versetzt.

Bevor der prinzipielle Aufbau dieses integrativen Modells konzipiert wird, sollen die obigen Überlegungen kurz zusammengefaßt werden.

3.1.6 Resümee: Zur konzeptionellen Integration von Erfolgsfaktoren

Basierend auf der kritischen Literaturanalyse lassen sich folgende Gruppen von Erfolgsfaktoren ableiten, die im Hinblick auf die Gestaltung von technologischen Innovationsprozessen in japanischen Unternehmen grundsätzlich von großer Relevanz sind (vgl. Abbildung 3.1).

Diese Gruppen von Erfolgsfaktoren geben jedoch noch keine konkreten Einzeldeterminanten des Erfolgs an ("*Welche* personalwirtschaftlichen Routinen?", "*Welche* kognitiven Fähigkeiten?" etc.); vielmehr stehen sie für die *Suchfelder* und bedürfen somit einer weiteren analytischen Konkretisierung.

Das zweite im weiteren zu lösende Problem resultiert daraus, daß zwischen den einzelnen Faktorengruppen vielfach *Ursache-Wirkungs-Zusammenhänge* sowie *Wechselwirkungen*

---

[1] Dies ist nicht zuletzt auf Nonaka und seine Schüler zurückzuführen; vgl. z.B. Nonaka (1992, 1994, o.J.); Nonaka/Takeuchi 1995; Nonaka/Takeuchi/Umemoto, 1996.
[2] Sullivan/Nonaka, 1986, S. 144; hervorgehoben d. d. Verf. Auch von einigen anderen Autoren wird das Erfolgsgeheimnis der japanischen Unternehmen in den *kognitiven* Fähigkeiten (wie z.B. dem *Entscheidungsverhalten der Manager*) gesehen, die das organisationale Lernen ermöglichen, und nicht primär in solchen *sozio-kulturellen* Eigenschaften wie dem Vertrauen (vgl. z.B. bei S. Müller, 1992, S. 131).
[3] vgl. detailliert Kapitel 4.

bestehen.[1] Das heißt, die Ermittlung der konkreten Erfolgsfaktoren wird erst dann zu sinnvollen Aussagen führen können, wenn sie zu einem konsistenten mehrdimensionalen Konstrukt der Innovationsidentität integriert werden.

Abbildung 3.1: **Ausgewählte Gruppen von Erfolgsfaktoren der technologischen Innovationsprozesse in japanischen Unternehmen**
(Ergebnisse der Literaturbestandsaufnahme)

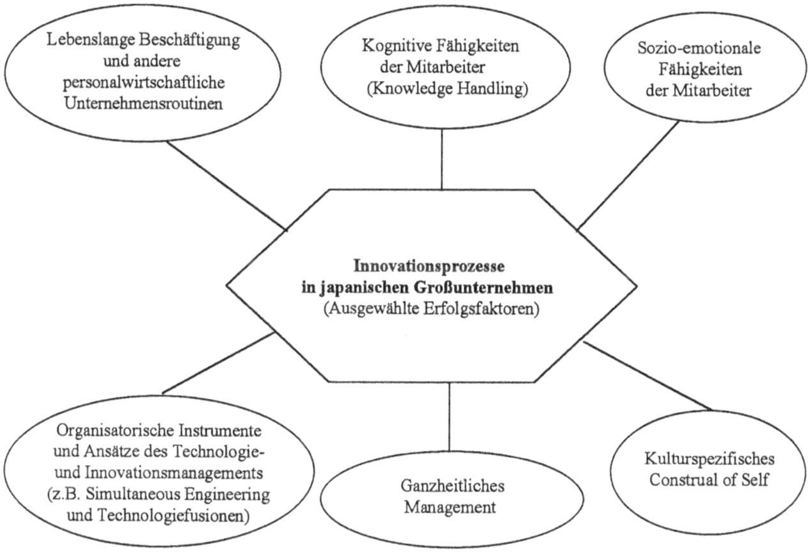

Um diesen Problemen Rechnung zu tragen, beschäftigt sich der nächste Punkt des vorliegenden Kapitels mit einer solchen *"konzeptionellen Klammer,"* die Konkretisierung und Integration der festgestellten Erfolgsfaktoren ermöglichen soll.

[1] So wurde z.B. bereits vermutet, daß viele kognitive und sozio-emotionale Fähigkeiten der Mitarbeiter auf das kulturspezifische Construal of Self zurückzuführen sind.

3.2 Konstruktion der Innovationsidentität der Unternehmung aus der fähigkeitsorientierten Perspektive

"*Conceiving of the corporation in terms of core competencies widens the domain of innovation.*"
(C.K. Prahalad/ G. Hamel)[1]

"*... To increase ... competencies is to increase ... capacity to handle the information.*"
(V. Pucik)[2]

Die gedankliche Konstruktion der Innovationsidentität japanischer Unternehmungen soll erlauben, ihre beobachtbaren bzw. empirisch feststellbaren Vor- und Nachteile im Wettbewerb insbesondere durch die Eigenarten der in diesen Unternehmungen ablaufenden Innovationsprozesse plausibel zu erklären. Zu diesem Zweck benötigt man zunächst ein Gerüst, das diese Verbindung in *konzeptioneller* Hinsicht, also auch *ohne* speziellen Bezug auf Japan, im allgemeinen expliziert. Das Management von Innovationen hat für die Wettbewerbsfähigkeit offensichtlich eine *strategische* Bedeutung, und im weiteren wird versucht, aus dem Arsenal des *Strategischen Managements* die *fähigkeitsorientierte Perspektive* zur Herstellung dieser Verbindung zwischen der Innovationsidentität und den Wettbewerbsvorteilen fruchtbar zu machen.

3.2.1 Grundlagen des fähigkeitsorientierten Ansatzes des strategischen Managements

Unter der *fähigkeitsorientierten Managementperspektive* werden in Anlehnung an Rasche/Wolfrum sämtliche Ansätze verstanden, die den Unternehmenserfolg bzw. die dauerhaften Wettbewerbsvorteile über die Existenz einzigartiger unternehmensspezifischer Fähigkeiten zu erklären versuchen und unter diesen Fähigkeiten den immateriellen bzw. "weichen" Faktoren eine besonders wichtige Bedeutung beimessen.[3] Diese Sichtweise hat in den letzten ca. 10 Jahren eine sehr aktive Entwicklung erfahren, die sie heute als eine der besonders einflußreichsten Ideen des Strategischen Managements erscheinen läßt.[4]

Die humanbasierte Innovationsidentität eines Unternehmens als Kern seiner grundlegenden innovationsrelevanten Eigenschaften ist ein komplexes, mehrdimensionales Konstrukt, und diese Komplexität läßt sich nur unter der Anwendung von mehreren komplementären theoretischen Modellen und Ansätzen erschließen. Wie van de Ven/Poole bemerken:

---

[1] Prahalad/Hamel, 1990, S. 89.
[2] Pucik 1991, S. 121.
[3] Rasche/Wolfrum (1994, S. 502 f.) sprechen von der *resource-based view*, die eine umfassendere Sichtweise liefert, indem zwischen Ressourcen und den darauf basierenden Fähigkeiten der Unternehmung unterschieden wird. Unter Berücksichtigung der obigen Ausführungen und der Zielsetzung der vorliegenden Arbeit sollen im weiteren die *wissens- und humanbasierten Fähigkeiten* in den Mittelpunkt gestellt werden.
[4] Gleichwohl ist zu bemerken, daß einige Gedanken, die diesem fähigkeitsorientierten Denkmuster zugeordnet werden können, schon vor 40 Jahren entstanden sind; so hatte z.B. E. Penrose, die sich mit dem Unternehmenswachstum beschäftigte, mit der Unterscheidung zwischen den "resources" und den "services" bereits 1959 auf die Rolle von erfahrungs- und wissensbasierten Fähigkeiten der Unternehmen hingewiesen (vgl. Penrose, 1959).

> "It is the interplay between different perspectives that helps one gain a more comprehensive understanding of organizational life, because any one theoretical perspective invariably offers only a partial account of a complex phenomenon."[1]

In diesem Sinne ist es ein wichtiger Vorteil der fähigkeitsorientierten Managementperspektive, daß sie nicht eine *Einzeltechnik*, sondern vielmehr eine *konzeptionelle Klammer* bzw. einen *grundlegenden Bezugsrahmen* liefert, in den sich mehrere interdisziplinär gewonnene Ideen *einbauen* und sich sodann zum *konsistenten Ganzen integrieren* lassen.[2] Einige dieser integrierbaren Ideen wurden im vorangehenden Kapitel 3.1 bereits ermittelt.

Eine von Bogaert/Martens/van Cauwenbergh[3] gelieferte chronologische Übersicht mehrerer Beiträge, die den fähigkeitsorientierten Ansatz prägen, hat deutlich gezeigt, daß zwischen seinen Vertretern weitgehend keine Einigkeit in terminologischer Hinsicht wie auch über seine Einzelkomponenten herrscht.[4] Eine eingehende Diskussion der einzelnen Interpretationen bzw. der Unterschiede zwischen ihnen wäre im Hinblick auf die Fragestellung der vorliegenden Arbeit nicht zielführend.[5] Es scheint dagegen zweckmäßiger zu sein, ungeachtet der vorhandenen Differenzen und ohne den Anspruch auf Vollständigkeit zu erheben auf einige **Grundgedanken** hinzuweisen, die für die fähigkeitsorientierte Sichtweise im Strategischen Management weitgehend als konstitutiv angesehen werden und zum Aufbau der Konstruktion der Innovationsidentität beitragen können:

a) Dauerhafte Wettbewerbsvorteile können primär auf bestimmte organisationale Fähigkeiten (Kompetenzen[6]) bzw. ein "Internal Fit" zwischen ihnen zurückgeführt werden; diese Fähigkeiten werden unter anderem mit der spezifischen *Organisationsstruktur* und *-kultur* sowie den Eigenschaften der *Humanressourcen* in Verbindung gebracht.[7]

b) Die Unternehmung wird dementsprechend als *Portfolio von Kompetenzen*[8] gesehen, die ihre "strategische Architektur" reflektieren.[9] Die wichtigsten von ihnen - die strategisch "richtig" entwickelten und benutzten **Kernkompetenzen** - stellen dabei eine Art Klammer dar, welche die ggf. über mehrere Produkt- und Marktbereiche scheinbar zerstreuten Aktivitäten des Unternehmens zu einem logischen, integrativen, interdependenten Gefüge bündelt.[10]

---

[1] van de Ven/Poole, 1995, S. 510 f.

[2] In diesem Sinne ist die insbesondere in der anwendungsorientierten Literatur vorzufindende Bezeichnung "Ansatz" bzw. "Approach" nicht besonders glücklich; da sie aber breit verbreitet ist, wird sie auch in der vorliegenden Arbeit im weiteren synonym benutzt.

[3] Ihrer Analyse zufolge sind die besonders häufig festzustellenden Unterschiede zwischen verschiedenen Varianten des fähigkeitsorientierten Ansatzes die "distinctions ... between "having" and "doing," i.e. assets are seen versus skills, resources versus capabilities, stocks versus flows. Also, some authors focus on the invisible, intangible aspects ... as prime sources of competitive advantages" (Bogaert/Martens/van Cauwenbergh, 1994, S. 61 f.). Ein weiterer relevanter Unterschied kann im Zusammenhang mit der Plazierung im betrieblichen Wertschöpfungsprozeß zwischen der "core competence" (im Sinne von Prahalad/Hamel) und den "strategic capabilities" (im Sinne von Stalk et al.) gesehen werden (vgl. zur Diskussion Stalk/Evans/Shulman, 1992, S. 66).

[4] vgl. dazu ebenfalls Rasche/Wolfrum, 1994, S. 511 f.

[5] vgl. zu weiteren Versionen dieses Ansatzes z.B. Boos/Jarmai, 1994, Teece/Pisano, 1994; Hamel/Heene, 1994; Friedrich, 1995; Barney/Wright, 1998.

[6] Im weiteren sollen die Begriffe Capabilities, Capacities, Fähigkeiten und Kompetenzen *synonym* verwendet werden; beim Zitieren wird die Kompatibilität der Interpretationen der jeweiligen Autoren zu beachten sein.

[7] vgl. Staehle, 1994, S. 578 f.

[8] vgl. zu diesem Begriff z.B. Kandel/Remy/Stein/Durand, 1991, S. 228.

[9] vgl. Rasche/Wolfrum, 1994, S. 510.

[10] vgl. z.B. Prahalad/Hamel, 1990, S. 82 f.

c) Die Unternehmensfähigkeiten, ganz besonders die Kernkompetenzen spielen eine maßgebliche Rolle im Zusammenhang mit der Unternehmensentwicklung, und zwar sowohl als deren *Potential* wie auch als deren interne *Rahmenbedingungen.*[1] Dementsprechend wird ein aktives strategisches Verhalten der Unternehmung gegenüber ihrer Umwelt befürwortet, bei dem die Unternehmung *ausgehend von ihren Kernkompetenzen* und den Möglichkeiten zu ihrer *Weiterentwicklung* nach attraktiven zukunftsträchtigen Feldern aktiv *sucht* oder diese *neu schafft.* Daher erscheint es durchaus plausibel, wenn im Rahmen des fähigkeitsorientierten Ansatzes gefordert wird, insbesondere die Diversifikations- und Internationalisierungs-strategien stärker an internen Unternehmensressourcen und Fähigkeiten zu orientieren.[2] Darauf wird im Rahmen der Diskussion über die Technologiefusionen als fähigkeitsbasiertes Innovationsmuster der japanischen Unternehmen (Kapitel 11) sowie über die Internationalisierung des Innovationsprozesses (Kapitel 12) näher eingegangen, während sich an dieser Stelle festhalten läßt, daß der fähigkeitsorientierte Ansatz auch im Hinblick auf die Zukunftsgestaltung durch innovationsbasierte Unternehmensstrategien fruchtbare Anregungen liefern kann.

d) Dementsprechend wird im Aufbau und Schutz der unternehmensspezifischen Kernkompetenzen die primäre Aufgabe des Strategischen Managements gesehen.[3] Da es sich eben um die *Kern*-Kompetenzen handelt, ist ihre Anzahl in jeder Unternehmung relativ beschränkt: "A company that complies a list of 20 to 30 capabilities has probably not produced a list of core competencies"[4] Der japanische Volksmund brachte diesen Gedanken allerdings viel früher und auch etwas präziser auf den Punkt: "*Viele Fähigkeiten, keine Fähigkeiten.*"[5] Diese entscheidenden Kernfähigkeiten (Kernkompetenzen) werden in den weiteren Ausführungen als **Core Capacities** bezeichnet.

Nun sollen die zentralen Identifikationsmerkmale der innovationsrelevanten[6] Core Capacities zusammengefaßt werden, die sie zur wettbewerbsentscheidenden Waffe machen und zur Analyse der human- und wissensbasierten Innovationsidentität von japanischen Unternehmen besonders beitragen können.

---

[1] vgl. insb. Prahalad/Hamel, 1990, S. 9 und S. 82.
[2] vgl. Staehle, 1994, S. 578 f.
[3] vgl. Rasche/Wolfrum, 1994, S. 502.
[4] Prahalad/Hamel, 1990, S.84. Dieser Empfehlung von Parahalad/Hamel soll im weiteren Rechnung getragen werden, indem einige wenige wirklich grundlegende kultur- bzw. identitätsgeprägte Fähigkeiten hervorgehoben bzw. analysiert werden, auf denen mehrere Facetten der Innovationsfähigkeit japanischer Unternehmen beruhen.
[5] vgl. Takashima, 1985, Nr. 646.
[6] Der Ausdruck "*innovationsrelevant*" soll hier und im weiteren als "*für die Gestaltung betrieblicher technologieverbundener Innovationen relevant*" bzw. "*für die Innovationsidentität relevant*" verstanden werden.

3.2.2 Ausgewählte konstitutive Merkmale von innovationsrelevanten Kernfähigkeiten der Unternehmung

Zu diesen Identifikationsmerkmalen gehören insbesondere folgende:

1) **Innovationsrelevante Core Capacities tragen entscheidend zu der von Kunden bevorzugten Unternehmensleistung bei**

Der wesentliche Beitrag zu einer größeren Zufriedenstellung der Kunden im Vergleich zu den Wettbewerbern[1] kann als erstes konstitutives Merkmal der Core Capacities angesehen werden - auf diesen Gedanken scheinen sich alle Vertreter des fähigkeitsorientierten Ansatzes geeinigt zu haben.[2] Da sich die Kundenbedürfnisse im Laufe der Zeit ändern, und da auch andere Umweltbedingungen in aller Regel nicht statisch bleiben, sollen die innovationsrelevanten Core Capacities anpassungs- bzw. entwicklungsfähig sein. *Dynamische* Umwelt erfordert also *dynamische* Kernkompetenzen.[3]

Die größere Zufriedenstellung des Kunden bedeutet, daß sich das Angebot der Unternehmung von dem ihrer Wettbewerber aus der subjektiven Wahrnehmung des Kunden vorteilhaft unterscheidet, und daß sich diese Unterschiede im Angebot auf die sich ebenfalls unterscheidenden Fähigkeiten zur Angebots*erstellung* zurückführen lassen. Kurzum: "... (C)ompetitive advantage can evolve from *distinctive competences*, which are the capabilities the organization possesses that set it apart from its competitors."[4] Innovationsrelevante *Core* Capacities sind also "*Distinctive* Competences", was sich als ihr zweites konstitutives Merkmal festhalten läßt:

2) **Innovationsrelevante Core Capacities haben einen differenzstiftenden Charakter**

Henderson, Gründer der Boston Consulting Group, hat Anfang der 90er Jahre das entstandene Wettbewerbsmuster mit dem vom russischen Biologen Gause 1934 formulierten "*Prinzip der konkurrenzbedingten Ausschließlichkeit*" illustriert.[5] Will man noch eine Weile auf dieser Metapherebene aus der Welt der Natur bleiben, kann man das Schicksal eines dieses Prinzip verletzenden Unternehmens mit dem japanischen Spruch prognostizieren[6] - "*Der Rabe, der einen Kormoran nachahmt, ertrinkt.*" Dieser Punkt scheint insbesondere im Hinblick auf den im 1. Kapitel angesprochene "Lernen von Japan"-Boom recht wichtig zu sein.

Diese Forderung der Differenzierung ist nicht im Sinne der Porterschen Komponente Differenzierungsstrategie[7] zu verstehen. Die Singularität des Angebots aus der Sicht des Käufers bezieht sich als Identifikationsmerkmal von Core Capacities sowohl auf unterschiedliche Produktleistungsmerkmale als auch auf niedrigere Kosten, herausragenden

---

[1] vgl. Bogner/Thomas, 1994.
[2] vgl. z.B. auch Prahalad/Hamel, 1990, S. 83 f.; Stalk/Evans/Shulman, 1992, S. 62.
[3] Bogner/Thomas, 1994, S. 112; vgl. auch zu Knyphausen-Aufsess, 1995, S. 94 ff.
[4] Im Anschluß an Hall Bogaert/Martens/van Cauwenbergh, 1994, S. 60; vgl. auch Bogner/Thomas, 1994.
[5] Henderson, 1990, S. 9.
[6] Takashima, 1985.
[7] vgl. zur Differenzierungsstrategie Porter 1980, S. 62 ff.

Service oder Zeitvorteile.[1] Betrachtet man speziell den technologiebasierten Innovationswettbewerb, kann mit Nelson festgestellt werden, es seien "... especially **differences in abilities to generate and gain from innovation**, rather than difference in command over particular technologies, that are the source of durable, not easy imitable, differences among the firms."[2] Darauf wird im Zusammenhang mit den spezifischen Fähigkeiten der japanischen Unternehmen noch en detail einzugehen sein.[3]

3) Innovationsrelevante Core Capacities sind sehr schwer imitierbar

"…. (A) core competence should be difficult for competitors to imitate."
(C.K. Prahalad/ G. Hamel)[4]

Auch über dieses Merkmal scheint unter der Verfechtern des fähigkeitsorientierten Ansatzes eine weitgehende Einigkeit zu herrschen. Und in der Tat kann etwas, was vom Wettbewerb schnell bzw. leicht imitiert werden kann, kaum einen *nachhaltigen* Wettbewerbsvorteil sichern - dies tun aber die Core Capacities definitionsgemäß. Wichtig ist also zu klären, **was** an einer Unternehmung nicht (oder kaum) imitiert werden kann und **warum**. Aus der Literatur zum fähigkeitsorientierten Ansatz läßt sich in diesem Zusammenhang insbesondere folgendes ableiten:

3a) Die Nicht-Imitierbarkeit kann als Folge der Vergangenheitsentwicklung der Unternehmung,[5] sprich: der *Historizität* von Core Capacities, gesehen werden. Von einem anderen Zeitpunkt aus betrachtet bedeutet diese Historizität, daß "*(w)hat a firm can develop is at least partly determined by what the firm has learned in the past.*"[6] Damit ist natürlich auch einiges über die Identität des Unternehmens gesagt, die "... historisch gewachsen [ist] und insbesondere in den Werthandlungen der Mitarbeiter tiefe Spuren hinterlassen [hat] ... ."[7] Gerade dieser Aspekt ist für das Verständnis der humanbasierten Innovationsidentität sehr wichtig, denn die letztere charakterisiert, welche Art und Weise der Partizipation an Innovationsprozessen die jeweiligen Unternehmensmitglieder aus eigenen Erfahrungen gelernt haben.

3b) Daß die Core Capacities im wesentlichen *erfahrungsbasiert* sind, gilt nicht nur für ganze Organisationen, sondern auch für Arbeitsgruppen aber auch natürlich für einzelne Mitarbeiter. "... (C)ore competencies are built through a process a continuous improvement and enhancement that may span a decade or longer ... ",[8] stellen Prahalad/Hamel fest, und es

[1] Wie im Kapitel 9 gezeigt wird, war die Kostenführerschaft jene Strategie, die seinerzeit vielen japanischen Unternehmungen internationale Wettbewerbsvorteile verschaffen hat, und so waren auch die diesen Kostenvorsprung sicherstellenden Unternehmensfähigkeiten (etwa die permanente Verbesserung von Prozeßtechnologien) als ihre Core Capacities anzusehen.

[2] Nelson, 1991, S. 72.

[3] vgl. insbesondere Kapitel 9 bis 12.

[4] Prahalad/Hamel, 1990, S. 83 f.

[5] vgl. Rasche/Wolfrum, 1994, S. 503 ff.

[6] Itami/Numagami, 1992, S. 126; vgl. analoge Schlußfolgerungen im Zusammenhang mit dem Lernen auch bei Dosi/Teece/Winter, 1992, S. 191 und im Zusammenhang mit den Innovationsprozessen bei Pavitt, 1992, S. 213.

[7] Kirsch, 1990, S.292 f.

[8] Prahalad/Hamel, 1990, S. 85.

erscheint durchaus plausibel, daß die Ergebnisse von solchen langjährigen Prozessen kaum durch eine Nacht-und-Nebel-Aktion der Wettbewerber wettgemacht werden können[1] - ebensowenig wie die dabei akkumulierten sozio-emotionalen und kognitiven Arbeitserfahrungen. Diese Erfahrungen haben in der Regel eine sehr starke *unternehmens- bzw. gruppenspezifische subjektive* Komponente und sind vielfach im *impliziten* Wissen der Mitarbeiter inkorporiert.[2]

3c) Die Core Capacities sind als *Fähigkeiten der ganzen Unternehmungen* zu interpretieren; ihre Entwicklung erfordert damit eine *ganzheitliche* Vorgehensweise, die abgestimmte Maßnahmen in mehreren Funktionsbereichen zu integrieren erlaubt und synergetisch wirken läßt. Gerade diese *systemische, integrative Vorgehensweise* hat speziell in *japanischen* Unternehmen zur Bildung von Kernkompetenzen massiv beigetragen:

> "Japanese firms implemented control systems that encouraged the accumulation of invisible assets through an extensive horizontal and vertical information flow ... . A strategic planning process centered on the value of invisible assets, together with corresponding control systems and policies guiding the management of human resources at all levels and functions, constituted a vital part of such a learning infrastructure. ... **In contrast, the accumulation of invisible assets was not a high priority for many western firms.**"[3]

Diese ganzheitliche Gestaltung setzt in aller Regel ein Zusammenwirken von mehreren *Personen* und *Gruppen* in der Unternehmung voraus. Mit anderen Worten heißt das, daß die innovationsrelevanten Core Capacities vieles mit der *Koordination und Kommunikation der Unternehmensmitglieder* zu tun haben.[4] Sie sind "*collective and cross-functional*" und stellen in der Regel "a small part of many people's jobs, not a large part of a few."[5] Dieses Merkmal wird speziell bei der Analyse der spezifischen Innovationsfähigkeit japanischer Unternehmen von ausschlaggebender Bedeutung sein, denn, wie in der Tabelle 3.1 bereits dargestellt, bauten diese Unternehmen vielfach eben auf dem "learning by people"-, nicht auf dem "learning by elite"-Prinzip auf.

---

[1] Auch Raschi/Wolfrum (1994, S. 503 ff.) weisen auf die Ineffizienz von Crash-Programmen der Konkurrenz hin.

[2] vgl. zu Knyphausen-Aufsess, 1995, S. 94 ff.; vgl. auch Pucik, 1991, S. 121 sowie Teece, 1986; zum impliziten Wissen vgl. insb. die Darstellung im Kapitel 6 und die dort angegebene Literatur.

[3] Pucik, 1991, S. 127. Die vom Verfasser hervorgehobene These von Pucik belegt auch, warum im Kapitel 1 der fähigkeitsorientierte Ansatz als Managementidee bezeichnet wurde, deren Entwicklung ursprünglich vieles mit den Wettbewerbserfolgen japanischer Unternehmen zu tun hatte.

[4] vgl. z.B. zu Knyphausen-Aufsess, 1995, S. 94 ff.; Prahalad/Hamel, 1990, S. 83 f.; Bartmess/Cerny, 1993, S. 81 f.

[5] Stalk/Evans/Shulman, 1992, S. 63.

4) Innovationsrelevante Core Capacities sind wissensbasiert

"... The central competitive dimension of what firms know how to do is to create and transfer knowledge efficiently within an organizational context."
(B. Kogut/ U. Zander)[1]

Der moderne Innovationswettbewerb ist, wie im Kapitel 1 bereits festgestellt, technologie- und wissensintensiv. Das bedeutet, daß "... the knowledge the firm possesses, develops, and enhances represents the basis for competition"[2] - oder, mit anderen Worten, daß "... the *core* of a company is what it *knows* and what it can *do*, rather than the products that it has or the markets it serves."[3] Oben wurde bereits erwähnt, daß das den innovationsrelevanten Core Capacities zugrunde liegende Wissen teilweise impliziter Natur ist und somit auch Einstellungen, Werte, informelle sozio-emotionale Beziehungen und andere subjektive Komponenten umfaßt. Praktisch unmöglich zu kopieren ist dementsprechend das komplexe Gefüge, das das spezifische Wissen der Organisationsmitglieder und ihre Innovationsidentität als historisch gewachsene Art, dieses Wissen im jeweiligen zwischenmenschlichen Arbeitsfeld zu handhaben, beinhaltet.

Nachdem nun die konstitutiven innovationsrelevanten Merkmale der Core Capacities dargestellt wurden, soll nach einem *Modell* gefragt werden, das die Verbindungen zwischen diesen Core Capacities und den jeweiligen Wettbewerbsvorteilen zu konkretisieren ermöglicht. In der Literatur wird zwar u.a. gerade das Ausmaß an Unklarheit über vermutete Kausalzusammenhänge zwischen den unternehmensspezifischen Ressourcen und Fähigkeiten und den daraus resultierenden Wettbewerbsvorteilen als einer der wichtigen Gründe für die Nicht-Imitierbarkeit von Core Capacities gesehen,[4] sollten diese Zusammenhänge aber tatsächlich von vornherein als unerklärbar bezeichnet werden, würde dies den gestalterischen Nutzen des fähigkeitsorientierten Ansatzes gleich auf Null herabmindern und zudem der Auffassung von Vertretern dieses Ansatzes wie Prahalad, Hamel, Itami oder Stalk eindeutig widersprechen.

Daher erscheint es sinnvoll und gar erforderlich, nach plausiblen Zusammenhängen zwischen den (Innovations-)Fähigkeiten und Wettbewerbsvorteilen zu fragen, ohne daß natürlich ein deterministisches monokausales Erklärungsmuster des Typs Gebrauchsanweisung entwickelt werden soll.

---

[1] Kogut/Zander, 1992, S. 384.
[2] Boynton/Victor, 1991, S. 58.
[3] Ford, 1988, S. 85.
[4] vgl. Rasche/Wolfrum, 1994, S. 503 ff.

3.2.3 Das Ausgangsmodel von Bogner/Thomas

Einen ersten wichtigen Hinweis auf solche Zusammenhänge kann folgendes von Bogner und Thomas vorgeschlagene Modell geben (Abbildung 3.2):

Abbildung 3.2: **Konzept der Kernkompetenzen nach Bogner/Thomas: Von kognitiven Routinen zu den Wettbewerbsvorteilen der Unternehmung**[1]

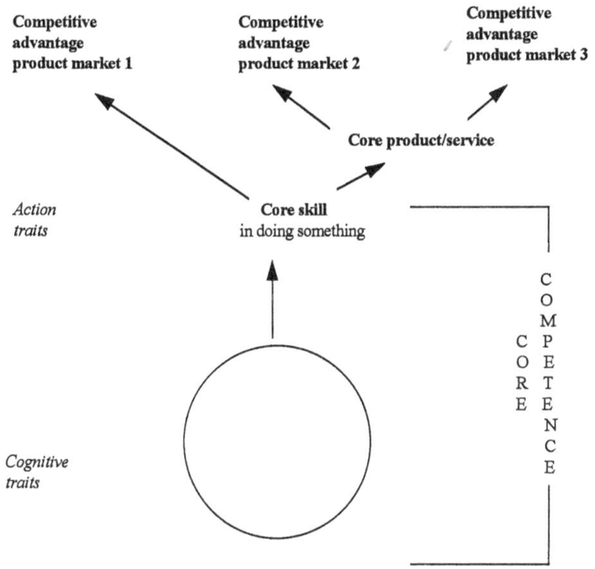

Ebenso wie einige andere Autoren[2] sehen Bogner/Thomas in den *Core Products* das Bindeglied zwischen den Kernkompetenzen einer Unternehmung und ihren Wettbewerbsvorteilen und schlagen für die Kernkompetenzen eine differenziertere Betrachtung vor, indem sie die *Handlungskomponente* einerseits und ihre unternehmensspezifischen *kognitiven Grundlagen* andererseits hervorheben. Die letzteren sehen sie aus folgenden drei interdependenten Elementen bestehen:[3]

- recipes and organizational routines for approaching ill-structured problems;
- shared value systems which direct action in unique situations;
- tacit understandings of the interactions of technology, organizational dynamics and product markets.[4]

[1] Bogner/Thomas, 1994, S. 114, mit geringfügigen Modifikationen.
[2] vgl. insb. Prahalad/Hamel, 1990 u. 1994.
[3] vgl. Bogner/Thomas, 1994, S. 113 ff.
[4] Damit kann m.E. das implizite Bild der historiebasierten Innovationsidentität der Unternehmung bei den Mitarbeitern - das "Image der Unternehmung nach Innen" - angesprochen werden. Indem Aspekte der Unternehmensidentität kontinuierlich auf die Mitarbeiter "ausstrahlen," entwickelt sich bei den letzteren auch ein spezifisches Abbild der Identität (Kirsch, 1990, S. 293). Probst/Büchel sehen sogar im breiten Konsens

Die Einzelkomponenten dieses Modells sind von Bogner/Thomas allerdings nicht detailliert ausgearbeitet, sondern lediglich angegeben; außerdem wurde von diesen Autoren kein expliziter Zusammenhang zwischen der nationalen Kultur und den "cognitive traits" einer Organisation hergestellt, was für das Untersuchungsphänomen der vorliegende Arbeit, die *Innovationsfähigkeit der japanischen Unternehmungen*, von ausschlaggebender Bedeutung ist.

Nun soll dieses fähigkeitsorientierte Modell im Hinblick auf die hier interessierende Problematik modifiziert werden.

3.3 Das fähigkeitsorientierte Multi-Level-Modell der humanbasierten Innovationsidentität japanischer Unternehmen

Die Weiterentwicklung des Ausgangsmodells von Bogner/Thomas wird in 6 Punkte aufgeteilt:

Punkt 1: Außerorganisationale Einflußfaktoren

Im Kapitel 3.1.1 wurde bereits geschildert, daß die außerorganisationalen Einflußfaktoren nicht als *fundamentale* Erfolgsdeterminanten der technologieintensiven japanischen Unternehmen im Innovationswettbewerb anzusehen sind. Da diese Faktoren wie z.B. der Wechselkurs dennoch einen u.U. wichtigen Einfluß auf die Unternehmensentscheidungen ausüben können, die für die Innovationsgestaltung von Relevanz sind (etwa die Verlagerung von Produktions- und Entwicklungseinrichtungen ins Ausland[1]), sollen sie als **Rahmenbedingungen** der Innovationsidentität explizit berücksichtigt werden.

Punkt 2: Core Technology-Based Products/Services/Processes

Technologieverbundene Innovationen führen in ergebnisorientierter Perspektive nicht nur zu Produkt-, sondern auch zu Prozeßveränderungen. Daher ist das Element *Product/Service* um die Komponente des **Process** bzw. der Verfahrenstechnologien zu ergänzen, die in der Regel insbesondere kostenwirksam sind und sich somit auf die Wettbewerbsvorteile[2] auswirken.

Punkt 3: Core Corporate Innovation Action Capacities

Ausgehend von den oben analysierten Merkmalen von Kernkompetenzen kann folgende Hypothese entwickelt werden: Die spezifischen Innovationsfähigkeiten als *nachhaltige* Kernkompetenzen des jeweiligen Unternehmens bedeuten, daß das Unternehmen als Ganzes mittlerweile gelernt hat, bestimmte Arten von Innovationen auf bestimmte Art und Weise wiederholt erfolgreich zustande zu bringen ("*skills in doing something*"). Diese spezifischen Fähigkeiten werden im weiteren als **Core Innovation Action Capacities** bezeichnet. Als relevantes Beispiel kann vorwegnehmend die Fähigkeit vieler japanischer Spitzenunternehmen genannt werden, inkrementale Prozeßinnovationen beinahe permanent zu generieren.[3]

---

innerhalb der Unternehmung, der den Bezugsrahmen bzw. das Image der ganzen Unternehmung liefert, eine Bedingung zur Bildung der eigenen Identität der Unternehmung (Probst/Büchel, 1994, S. 23).

[1] vgl. hierzu detailliert Kapitel 12.

[2] vgl. Kapitel 8 und 9.

[3] vgl. dazu detailliert Kapitel 9.

Punkt 4: Core Innovation-Shaping Corporate Routines

Das Modell von Bogner/Thomas handelt von den Fähigkeiten der *Unternehmungen* ("action traits"), denen bestimmte kognitive Fähigkeiten der *Unternehmensmitglieder* ("cognitive traits") zugrunde liegen. Damit aber auf der Grundlage von Fähigkeiten der Unternehmensmitglieder die Fähigkeiten von *Gesamtunternehmungen* gebildet werden bzw. damit sich die *kognitiven* Fähigkeiten der Mitglieder in den *Handlungs*fähigkeiten ("skills in doing something") der jeweiligen Organisation realisieren können, bedarf es seitens der Unternehmung *spezifischer organisatorischer, personalwirtschaftlicher, strategischer und anderer Mechanismen*. Diese Mechanismen haben für die Gestaltung von humanbasierten Innovationsprozessen eine dermaßen zentrale Bedeutung, daß sie als eigenständiges Bindeglied im Modell der Innovationsidentität ausgewiesen werden sollen.

Mit anderen Worten bedeutet das Gesagte, daß auf einer vergleichsweise langen Zeitspanne das Ergebnis von betrieblichen technologieverbundenen Innovationsprozessen nicht nur die Produkt- und Verfahrenstechnologien selbst, sondern auch bestimmte *human- und wissensbezogene innovationsprägende Unternehmensroutinen* darstellen. Das Ausgangsmodell von Bogner/Thomas wird um diese spezifische Routinen ergänzt, die im weiteren als **Innovation-Shaping Corporate Routines** bezeichnen werden.

Zwei Aspekte sollen an dieser Stelle besonders hervorgehoben werden.

Erstens geht es darum, daß diese *Innovation-Shaping Corporate Routines* nicht auf organisationale Routinen relativiert werden sollen, die *unmittelbar* zur Auswahl und Gestaltung von konkreten Innovationsprojekten verwendet werden (etwa das unternehmensspezifische FuE-Controlling, das Simultaneous Engineering oder die Routinen der Projektarbeit).[1] Als eine sehr wichtige Art dieser Innovation-Shaping Corporate Routines speziell in japanischen Unternehmungen können die mit dem oben bereits genannten *Prinzip der lebenslangen Beschäftigung zusammenhängenden Mechanismen zur Beschaffung, Entwicklung und Freisetzung von Personal* hervorgehoben werden, die sich auf die Denk- und Verhaltensweisen der Innovationsträger sowie auf ihre Wissensbasen auswirken; diese personalwirtschaftlichen Routinen stehen im Mittelpunkt des IV. Teiles der vorliegenden Arbeit.[2]

Zweitens ist zu bemerken, daß die Förderung von Stabilität, die die Bildung von Unternehmensroutinen mit sich bringt, natürlich auch die grundsätzliche Gefahr in sich birgt, dem Umweltwandel mit althergebrachten Denk- und Handlungsmustern entgegnen zu wollen. Erfahrungen werden dann zu Lernhemmungen,[3] was in der Literatur aus den wettbewerbsstrategischen, innovationswirtschaftlichen, lerntheoretischen und organisationskulturellen Perspektiven einstimmig als sehr problematisch für die Konkurrenzfähigkeit betrachtet wird: So betont beispielsweise Porter, daß "... (s)uccessful companies tend to develop a bias for predictability and stability; they work on defending what they have. ... The

[1] Wie im Prolog bereits konstatiert, ist dieses grundsätzliche Verständnis von Unternehmensroutinen in der vorliegenden Arbeit durch die Ideen von Nelson und Winter geprägt (vgl. insb. Nelson, 1987, S. 21 u. Nelson/Winter, 1982, S. 14 sowie die Fußnote 7 im Prolog der vorliegenden Arbeit).
[2] vgl. Kapitel 13 u. 14.
[3] vgl. Becker/Langosch, 1995, S. 44.

organization at all levels filters out information that would suggest new approaches... ."[1] Erfolgreiche Routinen haben also "an inertia and self-reinforcing aspect,"[2] der mit der Dauer des Erfolges u.U. an Bedeutung als Gefahrenquelle gewinnt: Ein langer Erfolg kann intraorganisationale Varietät abbauen,[3] zur Entwicklung einer "tunnel vision"[4] und einer innovationsfeindlichen Organisationskultur[5] führen.

Dementsprechend wird in der vorliegenden Arbeit noch zu zeigen sein, mit welchen Mitteln die führenden japanischen Unternehmen an dieses Problem speziell bei der Gestaltung und Transformation der personalwirtschaftlichen Innovation-Shaping Corporate Routines herangehen und welche Schwierigkeiten ihnen dabei begegnen.[6]

Punkt 5: Basic Cognitive and Socio-Emotional Capacities of Corporate Members

Im vorhergehenden Teil dieses Kapitels wurde bereits festgestellt, daß für die Innovationsgestaltung nicht nur die intellektuelle, also rein **kognitive Tradition** ausschlaggebend ist, sondern auch die **sozio-emotionale**, und daß die vorliegende Arbeit insgesamt eine **Verknüpfung dieser beiden Perspektiven zu einem integrativen Modell der humanbasierten Innovationsidentität der Unternehmen** anstrebt.[7] Um diesem Tatbestand Rechnung zu tragen, sollen im weiteren nicht nur die kognitiven Fähigkeiten, sondern auch die sozio-emotionalen "traits" analysiert werden, zumal diese miteinander in wechselseitiger Beziehung stehen und nicht immer klar auseinandergehalten werden können.

Faßt man diese fünf Überlegungen zusammen, ist festzustellen, daß mit Hilfe dieses modifizierten fähigkeitsorientierten Modells *praktisch alle obengenannten Gruppen der Erfolgsfaktoren der japanischen Unternehmen* (personalwirtschaftliche und organisatorische Unternehmensroutinen, die ganzheitliche Vorgehensweise, kognitive und sozio-emotionale Fähigkeiten der Mitarbeiter) zu einem **Gesamtkonstrukt** integriert werden können. Die *einzige Ausnahme* stellte bisher die Kultur bzw. die Identitätsauslegung dar. Wie kann man den offensichtlich innovationsrelevanten Faktor Kultur bzw. Identität mit Hilfe des fähigkeitsorientierten Ansatzes mit berücksichtigen?

Auch für dieses Problem liefern die obigen Ausführungen einen Lösungsvorschlag:

---

[1] Porter, 1990, S. 75 ff.; vgl. auch analoge Gedanken bei Bleicher, 1995, S. 580 u. 585 sowie Servatius, 1988, S. 305 f.
[2] vgl. Rapp, 1992, S. 244.
[3] vgl. Prahalad/Hamel, 1994, S. 55.
[4] vgl. Tushman/Nadler, 1986, S. 79 ff.
[5] vgl. im Anschluß an Trice/Beyer Sackmann, 1983, S. 404; zur ambivalenten Wirkung einer starken Unternehmenskultur auf das Leistungsniveau der Organisation vgl. auch Steinmann/Schreyögg, 1993, S. 597 ff.; Kiechl, 1993, S. 67 f. und die dort angegebene Literatur.
[6] vgl. insbesondere Kapitel 13 und 14.
[7] In diesem Zusammenhang kann man sich auch auf die These von Bleicher stützen, der die von Eigenschaften der Mitarbeiter getragene technologische Intelligenz der Unternehmung sowohl aus sach-rationalen Fähigkeiten als auch aus sozio-emotionalen Einstellungen und Verhaltensweisen bestehen sieht und im Hinblick auf die Durchführung von technologischen Innovationen den beiden Komponenten eine große Bedeutung beimißt (vgl. Bleicher, 1995, S. 591).

Punkt 6: Culture-Specific Construal of Self

Die Zielsetzung dieser Arbeit ist es, die Innovationsidentität der *japanischen* Unternehmen zu analysieren, und sie setzt somit die Argumentation auf einer gewissen *Abstraktions-* bzw. *Verallgemeinerungsebene* voraus. Empirische Studien belegen die grundsätzliche Zulässigkeit einer solchen Verallgemeinerung: Die von Shibata et al. durchgeführte empirische Studie von größeren japanischen Aktiengesellschaften in mehreren Sektoren - und genau diese Unternehmen interessieren hier als zentrale Innovationsträger der japanischen Wirtschaft - zeigte z.B., daß "analysis of decision-making style, management and organizational design norms *did not identify any significant differences among the various sectors.*"[1] Dies spricht auch für die Möglichkeit, das *Japanese-style Management* verallgemeinert, d.h. ohne auf *branchenspezifische* Merkmale einzugehen, theoretisch aufzugreifen und nach den Faktoren zu fragen, die seine fundamentalen, branchenunabhängigen *Differenzen* gegenüber den westlichen Managementsystemen und ihren Grundlagen bedingen.

Die Innovationsfähigkeit, die hier interessiert, stellt eine Kernkompetenz dar, und als solche ist sie *differenzstiftend*. Trotz dieser Proklamierung der *Einzigartigkeit* von Kernkompetenzen scheint aber die fähigkeitsorientierte Diskussion heute vielfach dadurch gekennzeichnet zu sein, daß diese differenzstiftenden Kernkompetenzen eher im Sinne von *Musterhaftigkeit* verstanden werden. Es geht hier im Grunde um das fundamentale Dilemma des Verständnisses des Phänomens *Individualität* schlechthin, das vom russischen Kulturforscher Batkin hinsichtlich der Individualität eines Individuums folgendermaßen beschrieben wurde:

> "Man kann ... den Menschen verehren, der als Erster in der Reihe steht, und nicht den, der auf eine ganz besondere Art und Weise aus dieser Reihe heraustritt. Man kann ein bestimmtes "ICH" hochschätzen und für herausragend halten, jedoch nicht wegen der Eigenschaften, die dieses Ich mit allen unvergleichbar und unnachahmlich machen ... . Die Hervorgehobenheit eines Helden der Antike, eines Athleten, eines Feldherrn oder eines Rhetors stellt ebenso wie die Auserwähltheit eines Frommen im Mittelalter auch das höchste Ausmaß an Eingliederung, an Normativität dar; sie verkörpert am allerstärksten das Allgemeinübliche, kurzum, sie bedeutet *Musterhaftigkeit*, und demzufolge auch das Gegenteil von dem, was wir unter Individualität verstehen!"[2]

Gerade diese "musterorientierte Sichtweise" scheint sich in vielen fähigkeitsorientierten Literaturbeiträgen zum Thema Wettbewerbsvorteile bzw. Erfolgsfaktoren niedergeschlagen zu haben - auch bei Bogner/Thomas, die folgendes postulieren:

> "... (A) firm which wishes to earn sustainable profits from competition must address at least one of these success factors *better than the competitors* if there is to be a basis for earning an economic profit."[3]

---

[1] Shibata/Tse/Vertinsky/Wehrung, 1991, S. 145. Auch andere, insbesondere vergleichende empirische Studien wie die von Kagono et al. (1985) und von Egelhof (1993) haben mehrere Differenzen zwischen dem Innovationsmodus von amerikanischen einerseits und japanischen Unternehmen andererseits erwiesen, die vielfach mit der jeweiligen nationalen Kultur zu tun haben. Darauf wird im Kapitel 9.5 näher eingegangen.

[2] Batkin, 1989, S. 6; übersetzt d. d. Verf.

[3] Bogner/Thomas, 1994, S. 119; hervorgehoben d. d. Verf. Ebenso meint Pavitt (1992, S. 214 f.; hervorgehoben d. d. Verf.), daß "... competitive advantage essentially results from the ability to do useful and difficult things *better than ... competitors.*"

Es ist allerdings zu bezweifeln, ob die Suche nach Kernkompetenzen tatsächlich nur nach den olympischen Kriterien "*schneller, höher, stärker*" durchgeführt werden soll. Vor dem Hintergrund der obigen Ausführungen erscheint es u.U. zweckmäßiger, die Fragestellung zu modifizieren und zunächst danach zu suchen, was **wirklich anders** (also eben **einzigartig** und **unnachahmlich**) ist - zumal gerade aus diesem **Anderssein** die besonderen Kriterien von "Schnelligkeit, Höhe und Stärke" vielfach resultieren.

Als erste Antwort auf diese Frage kann folgender Hinweis von Pfeffer herangezogen werden:

> "As other sources of competitive success have become less important, what remains as a crucial, differentiating factor is the *organization, its employees, and how they work.*"[1]

Das heißt, auch die innovationsrelevanten Kernkompetenzen der Unternehmung sind im wesentlichen **organisationsbasiert** und **mitarbeiterbasiert**.[2] Diese beiden Aspekte sind offensichtlich interdependent, darum sollten sie sinnvollerweise im Zusammenhang miteinander analysiert werden. Nichtsdestotrotz können die *Schwerpunkte* unterschiedlich gesetzt und die *Verbindungen* unterschiedlich gesehen werden - was in der Literatur zum fähigkeitsorientierten Ansatz auch festzustellen ist:

Einerseits wird von mehreren Wissenschaftlern betont, daß nicht die organisationalen Strukturen bzw. "organisatorische Regelungen" per se, sondern die **Mitarbeiter** in der Organisation, dank ihres Wissens und ihrer Fähigkeiten die Innovationen entwickeln, aus denen dann die Wettbewerbsvorteile resultieren.[3] So hebt Prahalad hervor, daß

> "(a) core competence is carried in the heads of individuals and teams. Of course there is a technical component, but more crucial is the social organization, the capacity of people to share information and to continuously redeploy knowledge."[4]

Noch prägnanter bringt diesen Gedanken Handy auf den Punkt: "Whether ... intangible assets are the research in a company's pipeline, the brands, the know-how, or the networks of experience, they amount in the end to one thing: *the people*."[5] Und die Herausgeber des Magazins "Organizational Dynamics" glauben, daß die Rückbesinnung auf die wettbewerbsentscheidende Rolle der Humanressourcen eine der wichtigsten Konsequenzen ist, die das Management aus den Entwicklungen der letzten Jahre ziehen sollte: "As counterpoint ... to the recent downsizing frenzy - we will see a more mature articulation of the importance of *people as a firm's only sustainable competitive advantage*."[6]

Dieser personalorientierte Standpunkt wird auch speziell in der Diskussion über die Kernkompetenzen der *japanischen* Unternehmen vertreten; so stellten Nonaka/Johansson fest, daß

---

[1] Pfeffer, 1994, S. 17; hervorgehoben d. d. Verf.

[2] Auf die Verbindungen zwischen den Fähigkeiten der Unternehmung und ihrer Struktur, Kultur und den Humanressourcen wurde auch im Kapitel 3.2 bereits kurz hingewiesen.

[3] so z.B. Bogaert/Martens/van Cauwenbergh (1994, S. 72): "(O)rganizations *per se* do not have skills. An organization derives its skills from the *people* within it."

[4] Prahalad, 1995, S. 36.

[5] Handy, 1995, S. 48, hervorgehoben d. d. Verf.

[6] Bohl/Slocum/Luthans/Hodgetts, 1996, S. 7; hervorgehoben d. d .Verf.

"(i)f there is a management advantage of the Japanese large company over its Western competitors, it resides in the *experiences and skills of those members retained for their lifetimes, embodying the accumulated organizational wisdom.*"[1]

Andererseits aber besteht eine der wichtigsten Tendenzen, die sich im Rahmen des fähigkeitsorientierten Ansatzes bislang abgezeichnet haben, darin, daß zunehmend auf die entscheidende Rolle der *Organisation* als eigenständige Grundlage für nachhaltige Wettbewerbsvorteile verwiesen wird.[2] Interessanterweise wird auch hier unter anderem gerade mit den Erfolgen der *japanischen* Unternehmen argumentiert; so will z.B. der Arbeitskreis "Organisation" der Schmalenbach-Gesellschaft 1996 folgendes festgestellt haben:

"Der Organisation kommt in immer stärkerem Maße die Rolle einer eigenständigen strategischen Wettbewerbsfaktors zu. Dies zeigt sich nicht zuletzt in dem in jüngerer Vergangenheit immer wieder als Beispiel angeführten Erfolg japanischer Unternehmen, der in erster Linie mit der *Einführung überlegener organisatorischer Regelungen* begründet wird."[3]

Sieht man den entscheidenden *separierbaren* Wettbewerbsfaktor in "**überlegenen organisatorischen Regelungen,**" kann man natürlich versuchen, sie zu benchmarken bzw. bei den Japanern zu kopieren. Die Intensität dieser Versuche scheint, wie im 1. Kapitel gezeigt, insbesondere dann zu steigen, wenn das subjektive Krisenbewußtsein steigt.

Die hier zu treffende Entscheidung für die eine oder die andere alternative Schwerpunktsetzung (Stichwort: People versus Structure) wird die *gesamte weitere Vorgehensweise bei der Analyse der Innovationsidentität in der vorliegenden Arbeit* maßgeblich prägen. Denn:

Wird der entscheidende Einzelfaktor in "*überlegenen organisatorischen Regelungen*" gesehen, sollten konsequenterweise die *organisatorischen* Innovation-Shaping Corporate Routines, wie z.B. das Simultaneous Engineering, die Neustrukturierung der Unternehmensbereiche und die formellen Abstimmungs- und Koordinationsmechanismen zwischen ihnen, kurzum: das *Organisieren* als "strukturierende Gestaltung"[4] der japanischen Unternehmen im Mittelpunkt des Interesses stehen.

Wird dagegen mehr Bedeutung der *mitarbeiterbezogenen Dimension* der Kernkompetenzen japanischer Unternehmen beigemessen, sollte wesentlich mehr Aufmerksamkeit den *Determinanten des Innovations- und Lernverhaltens der Mitarbeiter* gewidmet werden. Man müßte dann unbedingt auch mit ins Kalkül einbeziehen, daß die Menschen sich "anders je nach Kultur [verhalten], der sie angehören"[5] - d.h. konkret, daß Japaner und Europäer sich in der Weise

---

[1] Nonaka/Johansson, 1985, S. 191, hervorgehoben d. d. Verf.
[2] vgl. die Analyse und die Schlußfolgerung von zu Knyphausen-Aufsess, 1995, S. 88.
[3] Organisation im Umbruch, 1996, S. 648 f.; hervorgehoben d. d. Verf.
[4] vgl. zu dieser Definition des Organisierens Kosiol, 1968, S. 18 f.
[5] Albach/de Pay/Okamuro, 1989, S. 93; hervorgehoben d. d. Verf. Auch die *Art des Organisierens* hat eine kulturspezifische Dimension. So bemerkt z.B. Kieser, daß bei der "Konstruktion" von Organisationsstrukturen immer kulturelles Wissen der Betroffenen vorausgesetzt wird, und führt als Beispiel ausgerechnet die Ratlosigkeit der Japaner gegenüber den deutschen Stellenbeschreibungen an (vgl. Kieser, 27.02.1997). Auch Molle konstatiert, daß individuelle Stellenbeschreibungen in japanischen Unternehmen in Europa gewöhnlich auf Beharren der Europäer eingeführt werden (Molle, 1992, S. 194). Diese Stellenbeschreibungen - soweit man

(innovations- und lernrelevanten) Erfahrens und Denkens unterscheiden.[1] Und unter den Innovation-Shaping Corporate Routines sollten in diesem Fall die *personalwirtschaftlichen* Komponenten wie die Personalauswahl und -entwicklung sowie ihr Einfluß auf die betrieblichen Innovationsprozesse ganz besonders interessieren.

Um diese wesentliche Entscheidung zu treffen, erscheint die Frage angebracht, worin man denn *in Japan selbst* die ausschlaggebenden Wettbewerbsstärken der eigenen Unternehmen sieht? Diese Frage hat neben einer situativen, auf die jeweils aktuelle Wettbewerbssituation bezogenen Komponente auch eine ganz *fundamentale*, und gerade diese interessiert hier:

Was stellt man sich in Japan auf der Ebene der kulturspezifischen "Fundamentalannahmen"[2] *unter dem Phänomen Organisation schlechthin vor?*

Ohne Anspruch auf Vollständigkeit zu erheben, kann in diesem Zusammenhang im Anschluß an Nakane folgendes grundlegendes Verständnis vom *Wesen einer Organisation* in Japan vermutet werden, das als kulturelle Fundamentalannahme das innovationsrelevante Denken und Verhalten der Organisationsteilnehmer recht stark prägt:

> **"Japan besitzt keine eigenständige, vom konkreten Menschen abstrahierte oder getrennte Vorstellung von "Organisation"** ... . **"Organisation" bedeutet für einen Japaner eine Art Kette von direkten und real faßbaren Beziehungen von Mensch zu Mensch. Das ganz konkrete Dasein eines Menschen ist selbst Teil der "Organisation.".** ... **Emotional-wirkliche zwischenmenschliche Beziehungen** ... **[sind] das für die Japaner entscheidende Element jeder "Organisation"** ... ."[3]

Diese aus der soziologischen Betrachtungsperspektive abgeleitete These steht mit mehreren managementbezogenen Überlegungen anderer japanischen Autoren im Einklang, denen zufolge in Japan "*organization specific human capital is the fundamental factor which governs the structure and function of the organizations.*"[4] Selbst wenn sich die formale Organisationsstruktur eines japanischen Unternehmens von der eines deutschen nicht unterscheiden würde,[5] weist die *informelle Organisation* zum Teil grundverschiedene Merkmale auf, denn sie leitet sich - wie oben bereits angedeutet - von der gesamten sozialen Organisation des jeweiligen Landes bzw. der nationalen Kultur her.[6]

---

sich an sie orientiert - sind aber offensichtlich innovationsrelevant, denn ihre subjektive Auslegung beeinflußt die Kommunikationen und Interaktionen zwischen den jeweiligen Mitarbeitern auch bei komplexen arbeitsteiligen betrieblichen Innovationsprozessen. Im Kapitel 5 wird gezeigt, daß die Beziehung zur Stelle bzw. zur Rolle in der Organisation gerade durch die kulturspezifische Art der personellen Identitätsauslegung geprägt wird.

[1] vgl. Kimura, 1995, S. 134.

[2] vgl. zum Begriff der "*basic underlying assumptions around which cultural paradigms form*" Schein, 1985, S. 86.

[3] Nakane 1985, S. 187 f.; hervorgehoben d. d. Verf.

[4] Miwa, August 1994; hervorgehoben d. d. Verf.; vgl. detailliert auch die Ausführungen im Kapitel 14.1.3.

[5] Was sie aber tut, z.B. im Hinblick auf die Stellenbeschreibungen (vgl. im Anschluß an Kieser die Fußnote 159 oben).

[6] vgl. Nakane 1985, S. 119.

Vor diesem Hintergrund erscheinen für die hier interessierende Schwerpunktsetzung die Überlegungen des Wirtschaftswissenschaftlers Ozawa von großer Relevanz, denen zufolge ...

> "... Japanese management is somewhat loosely structured and operates on an **informal network of personal relations**. Although there may be an organization chart, no clear-cut delegation of authority and responsibility is likely to exist."[1]

Im II. Teil dieser Arbeit wird aus der psychologischen Perspektive ausführlich gezeigt, daß gerade die **personal relations**, die vernetzten **zwischenmenschlichen Beziehungen** das zentrale, konstitutive Element der kulturspezifischen **personellen Identitätsauslegung**[2] in Japan darstellen, das von der Organisation in ihrem internen Feld in gewissem Sinne "reproduziert" wird. Mit der organisationalen *Reproduktion* wird hier gemeint, daß die Identität einer Person in Japan des Involvements in das Netz stabiler und enger zwischenmenschlicher Beziehungen bedarf, und die Möglichkeit bzw. Notwendigkeit eines solchen Involvements wird den Mitarbeitern von japanischen ökonomischen Großorganisationen durch ihre spezifischen Corporate Routines vor allem aus dem *personalwirtschaftlichen* Arsenal gewährt bzw. oktroyiert.

Diese zwischenmenschlichen Beziehungen in Japan (auf Japanisch: *aidagara*) vergleicht der Psychologe Hamaguchi mit der Bildung von stabilen Molekülen aus einzelnen Atomen,[3] und kommt zur Schlußfolgerung, daß "there seems to be good reason for **Japanese organizations, which are accumulations of various *aidagara***, to be extremely stable."[4] Interpretiert man den Ausdruck "*good reason for organizations*" im Sinne der Stärkung ihrer wettbewerbsrelevanten Kernkompetenzen, gilt es für die vorliegende Arbeit, diese spezifischen zwischenmenschlichen Beziehungen näher zu untersuchen. Es werden denn auch von westlichen Vertretern des fähigkeitsorientierten Ansatzes als konstitutives Merkmal von Kernkompetenzen die "*well-developed-interfaces*" hervorgehoben, die aus *spezifischen zwischenmenschlichen Beziehungen* resultieren: "Critical Capabilities depend as much on the way that individuals ... have learned to work with each other as they do on the particular expertise of the individuals ... themselves."[5]

Vor diesem Hintergrund liegt es nahe,

- den weiteren Ausführungen in der vorliegenden Arbeit das Interpretationsmuster der **japanischen Organisation als Netzwerk von zwischenmenschlichen Beziehungen** zugrunde zu legen und
- die entscheidende Wettbewerbsstärke der japanischen Unternehmen im Gegensatz zum Arbeitskreis "Organisation" der Schmalenbach-Gesellschaft - eben *nicht* in einzelnen "überlegenen organisatorischen Regelungen" bzw. *nicht* in separaten Managementtechniken überhaupt, sondern vor allem in den **Mitarbeitern**[6] und ihren **Beziehungen** wie auch im grundsätzlichen **Fit** zwischen diesen **Beziehungen** und den **Unternehmensroutinen** zu sehen.

---

[1] Ozawa, 1982, S. 7; hervorgehoben d. d. Verf.
[2] Hamaguchi hat sogar den japantypischen Modus der personellen Identitätsauslegung explizit als *Relational Actor* (*Beziehungssubjekt*) bezeichnet; vgl. die Darstellung im Kapitel 4.
[3] vgl. Hamaguchi, 1985, S. 314.
[4] Hamaguchi, 1985, S. 315; fett markiert d. d. Verf.
[5] Bartmess/Cerny, 1993, S. 82, hervorgehoben d. d. Verf.
[6] vgl. auch Esser, 1994a, S. 4.

Die obigen Ausführungen zeigen darüber hinaus, daß "... a people-driven, resource-based approach, ... should be sensitive to impacts from country-specific cultural differences - both when it comes to issues relating to cognition differences as well as comparative social contracts issues."[1] Daraus ergibt sich die Möglichkeit bzw. die Notwendigkeit, die wettbewerbsentscheidenden Unternehmensfähigkeiten zur Wissenshandhabung mit der kulturspezifischen Identitätsauslegung in Verbindung zu bringen.

Nun läßt sich das Gesagte als Weiterentwicklung des Ausgangsmodells von Bogner/Thomas graphisch in Form eines Multi-Level-Modells darstellen, das die Innovationsidentität als vielschichtiges Konstrukt auffaßt und Verbindungen zwischen der nationalen Kultur bzw. der ihr zugrunde liegenden idiosynkratischen Art der Identitätsauslegung, den sozio-emotionalen und kognitiven Fähigkeiten der Mitarbeiter, den mitarbeiterbezogenen Unternehmensroutinen, den spezifischen Fähigkeiten der Unternehmen und den Vorteilen im Innovationswettbewerb herzustellen erlaubt.

Abbildung 3.3: **Das fähigkeitsorientierte Multi-Level-Modell der humanbasierten Innovationsidentität der Unternehmung**

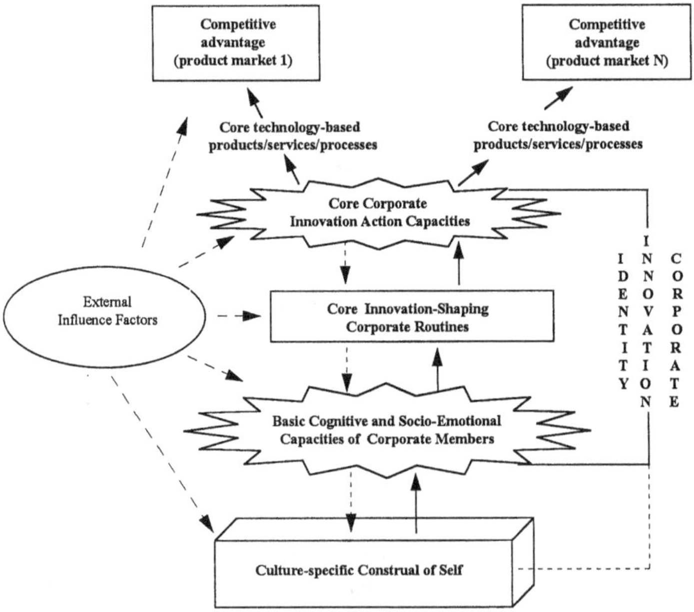

Dieses Multi-Level-Modell liefert als theoretischer Bezugsrahmen eine **integrierende ganzheitliche Struktur**, die die Zusammenhänge zwischen den einzelnen Komponenten plausibel machen soll. Nachdem dieser Gesamtrahmen steht, soll die theoretische Fundierung von allen Einzelkomponenten sichergestellt werden. Die hierzu erforderliche vertiefte Auseinandersetzung erfolgt einzeln im II., III. und IV. Teil der vorliegenden Arbeit im Kontext der jeweiligen Fragestellungen.[2]

[1] Gilbert/Lorange, 1994, S. 411; hervorgehoben d. d. Verf.

[2] So z.B. wird auf die Konzeption der humanbasierten Vorteile im Innovationswettbewerb in den Kapiteln 9 bis

Das Navigationsschema: Weitere Vorgehensweise bei der Analyse des Multi-Level-Modells der humanbasierten Innovationsidentität

Vergleicht man diese Abbildung 3.3 mit der Gliederung bzw. dem Aufbau der Arbeit, wie er im Prolog geschildert wurde, ergeben sich einige Differenzen, die in folgenden Überlegungen begründet liegen. In zeitlicher wie auch inhaltlicher Hinsicht sind die aktuellen Wandelprozesse bei personalbezogenen Innovation-Shaping Routines japanischer Unternehmen vielfach als *Folge* der Entwicklungen auf der Ebene der Wettbewerbsvorteile anzusehen: Neue Umweltbedingungen haben neue Unternehmensziele bzw. neu anzustrebende Wettbewerbsvorteile erfordert, und diese neuen Ziele haben den Bedarf nach neuen Mitteln (Unternehmensroutinen) ausgelöst.

Um die Übersichtlichkeit der gesamten Arbeit zu erhöhen, insbesondere um den Zusammenhängen zwischen den Wandelprozessen auf allen Ebenen besser Rechnung tragen zu können, erscheint es daher zweckmäßig,

- *zunächst* auf die Vorteile im Innovationswettbewerb und ihren Wandel einzugehen,
- und *erst im Anschluß* daran die Routinen zu analysieren, mit denen die diesen Wettbewerbsvorteilen zugrunde liegenden Unternehmensfähigkeiten entwickelt werden sollen.

Die endgültige **Struktur der weiteren Vorgehensweise** kann dementsprechend in Form eines "**Navigationsschemas**" folgendermaßen dargestellt werden (vgl. Abbildung 3.4).

Nun gilt es, dieses Multi-Level-Modell im weiteren Ablauf der Arbeit mit konkreten Inhalten auszufüllen. Dem **Navigationsschema** entsprechend soll mit dem **kulturspezifischen Construal of Self als fundamentale Grundlage der Innovationsidentität japanischer Innovationsträger bzw. japanischer Unternehmen** begonnen werden.

---

12 (Teil III), auf die personalwirtschaftlichen innovationswirksamen Unternehmensroutinen in den Kapiteln 13 u. 14 (Teil IV) en detail eingegangen.

Abbildung 3.4: **Navigationsschema zum Multi-Level-Modell der humanbasierten Innovationsidentität japanischer Unternehmen**

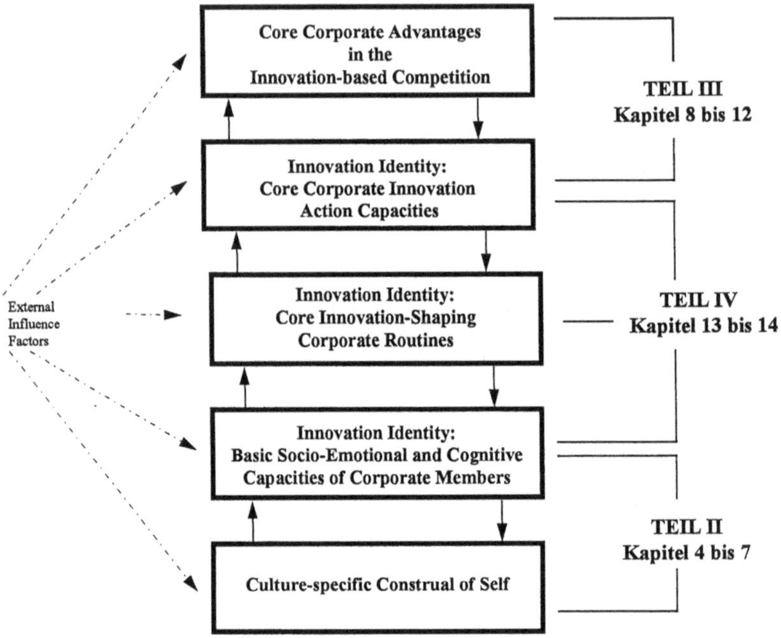

TEIL II

DAS JAPANISCHE CONTEXTUAL CONSTRUAL OF SELF UND SEINE INNOVATIONSRELEVANTEN FÄHIGKEITEN

"The Japanese people value human relations above all things ... ."
(H. Nakamura)[1]

[1] H. Nakamura, 1988, S. 511.

Das Navigationsschema: Zentrale Problemstellung des II. Teils

Im Kapitel 3 wurde festgestellt, daß die **zwischenmenschlichen Beziehungen** als das fundamentale Element einer japanischen Organisation zu interpretieren sind und für die **organisationalen Prozesse der technologieverbundenen Innovation** eine wichtige Bedeutung haben dürften. Vor diesem Hintergrund wurde die Hypothese entwickelt, daß

- sowohl die **Art der Gestaltung dieser innovationsrelevanten zwischenmenschlichen Beziehungen** in japanischen Organisationen
- wie auch die **fundamentalen Stärken und Schwächen** der japanischen Mitarbeiter als **Innovationsträger**

von dem **kulturspezifischen Modus des Construal of Self** maßgeblich geprägt sind.

Diese Hypothese bedarf offensichtlich einer detaillierten, tiefschürfenden Analyse, die im Mittelpunkt des vorliegenden II. Teiles der Arbeit steht. In dem im Kapitel 3.3 entworfenen **Navigationsschema** entsprechen der Problematik dieses II. Teiles die schattierten Kästen:

Navigationsschema: Multi-Level-Modell der Innovationsidentität japanischer Unternehmen: Zentrale Problemstellung des II. Teils

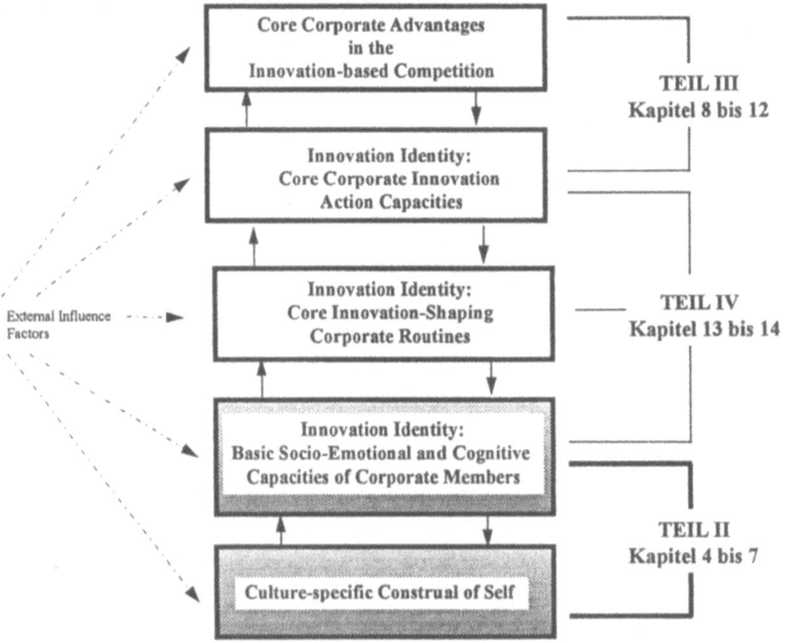

Die erste Frage, die im Kapitel 4 beantwortet werden soll, lautet: Was bedeutet die personelle Identitätsauslegung bzw. das Construal of Self als kulturspezifische Determinante des Innovationsverhaltens ganz konkret, und wodurch zeichnet sich der japanische Modus aus?

KAPITEL 4

DAS CONTEXTUAL CONSTRUAL OF SELF ALS ZENTRALE KULTURSPEZIFISCHE DETERMINANTE DER JAPANISCHEN INNOVATIONSIDENTITÄT

"In Japan, one has to "belong" or he has no identity."
(E.T. Hall)[1]

4.1 Einleitung

Will man die personelle Identitätsdefinition als kulturspezifisches Phänomen betrachten und in Verbindung mit den zwischenmenschlichen Beziehungen bringen, liegt es nahe, auf die Unterscheidung **Kollektivismus vs. Individualismus** als besonders wichtiges Merkmal zur Differenzierung zwischen Kulturen[2] zurückzugreifen. Was Japan betrifft, wird in der umfangreichen Literatur vielfach darauf hingewiesen, daß die geringe Bedeutung der Individualität in der japanischen Gesellschaft (insbesondere im Vergleich zum Westen, vor allem den USA) "*fast schon ein sozialwissenschaftlicher Gemeinplatz*"[3] ist. Befaßt man sich allerdings mit der Frage *eingehender*, kommen an diesem Gemeinplatz gewisse *Zweifeln* auf:

Dem kulturvergleichenden Konzept von Hofstede zufolge[4] ist in kollektivistischen Gesellschaften der Mensch von Geburt an in starke, geschlossene Wir-Gruppen integriert, die ihm lebenslang Schutz gewähren und dafür eine bedingungslose Loyalität verlangen. Der Individualismus als kulturelles Merkmal beschreibt dagegen Gesellschaften, in denen die Bindungen zwischen den Individuen locker sind, das Interesse des Individuums Vorrang vor den Interessen der Gruppe genießt und von jedem erwartet wird, daß er für sich selbst und seine unmittelbare Familie sorgt. In der Studie von Hofstede ist Japan mit dem Individualismusindex von 46 bei maximal 100 nicht in die Randposition (was dem obengenannten Gemeinplatz entsprechen würde), sondern *in die Mitte* der Skala zwischen Individualismus und Kollektivismus gelangt. Mit diesen Ergebnissen steht Hofstede nicht allein, denn auch in der Japanforschung sind Beiträge vorhanden, die neben den kollektivistischen Merkmalen auch mehrere Dimensionen des Individualismus in Japan festgestellt haben wollen.[5]

Ein interessantes und uneinheitliches Bild ergibt sich ferner, wenn man die von Hofstede hervorgehobenen zentralen Differenzierungsmerkmale einer kollektivistischen Kultur *im*

---

[1] Hall, 1977, S. 63 f.; hervorgehoben d. d. Verf.
[2] vgl. Triandis, 1994b, S. 286.
[3] Schubert, o.J., S. 115; hervorgehoben d. d. Verf.; vgl. ähnlich auch Yamaguchi, 1994, S. 175. Zur geringeren Bedeutung des Individualismus in Japan vgl. z.B. auch Abegglen/Stalk, 1986, S. 244; Menzel, 1989, S. 20; Kawai, 1990b, S. 124.
[4] vgl. im weiteren Hofstede 1993, S. 67 ff.; zur neueren Diskussion speziell im Zusammenhang mit dem japanischen Management vgl. Kidd/Kanda, 1997, S. 251 ff.
[5] vgl. z.B. Mouer/Sugimoto, 1986 und die dort angegebene Literatur. Auch Triandis zufolge ist Japan zwar kollektivistisch, aber eben "not extremely" (vgl. Triandis, 1994b, S. 297).

einzelnen betrachtet. Im Hinblick auf die "allgemeinen Normen, Familie, Schule und den Arbeitsplatz"[1] - also Dimensionen, die für das Problemfeld der vorliegenden Arbeit von zentralem Interesse sind - läßt sich nämlich feststellen, daß die meisten von Hofstede benutzten Merkmale des *Kollektivismus* in der Japanforschung bereits vielfach gerade als *typische kulturelle Eigenarten Japans* hervorgehoben werden. Zu nennen (und an geeigneten Stellen im Teil II detailliert zu diskutieren) sind insbesondere die Bewahrung der Harmonie als wichtiges Ziel der Individuen, die Begründung der Identität im sozialen Netzwerk und die High-Context-Communication. Bei dem anderen Teil der Hofstedschen Analyse, in dem es sich primär um "Politik und Theorien" handelt, erweisen sich dagegen mehrere Merkmale einer *individualistischen* Gesellschaft (wie z.B. hohes Pro-Kopf-BSP, Ausübung der politischen Macht von Wählern, Pressefreiheit etc.[2]) als für Japan zutreffend.[3]

Aus dieser scheinbaren Inkonsistenz - einerseits sei der ausgeprägte Kollektivismus in Japan ein "sozialwissenschaftlicher Gemeinplatz," andererseits gelangt dieses Land in die Mitte der Skala zwischen Kollektivismus und Individualismus - resultieren zweierlei Konsequenzen, deren erste sich eher auf die *Antwort*, die andere eher auf die *Fragestellung* bezieht. Einmal dient diese Inkonsistenz als Hinweis auf die im weiteren näher zu erörternde These, die japanische Kultur und ihr wesenseigenes Innovationsmuster basiert eher auf dem Grundsatz "sowohl als auch" als auf dem "entweder-oder"-Prinzip. Das bedeutet, daß die japanische Kultur grundsätzlich einer sehr differenzierteren Betrachtung bedarf und - jedenfalls zu den Zwecken der vorliegenden Arbeit - kaum mit einem zusammenfassenden Index zutreffend beschrieben werden kann.

Zugleich resultiert aus dem Obengesagten aber auch, daß der Begriff "*Kollektivismus*" - falls mit ihm die Verhaltensgrundlage der Innovationsträger in japanischen Organisationen doch beschrieben werden soll - einer *Präzisierung* bedarf. Literaturanalysen[4] zeigen, daß es bezüglich der Definition des Kollektivismus weder zwischen den westlichen noch zwischen den japanischen Wissenschaftlern einen Konsens gibt; trotz mehrerer Fortschritte, die die Erforschung dieses Phänomens gerade in den letzten Jahren gemacht hat und auf denen auch die weiteren Ausführungen in diesem Kapitel vielfach basieren, scheint die Natur des Kollektivismus immer noch "*open to debate*"[5] zu sein. Insofern soll auch die hier interessierende Fragestellung präzisiert bzw. konkretisiert werden: *Welche Art* des "Kollektivismus" soll denn für Japan typisch sein?

In der Literatur wird Japan vielfach als ein Land des *Gruppenbewußtseins*[6] bezeichnet, was soviel heißt, daß nicht das Individuum, sondern die Gruppe "the basic unit of social

---

[1] vgl. Hofstede 1993, S. 84.
[2] vgl. Hofstede 1993, S. 91.
[3] Als alternative Auffassung bezüglich der Differenzierung zwischen Individualismus (*Kojinshugi*) und Individualität (*Kosei*) speziell im Hinblick auf die japanische Gesellschaft vgl. Hendry, 1992, S. 56 ff. Zu weiteren relevanten "Paradoxen" der japanischen Gesellschaft vgl. z.B. Mouer/Sugimoto, 1986, S. 8.
[4] vgl. z.B. Yamaguchi, 1994, S. 176.
[5] vgl. Kashima et al., 1995, S. 926. Triandis et al. hatten offensichtlich Recht mit der vor ca. 10 Jahren zu diesem Problem geäußerten These, "... the picture is very complex, and it will take decades of research to unravel it" (Triandis et al., 1988, S. 329).
[6] vgl. z.B. Makoto, 1991, S. 133.

organization"[1] darstellt, auch in ökonomischen Organisationen.[2] Auch Japaner selbst sehen in der Regel den "*Groupism*" bzw. den "*Group-Collectivism*"[3] als eines der konstitutiven Merkmale der "*Japanizität*" bzw. ihrer nationalen Identität,[4] aber auch des Japanese-style Management und des Organisationsverhaltens.[5] Japanische sozialwissenschaftliche Literatur legt dabei nahe, davon auszugehen, daß die japanische *Gruppe* auf der *Akkumulation von spezifischen Beziehungen zwischen jeweils zwei Individuen* beruht.[6]

In diesem Zusammenhang läßt sich auf die bekannte These von Vogel hinweisen, die eine erste Brücke zwischen dem Phänomen des Gruppenkollektivismus und der Gestaltung von Innovationen als Wissenshandhabung zu schlagen erlaubt: "If any single factor explains Japanese success, it is the *group-directed quest for knowledge.*"[7] Damit rückt der Gruppenkollektivismus als der *japantypische soziale Kontext der Wissenshandhabung bzw. der Innovation* in den Vordergrund der weiteren Ausführungen.

Das Obengesagte kann an dieser Stelle folgendermaßen zusammengefaßt werden. Bei der Analyse des innovationsrelevanten japanischen Gruppen-Kollektivismus kommt es auf der elementaren Ebene darauf an, die kulturspezifische Art der gruppenkonstituierenden Einzelbeziehungen zwischen den Individuen zu analysieren. Mit dieser Schwerpunktsetzung wird in den Mittelpunkt die *personelle Identitätsdefintion* gestellt.

4.2 Vom Gruppenkollektivismus zum Kontextualismus

"... (O)ne of the specific and powerful ways in which cultural context influences individual behavior is through its influence on the meanings and practices of the self."
(H. R. Markus/ S. Kitayama)[8]

"... For the Japanese, you and I are two parts of a whole, that is, two sides of the same coin. ... Japanese ... see reality typically in the physical interaction with ... other human beings. These basic attitudes are clearly different from the prevailing Western view ... ."
(I. Nonaka/ H. Takeuchi)[9]

Wie im Punkt 4.1 bereits erwähnt, wird den traditionellen Differenzierungsversuchen zufolge als zentrales Unterscheidungsmerkmal zwischen dem Individualismus und dem Gruppenkollektivismus die Neigung der Kollektivisten hervorgehoben, bei Zielkonflikten den Gruppen-

---

[1] Young/Nakajima-Okano, 1988, S.191; vgl. auch Hayashi, 1988, S. 36.
[2] vgl. Hamaguchi, 1985, S. 305.
[3] Schneidewind, 1992, S. 83.
[4] vgl. z.B. Iwabuchi, 1994.
[5] vgl. Hayashi, 1988, S. 67; Hirata, 1993, S. 106.
[6] vgl. Nakane 1985, S. 65 sowie Hamaguchi, 1985, S. 315. Nakane spricht davon, daß sich die japanischen Gruppen traditionell durch die Multiplizierung einer *vertikalen* Beziehung zwischen zwei Individuen gebildet haben (vgl. Ebenda, S. 67). Auf den vertikalen Charakter dieser Beziehung wird im weiteren insbesondere im Zusammenhang mit der High-Context-Communication näher eingegangen. Zur Diskussion des Gruppenphänomens im deutschsprachigen Raum vgl. z.B. Rosenstiehl/Molt/Rüttinger, 1995, S.116 ff.
[7] Vogel, 1979, S. 27; hervorgehoben d. d. Verf.
[8] Markus/Kitayama, 1994b, S. 123.
[9] Nonaka/Takeuchi, 1995, S. 31 f.

zielen Vorrang vor den persönlichen Zielen einzuräumen - soweit sie überhaupt einen Unterschied zwischen persönlichen und kollektiven Zielen machen.[1] Daß das soziale Verhalten in kollektivistischen Kulturen in einem stärkeren Ausmaß eine Funktion von Gruppennormen darstellt als es in individualistischen Kulturen der Fall ist,[2] ist zweifelsohne als eine wichtige Erkenntnis der Sozialpsychologie anzusehen.

Die nach dieser allgemeinen Definition vorgenommene Plazierung der japanischen Kultur im allgemeinen Spannungsfeld Kollektivismus vs. Individualismus schafft aber im Hinblick auf die hier interessierende Fragestellung bei einer genaueren Betrachtung fast noch mehr *Probleme* als sie *Antworten* gibt:

Erstens werden hier genauere Informationen über die grundlegenden Prinzipien bzw. Mechanismen benötigt, nach denen die kulturspezifischen (sprich: japanspezifischen) Beziehungen zwischen jeweils zwei Individuen gestaltet werden, denn diese *elementaren Mechanismen* sind im Hinblick auf die kooperative Gestaltung von Innovationen in Unternehmen von maßgeblicher Bedeutung. Zweitens deuten mehrere Indikatoren darauf hin, daß Individualismus und Kollektivismus als Orientierungen auch durch *situative Faktoren* beeinflußt werden können, so daß sie *bei einer Person* zu verschiedenen Zeitpunkten bzw. in Beziehungen gegenüber verschiedenen Subjekten und in Abhängigkeit von den jeweils verfolgten Zielen beobachtet werden können - also *einander nicht unbedingt grundsätzlich ausschließen*.[3]

Es kann drittens auch der Fall sein, daß die *Mittel*, mit denen sich der Individualismus bzw. der Kollektivismus jeweils *zum Ausdruck bringen*, derart kulturspezifisch sind, daß man sie mit *einem monokulturell aufgebauten einheitlichen* Raster gar nicht erfassen kann.[4] Empirische Untersuchungen vor allem im Bereich der Sozialpsychologie zeigen die Notwendigkeit, Kollektivismus und Individualismus als *multidimensionale Konstrukte* aufzufassen, insbesondere wenn es auf die Analyse des für die Innovationsforschung sehr zentralen Phänomens des *Self-Ingroup-Relationship* ankommt.[5] Die obenerwähnte *Dimension des Zielkonfliktes* (individuelle Ziele vs. Gruppenziele) ist dementsprechend zwar eine äußerst wichtige, allerdings bei weitem nicht die einzige Dimension des hier besonders interessierenden sozialen Verhaltens bei den Innovationsprozessen, so daß man die innovationsrelevante Differenz zwischen Individualismus und Kollektivismus *nicht* auf die Art der Lösung von Zielkonflikten relativieren kann.

---

[1] vgl. Triandis, 1989, S. 509; Yamaguchi, 1994, S. 187.
[2] vgl. Triandis, 1989, S. 509.
[3] vgl. Kagitçibasi/Berry, 1989, 40, S. 517 und die dort angegebenen Quellen. Daraus resultiert unmittelbar die Notwendigkeit, die Beziehungen der Gruppenmitglieder zueinander und zu den Personen außerhalb der jeweiligen Gruppe getrennt und detailliert zu betrachten (vgl. hierzu Kapitel 6.1).
[4] Dies glauben jedenfalls Mouer/Sugimoto (1986, S. 210) für den *japanischen Individualismus* festgestellt zu haben. Aus einer anderen Perspektive konstatierte bereits Vogel (1979, S. 255) für den *westlichen Kollektivismus*, daß "Japan is group-oriented, but ... communitarism is an integral part of the American tradition ... ." Also soll man nach weiteren Kriterien zur Unterscheidung dieser innovationsrelevanten Phänomene suchen (zum amerikanischen Communitarism vgl. z.B. Etzioni, 1995).
[5] vgl. Triandis et al., 1988, S. 336.

Viertens läßt sich die Frage auch etwas radikaler stellen, indem man sich vergegenwärtigt, daß nicht nur die *Ausdrucksmittel und -formen*, sondern selbst solche *Basic Categories* wie Individuum, Persönlichkeit oder Gruppe *kulturgebunden* sind, so daß sich die japanischen Spezifika einer Erschließung durch die westlichen Paradigmata u.U. *überhaupt entziehen können.*[1] "Wenn ... die Wissenschaft ein Teilsystem der Gesellschaft ist, dann liegt es ja nahe zu vermuten, daß die dort wirksamen Kulturorientierungen auch hier ihre Bedeutung besitzen"[2] - stellt zu Knyphausen-Aufsess zu Recht fest, und vor dem Hintergrund des über den japanischen Gruppenkollektivismus bereits Gesagten wäre es dementsprechend zu klären, ob die japanische Gesellschaft *überhaupt* ein derart entwickeltes Phänomen der Individualität wie die westlichen kennt, denn andernfalls ist eine dichotome Betrachtung des Individuums als Gegenpol des Kollektivs unberechtigt - da völlig *unsymmetrisch* - und daher als Forschungsperspektive unproduktiv.

Auch in der *westlichen Ideengeschichte* kann man mehrere Gedanken finden, die auf die fundamentale Problemhaftigkeit dieser dualistischen Betrachtung (Individualismus versus Kollektivismus) aufmerksam machen. Während der Individualismus in seinen üblichen Interpretationen *nur einen Teil des Menschen* erfassen kann, erfaßt der Kollektivismus *nur den Menschen als Teil*, und somit dringen beide zur *Ganzheit des Menschen* nicht vor - stellte beispielsweise Buber fest.[3] Überträgt man diesen Vorwurf auf die *Japanforschung*, kann m.E. als Ausprägung der von Buber kritisierten "*falschen Alternative*" eine in der Literatur verbreitete abstrakte Einteilung "zwischen dem selbstbestimmt autonomen, sich selbst verwirklichenden, freien europäischen Individuum und dem fremdbestimmten, gesellschaftlichen Zwängen unterworfenen japanischen Gruppenmenschen"[4] konstatiert werden.

Nun ist an dieser Stelle zu fragen, ob diese dichotome Betrachtung nicht auch eine *andere* Möglichkeit, eine *dritte Perspektive* zuläßt? Vielleicht kann in diesem Zusammenhang die Auseinandersetzung mit dem japanischen Modus einige Anregungen insbesondere für die Erforschung des kulturspezifischen Denkens und Handelns der Innovationsträger liefern.

Dazu bedarf es aber, wie bereits angedeutet, einer *Präzisierung der Fragestellung*. Es ist zunächst nach den *fundamentalen* Faktoren zu fragen, die

- in kollektivistischen und individualistischen *Kulturen* verschiedene, ggf. diametrale Ausprägungen haben (*Kulturrelevanz*) und
- für die *Innovationsidentität* von zentraler Bedeutung sind (*Innovationsrelevanz*).

Wie in vorhergehenden Kapiteln bereits erwähnt, wird in der vorliegenden Arbeit vermutet, daß einen dieser fundamentalen Faktoren **die Art der Definition des Selbst** und die aus ihr resultierende **Art der zwischenmenschlichen Beziehung** darstellt. Hinweise auf diesen Faktor gibt es bereits in mehreren psychologischen Beiträgen; so z.B. stellt Kagitçibasi fest, daß

---

[1] vgl. auch im weiteren Hamaguchi, 1985, S. 291 f.
[2] zu Knyphausen-Aufsess, 1995, S. 257.
[3] vgl. Buber, 1982, S. 159 sowie die Ausführungen im Kapitel 5.1.
[4] so kritisiert Weinmayr, 1995, S. 180.

"... whether the self is defined as separate from others or as partially overlapping with them ... is conceptually more basic than any other aspects of I[ndividualism]/ C[ollectivism] ... ."[1]

Nun soll dieser Faktor, der als **Definition des Selbst** bzw. **personelle Identitätsauslegung** bezeichnet werden kann, auf die Übereinstimmung mit den beiden obigen Teilkriterien - der *Innovations- und Kulturrelevanz* - untersucht werden.

a) **Relevanz der Definition des Selbst als Merkmal zur Unterscheidung von Kulturen**

Die interkulturelle Psychologie im allgemeinen wie auch die interkulturelle Sozialpsychologie und die interkulturelle Organisationspsychologie im speziellen stellen in der letzen Zeit sich sehr intensiv entwickelnde Wissenschaftsbereiche dar, wobei gerade der Auseinandersetzung mit dem Individualismus und Kollektivismus eine sehr zentrale Bedeutung beigemessen wird.[2] Im Kontext dieser internationalen Forschungsbemühungen können *zwei Ideen* hervorgehoben werden, die für die Fragestellung der vorliegenden Arbeit von großer Relevanz sind.

Einmal geht es darum, daß "**(i)dentity is defined on the basis of different elements in individualisitic and collectivistic cultures**."[3] Mit anderen Worten kann die Definition des Selbst als Merkmal zur Differenzierung von Kulturen dienen, und in diesem Sinne kann die ausschlaggebende Differenz zwischen den individualistisch und kollektivistisch (hier: gruppenzentriert) fühlenden, denkenden und handelnden Personen vorerst darin gesehen werden , daß

"... an individualist acts as though he ... defines self as an entity consisting of a single person, bounded by his or her skin, but a collectivist acts as if he ... defines self as a entity extending beyond the individual ..., bounded by the social perimeter of that group."[4]

Geht man einen Schritt weiter und setzt die **zwischenmenschlichen Beziehungen** explizit in den Mittelpunkt der Betrachtung, erscheint der Vorschlag von Kagitçibasi sinnvoll, den Begriff "**individualistische Kultur**" durch "**culture of separateness**" (mit "separated and well-defined personal boundaries") und den Begriff "**kollektivistische Kultur**" durch "**culture of relatedness**" (mit "overlapping personal boundaries") zu ersetzen.[5] Diese Unterscheidung entspricht der von Markus/Kitayama[6] - und sie scheint tiefgreifender und daher auch fruchtbarer zu sein als die eher traditionellen Differenzierungsversuche,[7] welche, wie oben bereits erwähnt, als zentrales Unterscheidungsmerkmal zwischen Individualismus und

---

[1] Kagitçibasi, 1994, S. 65; zu anderen Argumenten s.u.

[2] vgl. zum State-of-The-Art einen Überblick bei Bond/Smith, 1996, S. 207 ff. und die dort angegebene Literatur.

[3] Triandis, 1989, S. 515; hervorgehoben d. d. Verf.

[4] Wagner III, 1995, S. 154; vgl. ähnlich auch die Ausführungen von Kim (1994, S. 27 ff.), der allerdings darüber hinaus eine weitere detailliertere Unterscheidung in jeweils 3 Modi *innerhalb* dieser beiden Kulturen ausgearbeitet hat. Da sich die vorliegende Arbeit aber nicht mit einer vergleichenden Analyse mehrerer Kulturen, sondern mit der Ermittlung des Einflusses des japanischen Construal of Self auf die Innovationsidentität beschäftigt, soll darauf nicht näher eingegangen werden.

[5] vgl. Kagitçibasi, 1994, S.61 ff.

[6] so sieht das auch Kagitçibasi selbst (vgl. Kagitçibasi, 1994, S.62).

[7] vgl. z.B. Yamaguchi, 1994, S. 187. Dies erhofft sich auch Kagitçibasi, 1994, S.65.

Kollektivismus die Neigung der Kollektivisten hervorheben, bei Zielkonflikten den Gruppenzielen Vorrang vor den persönlichen einzuräumen.

Die zweite relevante Idee kann mit Triandis folgendermaßen formuliert werden: "... **(A) major determinant of social behavior is the kind of self that operates in the particular culture.**"[1] Da in der vorliegenden Arbeit die Gestaltung von Innovationen nicht als technisches Problem, sondern im engsten Zusammenhang mit dem sozialen Verhalten ihrer Träger betrachtet wird, kann die Hypothese hervorgehoben werden, daß die kulturgeprägte Selbst-Definition bzw. das Grundverständnis der eigenen Identität auch einen *innovationsrelevanten* Faktor darstellt:

b) Relevanz der Definition des Selbst als Einflußfaktor der Innovationsidentität

Den obigen Ausführungen zufolge erscheint es sinnvoll, den wichtigsten Unterschied zwischen Individualismus und Kollektivismus folgendermaßen zusammenzufassen: Individualistische Kulturen tendieren "... to emphasize *elements of identity* that reflect possessions what do *I own*, what experiences have *I* had, what are *my* accomplishments", während in kollektivistischen Kulturen "(i)dentity is defined more in terms of *relationships*."[2] Sprachliche Ausdrucksformen werden sich, wie im weiteren an mehreren Stellen noch gezeigt wird, von einer Kultur zu der anderen unterscheiden, aber *vom Grundprinzip her* kann angenommen werden, daß in Abhängigkeit davon, was genau man als "Selbst" bzw. als "Ich" jeweils definiert, man auch Informationen bzw. Wissenskomponenten wahrnimmt, selektiert und handhabt. Die Definition des Selbst ist somit "central to an individual's perceptions, evaluations, and behaviors"[3], und dieser Hinweis auf die Wahrnehmung, Ausselektierung und Verarbeitung von Wissen legt den Gedanken nahe, daß die kulturspezifische Definition des Selbst einen wichtigen Einflußfaktor auch für die *innovationsbezogenen* kognitiven Prozesse und das soziale Verhalten darstellt:

Wie Kimura bemerkt, gründen die *Unterschiede im Denken und Erfahren* von Japanern und von Europäern "vor allem und zuerst ... darin, daß *das Selbstsein sowohl des eigenen wie des anderen Ich in Japan und Europa jeweils in einer anderen Art und Weise realisiert wird.*[4]" Denken und Erfahren umfassen aber auch das *innovationsbezogene* Denken und Erfahren, und das spezifische Selbstsein bedeutet nichts anderes als die personelle *Identität.*

Mit anderen Worten: **Das kulturspezifische Construal of Self (die Identitätsdefinition auf der personellen Ebene) kann einen ganzheitlichen Einfluß auf mehrere Aspekte der Wahrnehmung, der Kognition, der Emotion und der Motivation ausüben,**[5] **und es ist damit für das personalwirtschaftlich orientierte Wissens- und Innovationsmanagement von zentraler Bedeutung**.

---

[1] Triandis, 1989, S. 517; hervorgehoben d. d. Verf.
[2] Triandis, 1989, S. 515; hervorgehoben d. d. Verf.; vgl. dazu auch Markus/Kitayama, 1991, S. 226 sowie die im 2. Kapitel bereits zitierte These von Cooley (vgl. Triandis, 1989, S. 506).
[3] Singelis, 1994, S. 581; hervorgehoben d. d. Verf.
[4] Kimura, 1995, S. 94; hervorgehoben d. d.Verf.
[5] vgl. dazu detailliert Markus/Kitayama, 1991.

Festzustellen, daß ein Faktor für das zu untersuchende Problem von zentraler Bedeutung ist, und festzustellen, welche konkreten Auswirkungen dieser Faktor auf das Problem hat, sind zwei sehr verschiedene Aufgaben - und beide müssen wenigstens ansatzweise erfüllt werden, soll der Zielsetzung der vorliegenden Arbeit Rechnung getragen werden. Dementsprechend muß die nun Frage nach den **konkreten Auswirkungen des Construal of Self auf die japanische Innovationsidentität** gestellt werden.

Diese Frage bedarf einer eingehenden, tiefschürfenden Analyse, da immer noch nicht viele fertige Antworten als ganzheitliche Erklärungsmuster vorliegen.[1] Dementsprechend wird im vorliegenden, aber auch in drei weiteren Kapiteln versucht, den "*way the self determines aspects of social* [hier: *innovation-related*] *behavior*" (Triandis) anhand von den Ergebnissen der psychologischen, der interkulturellen sozialpsychologischen Forschung,[2] aber auch der Managementforschung und der japanischen Identitätsdebatte[3] detailliert zu schildern.

Die Ansätze, auf die sich die weiteren Ausführungen stützen werden, sind im Grundprinzip durch die gleiche theoretische Konzeption des japanischen Construal of Self gekennzeichnet: Sie betrachten es als ein **interdependentes, relationales, kontextualistisches Konstrukt**. Rekurriert man an dieser Stelle auf die eingangs angeführten Überlegungen zum japanischen Gruppenkollektivismus, kann man die vorgenommene Verschiebung der Perspektive mit dem Stichwort "**vom Kollektivismus zum Kontextualismus**" bezeichnen.

Vor diesem Hintergrund sollen die Kernfragen dieses Teils folgendermaßen umformuliert werden:

Wie wird das Selbst und damit auch die personelle Identität in Japan und im westlichen Kulturkreis definiert?

und

Welche sozio-emotionale und kognitive Fähigkeiten der japanischen Innovationsträger werden durch das spezifische Construal of Self geprägt und bei der Gestaltung von personalwirtschaftlichen Unternehmensroutinen zum Erzielen von Vorteilen im Innovationswettbewerb berücksichtigt[4]?

---

[1] Vor einigen Jahren stellte Triandis (1989, S. 506) fest, daß "... although there is evidence about variations of the self across cultures ..., the specification of the way the self determines aspects of social behavior in different cultures is undeveloped."

[2] Wie im Kapitel 3 bereits dargestellt, wird die Innovation in der vorliegenden Arbeit vor allem als Denk- und Verhaltensphänomen, nicht als Techniken und Instrumente betrachtet. Bedenkt man, daß die Psychologie eine "scientific study of human behavior" darstellt (vgl. Bond/Smith, 1996, S. 207), liegt es nahe, die Ergebnisse der psychologischen Forschung intensiv heranzuziehen.

[3] Die oben erwähnte *Multidimensionalität* des Individualismus und des Kollektivismus bedeutet u.a., daß neben den Merkmalen, die für sie jeweils *grundsätzlich* konstitutiv sind, auch *kultur-* bzw. *landesspezifische* Eigenarten und Ausprägungen festzustellen sind (vgl. Triandis, 1989, S. 510). Dementsprechend erscheint es nur logisch, daß auch in der interdisziplinären *Niohnjinron* mehrere Beiträge zu finden sind, die sich mit der spezifischen *Definition des Selbst* als Differenzierungsmerkmal der japanischen Kultur gegenüber den westlichen beschäftigt haben.

[4] Auf die Wettbewerbsvorteile wird im einzelnen im Teil III, auf die Unternehmensroutinen - im Teil IV eingegangen.

4.3 Auslegung der personellen Identität: Das japanische "Construal of Self"

> "While most Western views of human relationships are atomistic and mechanistic, the Japanese view is collective and organic. It is within this context of an organic worldview that the Japanese emphasize subjective knowledge and intuitive intelligence. While a typical Western individual "conceptualizes" things from an objective vantage point, a Japanese person does so by relating her- or himself to other things or persons. Therefore, the Japanese perspective is "tactil" and "interpersonal."
>
> (I.Nonaka/ H.Takeuchi)[1]

4.3.1 Zur Begriffswahl

In der Literatur werden mehrere Begriffe für die Modi der personellen Identitätsauslegung benutzt, die sich jedoch in folgende zwei große Kategorien aufteilen lassen:

Tabelle 4.1: **Verwandte Modi der personellen Identitätsauslegung in der Literatur**[2]

Independent Construal of Self (North America & northern and central Europe etc.)	**Interdependent Construal of Self** (Japan, China, Korea, South-East Asia u.a.)
individualist, discrete, egocentric, separate, autonomous, idiocentric, self-sufficient, self-contained	*collective, sociocentric, holistic, connected, allocentric, relational, ensembled, interactional, situational, group-oriented*

Die in der jeweiligen Spalte befindlichen Termini sind weitgehend *synonym* und die mit ihnen jeweils zum Ausdruck gebrachten Dimensionen lassen sich jedoch zu einem *intern konsistenten Gesamtgebilde* integrieren. Da sich die weiteren Ausführungen auf mehrere Ansätze stützen, sollen für den japanischen Typ der personellen Identitätsauslegung die Bezeichnungen **Contextual**, **Interdependent** und **Relational** bedeutungsgleich verwendet werden.

Nun sollen die Ansätze von Kimura, Hamaguchi und Markus/Kitayama dargestellt und durch Überlegungen einiger anderen Autoren ergänzt werden. Diese vorwiegend psychologisch orientierten komplementären Ansätze stammen teilweise von Praktikern, teilweise von

---

[1] Nonaka/Takeuchi, 1995, S. 31.

[2] Eigene Darstellung nach Markus/Kitayama, 1991, S. 226 f.; Markus/Kitayama, 1994b, S. 96 f.; Kuwayama, 1992, S. 121; Kitzinger, 1992, S. 228 f.; Kim, 1994, S. 25; Triandis, 1994, S.46 ff. Einige Interpretationsunterschiede zwischen den einzelnen Begriffen bzw. Aspekten werden in den Arbeiten von Kashima et al. (1995) und Triandis et al. (1988) diskutiert, für die hier interessierende Problematik sind sie allerdings eher irrelevant. Im Kapitel 15 wird zu diskutieren sein, daß die Differenzen zwischen diesen idealtypischen Modi der personellen Identitätsauslegung nicht nur durch kulturelle, sondern auch durch geschlechtsspezifische und andere Faktoren bedingt sind; im II. Teil der vorliegenden Arbeit steht jedoch nur die kulturelle Dimension im Mittelpunkt der Analyse.

Wissenschaftlern und sollen insgesamt einen *umfassenden* Überblick über das japanspezifische *Construal of Self* liefern.

4.3.2 Das Konzept des "Zwischen" von Kimura: Die zwischenmenschliche Beziehung als primäre Komponente der Identitätsdefinition der Japaner

Mit seinem 1972 erschienenen und mit mindestens 26 Auflagen zum langjährigen Bestseller gewordenen Buch "Zwischen Mensch und Mensch" hat Kimura einen wesentlichen Beitrag zur Diskussion der *personellen Identität* in Japan geleistet.[1] Nicht anders als Erikson setzte er als aktiv praktizierender klinischer Psychiater nicht auf detailliert erarbeitete Theorien, sondern argumentierte vielmehr mit eigenen Erfahrungen und Beobachtungen.[2]

Zwei Thesen von Kimura sollen eingangs festgestellt werden, die für die weiteren Ausführungen von prinzipieller Bedeutung sind. Einmal ist hervorzuheben, daß er die Identität eines Individuums grundsätzlich nicht als eine ein- und für allemal unverändert feststehende, "abgeschlossene" Gesamtheit von Merkmalen sieht:

> "Das Selbst ist ... nicht eine einfach vorhandene Identität. Um eine solche zu besitzen, muß das Selbst immer wieder auf sich selbst zukommen. Seine Identität oder Selbigkeit stellt nur die Spur dieses ständig sich wiederholenden Aktes des Selbstwerdens dar."[3]

Dieser Hinweis auf einen *sich wiederholenden Akt des Selbstwerdens* öffnet die Möglichkeit, sich über die *prozessuale Dimension der Identitätsdefinition* Gedanken zu machen.

Der zweite prinzipiell wichtige Gedanke von Kimura kann in der These gesehen werden, daß speziell in den Strukturen des japanischen Sich-selbst-findens *das Ich den Grund seines Bestehens nicht innerhalb, sondern außerhalb seiner selbst hat.*[4] Mit anderen Worten bedeutet das, daß für den japanischen Modus der Identitätsdefinition das **Zwischenmenschliche** primär identitätsbestimmend ist: **"Daß ich der bin, der ich jetzt gerade bin, bestimmt sich ... immer "außerhalb" meiner selbst, nämlich im Zwischen Mensch und Mensch ...** ."[5] Diesem fundamentalen Muster entsprechend werden in Japan vom Individuum vielfach massive

[1] vgl. zur Besprechung dieses Buches und seiner Übersetzung Heise, 1995.

[2] vgl. z.B. seine eigene Äußerung in: Kimura, 1985, S. 50; zur Vorgehensweise von Erikson vgl. z.B. Erikson 1973.

[3] Kimura, 1987a, S. 132.

[4] vgl. Kimura, 1995, S. 57 f. und S.62.

[5] Kimura, 1995, S. 103; hervorgehoben d. d. Verf. Als Illustration für die Spezifika der japanischen Psyche bringt Kimura das Wort 人間, *Ningen*, das aus den Schriftzeichen *Nin* (Mensch) und *Ken* (Zwischen) besteht. Kimura macht darauf aufmerksam, daß während dieses Wort in der chinesischen Sprache "*zwischen den Menschen*" bedeutet, es in der japanischen Sprache, in die es seinerzeit aus dem Chinesischen "importiert" wurde, auf die Bedeutung des *einzelnen Menschen* umgedeutet wurde. Diese Veränderung bzw. *Japanisierung* führt Kimura auf die Spezifik der japanischen Denkweise zurück, für die gerade die *Zwischenmenschlichkeit das Wesen des Menschseins schlechthin* darstellt (vgl. Kimura, 1991, S. 86; vgl. dazu auch die Überlegungen von Kumon, 1982, S. 11 ff. Das Wort *Ningen* wurde vom japanischen Philosophen T. Watsuji detailliert diskutiert, worauf hier nicht näher eingegangen werden kann - vgl. Watsuji 1934 sowie als Kommentar Heise, 1989, S. 84 ff. und Sato, März-April 1996). Hamaguchi hat später die beiden Schriftzeichen in umgekehrte Reihenfolge gesetzt und so ein völlig neues Wort 間人 *Kanjin* als Bezeichnung für diesen *spezifisch japanischen Modus der personellen Identität - das Beziehungssubjekt* - kreiert (vgl. detailliert Kapitel 4.3.3)

Anstrengungen verlangt, die auf ein "*Beziehungs- oder Abhängigkeits-management* hinauslaufen"[1] und auch für die kooperative Gestaltung von Innovationen von Relevanz sind.

Diese spezifische *soziale Realität* wird, so wie sie jeweils wahrgenommen wird, unter anderem durch die Mittel der japanischen *Sprache* vermittelt.[2] Die Form einer Sprache als solche ist von der menschlichen Psyche geprägt,[3] und eine jede Sprache widerspiegelt grundsätzlich die spezifischen, historisch gewachsenen identitätsgeprägten Beziehungen der jeweiligen Träger zu ihrer Lebenswelt, zu sich selbst und zueinander. Dementsprechend ist es erklärlich, warum in der sozialwissenschaftlichen Japanforschung, insbesondere im Rahmen der *Nihonjinron* vielfach gerade mit den Hinweisen auf die Eigenarten der japanischen Sprache argumentiert wird, wenn man die *Eigenart* der japanischen Kultur, der Denkweise und der Identität konkretisieren will.[4] Laut T. Suzuki ist die Einstellung der Japaner zur eigenen Sprache nicht vom Territorialprinzip, sondern von einer Art ethnisch basierten Nationalitätsprinzips gekennzeichnet, und dieser Einstellung zufolge existiere die Sprache "in fester Kombination" mit Merkmalen der *nationalen japanischen Identität* wie den Sitten und Wertvorstellungen.[5] Sprachlich werden die spezifische Identität des eigenen Ich sowie die des Ich bestimmter anderer Menschen vielfach von *Personalpronomen* repräsentiert und ausgedrückt;[6] dementsprechend bezeichnet in vielen Sprachen das Personalpronomen der ersten Person "*das genuine Selbstsein des eigenen Ich in einer konkreten zwischenmenschlichen Beziehung gegenüber dem Menschen, mit dem man gerade spricht.*"[7] Gerade bei den *identitätsrelevanten Personalpronomen* sieht Kimura einen ganz fundamentalen Unterschied zwischen den modernen europäischen Sprachen und dem Japanischen[8] und findet in diesem Unterschied

---

[1] Schubert, 1992, S. 221; hervorgehoben d. d. Verf.

[2] vgl. Greiff, 1984, S. 447.

[3] vgl. Doi, 1982, S. 86.

[4] So argumentieren z.B. Doi, 1982; Lebra, 1992, Kimura 1987a und 1995, H.Nakamura, 1988 und mehrere andere Wissenschafter. Die entscheidende Frage ist natürlich, wie man in jedem konkreten Fall vorgeht; zur berechtigten Kritik einiger wissenschaftlich unhaltbaren Spekulationen vgl. z.B. (völlig im Einklang mit der im Kapitel 2 erwähnten Kritik an *Nihonjinron*) Mouer/Sugimoto, 1986, S. 135 f. sowie an mehreren Stellen Dale, 1986. Im weiteren soll deshalb versucht werden, die plausibel erscheinenden und daher auch hier zitierten sprachenbezogenen Thesen der Psychologen immer mit den Überlegungen der Sprachwissenschaftler wie z.B. Miller zu belegen.

[5] vgl. T. Suzuki, 1990, S. 165. Darum sollen solche Hinweise auch in der vorliegenden Arbeit diskutiert werden. Vor dem Hintergrund der Fragestellung dieser Arbeit, die nicht sprachwissenschaftlich, sondern auf die betriebswirtschaftliche Innovationsforschung ausgerichtet ist, erscheint es zielführend, die gesamte Argumentation aus dem Bereich der japanischen Sprache nicht in einem eigenständigen Abschnitt zu konzentrieren, sondern auf die entsprechenden Aspekte an mehreren relevanten Stellen einzugehen.

[6] vgl. auch die im Kapitel 2 zitierte These von Cooley (1902), "the self consists of all statements made by a person, overtly or covertly, that include the words "I", "me", "mine", and "myself."

[7] vgl. Kimura, 1995, S. 94 und 96; hervorgehoben d. d. Verf.

[8] Auch andere bekannte Sozialwissenschaftler vertreten diese Meinung, so z.B. Lebra (1992, S. 111): "The relativity of the interactional self is best illustrated by the Japanese terms for self and other." Es ist allerdings nicht korrekt, bei diesen japanischen Wörtern zur Bezeichnung des Sprechers und des Angesprochenen den Begriff "Personalpronomen" zu verwenden, wie Kimura das tut. Mehrere Sprachwisenschaftler weisen nämlich darauf hin, daß die meisten dieser in anderen Sprachen als Personalpronomen bezeichneten Wörter im Japanischen u.a. in die Kategorie der "allgemeinen Nomina" gehören (vgl. Miller, 1993, S.352; Golownin, 1986, S. 110). Einfachkeitshalber und um das Zitieren von Kimuras Thesen nicht unnötig (da für die Zwecke der vorliegenden Arbeit nicht zielführend) zu erschweren, soll im weiteren jedoch die Bezeichnung "Personalpronomen" erhalten bleiben.

zwischen den Sprachen auch einen Ausdruck des *entscheidenden Unterschiedes zwischen den Erfahrungs- und Denkweisen.*[1]

Die Erfahrungs- und Denkweisen sind aber, wie bereits gezeigt, für die *Innovationsidentität* von maßgeblicher Bedeutung. Die hier dementsprechend interessierenden Überlegungen von Kimura lassen sich in tabellarischer Form folgendermaßen subsumieren (vgl. Tabelle 4.2).

Mit diesen Schlußfolgerungen steht der Psychologe Kimura nicht allein. So unterscheidet auch der Sprachwissenschaftler Suzuki zwischen einer **absoluten Selbstdefinition** in der englischen oder der deutschen Sprache und einer **relativen, partnerbezogenen Selbstdefinition** in der japanischen Sprache, der entsprechend man sich aus der Perspektive des Gegenübers sieht, und schlägt die Brücke vom sprachlichen zum psychologischen Bereich der Identitätsauslegung

> "Diesem sprachlichen Verhalten einer relativen Selbstdefinition entspricht ganz notwendigerweise das psychologische Muster einer Selbstdefinition vom Standpunkt des Gegenübers und einer Herstellung der Selbstidentität mittels des Partners. Man könnte dies auch eine Assimilation der Standpunkte des Ich und des Partners nennen. Damit das Ich konkretes Ich werden kann, bedarf es eines Partners, denn nur auf dem Weg über den Partner kann das Ich sich definieren."[2]

Es liegt nahe zu vermuten, daß diese relative, *kontextbedingte Selbstdefinition* einen Einfluß auf die spezifische Art der zwischenmenschlichen Kommunikation - und damit im Endeffekt auch auf das innovationsrelevante Verhalten der Kommunikations- bzw. Kontextteilnehmer - ausübt. Darauf wird im Kapitel 6.1 näher eingegangen; an dieser Stelle sei auf den Gedanken über die prozessualen Merkmale der Identitätsdefinition rekurriert und dieser Gedanke etwas vertieft:

In der westlichen Literatur wird die *Kontinuität im Zeitverlauf* als eine der wesentlichsten Konnotationen des Begriffes Identität hervorgehoben;[3] dies leuchtet einerseits ein, denn wäre die Identität von heute auf morgen beliebig veränderbar, könnten ja ihre Eigenschaften keinen grundlegenden Charakter haben. Wie paßt das denn mit den Thesen über eine *diskontinuierliche, partnerbedingte* personelle *Identität* in Japan zusammen?

Die Lösung könnte m.E. darin gesehen werden, daß die **prozessuale Fähigkeit zur spezifischen Gestaltung der zwischenmenschlichen Beziehung bzw. des spezifischen Construal of Self eine identitätsstiftende fundamentale Metafähigkeit darstellt**; die konkrete Konfiguration der aktuellen Beziehungen ist dagegen kontextabhängig und damit veränderbar. Die Identität eines Kontextualisten "*is unique in that it is changeable.*"[4]

---

[1] vgl. Kimura, 1995, S. 101.
[2] T. Suzuki, 1990, S. 172 f. Diese Gedanken korrespondieren auch mit der von A. Mori vorgeschlagenen Konzeption der "Kultur der Zweiten Person", derzufolge *das "Ich" als ein "Du" für das "Du"* aufgefaßt wird (vgl. Mori, zitiert und kommentiert in: Heise, 1989, S. 81 ff.). Laut Hamaguchi (1985, S. 312) bildet diese "your you"-Beziehung die kognitive Grundlage des sogenannten "outside-in"-Verhaltens der Japaner. Es wäre sicherlich denkbar, an diese Problematik auch mit rollentheoretischen Ansätzen heranzugehen, dies würde aber den Rahmen der vorliegenden Arbeit sprengen.
[3] vgl. Weber, 1985, S.36 ff. und die dort angegebene Literatur.
[4] Kumon, 1982, S.19; hervorgehoben d. d. Verf.

Tabelle 4.2: **Personelle Identität als psychisches und sprachliches Phänomen in der deutschen und der japanischen Kultur (nach Kimura)**[a]

Deutscher Modus der personellen Identitätsauslegung	Japanischer Modus der personellen Identitätsauslegung
Sprachliche Definition der Identität: *Nur ein* Personalpronomen der *ersten* Person (*Ich*) vorhanden. Dieses Personalpronomen wird praktisch niemals weggelassen.	**Sprachliche Definition der Identität:** *Mehr als 10* Personalpronomen der *ersten* Person vorhanden.[b] Welches Personalpronomen der ersten Person man für sich selber verwendet, entscheidet sich aus den jeweils konkreten Umständen der jeweiligen zwischenmenschlichen Beziehung und ist niemals dieser Beziehung vorausgehend entschieden.[c]
Psychische Definition der Identität:[d] 1) *Kontinuität des Ich* “Daß es für das Personalpronomen der ersten Person nur ein Wort ... “ich“ ... gibt, besagt, daß man selbst IMMER UND UNTER ALLEN UMSTÄNDEN fortfährt, als eine UNVERÄNDERLICHE Person “ich“ zu sein.“ 2) *Situations-Unabhängigkeit des Ichs* “Daß ich ich selbst bin, ist eine ... bereits feststehende Tatsache, die jeglichem sprachlichem Ausdruck vorausgeht und ihn bestimmt.“ 3) *Ich steht vor dem Zwischen* “... (D)ie Tatsache meines eigenen unveränderlich selbstidentischen Ich-seins [liegt] auch allem Denken voraus ... und [ist] in allem Denken als eine bereits feststehende Tatsache vorausgesetzt ... .“	**Psychische Definition der Identität:** 1) *Diskontinuität des Ich* Daß es im Japanischen so viele Personalpronomen der ersten (und auch der zweiten) Person gibt, bedeutet, daß “niemals von Anfang an eindeutig feststeht, WER man selbst ist und WER der einem jeweils gegenüberstehende andere Mensch ist.“[e] “(W)er man ist, ist in Japan nie und nimmer an sich entschieden, sondern bestimmt sich nach ... der Seinsweise des Zwischen Mensch und Mensch jeweils von neuem.“[f] 2) *Situationsbedingtheit des Ichs* “WER ich selbst bin und WER der jeweils andere ist, bestimmt sich in der japanischen Sprache und in der Erfahrungs- und Denkweise der Japaner aus der zwischenmenschlichen Beziehung zwischen mir und dem anderen.“[g] 3) *Zwischen steht vor dem Ich* “Noch bevor der einzelne Mensch sich als Individuum identifiziert, ist die Beziehung, das ZWISCHEN Mensch und Mensch. ... Es ist nicht so, daß zuerst ich selbst und der andere, das Ich und das Du als feste Subjekte existieren und sich dann zwischen beiden eine “zwischenmenschliche Beziehung“ auftut, sie einander “begegnen“ und miteinander “umgehen“. Zuerst ist das Zwischen Mensch und Mensch, das Zwischen zwischen einem selbst und dem anderen.“[h]

Anmerkungen:

[a] vgl. Kimura, 1995, S. 94 ff.; Kimura argumentiert hier auch mit Beispielen aus der englischen und der französischen Sprache, die Tabelle 4.2 beschränkt sich hingegen auf die Beispiele aus dem Bereich der deutschen; ebenfalls werden einige zu stark polarisierende Aussagen von Kimura speziell zu den westlichen Sprachen bzw. der Identitätsbestimmung ausgeklammert.

[b] Auch Miller führt mehrere Formen für den *Sprecher* im modernen Japanischen (und natürlich noch mehr etwa im Frühneujapanischen) an und bezeichnet diese “enorme Vielfalt“ als “beeindruckend“ (vgl. auch zu den sozialen Einflußfaktoren Miller, 1993, S.352 ff.). Ähnliches gilt auch für die Formen für den *Angesprochenen* (vgl. Miller, 1993, S. 354; vgl. auch Golownin, 1986, S. 107 ff.) - dies wird aber insbesondere für die weiteren Ausführungen zur sozial bedingten High-Context-Communication (vgl. Kapitel 6.1) von großer Relevanz sein, während hier die Konzentration überwiegend auf die *erste* Person (das *Selbst*) sinnvoll erscheint.

[c] vgl. dazu auch die Thesen von H. Nakamura, 1988, S. 306 f.

[d] Punkte 1) bis 3) Kimura, 1995, S. 100; Hervorhebung im Originaltext.

[e] Kimura, 1995, S. 102.

[f] Kimura, 1995, S. 106.

[g] Kimura, 1995, S. 103.

[h] Kimura, 1995, S. 103 f.

Das von Sachs und einigen anderen Autoren angesprochene ökonomisch relevante Dilemma *Identitätserhaltung vs. Anpassung*[1] scheint jedenfalls für das japanische Construal of Self in einer ganz anderen Erscheinungsform zu existieren. Versteht man die Identität als Kern *grundlegender* Eigenschaften,[2] sind es nicht die einzelnen, zum Teil *situations- bzw. kontextbedingten* Eigenschaften per se, sondern *die spezifische Art deren Bildung und Transformation,* die als identitätskonstituierend anzusehen ist.

Man kann diese These auch mit einem Mosaikspiel vergleichen, bei dem der Spieler zwar hin und wieder verschiedene Komponenten unterschiedlicher Größe und Form hat, aber diese intuitiv immer nach bestimmten gelernten Gesetzen (Passenheit der Farben, der Größen, der Geometrie etc.) zusammenstellt.

Den Überlegungen von Kimura folgten in der japanischen Identitätsdiskussion auch weitere, unter denen im Hinblick auf die Relevanz für die hier interessierende Problematik der Beitrag von Hamaguchi besonders hervorzuheben ist:

4.3.3 Das Konzept von Hamaguchi: "Relational Actor“ als Identitätsmodus der Japaner

Zwischen dem Ansatz von Hamaguchi und dem von Kimura lassen sich sehr deutliche Verbindungen sowohl in inhaltlicher[3] wie auch in terminologischer Hinsicht feststellen. Während Kimura für den (japantypischen) Begriff des *Zwischenmenschlichen* den Ausdruck "Hito to Hito to no Aida“ benutzt, kreiert Hamaguchi für sein Modell der japantypischen personellen Identität sogar einen eigenständigen Begriff "*Kanjin*“,[4] der ins Englische als **Relational Actor** bzw. **Contextual** und ins Deutsche als **Beziehungssubjekt** bzw. **Intersubjekt** übersetzt wurde.[5] Die Identität dieses japanischen Intersubjektes ist durch folgende konstitutive Merkmale gekennzeichnet:

> "Beim >Intersubjekt< gibt es keine Trennung zwischen dem eigenen Subjekt und seinem mitmenschlichen Umfeld ... . Die ... Besonderheit der Beziehungsstruktur der Japaner besteht darin, daß das Verhältnis der >Intersubjekte< zueinander mit Hilfe der Dyade >Ich - Du<, als >eigenes Ich - anderes Ich<, nicht ausreichend erfaßt werden kann. In seinen Beziehungen wird das eigene >Ich< in Wirklichkeit als >Du< für das >Du< bewußt.[6] Das heißt, daß eine Umwandlung im Subjektfeld vom >Ich< zum >Du des Du<stattfindet.“[7]

---

[1] vgl. Sachs, 27.02.1997.
[2] vgl. Kapitel 2.
[3] vgl. hierzu z.B. Hamaguchi, 1985, S. 302 f. Insofern soll dieser Ansatz hier nur kurz zusammengefaßt werden.
[4] vgl. einen positiven Kommentar zu dieser Begriffsbildung bei Kumon,1982, S. 19.
[5] Hier erscheint eine kurze sprachliche Erklärung erforderlich, damit die Verbindungen klar werden. Die meisten Schriftzeichen haben in der japanischen Sprache mehrere Lesungsmöglichkeiten. *Jin* stellt eine der shinojapanischen On-Lesungen des Schriftzeichens *Hito* (人) dar und bedeutet *Mensch*; *Kan* stellt die shinojapanische On-Lesung des Zeichens *Aida* (間) dar und bedeutet insbesondere *zwischen* und *Intervall*. Somit steht die von Hamaguchi vorgeschlagene Wortbildung 間人 *Kanjin* für den Menschen (*jin=hito*), der zu einem bestimmten Kontext, d.h. einem bestimmten Zwischen (*kan=aida*) gehört. Ein *Intersubjekt* eben.
[6] Vgl. hierzu die These von Buber (1994, S. 37), "*(d)er Mensch wird am Du zum Ich*“ sowie die Überlegung von Kimura (1991, S. 95), das "Selbstsein heißt nichts anderes als Mit-sich-selbst-identisch-Werden im inneren Verhältnis zu sich selbst, das erst durch das äußere Verhältnis zu den Anderen zustandekommen kann.“
[7] Hamaguchi, 1990, S. 141 ff.

Das kontextualistische Modell von Hamaguchi wurde in der deutschsprachigen Literatur bereits diskutiert,[1] so daß an dieser Stelle lediglich die folgenden, für die Problematik der vorliegenden Arbeit besonders wichtigen Unterschiede zwischen dem *westlichen* und dem *japanischen Identitätstyp* in tabellarischer Form kurz zusammengefaßt werden[2]:

Tabelle 4.3: **Typen der personellen Identität nach Hamaguchi**

Individual Actor (*Kojin*): **Der westliche Modus**	**Relational Actor** (*Kanjin*): **Der japanische Modus**
"Individualism can be characterized by (1) ego-centeredness, (2) self-reliance, and regard of interpersonal relations as means to an end."[3]	"Contextualism can be characterized by (a) mutual dependence, (b) mutual reliance, and regard of interpersonal relations as an end in themselves."[4]
"The central core of the individual has been called his ego. Such a consciousness of identity not only implies confidence in one's own uniqueness, activeness, oneness, and continuity, but also a belief that it is right to set the point of reference in one's life always at oneself."[5]	"... (A) contextual in neither an extension of an ego nor a connection of egos. For a contextual sense of identification with others (sometimes including conflict) pre-exists and selfness is confirmed only through interpersonal relationships.[6]"
"Individual actors interpret interpersonal relations as a kind of socio-technical manipulation which maintains the actor's existence."[7]	"... (F)or relational actors, interpersonal relations themselves become elements in the actor system, and there is no gap between the actor and his relations with others."[8]

[1] vgl. z.B. Adami, 1994b, S. 54 ff.; Ehmcke, 1990, S.268 f.; zur Einordnung des Ansatzes von Hamaguchi in den Gesamtkontext der Japanforschung vgl. Mouer/Sugimoto, 1986, S. 51.
[2] Wie Ehmcke (1990, S. 268) hervorhebt, geht es Hamaguchi bei dieser Unterscheidung zwischen "Einzelsubjekt" und "Beziehungssubjekt" nicht um die "extremen Anschauungen", sondern um die unterschiedliche Setzung von Schwerpunkten.
[3] Hamaguchi, 1985, S. 318.
[4] Hamaguchi, 1985, S. 318.
[5] Hamaguchi, 1985, S. 302; hervorgehoben d.d. Verf.
[6] Hamaguchi, 1985, S. 302.
[7] Hamaguchi, 1985, S. 305.
[8] Hamaguchi, 1985, S. 305.

Insofern dürften die Relational Actors einen höheren "order of sociability" als Individual Actors haben.[1] Diese These von Hamaguchi scheint eine empirische Bestätigung in der von Cousins durchgeführten empirischen Studie zur Self-Perception in Japan und den USA erhalten zu haben, derzufolge "Japanese are less concerned with asserting themselves through abstract summaries of behavior, as autonomous agents whose actions and feelings exist apart from everyday social settings and engagement with others."[2]

Auf den Ergebnissen zahlreicher empirischer Studien, die zu verschiedenen Zeiten und in verschiedenen Ländern im Zusammenhang mit dem Phänomen der Identität bzw. des Selbst durchgeführt wurden, baut auch das in den 90er Jahren entwickelte Konzept von Markus/Kitayama auf.

4.3.4 Das Konzept von Markus/Kitayama: The Interdependent Construal of Self

Der größte Vorteil des Ansatzes von Markus/Kitayama ist m.E. neben einem hohen Innovationsgrad ihres Gedankengutes vor allem darin zu sehen, daß sie zur Belegung ihrer zentralen Thesen die Resultate angelsächsischer, japanischer und anderer empirischer Untersuchungen vor allem aus dem psychologischen Bereich herangezogen haben. Die oben behandelten Beiträge von Kimura und Hamaguchi, die auf eigenen Praxiserfahrungen und Plausibilitätsüberlegungen basieren, spielen zwar in der Argumentation von Markus/Kitayama als Bezugsquellen kaum eine Rolle, betrachtet man aber die Ergebnisse bzw. die Schlußfolgerungen, die von diesen Autoren gemacht wurden, stellt man fest, daß die wesentlichen von Kimura und Hamaguchi hervorgehobenen Unterschiede durch die aus einer anderen, wissenschaftlich sehr fundiert und sauber aufgebauten Perspektive von Markus/Kitayama deutlich untermauert wurden.

In graphischer Form haben Markus/Kitayama die unterschiedlichen *fundamentalen Construals of Self* folgendermaßen dargestellt (vgl. Abbildung 4.1).

Der Abbildung 4.1 zufolge liegt der grundlegende Unterschied zwischen den beiden Modi der Identitätsauslegung darin begründet, daß während bei einem *Independent Self* "(o)thers ... do not *participate* in the individual's own subjectivity,"[3] ein *Interdependent Self* "includes others and ... requires others to define the self."[4] "*Requires*" bedeutet dabei, daß es sich *nicht* um einen voluntaristischen Willensakt handelt, denn:

---

[1] vgl. Hamaguchi, 1985, S. 299.
[2] Cousins, 1989, S. 130.
[3] Markus/Kitayama, 1994a, S. 569.
[4] Markus/Kitayama, 1991, S. 246.

Abbildung 4.1: **Interdependent und Independent Construal of Self nach Markus/Kitayama**

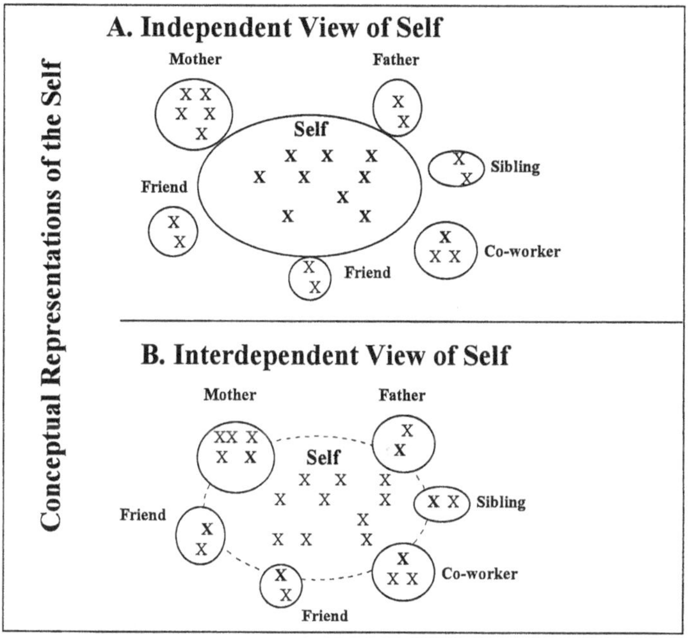

Quelle:[1] Markus/Kitayama, 1991, S. 226

- Während in den Kulturen, denen das *Independent Construal of Self* zugrunde liegt, "collectively oriented behavior is typically understood as voluntary and as purposely" [*im Sinne der Partizipation an den Gruppenaktivitäten zwecks Erreichung eines gemeinsamen Gruppenzieles - A.d.V.*][2],
- ist dagegen in den Kulturen, die auf dem *Interdependent Construal of Self* basieren, "interdependence seldom ... a matter of conscious, active choice." [3]

Die zentralen Unterschiede, die Markus/Kitayama zwischen der westlichen und der japantypischen Auslegung der personellen Identität festgestellt haben, können in tabellarischer Form folgendermaßen zusammengefaßt werden (Tabelle 4.4).

---

[1] Die **X**-Symbole stehen für Repräsentationen der verschiedenen Merkmale des Selbst und der Anderen. Die **X**-Symbole, die sich innerhalb des Selbstkreises, jedoch außerhalb der Schnittstelle zwischen dem Selbst und den Anderen befinden, repräsentieren Aspekte, die als relativ unabhängig von den Anderen bzw. als relativ konstant in Zeit und Kontext wahrgenommen werden (Fähigkeiten, Präferenzen etc.). **X**-Symbole an den Schnittstellen repräsentieren die Merkmale im Kontext einer sozialen Beziehung (vgl. Markus/Kitayama, 1991, S. 226 f.)

[2] Markus/Kitayama, 1994a, S. 569.

[3] Markus/Kitayama, 1994a, S. 577, Fußnote 4, vgl. auch Ebenda, S. 570.

Tabelle 4.4: **Key Differences Between an Independent and an Interdependent Construal of Self (nach Markus/Kitayama)**[1]

Feature compared	**Independent** **Western Construal of Self**	**Interdependent** **Japanese Construal of Self**
Definition	Separate from social context	Connected with social context
Primary unit of conscious reflection	A set of significant unique inner attributes of the person	Belongings to a social relation
Structure	Bounded, unitary, stable	Flexible, variable
Defining features	Internal, private (abilities, attributes, traits, thoughts, feelings)	External, public (statuses, roles, relationships)
Tasks	- Be unique - Express self - Realize internal attributes - Promote own goals - Be direct; "say what's on your mind"	- Belong, fit-in - Occupy one's proper place - Engage in appropriate action - Promote other's goals - Be indirect; "read other's mind"
Role of others	*Self-evaluation*: others important for social comparison, reflected appraisal	*Self-definition*: relationships with others in specific contexts define the self
Basis of self-esteem	Ability to express self, validate internal attributes	Ability to adjust, restrain self, maintain harmony with social context

[1] Markus/Kitayama, 1991, S. 230 mit Veränderungen und Ergänzungen aus: Markus/Kitayama, 1991, S.226 ff. und S. 245 f. sowie aus Markus/Kitayama, 1994a, S. 569 und Markus/Kitayama, 1994b, S. 96 ff.; vgl. zu einer eher deskriptiven Kurzdarstellung der Ideen von Markus/Kitayama, Cousins und Hamaguchi auch Ando, 1994. Im weiteren werden primär die Eigenschaften des Interdependent Self diskutiert; die Merkmale des Independent Self sind neben den Beiträgen von Markus/Kitayama auch anderen Autoren zu entnehmen, z.B. den Beiträgen von Kitzinger, 1992, S. 227 ff.; Kim 1994, S. 25 f.; Triandis, 1994b, S. 287 ff. Unter dem Begriff "Western" werden in der vorliegenden Arbeit vor allem die Merkmale von "White, urban, male, middle-class, secularized, contemporary people" in Nordamerika und Westeuropa subsumiert (vgl. Markus/Kitayama, 1994b, S. 97 sowie zur Disksussion das Kapitel 15.2 der vorliegenden Arbeit). Es kann angenommen werden, daß diese Menschen als Innovationsträger in vielen westlichen Organisationen eine wichtige Rolle spielen.

Tabelle 4.4 (Fortsetzung): **Key Differences Between an Independent and an Interdependent Construal of Self (nach Markus/Kitayama)**

Sense of oneself	Agent, producer of one's actions, complete, whole entity	"A fraction" which becomes whole only when fitting into a social unit
Important emotions to operate effectively	"Experts" in the expression and experience of *ego-focused* emotions: Individual's internal attributes (needs, goals, etc.) as the primary referent	"Experts" in the expression and experience of *other-focused* emotions: Another person as the primary referent
Feeling "good" and positive emotions	- Require a separation from others (uniqueness), expression of one's own attributes, - Typically manifested as individual happiness.	- Require a connection to others, fulfilling obligations, - Typically manifested as sympathy or as feelings of similarity and connectedness.

Nachdem die zentralen Differenzen zwischen den beiden fundamentalen Mustern der Identitätsdefinition festgestellt werden konnten, ist eine für die in der vorliegenden Arbeit interessierende Problematik der betrieblichen *Innovation* entscheidende Frage wieder zu stellen:

Können denn Menschen, die durch derart unterschiedliche Identitätsmodi gekennzeichnet sind, sich in ökonomischen Organisationen auf die gleiche Art und Weise verhalten, d.h. insbesondere auf die gleiche Art und Weise erfolgreich innovieren?

Und, natürlich, ist in einer *personalwirtschaftlich* orientierten Arbeit auch folgendes zu fragen:

Können denn ökonomische Organisationen, die Menschen mit derart unterschiedlichen Identitätsmodi jeweils beschäftigen, die Fähigkeiten und das Innovationsverhalten dieser Menschen auf die gleiche Art und Weise erfolgreich beeinflussen?

Weder das Eine noch das Andere wäre m.E. zu erwarten, allein schon deshalb nicht, weil diese Menschen jeweils anders miteinander interagieren und kommunizieren[1] - beides für die kooperative Gestaltung von technologieverbundenen betrieblichen Innovationen entscheidende Prozesse.

Während auf die zweite Frage insbesondere in den Kapiteln 13 und 14 im Zusammenhang mit innovationsrelevanten personalwirtschaftlichen Routinen der japanischen Großunternehmen detailliert eingegangen wird, läßt sich die erstere Frage als Grundmotiv der Ausführungen in weiteren Kapiteln dieses II. Teils der Arbeit folgendermaßen präzisieren:

[1] vgl. z.B. Hamaguchi, 1985, S. 305.

Welchen Einfluß konkret können die gerade festgestellten konstitutiven Eigenarten des Contextual Construal of Self auf die humanbasierte Innovationsidentität japanischer Großorganisationen ausüben?

Bei dem Versuch, eine Anwort auf diese Frage zu finden, sollte man sich darüber im Klaren sein, daß im Hinblick auf kulturspezifische Faktoren, also auch im Hinblick auf den Modus der Identitätsauslegung die Wahrscheinlichkeit, daß strikte *deterministische Ursache-Wirkungs-Zusammenhänge* entdeckt werden, grundsätzlich kaum gegeben ist; als Wissenschaftler darf man sich vielmehr darüber freuen, wenn *probabilistische Tendenzen* festgestellt werden können.[1] Welche Tendenzen lassen sich also feststellen, vor dem Hintergrund, daß die technologieverbundenen Innovationsprozesse in heutigen Organisationen in aller Regel nicht von einer Einzelperson, sondern von mehreren Personen bewerkstelligt werden, zwischen denen sich bestimmte *Beziehungen* entwickeln?

Die Antwort wird erwartungsgemäß eine komplexe sein. Um die Suche zu erleichtern, soll die obige Grundfrage des II. Teiles der Arbeit folgendermaßen **strukturiert** werden:

Die vorliegende Arbeit handelt von Innovationsträgern *in Organisationen*. Darum sollen zunächst einige Konsequenzen aufgezeigt werden, die aus den geschilderten Ergebnissen der Erforschung der personellen Identität für die Organisations- und Innovationsforschung resultieren. Dabei wird es um die grundsätzlichen Überlegungen zu einer ansatzweisen *Verschiebung der organisations- und innovationstheoretischen Betrachtungsperspektive zum Zwischenmenschlichen hin* gehen (Kapitel 5.1). Sodann wird die Frage nach dem (innovations-relevanten) *Verhältnis zwischen Identität und Rolle des Menschen* in Organisationen in den Mittelpunkt gestellt und zwei *identitätsbasierte Idealtypen der Organisationsmitgliedschaft* in japanischen und westlichen Organisationen miteinander verglichen (Kapitel 5.2).

Ferner wird es sich darum handeln, wie sich oben geschilderte kontextualistische Modus der Gestaltung von zwischenmenschlichen Beziehungen auf die Innovationsprozesse auswirken kann. Zunächst soll der Innovationsprozeß japanischer Art, wie er von japanischen Contextuals durchgeführt wird, als "*Interactive Innovation*" diskutiert werden (Kapitel 5.3). Sodann sollen die *Fähigkeiten und Schwächen der japanischen Kontextualisten* im Umgang mit zwei fundamentalen Dimensionen der Innovationskontextualität, nämlich der *sozio-emotionalen* (Kapitel 6.1) und der *kognitiven* (Kapitel 6.2) en detail analysiert werden.

Schließlich wird es darum gehen, daß die Kultur und damit auch der ihr zugrunde liegende Modus der Identitätsdefinition keinen statischen Charakter hat, d.h. dieser Modus kann auch dem gesellschaftlichen Wertewandel unterliegen. Diesen möglichen *Wandel des kontextualistischen Mechanismus der Identitätsdefinition* gilt es zu analysieren, denn er kann sich auch in Veränderungen des Innovationsverhaltens der Mitglieder von japanischen ökonomischen Organisationen spürbar niederschlagen (Kapitel 7). Damit wird die Identitätsproblematik wieder in den organisationalen Kontext der Innovationsgestaltung gebracht.

[1] vgl. im Anschluß an Murakami Kumon, 1982, S.7.

KAPITEL 5

KONSEQUENZEN AUS DER IDENTITÄTSFORSCHUNG FÜR DIE ANALYSE DER HUMANBASIERTEN INNOVATIONSIDENTITÄT DER JAPANISCHEN UNTERNEHMEN

5.1 Überlegungen zur möglichen Verschiebung der organisations- und innovationstheoretischen Perspektive zum Zwischenmenschlichen hin

"Japan helps us examine ... taken-for-granted assumptions ... we have about our own societies and ourselves."
(R. Goodman)[1]

Wie im Kapitel 4 detailliert gezeigt, kann der fundamentale Unterschied zwischen dem Interdependent (Contextual) Construal of Self und dem Independent Construal of Self in der Rolle gesehen werden, die Mitmenschen als Kontextteilnehmer bei der Definition des Selbst bzw. der Identitätsauslegung spielen: Zwar ist *soziale Kontext* für *beide* Identitätsmodi *grundsätzlich* von Relevanz. Während sich aber beim japanischen *Interdependent Construal of Self* bestimmte Mitmenschen *innerhalb des "Rahmens" des Selbst* befinden und dementsprechend eine "*Oneness of Self and Other*"[2] festgestellt werden kann, läßt sich eine, wie Kitzinger es ausdrückt, "*deep tension in our Western self-concept*" erkennen, nämlich die "tension between our "individual," private, *interior*, unique selves, and the "social," public, *exterior*, collective world."[3]

Im weiteren soll versucht werden, *von diesen Ergebnissen der Identitätsforschung eine Brücke zur Organisations- und Innovationstheorie zu schlagen.*

In der westlichen Literatur wird zu Recht hervorgehoben, daß die wohl stärkste prägende Grundlage der Organisationstheorie jeder Epoche ein zeitbedingtes **Menschenbild** darstellt, das durch gewisse Grundannahmen über den Menschen unmittelbar in diese Theorie eingeht.[4] Die **Identität des Menschen**, so wie sie von Kimura, Hamaguchi, Kumon, Triandis und vor allem Markus/Kitayama analysiert ist, ist mindestens eine Ebene "tiefer" angesiedelt als die klassischen Menschenbilder, die den verschiedenen Organisationstheorien jeweils zugrunde liegen, und diese Differenz läßt folgende Hypothese entwickeln:

Dem **Konzept des Menschenbildes** ist ein in der westlichen Organisations- und Innovationsforschung implizit vorhandenes und kaum diskutiertes **Konzept des Menschen** vorgelagert, und gerade nach diesem Identitätskonzept ist explizit zu fragen, will man nach tieferliegenden interkulturellen innovationsrelevanten Unterschieden zwischen Personen wie auch zwischen Organisationen suchen. Es handelt sich bei dem Identitätskonzept nicht darum, ob der Mensch als Produktionsfaktor, Entscheidungsträger oder etwa strategischer Akteur gesehen wird,

---

[1] Goodman, 1992, S. 19; hervorgehoben d. d. Verf.
[2] vgl. dazu Nonaka/Takeuchi 1995, S.31 f.
[3] Kitzinger, 1992, S. 223.
[4] vgl. stellvertretend für die anderen Hill/Fehlbaum/Ulrich, Band 2, 1992, S. 406 f.

sondern darum, "**wo**" sich der Einzelmensch als das zu analysierende organisationale Akteur und Innovationssubjekt überhaupt befindet, d.h. **wo die Grenzen des Selbst von ihm und seinen Mitmenschen jeweils liegen und wie dieses Selbst jeweils definiert wird**. Diese fundamentalen Überlegungen zur personellen Identität und entsprechenden zwischenmenschlichen Beziehungen werden in der vorliegenden Arbeit allen innovationswirtschaftlichen Explikationen implizit oder explizit zugrunde gelegt.

Mit anderen Worten: **Keines** der Menschenbilder, die den westlichen organisationstheoretischen bzw. betriebswirtschaftlichen Konzepten als fundamentale, allgemein akzeptierte *Basic Assumptions*[1] im Scheinschen Sinne zugrunde liegen, hebt **die spezifische Art der zwischenmenschlichen Beziehung** als **konstitutives Element des Menschenbildes** hervor. Das Selbst des Menschen wird in den traditionellen westlichen Modellen *nicht* durch seine Partizipation an relationalen Netzwerken definiert: Um das Wesen etwa des 'Entscheidungsträgers" zu erfassen, braucht man seine Beziehungen zu den Mitmenschen eigentlich überhaupt nicht in Betracht zu ziehen. Das Ich des Menschen ist bei allen diesen Menschenbildern völlig ungebunden, die zwischenmenschlichen Beziehungen werden "amputiert" und der Mensch tritt, ohne einen *ständigen* Dialog zu führen, autonom, selbst-ausreichend, ja *einsam* in Erscheinung.

Woran diese spezifische *Basic Assumption* liegen kann, kann in der vorliegender Arbeit nicht umfassend untersucht werden; darum sei im weiteren nur auf einige besonders relevante Aspekte eingegangen.

Es kann nämlich vermutet werden, daß dieses eher independente westliche Individuum eine ursprünglich von *Gott stammende Norm* internalisierte, die ihm als entscheidendes Verhaltens- und Handlungskriterium diente.[2] Somit war, wie Kimura es ausdrückt, das Ich der Westeuropäer und der Nordamerikaner am Grund seines Bestehens *vertikal an Gott* gebunden, so daß ihre moralische Schuld ganz besonders in dieser Vertikale aufgefaßt wird, während das Ich der Japaner seinen Grund *horizontal* in dem Bereich *zwischen Mensch und Mensch* hat und das sittliche Schuldigsein auch *horizontal* aufgefaßt wird.[3] Dies erklärt auch, warum einige Autoren vermuten, die Ethik habe in Japan - ganz anders als im Christentum - nicht einen absoluten Charakter, sondern stelle vielmehr eine *Situations-* bzw. in der Terminologie der vorliegenden Arbeit eine *Kontextethik* dar.[4]

Überträgt man diese Hypothese auf die Situation der heutigen japanischen Unternehmen, kann man sie in massiven Vorwürfen bestätigt sehen, die in der jüngsten Zeit von einigen Wirtschaftswissenschaftlern im Zusammenhang mit zahlreichen Bestechungsskandalen verstärkt gemacht werden: Die japanischen Unternehmensmitglieder hätten sich nämlich überzeugen lassen, "daß die potentiellen Kosten für einen Gesetzesbruch [sprich: die Bezahlung der

---

[1] vgl. zu diesem Begriff Schein, 1985, insb. S. 86.
[2] vgl. Eswein, 1996.
[3] vgl. Kimura, 1995, S. 54 u. 58. Meshcheryakov zufolge scheint diese Differenz mit einer der wichtigsten Gründe dafür zu sein, warum das Christentum in Japan nicht Fuß fassen konnte: Die jüdisch-christliche Idee, Pflichten gegenüber dem Gott seien wichtiger als die blutsverwandschaftlichen Bindungen (vgl. m.E. z.B. Mt 14, 35-37, Lk 14, 26; aber auch 5. Mose 13, 7-12), stieß, wie Meshcheryakov (1996, S. 45) mit japanischen Quellen belegt, bei den mittelalterischen Japanern auf tiefes Unverständnis und Abneigung.
[4] vgl. Adami, 1994a, S. 26.

Gangster oder die Bestechung der Politiker als Verletzung einer *vertikalen Norm* - A.d.V.] wesentlich geringer sind als die für ein Versagen bei der Ausführung der Befehle ihres Unternehmens [sprich: für einen Verstoß gegen die "*accumulation of aidagara*" - A. d. V.]"[1]

In einer verallgemeinernden Betrachtung kann vor diesem Hintergrund m.E. Kitzinger weitgehend zugestimmt werden, daß

> "(w)hen psychologists treat the [Western - A.d.V.] individuated self as an unquestioned value, an unchangeable and transhistorical entity, our discourse reflects our modern cultural assumptions, our theories are cultural artifacts ... ."[2]

Wichtig ist, daß dieses westliche "individuated self" *einsam* nicht nur *nach Außen in Erscheinung tritt*, sondern es *fühlt sich* häufig auch so. Empirische Untersuchungen scheinen jedenfalls gezeigt zu haben, daß selbst innerhalb *einer* Kultur "*idiocentric persons report being more lonely*", während "*allocentric persons experience more social support and a better quality of support.*"[3] Auch die internationalen Statistiken von Herzattacken und deren detaillierte Analyse aus kultureller und sozialpsychologischer Perspektive belegen eine stärkere soziale Unterstützung der "Kollektivisten."[4]

In der westlichen, vor allem der amerikanischen Kultur wird dagegen die Unabhängigkeit von der Um-Welt als konstitutives Merkmal des Individuellen gesehen: "... (I)ndividual uniqueness is typically construed as the ways in which a person is ... independent of the collective."[5] Die Kehrseite dieser "äußerst relevanten Tendenz der modernen Gesellschaft ..., nämlich *Selbstbegründung im Sinne eines unabhängigen subjektiven Selbst*"[6] sieht Kimura sogar in der *Schizophrenie*.

Widerspricht dieses Idealbild eines weitgehend selbtsausreichenden Individuums aber nicht auch den gelebten westlichen Erfahrungen? Sind die zwei Construals of Self *so grundsätzlich* unterschiedlich, daß aus der Auseinandersetzung mit dem japanischen Interdependent Construal of Self gar keine Anregungen für die westliche Organisationsforschung, der ja das Konstrukt des Independent Self zugrunde liegt, gewonnen werden können? Mehrere Faktoren sprechen m.E. eher gegen die Vorstellung über die völlige Inkommensurabilität der Identitätswelten, die das Lernen ausschließen würde. Um nur einige dieser Faktoren zu nennen:

- der Individuierungstrend in der *heutigen* japanischen Gesellschaft scheint die kontextualistische "horizontale Verhaltensnorm" etwas modifiziert zu haben[7];
- in den meisten hochindustrialisierten westlichen Ländern scheint heute die religiöse Ethik (und damit auch die klassische "vertikale Verhaltensnorm") für das Arbeits- und Führungs-

[1] Ya. Takeuchi, 1997, S. 40.
[2] Kitzinger, 1992, S. 237; hervorgehoben d. d. Verf.
[3] Triandis et al., 1988, S. 336; hervorgehoben d. d. Verf. Zu konstitutiven Merkmalen von Allocentrics und Idiocentrics vgl. auch (beeinflußt nicht zuletzt von Markus/Kitayama) Triandis, 1994, S. 47f.
[4] vgl. Triandis et al., 1988, S. 336.
[5] Ferdman, 1995, S. 38.
[6] Kimura, 1985, S. 43, hervorgehoben d. d. Verf.
[7] vgl. dazu Kapitel 7.

verhalten in Wirtschaft und Gesellschaft nur noch eine relativ unbedeutende Rolle zu spielen;[1]
- in der abendländischen Kultur wird auch zwischen dem inneren und dem äußeren Kreis des Selbst unterschieden und das Phänomen des "durch horizontale Normen" legitimierten Gruppendrucks bzw. des Gruppenzusammenhalts ist durchaus vorhanden.

Insbesondere angesichts der letzteren These ist es nur sehr logisch, daß die *Reziprozität* auch im Westen ggf. als eine wesentliche Konnotation des Begriffes der Identität gesehen wird.[2] Nichtsdestotrotz findet aber diese Reziprozität auf *der fundamentalen Ebene der organisationstheoretischen Menschenbilder* bislang *kaum* Eingang in die *Organisationsforschung* - und folglich ebensowenig Eingang in die *Innovationsforschung.*[3] Und selbst wenn sie es tut, scheint es eine *andere Reziprozität* zu sein als in Japan. In diesem Zusammenhang verdient m.E. eine von Markus/Kitayama entwickelte Hypothese eine verstärkte Aufmerksamkeit, daß nämlich für das westliche Independent Construal of Self die *soziale Responsiveness* häufig von der Notwendigkeit abgeleitet wird, "*to strategically determine the best way to express or assert the internal attributes of the self.*" [4] Die internen Merkmale des Ich stehen also im westlichen kulturellen Kontext als identitätsbildender Faktor *auch in sozialen Beziehungen* vielfach *vor* dem Zwischenmenschlichen.

Diese identitätsbedingten interkulturellen Differenzen deuten auch darauf hin, daß den klassischen westlichen Motivationstheorien, wie z.B. der *Maslowschen,* die sich ja jeder künftige Manager in Deutschland an der Universität aneignet, jedenfalls im Hinblick auf die Erklärung des Verhaltens der *japanischen* Mitarbeiter Grenzen gesetzt werden: Diese Theorien scheinen weder zur Verhaltenssteuerung angewandt zu werden noch als implizite Annahmen über das Wesen des Menschen dienen zu können. Während in kollektivistisch orientierten Kulturen bereits bei der Kindererziehung der besondere Wert auf Fähigkeiten wie "*obedience, reliability, and proper behavior*" gelegt wird, tendieren die Eltern in individualistischen Kulturen vielfach dazu, solche Eigenschaften wie "*self-reliance, independence, finding yourself,* and *self-actualization*"[5] zu akzentuieren - und dies sind überwiegend Motive, die der fünften, "*höchsten*" Stufe der Motivpyramide bei Maslow (Selbstverwirklichung, Ausschöpfung der eigenen Fähigkeiten etc.) zuzuordnen sind, wogegen z.B. die Akzeptanz durch die Gruppe bei Maslow zwei Stufen tiefer, auf der *dritten* Ebene rangiert.[6]

An dieser Stelle erscheint es sinnvoll, wieder auf das im Kapitel 4.2 bereits angesprochene, von Buber formulierte Dilemma zu rekurrieren:[7] Während der Individualismus als sozialwissenschaftlicher Erklärungsansatz den Menschen nur in Bezogenheit auf sich selbst sieht und

---

[1] so jedenfalls Dülfer, 1991, S. 269 u. S. 278.
[2] vgl. dazu z.B. Weber, 1985, S.36 ff. und die dort angegebenen Quellen.
[3] Dies war seinerzeit auch in der Sozialpsychologie der Fall; so stellten Turner/Oakes vor 13 Jahren fest, daß ".. much of contemporary social psychology is individualistic in orientation" (Turner/Oakes, 1986, S. 237).
[4] Markus/Kitayama, 1991, S. 226; hervorgehoben d. d. Verf.
[5] Triandis, 1989, S. 510 u. 512; hervorgehoben d. d. Verf.; vgl. zur japanischen Kultur in dieser Hinsicht auch die empirischen Ergebnisse von Argyle/Henderson/Bond/Iizuka/Contarello, 1986.
[6] zur kritischen Auseinandersetzung mit der Dynamischen Motivationstheorie von Maslow vgl. z.B. Marr/Stitzel, 1979, S. 47 ff. und die dort angegebene Literatur.
[7] vgl. im weiteren Buber, 1982, S. 159 ff.

damit das Antlitz des Menschen verzerrt, sieht der Kollektivismus überhaupt nicht den Menschen, sondern nur das Gruppengebilde, so daß das Menschenantlitz verdeckt bleibt, - stellte Buber fest und versuchte, diese "*falsche Alternative*" *Individualismus oder Kollektivismus* dadurch aufzulösen, daß als die fundamentale Tatsache der menschlichen Existenz "*der Mensch mit dem Menschen*" in den Mittelpunkt gestellt wird: 'Was die Menschenwelt eigentümlich kennzeichnet, ist vor allem andern dies, daß sich hier *zwischen Wesen und Wesen* etwas begibt, dessengleichen nirgends in der Natur zu finden ist."[1]

Jahrzehnte später nach Bubers Versuch, diese *Sphäre des Zwischen* "als wirklichen Ort und Träger zwischenmenschlichen Geschehens"[2] theoretisch auszuarbeiten, sind aus einer völlig anderen Perspektive auch Markus/Kitayama zu dieser Idee gekommen und haben sie zum *wissenschaftlichen Forschungsprogramm* erklärt:

> "... **(T)here is an alternative to selfishness** (which implies the exclusion of others) **besides selflessness** (which is to imply the exclusion of the self or self-sacrifice): **There is a self defined in relationship to others ...** ."[3]

Vor dem Hintergrund aller obigen Ausführungen mag es einleuchtend sein, warum auch die vorliegende Arbeit dieser Perspektive folgt. Der Analyse der Spezifika des japanischen "*self defined in relationship to others*" aus innovationswirtschaftlicher Perspektive sind die weiteren Kapitel dieses II. Teils der Arbeit gewidmet.

5.2 Zum innovationsrelevanten Verhältnis zwischen Identität und Rolle des Menschen in Organisationen: *Kaisha Ningen* und *Shigoto Ningen* als idealtypische Modi der Organisationsmitgliedschaft

Wie sieht die kontextualistische Identitätsbestimmung *in ökonomischen Organisationen* aus, wo die Mitarbeiter bestimmte Rollen übernehmen müssen und bestimmte Funktionen insbesondere im Rahmen der Arbeitsteilung und der beruflichen Spezialisierung auszuüben haben? Diese Frage hat für die Erforschung der Innovationsidentität der japanischen Großunternehmen offensichtlich eine ganz zentrale Bedeutung, und ihr ist an dieser Stelle nachzugehen.

Zu diesem Zweck ist es hilfreich, zunächst auf die Unterscheidung von Nakane zurückzugreifen,[4] die als gegensätzliche personelle Identifikationskriterien

---

[1] Buber, 1982, S. 164; hervorgehoben d. d. Verf. Außer Buber gibt es in der *westlichen* Ideengeschichte mit W. von Humboldt, Fichte, Schelling, Feuerbach, Kierkegaard u.a. auch weitere herausragende Vertreter des *dialogischen* Denkens (vgl. dazu Wehr, 1995, S. 7 f. u. S. 85), die das Phänomen der Ich-Du-Beziehung behandelt haben. Allerdings scheint es, daß, wie Weinmayr bemerkt, die europäischen „Denker des Zwischen" - im Gegensatz zu ihren japanischen Kollegen - *gegen* die *dominierende abendländische Tradition*, sprich: *gegen* die *eigene* Tradition denken mußten (vgl. Weinmayr, 1995, S. 189 ff., hier insb. S. 192 und die dort angegebenen Literaturquellen der abendländischen philosophischen Diskussion).

[2] vgl. Buber, 1982, S. 164 ff.

[3] Markus/Kitayama, 1991, S. 247; Literaturangaben ausgelassen; hervorgehoben d. d. Verf.

[4] vgl. im weiteren Nakane 1985, S. 12 f., 19 f. u. 61; zur Auseinandersetzung vgl. z.B. Aoki, 1996, S. 63 ff.; Rosenberger, 1992, S. 7; Müller, 1984, S. 526 ff. sowie Mouer/Sugimoto, 1986, S. 134 und an mehreren anderen Stellen sowie die dort angegebene Literatur.

- das "*Attribut*" bzw. die "*Qualifikation*" [*Shikaku*], die ein Individuum mit den anderen gemeinsam hat, und
- den situationsbedingten sozialen Zusammenhang bzw. "*Rahmen*" [*Ba*] als etwas, was eine Reihe von Individuen in eine Gruppe einbindet, hervorhebt.

Zwei Beispiele von Nakane aus dem wirtschaftlichen und akademischen Bereich sollen das Gesagte illustrieren:

Tabelle 5.1: **Beispiele für "*Attribut*" und "*Rahmen*" als personelle Identifikationskriterien nach Nakane**

"Attribut"	"Rahmen"
"Dreher", "Manager"	"Angehörige des Unternehmens Y"
"Professor", "Verwaltungsangestellter"	"Angehörige der Z-Universität"

Diese beiden Kriterien überschneiden sich in der Regel teilweise, aber die Art und Weise, wie sie gewichtet werden, kann in einem engen wechselseitigen Verhältnis zu dem jeweils dominierenden Typ der Identitätsdefinition gesehen werden. Nakane zufolge besteht das fundamentale Prinzip, auf dem die japanische Gesellschaft traditionell aufgebaut ist, darin, daß die japanische Gruppe auf der Grundlage des *Rahmens* gebildet wird, während das auf einem gemeinsamen *Attribut* beruhende Gruppenbewußtsein eher schwach entwickelt ist.

Auch in neueren Beiträgen in der Japanliteratur wird darauf hingewiesen, daß die Japaner und etwa die Amerikaner unterschiedliche 'Ranglisten" bei der Selbst-Identifikation haben: In den USA (und vermutlich auch in Deutschland) sei die Beziehung zum *Beruf* primär, in Japan dagegen die zum *Unternehmen*.[1]

Vor diesem Hintergrund läßt sich läßt sich die Hypothese entwickeln, daß die von Nakane hervorgehobene *rahmenbasierte Identitätsbestimmung* der japanischen Organisationsmitglieder ihrem Wesen nach nichts anderes als Ausprägung der spezifischen Funktionsweise des *Contextual Construal of Self* darstellt, für welches, wie oben bereits gezeigt, als zentraler Identifikationsbezug nicht "*interne*" Merkmale wie etwa Qualifikationen und Fähigkeiten gelten (dies würde eben dem Mechanismus der attributsbasierten Identitätsbestimmung entsprechen!), sondern vielmehr die *zwischenmenschlichen Beziehungen* (also der *Rahmen*).

Auf diesem interdependenten Contextual Self aufbauend formt die japanische Großorganisation langfristig den Company Man - einen Mitarbeitertyp, den die japanische sozialwissenschaftliche Literatur gut kennt und als "*all-purpose employee*" bzw. "*intra-company-specialist*" beschreibt.[2]

---

[1] vgl. Stern/Muta, 1990, S. 75; vgl. auch die weiteren Ausführungen im vorliegenden Punkt.
[2] vgl. Niimura, Autumn 1996; Asakawa, 95/91/OB, S. 15; Eswein, 1996.

Aus der Sicht der Organisation bedeutet das Gesagte, daß *zwei identitätsbasierte idealtypische Modi der Organisationsmitgliedschaft* unterschieden werden können; die Tabelle 5.2 soll Aufschluß über die zwischen ihnen bestehenden Differenzen geben.

Innovation hat vieles mit dem jeweiligen *Beruf* bzw. den *berufsspezifischen Arbeitsaufgaben, Denk- und Handlungsmustern* der Innovationsträger zu tun. Somit ist die Frage nach dem *identitätsbasierten Modus der Organisationsmitgliedschaft* nicht nur für die *Kultur- und Identitätsforschung,* sondern auch für die *personalwirtschaftlich orientierte Innovationsforschung* von hoher Relevanz.

Im folgenden Exkurs soll versucht werden, diese Frage zunächst anhand einer Metapher ansatzweise zu beantworten.

Tabelle 5.2: **Identitätsbasierte idealtypische Modi der Organisationsmitgliedschaft**

dominanter Typ der Organisation	japanische Großorganisation	westliche Großorganisation
dominanter Modus der personellen Identitätsauslegung	Interdependent Contextual Construal of Self	Independent Construal of Self
dominanter Modus der Organisationsmitgliedschaft	Company Man (*Kaisha Ningen*)	Man of the Job (*Shigoto Ningen*[1])
dominantes Fremdbild der Organisation bei ihren Mitgliedern	"network of personal relations" / Schicksalsgemeinschaft	rechtlicher Vertragspartner
Denk- und Handlungsorientierung der Organisation	"Logik der Arbeit"	"Logik des Kapitals"[2]
dominierende soziale Logik der Organisationsmitgliedschaft	trust- and emotion-based mutual social commitment	contract-based social logic[3]
Dauer der Organisationsmitgliedschaft	eher langfristig	eher kurz- bis mittelfristig
zentrale prägende Kraft der Identitätsauslegung der Organisationsmitglieder	Teilnahme an zwischenmenschlichen Beziehungen insb. im Kreis der anderen Organisationsmitglieder (*Rahmen*)	interne personenspezifische Fähigkeiten, Werte, Ziele (*Attribut*)
zentrale Art des Wissens der Organisationsmitglieder	interpersonell, kontextspezifisch, implizit, eher breit als tief	intrapersonell, aufgaben- und funktionsspezifisch, explizit, eher tief als breit

[1] Diese Begriffe sind dem Jahresbericht KEIZAI KIKAKUCHÔ, 14.11.1995 entnommen und werden in weiteren Kapiteln durchgehend verwendet.
[2] vgl. zu diesem Punkt Uekusa, 1995, S. 38 sowie die detaillierten Ausführungen im Kapitel 14.
[3] vgl. hierzu Asakawa, 95/91/OB, S. 17; Kurokawa, 1994, Chapter 8.

Tabelle 5.2 (Fortsetzung): **Identitätsbasierte idealtypische Modi der Organisationsmitgliedschaft**

zentrale Fähigkeiten und Qualifikationen der Organisationsmitglieder	unternehmensspezifisch	berufsspezifisch, unternehmensübergreifend
periphere Fähigkeiten, Qualifikationen und Wissen der Organisationsmitglieder	berufsspezifisch	unternehmensspezifisch
Einsatzbereich der Organisationsmitglieder	Mehrfacheinsetzbarkeit in mehreren Funktionsbereichen	der beruflichen Ausbildung und Spezialisierung entsprechend

EXKURS

Gestaltung des Raumes als Metapher für die Gestaltung der innovationsrelevanten Fähigkeiten der Organisationsmitglieder

Die *Metapher* kann als Möglichkeit angesehen werden, "*zwei unterschiedliche, voneinander entfernte Erfahrungsbereiche zu einer einzigen, anleitenden und alles einschließenden Idee wirksam und spontan zu verschmelzen.*"[1] In dem hier interessierenden Zusammenhang kann als eine solche Metapher der *Vergleich* zwischen der japanischen und der europäischen *Architektur als "Gestaltung des Raums"*, einerseits, und der *Personalentwicklung als "Gestaltung der Fähigkeiten"*, andererseits, vorgeschlagen werden. E.Schein zufolge gehören die Grundvorstellungen über die Natur des Menschen wie auch die über den Raum zu den *Basic Assumptions* einer Kultur,[2] so daß auch die beiden Komponenten dieser Metapher auf der *gleichen fundamentalen Ebene* angesiedelt sind.

Im Hinblick auf die Gestaltung des *Raums* können folgende Überlegungen von Mag.Maruyama in Betracht gezogen werden:

> "In the European concept of space, each space hat an "identity", permanence, and a specialized function and obeys the Aristotelian law: A is always A; A is not B. Therefore rooms are permanently specialized as bedroom, dining room, etc., with specialized furniture. ... In the traditional Japanese house, in contrast, most rooms are unspecialized: the same room may be a bedroom at night, a dining room at mealtime, and a living room for the rest of the day. ... Furthermore, partitions between rooms are removable, and rooms are combinable."[3]

[1] Nonaka, 1994, S. 253.
[2] vgl. Schein, 1985.
[3] Mag. Maruyama, 1980, S.598.

Ähnlich beschreiben den japanischen Raum der Kulturforscher Hall und der Psychologe Kimura,[1] wobei der letztere darauf aufmerksam macht, daß die Tatsache, "(d)aß es im japanischen Haus keine Einzelzimmer im europäischen Sinne gibt, ... *in einem tiefen Zusammenhang mit dem Selbstbewußtsein des einzelnen Menschen* [*steht*]."[2]

Am deutlichsten äußert sich zur *Raumgestaltung* erwartungsgemäß der Architekt Kurokawa, der darüber hinaus eine bestimmte Analogie zwischen dieser und dem *Muster der Arbeits- bzw. Funktionsteilung* sieht:

> "*The ... guiding principle of the Modern Age is division of labor based on function. The social policy of segregating according to function reaches its extreme form in the analysis and distribution of architectural and urban space, and industry as well, by function. The social rule of "time, place, and occasion" is another form of the division by function.* ... (A)ccording to that way of thinking, the *sole function* of the bedroom is sleeping and the *sole function* of the dining room is eating ... .
> Because of the nature of tatami-floored rooms, *Japanese houses have escaped a thoroughgoing division of space by function.* A tatami-floored room is *multipurpose*. ... *This multipurpose space makes time sharing possible.*"[3]

Aus dem Obengesagten läßt sich in diesem Zusammenhang auf folgendes schließen: *Sowohl der Raum (die Zimmer im Haus) als auch Menschen (die Mitarbeiter in der Organisation) haben in Japan traditionell bis zu einem bestimmten Grad keine feste funktions- bzw. qualifikationsbasierte Identität.* Aus einem Wohnzimmer wird im Haus ein Schlafzimmer und umgekehrt, aus einem Ingenieur wird im Großunternehmen dank der Personalentwicklung, insbesondere der Job Rotation, ein Marketingmitarbeiter, und umgekehrt.[4] In vielen japanischen Unternehmen gibt es heute noch weder ausdrückliche noch implizite Übereinkommen, welche die *Rolle* eines jeden Mitarbeiters oder die *Grenze* zwischen seinem Verantwortlichkeitsbereich und denen seiner Kollegen festlegen[5] - was dem *traditionellen japanischen Gruppensystem entspricht*, das weder *eine klare Arbeitsteilung* noch *eine eindeutige Festlegung der individuellen Rolle eines jeden Gruppenmitgliedes* kennt.[6] Und westliche Autoren stellen in den 90er Jahren nach wie vor fest, daß wenn in japanischen Unternehmen in Europa *individuelle Arbeitsplatzbeschreibungen* eingeführt werden, dies gewöhnlich auf Beharren der Europäer geschieht.[7]

EXKURSENDE

---

[1] vgl. Hall, 1976, S. 153 u. Kimura, 1995.
[2] Kimura, 1995, S. 157; hervorgehoben d. d. Verf.
[3] Kurokawa, 1994, Chapter 3; hervorgehoben d. d. Verf.; vgl. zu anderen Unterschieden zwischen den Raumkonzeptionen Ebenda, Chapter 8. Diese grundsätzliche Zweckunbestimmtheit des Raumes in Japan hat offensichtlich mit dem generellen Mangel an bewohnbarem Raum im Land vieles zu tun, der als Auslöser für mehrere platzsparende betriebliche Innovationen wirkte (vgl. Porter, 1990, S.78 und 1991, S. 107; vgl. auch die Ausführungen im Kapitel 9.5.1.).
[4] Dieser "*wissensstrategischen Job Rotation*" in japanischen Großorganisationen sind die Ausführungen im Kapitel 14.4.1 gewidmet.
[5] vgl. Esser/Nakajima, 1994, S. 151 sowie am Fallbeispiel NTT Inoue, 1994.
[6] vgl. Nakane 1985, S. 73, 14 u. 59.
[7] Molle, 1992, S. 194; vgl. auch die Fußnote 159 im Kapitel 3.

Diese Ausführungen legen die Vermutung nahe, daß die konstitutiven Eigenarten der *kontextualistischen personellen Identitätsbestimmung* auch die Politik der *Beschaffung, Entwicklung* und des *Einsatzes von Personal in japanischen Großorganisationen* massiv beeinflussen dürften. Für diese Hypothese über die Auswirkungen des spezifischen japanischen Construal of Self auf die Routinen der Unternehmen spricht auch die bereits erwähnte Tatsache, daß in Japan der *Beruf* für die Entwicklung der *individuellen Perspektiven* - jedenfalls bis vor kurzem - nicht die entscheidende Rolle spielte: Selbst unter den Hochschulabsolventen standen bei mindestens 50% ihre späteren Aufgaben im Unternehmen in keinem oder in kaum einen Zusammenhang mit ihrem jeweiligen Studienfach.[1] Schubert leitet aus diesem Tatbestand eine für die weiteren Ausführungen sehr wichtige Hypothese ab, derzufolge in Japan "*das Verhältnis von Identität und Rolle grundlegend anders strukturiert [ist] als bei uns*"[2] - und zwar insofern, als

> "*(w)ährend sich im Westen ein Individuum normalerweise eine Rolle aneignet, sie für sich interpretiert und entsprechend seiner persönlichen Identität und mit Rücksicht auf die anderen Rollen, die es im Leben einnimmt, gestaltet, scheint in Japan die Situation das Individuum in weit größerem Ausmaß zu definieren.*"[3]

Die Situation bzw. der Kontext wird aber im wesentlichen von den jeweiligen *Mitmenschen* konstituiert, und so tritt das *Contextual Construal of Self* als fundamentale Grundlage für die von Schubert zu Recht hervorgehobenen Differenzen wieder deutlich in Erscheinung.

Bedient man sich der oben skizzierten Terminologie von Nakane, kann man diese These als *Flexibilität der attributmäßigen bzw. funktionsbezogenen Dimension bei der Kontinuität der rahmenmäßigen Dimension der personellen Identität der Mitarbeiter in japanischen Großunternehmen* umformulieren.

Mit welchen personalwirtschaftlichen Routinen die *japanischen Großorganisationen*, die ihre langfristig beschäftigten Mitarbeiter zu *Kaisha Ningen*, "*all-purpose company men*" entwickeln, auf diesen grundlegenden Mechanismen der *personellen Identitätsbestimmung* aufbauen, und mit welchen Problemen sie dabei im Hinblick auf die *Innovationsförderung* zunehmend konfrontieren, wird insbesondere in den Kapiteln 11, 13 und 14 en detail analysiert.

5.3 Organisationaler Innovationsprozeß als "Creative Interactivity"

Bei vielen technologieverbundenen Innovationen, ganz besonders bei denen, die für *Technologiefusionen* als potentielle Wettbewerbsgrundlage der Zukunft[4] eine zentrale Rolle spielen, setzt eine neue kreative Idee grundsätzlich die *Verknüpfung verschiedener heterogener Wissenskomponenten* voraus. Diese Verknüpfung kann entweder von *einer* Person durchgeführt werden oder sie kann sich auf der *interpersonellen* Ebene vollziehen. Diese beiden Varianten können jeweils als "*individual invention*" versus "*interactive invention*" bzw.

---

[1] vgl. im Anschluß an Ernst Schubert, o.J., S. 118 f.
[2] Schubert, o.J., S. 122; Hervorhebungen d. d. Verf.
[3] Ebenda, Hervorhebungen d. d. Verf.
[4] vgl. detailliert Kapitel 11.

"*creative interactivity*" bezeichnet werden.[1] In dem letzteren Fall wirkt die zwischenmenschliche Kommunikation und Interaktion in der Gruppe insofern "aktivierend", als die Mechanismen der "*assoziativen" Unterstützung* im Sinne der gegenseitigen geistigen Anregung in Gang gesetzt werden.[2]

Ein Teil der in der internationalen Praxis des industriellen Innovationsmanagements beobachtbaren Differenzen geht gerade auf die unterschiedlichen, in der kulturspezifischen Identitätsauslegung verwurzelten "*basic assumptions*" über diese Dimension der Wissenshandhabung und Innovation zurück:

In der *Kultur der Independenz* wird die Entwicklung neuen Wissens vor allem als *individuelle* Leistung betrachtet. Deutlich sieht man dies erwartungsgemäß in amerikanischen Unternehmen, in denen die wissens- und innovationsbezogenen Fundamentalannahmen der Mitarbeiter eine "*individualistic conception both of the nature of useful knowledge and of how such knowledge grows over time*"[3] beinhalten. Dementsprechend gilt, daß jeder Innovationserfolg auf den *Individual Actor* - den *Champion* - zurückgeführt werden kann, der auch zu rühmen ist. Wie sich diese Fundamentalannahme in konkreten Führungsroutinen des FuE-Managements niederschlägt, läßt sich anhand einer von de Pay durchgeführten empirischen Studie folgendermaßen demonstrieren:

> "... Die amerikanischen FuE-Leiter begründeten den geringeren Informationsaustausch damit, daß „*Ideen immer von Einzelnen entwickelt werden*". Deswegen legen sie bei der Einstellung neuer Mitarbeiter weniger Wert darauf, daß der Forscher fähig und willens ist, sich in *ein Team einzufügen*. Sie sind vielmehr bestrebt, den guten Forscher zu bekommen, der seine Ideen, wenn es sein muß, auch gegen Widerstände durchsetzt; sie stellen auch *Einzelkämpfer* ein.
>
> [*Bei den japanischen Unternehmen rangiert dagegen die Kooperationsbereitschaft als Einstellungskriterium nach wie vor ganz oben* - A.d.V.][4]
>
> Dies drückt sich auch in der Wahl der Motivationsinstrumente aus. In amerikanischen Unternehmen wird vorrangig der *Innovationschampion* gefördert. Dagegen tritt das Team, das an der Ausführung der Idee beteiligt war, in den Hintergrund ... .
>
> Eine individualistische Grundeinstellung der amerikanischen Gesellschaft bildet also den Hintergrund für eine stärker individualistisch geprägte Forschertätigkeit in amerikanischen FuE-Abteilungen."[5]

Vergleicht man diese Darstellung mit dem japanischen Modus der FuE- und Innovationsgestaltung, ergibt sich ein krasser Kontrast. Gerade mit dem hohen Spezialisierungsgrad und einer "relative indifference to the integration of an individual specialty with other parts of the value chain, even within R&D" der individualistischen amerikanischen Forscher und Entwickler, die von japanischen Unternehmen in ihren in den USA eingerichteten

---

[1] vgl. Mag. Maruyama (1989, S. 423 und 1991, S. 213).
[2] vgl. dazu Marr/Stitzel, 1979, S. 197 f.
[3] vgl. detailliert Adler, 1990, S.209 ff.; hervorgehoben d. d. Verf.
[4] vgl. die Ausführungen im Kapitel 14.
[5] de Pay, 1989, S. 142; hervorgehoben d .d. Verf.

FuE-Labors[1] beschäftigt sind, haben viele japanische Führungskräfte große Managementprobleme.[2] Der *fundamentale* Grund für diese Führungsprobleme scheint in den divergenten *Construals of Self* zu liegen, und erst dann in divergenten Organisationsstrukturen und divergenten personalwirtschaftlichen Unternehmensroutinen, die vielfach auf dem jeweiligen Construal auf Self aufbauen.[3]

Es sei an dieser Stelle zwar unterstrichen, daß es hier *nicht* um gegenseitig ausschließende Alternativen "Individualismus versus Teamarbeit" geht, sondern - da auch amerikanische und europäische FuE-Manager bzw. Mitarbeiter den komplexitätsbedingten Sachzwang zur Teamarbeit nicht ignorieren können - um die *spezifische Art, die Teamarbeit zu leisten, und um die Intensität der Teamkooperation.* Dennoch gilt, daß wenn die durch kulturspezifische Identitätsauslegung begründete Hypothese stimmt, die Japaner als Kontextualisten ceteris paribus *wesentlich enger kooperieren* dürften als Individualisten.[4] In der Literatur zum FuE- und Innovationsmanagement wird in der Tat vielfach die Bereitschaft aller japanischen FuE-Mitarbeiter hervorgehoben, das Wissen innerhalb der Gruppe oder der Abteilung hierarchieunabhängig weiterzugeben und Wissensvorsprünge nicht zu monopolisieren.[5]

Für diese Hypothese spricht auch die Tatsache, daß bei der Gestaltung von Innovationsprozessen japanische Manager vielfach versuchen, die "*group-centered views of technology*" zu schaffen - oder, um mit M. Uenohara, Executive Advisor der NEC, zu sprechen, eine "*group creativity*" zu fördern.[6] NEC als Organisation stellt keine Ausnahme dar, denn es handelt sich bei der *group creativity* weniger um ein Merkmal der *unternehmensspezifischen*, sondern vielmehr um die Eigenart der *japanspezifischen* Innovationsidentität, die zum Beispiel auch an japanischen *Hochschulen* zu dominieren scheint.[7]

Diese "*creative interactivity*" hat in Japan erwartungsgemäß auch eine starke vorberufliche sozialisationsbezogene Tradition,[8] die für das Innovationsverhalten der künftigen Mitglieder von ökonomischen Organisationen sehr wichtige Konsequenzen hat: Empirische Untersuchungen zeigen nämlich, daß

> "... as children are socialized in an interdependent cultural context, they begin to appreciate the cultural value of self-restraint and, furthermore, to believe in a positive

---

[1] vgl. zur Internationalisierung des organisationalen FuE-Prozesses detailliert Kapitel 12.
[2] Westney, 1993, S. 179.
[3] vgl. detailliert Kapitel 14.
[4] vgl. Wagner III, 1995, S. 155 ff. Vergleichende Untersuchungen bestätigen ebenfalls, daß die Arbeitsweise der japanischen FuE-Mitarbeiter kooperationsintensiver ist als die ihrer europäischen, z.B. *französischen* Kollegen: "Japanese engineers work largely in groups, whereas French engineers tend to become confined to their own territory." (Lanciano/Nohara, 1993).
[5] Ernst/Wiesner, 1994, S. 168.
[6] vgl. Branscomb/Kodama, 1993, S. 62.
[7] vgl. z.B. Ernst/Wiesner, 1994, S.41 f.; vgl. in diesem Zusamenhang die weiteren Ausührungen zum Learning by Following.
[8] Bereits im Kindergarten werden in Japan mehrere Aktivitäten durch Kooperation gestaltet (vgl. Hendry, 1992, S. 59; zur Entwicklung des "outward-facing sense of self" in der Vorschulerziehung in Japan vgl. Tobin, 1992), und auch in den Schulklassen werden gemeinsame Ziele und Aufgaben betont (vgl. Schubert, o.J., S.118).

association between self-restraint and other favorable attributes of the person *not only in the social, emotional domains but also in the domains of ability and competence.*"[1]

Von der kontextualistischen japanischen Kultur und Unternehmensphilosophie scheinen also tendenziell die *interaktiven, auf einer engen zwischenmenschlichen Kooperation basierten Inventionen*[2] *und Implementierungsprozesse* schwerpunktmäßig gefördert zu werden. Im Einklang mit dieser These steht auch eine der wichtigsten Schlußfolgerungen von Markus/Kitayama:

- "*(T)he attentiveness and sensitivity to others, characterizing the interdependent selves, will result in a relatively greater cognitive elaboration of the other or of the self-in-relation-to-other*"; und
- "*(C)onsideration of the social context ... may also shape some basic, nonsocial cognitive activities such as categorizing and counterfactual thinking.*"[3]

Hiermit wird nochmals deutlich, daß *das Sozio-Emotionale und das Kognitive als interdependente idiosynkratische Dimensionen des Innovationsprozesses wahrzunehmen und in ökonomischen Organisationen vom Management zu beeinflussen sind.*

In den weiteren Ausführungen dieses Teils der Arbeit sollen die zentralen Fähigkeiten und Schwächen der japanischen Kontextualisten geschildert werden, die für die Innovationsidentität der sie beschäftigenden Unternehmen von ausschlaggebender Bedeutung sind. Die in den Kapiteln 4 und 5 bereits gewonnenen Erkenntnisse legen dabei nahe, diese Fähigkeiten und Schwächen im Zusammenhang mit der spezifischen identitätsgerechten Art, die zwischenmenschlichen Beziehungen zu gestalten, zu analysieren. Diese Analyse soll möglichst tiefschürfend sein: Um die organisationalen Innovationsprozesse besser zu verstehen, sollte man zunächst versuchen, ihre *Träger* besser zu verstehen.

---

[1] Markus/Kitayama, 1991, S. 242; vgl. auch die dort angegebeben Quellen; hervorgehoben d.d. Verf.
[2] vgl. Mag. Maruyama, 1989, S. 423.
[3] Markus/Kitayama, 1991, S. 231.

KAPITEL 6
INNOVATIONSRELEVANTE FÄHIGKEITEN DER JAPANISCHEN KONTEXTUALISTEN

6.1 Sozio-emotionale innovationsrelevante Fähigkeiten

6.1.1 Vertrauen aus der Sicht der Kontextualisten in der japanischen Organisation: Eine Einleitung

"Japan as a nation ... takes the ideal of mutual trust to its extreme."
(S. Takagai)[1]

Ein hohes und stabiles gegenseitiges Vertrauen zwischen dem Unternehmen und seinem Kernpersonal wird in der Literatur als eine der fundamentalen Grundlagen des Personalmanagements in japanischen Großunternehmen gesehen.[2] Dieses "Bewußtsein einer umfassenden persönlichen Verpflichtung füreinander, das beide Seiten demonstrieren und intakt halten müssen,"[3] beeinflußt sowohl die *Innovationswilligkeit* (als Leistungsbereitschaft) wie auch die *spezifische Innovationsfähigkeit* (als Leistungsfähigkeit) der kontextualistisch orientierten Mitarbeiter: Japanische Großunternehmen können weitgehend als *Schicksalsgemeinschaften* verstanden werden, bei denen Vertrauen und Loyalität die Grundlage für effiziente innerbetriebliche Kooperation[4] - und damit auch für bestimmte, *auf dieser Kooperation basierende Modi der Innovationsgestaltung* bilden. Vertrauen und Innovation stellen damit zwei *interdependente Phänomene* dar, die im organisationalen Kontext in ihren Wechselwirkungen betrachtet werden sollten.

Eine umfangreiche Auseinandersetzung mit psychologischen Besonderheiten des Phänomens Vertrauen würde den Rahmen dieser Arbeit sprengen; daher soll die Einleitung auf fünf Bemerkungen beschränkt werden, die im Hinblick auf das Verständnis der humanbasierten Innovationsidentität japanischer Unternehmen besonders wichtig erscheinen und auf den vorhergehenden Ausführungen zum japanischen *Interdependent Construal of Self* basieren.

Erstens ist das Vertrauen bzw. die *Relatedness* des japanischen Interdependent Construal of Self *gruppenorientiert.* Die Ergebnisse der sozialpsychologischen Forschung in mehreren Ländern lassen im allgemeinen darauf schließen, daß die "Kollektivisten" dazu tendieren, den Outgroups gegenüber *Mißtrauen* an den Tag zu legen und keine Neigung zur Kooperation mit ihnen zu zeigen.[5] So gilt auch beim Handeln in Japan, welches durch die persönlichen Beziehungen bestimmt ist, als Kriterium insbesondere, ob der Interaktionspartner zum inneren oder zum äußeren Kreis gehört, und *nur innerhalb des inneren Kreises* hat die Interaktion

---

[1] Takagai, 1996.
[2] vgl. z.B. Ramzes, 1989, S. 9 ff.; Esser, 1994a, S. 5.
[3] Deutschmann, 1989, S. 90.
[4] vgl. Esser/Nakajima, 1994, S. 144; Morishima, 1985, S. 174; Hofstede, 1993, S. 81 sowie die Ausführungen im Kapitel 14.1.
[5] vgl. z.B. Triandis, 1989, S. 509.

einen *kontextualistischen* Charakter.[1] Die "(r)econfirmation that the members are all contextuals belonging to the same *aidagara*"[2] stellt somit eine der erforderlichen Grundbedingungen zur Bildung eines stabilen Netzwerkes der zwischenmenschlichen Beziehungen dar, und dementsprechend beziehen sich auch die gegenseitigen Pflichtgefühle *nur* auf die Mitglieder der eigenen Gruppe: "Verpflichtungen, gleich welcher Art, gegenüber ganz Fremden gibt es nicht."[3]

Zweitens soll in Betracht gezogen werden, daß sich die eher kollektivistisch geprägten Kulturen unter anderem dadurch unterscheiden, *welches Element des Kollektivismus* sie hervorheben, z.B. *in welchen Gruppen konkret* (Familie, Arbeitskollegen, Freundeskreis etc.) ihre Mitglieder kollektivistische Merkmale an den Tag legen. Wie die vergleichende empirische Studie von Triandis et al. zeigte, "the Japanese ... [pay] attention to *the views of coworkers* and friends more than the Illinois example [Repräsentanten einer individualistischen Kultur - A.d.V.], but the same phenomenon was not observed in Puerto Rico [eine kollektivistische Kultur - A.d.V.]."[4] Diese und einige andere Ergebnisse deuten darauf hin, daß die oben betrachteten Merkmale des japanischen Kontextualismus (des Vertrauens inklusive) für die in der vorliegenden Arbeit interessierende Gruppe - die *Mitarbeiter in japanischen Unternehmen* - von *großer* Relevanz sind.

Drittens wird das Vertrauen auch in ökonomischen Organisationen in aller Regel mit Zuneigung und Loyalität belohnt.[5] Allein schon deshalb *muß* das Management - falls es auf dem Vertrauen aufbauen möchte - "*emotional*" sein, denn Loyalität, Vertrauen und Zuneigung sind etwas Emotionales.[6] Dies gilt um so mehr als Japan im allgemeinen zu den Ländern mit einer überdurchschnittlich starken Unsicherheitsvermeidung gehört[7] und auch die *emotionale Sicherheit* im speziellen als das wichtigste Bedürfnis für die Japaner bei der zwischenmenschlichen Zusammenarbeit bezeichnet wird.[8]

Interpretiert man das Vertrauen als den *subjektiven Vorhersehbarkeits- bzw. Erwartungsgrad des erwünschten Verhaltens des jeweiligen Gegenüber*, kann viertens angenommen werden, daß in einer solchen in sozialer und kultureller Hinsicht homogenen Gesellschaft wie der japanischen[9] diese Erwartungen auf *gemeinsamen impliziten Normen* bzw. *geteilten Denk- und Verhaltensmustern* basieren. Auch die japanischen Organisationen legen, wie insbesondere im Teil IV zu zeigen sein wird, einen hohen Wert auf die Förderung der Gemeinsamkeiten

---

[1] vgl. Eswein, 1996. Psychologische Untersuchungen haben z.B. ergeben, daß Japaner Zorn eher in der Anwesenheit von Fremden, Amerikaner und Westeuropäer dagegen eher in Anwesenheit der mit ihnen engverbundenen Menschen erleben (vgl. Matsumoto et al. (1988), zit. in: Markus/Kitayama, 1991, S. 237).
[2] Hamaguchi, 1985, S. 315; vgl. auch Markus/Kitayama, 1991, S. 229. Auch Kimura (1991, S. 87) zufolge kann man bei einer Gruppe von *mehreren* Personen ebenfalls von "Aida" (Zwischen) sprechen. Zum "klassischen" Modell des *Uchi/Soto* (Inside/Outside) sowie einem alternativen Modell des "reference other" in der japanischen Kultur vgl. Kuwayama, 1992, S. 142 ff.
[3] Berndt, 1983, S. 42 f.; vgl. dazu auch Triandis et al., 1988, S. 325 f.; Kimura, 1995, S. 91; Nakane, 1985, S. 138, 149.
[4] vgl. die Ergebnisse der empirischen Studie von Triandis et al., 1988, S. 333; hervorgehoben d. d. Verf.
[5] vgl. Nakane 1985, S. 93; Hofstede, 1993, S. 81.
[6] vgl. Nakane 1985, S. 113.
[7] vgl. Hofstede, 1993, S. 133.
[8] vgl. Nakane 1985, S. 113.
[9] vgl. dazu Kapitel 14.2.1.

zwischen ihren Mitgliedern und damit auch auf die fundamentalen Mechanismen der kontextualistischen Beziehungen.

Fünftens führt das Vertrauen zur *expliziten Einschränkung des grundsätzlichen Verhaltensrepertoires der Akteure*, d.h. zur *gegenseitigen Abhängigkeit* (*Relatedness*) der Akteure, die aber von ihnen erwünscht wird. Das japanische Interdependent Relational Self sieht den für einen Individualisten wichtigen Wunsch, über ein hohes Maß an Unabhängigkeit zu verfügen[1] vielfach als *unnatürlich* und als Zeugnis von *kindlicher Unreife* und versteht dagegen die *gegenseitige Abhängigkeit* ("Freiheit in Geborgenheit" nach Doi[2]) als das Hauptziel.[3]

Von diesen einleitenden Thesen ausgehend wird im weiteren das Vertrauen als wichtiges Merkmal des sozio-emotionalen Feldes unter die Lupe genommen, in dem die kommunikatons- und interaktionsbasierten Innovationen in japanischen Organisationen generiert und durchgeführt werden.

6.1.2 Harmonie als innovationsrelevanter kontextualistischer Denk- und Handlungsgrundsatz

Indem die zwischenmenschlichen Beziehungen als der zentrale prägende Faktor des japanischen Contextual Construal of Self fungieren, wird in der Aufrechterhaltung der Harmonie [*wa*] vielfach das wichtigste gemeinsame Ziel der Gruppen-, d.h. der Kontextteilnehmer gesehen.[4] Nonaka/Takeuchi heben den Unterschied zwischen dem japanischen und dem westlichen Verhaltensmuster folgendermaßen hervor:

> "While Western societies promote the realization of the individual self as the goal of life, the Japanese ideal of life is to exist among others *harmoniously as a collective self. ... The natural tendency for the Japanese is to realize themselves in their relationship to others.*"[5]

"*Natural tendency*" ist offensichtlich etwas, was dem Begriff der *Identität* sehr nahe steht. In der Tat wird gerade dieses von Nonaka/Takeuchi hervorgehobene Merkmal im Modell von Markus/Kitayama als eine der wichtigsten Ausprägungen des japanischen Interdependent Construal of Self angesehen, bei dem "*... maintaining a connection to others will mean being constantly aware of others and focusing on their needs, desires and goals ...* ."[6]

---

[1] vgl. Thomas, 1993, S. 396.
[2] vgl. detailliert Doi, 1982; zur kritischen Würdigung vgl. z.B. Kimura, 1995.
[3] vgl. Markus/Kitayama, 1994a, S. 570 und Hamaguchi, 1990, S. 144.
[4] vgl. Schneidewind, 1992, S. 84; Buckley/Mirza, 1985, S. 24; Alston, 1989, S. 26 ff. Sprachwissenschaftler Miller (1993, S. 373 f.) weist allerdings darauf hin, daß dem Morphem *WA* in der westlichen Japanliteratur der Status eines Terminus technicus zur Beschreibung bestimmter impliziter japantypischer Verhaltensmuster zukommt, den es in Japan nicht wirklich genießt; zur Beschreibung dieses "*soziolinguistischen Verhaltenskomplexes*" (Miller) schließt sich die vorliegende Arbeit dennoch der in der westlichen managementorientierten Japanforschung etablierten terminologischen Tradition an.
[5] Nonaka/Takeuchi, 1995, S. 31; hervorgehoben d. d. Verf.
[6] Markus/Kitayama, 1991, S. 229; hervorgehoben d. d. Verf.; vgl. auch im Hinblick auf die Emotionen Markus/Kitayama, 1994b, S. 102.

Wie wirkt sich dieser psychologische Bedarf der Japaner nach zwischenmenschlicher (kontextinterner) Harmonie auf die Innovationsidentität aus?

Bezüglich der Bemühungen, die Gruppenharmonie zu erreichen, werden in der Literatur einerseits berechtigterweise *positive Effekte* wie ein hohes Maß an *Gruppenkohäsion* und (über die Harmonisierung individueller Zielvorstellungen) die *Synchronisation* der Anstrengungen einzelner Mitarbeiter hervorgehoben.[1] Angesichts einer begrenzten Koordinationskapazität ist ein geführter Umgang mit intraorganisationaler Heterogenität in der Regel vorteilhafter als ihr ungebremstes Wuchern,[2] und dementsprechend erleichtern der japanische Kontextualismus und die auf ihm aufbauenden *Unternehmensroutinen*[3] die *kohäsionsbasierte Zusammenarbeit* in Gruppen, die heutzutage für die Gestaltung der aus organisatorischer Sicht zunehmend komplexen Innovationsprozesse in technologieintensiven Großunternehmen als völlig *unabdingbar* gilt. Mit diesen kontextualismusbasierten positiven Effekten hängen die *Economies of Speed* und *Economies of Technology Fusion*[4] in japanischen Unternehmen eng zusammen.

Es gibt auch einen weiteren Grund, warum die gruppenorientierte Harmonie *jedenfalls zum Teil* als *innovationsförderlich* bewertet werden kann. Markus/Kitayama zufolge gilt, daß "for one with an interdependent self, conformity ... can signify a willingness to be responsive to others and to adjust one's own demands and desires so as to maintain the ever-important relations."[5] Die darauf basierenden *kontextualistischen sozio-emotionalen Verhaltens-routinen* scheinen für die *interaktiven Innovationen* sehr dienlich zu sein: Innovation heißt vielfach Streß, und die Harmonie bedeutet in japanischen Gruppen auch eine starke *sozio-emotionale Unterstützung* für die Gruppenmitglieder und Vermeidung von Animositäten zwischen ihnen.[6] Diese sozio-emotionale Unterstützung ist z.B. auch an Ergebnissen einiger empirischen Untersuchungen abzulesen, denen zufolge die nicht-akkulturierten "Japanese-Americans" weniger an Herzinfarkten leiden als die akkulturierten und die Japaner in Japan ebenfalls weniger als Japaner auf Hawaii.[7]

Gleichzeitig aber ergeben sich aus dem Kontextualismus auch *disfunktionale Effekte* bzw. *Innovationsschwächen*, vor allem die folgende:

> "Japan größte Schwäche ist, daß es keine Richtlinien für die *Aktivitäten unabhängiger Individuen* anbietet, sondern nur Regeln, die auf der überholten Vorstellung beruhen - wenig passend für eine Industrienation -, daß das *Individuum völlig in der Gruppe aufgeht.*"[8]

---

[1] vgl. S. Müller, 1996, S. 125.
[2] vgl. Müller-Stewens/Osterloh, 1996, S. 22.
[3] vgl. zu diesen Unternehmensroutinen Kapitel 13 und 14.
[4] vgl. zu diesen Wettbewerbsvorteilen jeweils Kapitel 9 und 11.
[5] Markus/Kitayama, 1991, S. 247; vgl. auch Markus/Kitayama, 1994b, S. 119.
[6] vgl. Triandis, 1989, S. 516 und die dort angegebenen Quellen.
[7] vgl. zu diesen Thesen wie auch zu den Ergebnissen empirischer Studien Triandis, 1989, S. 516 u. detaillierter Triandis et al., 1988, S. 326f.
[8] Sugahara, 1994, S. 91; hervorgehoben d. d. Verf.; vgl. hierzu z.B. auch Adami, 1990 sowie bereits bei Vogel (1979, S. 125 u. 238f.).

Dieses *völlige Aufgehen* in einer Gruppe führt auch nach Ansicht des Psychologen Doi zum Selbstverlust.[1] Bemerkenswerterweise konstatierte Nakane bereits vor ca. 30 Jahren, daß in Japan auch von einem *Führer als Teil der Gruppenorganisation* erwartet wird, daß "er gänzlich in der Gruppe aufgeht, und zwar fast bis zur Selbstaufgabe"[2], und unter einem solchen "Aufgehen des Führers" versteht sie in japanischen Organisationen

- sowohl die Solidarität des Vorgesetzten mit anderen Gruppenmitgliedern, etwa die Kürzung des eigenen Gehalts durch die Firmendirektoren, bis sie ihr Unternehmen saniert haben,[3]

- als auch das Werden der ganzen Gruppe zu einem funktionalen Ganzen, indem alle Mitarbeiter - einschließlich des Vorgesetzten - "zu einer einzigen Einheit verschmelzen."[4]

Dieses Phänomen umfaßt somit neben der Bildung einer *Schicksalsgemeinschaft* auch eine bestimmte Art der *Meinungsbildung*. Diese beiden Dimensionen sind offensichtlich innovationsrelevant; die letztere von ihnen soll nun näher untersucht werden.

Auch im westlichen Kulturkreis üben mehrere soziale Gemeinschaften als Routinereaktion auf ein abweichendes Verhalten ihrer Mitglieder ebenfalls Druck aus - wenigstens in Form des bloßen Konstatierens der Abweichung,[5] und gerade bei dem *europäischen* Führungsnachwuchs stellen die Kreativitätsforscher heute mit Besorgnis einen starken *Uniformitätsdruck* und *Gruppenzwang* fest.[6] Um so interessanter sind die Konstellation und ihr Wandel in japanischen Organisationen.

Den weitaus größeren Teil des in der managementorientierten Japanforschung über den Gruppendruck Publizierten kann man m.E. unter dem Begriff *Majoritätsdruck* zusammenfassen, bei dem es sich gerade um das Aufgehen der Individualität in der Gruppe handelt - um einen Prozeß also, der schwerwiegende negative Folgen für die Innovationsfähigkeit haben soll:

> "Die Neigung, die Organisation zu bevorzugen und Unabhängigkeit und Individualität zu unterdrücken, hat die Nation des schöpferischen Talentes beraubt, wie man es für bedeutende Entdeckungen, Reformen oder die Formulierung neuer Systeme braucht."[7]

N. Ohga, Chairman eines in vielerlei Hinsicht als Paradebeispiel für Innovationsfreundlichkeit geltenden japanischen Unternehmens, hat diese, die Abweichungen eliminierende Atmosphäre

---

[1] vgl. Doi, 1982, S. 164.
[2] vgl. auch im weiteren Nakane 1985, S. 100. Psychologe Kawai formuliert einen ähnlichen Gedanken etwas moderater, indem er konstatiert, daß der Vorgesetzte in einer japanischen Organisation eher Schlichter als Führer im westlichen Sinne ist; d.h. er soll eher das Ganze im Gleichgewicht halten, nicht allzu aktiv sein und sich nicht zu sehr auf seine Macht und Fähigkeiten verlassen (vgl. Kawai, 1990b, S. 126).
[3] vgl. dazu auch Schneidewind, 1987, S. 563. Auf entsprechende aktuelle Beispiele wird im Kapitel 14 näher eingegangen.
[4] Nakane 1985, S. 100.
[5] vgl. immer noch aktuell Schumpeter, 1964, S. 126 f. sowie zum Gruppendruck z.B. v. Rosenstiel et al., 1995, S. 131.
[6] vgl. das Interview mit dem Schweizer Kreativitätsforscher Guntern in: Die Zeit, 21.02.97, der in diesem Zusammenhang sogar den Ausdruck "genormte Mikroprozessoren" verwendet.
[7] Sugahara, 1994, S. 86. Mehrere Beispiele, die von Chikudate (1997, S. 178 ff.) angeführt werden, vermitteln dieser These sehr plakative Illustrationen.

in japanischen Organisationen mit dem bekannten Spruch "the nail that sticks out gets hammered down" beschrieben.[1] Gerade auf diese kulturbasierte "low valuation of individual talent" wird von K. Imai die *Schwäche japanischer Unternehmen* bei standardsetzenden *Architekturinnovationen* in der Computerbranche zurückgeführt,[2] einer Branche, in der speziell bei der Softwareentwicklung vieles auf *Einzelleistungen* ankommt.[3]

Außer dem Majoritätsdruck existiert auch eine weitere, in der Literatur weniger ausgiebig behandelte Seite des japanischen Gruppenkontextes - sozusagen ein *Minoritätsdruck*. Darunter ist gemeint, daß "wa" can often work in the opposite way, namely as *the cause to get the majority to compromise with the minority*."[4] Eine derartige Abstimmung gibt in den Organisationen mehreren Mitarbeitern ein großes Maß an informellen Einflußmöglichkeiten, so daß alle zunächst nicht mehrheitsfähigen Einzelheiten mehrfach bearbeitet werden, bis eine akzeptable Lösung erreicht wird.[5] Wie die neuere empirische Studie von Reger zeigte, benutzen führende japanische Großunternehmen *zur Integration der FuE-Strategien in die Geschäftsstrategie* solche kommunikationsintensive *Abstimmungsroutinen* wie *Committees*, *Meetings* und *Sessions* auf der strategischen, aber auch auf der operativen Ebene *intensiver* als ihre westlichen Konkurrenten, und

> "(t)hrough this process of discussion and consensus formation a collective understanding of the aims and strategies of the enterprise arises, common values and standards are developed ... . The importance of this process of formulating and exchanging common ideas and joint aims at all levels of the enterprise was repeatedly emphasized by the Japanese companies."[6]

Die beiden oben betrachteten innovationsrelevanten Druckmechanismen scheinen eine *gemeinsame Basis* zu haben: Sie sind durch die *Eigenart des Contextual Construal of Self* maßgeblich determiniert. Der Konsens ist dementsprechend in der japanischen Vorstellung "mehr als ein erstrebenswertes Ziel. Es ist die eigentliche *Substanz und Struktur gemeinschaftlicher Identität*, von der sich die persönliche Selbstachtung herleitet."[7]

---

[1] vgl. Ohga, March 1996. Bei diesem japanischen Technologie- und Marktführer handelt es sich um Sony, und mehrere Beispiele für seine Innovationsfreundlichkeit auch in Bezug auf die personalwirtschaftlichen Managementroutinen werden im Kapitel 14 gegeben. Auch T. Kitaoka, Präsident und CEO der Mitsubishi Electric Corp., weist darauf hin, daß "*wa*" dem inkonventionellen, kreativen Denken und demzufolge auch der Entwicklung von neuen Technologien und Produkten in japanischen Unternehmen Schranken setzt (vgl. An R&D Elixir for Rejuvenating Mature Industries: T. Kitaoka Interviewed by J. Suzuki, January 1997).

[2] vgl. Imai, 1996b, S. 106.

[3] Für die USA, den Marktführer in der Softwareentwicklung, wird dagegen festgestellt, daß "(s)trength lies not in the capacity to surrender to the group, but in the capacity to stand alone, or even against the group" (Barnlund, 1989, S. 39) - ein fundamentales Merkmal einer individualistischen Kultur, in welcher "(t)o be distinct and different are highly valued" (Triandis, 1989, S. 512); vgl. dazu auch die Ausführungen im Kapitel 11.2.

[4] Kumon, 17.10.1989; hervorgehoben d. d. Verf. Im allgemeinen wird traditionell "zumindest der Schein eines Konsensus" angestrebt, "wenn irgendwelche Entscheidungen zu treffen sind" (Doi, 1982, S. 160).

[5] vgl. z.B. unter den neueren Arbeiten Dirks, 1995, S. 134f.; Scherm/Bischoff, 1994, S. 101; Ballon, 1994, S. 289; Esser/Nakajima, 1994, S. 144; Khlynow, 1995, S. 8f.; die japanischen Begriffe "Ringi" und "Nemawashi" sind im Westen in vergangenen Jahrzehnten sehr rege diskutiert worden.

[6] Reger, 1997, S. 137; vgl. auch Ebenda, S. 148.

[7] Arima, 19.10.1996; hervorgehoben d. d. Verf.

Darum vermutlich bedeutet in Japan die soziale Isolation vielfach den Verlust des eigentlichen Selbst:[1] Die "Bestimmung des Menschen als Doppelcharakter von Individuum und Gesellschaftswesen"[2] erhält, wie Heise konstatiert, den "*besonderen japanischen Sinn*" dadurch, daß "sich beide Momente überlagern und daß *es keinen Ort gibt, wo jedes von beiden für sich existieren könnte.*" Die obigen Ausführungen mögen gezeigt haben, daß es auch bei der Durchführung der kooperativen *Innovationsprozesse in Unternehmen* (sprich: der *Prozesse der Wissenshandhabung im jeweiligen sozio-emotionalen Feld*) keinen solchen Ort gibt.

Mit dieser Hypothese läßt sich eine Brücke zu der für die organisationale Innovationsgestaltung immens wichtigen Problematik der *Motivation* schlagen. Im Anschluß an Markus/Kitayama können folgende innovationsrelevante Konsequenzen festgestellt werden, die sich für die Motivation aus den fundamentalen Unterschieden im Construal of Self ergeben:

Tabelle 6.1:

Interdependent Contextual Construal of Self: Ausgewählte innovationsrelevante Besonderheiten der Motivation[3]
- Höhere Bedeutung sozialer Motivationsfaktoren bzw. der beziehungsorientierten Leistungsmotivation (Meinung der Anderen, persönliche Pflichtgefühle, Berücksichtigung der Interessen und Ziele der Anderen etc.);
- geringere Bedeutung der Realisation individueller Fähigkeiten und Rechte;
- höhere Bedeutung der kollektiven Leistung.

Mit diesen Motivationsbesonderheiten hängt auch eine weitere sozio-emotionale Dimension zusammen, die für die Innovationsidentität ebenfalls eine ganz zentrale Rolle spielt: Der *Konflikt* wird von Mitgliedern kontextualistischer Organisationen anders als im westlichen Kulturkreis definiert und gehandhabt.

In der westlichen Denktradition wird die Innovation in aller Regel mit einem Kampf- bzw. Konfliktpotential verbunden. Deutsche Wissenschaftler gehen vielfach davon aus, daß Kreativität aus *Konflikten* entsteht,[4] so daß nicht nur das bloße *Akzeptieren* von Konfliktsituationen als Merkmal kreativer Persönlichkeiten angesehen werden soll,[5] sondern die *Innovationen* gar *konfliktproduzierende Menschen verlangen.*[6] Dies wird so in bezug auf die Unternehmen wie auch auf gesellschaftliche Innovationsprozesse gesehen.[7]

Die obigen Ausführungen legen dagegen nahe, daß *in Japan* unter den identitätsbedingten Regeln des sozialen Verhaltens gerade der *Konfliktvermeidung* eine extrem hohe Bedeutung

[1] Doi, 1982, S. 163.
[2] vgl. hier und im weiteren Heise, 1989, S. 95; hervorgehoben d. d. Verf.
[3] Eigene Darstellung nach Markus/Kitayama, 1991, S. 240 ff.
[4] Hauschildt, 1993, S. 80.
[5] vgl. Weinert, 1991, S. 64.
[6] Hauschildt, 1993, S. 80.
[7] vgl. aus der Sicht der Modernisierungstheorie Zapf, 1996, S. 65.

zukommt.[1] Dies führt dazu, daß sowohl der Wettbewerb wie auch der Konflikt in Japan einen anderen Charakter als in den individualistisch orientierten Kulturen haben: Der *Wettbewerb* ist in Japan eher durch eine *"intergroup"- als durch eine "interpersonal"-Dimension* gekennzeichnet[2] und der *Konflikt* im kontextualistischen "intragroup"-Kreis tangiert bei dem *Interdependent Self* eher eine *intra*personelle als *inter*personelle *Dimension*[3] - was auf die Innovationsidentität einen wichtigen Einfluß auszuüben scheint: Es trägt dazu bei, daß man eher zu *graduellen*, auf der gegenseitigen Abstimmung und Interaktion basierenden als zu *radikalen*, bahnbrechenden Innovationen tendiert[4] - jedenfalls was die sozialen Innovationen anbelangt.

Will man heute in japanischen Unternehmen gerade die radikalen Innovationen, speziell die *Individual Inventions*[5] im Bereich der Forschung sowie die *Innovation Champions* im Bereich der Produktentwicklung fördern,[6] dürfte als entscheidender Erfolgsfaktor wirken, ob es den Unternehmen gelingt, der *Fit* zwischen den durch das *Construal of Self* bedingten Eigenarten der Mitarbeiter und den entsprechenden *Innovation-Shaping Corporate Routines* zu erzielen, wobei, wie in weiteren Kapiteln zu zeigen sein wird, heute sowohl diese *innovationsrelevanten*, insbesondere *personalwirtschaftlichen Unternehmensroutinen* als auch der Modus der *personellen Identitätsauslegung* im Wandel begriffen sind.

6.1.3 High-Context-Communication als Medium der Wissenshandhabung im sozio-emotionalen Feld der Kontextualisten

Eine Organisation als soziales System läßt sich in dem Maße erschließen, in dem man die zu ihr gehörigen *Verhaltenserwartungen* und *Interpretationsmuster* (ihre *konstitutive Grammatik*) lernt.[7] Diese Verhaltens- und Interpretationsmuster sind insbesondere für die Gestaltung der *Kommunikation* zwischen den Organisationsmitgliedern ausschlaggebend. Ohne die Kommunikation als Transfer und Interpretation von Informationen ist aber auch die *Innovation* undenkbar - und damit wird die Frage nach dem *Spezifikum der Innovation* vielfach auch zur Frage nach der *spezifischen Gestaltung der Kommunikation* in einem sozialen System.

Speziell für den Fall *Japan* trifft das ganz besonders zu. Der japanische Managementprozeß - und damit auch der Innovationsprozeß - wird als *"people-dependent and communication-intensive"*[8] bezeichnet, und in der deutschen Managementliteratur wird unter anderem die Meinung geäußert, die japanischen Unternehmen hätten "eine ganz anders geartete

---

[1] vgl. z.B. die Ergebnisse der empirischen Studie von Argyle et al., 1986, hier insbesondere S. 288 u. 312 sowie Esser/Nakajima, 1994, S. 145.
[2] vgl. Triandis, 1989, S. 516.
[3] vgl. zu dieser These im Anschluß insbesondere an die Thesen von Hamaguchi (die er allerdings nur nach Ehmcke zitiert) Adami, 1994b, S. 57; vgl. auch die im Kapitel 4 betrachteten Ausführungen von Kimura zum Konzept des "Zwischen".
[4] vgl. Adami, 1994b, S. 54.
[5] vgl. Kapitel 5.3.
[6] vgl. insbesondere Kapitel 9.5, 10, 11 und 14.
[7] Wollnik, 1991, S. 79.
[8] vgl. Bartlett/Yoshihara, 1988, S. 22.

Informationskultur ... , um die sie teilweise durchaus zu beneiden sind."[1] Wie oben allerdings gesagt, sind die *identitätsbasierten Stärken und Schwächen* vielfach als interdependent anzusehen bzw. sie tauschen sogar u.U. *je nach Situation* die Rollen, darum soll hier nicht nur danach gesucht werden, was "durchaus zu beneiden" sein könnte, sondern grundsätzlich es soll danach gefragt werden, *worin die konstitutiven innovationsrelevanten Eigenarten der Kommunikation des Wissens zwischen den japanischen Kontextualisten bestehen*?

Insbesondere im Anschluß an die Arbeiten von Hall[2] wird in der Literatur vorgeschlagen, die mögliche *Kontextabhängigkeit des Kommunikationsverhaltens* der Teilnehmer als konstitutive Kulturdeterminante mitzuberücksichtigen und in dieser Hinsicht zwischen einer ***high-context culture***, wie sie u.a. in *Japan* festzustellen ist, und einer ***low-context culture***, die z.B. in *Deutschland* sowie ganz besonders in den *USA* ausgeprägt zu sein scheint,[3] zu unterscheiden:

> "A high-context (HC) communication ... is one in which most of the information is either in the physical context or internalized in the person, while very little is in the coded, explicit, transmitted part of the message. A low-context communication (LC) is just the opposite; i.e., the mass of the information is vested in the explicit code."[4]

Somit stellt sich die *hohe Bedeutung des impliziten Wissens*[5] und seines Transfers als eine der prägenden Eigenschaften der HC-Communication heraus; als ihre weiteren konstitutiven Merkmale können insbesondere folgende angesehen werden:

- eine stärkere Unterscheidung zwischen den Insidern und den Dritten;[6]
- die zentrale Bedeutung von persönlichen Kontakten und räumlicher Nähe;[7]
- ein hoher Bedarf an der Kontextvertrautheit der Teilnehmer[8];
- eine geringere Kontrolle und hohe Geschwindigkeit des Informationstransfers;[9]
- ein hohes Engagement der Teilnehmer im Hinblick auf die Aktualisierung ihrer Wissensbasis.[10]

---

[1] Vaubel, 1996, S. 32.

[2] vgl. Hall, 1977; Hall/Hall, 1990.

[3] vgl. Hall/Hall, 1990, S. 6 f. u. 23. Es ist auch darauf hinzuweisen, daß viele Ausprägungen der High-Context-Communication grundsätzlich auch bei den Insider-Jargons von bestimmten Berufsgruppen oder etwa bei älteren Ehepaaren festgestellt werden können (vgl. z.B. Hijiya-Kirschnereit, 1990, S. 27), so daß diese Kommunikationsart auch in der deutschen und anderen westlichen Kulturen sozusagen "*sektoral*" vorhanden ist.

[4] Hall, 1977, S. 91.

[5] vgl. zur Unterscheidung zwischen implizitem und explizitem Wissen Polanyi 1985, S. 14 ff. wie auch Nonaka (1992; 1994, S. 249 ff.; 1997, S. 29 ff.); Nonaka/Byosiere/Borucki/Konno, 1994, S. 338f.; Nonaka/Takeuchi 1995, S. 8 ff. u. 59 ff.; Nonaka/Takeuchi/Umemoto, 1996, S. 834 ff.; Müller-Stewens/Osterloh, 1996, S. 19; Foray/Lundvall, 1996, S. 19 ff. sowie Marr/Fliaster, 1999, i.V.

[6] vgl. Hall, 1977, S. 113; vgl. zu den Unterschieden zwischen den LC- und HC-Kulturen speziell im Hinblick auf unterschiedliche Kommunikationsstile der japanischen und der englischen Produktionsmanager Kidd/Kanda, 1997, S. 250f.

[7] vgl. Hall/Hall, 1990, S. 23. In administrativen Abteilungen der japanischen Unternehmen stellen die Großraumbüros ein wichtiges Instrument zum direkten gegenseitigen Wissenstransfer dar (vgl. zu den Beispielen Howard/Teramoto, 1981, S. 25; Culpan/Kucukemiroglu, 1993, S. 37).

[8] d.h., "the emphasis is on stored rather than on transmitted information (Hall/Hall, 1990, S. 23).

[9] vgl. Hall/Hall, 1990, S. 23.

[10] vgl. Ebenda.

Da die vorliegende Arbeit im Gegensatz zu Hall/Hall, die sich vor allem mit der Gestaltung der interkulturellen bzw. internationalen Kooperation beschäftigten, von der Gestaltung von Innovationsprozessen in einem spezifischen monokulturellen bzw. mononationalen organisationalen Feld handelt, sollen im weiteren auch etwas andere Schwerpunkte als bei diesen Autoren gesetzt werden: Es seien folgende drei interdependente Aspekte der High-Context-Communication näher betrachtet, die für das Verständnis der humanbasierten Innovationsidentität der japanischen Unternehmen von besonderer Relevanz sind und auf die spezifischen Eigenarten des Contextual (Interdependent) Construal of Self zurückgeführt werden können:

- zentrale Rolle des *impliziten Wissens*;
- *relationale Orientierung* der HC-Communication;
- relative *Homogenität der Teilnehmer* als Grundlage für die HC-Communication.

Da auch die innovationsrelevante Kommunikation vieles mit der jeweiligen *Sprache* zu tun hat, soll bei der Betrachtung dieser drei Aspekte auch auf einige Besonderheiten des Japanischen etwas näher eingegangen werden.

a) Zentrale Rolle des impliziten subjektorientierten Wissens bei der HC-Communication zwischen den japanischen Kontextualisten

In einer japanischen Organisation spielt eine intensive direkte "face-to-face communication" eine größere und die schriftliche Kommunikation eine geringere Rolle als in westlichen Organisationen.[1] Bei dieser persönlichen Kommunikation kommt dem *impliziten* Wissen eine zentrale Bedeutung auf *allen organisatonalen Ebenen* zu:

> "... (T)he dialogue across units at different levels (individual, group, organization ...) may take place more frequently at tacit knowledge level in Japan than in the West ... . Such a difference may correspond to the distinction in high/low context culture ... , and even to the structural differences between the Western and Japanese languages."[2]

Aus den unterschiedlichen Rollen, welche die implizite und die explizite Wissenskomponente und ihre Handhabung für die *Individualisten* westlicher Prägung und die japanischen *Kontextualisten* jeweils spielen, resultieren Konsequenzen, die für die *Innovationsidentität der Unternehmen* von *ausschlaggebender Bedeutung* sind. Takeuchi bringt diese Unterschiede sehr genau auf den Punkt - und macht auch noch deutlich, daß die Stärken der einen Kultur (sprich: der einen Identitätsauslegung) die Schwächen der anderen darstellen:

> " ... (K)nowledge creation depends on the interaction of two types of knowledge, and ... *each culture is most comfortable with only one*. In the U.S., people are very comfortable with explicit knowledge, the sort of information that can be verbalized, written down in documents, put into computers, and readily communicated. The *Japanese* don't do that very well. *They're best at tapping tacit knowledge, which comes from personal experience and is usually difficult to express*. It's what you feel in your gut when you

---

[1] vgl. Howard/Teramoto, 1981, S. 25; Culpan/Kucukemiroglu, 1993, S. 37; Dirks, 1995, S. 134 ff. und die dort angegebene Literatur.
[2] Asakawa, 95/91/OB, S. 15; Literaturangaben ausgelassen.

> have a hunch or an inspiration. It's not purely rational. *Tacit knowledge is connected to emotions, beliefs -- it's more a bodily knowledge than something in the mind.* Americans aren't as comfortable with that."[1]

In diesem Zusammenhang ist im Anschluß Nonaka/Takeuchi darauf aufmerksam zu machen, daß "*(t)he mere transfer of information will often make little sense, if it is abstracted from associated emotions and specific context in which shared experiences are embedded.*"[2] Speziell den japanischen Kontextualisten ist das "harte Argumentieren, losgelöst von der persönlichen Beziehung und entlang rationaler Argumente"[3] eher fremd - sie "have never been interested in abstracting the subject of the debate from surrounding social environments."[4] Das gilt auch in ökonomischen Organisationen: Wie eine umfangreiche internationale innovationswirtschaftliche Untersuchung zeigte, stellen die japanischen Manager *häufiger* als ihre deutschen Kollegen fest, daß der Informationsfluß zwischen den Ressorts eher von *persönlichen Sympathien* geprägt ist als von sachlichen Gegebenheiten.[5]

Diese stärkere Sympathieabhängigkeit des Informationsflusses in japanischen Unternehmen ist keinesfalls zufällig - ihre Gründe liegen m.E. in der kontextualistischen personellen Identitätsauslegung bzw. dem darauf basierenden fundamentalen Kommunikationsmuster begründet: wenn ein japanischer Contextual eine Antwort gibt, steht bei ihm eher der *Fragende* als die *Frage* im Mittelpunkt.[6] Vor diesem Hintergrund ist m.E. auch folgende sehr kritische (vielleicht sogar zu kritische) These von Chikudate zu verstehen:

> "*Japanese workers cannot explain.* Communication skills in procedural validity do not require the *articulation of ideas* but rather *require respect for face-saving, seniority and collective approval in decision-making in Japanese organizations.*"[7]

Nimmt man die von Zirn[8] vorgeschlagene *optische* Darstellung als Ausgangsbasis und bringt sie mit den obigen Überlegungen zur personen- eher als objektorientierten Kommunikation sowie mit den im Kapitel 4 detailliert diskutierten Modi des Construal of Self[9] in Verbindung, lassen sich fundamentale Differenzen zwischen dem individualistischen westlichen und dem kontextualistischen japanischen *Ingroup-Muster* der Kommunikation folgendermaßen veranschaulichen (vgl. Abbildung 6.1):

---

[1] Takeuchi, in: Sherman/Takeuchi/Davies, 29.04.1996; hervorgehoben d. d. Verf. Empirische Untersuchungen belegten auch, daß im Vergleich zu amerikanischen Topmanagern "(t)he Japanese senior executives ... showed significantly stronger ... preferences for ... employees using knowledge gained from experience rather than from rules or manuals" (Sullivan/Nonaka, 1986, S. 136).
[2] Nonaka/Takeuchi, 1995, S. 63; hervorgehoben d. d. Verf.
[3] Zirn, 1990, S. 53; vgl. auch Ackermann, 1990, S. 19.
[4] H. Nakamura, 1988, S. 478f.
[5] vgl. Brockhoff/ von Ghyczy/ Wilhelm (1988, Nr. 11, S. 223 u. 229; 1988, Nr. 10, S. 192).
[6] vgl. hierzu H. Nakamura, 1988, S. 305 sowie verallgemeinernd Triandis, 1994b, S. 293.
[7] Chikudate, 1997, S. 185; hervorgehoben d. d. Verf.
[8] vgl. Zirn, 1990, S. 54.
[9] vgl. hierzu auch Hamaguchi, 1985, S. 306.

Abbildung 6.1: **Identitätsbedingte idealtypische Interaktions- und Kommunikationsmuster in Japan und im Westen**[1]

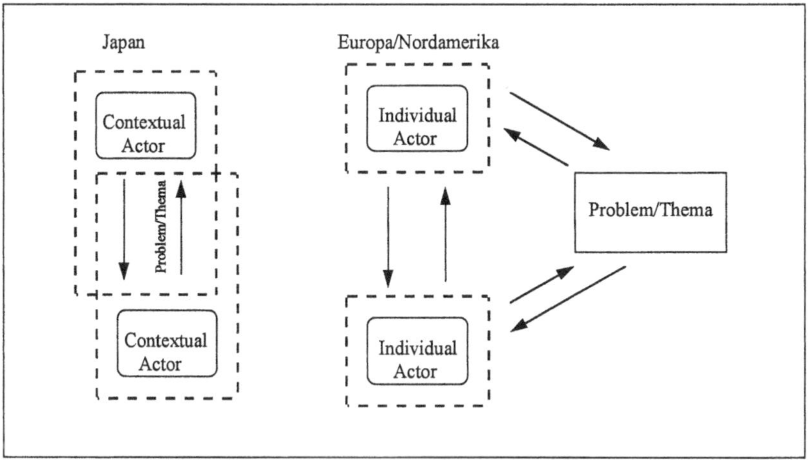

Mit dieser Unterscheidung ist eine weitere Verbindung zwischen der Innovationsidentität und der kulturell Spezifik hergestellt: Das Contextual Construal of Self begünstigt tendenziell eher solche *Interaktions- und Lernformen,* die primär mit *impliziten, subjektorientierten und kontextbezogenen Wissenskomponenten* zu tun haben.[2] Wie funktioniert ein solcher Wissenskontext?

b) Relationale Orientierung der HC-Communication

Vergleicht man den oben dargestellten idealtypischen japanischen Kommunikationsmodus mit dem gegensätzlichen amerikanischen eingehender, kommt man zur Schlußfolgerung, daß "the two cultural styles differ not merely in this or that technical feature, but that *they spring out of differing conceptions of the role of communication in human society.*"[3] Während in individualistischen Kulturen die grundlegende Orientierung der zwischenmenschlichen Kommunikation in der Regel in der *Vermittlung von Inhalten* gesehen wird, stellt die Kommunikation in HC-Kulturen wie der japanischen "a way to establish and maintain *a relationship*"[4] dar.

Diese relationale Orientierung der - auch innovationsrelevanten - Kommunikation wäre ohne entsprechende Mechanismen in der japanischen *Sprache* nicht möglich; in diesem Sinne ist es sehr symptomatisch, daß nicht nur *Linguisten,* sondern mit Nonaka/Takeuchi auch die führenden *Management- und Innovationsforscher* auf folgenden Sachverhalt aufmerksam machen:

[1] in Weiterentwicklung der Darstellung von Zirn (1990, S. 54).
[2] Wie im Kapitel 6.2 zu zeigen sein wird, gehören dazu vor allem das Learning by Doing und das Learning by Following.
[3] Barnlund, 1989, S. 39; hervorgehoben d. d. Verf.
[4] Kennedy/Everest, 1991, S. 51; hervorgehoben d. d. Verf.; vgl. auch Adami, 1994a, S. 26 sowie R. Okabe 1983 (zit. in: Sullivan/Nonaka, 1986, S. 142).

> "*The structure of the Japanese language* shows *the sympathetic unity of self and other people*. In the Japanese language, a message is often *communicated through the use of context*, not solely by the self-complete grammatical code. The ambiguous nature of the Japanese language thus asks one to be equipped with some *tacit knowledge of each context*."[1]

Diese "*sympathetic unity of self and other people*" wurde im Kapitel 4 als konstitutives Merkmal der kontextualistischen Identitätsauslegung in Japan festgestellt, und es erscheint nur durchaus logisch, daß sie sich auch in der Spezifik der Kommunikationsgestaltung und in der Sprache selbst niederschlägt. Das *Verhalten* ist auch in Japan in vielerlei Hinsicht sehr eng mit der Sprache verwoben,[2] und angesichts dessen erscheint an dieser Stelle folgender Exkurs angebracht:

EXKURS
Ausgewählte identitätsbedingte innovationsrelevante Aspekte der verbalen Kommunikation in Japan

Ohne Anspruch auf Vollständigkeit zu erheben, sollen hier zwei Momente besonders hervorgehoben werden, die an der sprachlichen HC-Communication in Japan *aus der Sicht der personalwirtschaftlich orientierten Innovationsforschung* von besonderer Relevanz zu sein scheinen:

Dialogorientierung der HC-Communication

Bereits Pascale/Athos haben als managementrelevante kulturelle Differenz vermutet, daß in den Kulturen, in denen Englisch gesprochen wird, vielfach "Wert auf Präzision, auf das Lösen von Problemen und auf eine klare, logische Argumentation [*gelegt*] ... [*und*] (e)ine vernunftbetonte Argumentationsweise ... belohnt"[3] wird. Anders im Japanischen: Als Gegensatz zur bekannten Aussage des französischen Schriftstellers de Rivarol (1784), "*Ce qui n'est pas clair n'est pas français*", formuliert Sprachwissenschaftler T. Suzuki für das Japanische die These, "*was klar ist, ist nicht Japanisch.*"[4] Mit De Hart kann man diese "Unklarheit" dahingehend konkretisieren, daß

> "... the great majority of the Japanese have been *culturally socialized* not to speak in clear, concise and logical fashion. It is customary to avoid direct, carefully reasoned statements in favor of *more subtle and ambiguous* ones, which basically function as a screen to focus first *on another's mood, and disposition.*"[5]

---

[1] Nonaka/Takeuchi, 1995, S. 31; vgl. auch die Überlegungen von Ben Dasan, 1993.
[2] vgl. hierzu z.B. Nakane 1985, S. 49.
[3] Pascale/Athos, 1982, S. 156. Für die deutsche Sprache scheint das ebenfalls zu gelten. H. Nakamura vermutet denn auch, daß die japanische Sprache als Medium für das "philosophical thinking" und "expressing logical conceptions" weniger geeignet ist als die deutsche (H. Nakamura, 1988, S. 464 f.). Auf die Verbindung zwischen Sprache und Logik wird im Kapitel 6.2.1.2 wieder hingewiesen.
[4] vgl. T. Suzuki 1990, S. 47 ff.: vgl. zur Kitik Dale, 1986.
[5] DeHart, September 1995; vgl. auch Kawai, 1990b, S. 132 f. sowie zur "kontextuellen Natur" der japanischen Sprache Inoue, 1994, S. 74 f.

In diesem Sinne ist ein japanisches Gespräch in aller Regel ein "*Dialog*": Wenn ein Gesprächspartner in Japan nämlich "das fortwährende Eingreifen in den Gedankengang der anderen Partei - immer etwa nach 20 Silben [*unterläßt*]- so bricht die Kommunikation zusammen,"[1] und außerdem ist es seitens des Sprechenden überhaupt "üblich, einen Gedanken an einem bestimmten Punkt ganz abzubrechen, um den anderen diesen zuende führen, oder auch bloß zuende denken zu lassen."[2]

Wann ist es aber möglich, den anderen die eigenen Gedanken "*zuende führen zu lassen*" - ohne daß dabei permanent *sinnentstellende Fehler* bzw. *Kommunikationsstörungen* auftreten? Eine mögliche Anwort auch auf diese Frage soll hier nicht einem Linguisten, sondern mit S. Kumon einem der führenden japanischen Sozialwissenschaftler entnommen werden, der diese sprachliche Eigenart mit entsprechenden *Denk- und Verhaltensmustern* in Verbindung brachte:

> "... (I)n Japanese those parts of a sentence that express the speaker's subjective judgment always come at the very last. ... This implies that the *listener does not know until the very end the intention or judgment of the speaker* and also that the *speaker always reserves the right or freedom to change his mind until the very last moment*. This kind of sentence structure is extremely useful to those ... who are ready to form or *change* their opinions while observing the reactions of the listeners so that their opinions conform to those of listeners. ... (P)eople who are brought up in the middle of such a linguistic environment tend to be *masters at mindreading. Only people who belong to a culture in which the people read each other's minds through nonverbal means can successfully use a language with this kind of structure.*"[3]

So bleiben die Sätze bzw. die Informationen vielfach unvollständig ("unklar" für den Fremden): Die Gesprächspartner sind "stets am Aufbau ... und auch an der stillschweigenden Ergänzung eines Gedankengangs beteiligt."[4] Im Abschnitt c) soll versucht werden, diese sprachliche *Dialogorientierung* bzw. "*enge Verflechtung von Aktion und Reaktion*"[5] der Teilnehmer als prozessuale Spezifik der Kommunikation mit der *Homogenität der jeweiligen Teilnehmer* in Verbindung zu bringen.

Sprachliche Grammatik als Spiegel der sozialen

Die *Regeln der sprachlichen Grammatik* hängen in Japan mit den *Regeln der sozialen Grammatik* sehr eng zusammen. Wie Young/Nakajima-Okano den amerikanischen Studierenden der japanischen Sprache erklärten, "(t)he forms used by two individuals in conversation *very subtly express the precise social relationship* of the two individuals as viewed by the speaker."[6] Ähnliche Thesen sind in beinahe jedem anderen Buch zur Struktur des Japanischen vorzufinden.[7] Der Charakter einer Gesellschaft, in der traditionell "everyone stands

---

[1] im Anschluß insb. an Mizutani Ackermann, 1990, S. 25; Fußnoten ausgelassen.
[2] Ebenda.
[3] Kumon, 1982, S. 12 f.
[4] im Anschluß an Mizutani Ackermann, 1990, S. 25.
[5] im Anschluß insb. an Mizutani Ackermann, 1990, S. 25; hervorgehoben d. d. Verf.
[6] Young/Nakajima-Okano, 1988, S. 191; hervorgehoben d. d. Verf.
[7] vgl. z.B. das russische Lehrbuch von Golownin (1986, S. 161 ff.) und das amerikanische Buch von Miller (1993, S. 278 ff.).

somewhere about someone else, older, younger, earlier and later; each in his place,"[1] schlägt sich in ihrer Sprache nieder;[2] in verallgemeinerter Form läßt sich sodann mit Adami festhalten, daß...

> "... (d)ie automatische Einordnung von Personen in Oben und Unten ... das gesamte Verhalten der Japaner [bestimmt] ... . Die Sprache im Büro und in jeder Lebenslage reflektiert bis ins Detail die momentane hierarchische Situation. Es muß zu jeder Zeit darauf geachtet werden, daß im Gespräch ... die der passenden Ebene entsprechenden Verben und Satzstrukturen ausgewählt werden."[3]

Dementsprechend *müssen* die Japaner als Situations- bzw. Kontextteilnehmer wissen, in welchem Verhältnis sie zueinander stehen - *ehe eine korrekte verbale Kommunikation zwischen ihnen überhaupt beginnen kann.*

Damit schließt sich der Kreis, denn hier tritt wieder die *kontextualistische Natur der japanischen personellen Identitätsauslegung* bzw. das Phänomen des *Zwischen* in den Vordergrund. Die japanische Sprache funktioniert wie "eine Landkarte des zugrunde liegenden gesellschaftlichen Territoriums,"[4] und dieser Landkarte entsprechend wird - im Einklang mit den oben diskutierten Überlegungen von Kimura - das *Ich jedesmal in Abhängigkeit vom jeweiligen (japanischen) Gegenüber neu identifiziert.*[5]

EXKURSENDE

Unter Berücksichtigung der obigen Ausführungen soll nun der letzte der eingangs genannten drei Aspekte der japanischen HC-Communication diskutiert werden; er soll insbesondere helfen, eine weitere Brücke von der *kultur- und identitätsspezifischen* zur *organisationsspezifischen* Problematik zu schlagen.

c) Relative Homogenität der Teilnehmer im Sinne des gemeinsam geteilten Wissens als Grundlage für die HC-Communication

Das implizite Wissen ist definitionsgemäß ein stillschweigendes, nur sehr schwer und begrenzt verbalisierbares Wissen. In diesem Zusammenhang sei auf die folgende, in einer etwas provokativen Form zum Ausdruck gebrachte These von Takeuchi hingewiesen:

---

[1] Farrell, 1996.

[2] Es wäre freilich naiv, bestreiten zu wollen, daß der soziale Status und das kontextuelle Rollenverhältnis auch in anderen Kulturen eine ggf. sehr wichtige Rolle spielen und sich in der jeweiligen Gestaltung der Botschaft und ihrer Kommunikation niederschlagen kann. Der Unterschied zwischen der japanischen und beispielsweise der „amerikanischen" Sprache wird in dieser Hinsicht eher darin gesehen, daß "... the Japanese language itself reflects a *more definite, openly acknowledged* emphasis on hierarchy and groupism, and ... it provides *many and vary specific* ways of expressing objective and subjective evaluations." (Young/Nakajima-Okano, 1988, S. 192; hervorgehoben d. d. Verf.)

[3] Adami, 1990, S. 47 ff.

[4] Galtung/Nishimura, 1984, S. 495f.; vgl. auch vgl. Barnlund, 1989, S. 38. Zur japanischen "Höflichkeits-sprache" [*keigo*] vgl. die Ausführungen von Miller, 1993, S. 278 ff. und Golovnin, 1986, S. 161 ff. sowie aus der kulturtheoretischen Perspektive die Ausführungen von H. Nakamura, 1988.

[5] vgl. T. Suzuki 1990, S. 170 ff.; vgl. dort auch zu entsprechenden sprachlichen Strukturen.

> 'The ideal form of communication [*in Japan - A.d.V.*] is ... when one person looks at another and says, "ah," and other guy says, "un," and that's all they need to understand each other. No explicit verbal communication at all."[1]

Diese Bemerkung des Managementprofessors Takeuchi stimmt mit den aus anderen Wissenschaftsperspektiven gemachten Schlußfolgerungen anderer japanischer Autoren überein. So stellte vom eher soziolinguistischen Standpunkt aus T. Suzuki[2] fest, daß der traditionelle japanische Kommunikationsstil gleichartige, sich um die *gegenseitige Assimilation bemühende* Partner voraussetzt und insbesondere *Ahnen* und *intuitives Erfassen* darstellt, und aus der psychoanalytischen Perspektive bemerkte Okonogi, "die grundlegende Kommunikation, die Japaner *voneinander erwarten*,"[3] stelle ein *wechselseitiges, gefühlsmäßiges, intuitives* Verstehen[4] dar. Diese Meinung scheint auch bei japanischen Managern verbreitet zu sein.[5]

Bringt man diese These mit der oben diskutierten identitätsspezifischen Personen- eher als Problemorientierung der japanischen HC-Communication in Verbindung, läßt sich hervorheben, daß diese Orientierung im Hinblick auf die Anwendungsbereiche der menschlichen Kreativität - sprich: auf die Innovation - *ambivalente* Konsequenzen hat. Ebenso scharf wie Chikudate (s.o.) kritisiert in diesem Zusammenhang Kurokawa, daß

> "(t)he Japanese tradition of prizing silence and regarding clever speakers as lacking in substance has produced a nation of slow, silent craftsmen and silent, hairsplitting researchers and academicians."[6]

Auch in dieser Dimension werden also die *Stärken* und die *Schwächen* als *Konsequenzen einer bestimmten Identitätsauslegung* weitgehend voneinander bedingt.

In Zusammenhang mit dieser "*Japanese tradition of prizing silence*" soll auch auf das Phänomen des "*Kokoro*" (von Lebra als 'heart, sentiment, spirit, will, or mind" übersetzt) als sozio-emotionales Kernelement des japanischen "*inner self*" hingewiesen werden: Lebra zufolge[7] ist es gerade die "association of the *kokoro* (or inner self) with truthfulness", die in der japanischen Tradition zur Überzeugung geführt hat, daß "the "*real*" truth is inexpressible." Aus dieser Überzeugung leitet sich unmittelbar ab, daß "words and speech [also *explizite Kommunikation - A.d.V.*] as means of expression are often regarded as potentially deceptive and false, and silence [also *implizite Kommunikation - A.d.V.*] as indicative of the true *kokoro*."[8]

---

[1] Takeuchi, in Sherman/Takeuchi/Davies, 29.04.1996; hervorgehoben d. d. Verf.
[2] vgl. T. Suzuki, 1990, S. 176.
[3] Okonogi, 1990, S. 58.
[4] vgl. Okonogi, 1990, S. 57.
[5] vgl. z.B. Kikuchi, 1981, S. 48. Ein anderer japanischer Manager bringt dies noch prägnanter auf den Punkt: "We're homogeneous people and don't have to speak as much as you do here. When we say one word, we understand 10, but here you have to say 10 to understand one" (zit. in: Kennedy/Everest, 1991, S. 52). Die heterogene amerikanische Bevölkerung dagegen lebt in "a low-context milieu where, if messages are not explicit, clear, and logical, communication often breaks down." (Hayashi, 1988, S. 12; vgl. dazu analog Triandis, 1994b, S. 293 ff.)
[6] Kurokawa, 1994, Chapter 3; hervorgehoben d. d. Verf. Auch De Hart meint, die japanische "... homogeneity may be a great asset to develop sensitivity, but it definitely is limited when communication of new ideas, research, or clarity is required multilaterally" (DeHart, 1995).
[7] vgl. hier wie auch im weiteren Lebra, 1992, S. 112 f.; Hervorhebungen d. d. Verf.
[8] Lebra, 1992, S. 112.

Bringt man diese These von Lebra mit den oben analysierten Eigenarten der japanischen High-Context-Communication in Verbindung, bedeutet sie, daß 'Japanese .... believe that the inner self, the kokoro in particular, is what makes communication possible and complete. ... The truly empathic self ... emerges in heart-to-heart communication."[1]

Über diese Besonderheit der japanischen HC-Communicaton ist viel diskutiert worden. Einige, insbesondere japanische Autoren führten sie z.B. auf den vermeintlichen 'Familiencharakter" der japanischen Nation zurück; in der vorliegenden Arbeit wird diese, von Hijiya-Kirschnereit zu Recht kritisierte undifferenzierte Auffassung über ein angeblich 'geradezu mystisches Einverständnis unter Japanern, das der Sprache nicht bedarf",[2] *nicht* geteilt.

Dagegen sei an dieser Stelle daran erinnert, daß die HC-Communication *grundsätzlich* für eher kollektivistisch orientierte Gesellschaften typisch ist, in denen die Regeln in der *Tradition* verwurzelt und häufig *implizit* sind.[3] Mit anderen Worten: Je höher die Homogenität der Kommunikationsteilnehmer,[4] d.h. je mehr an Erfahrungen und impliziten Wissenskomponenten sie miteinander teilen, und je deutlicher die subjektiv empfundene gegenseitige Vorhersehbarkeit der Verhaltens- und Interpretationsmuster[5] ausgeprägt ist - um so mehr kann grundsätzlich mitgeteilt werden ohne expliziert werden zu müssen.

Betrachtet man die oben dargestellten Thesen von Takeuchi, Suzuki u.a. aufmerksam, kann darüber hinaus konstatiert werden, daß sie diesen Kommunikationsstil gewissermaßen als *wertebasierte Orientierung* bzw. als kulturspezifische *Erwartungshaltung* interpretieren. Die HC-Communication scheint also nicht starr 'vorprogrammiert" zu sein, sondern sie wird *angestrebt*, und als Voraussetzung dafür, daß sie zustande kommt, dienen relative Homogenität der Kontextteilnehmer bzw. die Gemeinsamkeiten ihrer kulturspezifischen impliziten Wissensbasis. Auch diese Erwartungshaltung scheint insbesondere durch die Spezifik des interdependenten Contextual Construal of Self bedingt zu sein:

> 'The reciprocal interdependence with others that is the sign of the interdependent self seems to require ... constant ... willingness and ability to feel and think what others [Mitglieder der In-Group - A.d.V.] are feeling and thinking, to absorb this information without been told, and then to help others satisfy their wishes and realize their goals."[6]

Diese Zuneigung zur HC-Communication übt auf die *humanbasierte Innovationsidentität der japanischen Unternehmen* einen starken Einfluß aus, denn diese *Erwartungshaltung* wird von den Kontextualisten auch als Mitglieder von ökonomischen Organisationen an den Tag gelegt.[7]

---

[1] Lebra, 1992, S. 113. Für diese von Lebra diskutierte "heart-to-heart communication" gibt es im Japanischen mit *ishin denshin* (wortwörtlich "heart to heart") ein eigenständiges "cultural code word", das in der Regel als *cultural telepathy* und *quiet understanding* übersetzt wird (vgl. J/F Dictionary; Lafayette De Mente, 1995, S. 147 f.).
[2] Hijiya-Kirschnereit, 1990, S. 27.
[3] vgl. dazu S. Müller, 1991, S. 53; Schein, 1985, S. 91; Hofstede 1993, S. 147 ff.; Kennedy/Everest, 1991, S. 52; Triandis, 1994b, S. 293 f.
[4] vgl. dazu auch Barnlund, 1989, S. 38.
[5] vgl. dazu Kapitel 6.1.1.
[6] Markus/Kitayama, 1991, S. 229.
[7] vgl. hierzu Kapitel 6.2.

Die auf dem interdependenten Modus der personellen Identitätsauslegung beruhende HC-Communication schlägt sich aber in das Merkmal der organisationalen Innovationsidentität nicht von selbst um bzw. funktioniert auch in japanischen Organisationen *nicht automatisch*. Damit sie es tut, bedarf es *Zeit* und einer *ganzen Reihe von personalwirtschaftlichen und organisatorischen Unternehmensroutinen*.

Geht man vom fähigkeitsorientierten Multi-Level-Modell der Innovationsidentität der Unternehmen aus,[1] ist also die wettbewerbsrelevante *Frage* zu stellen, die Bildung welcher *human- und wissensbezogenen Innovation-Shaping Corporate Routines* von einer *Organisation* zu erwarten wäre, deren Mitglieder durch die oben beschriebenen kommunikationsbezogenen Prädispositionen gekennzeichnet sind?

Die *Antwort* kann m.E. folgende sein:

Diese Organisation wird einen gemeinsamen unternehmensinternen Wissenskontext für den Großteil ihrer Mitglieder schaffen und damit deren Kohäsion bzw. relative Homogenität nach innen und zugleich die "Abgrenzung" gegenüber der Außenwelt (*distinctiveness*) fördern. Zu diesem Zweck wird sie ihre Mitglieder so beeinflussen, daß sie ihr Wissen aktiv miteinander teilen und gemeinsam Erfahrungen machen. Um dies erzielen zu können, wird diese Organisation ihre Mitglieder zunächst dazu bringen, daß sie aktive, direkte, persönliche Beziehungen zueinander pflegen, und zwar nicht nur in der Arbeits-, sondern womöglich auch in der Freizeit. Dabei wird die Organisation auch auf die bereits bestehenden (etwa durch gemeinsame universitäre Sozialisation entstandenen) persönlichen Verbindungen zwischen ihren Mitgliedern zurückgreifen können.

Außerdem wird die Organisation durch Besprechungen, Meetings und ähnliche Routinen den gemeinsamen Wissenstand ihrer Mitglieder in bezug auf die Einzelheiten und Zusammenhänge des aktuellen Betriebs- und Marktgeschehens ständig zu aktualisieren versuchen. Gleichzeitig wird die Organisation ein solches Hierarchiesystem aufbauen, dessen Mechanismen dem Kontextualismus nicht widersprechen und die entsprechende vertikale zwischenmenschliche Kommunikation sowohl in der Top-Down- wie auch in der Bottom-Up-Richtung nicht blockieren; sie wird also z.B. auf die Seniorität achten müssen. Die Organisation wird auch die Funktions- bzw. Arbeitsteilung in Gruppen vergleichsweise gering entwickeln,[2] und sie wird unbedingt eine relativ hohe Stabilität der Organisationsmitgliedschaft sicherstellen, um überhaupt über alle anderen obengenannten Maßnahmen sinnvoll nachdenken zu können.

Um es kurz zu machen: **Diese Organisation wird höchstwahrscheinlich versuchen, aus den Kontextualisten Company Men zu machen.**

---

[1] vgl. Kapitel 3.

[2] Je weniger die Arbeitsteilung in der Gruppe ausgeprägt ist, umso ähnlicher sind die Aktivitäten der Gruppenmitglieder, umso homogener wird die Gruppe und, schließlich, umso mehr Wissen wird auf der impliziten Ebene vorhanden sein können (vgl. dazu auch Triandis, 1994b, S. 295 f.).

Diese und andere personalwirtschaftlichen Unternehmensroutinen der japanischen Großorganisationen werden im Teil IV der vorliegenden Arbeit im einzelnen unter die Lupe genommen; dabei wird zu zeigen sein, daß sich diese Organisationen bisher genau nach dem oben beschriebenen Muster verhalten haben. Darüber hinaus wird im IV. Teil den Ursachen und wettbewerbsrelevanten Auswirkungen des aktuellen *Wandels* dieser Routinen nachzugehen sein.

Nachdem an dieser Stelle die Analyse der *sozio-emotionalen Eigenschaften der Kontextualisten als Wissens- und Innovationsträger* abgeschlossen werden kann, sollen im anschließenden Punkt 6.2 die *kognitiven* Aspekte in den Mittelpunkt gestellt werden.

6.2 Kognitive innovationsrelevante Fähigkeiten

6.2.1 Erwerb und Transfer des Wissens im kontextualistischen Beziehungsfeld

> "... *Japanese intellectual tradition ... has emphasized body and action.*"
> (I. Nonaka/ H. Takeuchi)[1]

6.2.1.1 Zur Interpretation des Lernens in der japanischen Tradition

Die Innovationsidentität hat vieles damit zu tun, wie ihre Träger *lernen*: "Learning concerns the enhancement of the capacity to create,"[2] also auch der "capacity to innovate." In der im Westen publizierten *Managementliteratur* wird mehrfach darauf hingewiesen, daß in der japanischen Sprache das Wort *Lernen* angeblich mit dem Begriff des *Imitierens* zu tun haben soll; einer der wohl ersten solcher Hinweise findet sich bei Kikuchi, einem der Forschungsdirektoren bei Sony:

> "... I could point out that the original meaning of the Japanese word *manabu* (to learn) is *manebu* (to imitate)."[3]

Diese These wurde später von westlichen Managementautoren mit[4] oder ohne explizite Bezugnahme auf Kikuchi wiederholt, wobei insbesondere darüber spekuliert wurde, daß diese enge Verbindung zwischen den Begriffen des Lernens und des Imitierens zum einen kulturspezifisch sei und zum anderen wichtige Schlüsse auf die Denkweise der Japaner und insofern auch auf das Innovationsverhalten japanischer Unternehmen zulasse:

> "Surely it is no coincidence that the Japanese word *manabu*, "to learn", is extremely close to *manebu*, "to imitate". In contrast, Western definitions of imitation gleaned from several dictionaries invariably emphasize the act of following."[5]

---

[1] Nonaka/Takeuchi, 1995, S. 32.
[2] Senge, 1992, S. 59, hervorgehoben d. d. Verf.
[3] Kikuchi, 1981, S. 44.
[4] vgl. z.B. im Anschluß an Kikuchi Ballon, 1994, S. 280.
[5] Bolton, 1993, S. 33.

Wie oben bereits konstatiert, widerspiegelt eine Sprache grundsätzlich die spezifischen, historisch gewachsenen identitätsgeprägten Beziehungen ihrer Träger zu der jeweiligen Lebenswelt, zu sich selbst und zueinander wie auch die Eigenarten der Erkenntnis der Lebenswelt, der Mitmenschen sowie der Selbsterkenntnis.[1] Gerade der letztere Aspekt - die *Sprache als Abbild des kulturspezifischen Modus der Erkenntnis* bzw. der *Wissensschöpfung* - interessiert hier:

> "When people learn a language, they also learn new ground rules for reason and cognition."[2]

Die Argumentation aus dem sprachwissenschaftlichen Bereich ist für die Hypothesen zur Personal- und Innovationsforschung zwar nicht unbedingt ein eindeutiger Beweis, aber als Hinweis gelten kann sie, wie oben gezeigt, allemal. Würde also die japanische Sprache tatsächlich als die *einzige* bzw. die *hauptsächliche* Bedeutung des Wortes Lernen das *Imitieren* beinhalten, wie aus den oben zitierten Aussagen leicht (*aber falsch*!) abgeleitet werden kann, würde dies der in der westlichen Öffentlichkeit (und auch unter den Managern und Forschern) immer noch verbreiteten Mißvorstellung über Japan als Land der unkreativen Imitatoren sicherlich eine spektakuläre Illustration liefern.

Daher erscheint es sinnvoll, sich der japanischen Sprache als Spiegel eines kulturspezifischen Erkenntnisstils zuzuwenden und die *Frage* zu stellen, *ob die Japaner tatsächlich unter dem Lernen ausschließlich Imitation verstehen* bzw. *wie im Japanischen der Begriff "Lernen" überhaupt interpretiert wird*? Das Interesse bleibt hier natürlich vielmehr ein *innovations- und personalwirtschaftliches* als ein sprachwissenschaftliches.

Setzt man sich mit japanischen Wörterbüchern auseinander, stellt sich ein wesentlich komplizierteres Bild heraus als es Kikuchi, Bolton und Ballon schildern wollen: Die japanische Sprache (sowohl das shinojapanische Kango als auch die ursprünglich japanischen Verben) beinhaltet nicht eines, sondern mehrere Worte, die als "Lernen" übersetzt werden können, jedoch *unterschiedliche Aspekte und Dimensionen* diesen Begriffes in den Mittelpunkt stellen.[3] Eine detaillierte Auseinandersetzung mit einzelnen Besonderheiten des Gebrauchs dieser Begriffe in der japanischen Sprache wäre im Hinblick auf die Fragestellung der vorliegenden Arbeit nicht zielführend. Anstelle dessen sollen hier lediglich einige von ihnen herausgegriffen werden, die (zumindest im Sinne einer *Metapher*) einen Hinweis auf die spezifische japanische Lern- bzw. Innovationsidentität geben können.

---

[1] Den Gedanken, daß sich in verschiedenen Sprachen auch unterschiedliche Formen der *Wirklichkeitserkenntnis* bzw. unterschiedliche *Denkweisen* ausdrücken, äußern bspw. auch Psychologen Doi (1982, S. 81) und Kimura (1995, S. 101).

[2] Hayashi, 1988, S. 52; vgl. auch Murakami (in: Kawai/Murakami, 1996, S. 89); Kirsch, 1992, S. 134; zu den Zusammenhängen zwischen der Sprache und dem "intellektuelen Stil" vgl. auch recht umstrittene Thesen von Galtung (1983, S. 319 f.).

[3] Darunter *manabu*, *narau*, *oboeru* sowie im Kango *gakushyû-suru*, *benkyô-suru*, *renshyû-suru*, *keiko-suru*, *yoshyû-suru* etc.

EXKURS
ZUM BEGRIFF DES LERNENS IN DER JAPANISCHEN SPRACHE

a) To Study in-depth: Manabu 学ぶ

Das von Kikuchi genannte Verb *manabu* hat die Bedeutung "to study in depth,"[1] steht für das Lernen als einen ggf. *relativ andauernden, eingehenden Erkenntnisprozeß* und hat mit der Imitation *nichts zu tun*.

Das japanische Schriftzeichenlexikon bringt das Wort *manabu* mit drei weiteren Verben[2] in Verbindung, welche die verschiedenen Aspekte des mehrdimensionalen Phänomens des Lernens - so wie es in der japanischen Sprache interpretiert wird - zu beleuchten helfen:

b) Lernen als "Memorize": Oboeru 覚える

Oboeru bedeutet primär "sich einprägen"; so lernt bzw. *memoriert* man z.B. Fremdwörter, Schriftzeichen, bestimmte Regeln oder das Einmaleins. Diese Bedeutung ist sicherlich nicht sonderlich überraschend bzw. nicht sonderlich japanspezifisch.

c) Lernen als Handeln: Narau (shyû) 習う

Bei diesem Verb geht es um ein solches Lernen, bei dem ein bestimmtes Können durch angesammelte praktische Eigenerfahrungen bzw. *praktische Übung* angeeignet wird (mit diesem Schriftzeichen schreibt sich auch das Substantiv *narai* bzw. *narawashi*, das Brauch und Gewohnheit bedeutet). Die graphische Gestalt dieses Schriftzeichens wird im japanischen Schriftzeichenlexikon interpretiert als ein Nestling, ein Vogeljunges, das durch wiederholte Versuche die "*Weise des Fliegens*" lernt. In diesem Sinne bezieht sich *narau* auf ein sehr "konkretes" Lernen im Gegensatz zu dem eher allgemeineren *manabu.*

Die Bedeutung des Lernens als *narau* ist also in mehrfacher Wiederholung bzw. dem Einüben von konkreten praktischen Handlungen zu sehen, die deren gekonnte, *routinierte*, erfahrene Ausführung sicherstellt. Somit läßt sich das Wort *narau* mit dem *Learning by Doing* in Verbindung bringen.

d) Lernen als Nachmachen: Maneru 真似る

Das dritte Verb, mit dem das japanische Schriftzeichenlexikon das Wort *manabu* als "lernen" in Verbindung bringt, ist *maneru.* Es beinhaltet Handlungen wie: andere Dinge und Sachen kopieren, nachmachen, nachahmen (to mimic, to imitate). Damit bestätigt sich teilweise auch der Gedanke von Kikuchi: Das *Lernen* japanischer Art hat tatsächlich etwas mit dem *Nachmachen* zu tun - allerdings *nur in einer seiner mannigfaltigen Ausprägungen.*

Im Hinblick auf die *anderen* relevanten Ausprägungen des Lernens kann dem japanischen Schriftzeichenlexikon folgendes entnommen werden: Die Bedeutung des Wortes *maneru* läßt sich mit der Bedeutung des mit einem anderen Schriftzeichen zu schreibenden Verbs *narau* in Verbindung *bringen* und kann daher auch im Sinne "*dem Beispiel von jemandem folgen*" verstanden werden:

---

[1] vgl. z.B. Jeffrey's J/E Dictionary.

[2] vgl. zu weiteren Ausführungen in diesem Exkurs insbesondere Shinsen kanwa jiten, 1984 sowie Feldman-Konrad, 1977; Konrad, 1970, Band I u. II; Jeffrey's J/E Dictionary; Ferber, 1993.

e) Lernen als Folgen: Narau (chô) 倣う

Dieses Verb bedeutet "folgen" (to follow) - auch im Sinne "sich stützen." Ausgehend von dieser Bedeutung kann man verallgemeinert schlußfolgern, daß das Lernen in der japanischen Sprache auch eine wichtige *Subjektdimension des "Leaders"* (Meisters, Lehrers etc.) beinhaltet, dem nachgemacht wird bzw. dessen Beispiel gefolgt wird. Diese spezifische *personenorientierte Art* wird in der vorliegenden Arbeit als *Learning by Following* bezeichnet.

Vergleicht man das Gesagte mit den Bedeutungen des Wortes *"imitieren"* in der *deutschen Sprache*, ergeben sich bemerkenswerte Unterschiede. Das deutsche Duden-Fremdwörter-buch[1] erklärt nämlich das Wort Imitation insbesondere als das Nachahmen bzw. die Nachahmung sowie als [minderwertige] Nachbildung eines wertvollen Materials oder eines Kunstgegenstandes. Im Klartext: *Imitieren* heißt zwar auch im Deutschen *Nachmachen*, es hat aber - im Gegensatz zum Japanischen - mit dem *Lernen* nichts zu tun.

EXKURSENDE

Die obige Darstellung macht deutlich, daß die insbesondere in westlichen Publikationen zum Personal- und Innovationsmanagement zu treffende *Relativierung des japanischen Lernbegriffes* nur auf die (im Westen auch noch als minderwertig interpretierte) *Imitation* als äußerst problematisch anzusehen ist.

Die aus den obigen Ausführungen resultierenden mannigfaltigen Bedeutungen des Begriffes "*Lernen*" in der japanischen Sprache, die einen ersten vorläufigen Hinweis auch auf die *kulturspezifischen Modi der Erkenntnis und der Wissenshandhabung* geben, werden in Abbildung 6.2 dargestellt.

Nun sollen einzelne Aspekte des idiosynkratischen Japanese-style Learning unter die Lupe genommen werden, die mit den oben aufgezeigten sprachlichen Bedeutungen einiges zu tun haben, durch das kulturspezifische Contextual Construal of Self geprägt sind und im Hinblick auf die Innovationsidentität eine wichtige Rolle spielen.

---

[1] Duden, 1990, S. 334.

Abbildung 6.2: **Ausgewählte Bedeutungen des Begriffes Lernen in der japanischen Sprache**

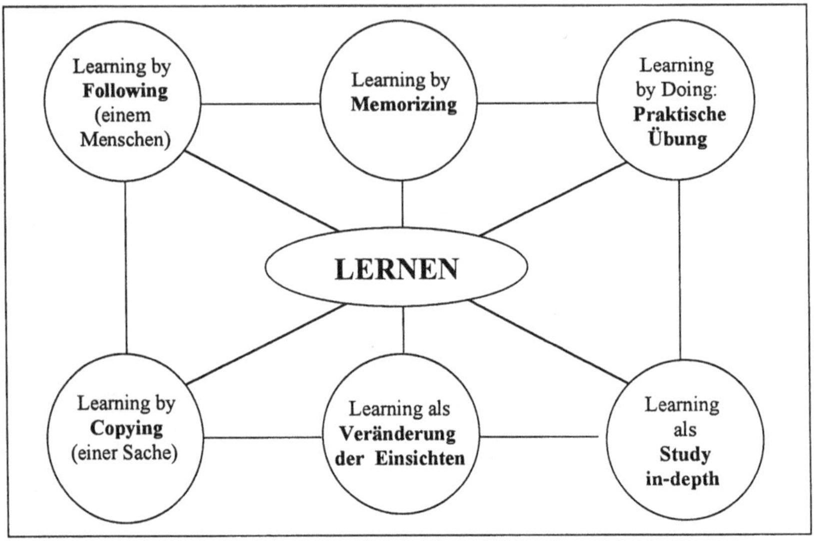

6.2.1.2 Zentrale Bedeutung impliziten Wissens für die kontextualistische Innovationsidentität

Während es in *Europa* vor allem das Rationelle bzw. die Kategorisierung und kritische Analyse war, die den Denkprozeß bestimmte und zu neuen Erkenntnissen führte,[1] hat das traditionelle *Japan* eine intellektuelle Disziplin wie die Logik im westlichen Sinne nicht gekannt.[2] Die japanische geistige Tradition basiert nicht auf theoretischen Erwägungen abstrakter Grundsätze,[3] sondern tendiert dazu, den "Höhenflug in metaphysische Sphären"[4] eher zu meiden und lehnt sich dagegen eng an die Realität des Alltags an: Man verläßt sich nicht auf den bloßen Intellekt, sondern lieber auf den in langer Übung erworbenen Handgriff und auf das sichere Gefühl,[5] so daß der Hang zum Gefühlsbetonten, zum Sinnlich-Konkreten immer stärker war als das Bemühen um Logik, Diskurs und Systematisierung.[6]

---

[1] vgl. Berndt, 1983, S. 93; Kurokawa, 1994, Chapter 3.
[2] vgl. Hayashi, 1988, S. 129; zur "immaturity of logic in Japan" vgl. z.B. H. Nakamura, 1988, S. 476 ff., der sogar zur Schlußfolgerung kommt, daß "(i)t seems ordained by history, almost predestined, that logical thinking is beyond the power of the Japanese people." (Ebenda, S. 483)
[3] vgl. Esser, 1994a, S. 10; Kubota-Müller, 1989, S.7; vgl. dazu auch Dirks, 1995; Alexander, 1994; Kumon, 1982.
[4] vgl. S. Katô, 1990, S. 13.
[5] vgl. Schinzinger, 1983, S. 22 sowie die obigen Ausführungen zum Lernbegriff *narau* als "üben".
[6] vgl. Berndt, 1983, S.87.

Diese kulturspezifische Eigenart, nicht eine universelle abstrakte Idee, sondern vielmehr das mit den Sinnen Wahrnehmbare und die intuitive Weise des Verstehens[1] in den Mittelpunkt zu stellen und ihnen mehr zu vertrauen als den durch Analyse und Abstraktion gewinnbaren Gesetzmäßigkeiten und Prinzipien,[2] schlägt sich in mehreren, auch im Hinblick auf die Innovationsidentität sehr wichtigen Aspekten des Denkens und Verhaltens der Mitglieder von ökonomischen Organisationen nieder. Die von S. Müller durchgeführte internationale Analyse der Einstellungen der Manager zum Entscheidungsverhalten hat z.B. ergeben, daß die These

- "Wenn wir einmal ehrlich sind, so müssen wir feststellen, daß es nicht immer möglich ist, Entscheidungen *systematisch* und *gegen alle Risiken abgesichert* zu treffen; häufig müssen Entscheidungen *intuitiv* gefällt werden" -

bei 80.3% der befragten *japanischen* - und nur bei 49% der befragten *deutschen* Manager Zustimmung getroffen hat.[3]

Vor diesem Hintergrund scheint es auch erklärlich zu sein, warum Manager der deutschen Großunternehmen immer wieder feststellen, daß ihre japanischen Konkurrenten sich weniger auf *Marktanalysen*, sondern vielmehr auf die *reale, mit Sinnen wahrgenommene "Realerfahrung" des Marktes* verlassen.[4] Lücke's Vermutung zufolge akzeptiert "... das japanische Management eher als das deutsche die mit den Planungsdaten verbundene Unsicherheit und Unvollkommenheit ... . Im deutschen Management sind Ambiguität, Ungewißheit und Unvollkommenheit zu bekämpfen; sie sind Feinde rationalen Verhaltens und hindern entschlossenes Management."[5]

Diese systematische Absicherung gegen sämtliche Risiken und Abneigung gegenüber Intuition äußern sich im westlichen Management auch im Hang zu einer umfassenderen Quantifizierung und Operationalisierung; so bemerkt E. Schein, daß "... (m)ost of us would agree that for managing the human system of the organization, quantification may be more of a trap than a help, but one might also argue that *our desire to quantify reflects some of the best traditions of western science and rationalism.*"[6] Die Japaner haben dagegen "an aversion to the over-lawyerly, vigorously analytical method of dealing with issues. ... Rationality is frequently disparaged."[7]

Diese und einige andere empirisch feststellbaren Unterschiede bei betrieblichen Entscheidungs- bzw. Managementprozessen lassen sich in theoretischer Hinsicht vielfach auf die eingangs genannten fundamentalen Differenzen zurückführen: Unterschiedliche Kulturen bzw. Traditionen haben sehr unterschiedliche Fundamentalannahmen darüber, was das "Wissen" ist, sein kann und sein sollte, und wie man es "richtig" handhabt. Die japanischen Fundamentalannahmen beschreiben Nonaka et al. folgendermaßen:

---

[1] vgl. Berndt, 1983, S. 87 f.; Suzuki, 1994, S. 45; Alexander, 1994, S. 69; Barnlund, 1989, S. 39; zur gegensätzlichen Meinung vgl. Mouer/Sugimoto, 1986, S. 231.
[2] vgl. Kumon, 1982, S. 14.
[3] vgl. Müller, 1991, S. 145 f.; hervorgehoben d. d. Verf.
[4] vgl. Große-Oetringhaus, 1996, S. 164 und die dort betrachteten Beispiele von Honda und Sony.
[5] Lücke, 1988, S. 42; eine ähnliche These läßt sich bei Pascale/Athos (1982, S. 105 f.) in Bezug auf das amerikanische Management finden.
[6] Schein, 1993, S. 345.
[7] Hayashi, 1988, S. 153; vgl. auch T. Suzuki 1990, S. 176 u. Kumon, 1982.

> "Highly subjective insights, intuitions, and hunches are an integral part of knowledge. ... These soft and qualitative elements are crucial to an understanding of the Japanese view of knowledge."[1]

Die Gefühlsbetonung, das "mit den Sinnen Wahrnehmbare" und zugleich das Praktisch-Konkrete - das alles sind die wesenseigenen Merkmale des **impliziten Wissens**, und gerade dieses *emotions- und erfahrungsgebundene Wissen* spielt im Japanese-style Management eine ganz zentrale Rolle:[2]

Tabelle 6.2: **Implizites Wissens in der japanischen Erkenntnistradition und dem Management**

Implizites Wissen: Ausprägung in der japanischen Erkenntnistradition	**Implizites Wissen: Ausprägung im Japanese-style Management**
"The Japanese have a tendency to stay in their own *world of experience* without appealing to any abstract or *metaphysical theory* in order to determine the relationship between human thought and nature."[3]	Japanese-style Management "emphasizes the *value of direct, on-site experience.*"[4]
Hervorzuheben ist "... a Japanese tendency to deal with *sensitive emotional movements* rather than to abide by any fixed worldview or *metaphysics.*"[5]	Japanische Management-praktiken sind "*hochemotional.*"[6]

Daß die japanische Tradition das implizite Wissen in den Mittelpunkt der Erkenntnis stellt, scheint in der *Natur des kontextualistischen Interdependent Construal of Self* begründet zu liegen: Das zentrale konstitutive Merkmal des impliziten Wissens bildet seine Subjektivität bzw. Subjektgebundenheit, und gerade die "*inseparability of basic elements* ..., including *self and other*, and *person and situation*"[7] stellt eine der ganz fundamentalen Grundannahmen der kontextualistischen japanischen Tradition dar, die bedingt, daß, idealtypisch gesehen, die Japaner "cannot study things enough as objectively existing things [and] *seldom looked squarely at the objective reality as sharply distinguished from knowing subjects.*"[8]

Im weiteren Abschnitten wird diese Bindung zwischen Subjekt und Objekt als ausschlaggebender Faktor für die japanspezifische Art und Weise zu lernen wieder zur Sprache kommen; an dieser Stelle sei resümierend folgendes konstatiert: Die Beziehungen zwischen Mensch und Mensch sowie zwischen Subjekt und Objekt der Erkenntnis sind in Japan auf der *fundamentalen Ebene der Grundannahmen* anders aufgebaut, und dieses Anderssein beeinflußt die Innovationsidentität dahingehend, daß das implizite, subjektspezifische Wissen bzw. seine Handhabung eine zentrale Rolle spielt.

---

1 Nonaka/Takeuchi/Umemoto, 1996, S. 844.
2 vgl. auch die obigen Ausführungen zur High-Context-Communication japanischer Prägung.
3 Nonaka/Takeuchi, 1995, S. 29, hervorgehoben hier und in weiteren Zitaten in dieser Tabelle d. d. Verf.
4 Eguchi, March 1996.
5 Nonaka/Takeuchi, 1995, S. 29.
6 vgl. Schneidewind, 1992, S. 80.
7 Markus/Kitayama, 1991, S. 227; Fußnoten ausgelassen, Hervorhebungen d. d. Verf.
8 H. Nakamura, 1988, S. 511 ff.

6.2.1.3 Oneness of Mind and Body: Learning through the Whole Personality[1]

"The influence of Zen makes us believe that the best state of intellectual ability comes when the body and mind become one."
(H. Takeuchi)[2]

Mit der obengenannten Dominanz des impliziten Wissens hängt sehr eng ein weiteres konstitutives Merkmal des idealtypischen japanischen Modus der Wissenshandhabung zusammen, das darin besteht, daß die japanische Tradition nicht nur das Lernen "*with the mind*" kennt, sondern auch dem Lernen "*with the body*" eine sehr hohe Bedeutung beimißt. Diesen japanischen Lernstil stellen Innovations- und Managementforscher Nonaka/Takeuchi dem westlichen gegenüber:

> "... *(A)s opposed to the Western sense of knowledge ... (f)or the Japanese, knowledge means wisdom that is acquired from the perspective of the entire personality*. This orientation has provided a basis for valuing *personal and physical experience* over indirect, intellectual abstraction."[3]

Dieses Phänomen spielt nicht nur im Handwerk[4] bzw. bei den ihm ähnlichen Arbeitsinhalten etwa in der industriellen Produktion eine ganz zentrale Rolle; Nonaka/Takeuchi sehen in der Fähigkeit, auf diese *integrative* Art und Weise zu lernen, einen extrem *wichtigen kulturbasierten Faktor des japanischen Management-Erfolgs* schlechthin:

> "... (M)anagers in Japan emphasize the importance of learning from direct experience as well as through trial and error.[5] Like a child learning to eat, walk and talk, they learn with their *minds* and *bodies*. The tradition of emphasizing the oneness of body and mind has been a unique feature of Japanese thinking since the establishment of Zen Buddhism."[6]

---

[1] Diese Begriffe wurden Nonaka/Takeuchi, 1995, S. 29 ff. entnommen.
[2] Takeuchi, in Sherman/Takeuchi/Davies, 29.04.1996.
[3] Nonaka/Takeuchi, 1995, S. 29; hervorgehoben durch d. Verf.; vgl. dazu auch Adami, 1994a, S. 24. Dieser Unterschied zwischen der westlichen und der japanischen epistemologischen Tradition wird von anderen japanischen Autoren in einem breiteren Kontext gesehen - vgl. z.B. folgende These von Kurokawa: "Dualism and binomial opposition are inherent in Western metaphysics and logos: the dualism of reason and sensitivity, body and spirit, necessity and freedom, and the binomial opposition of science and art have dominated Western thought since Aristotle and on up through Descartes and modern metaphysics." (Kurokawa, 1994, Chapter 14; zu anderen Beispielen des Dualismus in der europäischen Tradition vgl. z.B. Müller, 1989c, S. 227).
[4] Wie von Kondo festgestellt, "(p)revailing notions of skill among artisans - in the present day as in earlier times - stress physical idioms of technical capability. The aim is to go beyond a purely cognitive level of learning, and to learn with the body (*karada de oboeru*)" (Kondo, 1992, S. 47). Bei diesem Ausdruck sei auf das bereits erwähnte Verb *Oboeru* aufmerksam gemacht, das das Lernen im Sinne "sich einprägen" bzw. "to memorize" bedeutet, so daß der Ausdruck "*karada de oboeru*" eigentlich als "memorize with the body" interpretiert werden kann. Es scheint sich dabei also um die *Routinen* zu handeln, denen das erfahrungsbasierte implizite Wissen zugrunde liegt.
[5] Mit diesem Learning by Doing hängt also die *Fehlertoleranz* zusammen (vgl. Ballon, 1994, S. 280), ein Merkmal, dem grundsätzlich eine sehr hohe innovationsförderliche Bedeutung beigemessen wird.
[6] Nonaka/Takeuchi, 1995, S. 10; vgl. ähnlich auch Nonaka/Takeuchi/Umemoto, 1996, S. 844. Diese Lernart kann auch im Zusammenhang mit dem in der westlichen Identifikationsforschung und Lerntheorie vertretenen sozial-kognitiven Ansatz diskutiert werden (vgl. Bandura 1979 u. 1986 sowie den Kommentar in: Staehle, 1994, S. 203, 359 f. u. 543; zum Learning by Doing bei japanischen Kindern vgl. z.B. Hendry, 1992, S. 58).

Analysiert man die Ergebnisse einer vergleichenden Studie von Nonaka und Sullivan, findet man auch eine empirische Bestätigung für diese These: Japanische Topmanager setzen deutlich mehr als ihre amerikanischen Kollegen auf das *Learning by Experience* als auf das Lernen durch *formalisierte Prozeduren und Mechanismen* wie Informationssysteme, schriftliche Richtlinien und Anweisungen etc.[1] In den Mittelpunkt des Lernprozesses werden damit *konkrete lernende Menschen*, ihr *implizites Wissen* und das *intraorganisationale Sharing* dieses Wissens gestellt, die eine fundamentale Grundlage der Wettbewerbsfähigkeit der *Japanese-style Learning Organization* darstellen.[2] Dieses Lernen der Mitarbeiter durch die Eigenerfahrungen setzt in erster Linie eine von der (japanischen) Organisation praktizierte Akzeptanz ihrer Fehler und ihrer (anfänglichen) Unvollkommenheit bei Erledigung von Arbeitsaufgaben voraus;[3] auch in dieser Hinsicht ist also die Verknüpfung des *Kognitiven* mit dem *Sozio-Emotionalen* recht bedeutsam.

Die Betonung der "an Ort und Stelle" gesammelten persönlichen Erfahrung durch das japanische Management ist als Manifestation einer *spezifischen epistemologischen Tradition* zu sehen.[4] Der nach Japan in der Kamakura-Zeit (1192-1333)[5] aus China gekommene *Zen-Buddhismus*, auf den Nonaka/Takuchi im obigen Zitat hinweisen, stellt nämlich "keine Lehre, sondern eine Übung, keine Theorie, sondern eine Praxis"[6] dar. Das Lesen der Sûtras hat im Zen keinen besonderen Stellenwert und der Diskurs über abstrakte Zusammenhänge erst recht nicht - dagegen spielen das *Lehren und das Lernen durch Erfahrungen und Handeln* eine zentrale Rolle.[7]

Diese Erkenntnismethode bzw. Lebensweise des Zen entspricht dem, was D. Suzuki als einen charakteristischen Zug der Mentalität östlicher Völker schlechthin ansieht, nämlich der *Fähigkeit, "das Leben von innen her zu erfassen, anstatt es analysierend von außen verstehen zu wollen."*[8] Das implizite Wissen, das dabei aktiviert wird, ist, wie bereits gesagt, dadurch gekennzeichnet, daß man es *ohne Sprachmittel* akquirieren kann,[9] also *durch direkte Eigenerfahrung*, durch das *Handeln*, oder, um mit Nonaka/Takeuchi zu sprechen, "through observation, imitation, and practice."[10]

Mit den Phasen "*observation, imitation, and practice*" sind weitere konstitutive Komponenten der kulturspezifischen japanischen Lern- bzw. Innovationsidentität im zwischenmenschlichen Beziehungsfeld angesprochen, auf die an dieser Stelle näher eingegangen werden soll.

---

[1] vgl. Sullivan/Nonaka, 1986, S. 137.
[2] vgl. auch Konno/Nonaka/Johansson, February 1993.
[3] 89% der befragten japanischen Senior Manager zogen es vor, "to stress learning from mistakes rather than avoiding mistakes", und 55% waren bereit, "to allow poor performance to go for a time for learning purposes" (vgl. Sullivan/Nonaka, 1986, S. 137).
[4] vgl. Nonaka/Takeuchi, 1995, S. 29 ff.
[5] vgl. Morishima, 1985, S. 219.
[6] Schinzinger, 1983, S. 21.
[7] so jedenfalls D. Suzuki (1994, S. 7 ff.).
[8] D. Suzuki, 1994, S. 26f.; hervorgehoben d. d. Verf. Mit Pascal/Athos (1982, S. 176) machten auch westliche Managementforscher darauf aufmerksam, daß "(w)enn ein Lernender ... alle fünf Sinne zum Erwerben von Wissen einsetzt - ist ein größerer Lernerfolg das Resultat." In diesem Zusammenhang sei auch auf die Überlegungen von Hall (1976, S. 155 u. Abb. 21) hingewiesen, denen zufolge Japaner bei der Raumperzeption alle Sinne einsetzen, so daß "die Verwendung des ganzen Körpers als ein einziges Sinnesorgan gesteigert wird"; dies stellt nach Hall eine Tendenz dar, die sich auch in anderen Lebensbereichen der Japaner niederschlägt.
[9] vgl. Byosiere/Borucki/Konno, 1994, S. 340.
[10] Nonaka/Takeuchi, 1995, S. 63.

6.2.1.4 Lernen als Weg des Handelns und des Sich-Hineinversetzens

Vor dem Hintergrund des Obengesagten leuchtet die These von Berndt ein, das primäre Erkenntnismittel sei in der traditionellen japanischen Kultur "*das Einüben von Verhaltensweisen, ... das Beschreiten von "michi" oder "do"* - mit demselben Zeichen geschrieben - was soviel wie "*Weg*" bedeutet: 'Bushido" - der 'Weg des Kriegers," ... 'Kendo" - der 'Weg des Fechtens," ... 'Judo" - der 'Weg des Nachgebens," ... 'Kado" - der 'Weg der Blumen," ... 'Shodo" - der 'Weg des Schreibens" ... ." [1] Es lassen sich auch weitere Beispiele für diesen *Weg* [道] als Erkenntnismittel anführen, etwa die folgenden:[2] Der Buddhismus (*buzudô*) ist ein *Dô*, und der Shintoismus (*shintô*) ist ein *Dô*, aber auch die Ketzerei ist ein *Dô* (*jadô*), und die (Tanka-)Dichtkunst (*kadô*) ist ein *Dô*, ebenso wie die Teezeremonie (*chadô*) ein *Dô* ist und die (schauspielerische) Kunst (*geidô*) ein *Dô* darstellt.

Diese (bei weitem nicht vollständige) Auflistung ist dadurch gekennzeichnet, daß in ihr praktisch *alle* Bereiche der japanischen Kultur im breitesten Sinne dieses Wortes vertreten sind, nämlich Kunst, Religion, Philosophie, Sport etc. Nun ist zu klären, **wie** man diesen 'Weg des Lernens" geht?

Berndt schlägt hierfür folgende Antwort vor:

> "Abgesehen von verschiedenen Inhalten vollzieht sich das Beschreiten dieser 'Wege" immer nach dem gleichen Grundprinzip: Jeder einzelne Schritt, jeder Griff wird nicht vom 'Meister" erfragt, sondern abgeguckt, wird eingeübt, hundertfach, tausendfach wiederholt, bis die perfekte Beherrschung erreicht ist.
> ... Und das alles heißt nachahmen. Es dem Meister schweigend nachzutun, den Tuschpinsel genauso zu führen wie er, die Linien genauso zu ziehen wie er, das war das Ziel, und das ist in den traditionellen Künsten auch heute noch."[3]

Dieses *Learning by Following* bedeutet also primär, daß man *dem Meister folgt*, und zwar dadurch, daß man seine Verhaltensweisen beobachtet und diese - im Sinne des *Learning by Doing* - einübt.[4] Somit weisen alle oben genannten Wege noch ein weiteres gemeinsames Merkmal auf: Sie sind als *Wege des Tuns*, *Wege des Handelns* aufzufassen.[5] Ob in der Kunst, den klassischen Sportarten, der Religion - einen solchen Weg des Handelns kann man *begreifen*, indem man ihn *selbst geht*, und zwar am besten *das ganze Leben lang*.[6]

---

[1] Berndt, 1983, S. 93; hervorgehoben d. d. Verf.; vgl. sehr ähnlich auch bei Alexander, 1994, S. 75.
[2] Eine interessante Parallele ergibt sich hier zum Judentum: Der Begriff *Halacha*, die übliche hebräische Bezeichnung für das verpflichtende jüdische Religionsgesetz, kommt ebenfalls vom Verb "gehen" her und stellt, wie Ben-Chorin (1988, S. 9) formuliert, "eine Geh-Anweisung für den Menschen [dar], der unter das Gesetz getan ist."
[3] Berndt, 1983, S. 93f.; vgl. auch Tominaga, 1996, S. 13.
[4] Der Meister selbst kann dabei eine *federführende* Rolle auch im wortwörtlichen Sinne übernehmen: So wird berichtet, daß "(i)n some of the more demanding arts, such as drawing the intricate ideograms making up the Chinese writing system [*Shôdô, Kalligraphie als der "Weg des Schreibens", s.o. - A.d.V.*], masters would sometimes hold the students' hands in theirs, guiding their movements - a custom still practiced in Japan's elementary schools today. Apprentices were not allowed to deviate from the processes or forms taught by their masters." (Lafayette de Mente, 1995, S. 368f.; vgl. dazu auch im Anschluß an Goodmann Eswein, 1996). Dafür gibt es in der japanischen Sprache ein schönes Wort *Tenarai*, bei dem das Schriftzeichen *Te* für die Hand und *Narai* für das Lernen in dem oben geschilderten Sinne stehen - ein "*hands-on-learning*" eben (vgl. hierzu Lafayette De Mente, 1995, S. 369).
[5] vgl. hierzu auch Dirks, 1995, S. 127.
[6] so z.B. Ishige, Winter 1995.

Daß diese zeitliche Dimension u.U. das ganze Leben umfaßt, läßt sich insbesondere an drei aktuellen, für die Fragestellung der vorliegenden Arbeit relevanten Fakten zeigen. Erstens setzen sehr intensive Lernprozesse in Japan bereits früh in der Kindheit und Jugend (*vorberufliche Sozialisation*) an.[1] Zweitens ist in diesem Zusammenhang das ständige Lernen als konstitutive Komponente der *beruflichen Sozialisation* der Mitarbeiter in japanischen Großunternehmen hervorzuheben: Wie eine Studie des ifo-Instituts zum Lernverhalten des hochqualifizierten FuE-Personals in japanischen und deutschen Unternehmen der elektrotechnischen Industrie erwiesen hat,[2] ist das Lernen in japanischen Unternehmen *ein die gesamte Karriere begleitender Vorgang*[3], während es in (west)deutschen Firmen vielfach eher diskrete, von der laufenden Tätigkeit losgelöste Maßnahmen darstellt.[4] Drittens sei darauf aufmerksam gemacht, daß das lebenslange Lernen in Japan - insbesondere unter Berücksichtigung der *Alterung* der Bevölkerung[5] - ein *Wachstumsfeld mit sehr hohen Erwartungen der Menschen*[6] darstellt.

Versucht man vor dem Hintergrund des Obengesagten das Zusammenwirken von *Learning by Doing* und *Learning by Following* als zentrale Komponenten der *japanischen Lern- und Innovationsidentität im zwischenmenschlichen Beziehungsfeld* in graphischer Form zusammenzufassen, ergibt sich folgendes Bild (vgl. Abbildung 6.3).

Im weiteren seien einzelne Aspekte etwas detaillierter erörtert: Den Schlüsselfaktor zum tiefgreifenderen Verständnis von dem, wie die (hier: japanischen) Unternehmen als kollektive Innovationsträger lernen bzw. welche Konkurrenzvorteile sie dadurch erreichen, bildet ein tiefgreifenderes Verständnis von dem, wie die Mitglieder dieser Unternehmen als individuelle Wissens- und Innovationsträger lernen und innovieren.

---

[1] Japanische Jugendliche verbringen insbesondere während der Vorbereitung auf die universitären Aufnahmeprüfungen mit dem Lernen 13 bis 15 Stunden am Tag (vgl. Morishima, 1985, S. 187; de Pay, 1991, S.182).

[2] vgl. Wiesner, 1992, S. 12 ff.; Ernst/Wiesner, 1994, S. 108 ff.

[3] Auch Esser (1994c, S. 167f. u. 178) hebt hervor, daß die Personalentwicklung in japanischen Großunternehmen in der Regel nicht beim Erreichen einer bestimmten Position endet, sondern (etwa in Form von Motivations- und Auffrischungsseminaren) bis zum Ruhestand läuft, und somit auch von den Mitarbeitern als ein durchgängiger Prozeß lebenslangen Lernens verstanden wird.

[4] Diese Selbstverständlichkeit der Weiterbildung des FuE-Personals in japanischen Unternehmen bedeutet auch, daß die Weiterbildung das Karrierefortkommen japanischer FuE-Mitarbeiter erfahrungsgemäß weniger beeinflußt, während sie in deutschen Firmen vielfach als Vehikel für den betrieblichen Aufstieg angesehen wird (vgl. hierzu Wiesner, 1992, S. 12 ff.; Ernst/Wiesner, 1994, S. 108 ff.). Zur Personalentwicklung in japanischen Unternehmen vgl. auch die Ausführungen im Kapitel 14.4.

[5] Prognosen des japanischen Gesundheitsministeriums zufolge werden im Jahre 2025 bereits 25.8% der japanischen Bevölkerung im Alter von 65 Jahren oder älter sein, und damit wird dieses Niveau über dem deutschen (24.1%) liegen (vgl. JETRO, 1993; vgl. auch Bartholet, 1996, S. 37 sowie weitere Literaturangaben zur Alterung der japanischen Bevölkerung im Kapitel 9.5.1).

[6] vgl. Kato, 1985, S. 577. Die Hochschulen tragen Sorge z.B. für entsprechende Kurse im Rahmen des lebenslangen Lernens, also für die sogenannte "*refresh education*" (vgl. Eswein, 1996).

Abbildung 6.3: **Zusammenwirken von Learning by Doing und Learning by Following bei japanischen Kontextualisten**

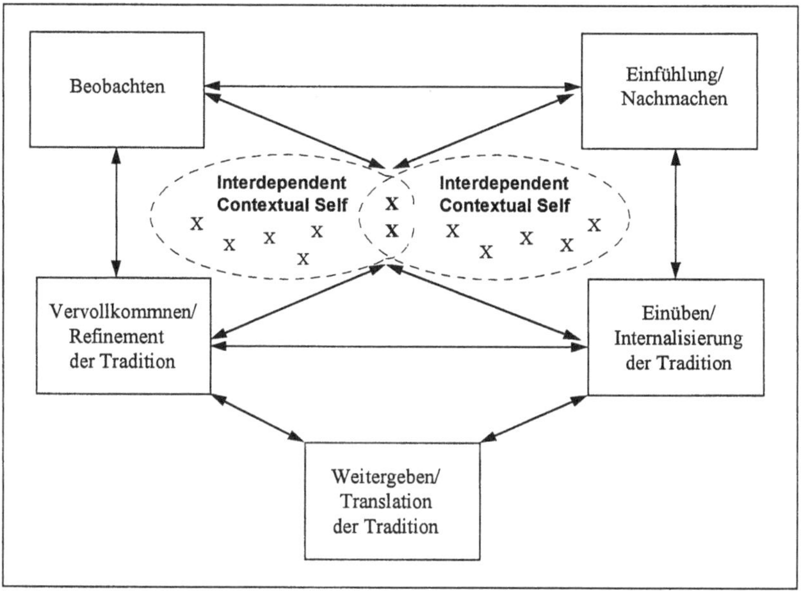

- **Beobachtung/Einfühlung/Nachmachung**

Die Nachahmung ist offensichtlich allein schon wegen des natürlichen Selbsterhaltungszwangs des Nachahmenden ein mehr oder minder selektiver Prozeß. "... *(N)achgeahmt wird nur, was bewundert wird,*"[1], und dies scheint nicht nur für die traditionelle japanische Kultur zu gelten. Bewunderung ist aber ein emotionales Phänomen, und die Wichtigkeit der *subjektiven, emotionalen Komponente* für den Lernprozeß ist, wie bereits erwähnt, als konstitutives Merkmal der japanischen Innovationsidentität anzusehen. Was kann unter einem solchen *Nachahmen* verstanden werden?

> ".... (N)achahmen bedeutet ... nicht nachäffen. ... (D)as Nachahmen als solches, das voraussetzt, daß man auch in die geistige Welt des Nachzuahmenden eindringt und sie zu seiner eigenen macht, gilt [*in der traditionellen japanischen Kultur - A.d.V.*] moralisch nicht als abwertend."[2]

Daß das Nachahmen in Japan nicht als unmoralisch gilt, wird in der Japanliteratur u.a. auf die traditionelle "Reiskultur" zurückgeführt.[3] Noch wichtiger als die *geschichtliche* ist aber im Hinblick auf die Thematik dieser Arbeit die *prozessuale* Dimension: Auf welche Art und Weise erfolgt dieses "Eindringen" und Internalisieren der geistigen Welt des anderen?

---

[1] Berndt, 1983, S. 93; Hervorhebung d. d. Verf.
[2] Berndt, 1983, S. 93f.
[3] so jedenfalls Hayashi (1988, S. 91).

Oben wurde bereits mehrfach auf die Wichtigkeit der impliziten Wissenskomponente für das Verständnis des Phänomens Innovation insbesondere (aber nicht ausschließlich!) in seiner japanischen Ausprägung hingewiesen. Polanyi, dem bezüglich der Erforschung dieser Wissenskomponente eine herausragende Rolle zukommt, hebt die besondere Funktion der *Einfühlung* als Mittel zur Aneignung des impliziten Wissens durch Nachmachung hervor, indem er die Frage stellt,

> "... wie jemand die geschickten Handgriffe eines anderen verstehen kann. Er muß dazu nämlich versuchen, diese ... Bewegungen, die der Ausführende praktisch verbindet, *geistig in Zusammenhang zu bringen* und zu einem *Muster zu kombinieren*, das dem Bewegungsmuster des Ausführenden *ähnelt*. Zwei Arten von Einfühlung treffen hier zusammen. Der Ausführende koordiniert seine Bewegungen, weil sie zu seinem Körper gehören und *er sich in ihnen fühlt*, während der Zuschauer einen Zusammenhang zwischen ihnen herzustellen sucht, indem er sich ihnen von außen einfühlt. *Er fühlt sie in sich, indem er sie in sich hineinnimmt*. Durch ein solches umsichtiges Einfühlen bekommt der Schüler ein Gefühl für das Geschick des Lehrers und kann mit ihm vielleicht sogar wetteifern.
>
> Aber diese *strukturelle Verwandtschaft zwischen Subjekt und Objekt*, diese Einfühlung des einen in den anderen tritt *nicht nur* beim Erlernen körperlicher Geschicklichkeiten auf. Schachspieler *dringen in den Geist des Meisters ein*, indem sie immer wieder seine Partien studieren, um zu entdecken, was er im Sinn hatte."[1]

Der letztere Hinweis scheint besonders interessant zu sein: Es sind nicht nur manuelle, ausführende Fertigkeiten, bei denen das implizite Wissen eine sehr wichtige Rolle spielt, also, wie im Punkt 6.2.1.3 bereits gesagt, nicht nur das Handwerk. Psychologischen Studien zufolge ist implizites Wissen auch "... [a] knowledge ... demonstrated by improved performance on tasks that seem to require *thinking* (e.g. generalization and prediction) ...";[2] so basieren auf dem impliziten Wissen auch *innovationsrelevante Fähigkeiten*, die sich unter anderem bei der *Entwicklung von neuen Produkten in Unternehmen* auswirken:

In der Innovationsliteratur der letzten Jahre wurde auf den Kunden als Ideenträger aufmerksam gemacht und festgestellt, daß, um dieses Ideenpotential aufzuschließen, die *traditionelle Marktforschung nicht mehr ausreicht*.[3] Vielmehr geht es um die Herausforderung, einen *direkten Wissenstransfer zwischen dem Kunden und den Produktentwicklern* (vor allem den Ingenieuren und Designern) zu fördern.[4] Da die Kunden aber selbst nicht unbedingt ihren latenten Bedarf artikulieren können und da bei einem direkten Kontakt zwischen dem Kunden und den Produktentwicklern der Marktforscher *nicht mehr* in der Mittlerposition zwischen diesen steht und die Aufgabe, den Produktentwicklern den Kundenbedarf in expliziter (also bereits beschränkter) Form verständlich zu machen, *nicht mehr* wahrnimmt, - wird ein "*creative listening*" als Mittel zur Wahrnehmung der Kundenbedürfnisse direkt durch die Produktentwickler erforderlich. Unter dem "creative listening" kann mit Konno et al. ein "*eliciting of tacit knowledge*" des Kunden verstanden werden, also ein Versuch, dem Kunden Hilfestellung bei der Vermittlung impliziten Wissens zu leisten, das er in seinen praktischen Erfahrungen im Umgang mit den Produkten des jeweiligen Unternehmens gesammelt hat.

---

[1] Polanyi, 1985, S. 33; hervorgehoben durch d. Verf.
[2] Holyoak/Spellman, 1993, S. 278; hervorgehoben d.d. Verf.
[3] vgl. z.B. von Hippel, 1988.
[4] vgl. im weiteren Konno/Nonaka/Johansson, 1993.

Diese neue Form der Kundennähe wird von vielen japanischen Spitzenunternehmen, wie z.B. Sharp, Fujitsu und Matsushita aktiv praktiziert. Der ausschlaggebende Faktor, der über den Erfolg des "*creative listening*" als Methode zur Generierung von kundengerechten Innovationen entscheidet, ist die *Fähigkeit der Mitarbeiter zur Wahrnehmung und Verarbeitung des impliziten Wissens des Kunden, ohne dieses Wissen explizit machen zu müssen*. Vor dem Hintergrund der obigen Ausführungen in Kapiteln 5 und 6 kann bei den japanischen Unternehmen in dieser Hinsicht ein *kulturbasierter Wettbewerbsvorteil* vermutet werden:

> "In this endeavor to understand the customer the Japanese employees might have a *natural advantage*. The Japanese culture is a *"high context" culture*, emphasizing the importance of the specific situation in understanding what people say ... . Furthermore, the typical Japanese company man is not a professional in a functional sense, but a "*company man*" ... . Both features help explain why the Japanese seem to be particularly adept at "creative" listening."[1]

Man kann also deutlich sehen, wie sich die *Mitarbeiterfähigkeiten*, die durch den kontextualistischen Modus der personellen Identitätsauslegung bedingt und durch passende Unternehmensroutinen zur Entwicklung der Company Men gefördert sind, in betrieblichen *Innovationsprozessen* niederschlagen. An dieser Stelle soll mit Konno et al. festgehalten werden, daß ...

> "identifying latent needs which can be filled with new products ... is *still much more of an intuitive, experiential effort*, with corresponding high failure rates. *The Japanese are of course famous for their more intuitive approach to marketing decision making*. One would expect this approach to be more beneficial in *new product innovation*, especially in their *home market*."[2]

So vollzieht sich der Transfer des impliziten Wissen auf der *zwischenmenschlichen Ebene* durch das *Einleben in die Lebenswelt des Anderen:* "The designer does not have to "remember" what was said, but can "feel" what is needed."[3] Dem japanischen Kunden scheint dieses *creative listening* ebenfalls recht zu sein, denn das zur Produktentwicklung benutzte "*Sich-in-den-anderen-hineinleben*" entspricht auch seinen *identitätsspezifischen Erwartungshaltungen*:

> "... *(I)n Japan wird erwartet, daß man sich in den anderen hineinversetzt oder hineinfühlt.* ... Das gegenseitige Sichhineinversetzen in den anderen, das Vorausahnen oder das Erspüren der Wünsche und Gefühle des anderen, ohne daß dieser sie erst exakt bestimmen und formulieren muß, das wortlose, indirekte gegenseitige Sichmitteilen - fehlt all das, dann ist der andere ... trocken, gefühllos."[4]

---

[1] Konno/Nonaka/Johansson, 1993; hervorgehoben d. d. Verf.; zur HC-Communication vgl. Kapitel 6.1, zum Company Man - Kapitel 5 und 14.
[2] Konno/Nonaka/Johansson, 1993; hervorgehoben d. d. Verf.
[3] Konno/Nonaka/Johansson, 1993; zur Kundenzufriedenheit als strategische Orientierung der japanischen Spitzenunternehmen auch vgl. Johansson/Nonaka, February 1993.
[4] Berndt, 1983, S. 164 f.

Dieser Aspekt wurde im Zusammenhang mit der *High-Context-Communication* bereits eingehend diskutiert; an dieser Stelle sei nochmals betont, daß die aufgezeigte *enge Verbindung zwischen Subjekt und Objekt* wie auch *zwischen den Subjekten*, die sich auf die Durchführung von Innovationen in ökonomischen Organisationen stark auswirkt, in der *kulturspezifischen kontextualistischen personellen Identitätsauslegung* wurzelt.[1]

- Internalisieren/Üben

In der westlichen Innovationsforschung wird darauf hingewiesen, daß das Denken und das Handeln als *integrierende Bestandteile* eines Wissensgewinnungprozesses zur Schaffung neuer Problemlösungspotentiale zu betrachten sind.[2] Analysiert man die japanische kulturelle Tradition, ihre Überlieferung und ihren Wandel unter diesem Gesichtspunkt, läßt sich feststellen, daß dem *Handeln* als Mittel zum Gewinnen des ganzheitlichen, praktischen, impliziten Wissens die *zentrale Bedeutung* beigemessen wird. Diese Überlegung stimmt mit der im Kapitel 3 angeführten These von Bowonder/Miyake überein, daß eine wichtige Komponente des Innovationsprozesses in *japanischen* Unternehmen die "continuos technology *innovations arising out of learning by doing, learning by using, learning by selling*"[3] darstellen: *Using* und *Selling* sind schließlich auch nichts anderes als ein sehr konkretes praktisches *Handeln*, wenn auch in verschiedenen Bereichen.

- Vervollkommnen

Indem der Schüler das implizite Wissen des Meisters internalisiert, schafft er nicht nur Tradition, sondern baut auch sein eigenes Wissenspotential zur Innovation auf. Darin schlägt sich die spezifische Innovationsidentität des einzelnen Schülers nieder: *Jeder Schüler ahmt dem Meister auf seine, des Schülers persönliche Art und Weise nach.* Der Mensch ist kein Kopiergerät - er "kopiert" nicht, er *überträgt und internalisiert.* Und

> "(w)enn die Kunst des Meisters bis ins letzte Detail hinein beherrscht wird, erst dann beginnt man eigenes hinzuzutun. Hier liegt ein anderes Verhältnis zum sogenannten Schöpfertum vor."[4]

Die Nachahmung wird damit zum ersten Schritt zur *eigenen Innovationsfähigkeit.* Auf diese Vervollkommnung des übernommenen fremderworbenen Wissens, in der ein sehr wichtiger Innovationsmodus in Japan gesehen werden kann, wird aus einer anderen theoretischen Perspektive im Kapitel 6.2.2 näher eingegangen.

6.2.1.5 Ausblick zur betrieblichen Innovation

Das Kapitel 6 ist schwerpunktmäßig nicht dem organisationalen Innovationsmanagement, sondern den Zusammenhängen zwischen der japanischen Erkenntnis- und Lerntradition einerseits und der personellen Identitätsauslegung andererseits gewidmet. Um zu verdeutlichen, wie sich die aufgezeigten Spezifika des Lernens bzw. der Wissenshandhabung

---
[1] vgl. auch Markus/Kitayama, 1991, S. 227.
[2] vgl. Pfeiffer/Staudt, 1975, Sp. 1945; hervorgehoben d. d. Verf.
[3] Bowonder/Miyake, 1992, S. 324.
[4] Berndt, 1983, S. 94.

bei den Mitarbeitern japanischer Großunternehmen niederschlagen, insbesondere um die Verbindung zwischen dem Learning by Doing und dem Learning by Following im Kontext der betrieblichen Innovationsanstrengungen zu schildern, soll an dieser Stelle abschließend ein *Fallbeispiel aus der Unternehmenspraxis* angeführt werden.

Gerade auf die oben beschriebene Art und Weise haben nämlich die Ingenieure von Matsushita Electric gelernt, Brot zu backen, um die *Home Bakery*, ein extrem erfolgreiches neues Produkt, entwickeln zu können:[1]

> 1985 stießen die Produktentwickler der Matsushita Electric Company auf ein schwieriges Problem bei der Konstruktion der Brotbackmaschine für private Haushalte: Der Prototyp erlaubte es nicht, das Brot richtig zu kneten und durchzubacken. Sämtliche von Ingenieuren entwickelten Verbesserungsvorschläge waren gescheitert, bis Ikuko Tanaka, die Softwareentwicklerin bei Matsushita, in die Lehre zum besten Bäcker in Osaka gegangen ist. Sie hat das wie selbstverständliche Geschick dieses Meisterbäckers beobachtet, ihn nachgeahmt und fleißig nachgeübt. Was sie erfahren hat, wurde zum Teil ihres eigenen impliziten Wissens. Sie erwarb handwerkliche Fähigkeiten und hat es geschafft, Grundzüge dieses impliziten Wissens offen auszubreiten, es in explizites Wissen zu übersetzen, über das sie sich mit anderen Projektteilnehmern unterhalten konnte. Dieser Prozeß der Artikulation des impliziten Wissens war allerdings so schwierig, daß auch andere Ingenieure in dieser Osaker Hotelbäckerei lernen mußten, wie man das Brot knetet und backt, um Tanaka besser verstehen zu können: "*If the craftsmen cannot explain their skills, then the engineers should become craftsmen*" - um mit Worten des zuständigen Division Chief bei Matsushita zu sprechen. Nach einem Jahr des Experimentierens hatte Tanaka in enger Zusammenarbeit mit den Projektingenieuren die Konstruktionsmerkmale verändert: Das Gerät konnte nun die Strecktechnik des Bäckers wirkungsvoll imitieren. So ist das einzigartige "Drehteigverfahren" von Matsushita Electric entstanden.

Diese Innovationsgeschichte illustriert die dynamische Interaktion mehrerer Modi der "knowledge conversion" bzw. das mehrfache Ingangsetzen der *Spirale der Wissenserzeugung* auf immer höheren Ebenen in einer Organisation.[2] In dem hier hervorgehobenen Teil macht sie vor allem auf den *Prozeß der Aneignung, des Transfers und der Vervollkommnung des impliziten Wissens durch Beobachtung, Einfühlung, Internalisierung und Nachmachung* aufmerksam, der oben als *Zusammenwirken des Learning by Doing und des Learning by Following* bezeichnet wurde.

Im Kapitel 14 sollen die personalwirtschaftlichen Innovation-Shaping Corporate Routines, die in japanischen Großunternehmen diese kulturgeprägte Art des Lernens zu realisieren bzw. zu unterstützen erlauben, unter die Lupe genommen werden. Die zentrale Bedeutung kommt dabei dem *On-The-Job-Training* (OJT) zu, das als Methode und Inhalt des Lernens zugleich angesehen werden kann.[3] Mit Blick auf diese weiteren Ausführungen seien an dieser Stelle vorwegnehmend folgende vier relevante Aspekte hervorgehoben:

---

[1] vgl. Nonaka, 1992, S. 97f.; Nonaka/Takeuchi, 1995, S. 104.
[2] vgl. hierzu detailliert Nonaka, 1992 u. o.J; Nonaka/Takeuchi, 1995.
[3] vgl. Esser, 1994c, S. 172.

a) Im Hinblick auf das Learning by Doing kommt in ökonomischen Organisationen der *Arbeitsgestaltung* eine zentrale Bedeutung zu: Sie soll dieses Lernen wenigstens ermöglichen, bestenfalls natürlich auch fördern. Empirische Studien zeigen, daß in großen japanischen Unternehmen "*(j)obs are so designed that employees may develop and nurture their own skills through their daily routine jobs.*"[1]

b) Der Prozeß und das Ergebnis des Lernens bzw. der Innovation hängen miteinander zusammen. Das bedeutet unter anderem, daß

> "(d)ie Unterteilung und nochmalige Unterteilung von Aufgaben, die Intellektualisierung und Verbalisierung ... niemals zu dem Lernergebnis führen [können], welches durch Erfahrung, Beobachtung, Gefühl, Gespür und Intuition möglich ist. In japanischen Organisationen trägt die sempai-kohai-Beziehung zu dieser Art von Lernen bei."[2]

In der Beziehung zwischen den älteren (sempai) und den jüngeren (kôhai) Mitarbeitern, die aus der Identitätsperspektive des Interdependent Relational Self als "a *feeling of fusion, synergy ... of self and other*"[3] angesehen werden kann, spiegelt sich die *spezifische Art des Learning by Following* wider, die auf die Internalisierung und spätere Vervollkommnung vor allem impliziten Wissens bzw. Könnens abzielt.[4]

c) Vor diesem Hintergrund erscheint es nur logisch, daß in japanischen Großunternehmen "...*learning by example* is a standard experience of the new arrivals."[5] Dieses Lernen durch direkte Beobachtung und Internalisierung schafft im organisationalen Rahmen eine gemeinsame Wissensbasis und erleichtert die High-Context-Communication und koordinierte Handlungen. Der *Superior*, der bereits über 4 bis 5 Jahre Erfahrungen mit der jeweiligen Arbeitsaufgabe verfügt, agiert als Instruktor und gibt dem neuen Mitarbeiter eine "man-to-man guidance";[6] dieser Lehr- bzw. Lernprozeß ist als *organisationale Reproduktion* des oben diskutierten kulturspezifischen Musters der Schüler/Meister-Beziehung anzusehen:

> "Apprentices work with their mentors and learn craftsmanship not through language but by observation, imitation, and practice. In a business setting, on-the-job training (OJT) uses the same principle. The key to acquiring tacit knowledge is experience. Without some form of shared experience, it is extremely difficult for people to share each other's thinking processes."[7]

d) Das kumulative Refinement bzw. die "day-to-day"-Innovationen[8], die aus dem intensiven Learning by Doing in japanischen Großunternehmen resultieren und zur Steigerung der Wettbewerbsposition beitragen, beinhalten die technologische Weiterentwicklung durch Ausnutzung empirischer Erfahrungen, die von den Mitarbeitern bei der Anwendung von Technologien, etwa in der Produktion gesammelt wurden.

---

[1] Kawakita, April 1, 1996; hervorgehoben d. d. Verf.
[2] Pascale/Athos, 1982, S. 163; vgl. auch die Ausführungen im Kapitel 14.3.
[3] Lebra, 1992, S. 109; hervorgehoben d. d. Verf.
[4] zur Sempai-Kôhai-Beziehung vgl. z.B. auch Nakane 1985, S. 44 ff. u. 65 ff.
[5] Nonaka/Johansson, 1985, S. 186; Fußnoten ausgelassen, hervorgehoben durch d. Verf.
[6] vgl. Yahata, 1994.
[7] Nonaka/Byosiere/Borucki/Konno, 1994, S. 341.
[8] vgl. z.B. Littler, 1988, S. 340.

Diese Art des Lernens kann als "*contextual and simultaneous*" bezeichnet werden - im Gegensatz zu einer "*classificational and sequential*"[1] Logik des Lernens in vielen europäischen und amerikanischen Unternehmen. Darauf wird im Kapitel 9 im Zusammenhang mit human- und wissensbasierten Vorteilen im Innovationswettbewerb näher einzugehen sein.

6.2.2 Kognitive Fähigkeiten im Umgang mit der wissensbezogenen Innovationskontextualität

> "*One of the reasons Japan has survived to the present is the dual structure, the fine balance, that the Japanese have maintained between a hermeticism that preserves the social order and an openness that brings new elements into the culture.*"
> (K. Kurokawa)[2]

6.2.2.1 Dimensionen der Innovationkontextualität

> " ... *(K)nowledge ... is context-specific and relational.*"
> (I. Nonaka/ H. Takeuchi)[3]

Der Gedanke, daß das Wissen grundsätzlich ein *kontextverbundenes* Phänomen ist, läßt sich nicht nur bei Nonaka/Takeuchi, sondern auch bei mehreren anderen Autoren finden, deren Überlegungen für das Konzept der Innovationsidentität von großer Relevanz sind; so heben insbesondere Nelson/Winter hervor, daß "... the knowledge stored in human memories *is meaningful and effective only in some context* ... ."[4] Dementsprechend ist den Fähigkeiten der Organisationsmitglieder zur Handhabung der Wissenskontexte eine ganz entscheidende Bedeutung für die Gestaltung von Innovationen beizumessen. Im weiteren soll versucht werden, die *kulturspezifischen identitätsbasierten Fähigkeiten der japanischen Organisationsmitglieder* im Umgang mit den *Wissenskontexten* theoretisch auszuarbeiten.

Das *innovationsrelevante Wissen* kann insbesondere in *zweierlei Hinsicht* als *kontextverbunden* betrachtet werden:

Erstens geht es darum, daß jede Person, jede Organisation und jede Gesellschaft durch Innovation *Beziehungsfelder* (jedoch nicht unbedingt *Konfliktfelder*) schaffen zwischen dem, was sie jeweils als *alt* (gewohnt) und als *neu* wahrnehmen.[5] Da die Einschätzung des neuerworbenen Wissens grundsätzlich eine *subjektive* ist, spielt der bisher vorhandene Wissenskontext für die neuerworbenen Wissenskomponenten in aller Regel eine sinnvermittelnde Rolle. Der jeweilige Akteur wird sich *situations-, aber auch identitätsabhängig*

---

[1] vgl. Maruyama Magoroh, 1991, S. 213 ff.
[2] Kurokawa, 1994, Chapter 3; hervorgehoben d. d. Verf.
[3] Nonaka/Takeuchi, 1995, S. 58.
[4] Nelson/Winter, 1982, S. 105; hervorgehoben d. d. Verf.
[5] Hier wie auch im weiteren handelt es sich vor allem um die *qualitativen, nicht-graduellen* Differenzen gegenüber dem Alten, die den jeweiligen Wissensträger etwas als *Neu* wahrnehmen lassen.

dafür entscheiden, neue Wissenskomponenten in den bestehenden Kontext *mit einzubauen*, oder sie zu *ignorieren*, oder aber den bestehenden Wissenskontext gar aufzulösen und durch dieses neue Wissen zu *ersetzen*.

In jedem Fall *muß* der Akteur aber eine *bestimmte Art der Beziehung zwischen dem "alten" und dem "neuen" Wissen* herstellen. Diese Art der Beziehung kann als *Zeitdimension der Innovationskontextualität* bezeichnet werden.

Zweitens wird in der heutigen vernetzten Welt eine Person, eine Organisation und eine Gesellschaft kaum überleben können, ohne Wissenskomponenten aus externen - "*fremden*" - Quellen beschaffen, verarbeiten und verwerten zu müssen bzw. zu können. Wie aber die Etymologie dieses deutschen Wortes besagt, bedeutet 'fremd" nicht nur daß etwas außerhalb des eigenen Bereiches liegt und anderen gehört, sondern auch daß dieses Etwas von anderer Art, fremdartig oder *heterogen* ist.[1] Insofern führt diese Auseinandersetzung mit dem *Fremden* ebenfalls wie die mit dem *Neuen* u.U. zum Hinterfragen des *Eigenen* und zieht damit die Frage nach der *eigenen Identität* bzw. dem *Selbst* nach sich.

Diese *Beziehung zwischen dem subjektiv als eigen und als fremd Wahrgenommenen* kann als *Quellendimension der Innovationskontextualität* bezeichnet werden.[2]

Diesen beiden *prozessualen Dimensionen* kommt als *Spielräumen der Innovationsidentität* eine maßgebliche Bedeutung zu. Speziell für Japan handelt es sich um eine *doppelte Differenz*, durch die *Nihonjinron*[3] als nationale Identitätssuche vielfach bestimmt ist, nämlich um[4]

- die *Differenz der japanischen Kultur gegenüber der abendländischen* (**Quellendimension**)

und

- die *Differenz von Tradition und Moderne der japanischen bzw. "japanisch gewordenen" Kultur selbst* (**Zeitdimension**).

Die Begriffe *Neu* und *Fremd* (hier im Sinne 'aus dem westlichen Ausland kommend") waren für Japan insbesondere in der Meiji-Epoche, aber auch in der Zeit nach dem Zweiten Weltkrieg teilweise synonym, jedenfalls was die technologische Entwicklung, das philosophische Gedankengut oder die betriebswirtschaftlichen Konzepte betrifft. Wie im Kapitel 1 bereits gezeigt, ist eine solche Konstellation auch für *deutsche* Unternehmen nichts Ungewöhnliches: Neuere Managementideen (wie etwa *Kanban* oder *Kaizen*) waren hierzulande vielfach ebenfalls 'fremd"; denn sie wurden nach Deutschland zum Teil eben aus Japan importiert. Insofern erscheint diese Dimension der japanischen Innovationsidentität im Sinne des 'Spiegel-Effektes" für die vorliegende Arbeit noch interessanter.

---

[1] vgl. Waldenfels, 30.3.1996.
[2] Im Anschluß an Meshcheryakov (1996, S. 19) läßt sich dieses Spannungsfeld Inneres vs. Äußeres bzw. Eigenes vs. Fremdes als ein *universeller kultureller Gegensatz* interpretieren.
[3] vgl. zu *Nihonjinron* Kapitel 2.4.
[4] vgl. Heise, 1989, S. 76; vgl. auch Müller, 1989a, S. 245 ff. sowie Sakai, 1988 zur Selbstdefinition des Westens als "Nicht-Japan".

Aus dem Gesagten lassen sich folgende drei *Fragen* ableiten, die im weiteren beantwortet werden müssen:

1) Wie gehen die Innovationssubjekte in Japan mit *fremderworbenen* Wissenskomponenten im Hinblick auf ihre Übernahme vs. Ablehnung und im Hinblick auf ihre etwaige Veränderung *tendenziell* um? (Die Frage nach der **Quellendimension der Innovationskontextualität**).

2) Was geschieht mit den bereits vorhandenen Wissenskomponenten, nachdem den Innovationssubjekten die jeweils neueren bekannt werden? Werden die *älteren* Wissenskomponenten von Innovationssubjekten durch die *neueren tendenziell* eher ersetzt oder eher ergänzt? (Die Frage nach der **Zeitdimension der Innovationskontextualität**).

3) Wie sehen die *fundamentalen* kulturspezifischen Gestaltungsmodi der Beziehung zwischen den *heterogenen* Wissenskomponenten als eines der Kernelemente der Innovationsidentität aus? (Die Frage nach den **fundamentalen kognitiven Schaltfunktionen der Wissenshandhabung**).

Bei allen drei Fragen sei nochmals die im 4. Kapitel bereits gebrachte These hervorgehoben, daß bei solchen kulturellen Phänomenen das Vorhandensein *deterministischer Ursache-Wirkungs-Zusammenhänge* nicht unterstellt wird, sondern es sich nur um die Ermittlung von *probabilistischen Tendenzen* handeln kann.[1]

6.2.2.2 Quellendimension der Innovationskontextualität

a) Internalisierung fremderworbener Wissenskomponenten

Der psychologischen Literatur läßt sich entnehmen, daß "... creative capacity and ... absorptive capacity are quite similar."[2] Sieht man etwa im Anschluß an Schumpeter[3] eine der zentralen Ausprägungen der ökonomisch wirksamen Kreativität in der Fähigkeit zur Entwicklung von neuartigen Kombinationen, läßt sich vermuten, daß die *Absorptive Capacity* und die *Creative Capacity* eine *gemeinsame Metafähigkeit* voraussetzen - nämlich die *Fähigkeit, unterschiedliche Wissenskomponenten auf eine bestimmte Art und Weise miteinander zu verknüpfen.*

Die *Absorptionsfähigkeit* wird in der Literatur in aller Regel als große Stärke Japans gepriesen. Mehrere japanische Wissenschaftler wie auch Experten aus der Staatsverwaltung und Wirtschaft sprechen von einer "in der ganzen Welt unübertroffenen", "unersättlichen Neugier und flinker Auffassungsgabe"[4] der Japaner und heben hervor, daß diese Fähigkeit, *unterschiedliche Sichtweisen, Ideen und Konzeptionen, so wie sie sind, zu übernehmen und zusammen zu nutzen und damit die eigene gedankliche Welt reicher und pluralistischer zu*

[1] vgl. im Anschluß an Murakami Kumon, 1982, S. 7 sowie das Kapitel 4 der vorliegenden Arbeit.
[2] Cohen/Levinthal, 1990, S. 131.
[3] vgl. zu den konstitutiven Merkmalen der "Entwicklung" Schumpeter, 1964, S. 98 ff. sowie zur Diskussion Marr/Fliaster, 1999, i.V.
[4] so Maruyama Masao, 1988, S. 31f.

machen,[1] zur Entwicklung der japanischen Volkswirtschaft maßgeblich beigetragen hat. Dies gilt auch für die ökonomischen Organisationen: Die japanischen *Unternehmen* sind vielfach dadurch gekennzeichnet, daß ihre Mitglieder keine *“Not-Invented-Here“-Reaktion* gegenüber den Informationen aus der Umwelt (erhalten etwa über organisationale Systeme des Global Patent Scanning, strategische Allianzen oder die Industrieverbände) an den Tag legen.

Geht man davon aus, daß "*(t)he concept of absorptive capacity can best be developed through an examination of the cognitive structures that underlie learning*"[2], soll nach entsprechenden *kognitiven Strukturen* gefragt werden, die diese starke Absorptionsfähigkeit fördern.

Ferner läßt sich feststellen, daß die Absorptionsfähigkeit der Wissensträger nicht auf die kognitive Komponente allein zurückgeführt werden kann. In diesem Zusammenhang ist auf die Hypothese hinzuweisen, derzufolge die Modernisierung in Japan sich nicht durch radikale Änderung der überlieferten fundamentalen sozialen Strukturen und Werte erfolgte, sondern *indem man sich ihrer bediente.*[3] Die *geistige Offenheit* und eine gewisse *soziale Geschlossenheit* wurden also ***zugleich*** praktiziert,[4] was seinerseits bedeutet, daß die japanische Absorptionsfähigkeit in Verbindung mit dem spezifischen *Contextual Construal of Self*, das ja den meisten *“fundamentalen sozialen Strukturen und Werten“* zugrunde liegt, gesehen werden kann.

Diese spezifische Absorptionsfähigkeit Japans läßt sich vermutlich immer noch am besten mit einer bekannten Devise aus der Meiji-Periode umschreiben: Die **WA-KON-YÔ-SAI**-Idee, die als

> "*europäisches Wissen mit japanischem Geist*", *“japanischer Geist, westliche Technik“*, "*japanischer Geist und westliches Können*" bzw. "*japanische Seele, westliche Zivilisation*" sowie *“Western learning with the Japanese spirit“* und “ *Japanese spirit, Western techniques“*

interpretiert wird, stellt eine in der Meiji-Zeit entstandene Abwandlung der berühmten Devise WA-KON-KAN-SAI dar, die von Sugawara Michizane (845-903) stammt und das gleiche wie WA-KON-YÔ-SAI bedeutete, sich allerdings logischerweise nicht auf westliche, sondern auf

[1] Tsutsumi Iinkai Hôkokusho, Juli 1995, Teil 2.2.3; hervorgehoben d.d. Verf.
[2] Cohen/Levinthal, 1990, S. 129; hervorgehoben d. d. Verf.
[3] vgl. Nakane 1985, S. 157; vgl. auch Morishima, 1985, S. 61 f.; Misumi, zit. in Kim, 1994, S. 25; Heise, 1990, S. 7; Hayashi, 1988, S. VIII.
[4] vgl. Gebert, 1995, S. 57 f.; vgl. ebenfalls die eingangs zitierte These von Kurokawa. In diesem Zusammenhang soll auch hervorgehoben werden, daß sich die Selektion und Rezeption des fremden Ideengutes in Japan traditionell über das *Schriftwerk* vollzogen haben (vgl. T. Suzuki 1990, S. 129 ff.; Meshcheryakov, 1996, S. 35f.; Morishima, 1985, S. 97), was zur Entwicklung eines “hermeneutischen Denkstils“ (”*kaishakugaku gata shikô*”) beigetragen hat (vgl. im Anschluß an *Murakami Yasusuke* Tsutsumi Iinkai Hôkokusho, Juli 1995, Teil 2.2.3). Im Gegensatz insbesondere zu den USA, wo die Einführung in die gesellschaftliche Wissensbasis neuer, fremdartiger Wissenskomponenten vielfach durch die Einwanderung der jeweiligen Wissensträger erfolgte und dies teilweise immer noch tut, oder zu der Bundesrepublik mit 8.8%gem Anteil der Ausländer an der Gesamtbevölkerung (vgl. Süddeutsche Zeitung, 01.08.1997, S. 25) war die japanische Gesellschaft mit der Herausforderung einer direkten massenhaften Auseinandersetzung mit dem Fremden *in ihrem eigenen Inneren*, also auf der Ebene der alltäglichen zwischenmenschlichen Beziehungen nie konfrontiert (vgl. T. Suzuki 1990, S. 130 f.). Welchen Einfluß diese kulturelle Homogenität auf die HC-Communication hat, wurde bereits im Kapitel 6.2.1 diskutiert; auf ihren negativen Einfluß auf die Bereitschaft der japanischen Unternehmen zur Internationalisierung wird im Kapitel 12 hinzuweisen sein.

chinesische [*kan*] Wissenskomponenten, Technik u.a. bezogen hatte.[1] Der kurze Rückblick auf diese alte Zeit ist nicht nur aus rein historischen Überlegungen von Interesse, denn, wie bereits konstatiert, lernen Menschen, Organisationen und Nationen auch heute voneinander, um den Anschluß an das jeweils als *zukunftssichernd* geltende Wissen nicht zu verlieren, und in diesem Zusammenhang ist zu bemerken, daß aus der *Lernperspektive* die *japanische Vergangenheit* von hoher Relevanz nicht nur für die *japanische Gegenwart*, sondern, wie die Überlegungen des 1. Kapitels nahe legen, im Sinne des *Spiegel-Efektes* auch für die *deutsche* sein kann.

Betrachtet man speziell den Bereich des *Managements* bzw. *die betriebswirtschaftlichen Innovationen auf der Unternehmensebene*, kann für die Meiji-Zeit eine ganze Menge an den von Japanern übernommenen Ideen festgestellt werden; das Tsutsumi-Komitee beschreibt dies folgendermaßen:

> Der *Wa-Kon-Yô-Sai*-Idee zufolge ging es um die Fusion des Geistes der japanischen Tradition mit der westlichen Zivilisation,[2] und es gab einen breiten Konsens in der japanischen Bevölkerung bezüglich des Ziels, das das Land damit erreichen sollte. Im Hinblick auf das politische und ökonomische System handelte es sich nämlich um die Entwicklung "weg von Asien hin zu Europa" [*Datsu-A-Nyû-Ô*] mit der Zielsetzung, über die "*Westernization*" zu einer der modernen führenden Nationen zu werden und schnell dem Kreis der Großmächte beizutreten. Zu diesem Zweck wurden ökonomische Systeme und Industriestrukturen sowie die Managementorganisation direkt aus dem Westen importiert. So wurden beispielsweise im Zusammenhang mit der Institution der Aktiengesellschaft die Pfeiler des angelsächsischen Managementstils wie die Kontrolle durch Aktionäre, direkte Finanzierung, aber auch die Anpassung des Personalbestandes aus Profitstreben übernommen. Wie R. Clark feststellte, war die industrielle Organisation in Japan ihrem westlichen Pendant 1910 ähnlicher als 1970.[3]

Das *Japanese-style Management* war damals noch zu entwickeln. Es war also m.E. *auch auf der Unternehmensebene* ein Prozeß "der *Suche nach einer eigenständigen Identität als moderne Nation*, die sich durch Geschichte und Kultur vom Westen unterschied,"[4] ein *Prozeß der Ausselektierung und Verschmelzung von fremderworbenen Einzelkomponenten zur "japanischen Spielart westlicher Zivilisation."*[5]

In der Art und Weise, in der in Japan *heute*, an der *Schwelle zum 21. Jahrhundert* Modernisierungsreformen durchgeführt werden, lassen sich *gerade diese* Züge der spezifischen Innovationsidentität wiedererkennen: "*Japan's leaders ... are trying to change their system ...*

---

[1] vgl. zu diesen Interpretationen Schinzinger, 1983, S. 35; Morishima, 1985, S. 29 u. 63; Takashima, 1985, S. 319; Mouer/Sugimoto, 1986, S. 40; Hardach-Pinke, o.J., S. 17; Dale, 1986, S. 47. Sugawara war Minister, Historiker, Dichter und einer der drei größten Meister der shinojapanischen Kalligraphie (vgl. zu seiner Biographie kurz bei Schinzinger, 1983, S. 35 sowie detailliert bei Meshcheryakov, 1988, S. 149 ff. und bei Katô, 1990).

[2] Auch in der japanischen Ideengeschichte können neben den Perioden aktiver Übernahme des Fremden längere Perioden absoluter Abschottung dem Fremden gegenüber festgestellt werden (vgl. z.B. Simonton, 1997, S. 87; Schinzinger, 1983; Morishima, 1985; Hardach-Pinke, o.J.).

[3] vgl. mit geringfügigen Änderungen Tsutsumi Iinkai Hôkokusho, Juli 1995, Teil 2.2.1. Bei dem Tsutsumi-Komitee handelte es sich um eine Forschungsgruppe, die vom Japanischen Institut für Wirtschaftsforschung (JERI) im März 1993 unter der Leitung vom Institutsdirektor S. Tsutsumi und unter Teilnahme mehrerer Wissenschaftler (darunter S. Kumon) und Praktiker gebildet wurde.

[4] Hardach-Pinke, o.J., S. 26; hervorgehoben d. d. Verf.

[5] vgl. Morishima, 1985, S. 14.

in ways that do not tear the social and moral fabric of their society"[1] - wird von Anchordoguy 1996 festgestellt und mit folgender Prognose verknüpft:

> "... (I)f history is any guide, it has been very effective in gaining a societal understanding and consensus for change which has ultimately undergirded a relatively smooth transition."[2]

Auf diesen auf *Wissensfusionen basierenden Charakter der Innovation in Japan* weist auch K.Imai, einer der führenden Wirtschaftswissenschaftler, hin: Während es nach der vor allem aus den USA stammenden Vorstellung zur systematischen Reform eines "*Großen Knalls*" als drastische Neugestaltung des gesamten Systems bedarf, sei es Japan im Verlauf seiner Geschichte 'fast immer gelungen, sich als Reaktion auf große Veränderungen im externen Umfeld *mittels einer Verschmelzung neuer und bestehender Systeme selbst zu reformieren.*"[3] Dies gilt auch für die *Transformation der Unternehmensroutinen,* vor allem der *personalwirtschaftlichen*:

Die umfangreichen Restrukturierungsmaßnahmen, die in den *90er Jahren* als Reaktion auf die Yen-Aufwertung und die anhaltende Rezession von vielen führenden japanischen Unternehmen in die Wege geleitet wurden, wurden allmählich und "*avoiding the ills of a shock treatment approach*"[4] implementiert, stellen Personalexperten 1996 fest:

> "*This does not mean that firms are avoiding restructuring, but are trying to achieve the same goals without resorting to hard-nosed tactics.* This deliberate approach to restructuring will limit the immediate gains, but will also dilute the dislocation."[5]

Auf die Modernisierung personalwirtschaftlicher Unternehmensroutinen wird in den Kapiteln 13 und 14 en detail eingegangen; an dieser Stelle sei im Anschluß an Kurokawa folgende wichtige Schlußfolgerung als eine Art "*prozeßbezogener Denkzettel*" aus der japanischen Reformgeschichte gezogen:

> 'From the perspective of the science of negation, Japan's Meiji Restoration may come in for a reevaluation. Up to now it has been compared with Western-style revolutions and judged ambiguous and incomplete. *It did not reject all tradition, but sought to carry that tradition into a new realm.*" [6]

Vor diesem Hintergrund erscheint auch die Hypothese plausibel, daß die Modernisierung Japans, speziell seine Industrialisierung, nicht als eine Anpassung an den Westen, sondern als eine Japanisierung westlicher Errungenschaften verstanden und bewerkstelligt[7] wurde: "*Japanese life is not being Westernized or internationalized; foreign things are Japanized ...* ."[8]

---

[1] Anchordoguy, May 31, 1996; hervorgehoben d. d. Verf.
[2] Ebenda.
[3] Imai, Nr. 4, 1996, S. 35; hervorgehoben d. d.Verf.
[4] Osawa/Kingston, January 1, 1996; hervorgehoben d. d. Verf.; vgl. dazu detailliert Kapitel 14.
[5] Ebenda.
[6] Kurokawa, 1994, Chapter 12; hervorehoben d. d. Verf.
[7] vgl. Holenstein, 1982, S. 8; Kikuchi, 1981, S. 42.
[8] Hayashi, 1988, S. 103; hervorgehoben d. d. Verf.; ein deutscher Autor sprach sogar von einer "Tatamisierung" der vom Westen übernommenen Einrichtungen (vgl. zum Diskurs Hardach-Pinke, o.J., S.25 u. 32).

Huntington zufolge ist es *nur Japan* als einzige nicht-westliche Zivilisation bis heute voll gelungen, modern zu werden ohne westlich geworden zu sein[1] - und viele andere Autoren teilen diese Meinung.[2] Diese „... 'japanisierte" Moderne irritiert allerdings, weil sie *Vertrautes im Fremden präsentierte und Fremdes im Vertrauten*, ohne daß dabei die Elemente 'japanisch=traditionell" einerseits und "westlich=modern" andererseits auseinanderdividiert werden konnten."[3] In vielerlei Hinsicht ist das auch auf der *Unternehmensebene* der Fall.

Bereits vor Jahren haben aufmerksame Beobachter konstatiert, daß Japan die europäischen Institutionen und Denken 'in new and different ways" adoptierte.[4] Vor dem Hintergrund des Obengesagten ist das Spezifische an diesem Adoptionsmuster m.E. vor allem in dem verfolgten Ideal zu sehen, "*das Fremde zu verdauen und zu Eigenem werden zu lassen, auch wenn die Besonderheiten des Fremden dadurch grundlegend verändert werden, ja untergehen.*"[5] Auf dieser Erkenntnis basierend kann man bezugnehmend auf die im Kapitel 1 geschilderten Probleme des Wandels im *heutigen Japan* im Anschluß an Takagai folgende Prognose wagen:

> 'Japan's long history has seen several periods of cultural and philosophical transformation. ... (E)ach time, after a certain period, Japan adopted and fused its own traditional culture with the foreign culture, keeping ties to the old as it created a new culture. The modern confusion of Japanese culture and thought will, after a time, resolve itself in a similar manner."[6]

Vor allem nach dem Zweiten Weltkrieg wird in Japan mit dem westlichen technologischen, ökonomischen und kulturellen Wissen bewußter und selbstbewußter umgegangen.[7] Dem japanischen Management gelingt es "immer wieder ..., Bewährtes aus anderen Ländern mit japanischen Verfahren zu verbinden und so in seiner Wirksamkeit noch zu steigern."[8] Dieses *identitätsbewußte Lernen* stellt im Bündel mit der Fähigkeit, Kompatibilität zwischen übernommenen Einzelelementen zu erzielen und aus deren Zusammenwirken weitere Entwicklungspfade für *Innovationen* zu eröffnen, eine wichtige Determinante der japanischen Innovationsidentität dar.

[1] Huntington, 1993, S. 49; vgl. zur "Modernisierung ohne Westernisierung" auch Sakai, 1988 sowie einen historischen Exkurs bei Hardach-Pinke, o.J.
[2] vgl. z.B. Morley/Robins, 1992, S. 156; Heise, 1990, S. 7.
[3] Hardach-Pinke, o.J., S. 26; hervorgehoben d. d. Verf.
[4] vgl. z.B. bereits bei Vogel (1979, S. 6).
[5] Adami, 1994a, S. 29; hervorgehoben d. d. Verf.
[6] Takagai, 1996.
[7] vgl. Chung, 1994, S. 197.
[8] Esser/Nakajima, 1994, S. 155.

b) Refinement fremderworbener Wissenskomponenten als Fähigkeit zu eigenen Neukreationen

"Woher bezieht "ein" Europäer eigentlich das Recht, "den" Japaner ... zu verurteilen und ihm pauschal das Schöpferische abzusprechen? Doch wohl nur aus der eigenen Arroganz und Unkenntnis."
(J. Berndt)[1]

"What has made the Japanese, if we may be permitted to use the phrase, such "creative imitators"?"
(N. Rosenberg/ W.E. Steinmüller)[2]

"... (O)ur Weltanschauung esteems improvement and refinement."
(S. Hayashi)[3]

Die schöpferischen Fähigkeiten der Japaner wurden im Westen sehr oft in Frage gestellt. In westlichen Managementkreisen betrachtete man die *japanischen Konkurrenten* - und somit im Endeffekt die *Mitarbeiter* der japanischen Unternehmen - vielfach als "the world's most prominent borrowers form other cultures of everything from management to technology"[4] und bezeichnete sie als "copycats", "counterfeits", "clones", "knock-offs", "pirates", "bandits" etc.[5] Noch bis vor einigen Jahren "... the success of Japanese firms at process innovation and the rapid application of technology, and their ability to identify and acquire technical innovations developed in other countries have been widely interpreted abroad as indicative of *Japan's inability to innovate*"[6] - mit dem Verlust von eigenen Marktanteilen als Endergebnis dieses Mißverständnisses.

Fragt man sich jedoch, was genau die japanischen Unternehmen als "copycats" in den letzten vier Jahrzehnten gemacht haben, stellt sich heraus, daß sie im Westen ausgerechnet für *die Fähigkeit* kritisiert, gar verspottet wurden, die heute vielfach als *Kern der Wettbewerbskraft* und *Grundlage des Überlebensvermögens* schlechthin angesehen wird - für die *Lernfähigkeit* nämlich. Da das *Lernen* aber[7] im westlichen Sprachgebrauch nichts Negatives und erst recht nichts Verwerfliches bedeutet, ist es auch im abendländischen Verständnis mit der *Kreativität* durchaus verbindbar. Setzt man also den Ausdruck "kreative Imitation" mit dem "kreativen Lernen" gleich, wird dieser Begriff einen Prozeß kennzeichnen, über den man auch im Westen ohne weiteres sagen kann, man könnte und sollte von seinen Trägern 'lernen". Unter der "kreativen Imitation" kann im Hinblick auf die in der vorliegenden Arbeit besonders interessierenden technologieverbundenen Innovationen vor allem folgendes verstanden werden:

---

[1] Berndt, 1983, S. 94.
[2] Rosenberg/Steinmüller, 1988, S 229.
[3] Hayashi, 1988, S. 24.
[4] Johnson, 1988, S. 34.
[5] vgl. dazu kritisch Bolton, 1993, S. 30. Wie oben bereits gezeigt, war in Japan selbst das Image des Nachahmens traditionell nicht minderwertig, sondern in der Regel durchaus positiv: Es basiert auf dem Lernprinzip "kopiere den Meister" (vgl. Alexander, 1994, S. 76; vgl. auch Noppeney, 1996, S. 43) und hängt somit mit den oben geschilderten kulturspezifischen Fundamentalannahmen über den *Dô* (Weg) und das *Learning by Following* zusammen.
[6] Westney/Sakakibara, 1986, S. 219.
[7] Im Gegensatz zum "Kopieren" und "Imitieren" und unabhängig von der ökonomischen Rationalität dieser Strategien (vgl. Dirks, 1995, S. 123; Bolton 1993).

> "The creative elements of imitation involve not only the adaptation of new or externally created technology, but a *continuing refinement of existing technologies* ... ."[1]

Kirsch geht davon aus, daß das organisatorische Lernen sich in der Art und Weise äußert, wie die Wissensbasis einer Organisation nutzbar gemacht, verändert und fortentwickelt wird.[2] *Nutzbarmachung, Veränderung und Fortentwicklung* des Wissens bedeuten aber inhaltlich nichts anderes als *Innovation*, und der Ausdruck "Art und Weise" steht für die *prozessuale* Charakteristik dieser Innovation. In diesem Sinne ist mit Cohen/Levinthal zu schlußfolgern, daß *"problem solving and learning capacities are so similar that there is little reason to differentiate their modes of development... .*"[3] Mit anderen Worten: Die Spezifika des Lernens und die Besonderheiten der Kreation des Neuen sind *interdependent* und stellen zentrale Determinanten ein und desselben Phänomens dar - der *Innovationsidentität.*

Aus dem Gesagten läßt sich folgende Hypothese ableiten. Wenn man *in Japan* (auch fremderworbene) heterogene Wissenskomponenten erfolgreich auszuselektieren und zu internalisieren *weiß* (*spezifische Lernfähigkeit*), so ist damit eine wichtige Voraussetzung für solche Eigeninnovationen geschaffen, die ebenfalls auf der Selektion und der Sicherstellung von Kompatibilität und Synergie zwischen heterogenen Wissenskomponenten basieren (*spezifische Innovationsfähigkeit*). Dieser Hypothese wird insbesondere im Kapitel 11, das den Technologiefusionen gewidmet ist, nachgegangen.

An dieser Stelle ist darauf aufmerksam zu machen, daß zwischen der *Imitation des Wissens als fertiges Produkt* und der *Imitation des Prozesses der Wissenserzeugung* ein großer Unterschied besteht. Auf den obigen Ausführungen basierend läßt sich feststellen, daß gerade die letztere, *prozessuale Komponente*, die im Hinblick auf die Innovationsidentität eine ausschlaggebende Rolle spielt, als Ausdruck für japanische kultur- und identitätsspezifische *Eigenständigkeit* betrachtet werden kann.

Hilfreich ist in diesem Zusammenhang die von Rapp entwickelte Hypothese, derzufolge "*(t)echnologies and products were imitated* or borrowed, but the *institutional routines used to create them reflected the Japanese industry and individual firm's circumstances*".[4] Dennoch greift auch seine Erklärung etwas zu kurz: Nicht nur industrie- und unternehmensspezifisch sind diese *innovationrelevanten Unternehmensroutinen*, sondern vielfach *kulturspezifisch* - da durch die *japanische Innovationsidentität* bedingt. Anders ausgedrückt:

> "The standard apologia has been that Japan was a developing country and tried to catch up quickly by copying what Westerners fad created. ... (N)ational character is a better explanation. To say that we are talented at *refining* things is more accurate."[5]

---

[1] Rosenberg/Steinmüller, 1988, S. 233; hervorgehoben d. d. Verf.
[2] vgl. Kirsch, 1990, S. 499 f.
[3] Cohen/Levinthal, 1990, S. 130; hervorgehoben d. d. Verf.
[4] Rapp, 1992, S. 237; hervorgehoben d. d. Verf.; auf diese innovationsrelevanten Unternehmensroutinen wird in den Kapiteln 11, 13 und 14 näher eingegangen.
[5] Hayashi, 1988, S. 21.

Refinement von *Produkten und Technologien* durch erfolgreiche japanische Unternehmen wird im Zusammenhang mit den Wettbewerbsvorteilen an geeigneten Stellen im Kapitel 9 analysiert; hier soll die Diskussion auf einer anderen Abstraktionsebene bleiben, und die obigen Ausführungen zur japanischen Art des Umgangs mit der Quellendimension der Innovationskontextualität sollen mit einigen Beispielen aus dem Bereich der japanischen Sprache illustriert werden.

EXKURS
Japanische Sprache als Spiegel für den Umgang mit der Quellendimension der Innovationskontextualität

"*... A society's reaction to foreign concepts is often mirrored in language.*"
(S. Hayashi)[1]

'Sprachen sind gefräßig", schreibt R. Miller, und meint damit, daß allen von ihnen das Phänomen des *Lehnwortes* gemein sein dürfte.[2] Aber zwischen dem, *wie* die verschiedenen Sprachen auf die Aufnahme von Lehnwörtern reagieren, gibt es gewaltige Unterschiede. Interessant - *da eben nicht für die Sprache allein, sondern für die Innovationsidentität schlechthin charakteristisch* - ist nicht nur die *Freundlichkeit* des Japanischen gegenüber der Übernahme des Neuen und des Fremden per se[3], sondern auch das, *was* mit den übernommenen Lehnwörtern in der japanischen Sprache *nach ihrer Übernahme* vielfach geschieht - nämlich daß "*(t)he Japanese ... created "made-in-Japan" loan words.*"[4]

Für diesen "*cultural pluralism*" (Young/Nakajima-Okano) in der japanischen Sprache gibt es mehrere Varianten.[5] Man nimmt z.B. ein englisches Wort "*agitation*", bastelt aus ihm durch Abkürzung ein Substantiv "*aji*" und produziert aus diesem (nunmehr als 'japanisch" wahrgenommenen) Substantiv ein (ebenso japanisches) Verb "*ajiru*", wobei bei diesem Wort "*aji*" mit der Silbenschrift Katakana und "*ru*" mit der Silbenschrift Hiragana geschrieben wird. (Das ist fast noch komplizierter, als wenn man im Deutschen etwa aus dem japanischen Wort "*Ikebana*" ein (nunmehr als "deutsch" anzusehendes) Wort "*ikebanieren*" machen, die Endung "ieren" mit der gotischen Schrift und "*ike*" mit dem ursprünglich aus China stammenden Schriftzeichen schreiben würde).
Ein weiteres Beispiel: Man bildet aus den englischen Worten "*rain*" und "*shoes*" ein neues japanisches Wort "*rên-shûzu*", also "Regen-Schuhe." Ein drittes Beispiel ist das Wort *Walkman* - ein netter Beitrag von Sony zur englischen Sprache.

Diese und andere Beispiele zeigen, daß mit mehreren Lehnwörtern in Japan im Grunde genommen dasselbe geschehen ist wie mit anderen Komponenten kulturellen, auch managementbezogenen Wissens: Man hat das fremde Objekt nicht bloß übernommen, sondern es *geändert und aus ihm etwas ggf. auch objektiv Neues geschaffen.*

---

[1] Hayashi, 1988, S. 52; hervorgehoben d. d. Verf.
[2] vgl. Miller, 1993, S. 244.
[3] vgl. dazu z.B. Miller, 1993, S. 244 f.
[4] Young/Nakajima-Okano, 1988, S. 206; hervorgehoben d. d. Verf.
[5] vgl. zu diesen und weiteren Beispielen Berndt, 1983; Young/Nakajima-Okano, 1988.

Ein weiteres Beispiel für diesen *Innovationsmodus* ist die japanische *Schrift*. Liest man etwa ein japanisches Buch oder einen Zeitungsartikel, *sieht* man an dem japanischen 'Mischtext", wie das ursprünglich "*Fremde*" und das "*Eigene*," das "*Alte*" und das "*Neue*" *nebeneinander koexistieren* und *einander als Komponenten eines Ganzen ergänzen*:

> "... (D)as *Besondere* an der japanischen Schrift ist, daß hier nicht nur aus der entlehnten [chinesischen - A.d.V.] Schrift eine *grundlegend andere*, dem Lautsystem der eigenen Sprache *angepaßte*, *völlig neue* ... Kana-Silbenschrift entwickelt wurde - was schon ein sehr seltener Fall sein dürfte - sondern daß *daneben auch noch die ursprünglichen* Kanji [chinesische Schriftzeichen - A.d.V] *in ihrer alten* Form weiter in Gebrauch sind. Eine solche *Doppelstruktur* dürfte wohl *einmalig* sein. Das ursprüngliche Kanji und das daraus entwickelte Kana-Silbenzeichen existieren im Japanischen nebeneinander im sogenannten 'Kanji-Kana-Mischtext" ..., der Normalform schriftlicher Fixierung des Japanischen."[1]

Man übernimmt also etwas *Fremdes* und damit auch etwas *subjektiv Neues*, macht es zum *Eigenen*, *verändert* es, *schafft* damit auch etwas *objektiv Neues* - und läßt *das alles nebeneinander existieren*.

Mit dieser Prozeßbeschreibung kann man auch an die *Zeitdimension der Innovationskontextualität* näher herankommen.

EXKURSENDE

6.2.2.3 Zeitdimension der Innovationskontextualität

Spätestens nach der Studie von Kluckhohn/Strodbeck[2] pflegt man auch in der Managementforschung die *Kulturen* unter anderem nach Maßgabe der Orientierung ihrer Mitglieder hinsichtlich *Zeit* zu unterscheiden.[3] Die Dimension der Zeit spielt auch für das Konzept der *Innovationsidentität* eine sehr wichtige Rolle. Innovation bedeutet zwar Schaffung des *Neuen*, aber die Beziehung zur Zeit ist eine kompliziertere: Die Innovationsidentität ist mit der *linearen Zukunftsorientierung nicht* gleichzusetzen.

Der deutsche Historiker Wehler hat vor ca. 25 Jahren in die Diskussion über die *Modernisierungstheorien* einen immer noch aktuellen (und von der *betriebswirtschaftlichen Innovationsforschung* bisher weitgehend vernachlässigten) kritischen Einwand eingebracht, viele dieser Theorien seien einer "*Großen Dichotomie*" zwischen der zu *überwindenden Tradition* und der *erstrebenswerten Moderne* verhaftet[4] - m.E. genauso wie es heute die meisten Ansätze der Innovationsforschung sind. Diese Dichotomie 'verführte oft dazu, die

---

[1] T. Suzuki, 1990, S. 91f. hervorgehoben d. d. Verf.
[2] vgl. Kluckhohn/Strodbeck, 1961.
[3] So hebt z.B. Hofstede (1993, S. 29, 188 f., 307) eine langfristige versus kurzfristige Orientierung im Leben als Differenzierungsmerkmal von Kulturen hervor und bezieht diese auf das Hegen von unterschiedlichen Werten bzw. Tugenden - den "vergangenheits- und gegenwartsorientierten" vs. den "auf den künftigen Erfolg hin ausgerichteten."
[4] vgl. Wehler, 1975, S. 16.

Tradition als Anfang, die Modernität als Ende der Geschichte zu begreifen. Das hieß aber: Alle Geschichte zwischen ihrem Anfang und Ende wurde Übergangsgeschichte, wurde Transformation, wurde 'Transition'."[1] Die einschlägigen Theorien ließen dementsprechend die Modernisierung als einen *Weg weg von der Tradition hin zur Moderne*, also als einen "revolutionären, unausweichlichen, irreversiblen, globalen, komplexen, systemischen, langwierigen, aber in Phasen unterteilbaren, tendenziell homogenisierenden und - last not least - progressiven Prozeß" betrachten.[2]

Diese lineare Vorstellung liegt m.E., jedenfalls implizit, vielen heutigen Ansätzen des betrieblichen Innovationsmanagements und des Change Managements zugrunde - und negiert dabei die Tatsache, daß "moderne" Gesellschaften und "moderne" Unternehmen als ihr Bestandteil viel *traditioneller* sind als vielfach geglaubt.[3] Für die *japanische* Denkweise, eine deren zentralen Basisannahmen das Streben nach *Kontinuierlichkeit* bildet,[4] und dementsprechend auch für die japanischen Unternehmen gilt dies allemal.

Im Anschluß an eine kritische Analyse formulierte Wehler folgende *Anforderung* an die Modernisierungstheorien, die für das Verständnis der (jedenfalls japanischen) Innovations-identität m.E. äußerst hilfreich ist, da sie die implizit unterstellte westliche Zeit-Dichotomie in Frage stellt:

> "Generell ist ... zu beachten, daß gegenüber der ... *diachronen Dichotomisierung* der Modernisierungstheorien die *Gleichzeitigkeit des Ungleichzeitigen* weit stärker als bisher als eine der *historischen Grunderfahrungen* präsent gehalten werden muß. Statt *linearem Aufstieg* und *totalem Sieg des Neuen* kann erst das *Nebeneinander von Alt und Neu*, können ihre *Vermischung*, Kollaboration und schleichende Mutation, die *Verstärkung von Modernem durch Traditionelles*, von *Traditionellem durch Modernes* die *Spannungen des realhistorischen Prozesses* erfassen helfen."[5]

In diesem Sinne setzt das *Refinement* teilweise auf die Revitalisierung des Alten, und das *Neue* dient zum Teil *der Entfaltung des Alten, seiner Vervollkommnung*. Diese Revitalisierung kann dabei sehr wohl einen qualitativen Charakter haben - umso lebendiger wird das "moderne Alte" werden.

Japan läßt uns im Sinne eines *Spiegel-Effektes* auch einige Vorstellungen über Charakter und Inhalte der Innovation umdenken. Diese "*Verstärkung von Modernem durch Traditionelles, von Traditionellem durch Modernes*" wurde mit den Überlegungen bezüglich der funktionalen Rolle der traditionellen sozialen Strukturen im japanischen Modernisierungsprozeß ("*the fine balance ... between a hermeticism that preserves the social order and an openness that brings new elements into the culture*"[6]) bereits illustriert. Es ist aber bei weitem nicht das einzige

---

[1] Wehler, 1975, S. 19; vgl. auch die Überlegungen von Kagitçibasi (1994, S. 58).
[2] Wehler, 1975, S. 16; vgl auch die dort angegebenen Quellen; zur Modernisierungstheorie vgl. z.B. auch Giesen, 1996.
[3] vgl. zu dieser These über die Gesellschaften Berger, 1996 (Editorial), S. 11.
[4] vgl. Meshcheryakov, 1996, S. 43.
[5] Wehler, 1975, S. 41; hervorgehoben d. d. Verf. Fruchtbare Hinweise auf diese Arbeit von Wehler finden sich im Kontext der Japanforschung bei Müller, 1989, S. 258 f.
[6] Kurokawa, 1994, Chapter 3; hervorgehoben d. d. Verf.

Beispiel bzw. nicht der einzige Bereich, in dem die "*Gleichzeitigkeit des Ungleichzeitigen*" als Merkmal der japanischen Innovationsidentität festzustellen ist. Die unten angeführten weiteren Beispiele sind durch eine faszinierende *Gleichheit der fundamentalen Muster* gekennzeichnet, nach denen die *Beziehung zwischen Alt und Neu* jeweils gestaltet wird, und diese Gleichheit der Muster (als Ausdruck der spezifischen *Identität*) schlägt sich auch in der *geradezu wörtlichen Gleichheit ihrer Beschreibungen* nieder, die von unterschiedlichen Autoren völlig unabhängig voneinander geliefert wurden. Sie stellen also alle das *Gleiche* fest - jeder für sein *Gebiet*:

Kunst:

Nach Ansicht vieler Kunsthistoriker kennt die Kunstgeschichte Japans in ihrer Entwicklung keinen radikalen Umschwung, und selbst wichtige qualitative Veränderungen vollzogen sich in Form einer schrittweisen Umwandlung der traditionellen Vorstellungen und künstlerischen Formen zu den neueren hin.[1] Zu den fundamentalen Charakteristiken der japanischen Kultur zählt somit praktisch in allen Epochen ein sorgfältiger Umgang mit der eigenen Vergangenheit.[2]

Auf dieses Nebeneinander von Phänomenen, die im Westen (jedenfalls im Rahmen vieler Modernisierungstheorien) eher als einander ausschließend betrachtetet werden, macht z.B. Musikkritiker Yoshida aufmerksam,[3] und der Architekt Kurokawa bezeichnet die traditionelle japanische Ästhetik als "*aesthetic of symbiosis*."[4] Anarina, russische Forscherin des Nô-Theaters, sieht für mehrere Formen der traditionellen Kunst in Japan folgendes *Entwicklungsmuster* als typisch:

> "In der japanischen Kunsttradition kann *wiederholt* folgende *Gesetzmäßigkeit* beobachtet werden: Eine *neue Kunsterscheinung* ... macht zunächst, um sich zu behaupten, einen schwungvollen Schritt nach vorn und *verneint dabei das Alte*; dann kehrt sie, vielfach ebenso schwungvoll, *zurück*, wird *durch alte Idealen veredelt*, erfährt dadurch eine prachtvolle Hochblüte und *gliedert sich vollständig in die Tradition ein*. So ist es in *sämtlichen bekannten Epochen* der Geschichte der japanischen Kultur geschehen."[5]

Das gleiche fundamentale Entwicklungsmuster hat S. Katô auch für die japanische *Literatur* festgestellt:

Literatur:

Im Kapitel 6.2.1.2 wurde bereits darauf hingewiesen, daß die japanische Denktradition nicht auf theoretischen Erwägungen abstrakter Grundsätze basiert, sondern vielmehr durch die Intuition, den Hang zum Gefühlsbetonten, zum Sinnlich-Konkreten gekennzeichnet ist. In diesem Zusammenhang scheint es fast natürlich zu sein, daß die *Literatur* in Japan - zumindest

---

[1] vgl. Markaryan/Molodyakova, 1990, S. 9 und die dort angegebene Literatur
[2] Goregliad, 1997, S. 15.
[3] vgl. "Warum sind Japaner für uns so komisch?", 03.01.1997, S. 25.
[4] vgl. Kurokawa, 1994, Chapter 2.
[5] Anarina, 1989, S. 80; übersetzt und hervorgehoben d. d. Verf.; vgl. ergänzend Ebenda, S. 22 f. sowie Müller, 1989a, S. 255; Ken, 1993, S. 37.

bis zu einem bestimmten Grad - jene Rolle übernahm, die in Europa vielfach die Philosophie hatte, nämlich *das wichtigste Ausdrucksmedium des Denkens* zu sein.[1] Insofern ist die von Katô festgestellte "hervorstechende entwicklungstypologische Eigenheit" der japanischen Literatur auch für die vorliegende Arbeit, die sich mit kulturspezifischen Denkfähigkeiten auseinandersetzt, von großem Interesse:

> "Alt und Neu lösten einander nicht ab, vielmehr wurde das Neue dem Alten hinzugesellt. ... Das entwicklungsgeschichtliche Muster des *Nebeneinanders von Alt und Neu* anstelle der Ablösung des Bestehenden durch Neuaufkommendes findet sich indes nicht nur in der Lyrik, es zeigt sich nicht weniger deutlich in den dramatischen Formen seit der Muromachi-Zeit. ... Ein gleiches oder ähnliches Entwicklungsmuster läßt sich bei den ästhetischen Normen erkennen, die eine bestimmte Epoche hervorgebracht hat ... . All diese ästhetischen Konzepte sind nicht mit der Epoche ihrer Entstehung vergangen, sondern wurden in die folgenden übernommen, wo sie neben den neu hinzutretenden fortbestanden. ... *Dieses für Japan charakteristische "kumulative Entwicklungsmuster"* bewirkt, da das alte nicht verlorenging, eine große Homogenität und geschichtliche Kohärenz der japanischen Literatur. Zugleich hat sich mit jeder neuen Epoche die *Vielfalt* der Formen und ästhetischen Vorstellungen vergrößert."[2]

Und das Wichtigste - Katôs Schlußfolgerung:

> "*Wenn im heutigen Japan extremer Konservatismus und extremes Interesse an technischen Innovationen sich nicht ausschließen, so zeigt sich darin das gleiche Phänomen, das wir in der Entwicklung der gesamten japanischen Kultur beobachten können.*"[3]

Stimmt man mit Katô überein, daß die Geschichte der Literatur in Japan "weitgehend die Geschichte des Denkens und Empfindens überhaupt"[4] repräsentiert, wäre konsequenterweise zu erwarten, daß neben der Kunst und der Literatur das gleiche Muster der "Gleichzeitigkeit des Ungleichzeitigen" als Kernelement der japanischen Innovationsidentität sich auch in der *gesamten japanischen Denktraditon* festhalten läßt. Und genau das stellt Maruyama Masao, einer der bedeutendsten japanischen Politikwissenschaftler, tatsächlich fest:[5]

Denken:

Maruyama Masao zufolge kristallisieren sich als zwei "Seiten ein und derselben geistig-seelischen "Tradition" in Japan der schnelle ("allzu schnelle", meinte Maruyama) Sieg des Neuen und die "latente Anwesenheit bzw. das unbemerkte Durchsickern des Vergangenen" heraus:[6] "Gerade weil die Vergangenheit nicht bewußt objektiviert und in die Gegenwart "aufgehoben" worden ist, sickert sie unbemerkt, sozusagen *aus dem Hintergrund* wieder in diese ein."[7]

---

[1] S. Katô, 1990, S. 13.
[2] S. Katô, 1990, S. 14 f.; vgl. auch den Kommentar von Goregliad, 1997, S. 16.
[3] S. Katô, 1990, S. 15.
[4] S. Katô, 1990, S. 13.
[5] vgl. das Vorwort von Seifert/Schamoni zu Maruyama Masao (1988), hier: S. 7. Zur Literatur von und über Maruyama vgl. Ebenda, S. 17 ff. sowie Müller, 1984 u. 1989b sowie weitere Beiträge in: Leviathan, Nr. 2,1989.
[6] Maruyama Masao, 1988, S. 31.
[7] Maruyama Masao, 1988, S. 29; Hervorhebungen im Originaltext.

Auf die fundamentalen kognitiven Routinen, die dieser "Gleichzeitigkeit des Ungleichzeitigen" als kulturspezifische Art der Wissens- bzw. Ideenhandhabung zugrunde liegen, wird im Kapitel 6.3 fokussiert einzugehen sein.

Verjüngung von Industrien als Fusion Alt & Neu:

"Japanese industrialists always bring *something really old and something futuristic together in the present.*"
(S. Hayashi)[1]

Auch in der Industrie können Innovationen grundsätzlich der *Neubelebung*, dem *Refinement* des Alten dienen; bei einer solchen *Verjüngung von Industrien* haben die japanischen Firmen mehrfach entscheidend mitgewirkt.

Für das Verständnis des Phänomens der Industrieverjüngung sind zwei Aspekte von maßgeblicher Bedeutung. Einmal ist es die Unterscheidung zwischen der *technologischen* und der *strategischen Lebenszyklusphase* einer *Industrie*: Industrielle Produkte können bereits die Reifephase erreicht haben, während die Schlüsseltechnologien sich noch in der Wachstumsphase befinden und die Schrittmachertechnologien sich dem Ende der Entstehungsphase nähern; diese Diskrepanz ist als Zeichen einer *bevorstehenden Verjüngung* der strategischen Lebenszyklusphase der Industrie anzusehen.[2] Zweitens ist zu berücksichtigen, daß die Einschätzung, ob die Technologie wie auch die Industrie sich in der Reife- oder erst in der Entstehungsphase befinden, *ex ante* eine sehr wesentliche *subjektive*, d.h. *unternehmensspezifische* Komponente hat. Mit dieser subjektiven Einschätzung hängen diverse Entscheidungen des FuE- und Technologiemanagements zusammen, z.B. die Entscheidungen über die Durchführung oder Abbruch von FuE-Projekten.

Daß solche Einschätzungen zu gegensätzlichen inhaltlichen - und damit schließlich auch zu völlig unterschiedlichen ökonomischen - Ergebnissen der prognostizierenden Unternehmen führen können, sieht man an den Vorstellungen über die Entwicklung der Konsumelektronik in der Nachkriegszeit deutlich: "To firms like Sony, Matsushita, and JVC, consumer electronics was a high-technology, consumer-oriented business; to GE, RCA, and Zenith, it was a mature business in which technology no longer offered much leverage."[3]

Die Begriffe "*Reife*" bzw. "*Entwicklungsfähigkeit*" einer Technologie und einer Industrie sind also *ex ante* weitgehend *Definitionssache*: Häufig ist nämlich nicht die Branche "reif", sondern die Vorstellung der *Manager* von ihr.[4] Bewertet das Unternehmen die von Wettbewerbern als reif eingeschätzte Branche als entwicklungsfähig und als attraktiv, wird es versuchen, ggf. durch den *Transfer von Technologien* aus anderen Anwendungsbereichen und deren forcierte Weiterentwicklung (*Technologiefusionen*) die Verjüngung der Branche zu bewirken. Als Prozeß bedeutet das nichts anderes als *Revitalisierung des Alten*, und es erscheint durchaus

[1] Hayashi, 1988, S. 16; Hervorhebungen im Originaltext.
[2] vgl. Sommerlatte/Deschamps, 1986, S. 54f.
[3] vgl. im Anschluß an Rosenbloom/Abernathy Morone, 1989, S. 99.
[4] vgl. Hamel/Prahalad, 1989, S. 98.

logisch, daß in mehreren Branchen[1] gerade die *japanischen* Firmen das "*dematuring* ... by ... utilization of new technologies into a continuous process"[2] erfolgreich bewerkstelligt haben. Unter den führenden Industrienationen ist Japan das einzige Land, in dem auch außerhalb des forschungsintensiven Bereiches signifikante FuE-Anstrengungen unternommen werden;[3] damit wird auch die finanzielle und Know-How-Basis für solche technologiebasierten *Industrieverjüngungen* geschaffen.

Dieses *Innovationsmuster*, bei dem Alt und Neu miteinander verknüpft werden, erkennt man sehr deutlich an Technologiefusionen als Muster der Wissenshandhabung, die im Kapitel 11 näher erörtert werden, aber auch an der Transformation der personalwirtschaftlichen Unternehmensroutinen, auf die im Kapitel 14 en detail eingegangen wird. An dieser Stelle soll versucht werden, von der Auseinandersetzung mit einzelnen *Wirkungsgebieten der Innovation* (Kunst, Industrie, etc.) zu einer *verallgemeinernden Betrachtung* zu gelangen.

Zu diesem Zweck soll folgende *Frage* beantwortet werden: Wie sieht denn das *zeitbezogene Beziehungsmuster Alt-Neu* bzw. *"eine alternative Art, modern zu sein"*[4] aus, die der *japanischen Innovationsidentität* im allgemeinen zugrunde liegt? Die Innovationsidentität ist denn auch nicht das *Neue per se*, sondern, wie bereits hervorgehoben, insbesondere die *fundamentale Art der Gestaltung der Beziehung zwischen dem Alten und dem Neuen in einem spezifischen sozialen Kontext*, und somit kommt dieser Fragestellung eine ganz zentrale Bedeutung zu.

Wie schon gezeigt, wird in Japan "traditionell" und "modern" *zugleich* zu sein in der Regel nicht als Widerspruch empfunden - anders als in vielen westlichen Kulturen.[5] Hayashi liefert eine Art *"Formel"* für diesen japanischen Modus der Handhabung der Zeitdimension von Innovationskontextualität:

> "*Japanese ... never cast off tradition*, either the valuable or the worthless; our society is a museum of anachronism. *We prefer to modernize the past and preserve it for the future*."[6]

Nun soll diese 'Formel" näher erörtert werden, indem das Konzept von Hayashi als Ausgangsbasis genommen und der interkulturelle Vergleich als analytische Methode verwendet wird:[7]

---

[1] Man denke nicht nur an das oben angeführte Beispiel mit der langlebigen Konsumelektronik, sondern an die Auswirkungen der Digitalanzeigen auf die Uhrenindustrie, der Elektronik auf die Spielzeugindustrie etc.
[2] Baba, 1989, S. 89; hervorgehoben d. d. Verf.
[3] vgl. BMBF, 1996, S. 8 f.
[4] Holenstein, 1982, A.7.
[5] vgl. Holenstein, 1982, S. 9; vgl. dazu auch die Darstellung von Dirks, 1995, S. 106 f.
[6] Hayashi, 1988, S. 14; hervorgehoben d. d. Verf.
[7] vgl. im weiteren Hayashi, 1988, S. 6 ff. sowie als Kurzkommentar zu seinem Konzept Kubota-Müller, 1989, S. 7. Detaillierte Überlegungen zu Grundannahmen über die Zeit als managementrelevanter kultureller Faktor finden sich bei Hall (1959, 1966) und Schein (1985); hingewiesen werden soll auch auf auf einen kurzen internationalen Überblick bei Dülfer (1991b) und die dort angegebene Literatur.

Hayashi zufolge wird im *Christentum*, durch welches die abendländische Kultur stark geprägt ist, davon ausgegangen, daß sich die Zeit von der Vergangenheit über die Gegenwart hin zur Zukunft *linear* entwickelt: "*From the Creation time advances continuously to the Last Judgment.*"[1] Das entsprechende Paradigma bezeichnet Hayashi als "*linear time perception pattern*". Ohne sich auf eine theologische Diskussion einzulassen, sei hier bemerkt, daß diese These von Hayashi mit den Überlegungen einiger anderen Sozialwissenschaftler in Einklang steht; so z.B. legt der in der vorliegenden Arbeit bereits zitierte Sozialphilosoph M. Buber aus:

> "... (D)er Glaube ist es, der im nachaugustinischen Abendland für die einsame Seele ein neues kosmisches Haus baut. ... Diese Welt ist noch endlicher als die des Aristoteles, denn hier ist auch die endliche Zeit in allem Ernst mit ins Bild genommen, die biblische endliche Zeit, die hier aber ins Christliche verwandelt erscheint. Das Schema dieses Weltbildes ist ein Kreuz, als dessen *Längsbalken* der endliche Raum vom Himmel bis zur Hölle mitten durch das Herz der menschlichen Person führt, und dessen *Querbalken die endliche Zeit von der Erschaffung der Welt zum Ende der Tage* ist. ... Um dieses Schema baut sich das *mittelalterische Weltbild* auf."[2]

Auch der japanische Kunsthistoriker Takashina betrachtet die *westliche Zeitvorstellung* als linear, was seines Erachtens notwendigerweise auch bedeutet, daß die Zeit *Vergessen* mit sich bringt und "*nichts anderes als schrecklicher Zerstörer*"[3] ist. Dem läßt sich hinzufügen, daß die *fundamentalste Grundannahme der westlichen - auch betriebswirtschaftlichen - Innovationsforschung* der Schumpetersche Vergleich der *Innovation* mit der "*kreativen Zerstörung*"[4] bildet.

Takashina macht ferner darauf aufmerksam, daß die *Zeit* in der westlichen Ikonographie häufig als ein alter Mann mit der Sense - also in der gleichen Weise wie der *Tod* - dargestellt wird. Er geht in seinen Hypothesen sogar noch weiter, indem er das "westliche" Muster als "eine *lineare Abfolge von Stilen*" bezeichnet, bei welcher "jeder neue Stil den vorhergehenden *ausschließt und ersetzt*", und ihm das japanische Muster der *Koexistenz des Neuen mit dem Alten* (in abstrakter Form) gegenüberstellt.[5]

Auch die japanischen Innovations- und Managementforscher Nonaka/Takeuchi sind in ihren Überlegungen zur Wissenshandhabung in japanischen Unternehmen auf die Spezifik der japanischen Zeitauffassung eingegangen, und haben die Erklärung - m.E. sehr wohl der *Tradition der wissenschaftlich geführten Nihonjinron* folgend, aber über den *traditionellen theoretischen Bezugsrahmen der westlichen Innovationsforschung und des Wissensmanagements* sehr weit hinausgehend - über die *sprachtheoretische* Argumentationsbrücke versucht:

---

[1] Hayashi, 1988, S. 7 hervorgehoben d. d. Verf.
[2] Buber, 1982, S. 27; hervorgehoben d. d. Verf.
[3] vgl. Takashina, 1996, S. 81; hervorgehoben d. d.Verf.
[4] Rosenberg/Steinmüller (1988, S. 230) stellen ebenfalls fest, daß "the dominant view of the innovative process is still overly Schumpeterian, in its preoccupation with discontinuities and creative destruction," und Deutschmann (1996, S. 324) faßt sogar die Wertschöpfung "im Kern als schöpferische Zerstörung" auf. Zum "Prozeß der kreativen Zerstörung" vgl. Schumpeter, 1993, S. 137 f.; zur Kritik an dieser Perspektive vgl. Marr/Fliaster, 1999, i.V.
[5] vgl. Takashina, 1996, S. 79 f.

> "The inherent characteristics of the Japanese language reveal a unique view of time and space. The *Japanese see time as a continuous flow of a permanently updated "present"*. ... In contrast, *Westerners have a sequential view of time*. ... To the Japanese, emphasis is given to leaving their existence to the flow of time and placing a high value to be *flexible* in accordance with the flux and transition of the world."[1]

Ähnlich argumentiert auch Hayashi: Nach seiner Auffassung folgen die Japaner weder dem *linearen* christlichen (also dem *"westlichen"*) noch dem *"cyclic or circular time perception pattern"* (das er für polytheistische Religionen des Hinduismus und Buddhismus als typisch betrachtet), sondern sie haben ein eigenständiges Zeitkonzept *einer sich ausrollenden Spirale* entwickelt:[2]

> "Japanese think of the past as linked to and existing in the present. By the same token, they do not like to think of the future as totally beyond the reach of contemporary human knowledge and will. ... The future is like a kite flying in the distant sky that can be reeled back to earth. ... In philosophical terms, we might say the past and the future simultaneously exist *in the present*."[3]

In der Terminologie des Politikwissenschaftlers Maruyama Masao handelt es sich hier um nichts anderes als "den historischen Charakter der "Moderne" in Japan, welche *Super*modernes und *Vor*modernes in eigentümlicher Weise verbindet."[4] Auch der (seit 1923 in Japan lebende) deutsche Professor Schinzinger kam zu der gleichen - und sehr schön formulierten - Schlußfolgerung: Es sei "... für Japan eigentümlich, daß neben dem Neuen immer noch das Alte weiter existiert. *Das ist eine Art ewige Gegenwart des Vergangenen, das dem Willen zur Zukunft nicht aufgeopfert wird.*"[5]

Diese Erklärungsversion von Hayashi, Takashina, Nonaka/Takeuchi u.a.[6] erscheint recht plausibel; allerdings läßt eine anscheinende Plausibilität grundsätzlich noch nicht auf die Korrektheit der Theorie bzw. auf ihre Geeignetheit, als Entscheidungsgrundlage zu dienen, schließen. Daher sollte der obige Erklärungsvorschlag eher als *Diskussionsanregung*, die weiterer Studien bedarf, als ein geschlossenes Modell der für die Innovationsgestaltung relevanten japanischen Zeitauffassung verstanden werden.

Nichtsdestotrotz soll hervorgehoben werden, daß auch andere Managementforscher überzeugt sind, daß das "duale Bild" der unterschiedlichen abendländischen und japanischen Zeitauffassungen stimmt und als Ausdruck fundamentaler kulturspezifischer Phänomene auch recht stabil ist. Kidd/Teramoto sind z.B. in ihrer Untersuchung europäischer Hauptquartiere japanischer Großunternehmen u.a. zur Schlußfolgerung gelangt, daß"... *(t)here is no reason to believe the Japanese and the Europeans have altered their day by day use of time*: the Japanese remain synchronic and the Europeans remain linear."[7]

---

[1] Nonaka/Takeuchi, 1995, S. 28; hervorgehoben d. d. Verf.
[2] Dieses Modell wird von Hayashi der Arbeit von H. Tanabe entnommen und als "Makimono Perception Time Pattern" bezeichnet (Ebenda).
[3] Hayashi, 1988, S. 9 f.
[4] Maruyama Masao, 1988, S. 24, hervorgehoben im Originaltext.
[5] Schinzinger, 1983, S. 9; hervorgehoben d. d. Verf.
[6] Einige Unterschiede sollen hier vernachläsigt werden - das Gemeinsame scheint an dieser Stelle wichtiger zu sein.
[7] Kidd/Teramoto, 1995, S. 51; hervorgehoben d. d. Verf.

Diese Unterscheidung der Zeitwahrnehmungsmuster wurde von Hayashi durch weitere Hypothesen ergänzt, eine von denen ganz unmittelbar mit der hier interessierenden Problematik der Innovationsidentität, zusammenhängt. Er vergleicht japanische Innovationsträger mit den amerikanischen und stellt dabei fest, daß "Americans tend to see the future as separate from the past or present, a *radically different* dimension. Japanese regard it as an extension of the past or present, a *further refinement* of what has already existed ... ."[1] Darauf basierend vermutet Hayashi, daß diese Unterschiede in der Zeitauffassung auch den *jeweils dominierenden Typ von Innovationen* prägen, so daß Japaner eher *verbesserungsorientierte*, die Amerikaner dagegen eher *grundsätzlich neue* Entwicklungen zustande bringen:

> "Original products are constantly refined in Japanese hands. Where does this zeal for innovation come from? I attribute it to the Japanese cultural time pattern - the concern to preserve the old and infuse it with a new vitality as a gift to posterity."[2]

Im Kapitel 6.2.1 wurde bereits gezeigt, daß auch andere kulturspezifische Faktoren, insbesondere Learning by Doing und Learning by Following dazu beitragen, daß japanische Innovationsanstrengungen häufig zum kumulativen Refinement bzw. "day-to-day"-Innovationen führen. Insofern bedarf diese These von Hayashi einer Relativierung, so daß die spezifische Zeitauffassung nicht als alleiniger, sondern als einer der wichtigsten Faktoren[3] zu betrachten ist, die refinementförderlich wirken.

An dieser Stelle sei die *japanische Innovationsidentität* im Hinblick auf den Umgang mit der *Zeitdimension* zusammengefaßt:

Wenn es im Prozeß der Japanese-style Innovation darauf ankommt, das Alte und das Neue zu *fusionieren* bzw. *koexistieren zu lassen*, sind folgende Komponenten dieser Fusion festzustellen. Einmal wird das *Neue* nicht bloß über das Alte "drübergesetzt", sondern als *Weiterentwicklung dieses Alten* wahrgenommen. Zweitens wird das *Alte* selbst einer (wenigstens teilweisen) Neu-Interpretation unterworfen, die dazu führt, daß dieses Alte im gesamten *Wissenssystem* anders eingeordnet wird. Gewiß können einige alte Wissenskomponenten komplett verschwinden, aber die anderen werden ggf. eine noch größere Bedeutung gewinnen und mit dem Neuen vorübergehend im Zentrum des Systems bleiben; wieder andere werden sich zur Peripherie des Wissenssystems bewegen, aber in diesen Randbereichen nicht unbedingt unbedeutsam werden und ggf. irgendwann wieder in den Mittelpunkt rücken. Durch diese Zirkulation im Laufe der Zeit werden Teile des Alten hin und wieder zum Neuen.

Schließlich wird dieses "*neu definierte Alte*" mit dem "*aus dem Alten entstandenen Neuen*" verknüpft. Auf diese Art entsteht kontinuierlich das *Heutige*. Und dieses Heutige tritt in Berührung mit dem jeweils noch *Fremden*, wobei bestimmte fremderworbene Wissenskomponenten verändert und zum *Eigenen* umgewandelt werden, so daß sie im weiteren an dem beschriebenen Funktionsmechanismus des gesamten Wissenssystems partizipieren.

---

[1] Hayashi, 1988, S. 21 f. Hervorhebung d. d. Verf.
[2] Hayashi, 1988, S. 23; auch andere japanische Experten (vgl. z.B. Uchihashi/Yakushiji, 1994, S. 58) sehen in der Verbesserung einen extrem wichtigen Innovationsmodus in Japan; vgl.hierzu auch Kapitel 9.
[3] Auf weitere refinementförderliche Faktoren, die nicht der nationalen Kultur, sondern dem Bereich der Unternehmensroutinen zuzuordnen sind, wird in den Kapiteln 9 und 14 hingewiesen.

Nun soll versucht werden, die dieser Innovationsidentität zugrunde liegenden *kognitiven Muster* bzw. die *fundamentalen Routinen der Handhabung von Wissenskomponenten* festzustellen.

6.3 Kognitive Schaltfunktion "Both/And" als Fähigkeit zu Wissensfusionen

"We can identify a strong current of tradition in the history of Japanese culture for seeing people and nature, past and future, the part and the whole, art and science, different cultures, economics and culture as existing in symbiosis. In that sense, symbiosis is a key concept in understanding Japanese culture."
(K. Kurokawa)[1]

Mit dem einleitenden Zitat des Architekten Kurokawa ist bereits die zentrale Fragestellung dieses Abschnittes angesprochen, nämlich: Wie sehen die *fundamentalen kognitiven Routinen des Umgangs mit heterogenen Wissenskomponenten* als eines der Kernelemente der japanischen Innovationsidentität aus? Kurokawa zufolge dürfte es sich um den Modus der *Symbiose von Wissenskomponenten* handeln. Dieser Hypothese ist nun gezielt nachzugehen.

Der Begriff Symbiose [*Kyôsei*] wird von Kurokawa weniger als Methode, sondern vielmehr als Quintessenz einer *Philosophie* behandelt, die an mehreren Dimensionen des menschlichen Daseins bzw. der Wissenshandhabung und Innovation ansetzt; die meisten dieser Dimensionen wurden bereits in den Kapiteln 4 bis 6 der vorliegenden Arbeit bereits zur Sprache gebracht:

> "The basic components of the philosophy of symbiosis are the symbiosis of: heterogeneous cultures, human beings and technology, the interior and the exterior, the part and the whole, history and the future, reason and intuition, religion and science, human beings (their architecture) and nature."[2]

Der Begriff Symbiose bedeutet aber nicht bloß das Zusammenleben bzw. das Nebeneinander-Bestehen, sondern ein Zusammenleben zu *gegenseitigem Nutzen*.[3] Dies erscheint auch logisch: Würde von den jeweiligen Wissens- und Innovationsträgern die Symbiose subjektiv nicht als nutzbringend wahrgenommen, wären die ihr zugrunde liegenden *kulturspezifischen kognitiven Routinen* [*Cognitive Traits*] wahrscheinlich von einem viel geringeren Bestand.

Um diesen fundamentalen Routinen näher zu kommen, erscheint es zweckmäßig, sie zunächst anhand eines *Beispiels* zu analysieren. Kurokawa spricht u.a. von einer "*symbiose of religion and science*" - Japan ist aber kein monoreligiöses Land, sondern es ist durch eine Vielfalt von (z.T. importierten und 'japanisierten') Glaubensrichtungen und entsprechenden Weltbildern gekennzeichnet. Anläßlich seines Besuches in Japan sprach der Bundespräsident R. Herzog von einer *Lebenswelt von beispielhafter kultureller Harmonie, die Shintoismus, Buddhismus*

[1] Kurokawa, 1994, Introduction; hervorgehoben d. d. Verf..
[2] Kurokawa, 1994, Chapter 14; vgl. ergänzend Hayashi, 1988, S. 142.
[3] vgl. Duden, 1990.

und Konfuzianismus zusammen bilden,[1] eine Vorstellung, die unter den westlichen Intellektuellen sicherlich sehr verbreitet ist. Diese Harmonie zwischen verschiedenen Glaubenssystemen hat Maruyama Magoroh als wichtiges Element der für "*interactive inventions*" förderlichen Mindscapes hervorgehoben[2] - und dementsprechend ist sie auch für die zentrale Fragestellung der vorliegenden Arbeit zur Innovatonsidentität von Relevanz; dieser 'Harmonie" der Glaubenslehren als eines der *Anwendungsfelder der spezifischen Routinen der Wissenshandhabung* sei an dieser Stelle nachgegangen.

Zunächst ist zu bemerken, daß sich tatsächlich 87% der Japaner zum Shintoismus und 77% zum Buddhismus bekennen.[3] Was getrennt wird, sind die *Anlässe*, aus welchen man jeweils einem buddhistischen und einem shintoistischen Brauch zu folgen pflegt: Man feiert (z.B. als Student an einer christlichen Universität) die Hochzeit nach dem shintoistischen Ritus, wird Jahrzehnte später aber nach dem buddhistischen Ritus beerdigt.[4] Diesen 'Synkretismus" bringt Hofstede mit der kulturspezifischen *Unsicherheitsvermeidung* in Verbindung:

> "Stellt man eine Verbindung zwischen Unsicherheitsvermeidung und religiösem Glauben her, so ist es sinnvoll, zwischen westlichen und östlichen Religionen zu unterscheiden... Östliche Religionen *legen weniger Wert auf eine absolute Wahrheit*. ... Menschen im Osten werden daher *leicht Elemente verschiedener Religionen übernehmen*. Die meisten Japaner praktizieren Rituale sowohl des Buddhismus als auch des Shintoismus, *obwohl diese beiden religiösen Traditionen nach westlichem Verständnis einander ausschließen*."[5]

Der Begriff 'Menschen im Osten" soll in den weiteren Ausführungen nicht verwendet werden, denn es gibt zwischen verschiedenen Kulturen und Ländern in Asien in vielerlei Hinsicht sehr große Unterschiede.[6] Von zentraler Bedeutung ist für die vorliegende Arbeit Japan - und im Zusammenhang mit Japan die Bemerkung von Hofstede, *nach westlichem Verständnis* würden seine Traditionen[7] *einander ausschließen*. Ohne sich auf eine umfassende Diskussion einzulassen sei beispielhaft nur eine wichtige Dimension geschildert, in der die gravierenden Unterschiede zwischen den *fundamentalen Vorstellungen* der genannten Doktrinen offensichtlich werden. Im Anschluß an die Überlegungen des Zen-buddhistischen Mönchen Eido Tai Shimano läßt sich nämlich folgendes feststellen:

> "... Judaism, Christianity and Islam repudiate the mix-and-match approach to religions, viewing it as heresy. ... While Confucianism may not be a religion in the strict sense of the word, Shinto, Buddhism and Confucianism are based on entirely *different, mutually contradictory principles*. According to Shinto, for instance, the world in which we live is the best place, and when we die we go to a filthy, odious nether world. Buddhism holds the opposite: that this world is full of pain and filth, and that when the physical body

---

[1] vgl. Herzog, 7.04.1997.
[2] s.u.
[3] vgl. z.B. Zeit-Punkte, Nr. 4, 1995, S. 33.
[4] vgl. z.B. Dülfer, 1991b, S. 274; The Japan of Today, 1989; Koyama, 1991, S. 279; Schinzinger, 1983, S. 16.
[5] Hofstede 1993, S. 152 ff.; hervorgehoben d. d. Verf.
[6] Zu diesen Unterschieden vgl. detailliert Nakamura, 1988.
[7] Außerdem ist zu bemerken, daß die zwei von Hofstede genannten Traditionen nicht die ganze religiöse Lebenswelt in Japan, sondern nur einen Teil von ihr bilden, denn auch die konfuzianischen und taoistischen Vorstellungen, welche ebenso wie der Buddhismus von China nach Japan gelangt sind, wur-den "japanisiert" und stellen heute ein immanentes Element der geistigen Lebenswelt vieler Japaner dar.

perishes we return to the real world, a clean, pure land. In Confucianism, there is no world but this one. *Each view, of course, flatly contradicts the others. I believe that in this way the Japanese are a broadminded, tolerant people with an immunity to contradiction* and an ability to believe in and become attached to three or four religions at once."[1]

Eins sei an dieser Stelle explizit hervorgehoben: Es geht hier nicht darum, daß in einer Gesellschaft bzw. 'Zivilisation" unterschiedliche, einander u.U. sogar ausschließende Glaubensvorstellungen (als *Wissenssysteme* verstanden[2]) existieren. Vielmehr interessiert hier die Tatsache, daß diese einander anscheinend ausschließenden Doktrinen von *ein und denselben Menschen* gepflegt werden. Nicht etwa die Toleranz gegenüber den Andersdenkenden, nicht die Koexistenz auf der *interpersonellen* Ebene, sondern die *Symbiose von gegensätzlichen Wissenskomponenten als verhaltenslenkende Bestandteile der Wissensbasis ein und derselben Person,* das *Nebeneinander-Bestehen* von konträren Wissenskomponenten anstelle der *kognitiven Dissonanz*[3] auf der *intrapersonellen* Ebene - dies ist das zentrale Thema der weiteren Ausführungen.

Man mag in diesem Synkretismus sogar eine Quelle des japanischen *Individualismus* sehen, denn jede Person kann sich (jedenfalls theoretisch) eine einzigartige, ihren individuellen Bedürfnissen Rechnung tragende Kombination von Glaubensvorstellungen und -praktiken "zusammenstellen".[4] Auf alle Fälle hat diese Verbindung gegensätzlicher Wissenskomponenten offensichtlich einen aus westlicher Sicht nicht-trivialen (sprich hier: *unlogischen*) Charakter. Somit läßt sich auch in der vorliegenden Arbeit sinngemäß die Forschungsaufgabe stellen, die Maruyama Masao in den Mittelpunkt der wissenschaftlichen Auseinandersetzung mit der japanischen Denktradition bereits vor vierzig Jahren stellen wollte:

> 'Wir müssen uns bemühen, jene "Struktur" zu erfassen, deren Charakteristikum paradoxerweise gerade darin besteht, daß die verschiedensten Ideen, Denkformen und Weltanschauungen historisch unstrukturiert nebeneinander bestehen bleiben."[5]

Außer Hofstede und Maruyama haben auch andere Autoren der japanischen Tradition "die Neigung zu einem in Widersprüchen sich bewegenden ... Denken"[6] attestiert und zugleich darauf hingewiesen, daß "(s)o wie der okzidentale Geist sich vor Inkonsequenz, Ambiguität, Widersprüchlichkeit zu fürchten scheint ..., strebt der orientalische Geist nach dem Gegenteil, ... weil die zugrundeliegende Kosmologie sehr unterschiedliche Visionen von der Beschaffenheit der Wirklichkeit enthält."[7] Da das Hauptaugenmerk der vorliegenden Arbeit auf dem Phänomen der Innovationsidentität der japanischen Großunternehmen als Managementherausforderung und nicht auf der allgemeinen Wissens- und Erkenntnistheorie

---

[1] Eido Tai Shimano, 01.09.1996, hervorgehoben d. d. Verf. Zu weiteren Unterschieden vgl. z.B. Kaji, 1995.
[2] Hier sei nochmals darauf hingewiesen, daß dieser Arbeit ein breit aufgefaßtes Verständnis vom Wissen zugrunde liegt, demzufolge das Wissen auch "*Einstellungen, Wertvorstellungen und andere Symbolprodukte* [umfaßt]..., *seien sie nun "wahr", "annähernd" oder sogar "falsch"*" (Toffler, 1993, S. 41; hervorgehoben durch d. Verf.) bzw. ein "(k)nowledge ... about *beliefs* and *commitment*" (Nonaka/Takeuchi, 1995, S. 58) darstellt; vgl. zur Diskussion Marr/Fliaster, 1999, i.V.
[3] vgl. zu diesem Begriff Festinger, 1970.
[4] vgl. Mouer/Sugimoto, 1988, S. 199 f.; vgl. auch Ebenda, S. 115 und die dort angegebene Literatur.
[5] Maruyama Masao, 1988, S. 24; die japanische Erstveröffentlichung erfolgte 1957.
[6] Schinzinger, 1983, S. 22.
[7] Galtung, 1983, S. 319 f.

liegt, soll im weiteren auf die von Maruyama formulierte Forschungsaufgabe nur insofern eingegangen werden, als dies zur Bearbeitung des Problemfeldes dieser Arbeit von Relevanz ist.

In diesem Zusammenhang soll daran erinnert werden, was bereits im Kapitel 6.2.1.2 konstatiert werden konnte: Während im deutschen Management Ambiguität, Ungewißheit und Unvollkommenheit grundsätzlich zu bekämpfen sind, scheint das Japanese-style Management sie viel eher zu akzeptieren.[1] Insofern ergeben sich deutliche Überschneidungen zwischen den prozessualen, auf die Handhabung des Wissens bezogenen *Denktraditionen* und den entsprechenden kulturspezifischen *Managementtraditionen*.

Diese Überschneidungen lassen sich als ein weiterer Beleg für die im Kapitel 3 formulierten theoretischen Überlegungen zum Einfluß kulturspezifischer kognitiver "traits" auf das Management von Personal und Wissen in den Unternehmen anführen: Die Wurzeln der festgestellten Unterschiede im Umgang des Managements mit Widersprüchlichkeit und Ambiguität sind auf fundamentaler Ebene in den divergenten *Basisannahmen über die Wahrheit*[2] und dementsprechend *über den Umgang mit gegensätzlichen Wissenskomponenten* zu suchen.

Im Anschluß an Kurokawa läßt sich der idealtypische japanische Modus folgendermaßen zusammenfassen:

> 'In the West, dualisms are transcended through the dialectical method of resolving opposites on a higher level. *The two opposites are unified into a single entity, or one of the two is negated and rejected.* In contrast, the *philosophy of symbiosis* creates a relationship between the two elements while allowing them *to remain in opposition*. That relationship must be a *dynamic*, ever-changing one. To create a relationship between two opposing elements, it is usually effective to place spatial distance (a neutral zone) or temporal distance (a cooling-off period) between them."[3]

Mit anderen Worten: Die Divergenz zwischen den Wissenskomponenten bleibt bestehen und konstituiert ein Spannungsfeld, das die beiden Komponenten voneinander jedenfalls teilweise zu 'trennen" ermöglicht. Am Fallbeispiel mit divergenten Glaubensvorstellungen kann dieser Modus näher erörtert werden:

Erstens werden die fremdentwickelten Doktrinen *nicht vollständig* übernommen: "Buddhism and Confucianism spread to Japan, but only the compatible features were adopted; *Japanese were never totally converted to either*. This is true of Christianity, Marxism, and other *Western thought systems* as well."[4] Der Grund dafür kann mit Kumon in der Basisannahme der Japaner gesehen werden, die Gesetze, Prinzipen etc. seien nicht von Gott gegeben, sondern von Menschen geschaffen, die über eine beschränkte 'power of reason" verfügen[5]; vor diesem

[1] vgl. Kapitel 6.2.1.2 und die dort angegebenen Quellen.
[2] vgl. zu diesen Annahmen Hofstede, 1993; Howard/Teramoto, 1981, S. 28 f.; Ishige, 1995.
[3] Kurokawa, 1994, Chapter 8; hervorgehoben d. d. Verf.
[4] Hayashi, 1988, S. 170; hervorgehoben durch d. Verf.
[5] vgl. Kumon, 1982, S. 14; diese Bemerkung spricht auch für die im Kapitel 5 angeführte Hypothese von Kimura bezüglich der schwachen Ausprägung der "vertikalen Norm" in Japan.

Hintergrund erscheint die Kumonsche Schlußfolgerung einleuchtend, daß für die Japaner "the pragmatic solution is not to discard any constructions [sprich: 'laws, theories, contracts, etc.'- A.d.V.] totally. *Better to keep them in your conceptual tool box and make use of them according to your needs without worrying about consistency or integrity.*"[1] Drittens wurde den verschiedenen Glaubensrichtungen im Laufe der japanischen Geschichte auch unterschiedliche Wichtigkeit beigemessen bzw. verschiedene Funktion zugewiesen[2] - ganz im Sinne dieses von Kumon und anderen Autoren hervorgehobenen "*Japanese pragmatism.*"

Die Wissenssymbiose bedeutet also *nicht*, daß heterogene Denkrichtungen bzw. Ideensysteme miteinander komplett fusionieren und ihre eigenständige Existenz aufgeben. Vor diesem Hintergrund ist verständlich, warum Katô die japanische Kultur als "*Bastardkultur*"[3] bezeichnete, und auch warum diese Eigenart von japanischen Autoren sowohl positiv als "skillful combination .. of different cultures"[4] wie auch sehr kritisch gesehen wird:

> "Tatsächlich besteht ... das Problem darin, daß die verschiedenen heterogenen Ideen nicht wirklich miteinander 'verkehren", sondern bloß ... nebeneinander existieren. Würden die verschiedenartigen Ideen, Denkweisen und Weltanschauungen miteinander verkehren, so müßte daraus eigentlich eine wirkliche *Kreuzung*, d.h. eine neue Individualität entstehen."[5]

In diesem Zusammenhang ist auch auf die Feststellung von Nakane aufmerksam zu machen, derzufolge die im Zuge der Modernisierung übernommenen Elemente der westlichen Kultur stets partiell und segmentär gewesen seien und kaum Änderungen in der 'kulturellen Grundstruktur" der japanischen Gesellschaft nach sich gezogen hätten: Diese Elemente seien mit einer breiten Schicht von Fremdwörtern vergleichbar, die die grundlegende, 'ureigene" Struktur bzw. Grammatik der Sprache kaum berührten.[6]

Nichtsdestotrotz ist es m.E. nicht korrekt, in diesem Nebeneinander-Bestehen heterogener Wissenskomponenten den Ausdruck einer *spezifischen Innovationsdentität* bzw. der *japanischen Individualität* nicht zu sehen. Es mag zwar keine 'Kreuzung" in dem Sinne stattfinden, daß aus zwei oder mehreren untereinander heterogenen und intern vergleichsweise konsistenten Doktrinen (Wissenssystemen, Weltbildern, etc.) nicht unbedingt eine neue, *zusätzliche* konsistente Doktrin entsteht, die aus verschiedenen Wissenselementen ihrer Quellendoktrinen bestehen[7] und diese Quellendoktrinen komplett überwinden bzw. irreversibel ersetzen würde. Aber diese Koexistenz von Doktrinen ("Schäkern und Zanken"[8], in Maruyamas Formulierung) führt dennoch zum 'Verkehr" zwischen ihnen in dem Sinne, daß sie sich im Laufe der Zeit verändern und weiterentwickeln (Stichwörter Japanization und Refinement) und als solche die verhaltenslenkende Wissensbasis der Individuen und der Nation bilden.

---

[1] Kumon, 1982, S. 14; hervorgehoben d. d. Verf.
[2] vgl. z.B. Morishima, 1985, S. 28. Vielleicht läßt sich hier eine Analogie zur Knüpfung shintoistischer und buddhistischer Riten an unterschiedliche Anlässe (Hochzeit, Tod etc.) herstellen.
[3] zit. in: Maruyama Masao, 1988, S. 75.
[4] Kurokawa, 1994, Chapter 4; auch Katô sieht dieses Merkmal positiv (zit. in: Maruyama Masao, 1988, S.75).
[5] Maruyama Masao, 1988, S. 75; hervorgehoben im Originaltext.
[6] vgl. Nakane 1985, S. 200; vgl. hierzu auch die Schlußfolgerungen im Kapitel 15.
[7] Sie werden also nicht "unified into a single entity" (Kurokawa, 1994).
[8] Maruyama Masao, 1988, S. 75.

Dieser innovationsrelevante kulturspezifische Mechanismus der Handhabung von heterogenen Wissenskomponenten sei hier als **kognitive Schaltfunktion der Innovationsidentität** bezeichnet;[1] auf diese Schaltfunktion soll an dieser Stelle näher eingegangen werden.

Fundamentale Grundlageninnovationen bedeuten definitionsgemäß den Sieg des Neuen in einem *kompromißlosen "Entweder-Oder"-Kampf*, der im kompletten Verdrängen des Alten durch das Neue mündet. Für einen Japaner, dessen Contextual Construal of Self, wie im Kapitel 4 bereits gezeigt, voraussetzt, daß Mensch und seine unmittelbare Umwelt eins sind, kann diese vorgegebene Harmonie durch eine einseitige Festlegung im "*Entweder-Oder*"-Spannungsfeld gestört werden, was für eine zwischenmenschliche Beziehung und damit auch für das *Selbst* schlecht - und demzufolge auch zu vermeiden ist.[2] Den vorhergehenden Ausführungen läßt sich die Hypothese entnehmen, daß die kognitiven Schaltfunktionen, die im jeweiligen sozio-emotionalen Feld das Innovationsverhalten der japanischer Wissensträger mit konstituieren, vielmehr nach dem idealtypischen "*Sowohl-Als-Auch*"-Prinzip funktionieren dürften.

Einen Versuch, die im Hinblick auf dieses Merkmal unterschiedlichen mentalen Modelle zu systematisieren, hat Maruyama Magoroh unternommen.[3] Er hat "a structure of reasoning, cognition, perception, conceptualization, design, planning, and decision making that may vary from one individual, profession, culture, or social group to another"[4] als "*Mindscape*" bezeichnet und insbesondere zwischen folgenden vier besonders häufig anzutreffenden Mindscape-Typen unterschieden:

- "H"-Mindscape Type ("nonreciprocal causal models");
- "I"-Mindscape Type ("independent event models");
- "S"-Mindscape Type ("homeostatic causal loop models") und
- "G"-Mindscape Type ("morphogenetic causal loop-models").

Wie sich bereits aus der obigen Definition des Begriffes "Mindscape" ableiten läßt, können grundsätzlich in einem Land, einer Berufsgruppe oder einer Unternehmung mehrere "Mindscape Typs" sowie deren Kombinationen existieren.[5] Jedoch lassen sich im Sinne einer *Grundorientierung* auch bestimmte *verallgemeinernde* Aussagen treffen, und so sieht Maruyama Magoroh in der traditionellen *europäischen Kultur* den "H"-Typ als vorherrschend, während in *Japan* unterschiedliche Kombinationen von "H"-, "S-" und "G"-Typen eher anzutreffen sein dürften. Dieser stärkeren Präsenz des "G"-Types in Japan kommt eine für die Fragestellung der vorliegenden Arbeit besonders wichtige Bedeutung zu: Personen, die diesen Typ des Mindscape aufweisen, tendieren nach Maruyama zu "*interaktiven Inventionen*".[6]

---

[1] Bei diesem Vergleich mit den *Schaltfunktionen* kann man sich auch auf die Auffassung von Hofstede stützen, der die Kultur als spezifische kollektive mentale Programmierung (*Software of the Mind*) betrachtet (vgl. hierzu detailliert Hofstede 1993). Auch andere führende Kulturforscher bringen das Phänomen Kultur mit dem *Programm* in Verbindung - so z.B. Hall/Hall, die Kultur als "a *program for behavior*" definieren (Hall/Hall, 1990, S. XIV; vgl. auch Ebenda S. 3).
[2] vgl. Kubota-Müller, 1989, S. 7.
[3] vgl. im weiteren Maruyama Magoroh, 1980, S. 588 ff.; Maruyama Magoroh, 1989, S. 425 f.
[4] Maruyama Magoroh, 1980, S. 591.
[5] vgl. Maruyama Magoroh, 1980, S. 596 ff. u. 1989, S. 425 f. sowie die dort angegebenen Quellen.
[6] vgl. Maruyama Magoroh, 1989, S. 426 sowie die Ausführungen im Kapitel 5.3.

Zur Unterscheidung der einzelnen Mindscape Types werden von Maruyama Magoroh ca. 15 verschiedene Dimensionen verwendet, von denen hier zur Analyse der japanischen Innovationsidentität nur zwei herausgegriffen werden sollen, nämlich die "*Logic*" und das "*Knowledge*" - denn dies sind die Dimensionen, die im Hinblick auf die "*interaktiven Inventionen*" von besonderer Relevanz zu sein scheinen.

Tabelle 6.3: **Dominierende Mindscapes in Westeuropa und Japan: Wahrnehmung des Wissens und die Logik seiner Handhabung** (nach Maruyama[1])

Non-reciprocal Causal Models	**Homeostatic Causal-loop Models/ Morphogenetic Causal-Loop Models**[2]
The law of identity holds (A is A; A is not B)	The law of identity is irrelevant (A is not just A by itself, but something which exists in relation to B, C, D, etc.)
Categories are mutual exclusive (if one is a Buddhist, one cannot be a Christian)	Categories are not mutually exclusive
There is only one truth; there is a best way for all persons; objective reality exists independent of the perceiver (differences in perception are due to error and lack of objectivity); Unmeasurables are unreal or invalid.	Subjective differences between several persons enable them to compute the dimensions which are invisible to all ("polyocular vision"/"cross-subjective analysis")

Diese Polarisierung scheint zwar - sofern der Wertewandel der *westlichen Postmoderne* mitberücksichtigt wird - übermäßig radikal zu sein. Vor dem Hintergrund der obigen Ausführungen zum *Construal of Self* und den auf ihm beruhenden Fähigkeiten leuchten dennoch diese Differenzen als *idealtypisches Bild* nach wie vor ein, und sie lassen sich auch mit den Überlegungen anderer Kultur- sowie Innovationsforscher, deren Ideen für das Konzept der *human- und wissensbasierten Innovationsidentität* von besonderer Relevanz sind, stützen und in den Kontext des Innovatons- und Wissensmanagements bringen:

Nonaka/Takeuchi sehen einen sehr zentralen managementrelevanten Unterschied zwischen der intellektuellen Tradition im Westen und in Japan in einer ...

> "... *strong propensity in the West to view the world in terms of a dichotomy.* ... A is pitted against B, resulting in the "A vs. B" model. The debates over subject vs. object, mind vs. body, rationalism vs. empirism, and scientific management vs. human relations reflect this intellectual tradition. ... As in boxing, one winner (i.e., either A or B) emerges after the confrontation."[3]

[1] Eigendarstellung nach Maruyama Magoroh, 1980, S. 593 f. und 1989, S. 425 f.

[2] Maruyama zufolge bestehen zwischen diesen beiden Modellen zwar mehrere Unterschiede; jedoch können sie hier auf den gemeinsamen Nenner gebracht werden, weil sie gerade in den dargestellten Dimensionen "Knowledge" und "Logic" keine Differenzen aufweisen.

[3] Nonaka/Takeuchi, 1995, S. 236 f.

Ebenfalls sieht *Hofstede* für die westliche Logik als charakteristisch das Axiom an, wonach eine Aussage ihren Gegenteil ausschließt (Wenn 'B" das Gegenteil von "A" ist und "A" wahr ist, so *muß* 'B" falsch sein), und stellt für die östliche Logik das Vorhandensein einer ganz anderen managementrelevanten kognitiven Schaltfunktion fest: "A" und sein Gegenteil 'B" können *beide* wahr sein und zusammen zu einer über ihnen stehenden Weisheit führen.[1]

Oben wurde bereits mehrfach auf die engen *Wechselwirkungen* zwischen der kognitiven und der sozio-emotionalen Dimension der humanbasierten Innovationsidentität der Unternehmen hingewiesen. Diese kognitive Schaltlogik kann dementsprechend auch in Verbindung mit den sozio-emotionalen Determinanten des zwischenmenschlichen Innovationskontextes in Japan gebracht werden. Wenn also in der Literatur betont wird,

- daß "Japanese believe that people can accomplish their objectives by accepting each other's views and blending them into a workable agreement,"[2] und
- daß "(a) person from a high-context culture values harmony more than individual achievement,"[3]

so sind diese sozio-emotionalen Eigenarten des japanischen Contextual Construal of Self von hoher Relevanz auch für die *Ergebnisse des Innovationsprozesses*: Das sozio-emotionale Harmoniestreben dürfte nämlich eher zur *Symbiose und Integration von verschiedenen subjektiven Wissenskomponenten als zu einer "kreativen Zerstörung" bzw. einseitiger Bekämpfung* bewegen.

Architekten, Kulturforscher, Innovationsforscher, Managementforscher und Manager - sie alle beschreiben m.E. *das gleiche Grundmuster*, nach dem die *Wissenskomponenten in Japan gehandhabt* werden: Die kognitive *"Sowohl-Als-Auch"-Schaltfunktion*, flankiert und unterstützt durch das Refinement der Einzelkomponenten. Im Anschluß an Kikuchi, Direktor des Research Center der Sony Corp., kann man in diesem Zusammenhang von einer *"associative creativity"* der Japaner sprechen, die auf der zwischenmenschlichen Kooperation basiert und bei der Systematisierung von vorher zerstreuten Ideen sowie ihrer Modifizierung und Verbesserung besonders effektiv ist.[4]

Diese *spezifische kognitive Schaltfunktion* läßt sich unter anderem daran erkennen, *wie die innovationsrelevanten personalwirtschaftlichen Routinen in japanischen Großunternehmen* modernisiert werden; im Anschluß an Mroczkowski/Hanaoka kann nämlich festgestellt werden, daß ...

> "(t)he changes going on in employment practices and employee motivation are not designed to destroy the old system but to increase its flexibility. This is very much in keeping with the *traditional Japanese approach to change*; however fast and deep it is, *continuity with the uniquely Japanese "essence"* must be maintained."[5]

---

[1] vgl. Hofstede 1993, S. 196.; vgl. auch Ehmcke, 1990, S. 270 u. Weinshall, 1993, S. 356.
[2] Hayashi, 1988, S. 36 und 163 f.
[3] Kennedy/Everest, 1991, S. 53.
[4] vgl. Kikuchi, zit. in: Ernst/Wiesner, 1994, S. 164.
[5] Mroczkowski/Hanaoka, 1989, S. 52; hervorgehoben d. d. Verf.

Dieser idiosynkratischen Art der Transformation von *Innovation-Shaping Corporate Routines* in Japan wird in den Kapiteln 13 und 14 en detail nachgegangen. Die Ausführungen des vorliegenden Kapitels sollen mit folgender *Schlußfolgerung* abgeschlossen werden.

Die Innovationsidentität ist eher als **Grundhaltung** bzw. **Prädisposition** denn als eiserne Gesetzmäßigkeit bzw. Ursache-Wirkungs-Regel zu interpretieren. Sie sollte generell nicht als Faktor angesehen werden, der **Innovationen schlechthin** hindert bzw. fördert. Ihr Einfluß ist vielmehr als **differenziert** zu bezeichnen und für unterschiedliche Arten von Innovationen **einzeln** zu betrachten.

Vor diesem Hintergrund kann insgesamt resümiert werden, daß die **japanische Innovationsidentität** im Hinblick auf die **Handhabung der Wissenskomponenten**

- eher **kombinierende und kumulative** als **ausselektierende** und **tilgende** und

- eher **vervollkommnende** und **revitalisierende** als **eliminierende** und **zerstörende** Innovationen fördert.

Und je nach **Situation** kann diese Innovationsidentität für ihre Träger eine **Stärke** oder ein **Problem** darstellen. Dieser Frage wird im Zusammenhang mit **technologieverbundenen Innovationen** im III. Teil der Arbeit nachzugehen sein.

KAPITEL 7

BLICK IN DIE ZUKUNFT: DAS JAPANISCHE PARADIGMA DES PERSONELLEN IDENTITÄTSWANDELS

"Keinen Moment leugne ich die sich wandelnden Aspekte der japanischen Gesellschaft, aber ich glaube, daß es auch sehr wichtig ist, die bleibenden Faktoren zu suchen, die den vielfältigen Wandlungen zugrunde liegen."
(Ch. Nakane)[1]

"In Japan verkündet der Schuldirektor: "Wir müssen die Individualität fördern," und alle sagen: "Jawohl! Gut, und jetzt alle zusammen: Laßt uns die Individualität fördern." Ohne es zu merken, handeln sie als Gruppe."
(H. Kawai)[2]

Da in der Literatur[3] auch für die japanische Gesellschaft in den letzten Jahren vielfach ein *Wertewandel* konstatiert wird, ist es sehr wichtig, nach den möglichen *Richtungen* dieses Wertewandels und speziell nach den *Auswirkungen* Ausschau zu halten, die er für das *Contextual Construal of Self*, die *Fähigkeiten* der Kontextualisten und entsprechende *zwischenmenschliche Beziehungen* - und damit auch für die humanbasierte *Innovationsidentität japanischer Unternehmen* haben kann.

Vorwegnehmend soll gesagt werden, daß der Wertewandel in Japan wie vermutlich auch die meisten Prozesse des Wandels überhaupt *vielgestaltige*, u.U. gar *gegensätzliche* Komponenten beinhalten, die ggf. noch kein konsistentes Gesamtbild ergeben. Dementsprechend sind auch die nachfolgenden Ausführungen, mit denen kein Anspruch auf Vollständigkeit erhoben wird, als Versuch einer *Prognose* mit allen ihr wesenseigenen *Unsicherheiten* zu interpretieren.[4]

Unter diesen Komponenten des Wandels scheinen zwei *Kräfte* für die Problematik dieser Arbeit - die *Innovationsidentität der japanischen Großunternehmen* - von besonderer Relevanz zu sein. Einmal geht es um den weiteren Bestand der **Relatedness** bzw. der fundamentalen interdependenten kontextualistischen Definition des Selbst, andererseits um die weitere **Individuierung** der Mitglieder der japanischen Gesellschaft.

7.1 Beharrliche Kraft der Relatedness

Die starke *kontextualistische Gruppenorientierung* scheint in Japan trotz (oder, vielleicht, *dank*) allen Modernisierungsprozessen aufrechterhalten zu bleiben.[5] Diese Beständigkeit erscheint erklärlich, wenn man im Anschluß an Nakane gerade in dem "*persistenten Grundcharakter der zwischenmenschlichen Beziehungen* in und zwischen den Gruppen" die "*grund-*

---
[1] Nakane, 1985, S. 200; hervorgehoben d. d. Verf.
[2] Kawai, in: Kawai/Murakami, 1996, S. 86.
[3] vgl. z.B. die Daten bei Nisihira, 1993 und Trommsdorff, 1993.
[4] Auf diese Problematik wurde bereits im Prolog hingewiesen.
[5] vgl. Kevenhörster, 1993, S. 55; Kawai/Murakami, 1996, S. 86.

legende soziale Grammatik" in Japan sieht und diese als "das informelle System, die treibende Kraft japanischen Tuns, ... durchdrungen von einem einmaligen Charakteristikum japanischer Kultur"[1] interpretiert. Die Ergebnisse neuerer empirischer Studien, wie der von Singelis, bestätigen ebenfalls, daß selbst in der individualistischen Kultur der USA die *Asian Americans* (deren Gruppe in dieser Studie zu ca. 58% aus *Japanern* bestand[2]) eine ***höhere Interdependenz*** und eine *geringere Independenz* aufweisen als die *Caucasian Americans*.[3]

Somit scheint die *Interdependenz* bzw. *Relatedness* - auf der fundamentalen Ebene als "a way of being self" verstanden - *nach wie vor* ein zentrales Wesensmerkmal der japanischen Identitätsauslegung zu bleiben. "*It is hard to be otherwise,*"[4] um mit Markus/Kitayama plakativ zu formulieren. Und auch andere führende Kulturforscher, wie z.B. Hofstede, vertreten die Meinung, daß die japanische Gesellschaft höchstwahrscheinlich deutlich kollektivistische Elemente im *Arbeitsbereich* - also auch in dem hier besonders relevanten ***betrieblichen Innovationsbereich*** - beibehalten wird,[5] so daß diese Elemente für das gesamte "Innenleben" der japanischen Betriebe nach wie vor maßgebend bleiben dürften.[6]

"*Hard to be otherwise*" heißt aber nicht "*völlig unmöglich.*" Spätestens in der Nachkriegszeit finden in Japan schrittweise Veränderungen in Richtung *Individuierung* und *Diversifizierung* der Wertvorstellungen und Bedarfsstrukturen statt, die einige Autoren zur Schlußfolgerung veranlaßten, die japanische Gesellschaft befinde sich heutzutage am Wendepunkt zu mehr individualistischen Werten.[7] Diesen Veränderungen ist hier nachzugehen.

7.2 Förderung der Individuierung

Einige Autoren betrachten die *Individuierung* in Japan, aber auch in ganz Asien als einen durch das Wirtschaftswachstum verursachten, im Grunde unvermeidlichen - da "natürlichen" - Prozeß.[8] Von dem Wohlstand allein auf eine aktiv fortschreitende Individuierung monokausal zu schließen erscheint allerdings zu simplifizierend und widerspricht zudem den Resultaten der internationalen historisch-demographischen Studien.[9] Interessanter sind dagegen die Überlegungen, denen zufolge die Umwandlung einer landwirtschaftlichen Nation zu einer *Industrie-* und in zunehmendem Maße auch einer *Dienstleistungsgesellschaft* den Wertewandel

---

[1] Nakane, 1985, S. 200. Auch heute wird von einigen japanischen Autoren die Meinung vertreten, daß der Respekt vor der Obrigkeit - und damit *notwendigerweise* auch der *vertikale* Charakter der Gesellschaft - in Japan so tiefsitzend und so verbreitet ist, daß er kaum veränderbar ist (vgl. Kaji, 1995, S. 60).
[2] Eigenberechnungen nach Singelis, 1994, S. 584.
[3] vgl. Singelis, 1994, S. 587.
[4] Markus/Kitayama, 1994, S. 577, Fußnote 4.
[5] vgl. Hofstede, 1993, S. 95.
[6] vgl. Esser, 1994a, S. 7.
[7] vgl. Kikuchi, 1981, S. 45; Stern/Muta, 1990, S. 78; Himuro, 1991, S. 91; Ziesemer, 12.9.1996, S. 46 f. Einige weitere Hinweise auf mögliche evolutionäre Veränderungen des Wertsystems der japanischen Arbeitnehmer können Ergebnisse der neueren Umfragen geben, vgl. dazu z.B. JETRO, 1993, Teil "Major Changes in the Work Place", sowie Fukuda, 20.9.1995.
[8] vgl. zur Diskussion Yamaguchi, 1994, S. 184 sowie Trianidis 1994b; Fukukawa, 1995; Schubert, 1992, S. 187 f.
[9] vgl. kritisch Kagitçibasi/Berry, 1989, S. 517 f. und die dort angegebenen Quellen.

ausgelöst habe; zu den Anhängern dieser These zählt z.B. K. Takashi, der ehemalige Präsident der Mitsubishi Electric, der heute in der traditionellen *effizienzförderlichen Gruppenorientierung* und *Homogenität der Arbeitskräfte* eine *Kreativitätsbarriere* in japanischen Großunternehmen sieht:

> "The history and culture of Japan are those of an agricultural people, and so emphasis is placed on working for a single company for a long period. Individuals in an agricultural society are supposed to have uniform attitudes, an aberration from which results in "village ostracism" of a person who breaks away. Even in a corporate society, an employee who utters a different opinion or thinks in a slightly different way from the majority has been likely to be rejected to some degree, or to be slow in getting promoted. I think such cases were no rarity in large corporations in the past.[1]"

Auch diese Erklärung ist monokausal und in dieser Form recht simplifizierend, der Hinweis auf die landwirtschaftliche 'Reistradition" als *einen der wichtigen* kulturellen Einflußfaktoren kann jedoch als begründet angesehen werden.[2] Noch 1947 war *mehr als die Hälfte* der japanischen Bevölkerung in der Landwirtschaft tätig, so daß, wie die *JETRO*-Experten bemerken,

> "(m)any of today's middle-aged and more senior citizens emerged from this rural background to construct the present-day corporate Japan. From their agricultural work tradition they formed Japan's corporate work ethic, which has become famous for its characteristic diligence, group commitment and self-sacrifice."[3]

In der Nachkriegszeit hat sich infolge der rapiden industriellen Entwicklung und Urbanisierung die Situation *radikal* verändert: Der Anteil der nach dem Krieg geborenen Japaner an der Gesamtbevölkerung ist 1975 auf 50.6% und 1994 bereits auf 66.5% gestiegen,[4] wobei lediglich 6% der Japaner in der Landwirtschaft tätig sind,[5] und somit repräsentiert die Wohlstands- und Industriegeneration mit ihren Wertvorstellungen den Großteil der heutigen japanischen Gesellschaft.

Die jüngeren Mitarbeiter legen heute tatsächlich ein Arbeitsverhalten an den Tag, das sich von dem ihrer Eltern in einiger Hinsicht unterscheidet. So scheinen insbesondere das *On-the-Job-Training* und die entsprechende *Karriereplanung*, die das Kernelement der Personalentwicklung - und damit mit die zentralen *Innovation-Shaping Corporate Routines* in japanischen Unternehmen - darstellen,[6] von dem Wertwandel betroffen zu sein: 31.9% der größeren japanischen Unternehmen teilten in einer Umfrage 1995 mit, daß die auf das *Generation Gap* zurückzuführenden Wertdifferenzen die *Kommunikation* zwischen den Vorgesetzten und ihren jüngeren Mitarbeitern *für beide Seiten* schwieriger machen.[7] Das Streben der Arbeitskräfte nach einer größeren psychologischen Freiheit, wie auch andere

---

[1] Takashi, May 1995.
[2] Auf den Einfluß der "Reiskultur" bzw. der landwirtschaftlichen Tradition weisen auch Hayashi (1988, S. 86 ff.) sowieTriandis (1989, S. 512) und Kim (1994, S. 19 ff.) hin.
[3] JETRO, 1993, Teil „Major Changes in the Work Place."
[4] vgl. KEIZAI KIKAKUCHÔ, 14.11.1995, Teil 1, Kapitel 1.1.
[5] Stand 1991; vgl. JETRO, 1993, Teil "Major Changes in the Work Place".
[6] vgl. dazu Kapitel 14.
[7] Mehrfachnennungen waren möglich; vgl. Kawakita, April 1, 1996.

sozioökonomisch relevante Veränderungen sprechen insgesamt für eine stärkere Berücksichtigung der Interessen und Rechte des Individuums gegenüber der Gruppe:[1]

Umfragen der letzte Jahre ergeben, daß Japaner heute *aktiver als früher* mitreden und mitentscheiden wollen - im Staat wie auch in den Unternehmen; so hat eine neuere vom Dentsu Institute for Human Studies (DIHS) durchgeführte Umfrage u.a. folgendes gezeigt:

> Bei der Frage nach den Zielen Japans für die nächsten 10 Jahre waren 1995 54.8% der befragten Japaner dafür, daß die Bürger bei wichtigen Regierungsentscheidungen mehr mitreden (11.4% mehr als 1990), und 54.6% waren der Auffassung, daß den Menschen mehr Möglichkeiten geschaffen werden sollen, damit sie bei den an ihrem Arbeitsplatz und in den Gemeinden zu treffenden Entscheidungen auch das Sagen haben (Zuwachs 7% gegenüber 1990).[2]

Diese und andere Ergebnisse haben die DIHS-Experten die Schlußfolgerung ziehen lassen, daß auch die "*vagen Japaner*"[3] ihre Gestalt allmählich aber sicher ändern und daß es eine Entwicklung zur Reformierung des "Systems Japan" durch *Independenz* und *aktivere Partizipation* an der Gesellschaft zu geben scheint.[4]

Dieses *Streben nach Independenz* scheint samt der *negativen psychologischen Effekte der Rezession* bereits Folgen nach sich gezogen zu haben: Der Umfrage der *KEIZAI KIKAKUCHÔ* zufolge stimmten z.B. 68.8% der Japaner 1995 der These zu, Menschen seien *kalt* zueinander.[5]

Einen weiteren möglichen *Frühindikator* für den Wertewandel in Japan liefern die empirischen Ergebnisse einer neueren Studie von Kashima et al.,[6] auf die hier detaillierter eingegangen werden soll:

Kashima et al. haben *Individualismus* einerseits, und *Kollektivismus* und *Relatedness* (*Kanjinshugi* im Sinne von Hamaguchi[7]) andererseits, nicht als zwei, sondern als drei unterschiedliche *Dimensionen des Selbst* aufgefaßt und männliche und weibliche Vertreter von fünf Kulturen (davon mit Japan und Korea 2 "kollektivistischen," mit dem Festland der USA und Australien zwei individualistischen, sowie der hawaianischen Kultur, die sich in der Mittelposition zu befinden scheint) auf die entsprechenden Merkmalsausprägungen untersucht. In puncto *Relatedness* war das Ergebnis recht überraschend: "Probably most unexpectedly, *men and women in Japan scored the lowest*."[8]

Dieses Resultat widerspricht offensichtlich den oben analysierten Überlegungen von Kimura, Hamaguchi, Kumon, Markus/Kitayama, Triandis, Cousins u.a. Für diesen Widerspruch bieten

[1] vgl. auch Tabata, 1995 und die dort angegebene Literatur.
[2] vgl. DIHS, o.J., Teil IV.1.
[3] Im Original: "*aimaina nihonjin*".
[4] vgl. DIHS, o.J., Einführung.
[5] vgl. KEIZAI KIKAKUCHÔ KOKUMIN SEIKATSUKYOKU, 22.08.1996, Teil II, Kapitel 4.1. Diese Daten bedürfen allerdings der Betrachtung auf einer längeren Zeitspanne, um sinnvoll interpretiert werden zu können.
[6] vgl. im weiteren Kashima et al., 1995.
[7] vgl. zum Konzept von Hamaguchi Kapitel 4.3.3.
[8] Kashima et al., 1995, S. 930; hervorgehoben d. d. Verf.

Kashima et al. jedoch eine m.E. recht einleuchtende Erklärung, indem sie auf unterschiedliche Untersuchungsmethoden und die sich daraus ergebenden Konsequenzen hinweisen: "Our measures may *reflect what the participants want to think they are*, whereas the measures used in previous studies [u.a. in denen, die Markus/Kitayama 1991 als Beweismaterial für ihre Thesen herangezogen haben - A.d.V.] may *reveal more implicit aspects of the self-representation*".[1]

Diese Überlegungen können als Hinweis darauf interpretiert werden, daß sich die *subjektiv wahrgenommenen Ist- und Soll-Zustand* des japanischen *Construal of Self* voneinander unterscheiden. In diesem Zusammenhang sei daran erinnert, daß die "*construals of the self and others are tied to the implicit, normative tasks that various cultures hold for what people should be doing in their lives,*"[2] so daß sie eine sehr zentrale *normative Funktion* haben. Und vor diesem Hintergrund ist es wichtig, auf die Untersuchungsgruppe in der Studie von Kashima et al. einen aufmerksamen Blick zu werfen:

Untersucht wurden von diesen Autoren *Studenten* im Durchschnittsalter von 18.9 Jahren - eine Gruppe also, die in der empirischen sozialpsychologischen Japanforschung grundsätzlich als *sehr spezifisch* angesehen wird. Triandis et al. sind bei der Interpretation ihrer eigenen empirischen Ergebnisse gar zur Hypothese gelangt, Studenten seien als Untersuchungspersonen zur Erforschung japanischen Kollektivismus grundsätzlich wenig geeignet, denn sie wiesen eine *geringere Konformität* auf als ihre amerikanischen Pendants in Illinois[3]. Kashima et al. sind in ihren Erklärungshypothesen einen Schritt weiter gegangen und haben die These entwickelt, derzufolge "... *Japanese university students today deliberately and explicitly disavow the relational self that Hamaguchi .... called Kanjin-shugi* ... ."[4] Dabei ist auch zu bedenken, daß auch die frühere Reform des Erziehungs- und Bildungssystems in Japan unter anderem (jedenfalls rhetorisch) auf die Stärkung des Individuums in der Gesellschaft abzielte, was - samt anderer Faktoren - Albach eine interessante Hypothese über eine mögliche *Synthese* einer mehr gruppenorientierten und einer stärker dem Individuum verpflichteten Gesellschaft vorschlagen ließ.[5]

Sollte die Entwicklung tatsächlich auf eine *Synthese* der *Individuierung* und der *Relatedness* hinauslaufen, würde dies massive Konsequenzen für die Innovationsidentität der Menschen in japanischen Organisationen haben; insofern soll sie im abschließenden Abschnitt des vorliegenden Kapitels näher analysiert werden.

---

[1] Kashima et al., 1995, S. 934. Ein weiterer Grund kann m.E. in der von Kashima et al. vorgenommenen Aufteilung der Merkmale zwischen dem Kollektivismus und der Relatedness liegen. Relatedness wird von ihnen auf die "emotional relatedness of the self and other individuals" relativiert, während der Kollektivismus die Beziehung zwischen personellen und Gruppenzielen umfaßt - eine Definition, die der umfassenderen Konzeption des Interdependent Construal of Self bei Markus/Kitayama (1991) widerspricht. Vgl. als einen breiteren Raster die von Singelis entworfene "Self-Construal Scale", Singelis, 1994, S. 584 ff.

[2] Markus/Kitayama, 1991, S. 224, Literaturhinweise ausgelassen; hervorgehoben d. d. Verf.

[3] vgl. Triandis et al., 1988, S. 334.

[4] Kashima et al., 1995, S. 934.

[5] Albach, 1990, S. 378.

7.3 Versuch einer Prognose

Was bedeuten die dargestellten Entwicklungen im Hinblick auf die innovationsrelevanten Eigenschaften der *Kontextualisten* als *Mitglieder der ökonomischen Organisationen*?

Aus dem obengeschilderten Zusammenspiel der beiden identitätswirksamen Kräfte - der der *Relatedness* und der der *Individuierung* - läßt sich an dieser Stelle zusammenfassend ableiten, daß die *kontextualistische Grundorientierung* in japanischen Gruppen zwar einem *Wandel* unterliegt, aber *sowohl der Prozeß wie auch das Ergebnis dieses Wandels unverkennbare japanspezifische Züge aufweisen.*

Was dies konkret bedeutet, kann an dieser Stelle mit H. Yoshikawa, Präsident der University of Tokyo[1] geklärt werden, der in einem Zeitungsgespräch mit T. Sekimoto, Vorstandsmitglied von NEC und Vice-Chairman der *KEIDANREN*, die Zukunftsprognose sehr prägnant auf den Punkt bringt[2]:

"- I'd say the business and academic worlds need to cooperate more closely for the sake of cultivating *creative human resources* and turning out great numbers of people who can *blaze their own trails.* [*T.Sekimoto*]

- You wouldn't be able to turn everybody into that kind of person even if you negated every aspect of Japanese-style "groupism." *Groupism is here to stay.* But I'd like to see schools and businesses make space available for *those who aren't comfortable with it* - who comprise *perhaps 15 percent of the population* -- so they can get away from the group. ... *(C)ompanies should make better use of talented employees* by, for instance, rewarding them generously when they make big contributions. [*H. Yoshikawa*]"

Eswein[3] zufolge werde die Individuierung in ökonomischen Organisationen in Japan insbesondere auf die *Umorientierung* des Individuums vom Status (*vertikale Dimension*) auf die Funktion (*horizontale Dimension*) hinauslaufen. Greift man die Metapher mit der *Raumgestaltung* sowie die *Begriffswelt* von Nakane nochmals auf,[4] kann also vermutet werden, daß von japanischen Organisationen die bislang weniger entwickelten *attributsmäßigen* bzw. *fähigkeits-* und *spezialisierungsbasierten Dimensionen der personellen Identitätsauslegung* stärker beansprucht und gefördert werden.

Im IV. Teil der vorliegenden Arbeit wird auf diese Hypothese im Zusammenhang mit dem Wandel innovationsrelevanter personalwirtschaftlicher Unternehmensroutinen näher eingegangen, an dieser Stelle sollen nur einige relevante Bemerkungen gemacht werden:

---

[1] Laut einer neueren Umfrage von *Asiaweek* - die beste, besonders privilegierte und einflußreiche Universität in Asien (vgl. Asiaweek, May 23, 1997).
[2] Disseminating Know-How and Creating New Dicsiplines: H. Yoshikawa Interviewed by T. Sekimoto, January 1997; hervorgehoben d. d. Verf.
[3] vgl. Eswein, 1996.
[4] vgl. dazu detailliert Kaptel 5.

Mit einer *stärkeren innerorganisationalen Individuierung* scheinen erstens grundsätzlich *mehr* als, wie von Yoshikawa angenommen, nur 15% der Mitarbeiter einverstanden zu sein - vor allem im *höheren Qualifikationsbereich.* Traditionell spielten die *individuellen Arbeitsleistungen* in japanischen Unternehmen bei der Gehaltsfestlegung von hochqualifizierten Mitarbeitern etwa in dem hier besonders interessierenden Bereich der FuE eine wesentlich geringere Rolle als in den USA oder in Deutschland.[1] Nun läßt sich dem Jahresbericht der *KEIZAI KIKAKUCHÔ* entnehmen, daß im Jahr 1995 ganze 76.5% der beschäftigten Japaner im Alter zwischen 20 und 59 Jahren der Ansicht sind, die *Unternehmen sollten in ihrer Entgelt- und Karrierepolitik den Unterschieden in individuellen Fähigkeiten der Mitarbeiter als Entscheidungskriterien eine große Bedeutung beimessen.*[2]

Und viele Unternehmen wollen diesen Erwartungen ihrer Mitarbeiter tatsächlich Rechnung tragen: Wie eine ebenfalls 1995 durchgeführte Studie des Arbeitsministeriums zeigte, haben von den 90% großer japanischer Industrieunternehmen, die ihre Bewertungs- und Entgeltsysteme für *regular white-collar employees* bereits neu überprüft haben bzw. dies zu machen planen, ca. 65% diese Überprüfung gerade damit erklärt, daß "*a wider gap in ability necessitates better treatment of those who contribute much to the firm.*"[3] Um sich die potentiellen Maßstäbe der Veränderungen besser vorstellen zu können: Der Anteil des *white-collar sector* an der Gesamtzahl der japanischen Arbeitskräfte betrug bereits 1991 49% (10% mehr als 1973).[4]

Im Gesamtkontext der Innovationsförderung im heutigen Japan wird die *Förderung des Pioniergeistes* sowie der *Individualität* und *Persönlichkeit* zunehmend als *gesamtnationale Aufgabe* proklamiert; so betont z.B. das Science and Technology Agency, daß "... it seems necessary for Japanese society *to change its social attitude which places value on everyone doing similar things, and to respect the spirit of pioneering and being in the forefront.*"[5] Dadurch soll unter anderem die *Grundlagenforschung* vorangetrieben werden, bei welcher der individuellen *Kreativität* vielfach eine maßgebliche Bedeutung zukommt.[6]

Einige Topunternehmen versuchen schon seit geraumer Zeit, die *individualistische* Komponente der Innovationsidentität zu fördern.[7] Es bedarf keiner besonderen Erklärung, daß es keine simplen Lösungen für das Managementproblem "*Förderung von innovationstragenden Individuen beim grundsätzlichen Aufrechterhalten des Kontextualismus*" gibt. Dieses Problem ist *ambivalent,* und ebenfalls ambivalent werden die neuen organisatorischen und personalwirtschaftlichen Mechanismen gesehen, die von einigen führenden japanischen Unternehmen heute ausprobiert werden. So berichtet z.B. T. Kitaoka,

---

[1] vgl. für die elektrotechnische Industrie Ernst/Wiesner, 1994, S.147.
[2] vgl. KEIZAI KIKAKUCHÔ KOKUMIN SEIKATSUKYOKU, 22.08.1996, Kapitel 2, Teil 3.
[3] Mehrfachnennungen waren möglich; vgl. o.V.: Majority of Companies Plan Reviews of Personel Evaluation Systems, June 1, 1996; hervorgehoben d. d. Verf.
[4] vgl. JETRO, 1994, Teil "People, Structural Changes: Transforming the Wokplace".
[5] Science and Technology Agency, Prime Minister's Office, Japan: White Paper on Science and Technology 1994, Part I, Chapter 1, Section 4.2; hervorgehoben d. d. Verf.
[6] vgl. die Ausführungen in den Kapiteln 9 und 10.
[7] So z.B. betont Mitarai, Präsident von Canon, daß "(o)ur corporate culture is very non-Japanese because it emphasizes individual effort." (zit. in: Friedland, 24.02.1994, S. 72)

Präsident und CEO der Mitsubishi Electric Corp., daß sein Unternehmen ein *neues* System von "*special bonuses*" eingeführt hat, das *einzelnen* Mitarbeitern beträchtliche Prämien bietet, wobei die *Namen der Prämienempfänger anderen Mitarbeitern nicht bekanntgegeben werden* - ein Vorgehen, das von seinen Kritikern als "*antisozial*" bezeichnet wurde.[1] Die Entwicklung von *neuen, kreativen Modellen zur balanceorientierten Handhabung des zwischenmenschlichen Kontextes*, die sowohl ökonomisch wie auch sozial effizient sein sollen,[2] wird in den nächsten Jahren über die *Wettbewerbs- und Innovationsfähigkeit japanischer Unternehmen* erheblich mitentscheiden.

Welche Konsequenzen sich aus dem oben geschilderten *Paradigma des personellen Identitätswandels* für die Wettbewerbsvorteile und die Innovationsidentität japanischer Unternehmen sowie ihre Beeinflussung durch das Management ergeben, wird im weiteren im einzelnen betrachtet werden. Eines soll aber bereits an dieser Stelle vorwegnehmend festgehalten und den Ausführungen der weiteren Kapitel zugrunde gelegt werden:

Der Innovationsprozeß, den heute die Unternehmen in technologieintensiven Industrien zu bewerkstelligen haben, wird grundsätzlich immer stärker durch das personalwirtschaftliche Spannungsfeld zwischen *Gemeinsamkeit und Differenzierung* der Unternehmensmitglieder bestimmt:

Einerseits kann heute keine Innovation ohne *Zusammenarbeit* von mehreren Individuen gemeistert werden. Hochinnovative Einzelerfinder schaffen Ideen, um aber aus diesen Ideen komplexe Produkte zu entwickeln, herzustellen und abzusetzen braucht die Organisation Gruppen von Mitarbeitern. Gruppen braucht sie auch, um heterogene Technologien miteinander zu fusionieren und dadurch neue Wissensfelder und Branchen zu schaffen. Damit effiziente Kommunikation und Zusammenarbeit zwischen den Mitarbeitern möglich werden, müssen sie intellektuelle und soziale Gemeinsamkeiten aufweisen und auch Freude an Kooperation haben. Also braucht die Organisation die Gruppenkohäsion bzw. den *Kontextualismus* ihrer Mitglieder - die *traditionellen "japanischen" Merkmale*.

Andererseits kommen ohne hochkreative Einzelerfinder als Träger von *distinktiven Unternehmensfähigkeiten* nicht nur in der FuE, sondern auch in sämtlichen anderen Unternehmensbereichen kaum *wettbewerbswirksame Innovationen* zustande. Also braucht die Organisation die *Individuierung* bzw. eine stärkere fachliche und persönliche *Differenzierung ihrer Mitarbeiter* - die *traditionellen "westlichen" Merkmale*. "The development of new markets requires the revitalization of diversified people with different ideas,"[3] konstatiert Kameyama, Research Direktor des Japan Institut of Labour, und sieht die aktuelle Aufgabe des Personalmanagements in japanischen Unternehmen gerade im "*development of the ability of "individuals," not the organizational coherence of a homogeneous group to maintain efficiency.*"[4] Benötigt werden heute also auch jene Mitarbeiter, die von ihren Unternehmen

---

[1] vgl. An R&D Elixir for Rejuvenating Mature Industries: T. Kitaoka Interviewed by J. Suzuki, January 1997.
[2] vgl. zur ökonomischen und sozialen Effizienz Marr/Stitzel, 1979.
[3] Kameyama, July 1, 1992; hervorgehoben d. d. Verf.
[4] Ebenda.

"*spiritually independent*" sein können, was im Endeffekt auf eine ganz andere Beziehung zwischen den Arbeitnehmern und ihrem intraorganisationalen Kontext hindeuten kann als man sie in Japan heute in der Regel kennt.[1]

Eine erfolgreiche Organisation der Zukunft scheint also gleichermaßen durch "japanische" und "westliche" Merkmale gekennzeichnet zu sein. Sie braucht ein **"Sowohl-Als-Auch"-Denkmuster**. Wie in weiteren Kapiteln zu belegen sein wird, versuchen erfolgreiche japanische Unternehmen, durch eine nach diesem Sowohl-Als-Auch-Prinzip gestaltete Transformation ihre traditionell kontextualistischen *Core Innovation-Shaping Corporate Routines* mit einigen Maßnahmen zu *fusionieren,* die die *intraorganisationale Mannigfaltigkeit* fördern sollen.

Vielleicht ist dies der evolutionäre, balanceorientierte Entwicklungsweg auch des interdependenten japanischen Construal of Self schlechthin?

[1] vgl. Kameyama, June 1, 1993 sowie die Ausführungen zum "psychologischen Kontrakt" im Kapitel 15.

Das Navigationsschema: Multi-Level-Modell der Innovationsidentität japanischer Unternehmen (kumulierte Zwischenergebnisse)

Bei dem im I. Teil entwickelten fähigkeitsorientierten *Multi-Level-Modell der humanbasierten Innovationsidentität* der Unternehmen wurden drei relevante Ebenen unterschieden, die in der vorliegenden Arbeit analysiert werden müssen:

- die Ebene des personellen Identitätsauslegung und der entsprechenden Fähigkeiten der Mitarbeiter,
- die Ebene der Unternehmensroutinen, die auf diese Fähigkeiten der Mitarbeiter einwirken und
- durch Bildung von Unternehmensfähigkeiten zur Entstehung von Vorteilen im Innovationswettbewerb führen.

Auf dieser Unterscheidung basierend wurde im II. Teil der vorliegenden Arbeit eine Auseinandersetzung mit der spezifischen *personellen Identitätsdefinition* in Japan vorgenommen und insbesondere festgestellt, daß

- das *Interdependent Contextual Self* als traditionell dominierender Modus der personellen Identitätsauslegung in Japan angesehen werden kann, der auch
- dem *Kaisha Ningen* als traditionell dominierender Modus der Unternehmensmitgliedschaft in japanischen Großunternehmen zugrunde liegt.

Davon ausgehend wurden im II. Teil die *kognitiven und sozio-emotionalen Fähigkeiten* des *Interdependent Contextual Self* detailliert analysiert, die für das *Innovationsverhalten* der *Kaisha Ningen* in japanischen Organisationen von zentraler Relevanz sind; anschließend wurden die Wandelprozesse unter die Lupe genommen, die die Entwicklung dieses Musters der Identitätsdefinition prägen.

Mit diesen im II. Teil erarbeiteten Inhalten lassen sich die ersten Komponenten des im I. Teil entworfenen *Navigationsschemas*[1] *zum Multi-Level-Modell der Innovationsidentität japanischer Unternehmen* ausfüllen:

---

[1] vgl. Abbildung 3.4 im Kapitel 3.

Navigationsschema: Multi-Level-Modell der humanbasierten Innovationsidentität japanischer Unternehmen (kumulierte Zwischenergebnisse)

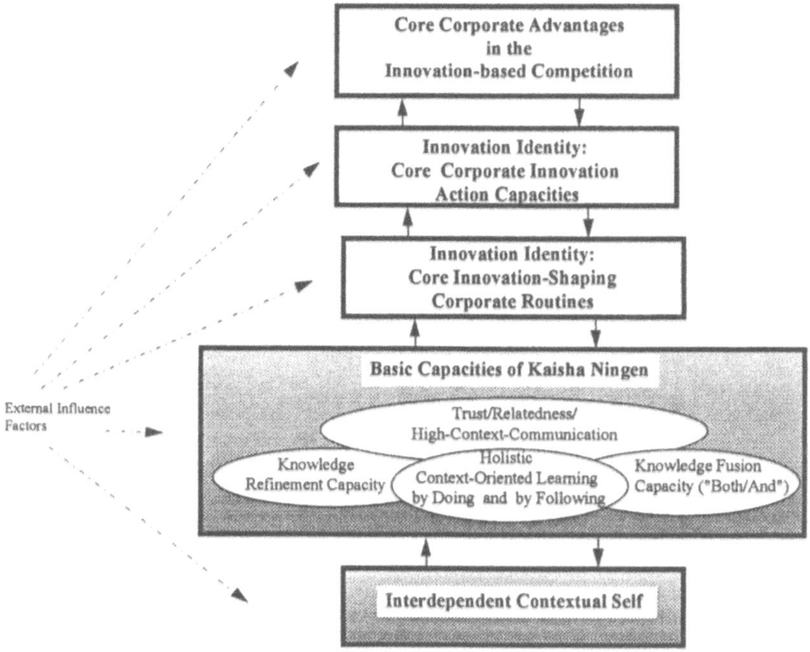

An dieser Stelle lassen sich zwei Forschungsaufgaben kurz formulieren, die mit zwei weiteren Teilen der vorliegenden Arbeit erfüllt werden sollen:

Im darauffolgenden III. Teil sind die human- und wissensbasierten Vorteile zu analysieren, die die japanischen Unternehmen als *Assoziationen von Kaisha Ningen* haben erreichen können, die Probleme, die sie heute im Innovationswettbewerb zu lösen haben, und die von ihnen entwickelten und angestrebten innovationsbezogenen Fähigkeiten.

Im anschließenden Teil IV sollen die entsprechenden Unternehmensroutinen unter die Lupe genommen werden.

TEIL III

HUMAN- UND WISSENSBASIERTE WETTBEWERBSVORTEILE DER JAPANISCHEN GROẞUNTERNEHMEN ALS RESULTAT IHRER INNOVATIONSIDENTITÄT

Das Navigationsschema: Zentrale Problemstellung des III. Teils

Mit dem vorliegenden III. Teil der Arbeit sollen insbesondere folgende Fragen beantwortet werden:

- **welche human- und wissensbasierte Vorteile im Innovationswettbewerb haben die japanischen Topunternehmen erreichen können,**
- **welche Vorteile streben sie für die Zukunft an und**
- **welche innovationsbezogene Fähigkeiten liegen diesen Vorteilen zugrunde?**

Im Einklang mit dem entwickelten fähigkeitsorientierten Multi-Level-Modell der humanbasierten Innovationsidentität sollen diese Wettbewerbsvorteile und Fähigkeiten im **Wandel** analysiert werden.

Navigationsschema: Multi-Level-Modell der Innovationsidentität japanischer Unternehmen: Zentrale Problemstellung des III. Teils

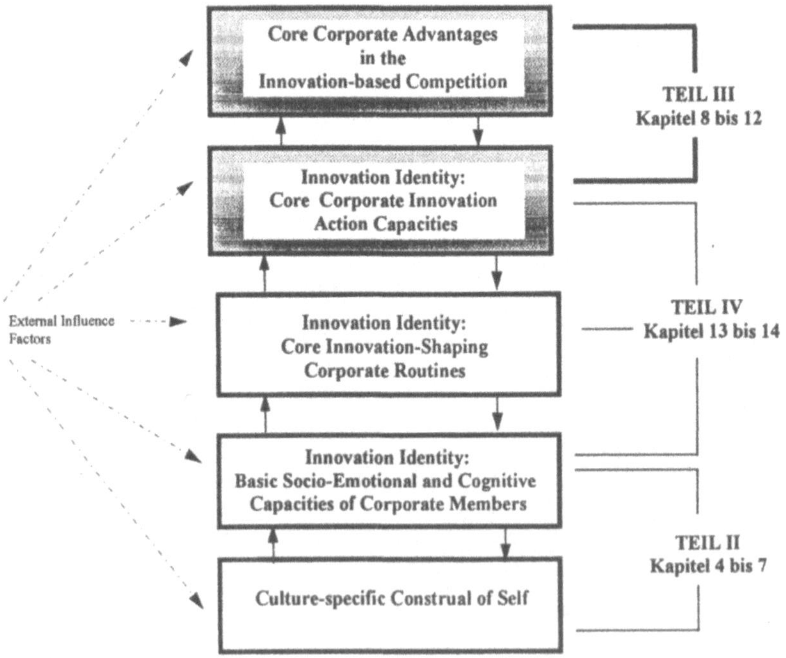

KAPITEL 8

ZUR SYSTEMATISIERUNG VON VORTEILEN IM INNOVATIONSWETTBEWERB

"*Wettbewerbsvorteile lassen sich nur aus vorherigen Innovationen ableiten.*"
(M. Perlitz) [1]

Die wohl bekannteste Gliederung von Wettbewerbsvorteilen der Unternehmen stammt von Porter und beinhaltet *2 Grundarten*[2]:

- *geringere Kosten* als Ausprägung der **Unternehmensfähigkeit,** ein vergleichbares Produkt wirtschaftlicher als die Konkurrenz zu entwickeln, herzustellen und zu vermarkten;
- *Differenzierung* als *Unternehmensfähigkeit*, dem Käufer hinsichtlich Qualität, besonderer Merkmale und Kundendienst einen außergewöhnlichen Nutzen zu bieten.[3]

Diese beiden Wettbewerbsvorteile werden von Porter auf die spezifischen *Unternehmensfähigkeiten* zurückgeführt, was diese Klassifikation zur sinnvollen Ausgangsbasis auch für die fähigkeitsorientierte Betrachtung, die dem Konzept der Innovationsidentität zugrunde liegt,[4] macht.

Speziell für zukunftsentscheidende technologieintensive Märkte werden in der Literatur detailliertere Systematisierungen von grundlegenden Wettbewerbsvorteilen vorgeschlagen; so unterscheidet Bühner folgende Effekte:[5]

Economies of Scale:	Ausnutzung von Skaleneffekten bzw. Kostenvorteilen, insbesondere durch die Strategie der hohen Stückzahlen;
Economies of Scope:	Verbundvorteile insbesondere durch Übertragung technologischen Wissens aus angestammten in verwandte Bereiche;
Economies of Speed:	Geschwindigkeitsvorteile, die auf den Aufbau von Flexibilitätsvorteilen abzielen;
Economies of Skill:	Qualifikationsvorteile, die sich gleichermaßen zum Aufbau von Qualitäts- und Flexibilitätsvorteilen eignen.

---

[1] Perlitz, 1988, S. 64.
[2] vgl. Porter, 1991, S.59; vgl. auch Porter 1980, S. 62 ff.
[3] Das aus diesem dualen Bild resultierende Wettbewerbsparadigma bringt ein asiatischer Topmanager (Shih, 1995) folgendermaßen auf den Punkt: "Competitiveness is in direct proportion to the value you create, and in inverse proportion to the costs you bear.“
[4] vgl. Kapitel 3.
[5] vgl. Bühner, 1988b, S. 94 f.; wegen einer umfangreichen Penetration von Hochtechnologien ist diese Gliederung aber auch für andere Branchen von Relevanz.

Ausgehend von diesen beiden Klassifikationen können im Hinblick auf die zentrale Fragestellung der vorliegenden Arbeit einige *Weiterentwicklungsvorschäge* gemacht werden.

Zum einen läßt sich vermuten, daß hinter *jedem* der von Bühner genannten Wettbewerbsvorteile die **Lern- und Innovationsfähigkeit der interagierenden Mitarbeiter** steht.[1] Im Rahmen ihrer alltäglichen Arbeitsabläufe lernen die Mitarbeiter nicht nur von bestimmten "fertigen" Strukturen und Arbeitstechniken Gebrauch zu machen; ebenfalls lernen sie, bestimmte kognitive Problemlösungsmuster und sozio-emotionale Konflikthandhabungsmuster nach Bedarf anzupassen, neue interne und externe Kommunikationsnetzwerke zu kreieren, informelle Regeln zur Entwicklung von Strategien und zur Zuordnung von Prioritäten bei der Budgetierung von Projekten zu entwickeln. Kurzum, die Mitarbeiter (und damit ihr Unternehmen) lernen zu *innovieren.*

Die *human- und wissensbasierte Innovationsidentität* kann also als Triebkraft angesehen werden, die *alle* Wettbewerbsvorteile ermöglicht. Daher erscheint es auch weniger sinnvoll, "*Economies of Skill*" als einen Wettbewerbsvorteil neben den drei anderen zu betrachten und bei ihm auch noch lediglich die Qualifikationsdimension hervorzuheben. Vielmehr sollen wissens- und humanbasierte **Economies of Innovation** allen anderen Wettbewerbsvorteilen zugrunde gelegt und bei diesen unternehmensspezifischen Economies of Innovation sollte sowohl die kognitive als auch die sozio-emotionale Dimension des Innovationsverhaltens der Mitarbeiter berücksichtigt werden.

Zweitens wird in der vorliegenden Arbeit der Begriff *Economies* nicht im engeren Sinne nur als Kostensenkungseffekte bzw. Einsparungen verstanden, sondern als *sämtliche positiven ökonomischen Effekte* interpretiert.[2]

Drittens soll beachtet werden, daß der *Qualität* als eigenständigem Kaufkriterium in der letzten Zeit eine derart herausragende Bedeutung zukommt, so daß sie sinnvollerweise auch als Grundlage für einen *eigenständigen Wettbewerbsvorteil* zu behandeln ist.

Das Gesagte läßt sich folgendermaßen darstellen[3] (vgl. Abbildung 8.1):

---

[1] So z.B. sind die Skaleneffekte vielfach durch das Lernen der Produktionsarbeiter bzw. durch die von ihnen initiierten Verbesserungen der Fertigungsabläufe erzielbar, die Geschwindigkeitsvorteile resultieren u.a. aus einer schnelleren Entwicklung von neuen Produkten durch die interdisziplinären Projektteams usw. (s. detailliert unten).

[2] In der Tat bedeutet z.B. *Economies of Speed* nicht nur Kürzung der Entwicklungszeiten und damit auch Kosteneinsparungen, sondern sie erlaubt auch, durch diese Zeiteinsparung ggf. *Monopolerträge eines Pioniers* zu erwirtschaften und damit nicht nur die Kosten-, sondern auch die *Ertragskomponente* positiv zu beeinflussen (s. detailliert Kapitel 9.4).

[3] Auf die möglichen *Beziehungen* zwischen den einzelnen Wettbewerbswaffen (etwa im Sinne einer positiven Synergie oder eines Trade-off-Effektes), die auf der folgenden Abbildung in graphischer Form nicht dargestellt wurden, wird an geeigneten Stellen noch einzugehen sein.

Abbildung 8.1: **Fundamentale Waffen im technologieintensiven Innovationswettbewerb**

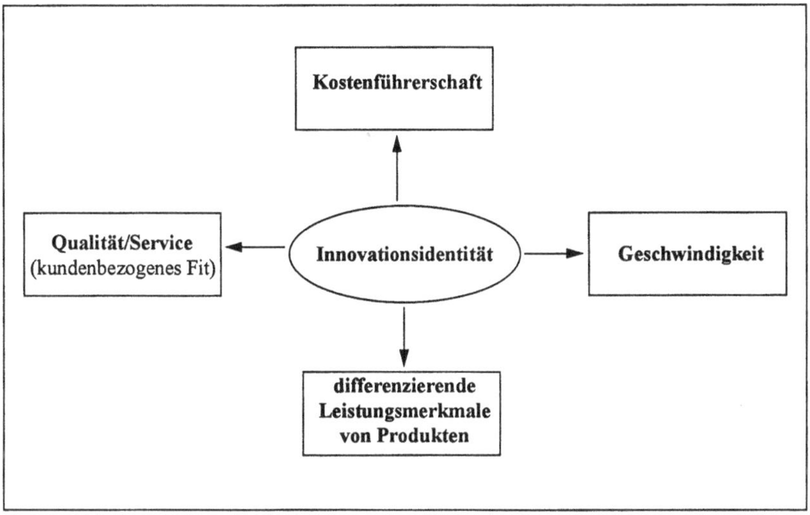

Betrachtet man die *Differenzierung der Leistungsmerkmale von Produkten* als Grundlage für einen Wettbewerbsvorteil, läßt sich feststellen, daß sie aus *vorherigen Produktinnovationen* resultiert. Die positiven wirtschaftlichen Effekte, die dem Unternehmen eine *nachhaltige Fähigkeit speziell zu Produktinnovationen* bringen, werden im weiteren unter dem Begriff "**Economies of Product Innovation**" zusammengefaßt. Zusätzlich zu der klassischen Unterscheidung zwischen Modifikationen bzw. Weiterentwicklungen (**Refinement**) einerseits und radikalen technologischen **Durchbrüchen** andererseits kann die dritte Möglichkeit der Innovationsgestaltung in einer Verknüpfung von bisher unverbundenen Wissenskomponenten und deren Integration zu einer neuen Technologie bzw. einem neuen Produkt (**Technology Fusion**) gesehen werden.[1] Diese **drei Arten** der **Economies of Product Innovation** lassen sich als

- **Economies of Refinement**,
- **Economies of Breakthrough** und
- **Economies of Technology Fusion**

bezeichnen und jeweils als **Ergebnis einer spezifischen gelebten Innovationsidentität der Unternehmung** betrachten.

[1] vgl. detailliert Kapitel 11 sowie die Ausführungen zu Wissensfusionen und entsprechenden kulturgeprägten kognitiven Schaltfunktionen im Kapitel 6.2.

Es wird im weiteren zu zeigen sein, daß im Bereich der Produktinnovation viele japanische Unternehmen gerade dabei sind, zu *Economies of Refinement* auch *Economies of Technology Fusion* als Wettbewerbsvorteil hinzuzufügen, während sie bei technologischen Durchbrüchen nach wie vor keine führende Position einnehmen.

Bringt man diese Überlegungen mit dem *Multi-Level-Modell der Innovationsidentität* in Verbindung, lassen sich zusammenfassend folgende **fünf grundlegenden Wettbewerbsvorteile** als Ergebnis der Innovationsidentität feststellen:

Abbildung 8.2: **Humanbasierte Innovationsidentität als Grundlage für Vorteile im Innovationswettbewerb**

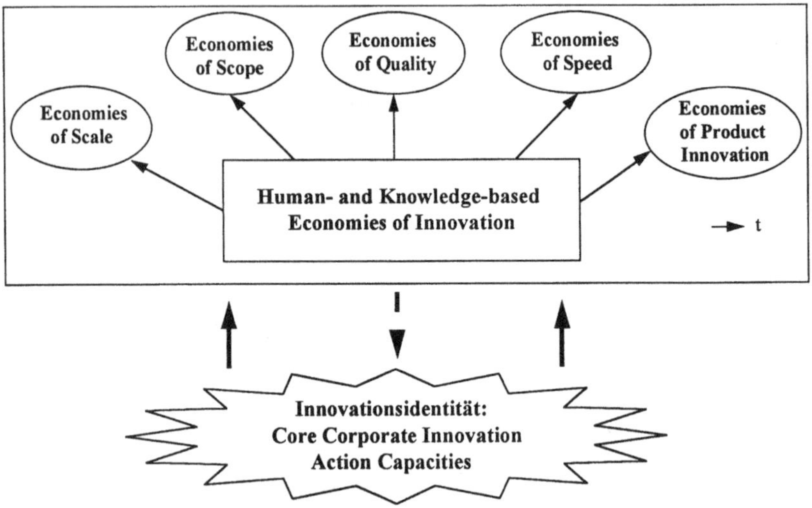

Diese fünf *Wettbewerbsvorteile* und ihr Wandel sollen in den weiteren Kapiteln des III. Teiles der vorliegenden Arbeit detailliert behandelt werden.

Noch eine Bemerkung zur Vorgehensweise erscheint an dieser Stelle erforderlich. Oben wurde bereits auf die *Historizität* der Wissensbasis und der Innovationsidentität auf nationaler, organisationaler und personeller Ebene hingewiesen. Im nächsten, 9. Kapitel soll gezeigt werden, wie sich die Wettbewerbsvorteile der japanischen Spitzenunternehmen im Laufe der letzten Jahrzehnte gebildet und modifiziert haben, und wie sich in dieser Veränderung die Entwicklung ihrer wissens- und humanbasierten **Core Capacities** niedergeschlagen hat. Die Darstellung wird dabei jedoch *nicht vergangenheitsorientiert* erfolgen: Die vorliegende Arbeit ist keine historische Studie; vielmehr **interessieren hier die Gegenwart und die Zukunft, und daher soll auf das, was bereits Geschichte ist, nur insofern eingegangen werden, als das Geschichtliche im heutigen (zu analysierenden) Geschehen weiter lebt und die (vorsichtig zu prognostizierende) Zukunft und ihre Gestaltung mitbestimmt.**

KAPITEL 9

HERKÖMMLICHE HUMAN- UND WISSENSBASIERTE WETTBEWERBSVORTEILE DER JAPANISCHEN UNTERNEHMEN ALS ERGEBNIS DER KUMULATIVEN ENTWICKLUNG EINER SPEZIFISCHEN ORGANISATIONALEN INNOVATIONSIDENTITÄT

9.1 Human- und wissensbasierte Dimension der Economies of Scale

Das Mitte der 60er Jahre von Boston Consulting Group entwickelte *Erfahrungskurvenkonzept* besagt, daß "... in complex products and services, costs corrected for inflation typically decline about 20 to 30 percent each time total accumulated experience doubles."[1] Obwohl die Erfahrungskurve heutzutage nicht mehr als *das* Managementinstrument in vielen High-Tech-Branchen verwendet wird, spielt dieser ökonomische Effekt im Flugzeugbau und in der Rüstungsindustrie[2], der Elektronik- und Computerindustrie[3], aber auch in der Produktion von Telephonen und Elektrogeräten[4] sowie anderen Branchen nach wie vor eine wichtige Rolle.[5]

In vielen der letztgenannten Branchen waren bzw. sind die japanischen Großunternehmen sehr wettbewerbsfähig. Um den gewünschten Kostensenkungseffekt zu erzielen, wurde der *Marktanteil* zur entscheidenden strategischen Zielgröße gemacht, was die strategische Orientierung auf *langfristiges Wachstum* bedeutete.[6] Diese Strategie der erfahrungsbasierten *Kostenführerschaft*, die angesichts des *Systems der lebenslangen Beschäftigung* den Personalbestand zu sichern erlaubte,[7] machte die *Exportoffensive* erforderlich und hat sich durch diese noch stärker bewährt.[8]

Dementsprechend haben sich die japanischen Manager der älteren Generation, von denen viele heute noch *Schlüsselpositionen* in Unternehmen besitzen, besonders qualifiziert durch „'hands-on' experience of ... managed cost reductions based on experience and growth in market

---

[1] Henderson, 1984, S. 13; vgl. zu den Vorgängern insb. Wright (1936), Staehle 1994, S. 613. Der Wert des Prozentsatzes, um den die auf die Wertschöpfung bezogenen Kosten der zuletzt produzierten Einheit mit einer Verdoppelung des kumulativen Outputs sinken, wird mittlerweile in der Spannweite zwischen 5% und 30% gesehen (vgl. zu Knyphausen-Aufsess, 1995, Fußnote 53).

[2] vgl. Maidique/Zirger, 1988, S. 329.

[3] vgl. Garvin, 1994, S.83; Itoh et al., 1988-II, S. 260.

[4] vgl. Itoh et al, 1988-I, S. 240.

[5] Zu empirischen Untersuchungen, die das Auftreten dieses Effekts bestätigen, vgl. z.B. Nelson, 1987, S. 51 ff.

[6] vgl. dazu detailliert Abegglen/Stalk, 1986. Zu den Faktoren, die diese Wachstumsstrategie gefördert haben, zählten u.a. niedrigere Eigenkapitalzinsen infolge des Netzwerkes der "*friendly shareholders*" (vgl. hierzu auch die Ausführungen im Kapitel 14).

[7] vgl. Bartlett/Yoshihara, 1988, S. 21.

[8] vgl. Rapp, 1992, S.241 f. Ein aktuelles Beispiel für dieses Verhalten liefert Nissan, der sein insbesondere für den Export bestimmtes *Maxima*-Modell ab 1999 nur in einem Werk produzieren will und diese Konzentration mit der erforderlichen Stärkung der Kostenwettbewerbsfähigkeit begründete (vgl. o.V.: Nissan to Consolidate Maxima Production At Single Plant, January 28, 1998).

share";[1] und diese *subjektiven Erfahrungen* spielen auch für die *Weiterentwicklung* von Strategien - als *Prozeß der Wissenshandhabung* interpretiert - eine sehr wesentliche Rolle.[2]

Welche Beziehungen bestehen zwischen diesem Erfahrungskurveneffekt und der humanbasierten Innovationsidentität japanischer Großunternehmen?

Das Erfahungskurvenkonzept macht vor allem auf die Tatsache aufmerksam, daß durch die **täglichen Arbeitsabläufe** in dem Unternehmen **Lerneffekte** entstehen können, die bei einer entsprechenden Förderung durch das Management[3] zur Weiterentwicklung von wettbewerbs-relevanten individuellen und organisationalen Fähigkeiten[4] führen. Um solche erfahrungsbasierte Lerneffekte herauszufinden, erscheint es sinnvoll, auf folgende von Fleck vorgenommene Unterscheidung zurückzugreifen:[5]

- Economies of Scale (Skaleneffekte) stellen Kostensenkungseffekte dar, die bei steigender Auslastung oder steigender Größe von Kapazitäten **automatisch** entstehen;
- Economies of Learning (Lerneffekte) sind Einsparungen, die im Zeitablauf insbesondere aus Verbesserungen (also aus den inkrementalen **Innovationen** bzw. dem **Refinement**) bei der Durchführung von betrieblichen Prozessen resultieren.

Was in der vorliegenden Arbeit interessiert, sind gerade **diese im Zeitablauf entstehenden erfahrungsbasierten Lerneffekte als Grundlage für Innovationen**. In den weiteren Ausführungen werden daher unter dem Gesamtbegriff „Economies of Scale" *nur* die obengenannten erfahrungs- und lernbasierten Kostendegressionseffekte verstanden.[6]

Bedenkt man, daß "... the ability to learn from experience ... is of major importance in the management of innovation,"[7] kann festgestellt werden, daß das **kumulative Learning from Experience** (vielfach als Learning by Doing) für die **Innovationsidentität** japanischer Unternehmen von **zentraler** Bedeutung ist:

> 'In Japanese plants, many ideas and suggestions for improvements are proposed by the workers. ... It is a salient feature and at the same time **a strong point** of Japanese production management that **workers initiate innovative ideas relating to their work in addition to carrying out their prescribed tasks**. As ideas are proposed by workers whose attention is **naturally** focused on their jobs and surroundings, **innovations tend to focus on details of operation and environment**."[8]

---

[1] Rapp, 1992, S.230; vgl. auch Abegglen/Stalk, 1986, S. 69.
[2] Eine neuere Studie von Zentes/Zimmermann belegt, daß mehrere *japanische* und, generell gesprochen, mehrere *asiatische* Unternehmen auf diese Wachstumsstrategie jedenfalls bei Auslandsinvestitionen *auch heute* nicht verzichtet haben (vgl. Zentes/Zimmermann, 1997, S. 20).
[3] vgl. dazu Staehle 1994, S. 613 f.
[4] Aus diesem Grund sehen Itami/Numagami das Erfahrungskurvenkonzept als einen wichtigen Vorgänger der modernen ressoursen- bzw. fähigkeitsorientierten Ansätze (vgl. Itami/Numagami, 1992, S. 124).
[5] vgl. Fleck, 1995, S. 94.
[6] Wie an anderen Stellen noch zu zeigen sein wird, liegen diese Lerneffekte auch anderen "*Economies*" bzw. Wettbewerbsvorteilen zugrunde.
[7] Pavitt, 1990, S. 22.
[8] Yoshihara, 1988, S. 59 ff.; hervorgehoben d. d. Verf.

Mehrere empirische Untersuchungen belegten diese “**Operations Orientation**“[1] der japanischen Innovationsanstrengungen: Sie zeigten Anfang der 90er Jahre, daß in Japan die **Mitarbeiter in Produktionsabteilungen** prozentuell mehr Innovationsanstöße lieferten als in den USA und in Westdeutschland, und daß der Anteil des für Prozeßinnovationen sehr relevanten Kostenpostens "Werkzeuge und maschinelle Ausrüstung" an den gesamten Innovationskosten bei japanischen Firmen mit 44% ungefähr doppelt so hoch war wie bei ihren amerikanischen (mit 23%) und westdeutschen (mit 21%) Wettbewerbern.[2] Weitere Studien haben ergeben, daß

> "*(o)ne of the most striking differences between the US and the Japanese firms* was that US development and design groups were much less closely *linked to manufacturing* than their Japanese counterparts, *at all levels*: the corporate level, in terms of R&D funding and the physical location of research activities; the level of the project group and internal technology transfer; and the level of individual engineer, in terms of career patterns and significant reference groups."[3]

Dabei ist im Anschluß an Takeuchi hervorzuheben, daß (jedenfalls im Produktionsbereich) "Japanese companies rely on innovations from groups of **ordinary** people."[4] Diese Tatsache läßt einen *gravierenden Unterschied* feststellen zwischen der japanischen Innovationsidentität und den Ansätzen bei einigen *deutschen* Unternehmen, die *Kaizen* ‘implementieren“ wollten. Der Unterschied resultiert m.E. daraus, daß man Kaizen zwar intensiv fördern, aber nur sehr begrenzt in einem *Top-Down-Modus fremdorganisieren* kann. Denn: "Ein **wirklicher kontinuierlicher Verbesserungsprozeß** müßte **von unten**, von den **Mitarbeitern** kommen."[5]

Damit soll keinesfalls gesagt werden, daß sich die inkrementalen Verbesserungen *nur* von japanischen Unternehmen erfolgreich generieren und umsetzen lassen. Vielmehr soll auf die Herausforderung hingewiesen werden, die darin besteht, nicht bloß Kaizen aus Japan (bzw. aus den Büchern über Japan) zu “*importieren*“und “ *einsetzen*" zu wollen, sondern **von Anfang an** nach **Veränderungsmöglichkeiten** zu suchen, um diese Idee an die westliche Kultur und **spezifische Identitätsbestimmung** anzupassen. In diesem Zusammenhang sind beispielsweise die Erfahrungen symptomatisch, die J. Rehfeld, der frühere Senior Executive der U.S. Operations von Seiko und Toshiba gemacht hat, - daß nämlich

> "... adding a few *American touches* to the Japanese process of kaizen, or continuous improvement, *significantly increased the results* he achieved when implementing the method with American workers. ... Rehfeld added rituals that celebrated successes and also *praised individual contributors more than would be done in group-oriented Japan*.

[1] vgl. dazu Kagono et al., 1985 sowie die Ausführungen im Kapitel 9.5. Aoyagi (1986, S. 151) bezeichnete diesen produktionsbasierten Typ der Innovationsorientierung als "typisch japanische Methode der Forschung und Entwicklung.“
[2] vgl. Albach/de Pay/Rojas, 1991, S. 311 ff.; Mansfield, 1988b, S.227. Der Anteil der *FuE-Abteilung* an der Gesamtzahl der Innovationsanstöße war in Japan und Deutschland etwa gleich und lag wesentlich unter dem amerikanischen Niveau.
[3] Westney/Sakakibara, 1986, S. 223; hervorgehoben d. d Verf.; vgl. auch Aoki, 1986, S. 972.
[4] Takeuchi in: Sherman/Takeuchi/Davies, 29.04.1996; hervorgehoben d.d Verf.
[5] "Wir kämpfen jeden Tag", in: Der Spiegel, 51/1995; hervorgehoben d. d.Verf.; zum japanischen Führungsstil und den Erwartungshaltungen der Mitarbeiter vgl. Kapitel 14.

... Rehfeld encourages both Americans and Japanese to *exercise this type of adaptation, incorporating alien values and styles into more familiar ways and practices.*"[1]

Eine bewußte, zielorientierte 'Westernization" der innovationsrelevanten japanischen Unternehmensroutinen scheint also bei ihrem Transfer ebenso erforderlich zu sein wie die "Japanization" der westlichen erforderlich war.

Aus dem Obengesagten lassen sich bezüglich des Einflusses der *Innovationsidentität* japanischer Unternehmen auf *Economies of Scale* folgende **Schlußfolgerungen** ziehen.

Erstens kann festgestellt werden, daß Economies of Scale ein Ergebnis von **idiosynkratischen inkrementalen Innovationen** darstellt, denen das **unternehmensspezifische, auf den technologischen und sozialen Arbeitskontext bezogene, vielfach implizite Wissen** zugrunde liegt und die daher vor allem von den **Kaisha Ningen**[2] bewerkstelligt werden.

Den Unternehmensroutinen, die zur Bildung der *Kaisha Ningen* und damit zu dieser Innovationsidentität beitragen, wird dementsprechend im Teil IV der vorliegenden Arbeit en detail nachzugehen sein; an dieser Stelle sei nur ein Aspekt hervorgehoben. Es erscheint nämlich sehr wichtig, daß Economies of Scale kein auf die wenigen **Stars** orientiertes "Learning through Elite", sondern vielmehr ein umfangreiches "**Learning through People**"[3] erfordert. Dieses "Learning through People", das im Kapitel 3 im Anschluß an Kagono et al. unter den konstitutiven Elementen des japanischen Modus der organisationalen Wissenshandhabung genannt wurde, setzt seinerseits das Commitment der Mitarbeiter und der Führungskräfte und darum auch ein gegenseitiges **Vertrauen** (im oben dargestellten Sinne als gegenseitige Verpflichtungen bzw. *Relatedness*) voraus. Wie Porter dazu ausführt:

> "Arbeiter und Manager [in Japan - A.d.V.] fühlen sich gleichermaßen ihrem Unternehmen verpflichtet, und umgekehrt. Es kommt zu wechselseitigen Investitionen in die **Verbesserung der Qualifikation**. Das und die **Normen der Zusammenarbeit** führen zu **ungewöhnlichen Erfolgen in Branchen, die einen Lernzuwachs brauchen**. Weniger Erfolg ist für Betriebe charakteristisch, in denen die **Einzelleistung** ... im Vordergrund [steht]."[4]

Diesem gegenseitigen Commitment liegt die **Unternehmensroutine der lebenslangen Beschäftigung des Kernpersonals** zugrunde, die den kontextualistisch orientierten japanischen *Kaisha Ningen* die Bildung von *engen und langfristigen zwischenmenschlichen Beziehungen* ermöglicht und sich positiv auf das soziale Wissen, kollektive Learning by Doing und die Verbesserungsinnovationen (Refinement) auswirkt. Die Kehrseite stellen Probleme mit der *Einzelleistung* dar: Für *Kaisha Ningen* stehen in japanischen Großorganisationen die

---

[1] zit. in: o. V: Reflecting On Fifty Years, Spring 1995, hervorgehoben d. d. Verf. Auf die Probleme, die aus dem Honorieren der individuellen Leistungsbeiträge in japanischen Unternehmen resultieren, wurde mit einem Falbeispiel im Kapitel 7 bereits hingewiesen.

[2] Zur Wissensbasis der Kaisha Ningen vgl. Kapitel 5.

[3] Bei Toyota beispielsweise machen ca. 60.000 Mitarbeiter 2.5 Millionen Verbesserungsvorschläge im Jahr (also im Durchschnitt mehr als 40 pro Mann), wobei das Einreichen von diesen Vorschlägen fast als Pflicht angesehen wird (vgl. Arita, 1994, S. 383).

[4] Porter, 1991, S. 432; hervorgehoben d. d. Verf.

sozialorientierte Leistungsmotivation und die kollektive Leistung im Vordergrund, während der Verwirklichung distinktiver Fähigkeiten eine geringere Bedeutung beigemessen wird.[1]

Zweitens ist zu bemerken, daß wenn lernbasierte Economies of Scale aus den Erfahrungen mit der Verbesserung von *Produktionsprozessen* resultiert, es theoretisch auch einen positiven wettbewerbswirksamen Lerneffekt geben sollte, der sich aus den bei der Generierung und Umsetzung von *Produktinnovationen* akkumulierten Erfahrungen ähnlich ergeben würde (**Economies of Product Refinement**); auf diesen Effekt wird im Kapitel 9.5 eingegangen.

Drittens handelt es sich bei diesen Lerneffekten um **dynamische Vorteile**: Je mehr das Unternehmen - also die konkreten Mitarbeiter - mit der Herstellung von bestimmten Produkten an Erfahrung akkumuliert haben, desto geringer sind im allgemeinen die Durchschnittskosten, desto weniger Fehler werden von Arbeitern und Betriebstechnikern gemacht und desto erfolgreicher werden ceteris paribus auch neue technologieintensive Produkte entwickelt, hergestellt, modifiziert und abgesetzt.[2]

Viertens sollte die Lernkurve als eine alle Funktionsbereiche der Unternehmung übergreifende "*integrierte*" verstanden werden,[3] die sämtliche Kosten umfaßt, angefangen von FuE-Kosten über Produktionskosten bis hin zu Vertriebskosten.[4] Darum geht es bei den lernbasierten Economies of Scale um das Lernen der **Gesamtorganisation**, das aus der Integration der ständigen lokalen Verbesserungen an einzelnen Stellen einen positiven Effekt für das Unternehmen als Ganze erzielen läßt. Somit gewinnen diese "*day-to-day*"-*Innovationen* eine hohe strategische Bedeutung[5] - ebenso wie die *Zusammenarbeit zwischen den Mitarbeitern*, die die erforderliche Integration der einzelnen Verbesserungen ermöglicht.

Die technologische Entwicklung der letzten Jahre ist durch eine immer deutlichere Verkürzung des Lebenszyklus von Produkten und Technologien gekennzeichnet.[6] Somit stellt sich die Frage, was mit den erfahrungsbasierten Economies of Scale der japanischen Unternehmen bei diesem **rapiden Technologiewandel** geschieht?

Für erfolgreiche fest etablierte Unternehmen scheint das Problem des Übergangs von einer Kerntechnologie zur anderen - und damit u.U. das Problem des Verlustes von lernbasierten Erfahrungen und Effekten - den Charakter eines "*Trendbruchdilemmas*" (Weiß) zu haben: Während das Erfahrungskurvenkonzept für die Fortsetzung der praktizierten Technologieanwendung spricht, sollte dem S-Kurven-Konzept[7] zufolge der Übergang auf eine neue Technologie möglichst früh stattfinden.[8] Dieses Dilemma wird aber zumindest partiell

---

[1] vgl. dazu detailliert Kapitel 4 bis 6.
[2] vgl. Ghemawat, 1988, S. 32.
[3] vgl. Weiß, 1989, S. 32, Fußnote 25.
[4] vgl. Pfeiffer/Metze/Schneider/Amler, 1987, S. 35; Perlitz, 1993, S. 90.
[5] vgl. z.B. Littler, 1988, S. 340; Saad et al., 1991, S. 31.
[6] vgl. dazu Kapitel 9.4.
[7] Auf das S-Kurven-Konzept soll hier nicht näher eingegangen werden; vgl. hierzu Wolfrum, 1992 u. 1991 und die dort angegebene Literatur; Edosomwan, 1989; Weiß, 1989.
[8] vgl. Weiß, 1989, S. 63.

durch **drei Faktoren** aufgelöst - einen technischen, einen mitarbeiterbasierten und einen strategischen.

Während Abernathy/Utterback in ihrem seinerzeit klassisch gewordenen Branchenentwicklungsmodell die Entstehung von "increasingly specialized systems in which economies of scale in production and development of mass markets are extremely important" festzustellen glaubten, und meinten, diese Systeme führten dazu, daß "(t)he productive unit lose its flexibility, becoming increasingly dependent on high-volume production to cover its fixed costs and increasingly vulnerable to changed demand,"[1] haben insbesondere japanische Firmen ihre Wettbewerber *eines Besseren belehrt*:

Aus der technischen Sicht ermöglichten die Automatisierung und der Einsatz von modernen Fertigungssystemen u.U. neue Produkte am Markt einzuführen, *ohne dabei gleichzeitig die Prozeßtechnologie langfristig an dieses Produkt zu binden.*[2] Damit haben die Fertigungstechnologien die Verbindung zwischen Prozeß- und Produktstandardisierung gebrochen und die technologische Voraussetzung dafür geschaffen, daß *kundenspezifische* Produkte vielfach *mit repetitiven Fertigungsverfahren* hergestellt werden können.[3] Dementsprechend löst sich auch das "Trendbruchdilemma" als Dilemma auf lange Sicht auf.

Aus der personalwirtschatlichen Sicht sind es die **Erfahrungen der Mitarbeiter**, die sich auf **den Lern- und Innovationsprozeß selbst eher als auf ein konkretes Einzelprodukt** beziehen und damit den **Lerneffekt auch beim Technologiewechsel** ermöglichen. Der Einsatz der flexiblen Fertigungssysteme zeigte denn auch, daß

> "... die Erfahrung als Voraussetzung zur Kostensenkung nicht an die kumulierte Produktionsmenge, sondern an die Dauer und Breite der Anwendung solcher Systeme gebunden ist. ... Die auf dem flexiblen Produktionssystem kumulierte Erfahrung wirkt also auch auf neu einzuführende Produkte kostensenkend."[4]

Die sinnvollen Verbindungen zwischen dem technologischen und dem Menschenfaktor einerseits sowie zwischen der kundengerechten Varietät des Angebots und der zweckmäßigen Konzentration der human- und wissensbasierten Unternehmensfähigkeiten andererseits herzustellen und zu entwickeln ist eine genuine Aufgabe der **Strategie**. Es ist also die dritte, strategische Komponente, die eine **Komplementarität zwischen den Economies of Scale und den Economies of Scope** sicherstellen kann.

Dieser Wettbewerbsvorteil der Economies of Scope und seine Beziehung zur humanbasierten Innovationsidentität soll im nächsten Abschnitt etwas näher erörtert werden.

---

[1] Abernathy/Utterback 1978/1988, S. 143.
[2] vgl. Wildemann, 1987, S. 212.
[3] vgl. de Meyer, 1988, S. 140.
[4] Wildemann, 1987, S. 222.

9.2 Human- und wissensbasierte Dimension der Economies of Scope

Der wettbewerbswirksame Effekt der *Economies of Scope* entsteht bei einer Mehr-Produkt-Herstellung grundsätzlich dann, wenn für zwei oder mehr Produkte die Kosten ihrer *gemeinsamen* Produktion geringer sind als wenn man sie *separat* produzieren würde.[1] Teece unterscheidet drei zentrale Faktoren, die zu Economies of Scope maßgeblich beitragen:[2]

- *indivisible physical capital as a common input into two or more products;*
- *human capital as a common input into two or more products;*
- *external economies.*

Im Hinblick auf die betrieblichen Innovationsprozesse ist das Zusammenspiel der ersten zwei Faktoren von primärer Bedeutung, denn es hat mit den Fähigkeiten der Mitarbeiter und, wie Teece betont, mit ihrem **impliziten Wissen** zu tun, das sie im Umgang mit **technischen Anlagen** und im Umgang **miteinander** akkumuliert haben. Bereits an dieser Stelle wird deutlich, daß auch dieser Wettbewerbsvorteil teilweise durch **kultur-** bzw **identitätsspezifische** Faktoren und die auf ihnen basierenden **Unternehmensroutinen** beeinflußt wird: Das implizite Wissen wird, wie im Kapitel 6 detailliert gezeigt, von *High-Context-Kulturen* bzw. *HC-Organisationen* wie den japanischen ceteris paribus auf eine andere Art und Weise und ggf. auch stärker gefördert als in den Low-Context-Kulturen.

Dementsprechend wird Economies of Scope durch die **Innovationsidentität** beeinflußt, und die **technologischen** Aspekte sind in Verbindung mit den **kognitiven** und den **sozio-emotionalen** zu betrachten.

Die folgende Tabelle gibt Aufschluß über die Bildung der Economies of Scope in *japanischen* Unternehmen:

Tabelle 9.1: **Bildung der Economies of Scope in japanischen Spitzenunternehmen**[3]

Zentrale Anforderung an die Fertigung	Verlagerung von der starren Massenproduktion von einigen wenigen Produkten zur flexiblen Produktion eines breiten Produktspektrums in kleineren Stückzahlen
Technologischer Wandel als Voraussetzung	Mechatronik bzw. verstärkte Verwendung von Mikroelektronik, NC-Maschinen und Robotern in betrieblichen Produktionsprozessen
Transformation des Fertigungsprozesses	Intensive Automatisierung und Anpassung der Arbeitsabläufe
Betriebliche Träger der Economies of Scope	Vor allem die Produktionsarbeiter, die sich aktiv an der Kleingruppenarbeit beteiligen und teilweise Funktionen von den Ingenieuren übernehmen
Besondere Anforderungen an die Qualifikationen und Motivation der Mitarbeiter	Know-How, insb. im Bereich des Qualitätsmanagements und allgemeines Commitment im Hinblick auf die Weiterbildung

[1] vgl. Teece 1980 u. 1982.
[2] vgl. Teece, 1982, S. 48 ff.
[3] Eigendarstellung nach Ito, 1994, S. 242 f.

Ein Unternehmen, das die Economies of Scope zu einem starken Wettbewerbsvorteil entwickelt hat, ist **Honda**[1]: Obwohl Honda nur 8 Montagebänder in Japan hat, ist das Unternehmen in der Lage, bis zu 5 verschiedene Modelle an einigen dieser Montagebänder zu bauen - ohne das Band neu konfigurieren zu müssen und ohne die Probleme mit der Qualität zu bekommen. In den letzten 4 Jahren hat das Unternehmen die Produktivität bei neuen Modellen um 10% bis 20% erhöht und die Garantiekosten - *das* Qualitätsmerkmal - um die Hälfte reduziert.

Mit der verstärkten Anwendung der flexiblen Automatisierung entwickelten sich viele Arbeitsinhalte zu *Informationshandhabung*[2] und zu *Systemdienstleistungen.*[3] Funktionen wie die Arbeitsvorbereitung, Fertigungssteuerung u.ä. können durch qualifizierte Bedienerteams durchgeführt werden, deren Mitglieder **keine enge Bindung an bestimmte Maschinen** und damit **keine enge Arbeitsspezialisierung** haben.[4] Dementsprechend steigt die Bedeutung der Lern- und Innovationsfähigkeit der Mitarbeiter, aber auch ihrer **systemischen Qualifikationen** und Kenntnisse der **prozessualen Gesamtzusammenhänge** in der Produktion und im Betrieb generell. Bringt man diese Anforderungen mit den im Kapitel 5 dargestellten Überlegungen zum japantypischen Typ der Unternehmensmitgliedschaft in Verbindung, wird deutlich, daß auch zum Wettbewerbsvorteil der Economies of Scope das ganzheitliche unternehmensspezifische Wissen und Fähigkeiten der japanischen **Kaisha Ningen** stark beigetragen haben.

Schließlich soll ein weiterer, **strategischer** Faktor genannt werden, der im vorangehenden Abschnitt dieses Kapitels bereits angesprochen wurde und der bei führenden japanischen Unternehmen *sowohl die Economies of Scale als auch die Economies of Scope* gefördert hat. Die durch Technologiefusionen als neues Innovationsmuster[5] bedingte Auflösung starrer Grenzen zwischen den Branchen ist es, die den Unternehmen erlaubt, mit ihren strategisch ausgewählten *Core Products* eine große Anzahl von Kunden aus *mehreren Industrien* zu beliefern:

> "As a company multiplies the number of application arenas for its core products, it can consistently reduce the cost, time, and risk in new product development. In short, well-targeted core products can lead to economies of scale *and* scope."[6]

Mit anderen Worten "it is through the mechanism of the core product that a single set of core competencies can be dispersed to multiple-product markets."[7] Genau in diese Richtung, die von vielen Vertretern des fähigkeitsorientierten Ansatzes grundsätzlich für besonders vielversprechend gehalten wird, entwickeln sich nach Auffassung von Porter die **wettbewerbsfähigen Branchen Japans** - nämlich zum "wachsenden Erfolg in der Kategorie Mehrfachgeschäft oder Produkte, die an eine Vielzahl anderer Branchen verkauft werden."[8]

---

[1] vgl. im weiteren Taylor/Puri, 09.09.1996; zu Wettbewerbserfolgen von Honda vgl. auch Kapitel 1.
[2] Vor diesem Hintergrund ist es durchaus vernünftig, daß heute ca. 34% der japanischen Unternehmen ihren "skilled workers" im Rahmen der Aus- und Fortbildung *Computer Training* und *Programmierung* anbieten (Daten einer Umfrage aus dem Jahr 1995, vgl. Kawakita, April 1, 1996).
[3] vgl. Wildemann, 1987, S. 217.
[4] vgl. Ebenda.
[5] vgl. Kapitel 10.
[6] Prahalad/Hamel, 1990, S. 85 f.
[7] Bogner/Thomas, 1994, S. 115.
[8] Porter, 1991, S. 426.

9.3 Human- und wissensbasierte Dimension der Economies of Quality

"The quality of the product reflects on its maker."
(M. Kondo)[1]

Mit dem Begriff der Economies of Quality wird in der Literatur insbesondere gemeint, daß die Erhöhung der Qualität durch *präventive Qualitätssicherungssysteme* zu Kosteneinsparungen führt; in Anlehnung an Fleck, der zwischen den "*Start-Up Economies of Quality*" und den "*Operating Economies of Quality*" unterscheidet, läßt sich in diesem Zusammenhang feststellen,[2]

- daß innerhalb des präventiven Qualitätssicherungssystems **positive Lerneffekte** auftreten (Einzelkosten/Stück sinken mit der lernbasierten Entwicklung der Mitarbeiterfähigkeiten) und die Prozeßbeherrschung steigt, was u.U. in **kontinuierlichen Verbesserungen** dieser Prozesse einen Ausdruck findet, und
- daß dementsprechend der Trade-off-Effekt zwischen Kosten und Qualität seine Allgemeingültigkeit verliert: Kostenreduzierung und Qualitätssteigerung können **gleichzeitig** erzielt werden.

Bemerkenswerterweise wurden die obigen theoretischen Ausführungen von Fleck vielfach mit Beispielen aus empirischen Studien belegt, die einen Vorsprung gerade von *japanischen* Unternehmen in der Kosten- und Qualitätsdimension aufweisen.[3] Zu diesem japanischen Vorsprung hat auch die im Kapitel 9.1 bereits erwähnte starke Exportorientierung deutlich beigetragen:

> "It was during the export phase ... that Japanese managers discovered the happy coincidence that cost and quality improvements could move in tandem ... Japanese companies had the self-reinforcing and interactive triple benefit of being preeminent quality manufacturers, low cost producers, and otherwise effective global competitors ... ."[4]

Mit anderen Worten: Economies of Quality haben die oben betrachteten Wettbewerbsvorteile der japanischen Spitzenunternehmen nicht im Sinne eines Trade-off-Effektes ersetzt, sondern **synergetisch ergänzt**. Auch für diese komparative Stärke, an der sie jahrzehntelang gearbeitet haben,[5] sind die Ursachen primär in den **realisierten Fähigkeiten der Unternehmensmitglieder** und entsprechenden **personalwirtschaftlichen Unternehmensroutinen** zu suchen:

> "The Japanese have attained their high level of productivity and quality by doing everything Western industry has done, and more, in technology, mechanization, automation, and robotics. In addition, and this is most critical, *they have adopted human resource management practices that are diametrically opposed to the traditional practices of Western management*."[6]

---

[1] Kondo, 1992, S. 53
[2] vgl. Fleck, 1995, S. 127.
[3] vgl. Fleck, 1995, S. 128 und die dort rezipierten Quellen.
[4] Rapp, 1992, S. 230 f. Aus Japan wird ins Ausland nach wie vor größerenteils das exportiert, was sich auf dem harten Binnenmarkt bewährt hat (vgl. Ziesemer, 11.5.1995, S. 68).
[5] vgl. hierzu z.B. Pegels, 1984, S. 177.
[6] Pegels, 1984, S. 45; hervorgehoben d. d. Verf.

Soweit diese personalwirtschaftlichen Unternehmensroutinen für die Lern- und Innovationsfähigkeit relevant sind, werden sie an geeigneten Stellen in der vorliegenden Arbeit detailliert erörtert.[1] An dieser Stelle sei als **Hypothese** hervorgehoben, daß die Qualität nicht zuletzt deshalb ein zentrales Thema des japanischen Managementdenkens und Grundlage für Wettbewerbsvorteile darstellt, weil das Konzept des Total Quality Management (TQM)[2] auf **enge Kooperation und Abstimmung in den (Arbeits)-Gruppen**[3] setzt und daher den im II. Teil dieser Arbeit betrachteten kognitiven und sozio-emotionalen Mustern des japanischen **Interdependent Self** bzw. des **Kaisha Ningen** grundsätzlich sehr entspricht.

In diesem Zusammenhang ist auf eine für diese Hypothese sehr relevante Vermutung von P.Senge hinzuweisen. Seiner Ansicht nach liegt die Tatsache, daß die Japaner nicht nur den systemischen Aspekt des "*Deming cycle*" des Qualitätsmanagements ("Plan, Do, Check, and Act") übernommen haben, sondern auch ihre Bemühungen auf die kontinuierliche Verbesserung der Organisation als Ganzen konzentriert haben, darin begründet, daß die Japaner

> "... **are acutely sensitive to interdependence: of actions, of relationships, and of almost anything**. In the industrial age, they are the first country to rise to economic pre-eminence with no natural resources or even controlled access to natural resources. **They have nothing, except that they understand interdependence**. ... **We in the West simply have very little personal appreciation or cultural orientation for thinking about interdependence**. We think about things."[4]

Ein weiterer personal- und innovationswirtschaftlich relevanter Faktor spricht ebenfalls dafür, daß Economies of Quality und die entsprechenden *Routinen* in japanischen Unternehmen auf den Fähigkeiten des Interdependent Self aufbauen. Wie eingangs bereits festgestellt, resultieren Economies of Quality vielfach aus der *lernbasierten Weiterentwicklung von Mitarbeiterfähigkeiten*, und in diesem Zusammenhang läßt sich auf grundlegender Argumentationsebene feststellen, daß "*(t)o do something without mistakes is a matter of tacit skills: learning how to avoid making mistakes, and how to overcome imperfections in the system.*"[5] Der Mechanismus ist also im Kern der gleiche wie bei der Economies of Scale: Es ist das Learning by Doing bzw. die Bildung von **praktischen Fähigkeiten**, die vielfach auf **implizitem, personen-** und **erfahrungsspezifischem Wissen** basieren.

Je kleiner dabei die Losgrößen werden und je schneller der Modellwechsel vollzogen wird, desto höher werden auch die Anforderungen an die **Geschwindigkeit** von individuellen und kollektiven Lernprozessen; somit haben die wissens- und humanbasierte *Economies of Quality* auch mit den im nächsten Abschnitt betrachteten *Economies of Speed* zu tun. Aus der lernpsychologischen Perspektive kann sich diese Überlegung auch auf die Ergebnisse von mehreren Laborexperimenten stützen, die das "**implicit learning**" mit der " sequence-learning tasks"-Methodologie erforschten:

---

[1] vgl. insbesondere Kapitel 13 u. 14.

[2] Auf Einzelelemente des TQM in Japan soll auch nicht näher eingegangen werden, denn sie sind in der Literatur hinreichend beschrieben; es sei an dieser Stelle z.B. auf die Beiträge von Ito, 1994a; Ishikawa, 1988; Pegels, 1984 verwiesen; zu personalwirtschaftlichen Aspekten vgl. z.B. Pronnikow/Ladanow, 1989.

[3] vgl. Ito, 1994a, S. 116.

[4] Senge, 1992, S. 60 f.; hervorgehoben d. d. Verf.

[5] Wood, 1989, S. 455; hervorgehoben d. d. Verf.

"In sequence-learning tasks, subjects implicit knowledge is usually demonstrated by a decrease in reaction time to events generated by underlying rules relative to events generated randomly - without the subject being able to articulate the rule or make explicit preconditions about subsequent events ... ." [1]

Diese genannten Experimente wurden nicht in Japan durchgeführt, sie berichten über die grundsätzlichen Fähigkeiten der Menschen im *Westen*, mit implizitem Wissen umzugehen. Nur: die japanischen Organisationen scheinen insbesondere durch **ihre personalwirtschaftlichen Routinen** diese **unternehmensspezifischen Wissenskomponenten und Fähigkeiten der Kaisha Ningen** *mehr* bzw. *systematischer* als die westlichen gefördert und damit eine Grundlage auch für die *Economies of Quality* geschaffen zu haben.[2]

In diesem Zusammenhang ist auch zu erwähnen, daß einige führende japanische Unternehmen in der letzten Zeit an bestimmten Stellen im Wertschöpfungsprozeß die hochkomplizierten **Roboter wieder durch Arbeitskräfte ersetzen**, die in ihrer Tätigkeit einfachere Anlagen benutzen.[3] Ursachen für diese Entwicklung sind vielfältig, darunter rein kostenbedingte, aber auch die Überlegungen der *sozialen Effizienz* (Erhalt von Arbeitsplätzen). Aber von herausragender Bedeutung ist im Hinblick auf die in diesem Kapitel interessierende Problematik ein anderer Faktor: Den aus der Individualisierung der Nachfrage sowie der rapiden Verkürzung der Lebenszyklusdauer von Produkten resultierenden erhöhten Anforderungen an die Flexibilität können qualifizierte Arbeitskräfte *besser und schneller* Rechnung tragen als die Roboter. "*Using robots was good, but now we're discovering that using people for multitask work is actually faster*"[4], so ein NEC-Manager. In diesem NEC-Werk waren die Mitarbeiter imstande, neue Modelle von Mobiltelephonen nur "*with only one day's notice*" zusammenzubauen; wären die Abläufe voll automatisiert gewesen, hätten die NEC-Ingenieure gute drei Monate gebraucht, um das ganze Montageband für das neue Modell umzuprogrammieren.[5] Und die Zeit kostet auf den Märkten, die durch einen rapiden Produktmodellwechsel gekennzeichnet sind, ggf. sehr viel Geld.[6]

Im Zusammenhang mit der Economies of Quality soll an dieser Stelle noch ein anderer, für die hier interessierende Problematik relevanter, Aspekt erwähnt werden: In der Literatur wird nämlich vielfach hervorgehoben, daß das Strategische Management nicht nur die **Identität** des Unternehmens, sondern auch dessen **Image** in verschiedenen Sektoren der äußeren und inneren Welt zu beeinflussen hat.[7]

Die erzielten Economies of Quality als Ergebnis der spezifischen Innovationsidentität haben japanischen Unternehmen bei der Erschließung neuer technologieintensiver Märkte auch im Sinne der "*Übertragung des guten Rufes*" aus anderen Branchen[8] sehr geholfen. Der *gute Ruf*

---

[1] Holyoak/Spellman, 1993, S. 280; vgl. auch die dort angegebene Literatur.
[2] vgl. dazu Kapitel 5 und 14.
[3] vgl. im weiteren Thornton, 1996, S. 48 ff.
[4] Ebenda.
[5] Ebenda.
[6] vgl. hierzu Kapitel 9.4.
[7] vgl. Kirsch/Trux, 1981; Weber, 1985; zur Analyse des Zusammenhanges zwischen Firmenimage und Unternehmenserfolg vgl. z.B. Kleinfeld, 1992, S. 48 ff. und die dort angegebenen Quellen.
[8] vgl. Porter, 1991, S. 161.

nützt generell aber nichts, wenn er nicht ständig durch die erbrachten Leistungen aufs Neue bestätigt wird - und die japanischen Spitzenunternehmen scheinen ihren westlichen Konkurrenten in einigen wichtigen Branchen trotz umfangreicher Anstrengungen zur Qualitätsverbesserung, die die letzteren unternommen haben, **immer noch überlegen** zu sein. Ein Fallbeispiel sind die Mittelklasseautos:[1] 1995 hat der ADAC aufgrund von 13.400 von deutschen Autofahrern ausgefüllten Fragebögen 12 Autos der Mittelklasse miteinander verglichen, die von 1993 bis 1995 zugelassen wurden und im Durchschnitt 35.000 Kilometer hinter sich hatten. Als Bewertungskriterien galten dabei folgende Parameter: Häufigkeit von Pannen, Mängeln und Reparaturen, Werkstattnote und -kosten, Ersatzteilversorgung sowie Kraftstoffverbrauch; die meisten von diesen Kriterien können als **Qualitätsparameter** per excellence interpretiert werden. Die nach dem Gesamtnotendurchschnitt zusammengestellte **Rangliste** hat folgendermaßen ausgesehen:

1. Toyota Carina
2. Nissan Primera
3. Mazda 626
4. Honda Accord
5/6. Citroën Xantia
5/6. *Mercedes C*
7. Volvo 850
8. *BMW 3er*
9. *Audi 80/A4*
10. *VW Passat*
11. *Opel Vectra*
12. Ford Mondeo

Ähnliche Ergebnisse hat eine repräsentative Leserumfrage der "ADAC Motorwelt" auch 1998 gbracht: Unter 10 Mittelklasseautos, auf die sich diese neue Umfrage bezog, gab es drei japanische - und sie haben wieder *alle drei ersten Plätze* besetzt.[2] Wie bereits erwähnt, basiert diese Rangordnung auf den Kundenangaben - also dem absolut entscheidenden Urteil über die Qualität.

Diese Qualitätsvorteile scheinen führenden japanischen Autofirmen auch sehr geholfen zu haben, trotz der Aufwertung des Yen Mitte der 90er Jahre und der damit zusammenhängenden Preiserhöhung ihren 30%gen Anteil am extrem hart umkämpften amerikanischen Markt zu verteidigen. "**The main reason: superior competitiveness in product quality**" - stellte das Nomura Research Institute im Herbst 1996 fest.[3]

---

[1] vgl. im folgenden Caroselli, 1995, S.34 ff.
[2] vgl. Brieter, April 1998, S. 30.
[3] "Japan's Resurging Industrial Competitiveness", Autumn 1996, Chapter 2.1; hervorgehoben d. d. Verf.

9.4 Human- und wissensbasierte Dimension der Economies of Speed

In der zweiten Hälfte der 90er Jahre hat der Arbeitskreis "Organisation" der deutschen Schmalenbach-Gesellschaft die These von einer "**neuen Zielharmonie**" aufgeworfen, derzufolge

> die "eigentliche Herausforderung und das Besondere der gegenwärtigen Restrukturierungskonzepte ... in dem Anspruch [liegt], Lösungen zu finden, die es im höheren Maße als traditionelle Konzepte ermöglichen, **Zeitgewinne bei gleichzeitiger Verbesserung der Qualität zu erreichen, und darüber hinaus sicherzustellen, daß die ergriffenen Maßnahmen möglichst noch von Kostensenkungen begleitet sind.**"[1]

Betrachtet man unter diesem Blickwinkel human- und wissensbasierte Vorteile der besten japanischen Großunternehmen im globalen Innovationswettbewerb, läßt sich feststellen, daß sie dank ihrer spezifischen Innovationsidentität diese "**neue Zielharmonie**" **bereits in der zweiten Hälfte der 80er Jahre** weitgehend erreicht haben: Sie "have developed ways of embodying technology in products and moving from development through manufacturing to the marketplace *quickly*, with *high quality*, and with a relatively *low purchase price*."[2] Qualität und Kosten wurden in diesem Kapitel bereits diskutiert, hier soll auf den **Geschwindigkeitsvorsprung** näher eingegangen werden.

Die Rolle der *Zeit* in der Unternehmensstrategie ist generell vor allem darin zu sehen, daß sie eine knappe Ressource darstellt und daher als *Wettbewerbsparameter* eingesetzt werden kann.[3] Angesichts dessen kann die Fähigkeit, neue Produkte schnell zu entwickeln, herzustellen und einzuführen, als mit die wichtigste **Core Capacity** einer Unternehmung angesehen werden. Die auf dieser Fähigkeit basierenden ökonomischen Vorteile werden im weiteren als **Economies of Speed** bezeichnet; es ist dabei zu betonen, daß es sich dabei nicht um eine singuläre Verkürzung des Zeitaufwandes für das eine oder andere Einzelprojekt, sondern um die **Beschleunigung des gesamten Innovationskreislaufs der Unternehmung** handelt; nur bei dieser Perspektive kann man nämlich von einer **Core Capacity** als einer **nachhaltigen Kernfähigkeit**[4] sprechen.

Das globale Spannungsfeld der "*time-based-competition*,"[5] in dem sich die High-Tech-Unternehmen gegenwärtig befinden, kann im Anschluß an Pfeiffer/Weiß als das "**Magische Dreieck**" interpretiert werden:[6]

Die erste Komponente dieses *Magischen Dreiecks* stellt die **Marktzykluskontraktion** (1) dar, d.h. eine Verkürzung der Zeitspanne, während der ein Produkt am Markt gewinnbringend abgesetzt bzw. ein bestimmtes Herstellungsverfahren effizient eingesetzt werden können. Sony's CEO N. Ohga stellte 1996 fest, daß "in computers, software, and other information and telecommunications industries, a product is apt to become obsolete half a year after it goes on

---

[1] Organisation im Umbruch: (Was) Kann man aus den bisherigen Erfahrungen lernen? 1996, S. 627; hervorgehoben d. d. Verf.
[2] vgl. Westney/Sakakibara, 1986, S. 218; hervorgehoben d. d. Verf.; vgl. auch Lazonick, 1992, S. 122.
[3] vgl. Herm. Simon, 1989.
[4] vgl. dazu Gemünden, 1993.
[5] vgl. zu diesem Begriff Stalk, 1988; Stalk/Hout, 1990.
[6] vgl. auch im weiteren Pfeiffer/Weiß, 1990, S. 9 sowie zur Anpassung der Unternehmen Marr/Fliaster, 1994, S. 314 ff.

sale;"[1] da diese Technologien einen **Querschnittscharakter** haben, wirkt dieser Zeiteffekt über die Grenzen von mehreren Industrien hinaus.

Weltmärkte, auf denen die technologieintensiven Unternehmen heute agieren, sind vielfach durch einen erheblichen **Preisverfall** über diese kurzen Produktlebenszyklen gekennzeichnet.[2] Vor diesem Hintergrund ist im Innovationswettbewerb der zeitliche Vorsprung ebenso wichtig wie der technologische,[3] und das, was für die Unternehmen aus dieser Anforderung konkret resultiert, kann in Zahlen folgendermaßen ausgedrückt werden:

> "... (H)igh-tech products coming to market six month late but on budget earn 33 percent less profit over five years. In contrast, coming out on time and 50 percent over budget costs profits only 4 percent."[4]

Diese Entwicklung *zwingt* die betroffenen Unternehmen, ihre Lern- bzw. Erfahrungskurven mit einer wesentlich höheren Geschwindigkeit zu realisieren und ihre Innovationsintensität wesentlich zu erhöhen. Viele erfolgreiche Unternehmen schaffen es, mindestens 25% des Umsatzes durch Produkte zu erwirtschaften, die in den letzten 3 Jahren eingeführt wurden. Dies kann aber nur dann gewährleistet werden, wenn es ihnen gelingt, **die Entwicklungszeiten von Technologien und Produkten drastisch zu kürzen**.

Pfeiffer/Weiß weisen allerdings als zweite Komponente des 'Dreiecks" auf einen Trend zur **Expansion des Entstehungszyklus** (2) hin - im Sinne der möglichen *Verlängerung* der Zeitspanne, die zwischen den ersten FuE-Aktivitäten bis zur Hervorbringung eines marktreifen Produkts oder eines wirtschaftlichen Herstellungsverfahrens erforderlich ist.

Im Hinblick auf die Entwicklungszeiten sind also **zwei gegenläufige Tendenzen** zu beobachten:

Einerseits verursacht vor allem die erhöhte technologische Komplexität die von Pfeiffer/Weiß hervorgehobene *Expansion* des Entstehungszyklus von Produkten und Technologien.[5] In diesem Zusammenhang kann auch die dritte Komponente des 'Magischen Dreiecks," die gravierende **FuE- und Vorbereitungskostenexplosion** (3), hervorgehoben werden, die ebenfalls mit der gestiegenen Forschungsintensität vieler Produkte und der Komplexität der jeweiligen Technologien und FuE-Prozesse zusammenhängt.[6]

---

[1] Ohga, March 1996; das gilt auch für einige andere Hochtechnologien.

[2] vgl. Gerpott/Wittkemper, 1991, S. 121. Experten können sich z. B. an keinen einzigen Fall von Preis-*erhöhungen* für ein Produkt der Kategorie Elektronik auf dem japanischen Markt erinnern (vgl. Karatsu, 1994, S. 18).

[3] vgl. Gerybadze, 1988, S. 119,

[4] Ergebnisse einer McKinsey-Studie, zit. in: Cleland/Bursic, 1992, S.155.

[5] In der Pharmaindustrie zum Beispiel betragen die Projektlaufzeiten von der Wirkstofforschung bis zur Markteinführung eines neuen Produktes bis zu 15 Jahren (vgl. Mattern, 1991, S. 98); davon beträgt in der Regel die Produktentwicklungszeit (für grundlegend neue Arzneimittel) 7 bis 10 Jahren (vgl. Jakubczik et al., 1991, S. 15).

[6] In der Pharmaindustrie zum Beispiel erreicht der FuE-Anteil 15% des Umsatzes, und bei manchen Unternehmen tendiert er zu 20%; auch in der Computerbranche und der Autoindustrie haben die FuE-Ausgaben von Großkonzernen bereits *volkswirtschaftliche Dimensionen* erreicht: Anfang der 90er Jahre betrug das FuE-Budget von IBM ca. 2.6 Mrd. Dollar, von NEC, Fujitsu, Toshiba und NTT jeweils fast 3 Mrd. DM und von Hitachi und Toyota je 4 Mrd. DM (vgl. Schneiderman, 1991, S.54; Jakubczik et al., 1991, S. 15;

Diese langen, kostspieligen Entwicklungszeiten von hochkomplizierten High-Tech-Produkten bedeuten für die High-Tech-Unternehmen die **Notwendigkeit, langfristige Visionen zu entwickeln und umzusetzen**. In der Literatur wird in diesem Zusammenhang häufig die Meinung vertreten, daß die Fähigkeit, langfristig zu denken, ein wesentlicher Aspekt ist, in dem sich die erfolgreichen innovativen Unternehmen (in vielen Fällen gerade die **japanischen**) von den weniger erfolgreichen unterscheiden.[1] Eine vorausschauende langfristige Vision zu entwickeln ist aber nur der erste Schritt - es kommt ja schließlich auf ihre Umsetzung an. Damit werden nicht nur das Phantasievermögen bei der Entwicklung, sondern auch **Geduld** und **Beharrlichkeit** bei der **Verwirklichung dieser Visionen** zu zunehmend wichtigen Elementen der **praktizierten Unternehmenskreativität**.[2] Und Geduld und Beharrlichkeit schlagen sich nicht nur in den "soft factors" wie der Arbeitseinstellung der Mitarbeiter nieder; sie haben durchaus "greifbare" ökonomische Indikatoren. Dazu zählt z.B. die Bereitschaft, auch bzw. ganz besonders in ökonomisch schweren Rezessionszeiten die FuE-Ressourcen nicht zu "*leanisieren*", sondern ggf. zusätzliche **FuE-Investitionen** zu wagen und das **FuE-Personal** weiterhin einzustellen und zu entwickeln.

Wie die japanischen Unternehmen in den letzten (Rezessions-)Jahren mit den FuE-Aufwendungen und dem FuE-Personal umgegangen sind und warum, wird im Kapitel 10 noch en detail zu analysieren sein.

Andererseits werden in innovativen Unternehmen angesichts schrumpfender Marktzyklen und fallender Preise sehr energische Versuche zur **Verkürzung der effektiv benötigten Entwicklungszeit** unternommen. 1988 hat der Vizepräsident der Boston Consulting Group G. Stalk, der die Diskussion über die "*Zeit als Wettbewerbswaffe*" stark geprägt hat[3], einige für westliche Firmen äußerst beunruhigende Daten präsentiert, denen zufolge in vielen wichtigen Branchen die **Japaner** neue Produktversionen ggf. *dreimal so schnell* entwickeln wie etwa ihre amerikanischen Konkurrenten, und dazu auch noch deutlich kostengünstiger.[4]

Am Fallbeispiel der **Automobilindustrie** läßt sich die Förderung der Economies of Speed als komparativer Wettbewerbsvorteil japanischer Topunternehmen folgendermaßen verfolgen. Nach Angaben ist es japanischen Unternehmen Ende der 80er Jahre gelungen, die Entwicklungsdauer neuer Automodelle von damals sonst üblichen fünf bis sechs auf vier Jahre oder im Fall von Honda sogar auf 40 Monate zu reduzieren.[5] In den 90er Jahren haben nicht nur japanische, sondern auch westliche Firmen massive Anstrengungen zur Verkürzung der Entwicklungszeit unternommen; dennoch hatten Ende 1995 die meisten japanischen Autohersteller *immer noch* Geschwindigkeitsvorteile gegenüber ihren amerikanischen Konkurrenten - und setzten sich noch ehrgeizigere Zielvorgaben für die Zukunft (Tabelle 9.2):

Rosenberg, 1992, S.74; Daten über japanische Firmen stammen aus dem Geschäftsjahr 1990/91 (vgl. Japans Wirtschaft auf dem Weg ins 21. Jahrhundert, 1990, S. 11).

[1] vgl. z.B. Morone, 1989, S. 100 f. und die dort zitierte Literatur.

[2] vgl. Kono, 1988.

[3] vgl. dazu auch Kapitel 1.

[4] vgl. zu einzelnen Daten Stalk, 1988, S. 44. Andere empirische Erhebungen zeigten ebenfalls, daß die Innovationszeiten bei deutschen Firmen zwar fast gleich lang wie bei den amerikanischen, aber wesentlich (um 14%) länger als bei ihren japanischen Wettbewerbern waren, wobei in einzelnen Branchen wie der Chemie (mit 26%) und Elektronik (mit 21%) der zeitliche Vorsprung der Japaner noch erheblicher war (vgl. Albach/de Pay/Rojas, 1991, S. 314 ff.).

[5] vgl. Gerybadze, 1988, S. 119.

Tabelle 9.2: **Economies of Speed als Wettbewerbsvorteil japanischer Spitzenunternehmen der Automobilindustrie**[1]

5. Product Development Times (from approval of concept to volume production)

	Current average (months)	Target (months)	Case (model name)	No. months
Toyota	27*	18*	Ipsum, Starlet	15
Honda	36*	24*	CR-V	24*
Mazda	21	15-18	Capella	17
Mitsubish	24	18	FTO	19
Nissan	30	20		
Chrysler	29	24	Sebring	24
Ford	37	24	European Escort	18
GM	46	38	Yukon, Tahoe	26

Note: (*) Includes the time required to develop the design.
Source: *Wall Street Journal*, December 29, 1995.

Sollte es japanischen Unternehmen tatsächlich gelingen, diese Ziele zu erreichen, bleibt der Zeitvorsprung eine der wichtigsten Quellen ihrer Wettbewerbsfähigkeit bis ins nächste Jahrhundert - prognostiziert das Nomura Research Institut[2] im Herbst 1996. Bereits heute schaffen es einige japanische Unternehmen in besonders heiß umkämpften Marktsegmenten wie dem *sports-utility vehicle market*, in weniger als 15 Monaten ein neues Modell auf den Markt zu bringen.[3]

In diesem Zusammenhang muß man auch eine Tatsache hervorheben, die Fiala, der "Vater" des sehr erfolgreichen europäischen Modells *Golf* etwas salopp, aber sehr genau auf den Punkt brachte: "*Nur ein Idiot glaubt, daß ein vollkommen neues Auto innerhalb von drei Jahren fertig ist.*"[4] Insofern kann es sich bei den obengenannten japanischen Entwicklungszeiten von 1.5 Jahren auch um keinerlei "vollkommen neue" Autos handeln. Ebenso wichtig ist der Hinweis, daß bei einem neuen europäischen Automodell etwa *zwei Drittel* der Teile wirklich neu konstruiert sind, in Japan dagegen bloß *ein Drittel.*[5] Nur bedeutet das aber nichts anderes, als daß auch auf diesem wichtigen Markt *nicht die Zeit an sich*, sondern eine *situative*, also **kundenorientierte Balance zwischen Neuheitsgrad, Geschwindigkeit der Entwicklung, den Kosten und der Qualität** die entscheidende Rolle spielt. Das, was der Kunde bereit ist, als *subjektiv neu* durch seine Kaufentscheidung zu honorieren, gewinnt die ausschlaggebende Bedeutung, und das muß ja offensichtlich nicht unbedingt ein jedes Einzelteil sein. Gerade im Hinblick auf diese **Balance der Wettbewerbswaffen** - eben als „**Zielharmonie**" verstanden -

[1] "Quelle: Japan's Resurging Industrial Competitiveness", Autumn 1996, Chapter 2.2, Abbildung 5.
[2] vgl. "Japan's Resurging Industrial Competitiveness", Autumn 1996, Chapter 2.2.
[3] Ein Beispiel ist *Ipsum*, ein neues Freizeitauto von Toyota (vgl. die obige Tabelle sowie "Japan's Resurging Industrial Competitiveness", Autumn 1996, Chapter 2.2 u. Bremner/Armstrong/Kerwin/Naughton, April 7, 1997, S. 49). Im Zusammenhang mit der Economies of Speed ist auch hervorzuheben, daß dieser Wettbewerbsvorteil nicht nur durch eine schnellere *Entwicklung*, sondern auch durch eine schnellere Herstellung von Produkten ermöglicht wird, wobei auch hier nicht einmalige Crash-Aktionen, sondern eine *nachhaltige Beschleunigung des gesamten Prozesses* die entscheidende Rolle spielt.
[4] zit. in: Blüthmann, 26.12.1997, S.21; hervorgehoben d. d. Verf.
[5] vgl. Blüthmann, 26.12.1997, S.21.

scheinen **japanische Spitzenunternehmen** der Autoindustrie einige wichtige Stärken entwickelt zu haben.

An dieser Stelle ist die Frage zu stellen, inwieweit den **Economies of Speed** als Wettbewerbsvorteil der japanischen Unternehmen **human- und wissensbasierte Fähigkeiten** der Unternehmensmitglieder und entsprechende **Unternehmensroutinen** zugrunde liegen?

Eine der zentralen Voraussetzungen, die erfüllt werden müssen, damit die human- und wissensbasierten Fähigkeiten einer Unternehmung zur Grundlage ihres Erfolges im Innovationswettbewerb werden können, besteht darin, daß **Technologie- und Marktstrategien** gewählt und verfolgt werden, bei deren Zusammenspiel diese Fähigkeiten besonders wirksam zum Tragen kommen und weiterentwickelt werden können; somit sollte die Entwicklung der fähigkeitsbasierten Economies of Speed im Zusammenhang mit der jeweils verfolgten *Unternehmensstrategie* gesehen werden.

Viele japanische Unternehmen haben in mehreren Branchen bis in die 80er Jahre die *Strategie eines Technology Followers* konsequent umgesetzt: Wichtige technologische Wissenskomponenten wurden vielfach aus dem Ausland transferiert[1] und durch eine Reihe von weiteren Innovationen zu einem - gegen den westlichen Pionier gerichteten - wettbewerbswirksamen Faktor gemacht.[2] Um durch diese Follower-Strategie gezielt Lernkosten einzusparen und technologische und ökonomische Risiken begrenzen zu können, *mußten* die diese Strategie verfolgenden Unternehmen über *größere geschwindigkeitswirksame Reaktionspotentiale* verfügen.[3]

Internationale empirische Untersuchungen haben das Anfang der 90er Jahre bestätigt: Während etwa bei *deutschen* Unternehmen sogenannte externe Innovationen eine um 2% längere Innovationszeit und um 2% höhere Innovationskosten verlangten als interne, konnten *japanische* Unternehmen 28% der Innovationszeit und 50% der Innovationskosten bei externen Innovationen sparen.[4] Albach/de Pay/Rojas ließen diese Daten eine klare Schlußfolgerung machen: "**Die Überlegenheit der Japaner bei der Übernahme externer Technologien ist eindeutig.**"[5]

Diese hochentwickelte Fähigkeit zur Absorption des außerorganisationalen Wissens ist auch darin deutlich zu sehen, daß viele erfolgreiche japanische Firmen es sich leisten können, ihre

---

[1] Allein von April 1951 bis März 1984 haben japanische Unternehmen und andere Institutionen fast 42000 Verträge über den Technologieimport abgeschlossen (vgl. Abegglen/Stalk, 1986, S. 159). Ein weiteres Beispiel für erfolgreiche Absorption, Internalisierung und Weiterentwicklung fremderworbenenWissens durch japanische Unternehmen stellen die Strategischen Allianzen dar (vgl. Teramoto et al., 1994, S. 76).
[2] vgl. z.B. Ya. Baba, 1989 sowie das Kapitel 9.5.
[3] vgl. theoretische Überlegungen von Gemünden, 1993, S.88.
[4] Albach/de Pay/Rojas, 1991, S. 316 ff. Als *externe* wurden Innovationen bezeichnet, welche auf der Grundlage von Ideen und ersten Entwicklungschritten bis zur Prototyperstellung entwickelt werden, die außerhalb des Unternehmens entstanden sind, von diesem dann aufgegriffen, weiterentwickelt und am Markt eingeführt werden. *Interne* Innovationen basieren dagegen auf Entwicklungen im eigenen Unternehmen (vgl. Ebenda, S. 317); vgl. dazu auch Mansfield 1988a.
[5] Albach/de Pay/Rojas, 1991, S. 320; vgl. ähnlich bei Abegglen/Stalk, 1986, S. 163.

neuen Produkte *direkt auf dem Markt* zu testen[1] - und damit auch den ausländischen Wettbewerbern *unmittelbar vor Augen zu führen*. Ganz Japan ist ein einziger Testmarkt,[2] wie "Die Wirtschaftswoche" unlängst schrieb.

Aus diesen Überlegungen läßt sich folgende **Hypothese** ableiten: Als *Grundlage für die Economies of Speed in japanischen Unternehmen* können insbesondere zwei Fähigkeiten dienen:

- zum einen ist es die **Fähigkeit**, fremderworbene Wissenskomponenten - oder, allgemeiner formuliert, **Wissen aus sämtlichen Umweltquellen - schnell internalisieren zu können**, und
- zum anderen ist es die **Fähigkeit**, dieses **Wissen anschließend weiterzuentwickeln** bzw. **es zusammen mit den eigenerworbenen Wissenskomponenten in Innovationen schnell zu verwerten**.[3]

Sind aber diese zwei **Kernfähigkeiten**, von denen die eine sich eher auf das **Lernen**, die andere auf das **Innovieren** bezieht, grundsätzlich unterschiedlich voneinander? Es kann in diesem Zusammenhang auf die im Kapitel 6.2 auf der *Ebene der personellen Identität* bereits diskutierte These von Cohen/Levinthal rekurriert werden, derzufolge "**problem solving and learning capacities are so similar that there is little reason to differentiate their modes of development** ... ."[4]

Auf der *Ebene der Unternehmensidentität* seien an dieser Stelle zwei weitere wichtige Argumente angeführt, die auch dafür sprechen, daß diese beiden Fähigkeiten in **enger Verbindung** zueinander und als Grundlage für die *Economies of Speed* bei den führenden japanischen Industrieunternehmen gesehen werden können.

Zum einen geht es darum, daß, wie bereits erwähnt, in der heutigen vernetzten Welt praktisch kein Individuum und keine Organisation überleben kann, ohne Wissenskomponenten aus externen ("fremden") Quellen beschaffen, verarbeiten und verwerten zu müssen bzw. zu können. Aus dieser Feststellung resultiert auch, daß wenn die japanischen Unternehmen heute die **eigene Innovationskraft** sehr intensiv fördern[5] und damit vielfach die Rolle des **Technology Leader** anstreben, ihnen gerade die bereits entwickelte **Absorptionsfähigkeit** sehr zugute kommen wird. Denn: Auch das fremderworbene Wissen konnte von japanischen Spitzenunternehmen nur deshalb so schnell umgesetzt werden, weil es mit den **unternehmensinternen Wissenskomponenten** verbunden werden konnte bzw. in einen bereits vorbereiteten fruchtbaren Nährboden kam. Im Kapitel 3 wurde bereits darauf hingewiesen, daß die Zugriffsmöglichkeit zu den neuesten technologischen

[1] vgl. dazu z.B. Morone, 1989, S.104; Itami, 1987, S.95; Schütte, 1992, S.47.
[2] vgl. Ziesemer, 11.05.1995, S.68.
[3] Bereits an dieser Stelle sei auf die Verbindungen dieser Unternehmensfähigkeiten zu den insbesondere im Kapitel 6 betrachteten Fähigkeiten des japanischen Contextual Self hingewiesen.
[4] Cohen/Levinthal, 1990, S.130; hervorgehoben d. d. Verf. Auch M.Aoki bemerkt, daß "(e)ven when new knowledge is acquired from outside the firm in the form of patents and the like, that new knowledge is often reinterpreted and developed in reference to the firm's own productive experience" (Aoki, 1986, S. 981; hervorgehoben durch d.Verf.).
[5] vgl. detailliert Kapitel 10.

Wissenskomponenten *allein* keinen Wettbewerbsvorteil schaffen oder sichern kann; d.h. "... **the ability to evaluate and utilize outside knowledge is largely a function of the level of prior related knowledge, e.g. of the basic skills available of the firm.**"[1]

Ein Transfer *fortschrittlicher* Technologien kann also *nur dann* erfolgreich und ohne Zeitverlust durchgeführt werden, wenn der *Empfänger selbst* eine wettbewerbsfähige FuE-Kompetenz erreicht hat.[2] Interne FuE und Übernahme von fremderworbenen Technologien sind weitgehend als *komplementär* anzusehen, und das Vorhandensein von starken eigenen FuE-Kapazitäten und fortgeschrittenen Ergebnissen bleibt weiterhin die wichtigste **Innovationsprämisse**, weil diese eine effiziente Absorption und Weiterentwicklung fremdbezogener Technologien erst möglich macht;[3] in Nelson's plakativer Formulierung heißt es:

> "... **(O)ne cannot intelligently follow and rapidly respond to new developments in a field unless one is doing some work in that field too.**"[4]

Dementsprechend tragen die im Kapitel 10 noch detailliert darzustellenden heutigen Anstrengungen der besten japanischen Unternehmen zur Stärkung ihrer **Forschungkraft** auch zur Stärkung ihrer **Absorptionsfähigkeit** bei. Dieser **duale Effekt der intraorganisationalen Forschungsförderung** ist somit von zentraler Bedeutung auch für das Verständnis der *Economies of Speed.*[5]

Man kann sogar vermuten, daß je *forschungsintensiver* die Industrie und je *heterogener* ihre technologische Wissensbasis ist - und die japanischen Spitzenunternehmen streben heute die Führerschaft gerade in solchen zukunftswichtigen technologieintensiven Gebieten an bzw. sie sind bereits dort mit die wichtigsten Akteure - um so *mehr* soll die industrielle Grundlagenforschung *bewußt* auch auf die Entwicklung der Absorptionsfähigkeit abzielen.

Außer der Absorptionsfähigkeit als Voraussetzung für die Economies of Speed ist die zweite Determinante von ganz zentraler Bedeutung, die zum Innovieren wie auch zum Lernen gleichermaßen gehört. Sie hängt damit zusammen, daß *Innovation als Prozeß* eine *gesamtunternehmerische* Aufgabe darstellt, an der in der Regel Vertreter mehrerer Funktionsbereiche beteiligt sind. Somit kann nur eine **koordinierte Handlungsweise** dieser Unternehmensbereiche - also im Endeffekt der jeweiligen **Mitarbeiter** - den ökonomischen Erfolg bringen.[6] Prägnant formuliert: "**A central theme in the study of the development process** ... [is] **its integrated, interactive, and iterative process.**"[7]

Aus der organisationalen Perspektive rückt also in den Mittelpunkt die **Harmonisierung der intraorganisationalen Schnittstellen** zwischen den Einzelbereichen - d.h. vor allem **zwischen den jeweiligen Mitarbeitern**, die Bühner zufolge insbesondere auf folgenden Prinzipien basieren sollte:[8]

---

[1] Chiesa/Barbeschi, 1994, S. 303; hervogehoben d. d. Verf.
[2] vgl. Marr/Fliaster, 1994, S.320 und die dort angegebenen Quellen.
[3] vgl. Marr/Fliaster, 1994, S. 332; BMBF, 1996, S.17.
[4] Nelson, 1992, S. 177; hervogehoben d. d. Verf.
[5] vgl. dazu auch Cohen/Levinthal, 1990, S.148.
[6] vgl. z.B. Miyamoto, 1994, S. 352.
[7] Mit geringfügiger Änderung Rosenberg/Steinmüller, 1988, S.231; hervorgehoben d. d. Verf.
[8] vgl. im weiteren Bühner, 1990, S. 30 ff.

- *Prinzip der Sichtbarmachung der Organisation,* realisierbar u.a. durch die Job Rotation, Bildung von überschaubaren Einheiten und transparente Informationsflüsse;
- *Prinzip der multifunktionalen Entscheidungsfindung,* realisierbar u.a. durch die Bildung von Projektgruppen und Kollegien;
- *Prinzip der Parallelisierung funktionaler Phasen,* realisierbar u.a. durch solche organisatorische Unternehmensroutinen wie das Simultaneous Engineering sowie
- *Prinzip der Just-in-Time-Organisation,* realisierbar u.a. durch die Umsetzung des Just-in-Time-Gedanken nicht nur in der Produktion, sondern auch in der Produktentwicklung, im Marketing u.a.

Diesen Prinzipien sind in mehreren japanischen Unternehmen erfolgreich umgesetzt worden; daher ist es nicht überraschend, daß in der Literatur die **schnelle Aktions- und Reaktionsfähigkeit**, sprich: die **Economies of Speed** als **besondere Wettbewerbsstärke** dieser Unternehmen angesehen und durch empirische Studien belegt wird.[1]
Das Simultaneous Engineering und andere von Bühner genannte **Unternehmensroutinen** des Innovationsmanagements wurden in den letzten Jahren auch in der westlichen Managementliteratur **verstärkt propagiert**[2] - sie sollten also in westlichen Unternehmen auch bekannt sein. Fragt man sich, warum trotz dieser "Propaganda" der *erfolgsbringenden Unternehmensroutinen* die japanischen Unternehmen häufig immer noch Geschwindigkeitsvorteile aufweisen, könnte man **mindestens zwei relevante Gründe** vermuten:

Erstens geht es darum, daß die japanische Stärke in einer höheren praktischen **Anwendungsintensität** dieser Routinen liegen kann. Diese Schlußfolgerung scheint durch die Resultate der oben bereits erwähnten Studie der Akademie Schloß Garath eine Bestätigung zu bekommen: Während nur 17 Prozent der befragten deutschen Topmanager mit dem simultanen Innovationsmanagement vertraut seien, sei es in 72 Prozent der japanischen Unternehmen eine Selbstverständlichkeit.[3]

Eine andere (und vermutlich wichtigere) Ursache liegt in den **Anwendungsprämissen**. Die Mechanismen und Regelungen wirken nämlich in nicht-totalitären Organisationen nicht im Sinne einer buchstäblichen Befolgung - sie "*sind vielmehr eine Verhaltensvorlage, an der man sich stößt und reibt.* ... Die Mitarbeiter setzen sich tatsächlich mit den Regeln auseinander und befolgen sie nur insoweit, wie sie sie für angemessen halten ... ."[4] Daher wird bei der Anwendung von neuen strukturellen Mechanismen grundsätzlich empfohlen, daß "die beiden Dimensionen 'Struktur" - also das neue organisatorische Konzept - und Mensch - das heißt die Fähigkeiten, Einstellungen und Verhaltensweisen der Mitarbeiter ... - miteinander in Einklang gebracht werden."[5]

---

[1] vgl. z.B. Herm. Simon, 1989, S. 76 f. und die dort angegebenen Quellen.
[2] vgl. z.B. die Beiträge von Stalk, 1988, S. 37 ff.; Gerpott, 1990; Schmelzer, 1993, S.120 ff.; Bullinger et al., 1995 und die dort angegebene Literatur.
[3] vgl. Berth, 21.08.1996, S. VIII. Auch Gerpott (1995, S. 556) zufolge hat das in der Literatur seit längerem diskutierte Simultaneous Engineering in der deutschen FuE-Praxis Mitte der 90er Jahre "noch kaum wirksam Anwendung gefunden."
[4] Wollnik, 1991, S. 71 ff. Fußnoten ausgelassen, hervorgehoben d. d. Verf.
[5] Organisation im Umbruch: (Was) Kann man aus den bisherigen Erfahrungen lernen? 1996, S. 649.

Welche *"Fähigkeiten, Einstellungen und Verhaltensweisen der Mitarbeiter"* setzen denn die obengenannten Unternehmensroutinen des Simultaneous Engineering, des Rugby-Ansatzes, der interdisziplinären Entwicklungsteams u.ä. voraus? Alle diese Routinen scheinen mindestens eines gemeinsam zu haben: Sie setzen auf die **Kommunikation und Interaktion zwischen den Mitarbeitern, auf die Koordination ihrer innovationsrelevanten Denkprozesse und Handlungen**, sprich: auf die **sozio-emotionale** und **kognitive Kraft der zwischenmenschlichen Beziehungen**.[1]

In diesem Zusammenhang ist auf eine wichtige Feststellung von Rosenberg/Steinmüller hinzuweisen, derzufolge "(p)roducts requiring *smooth coordination of different technologies* (for example, electrical, electronic, and mechanics) ... are *strongholds of Japanese commercial and export success.*"[2] Die **Fähigkeit zur "Koordination von Technologien"** ist aber vielfach als Komponente einer übergeordneten organisationalen **Fähigkeit zur Koordination von Menschen als Träger dieser technologischen Wissenskomponenten** anzusehen. In dieser Koordination von Menschen, die definitionsgemäß eine auf organisationale Ziele ausgerichtete "Abstimmung und Harmonisierung von Handlungen der Organisationsmitglieder sowie die Ausrichtung arbeitsteilig gebildeter Stellen"[3] darstellt, kann mit Nelson/Winter eine *zentrale Grundlage für die Wettbewerbsvorteile* gesehen werden:

> **"What is central to a productive organizational performance is coordination; what is central to coordination is that individual members, knowing their jobs, correctly interpret and respond to the messages they receive."**[4]

Gerade in Branchen wie verarbeitenden und Montageindustriezweigen der Automobil-, Elektronik- und Maschinenbauindustrie,[5] die auf eine intensive innerbetriebliche *Koordination* sowie auf die sog. *Humanware* als unternehmensspezifische Integration der Software, Hardware und der Humanressourcen[6] extrem stark angewiesen sind, sind die japanischen Unternehmen international sehr konkurrenzfähig.

Für die Zwecke dieses Kapitels läßt sich an dieser Stelle resümierend folgendes festhalten:

Die **Absorptionsfähigkeit** und die **Koordinations-** und **Integrationsfähigkeit** ergeben sich als **zentrale Voraussetzungen zum Erlangen der Economies of Speed** bei japanischen Unternehmen; diese beiden Fähigkeiten sind grundsätzlich **wissens-** und **humanbasiert**. Denn:

---

[1] Deshalb sind für sie, jedenfalls soweit es sich um japanische Unternehmen handelt, auch die obigen Überlegungen zu Denk-, Kommunikations- und Handlungsfähigkeiten des Interdependent Self von Relevanz.
[2] Rosenberg/Steinmüller, 1988, S.232; hervorgehoben d. d. Verf.
[3] Staehle, 1994, S. 528.
[4] Nelson/Winter, 1982, S.104; hervorgehoben d. d. Verf.
[5] vgl. z.B. Ito, 1994b, S. 221 sowie bereits Abegglen/Stalk (1986, S. 78 ff.) und Rosenberg/Steinmüller (1988, S. 229), die auf die *Zunahme japanischen Produktivitätsvorteils mit wachsender Komplexität der Produkte und Produktionsprozesse, bei denen Tausende von interdependenten Arbeitsschritten zu koordinieren sind*, aufmerksam machten, sowie Schneidewind, dessen Auffassung zufolge "Japanese manufacturer are ahead the more parts go into the product: motorcars, video cameras, pianos, robots" (Schneidewind, 1992, S.91). Zur internationalen Wettbewerbsfähigkeit japanischer Unternehmen in einzelnen technologieintensiven Branchen vgl. auch die Ausführungen im Kapitel 10.
[6] vgl. Shimada, April 1, 1992.

- ihnen liegen spezifische kognitive und sozio-emotionale **Fähigkeiten der Kaisha Ningen** zugrunde, die sich auf die Kommunikation und Interaktion beziehen,
- und diese Fähigkeiten, die auf dem **Interdependent Contextual Self** basieren,[1] werden durch die passenden **Innovation-Shaping Corporate Routines** aus organisatorischem, strategischem und vor allem **personalwirtschaftlichem** Arsenal mitgeformt und zu Fähigkeiten der Unternehmung gebündelt.

Diese personalwirtschaftlichen Routinen, die zur Entwicklung der Denk- und Verhaltensweisen der **Kaisha Ningen** und damit auch zur Bildung des **unternehmensspezifischen "shared knowledge"** und zur kooperationsförderlichen grundsätzlichen **Kompatibilität der individuellen Interpretationsmuster** beitragen, werden im Teil IV dieser Arbeit näher zu erörtern sein.

9.5 Schlußfolgerung und Ausblick

9.5.1 Prozeßorientierung als zentrale Innovationsstärke japanischer Unternehmen an der Schwelle zum 21. Jahrhundert

Aus allen obigen Ausführungen im vorliegenden Kapitel 9 läßt sich ableiten, daß in den vergangenen Jahren die japanischen Wettbewerbsvorteile insbesondere aus **Prozeßinnovationen** resultierten, die von **Kaisha Ningen** anhand unternehmensspezifischen, vielfach impliziten Wissens und Fähigkeiten zustande gebracht wurden.

Diese *theoretische* Schlußfolgerung läßt sich mit den Ergebnissen einiger *empirischer* Studien stützen, unter denen an dieser Stelle insbesondere die vergleichende Studie von Kagono et al.[2] genannt werden soll, der zwei für die Fragestellung der vorliegenden Arbeit wichtige Thesen entnommen werden können:

Zum einen ist es die Feststellung, daß man trotz zwischenbetrieblicher Unterschiede von einem "*japanischen*", d.h. *für mehrere führende technologieintensive japanische Großunternehmen grundsätzlich typischen Modus der Anpassung an den Umweltwandel* sprechen kann.[3] Zum anderen handelt es sich um die *konkreten Merkmale dieses japanischen Anpassungs- bzw. Innovationsmodus*. Kagono et al.[4] haben festgestellt, daß er vielfach durch eine "*Operations Orientation*" gekennzeichnet war, deren Kernelement aus der Sicht der Innovationsforschung die *Prozeßoptimierung insbesondere im Produktionsbereich* darstellt:

---

[1] vgl. Kapitel 5.
[2] vgl. Kagono et al., 1985.
[3] Diese Feststellung steht im Einklang auch mit den Ergebnissen anderer, bereits in den 90er Jahren durchgeführten empirischen Studien (vgl. z.B. die vergleichende Untersuchung der Wettbewerbsstile in der Halbleiterindustrie von Egelhoff, 1993).
[4] vgl. Kagono et al., 1985 sowie die weiteren Ausführungen in diesem Kapitel.

"While certain U.S. and Japanese firms depart from the contrasting approaches to strategy ..., our data support the hypothesis that the **characterizations are reasonably typical**. The approach ... typical of Japanese firms is described as an "**operations-oriented**" one. .... (T)he operations-oriented strategy focuses more on the incremental development of "operations", and places much emphasis on **accumulating experience** that contributes to the existing **intraorganizational capability** and "**know how**". Change, therefore, tends to be **incremental** and more **continuos**."[1]

Diese **Prozeßorientierung als Ausprägung einer spezifischen Innovationsidentität** und Grundlage für obengenannte Wettbewerbsvorteile ist in japanischen Unternehmen als ganzheitliches, mehrdimensionales Phänomen anzusehen.[2] Dementsprechend läßt sich eine ganze Reihe von **Core Innovation-Shaping Corporate Routines** feststellen, die diese Art der Innovationsidentität geformt haben. Wie oben bereits erwähnt, wird auf die **personalwirtschaftlichen Routinen zur Bildung von Kaisha Ningen** im Teil IV detailliert eingegangen; einige andere **Core Corporate Routines** zur Entwicklung der Prozeßorientierung bei japanischen Unternehmen sollen an dieser Stelle kurz genannt werden:

a) **Core Innovation-Shaping Corporate Routines der FuE-Finanzierung**:

Wie durch internationale Studien nachgewiesen, besteht ein 'Zusammenhang zwischen den Quellen für Ideen und der Verteilung der Mittel der Art, daß reichlich mit Finanzmitteln ausgestattete Abteilungen besser zur Ideenproduktion in der Lage sind."[3] Die schwerpunktmäßige Orientierung auf Prozeßinnovationen hat sich dementsprechend in charakteristischer **Aufteilung der FuE-Budgets** und der **Innovationskosten** in japanischen Unternehmen niedergeschlagen: Ende der 80er Jahre verwendeten japanische Firmen etwa zwei Drittel ihrer FuE-Budgets für Prozeßinnovationen und nur ein Drittel für Produktinnovationen.[4]

b) **Core Innovation-Shaping Corporate Routines zur Bildung von Innovationsteams**:

Die integrative Prozeßorientierung spiegelte sich auch in der **Zusammensetzung der Projektteams als kollektive Innovationsträger** in japanischen Unternehmen wider. Eine Studie des ifo-Instituts hat in den 90er Jahren folgende Unterschiede zwischen japanischen, westdeutschen und amerikanischen Großunternehmen erwiesen:[5] Die abteilungsfremden Projektmitglieder, mit denen FuE-Ingenieure und Naturwissenschaftler im Projektteam zusammenarbeiten, kommen in untersuchten japanischen Unternehmen der elektrotechnischen Industrie fast zu gleichen Teilen aus dem gesamten FuE-Bereich und aus *FuE-externen Abteilungen*, insbesondere der *Fertigung*; dabei kommen in japanischen Unternehmen aus anderen Abteilungen als FuE und Fertigung prozentuell ungefähr ebenso viele Projektteammitglieder wie bei ihren deutschen und amerikanischen Wettbewerbern zusammen.

---

[1] Kagono et al, 1985, S. 226; hervorgehoben d. d. Verf. A.Okumura, einer der Autoren dieser Studie, hat die Prozeßorientierung der großen japanischen „Global Players" auch in seinen späteren Publikationen verfolgt (vgl. z.B. A. Okumura, 1989, S. 34 ff.).
[2] Zur Ganzheitlichkeit des Japanese-style Management vgl. den Prolog zur vorliegenden Arbeit.
[3] Albach/de Pay/Rojas, 1991, S. 312.
[4] vgl. Mansfield, 1988b, S.226 u. Mansfield, 1989, S. 51; amerikanische Unternehmen hielten es genau umgekehrt, bei den deutschen war diese Relation 50:50 (vgl. Linneweh, 1995, S. 10 f.).
[5] vgl. im weiteren Ernst/Wiesner, 1994, S.138 ff.; Wiesner, 1992, S.20 f.

Dementsprechend schlägt sich die integrative Prozeßorientierung in spezifischen *Denk- und Handlungsweisen* der Manager und Mitarbeiter nicht nur aus der Produktion und FuE, sondern aus sämtlichen Funktionsbereichen nieder.[1]

c) **Core Innovation-Shaping Corporate Routines zu Machtverteilung und Entscheidungsfindung in Organisationen**

Die Frage nach der spezifischen Ausrichtung der Innovationsidentität ist, jedenfalls größerenteils, keine technische - es ist im Endeffekt die Frage nach den Machtverhältnissen in der jeweiligen Organisation. In diesem Zusammenhang läßt sich feststellen, daß

> "(a) **greater emphasis on process innovation** in Japan is reflected in ... **the strong influence wielded by production departments** (as opposed to finance departments in the USA). Moreover, **human resource policies** also **support process innovation by promoting people in operations to top management positions** in many Japanese companies."[2]

Bei vielen japanischen Unternehmen nehmen an innovationsrelevanten Entscheidungsprozessen vom frühesten Stadium an mehrere Abteilungen gemeinsam teil,[3] was *Economies of Speed* und *Economies of Refinement* zu erzielen erlaubt und *inkrementale Verbesserungen* begünstigt. Andererseits schränkt dieser Entscheidungsmechanismus den Freiraum der FuE-Abteilung ein und erschwert *radikale Neuerungen und Veränderungen.*[4]

Der *Prozeß- bzw. Operationsoptimierung* dürfte in japanischen Unternehmen **auch in der Zukunft** eine wichtige Rolle zukommen. Zahlreiche außerorganisationale Umweltfaktoren - der generelle Mangel an Raum[5] bzw. ungünstige geographische Standortbedingungen für bestimmte Industrien,[6] hohe Grundstückpreise, *Kôreika* (eine fortschreitende Alterung der japanischen Bevölkerung),[7] massiver Kostendruck seitens ausländischer Wettbewerber, um nur einige zu nennen, - machen es für japanische Unternehmen **zur Sache einer schieren ökonomischen Notwendigkeit,** sich um die Innovationen im **Prozeßbereich** weiterhin intensiv zu kümmern.

---

[1] Dies kommt auch im integrierten Charakter der Erfahrungskurve bei japanischen Topunternehmen zum Ausdruck (vgl. Kapitel 9.1).

[2] Badawy, 1991, S. 211; hervorgehoben d. d. Verf. In diesem Zusammenhang ist verständlich, warum die *Japan Association of Corporate Executives* die Auffasung vertritt, daß im Rahmen des angestrebten Wandels im japanischen Innovationsmanagement der Übergang von der schwerpunktmäßigen Effizienzorientierung zur schwerpunktmäßigen Förderung von Forschung und Innovationen mit der Verschiebung der Machposition von der Produktions- zur FuE-Abteilung hin einhergehen soll (vgl. KEIZAI DÔYÛKAI, zit. in: A. Okumura, 1989, S. 35).

[3] vgl. empirische Studien von Kolatek (1989, S. 187 f.) u. Iansiti/West (1997, S. 73 f.). Anderen Untersuchungen zufolge legen japanische Manager auf die "interdepartmental relations" wesentlich mehr Wert und schenken ihnen mehr Aufmerksamkeit als etwa ihre amerikanischen Kollegen (vgl. Culpan/Kucukemiroglu, 1993, S. 35 ff.).

[4] vgl. dazu Hemmert, 1996, Teil 3.2.

[5] Die Fläche Japans mit seinen 1995 mehr als 125.5 Millionen Einwohnern steht mit 372.5 Tausend Quadratkilometer zu der der USA in Relation 3:70 (vgl. Wibornow/Danielian, 1987, S. 7, 11; Iwao, 1996).

[6] vgl. zu dieser Überlegung im Zusammenhang mit dem Just-in-Time-Konzept z.B. Nelson, 1991, S. 71; Porter, 1990, S.78; Porter 1991, S. 107.

[7] "The ... rule of thumb is that scarcer labor due to the aging of the population structure induces development of production technology, economizing labor ... " - stellt die Economic Planning Agency fest (Economic Survey of Japan (1994-1995), July 25, 1995, Concluding Remarks); vgl. auch statistische Angaben im Kapitel 6.2.1.4 sowie bei Iwao, 1996; Stern/Muta, 1990, S. 76; Bartholet, 1996, S. 37 sowie generell zu dieser Problematik JapanEcho, Vol. 23, Special Issue, 1996 und Takahashi, 1997.

Die entscheidende Frage, die sich aber an dieser Stelle stellt, ist: **Ob man mit dieser schwerpunktmäßigen Prozeßausrichtung der Innovationsidentität als zentrale Wettbewerbswaffe die "economic wars"[1] auch im 21. Jahrhundert gewinnen können wird?**

Um diese Frage nach den Grundlagen für die Vorteile im Innovationswettbewerb der Zukunft zu beantworten, sollte man zunächst die Probleme ermitteln, die die oben beschriebene Innovationsidentität der japanischen Unternehmen ggf. *bereits heute* verursacht. Es erscheint sinnvoll zu vermuten, daß die künftigen Wettbewerbspositionen der japanischen Unternehmen vielfach davon abhängig sein werden, wie sie diese Probleme lösen wollen.

9.5.2 Product Innovation als zentrales Innovationsproblem japanischer Unternehmen an der Schwelle zum 21. Jahrhundert

Als erster Hinweis auf ein mögliches Zukunftsszenario können folgende, von Hamel/Prahalad hervorgehobene Ergebnisse einer internationalen Unternehmensumfrage dienen:

> "... (B)arely half of Japanese managers predicted **quality** to be a source of advantage in the year 2000, though 82% believed it was currently an important advantage. Rated first as a source advantage in the year 2000 by Japanese managers was a **capacity to create fundamentally new products and businesses**. ... It ... indicates that by the year 2000 **quality will no longer be a competitive differentiator**; it will simply be the **price of market entry**. These Japanese managers realize that **tomorrow's competitive advantages must necessarily be different from today's.**"[2]

Mit anderen Worten bedeutet das, daß **die Fähigkeit zur Entwicklung von völlig neuen Technologien und zur Schaffung von völlig neuen Produkten und Branchen zum entscheidenden Wettbewerbsvorteil wird**, während die **Qualität**,[3] aber auch die **Kosten** und die **Zeit** in der Zukunft vielfach zu **absolut notwendigen, aber nicht mehr hinreichenden** Erfolgsbedingungen werden.

Während die obigen Ausführungen im vorliegenden Kapitel den *Prozeßinnovationen* gewidmet wurden, stellt sich also an dieser Stelle die Frage, wie sich die spezifische Innovationsidentität der japanischen Unternehmen auf die Fähigkeit zu Produktinnovationen auswirkt bzw. ob sie auch die *Economies of Product Innovation*[4] zu erzielen ermöglicht.

Das dominierende Muster der Produktinnovation resultierte bei vielen japanischen Unternehmen aus der in vorangehenden Abschnitten 9.1 und 9.2 analysierten Verknüpfung zwischen *Economies of Scale und Economies of Scope*, und es läßt sich zum Anfang der 90er Jahre mit Porter folgendermaßen zusammenfassen:

---

[1] vgl. Kapitel 1 und die dort angegebenen Quellen.
[2] Prahalad/Hamel, 1994, S. 14, Fußnoten ausgelassen, hervogehoben d. d. Verf.
[3] vgl. auch Jasinowski, April 1995.
[4] vgl. hierzu Kapitel 8.

> "Die japanischen Unternehmen festigen ihre Position durch einen ständigen Strom, ja Flut neuer Modelle. Das sind normalerweise mehr oder weniger Standardprodukte mit vielen möglichen Optionen oder Extras, die oft in flexibler Produktionsweise hergestellt werden. ... Dies geht zum Teil ... auf den nachfragebedingten Druck zurück ... und zum Teil ... auf den Wunsch, Menschen und Kapazitäten umzugruppieren."[1]

Mit amerikanischen Transistoren, Videorecordern oder Integrierten Schaltungen, aber auch mit deutschen Kameras, schweizer Uhren und vielen anderen Produkten hat sich im wesentlichen das gleiche Wettbewerbsszenario abgespielt[2]: Westliche Firmen entwickelten ein neues Produkt, orientierten sich dabei auf ein bestimmtes "affluent stratum" des Marktes und stellten für dieses Marktsegment das neue Produkt in kleinen Serien her (Beispiel: die amerikanischen Halbleiter für die Rüstungsindustrie und die Luft- und Raumfahrttechnik). Japanische Unternehmen veränderten dieses Produkt, z.B. durch Miniaturisierung - was ggf. zu einer bis zu hundertfachen Preissenkung gegenüber der ursprünglichen Produktversion führte - und brachten es vom hochtechnologischen Einzelkunden in die Massenproduktion und auf die Massenmärkte (z. B. das leichte tragbare Radio und den Videokassettenrecorder). Auf diesen Märkten haben japanische Unternehmen die Weiterentwicklung von Produkten zu einer *„never-ending activity*"[3] gemacht, während die eigene betriebliche Grundlagen- und angewandte Forschung zur *technologischen Absorptionsfähigkeit* beitrug und als notwendige Basis für das Refinement diente. Die dabei entstandene strategische Verbindung zwischen *Product Refinement* und *Massenproduktion* hat japanischen Topunternehmen ermöglicht, differenzierten Kundenbedürfnissen Rechnung zu tragen und *gleichzeitig* die in vorangehenden Abschnitten des vorliegenden Kapitels dargestellten prozeßbedingten Wettbewerbsvorteile im Hinblick auf Kosten, Qualität und Zeit zu erreichen.

Vor allem der massive Kostendruck seitens der technologisch kompetenten asiatischen Wettbewerber, einerseits, und bemerkenswerte Innovationserfolge westlicher Unternehmen, andererseits, haben allerdings in den *90er Jahren* eine ganz andere globale Wettbewerbssituation geschaffen, in welcher die von japanischen Unternehmen bisher gelebte Innovationsidentität nach der Formel **„Process Innovation + Product Refinement"** als Grundlage für Wettbewerbsvorteile an ihre Grenzen gestoßen ist. Mit Y. Kimura vom Nomura Research Institute lassen sich die Herausforderungen, die in der neuen Situation im Innovationswettbewerb für japanische Unternehmen zur Mitte der 90er Jahre entstanden sind, folgendermaßen darstellen:

---

[1] Porter, 1991, S. 431; vgl. auch Ebenda, S. 425 f.

[2] vgl. zu diesem Paradigma Nonaka, 1988, S. 45 ff.; Roberts/Mizouchi, 1989, S. 51 f.; Kagono et al, 1985, S. 223 ff.; Hayashi, 1988, S. 23 ff.; Rosenbloom/Cusumano, 1987; Uchihashi/Yakushiji, 1994; Shima, 1995; Albach/de Pay/Rojas, 1991; Papanastassiou/Pearce, 1994; Schütte, 1992, S.56; Baba 1989; Rapp, 1992; James, 1990; Porter 1990; Porter, 1991; KAGAKU GIJUTSUCHÔ, July 1995, Teil I, Kapitel 3, Sektion 1; zu Knyphausen-Aufsess, 1995, S.116 ff.; Abegglen/Stalk, 1986; Jasinowski, April 1995; Stalk, 1988, S. 37 ff.; Bleicher, 1990b, S. 9.

[3] Rosenberg/Steinmüller, 1988, S. 230; vgl. aus der *innovationstheoretischen* Perspektive die These von Nonaka/Takeuchi (1995, S. 3), derzufolge "Japanese companies ... are especially good at bringing about innovation continuously ... [and] incrementally," und aus der *empirischen* Perspektive die Feststellung von Iansiti/West (1997, S. 79), derzufolge "Japanese projects ... are evolutionary in character."

> "Japanese industry has entered a period of **difficult challenge** in the aftermath of Japan's economic bubble. The semiconductor industry, once ranking among the world's three-largest in terms of production, has seen its position gradually decline, as U.S. companies have reasserted their technological superiority and as the Koreans have perfected their mass-production capabilities. In personal computers, Japanese manufacturers have been eclipsed by Taiwanese companies - which excel at producing standardized products - and have none of the world dominance they enjoyed in VCRs in the 1980s. Even in autos, Japan has seen Detroit achieve a stunning comeback in competitiveness in product technology and manufacturing. **What has happened is that companies in other countries have studied the much-vaunted "secrets" of Japanese competitiveness in manufacturing, with the result that Japanese companies today are being forced to develop new sources of competitiveness.**"[1]

Fügt man zu diesen von Kimura genannten Weltmarktfaktoren auch die Wirtschaftsflaute in Japan selbst hinzu,[2] wird deutlich, daß der Umweltwandel am Ende des 20. Jahrhunderts für japanische Unternehmen einen massiven **Denk- und Handlungsbedarf** ausgelöst hat. Dieser Denk- und Handlungsbedarf bedeutet, daß sich diese Unternehmen mehrere **konzeptuelle Fragen** stellen müssen, von denen folgende drei Gruppen hervorgehoben werden können, die im Kontext der vorliegenden Arbeit von besonderem Interesse sind:

- **Welche von den bisher erreichten human- und wissensbasierten Wettbewerbsvorteilen lassen sich noch in der Zukunft verteidigen und welche sollen neu angestrebt werden?**
- **Welche Unternehmensfähigkeiten können und sollten weiter ausgebaut und vervollkommnet und welche sollen neu entwickelt werden?**
- **Welche Unternehmensroutinen können und sollten aufrechterhalten und welche sollen unbedingt modifiziert werden?**

Diese Fragengruppen laufen offensichtlich auf die Möglichkeiten und Wege des **Wandels der Innovationsidentität** hinaus; während die letztere von ihnen im IV. Teil der vorliegenden Arbeit diskutiert werden soll, werden die ersten zwei im Mittelpunkt der weiteren Ausführungen im vorliegenden, III. Teil stehen; an dieser Stelle sollen sie zunächst etwas weiter konkretisiert werden.

Wie oben bereits vermutet, erscheint es heute wahrscheinlich, daß die strategische Zielsetzung der japanischen Spitzenunternehmen im Hinblick auf die Modernisierung ihrer Innovationsidentität nicht darin bestehen wird, "[to] make the transition from competing on production capabilities to competing on inventions,"[3] sondern eher darin, ein **Mix** zwischen diesen beiden zu finden bzw. **zu kombinieren eher als zu ersetzen**.

Diese „**duale Zukunftsgestaltungsstrategie**", die auf eine **kumulative Vervollkommnung von bereits vorhandenen und den gleichzeitigen synergieorientierten Aufbau von neuen zukunftsträchtigen Unternehmensfähigkeiten und Wettbewerbsvorteilen** setzt, läßt sich an dem Verhalten der japanischen Unternehmen in der Wirtschaftsflaute der 90er Jahre bereits

---

[1] Y. Kimura, Japan's New Growth Industries, 1995, Introduction; hervorgehoben d. d. Verf.
[2] vgl. hierzu Kapitel 1.
[3] Anchordoguy, May 31, 1996.

erkennen. In einer Umfrage aus dem Jahr 1994 wurden nämlich von diesen Unternehmen folgende **Schwerpunkte** ihres **FuE- und Technologiemanagements** genannt:[1]

- "Strengthening of product development in response to needs" (81.0%),
- "Focusing the fields of R & D into specific areas such as the area of the main business" (47.7%),
- "Promotion of development of original products" (47.3%),
- "Promotion of R & D management such as emphasis on time limit for research and evaluation of research results" (41.1%).

Die *ersten zwei* sowie die *letztere* Zielsetzung deuten darauf hin, daß die japanischen Unternehmen in der Rezession danach strebten, die **kundenbezogene Treffsicherheit** (ein an den Bedarf angepaßtes Product Refinement), die **inhaltliche Effektivität** (Ausrichtung der FuE-Felder auf die Kerngeschäftsfelder) sowie die **Zeiteffizienz der FuE** zu erhöhen; diese Maßnahmen haben vielfach mit der **kumulativen Vervollkommnung** der bereits erzielten Wettbewerbsvorteile und Unternehmensfähigkeiten bzw. der gelebten Innovationsidentität zu tun.

Was aber die *dritte FuE-Zielsetzung* angeht, die mittlerweile fast von jedem zweiten japanischen Unternehmen angestrebt wird, so deutet sie auf einen möglichen **Wandel der Innovationsidentität dieser Unternehmen im Sinne der Schwerpunktversetzung von der Prozeßorientierung zur Förderung von Produktinnovationen** und **Aktivierung eigener Forschung** hin. In den letzten Jahren haben japanische Spitzenunternehmen tatsächlich verstärkt an einem solchen Wettbewerbsvorteil gearbeitet;[2] wie die *KEIZAI KIKAKUCHÔ* hervorgehoben hat:

> "Japan should fully utilize its existing R&D ability, human capital and excellent hardware-technology. Moreover, it is product innovation in high-technology industries -- and basic research as its essential precondition -- that are gaining importance."[3]

Die zu fördernde *Grundlagenforschung* hat in Japan, wie oben gezeigt, vielmehr als Basis für die Absorptionsfähigkeit denn als Grundlage für radikale Produktinnovationen gedient. Diese mangelhafte Entwicklung der Grundlagenforschung läßt sich zum einen an einem geringeren als etwa in der Bundesrepublik, Frankreich und den USA Anteil der Grundlagenforschung an den gesamten FuE-Ausgaben ablesen,[4] zum anderen aber auch an der Struktur der akademischen Ausbildung, in der in Japan eine klare Dominanz der Ingenieurwissenschaften festzustellen ist. Während z.B. in Deutschland die Ingenieur- und die Naturwissenschaften bislang *etwa gleich stark* besetzt waren, betrug in Japan die Relation 8:1 zugunsten von Ingenieur-

---

[1] Mehrfachnennungen waren möglich. STA, Japan: White Paper on Science and Technology 1994, Part 2, Chapter 1.

[2] vgl. hierzu weitere Ausführungen in den Kapiteln 10 u. 11.

[3] Economic Survey of Japan (1994-1995), July 25, 1995, Chapter 2, Section 7. Auch die *Japan Association of Corporate Executives* hat 1989 unter den zentralen Aspekten des Paradigmenwandels im Japanese-style Management die Schwerpunktversetzung von der Effizienzorientierung zu einer stärkeren Akzentuierung von Innovationen und Grundlagenforschung hervorgehoben (KEIZAI DÔYÛKAI, zit. in: A. Okumura, 1989, S. 35).

[4] vgl. z.B. Angaben in: SÔMUCHÔ TÔKEIKYOKU * TÔKEI CENTÂ: Heisei 8-nendo kagaku gijutsu kenkyû chôsa kekka sokuhô (yôten), 22.11.1996, Punkt 4; vgl. zu dieser Frage auch den Kommentar von Hemmert (1997, S. 57 ff.).

studiengängen.[1] Andere Analysen zeigen, daß während in Deutschland 19.4% der Examensprüfungen in naturwissenschaftlichen und 12.8% in ingenieurwissenschaftlichen Fächern abgelegt werden, in Japan jeder fünfte Abschluß (19.5%) in den Ingenieurwissenschaften erfolgt, wogegen der Anteil der naturwissenschaftlichen Examina mit 3.5% sehr gering ist.[2]

Ergänzend ist hinzuzufügen, daß Japan unter allen führenden Industrienationen die niedrigste Relation der Zahl der Studenten an Graduate Schools [*Daigakuinsei*] zu der Zahl der Undergraduate Students [*Gakubugakusei*] hat; das dürfte im wesentlichen damit zu tun haben, daß die (unternehmensspezifische vielmehr als berufsspezifische und somit angewandte vielmehr als fundamentale) Qualifizierung primär durch die Unternehmen geleistet wird,[3] worin sich eine deutliche Bevorzugung von *Kaisha Ningen* zu Ungunsten von *Shigoto Ningen* niederschlägt.[4]

Außer dem letzteren Faktor haben sich auf der *organisationalen* Ebene mehrere andere Faktoren auf eine verhältnismäßig schwächere Entwicklung der Grundlagenforschung in japanischen Unternehmen ausgewirkt; hier seien insbesondere folgende relevante **Unternehmensroutinen** genannt:[5]

- die Job Rotation bzw. Versetzung der Forscher in andere Funktionsbereiche, welche die Entwicklung von *Kaisha Ningen* zu Ungunsten von *Shigoto Ningen* als Mitarbeitertyp fördert[6];
- schlechtere Aufstiegschancen und damit auch geringere Einflußmöglichkeiten für die Experten im Bereich der Grundlagenforschung, bedingt durch die Ausrichtung der organisationalen Routinen zur Evaluation von Projekten und Mitarbeitern (*Corporate Performance Standards*) vor allem auf Kriterien der Kosten- und Zeiteffizienz als Grundlage für Economies of Scale, Scope, Quality, Speed und Product Refinement;
- Benchmarking-Orientierung des Topmanagements, das sehr aufmerksam die Wettbewerber beobachtete und seine Entscheidungen bezüglich der Forschungsschwerpunkte vielfach von denen der Wettbewerber abhängig machte, was für das Product Refinement zwar förderlich sein kann, dem kumulativen, langfristigen Charakter der Grundlagenforschung aber widerspricht;
- die Finanzierungsroutinen der privatwirtschaftlichen FuE, denen entsprechend die zentralen *Corporate Research Labs* ggf. mehr als die Hälfte ihrer Finanzressourcen nicht von der *Zentrale*, sondern von den *Divisions* erhalten haben und damit eine durch die operativen Interessen dieser Geldgeber notwendigerweise angewandte und eher kurzfristig orientierte Auftragsforschung betrieben haben.

Im Hinblick auf die neuen Zielsetzungen bedeutet dieser Rückstand auf dem Gebiet der Grundlagenforschung für die japanische FuE-, Technologie- und Innovationspolitik auf der betrieblichen wie auch der gesamtnationalen Ebene offensichtlich einen *Reformbedarf*. An dieser Stelle ist also die Frage zu stellen, mit welcher *Strategie* die japanischen Spitzenunternehmen die neuen human- und wissensbasierten Vorteile bei Produktinnovationen

[1] vgl. Ernst/Wiesner, 1994, S. 34 f.
[2] vgl. Hemmert, 1996, Teil 3.4.; vgl. auch Hemmert, 1997, S. 57.
[3] vgl. Tsûshô Sangyô Shô (Ed.): Heisei 9 Nenpan tsûshô hakusho yôshi, 1997, Sektion 9.
[4] vgl. hierzu auch Kapitel 7 und 14.
[5] vgl. Yamada, 1991, S. 32 ff. Auf die Transformation einiger dieser Unternehmensroutinen wird im Kapitel 14 einzugehen sein.[6] vgl. dazu die Ausführungen in den Kapiteln 7 u. 14.

erreichen wollen. Wie im Kapitel 8 bereits kurz angedeutet, wird in der vorliegenden Arbeit die Hypothese entwickelt, daß zu diesem Zweck japanische Unternehmen vielfach die Strategie der **Technologiefusionen** einsetzen. Dementsprechend kann man diesen neuen Vorteil im Innovationswettbewerb analog zu den bisher betrachteten Vorteilen als human- und wissensbasierte **Economies of Technology Fusion** bezeichnen; er ergibt sich aus sämtlichen ökonomisch relevanten Lerneffekten, die die Unternehmen aus der Bewerkstelligung von Technologiefusionen und den damit zusammenhängenden markt-, aber auch organisations- und personalbezogenen Aktivitäten erzielen.

Um der komplexen Natur des Wandels von Technologien, Märkten und Unternehmen an der Schwelle zum 21. Jahrhundert Rechnung zu tragen, sollen in den drei weiteren Kapiteln des III. Teils der vorliegenden Arbeit folgende **drei Aspekte der Transformation auf der Ebene der Vorteile im Innovationswettbewerbs und der Unternehmensfähigkeiten** dargestellt werden:

- Erstens soll analysiert werden, mit welchen Maßnahmen die japanischen Unternehmen an die Gestaltung ihrer technologischen Zukunft heute herangehen. Investieren sie etwa mehr oder weniger Geld in die Forschung, beschäftigen sie mehr oder wenig FuE-Mitarbeiter? Um die Zukunftsprognose ihrer Konkurrenzfähigkeit bzw. des Wandels ihrer Innovationsidentität zu ermöglichen, ist also zu fragen, wo diese Unternehmen im Vergleich zu ihren Wettbewerbern heute stehen, was sie in dieser Situation konkret tun und was sie mit diesem Tun beabsichtigen (Kapitel 10).
- Zweitens wird hier speziell das Thema des technologischen Wandels interessieren, vor allem die Frage, in welchen Bereichen und auf welche Art und Weise die Technologien der Zukunft entstehen und welche Konsequenzen das neue Muster der Technologieentwicklung - die *Technologiefusionen* - für die Wettbewerbsvorteile und die ihnen zugrunde liegenden human- und wissensbasierten Fähigkeiten der japanischen Unternehmen haben kann (Kapitel 11).
- Schließlich soll nach der Antwort auf die Frage gesucht werden, ob die Globalisierung der Wissenschaft und der Wirtschaft, die allgemein als *der* Zukunftstrend angesehen wird, Folgen für die Innovationsidentität japanischer Unternehmen hat, und welche konkret (Kapitel 12).

Diese drei Kernfragen sollen insgesamt erlauben, eine Prognose bezüglich dessen zu machen, **wo die japanischen Spitzenunternehmen an der Schwelle zum 21. Jahrhundert hingehen bzw. womit sie den Wettbewerbserfolg in der Zukunft sichern wollen und können**.

Zukunftsprognosen sind definitionsgemäß mit Risiko behaftet, und im Innovationsbereich erst recht. Das damit zusammenhängende Problem eines Analytikers hat Gerybadze sehr zutreffend beschrieben: "*There is no knowledge about the future if we deal with true novelty and emerging technologies. There is only knowledge about how innovators and entrepreneurs want to build the future.*"[1]

Um dieses Wissen zu gewinnen, sei nun auf die erste der drei obengenannten Kernfragen näher eingegangen.

[1] Gerybadze, 1994, S.137; hervorgehoben d. d. Verf.

KAPITEL 10

INNOVATIONSOFFENSIVE DER JAPANISCHEN UNTERNEHMEN AN DER SCHWELLE ZUM 21. JAHRHUNDERT

"We need to create a research environment that lifts the spirits of the people working in it, and we need to make Japan itself a laboratory respected around the world."
(H. Yamaguchi)[1]

"Deutschlands technologische Herausforderer sind vor allem die USA und die "Tigerstaaten" Südostasiens. Die "japanische Herausforderung" tritt im Vergleich zu früheren Jahren in den Hintergrund, ohne aber zu verschwinden"[2] - wird in den, vom Bundesministerium für Bildung, Wissenschaft, Forschung und Technologie herausgegebenen 'Wichtigen Ergebnissen der Studie 'Zur technologischen Leistungsfähigkeit Deutschlands" im Januar 1996 erklärt.

Anderthalb Jahre davor hat *KAGAKU GIJUTSUCHÔ* (*Science and Technology Agency* der japanischen Regierung) die Zielsetzung der nationalen Innovationspolitik folgendermaßen definiert: "*Japan strebt an, eine Nation zu werden, die auf Wissenschaft, Technologie und Kreativität basiert.*"[3] Und der Unternehmensverband *KEIDANREN* setzte in seinem 'Phase-One Program for Creating a New Japan by 2010" als eines der wichtigsten Ziele "*(To) Consolidate an R&D setup suited to a global front-runner.*"[4] Auch wenn man andere programmatische Dokumente betrachtet, läßt sich insgesamt feststellen, daß in Japan heute insbesondere die **Forschung** und die **Wissenschaft** auf der gesamtnationalen Ebene **verstärkt** gefördert werden sollen[5] - was offensichtlich nicht dafür spricht, daß die 'japanische Herausforderung" in den Hintergrund treten wird. Graphisch kann man sich die proklamierte Zukunftsorientierung Japans folgendermaßen vorstellen (vgl. Abbildung 10.1).

---

[1] Yamaguchi, January 1997. Yamaguchi ist Chairman of KEIDANREN's Committee on Industrial Technology.
[2] BMBF, Januar 1996; hervorgehoben d d. Verf.
[3] vgl. KAGAKU GIJUTSUCHÔ, July 1995, Teil 1, Kapitel 3, Sektion 2.
[4] KEIDANREN: An Attractive Japan: KEIDANREN's Vision for 2020, Provisional Summary, Third Edition, September 1996, Teil "For the Years Until 2010".
[5] vgl. z.B. den Basic Plan for Science and Technology vom July 1996; zum Kommentar vgl. z.B. Hemmert, 1997, S. 59 ff. sowie die Ausführungen im 1. Kapitel der vorliegenden Arbeit.

Abbildung 10.1: **Prioritäten der japanischen Strategie des innovationsbasierten Fortschritts an der Schwelle zum XXI. Jahrhundert**[1]

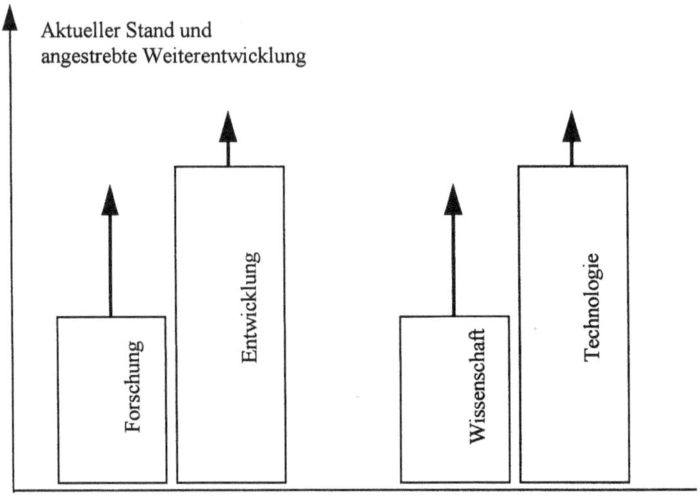

Die vorliegende Arbeit verfolgt nicht das Ziel, ein umfassendes detailliertes Bild der japanischen Forschungs- und Technologiepolitik im internationalen Vergleich zu präsentieren. Von den *gesamten* FuE-Aufwendungen in Japan wurden im Finanzjahr 1996 nach amtlichen Angaben 78.9% vom *Privatsektor* bzw. 66.7% von den *Unternehmen* getätigt,[2] und gerade die **Innovationsanstrengungen und die aus ihnen resultierenden Wettbewerbspositionen von privaten japanischen Unternehmen** werden auch in diesem Kapitel im Mittelpunkt stehen.

Um die Zukunftsperspektiven der japanischen Unternehmen einschätzen zu können, sollte zunächst versucht werden, den aktuellen Stand der Dinge zu dokumentieren; unter Berücksichtigung der eingangs gezeigten Meinungsdifferenzen werden im weiteren statistische Daten und Ergebnisse sowohl deutscher wie auch japanischer Untersuchungen in Betracht gezogen.

[1] Die Größe der Pfeile ‚symbolisiert die relative Schwerpunktsetzung, die Größe der Kästen - den relativen Entwicklungsstand.

[2] vgl. SÔMUCHÔ TÔKEIKYOKU*TÔKEI CENTÂ: Heisei 9-nen kagaku gijutsu kenkyû chôsa kekka sokuhô (yôten), 26.11.1997, Punkte 2 u. 3. In der Literatur wird darauf aufmerksam gemacht, daß die in Japan erhobenen Statistiken der FuE-Ausgaben und des FuE-Personals sich wegen abweichender Berechnungsmethoden für internationale Vergleiche nur beschränkt eignen: Während etwa in der Bundesrepublik und anderen westlichen Industrienationen die Umrechnung der relevanten Angaben in Full-Time-Equivalents (FTE) vollzogen wird, wird in Japan auf solche FTE-Umrechnungen weitgehend verzichtet (vgl. hierzu detailliert Hemmert, 6/1994, S.262 ff.). Da es aber im vorliegenden Kapitel nicht auf internationale Vergleiche gesamtwirtschaftlicher Daten per se, sondern vielmehr auf die Entwicklungen im FuE- und Innovationsmanagement *japanischer* Unternehmen ankommt, spielen diese Unterschiede für die weiteren Ausführungen keine Rolle.

10.1 Konkurrenzfähigkeit japanischer Spitzenunternehmen im Innovationswettbewerb: der aktuelle Stand

In der Nachkriegszeit hat Japan einen *Übergang zum innovationsbedingten Stadium der Wettbewerbsentwicklung*[1] vollzogen. Bereits Mitte der 80er Jahre fielen mehr als 80% der japanischen Exporte in die USA auf die wissensintensiven Bereiche Elektrotechnik, Elektronik, Transportausrüstung und Maschinen; Japans Anteil an allen OECD-Exporten von Fernmeldeausrüstung lag bei ca. 60%, von Büro- und EDV-Ausrüstung - bei 25%, wobei die Mehrheit dieser Exporte ebenfalls für die OECD-Länder bestimmt war.[2] 1993 waren knapp drei Viertel der EG-Importe aus Japan forschungsintensiv - umgekehrt war es nur die Hälfte.[3] Um es kurz zu machen: Japanische Unternehmen sind mittlerweile zum größten Exporteur von FuE-intensiven Gütern mit 21% der Gesamtausfuhr aller OECD-Länder geworden.[4]

Abbildung 10.2: **Welthandelsanteile der OECD-Länder bei FuE-intensiven Gütern 1993**[5]

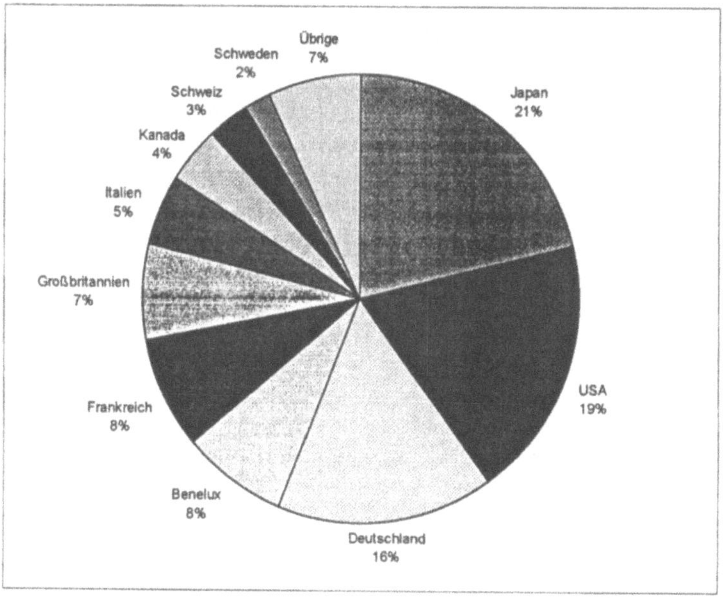

In dieser *Struktur des Außenhandels* schlägt sich vielfach die internationale Arbeitsteilung bei der *Forschung und Entwicklung* nieder:[6] Hohe Exportüberschüsse setzen in wissensintensiven Feldern in der Regel erfolgreich gemeisterte technologische Innovationen voraus. Eine nähere

[1] vgl. Porter, 1991, S. 724.
[2] vgl. Rosenberg/Steinmüller, 1988, S.229; James, 1990, S.29 und die dort angegebenen Quellen.
[3] BMBF, 1996, S. 48.
[4] Stand 1993; vgl. BMBF, 1996, S.36.
[5] Quelle: BMBF, 1996, S. 37.
[6] vgl. BMBF, 1996, S. 28.

Betrachtung der Stärken und Schwächen von japanischen Unternehmen kann dementsprechend nach zwei Dimensionen, nämlich der *Exportstärke* und der *Inventionsaktivität* erfolgen:

Tabelle 10.1: **Japanisches Muster der Inventions- und Exportspezialisierung** (Technologien und Gütergruppen)[1]

Felder mit relativ hoher Patentaktivität und relativ hohem Welthandelsanteil	Felder mit relativ niedriger Patentaktivität und relativ hohem Welthandelsanteil	Felder mit relativ niedriger Patentaktivität und relativ niedrigem Welthandelsanteil
Kommunikation, EDV, Unterhaltungs-elektronik, *Spitzenelektrotechnik*	*Elektrische Schaltungen, Metallverarbeitungs-, Arbeits- und Handhabungsmaschinen, Kraftfahrzeuge*	*Turbinen, Schienenfahrzeuge, Pharmazeutika, Höherwertige Chemie und Agrarchemie*

Was die *Felder mit relativ niedriger Inventionsaktivität und relativ hohem Marktanteil*, vor allem die *Kraftfahrzeuge*, betrifft, scheinen bei den japanischen Unternehmen zur starken internationalen Wettbewerbsfähigkeit die im Kapitel 9 analysierten Faktoren beigetragen zu haben, die mit Innovationen zwar zu tun haben, jedoch in den Patentstatistiken keine Berücksichtigung finden können: Es handelt sich primär um nicht patentwürdige, jedoch in ihrer Gesamtheit sehr wettbewerbswirksame inkrementale Verbesserungen vor allem bei Verfahrens-, aber auch bei Produkttechnologien.

In den *Feldern mit relativ hoher Patentaktivität und relativ hohem Welthandelsanteil* scheinen vor allem in den Bereichen, die von der **Mikroelektronik** und **Informationstechnik** abhängig sind, die Positionen der japanischen Unternehmen stark zu sein. Zum einen konzentriert Japan auf die Mikroelektronik einen überdurchschnittlich hohen Anteil seiner weltmarktrelevanten *Erfindungstätigkeit*,[2] und zum anderen wird auch der *Markt für Informationstechnik* von japanischen Unternehmen deutlich dominiert: Der japanische Welthandelsanteil beträgt hier 34% - und ist damit mehr als viermal so hoch wie etwa der deutsche mit lediglich 8%.[3]

Die Bedeutung, die Mikroelektronik und Informationstechnik für den *Innovationswettbewerb der Zukunft* haben, kann kaum überschätzt werden. Sie resultiert vielfach aus den starken *Querschnittswirkungen*, die sie über die Grenzen einzelner Industrien hinaus ausüben:[4] Durch ihre **Fusion** mit anderen Technologien[5] sind bereits die Verkettungen zwischen einzelnen Wertschöpfungsaktivitäten wie auch diese Aktivitäten selbst radikal verändert[6], was zur

---

[1] Eigendarstellung nach BMBF, 1996, S. 30, 32; Stand 1993.
[2] vgl. BMBF, 1996, S.60.
[3] vgl. BMBF, 1996, S.61.
[4] Der Halbleitermarkt im engeren Sinne umfaßte zwar einen Umsatz von lediglich 2.8 Mrd. DM, er hat aber Elektronikprodukte in Höhe von 77 Mrd. DM beeinflußt, die ihrerseits eine Gruppe von Wirtschaftsbereichen mit einem Gesamtumsatz von 612 Mrd. DM entscheidend tangieren (vgl. Gries, 1993, S. 246).
[5] Auf die *Economies of Technology Fusion* als zukunftswichtiger Vorteil im Innovationswettbewerb wird im Kapitel 12 detailliert eingegangen.
[6] vgl. Porter/Millar, 1988, S. 92 ff.

Entwicklung neuer Wissenschaftsfelder und neuer Branchen führte. Kurzum, sie bilden die Grundlagen eines *wissensintensiven Wirtschaftswachstums*:[1] Für das Jahr 2000 erwarten Experten auf dem Mikroelektronikmarkt einen weltweiten Umsatz von 200 Mrd. Dollar gegen 100 Mrd. im Jahr 1994[2] und 65 Mrd. Dollar im Jahr 1991.[3]

Die oben angeführten Außenhandelsstatistiken sind zwar informativ, allerdings erscheint es bei der Analyse der Wettbewerbsvorteile zweckmäßig, auch danach zu fragen, wie die japanischen Unternehmen ihre relative innovationsbedingte Wettbewerbsfähigkeit und vor allem ihre Perspektiven in den wichtigsten technologieintensiven Branchen *selbst einschätzen*?

Eine Umfrage der *KAGAKU GIJUTSUCHÔ*[4] hat im Jahre 1996 ergeben, daß die Mehrzahl der japanischen Privatunternehmen in der Mehrzahl der wichtigsten Industrien die Auffassung vertritt, die europäischen Firmen stellen heute ihnen gegenüber eher ebenbürtige Konkurrenten als Technologie- und Marktführer dar; ihre relative Position gegenüber den amerikanischen Wettbewerbern wird dagegen von japanischen Unternehmen eher als nachteilig bzw. gefährdet gesehen. Die Abbildungen 10.3 und 10.4[5] geben Aufschluß über dieses Selbstbild von privaten japanischen Industrieunternehmen.

Insgesamt läßt sich also an dieser Stelle feststellen, daß **es in den meisten Wettbewerbsfeldern keinen globalen Leader gibt, der sich nicht um seinen technologie- und innovationsbasierten Vorsprung ständig Sorgen machen müßte**.
Angesichts dieses *pausenlosen globalen Überlebenskampfes* erscheint es recht wichtig, folgende Frage zu stellen: **Wie hat die FuE- und Innovationsstrategie der japanischen Unternehmen in der Wirtschaftsflaute der letzten Jahre ausgesehen**? Nur nachdem die Antwort auf diese Frage gefunden wird, können offensichtlich die hier angestrebten **Zukunftsprognosen der Wettbewerbsvorteile** entwickelt werden.

[1] vgl. BMFT-Journal, Nr. 4, 1994, S.4.
[2] vgl. IWD, 27.04.1995, S.6.
[3] vgl. Nefiodow, 1993, S.207.
[4] vgl. KAGAKU GIJUTSUCHÔ KAGAKU GIJUTSU SEISAKUKYOKU: "Minkan kigyô no kenkyû katsudô ni kansuru chôsa chôkoku" no gaiyô, 26.06.1997.
[5] Quelle: KAGAKU GIJUTSUCHÔ KAGAKU GIJUTSU SEISAKUKYOKU: "Minkan kigyô no kenkyû katsudô ni kansuru chôsa chôkoku" no gaiyô, 26.06.1997, Abb. 3-18 u. Abb. 3-17 bzw. KAGAKU GIJUTSUCHÔ, Mai 1997, Abb. 13 und 12. Die Technologiestärke [*Gijutsuryoku*] wurde in dieser Umfrage komplex definiert als eine synthetische Unternehmensfähigkeit, welche die Stärken sowohl in der Herstellung wie auch in der FuE miteinschließt (vgl. KAGAKU GIJUTSUCHÔ KAGAKU GIJUTSU SEISAKUKYOKU: "Minkan kigyô no kenkyû katsudô ni kansuru chôsa chôkoku" no gaiyô, 26.06.1997, Punkt 2.5)

Abbildung 10.3: **Vergleich der Technologiestärke von japanischen und europäischen Unternehmen der gleichen Branche: die japanische Sicht**

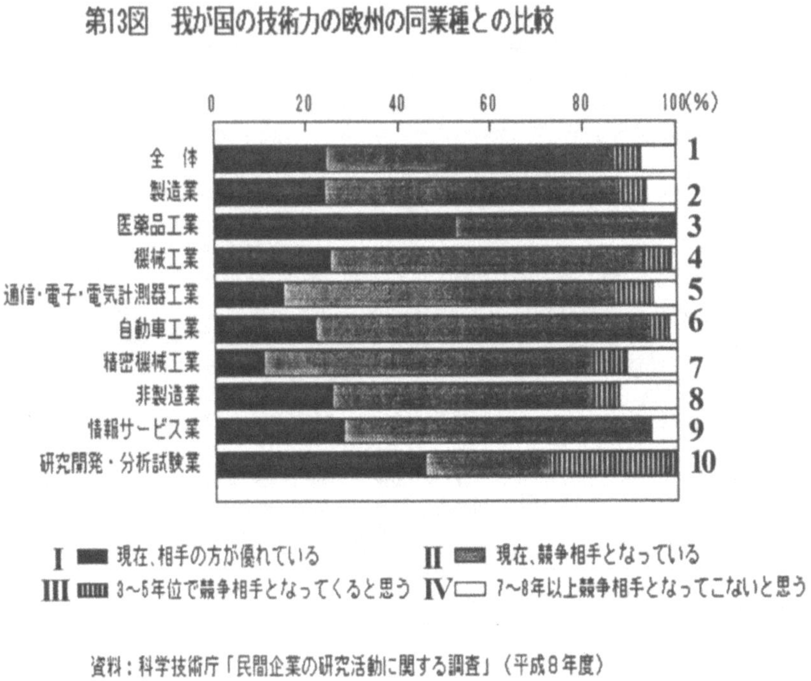

Legende:

1 - Insgesamt
2 - Verarbeitungsindustrie
3 - Pharmazeutische Industrie
4 - Maschinenbau
5 - Kommunikation, Elektronik, Elektrische Meßgeräte
6 - Autoindustrie
7 - Präzisionsmaschinenbau
8 - Nicht-Verarbeitungsindustrie
9 - Informationsservice
10 - FuE, Analyse und Tests
I - Heute ist der Vergleichspartner überlegen
II - Der Vergleichspartner ist heute zum Konkurrenten geworden
III - In 3 bis 5 Jahren wird der Vergleichspartner vermutlich zum Konkurrenten
IV - Nach mehr als 7 bzw. 8 Jahren wird vermutlich der Vergleichspartner nicht zum Konkurrenten werden

Quelle: KAGAKU GIJUTSUCHÔ: “Minkan kigyô no kenkyû katsudô ni kansuru chôsa,“ 1996

Abbildung 10.4: **Vergleich der Technologiestärke von japanischen und amerikanischen Unternehmen der gleichen Branche: die japanische Sicht**

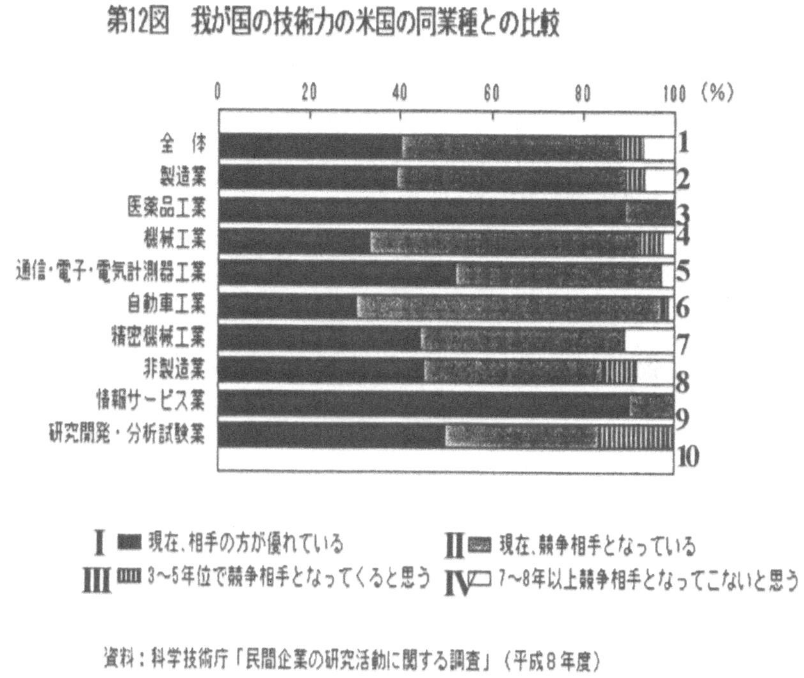

Legende:

1 - Insgesamt
2 - Verarbeitungsindustrie
3 - Pharmazeutische Industrie
4 - Maschinenbau
5 - Kommunikation, Elektronik, Elektrische Meßgeräte
6 - Autoindustrie
7 - Präzisionsmaschinenbau
8 - Nicht-Verarbeitungsindustrie
9 - Informationsservice
10 - FuE, Analyse und Tests
I - Heute ist der Vergleichspartner überlegen
II - Der Vergleichspartner ist heute zum Konkurrenten geworden
III - In 3 bis 5 Jahren wird der Vergleichspartner vermutlich zum Konkurrenten
IV - Nach mehr als 7 bzw. 8 Jahren wird vermutlich der Vergleichspartner nicht zum Konkurrenten werden

Quelle: KAGAKU GIJUTSUCHÔ: "Minkan kigyô no kenkyû katsudô ni kansuru chôsa," 1996

Die Innovations- und FuE-Bemühungen der japanischen Spitzenunternehmen in den letzten Jahren können m.E. in der *Grundtendenz* mit dem Wort **Mehr** umschrieben werden - in dem Sinne, daß sie vielfach versuchen, die innovationsrelevanten **Ressourcen** und **Fähigkeiten** in quantitativer und qualitativer Hinsicht zu fördern wie auch die **Effizienz** deren Einsatzes zu verbessern. In Form von Stichwörtern können diese Trends bzw. **Dimensionen der japanischen Innovationsoffensive** folgendermaßen bezeichnet werden:[1]

- **wieder mehr Geld für die FuE;**
- **mehr Mitarbeiter in der FuE;**
- **mehr hochqualifizierte Mitarbeiter in der FuE;**
- **mehr Patente und Technologieexporte.**

Nun sei auf diese Trends im einzelnen eingegangen.

10.2 Entwicklung des finanziellen Innovationspotentials japanischer Unternehmen

Geldressourcen allein ermöglichen noch keine Innovationen. Aber in vielen hochtechnologischen Wissensfeldern, wo die **kritische Masse** in finanzieller Dimension sehr hoch ist, kann man ohne entsprechende Geldmittel keine Innovationen schaffen. Somit wird die FuE-Finanzierung zum wichtigen **Frühindikator** für künftige Technologiestärken und Wettbewerbsvorteile.

Die FuE-Ausgaben Japans waren seit den 50er Jahren durch einen ständigen **Zuwachs** gekennzeichnet. Dieser Trend reichte bis in die **90er Jahre**, als infolge der schwierigen gesamtwirtschaftlichen Lage die **privatwirtschaftlichen** - und damit im Endeffekt auch die gesamten - FuE-Ausgaben **zu sinken begannen**. Betrug der Anteil der gesamten FuE-Ausgaben am japanischen Bruttoinlandsprodukt (BIP) 1991 noch 2.97%, ging er in darauffolgenden Jahren ständig zurück und fiel im Finanzjahr 1994 auf 2.84%.[2]

Abbildungen 10.5 und 10.6 geben Aufschluß über diese Entwicklung sowohl in absoluten wie auch in relativen Größen speziell für die **Unternehmen** und den **Privatsektor** der japanischen Wirtschaft.[3]

---

[1] Mit dieser Auflistung wird natürlich kein Anspruch auf Vollständigkeit erhoben. Um die Zielsetzung der vorliegenden Arbeit nicht zu verfehlen, sollen aber andere Aspekte ausgeklammert werden.

[2] vgl. SÔMUCHÔ TÔKEIKYOKU*TÔKEI CENTÂ: Heisei 9-nen kagaku gijutsu kenkyû chôsa kekka sokuhô (yôten)], 26.11.1997, Abb. 2.

[3] Quelle: KAGAKU GIJUTSUCHÔ, July 1995, Abbildungen 1 u 2.

Abbildung 10.5: **Entwicklung der gesamten Forschungsaufwendungen in Japan**

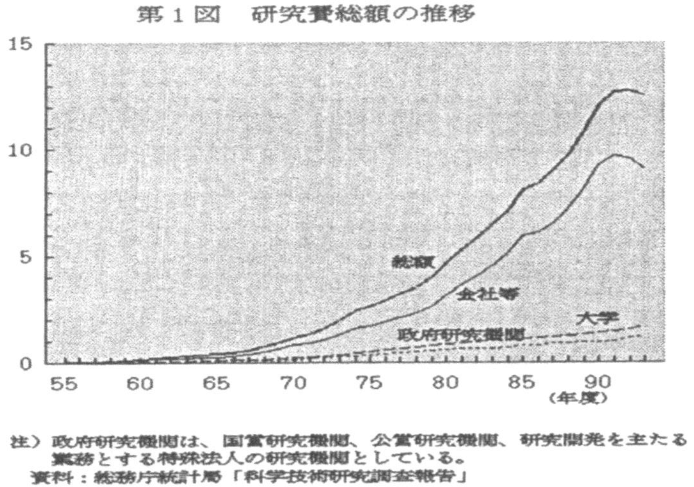

Legende: *Kurven von oben nach unten*: Gesamtaufwendungen; Unternehmen; Universitäten; Staatliche Forschungsinstitutionen

Anmerkung: Zu den "staatlichen Forschungsinstitutionen" zählen nationale und öffentliche Forschungsinstitutionen sowie sog. "besondere juristische Personen", die sich schwerpunktmäßig mit der Forschung und Entwicklung beschäftigen [*Datenangaben in Billionen* (10^{12}) *Yen - A.d.V.*]

Quelle: SÔMUCHÔ TÔKEIKYOKU: "Kagaku gijutsu kenkyû chôsa hôkoku"

Abbildung 10.6: **Entwicklung des Anteils der Forschungsaufwendungen (nach ihren Trägern) am Bruttosozialprodukt Japans**

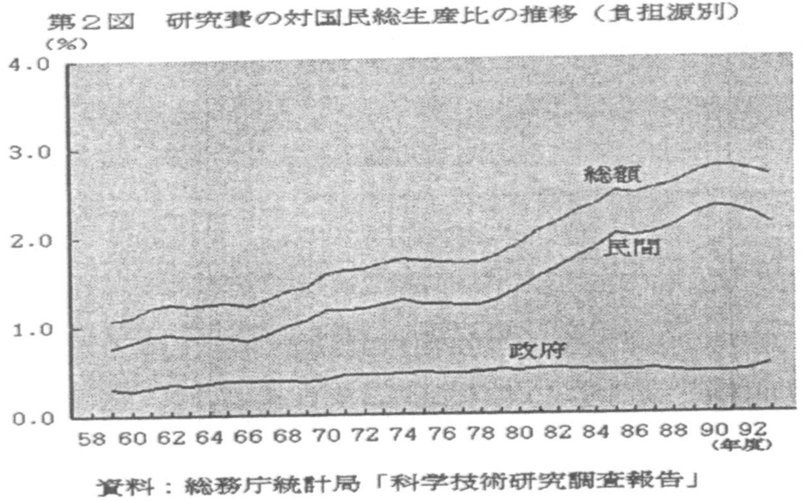

Legende: *Kurven von oben nach unten*: Gesamt; Privatsektor; Staat

Quelle: SÔMUCHÔ TÔKEIKYOKU: “Kagaku gijutsu kenkyû chôsa hôkoku“

Diese finanzierungsbezogene Dimension des Verhaltens der japanischen Unternehmen beim Konjunkturabschwung kann man weitgehend als **typisch zyklisch** bezeichnen: Umfragen zufolge[1] bestanden zwei maßgebliche Gründe für die Senkung der FuE-Ausgaben bei den japanischen Unternehmen in dem Rückgang bzw. der Stagnation der Gewinne (63.4% der Nennungen) und des Umsatzes (61.5%).

Was bei der Interpretation dieser Daten bezüglich der Kürzung der FuE-Ausgaben japanischer Unternehmen allerdings auch mit ins Kalkül einbezogen werden muß, ist die *Ausgangslage*, d.h. *das anfängliche Niveau, an dem die konjunkturbedingten Kürzungen ansetzten*. Denn: Die Summe der FuE-Aufwendungen japanischer Unternehmen hat sich nominal im Zeitraum von 1970 bis 1990 *mehr als verzehnfacht*[2] und die FuE-Intensität (gemessen am Anteil der sogenannten *internen FuE-Ausgaben* an der Bruttowertschöpfung) war bei japanischen Industrieunternehmen 1991 mit 6.8% höher als etwa bei ihren deutschen Konkurrenten (mit ca. 6.4% im Jahr 1989).[3]

Bei vielen technologieintensiven japanischen Spitzenunternehmen war selbst in schweren Zeiten trotz des Rückgangs des *relativen FuE-Anteils* das **FuE-Volumen in absoluten Zahlen** sehr beträchtlich; so z.B. bei NEC - dem Unternehmen, das 1997 auf einer Rangliste der besten japanischen Firmen[4] den Platz Fünf belegte:

Tabelle 10.2: **FuE-Aufwendungen und Personalbestand bei NEC**[5]

Kennzahl	FJ 1993, in Millionen Yen	FJ 1994, in Millionen Yen	FJ 1995, in Millionen Yen	FJ 1996, in Millionen Yen	FJ 1996, in Tausend US-Dollar
Netto-Umsatz	3514,979	3579,787	3769,357	4397,192	41095,252
FuE-Ausgaben	275,017	261,659	266,006	298,713	2791,710
FuE-Anteil am Umsatz	7.82%	7.31%%	7.06%	6.79%	
Personal	140969	147910	151069	152719	

[1] Mehrfachnennungen waren möglich; vgl. STA: White Paper on Science and Technology 1994, Part 2, Chapter 1.1.

[2] vgl. basierend auf japanischen Statistiken Hemmert, 1996, Teil 3.2; Abbildung 10.5 im vorliegenden Kapitel zeigt diese Entwicklung auch ganz deutlich.

[3] vgl. detailliert Hemmert, 6/1994, S.270. Unter den internen FuE-Aufwendungen der Unternehmen werden alle forschungsbezogenen Aufwendungen verstanden, die innerhalb des Bereichs der Unternehmen (unabhängig von der Herkunft der Finanzmittel) anfallen; der Bezug dieser Ausgaben nicht auf den Gesamtumsatz, sondern auf die Bruttowertschöpfung erlaubt, den Einfluß internationaler Unterschiede in der vertikalen Integrationstiefe zu eliminieren und damit eine bessere Vergleichbarkeit der Daten sicherzustellen (vgl. Ebenda).

[4] vgl. Far Eastern Economic Review, 25.12.1997-01.01.1998, S. 72.

[5] Eigene Darstellung und Berechnung nach: NEC Corp.: Annual Report 1996, Part Financial Highlights, sowie NEC Corp.: Annual Report 1995, Part Financial Highlights.

Die *Entwicklung des Personalbestandes* bei japanischen Unternehmen wird in der vorliegenden Arbeit noch unter die Lupe genommen - sowohl speziell im Hinblick auf das FuE-Personal (Kapitel 10.3) wie auch im Hinblick auf die Gesamtbelegschaft als kollektiver Innovationsträger (Kapitel 14.1). An dieser Stelle soll lediglich für den Fall NEC festgestellt werden, daß trotz des konjunkturbedingten Anpassungszwanges die Unternehmensstrategen sich offensichtlich darüber im klaren waren, daß das Innovationspotential "... that will be necessary in the future ... **must be protected from short-run external competitive pressures**. A typical instance is the need to protect **the people** ... that may bring forth **genes vital to the future**."[1]

Geht man nun von diesem Fallbeispiel wieder zu einer verallgemeinernden Analyse des japanischen Unternehmenssektors über, kann konstatiert werden, daß nach drei harten Jahren die japanischen FuE-Ausgaben heute **wieder einen Zuwachs** zeigen. Die unten angeführte Tabelle liefert einen zusammenfassenden Überblick darüber:

Tabelle 10.3: **Entwicklung der japanischen FuE-Ausgaben, aufgeschlüsselt nach ihren Trägern**[2]

Finanzjahr	FuE-Ausgaben insgesamt		FuE-Ausgaben des Privatsektors		FuE-Ausgaben der Unternehmen	
	Mrd. Yen	%	Mrd. Yen	%	Mrd. Yen	%
1980	5246	100	3776	72	3142	59.9
1985	8890	100	7015	79	5940	66.8
1990	13078	100	10722	82	9267	70.8
1994	13596	100	10 664	78.4	8980	66.1
1995	14408	100	11101	77	9395	65.2
1996[3]	14902	100	11729	78.7	9881	66.3
1996[4]	15079	100	11905	78.9	10058	66.7

In Kurzform kann man den hier besonders interessierenden Trend folgendermaßen zum Ausdruck bringen: Die **FuE-Ausgaben des privaten Sektors** sind in Japan im Finanzjahr 1995 (also bis zum 1.04.1996) um 4.1%, im Finanzjahr 1996 um 5.7% gegenüber dem Vorjahr gestiegen;[5] die **FuE-Ausgaben der Unternehmen** sind 1995 um 4.6% und im Finanzjahr 1996

[1] Kagono et al, 1985, S. 261; hervorgehoben d. d. Verf.
[2] Eigendarstellung und Berechnungen nach: SÔMUCHÔ TÔKEIKYOKU*TÔKEI CENTÂ: Heisei 9-nen kagaku gijutsu kenkyû chôsa kekka sokuhô (yôten), 26.11.1997, Punkte 2 u. 3; SÔMUCHÔ TÔKEIKYOKU * TÔKEI CENTÂ: Heisei 8-nen kagaku gijutsu kenkyû chôsa kekka sokuhô (yôten), 22.11.1996, Punkte 1 u. 2; SÔMUCHÔ TÔKEIKYOKU*TÔKEI CENTÂ: Heisei 10-nen kagaku gijutsu kenkyû chôsa kekka sokuhô (yôten), 28.11.1998; SÔMUCHÔ TÔKEIKYOKU * TÔKEI CENTÂ: PSI nenpô (1997) 64 peji no kôshin, 1997, Tabele 21(1)); SÔMUCHÔ TÔKEIKYOKU * TÔKEI CENTÂ: PSI nenpô 1997, Teil 21: Kagaku gijutsu & Bunka; KAGAKU GIJUTSUCHÔ, Mai 1996, Teil I, Kapitel 3, Sektion 1; Daten abgerundet.
[3] Ohne Softwareindustrie.
[4] Mit Softwareindustrie.
[5] vgl. die Tabelle 10.3 wie auch SÔMUCHÔ TÔKEIKYOKU*TÔKEI CENTÂ: Heisei 9-nen kagaku gijutsu kenkyû chôsa kekka sokuhô (yôten), 26.11.1997, Punkt 3; SÔMUCHÔ TÔKEIKYOKU*TÔKEI CENTÂ: Heisei 10-nen kagaku gijutsu kenkyû chôsa kekka sokuhô (yôten), 28.11.1998.

um 5.2% gegenüber dem Vorjahr gestiegen.[1] Diese Nachholentwicklung läßt sich an einem *Vergleich* noch plastischer darstellen: Die *deutschen* Unternehmen haben 1996 ihre FuE-Ausgaben lediglich um 1.8% gegenüber dem Vorjahr erhöht.[2]

Betrachtet man speziell die **großen Unternehmen der Verarbeitungsindustrie**, sind einer Umfrage der Nihon Keizai Shimbun zufolge ihre FuE-Ausgaben im Geschäftsjahr 1995 gegenüber dem Vorjahr zum ersten Mal nach der Durststrecke 1992-94 um 3.8% gestiegen; diese Wachstumsrate nahm 1996 weiter zu und erreichte 5.8% gegenüber 1995.[3]

Dieser **finanzielle Aufwärtstrend in der betrieblichen FuE-Politik** in Japan schlägt sich, wie die folgende Tabelle deutlich zeigt, nicht nur in *absoluten*, sondern auch in *relativen* Zahlen nieder:

Tabelle 10.4: **Anteil der gesamten FuE-Ausgaben an Umsatzerlösen bei großen japanischen Privatunternehmen**[4]

Geschäftsjahr	Anteil der gesamten FuE-Ausgaben an Umsatzerlösen bei großen japanischen Privatunternehmen, in %
1991	3.57
1992	3.34
1993	3.23
1994	3.08
1995	3.16
1996	*3.24*

Aus all diesen Daten läßt sich folgende **Schlußfolgerung** ziehen: Die Höchstwerte vom Anfang der 90er Jahre sind zwar noch nicht erreicht, aber die japanischen Unternehmen sind bereits dabei, wieder mehr Finanzressourcen für technologische Innovationen einzusetzen, ohne die sich weder die kritische Masse des FuE-Potentials noch langfristige Wettbewerbsvorteile erzielen lassen.

[1] vgl. die Daten der obigen Tabelle sowie SÔMUCHÔ TÔKEIKYOKU*TÔKEI CENTÂ: Heisei 9-nen kagaku gijutsu kenkyû chôsa kekka sokuhô (yôten), 26.11.1997, Punkt 2; SÔMUCHÔ TÔKEIKYOKU*TÔKEI CENTÂ: Heisei 10-nen kagaku gijutsu kenkyû chôsa kekka sokuhô (yôten), 28.11.1998; Softwareindustrie unberücksichtigt. Berücksichtigt man bei den Daten 1996 auch noch die Softwareindustrie, wird die Wachstumsrate der FuE-Ausgaben der Unternehmen nicht 5.2%, sondern bereits 7.1% betragen (Ebenda).

[2] vgl. Rüttgers, in: "Schneller mehr aus unserem Wissen machen", 15.04.1997, S. 27.

[3] Befragt wurden 417 Unternehmen mit der Rücklaufquote von 68.6%; vgl. o.V.: Kigyô no R&D, kenchôna-nobi -- 96-nendo 5.8% zô * honsha chôsa, 28.07.1997.

[4] Eigene Darstellung nach: KAGAKU GIJUTSUCHÔ KAGAKU GIJUTSU SEISAKU KYOKU: "Minkan kigyô no kenkyû katsudô ni kansuru chôsa chôkoku" no gaiyô, 26.06.1997, Punkt 2.1.2 u. Abb.2-3. Daten stellen Ergebnisse von Umfragen dar, die 1991, 1992, 1993 u. 1996 von KAGAKU GIJUTSUCHÔ, 1994 u. 1995 von SÔMUCHÔ durchgeführt wurden. Die Angaben für 1996 stellen einen Sollwert dar. Als "große Unternehmen" wurden Firmen mit dem Kapitalstock über 1 Mrd. Yen bezeichnet.

Neben dieser finanziellen Dimension hat die kritische Masse eine weitere Dimension, deren Bedeutung für den Innovationserfolg vielfach noch größer ist - nämlich die **personalbezogene**. Und wenn sich die quantitativen und qualitativen Charakteristiken der betrieblichen Innovationsträger ändern, können diese Änderungen auch als Frühwarnindikatoren für den *Wandel* der Innovationsidentität der Unternehmen dienen.

Was an der personalbezogenen FuE-Politik der japanischen Industrieunternehmen in den letzten Jahren besonders bemerkenswert erscheint, ist die Tatsache, daß die **Kürzung der relativen FuE-Ausgaben** ganz anders als etwa in den USA bei **steigender Anzahl der FuE-Mitarbeiter** stattgefunden hat:

Abbildung 10.7: **Anteil der Forschungsausgaben am Umsatz und die Zahl der Forscher in der japanischen und der amerikanischen Verarbeitungsindustrie**[1]

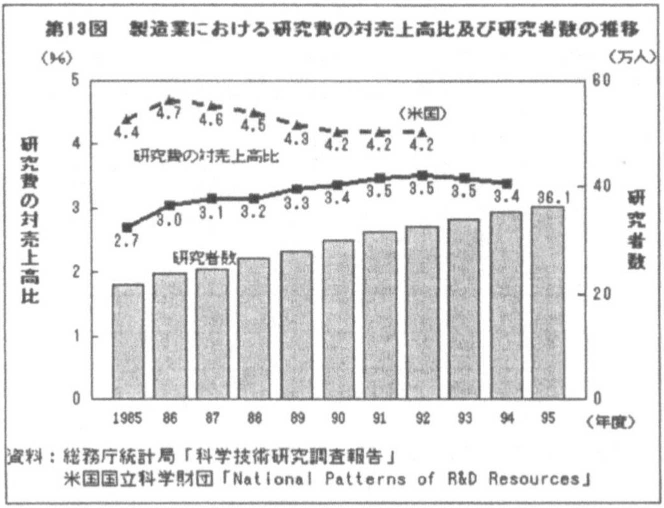

Legende:

Überschrift:	Anteil der Forschungsausgaben am Umsatz und die Zahl der Forscher in der japanischen und der amerikanischen Verarbeitungsindustrie
Vertikale Achsen:	Anteil der Forschungsausgaben am Umsatz (linke Achse) Zahl der Forscher in 10.000 Personen (rechte Achse)
Kurven:	USA (obere) und Japan (untere)
Diagramm:	Zahl der Forscher
Horizontale Achse:	Jahr
Quelle:	SÔMUCHÔ TÔKEIKYOKU: "Kagaku gijutsu kenkyû chôsa hôkoku"; Beikoku kokuritsu kagaku zaidan "National patterns of R&D Resources"

[1] Quelle: KAGAKU GIJUTSUCHÔ, Mai 1996, Abb. 13.

Lag die Gesamtzahl der FuE-Beschäftigten in Japan 1990 bei 905.6 Tausend Personen, betrug sie sechs Jahre danach bereits 995.9 Tausend[1] - ein recht interessantes Beispiel für das "*Lean Management" in der Wirtschaftsflaute*! In diesem Zusammenhang sei daran erinnert, daß man auch in *Deutschland* seinerzeit darauf aufmerksam machte, daß der Sinn und Zweck des Lean Management nicht darin bestehen soll, möglichst radikale Personalfreisetzung möglichst rasch vorzunehmen, sondern vielmehr darin, daß

> "... dort, wo es notwendig ist, auch Substanz *aufgebaut* werden muß, um für den Wettbewerb ausreichende Muskulösität zu schaffen. In den deutschen Unternehmen sind das die für Leistungs-, Prozeß- und Sozial*innovationen* zuständigen Bereiche."[2]

Nur: Die betrieblichen Entscheidungsträger haben vielfach andere Prioritäten gesetzt. Der Einschätzung führender Wirtschaftsforschungsinstitute zufolge wurden 1994 im forschungsintensiven Bereich der deutschen Wirtschaft auch in der FuE "in bislang unbekanntem Ausmaß rigoros Arbeitsplätze abgebaut."[3] 1995 ist die Stellenzahl der Forscher in deutschen Unternehmen um weitere 3.5% zurückgegangen;[4] 1996 ist die Zahl der Forscher in der deutschen Wirtschaft noch einmal um über 2% auf 277 000 gesunken - rund 25000 weniger, als vor der Wiedervereinigung in der Bundesrepublik gearbeitet haben.[5] Presseangaben zufolge sind in der deutschen Industrie in den letzten 5 Jahren insgesamt mehr als 30.000 Forschungsstellen gestrichen worden.[6]

In rohstoffarmem Japan sind es, wie in vorangehenden Kapiteln der vorliegenden Arbeit gezeigt, dieselben innovationstragenden Unternehmensbereiche, mit denen man Wettbewerbsvorteile erzielen kann, wie von Marr in bezug auf deutsche Firmen genannt. Die obige Abbildung zeigt deutlich, daß vor allem die **großen japanischen Industrieunternehmen nach wie vor auf die Intelligenz und das langfristige Commitment ihrer Mitarbeiter als Grundlage ihrer Wettbewerbsfähigkeit setzen**.

Diese Orientierung haben Kagono et al. bereits vor mehr als 10 Jahren sehr zutreffend beschrieben:

> "*Japanese firms emphasize the accumulation - the overstocking - of ... people-related resources within the organization* in a variety of ways. The rationale is that by overstocking, the organization will be prepared to exploit any opportunity which the environment provides, and be able to cope with any demand which it poses."[7]

---

[1] vgl. die Datenangaben in: SÔMUCHÔ TÔKEIKYOKU * TÔKEI CENTÂ: PSI nenpô 1997, Teil 21: Kagaku gijutsu * Bunka; TÔKEI CENTÂ: PSI nenpô (1997) 64 peji no kôshin, 1997.
[2] Marr, o.J., S.73.
[3] BMBF, 1996, S.58.
[4] vgl. Sturm, 24.02.1997.
[5] Heuser, 1998.
[6] vgl. "Uns fehlt der Gründergeist", Interview mit H. Markl, in: Der Spiegel, 4/1997, S. 177.
[7] Kagono et al, 1985, S. 225; hervorgehoben d. d. Verf.; zum *Organizational Slack* vgl. z.B. Staehle, 1991b und die dort angegebene Literatur.

Diese *Entwicklung zur Stärkung des Personalfaktors in der FuE* hat neben dem rein quantitativen auch andere, im Hinblick auf die **Innovationsidentität** japanischer Unternehmen und ihren Wandel sehr wichtige Aspekte, die hier näher betrachtet werden sollen.

10.3 Personalbezogene Dimension der japanischen Innovationsoffensive

Im Hinblick auf die Entwicklung der personalbezogenen Komponente des japanischen Innovationspotentials lassen sich insbesondere folgende wichtige **Tendenzen** feststellen:

1) Erstens ist in Japan eine **generelle Verstärkung der technischen Intelligenz sowohl absolut wie auch gemessen am Anteil an allen Erwerbstätigen**[1] zu beobachten. Die folgende Tabelle zeigt, wie sich die Gesamtzahl der FuE-Beschäftigten, der Forscher und der sogenannten *hauptberuflichen Forscher* (*regular researchers*) in der letzten Zeit entwickelt hat:

Tabelle 10.5: **Entwicklung des FuE-Personalbestandes und der Zahl der Forscher in Japan**[2]

Jahr (Stand jeweils zum 31.März)	Gesamtzahl der FuE-Beschäftigten	Davon: Zahl der Forscher	Davon: Zahl der "regular researchers"
1985	762800	480100	447700
1990	905600	602500	560300
1995	992500	705500	658900
1996	995900	721200	673400

Dieser Trend ist im Hinblick auf die hier interessierende Problematik der betrieblichen Innovationsidentität um so wichtiger, da der Anteil an der Gesamtzahl der Forscher, den der japanische *Unternehmenssektor* aufweist, deutlich über dem deutschen oder etwa dem französischen liegt.[3]

2) Zweitens kann festgestellt werden, daß das japanische FuE-Personal stark auf **zukunftsträchtige High-Tech-Bereiche** wie Informatik und Elektronik orientiert ist[4] - was im Endeffekt die im Kapitel 10.1 festgestellten Wettbewerbsvorteile japanischer Unternehmen in diesen Bereichen ermöglicht hat bzw. für die Zukunftsfähigkeit sorgt.

---

[1] vgl. basierend auf den Daten von 1980 bis 1990 Ernst/Wiesner, 1994, S.26; vgl. weitere Angaben in Ernst/Wiesner, 1994, S.34 ff.; Hemmert 6/1994, S. 273 ff. sowie Buckley/Mirza, 1985, S. 20 ff.
[2] Eigene Darstellung nach: SÔMUCHÔ TÔKEIKYOKU * TÔKEI CENTÂ: Heisei 8-nen kagaku gijutsu kenkyû chôsa kekka sokuhô (yôten), 22.11.1996, Punkt 6; SÔMUCHÔ TÔKEIKYOKU * TÔKEI CENTÂ: PSI nenpô (1997) 64 peji no kôshin, 1997; SÔMUCHÔ TÔKEIKYOKU * TÔKEI CENTÂ: PSI nenpô 1997, Teil 21: Kagaku gijutsu * Bunka.
[3] vgl. die Angaben (Stand 1993) bei Hemmert, 1997, S. 56.
[4] vgl. Ernst/Wiesner, 1994, S.26.

3) Drittens kann konstatiert werden, daß diese japanischen Forscher und Entwickler weltweit deutlich mehr **Respekt** zu genießen scheinen als es in früheren Jahren der Fall war. In der internationalen Umfrage des Lausanner International Institute for Management Development zu Wettbwerbsvorteilen von Nationen rangiert Japan in puncto *Science and Technology* jedenfalls in den letzten Jahren stabil an der **2. Stelle** hinter den USA.[1]

4) Viertens stellt sich folgendes heraus. Bei steigender Gesamtzahl der FuE-Beschäftigten in Japan ist zwar (ohne Berücksichtigung der Softwareindustrie) der FuE-Personalbestand der Unternehmen abschwungsbedingt zurückgegangen, dennoch hat sich dieser Rückgang (mit ca. 2.6% zwischen 1993 und 1997) bis jetzt in recht engen Grenzen gehalten, insbesondere wenn man die oben dargestellte Entwicklung in den deutschen Unternehmen zum Vergleich zieht. Etwas anders ausgedrückt: die Gesamtzahl der FuE-Mitarbeiter in japanischen Unternehmen ist 1997, also mitten in der Rezession immer noch größer als 1992.

Noch wichtiger als diese quantitative ist aber die qualitative Entwicklung - nämlich eine deutliche Veränderung der Qualifikationsstruktur: Nicht nur der relative Anteil, sondern auch die (ohnehin große)[2] absolute Zahl der eigentlichen **Forscher**, d.h. der **höher qualifizierten FuE-Mitarbeiter** wird in japanischen Unternehmen immer **größer**. Die Abbildungen 10.8 und 10.9 sowie die Tabelle 10.6 zeigen diese langfristige Entwicklung in Japan, insbesondere im Unternehmenssektor recht deutlich.

Tabelle 10.6: **Steigerung des Anteils der Forscher am FuE-Personal im japanischen Unternehmenssektor**[3]

Jahr	FuE-Personal im japanischen Unternehmenssektor (insgesamt)	Zahl der Forscher im japanischen Unternehmenssektor	Anteil der Forscher am FuE-Personal im japanischen Unternehmenssektor, (%)
1992	564600	342400	60.6
1993	585700	358100	61.1
1994	585200	369000	63.1
1995	579200	378100	65.3
1996	575400	385800	67.0
1997[4]	570600	387200	67.9
1997[5]	592100	403000	68.1

[1] vgl. IMD: World Competitiveness On-Line.
[2] Zur funktionalen Gliederung des japanischen und des deutschen FuE-Personals vgl. Ernst/Wiesner, 1994, S. 70 ff. u. Hemmert, 6/1994, S. 274.
[3] Eigendarstellung nach: SÔMUCHÔ TÔKEIKYOKU*TÔKEI CENTÂ: Heisei 9-nen kagaku gijutsu kenkyû chôsa kekka sokuhô (yôten), 26.11.1997; SÔMUCHÔ TÔKEIKYOKU*TÔKEI CENTÂ: Heisei 10-nen kagaku gijutsu kenkyû chôsa kekka sokuhô (yôten), 28.11.1998.
[4] Ohne Softwareindustrie.
[5] Softwareindustrie miteingeschlossen. Wird also diese Industrie mitberücksichtigt, kann man auch vom absoluten quantitavien Anstieg des FuE-Personalbestandes in japanischen Unternehmen sprechen.

Abbildung 10.8: **Veränderung der Anzahl der Forscher (Forscher sowie Assistenten u.a.) in Japan**[1]

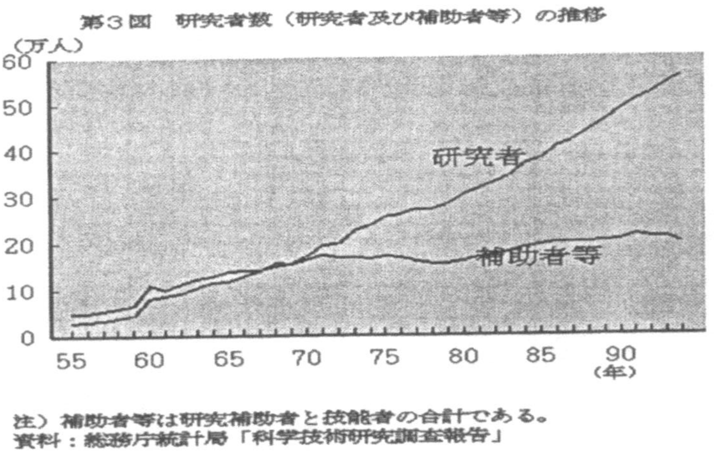

Legende:

Kurven:	Forscher (obere) und Assistenten (untere)
Vertikale Achse:	in 10.000 Mann
Horizontale Achse:	Jahr
Anmerkung:	"Assistenten u.a." sind Forschungsassistenten und Techniker
Quelle:	SÔMUCHÔ TÔKEIKYOKU: "Kagaku gijutsu kenkyû chôsa hôkoku"

[1] Quelle: KAGAKU GIJUTSUCHÔ, July 1995, Abb. 3.

Abbildung 10.9: **Steigerung der Anzahl der Forscher in Japan (nach verschiedenen Sektoren)**[2]

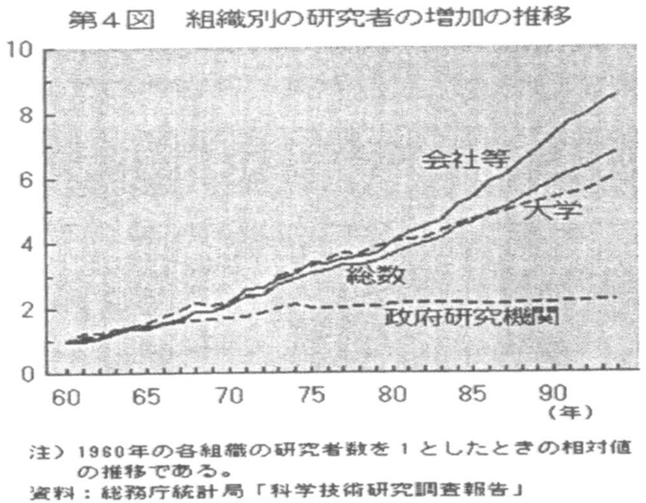

Legende:

Kurven (*von oben*): Unternehmenssektor, Insgesamt, Universitäten, nationale Forschungsinstitutionen

Anmerkung: Die Abbildung zeigt die Anzahl der im jeweiligen Sektor zum jeweiligen Zeitpunkt beschäftigten Forscher im Verhältnis zum Niveau des Jahres 1960 (mit 1 gleichgesetzt).

Quelle: SÔMUCHÔ TÔKEIKYOKU: "Kagaku gijutsu kenkyû chôsa hôkoku"

[2] Quelle: KAGAKU GIJUTSUCHÔ, July 1995, Abb. 4.

Aus all diesen Angaben läßt sich folgende Schlußfolgerung ableiten: **Japanische Unternehmen bauen heute das personalmäßige FuE- und Innovationspotential insbesondere in qualitativer (bis Anfang der 90er auch in quantitativer) Hinsicht auf.** Dadurch werden die erforderlichen Ressourcen und Fähigkeiten akkumuliert, um die angestrebte **Umorientierung der Innovationsidentität** auf die verstärkte **Entwicklung von völlig neuen Technologien und Produkten** hin[1] zu bewerkstelligen.

Diese qualitative Aufwertung der FuE-Humanressourcen erlaubt japanischen Unternehmen auch noch einen weiteren sehr **positiven Effekt** zu erzielen. Es ist nämlich zu berücksichtigen, daß die FuE-Abteilungen in diesen Unternehmen traditionell als **Einstiegsposition** für viele Ingenieure und Naturwissenschaftler genutzt werden, von der aus sie später in **andere Funktionsbereiche** wechseln.[2] Das bedeutet, daß die dargestellte Steigerung der Zahl höher qualifizierter FuE-Mitarbeiter in japanischen Großunternehmen in einigen Jahren die Steigerung der Zahl **technologisch kompetenter** Mitarbeiter in **anderen Funktionsbereichen** wie der Fertigung, dem Marketing oder der Logistik - und damit die **Stärkung der technologischen Kompetenz** und der **Absorptionsfähigkeit der Unternehmen als Ganzes** bewirken und weitere Voraussetzungen für **Economies of Speed**, **Economies of Refinement** und andere im Kapitel 9 diskutierte prozeßbasierte **Wettbewerbsvorteile** schaffen wird.

Andererseits hat diese ständige Erhöhung des **Anteils des hochqualifizierten Personals an der Gesamtzahl der FuE-Mitarbeiter** auch eine **negative** Auswirkung. Wegen dem Mangel an 'komplementärem", unterstützendem Personal sind nämlich viele Forscher gezwungen, Aufgaben zu übernehmen, die ihr Qualifikationsniveau unterschreiten. Sie haben damit auch etwas eingeschränkte Möglichkeiten, ihre **Arbeitszeit** den **kreativen** Aufgaben zu widmen:

Während 1963/64 der Anteil der Wissenschaftler und Ingenieure an der Gesamtzahl der im FuE-Sektor Beschäftigten in Japan noch 33.6% betrug,[3] hat sich die Situation in den letzten 35 Jahren praktisch diametral geändert: Japanischen Angaben zufolge lag der (nicht FTE-bereinigte) Anteil des technischen, Hilfs- und Verwaltungspersonals an der Gesamtzahl der FuE-Beschäftigten zum 31.03.1997 bei 26.7%.[4] Diese Rate ist wesentlich niedriger als in Deutschland, Frankreich oder England[5] und sie wird auch von japanischen Forschern selbst als *zu niedrig* eingestuft: Ca. 84% der von *KAGAKU GIJUTSUCHÔ* befragten japanischen Forscher haben sich über den Mangel an Assistenten und sonstigem Hilfspersonal beklagt (Tabelle 10.7).

Wenn man allerdings bedenkt, daß das japanische FuE-Personal etwa neun Stunden pro Woche (im Klartext: **einen guten Arbeitstag**) länger arbeitet als etwa seine deutschen Berufskollegen,[6] kann angenommen werden, daß sich dadurch dieser negative Ablenkungseffekt jedenfalls aus der Sicht der Unternehmen zum Teil ausgleicht.

---

[1] vgl. Kapitel 9.5.2.
[2] vgl. Ernst/Wiesner, 1994, S.146.
[3] Der Rest fiel auf Mitarbeiter, die technische und andere Hilfsdienste leisten (Techniker, Laboranten, Facharbeiter, technische Zeichner und sonstige Hilfskräfte) - vgl. Kern/Schröder, 1977, S. 314.
[4] vgl. Quellenangaben zur Tabelle 10.5.
[5] vgl. entsprechende Angaben bei Hemmert, 1997, S. 56 sowie Hemmert, 6/1994, S. 274.
[6] vgl. Ernst/Wiesner, 1994, S.143; Stand Anfang der 90er Jahre.

Tabelle 10.7: **Ablenkung japanischer Forscher durch nicht-kreative Tätigkeiten**[1]

(Daten für das Finanzjahr 1995)	Zahl der Stunden am Tag, die Forscher mit Neben- und Hilfsaufgaben zu Ungunsten ihrer eigentlichen Forschungstätigkeit verbringen müssen (Angaben in % der Nennungen)					
	Bis zu einer Stunde	Eine bis zwei Stunden	Zwei bis drei Stunden	Drei bis vier Stunden	Mehr als vier Stunden	Keine Angaben
Insgesamt	11,0	26,1	29,5	18,3	5,8	9,3
Privatunternehmen	18,1	36,2	28,8	7,9	2,3	6,8

5) Fünftens ist zu erwarten, daß führende japanische Unternehmen die **Entwicklung** ihrer FuE-Mitarbeiter als Mittel zur Stärkung der technologischen Innovationskraft weiter **intensivieren**.

Einer neueren Studie zufolge waren im Jahr 1995 61.6% der befragten japanischen Unternehmen, die Ingenieure in ihrem Personalbestand haben, überzeugt, daß das **Training** ihrer Ingenieure von vitaler Bedeutung für die Entwicklung neuer Produkte und Geschäfte ist.[2] Gleichzeitig aber stellen viele japanische Unternehmen auf diesem Gebiet bei sich immer noch **Mängel** fest, die den **Handlungsbedarf** erklären: Der genannten Studie zufolge stufen 40.3% der Unternehmen das Training von jenen Mitarbeitern, die für die Entwicklung von neuen Produkten zuständig sind, als **inadäquat** ein, und 45.2% glauben, daß die Zahl ihrer Mitarbeiter, die für das Training von Ingenieuren zuständig sind, ungenügend ist.[3] Bedenkt man, daß das explizite Problembewußtsein die erste Phase der Problemlösung ist, und zieht die Entschlossenheit führender japanischer Unternehmen, ihre technologische Wettbewerbsfähigkeit zu stärken, mit in Betracht, kann vermutet werden, daß das vorhandene Verbesserungspotential aktiviert werden kann und auch wird.

Auf weitere Veränderungen in der personalwirtschaftlichen FuE-Politik von japanischen Großunternehmen wird an geeigneten Stellen im Kapitel 14 im Zusammenhang mit der Modifizierung personalwirtschaftlicher Unternehmensroutinen eingegangen. An dieser Stelle sei ausgehend von obigen Ausführungen folgende **Hypothese** formuliert:

Vor dem Hintergrund des oben festgestellten qualitativen und qualitativen Wachstums des FuE-Personalbestands und sonstiger Maßnahmen zur Förderung der Forschung wäre insgesamt zu erwarten, daß der **Output dieser Innovationsanstrengungen** auch entsprechend steigt. Diese Hypothese kann insbesondere anhand von Patentstatistiken bestätigt werden (vgl. Kapitel 10.4).

---

[1] Eigene Darstellung nach: KAGAKU GIJUTSUCHÔ, Mai 1996, Abbildungen 9 und 10; als praktisches Beispiel vgl. z.B. den Bericht über das Nobeyama Radio Observatory bei Maddox/Swinbanks, 1995.
[2] vgl. Kawakita, April 1, 1996.
[3] vgl. Kawakita, April 1, 1996.

10.4 Patentoffensive im In- und Ausland

War Japan nach dem Ende des Zweiten Weltkrieges einigen Einschätzungen zufolge in technologischer Hinsicht etwa 20 Jahre hinter dem Westen,[1] ist es spätestens in den 80er Jahren zu einem „Weltklassespieler" auf dem Technologiemarkt geworden.[2] Die Stärkung der japanischen Position läßt sich deutlich an *Patentaktivitäten* ablesen: Patente stellen gute Indikatoren der FuE- und Technologieanstrengungen des Anmelders dar und sind somit im Hinblick auf die Vorhersagen der künftigen industriellen "*Innovationskriege*" vor hoher Relevanz.

Erstens ist festzustellen, daß *die Zahl der Inlandsanmeldungen in Japan von 213.238 im Jahr 1981 auf 334.600 im Jahr 1995*[3] *- also um mehr als die Hälfte - gestiegen ist.* Dieser Zuwachs ist als wichtige Folge der oben festgestellten Expansion der finanziellen und personalmäßigen Forschungskapazitäten anzusehen.

Zweitens ist in langfristiger Perspektive eine Patentoffensive der Japaner auch *im Ausland* zu verzeichnen. Geht man von der Zahl der seit 1980 am *Europäischen Patentamt* gemachten Anmeldungen aus, stellt Japan neben den USA und der Bundesrepublik einen der drei weltweit wichtigsten Technologieproduzenten dar.[4] Aktuellen Statistiken des Europäischen Patentamtes zufolge sieht Japans relative Position folgendermaßen aus:

"The Top Five"[5]
(Anmeldungen 1996, aufgeschlüsselt nach dem Wohnsitz bzw. Sitz des Anmelders)

Staat	Zahl der Anmeldungen	Anteil, in %
Insgesamt	*64 035*	*100%*
USA	18 668	29.1%
Deutschland	12 013	18.8%
Japan	11 357	17.7%
Frankreich	4 686	7.3%
Großbritannien	3 339	5.2%

Ähnlich aggressiv war die japanische Patentoffensive in den *USA*: Im Hinblick auf die Anzahl der dort erteilten Patente hat Japan in den 80er Jahren die Bundesrepublik vom zweiten Platz verdrängt und ihn bis heute mit deutlichem Abstand behaupten können.[6]

---

[1] vgl. Dore, 22.11.1991.
[2] vgl. z.B. KAGAKU GIJUTSUCHÔ, July 1995, Teil I, Kapitel 2; Tsutsumi Iinkai Hôkokusho, Juli 1995, Kapitel 2.
[3] vgl. Häußer, 1997, S. 119.
[4] vgl. zur detaillierten Darstellung der Patentdaten 1980 bis 1993 BMBF, 1996, S.25 ff., insb. die Abbildung 2.5.1.
[5] Eigene Darstellung nach: Europäisches Patentamt, 1997, Teil "Aktuelle Zahlen 1996".
[6] vgl. T. Hayashi, 1997, S. 159 f. sowie die Tabelle 1 in der Anlage zum Vortrag.

Berücksichtigt man, daß einer der wichtigsten Zwecke des Patentes in der Stärkung der Marktstellung liegt, wird offensichtlich, daß die japanische Patentoffensive in Europa und den USA weitreichende Wettbewerbsfolgen haben kann. Vereinfacht ausgedrückt: *Patente des Jahres 1996 stellen das Ergebnis von FuE aus dem Jahre 1994 dar, zielen aber auf die Märkte der Jahre 1997 bis 2001.*[1]

Neueren Patentstatistiken zufolge *stammen 13 der 50 größten Erfinder auf dem deutschen Patentmarkt aus Japan* - mehr als aus Nordamerika (11) und weit mehr als aus Europa (außer der Bundesrepublik), das auf dieser Liste lediglich 5 große Erfinder vorweisen kann.[2]

Experten warnen vor der japanischen Patentoffensive bereits seit Jahren; so hatte 1992 der damalige Präsident des Deutschen Patentamtes E. Häußer die Patentpolitik der ausländischen, vor allem der japanischen Konkurrenz in Deutschland mit "einer aggressiven Taktik der Landbesetzung" verglichen[3]. Nach der langjährigen Wachstumsphase ist zwar seit Beginn der 90er Jahre die Zahl der weltmarktrelevanten Patente aus den Industrieländern rückläufig,[4] dennoch spielt Japan, wie die obige Tabelle zeigt, nach wie vor eine ganz zentrale Rolle, und die Strategie der japanischen Patentanmelder ist mindestens ebenso aggressiv geblieben.[5]

Schließlich soll noch ein wichtiger Trend erwähnt werden, der ebenfalls von der *Stärkung der* eigenen Inventionskraft zeugt. 1993 ist Japan zum *Nettoexporteur von Technologie* geworden,[6] und diese Entwicklung in der japanischen Technologietransferbilanz hat sich seitdem *weiter verstärkt*: Im Finanzjahr 1995 betrug die Export/Import-Relation für den Technologietransfer 1.43[7] und Jahr danach bereits 1.56.[8]

10.5 Schlußfolgerung

An dieser Stelle soll als **Resümee des vorliegenden Kapitels** folgendes hervorgehoben werden: Unter Berücksichtigung der analysierten Daten kann die eingangs zitierte Prognose, *die "japanische Herausforderung" trete im Vergleich zu früheren Jahren in den Hintergrund*, **nicht** geteilt werden. Ganz im Gegenteil: Betrachtet man die Entwicklungen in der betrieblichen Praxis, kann im Anschluß an das Nomura Research Institute eher festgestellt werden, daß "... **an impressive comeback in Japan's industrial competitiveness is in the making**."[9]

---

[1] vgl. BMBF, 1996, S.25.
[2] Aus Deutschland stammen 20 (vgl. o.V., Deutsche Erfinder auf dem Vormarsch, 22.05.1997).
[3] zit. nach: o.V.: Verspielen wir unsere Zukunft? in: Top-Business, Dezember 1992, S.142.
[4] vgl. BMBF, 1996, S.25 f..
[5] E. Häußer, persönliche Kommunikation.
[6] vgl. SÔMUCHÔ TÔKEIKYOKU * TÔKEI CENTÂ: Heisei 8-nen kagaku gijutsu kenkyû chôsa kekka sokuhô (yôten), 22.11.1996, Punkt 7; KAGAKU GIJUTSUCHÔ, July 1995, Teil 1, insb. Abbildung 7. Die meisten Technologien werden aus Japan in asiatische Länder exportiert.
[7] Berechnet nach: KAGAKU GIJUTSUCHÔ SEISAKU KENKYÛ JO, Mai 1997; vgl. auch die Angaben in: SÔMUCHÔ TÔKEIKYOKU * TÔKEI CENTÂ: Heisei 8-nen kagaku gijutsu kenkyû chôsa kekka sokuhô (yôten), 22.11.1996.
[8] vgl. SÔMUCHÔ TÔKEIKYOKU*TÔKEI CENTÂ: Heisei 9-nen kagaku gijutsu kenkyû chôsa kekka sokuhô (yôten), 26.11.1997, Punkt 9.
[9] "Japan's Resurging Industrial Competitiveness", Autumn 1996, Vol. 5, No. 3, Contents Summary; hervorgehoben d. d. Verf.

Dieses Comeback ist es, das den europäischen Unternehmen - falls sie nicht entschieden, kreativ und proaktiv agieren werden - die Konkurrenz mit den Japanern in der Zukunft spürbar erschweren kann. Es besteht heute zwar kein Grund zu behaupten, Japan würde die globale Technologieführerschaft erringen, denn seine Unternehmen haben mehrere Probleme zu lösen, und die im Kapitel 1 dargestellte schwierige Wirtschaftslage im Inland wie auch auf asiatischen Märkten wird ihnen diesen Problemlösungsprozeß jedenfalls kurzfristig nicht leichter machen.[1] Nichtsdestotrotz deuten viele oben analysierte Daten darauf hin, daß die japanische Herausforderung im Technologie- und Innovationsbereich spätestens mittelfristig auf die Bundesrepublik und Europa eher *stärker* zukommen kann als es bisher der Fall war.

Dies alles sind Gründe genug, um sich mit der **Innovationsidentität der japanischen Unternehmen als Erfolgsfaktor und zukunftsgestaltender Kraft** eingehend zu beschäftigen und nach den neuen Wegen Ausschau zu halten, die diese Unternehmen auf der Suche nach nachhaltigen innovationsbasierten Wettbewerbsvorteilen heute einschlagen.

Die Frage ist also: Wenn die japanischen Spitzenunternehmen immer mehr hochintelligente Forscher und Ingenieure einstellen, ihnen sehr viel Geld zur Verfügung stellen und sie relativ lange Dienstzeiten arbeiten lassen, und wenn diese Unternehmen, wie in vorangehenden Kapiteln festgestellt, obendrein auf hocheffiziente personalwirtschaftliche und organisatorische Routinen zur Förderung von Koordination und Interaktion zwischen diesen Forschern und Ingenieuren und Vertretern anderer Funktionsbereiche zurückgreifen können - an welchen zukunftswichtigen Wettbewerbsvorteilen können sie dann arbeiten und welche Strategien können sie verfolgen?

Die in der vorliegenden Arbeit vertretene Hypothese lautet in diesem Zusammenhang: Eine der zentralen Strategien zur Entwicklung von neuen Wettbewerbsvorteilen, die viele japanische Unternehmen verfolgen, stellen **Technologiefusionen als progressives Muster der Technologieentwicklung** dar. Dieser Hypothese widmet sich das nächste Kapitel.

[1] Würden infolge der Rezession ihre Umsätze und Gewinne für längere Zeit zurückgehen, dürfte es für japanische Unternehmen viel schwieriger werden, kontinuierlich hohe FuE-Ausgaben zu tätigen und hohen FuE-Personalbstand zu halten. Die Probleme sieht man auch an der Dynamik der Ausgaben für die Grundlagenforschung recht deutlich: Die japanischen Gesamtausgaben für die Grundlagenforschung sind in den 90er Jahren innerhalb von 6 Jahren in Folge ständig gestiegen, im Finanzjahr 1995 z.B. um 9.8% gegenüber dem Vorjahr. Die anhaltende Wirtschaftsflaute hat sich allerdings im Finanzjahr 1996 doch spürbar gemacht, als der Anteil der Grundlagenforschung an den gesamten FuE-Aufwendungen nach amtlichen Angaben um 0.9% auf 14.1% zurückgegangen ist, und auch im Unternehmenssktor ist der Anteil der Grundlagenforschung von 6.6% im Jahr 1995 auf 6.2% gesunken. (vgl. zu diesen Angaben: SÔMUCHÔ TÔKEIKYOKU*TÔKEI CENTÂ: Heisei 9-nen kagaku gijutsu kenkyû chôsa kekka sokuhô (yôten), 26.11.1997; vgl. SÔMUCHÔ TÔKEIKYOKU * TÔKEI CENTÂ: Heisei 8-nen kagaku gijutsu kenkyû chôsa kekka sokuhô (yôten), 22.11.1996)

KAPITEL 11

ECONOMIES OF TECHNOLOGY FUSION ALS HUMAN- UND WISSENSBASIERTER ZUKUNFTSVORTEIL JAPANISCHER SPITZENUNTERNEHMEN IM INNOVATIONSWETTBEWERB

Wie in den Kapiteln 9 und 10 bereits angenommen, leiten in der letzten Zeit führende japanische Unternehmen einen *Prozeß der Selbsterneuerung* in die Wege, dem *die Verschiebung von der ausgesprochenen Orientierung auf Verfahrensinnovationen hin zu einer wesentlich stärkeren Förderung von Produktinnovationen* zugrunde liegt.[1] Diese aus dem steigenden Wettbewerbsdruck resultierende Notwendigkeit, völlig neue Technologien und Produkte eigenständig zu entwickeln, zwingt viele japanische Unternehmen nicht nur zur Steigerung der *finanziellen und personellen FuE-Kapazitäten,*[2] *sondern auch zur Anwendung von neuen Innovationskonzepten.*[3] *Die Technologiefusion*[4] stellt m.E. ein solches neues kreatives Innovationskonzept dar, bei dem es sich um die Verschmelzung heterogener Wissenskomponenten an den Schnittstellen zwischen unterschiedlichen Technologiebereichen als Instrument zur Bildung neuartiger Technologien und, auf deren Basis, neuer Produkte und Märkte handelt. Auch dieser **Wettbewerbsvorteil** der **Economies of Technology Fusion** ist als Ergebnis von *spezifischen Lernprozessen* zu sehen, die die *Innovationsidentität* der jeweiligen Unternehmen prägen.

Um die **Zukunftsposition** der japanischen Spitzenunternehmen im Hinblick auf diesen Wettbewerbsvorteil zu prognostizieren, soll im weiteren nach Antworten auf folgende drei Fragen gesucht werden:

- **Durch welche Merkmale ist Technologiefusion als Entwicklungsmuster von Zukunftstechnologien gekennzeichnet**?
- **Welche Wettbewerbsposition nehmen japanische Unternehmen heute in den Branchen ein, für die Technologiefusionen als Triebkraft der Entwicklung und die Economies of Technology Fusion als Wettbewerbsvorteil von großer Bedeutung sind**? und
- **Welche Fähigkeiten in Bezug auf die Wissenshandhabung durch die Mitarbeiter bzw. in Bezug auf die humanbasierte organisationale Innovationsidentität liegen den Erfolgen der japanischen Unternehmen mit Technologiefusionen zugrunde**?

---

[1] vgl. detailliert die Ausführungen in den Kapiteln 9.5 und 10 sowie einen der ersten Hinweise auf diesen Trend bereits bei Nonaka, 1988, S. 45.
[2] vgl. dazu detailliert Kapitel 10.
[3] vgl. Ernst/Laumer, 1989, S. 239.
[4] Der Begriff „Technologiefusionen" wurde hier den Arbeiten von Kodama (1991, 1993) entnommen, auf die im weiteren noch mehrfach rekurriert wird.

11.1 Technologiefusion als Innovationsmuster zur Bildung von neuartigen Technologien und Industrien

"The new battle is for the ground where ... industries meet."
(S. Moffett)[1]

Der technologische Fortschritt wird heutzutage zunehmend in wissenschaftlichen Disziplinen erzielt, die es vor etwa 10 oder 20 Jahren überhaupt noch nicht gegeben hat.[2] Es wird daher immer häufiger prophezeit, die Welt stehe inmitten einer neuen technischen Revolution,[3] die insbesondere auf den Technologien auf den Gebieten Bio- und Gentechnik, Künstliche Intelligenz, Mikroelektronik, Mikromechanik und neue Werkstoffe basiert.[4]

Neue Bahnen der wissenschaftlich-technischen Entwicklung öffnen sich dabei zunehmend dort, wo scheinbar unverwandte Technologien bzw. Problemlösungen in **neuartigen Kombinationen** verknüpft werden,[5] und auf diesen integrierten Wissenskomponenten aus mehreren heterogenen Technologiefeldern basierend entstehen auch viele neue Branchen.[6] In vielen dieser neuen **Schlüsselindustrien** wie z.B. der Mechatronik und der Informations- und Telekommunikationsindustrie sind die japanischen Großunternehmen weltweit mit die wichtigsten Technologie- und Marktakteure.[7]

Mit diesen branchenbildenden technologischen Koalitionen hängen auch die Querschnittswirkungen von vielen Hochtechnologien zusammen. **Solche Querschnittstechnologien** sind durch das Vorhandensein an mehreren Anwendungsbereichen über die Grenzen einzelner Industrien hinaus gekennzeichnet. Vor allem die Entwicklungen in der Informationstechnologie, bei neuartigen Werkstoffen und in der Biotechnologie bilden die Voraussetzungen für Innovationswellen praktisch in *jeder Branche*, so daß man sich selbst in "traditionellen" Branchen bei der Entwicklung der Unternehmensstrategie nicht von der angeblichen "*Reife*" abschrecken lassen sollte.[8]

---

[1] Moffett, 26.12.1996-02.01.1997, S. 76; hervorgehoben d. d. Verf.
[2] vgl. z.B. Petersen, 1993, S. 93.
[3] vgl. z.B. McCallum, 1993, S.92; Böndel, 1994, S. 70.
[4] vgl. z.B. die Umfrage führender deutscher Experten in: Verspielen wir unsere Zukunft?, Dezember 1992, wie auch Ergebnisse einer umfangreichen Delphi-Studie deutscher und japanischer Experten in: Breiner et al., 1994.
[5] vgl. Biefelder, 1987, S. 14; Itami, 1987, S. 107.
[6] Die moderne Elektroindustrie muß Zugriff zu Spitzentechnologien in Bereichen wie z.B. Optoelektronik, neuartige Werkstoffe und Biotechnologie haben (vgl. Kurita, 1991, S. 149), die Mechatronik ist an den Schnittstellen zwischen den Feldern klassischer Maschinenbau, Präzisionsinstrumente, elektrischer Maschinenbau, Kommunikationen und Elektronik entstanden, die Entwicklung einer Computer Workstation bedarf des Wissens aus so gut wie allen Bereichen der Physik und der Mathematik (vgl. Iansiti/West, 1997, S. 69), für die Entwicklung der neuen Keramik waren interdependente FuE-Investitionen in den Feldern Keramik, "klassischer" Maschinenbau und elektrischer Maschinenbau erforderlich, und die Optoelektronik bedeutet eine Verschmelzung von Elektronik und Optik (vgl. Kodama, 1991, S. 13 und 117 ff.).
[7] vgl. zu den Schlüsselindustrien z.B. Noguchi, 1988, S. 307 sowie zu japanischen Stärken die Ausführungen im Kapitel 10.
[8] vgl. Porter, 1991, S. 189; Hemmert, 4/1996, S. 273; zur Industrieverjüngung vgl. auch Kapitel 6.2.2.3.

In diesem Zusammenhang ist darauf aufmerksam zu machen, daß aus der, der vorliegenden Arbeit zugrunde liegenden, fähigkeitsorientierten Perspektive die *zentrale Herausforderung*, der die High-Tech-Unternehmen im Hinblick auf die *Handhabung der Fusionen von Querschnittstechnologien als Innovationsparadigma* Rechnung zu tragen haben, insbesondere darin besteht,

> "... to *pull together complementary technological elements traditionally related to different industrial segments*, in order to build *coherent* scientific and technical *capacities*. The rationale for such capacities must, of necessity, derive *from scientific and technological arguments rather than from a definition of the market.*"[1]

Ein erfolgreiches Beispiel für diese Strategie, die auf einer zielorientierten abgestimmten Weiterentwicklung technologiebasierter Kernkompetenzen basiert, stellt die japanische Kao Corp. dar, deren relativ breiter Produktpalette die Ergebnisse der "*oberflächenaktiven Forschung*" als technologiebasierte Kernkompetenz zugrunde liegen.[2] Dabei ist zu betonen, daß - nicht nur im Spezialfall Kao Corp., sondern für die High-Tech-Industrien im allgemeinen - "(t)he increasing importance of the ability to exploit the knowledge and the methodologies of more than one discipline has become apparent *not only at the level of basic science but in applied sciences and engineering as well.*"[3] Diese Feststellung legt die Hypothese nahe, daß die besten japanischen Unternehmen aus ihren starken **humanbasierten Koordinations- und Integrationsfähigkeiten**[4] Vorteile auch in der neuen Phase des Innovationswettbewerbs werden erzielen können, in der vieles von erfolgreichen Technologiefusionen abhängig sein wird.

Es sei an dieser Stelle explizit darauf hingewiesen, daß es bei den Technologiefusionen nicht bloß darum geht, daß bei der Gestaltung von neuen Produkten bzw. im Rahmen eines Produktionsprozesses verschiedene *bereits fertige, im voraus vorhandene Technologien* integriert und angewandt werden. Vielmehr handelt es sich auch um die *Bildung von neuen komplexen Technologien durch organische Verschmelzung und Integration von technologischen Wissenskomponenten aus mehreren vorher als separat angesehenen Wissensfeldern durch einen nichtlinearen, komplementären und kooperativen Innovationsprozeß*.[5] Gerade die als Ergebnis solcher Technologiefusionen entstehenden *Hybridtechnologien*[6] führen u.U. zur Revolutionierung von Märkten. Die Rede ist also von einem *anderen Konzept der technologischen Innovation und ihren betrieblichen Managements*, bei dem technologische Wissenskomponenten auf eine synergetische Art und Weise *verschmolzen* werden, so daß Eins und Eins in Summe Drei ergeben,[7] und zwar auch in qualitativer Sicht: *Neben zwei ursprünglichen Technologiefeldern entsteht ein eigenständiges drittes, mit eigenen Entwicklungsgesetzen und Anwendungsbereichen.*

---

[1] Delapierre, 1988, S.151 und 158. Hervorhebungen d. d. Verf.
[2] vgl. zu diesem Fallbeispiel Nonaka/Takeuchi, 1995, S. 177; Nonaka, 1994, S. 261 f.
[3] Rosenberg, 1992, S. 88; hervorghoben d. d. Verf.
[4] vgl. dazu die Ausführungen im Kapitel 9.
[5] vgl. Kodama, 1993, S. 41 ff.; Kornwachs, 1995, S. 237; vgl. auch die Ausführungen zu den Unterschieden zwischen Economies of Scope und Economies of Technology Fusion im vorliegenden Kapitel.
[6] vgl. Aoyagi, 1986, S. 159.
[7] vgl. Kodama, 1991 u. 1995.

Die Technologiefusionen und die erforderliche Anpassung komplementärer Technologien stellen offensichtlich sehr hohe Anforderungen an die *kritische Masse der FuE-Kapazitäten,*[1] aber auch an die *Lernfähigkeit* der Unternehmen und an ihre innovationsrelevanten *Routinen* insbesondere im *personalwirtschaftlichen* und *organisatorischen* Bereich. Sie setzen vor allem das Können voraus, technologische Wissenskomponenten aus mehreren Bereichen zu sammeln, zu systematisieren, zu selektieren und zu integrieren[2] - und diesem Können des Unternehmens liegt offensichtlich die Fähigkeit zugrunde, die erforderlichen *Kommunikationen und Interaktionen der Mitarbeiter* sicherzustellen.

Das Gesagte läßt sich mit folgenden zwei Thesen zusammenfassen, die für die weiteren Ausführungen von ausschlaggebender Bedeutung sind:

Erstens: "... **(I)t would be more appropriate to view innovation as fusing different types of technology rather than as technical breakthroughs;**"[3] und

Zweitens: ".. **(T)he process of technology integration is critical to competitive performance.**"[4]

Wie im Kapitel 3 bereits bemerkt, stellen die integrierenden Technologiefusionen zugleich "a dominant characteristic of the Japanese innovation process"[5] dar: Es sind gerade die *führenden japanischen Unternehmen* im High-Tech-Bereich, die als stärkste Befürworter der Technologiefusionen gelten - während die westliche Innovationsstärke vielfach in der Realisation des technologischen Durchbruchs begründet liegt.[6]

Um zu analysieren, ob aus dieser Befürwortung der Fusionen auch Wettbewerbsstärken resultieren, sollen die Positionen der japanischen Unternehmen in einigen charakteristischen Branchen näher betrachtet werden:

11.2 Wettbewerbsposition japanischer Unternehmen in Branchen, für welche die Technologiefusionen von zentraler Bedeutung sind

11.2.1 Technologiefusionen als innovationsbasierter Weg der Diversifikation

Die innovationsbasierten Technologiefusionen als branchenbildender Faktor stehen in Japan in enger Verbindung mit der **Diversifikation** bereits etablierter, erfolgreicher Unternehmen aus anderen Branchen. Zwei Aspekte sollen im Hinblick auf diese Diversifikationsstrategie hervorgehoben werden, die für die Analyse der humanbasierten Innovationsidentität von besonderer Relevanz sind:

---

[1] Vor diesem Hintergrund erscheint es besonders wichtig, daß die führenden japanischen Unternehmen in der letzten Zeit ihre FuE-Kapazitäten in personeller wie auch finanzieller Hinsicht wieder aufgestockt haben (vgl. detailliert Kapitel 10).
[2] vgl. Marr/Fliaster, 1994, S. 326.
[3] Kodama, 1991, S. 3; hervorgehoben d. d.Verf.
[4] Iansiti/West, 1997, S. 69; hervorgehoben d. d.Verf.
[5] Bowonder/Miyake, 1992, S. 321; vgl. auch Kapitel 3.1 der vorliegenden Arbeit.
[6] vgl. Kodama, 1993, S.42; vgl. Itami, 1992, S. 59 f.; Kodama, 1991, S. 3.

Einmal geht es darum, daß diesen japanischen Unternehmen auf dem Binnenmarkt außer der "internen" Diversifikation nur recht wenige andere Möglichkeiten zur Verfügung stehen.[1] Unter den Faktoren, die gegen *Unternehmensakquisitionen* sprechen und verlangen, nach internen, human- und wissensbasierten Möglichkeiten der Unternehmensentwicklung Ausschau zu halten, seien hier das **Prinzip der lebenslangen Beschäftigung** wie auch die spezifischen **Fundamentalannahmen bezüglich des Wesens einer Organisation** hervorgehoben,[2] denen entsprechend der Aufkauf eines anderen *japanischen* Unternehmens beinahe als *Flugzeugkapern*[3] bzw. als "*seizing another village by force*"[4] gesehen wird. Im Endeffekt sind die japanischen Unternehmen im M&A-Bereich in Japan bis heute weniger aktiv als die westlichen im Westen,[5] während gleichzeitig der **ökonomische Zwang** zu diversifizieren bzw. nach neuen Technologie- und Geschäftsgebieten zu suchen wegen der Marktsättigung und der Wettbewerbsschärfe mittlerweile extrem stark wurde.[6]

Somit wurde das **humanbasierte Innovationspotential**, insbesondere das **technologische Wissen** in vielen japanischen Firmen zum Aktivator für die ganze Unternehmensentwicklung.[7] Im Anschluß an Porter läßt sich in diesem Zusammenhang folgendes feststellen:

> "Erfolgreiche japanische Branchen sind oft aus anderen japanischen Industrien hervorgegangen. ... Meistens erfolgt die Diversifizierung über interne Entwicklungen ..., und das macht die verwandte Diversifizierung wiederum fast zur Notwendigkeit. Treibende Kraft bei der internen Diversifizierung ist häufig die Umgruppierung von Menschen und Anlagen. Unter dem Strich ist das Ergebnis ein wirksamer Qualifikationstransfer von einer Branche zur anderen, was die Aufwertung erleichtert."[8]

Zweitens ist festzustellen, daß gerade diese Strategie der verwandten technologiebasierten Diversifikation "aus eigener Kraft," die in Japan *ex ante* größerenteils "erzwungen" war, sich *ex post* vielfach als **besonders erfolgreich** erwiesen hat. Denn: Wie theoretische und empirische Ergebnisse bestätigen, hängt der Erfolg einer Diversifikationsstrategie stark davon ab, ob zwischen dem Know-how des Unternehmens und den neuen Technologie- oder Marktfeldern eine Verwandtschaft besteht bzw. hergestellt werden kann - und gerade auf diesen Synergieeffekten baut die "*technology-related diversification*" definitionsgemäß auf.[9]
So ist in Japan auf mehreren Märkten folgende Konstellation entstanden: Durch Technologiefusionen bzw. verbundene Diversifikationen haben die neu entstehenden Märkte

---

[1] vgl. z.B. auch Nonaka, 1994, S. 276.
[2] vgl. die Ausführungen insbesondere im Kapitel 3.
[3] vgl. Okumura, 1986, S. 128.
[4] Hayashi, 1988, S. 97.
[5] vgl. Steffensen/Dirks, 1997, S. 202 und die dort angegebenen JETRO-Daten. Was die *Neugründungen* bzw. technologische *Ventures* als Diversifikationsmittel betrifft, waren in Japan die Umweltbedingungen, vor allem die mangelhaften Möglichkeiten der Risikofinanzierung bislang eher ungünstig (vgl. dazu z.B. Fliaster/Bulach, 1991, S. 52 f.; zu neueren Trends vgl. Steffensen/Dirks, 1997)
[6] vgl. dazu Porter, 1991, S. 441.
[7] vgl. u.a. Kolatek, 1989.
[8] Porter, 1991, S. 428.
[9] vgl. Servatius, 1988, S. 256 und die dort angegebene Literatur; Yoshihara, 1988, S.48; Dr. Wieselhuber & Partner-Unternehmensberatung, 1988, S. 33; Laukamm/Walsh 1986, S. 119; Jacobs, 1992. Zur Diskussion über die Erfolgsträchtigkeit der verbundenen Diversifikation speziell aus der ressourcenorientierten Management-perspektive vgl. zu Knyphausen-Aufsess, 1995, S.86 f.

vielfach die etablierten *Wettbewerber aus sehr unterschiedlichen Branchen* penetriert, von denen jeder seine *Geschichte,* sprich: seine spezifischen Stärken und Schwächen, seine Visionen und Handlungsweisen bzw. seine komplexe **Identität** in den Wettbewerb in der sich bildenden neuen Branche mit einbrachte. Diese Konstellation wirkte sehr **innovationsförderlich**: Branchenneulinge bemühten sich energisch, die ihnen noch fehlenden Kenntnisse zu erwerben[1] - was Porter die Rolle von verwandten und unterstützenden Branchen für den nationalen Wettbewerbsvorteil Japans als "**einer der erstaunlichen Aspekte seiner Wirtschaft**"[2] bezeichnen ließ.

Bei dieser Ballung der wettbewerbsfähigen Branchen eines Landes entstehen *industrielle Cluster*, von denen jeder mehr als die Summe seiner Teile ist. Da dieses Phänomen einerseits als zentrales Merkmal einer **fortgeschrittenen Volkswirtschaft** angesehen wird[3] und gleichzeitig speziell im Fall **Japans** vieles mit **Fusionen und Querschnittswirkungen von Technologien** zu tun hat, sei im Anschluß an Porter dieses 'japanische" Muster an dieser Stelle in tabellarischer Form zusammengefaßt (vgl. Tabelle 11.1).

Das vielleicht bekannteste Beispiel für die Clusterbildung durch Technologiefusionen liefert die oben bereits genannte *Mechatronik.*[4] Auf der Produktebene wird die Mechatronik insbesondere durch verschiedene Arten von NC-Maschinen und die Industrieroboter repräsentiert. Da von den 1997 weltweit eingesetzten 711.500 Industrierobotern sich nicht weniger als 413.000, also 58% in Japan befanden,[5] soll hier mit der Entwicklung des Numerical Controller (NC) und der japanischen Roboterindustrie angefangen werden, und im Anschluß seien einige neuere Beispiele aus anderen Branchen bzw. *Industrieclustern* in diesem Land angeführt.

11.2.2 Technologiefusion in der Mechatronik

Betrachtet man die Geschichte der japanischen "*NC revolution*" (Kodama) eingehend[6], läßt sich m.E. ein **duales Innovationsmuster der japanischen Topunternehmen** feststellen, d.h. eine **Spirale**

- **der kreativen, bedarfsinitiierenden Weiterentwicklung bereits vorhandener (wo immer ursprünglich entstandener) technologischer Wissenskomponenten**[7] und
- **ihrer Fusion und Integration zur Bildung von neuartigen Technologien und Produkten**, ggf. über zwischenbetriebliche Kooperation.[8]

---

[1] vgl. Porter, 1991, S. 429.
[2] Porter, 1991, S. 428; hervorgehoben d. d. Verf.
[3] vgl. Porter, 1991, S. 172 f.
[4] vgl. James, 1990, S.156 f.
[5] Auf 10.000 Arbeitsplätze kommen in Japan 212 Roboter, in Deutschland, das weltweit den zweiten Platz belegt, sind es 90 Roboter (vgl. o.V.: Rekordeinsatz bei den Robotern, 14.10.1998); Zum Einsatz von Robotern in Japan vgl. auch frühere Angaben bei Karatsu, 1994, S. 22 sowie Whitehill, 1991, S. 89 und Kato, 1985, S. 574.
[6] vgl. detailliert zur Geschichte der "mechatronics revolution" Kodama, 1991.
[7] Beispiel: Der numerische Controller wurde ursprünglich in den USA 1952 am MIT entwickelt, er war aber groß, teuer und daher nur in einigen wenigen Großindustrien wie dem Flugzeugbau anwendbar. Die Firma Fanuc hat diesen Controller vereinfacht und weiterentwickelt, so daß er als "Core Product" für die Massenanwendung in verschiedenen Branchen in Frage kam (vgl. Kodama, 1991, S. 116 f.; vgl. zum Refinement als Innovationsorientierung auch die Ausführungen im Kapitel 9).
[8] Beispiel: Fanuc hat intensiv mit Unternehmen aus anderen Branchen kooperiert, die Teilkomponenten entwickelten (vgl. Kodama, 1991, S.11).

Tabelle 11.1: **Clusterbildung wettbewerbsfähiger Branchen in Japan: Überlegungen von Porter**

Porter über die Clusterbildung wettbewerbsfähiger Branchen: Theoretische Thesen[1]	**Porter über die Clusterbildung wettbewerbsfähiger Branchen: Thesen zum Fall Japan**[2]
Die Bildung einer neuen Branche wird unter anderem durch die bereits vorhandenen wettbewerbsfähigen Branchen vorangetrieben, welche häufig Käufer oder Zulieferer von ihren Produkten bzw. Dienstleistungen darstellen (*vertikale* Verbindungen). Auch können erfolgreiche Branchen eines Landes durch *horizontale* Beziehungen (Technologien, Vertriebskanäle etc.) verbunden sein; in einigen Branchen spielen bei den branchenbildenden Technologiefusionen auch die Unternehmensallianzen eine herausragende Rolle.[3]	In Japan neigen die Cluster insbesondere zur *horizontalen* Expansion, bei der etablierte Unternehmen in verwandte Branchen diversifizieren. Ein Beispiel hierfür liefern die horizontalen Keiretsu, deren Mitglieder bei der Technologieentwicklung kooperieren und Marktinformationen austauschen. Aus der gegenseitigen Verstärkung in den Clustern resultieren Innovationsschübe, wie z.B. im verbrauchernahen Elektroniksektor, wo Innovationen in traditionellen Branchen wie Fernseh- und Rundfunkgeräte die Entwicklung in neueren Branchen wie Laptops oder Telefax vorangetrieben und von diesen ihrerseits weitere Impulse bekommen haben.
Sobald sich ein Cluster gebildet hat, unterstützen sich die Industrien der gesamten Gruppe *gegenseitig*. Der Zugang aus anderen Branchen innerhalb des Clusters belebt die methodische Vielfalt in der FuE und bietet einen Weg, neues Wissen und neue Strategien zu generieren; *Menschen und Ideen finden auf neue Arten zueinander*. Die Bildungswege und die Expansionsrichtungen eines Clusters sind vielfach *landesspezifisch*.	Auch bei vertikalen Verbindungen liefert Japan Beispiele für eine erfolgreiche Clusterbildung; so spielten die Stärken in der Unterhaltungselektronik sowie bei den Kameras, Büromaschinen und anderen Chipanwendern eine innovationsfördernde Rolle für die Halbleiterindustrie bei der Weiterentwicklung von Speicherchips und integrierten Schaltkreisen. Das gleiche gilt für die Automobilindustrie mit ihren vertikalen *Shitauke*-Gruppen (Unterlieferanten und Zulieferern). Als weitere wichtige Mechanismen zur Förderung der Cluster sind in Japan unter anderem geographische Nähe, persönliche Beziehungen sowie die Unternehmensverbände zu nennen.

[1] vgl. Porter, 1991, S. 172 ff.
[2] vgl. Porter, 1991, S. 174 ff.; 188 ff.; 423 ff.
[3] vgl. Gerybadze, 1995, S. 474.

Dieses Innovationsmuster könnte man der "*horizontalen Clusterbildung*" zuordnen und auch in der japanischen Robotertechnik weiterverfolgen, die Porter als Paradebeispiel für den japanischen nationalen Wettbewerbsvorteil erforscht hat; an dieser Stelle seien die für die Fragestellung der vorliegenden Arbeit relevanten Ergebnisse seiner Untersuchung mit einigen Ergänzungen zusammengefaßt:[1]

> Die wichtigsten japanischen Unternehmen stiegen in die Roboterindustrie Ende der 60er und in den 70er Jahren aus den Käufer-, Zulieferer- und verwandten Branchen ein. Mehrere von ihnen stellten diversifizierte Konzerne dar bzw. waren Mitglieder von Keiretsu, so daß sie über praktische Erfahrungen in vielen für die Robotertechnik maßgeblichen Einzeltechnologien (den NC, Werkzeugmaschinen, Motoren, optischen Sensoren, elektronischen und elektrischen Komponenten etc.) verfügten, die für die erfolgreiche Technologiefusion entscheidend waren. Damit hatten sie z.B. beim Einbau von hochwertiger Elektronik und Steuerungen gegenüber den Neugründungen oder reinen Maschinenherstellern etwa aus den USA erfahrungs- bzw. kompetenzbasierte Wettbewerbsvorteile. Außerdem produzierten die meisten japanischen Einsteiger, wie u.a. Fanuc (wie auch einige ihrer westlichen Counterparts, etwa Volkswagen), Roboter zunächst für den Eigenbedarf, was die technologische Entwicklung dank dem Lernen aus praktischen Anwendungserfahrungen und dem Wissenstransfer sehr intensiv vorangetrieben hat.

Seit Anfang der 80er Jahre beobachtet man in Japan einen Wandel von der Herstellung von Einzelrobotern hin zu komplexen *Systemen*,[2] und Anfang der 90er stellte Porter fest, daß die japanischen Produzenten von Industrierobotern sich "*in einem für Innovationen so günstigen Feld [bewegen], daß eine Bedrohung ihrer Führungsposition nirgendwo in Sicht ist.*"[3] Fanuc, bei dem heute fast ein Drittel der Beschäftigten in der FuE tätig ist, ist ein Paradebeispiel hierfür: Im Geschäftsjahr 1996 erwirtschaftete das Unternehmen 46.9 Mrd. Yen Gewinne (vor Steuern) und rangierte 1995 (damals noch mit 4% weniger Gewinn) laut der Umfrage der Nihon Keizai Shimbun in der Liste der bestgeführten japanischen Unternehmen auf *Platz zwei*.[4]

Auch in anderen zukunftswichtigen Branchen lassen sich die **Technologiefusionen als Innovationsmuster erfolgreicher japanischer Unternehmen** feststellen:

11.2.3 Technologiefusionen im PC- und Multimediageschäft

Der entscheidende Faktor auf dem, wie im Kapitel 10 bereits gezeigt, zukunftswichtigen Markt für *Informations- und Kommunikationstechnologie* kann gerade in der Integration einer Reihe selbständiger Produkte in ein umfassendes Kundensystem gesehen werden.[5] Als erster die *technischen Standards* zu etablieren heißt in diesem Geschäft häufig, die Zukunft zu gewinnen.

---

[1] vgl. im weiteren Porter, 1991, S. 249 ff.
[2] vgl. Pomeranets, 1990, S. 20.
[3] Porter, 1991, S. 261; hervorgehoben d. d. Verf.
[4] vgl. o.V.: Earnings: Fanuc posts 4% rise in FY96 pretax profit, 31.05.1997; Ziesemer, 13.7.1995, S. 58.
[5] James, 1990, S. 145. Schließlich bedeutet auch der Begriff Multimedia eine interaktive Verknüpfung verschiedener Media zu einer neuartigen Systemlösung.

Bereits Anfang der 90er Jahre gab es mehr als 20 japanische Firmen (darunter Matsushita Electric, NEC, Sony, Hitachi und Toshiba), die eine gute bis extrem starke Stellung auf dem Gebiet der Informationstechnik hatten.[1] Mittlerweile sind so gut wie alle Großunternehmen der Unterhaltungselektronik und der Computerindustrie Japans ins Multimediageschäft mit großen Investitionen eingestiegen.[2] Hier nur zwei Beispiele: Die Strategie von **Sony** (mit dem Marktanteil von 17 bis 18 Prozent heute Marktführer für Produkte der Unterhaltungselektronik in Europa) besteht darin, weiterhin die Nummer Eins im Bereich der Audio- und Videotechnik zu bleiben, die Informationstechnologie zum dritten Kerngeschäft zu machen[3] und über die *Vernetzung* von Video- und Audioprodukten mit Geräten der Informationstechnologie zu *Systemlösungen* auch im neuen Multimediamarkt die Nummer Eins zu werden.[4] Auf diesem Markt wird Sony allerdings u.a. mit Hitachi noch intensiver zu konkurrieren haben, denn auch Hitachi schmiedet ehrgeizige Pläne und baut zu ihrer Verwirklichung humanbasierte Kompetenzen intensiv auf:

> 'Hitachi Ltd. will set up a new division in late February [*1998 - A.d.V.*] to take over the multimedia-related operations of its information systems and consumer electronics divisions ... . The step is aimed at concentrating the company's management resources on businesses with higher growth potential ... . With an initial work force of about 4,000, the new division is expected ... to boost sales to 1 trillion yen by fiscal 2002."[5]

Der Wettbewerb auf dem Multimediamarkt wird damit zu einem globalen Kampf zwischen diversifizierten Unternehmen, die ursprünglich aus verschiedenen Industrien kommen, unterschiedliche strategische Schwerpunkte und damit auch unterschiedliche Stärken und Schwächen haben und sowohl gegeneinander konkurrieren als auch miteinander kooperieren - ein Wettbewerbsmuster, daß die Japaner aus der Entwicklung in anderen Branchen auf dem Binnenmarkt bereits recht gut kennen.

Die Härte dieses globalen Konkurrenzkampfes ist erklärlich, wenn man bedenkt, daß Experten allein in *Europa* von einem Marktpotential im Jahr 2000 in Höhe von 150 Mrd. DM sprechen.[6] Noch mehr Chancen bietet offensichtlich der *amerikanische* Markt. Daher ist es ganz logisch, daß mit Fujitsu, Hitachi, NEC, Sony und Toshiba fünf große japanische Elektronikkonzerne eine Offensive auf dem amerikanischen Markt für Home Personal Computer starteten.[7] Japanische PC-Hersteller haben in der letzten Zeit ihre Wettbewerbsfähigkeit deutlich gestärkt,[8] und diese Unternehmen scheinen für das auf Technologiefusionen basierende Multimediageschäft insbesondere aus folgenden vier Gründen gut vorbereitet zu sein:[9]

---

[1] vgl. Nefiodow, 1993.
[2] vgl. Schwarzer, 1996, S. 110.
[3] So Sony's Vorstandsmitglied Schnuckli (zit. in: o.V.: Sony erwartet Trendwende, 26.8.1995).
[4] vgl. o.V.: "Die Messe ist ein Pflichtprogramm", 28.08.1996, S. 23; o.V.: Sony wächst in Europa gegen den Markttrend, 29.08.1997; Amaha/Landers, 25.12.1997-1.01.1998, S. 73.
[5] vgl. o.V.: Hitachi To Set Up Division In Feb To Boost Multimedia Business, January 29, 1998.
[6] so Grundig-Chef van der Wal, vgl. Wildhagen, 29.8.1996.
[7] vgl. Kirkpatrick/Goldblatt, 28.10.1996.
[8] vgl. Boyd, 1996.
[9] vgl. im weiteren Kirkpatrick/Goldblatt, 28.10.1996.

- Führende japanische Unternehmen haben bereits aus mehreren wissensintensiven Gütern für industrielle Spezialkunden Massenerzeugnisse gemacht und dadurch entsprechende Erfahrungen und Innovationskompetenzen akkumuliert (Stichwörter Massifizierung und Refinement[1]);
- diese Unternehmen verfügen über maßgebliche technologische Kompetenzen bei vielen entscheidenden elektronischen Einzelkomponenten;
- sie verfügen über enorme finanzielle Ressourcen,[2] die als kritische Masse für Innovationen sehr wichtig sind;
- sie haben in der Praxis mehrfach ihre Bereitschaft unter Beweis gestellt, kurzfristige Einbußen in Kauf zu nehmen, um langfristige Umsätze und Gewinne zu sichern; somit verfügen sie nicht nur über die Möglichkeit, sondern auch über die Willigkeit, langfristige Strategien zu verfolgen.

Über einen japanischen Erfolg im Bereich der mikroelektronikbasierten Multimedia-Produkte berichtete Mitte 1997 'Die Welt".[3] Es handelt sich um eine neue Entwicklung der Toshiba Corporation, ein 200 Gramm schweres, handflächengroßes Multimedia-System, das ein mobiles Telefon mit Internetanschluß inklusive Web-Browser und E-Mail beinhaltet und eine neue Generation von LSI (Large Scale-Integration)-Technologie repräsentiert, die Japan - so 'Die Welt" - " *auch in Zukunft auf dem Gebiet der Gebrauchselektronik Weltdominanz zu sichern verspricht.*"[4] Laut einer Schätzung des amerikanischen Marktforschungsinstituts Dataquest werde das globale Marktvolumen für LSI-Systeme in den kommenden drei Jahren von bisher 2.3 Mrd. Dollar auf 15.9 Mrd. Dollar steigen - und der Löwenanteil werde an die japanischen Elektrokonzerne gehen: Ähnlich aktiv wie Toshiba arbeiten im Bereich der LSI auch Mitsubishi Electric, Matsushita Electric und Sony.

Auch bei diesem neuen Multimedia-System schlagen sich die im Kapitel 10 aufgezeigten japanischen Stärken in der Mikroelektronik nieder: "*Während sich die Amerikaner auf Mikroprozessoren konzentrieren und die Südkoreaner sich auf die Produktion von Memory-Chips spezialisieren, verfügt die japanische Industrie über weitreichende Kenntnisse und Erfahrungen auf beiden Gebieten. Das ermöglicht ihnen die eigene Entwicklung von LSI-Systemen und Endprodukten*"[5] - so 'Die Welt" mit dem Verweis auf internationale Technologie- und Branchenexperten.

Die Spezifik der nationalen Innovationsidentität schlägt sich aber, wie bereits mehrfach festgestellt, nicht nur in jeweiligen **Stärken**, sondern gleichermaßen auch in **Schwächen** nieder - zumal die Fähigkeiten, die in einem Bereich die relative Stärke konstituieren, in einem anderen Bereich für die Schwächen verantwortlich sein können. Dies kann man in japanischen Unternehmen am Beispiel eines Wissensbereiches beobachten, der über die technologische Zukunftsfähigkeit auch im Multimedia-Bereich immer deutlicher entscheidet, nämlich der

---

[1] vgl. die Ausführungen im Kapitel 9.
[2] Hitachi ist mit den Einnahmen von 84 Mrd. Dollar (1995) größer als IBM, und im Vergleich zu Fujitsu, das mit 39 Mrd. Dollar Umsatz den kleinsten unter diesen 5 japanischen Elektronikkonzernen darstellt, war etwa Compaq mit seinen 15 Mrd. Dollar ziemlich klein (vgl. Kirkpatrick/Goldblatt, 28.10.1996)
[3] vgl. im weiteren den Bericht von Müller in: Die Welt, 27.05.1997.
[4] Ebenda, hervorgehoben d. d. Verf.
[5] Ebenda, hervorgehoben d. d. Verf.

Software. Dieses Beispiel wurde bereits im Kapitel 6.1 im Zusammenhang mit dem *innovationsbezogenen Majoritätsdruck* in japanischen Innovationsteams gebracht; hier kann es aufgegriffen und verdeutlicht werden.

Eine umfangreiche Delphi-Prognose[1] hat ergeben, daß Japan im Softwarebereich nach wie vor hinter den USA rangiert, und diese Distanz zwischen Amerika und Japan wird von mehreren Experten als *wachsend* eingeschätzt.[2] Im Jahresbericht der *KEIZAI KIKAKUCHÔ* 1994/1995 wird festgestellt, daß die japanischen Importe im Bereich der Software rapide gestiegen sind, und darauf hingewiesen, daß die amerikanischen Konkurrenten viele ihrer Standards im Softwarebereich bereits de facto zu internationalen gemacht haben.[3] Auch japanische Topmanager sind sich über diese Entwicklung im Klaren.[4]

Neben anderen Faktoren scheinen sich auf diese Kluft im Bereich der Softwareentwicklung auch unterschiedliche Innovationsidentitäten ausgewirkt zu haben; Imai beschreibt diesen Einfluß im Zusammenhang mit den Unternehmensroutinen folgendermaßen:

> "The production of software requires *organizational principles* that are totally different from those required in the case of goods (for example, *meritocracy rather than group consensus approach* and task-oriented organization rather than hierarchical organization)... ."[5]

Auch Porter, der ansonsten so gut wie keine Aufmerksamkeit dem Einfluß kultureller Faktoren auf die nationalen Wettbewerbsvorteile schenkt, konstatiert, daß in der Softwareentwicklung der Wettbewerbsvorteil stark von der Leistung *einiger weniger Einzelpersonen* abhängig ist[6] - und es wurde oben bereits gezeigt, daß die Innovationsidentität der *japanischen* Großunternehmen bis jetzt vielfach gerade nicht auf dem *learning through elite*, sondern vielmehr auf dem *learning through people* basierte.

Allerdings stehen japanischen Unternehmen auch im Bereich der Software Wege wie internationale Strategische Allianzen oder Akquisitionen offen. Auch versuchen sie zunehmend aktiv, *eigene Kapazitäten und Fähigkeiten* auszubauen - was die steigenden FuE-Aufwendungen im Softwarebereich unmißverständlich zeigen: Wie im Kapitel 10 bereits erwähnt, sind im Geschäftsjahr 1996 die FuE-Ausgaben japanischer Unternehmen *ohne Softwareindustrie* um 5.2%, *mit dieser Industrie* jedoch bereits um 7.1% gegenüber Vorjahr gestiegen.[7] Es bleibt abzuwarten, was diese Innovationsanstrengungen ihnen in der Zukunft bringen werden.

---

[1] vgl. Breiner/Cuhls/Grupp, 1994, S. 149 ff.
[2] vgl. Elington, May 1995; Kimura, Japan's New Growth Industries, 1995, Part "Information/Communications"; Inui, 1991, S. 121; Imai, 1996a, S. 38. Dabei scheinen im Softwarebereich die Chancen der besten deutschen Unternehmen auf dem japanischen Markt recht gut zu stehen: SAP z.B. ist in Japan sehr erfolgreich (vgl. o.V.: "Scheibe abschneiden", 12.9.1996, S. 58).
[3] vgl. Economic Survey of Japan (1994-1995), July 25, 1995, Chapter 2, Section 7; über die Wettbewerbsrolle von Standards vgl. z.B. Toffler 1990.
[4] so z.B. stellt der frühere NEC-Präsident T. Sekimoto fest, daß "(i)n hardware, we don't sense that much of a threat. Where we're learning from America is in software." (Sekimoto, March 1996).
[5] Imai, 1988, S. 227; hervorgehoben d. d.Verf.
[6] vgl. Porter 1991, S. 137 f. sowie die Ausführungen im Kapitel 9.
[7] vgl. SÔMUCHÔ TÔKEIKYOKU*TÔKEI CENTÂ: Heisei 9-nen kagaku gijutsu kenkyû chôsa kekka sokuhô (yôten), 26.11.1997, Punkt 2.

11.2.4 Technologiefusionen in der Automobilindustrie

In der *Automobilindustrie Japans* ist der Trend zur Heterogenisierung der Wissensbasis und zu verbundenen Diversifikationen ebenfalls zu beobachten. Die mit *Technologiefusionen* zusammenhängenden *Unternehmensroutinen* erlauben den japanischen Spitzenunternehmen, auch bei der Elektronisierung und Informatisierung von Kraftfahrzeugen eine gute strategische Position einzunehmen. Rapp sprach in diesem Zusammenhang bereits Anfang der 90er Jahre von dem Entstehen von wettbewerbswichtigen "**interactive industry routines**" in diesem Segment und wies darauf hin, daß '(m)any of these systems are being pioneered in Japan, home of the world's dominant consumer electronics producers." [1]

Ein aktuelles Beispiel liefert **Toyota,** der Leader des japanischen Autobaus. Während einige deutsche Autofirmen sich auf ihr heutiges Kerngeschäft - die Autoherstellung - konzentrieren und andere Geschäftsfelder samt Personal und Kompetenzen outsourcen, fährt Toyota gegen den Strom und *diversifiziert*:[2] Fallen heute bei Toyota auf die Ventures außerhalb der Autoherstellung **6.6%** des konsolidierten Umsatzes, sieht das strategische Ziel des Unternehmens vor, im Jahre 2000 **10% des Umsatzes** mit anderen Produkten als den Autos zu erwirtschaften. Eine besondere Priorität genießen dabei Elektronik und Telekommunikation, die auch für die Erhöhung der Wertschöpfung bei den Autos der Zukunft von entscheidender Bedeutung sein dürften: "Under Toyota's definition, many businesses seemingly unrelated to auto manufacturing are, in fact, keys to its future. Take software development and telecommunications. Its engineers foresee a day when a Toyota Corolla running on a fuel cell will virtually drive itself using an on-board computer navigation system, mobile-phone technology and satellites to guide it."[3] Nach einigen Schätzungen hat Toyota seit Anfang der 80er Jahre ca. 857 Millionen Dollar in ihre drei Niederlassungen investiert, die sich mit den Telefonservices beschäftigen; ebenfalls arbeitet das Unternehmen im Bereich der 'Multimedia-Intelligent Transportation Systems," wo es mit starken ausländischen und einheimischen (z.B. Mitsubishi Heavy Industries) Wettbewerbern zu konkurrieren hat. Toyota will also vom Hersteller von Transportmitteln für Menschen und Sachen zum Transporteur für Güter, Software und Dienstleistungen werden.[4]

11.2.5 Ausblick

Wechselt man die Betrachtungsebene von *Vorteilen der Einzelbetriebe und -industrien* zu den *Vorteilen der Nationen* im Innovationswettbewerb, kann man mit Porter zusammenfassend folgendes feststellen:

> "Japans großer Vorteil: Es besaß eine führende Position in eben den Branchen, die in den 80er Jahren wichtige unterstützende Branchen für viele andere Industrien waren. Halbleiter, Werkzeugmaschinen, Industrieroboter und neue Werkstoffe müssen hier erwähnt werden. **Diese Positionen ... schaffen günstige Bedingungen für die Aufwertung von Wettbewerbsvorteilen in etablierten Branchen und die Entwicklung neuer**."[5]

---

[1] Rapp, 1992, S. 252.
[2] vgl. im weiteren Thornton, 30.01.1997, S. 50 u. Bremner/Armstrong/Kerwin/Naughton, 7.04.1997, S. 49f.
[3] Strom, 1998, S.15.
[4] vgl. Imai, 1996a, S. 38.
[5] Porter, 1991, S. 429; hervorgehoben d. d. Verf.

Im Hinblick darauf, wie sich diese Positionen in der *Zukunft* entwickeln können, sei hier auf die Prognose aufmerksam gemacht, die einer der führenden japanischen Wirtschaftswissenschaftler K. Imai 1996 gemacht hat: **Die sich entwickelnde neue Form der modernen wissensbasierten Industrien soll eine Verknüpfung und Vernetzung von Gütern, Software und Dienstleistungen** darstellen - und gerade in diese Richtung scheint sich heute auch der **wettbewerbsfähige Kern der japanischen Industrie zu bewegen**.[1]

Diese "*Verknüpfung und Vernetzung*" basiert offensichtlich vor allem auf *Fusionen und Integration von Technologien und anderen relevanten Wissenskomponenten* - also auf dem, was vielfach die *Kernfähigkeiten der japanischen Spitzenunternehmen* darstellt; diesen soll im weiteren nachgegangen werden.

11.3 Spezifische humanbasierte Fähigkeiten zur Wissenshandhabung als Erfolgsfaktor der Technologiefusionen

Die obigen Ausführungen mögen Porters These bestätigt zu haben, daß *japanische Topunternehmen "ein einzigartiges Geschick [beweisen], die Vorteile von Clustern zu nutzen, was das Tempo der Innovationen und Veränderungen erhöht."*[2] Das, was *mit Innovationen* zu tun hat, *einzigartig* und *wettbewerbswirksam* ist, stellt einen Kandidaten für die *Core Capacities*[3] der Unternehmen dar. Um zu einem tiefgreifenderen Verständnis der Innovationsidentität der japanischen Unternehmen zu gelangen, ist an dieser Stelle die Frage zu stellen, worauf diese *Core Capacities* als Grundlage für Wettbewerbsvorteile basieren?

Um diese Frage zu beantworten, erscheint es sinnvoll, sie folgendermaßen umzuformulieren: Welche **Anforderungen** werden an die High-Tech-Unternehmen durch die *Technologiefusionen als Innovationsparadigma* bzw. *als strategische Ausrichtung der Innovationsbemühungen der organisierten Mitarbeiter* gestellt?

Wichtig ist festzustellen, daß die **Economies of Technology Fusion** mit allen im Kapitel 9 analysierten Wettbewerbsvorteilen nicht nur simultan auftreten können - sie **setzen** diese zumindest zum Teil **voraus** und resultieren dementsprechend zum Teil aus denselben **wissens- und humanbasierten Unternehmensfähigkeiten**:

Economies of Speed + Economies of Technology Fusion:

Als effiziente organisatorische Unternehmensroutine zum Erzielen der Economies of Speed gelten interdisziplinäre Teams, die insbesondere im Rahmen des Simultaneous Engineering eingesetzt werden.[4] Das Simultaneous Engineering stellt aber definitionsgemäß einen Innovationsprozeß dar, "... in which appropriate disciplines are committed to work

---

[1] vgl. Imai, 1996a, S. 38.
[2] Porter, 1991, S. 441, hervorgehoben d. d. Verf.
[3] vgl. hierzu Kapitel 3.2.
[4] vgl. Kapitel 9.

interactively to conceive, approve, develop, and implement a new product and its processes"[1] - und gerade diese **dialogische Zusammenarbeit der Mitarbeiter über die Grenzen einzelner Disziplinen, Berufe und Funktionsbereiche hinaus** ist gleichermaßen erforderlich, um auch die Fusion von heterogenen Technologien erfolgreich zu bewerkstelligen.

Economies of Scale + Economies of Quality + Economies of Technology Fusion:

Eine Technologiefusion und auch im allgemeinen eine jede Fusion von heterogenen Wissenskomponenten, deren technologische und Marktfolgen durchaus die Kriterien einer Basisinnovation (wie z.B. die Bildung von neuen Disziplinen und Märkten) erfüllen mögen, schließen inkrementale (Weiter-)Entwicklungen und Verbesserungen gar nicht aus, sondern sie sind vielmehr ohne diese überhaupt nicht zu realisieren. In der Tat setzen Technologiefusionen ständige Verbesserungen voraus, welche die **interne Kompatibilität** und **eine aufeinander abgestimmte Weiterentwicklung von Teiltechnologien** sicherstellen sollen, und diese Verbesserungen haben von ihrem Grundmechanismus her vieles mit den lernbasierten Economies of Scale und Economies of Quality bzw. dem *Learning by Doing* und *Learning by Innovating* zu tun.

Economies of Scope + Economies of Technology Fusion:

Bringt man die Economies of Scope mit der üblichen Klassifizierung von Innovationen[2] in Verbindung, kann festgestellt werden, daß es sich bei der Economies of Scope um eine *An- bzw. Verwendungsinnovation*, also um den Transfer der bereits in der Anwendung befindlichen Prozesse auf **neue An- und Verwendungen** handelt, während die Economies of Technology Fusion **darüber hinaus** auch **neue Problemlösungen** schafft:

Tabelle 11.2: **Wissensbasierte Economies of Scope und Economies of Technology Fusion als supplementäre Waffen im Innovationswettbewerb**

Merkmal	Economies of Scope	Economies of Technology Fusion
Innovationsart	An- und Verwendungs-Innovation	Problemlösungs- und laterale Innovation
Technologische Basis	Querschnittswirkung von Technologien	Fusion von Technologien
Fähigkeit der Innovationsträger	Vielzwecknutzung des Vorhandenen	Neuschaffung und Integration

[1] Cleland/Bursic, 1992, S. 70.
[2] vgl. zu dieser Klassifizierung Pfeiffer/Staudt, 1975, Sp.1948 f.

Aus dem Obengesagten läßt sich *schlußfolgern*, daß die Economies of Technology Fusion vielfach auf den Fähigkeiten aufbauen, die den anderen Economies-Effekten als Wettbewerbsvorteilen ebenfalls zugrunde liegen bzw. mit diesen kompatibel sind. Sie sollen jedoch auf diese Fähigkeiten allein *nicht* relativiert werden; *darüber hinaus* kann man nämlich folgendes feststellen:

Vom theoretischen Standpunkt aus setzen Technologiefusionen als Innovationsmuster und Strategie zur verbundenen Diversifikation der Geschäftsfelder eine Diversifikation der technologischen Wissensbasis der Unternehmen voraus. Mit anderen Worten *müssen* die, die Economies of Technology Fusion als Wettbewerbsvorteil anstrebenden Unternehmen technologische Kompetenzen auf *mehreren* Gebieten entwickeln bzw. durch nachhaltige Investitionen in mehreren FuE-Feldern fördern. Dafür, daß japanische Unternehmen genau das tun, sprechen Daten sowohl auf der Input- wie auch auf der Output-Seite des FuE-Prozesses. Im Hinblick auf die *Input-Dimension* macht Hemmert basierend auf japanischen Statistiken darauf aufmerksam, daß (abgesehen vom größten Einzelanteil, der in Japan wie in Deutschland der Elektrotechnik zukommt) die FuE-Aufwendungen japanischer Unternehmen *gleichmäßiger* auf die Wirtschaftszweige verteilt sind als in der Bundesrepublik, und schließt daraus, daß diese breite Ausrichtung technologischen Wissens bei vielen japanischer Unternehmen auf die Strategie einer wachstumsorientierten Erschließung neuer Produktfelder bzw. der *technologiebasierten Diversifizierung* zurückzuführen ist.[1] Auf der *Output-Seite* kann insbesondere die Entwicklung des Konzentrationsgrades der japanischen Patentposition einen Hinweis auf diese Fusionsorientierung geben: Japans Patentaktivität wird (im Gegensatz zu der deutschen) der Tendenz nach auf *eine breitere Basis von technischen Feldern* verteilt.[2] Damit wird die Absorptionsfähigkeit in diesen Feldern erhöht und die Wissensfusionen und Bildung von Clustern (auch durch Unternehmenskooperationen) erleichtert.

Aus dem Gesagten läßt sich eine weitere Herausforderung ableiten, die die Technologiefusionen im Hinblick auf die Bildung von Unternehmensfähigkeiten bedeuten. Technologiefusionen als praktiziertes Konzept des Innovationsmanagements bedingen, daß das Management immer weniger von *einzelnen "diskreten" Schlüsseltechnologien* ausgehen kann, sondern komplexe Kategorien von Clustern interdependenter naturwissenschaftlich-technischer Wissensfelder zu handhaben hat.[3] Jede solche Bildung von Technologieclustern erzeugt "Wissensränder", die nach außen auf neue Entwicklungs- und Kombinationsmöglichkeiten[4] (etwa als Chancen für verbundene technologiebasierte Diversifikation) hinweisen. Gerade in einem geschickten Umgang mit diesen aus den Technologiefusionen resultierenden **neuen Innovationsmöglichkeiten** ist eine der wichtigsten relativen Fähigkeiten der japanischen Spitzenunternehmen zu sehen, während von vielen *westlichen Unternehmen* diese Synergieeffekte häufig nicht aufgespürt und nicht ausgeschöpft werden.[5]

---

[1] vgl. hierzu Hemmert, 6/1994, S. 271, 273 u. 289 f.
[2] vgl. BMBF, 1996, S. 27.
[3] vgl. Böndel, 1994, S. 70; vgl. Wolfrum, 1991, S. 179; Imai, 1988, S. 206.
[4] vgl. in einem anderen Kontext Ringlstetter, 1988, S. 237.
[5] vgl. Servatius, 1987b, S. 108.

Eine der zentralen Ursachen für diesen Unterschied scheint darin zu liegen, daß sich, so die Erfahrungen eines deutschen Unternehmensberaters, die **Spezialisten** in der FuE und im Marketing auf **einzelne** Anwendungsgebiete konzentrieren und so die innovativen Volumengeschäfte, die sich aus einer Verbindung von Anwendungsmöglichkeiten und der von Problemlösungen ergeben, auch häufig übersehen.[1] Die Handhabung des Spezialistentums in westlichen und japanischen Unternehmen hängt aber, wie im Kapitel 5 bereits gezeigt, auf der **fundamentalen Ebene** mit dem **jeweils spezifischen Verständnis der Innovationsträger** von der Beziehung zwischen ihrer **Rolle in der Organisation** und ihrer **personellen Identität** wie auch mit entsprechenden **Unternehmensroutinen**, die dieses Verständnis intensiv beeinflussen, zusammen.

Das Gesagte bedeutet, daß die **Unternehmensfähigkeit zu Technologiefusionen** nicht nur eine Frage der Forschungsstrategie und ihrer Finanzierung darstellt, sondern auch **extrem stark personalabhängig** ist: Sie kann nur unter der Voraussetzung realisiert werden, daß mehrere Mitarbeiter mit ursprünglich unterschiedlichem fachlichem Hintergrund miteinander intensiv kommunizieren und interagieren; dafür müssen sie aber eine gemeinsame Wissens- und Kompetenzbasis haben.[2] Wie oben bereits gezeigt, weisen erfolgreiche japanische Großunternehmen technologische Kompetenz auf mehreren Spezialgebieten auf, und die entsprechende Tendenz zur *fachlichen Diversifizierung der Industrieforscher* haben japanische Studien bereits in den 70er und 80er Jahren nachgewiesen.[3] Dies entspricht einer der wichtigsten Anforderungen des auf Technologiefusionen basierten neuen Innovationsmusters: "Statt wie früher nach vertieften Kenntnissen auf eng abgesteckten Wissensdomänen zu streben, bedarf es ... einer **großen Fülle und Breite an Erfahrung** - und hinter der muß die organisatorische und technische [**aber auch unbedingt die personalwirtschaftliche** - *A.d.V.*] **Fähigkeit** stehen, **alles zusammenzuführen**."[4]

Eine zukunftswichtige Quelle für Innovationen ist dementsprechend immer häufiger zu suchen in einer

> "... *cross-fertilization of ideas among the various fields of disciplines, which allows individuals to develop the ideas of others*, resulting in the discovery of unknown areas. ... In contrast to pure research in one discipline, where centralized organizations have arisen in an attempt to promote effectiveness, the *fluid organization* within which the *various frames of reference come together* has proven to be *more effective for innovation*."[5]

Gerade in dieser Fähigkeit zur durchgehenden Koordination von Innovationen, die insbesondere das *Aufnehmen wechselseitiger Einflüsse* aus neuer Produktgestaltung, neuen

---

[1] vgl. Ebenda.
[2] Auf entsprechende Unternehmensroutinen, die auf eine Homogenisierung der Wissensbasen und der Fähigkeiten der Mitarbeiter abzielen, wird in den Kapiteln 13 und 14 näher eingegangen.
[3] vgl. Ernst, 1992, S. 36; Ernst/Wiesner, 1994, S. 77.
[4] Iansiti, 1993, S. 44; hervorgehoben d. d. Verf.
[5] Edosomwan, 1989, S.121, hervorgehoben d. d. Verf.

Herstellungsverfahren und Anwenderbedürfnissen umfaßt,[1] liegt eine wichtige Stärke der *Innovationsidentität japanischer Topunternehmen*:

> **"Fusion of ideas, technologies, competences, information and systems is at the root of new product or process or application development in Japanese firms.** ... Experience looping in which various experiences are interlinked, design looping by which various designs are mixed and concept crossing in which ideas are integrated are used widely by Japanese firms."[2]

Wie in den Abschnitten 6.2 und 6.3 bereits gezeigt, liegt gerade in dieser *Fähigkeit zur Kombination der heterogenen Wissenskomponenten* vielfach die kultur- und identitätsspezifische japanische *Kreativität*.[3] Speziell im Hinblick auf die Mechatronik bemerkt auch T. Ken, daß "(g)iven their *ingenuity in systematization techniques*, it may have been *historically inevitable* that the Japanese would perfect and combine the two types of technology ... to bring about a new system ... ."[4] Aber Ken macht auch eine ganz wichtige Ergänzung, indem er einsieht, daß "... *ingenuity alone cannot explain* Japan's strength in ... systematization."[5] Die kultur- und identitätsbasierten Grundlagen dieser kreativen Fusionsfähigkeit ("ingenuity") wurden bereits in den Kapiteln 4 bis 6 detailliert diskutiert, hier soll die Darstellung nur auf die *personalwirtschaftliche Dimension* dieser Unternehmensfähigkeit konzentriert werden.

Eine erfolgreiche Fusion von heterogenen technologischen Wissenskomponenten setzt aus personalwirtschaftlicher Sicht die Fähigkeit zum "**Concept Crossing**" als "**combination of concepts from different fields of specialization**"[6] im intra- oder interorganisationalen Wissenskontext voraus. In der betriebswirtschaftlichen Literatur zu Wettbewerbsvorteilen wird darauf hingewiesen, daß durch das "Aufeinandertreffen partieller Problemdefinitionen aus verschiedenen Kontexten, die in unterschiedlichem Grad inkommensurabel sind und deshalb schwierige Übersetzungs- und Anpassungsprozesse verursachen",[7] auf der Entscheidungsebene Komplexitätskosten entstehen können, diese Kosten scheinen jedoch in japanischen Unternehmen vor allem durch positive **Innovationseffekte** (insb. die *interaktive Kreativität*) überkompensiert zu sein. Die Grundlage für diese positiven Effekte ist die **Fähigkeit zur Konfiguration und Integration von Innovationsanstrengungen der Mitarbeiter, die in unterschiedlichen Wissenskontexten agieren**, sei es etwa Elektrotechniker und Mechaniker oder etwa Forscher und Marketingleute.

Dieses "*Aufeinandertreffen partieller Problemdefinitionen aus verschiedenen Kontexten*" kommt offensichtlich im Rahmen der *auf Technologiefusionen abzielenden Produkt-*

---

[1] vgl. Iansiti, 1993, S. 43; Layng/Tomasko/van Oene/Deschamps, 1987, S. 48.
[2] Bowonder/Miyake, 1992, S.333f.; hervorgehoben d. d. Verf. Zur gegenseitigen Position vgl. im Anschluß an Okimoto Inui, 1991, S. 120 f. sowie Riggs, 1988, S. 250. Diese Position scheint aber theoretisch wie auch empirisch weit weniger begründet zu sein als die hier vetretene.
[3] vgl. auch Maruyama Magoroh, 1991, S. 213.
[4] Ken, 1993, S. 32; hervorgehoben d. d. Verf.
[5] Ebenda.
[6] vgl. zu diesem Begriff Maruyama, Magoro, 1985, S. 385.
[7] Fleck, 1995, S. 181.

entwicklungsprojekte fast immer vor. Durch die Partizipation an solchen Projekten erlernen die FuE-Mitarbeiter nicht nur technologisches Wissen, sondern sie lernen auch, *Neues zu lernen und zu kreieren.*[1] Empirische Daten belegen, daß die Teilnahme an FuE-Projekten, insbesondere *zu verschiedenen Themen und im hochtechnologischen Bereich* bereits seit Jahren als *eine der effektivsten Methoden zur Entwicklung von Fähigkeiten des FuE-Personals in japanischen Unternehmen* angesehen und intensiv praktiziert wird.[2] Was tun dabei die japanischen Unternehmen *anders* als ihre westlichen Konkurrenten?

Eine der zentralen Voraussetzungen für Technologiefusionen bilden neben der Querschnittswirkung von Technologien polyvalente Qualifikationen und Wissensbasen der Mitarbeiter.[3] Darum ist die Antwort auf die obige Frage nach dem *Anderssein* der fusionsrelevanten personalwirtschaftlichen Unternehmensroutinen in japanischen Unternehmen vor allem in der Handhabung des Spannungsfeldes zwischen Spezialisierung vs. Generalisierung bzw. - in personifizierter Form - zwischen *Shigoto Ningen* und *Kaisha Ningen* zu suchen. In diesem Zusammenhang ist ein m.E. sehr wichtiger Unterschied zwischen der auf Projekterfahrungen basierten Entwicklung von FuE-Mitarbeitern in japanischen und in westlichen Unternehmen festzustellen:

- Während in *japanischen* Großfirmen versucht wird, **allen** technischen Experten das **gesamte** Spektrum von Wissen und Fähigkeiten, das die neue fusionierte Technologie voraussetzt, zu vermitteln,
- arbeiten in *amerikanischen* und *europäischen* Unternehmen **Spezialisten** in unterschiedlichen wissenschaftlichen Disziplinen zwar auch im FuE-Team zusammen, allerdings "**with less complete fusion of all the skills in the minds of all participants**."[4]

D.h., die Technologiefusion vollzieht sich in japanischen Unternehmen auch auf der **individuellen Ebene**, wogegen bei ihren westlichen Pendants die intraorganisationale **Arbeits- und Wissensspezialisierung** auch bei Kooperationen dominiert.

Mit anderen Worten: Während die westlichen Unternehmen **auch bei kooperationsbasierten Technologiefusionen** auf die **Shigoto Ningen** setzen, fördern ihre japanischen Konkurrenten vor allem die **Kaisha Ningen** als Innovationsträger.[5]

Diese japanischen Projektteilnehmer werden sicherlich nicht in der Lage sein, auf mehreren relevanten Gebieten Spitzenleistungen zu erbringen. Sie werden aber neben ihren (etwas weniger ausgeprägten) individuellen Kompetenzschwerpunkten einen *gemeinsamen Wissenskontext* entwickeln, der die Zusammenarbeit und den zwischenmenschlichen

[1] Zum Double-Loop-Learning vgl. z.B. Argyris, 1993.
[2] vgl. Sato, 1989, S. 34 sowie die Ausführungen zum *Learning by Doing* im Kapitel 6 sowie zur Personalentwicklung in japanischen Unternehmen im Kapitel 14 der vorliegenden Arbeit.
[3] vgl. Fliaster, 1997, S. 344 f.
[4] Branscomb/Kodama, 1993, S. 63; hervorgehoben d. d.Verf.
[5] vgl. die Ausführungen im Kapitel 5 zu den Unterschieden zwischen dem japanischen Kaisha Ningen und dem westlichen Shigoto Ningen als dominierende Modi der Organisationsmitgliedschaft.

Wissenstransfer fördert. Zu den letzteren scheint auch beizutragen, daß die japanischen FuE-Projektgruppen (jedenfalls in der elektrotechnischen Industrie)[1] in der Regel *verhältnismäßig klein* sind, so daß dort ceteris paribus eher mit einer verstärkten *direkten "face to face"-Kommunikation* zwischen den Gruppenmitgliedern und der Aktivierung der *interaktiven Lernprozesse* zu rechnen ist.[2]

Dieser Unterschied scheint nicht nur für Projekte, sondern für **das gesamte System der Personalentwicklung** charakteristisch zu sein.[3] Empirischen Untersuchungen zufolge trainieren nämlich ca. 60% der japanischen Unternehmen ihre "skilled workers to be multi-skilled and expand job areas,"[4] und dies gilt auch für das FuE-Personal: Wie die Studie des ifo-Instituts zeigte, wird zwar die *Erstreckung des Arbeitsinhaltes auf neue Gebiete* als wichtige Erklärung für die Notwendigkeit der Weiterbildung von hochqualifizierten FuE-Mitarbeitern in elektrotechnischen Unternehmen sowohl in Japan wie auch in Deutschland und den USA genannt, allerdings ist die *Häufigkeit der Nennung* bei den Japanern mit 61% um 10% höher als bei den Deutschen und um 8% höher als bei den Amerikanern.[5] Auch andere empirische Untersuchungen belegen, daß die meisten *Unternehmensroutinen* zur Entwicklung von Fähigkeiten der japanischen FuE-Ingenieure auf die Auseinandersetzung mit einem *breiten Spektrum von Arbeits- und Forschungsthemen* sowie auf die *Kooperation mit Ingenieuren aus anderen Abteilungen* orientiert sind,[6] also sowohl die *kognitive* wie auch die *soziale Fähigkeit zur Fusion von heterogenen Wissenskomponenten* fördern.[7]

Auch die *Job Rotation* - eines der zentralen Instrumente zur Bildung der *Kaisha Ningen* als dominierender Mitarbeitertyp in japanischen Unternehmen - wird so gestaltet, daß die prozessuale Koordinations- und Fusionsfähigkeit gefördert wird: Man geht vielfach davon aus, daß "... **engineers who have been extensively job-rotated** ... **know how to combine knowledge** ... **and talents from many departments**."[8] Auf diese und andere personalwirtschaftlichen Unternehmensroutinen in japanischen Unternehmen, die die *kooperative Fähigkeit der Kaisha Ningen zu Wissensfusionen* fördern, wird im Kapitel 14 näher eingegangen.

---

[1] Während in japanischen Unternehmen der elektrotechnischen Industrie Teams mit mehr als 20 und erst recht mit mehr als 50 Personen kaum gebildet werden, sind die Teams mit mehr als 20 Personen in Deutschland genauso häufig anzutreffen wie die Kleingruppen. (vgl. Ernst/Wiesner, 1994, S.134 f.; vgl. dazu auch Ito, 1994b, S. 230 f.)

[2] vgl. hierzu auch die Ausführungen zur japanischen High-Context-Communiction im Kapitel 6.1.

[3] vgl. auch die Ausführungen im Kapitel 14.

[4] Daten aus dem Jahr 1995, vgl. Kawakita, April 1, 1996.

[5] Mehrfachnennungen waren möglich; vgl. Ernst/Wiesner, 1994, S.109.

[6] vgl. Ito, 1994b, S. 229. In diesem Sinne stimmt auch, daß "... (t)he reputation that the Japanese engineers in the company have a wide-scope view ... may be attributed to the personnel management system of the company rather than the college education." (Etô/Matsui, 1984, S. 194)

[7] Gerade diese FuE-Ingenieure agieren dann auch als Innovationsträger bei Technologiefusionen: Wie Iansiti/West festgestellt haben, wird die Auswahl und Integration von anzuwendenden Technologien in den Unternehmen der japanischen Computerindustrie in der Regel durch *"a network of veteran employees ... who work in a variety of functions"* durchgeführt, wobei diese Mitarbeiter im Durchschnitt an einer größeren Zahl von FuE-Projekten teilgenommen haben als etwa ihre amerikanischen Kollegen und damit ceteris paribus auch mehr an unternehmensspezifischem Wissen akkumuliert haben dürften. (Iansiti/West, 1997, S. 73 f.; hervorgehoben d. d. Verf.)

[8] Maruyama Magoroh, 1989, S. 427; hervorgehoben d. d. Verf.; vgl. zur *wissensstrategisch* gestalteten Job Rotation in japanischen Unternehmen Kapitel 14.

An dieser Stelle sollen die obigen Überlegungen mit der im Kapitel 3 diskutierten Definition von *Kernkompetenzen*[1] in Verbindung gebracht werden: Die *Unternehmensfähigkeit zu Wissensfusionen* hat vieles mit der *Koordination* zu tun, bezieht sich auf das *erfahrungsbasierte implizite Wissen* der Mitarbeiter (auch auf ihr Wissen über die Gestaltung von *zwischenmenschlichen Beziehungen in interfunktional zusammengesetzten Gruppen*), besitzt einen *dynamischen* Charakter und führt zu *Vorteilen im Innovationswettbewerb*. Sie kann somit als *Kernfähigkeit* der japanischen Spitzenunternehmen bezeichnet werden.

In dieser **Stärke** liegt gleichzeitig aber auch die **Schwäche**, denn: Die Wissensbasis und die Fähigkeiten zu ihrer Weiterentwicklung sind bei den japanischen *Kaisha Ningen* als betriebliche Innovationsträger deutlich *weniger spezialisiert* und deshalb auch weniger als bei den *Shigoto Ningen* in den westlichen Unternehmen dazu geeignet, **bahnbrechende, revolutionäre Inventionen und Innovationen** als **Spitzenleistungen** in **einzelnen enger gefaßten Teilgebieten** zu fördern. Dieser **Mangel an Stars** macht den japanischen Unternehmen auch zunehmend Sorgen.[2]

Diese Konstellation läßt uns abschließend nochmals auf einen Gedanken zurückkommen, der bereits im Kapitel 7 zum Ausdruck gebracht wurde: Der Innovationsprozeß, den die Unternehmen in technologieintensiven Industrien zu bewerkstelligen haben, wird immer stärker durch das personalwirtschaftliche Spannungsfeld zwischen **Gemeinsamkeit und Differenzierung** der Unternehmensmitglieder als Innovationsträger bestimmt. Eine Organisation braucht heute, um erfolgreich zu sein, ein "**Sowohl als Auch**"**-Denk- und Handlungsmuster** - und damit braucht sie *Shigoto Ningen* **ebenso wie** *Kaisha Ningen*. Erfolgreiche japanische Unternehmen versuchen daher heute immer aktiver, durch eine nach diesem „**Sowohl als Auch"-Prinzip** gestaltete Transformation ihre traditionellen personalwirtschaftlichen *Innovation-Shaping Corporate Routines*, die primär auf die Förderung von *Kaisha Ningen* ausgerichtet waren, zu modifizieren und mit mehreren neuen Maßnahmen zu integrieren, die die *Shigoto Ningen* in den Mittelpunkt stellen.

Diesen im Wandel befindlichen personalwirtschaftlichen Routinen der japanischen Unternehmen wird im letzten Teil der vorliegenden Arbeit en detail nachgegangen. Davor soll aber im anschließenden Kapitel 12 noch eine wichtige Frage nach der Beständigkeit der identitätsbasierten Grundlagen für Wettbewerbsvorteile in der Epoche der *Globalisierung* geklärt werden.

---

[1] vgl. die Ausführungen im Kapitel 3 dieser Arbeit sowie zu Knyphausen-Aufsess, 1995, S. 94 ff.
[2] vgl. hierzu die Ausführungen im Kapitel 6.

KAPITEL 12

AUSBLICK ZUR INTERNATIONALISIERUNG DER INNOVATIONS-PROZESSE: WIRD DIE INNOVATIONSIDENTITÄT JAPANISCHER GROßUNTERNEHMEN JAPANISCH BLEIBEN?

12.1 Hypothese über die Globalisierung als Einflußfaktor der organisationalen Innovationsidentität

In den bisherigen Ausführungen zur Gestaltung der FuE und Innovation in japanischen Großorganisationen wurde stets (wenn auch implizit) davon ausgegangen, daß der **Innovationsstandort Japan** ist bzw. daß die **Innovationsträger japanische Mitarbeiter** sind. Dies war auch insofern unproblematisch, als es sich etwa um die Verbesserungen von Produktionstechnologien in den Werken in Japan als Grundlage für Wettbewerbsvorteile (Economies of Scale, Economies of Quality) handelte. Spätestens seit Anfang der 90er Jahre gilt allerdings die *Globalisierung des Wettbewerbs* in technologieintensiven Branchen wie der zivilen Luftfahrt, der chemischen und pharmazeutischen Industrie, der Mikroelektronik, der Autoindustrie, bei Fernseh- und Fotokopiergeräten etc. als *die* treibende Kraft des Wandels.[1] Neben der *Globalisierung der Wirtschaft* verstärkt sich in den letzten Jahren auch die *Globalisierung der Wissenschaft*: 'Exzellente Forschung ist heute auf der ganzen Welt"- stellt H. Markl, Präsident der deutschen Max-Planck-Gesellschaft die zentrale Voraussetzung hierfür fest.[2]

Die Konsequenz ist der Trend zur **Internationalisierung der betrieblichen FuE- und Innovationsaktivitäten,** dementsprechend viele erfolgreiche Unternehmen das Wissen aus dem Ausland absorbieren und u.U. an ausländischen Standorten das Wissen auch aktiv generieren.

Insofern **muß** die Problematik der Internationalisierung des Innovationsprozesses auch in der vorliegenden Arbeit in die Überlegungen zu humanbasierten Wettbewerbsvorteilen japanischer Unternehmen miteinbezogen werden. Würde die weitere Analyse etwa zeigen, daß japanische Spitzenunternehmen den *Schwerpunkt* ihrer FuE-Aktivitäten mittlerweile ins Ausland verlagert haben und daß bei ihnen somit überwiegend *ausländische* FuE-Mitarbeiter als *zentrale Innovationsträger* agieren, würde offensichtlich auch die Auseinandersetzung mit spezifischen sozialen und geistigen Grundlagen der japanischen Innovationsidentität an praktischer Relevanz deutlich einbüßen.

[1] vgl. z.B. Braun/Tiby, 1988, S. 36 u. Porter, 1991, S. 76.
[2] "Uns fehlt der Gründergeist", Interview mit H. Markl, in: Der Spiegel, 4/1997, S. 177.

Im Hinblick auf die primäre Zielsetzung der vorliegenden Arbeit - die Analyse *der kollektiven Innovationsidentität der interagierenden Mitarbeiter in japanischen Großorganisationen* - erscheint es daher erforderlich, folgende Frage zu behandeln:

Wie hat sich die eventuelle Internationalisierung auf die Gestaltung der FuE- und Innovationsprozesse in japanischen Großunternehmen ausgewirkt und welchen Einfluß können diese Auswirkungen in der Zukunft insbesondere auf die personal- und wissensbezogene Dimension ihrer Innovationsidentität haben?

Um diese Frage zu beantworten, soll der *ursprüngliche* Modus der Gestaltung von FuE und Innovation in japanischen Großunternehmen ermittelt und mit *neuen Entwicklungen* in Verbindung gebracht werden.

12.2 Zentralistischer Ausgangsmodus der Gestaltung von FuE- und Innovationsprozessen in japanischen Großunternehmen

Ende der 80er Jahre hat eine repräsentative internationale Studie ergeben, daß japanische Unternehmen ihre FuE-Aktivitäten *im Durchschnitt* in einem *sehr bescheidenen* Umfang internationalisiert haben: Damals setzten sie 98.1% der FuE-Mittel im Inland ein - 6.3% mehr als ihre amerikanischen Wettbewerber[1]. Angaben der 'Financial Times" vom Januar 1988 zufolge hatten z.B. japanische Hersteller der Konsumelektronik - obwohl sie 20% des Farbfernsehmarktes und 90% des europäischen Marktes für Videorecorder beherrschten und dort seit Mitte der 70er Jahre Montagefabriken besaßen - in Europa weniger als 50 Leute in der Entwicklung und *niemanden* in der Forschung beschäftigt.[2] Nach amtlichen japanischen Statistiken hatten 1990 **alle japanischen Unternehmen insgesamt** 4378 Fachleute in ihren FuE-Einrichtungen im Ausland beschäftigt.[3] Damit man sich die Maßstäbe besser vorstellen kann: Diese Gesamtzahl entsprach damals lediglich gut **einer Hälfte der Zahl der FuE-Mitarbeiter bei einem Unternehmen wie Toyota**.[4]

Noch deutlicher kann die Ausgangsposition Japans im Hinblick auf die Internationalisierung der FuE dargestellt werden, wenn man **einzelne Spitzenunternehmen**[5] - die wichtigsten organisationalen Träger von technologischen Innovationen in Japan - im internationalen Vergleich mit ihren **westlichen Konkurrenten** betrachtet; der 1997 publizierten Untersuchung von Reger zufolge sahen die Daten 1993 wie folgt aus (vgl. Tabelle 12.1).

---

[1] vgl. Brockhoff/von Ghyczy/Wilhelm, 11/1988, S. 220.
[2] zit. in: James, 1990, S. 183 u. S. 279.
[3] vgl. de Meyer, 1993, S. 109.
[4] 1986 waren bei Toyota ca. 8.000 Mitarbeiter in der FuE beschäftigt (vgl. Rubinger, 1986, S. 191).
[5] Dies ist vor allem wegen der im Kapitel 1 erwähnten dualen Struktur der japanischen Wirtschaft erforderlich.

Tabelle 12.1: **Grad der FuE-Internationalisierung bei führenden technologie-intensiven japanischen und westlichen Unternehmen**[1]

Unternehmen	FuE-Intensität (Anteil der FuE-Aufwendungen am Umsatz), 1993 in %	Anteil der FuE im Ausland 1993, in %	Branche
Japanische Spitzenunternehmen			
Hitachi	6.7	**2**	Elektroengineering
Matsushita Electric	5.7	**12**	Konsumelektronik
NEC	7.8	**3**	Telekommunikationen
Sony	5.8	**6**	Konsumelektronik
Misubishi Electric	5.2	**4**	Elektroengineering
Sharp	7.0	**6**	Konsumelektronik
Kao	4.6	**13**	Chemie/Kosmetik
Eisaj	13.2	**50**	Chemie/Pharma
Westliche Spitzenunternehmen			
Siemens	9.2	**28**	Elektroengineering
IBM	7.1	**55**	Computer
ABB	8.0	**90**	Elektroengineering
Philips	6.2	**55**	Elektroengineering
Hoechst	6.2	**42**	Chemie/Pharma
Ciba-Geigy	10.6	**54**	Chemie/Pharma
Bosch	4.5	**20**	Elektroengineering
Roche	15.4	**60**	Chemie/Pharma
BASF	4.5	**20**	Chemie/Pharma

Berücksichtigt man diese Daten, wird klar, daß der Präsident der *KEIDANREN* S. Toyoda Mitte der 90er Jahre auch im Hinblick auf die FuE gute Gründe hatte, den Stand der Dinge mit der Formel zu beschreiben: "*Japan has fallen behind in globalization.*"[2]

Einen wichtigen *ökonomischen Grund* für die zurückgebliebene Globalisierung stellte offensichtlich die von den meisten japanischen Firmen bis in die 90er Jahre hinein verfolgte Strategie dar, in Japan möglichst *standardisierte "Weltprodukte" schnell zu entwickeln und*

---

[1] Gerybadze/Reger, 1997, S. 5 (mit geringfügigen Änderungen); vgl. zur Analyse auch Reger, 1997, S. 134 f.
[2] Toyoda, January 1996; vgl. ähnliche Schlußfolgerung auch bei Gerybadze/Reger, 1997, S. 14.

kostengünstig herzustellen[1], wozu auch eine zentralisierte FuE-Organisation durchaus sinnvoll war;[2] die dieser Strategie entsprechenden human- und lernbasierten Wettbewerbsvorteile und Unternehmensfähigkeiten wurden im Kapitel 9 bereits detailliert analysiert.

Außer dieser, damals ökonomisch rationalen, strategieorientierten Begründung lassen sich auch andere Ursachen für die Japanzentrierung der Gestaltung von Wertschöpfung und Innovation feststellen, die eher als relative Schwächen japanischer Unternehmen zu interpretieren sind, zum Teil heute noch. Diese Unternehmen stellen homogene, kohäsive Organisationen dar, deren *kontextualistisch orientierte Mitarbeiter (Kaisha Ningen)* in einer monokulturellen japanischen Gesellschaft[3] keine Erfahrungen im alltäglichen Umgang mit Vertretern anderer Kulturen sammeln konnten, und deren *Unternehmensroutinen* der Entscheidungsfindung[4] und Wissenshandhabung auf spezifischen Eigenarten der Kontextualisten, etwa der High-Context-Communication,[5] aufbauten.

Die bis jetzt noch weitgehend untergeordnete Rolle, die die ausländischen Mitarbeiter im Entscheidungsprozeß der meisten japanischen Großorganisationen spielen, scheint also nicht zuletzt mit dem "*strong sense of national identity*"[6] zusammenzuhängen, auf den bereits im Kapitel 2 aufmerksam gemacht wurde. Viele ausländische Japanexperten heben die Überzeugung der Japaner von ihrer nationalen Einzigartigkeit hervor - die Überzeugung, die vielfach zum Glaubenssatz und zur Ideologie gerät[7] und die sich notwendigerweise auch in der Unternehmenspolitik niederschlägt: Man traute den Nicht-Japanern nicht zu, daß sie sich die *kultur- und identitätsbasierten Denk- und Verhaltensweisen* des Japanese-style Management aneignen können.[8] Dieser identitätsgeprägte *kontextualistische Ethnozentrismus* japanischer Manager ergibt sich häufig heute noch als das größte Problem für ausländische Mitarbeiter und führt in japanischen Unternehmen etwa in Europa zu Kommunikationsschwierigkeiten.[9]

Die herkömmlichen japanischen "centrally-driven global strategies"[10] sind unter den Rahmenbedingungen der aufbrechenden *Ära des Mega-Wettbewerbs*[11] aus mehreren Gründen nicht mehr angemessen[12] - was einen starken Anpassungs- und Handlungsbedarf ausgelöst hat. Da, wie im Kapitel 9 detailliert gezeigt, der *Produktionsbereich* für wettbewerbswirksame Innovationen schlechthin und für die japanischen Unternehmen im Hinblick auf ihre traditionelle "*Operations Orientation*" von ganz besonders großer Relevanz ist, soll im weiteren die *Internationalisierung ihrer FuE* in Verbindung mit der *Produktionsverlagerung ins Ausland* betrachtet werden.

---

[1] vgl. hierzu z. B. James, 1990, S. 184 f.
[2] vgl. Servatius, 1985, S. 178.
[3] vgl. hierzu Ausführungen in den Kapiteln 6 und 14.
[4] vgl. hierzu Bartlett/Yoshihara, 1988, S. 24 ff.; Abegglen/Stalk, 1986, S. 339 f.; Schmidt, 1996, S. 71.
[5] vgl. hierzu Kapitel 6.
[6] Mouer/Sugimoto, 1986, S. 55.
[7] vgl. Naumann, 1987, S. 174 ff.; vgl. auch Dirks, 1995, S. 99 ff.; Sakai, 1988 sowie zur detaillierteren Analyse Mouer/Sugimoto, 1986 und (sehr kritisch) Dale, 1986.
[8] vgl. z. B. Chung, 1994, S.200 und die dort angegebenen Quellen; Hardach-Pinke, o.J., S. 27.
[9] vgl. Chung, 1994, S.193 sowie Dirks, 1995, S. 43 ff.; Bartlett/Yoshihara, 1988, S. 25 u. 33.
[10] Bartlett/Yoshihara, 1988, S. 22.
[11] vgl. den Begriff *Daikyôsô jidai* z.B. in: KAGAKU GIJUTSUCHÔ, July 1995, Teil 1, Kapitel 3, Sektion 1.
[12] Genannt seien unter anderem die "demassification of economy" (Toffler, 1993), die Heterogenisierung industriellen technologischen Wissens, sowie die (insbesondere durch die Wechselkursturbulenzen verschärfte) Kostenproblematik; vgl. auch die Ausführungen im Kapitel 9.

12.3 Produktionsverlagerung ins Ausland als Einflußfaktor der Innovationsidentität japanischer Großunternehmen

1986 haben japanische Konzerne lediglich 3% ihrer gesamten Produktion im Ausland gefertigt;[1] neun Jahre später erreichte die Auslandsproduktionsquote Japans 9.1%, während die amerikanische auf 26% und die deutsche auf 23% hochkletterten.[2] Neuere Unternehmensumfragen in Japan deuten darauf hin, daß in der japanischen Verarbeitungsindustrie die Auslandsquote in der Produktion auf ca. 13.1% ansteigen kann[3] - bei den *Großunternehmen* allerdings, die hier als organisationale Innovationsträger primär interessieren, hat sie einigen Angaben zufolge *bereits fast 23% erreicht.*[4]

Einzelne Konzerne gehen noch viel weiter: Laut Presseberichten aus dem Jahr 1996 soll bei Hitachi die gesamte Produktion von Videorecordern und Videocameras nach Malaysia verlagert werden, so daß der Anteil der Auslandsproduktion in diesem Konzern im Endeffekt von 27% auf 32% erhöht werden soll.[5] Hitachi scheint keine Ausnahme zu sein:[6] Insbesondere wegen unvorteilhafter Wechselkurse, Billigimporte aus Asien und hoher Arbeitskosten bauten Mitte der 90er Jahre etwa 80 Prozent der großen Hersteller Japans ihre Auslandsproduktion aus, gefolgt von mehreren Unterlieferanten und anderen Mittelständlern.[7] Die Internationalisierung der Herstellung schafft Voraussetzungen für einen **Technologietransfer** über die Grenzen einzelner Länder hinaus

- sowohl auf der *intraorganisationalen* Ebene bei den japanischen Lieferanten und bei den Großfirmen
- wie auch auf der *interorganisationalen* Ebene zwischen den Lieferanten und den Großfirmen.

Dieser Technologietransfer kann grundsätzlich zur Stärkung der technologischen Wettbewerbsfähigkeit aller Partizipanten beitragen und dementsprechend aus der Innovationsperspektive langfristig durchaus als *funktional* angesehen werden.[8]

Die japanische Elektronikindustrie verfügt heute bereits über 1062 Werke im Ausland.[9] Im Ausland werden von den Japanern heute doppelt so viele *Videorecorder*[10] und 4.5 mal so viele

---

[1] vgl. Köhler, 20.07.1996.
[2] vgl. basierend auf MITI-Angaben Legewie, 1997, S. 31.
[3] vgl. o.V.: Overseas production to grow despite yen's fall, 19.08.1996.
[4] vgl. Sekimoto, 1996, S. 29.
[5] vgl. Ziesemer, 12.9.1996, S. 47.
[6] vgl. auch die Angaben über Toyota bei Moffett, 26.12.1996-02.01.1997, S. 77. Es bleibt abzuwarten, wie sich die Finanz- und Währungskrise in Asien auf diese Pläne der japanischen Unternehmen auswirkt.
[7] vgl. Shima, 1995, S. 48; Moffett, 20.07.1996, S. 63.
[8] vgl. Fliaster/Bulach, 1991, S.50 f. Die Verlagerung von Produktionsstätten ins Ausland kann neben diesem funktionalen inter- und intraorganisationalen Technologietransfer sehr ambivalente Konsequenzen aus der Sicht der sozialen Effizienz sowie der gesellschaftlichen Effektivität nach sich ziehen. In Japan hat sie eine heftige öffentliche Diskussion unter dem Stichwort *Kûdôka*, Aushöhlung, ausgelöst, die in vielerlei Hinsicht verständlicherweise an die deutsche Standortdebatte erinnert. Auf diese kann hier allerdings nicht näher eingegangen werden, denn dieses Problem wie auch seine Lösungsansätze tangieren im wesentlichen Fragen wie Deregulierung und Konjunkturpolitik, Wechselkursentwicklung, Steuerreform etc., die weit über die Grenzen der vorliegenden Arbeit hinausgehen.

Fernsehgeräte als in Japan produziert.[1] Auch die japanische *Automobilindustrie* produziert heute mehr Autos im Ausland als sie aus Japan exportiert.[2] Folgende Abbildung gibt Aufschluß über diese Entwicklung bei **einzelnen japanischen Topunternehmen** der Autobranche:

Abbildung 12.1: **Internationalisierung der Produktion in der japanischen Autoindustrie**[3]

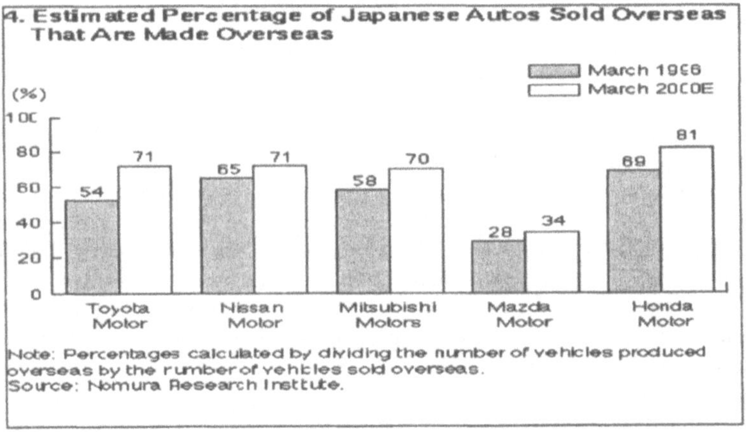

Diese Entwicklung in einzelnen Branchen schlägt sich auch im Gesamttableau nieder: Mitte der 90er Jahre haben **japanische Unternehmen insgesamt** erstmals mehr im Ausland produziert als aus Japan exportiert.[4]

Im Hinblick auf den möglichen Wandel der ursprünglich japanzentrierten Innovationsidentität dieser Unternehmen soll nun diese Entwicklung im *Produktionsbereich* mit der Frage der *Internationalisierung der betrieblichen FuE* in Verbindung gebracht werden. Es kann vor allem vermutet werden, daß dem Zwang, die vor Ort hergestellten Produkte an die spezifischen variablen Anforderungen der jeweiligen lokalen Märkte aktiver anzupassen, unter bestimmten Voraussetzungen auch durch die *(Weiter-)Entwicklung vor Ort* - und damit auch durch die *Innovation vor Ort* - *am besten* und *am schnellsten* Rechnung getragen werden kann.

Genau dies haben japanische Unternehmen offensichtlich auch berücksichtigt, als sie die Zahl ihrer "R&D facilities associated with manufacturing facilities" in Europa von 50 im Januar

---

[9] vgl. Ziesemer, 12.9.1996, S. 47. Um sich die Maßstäbe plastischer vorzustellen: Etwa vier Prozent des Bruttonationalproduktes des Landes Malaysia stammen aus den Investitionen nur eines japanischen Konzerns Matsushita Electric (vgl. Köhler, 20.07.1996).
[10] vgl. Ziesemer, 12.9.1996, S. 47.
[1] 1995 haben japanische Unternehmen in Japan 7.9 Millionen und im Ausland 35.5 Millionen Fernsehgeräte hergestellt (vgl. Ishibashi, 15.07.1996).
[2] vgl. "Japan's Resurging Industrial Competitiveness", Autumn 1996, Chapter 1.1.
[3] Diese Abbildung ist dem Bericht "Japan's Resurging Industrial Competitiveness", Autumn 1996, Exhibit 4 entnommen.
[4] vgl. Bartholet, 1996, S. 37.

1990 auf 149 im Jahr 1992 verdreifacht haben.[1] Heute sind den Angaben der *KAGAKU GIJUTSUCHÔ* zufolge **78% aller FuE-Stützpunkte der japanischen Unternehmen im Ausland mit der Entwicklung von Produkten beschäftigt, die der Spezifik des jeweiligen lokalen Marktes entsprechen sollen.**[2]

Dieser ist ein äußerst wichtiger, aber nicht der einzige Motiv zur Internationalisierung der FuE von japanischen Unternehmen.

12.4 Internationalisierung der FuE als Einflußfaktor der Innovationsidentität japanischer Großunternehmen

12.4.1 Formen der Internationalisierung der FuE: Ein japanspezifischer Überblick

Neben dem obengenannten Faktor der Produktanpassung lassen sich weitere Gründe feststellen, die erklären, warum japanische Unternehmen heute ihre FuE-Aktivitäten internationalisieren *müssen*, um die technologische und Markt-Wettbewerbsfähigkeit nicht zu verlieren:[3]

- ein erweiterter Bedarf nach technologischem Wissen, der - insbesondere wegen der Bildung neuen Wissens durch Fusionen von mehreren heterogenen Technologien[4] - kaum mehr ohne Wissenserwerb von Außen gedeckt werden kann;
- eine relativ nachteilige Position vieler japanischen Unternehmen im Bereich der Grundlagenforschung und zugleich der Mangel an erforderlichen Ergebnissen und Kapazitäten bei japanischen Universitäten und Forschungseinrichtungen, was die Unmöglichkeit der Beschaffung des Wissens in erforderlichem Umfang und erforderlicher Spitzenqualität nur im Inland allein bedingt;
- das Vorhandensein an zukunftswichtigen technologischen Wissenskomponenten und ihren individuellen und organisationalen Trägern insbesondere im westlichen Ausland;
- eine verständlicherweise zurückgegangene Bereitschaft vieler westlichen Unternehmen als Technologieführer, Lizenzen an japanische Konkurrenten zu vergeben.

Welche FuE-bezogenen Entscheidungen treffen die japanischen Unternehmen in dieser Situation konkret?

Die japanischen Spitzenunternehmen streben heute vielfach danach, ihre Wettbewerbsstrategie nicht mehr bloß auf dem *globalen Marktanteil*, der durch überlegene Routinen im zentralisierten Bereich erreichbar ist, sondern vielmehr auf *globalen Ressourcen*, vor allem auf der global verteilten *Intelligenz* aufzubauen. Diese Veränderungen haben Ernst/Laumer sehr zutreffend charakterisiert als den

[1] vgl. nach JETRO-Angaben Papanastassiou/Pearce, 1994, S. 159.
[2] vgl. KAGAKU GIJUTSUCHÔ, Mai 1996, Teil I, Kapitel 2, Sektion 3.
[3] Auf einige dieser Faktoren wurde in den Kapiteln 9, 10 und 11 bereits hingewiesen.
[4] vgl. Kapitel 11.

"... Ausdruck eines **Paradigmenwechsels** von der **Übernahme, Anpassung sowie Weiterentwicklung** ausländischer FuE-Resultate zur **Erarbeitung eigenständiger Technologien** unter intensiver **Beobachtung** der international führenden Forschung, unter **Zusammenarbeit** mit FuE-Kapazitäten im Ausland und unter dem **Einsatz ausländischer** Ingenieure und Naturwissenschaftler auf eigene Rechnung, sei es für **Auftragsarbeiten** oder in **eigenen** inländischen und ausländischen Forschungsstätten."[1]

Daraus ergeben sich - neben dem **Trend zu Technologiefusionen als Innovationsmuster** - vier weitere zentrale Aspekte des **Paradigmenwandels im japanischen FuE- und Innovationsmanagement**:

- **verstärkte Förderung eigener FuE-Kapazitäten,**
- **intensivere Beobachtung internationaler Spitzenforschung,**
- **Zusammenarbeit mit FuE-Kapazitäten im Ausland und**
- **Einsatz ausländischer Ingenieure und Naturwissenschaftler.**

Das ursprüngliche Innovationsparadigma (*Übernahme, Anpassung und Weiterentwicklung*) der japanischen Unternehmen wurde bereits im Kapitel 9 und ihre kultur- und identitätsspezifischen Grundlagen in den Kapiteln 5 und 6, die Förderung der inländischen personalbezogenen und finanziellen FuE-Kapazitäten - insbesondere im Bereich der Forschung und mit dem Ziel, mehr originelle Technologien und Produkte eigenständig zu kreieren - im Kapitel 10, und die Technologiefusionen im Kapitel 11 detailliert analysiert. Die letzteren drei im Anschluß an Ernst/Laumer genannten Aspekte des Paradigmenwandels haben alle mit einer stärkeren **internationalen Orientierung** der japanischen Unternehmen bei der Gestaltung von Innovationsprozessen zu tun und gehören damit zum Themenbereich des vorliegenden 12. Kapitels. Nimmt man diese Aspekte genauer unter die Lupe, läßt sich feststellen, daß die jeweiligen **Einflüsse auf die human- und wissensbasierte Innovationsidentität** von sehr unterschiedlicher Art und sehr unterschiedlichem Gewicht sind:

a) Eine intensivere **Beobachtung der international führenden Forschung** scheint im Hinblick auf **die in vorangehenden Kapiteln der vorliegenden Arbeit dargestellte Innovationsidentität** der japanischen Spitzenunternehmen keine *qualitativen* Änderungen zu bringen, sondern vielmehr die *Weiterentwicklung und Vervollkommnung der ihr zugrunde liegenden prozessualen Fähigkeiten* zu fördern. Denn:

Eine intensive Sammlung von sämtlichen wettbewerbsrelevanten Informationen stellt für viele japanische Unternehmen bereits eine **lange Tradition** dar. Insbesondere die hocheffektiven Systeme der globalen Suche nach Technologien sind als *Ergebnis der kumulativen Entwicklung der Innovationsidentität* dieser Unternehmen in den Jahrzehnten der Nachholjagd entstanden, während sie, wie im Kapitel 9 gezeigt, vielfach die Strategie des "*learning-by-watching*"und des *Refinement* verfolgt haben: "Learning-by-watching results in the acquisition of new knowledge through observation and assimilation of external information [*and*] ... requires ... substantial investments in formal and informal strategic information systems."[2] Die

---

[1] Ernst/Laumer, 1989, S.251; hervorgehoben d.d.Verf. vgl. ähnlich auch Kolatek, 1989, S. 198.
[2] Bolton, 1993, S. 33 f.

für diese Strategischen Informationssysteme (SIS) zur Akquirierung und Bewertung von relevanten, insbesondere technologischen Wissenskomponenten[1] übliche Abkürzung SIS wurde von einigen westlichen Konkurrenten als *Stehlen Ideen Schamlos* entschlüsselt[2] - und das offensichtlich nicht ganz ohne Grund.

Für eine weltweite Suche nach neuen Technologien kann grundsätzlich ein recht breites Wissensfeld in Frage kommen; dieses Feld dürfte ceteris paribus um so breiter sein, je aktiver die jeweilige Unternehmung Technologiefusionen betreibt und je mehr sie ihre Strategie auf technologischen Querschnittswirkungen aufbaut. Bei erfolgreichen japanischen Firmen deckt das "General Environmental Scanning" erwartungsgemäß *häufiger* als bei ihren Wettbewerbern ein recht großes Gebiet der Umwelt ab.[3]

Wie man sieht, führt die heute verstärkt durchgeführte Sammlung von Informationen im Ausland nicht zu einer fundamentalen Transformation der humanbasierten Innovationsidentität der japanischen Unternehmen, sondern eher zu der **weiteren (und sehr zweckrationalen) Vervollkommnung** der ihr zugrunde liegenden **Kernfähigkeiten**. Die durch internationale Präsenz verstärkte Beobachtung der führenden Forschung hilft, die Entscheidung auch über den Technologieerwerb zu treffen; um mit einem der japanischen Topmanager zu sprechen:

> "Without an actual presence in the United States, it is difficult for us *to judge what technology is worth buying from U.S. companies*. We built our R&D centers in the United States to establish a base that will *help us make these decisions*."[4]

Das Wissen wird aber von japanischen Unternehmen im Ausland nicht nur *erkundet*. Es wird dort auch - und immer intensiver *generiert*. Damit ist ein weiterer oben genannter Aspekt angesprochen - der **Einsatz ausländischer Ingenieure und Naturwissenschaftler**:

b) Die verstärkte Gründung von *FuE-Einrichtungen* im Ausland durch japanische Unternehmen basiert in den letzten Jahren vielfach auf der Überlegung, daß "(t)he cross fertilization of R&D staff through globalization is expected to increase the occurrence of technological breakthroughs."[5] Dabei ist deutlich zwischen dem Einsatz ausländischer Experten in den Forschungszentren **in Japan** und **im Ausland** zu unterscheiden: Während die Zahl der ausländischen Forscher in japanischen Unternehmen in Japan noch recht gering bleibt,[6] kommt dem Einsatz ausländischer Wissenschaftler in den FuE-Einrichtungen japanischer Unternehmen im Ausland eine wesentlich wichtigere Bedeutung zu; bereits 1992 haben sich in einer *JETRO*-Umfrage 42% der befragten japanischen Firmen auf die Frage nach den Beweggründen, die sie zur Bildung von FuE-Einrichtungen in Europa treiben, mit der Antwort identifiziert, "*our horizon of R&D in terms of ideas and ways of thinking must be broadened by employing foreign researchers.*"[7]

---

[1] vgl. Kono, 1988, S. 126; vgl. Bowonder/Miyake, 1992, S. 328 f. sowie Kapitel 3.1.
[2] vgl. Tominaga, 1996, S. 12.
[3] vgl. Nonaka/Johansson, 1985, S. 183 sowie bereits bei Vogel (1979, S. 43 ff.).
[4] zit. in: Serapio Jr., 1993, S. 220; hervorgehoben d. d. Verf.
[5] Nonaka, 1988, S. 59.
[6] Die meisten großen japanischen Privatunternehmen stellen in Japan ausländische Forscher überhaupt nicht ein (vgl. dazu die Ausfürhungen im Kapitel 14 und die dort angegebenen Quellen).
[7] vgl. Papanastassiou/Pearce, 1994, S.160 f.; hervorgehoben d. d. Verf. Mehrfachnennungen waren in dieser Umfrage möglich.

Als Weiterentwicklung der Hypothese von Ernst/Laumer kann an dieser Stelle also konstatiert werden, daß die **ausländischen Ingenieure und Naturwissenschaftler in den Innovationsprozessen zugunsten der japanischen Unternehmen** insbesondere in folgenden *zwei Formen* involviert werden:

- im Rahmen der interorganisationalen **Auftrags- und Zusammenarbeit**[1] (*außerorganisationale Beteiligung*) oder aber
- als Mitarbeiter der eigenen **ausländischen Forschungsstätten der japanischen Unternehmen** (*intraorganisationale Beteiligung*).

Offenbar können diese beiden Formen der **personalmäßigen Internationalisierung** des FuE-Prozesses *massive qualitative* Folgen für die "*spezifisch japanische*" Innovationsidentität der japanischen Unternehmen hervorrufen. Daher sollen sie im weiteren in den Mittelpunkt der Analyse gestellt werden.

12.4.2 Interorganisationale FuE-Kooperationen aus der Sicht der Innovationsidentität

Mehrere japanische Unternehmen versuchen heute, technologisches Wissen durch *internationale* Strategische Allianzen, Netzwerke und sonstige Formen der Kooperation zu akkumulieren; als Partner treten dabei Universitäten, Forschungszentren, aber natürlich auch Industriefirmen auf. Die Abbildung 12.2 gibt Aufschluß über die *Ziele*, die japanische Unternehmen mit der internationalen Gemeinschaftsforschung - je nach Kooperationspartner - verfolgen.

Wie man sieht, streben japanische Unternehmen intensiv danach, über die interorganisationale Kooperation Produkte an den Bedarf im Ausland **anzupassen** (wozu natürlich in erster Linie die Zusammenarbeit mit anderen *Unternehmen* in Frage kommt), neue Technologien in ihrer ersten Enstehungsphase **aufzuspüren** und das fortgeschrittene technologische Wissen zu **erlernen** (wozu natürlich die Zusammenarbeit mit den *Universitäten* und *Forschungseinrichtungen* von Vorteil ist). Auf diese Aspekte der Internationalisierung wurde bereits oben eingegangen.

Sehr wichtig ist aber auch, daß, wie die Abbildung 12.2 ebenfalls sehr deutlich zeigt, die japanischen Unternehmen bei der Gestaltung von Forschungskooperationen dem Einsatz von begabten **ausländischen** (vor allem universitären) **Wissenschaftlern** eine recht große Bedeutung beimessen. Kein Wunder also, daß Großfirmen wie Toyota und Toshiba, NEC und Sony, Mitsubishi und Suzuki und viele andere bereits Mitte der 80er Jahre mehrere

---

[1] Diese beiden Formen werden hier auf einen gemeinsamen Nenner gebracht, denn in der vorliegenden Arbeit interessiert nicht die vertragliche Gestaltung der interorganisationalen Beziehungen (vgl. hierzu z.B. Brockhoff, 1989, S.33 ff.), sondern ausschließlich ob japanische oder ausländische Wissensträger Inventionen machen und effektiv als Innovatoren agieren.

Forschungsprojekte an der Princeton University, Stanford University, am MIT und sonstigen führenden amerikanischen Universitäten z.T. in Millionenhöhe finanziert haben.[1]

Es fällt dabei auf, daß japanische Unternehmen die Finanzierung der Grundlagenforschung an amerikanischen Universitäten vielfach von der *Anwesenheit japanischer Forscher vor Ort* abhängig gemacht haben.[2] Auch bei diesem Technologie- bzw. Wissenstransfer spielte also der **People Transfer** bzw. das **erfahrungsbasierte Lernen der Mitarbeiter** eine ganz zentrale Rolle.

So hat beispielsweise NEC im Rahmen der Strategischen Allianz mit AT&T mehrere Mitarbeiter zu Bell Labs geschickt - nicht nur um das Wissen über bereits entwickelte Technologien zu akquirieren, sondern, was aus strategischen Überlegungen viel wichtiger ist, damit diese Mitarbeiter den "*American approach of basic research*,"[3] sprich: **das mit der Generierung von bahnbrechenden Innovationen**, der Kernkompetenz von Bell Labs, **zusammenhängende prozessuale Innovationswissen lernen**. M. Uenohara, Senior Vice President, später Executive Advisor der NEC Corp., hat bereits Mitte der 80er Jahre bezüglich der Ziele seines Unternehmen erklärt:

> "We are not after technology in our support of research at American universities. ... **We want to obtain new approaches to basic research**."[4]

In Wirklichkeit sind, wie die Abbildung 12.2 zeigt, die bereits entwickelten westlichen Technologien wenn nicht für NEC, dann für andere japanische Unternehmen zwar auch von Bedeutung, noch wichtiger scheint aber für viele Spitzenunternehmen heute tatsächlich die Möglichkeit zu sein, daß "**their researchers can get hands-on experience at the cutting edge of U.S. basic research**."[5] Dieses **Learning by Doing**, das auf der Förderung des impliziten, ganzheitlichen prozessualen Wissens aufbaut, wurde im Kapitel 6 als wichtige Komponente der gelebten japanischen Innovationsidentität hervorgehoben. Allerdings dürften japanische Unternehmen bzw. ihre Mitarbeiter bei der Übertragung dieses Lern- und Kommunikationsstils in den internationalen Kontext Schwierigkeiten haben, mit denen sie sich in den nächsten Jahren vermutlich noch wesentlich aktiver werden beschäftigen müssen: Einer Umfrage zufolge waren sich 1995 ca. 60% der japanischen Unternehmen darüber im Klaren, daß die Mitarbeiter, die sie ins Ausland entsenden, dafür **nicht entsprechend trainiert sind**.[6] Es ergibt sich also in dieser Hinsicht ein massives Verbesserungspotential.

---

[1] vgl.: o.V. Japan is buing..., 24.09.1984, S. 118f. So spendete Hitachi Chemicals der University of California in Irvine 12 Millionen Dollar und sicherte sich damit für vierzig Jahre (!) die Nutzung von zwei Dritteln der dortigen neuen biotechnischen Labors (James, 1990, S. 125).
[2] James, 1990, S. 124 f.
[3] vgl. hierzu Teramoto et al., 1994, S. 77 ff.
[4] zit. nach: Japan is buing..., 24.09.1984, S. 119; hervorgehoben d. d. Verf.
[5] vgl. Japan is buing..., 24.09.1984, S. 119. Zu Gastforscheraufenthalten japanischer Nachwuchsingenieure vgl. auch Ernst/Wiesner, 1994, S.47 f.
[6] vgl. Kawakita, April 1, 1996.

Abbildung 12.2: **Ziele japanischer Großunternehmen bei der Gemeinschaftsforschung mit ausländischen Partnern**[1]

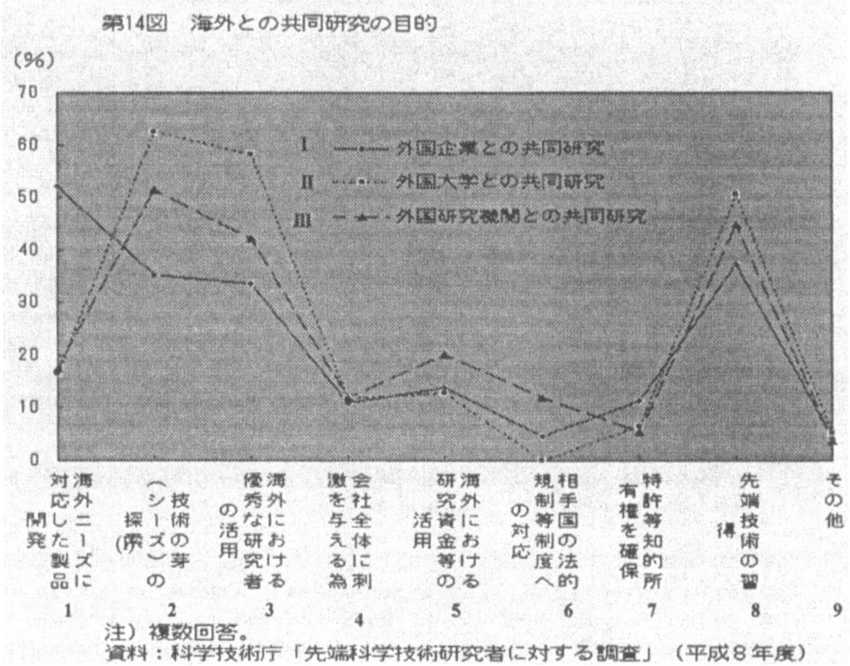

Legende:

- I - Gemeinschaftsforschung mit ausländischen Unternehmen
- II - Gemeinschaftsforschung mit ausländischen Universitäten
- III - Gemeinschaftsforschung mit ausländischen Forschungseinrichtungen
- **1** - Entwicklung von Produkten zur Anpassung auf den Bedarf im Ausland
- **2** - Erkundung von Technologien in der ersten Aufkeimungsphase
- **3** - Einsatz von hochtalentierten Forschern im Ausland
- **4** - Impulsgabe für das ganze Unternehmen
- **5** - Inanspruchnahme von Forschungsfinanzierung im Ausland
- **6** - Anpassung an administrative Regelungen und andere Systeme im Partnerland
- **7** - Sichern von Patenten und anderen geistigen Eigentumsrechten
- **8** - Erlernen von fortgeschrittenen Technologien
- **9** - sonstige

Anmerkung: Merhfachnennungen möglich.

Quelle: KAGAKU GIJUTSUCHÔ: "Sentan kagaku gijutsu kenkyûsha ni taisuru chôsa", 1996.

---

[1] Quelle: KAGAKU GIJUTSUCHÔ KAGAKU GIJUTSU SEISAKUKYOKU: "Minkan kigyô no kenkyû katsudô ni kansuru chôsa chôkoku" no gaiyô, 26.06.1997, hier zit. nach: KAGAKU GIJUTSUCHÔ, Mai 1997, Abb. 14. Es handelt sich bei dieser Studie um die Umfrage von 1913 japanischen Privatunternehmen (Rücklaufquote 70.8%) mit dem Kapitalstock über 1 Mrd. Yen (vgl. dazu KAGAKU GIJUTSUCHÔ KAGAKU GIJUTSU SEISAKUKYOKU: "Minkan kigyô no kenkyû katsudô ni kansuru chôsa chôkoku" no gaiyô, 26.06.1997, Punkt 1.2).

Es ist m.E. durchaus symptomatisch, daß die Zielsetzung des **prozeßorientierten Lernens von Innovationen** gerade von *NEC* bevorzugt wird. Neben solchen Paradebeispielen wie HP und 3M wurde nämlich auch NEC von Kagono et al. in ihrer empirischen Untersuchung bereits Mitte der 80er als "creative innovator" bezeichnet, der seine Wettbewerbsvorteile insbesondere durch Produktdifferenzierung aufbaut.[1] In hochtechnologischen Branchen, in denen NEC aktiv ist, setzt diese strategische Orientierung eines Prospektors[2] bzw. diese besondere **Innovationsidentität** ein starkes eigenes Forschungspotential voraus. Also legt auch NEC viel Wert nicht auf den Einkauf von Einzellizenzen u.ä., sondern vielmehr auf die **Erweiterung von eigenen Forschungsfähigkeiten** durch das Lernen.

Nicht nur NEC, sondern auch andere japanische Großunternehmen betonen, daß das Lernen dessen, **wie** in den USA die Grundlagenforschung betrieben und gemanagt wird, zu den wichtigsten Zielen auch bei der Gründung **ihrer eigenen FuE-Einrichtungen** in diesem Land zählt.[3] Auf die eigenen FuE-Einrichtungen japanischer Unternehmen im Ausland soll nun näher eingegangen werden mit der Frage danach, welchen Einfluß sie auf die **human- und wissensbasierte Innovationsidentität** dieser Unternehmen ausüben?

12.4.3 Funktionen der ausländischen FuE-Einrichtungen aus der Sicht der Innovationsidentität

Eine japanische Erhebung hat bereits 1987 ergeben, daß jedes sechste Unternehmen die Einrichtung von FuE-Zentren im *Ausland* plante.[4] Der beliebteste ausländische Standort waren und sind die USA:[5] Amtlichen japanischen Angaben zufolge fallen auf die *Vereinigten Staaten* heute 57% der Gesamtzahl der ausländischen FuE-Stützpunkte der japanischen Unternehmen, und weitere 34% wurden in *Europa* aufgebaut.[6] *Asiatische Standorte* werden dagegen im Hinblick auf die Gründung der FuE-Zentren von japanischen Unternehmen als viel weniger attraktiv bewertet.[7]

Mit anderen Worten:

- Obwohl der Gesamtanteil Asiens an japanischen Auslandsinvestitionen sich von 1990 bis 1994 von 20 auf 38 Prozent erhöht hat[8] und von der Gesamtzahl der von japanischen

---

[1] vgl. Kagono et al., 1985, S. 233; vgl. zu NEC auch die Angaben im Kapitel 10.
[2] vgl. hierzu detailliert Miles/Snow, 1978.
[3] vgl. Westney, 1993, S. 177.
[4] Ernst/Laumer, 1989, S. 251; vgl. auch andere relevante Daten in Bezug auf die japanische FuE in den USA bei Roberts/Mizouchi, 1989, S. 60.
[5] vgl. Westney, 1993, S. 175; ihre Basic Research Labs haben in den USA z.B. NEC, Mitsubishi Electric und Canon errichtet (Ebenda, S. 173).
[6] vgl. KAGAKU GIJUTSUCHÔ, Mai 1996, Teil I, Kapitel 2, Sektion 3.
[7] vgl. z.B. KAGAKU GIJUTSUCHÔ KAGAKU GIJUTSU SEISAKUKYOKU: "Minkan kigyô no kenkyû katsudô ni kansuru chôsa chôkoku" no gaiyô, 26.06.1997.
[8] vgl. o.V.: Japan erholt sich nur langsam, 8.12.1995. Aus asiatischen Montagestrecken kommen heute 62% aller in Japan verkauften Farbfernseher; 90% der Taschenrechner und fast 59% der Videorecorder (vgl. Köhler, 20.07.1996; vgl. auch Sender, 15.07. 1995, S. 48 ff.); insgesamt befinden sich von den im Kapitel 12.3 bereits erwähnten 1062 ausländischen Werken der japanischen Elektronikindustrie 690, also 65%, in Asien (vgl. Ziesemer, 12.9.1996, S. 47).

Industrieunternehmen in ihren *ausländischen Filialen* zwischen 1991 und 1995 geschaffenen Arbeitsplätze ca. 84% *in Asien* neu entstanden sind,[1]

- *spielen die USA und Europa als potentieller FuE-Standort und damit auch als Innovationsquelle für japanische Privatunternehmen nach wie vor eine wesentlich wichtigere Rolle als Asien*, und diese Situation dürfte sich in den nächsten Jahren kaum ändern.

Angesichts dessen stellt sich im Zusammenhang mit der Analyse der Innovationsfähigkeiten der japanischen Unternehmen die Frage, was ihre im (überwiegend westlichen) Ausland bereits gegründeten FuE-Zentren heute machen und wie gut sie das machen?

Unter allen FuE-Stützpunkten japanischer Unternehmen im Ausland[2]

- sind, wie im Kapitel 12.3 bereits erwähnt, 78% mit der Entwicklung von Produkten beschäftigt, die der Spezifik des jeweiligen lokalen Marktes entsprechen sollen,
- 29% (bzw. 39% bei den Unternehmen mit dem Kapitalstock von mehr als 50 Mrd. Yen) treiben die *Kerntechnologien* voran, und
- 18% (bzw. 32% bei den Unternehmen mit dem Kapitalstock von mehr als 50 Mrd. Yen) sind in der *Grundlagenforschung* aktiv.

Versucht man die *aktuelle Leistung* dieser japanischen FuE-Stützpunkte im *Ausland* mit der ihrer FuE-Einrichtungen in *Japan* anhand von Unternehmensumfragen zu vergleichen, ergibt sich, daß die ausländischen FuE-Zentren ihren Unternehmen mehr Ideen im Bereich der Grundlagenforschung liefern. Dieser Punkt ist im Hinblick auf die Konkurrenzfähigkeit im High-Tech-Wettbewerb kaum zu überschätzen, es scheint aber zugleich auch *der einzige Punkt* zu sein, in dem ausländische FuE-Einrichtungen japanischer Unternehmen ihre Counterparts in Japan heute übertreffen. Die Abbildung 12.3 zeigt es sehr deutlich (s.u.). Die etwas unterschiedlichen Einschätzungen bei den Unternehmen unterschiedlicher Größe sollen im weiteren nicht näher diskutiert werden; viel wichtiger ist im Hinblick auf die hier interessierende Problematik, daß *nur in einem* relevanten Punkt die japanischen Unternehmen die Leistung ihrer ausländischen FuE-Stätten höher als die der inländischen bewerten, während im Hinblick auf andere wichtige Kriterien, wie z.B. die Entwicklung von neuen Technologien und Produkten die FuE-Zentren in Japan besser abschneiden.

---

[1] Berechnet nach: Legewie, 1997, S. 21.
[2] vgl. KAGAKU GIJUTSUCHÔ, Mai 1996, Teil I, Kapitel 2, Sektion 3.

Abbildung 12.3: **Bewertung der relativen Leistung ausländischer FuE-Einrichtungen der japanischen Unternehmen**[1]

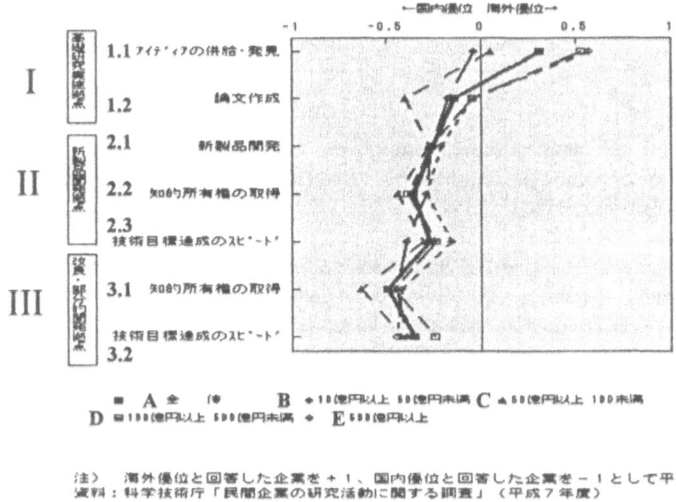

Legende:

Werte unter 0 = FuE-Zentren in Japan sind überlegen
Werte über 0 = FuE-Zentren im Ausland sind überlegen

I FuE-Zentren, die Grundlagenforschung machen:
- 1.1. Finden und Liefern von Ideen;
- 1.2 Ausarbeiten von (wissenschaftlichen) Aufsätzen.

II FuE-Zentren, die neue Produkte entwickeln:
- 2.1 Entwicklung von neuen Produkten;
- 2.2. Erwerb von geistigen Eigentumsrechten;
- 2.3 Geschwindigkeit, mit der technologische Ziele erreicht werden.

III FuE-Zentren, die für Verbesserungen und partiell für Entwicklung zuständig sind:
- 3.1 Erwerb von geistigen Eigentumsrechten;
- 3.2 Geschwindigkeit, mit der technologische Ziele erreicht werden.

Kapitalgröße:
- **A** Insgesamt
- **B** über 1 und bis zu 5 Mrd. Yen;
- **C** über 5 und bis zu 10 Mrd. Yen;
- **D** über 10 und bis zu 50 Mrd. Yen;
- **E** über 50 Mrd. Yen.

Anmerkung: Die Antwort eines Unternehmens, "ausländische Stützpunkte sind überlegen", wurde mit "+ 1", die Antwort, "Stützpunkte in Japan sind überlegen," wurde mit "- 1" bewertet; die Abbildung spiegelt entsprechende Durchschnittswerte wider.

Quelle: "Minkan kigyô no kenkyû katsudô ni kansuru chôsa," 1995.

[1] Quelle: KAGAKU GIJUTSUCHÔ, Mai 1996, Abb. 8.

Nun sind die im Kapitel 12.4 analysierten Entwicklungen bezüglich der Internationalisierung der FuE in Verbindung mit der im Kapitel 12.3 analysierten Internationalisierung der Fertigung zu bringen und somit die zentrale Frage dieses Kapitels nach der Beständigkeit der japanspezifischen Innovationsidentität japanischer Unternehmen in der Epoche der Globalisierung zu beantworten.

12.5 Einfluß der Internationalisierung des Innovationsprozesses auf die Innovationsidentität japanischer Großunternehmen: Gesamtbetrachtung und Ausblick

Ausgehend von allen obigen Ausführungen in diesem Kapitel lassen sich insbesondere folgende **drei Haupttrends** feststellen, die die weitere Entwicklung des Innovationsprozesses japanischer Unternehmen im Hinblick auf seine *Internationalisierung* maßgeblich prägen und somit als *Einflußfaktoren der Innovationsidentität* von hoher Relevanz sind:

Der erste Trend hängt mit der Notwendigkeit zusammen, **vorhandene Technologien und Produkte an die jeweiligen Marktgegebenheiten im Ausland anzupassen und damit ihre Treffsicherheit im Hinblick auf die lokalen Kundenbedürfnisse weiter zu erhöhen**. Dazu sind vor allem die **personellen FuE-Kapazitäten vor Ort** (insbesondere Ingenieure und Marktforscher) besonders gut geeignet, und alles spricht dafür, daß diese von japanischen Unternehmen auch in der Zukunft intensiv eingesetzt werden. Dieser Trend wurde oben bereits ausführlich diskutiert und bedarf an dieser Stelle keiner weiteren Erörterung. Dies tun aber die zwei anderen Entwicklungen:

Der zweite Trend ergibt sich aus der angestiegenen **Bedeutung der ausländischen FuE-Einrichtungen als intraorganisationale Lieferanten von neuen Ideen insbesondere im Bereich der Grundlagenforschung**. Die heutige Situation sieht so aus, daß nur 12.7% der japanischen Privatunternehmen ihre eigenen FuE-Einrichtungen im Ausland gegründet haben.[1] Vor diesem Hintergrund wäre zu erwarten, daß japanische Spitzenunternehmen, insbesondere die großen, ihre **Forschungskapazitäten im Ausland ausbauen werden**. Die Ergebnisse einer neueren Umfrage der *KAGAKU GIJUTSUCHÔ bestätigen* diese Hypothese (vgl. die Abbildung 12.4).

KAGAKU GIJUTSUCHÔ, die als Regierungsbehörde nicht so sehr die Überlegungen der einzelbetrieblichen ökonomischen Effizienz, sondern vor allem die der gesellschaftlichen Effektivität zu berücksichtigen hat, sieht diese Strategie der großen technologie- und innovationsintensiven japanischen Privatunternehmen eher als ambivalent: Einerseits sei sie aus der Sicht der Aktivierung der internationalen FuE-Aktivitäten der Unternehmen wünschenswert, sollten jedoch die betrieblichen FuE-Aufwendungen im Inland nicht steigen, würde die Ressourcenbildung mit Blick auf die Zukunft auch Sorgen bereiten.[2]

---

[1] vgl. KAGAKU GIJUTSUCHÔ KAGAKU GIJUTSU SEISAKUKYOKU: "Minkan kigyô no kenkyû katsudô ni kansuru chôsa chôkoku" no gaiyô, 26.06.1997, Punkt 2.2.
[2] vgl. KAGAKU GIJUTSUCHÔ, Mai 1996, Teil I, Kapitel 2, Sektion 3.

Abbildung 12.4: **Gründung von FuE-Einrichtungen im Ausland: Expansionspläne der japanischen Unternehmen**[1]

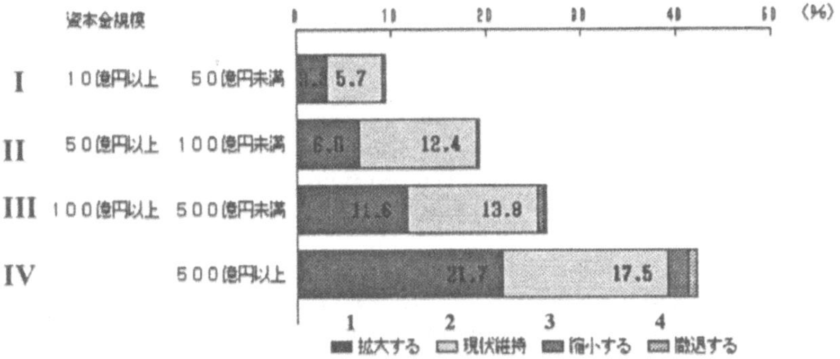

注）現在既に海外進出している企業の今後の方針を示したもの。
　　%は各資本金規模の全企業に対する割合を表す。
資料：科学技術庁「民間企業の研究活動に関する調査」（平成7年度）

Legende:

Größe des Kapitalstocks:

I über 1 und bis zu 5 Mrd. Yen;

II über 5 und bis zu 10 Mrd. Yen;

III über 10 und bis zu 50 Mrd. Yen;

IV über 50 Mrd. Yen.

1 = Ausweitung; **2** = Aufrechterhaltung auf dem heutigen Niveau; **3** = Rückgang; **4** = Rückzug.

Anmerkung: Die Abbildung stellt die Zukunftspläne der Unternehmen dar, die heute bereits den Transfer ins Ausland realisieren; gezeigt werden Prozentanteile (%) an der Gesamtzahl der Unternehmen mit der jeweiligen Größe des Kapitalstocks.

Quelle: *KAGAKU GIJUTSUCHÔ*: "Minkan kigyô no kenkyû katsudô ni kansuru chôsa," Heisei 7 nendo (1995)

Die **FuE-Investitionen japanischer Privatunternehmen** wie **auch die Anzahl ihrer qualifizierten FuE-Mitarbeiter im Inland** sind allerdings, wie im Kapitel 10 nachgewiesen,[2] in der letzten Zeit auch **gestiegen**. Japanische Spitzenunternehmen versuchen somit offensichtlich eine **Balance in ihren globalen FuE- und Innovationsaktivitäten** zu erzielen: *Auf der einen Seite* werden im Ausland neue Labors und Forschungszentren gegründet, um das dort vorhandene kreative Potential nutzbar zu machen. *Auf der anderen Seite* bleibt aber der

[1] Quelle: KAGAKU GIJUTSUCHÔ, Mai 1996, Abb. 7.
[2] vgl. detailliert Kapitel 10.

Kern der Innovationskraft japanischer Unternehmen in Japan, und er wird durch die an anderen Standorten erworbenen Technologien und Ideen bereichert und gestärkt.

Unter Berücksichtigung dieser Fakten wäre als dritter Zukunftstrend zu vermuten, daß **die japanischen Spitzenunternehmen auch in Zeiten der Globalisierung ihre Innovationsfähigkeiten am Standort Japan aufrechterhalten und ggf. ausbauen**, und zwar - vor dem Hintergrund der bisherigen Prozeßorientierung und stark ausgeprägten Humanbasierung ihrer Kompetenzen - **nicht nur die Innovationsfähigkeiten im FuE-Bereich, sondern vielfach auch bei der Produktion von wissensintensiven Gütern mit hoher Wertschöpfung**. Die Ergebnisse einer MITI-Studie vom November 1996 scheinen diese Hypothese zu *bestätigen* (vgl. Tabelle 12.2).

Diese Daten lassen im Hinblick auf die **Forschung und Entwicklung** folgende Schlußfolgerung zu: Während insbesondere bei größeren japanischen Unternehmen die Produktanpassung und die Grundlagenforschung im Ausland (auch im Rahmen von Kooperationsprojekten) an Bedeutung stark gewonnen hat, wird der Umfang der **FuE-Aktivitäten** in Japan von Wechselkursturbulenzen nicht negativ beeinflußt; **neue wissensintensive Produkte werden überwiegend von japanischen Arbeitnehmern** (auch unter intensiver Nutzung des im Ausland erworbenen technologischen Wissens) **entwickelt. In dieser Hinsicht bleibt die Innovationsidentität dieser Unternehmen nach wie vor weitgehend "japanisch."**

Die abgebildete Situation mit der **Produktion** von Gütern mit hoher Wertschöpfung scheint erwartungsgemäß weniger eindeutig zu sein als mit der FuE: Der Einfluß des Wechselkurses auf die Gewinne der führenden japanischen Unternehmen ist recht hoch; geht der Wechselkurs nur um 1 Yen pro US-Dollar zurück, steigen nach eigenen Unternehmensangaben die Einnahmen (revenues) der Toyota Motor Corp. um 10 Milliarden Yen.[1] Die **Schmerzensgrenze**, bei welcher mit 17.1% bereits ein spürbar hoher Teil der umsatzstärksten Unternehmen der Herstellungsindustrie die Produktion in Japan kürzen bzw. verlagern würde, lag 1996 allerdings erst bei etwa 80 Yen pro Dollar.[2] Unter Berücksichtigung dieser Fakten läßt sich vermuten, daß **wissensintensive Produkte mit hoher Wertschöpfung** auch in der Zukunft vielfach **in Japan** produziert werden und somit die **Innovationsidentität dieser Unternehmen im wesentlichen auch "japanisch" bleiben dürfte**.

---

[1] vgl. zu diesen und weiteren Angaben o.V.: Strong profit growth estimated at major firms, May 22, 1996; vgl. auch o.V.: "Kopf abschneiden", 1996, S. 116; Shiratori, 12.06.1996.

[2] Bei 90 Yen pro Dollar sind es lediglich 4% (vgl. detaillierter MITI, November 1996). Wenn aber der Wechselkurs auf etwa 120 Yen pro Dollar sinkt, wird die Produktion in Asien nicht mehr kostengünstiger als in Japan (vgl. auch Landers, October 9, 1997, S. 82).

Tabelle 12.2: **Japanische Industrieunternehmen wollen in wissensintensiven Bereichen die Innovationskompetenzen zu Hause aufrechterhalten**[1]

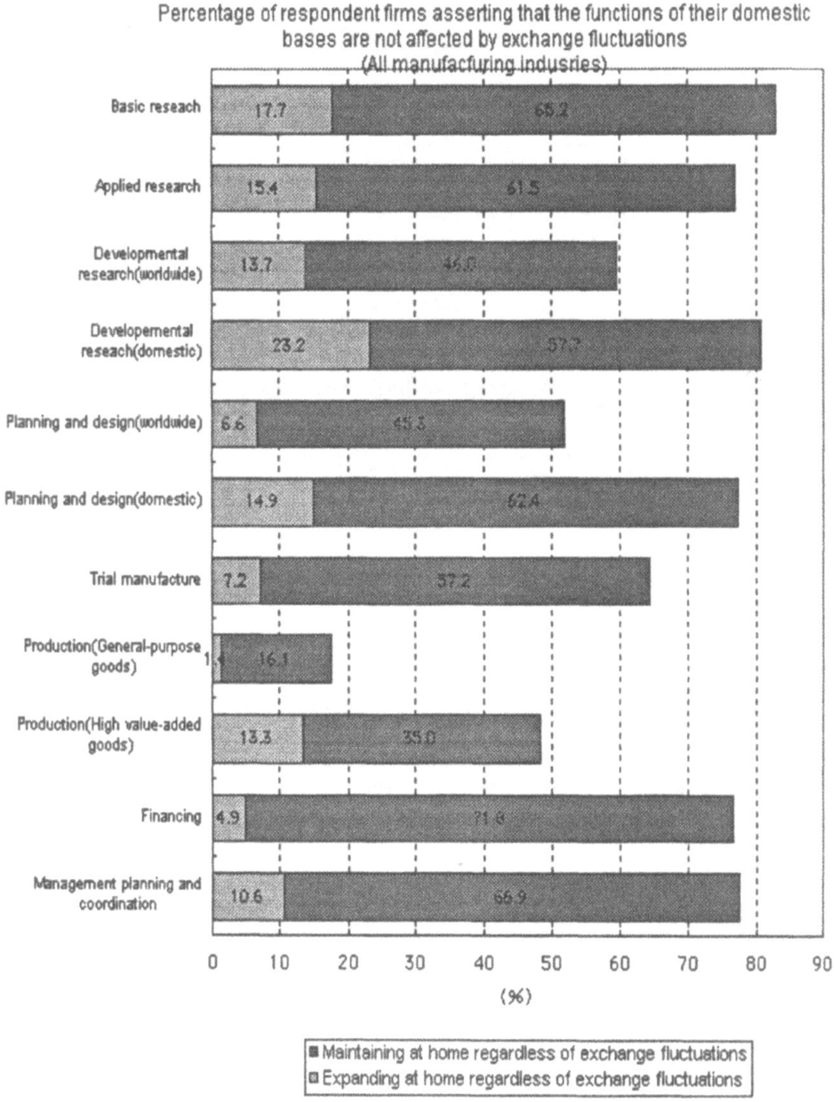

[1] Quelle: MITI, November 1996, Figure 1; befragt wurden 200 umsatzstärksten Unternehmen mit eigenen "locally incorporated manufacturing companies abroad".

Zwei weitere Tabellen geben Aufschluß über die *Gründe* für diese FuE- und (bis zur jeweiligen 'Schmerzensgrenze') produktionsbezogene Standortverbundenheit japanischer Unternehmen bei zukunftswichtigen Produkten:

Tabelle 12.3: **Warum japanische Unternehmen ihre FuE zu Hause aufrechterhalten**[1]

Faktor	Nennungen, in %
Integration der Produktion mit der Entwicklung	61.7
Anlagen sind bereits im eigenen Unternehmen in Japan vorhanden	59.7
Notwendige Arbeitskräfte sind in Japan leichter zu beschaffen	59.1
Universitäten, Labors und andere technologische Einrichtungen sind in Japan vorhanden	50.6
Industrielle Infrastruktur, insb. verbundene Industrien sind in Japan vorhanden	46.7
Hervorragende Qualität der Arbeitskräfte (Ingenieure u.a.) in Japan	46.1

Tabelle 12.4: **Warum japanische Unternehmen die Produktion von Gütern mit hoher Wertschöpfung zu Hause aufrechterhalten**[2]

Faktor	Nennungen, in %
Anlagen bereits im eigenen Unternehmen in Japan vorhanden	74.8
Personalbestand soll erhalten bleiben	62.6
Produktion soll mit der Entwicklung integriert bleiben	54.0
Produktion überwiegend für den japanischen Binnenmarkt	43.9
Hochtechnologien sind in Japan vorhanden, jedoch nicht im Ausland	39.6
Hervorragende Qualität der Arbeitskräfte in Japan	32.3
Industrielle Infrastruktur, insb. verbundene Industrien sind in Japan vorhanden	32.3

Diese Gründe deuten darauf hin, daß die **japanischen Spitzenunternehmen die in der vorliegenden Arbeit bereits beschriebenen Wettbewerbsstärken aufrechterhalten bzw. ausbauen wollen, insbesondere jene, die durch ihre Innovationsidentität bedingt sind**:

---

[1] Eigene Darstellung nach: MITI, November 1996.
[2] Eigene Darstellung nach: MITI, November 1996.

- Erhalt von Arbeitsplätzen bzw. die langfristige Beschäftigung des Kernpersonals stellt die Grundlage des Japanese-style Management (Kapitel 3) und die entscheidende personalwirtschaftliche Routine dar, welche die Innovationsidentität der japanischen Unternehmen samt Vertrauen, "creative interactivity," High-Context-Communication, unternehmensspezifischer kumulativer Lernprozesse etc. prägt (Kapitel 6 und 14);
- notwendige Arbeitskräfte sind in Japan leichter zu beschaffen und lassen sich als Contextuals (Kapitel 4 bis 7) von japanischen Unternehmen viel leichter denn Ausländer zu *Company Men* bzw. Trägern und Entwicklern der unternehmensspezifischen Innovationsidentität machen (Kapitel 5, 11 und 14);
- die Qualität dieser in Japan zu erhaltenden Arbeitskräfte bildet die Voraussetzung für kontinuierliche unternehmensspezifische Lernprozesse auf bereits vorhandenen Anlagen und damit auch für die Economies of Scale und Economies of Quality (Kapitel 9);
- die Integration der Produktion mit der Entwicklung bildet eine zentrale Grundlage für treffsichere Innovationen, die Economies of Speed, Scale, Scope und Quality (Kapitel 9);
- das Vorhandensein von verbundenen Industrien in Japan ist für die Economies of Technology Fusion und Weiterentwicklung der industriellen Cluster sehr förderlich (Kapitel 11);
- zu den besten Universitäten in Japan, unter deren Absolventen sie ihre künftigen Mitarbeiter rekrutieren, pflegen japanische Spitzenunternehmen langfristige vertrauensvolle Beziehungen (Kapitel 14), die auch forschungsbezogene Zusammenarbeit bzw. kooperative Wissenserzeugung erleichtern.

Sieht man die, im Hinblick auf die beiden zentralen einzelbetrieblichen Kategorien der ökonomischen und der sozialen Effizienz sowie im Hinblick auf die gesellschaftliche Effektivität, besonders zukunftsträchtige Innovationsstrategie in der "**dualen**" Vorgehensweise, bei der

- einerseits eine größere Aufgeschlossenheit gegenüber technologischen und Markttrends und eine verstärkte Aktivierung unterschiedlicher externer Wissens- und Innovationsquellen sichergestellt werden,
- andererseits aber das Vorhandensein von leistungsstarken eigenen Innovationskapazitäten im Inland weiterhin als wichtigste Innovationsquelle für das Unternehmen betrachtet wird,[1]

scheint es, daß die **führenden japanischen Unternehmen langfristig gerade diese erfolgsversprechende duale Strategie anstreben**.

Stellt man an dieser Stelle erneut die im vorliegenden Kapitel eingangs formulierte Frage, **inwieweit man auch unter den Bedingungen der Internationalisierung immer noch von einer japanischen Innovationsidentität als Grundlage für Wettbewerbsvorteile** sprechen kann, ist sie also **grundsätzlich positiv** zu beantworten. Es erscheint nicht nur **wissenschaftlich legitim**, sondern auch **praxisrelevant**, nach den durch die *nationale* bzw. *kulturspezifische* Innovationsidentität bedingten Faktoren der Wissenserzeugung in japanischen Unternehmen zu fragen.

---

[1] vgl. Marr/Fliaster, 1994, S. 331 f.

Das Navigationsschema: Multi-Level-Modell der Innovationsidentität japanischer Unternehmen (kumulierte Zwischenergebnisse)

An dieser Stelle kann das entwickelte Modell der Innovationsidentität japanischer Unternehmen um die im soeben abgeschlossenen III. Teil der Arbeit gewonnenen Erkenntnisse bezüglich der Wettbewerbsvorteile und der ihnen zugrunde liegenden innovationsbezogenen Unternehmensfähigkeiten ergänzt werden:

Navigationsschema: **Multi-Level-Modell der humanbasierten Innovationsidentität japanischer Unternehmen** (kumulierte Zwischenergebnisse)

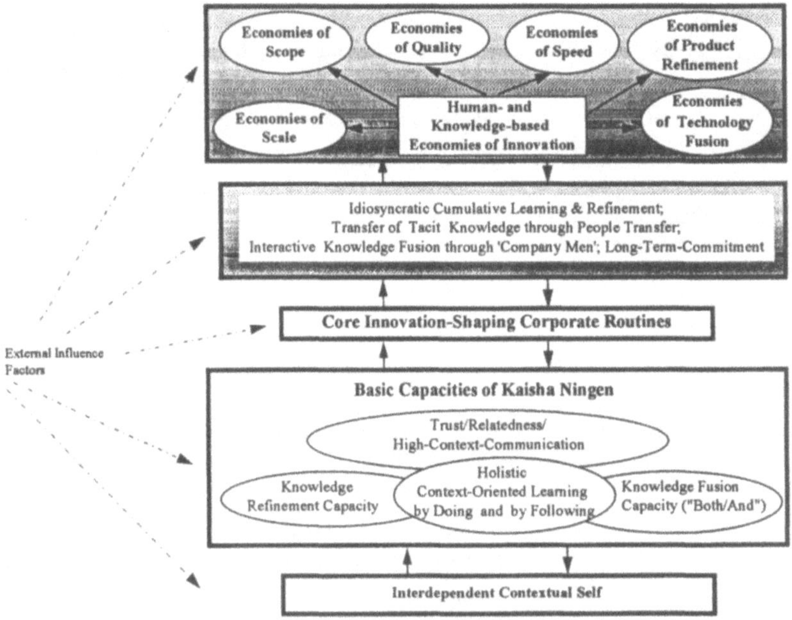

TEIL IV

HUMAN- UND WISSENSBEZOGENE ROUTINEN ZUR PRÄGUNG DER SPEZIFISCHEN INNOVATIONSIDENTITÄT JAPANISCHER GROẞUNTERNEHMEN UND IHR WANDEL

Das Navigationsschema: Zentrale Problemstellung des IV. Teils

Im I. Teil der vorliegenden Arbeit wurde das fähigkeitsorientierte **Multi-Level-Modell der humanbasierten Innovationsidentität der Unternehmen** entworfen. Ausgehend von diesem theoretisch abgeleiteten Modell wurden

- im II. Teil der Arbeit die grundlegenden innovationsrelevanten[1] Fähigkeiten und Schwächen des japanischen **Contextual Interdependent Self** analysiert und
- im III. Teil die innovationsbezogenen **Unternehmensfähigkeiten** und die aus ihnen resultierenden human- und wissensbasierten **Wettbewerbsvorteile** der japanischen Unternehmen eruiert, deren Mitglieder bzw. **Innovationsträger** die **Contextuals** sind.

In den beiden Teilen wurde eine **dynamische Betrachtung** angestrebt, die den jeweiligen **Wandelprozessen** Rechnung zu tragen hat.

Der letzten Komponente des Multi-Level-Modells, den **spezifischen innovationsrelevanten Unternehmensroutinen**, widmet sich der abschließende **Teil IV** der Arbeit. Es handelt sich bei diesen Routinen grundsätzlich um das organisationale **Bindeglied** zwischen den beiden obengenannten Komponenten, das aus den **kultur- und identitätsspezifischen Innovationsfähigkeiten der Mitarbeiter** die **geballten Innovationsfähigkeiten von Unternehmen** zu bilden erlaubt. Um den Rahmen der vorliegenden Arbeit nicht zu sprengen, soll lediglich auf *eine* Art dieser Unternehmensroutinen eingegangen werden, nämlich auf die **personalwirtschaftlichen Routinen**, die die **Mitarbeiter**, ihr **Wissen** und die Prozesse der **Handhabung des Wissens** direkt oder indirekt beeinflussen und heute ebenfalls im **Wandel** begriffen sind.

Der Problematik des IV. Teiles dieser Arbeit entsprechen im **Navigationsschema** die in der unten angeführten Abbildung schattiert gekennzeichneten Kästen.

[1] Wie im Kapitel 3 bereits erklärt, soll der Ausdruck "***innovationsrelevant***" durchgängig als "***für die Gestaltung betrieblicher technologieverbundener Innovationen relevant***" bzw. "***für die Innovationsidentität relevant***" verstanden werden.

Navigationsschema: **Multi-Level-Modell der Innovationsidentität japanischer Unternehmen: Zentrale Problemstellung des IV. Teils**

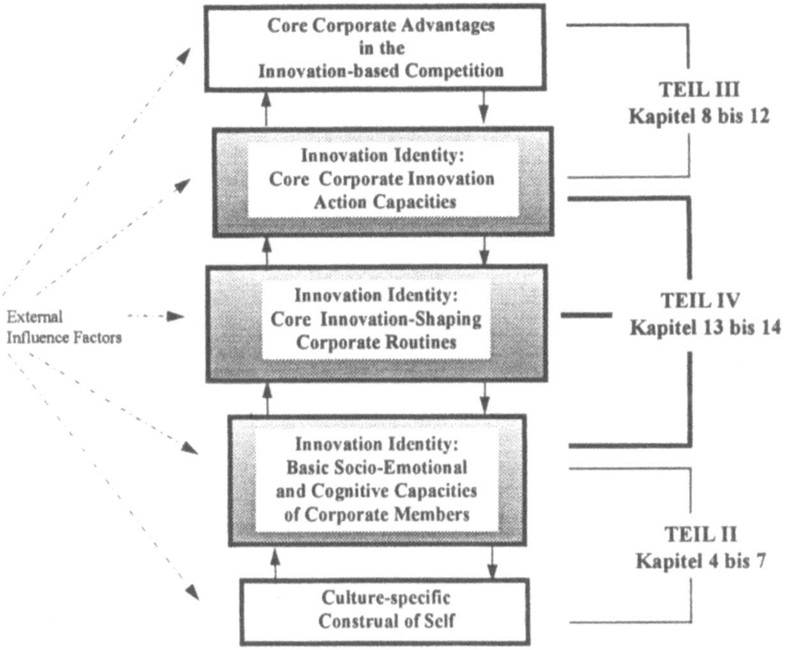

KAPITEL 13

HUMAN- UND WISSENSBEZOGENE UNTERNEHMENSROUTINEN IM SPANNUNGSFELD ZWISCHEN *KAISHA NINGEN* UND *SHIGOTO NINGEN* ALS BASISMODI DER ORGANISATIONSMITGLIEDSCHAFT (EINLEITENDE THEORETISCHE ÜBERLEGUNGEN)

"*No technological innovation ... will be realized without being accompanied by some kind of managerial innovation,*"[1] stellte ein japanischer Autor Ende der 80er Jahre fest. Vor dem Hintergrund der angestrebten Innovationsoffensive, speziell im Bereich der Technologiefusionen und anderer originärer Technologie- und Produktentwicklung,[2] liegt die *Hypothese* nahe, daß auch die innovationsrelevanten mitarbeiterbezogenen Routinen[3] in vielen japanischen Unternehmen heute in Bewegung gekommen sein dürften. Dieser Hypothese entsprechend stellt sich die Frage nach geeigneten analytischen Mitteln, mit denen sich der Prozeß des Wandels der Unternehmensroutinen eruieren läßt.

Unter Berücksichtigung der in den vorangehenden Teilen ermittelten Tendenzen läßt sich das **zentrale Spannungsfeld des Wandels der humanbasierten Innovationsidentität der japanischen Unternehmen** folgendermaßen charakterisieren:

> Zum **Spannungsfeld zwischen Individuierung und Relatedness,** in dem sich das japanische **Contextual Interdependent Self** entwickelt[4], kann bei der Gestaltung von Kernfähigkeiten im Innovationswettbewerb ein Pendant auf der Unternehmensebene festgestellt werden.
>
> Dieses Pendant kann als **Spannungsfeld zwischen Vielfalt und Einheit**[5] **der Unternehmensmitglieder** bzw. **zwischen Vielfalt und Einheit ihrer subjektiven Wissensbasen und Denk- und Handlungsfähigkeiten** bezeichnet werden. Es wird durch **Kaisha Ningen** und **Shigoto Ningen** als unterschiedliche idealtypische Muster der Unternehmensmitgliedschaft konstituiert, und ihm kommt im Hinblick auf den Wandel der innovationsrelevanten Unternehmensroutinen maßgebliche, zukunftsentscheidende Bedeutung zu.

In graphischer Form lassen sich die einzelnen Spannungsfelder, die für die Innovationsidentität japanischer Unternehmen auf verschiedenen Abstraktionsebenen von zentraler Relevanz sind, zusammenfassend folgendermaßen darstellen:

---

[1] Urabe, 1988, S. 7.
[2] vgl. detailliert Kapitel 9, 10 u.11.
[3] vgl. zum Begriff der ***Innovation-Shaping Corporate Routines*** Kapitel 3.
[4] vgl. insbesondere Kapitel 4 u. 7.
[5] zu diesen Begriffen vgl. detaillierter unten.

Tabelle 13.1: **Aktuelle Entwicklungen in zentralen Spannungsfeldern der humanbasierten Innovationsidentität japanischer Unternehmen**

Analyseebene	**Von ausschließlich ... =>**	**Zu mehr ...**
Construal of Self	Relatedness, Interdependence =>	Individuierung
Competitive Advantage	Cooperation, Refinement, Speed =>	Originality, Knowledge Fusion
Corporate Membership	Kaisha Ningen =>	Shigoto Ningen
Corporate Routines	Homogenität, Einheit =>	Heterogenisierung, Vielfalt

Die letzten zwei Zeilen der obigen Tabelle stellen die *modernisierungsbezogene Hypothese* dar, die im vorliegenden IV. Teil überprüft werden soll. Die Innovationsidentität der Unternehmen wurde in dieser Arbeit als *human- und wissensbasiertes* Phänomen konzipiert, und dementsprechend erscheint es zweckmäßig, zur Überprüfung dieser Hypothese nach Anregungen in den Teilbereichen der Betriebswirtschaftslehre zu suchen, die für diese Konzeption von hauptsächlicher Relevanz sind - d.h. im theoretischen Bezugsrahmen der Personalwirtschaftslehre und des Managements von Technologie, Wissen und Innovation. Folgende Verbindungen lassen sich in diesem Zusammenhang herstellen.

a) Legt man der Analyse des Wandels der human- und wissensbasierten Innovationsidentität der japanischen Unternehmen den Bezugsrahmen der *Differentiellen Personalwirtschaftslehre* systemorientierter Prägung zugrunde, läßt sich feststellen, daß es sich bei dem Spannungsfeld zwischen *Kaisha Ningen* und *Shigoto Ningen* um die **japanische Version des Grundproblems eines jeden Sozialsystems handelt**, "**die** [*dynamische - A.d.V.*] **systemerhaltende Balance zwischen notwendiger Integration und notwendiger Differenzierung der Systemmitglieder zu finden.**"[1] Konkret bedeutet dies, daß die **Routinen des betrieblichen Personalmanagements** einerseits eine intensive unternehmensspezifische Sozialisation und damit "Entindividualisierung" der Mitarbeiter und andererseits auch eine Förderung ihrer personenspezifischen Eigenschaften zum Wohl der Gesamteffizienz[2] ermöglichen sollen.

Daß dieses Problem einen **grundlegenden** Charakter hat, bedeutet auch, daß die **Fragen**, die sich in dieser Hinsicht die japanischen Unternehmen stellen, **nicht spezifisch japanisch sind,** größerenteils jedenfalls.[3] Einige **Antworten**, die die Japaner gefunden haben, wie auch die **Art**

[1] Marr, 1989b, S. 45; hervorgehoben d. d. Verf.
[2] vgl. Marr, 1989b, S. 45. Zur betrieblichen Sozialisation vgl. z.B. v. Rosenstiel 1992a; v. Rosenstiel et al., 1995 und die dort angegebene Literatur.
[3] Man kann sich davon etwa durch den Vergleich von Problemen überzeugen, die aus der unten dargestellten Modernisierung des paradigmatischen Prinzips der lebenslangen Beschäftigung in japanischen Unternehmen, einerseits, und aus dem etwa von Sattelberger (1996) geforderten personalwirtschaftlichen Paradigmenwandel in deutschen Unternehmen, andererseits, resultieren. Es scheint insbesondere, daß die quantitative Relation und

und Weise, wie dort nach diesen gesucht wird, scheinen dagegen teilweise spezifisch zu sein, und dies verschafft aus westlicher Interessensicht her auch die Möglichkeit, bewußt aus den **Ideen** sowie aus den **Fehlern** des japanischen Gegenüber zu lernen.

b) Legt man der Analyse des Wandels der human- und wissensbasierten Innovationsidentität japanischer Unternehmen die *Überlegungen des betrieblichen Managements von Technologie, Wissen und Innovation* zugrunde, läßt sich folgendes feststellen:

Einerseits kann heute kaum eine komplexe technologiebasierte Entwicklung ohne Zusammenarbeit von mehreren Wissensträgern in einer Organisation gemeistert werden, und eine kreative Fusion von heterogenen Technologie- und Produktkomponenten erst recht nicht. Die betriebliche Innovation scheint heute also nur in äußerst seltenen Ausnahmefällen eine "One-man-show" darzustellen. Damit aber eine effektive Zusammenarbeit zwischen den betrieblichen Innovationsträgern möglich wird, müssen sie ein bestimmtes Ausmaß an Gemeinsamkeit im Hinblick auf ihre Wissensbasen und Verhaltensweisen aufweisen. Also braucht die Organisation Kohäsion bzw. den **Kontextualismus** ihrer Mitglieder - die **traditionellen Merkmale der japanischen Kaisha Ningen**.

Andererseits kommen heute ohne kreative "distinktive" Persönlichkeiten (**Stars** bzw. **Eliten**) in der FuE, aber auch in anderen Unternehmensbereichen technologiebasierte Innovationen auch kaum zustande. Also braucht die Organisation Differenzierung bzw. **Individuierung** ihrer Mitglieder - die **traditionellen Merkmale der westlichen Shigoto Ningen**.

Somit schließt sich der Kreis: *Sowohl in personalwirtschaftlicher wie auch in innovationswirtschaftlicher Sicht* scheint eine **erfolgreiche Organisation der Zukunft** - ob in Japan oder im Westen - durch "japanische" und "westliche" Merkmale zugleich gekennzeichnet zu sein. Sie braucht **für die Handhabung von Innovationsprozessen** ein **"sowohl als auch"-Denkmuster und eine systemerhaltende und systementwickelnde dynamische Balance der Fähigkeiten und Verhaltensweisen ihrer Mitglieder**. Wird eine der beiden Tendenzen langfristig überwiegen, wird das Unternehmen in seinem Fortbestand ggf. massiv gefährdet: "Extreme Gleichförmigkeit bewirkt Stagnation, zu große Differenzierung den Zerfall."[1]

Im Bereich der **originären Produktinnovationen**, die auch die japanischen Spitzenunternehmen heute intensiv vorantreiben wollen[2], bedeutet dieses "Sowohl-als-Auch"-Muster, daß

> "(c)reating a product concept involves a **community of interacting individuals with different backgrounds and mental models**."[3]

---

die qualitativen Beziehungen zwischen dem Kern- und dem Randpersonal sowohl von den japanischen als auch von den deutschen Unternehmen heute vielfach neu gestaltet werden.

[1] Marr/Stitzel, 1979, S. 206.

[2] vgl. insbesondere Kapitel 9, 10 u.11.

[3] Nonaka/Takeuchi, 1995, S. 73; hervorgehoben d. d. Verf.

Wird der Modus der Produktentwicklung im High-Tech-Bereich von *Technologiefusionen* konstituiert, gewinnt die Handhabung dieser **intraorganisationalen Gemeinschaft der Unterschiede** - oder, um mit Luhmann und Heidegger zu sprechen, der "**Einheit des Mannigfaltigen**"[1] - die **wettbewerbsentscheidende Bedeutung**.

Aus dem Gesagten resultiert, daß **die Beeinflussung von kognitiven und sozio-emotionalen Differenzen und Gemeinsamkeiten der Mitarbeiter zur zentralen Aufgabe eines personalwirtschaftlich orientierten Innovationsmanagements wird**.

Im weiteren soll analysiert werden, **wie die japanischen Spitzenunternehmen dieses Spannungsfeld heute handhaben**, sprich:

- **welche, die Innovationsidentität prägende, mitarbeiter- und wissensbezogene Unternehmensroutinen** sie dazu bereits **entwickelt haben** und
- wie sie diese Routinen **im Hinblick auf die angestrebten neuen Vorteile im Innovationswettbewerb heute modernisieren**.

In der Literatur wurde der personalwirtschaftliche Einfluß auf die Innovationsfähigkeit der Unternehmen traditionell weitgehend als auf zwei Dimensionen beschränkt betrachtet: die Motivation bzw. Anreizpolitik und die Qualifikation bzw. Personalentwicklung. Interpretiert man die betrieblichen Innovationsprozesse als Handhabung des Wissens im sozio-emotionalen Beziehungsfeld, läßt sich die Hypothese entwickeln, daß auch andere personalwirtschaftliche Routinen einen ggf. sehr starken Einfluß auf das „*Wie?*" der Innovation in den Unternehmen ausüben. Nimmt man als Bezugspunkt den **Moment des Eintritts des Mitarbeiters in die Organisation**, lassen sich diese Routinen folgendermaßen einteilen (Tabelle 13.2).

Tabelle 13.2 **Ausgewählte personalwirtschaftliche Unternehmensroutinen als Einflußfaktoren der humanbasierten Innovationsidentität**

Zeitpunkt der Handhabung der Einheit des Mannigfaltigen	**Ausgewählte mitarbeiter- und wissensbezogene innovationsrelevante Unternehmensroutinen**
Vor dem Organisationseintritt	Externe Personalbeschaffung und -auswahl (Zeitpunkt, Personenkreis, Formen und Kriterien der Neueinstellung)
Während der Organisatonsmitgliedschaft	- Personaleinsatz und -freistellung (Fundamentalprinzip der lebenslangen Beschäftigung) - Entlohnung und Beförderung (Senioritäts- und Leistungskomponente, Stock Options) - Personalentwicklung (Job Rotation, On-the-Job-Learning) - Mitarbeiterführung (Vertrauensstiftung und Innovationsgestaltung durch die Middle Managers)

[1] Luhmann, 1980, Sp. 1064 u. Heidegger, 1996 (1957) S. 16.

Während eine abgestimmte, systemische Anwendung dieser und anderer Unternehmensroutinen eine *gleichzeitige* Beeinflussung unterschiedlicher Dimensionen der Einheit und der Mannigfaltigkeit (etwa ihre *gleichzeitige* Erhöhung) ermöglicht, kann man das Justieren, das jede einzelne von ihnen für sich genommen erlaubt, zu analytischen Zwecken auf eine *eindimensionale Bandbreite* relativieren. Die folgende Abbildung stellt dieses Spannungsfeld, das in weiteren Abschnitten beschäftigen wird, *für jede Einzelroutine* optisch dar:

Abbildung 13.1 **Innovationsrelevante Einzelroutinen im Spannungsfeld zwischen Einheit und Vielfalt**

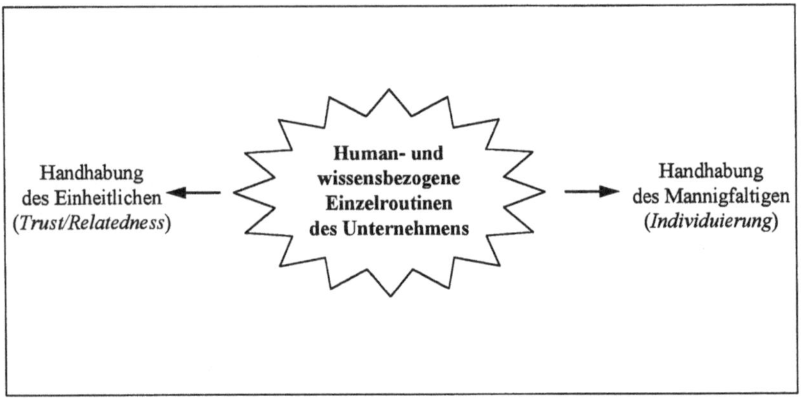

1993 stellten Branscomb/Kodama fest, daß "(a) **lesson Japanese companies learned through experience with the past several economic downturns was ... to invent new ways of managing ... in a more efficient and effective way**."[1] Was haben diese Unternehmen im Hinblick auf die Gestaltung obengenannter personalwirtschaftlicher innovationsrelevanter Unternehmensroutinen aus der schwierigen Wirtschaftsentwicklung der letzten Jahre gelernt?

Vorwegnehmend soll versucht werden, die mögliche Entwicklung der mitarbeiterbezogenen innovationsrelevanten Unternehmensroutinen mit **Plausibilitätsüberlegungen** zu prognostizieren. Vor dem Hintergrund aller in den vorangehenden Teilen dieser Arbeit detailliert geschilderten Wandelprozesse auf der Ebene des Interdependent Contextual Self wie auch auf den Ebenen der Unternehmensfähigkeiten und der Wettbewerbsvorteile können folgende drei **Hypothesen zur weiteren Überprüfung** formuliert werden.

[1] Branscomb/Kodama, 1993, S. 88; vgl. auch das Kapitel 1.

1. **Hypothese zu Ursache-Wirkungs-Zusammenhängen und dem Ausgangsmodus**

Die Mitglieder japanischer Organisationen sind im allgemeinen durch ein **Contextual Interdependent Self**[1] gekennzeichnet und ihre Denk- und Verhaltensweise ist dementsprechend durch folgende Fundamentalannahme geprägt: "**At the heart of the contextualist ideology there lies the belief that all members of a context are essentially equal and homogeneous**."[2]

Sollte sich diese identitätsspezifische Fundamentalannahme auch bei der Gestaltung von personalwirtschaftlichen Unternehmensroutinen auswirken, dürften die kontextualistisch geprägten Akteure aller Wahrscheinlichkeit nach versuchen, in ihren Organisationen auf mehreren Ebenen Mechanismen aufzubauen, welche ebenfalls die Homogenität und Einheit fördern und ihnen identitätskonforme Verhaltensweisen wie High-Context-Communication und kreative Interaktivität ermöglichen. Die traditionellen Routinen der Personalbeschaffung, Personalentwicklung, der Entgeltpolitik u.a. dürften dementsprechend in japanischen Großunternehmen schwerpunktmäßig auf die Förderung der *Kaisha Ningen* ausgerichtet sein.

2. **Hypothese zur Richtung des Wandels**

Das zentrale innovationswirtschaftliche Problem der japanischen Unternehmen wurde im Kapitel 7 als 'Förderung von innovationstragenden Individuen beim grundsätzlichen Aufrechterhalten des Kontextualismus" formuliert. Bringt man diese These mit den Ausführungen des 9., 10. und 11. Kapitels in Verbindung, läßt sich vermuten, daß in diesen, bisher kontextualistisch aufgebauten, Unternehmen heute intensiv nach Mitteln gesucht werden dürfte, die die **Individuierung der Mitglieder** bzw. die **Entwicklung ihrer distinktiven Fähigkeiten** ermöglichen. Ohne diese einzigartigen kreativen Fähigkeiten der Stars sind weder ein qualitativer Fortschritt bei der Grundlagenforschung noch bahnbrechende Produktinnovationen erzielbar - und gerade dies wollen viele japanische Spitzenunternehmen erreichen.[3] Dementsprechend dürfte sich heute die Förderung von *Shigoto Ningen* auch in der Modernisierung von mehreren personalwirtschaftlichen Unternehmensroutinen niedergeschlagen haben.

3. **Hypothese zum Prozeß des Wandels**

Obwohl auf der Ebene der Rhetorik bzw. des *Tatemae*[4] auch anderes propagiert werden dürfte, wäre schließlich zu vermuten, daß im *betrieblichen Alltag* der japanischen Großunternehmen auch bei der Transformation von personalwirtschaftlichen Routinen nicht ein revolutionärer Weg des "*Bombenwurfs*"; sondern eher ein **evolutionärer, fusionsbasierter Entwicklungsweg**[5] eingeschlagen wird.

Im Kapitel 14 sollen aktuelle personalwirtschaftliche Neuentwicklungen in der japanischen Unternehmenspraxis **ermittelt**, den obigen **Plausibilitätsüberlegungen** gegenübergestellt und die **Ergebnisse des Vergleiches** analysiert werden.

---

[1] vgl. Kapitel 4 bis 7.
[2] Kumon, 1982, S. 26.
[3] vgl. hierzu Kapitel 9.5, 10 und 11.
[4] vgl. zu diesem Begriff Kapitel 1 und die dort angegebenen Quellen.
[5] vgl. hierzu auch Kapitel 6.

KAPITEL 14

PERSONALWIRTSCHAFTLICHE ROUTINEN ALS PRÄGENDE KRAFT DER INNOVATIONSIDENTITÄT JAPANISCHER UNTERNEHMEN IM WANDEL

14.1 Prinzip der lebenslangen Beschäftigung aus der Perspektive der humanbasierten Innovationsidentität

14.1.1 Einleitung

Wie im Kapitel 3.1 bereits festgestellt, stellt das Prinzip der lebenslangen Beschäftigung das fundamentale Kernelement des japanischen Personalmanagements und generell des Japanese-style Management dar. Somit kommt der Frage, ob sich an diesem Prinzip bzw. an seiner Umsetzung heute ggf. etwas *ändert*, eine ausschlaggebende Bedeutung auch im Hinblick auf den *Wandel der Innovationsidentität* von japanischen Unternehmen zu.

Aus westlicher Sicht hat diese Frage nicht nur einen *akademischen* Charakter, sondern sie gewinnt sehr stark an *praktischer Brisanz* angesichts der bereits im Kapitel 1 diskutierten Neigung, **Entwicklungen in Japan als Argument für die Debatten über die Zukunft des westlichen Managements zu instrumentalisieren**. Als ein auflagestarkes deutsches Magazin 1995 in einem Artikel über den Zustand der japanischen Autoindustrie[1] ermittelt haben wollte,

- daß "*die Helden des japanischen Wirtschaftswunders an Boden verlieren*" und
- auf der Suche nach Auswegen "*hastig die traditionellen Fesseln ihrer Industriekultur abstreifen*",
- so daß "*die Grundwerte der Japan AG plötzlich nicht mehr viel wert sind*",
- weil die japanischen Autofirmen nun "*radikal durchgreifen*" -

spielten diese und ähnliche Botschaften eine nicht zu vernachlässigende Rolle in der öffentlichen Debatte über den **Personalabbau als einzig mögliche Problemlösung für die deutschen Unternehmen**. Mit anderen Worten: Internationale Vergleiche können als Diskussionsargument grundsätzlich sehr wirksam eingesetzt werden, und die Spekulationen über das Ende des „bisher einzigartigen japanischen Beschäftigungssystem(s)"[2] wurden u.a. dafür mißbraucht, massive Entlassungen als quasi-objektive, weltweit (sprich: angeblich selbst in Japan!) zu beobachtende und daher auch hierzulande nicht zu verhindernde Folge der schwachen Konjunktur und der Globalisierung zu legitimieren.

"Nun hat der [japanische - A.d.V.] Betrieb als trautes Ersatzheim ausgedient" - behauptete das gleiche, von vielen deutschen Managern mit Sicherheit gelesene Magazin auch 1996.[3] Auch einige Wissenschaftler glauben festgestellt zu haben, daß "Japanese business personnel policies have changed dramatically during the last five years. Spurred by recession, major corporations

---

[1] o.V.: Ende der Harmonie, 1995; hervorgehoben d. d. Verf.
[2] So kritisch M. Müller, 2.7.1996.
[3] o.V.: "Kopf abschneiden", 1996, S. 119.

have reduced their work forces ... ."[1] Und im Zweifelsfall konnte man auch die *JETRO* zum Zeugen anrufen, die 1994 weltweit kommunizierte, daß

> "(t)wo pillars of Nihon-gata keiei - the lifetime employment system ... and the seniority promotion and salary system ... - increasingly are being replaced, at least in part, by personnel systems that emphasize and reward individual achievement."[2]

Andererseits stellen einige japanerfahrene westliche Experten etwas *völlig Gegensätzliches* fest:

- daß nämlich im Hinblick auf die Personalanpassungsmaßnahmen die Situation in Japan "*ungeachtet der intensiven öffentlichen, stark medienbestimmten Diskussion weit weniger dramatisch ist, als anzunehmen wäre*"[3] (so Dirks) und
- daß "*(t)he notion that Japanese companies should and will change the social contract is probably mistaken*"[4] (so Abegglen).

Die Situation, die derart konträre Einschätzungen in Bezug auf einen so zentralen Einflußfaktor der Innovationsidentität hervorruft, ist offensichtlich **klärungsbedürftig**.

In den vorangehenden Teilen der vorliegenden Arbeit wurden bei dem japanischen Typ der organisationalen Innovationsidentität **zwei interdependente Dimensionen** besonders hervorgehoben und auf mehreren Ebenen diskutiert: Die **Wissenshandhabung** (*Knowledge Handling*) und das **Vertrauen** (*Trust* bzw. *Relatedness*). Offensichtlich werden diese beiden interdependenten Dimensionen, deren erste eher den *kognitiven*, die zweite eher den *sozio-emotionalen* Aspekt der **humangetragenen Innovationsgestaltung** anspricht, von dem Prinzip der lebenslangen Beschäftigung bzw. seinem eventuellen Wandel sehr stark tangiert.

Vor diesem Hintergrund spielt die Analyse der Veränderungen, die das Beschäftigungssystem in japanischen Unternehmen in den letzten Jahren erlebt, eine Schlüsselrolle für das Verständnis der Wettbewerbs- und Innovationsstrategie japanischer Unternehmen in den 90er Jahren.[5] Aus diesen Überlegungen erscheint es wichtig, im weiteren folgende zwei Fragen zu beantworten:

- **Welche Rolle spielt(*e*?) die traditionelle Routine der lebenslangen Beschäftigung im Hinblick auf die Wissenshandhabung und das Vertrauen als zwei zentrale interdependente Dimensionen der humanbasierten Innovationsidentität japanischer Großunternehmen,**

und

- **welchen Einfluß üben auf diese Innovationsidentität die (ebenfalls zu ermittelnden) aktuellen Veränderungen an der Routine der lebenslangen Beschäftigung aus?**

---

[1] Schmidt, 1996, S. 76.
[2] JETRO, 1994, "*Nihon-gata keiei*" = Japanese-style Management.
[3] Dirks, 1997b. Auch im Kapitel 12 wurde festgestellt, daß der Erhalt von Arbeitsplätzen mit über 62% der Nennungen der zweitwichtigste Grund dafür war, daß japanische Unternehmen auch bei ungünstiger Wechselkursentwicklung die Produktionskapazitäten in Japan nicht kürzen wollen.
[4] Abegglen, March 1996.
[5] vgl. auch Mroczkowski/Hanaoka, 1989, S. 40.

14.1.2 Beitrag der lebenslangen Beschäftigung zur Bildung der Kaisha Ningen als Träger der traditionellen Innovationsidentität japanischer Großunternehmen

"A focus on relationships is ... evident in all types of [Japanese - A.d.V.] business practices. ... In the pursuit of long-term relationships and mutual trust, Japanese corporations operate quite differently ... [as their Western counterparts - A.d.V.] ."
(H. R. Markus/ S. Kitayama)[1]

"With so much security and warmth, how does the system ensure high performance?"
(E. Vogel)[2]

Im Kapitel 3 wurde darauf hingewiesen, daß das gelebte Prinzip der lebenslangen Beschäftigung in der Literatur als eines der konstitutiven Elemente des Japanese-style Management gesehen wird; davon ausgehend wurde als analytische Aufgabe, die mit der vorliegenden Arbeit erfüllt werden soll, die Frage nach dem Einfluß gestellt, den die lebenslange Beschäftigung als personalwirtschaftliche Routine auf die Innovationsidentität japanischer Unternehmen ausübt.

Unter Berücksichtigung der in den vorangehenden Teilen II und III analysierten kognitiven und sozio-emotionalen Fähigkeiten und Schwächen des japanischen Interdependent Contextual Self[3], einerseits, und der Stärken und Probleme der japanischen Unternehmen im Innovationswettbewerb,[4] andererseits, lassen sich insbesondere folgende **Auswirkungen der lebenslangen Beschäftigung auf die Innovationsidentität** dieser Unternehmen feststellen:

1. Die lebenslange Beschäftigung erlaubt, *langfristige* kognitive und sozio-emotionale *Bindungen* zwischen kontextualistisch orientierten Mitarbeitern herzustellen und trägt dazu bei, daß die Organisation von ihren Mitgliedern vor allem als *People Association*[5] wahrgenommen wird. Das heißt, das Prinzip der lebenslangen Beschäftigung fördert im Rahmen einer ökonomischen Organisation sozio-emotionale und kognitive Grundorientierungen und Fähigkeiten des Interdependent Contextual Self.

2. In einer solchen Organisation, die tendenziell zur geschlossenen sozialen Gruppe[6] zu werden neigt, werden insbesondere *unternehmensspezifische* Komponenten des Wissens und des Könnens der Mitarbeiter entwickelt.[7] Es handelt sich dabei insbesondere um das Wissen über die Schwachstellen der benutzten Maschinen und Anlagen, das im Kapitel 9 als Grundlage für Economies of Scale, Scope und Quality identifiziert wurde, aber auch um das Wissen über

---

[1] Markus/Kitayama, 1994, S. 573.
[2] Vogel, 1979, S. 149 über das japanische Personalmanagement.
[3] vgl. Kapitel 4 bis 7.
[4] vgl. Kapitel 8 bis 12.
[5] vgl. hierzu Kapitel 3.
[6] vgl. Nakane 1985, S. 28.
[7] vgl. auch Dirks, 1997c, S. 542.

spezifische Eigenarten der jeweiligen Arbeitskollegen und Vorgesetzten.[1] Dieses geteilte soziale Wissen fördert Kooperation zwischen seinen Trägern, und die *Fähigkeit zur Kooperation* wird von der Organisation zum wichtigen Kriterium für die Beförderung der Wissensträger gemacht; wie Vogel bereits in den 70er Jahren für japanische Unternehmen feststellte, "*(t)he person who rises more rapidly is ... the one who can cooperate with others ...* ."[2]

Auch die recht langen Arbeitszeiten, die in der Literatur *aus der Sicht der sozialen Effizienz* als Nachteil des japanischen Beschäftigungssystems genannt werden,[3] tragen *aus der Sicht der Innovationsidentität* zur Förderung der Unternehmensspezifität des Wissens und der Fähigkeiten bei. Der im allgemeinen unkalkulierbare Dienstschluß[4] setzt eine Bereitschaft der *Kaisha Ningen* voraus, ihre alltägliche Freizeitplanung von dem Betriebsgeschehen weitgehend abhängig zu machen, erschwert regelmäßige Verabredungen und Verpflichtungen außerhalb des Unternehmen und macht damit engere soziale Kontakte in erster Linie mit den Mitgliedern der *eigenen Organisation* möglich;[5] zugleich werden damit dem informellen Wissenstransfer zwischen den Mitgliedern unterschiedlicher Organisationen Grenzen gesetzt.

Diese *sozio-emotionale Betriebszentrierung* scheint für die neue Generation der japanischen Arbeitnehmer allerdings zum Problem zu werden: Umfragen der *KEIZAI KIKAKUCHÔ* zufolge hat der Anteil der neueingestellten Mitarbeiter, die erklärten, sie verbringen ihre Freizeit mit Freunden und Bekannten *außerhalb* ihres Unternehmens, im Jahr 1994 etwa 60% erreicht und war damit um 20% größer als im Jahr 1970.[6] Darüber, ob und wie sich dieses Problem in der Zukunft lösen wird, kann im Moment höchstens nur spekuliert werden.

3. Viele dieser unternehmensspezifischen Wissenskomponenten sind *erfahrungsbasiert* und haben eine starke *implizite* Dimension. Die lebenslange Beschäftigung schafft damit auch Voraussetzungen für und fördert insbesondere die High-Context-Communication zwischen den Organisationsteilnehmern, die über gemeinsame, ggf. mehrjährige Erfahrungen verfügen.

4. Daraus, daß das innovationsrelevante Wissen in japanischen Organisationen vielfach unternehmensspezifisch ist, kann auch die "*firm specific and factory specific ... innovation*"[7] als wesentliches Merkmal ihrer Innovationsidentität abgeleitet werden.

---

[1] vgl. z.B. KEIZAI KIKAKUCHÔ, 14.11.1995, Teil 1, Kapitel 2, Sektion 1. In diesem Sinne setzt die ökonomische Organisation auf die Mechanismen, die ihre Mitglieder vom Grundprinzip her bereits aus ihrer vorberuflichen Sozialisation, insbesondere der Schulausbildung, kennen: "Alongside the group identity which they [*die japanischen Schüler - A.d.V.*] are learning, they also become well aware of the individual characteristics of their peers, and they learn to think of each other as they cooperate in group endeavor." (Hendry, 1992, S. 60).

[2] Vogel, 1979, S. 150; hervorgehoben d. d. Verf.

[3] Nach Angaben des Instituts der deutschen Wirtschaft betrug 1994 im verarbeitenden Gewerbe die effektive Jahresarbeitszeit (die zusätzlich Fehlzeiten und Überstunden berücksichtigt) pro Arbeitnehmer in Japan 1964 Stunden und war damit wesentlich länger als in Deutschland mit 1527 Stunden. (vgl. Köddermann, 1996, S. 6; etwas andere Daten finden sich, allerdings ohne Quellenangaben, bei Nakamura, 1994, S. 216 f.)

[4] vgl. dazu am Beispiel von Toyota Arita, 1994, S. 379.

[5] vgl. Hirschbühl, 1990, S. 48 sowie Schubert, o.J., S. 120 und die dort angegebene Literatur. Damit wird auch deutlich, *wie viele* mitarbeiterbezogene Unternehmensroutinen auf das Wissen der Organisation und ihrer Mitglieder und im Endeffekt auf die Innovationsidentität Einfluß ausüben.

[6] vgl. KEIZAI KIKAKUCHÔ, 14.11.1995, Teil „Schlußfolgerungen."

[7] vgl. z.B. Clark/Fujimoto, 1991; Bowonder/Miyake, 1992, S. 320.

5. Mit dieser Unternehmensspezifität des Wissens der Mitarbeiter und des Innovationsprozesses hat im wesentlichen auch die Tatsache zu tun, daß die japanischen Unternehmen ihre humanbasierten Vorteile traditionell im Bereich von **Prozeßinnovationen** entwickelt hatten:[1] In vielen Branchen weisen mehrere Wissenskomponenten von Prozeßtechnologien einen wesentlich stärker ausgeprägten unternehmensspezifischen Charakter als die Produkttechnologien auf,[2] und die entsprechenden Prozeßinnovationen erfordern häufig - vor allem bei ihrer inkrementalen Verbesserung - eher unternehmensspezifisches kontextbezogenes als fundamentales naturwissenschaftlich-technisches Wissen:

> "... (C)ompared with American counterparts, the Japanese tend to reveal their strategic identities much more clearly in scale-intensive industries, because of their organization idiosyncrasies. ... (T)acit technology and enterprise-specific skill ... are certainly sources of strategic identity, and it is probably safe to assume that their impact will be greater in Japanese firms... ."[3]

Mit diesem Hinweis läßt sich im Sinne des *Multi-Level-Modells* eine deutliche Verbindung zwischen den spezifischen Eigenschaften des Interdependent Contextual Self, der lebenslangen Beschäftigung als personalbezogene Unternehmensroutine, der Wissenshandhabung in den Unternehmungen und ihrer Innovationsidentität feststellen.

6. Die Beziehung zwischen der lebenslangen Beschäftigung und der Unternehmensspezifität von Wissen und Innovation ist eine **wechselseitige**: Einerseits fördert der geschlossene Charakter der japanischen Unternehmen die Akkumulation, das Sharing und den Transfer des Wissens *innerhalb* der Organisation,[4] andererseits erschwert er den *interorganisationalen* Personal- und Wissenstransfer,[5] denn:

Kaisha Ningen, die als "intra-company-specialists"[6] über ein überwiegend unternehmensspezifisches Wissen verfügen, können ggf. große Kompatibilitätsprobleme mit der Verwertung dieses Wissens beim Arbeitgeberwechsel haben[7]. Da sich bislang die Karriereorientierung auch der Technologieexperten in japanischen Großunternehmen primär bis ausschließlich auf die Chancen auf dem *firmeninternen* Arbeitsmarkt richtete, bestand für die Entwicklung von marktorientierten Qualifikationen und entsprechende Profilierung nach Außen vielfach gar kein Anreiz.[8] Ganz im Gegenteil setzte insbesondere das Senioritätsprinzip, das u.a. von der Zunahme des unternehmensspezifischen Wissens mit der Dauer der Betriebszugehörigkeit ausgeht, starke negative Anreize für den Wechsel des Unternehmens.[9]

---

[1] vgl. Kapitel 9.
[2] Dies nicht zuletzt deshalb, weil sich ein auf dem Markt vorhandenes Produkt viel eher durch Benchmarking und Reverse-Engineering nachmachen läßt als ein in der Werkshalle "versteckt" für Außenstehende ablaufender komplexer technologischer und sozialer Prozeß.
[3] Baba, 1989, S. 91.
[4] vgl. KEIZAI KIKAKUCHÔ, 14.11.1995, Teil I, Kapitel 2, Sektion 1.
[5] In diesem Zusammenhang spricht man in Japan auch vom Prinzip des "Companyism" (*Kaishashugi*) (vgl. Tsutsumi Iinkai Hôkokusho, Juli 1995, Teil 4.1).
[6] vgl. zu dieser und ähnlichen Bezeichnungen Niimura, 1996; Asakawa, 95/91/OB, S. 15; Eswein, 1996.
[7] vgl. hierzu auch Chikudate, 1997, S. 181 und Miwa, 1994.
[8] vgl. Ernst/Wiesner, 1994, S. 17 f.
[9] vgl. konkrete Daten hierzu bei Hemmert, 1996, Teil 3.5 und Fußnote 28.

7. Dieses Senioritätsystem[1] basiert grundsätzlich auf dem "Darlehen", das der langfristig beschäftigte Mitarbeiter dem Unternehmen im Hinblick auf seine Entlohnung gewährt.[2] Verlangsamt sich das Wachstumstempo und steigt dabei der Anteil der älteren Mitarbeiter, bekommt das Unternehmen ein Kostenproblem, denn es wird ihm wesentlich schwieriger fallen, dieses Darlehen bzw. diese frühere "Investition" der älteren Mitarbeiter durch höhere Löhne zurückzuzahlen. In diesem Fall entsteht potentiell die Gefahr, daß die **zentripetalen Kräfte**, die die Mitarbeiter an ihr Unternehmen binden und die sie auch als Innovationsträger motivieren, geschwächt werden.

Wird am Prinzip der lebenslangen Beschäftigung trotz des Personalkostendrucks auch in schweren Zeiten festgehalten, fördert es das Commitment der Mitarbeiter und trägt dazu bei, daß die Innovationsträger ihr Unternehmen bzw. ihre "People Association" als *unmeikyôdô*, Schicksalsgemeinschaft, wahrnehmen.[3]

8. In der Literatur wird spätestens nach der im Kapitel 4 erwähnten Studie von Hofstede ein häufiger Wechsel des Arbeitgebers als Ausprägung einer individualistischen (Paradebeispiel USA) im Gegensatz zu einer kollektivistischen (Japan) nationalen Kultur gesehen.[4] Im Kapitel 6 wurde die Beziehung zwischen dem japanischen Unternehmen und seinen Stammitarbeitern als "*trust- and emotion-based mutual social commitment*" interpretiert; im Zusammenhang mit dem Prinzip der lebenslangen Beschäftigung soll nun der **gegenseitige Charakter** dieses Commitments hervorgehoben werden:

Das gegenseitige Vertrauen führt zur *expliziten Einschränkung des grundsätzlichen Verhaltensrepertoires der Akteure* bzw. zu *gegenseitigen Verpflichtungen*. Dementsprechend sind in japanischen Großorganisationen freiwillige Kündigungen der zentralen Leistungs- bzw. Innovationsträger, etwa infolge ihrer Abwerbung, auch in den für das Unternehmen schweren Zeiten, *praktisch ausgeschlossen*, die Bereitschaft etwa, vorübergehend versetzt zu werden[5], wird dagegen bei japanischen *Kaisha Ningen* vorausgesetzt[6]. Dadurch wird *einerseits* die notwendige **Kontinuität** im Unternehmen sichergestellt. "The loss of an employee with ... important idiosyncratic knowledge poses a major threat to the continuity of routine - indeed, if the departure is unanticipated, continuity is necessarily broken", stellen Nelson/Winter fest,[7] und dieser negative Effekt ist den japanischen Großunternehmen weniger bekannt als vielen ihrer westlichen Konkurrenten. *Andererseits* führt diese erhöhte Abhängigkeit der Mitarbeiter

---

[1] s.u.
[2] D.h., die Löhne sind in der Regel niedriger als das effektive Produktivitäts- bzw. Leistungsniveau bei den jüngeren und höher bei den älteren Mitarbeitern (vgl. auch im weiteren KEIZAI KIKAKUCHÔ, 14.11.1995, Teil I, Kapitel 2, Sektionen 1 u. 2).
[3] vgl. Tsutsumi Iinkai Hôkokusho, Juli 1995, Teil 2.2.3.
[4] vgl. Slocum Jr./Lei, 1993, S. 302; zur Studie von Hofstede vgl. auch Kapitel 4. Auch eine Untersuchung der Beratungsfirma Roland Berger & Partner hat ergeben, daß in Japan einen häufigen Firmenwechsel 84% der Manager "eher negativ" bzw. "sehr negativ" und keiner als "eher positiv" bzw. "sehr positiv" bewerten, während in Europa diese Zahlen jeweils bei 57% bzw. 29% liegen (vgl. Simon/Bauer/Jägeler, 1995, S. 187). Weitere Untersuchungsergebnisse deuten auch darauf hin, daß die interorganisationale Arbeitsplatzmobilität der japanischen FuE-Mitarbeiter niedriger ist als in Deutschland und insbesondere in den USA. (vgl. Ernst/Wiesner, 1994, S.104 f.)
[5] zu den Personalentsendungen s.u.
[6] zu den *Kaisha Ningen* vgl. Kapitel 7, 11 sowie detailliert an weiteren Stellen im Kapitel 14.
[7] Nelson/Winter, 1982, S.115.

von dem Unternehmen ggf. auch zur *Unterdrückung der individuellen Kreativität*, erschwert die Entwicklung eines horizontalen Arbeitsmarktes und hindert die interorganisationale Wissensdiffusion.[1]

9. Da keine Organisation, wie oben bereits gesagt, nur auf der Kohäsion bzw. Relatedness basieren kann, sondern zur Innovationsförderung auch Heterogenität bzw. Mannigfaltigkeit "einfließen" lassen muß, bestimmt der Grundsatz der lebenslangen Beschäftigung vielfach, *in welchen Formen, wann* und *in welchem Umfang* die entsprechende Erhöhung der Vielfalt geschehen kann bzw. soll.

Die empirisch festgestellte innovationsrelevante Präferenz japanischer Topmanager für *intraorganisationale* Erhöhung der Vielfalt ist vielfach gerade mit der geringeren *interorganisationalen Mobilität* japanischer Arbeitskräfte in Verbindung zu bringen:[2] Während die amerikanischen Unternehmen durch Einstellungen von neuen Wissensträgern vom Arbeitsmarkt (sei es auch auf die Kosten der Entlassung von anderen Mitarbeitern) die Heterogenisierung des organisationalen Wissens bzw. den Zufluß von neuen Ideen und Erfahrungen in die Organisation erzielen können, setzt das Prinzip der lebenslangen Beschäftigung einer derartigen Hire-and-Fire-Personalpolitik in Japan relativ enge Grenzen, so daß zur Förderung der Mannigfaltigkeit bzw. Innovation nicht externe, sondern *interne* Mechanismen wie z.B. die Job-Rotation erforderlich werden; auf diese Mechanismen wird in weiteren Teilen des vorliegenden Kapitels näher eingegangen.

Zusammenfassend kann im Hinblick auf seinen Einfluß auf die Innovationsidentität an dieser Stelle festgestellt werden, daß

> " ... long-term employment has promoted **cooperative behavior among workers** and **smooth accumulation of [corporate-specific - A.d.V.] human capital**, which lead to **efficiency** and **innovation** among firms."[3]

Die Innovationsidentität der japanischen Unternehmen, so wie sie in vorhergehenden Teilen dieser Arbeit beschrieben wurde, wäre also ohne das Prinzip der lebenslangen Beschäftigung gar nicht denkbar. Vertrauen bzw. Relatedness bekommen in diesem Prinzip einen klaren Ausdruck und wirken massiv auf die Entwicklung der *Kaisha Ningen* und die spezifische Art der Wissenshandhabung in japanischen Organisationen ein.

---

[1] vgl. z.B. Mroczkowski/Hanaoka, 1989, S. 40.
[2] vgl. Sullivan/Nonaka, 1986, S. 143.
[3] Economic Survey of Japan (1993-1994), July 26, 1994, Chapter 3, Section 2; hervorgehoben d. d. Verf.

14.1.3 Aktuelle Modifikationen des Prinzips der lebenslangen Beschäftigung und ihr Einfluß auf die Innovationsidentität

"For the first time, the new personnel practices have made the Japanese employee question the practice of total commitment to the corporation."
(R. J. Schmidt)[1]

"The talk of a progressing collapse in Japan's system of long-term employment appears to be premature."
(T. Sakurai)[2]

Unter Berücksichtigung der aufgezeigten zentralen Rolle, die das Prinzip der lebenslangen Beschäftigung als Einflußfaktor für die Innovationsidentität japanischer Unternehmen spielt, sollen in den Mittelpunkt des vorliegenden Kapitels 14.1.3 folgende Fragen gestellt werden:

- Wollen die japanischen Großunternehmen dieses Prinzip - und mit ihm auch den in den vorangehenden Teilen der vorliegenden Arbeit beschriebenen *Typ der Innovationsidentität* - auch in der nächsten Zeit *grundsätzlich* aufrechterhalten, wenn ja, warum und mit welchen Mitteln? und

- Welche Auswirkungen können die aktuellen Veränderungen an der Auslegung und Umsetzung des Prinzips der lebenslangen Beschäftigung auf die Innovationsidentität japanischer Unternehmen haben?

1 Soll das Prinzip der lebenslangen Beschäftigung grundsätzlich aufrechterhalten bleiben und warum?

Der hauptsächliche ökonomische Grund dafür, warum dieses Prinzip überhaupt zum Diskussionsthema gemacht wird, liegt im hohen Personalkostendruck begründet, der, wie im Kapitel 14.1.2 angedeutet, insbesondere *zu Rezessionszeiten* einen massiven Handlungsbedarf seitens der Vertreter der ökonomischen Effizienz auslöst.

Die personellen Überkapazitäten in japanischen Großunternehmen werden von einigen Experten als *gewaltig*[3] bezeichnet; diese Bezeichnung kann aufgrund einer neueren Studie der *KEIZAI KIKAKUCHÔ* insofern quantifiziert werden, als ca. 70% der japanischen Großunternehmen der Auffassung sind, sie hätten zu viele Verwaltungsjobs [*kanrishoku*], also zu viele "white collars" mittleren und höheren Alters.[4] Der Anteil des "white-collar sector" an

---

[1] Schmidt, 1996, S. 73.
[2] Sakurai, September 1996, P. 12; hervorgehoben d. d. Verf.
[3] vgl. K. Uekusa, 1995, S. 38; vgl. dazu auch Ernst/Laumer, 1989, S.86 f.
[4] Es handelt sich um die "*executive, administrative posts*" (vgl. KEIZAI KIKAKUCHÔ, 14.11.1995, Teil "Schlußfolgerungen"). Die Anzahl der überflüssigen Arbeitsplätze in der japanischen Industrie stellt unter anderem ein Ergebnis der massiven Expansion der 80er Jahre dar (vgl. Moffett, 20.07.1996, S. 62) und wird nach einigen Angaben auf 3 Millionen Mitarbeiter geschätzt (vgl. o.V.: Unwillkommener Rekord, 29.06.1996). Diese Zahl ist größer als die amtliche Arbeitslosenzahl auf ihrem aktuellen Höchststand von 2.77 Millionen

der Gesamtzahl der japanischen Arbeitskräfte lag Anfang der 90er Jahre bei 49%,[1] und dementsprechend erscheint es nur zu logisch, daß in einer anderen Umfrage von Januar 1996 etwa 90% der befragten japanischen Unternehmen die Notwendigkeit zum Abbau der Personalkosten hervorgehoben haben.[2]

Ein weiterer Faktor, der zur neueren Diskussion über die Zukunftsfähigkeit des Prinzips der lebenslangen Beschäftigung in Japan stark beigetragen zu haben scheint, ist die angestiegene internationale Popularität des Shareholder Value-Ansatzes amerikanischer Prägung: Managementideen sind, wie im Kapitel 1 bereits gezeigt, längst zu einem globalen Phänomen geworden.[3] Generell läßt sich feststellen, daß angesichts des im internationalen Vergleich sehr niedrigen durchschnittlichen ROE in Japan, der nach einigen Angaben unter der 4%-Grenze liegt und damit weniger als ein Fünftel von amerikanischem Niveau (mit 21%) beträgt,[4] in der letzten Zeit die Forderungen nach einer stärkeren strategischen Berücksichtigung des *Shareholder Value* in Japan deutlich lauter werden.[5]

Wie gehen japanische Großunternehmen heute mit dem Problem der personellen Überkapazitäten - und damit im Endeffekt auch mit dem Fundamentalprinzip der lebenslangen Beschäftigung - um?

Zunächst ist festzustellen, daß die meisten japanischen Führungskräfte **in der Öffentlichkeit** nach wie vor mit Nachdruck betonen, der Personalabbau nach amerikanischem Muster käme für sie überhaupt nicht in Frage. Selbst der ansonsten als Reformer geltende M. Makihara, Präsident der Mitsubishi Corporation, hält es für nötig, neben dem Plädoyer für eine wesentlich **stärkere Berücksichtigung des ROE** in der Strategie seines weltweit umsatzstärksten Unternehmens auch die **Unverletzbarkeit der Mitarbeiterorientierung** zu bekräftigen:

> *"In Japan, companies answer first of all to their employees and then to their shareholders, and they place all this in the context of societal needs.* Japanese shareholders were traditionally seen as silent partners who refrained from interfering as long as the company was growing.[6] But that era has passed. At Mitsubishi Corp., the profit criterion we are targeting is ROE ... .[7] ... *Where Japanese and American managers part ways is, I believe,*

Menschen. (Stand 31.03.1998; vgl. die Angaben in: o.V.: 3-gatsu no sitsugyôritsu, saiaku kôshin no 3.9%, 28.04.1998)

[1] JETRO, 1994, Teil "People, Structural Changes: Transforming the Wokplace."

[2] vgl. Niimura, 1996.

[3] Eine weitreichende Diskussion dieses Ansatzes würde den Rahmen der vorliegenden Arbeit sprengen und auch nicht zielführend sein; vgl. zu diesem Ansatz insb. Rappaport, 1998; zur relevanten innerdeutschen Debatte vgl. im Zusammenhang mit dem Shareholder Value-Ansatz die Thesen des Vortrags von Marr am 7. Münchener Personalforum im Februar 1997.

[4] vgl. diese Daten bei K. Ito, November 1997, S. 6. Anderen Anagaben zufolge betrug 1996 die Netto-Eigenkapitalrendite der umsatzstärksten amerikanischen Industrieunternehmen 19.6%, die der deutschen lag bei 11.3% (vgl. o.V.: Industrie-Renditen international, 25.09.1997, S. 3). Im Kapitel 9 wurde im Zusammenhang mit Economies of Scale gezeigt, daß nicht der Gewinn, sondern der Umsatz bzw. der Marktanteil traditionell die zentrale strategische Zielgröße bei exportorientierten japanischen Großunternehmen darstellte.

[5] vgl. z. B. Dirks, 1997b sowie die unten angeführten Thesen von Makihara.

[6] vgl. hierzu auch Esser, 1994a, S. 6 sowie weitere Ausführungen im Kapitel 14.

[7] Konkret bedeutet dies, daß der ROE bei Mitsubishi Corp. von 0.6% im Jahr 1995 auf 8% im Jahr 2000 erhöht werden sollte (vgl. diese Angaben bei Yoshimori, 1995, S. 42). Die Wettbewerbsposition einiger anderer Mitglieder der Mitsubishi Group hat sich allerdings in der jüngsten Zeit eher verschlechtert (vgl.: o.V.:

in the treatment of workers. ... The recent revival of the American economy was accomplished in the midst of moves to lay workers off and make companies smaller. *But I myself wouldn't do that, nor do I think one should. We Japanese managers see our employees as a crucial asset.*"[1]

Solche Erklärungen sind als wichtige Maßnahmen zur Sicherung des *Unternehmensimages* zu interpretieren, denn die über ein Mindestmaß hinausgehende Entlassungen durchführenden Unternehmen werden in der japanischen Öffentlichkeit nach wie vor *bloßgestellt.*[2] In einem anderen öffentlichen Statement beschreibt Makihara den Unterschied zu der amerikanischen Handlungsweise folgendermaßen:

> "You have to have a sense of crisis to change. In the U.S., you can lay people off and immediately get a sense of crisis. [In Japan], ... (y)ou have to cajole people and show them what will happen if nothing is done."[3]

Spätestens hier endet aber die öffentlichkeitswirksame *Rhetorik* und stellt sich die Frage: Was geschieht in japanischen Großunternehmen in der *Realität* in den Fällen, in denen dieses "*what will happen if ...*" tatsächlich in unmittelbare Nähe rückt?

Der Anstieg der Arbeitslosenquote, die in Japan im gesamten Zeitraum von 1955 bis 1994 nach amtlichen Angaben stets unter 3% lag,[4] im Finanzjahr 1996 (d.h. bis zum 31.03.1997) jedoch saisonbereinigt 3.4%[5] erreicht hat und auch im Jahr danach von diesem Niveau nicht heruntergegangen ist,[6] bestätigt einerseits, daß auch Japan das Problem der Arbeitslosigkeit mittlerweile zu spüren bekommen hat. Dies um so mehr, als in der Literatur auch auf die Unterschiede hingewiesen wird, die im Zusammenhang mit der Arbeitslosigkeit zwischen der japanischen und den westlichen Berechnungsmethoden bestehen[7] und die japanischen Daten *deutlich verschönern.* Eine eingehende Auseinandersetzung mit diesen Unterschieden wäre im Hinblick auf die zentrale Fragestellung der vorliegenden Arbeit nicht zielführend, daher sei hier lediglich Eines hervorgehoben:

Mitsubishi: The diamonds lose their sparkle, May 9th 1998, S. 73 f.), was auch im Hinblick auf diese strategische ROE-Zielsetzung der Mitsubishi Corp. negative Auswirkungen haben dürfte.

[1] M. Makihara Interviewed by J. Suzuki, in: Japan Update, Juli 1996, S. 2; hervorgehoben d. d. Verf. Auch Politiker, wie z. B. E. Sakakibara, zur Zeit stellvertretender Finanzminister Japans, sehen einen wichtigen Unterschied des japanischen "Stil der Restrukturierung" gegenüber dem angelsächsischen darin, daß es bislang in Japan keine *layoffs* gegeben hat. "We should continue that pratice", verspricht Sakakibara (zit in: Landers, 31.07.1997, S. 48).

[2] vgl. Dirks, 197c, S. 553 sowie bereits vor ca. 10 Jahren Abegglen/Stalk, 1986, S. 51.

[3] Makihara, zit. in: Moffett, 20.07. 1996, S. 66; vgl. ähnliche Aussagen über die Unzulässigkeit von Entlassungen von F. Sato, Chairman of Toshiba Corporation, und T. Moroi, Chairman of Chichibu Cement (zit. in: Yoshimori, 1995)

[4] vgl. Kevenhörster, 1993, S. 39.

[5] vgl. statistische Angaben des SÔMUCHÔ TÔKEIKYOKU*TÔKEI CENTÂ in URL: http://www.stat.go.jp/0611034.htm, Stand 26.11.1997 sowie White Paper on Labor 1997 - A Summary of the Analysis -, October 1,1997.

[6] vgl. SÔMUCHÔ TÔKEIKYOKU*TÔKEI CENTÂ: PSI nenpô (1998 Nenpan) dêta no kôshinjôhô, Punkte 3 (1) u. 3 (2), Stand 07.05.1998.

[7] vgl. dazu z. B. Kishi, Winter 1996 u. Kishi, 1995.

- Selbst wenn man einigen kritischen Beobachtern zustimmt und annimmt, die tatsächliche Arbeitslosenquote in Japan sei *doppelt so hoch* wie die amtliche[1],
- blieb sie aber mindestens um etwa ein Drittel niedriger als etwa in der Bundesrepublik mit den (ebenfalls amtlichen) 10.4% im Jahr 1996.[2]

Es scheint also - trotz des absoluten und relativen Anstiegs der Arbeitslosenzahl in Japan - nach wie vor zu gelten, daß in Japan "(s)till, less blood is spilled in hard times"[3] als es in Deutschland und vielen anderen Industrienationen der Fall ist.

Und da im Beschäftigungsbereich die betrieblichen Aspekte der *sozialen und der ökonomischen Effizienz*, von denen beide (der eine als Vertrauen, der andere als Qualität der organisationalen Wissenshandhabung) einen starken Einfluß auf *Innovationsidentität* ausüben, sinnvollerweise in Verbindung mit dem Aspekt der *gesellschaftlichen Effektivität* betrachtet werden sollten, sollte man als Europäer auch die Feststellung nicht ignorieren, die einige Japanexperten in der letzten Zeit wiederholt gemacht haben: Der Verzicht auf einen massiven Personalabbau mag zwar die sofortige Wirkung der Restrukturierung auf die Kostenkomponente (und damit auch auf den ROE) vermindert haben, allerdings "*the commitment to maintaining employment opportunities for core workers has* [in Japan - A.d.V.] *also mitigated the impact of the recession and averted the politicization of economic recession as is sometimes evident in Europe*."[4] Auch arbeitsrechtliche Auseinandersetzungen und Streiks finden in Japan nach wie vor in geringerem Umfang statt als in Europa.[5]

Wechselt man diese gesamtwirtschaftliche Betrachtungsebene und analysiert die Situation in führenden japanischen Großunternehmen, die als kollektive Innovationsträger im Mittelpunkt der vorliegenden Arbeit stehen, kann konstatiert werden, daß auch in der Wirtschaftsflaute der 90er Jahre in Japan "*corporate restructuring and downsizing occurred without large workforce layoffs.*"[6] Statistiken zeigen, daß von japanischen Firmen auf das Mittel des offensichtlichen Personalabbaus beim Konjunkturabschwung der ersten Hälfte der 90er Jahre *noch weniger als in früheren Krisen* zurückgegriffen wurde.[7]

Wenn es bei großen japanischen High-Tech-Unternehmen tatsächlich keine radikalen *Layoffs* gegeben hat und somit das Prinzip der lebenslangen Beschäftigung bei ihnen offenbar

---

[1] vgl. hierzu z. B. Porwollik, 18.10.1996.
[2] Vergleicht man die *standardisierten* Arbeitslosenanteile in Japan und in der Bundesrepublik, ergibt sich ebenfalls, daß Japans Arbeitslosenanteil deutlich niedriger ist als der deutsche (Daten bis 1995, vgl. Kommission für Zukunftsfragen der Freistaaten Bayern und Sachsen: Erwerbstätigkeit und Arbeitslosigkeit in Deutschland: Entwicklung, Ursachen und Maßnahmen, 1996, S. 119, basierend auf den OECD-Angaben).
[3] Abegglen, March 1996. Auch in einer neueren Studie der Bertelsmann-Stiftung, die beschäftigungspolitische Erfolgsfaktoren in 20 wichtigsten Industrienationen untersuchte, nimmt Japan im internationalen Beschäftigungs-Ranking den *ersten* Platz ein (vgl. hierzu: o.V.: Entziehungskur schafft Arbeit, 24.04.1998; Schröder/van Suntum, 23.04.1998).
[4] Osawa/Kingston, January 1, 1996; hervorgehoben d. d. Verf.
[5] vgl. Esser, 1994a, S. 4.
[6] o.V.: Japan in Transition, April 1996; hervorgehoben d. d. Verf.
[7] Dirks, 1997c, S. 544. Konkrete Daten über die Häufigkeit einzelner Personalanpassungsmaßnahmen in früheren Rezessionen lassen sich ebenfalls bei Dirks (1997c, S. 543f f.) finden; ergänzend vgl. auch Abegglen/Stalk, 1986, S. 245 f.; Ernst, 1988, S.139 ff.; Mroczkowski/Hanaoka, 1989, S. 43 ff.

weitgehend *standgehalten* hat - wie haben sie dann das Problem der personellen Überkapazitäten gehandhabt und welchen Einfluß üben die gefundenen Lösungen auf die humanbasierte Innovationsidentität aus?

Generell ist festzustellen, daß die großen japanischen Konzerne *alle sonstigen sozial verträglicheren* Instrumente der Personalfreisetzung, wie den Abbau von Überstunden und andere Formen der Arbeitszeitverringerung, den Einstellungsstopp und die Frühpensionierung intensiv eingesetzt haben, *um den Abbau von Kernpersonal zu vermeiden*.
Mit anderen Worten: Obgleich infolge der anhaltenden Wirtschaftsflaute die Arbeitslosenquote in Japan im März 1998 auf den Rekordwert von 3.9%, in der männlichen Altersgruppe zwischen 15 und 24 Jahren sogar auf 10.1%, weiter angestiegen ist[1] und es daher sehr verständlich ist, daß diese negativen Tendenzen auf dem Arbeitsmarkt der japanischen Öffentlichkeit zunehmende Sorgen machen, bedarf diese volkswirtschaftliche Entwicklung - jedenfalls im Hinblick auf ihren Einfluß auf das humanbasierte Innovationspotential der Unternehmen - einer möglichst differenzierten Betrachtung. Denn die Personalstrategie der großen technologieintensiven japanischen Unternehmen weist auch in dieser Wirtschaftsflaute nach wie vor einen krassen Unterschied zur Vorgehensweise etwa bei ihren amerikanischen Pendants auf; während über die Kürzungen des Personalbestandes bei IBM in Höhe von 35%, bei General Motors um 29% oder bei Digital Equipment um 26% berichtet wird,[2] haben bei ihren technologieintensiven japanischen Konkurrenten keine Abbaumaßnahmen in auch annähernd vergleichbarer Größenordnung stattgefunden.

Die meisten der oben genannten japanischen Maßnahmen zur Vermeidung des Personalabbaus, wie z.B. Abbau von Überstunden, sind in der deutschen personalwirtschaftlichen Literatur hinreichend beschrieben und teilweise auch in der Unternehmenspraxis umgesetzt,[3] so daß sie im weiteren nicht näher erörtert werden sollen. Was dagegen hervorgehoben werden muß, ist die Tatsache, daß größere japanische Unternehmen zum Erhalt des Kernpersonals auch verstärkt zu den Mitteln greifen, die man aus personalwirtschaftlichen Lehrbüchern als eine der denkbaren sozial effizienten Optionen zwar auch im Westen kennt, die aber in der hiesigen Praxis vielfach nicht (oder nicht mehr) verwendet werden.
Ein Beispiel für die Anwendung solcher Instrumente liefert *Toyota*, der Marktführer des japanischen Autobaus: Als der Gewinn des Unternehmens im letzten Quartal 1992 rezessionsbedingt um 35% gegenüber dem Vorjahr gesunken ist, wurden die *Gehälter aller Verwaltungsmitarbeiter um 20% gekürzt*,[4] *aber keine Entlassungen des Kernpersonals - der*

---

[1] vgl. o.V.: 3gatsu no sitsugyôritsu, saiaku kôshin no 3.9%, 28.04.1998; o.V.: Jakunen dansei no sitsugyôritsu wa 10.1%, 28.04.1998 sowie o.V.: Jobless rate hits postwar record, 28.04.1998; vgl. hierzu auch die Angaben zu Unternehmenspleiten im Kapitel 1. Prognosen zufolge soll die Arbeitslosenquote im Laufe des Jahres 1998 das Niveau von 4% erreichen (vgl. o.V.: 3gatsu no sitsugyôritsu, saiaku kôshin no 3.9%, 28.04.1998).
[2] vgl. Grossman, May 1996, S.56 und die dort angegebenen Quellen. „(N)ow even healthy firms are announcing layoffs," stellt ein amerikanischer Forscher im Frühjahr 1998 fest (Singh, 1998, S.68).
[3] vgl. zum Überblick Seisl, 1998 und die dort angegebene Literatur.
[4] vgl. Arita, 1994, S. 376. Allerdings wurden von Toyota befristete Verträge vieler Saisonarbeiter nicht verlängert (vgl. die Angaben bei Dirks, 1997b). Neueren Angaben zufolge hat das Unternehmen die Zahl der *temporary factory workers* von ca. 3000 im März 1997 auf 1500 im April 1998 reduziert (vgl. auch zu analoger Entwicklung bei anderen führenden japanischen Autofirmen o.V.: Japan Automakers Cut Temporary Workers Amid Slow Domestic Demand, April 30, 1998). Saisonarbeiter stellen aber in qualitativer wie quantitativer Sicht eine Randgruppe der Belegschaft dar, sie wurden von japanischen Unternehmen nie als Kernpersonal

Kaisha Ningen - vorgenommen. Diese Reaktionsweise einer *Schicksalsgemeinschaft*, die vertrauensförderlich wirkt und damit auch für das Commitment der Mitarbeiter und die humanbasierte Innovationsidentität von zentraler Relevanz ist, kann für *viele* größere japanische Unternehmen auch in den späten 90er Jahren, als die japanische Wirtschaftsflaute durch die Asien- und Bankenkrise noch verschärft wurde, nach wie vor als typisch angesehen werden.

An einem aktuellen Beispiel, dem Fall der **Yuasa Corp**., kann man diese personalerhaltenden Maßnahmen wie auch einige ihrer marktbezogenen Auslöser im einzelnen noch deutlicher sehen:

> "Yuasa Corp. plans to cut personnel costs and sell off assets to dispose of some 10.4 billion yen worth of accumulated losses this fiscal year .... Japan's leading storage battery maker will cut salaries for 300 mid-level managers and increase salary cuts on senior managers. The president will take a 40% pay cut and 19 board directors will have their salaries slashed by 21%. The company is negotiating with the labor union over a plan to offer early retirement package to up to 300 staff. Yuasa will also sell off some 14 billion yen in real estate and stock holdings. An influx of lower-priced imports has pushed down profits from lead batteries. Lead battery sales account for 60% of overall revenue at the firm, which projects an operating loss for the sixth consecutive year in fiscal 1997. Restructuring in fiscal 1997 cut the president's pay by 20% and directors salaries by 10%."[1]

Vor diesem Hintergrund ist auf folgende, im Hinblick auf den aktuellen modischen Meinungstrend als "antizyklisch" zu interpretierende Auffassung von Abegglen aufmerksam zu machen: "I find the overall Japanese system admirable from any reasonable human value and point of view - and efficient, too."[2] **Das gegenseitige Vertrauen** als Folge des Prinzips der lebenslangen Beschäftigung bleibt als wichtige Grundlage der japanischen Innovationsidentität auch heute weitgehend aufrechterhalten. In quantitativer Hinsicht kann man das folgendermaßen konkretisieren: Einer vom *KEIZAI KÔHÔ CENTÂ* im Dezember 1997, also *inmitten der Wirtschaftsflaute*, durchgeführten Umfrage zufolge[3] vertrauen mehr als 84% der japanischen Unternehmensmitglieder [*Kaishain*] ihrem jeweiligen Unternehmen; davon legen 16.4% „*ein volles*" Vertrauen zu ihrem Unternehmen an den Tag und weitere 68.0% vertrauen ihrem Unternehmen „*größtenteils*."

Im Hinblick auf die *ökonomische Effizienz* dieser *gemeinschaftlichen Krisenanpassungsstrategie*, die Abegglen ja auch vermutet, kann insbesondere angenommen werden, daß dieses *Organizational Slack*[4] - hier als *Überschuß an Personalressourcen* verstanden - in japanischen

---

betrachtet und konnten dementsprechend auch vorher nie mit einer lebenslangen Beschäftigungsgarantie rechnen.

[1] o.V.: Yuasa (6933) Cuts Management Pay In Restructuring Drive, April 6, 1998.

[2] Abegglen spricht hier nicht vom *gesamten* Wirtschaftssystem Japans, sondern vom *Managementsystem* der japanischen Unternehmen (Abegglen, March 1996; hervorgehoben d. d. Verf.).

[3] vgl. KEIZAI KÔHÔ CENTÂ, 12.02.1998, Punkt I.4.

[4] vgl. zum *Organizational Slack* und zur *Redundanz* aus theoretischer Perspektive z. B. Staehle, 1991b und die dort angegebene Literatur; zu den Nachteilen der westlichen Downsizing-Strategie im Hinblick auf das Innovationspotential und die nachhaltige Wettbewerbsfähigkeit vgl. z.B. Friedrich/Hinterhuber, 1998.

Großorganisationen bis jetzt jedenfalls nicht als ein um jeden Preis zu beseitigender negativer Kostenfaktor interpretiert wird, sondern daß seine langfristig funktionale Rolle als Vertrauensbasis und Innovationspotential anerkannt und dieser Rolle entsprechend auch gehandelt wird.

Kein Unternehmen kann grundsätzlich effektiv funktionieren ohne einen notwendigen Grad an Stabilität und Konsistenz sicherzustellen[1] - und in den Zeiten eines *Paradigmenwechsels* wird auf der Unternehmensebene ein bestimmtes Maß an *Sicherheit* zu einem Faktor, ohne den sich alle von bevorstehenden u.U. dramatischen Änderungen Betroffenen einfach "*ins Schneckenhaus zurückziehen würden.*"[2] Darüber scheinen sich viele Entscheidungsträger in der japanischen Großindustrie im Klaren zu sein, und sie legen nach wie vor mehr Wert auf die **„Logik der Arbeit"** als auf die **„Logik des Kapitals"**[3] - so wie es ihre Mitarbeiter von ihnen auch erwarten: einer Ende 1990 durchgeführten Studie zufolge glaubten nämlich 97.1% der Middle Managers in japanischen Unternehmen, daß bei dem Dilemma "to maintain dividends or to lay off a number of employees" der Vorstand sich für die Sicherheit der Arbeitsplätze entscheiden wird (in den USA waren es nur 10.8%, in Deutschland damals immerhin 59.1%).[4]

Geht man der Frage nach den *Gründen* für die Dominanz der "Logik der Arbeit" bei japanischen Managern nach, läßt sich folgende *Hypothese* entwickeln. Diese "Logik der Arbeit" ist in einem breiteren Kontext der **Basisannahmen über das Wesen der Unternehmung** zu sehen, insbesondere im Zusammenhang mit spezifischen fundamentalen Auffassungen der betrieblichen Entscheidungsträger darüber, in wessen Interessen sie grundsätzlich zu handeln haben.[5] Porter stellt in seiner vergleichenden Analyse denn auch fest, daß "(c)ountries ... differ markedly in the goals that companies and individuals seek to achieve. Company goals reflect the characteristics of national capital markets and the compensation practices for managers."[6] Vor diesem Hintergrund sei im Hinblick auf Japan auf die These von R. Dore hingewiesen, der für japanische Großunternehmen folgendes konstatierte:

> "In the conception of the firms -- or at least of the large corporation -- which is overwhelmingly dominant in Japan, *among union leaders as well as in the business class*, the one stakeholder whose stake is seen to be of paramount importance is the *body of employees. The primary definition of the firm is a community of people*, rather than a property of the shareholders, and *this conception shapes business practices.*"[7]

Diese Hypothese steht im Einklang mit dem in den Kapiteln 3 u. 5 der vorliegenden Arbeit entwickelten Modell, dem zufolge eine japanische Unternehmung als *Netz von zwischenmenschlichen Beziehungen* und als *Schicksalsgemeinschaft* interpretiert werden kann,

---

[1] vgl. Sackmann, 1983, S.396.
[2] Bleicher, 1994, S. 69; hervorgehoben d. d. Verf.
[3] vgl. K. Uekusa, 1995, S. 38; auf mögliche Wandelprozesse zugunsten der "Logik des Kapitals" in Japan wird im nächsten Punkt (14.2) eingegangen.
[4] vgl. Yoshimori, 1995, S. 35.
[5] vgl. z.B. Yoshimori (1995), der in diesem Zusammenhang zwischen einem monistischen (USA, Großbritannien), dualistischen (Deutschland) und pluralistischen (Japan) Konzept der Unternehmung unterscheidet.
[6] Porter, 1990, S.81; zu den "*friendly shareholders*" in Japan vgl. detailliert Miwa, 1994 sowie Okumura, 1986.
[7] Dore, 1992, zit. nach: Miwa, 1994; hervorgehoben d. d. Verf.

und sie läßt sich durch Überlegungen anderer Autoren[1] wie auch durch empirische Daten stützen: Unter den von Nihon Keizai Shimbun im Jahr 1990 befragten Departmentsleiter der 100 größten japanischen Unternehmen glaubten 77%, daß "the company belongs to its employees," und 80% waren der Auffassung, daß "the company ought to belong to its employees." Tabelle 14.1 liefert einen detaillierteren Überblick hierüber:

Tabelle 14.1: **To whom belongs the [*Japanese*] company? - Opinion of the head of the departments**[2]

	To whom belongs the company	To whom ought to belong the company
Shareholders	59%	67%
Management	65%	19%
Employees	77%	80%
Society	23%	70%
Customers	26%	27%
Community	3%	10%
Government	6%	4%
Other type of ownership, NA	9%	3%

Mit der oben zitierten These weist Dore unter anderem auch darauf hin, daß auch die japanischen *Gewerkschaften* über die gleichen Grundannahmen über das Wesen einer Unternehmung verfügen. Auf die wichtige Rolle der Gewerkschaften für das *traditionelle Japanese-style Management* wurde bereits im Kapitel 3.1.2 aufmerksam gemacht; um den Rahmen der vorliegenden Arbeit nicht zu sprengen, soll an dieser Stelle im Zusammenhang mit der Innovationsidentität nur eines konstatiert werden: Über ihre Verhandlungsposition bei den lohnpolitischen Entscheidungen üben auch die Gewerkschaften - in Japan wie auch anderswo - einen direkten Einfluß auf die künftigen Personalentscheidungen der Unternehmen und damit auch einen längerfristigen indirekten Einfluß auf deren *Innovationsidentität* aus. Im Fall Japan hat eine von Nihon Keizai Shimbun am 31.03.1998 durchgeführte Umfrage von 610 Unternehmungen ergeben, daß die vereinbarte Lohnsteigerungsrate mit im Durchschnitt 2.57% im Jahr 1998 nicht nur um 0.23% unter dem Vorjahresniveau liegen soll, sondern auch mit dem absoluten Wert von 7.668 Yen sich generell auf dem *niedrigsten Niveau seit 22 Jahren*

[1] vgl. z.B. unter neueren Publikationen Nukazawa, March 1998.
[2] Nihon Keizai Shimbun, 23.04.1990, zit. nach: Hirata, 1993, S. 109; vgl. diese Angaben in Kurzform bei Yoshimori, 1995, S. 33. Zum "*body of employees*" als "*controlling group*" im Sinne von H. Simon in japanischen Großunternehmen vgl. detailliert Miwa, 1994.

befinden wird.[1] Warum die Gewerkschaften dabei mitspielen, liegt auf der Hand: "Declining corporate profits and job insecurity were factors in the readiness of unions to accept such low pay hikes ... ."[2]

Zusammenfassend läßt sich an dieser Stelle schlußfolgern, daß das Prinzip der lebenslangen Beschäftigung als Verzicht auf den "harten Personalabbau" bzw. auf die Kündigungen des Kernpersonals bei führenden technologieintensiven japanischen Großunternehmen bis heute **grundsätzlich** aufrechterhalten blieb. Auf die Formulierung "***bis heute***" soll hier allerdings aufmerksam gemacht werden, denn angesichts der sich Anfang 1998 deutlich verschlechternden Konjunktur und Stimmung in der japanischen Wirtschaft erscheint es im Moment schwierig vorherzusagen, *wie lange* sich auch die Großunternehmen die bisherige Personalerhaltspolitik ohne harte Maßnahmen noch werden ökonomisch leisten können. Eine Umfrage der Asahi Shimbun hat jedenfalls im März 1998 ergeben, daß 76% der befragten Japaner ihr Einkommen und ihren Job durch die Rezession beeinflußt sahen, und 30% meinten, dieser Einfluß sei groß.[3]

Auch die bevorzugten "weicheren" Maßnahmen zur Anpassung des Personalbestandes in japanischen Großunternehmen können das Arbeitsleben der betrieblichen Innovationsträger tangieren und somit einen Einfluß auf die Innovationsidentität der Unternehmen ausüben. Darum soll im weiteren zusätzlich zu der obengenannten vertrauensfördernden unternehmensweiten Gehaltsanpassung auf zwei dieser Maßnahmen etwas näher eingegangen werden, die im Hinblick auf die eventuelle Transformation der Innovationsidentität der japanischen Großunternehmen von Relevanz sind. Es handelt sich um die zwischenbetrieblichen Personalversetzungen und die Dynamik der Teilzeitbeschäftigung.

2 Was wird am Prinzip der lebenslangen Beschäftigung heute modernisiert und welchen Einfluß kann diese Modernisierung auf die Innovationsidentität der japanischen Großunternehmen ausüben?

a) Personalversetzungen als Einflußfaktor der Innovationsidentität

Die zwischenbetriebliche Entsendung von Arbeitnehmern über Firmengrenzen hinweg unter Umgehung des freien Arbeitsmarktes hat sich in der letzten Zeit in Japan als wichtige Personalanpassungsmaßnahme etabliert und ist heute insbesondere dadurch gekennzeichnet, daß:[4]

---

[1] vgl. o.V.: Shuntô chinageritsu, saitei 2.57%, Honsha 1 ji shûkei, 07.04.1998; zur Situation in einzelnen Branchen vgl. z.B. o.V.: Seizôgyô, tekkô nozoki zennen ware, 07.04.1998; o.V.: Employees At Electric Appliance Firms To See Smaller Pay Rises, March 17, 1998. Daß die niedrigen Lohnabschlüsse einen negativen Einfluß auf das Konsumverhalten und damit im Endeffekt auf die Umsätze der Unternehmen ausüben können, sei hier nur am Rande bemerkt.

[2] o.V.: Pay Increases Hit 22-Year Low This Spring: Nikkei Survey, April 7, 1998.

[3] vgl. o.V.: Fukyô ga shigoto ni "eikyô" 76%, bigguban wa "fuan" 43% - Honsha seron chôsa, 11.03.1998; o.V.: Survey: Most feel economy's squeeze, 11.03.1998.

[4] vgl. zu weiteren Ausführungen Dirks, 1997c, S. 545 ff., der neben der befristeten (*shukkô*) auch die (wesentlich weniger bedeutsame) irreversible (*tenseki*) Personalentsendung vergleichend analysiert. Auf die Bedeutung von *shukkô* weist auch K. Nakamura (February 1, 1992) hin.

- der Personaltransfer, der überwiegend zwischen den miteinander kapitalmäßig oder geschäftlich eng verbunden Unternehmen stattfindet, auf gegenseitigem langfristigem Vertrauen zwischen diesen Unternehmen basiert;

- den Großteil der Beteiligten auf der entsendenden Seite Großfirmen, auf der empfangenden kleine und mittelständische Unternehmen (KMU) darstellen;

- überdurchschnittlich oft Mitarbeiter in mittleren und gehobenen Managementpositionen, im administrativen Bereich sowie die Ingenieure, relativ selten dagegen die Produktionsmitarbeiter ("blue collars") transferiert werden.

Dieser zwischenbetriebliche Personaltranfser kann heute allerdings nicht mehr nur als bloße Rationalisierungsstrategie (im schlimmsten Fall Kostenverlagerung) interpretiert werden; er ist auch durch eine **wichtige innovationsbezogene Dimension** gekennzeichnet, die im Anschluß an Dirks in der Tabelle 14.2 dargestellt wird.

Bei solchen Personalversetzungen wird u.U. auch die durch den Personalkostendruck bedingte Not zur innovationsrelevanten Tugend. Im Kapitel 6 wurde nämlich darauf hingewiesen, daß japanische Spitzenunternehmen viel Wert *auf den direkten Kontakt ihrer Mitarbeiter mit den Kunden als Quelle für Produktinnovationen* legen, und gerade in schwierigen Zeiten ist festzustellen, daß sie ihre Mitarbeiter verstärkt aus den Büros in den Vertrieb schicken. So z.B. wird im Jahresbericht 1996 von Nissan der Öffentlichkeit kommuniziert, daß das Unternehmen "*increase the number of sales people by shifting people to front-line sales positions from administrative posts* ...."[1] Die Mitarbeiter lernen dabei Kundenbedürfnisse durch persönliche, unmittelbare, z.T. implizite kontextspezifische Erfahrungen kennen, und die Bereitschaft, von Verwaltungsstellen in den Vertrieb (oder etwa in einen ganz anderen Funktionsbereich beim Lieferanten) versetzt zu werden, stellt, wie insbesondere im Kapitel 5 gezeigt, eine zentrale Eigenschaft der *Kaisha Ningen*-Mentalität dar und kann bei den *Shigoto Ningen*, die ihre personelle Identität vielfach mit dem ausgeübten *spezialisierten Beruf* in Verbindung bringen und eher *vertragliche* als *sozio-emotionale* Beziehung zum Unternehmen haben, nicht vorausgesetzt werden.

b) **Teilzeitarbeit als Verringerung des Personenkreises der Kaisha Ningen**

Basierend auf den obigen Überlegungen kann im Anschluß an T. Sakurai, Präsident der Dai-Ichi Mutual Life Insurance Co, konstatiert werden, daß " ... most [Japanese - A. d. V.] firms have done their best to keep everybody on the payroll." [2] Andererseits konnten natürlich auch die Herausforderungen der neuen Wettbewerbsära wie vor allem der verstärkte Druck der preisgünstigen Konkurrenz, aber auch die Alterung der japanischen Bevölkerung und andere Faktoren nicht spurlos an der Zusammensetzung der Belegschaft und Gestaltung der Arbeitsverhältnisse vorbeigegangen sein.

---

[1] Nissan: Annual Report 1996, Fiscal Year Ended March 31, 1996, - Internet Edition- , Teil „Return to Profitability, Strengthening Domestic Sales & Product Competitiveness, in: URL: http://www.nissan.co.jp). Das Händlernetz gehört dem Konzern zu 80 Prozent (vgl. o.V: Weniger Geld für die Manager, 1996, S. 108 f.).
[2] Sakurai, September 1996, S. 12; hervorgehoben d. d. Verf.

Tabelle 14.2: **Ausgewählte für die Wissenshandhabung und Innovationsfähigkeit relevante Aspekte des zwischenbetrieblichen Personaltransfers in Japan**[1]

Positive Auswirkungen	Probleme
Insbesondere bei einer zeitlich begrenzten, die Rückkehr voraussetzenden Entsendung spielt als Zielsetzung die Personalentwicklung bzw. die Heterogenisierung der aufgaben- und gesamtkontextbezogenen impliziten Erfahrungen der entsandten Mitarbeiter und somit die Vervollkommnung ihrer fachlichen und sozialen Kompetenzen eine sehr wichtige Rolle.	
Durch den Personaltransfer des *Unternehmens-gruppentyps* werden u.a. die ausgegliederten Ventures (auch als Diversifikationsform) mit entsprechenden personengebundenen kognitiven und sozialen Wissenskomponenten und Fähigkeiten ausgestattet.	Zerstörung des alten persönlichen Beziehungsnetzes des Mitarbeiters bei einer langfristiger Entsendung
Bei dem sog. *Unterstützungstyp* des Transfers übernehmen die KMUs (etwa als Lieferanten eines Großunternehmens) über den quasi-internen Markt qualifizierte Mitarbeiter, die sie dann oft in gehobenen Positionen im technologischen und im Managementbereich einsetzen und die somit einen entscheidenden Einfluß auf die technologische und Marktstrategie des neuen Arbeitgebers, u.a. auch auf die Gestaltung von innovationsförderlichen Kooperationsbeziehungen gewinnen.	Schwierigkeiten und Konfliktträchtigkeit beim Aufbau des neuen persönlichen Beziehungsnetzes im übernehmenden Unternehmen Motivationsprobleme bei der Statusveränderung, die sich negativ auf die Arbeitsleistung im allgemeinen und die Innovationswilligkeit im speziellen auswirken
Zur Leistungsstärke dieser zwischenbetrieblichen Innovationsnetzwerke tragen gemeinsame "Sprache" bzw. gemeinsame Denk- und Handlungsroutinen der Mitarbeiter im entsendenden und übernehmenden Unternehmen bei.[2]	Leistungsfeindlich wirkende Angst, nicht mehr in das ursprüngliche Unternehmen zurückkehren zu können
Durch den Vertrauensvorschuß gegenüber der entsendenden Firma wird für den Empfänger das Risiko der inadäquaten Personalauswahl reduziert.	

[1] Zusammengefaßt mit geringfügigen Ergänzungen nach: Dirks, 1997c, S. 551 ff.
[2] vgl. hierzu das im Kapitel 11 analysierte Konzept von Industrieclustern von Porter.

An dieser Stelle kann als *Hypothese* formuliert werden, daß die vorzunehmende Modernisierung *im wesentlichen*[1] über eine *regulierte Erhöhung der internen Mannigfaltigkeit und gleichzeitige Fusion von neuen und alten Komponenten* durchgeführt wird. Die *KEIZAI KIKAKUCHÔ* stellt jedenfalls in ihrem Jahresbericht 1993/94 folgendes fest:

> "While keeping the merits of flexibility in the labor market and the accumulation of human capital, **a new system should be constructed by the fusion of the part of long-term employment** featured by an internal labor market, **and the part with more labor mobility** found in external labor markets."[2]

Das bedeutet mit anderen Worten, daß der Kreis derjenigen Unternehmensmitglieder, für die das Prinzip der lebenslangen Beschäftigung in jedem Fall uneingeschränkt gelten bleibt - der *Kaisha Ningen* also - vermutlich *enger* wird. Diese Entwicklung läßt sich vor allem an der *gestiegenen Zahl der Gelegenheits- und Teilzeitbeschäftigten* ablesen[3], und sie erscheint aus deutscher Sicht um so relevanter, als diese steigende Tendenz zum Ersatz der "Normarbeitsverhältnisse" durch "Nicht-Normarbeitsverhältnisse" hierzulande unter anderem auch als Zeichen für eine *steigende strukturell-qualitative Ähnlichkeit des japanischen und des deutschen Arbeitsmarktes*[4] angesehen wird.

1995 berichteten Houseman/Osawa, daß "(p)art-time employment grew by over 80% in the decade from 1982 to 1992, increasing from 11% of paid employment to 16.1%."[5] Dem Weißbuch des japanischen Arbeitsministeriums zufolge lag 1996 der Anteil von Teilzeitbeschäftigten und anderen "non-core"-Arbeitnehmern an der Gesamtzahl der beschäftigten Arbeitskräfte bereits bei fast 20%.[6] An der Gesamtzahl der Part-Timer machen weibliche Arbeitnehmer in Japan den Anteil von 70% aus,[7] und gerade sie hat der Abbau von Teilzeitkräften als Krisenanpassungsstrategie primär tangiert.[8]

Was bedeutet diese Entwicklung für die humanbasierte Innovationsidentität der japanischen Großunternehmen?

Bereits Ende der 70er Jahre hat Vogel festgestellt, daß in japanischen Großunternehmen "(t)he ... training program ... includes ... emotional accounts of company history and purposes;"[9] es beinhaltet also etwas, was mit einem hohen Anteil an schnell abbaubaren Part-Time-Jobs nur sehr schwer zu erreichen ist. Wenn die *distinktiven Kernkompetenzen* der Unternehmen, wie im Kapitel 3 festgestellt, generell weitgehend humanbasiert sind und, wie im Kapitel 14.1.2 gezeigt, das Fundament der Innovationsidentität japanischer Unternehmen bilden, dann werden

---

[1] Auch in diesem Punkt ist die Betrachtung eine probabilistische, keine deterministische.

[2] Economic Survey of Japan (1993-1994), July 26, 1994, Concluding remarks; hervorgehoben d. d. Verf.

[3] vgl. z.B. den Kommentar zu den japanischen Arbeitsmarktstatistiken von März 1998 in o.V.: Jakunen dansei no sitsugyôritsu wa 10.1%, 28.04.1998.

[4] vgl. Kommission für Zukunftsfragen der Freistaaten Bayern und Sachsen: Erwerbstätigkeit und Arbeitslosigkeit in Deutschland: Entwicklung, Ursachen und Maßnahmen, 1996, S. 122.

[5] zit. in: Osawa/Kingston, January 1, 1996.

[6] zit. in: Steffensen/Dirks, 1997, S. 206.

[7] vgl. Dirks, 1997b. Etwa die Hälfte der verheirateten Japanerinnen ist berufstätig (vgl. Niimura, 1996).

[8] "(B)y men's (hardly gentlemen's) agreement, it is women in menial jobs who are fired first when the crunch comes. That protects household finances, since in Japan men almost always earn more than their wives" - stellt das Magazin "The Economist" fest (o.V.: Poverty amid plenty, 21.12.1996, S. 96).

[9] Vogel, 1979, S. 146.

diese 20% der Arbeitnehmer, die als "*bewußt eingesetzte Verfügungsmasse*"[1] bezeichnet werden, kaum als Träger der Kernkompetenzen agieren können bzw. wollen; somit ist die Tendenz zur Steigerung des Anteils der Part-Timer langfristig als *potentiell gefährlich* anzusehen:

> "*... (I)t is obvious that ... if all employees are temps or contract workers, or even they are part-timers, they cannot serve as a basis of distinction ... .*"[2]

Das heißt, die spezifische Innovationsidentität kann erodieren, und die erzielten Kostenersparnisse können durch den Verlust von spezifischen, einzigartigen Innovationsfähigkeiten negativ überkompensiert werden. Daher sind die Bemühungen japanischer Großunternehmen, das Kernpersonal bzw. die *Kaisha Ningen* nicht abzubauen und auch nicht zu *Part-Time- und Part-Commitment-Workers* werden zu lassen, auch als Versuch anzusehen, *ihre humanbasierte Innovationsidentität als Grundlage für Wettbewerbsvorteile* aufrechterhalten. Vor diesem Hintergrund ist m.E. auch das Bestreben dieser Unternehmen zu sehen, mit dieser "Verfügungsmasse" ebenfalls recht vorsichtig umzugehen: Amtlichen Angaben zufolge lag die maximale Zeit der japanischen Betriebe, die beim Konjunkturrückgang ihre Teilzeitarbeitskräfte entlassen haben, 1993 bei lediglich 10%.[3]

Im Anschluß an Dirks kann an dieser Stelle insgesamt festgehalten werden, daß die japanischen Großunternehmen "*mit großer Vorsicht an eine Überarbeitung ihrer Personalstrukturen*"[4] herangehen. Das heißt, der Einfluß der lebenslangen Beschäftigung in einem Unternehmen, die bisher vielfach als *Ideal* gesehen wurde,[5] auf die Innovationsidentität bleibt stark. Speziell im FuE-Bereich, der im Hinblick auf die angestrebte Innovationsoffensive[6] offensichtlich von ausschlaggebender Bedeutung ist, dürfte dieses Ideal nach wie vor Realität bleiben. Ca. 70% der japanischen Forscher sind im Unternehmenssektor beschäftigt (gegenüber 56% in Deutschland), [7] und diese hochqualifizierten Arbeitnehmer mit technischer Ausbildung werden weiterhin zum Kreis der lebenslänglich Beschäftigten[8] gehören - als Träger der unternehmensspezifischen Innovationsidentität.

Mit einer amerikanischen Forscherin läßt sich diese Schlußfolgerung folgendermaßen umformulieren:

> **"... The more common view among the [Japanese - A.d.V.] elite is that some parts of the system need to be partially changed or phased out but that the system is fundamentally a good one -- that they need a double track system in which they maintain much of the old system but supplement it with elements of the Western system.**"[9]

[1] Esser/Nakajima, 1994, S. 147; hervorgehoben d. d. Verf.
[2] Pfeffer, 1994, S. 22; hervorgehoben d. d. Verf.
[3] vgl. die Daten bei Dirks (1997b).
[4] Dirks, 1997b; hervorgehoben d. d. Verf.
[5] vgl. Stern/Muta, 1990, S. 74.
[6] vgl. hierzu Kapitel 10.
[7] Stand 1993, vgl. Hemmert, 1997, S. 56.
[8] vgl. Hemmert, 1996, Teil 3.5. Der Studie von McCormick (1995, S. 201) zufolge waren 93.5% der befragten FuE-Mitarbeiter in japanischen Firmen aus verschiedenen Branchen "*non-movers*", haben also ihr Unternehmen nicht gewechselt.
[9] vgl. Anchordoguy, May 31, 1996.

Wie sich dieses "double track system" entwickelt bzw. wie sich diese **Fusion** von verschiedenen heterogenen Komponenten im Hinblick auf einzelne personalwirtschaftliche innovationsrelevante Unternehmensroutinen vollzieht, soll in weiteren Abschnitten des vorliegenden Kapitels analysiert werden.

14.2 Externe Personalbeschaffung und Personalauswahl aus der Perspektive der humanbasierten Innovationsidentität

14.2.1 Einleitung

Wie im Kapitel 13 festgestellt, bedarf eine Innovationseinheit als Erfolgsvoraussetzung sowohl der Kohäsion bzw. Homogenität wie auch der Vielfalt bzw. Heterogenität der relevanten Merkmale ihrer Mitglieder. Den Ausführungen im I. Teil der vorliegenden Arbeit zufolge stellt die zentrale Innovationseinheit in japanischen Großunternehmen die *Gruppe* dar. Das mögliche Niveau der inneren Heterogenität einer Innovationsgruppe *in der Organisation* ist grundsätzlich bedingt

- durch die Heterogenität des Personals *in der ganzen Organisation*
- wie auch durch die Heterogenität *der größeren Population*, aus der die Organisation ihre Mitglieder rekrutieren kann, sprich: durch die Heterogenität der jeweiligen nationalen *Gesellschaft* (bzw. der Gesellschaften bei multinationalen Unternehmen).[1]

In diesem Zusammenhang ist zunächst festzustellen, daß die japanischen Unternehmen im Prinzip über geringere Möglichkeiten als ihre europäischen und amerikanischen Konkurrenten verfügen, auf stark unterschiedliche Gruppen in der jeweiligen nationalen *Gesellschaft* als "Reservoir" der potentiellen Mitarbeiter zu zugreifen und sich dadurch zum Aufbau von Wettbewerbsvorteilen voneinander zu differenzieren; dies liegt vor allem darin begründet, daß die japanische *Bevölkerung* nach wie vor durch eine relativ hohe Homogenität in vielerlei Hinsicht gekennzeichnet ist[2]:

- *hohe ethnische Homogenität*: In der aktuellen Literatur wird zwar heute u.a. die These vertreten, der Trend zur multikulturellen Gesellschaft sei auch in Japan trotz der "reformfeindlichen Bürokratie" nicht mehr aufzuhalten; argumentiert wird dabei unter anderem mit der angestiegenen Zahl der illegalen Einwanderer aus Asien, den Aufforderungen des MITI zum verstärkten Einsatz ausländischer Manager und sogar mit spektakulären Einzelfällen wie der Ernennung von H. Wallace zum Präsidenten von Mazda.[3] Wenn auch diese Fakten an sich stimmen, bleibt vieles eine Frage der Interpretation: Der

---

[1] vgl. Wiersema/Bird, 1993, S. 998.

[2] vgl. zu weiteren Thesen KEIZAI KIKAKUCHÔ, 14.11.1995; Kevenhörster, 1993, S. 43; Howard/Teramoto, 1981, S.25; Sugahara, 1994, S. 88; Schütte, 1992, S.40; Kato, 1985, S. 571; Esser, 1994a, S. 7; Alexander, 1994, S. 74; Whitehill, 1991, S. 5, 69, 145; Porter, 1991, S. 423; Kobayashi, 1994, S. 161; Kikuchi, 1981, S. 45; Nakane, 1985, S. 190 ff.; T. Suzuki 1990, S. 132 ff.; Triandis, 1989, S. 511; Meshcheryakov, 1996, S. 22; kritisch zur These der kulturellen Homogenität der Japaner vgl. Adami, 1994a, Goodman, 1992, S. 4 f. sowie (m. E. wenig überzeugend) Morinaga, Autumn 1995; zur Homogenität als Resultat der sozialen Politik in Japan vgl. Vogel, 1979, S. 180; Breger, 1992, S. 177.

[3] vgl. z. B. Ziesemer, 12.9.1996, S. 48 f. und die dort zitierten Aussagen.

Anteil von Ausländern an der japanischen Bevölkerung ist heute mit rund 1.5%[1] zwar doppelt so hoch wie vor 10 Jahren, allerdings ist er immer noch fast um das sechsfache geringer als in der heutigen Bundesrepublik. Japans Arbeitsmarkt ist nach wie vor in vielerlei Hinsicht abgeschottet gegenüber den Ausländern[2] - und der Heterogenität.

- *hohe linguistische Homogenität*;
- *große Einheitlichkeit in Bezug auf den Bildungsgrad*;[3]
- eine, u.a. aus der im internationalen Maßstab relativ geringen Einkommenskluft in den Unternehmen resultierende, äußerst starke ausgeprägte und stabile "*middle-class identity*": Bereits seit mehreren Jahren versteht sich die gewaltige Mehrheit der Japaner - nach vielen Umfragen mehr als 90% - als Mittelschicht.[4]

Mit dieser Hypothese der Homogenität soll natürlich nicht antizipiert werden, daß "all Japanese are uniform in size, shape, behavior and thought"[5], denn auch in dieser Arbeit wird die moderne japanische Gesellschaft durchaus als "complex industrial society with differentiation occurring in many dimensions"[6] gesehen. Und dennoch sollten die obigen Daten von einem für ein Land von Japans Größenordnung relativ hohen (von Holenstein sogar als "einmalig hohen"[7] bewerteten) Homogenitätsgrad zeugen, mit dem *die Möglichkeiten der Unternehmen, ethnische und kulturelle Unterschiede in der Gesellschaft als eine "natürliche"*[8] *Quelle der erwünschten intraorganisationalen Vielfalt und der interorganisationalen Differenzierung zu nutzen, deutlich eingeschränkt* werden. Kritische Stimmen fordern daher japanische Unternehmen heute auf, zur Förderung der Innovationskraft bewußt am Ausbau von Systemen zu arbeiten, die "*Menschen mit verschiedenen persönlichen Eigenarten und unterschiedlicher Herkunft*"[9] *aufzunehmen erlauben.*

Gerade hier sollen also die organisationalen Prozeduren zur Auswahl von Personal ansetzen, die Nelson/Winter zufolge ein Paradebeispiel für das Phänomen der Unternehmensroutinen darstellen[10] und, so die Hypothese der vorliegenden Arbeit, einen massiven Einfluß auf die *Innovationsidentität* der jeweiligen Unternehmung ausüben können.

Mit weiteren Ausführungen im Kapitel 14.2.2 soll gezeigt werden, mit welchen Einzelroutinen im Bereich der Personalbeschaffung und -auswahl die japanischen Unternehmen in der Nachkriegszeit die für innerbetriebliche Zusammenarbeit förderliche Homogenität der Mitarbeiter[11] als *Kaisha Ningen* und zugleich die Unternehmensspezifität ihrer Wissenskomponenten und Innovationsfähigkeiten sicherstellen konnten; im anschließenden

---

[1] vgl. z. B. Ziesemer, 12.9.1996, S. 49.
[2] vgl. Esser/Nakajima, 1994, S. 142.
[3] vgl. z.B. Schubert, o.J., S. 130.
[4] vgl. dazu: KEIZAI KIKAKUCHÔ, 14.11.1995; Kevenhörster, 1993, S. 43; Howard/Teramoto, 1981, S.25; Ozawa, 1982, S. 11; Alexander, 1994, S. 86; Sugahara, 1994, S. 88; Schütte, 1992, S.40; Kato, 1985, S. 571.
[5] so in kritischer Übersicht der diese Homogenität unterstellenden Ansätze Mouer/Sugimoto, 1986, S. 10.
[6] Mouer/Sugimoto, 1986, S. 11.
[7] vgl. Holenstein, 1982, S. 8.
[8] vgl. Nonaka/Takeuchi, 1995, S.220; Auch Hayashi (1988, S. 51) konstatiert, daß "... immigrant legacy is the source of the vitality and pioneering spirit that infuses American culture."
[9] Sugahara, 1994, S. 92; hervorgehoben d. d. Verf.
[10] vgl. zu den Beispielen von Routinen Nelson, 1987, S. 21 und Nelson/Winter, 1982, S. 14.
[11] vgl. hierzu die Ausführungen in: Wiersema/Bird, 1993, S. 1000 ff.; Stern/Muta, 1990, S. 74 f.

Kapitel 14.2.3 wird auf die aktuelle Modernisierung dieser Routinen und ihren Einfluß auf den möglichen Wandel der Innovationsidentität näher eingegangen.

14.2.2 Stärkung der Einheit: Förderung der *Kaisha Ningen*

Einstellungstermin:

Neueinstellungen wurden in japanischen Großunternehmen in aller Regel einmal im Jahr durchgeführt, so daß jeweils eine ganze Gruppe von neuen Mitarbeitern, insbesondere Kolleg- und Universitätsabsolventen dieselbe "entrant-socialization" erlebte. Morishima sprach in diesem Zusammenhang von zwei Arbeitsmärkten in Japan:

- dem "**Markt der Treue**", auf dem *jeder Arbeitnehmer nur einmal im Leben* die Möglichkeit hat[1] (oder, um angesichts der noch zu schildernden Änderungen der letzten Jahre etwas genauer zu formulieren, die *überwiegende Mehrheit* der Arbeitnehmer nur einmal im Leben die Möglichkeit hat), die persönliche, lebenslange Treue als *Kaisha Ningen* dem diese Treue suchenden und fördernden Großunternehmen anzubieten, und

- dem "**Markt der Söldner**", den vor allem die kleinen und mittleren Unternehmen ohne Garantien der lebenslangen Beschäftigung in Anspruch nahmen.[2]

Einstellungsebene und -formen:

Neueinstellungen wurden in japanischen Großunternehmen fast ausschließlich in untere Etagen der Hierarchie mit kürzesten sozialen Kontakten und vergleichsweise geringem Einfluß auf die Organisation als Ganzes praktiziert; der Einstieg an einer anderen Stelle könnte ja die Bindungen zwischen alteingesessenen Gruppenmitgliedern reißen[3] bzw. die Gruppenkohäsion und die High-Context-Communication negativ beeinflussen. Speziell für die FuE-Mitarbeiter der Großunternehmen galt dabei das Prinzip der lebenslangen Beschäftigung uneingeschränkt, was die Homogenität des FuE-Personals sowohl in der Grundlagenforschung wie auch im angewandten Bereich erhöhte.[4]

Die Frage danach, auf welche Ebene in der Hierarchie die neueingestellten Organisationsteilnehmer einsteigen dürfen, tangiert natürlich auch die Prinzipien der *Beförderungspolitik*:

Die Identität einer jeden Unternehmung als soziales System wird über den Zeitablauf durch eine besondere Form der Nachfolgeregelung gewahrt: Es werden im Regelfall in die höchsten Positionen diejenigen aufsteigen, die durch den Vorstand dazu ausersehen sind und dem Unternehmen bereits lange angehören.[5] Die Besetzung von Führungspositionen ausschließlich durch die *Kaisha Ningen*, nicht durch die Quereinsteiger von außerhalb, hat eine Reduzierung von Vielfalt in japanischen Unternehmen zur Folge. Somit wirkt sich auf den

[1] vgl. Suematsu, July 1996, S. 6; K. Nakamura, February 1, 1992
[2] vgl. Morishima, 1985, S. 125 u. 175; zum dualen Arbeitsmarkt in Japan vgl. auch z.B. Schubert, o.J., S. 117.
[3] vgl. Nakane 1985, S. 144 u. 183
[4] vgl. auch konkrete Datenangaben bei Sato, 1989, S. 31 f.; McCormick, 1995.
[5] Probst/Schwager, 1990, S. 235 f.

unternehmensspezifischen Charakter von Innovationen die Tatsache verstärkend aus, daß die überwiegende Mehrzahl der japanischen *Topmanager* eine lange Karriere **nur** im jeweiligen Unternehmen hinter sich hat.[1] Ishihara bezeichnet diese Standardpraktik folgendermaßen: "Corporations tended to be managed by professional managers selected from senior employees in a rather self-perpetuating manner."[2] Die erforderliche Vielfalt der Wissensbasis des Vorstandes wird allerdings dadurch erhöht, daß seine Mitglieder über mannigfaltige Erfahrungen innerhalb der Organisation (vor allem dank der *strategischen wissensorientierten Job Rotation*[3]) verfügen.

Einstellungskreis:

Die Unternehmensroutinen können im Anschluß an Giddens[4] als "*dual*" interpretiert werden in dem Sinne, daß sie Handlungen formen und von diesen auch geformt bzw. reproduziert werden. Im Hinblick auf die Personalbeschaffung und -auswahl bedeutet dies u.a., daß die Organisationen vielfach dazu neigen, solche Bewerber zu bevorzugen, die den derzeitigen Mitgliedern in Stil, Einstellungen, Werten und Überzeugungen gleichen.[5] Für japanische Großunternehmen heißt das konkret, daß bis vor kurzem praktisch keine Träger von "*unternehmensfremden*" Wissenskomponenten bzw. Träger einer ausgeprägten *Berufsidentität* eingestellt wurden - statt dessen bevorzugten diese Unternehmen frische Absolventen als "... „**das unbeschriebene Blatt,**" **... auf das sich die Firmenidentität oder zumindest die Identität der Arbeitsgruppe problemlos eintragen läßt**."[6]

Und auch der Kreis dieser neu einzustellenden Absolventen wurde von Großunternehmen in der Regel auf Absolventen von *ganz bestimmten Universitäten* beschränkt. Den Absolventen weniger renommierter Hochschulen wurde dagegen in vielen Fällen nicht einmal die Möglichkeit gegeben, sich bei einigen Spitzenunternehmen zu bewerben. "*Japanese companies ... classify their candidates according to where they belong, but they never classify candidates according to their majors and grades in colleges*"[7] - kritisiert Chikudate 1997. Das bedeutet mit anderen Worten, daß auf die für die Contextuals typischen Eigenschaften mehr Wert gelegt wurde als auf die, um die im Kapitel 4 zitierte Formulierung von Markus/Kitayama aufzugreifen, "(i)ndividual's internal attributes ... as the primary referent."[8]

Der pyramidalen Rangstruktur der Unternehmen entspricht die pyramidale Rangstruktur der Colleges und Universitäten, und dem Namen der Universität wurde bislang mehr Bedeutung beigemessen als den Einzelleistungen des konkreten Bewerbers.[9] Beispiel hierfür ist die Firma

---

[1] vgl. dazu im Anschluß an Kawamura Khlynow, 1995, S. 60 f. sowie Vaubel, 1996, S. 32. Im Jahr 1993 waren beispielsweise alle 55 Direktoren von Toyota, 31 von 33 Direktoren von Honda und 34 von 35 Direktoren von Nihon Denso unternehmensinterne Auftseiger (vgl. auch weitere Beispiele bei Miwa, 1994).
[2] Ishihara, 1995.
[3] vgl. Kapitel 14.4.
[4] vgl. Giddens, 1988, S. 77 f.
[5] Schein, 1991, S. 34.
[6] Schubert, o.J., S. 119; hervorgehoben d. d. Verf.; vgl. ergänzend auch Schubert, 1992, S. 193 ff.
[7] Chikudate, 1997, S. 178; hervorgehoben d. d. Verf.
[8] vgl. Tabelle 4.4 und die dort angegebenen Quellen.
[9] vgl. Nakane 1985, S. 138 u. 154; o.V.: Companies Cast Their Recruitment Nets Wider, July 1996, S. 12; Kinias, 1992, S. 50. Zum Vergleich: Einer aktuellen Studie zufolge hat fast keines der befragten deutschen Unternehmen den Studienort als Einstellungskriterium für Wirtschaftswissenschaftler genannt, dagegen spielte

Mitsukoshi: Etwa 60% der von ihr neueingestellten Hochschulabsolventen hatten das Diplom an den führenden Privatuniversitäten Keio und Waseda erworben, und ca. 80% der Mitglieder des Board of Directors von Mitsukoshi sind Alumni der Keio University.[1]

In dieses durch die langfristigen Verbindungen zwischen Universitäten und Großunternehmen entstehende Netz von gegenseitigen Verpflichtungen[2] werden auch die jüngeren Mitarbeiter der Großunternehmen aktiv involviert, indem sie zur Vorauswahl bzw. Werbung der Absolventen von Universitäten, deren Alumni sie sind, herangezogen werden.[3] Somit übernehmen die Universitäten indirekt die "Funktion von Sozialisationsagenturen"[4] für die Unternehmen. Der Rang des Unternehmens beeinflußt den gesellschaftlichen Status des Menschen,[5] und der Rang der Universität beeinflußt den Rang des Unternehmens.

Einstellungskriterien:

Im Hinblick auf die traditionellen Auswahlkriterien kann man im Anschluß an die *KEIZAI DÔYÛKAI* in etwas pointierter Form folgendes feststellen. Das Japanese-style Management mit seinen tragenden Säulen lebenslange Beschäftigung und Seniorität beinhaltet, daß die Unternehmen nicht die *Shigoto Ningen* mit berufsspezifischen Identitäten, sondern *Menschen* einstellen, die sie erst *nach* dem Eintritt in die Organisation die unternehmensspezifisch erforderlichen Qualifikationen und Kompetenzen als *job performance abilities* entwickeln lassen.[6]

Der zitierte Ausdruck "*Menschen einstellen*" heißt konkret, daß in japanischen Großunternehmen die jungen Bewerber primär nicht nach dem aktuellen Vorhandensein an spezifischen erlernten Fähigkeiten, sondern vor allem nach ihrer "**long-range potentiality**" und "**contextual ability**"[7] bewertet werden. Morishima drückt dies noch drastischer aus: Bereits in der Zwischenkriegszeit widmeten die Großunternehmen in Japan der Frage, welchen Nutzen bzw. Schaden der Bewerber bringen könne, die gleiche Aufmerksamkeit wie ein Mensch, der ein Kind adoptieren möchte.[8] Diese Auswahlkriterien fördern *die Kohäsion innerhalb der Organisationen* extrem.

Zusammenfassend kann also festgestellt werden, daß der zentrale Wert bei der externen Beschaffung und Auswahl der künftigen *Kaisha Ningen* vielfach auf die Merkmale gelegt wurde, die in den Kapiteln 4 bis 6 als Kerneigenschaften des *Interdependent Contextual Self* ermittelt wurden.

---

für die deutschen Personalleiter unter den fachbezogenen Merkmalen die Examensnote bzw. das Prädikatsexamen die entscheidende Rolle (vg. DIE ZEIT, Nr. 50, 03.12.1998, S.79).

[1] vgl. Wiersema/Bird, 1993.

[2] vgl. Alexander, 1994, S. 86.

[3] vgl. o.V.: Companies Cast Their Recruitment Nets Wider, July 1996, S. 12. Diese "*old boy* systems" bei der externen Beschaffung von FuE-Mitarbeitern wurden in Japan bereits Ende der 80er Jahre als nicht mehr zeitgemäß kritisiert (vgl. Sato, 1989, S. 30).

[4] vgl. Deutschmann, 1989, S. 89.

[5] Eswein, 1996.

[6] vgl. KEIZAI DÔYÛKAI, 04.07.1996, Punkt 3.2.4.

[7] vgl. Maruyama Magoroh, 1989, S. 427.

[8] Morishima, 1985, S. 122.

Bei dieser Orientierung steigt die *Homogenität und Einheit auf allen Ebenen der Organisationshierarchie*, inklusive des Top-Managements.

Wie in vorangehenden Ausführungen bereits festgestellt,[1] resultiert der Bedarf nach einer Modernisierung der personalwirtschaftlichen Unternehmensroutinen in vielen japanischen Großunternehmen aus den neuen Anforderungen, die sich im Hinblick auf die für die Zukunft angestrebten Vorteile im Innovationswettbewerb und die dazu erforderlichen Innovationsfähigkeiten ergeben. Die Erfahrung, die man in mehreren dieser Unternehmen in den letzten Jahren gemacht hat und die vielfach den im Kapitel 1 zitierten besorgten Stimmen und kritischen Prognosen über die Zukunftsfähigkeit des *Japanese-style Management* zugrunde liegt, kann mit folgender Feststellung der einflußreichen *KEIDANREN* zusammengefaßt werden: *"An organization's creativity and vitality is generated by employees who possesses a variety of abilities and skills."*[2]

Dementsprechend fordert die *KEIDANREN* heute die japanischen Unternehmen auf, eine ganze Reihe von Maßnahmen zur Förderung von *Kreativität* und *Innovation* zu ergreifen, um die Wettbewerbs- bzw. Zukunftsfähigkeit zu sichern. Betrachtet man diese Maßnahmen im Bereich der Personalbeschaffung und -auswahl *im einzelnen*, läßt sich feststellen, daß die meisten von ihnen die Heterogenität bzw. Mannigfaltigkeit des Wissens und seiner Träger fördern sollen und als eine Art "*Schleusentore*" angesehen werden können, über die - im wesentlichen sehr stark reguliert - die Mannigfaltigkeit in das System Unternehmen "hineinströmt":

14.2.3 Erhöhung der Mannigfaltigkeit: Förderung der *Shigoto Ningen*

"Corporation should make every effort to employ a diverse work force ... ."
(*KEIDANREN*)[3]

Die neuen Maßnahmen, die zu diesem Zweck von japanischen Unternehmen ergriffen werden, sollen nach den gleichen Kriterien wie im Kapitel 14.2.2 systematisiert werden[4]:

Einstellungstermin:

Ursprünglich praktizierten lediglich 13.4% der Mitglieder von *KEIDANREN* die Personaleinstellung das ganze Jahr.[5] Vor diesem Hintergrund wird von *KEIDANREN* die Einführung des *Year-Round-Recruiting* anstelle des einmaligen Verfahrens im Frühling empfohlen. Der 1995 durchgeführten Umfrage der *KEIDANREN*-Mitglieder zufolge "nearly half have begun or may soon begin to hire in seasons other than spring,"[6] darunter solche

[1] vgl. insbesondere die Kapitel 3 und 9 sowie das Navigationsschema nach dem I. Teil.
[2] *KEIDANREN*: Keidanren Proposes on Developing Japan's Creative Human Resources, March 26, 1996.
[3] *KEIDANREN*: Keidanren Proposes on Developing Japan's Creative Human Resources, March 26, 1996.
[4] vgl. zu weiteren Ausführungen *KEIDANREN*: Keidanren Proposes on Developing Japan's Creative Human Resources, March 26, 1996; Sakurai, September 1996, S. 12; Suematsu, July 1996, S. 6; o.V.: Companies Cast Their Recruitment Nets Wider, July 1996, S. 12; K. Nakamura, February 1, 1992.
[5] o.V.: Keidanren to ask firms not to hire based on university, 13.06.1996.
[6] o.V.: Companies Cast Their Recruitment Nets Wider, July 1996, S. 12.

Namen wie Toyota Motor Corp. und Daiei Inc.[1] Auch Nissan will nach eigenen Angaben "introduce a practice of autumn recruitment, among other activities."[2]

Einstellungsebene und -formen:

Im Kapitel 5 wurde bereits festgestellt, daß es in den meisten japanischen Unternehmen bis heute kaum *individuelle Arbeitsplatzbeschreibungen* gab. Mit dieser Unternehmensroutine zur Aufgabenverteilung wurde eindeutig die Entwicklung der generalistischen *Kaisha Ningen* gefördert, und sie basiert vielfach auf den spezifischen Eigenschaften des Interdependent Contextual Self. In diesem Zusammenhang ist als wichtige Veränderung die Bereitschaft einiger japanischen Unternehmen anzusehen, die Personaleinstellung nicht nur als "Angebot der Organisationsmitgliedschaft" für die künftigen *Kaisha Ningen* aufzufassen, sondern auch Personal für bestimmte, konkret definierte *job classifications* einzustellen und die Routinen der Personalentwicklung an diesen neuen Modus zur Förderung der *Shigoto Ningen* anzupassen.

Einer Umfrage der *KEIDANREN*-Mitglieder zufolge "more than half the respondents reported that they already or may soon allow at least some employees to select job fields for the development of more specialized careers."[3] Besonders experimentfreudig scheinen (nicht ganz unerwartet) die ohnehin ökonomisch besonders effizienten und technologisch innovativen Unternehmen zu sein, wie z.B. Sony, die in der Rangliste der *Japanese leaders* die letzten fünf Jahre stabil den ersten Platz[4] einnimmt und, wie im Kapitel 1 gezeigt, auch unter den Bedingungen der Wirtschaftsflaute in Japan im Geschäftsjahr 1997 hervorragende Ergebnisse erzielen konnte:

> "Sony ... offers general recruits a choice of career paths. Seeking to attract and effectively utilize those young people who aspire to develop skills in specific areas, it has divided its office positions into 10 categories and lets new employees select the one they think best suits them. *By fostering more specialists, Sony believes, it can cope better with the complexities of modern society.*"[5]

Andere Großunternehmen probieren heute neue Routinen zur Förderung der *Shigoto Ningen* auch unter den *Entwicklungsingenieuren*, einer der traditionell entscheidenden Gruppe ihrer *Innovationsträger*,[6] aus. Nissan liefert ein interessantes Beispiel hierfür:

> "Nissan Motor Co. plans to introduce a one-year contract system for some regular employees. ... Nissan will ask for volunteers, initially from among some 400 designers and engineers. Nissan will meet with the union ... seeking final approval for the move. For the employees, the attraction are salaries some 20-30% higher than regular lifetime employees. Contracts will be renewed every year, but the company has the right to terminate them in the case of poor performance. Nissan will also be able to vary salaries

---

[1] vgl. o.V.: Diversifying Recruitment at Companies, December 1, 1996 .
[2] Nissan Motor Co., Ltd.: Nissan's Hiring Plan for Fiscal Year Ending March 1998, February 26, 1997.
[3] o.V.: Companies Cast Their Recruitment Nets Wider, July 1996, P. 12. Dieses "recruiting for specific job classifications" befürwortet *KEIDANREN* ausdrücklich (vgl. *KEIDANREN*: Keidanren Proposes on Developing Japan's Creative Human Resources, March 26, 1996).
[4] Es handelt sich um die Rangliste des Magazins "Far Eastern Economic Review" (vgl. Amaha/Landers, 25.12.1997-1.01.1998, S. 72).
[5] o.V.: Companies Cast Their Recruitment Nets Wider, July 1996, S. 12; hervorgehoben d. d. Verf.
[6] vgl. Kapitel 9 und 10.

> according to responsibilities. Under the new system, the employees will first resign from the company, receiving retirement benefits in the process. They will then sign up as contract employees at a guaranteed minimum annual salary of 10 million yen, the same pay as a section manager. Depending on ability and experience some will receive higher salaries than division managers."[1]

Ähnliche Pläne im Hinblick auf die Einstellung von "contract-based employees" mit *speziellen beruflichen Kompetenzen und mit einem höheren Gehalt ohne Garantien der lebenslangen Beschäftigung* haben auch andere japanische Spitzenunternehmen, z.B. Fujitsu.[2] Einige von ihnen sehen darin ein interessantes Instrument zur Diversifikation in attraktive und zugleich hochriskante Markt- und Technologiefelder, wo die Wahrscheinlichkeit eines Ausstiegs im Falle eines Mißerfolges und somit der Entstehung von Problemen mit der Weiterbeschäftigung des Stammpersonals naturgemäß hoch ist.[3]

Diese personalwirtschaftliche Routinenmodernisierung kann pointiert als "**Vertrag statt Treue**" umschrieben werden. Bringt man sie mit den spezifischen Mechanismen der personellen Identitätsbildung des *Contextual Self* in Verbindung,[4] läßt sich folgendes feststellen: Die neuen Routinen tragen tendenziell dazu bei, daß die gesicherte dauerhafte Zugehörigkeit zum jeweiligen Unternehmen ("*Rahmen*") als identitätsbildende Kraft bei einigen hochqualifizierten Mitarbeitern in den Hintergrund tritt, während die spezifische berufliche Qualifikation bzw. Fähigkeiten ("*Attribut*") als solche Kraft stärker zur Geltung kommen.

Je langfristiger und umfassender solche Routinentransformation ansetzen wird, um so deutlicher würde ihr Wirkungsbereich weit über die Grenzen des Personalmanagements hinausgehen und das ganze System Unternehmung tangieren. Mit einem japanischen Wirtschaftswissenschaftler, der diesen Wandel aus weitgehend normativen Überlegungen stark befürwortet, läßt sich eine extreme Form der möglichen Entwicklung folgendermaßen auf den Punkt bringen:

> "Die Menschen müssen sich aus ihrer Abhängigkeit vom Unternehmen lösen ... und ihre Individualität als zentrales Element ihres Lebens wiederentdecken. ... Um die Beziehung zwischen dem Unternehmen und seinen Angestellten klarer und rationaler zu gestalten, müssen beide auf Basis einer vertraglichen Vereinbarung ... operieren ... . Grundsätzlich bedeutet es die Umwandlung der japanischen *kaisha* (Firma) in etwas, das eher der amerikanischen *corporation* (Unternehmen) entspricht."[5]

Unter den großen japanischen Unternehmen ist *Nissan* das erste, das mit einem solchen "*Specialist Contract"-System* den ursprünglich im Rahmen des Systems der lebenslangen Beschäftigung eingestellten Stammitarbeitern diesen Wechsel zu Vertragsarbeit ermöglichte.[6] Im Bereich der *Forschung* sind es insgesamt lediglich 13% japanischer Privatunternehmen, die befristete Arbeitsverträge praktizieren.[7]

---

[1] o.V.: Nissan's contract system spells break with lifetime employment, 20.06.1997; vgl. auch o.V.: Nissan, seishain ni mo keiyakusei raigetsu dônyû, 1-nengoto ni kôshin, 20. 06.1997.
[2] vgl. o.V.: Trends in Diversifying Recruitment, October 1, 1995.
[3] vgl. Kameyama, July 1, 1992.
[4] vgl. detailliert den Teil I dieser Arbeit.
[5] Ya. Takeuchi, 1997, S.40 f.
[6] vgl. o.V.: Nissan, Nissan, seishain ni mo keiyakusei raigetsu dônyû, 1-nengoto ni kôshin, 20.06.1997.
[7] vgl. KAGAKU GIJUTSUCHÔ, Mai 1997, Teil I, Kapitel 2, Sektion 2.3.

Mit anderen Worten: **Das Denk- und Handlungsmuster der *Kaisha Ningen* bleibt nach wie vor deutlich dominierend und die japanische *Kaisha* wird nicht von heute auf morgen zur *Corporation;* vielmehr scheint sie zu einer neuen *Kaisha* werden zu wollen, bei der sowohl *Kaisha Ningen* als auch *Shigoto Ningen* ihren jeweils spezifischen komplementären Beitrag zur betrieblichen Innovationsgestaltung und Konkurrenzfähigkeit leisten können.**

Weitere, für den Wandel der personalwirtschaftlichen Routinen bzw. der Innovationsidentität relevante, Veränderungen ergeben sich bei der Betrachtung des Einstellungskreises der Bewerber:

Einstellungskreis:

Japanische Großunternehmen werden von *KEIDANREN* aufgefordert, weniger Aufmerksamkeit dem Namen der Universität, die der Bewerber absolviert hat, zu schenken (bzw. nach diesem gar nicht zu fragen), dafür aber viel mehr Wert auf die individuellen Fähigkeiten und Leistungen des Bewerbers zu legen. *KEIDANREN* erklärte Mitte 1996, sie plane, 30 ihrer wichtigsten Mitglieder, darunter Toyota, Nippon Steel u.a., aufzufordern, davon abzusehen, neue Mitarbeiter nur unter den Absolventen von einigen wenigen Eliteuniversitäten zu rekrutieren.[1]

Diesbezüglich gibt es bereits Beispiele für die konkreten Änderungen bei einzelnen Unternehmen; die Vorreiterrolle scheint auch hier Sony zu gehören: Bereits 1991 " ... Sony instructs its personnel to refrain from asking about schools at any point in the recruitment process, and it tells prospective recruits not to identify their school when they introduce themselves in interviews, at explanatory meetings, and on other occasions."[2] Auch Toyota will die Bewerber nicht mehr nach der absolvierten Hochschule fragen.[3]

Ebenso wird zunehmend eine verstärkte Einstellung von folgenden Bewerbergruppen in Betracht gezogen:

- von Bewerbern, die im *Ausland studiert* haben,
- Bewerbern mit *Berufserfahrung* ("people in midcareer")[4], auch aus *Universitäten*, sowie
- sogenannten "*second new graduates*" [*daini shinsotsu*].[5]

---

[1] o.V.: Keidanren to ask firms not to hire based on university, 13.06.1996.
[2] o.V.: Companies Cast Their Recruitment Nets Wider, July 1996, S. 12.
[3] vgl. o.V.: Trends in Diversifying Recruitment, October 1, 1995.
[4] Dabei ist auch mitzuberücksichtigen, daß das Abwerben von Mitarbeitern bei der Konkurrenz von japanischen Großunternehmen in der Regel als "pirating" gemieden wird (vgl. Whitehill, 1991, S. 144).
[5] Bei den "second new graduates" handelt es sich um die "young persons leaving work a few years after they have initially entered the job market." (vgl. K. Nakamura, February 1, 1992) So erklärte die Tohoku Electric Power, sie möchte in der Zukunft die Hälfte der neu zu besetzenden Arbeitsplätze mit Bewerbern besetzen, die im Ausland studiert haben, wie auch mit den "midcareer employees." (o.V.: Tohoku Electric Power to hire more employees in midcareer, 19.06.1996)

Betrachtet man speziell die *FuE-Mitarbeiter*, denen als Innovationsträger bei der angestrebten strategischen Umorientierung der japanischen Großunternehmen zur Akzentuierung von Produktinnovationen eine noch wichtigere Rolle als bisher zukommen soll,[1] können einige wichtige Tendenzen bei der Zusammensetzung des Einstellungskreises folgendermaßen dargestellt werden:

Tabelle 14.3: **Hohe unternehmensspezifische Homogenität japanischen FuE-Personals: Allmähliche Veränderungen**[2]

Einstellung von:	Ist gestiegen	Un-verändert	Zurück-gegangen	Keine Einstellung
Forschern - Absolventen von Doktoranden-kursen	18.1%	22.3%	3.0%	56.7%
Weiblichen Forschern (Ausländer nicht berücksichtigt)	16.2%	29.4%	8.5%	45.9%
Forschern unter "fixed-term employment contracts" ("fixed-term researchers")	4.9%	7.7%	1.4%	87.0%
Forschern mit Berufserfahrung (Mid-Career-Hiring) - ein sogenanntes "Occasional Recruitment"[3]	16.5%	20.4%	7.6%	55.5%
Ausländischen Forschern[4]	7.8%	14.6%	2.7%	74.9%

Auch im Hinblick auf diese Änderungen heißt einer der Pioniere *Sony*:

> "Innovative companies such as ... Sony frequently recruit mid-career employees as a kind of corporate custom. Counter-culture inside the firm creates the organizational chaos that stimulates creative activities for generating a variety of information throughout the entire company."[5]

Betrachtet man aber das Beispiel Sony eingehender, stellt man ebenfalls fest, daß selbst bei einem noch so experimentfreudigen japanischen Unternehmen auch im Bereich der Personal-beschaffung und -auswahl die Modernisierung vielfach durch eine *evolutionäre*

---

[1] vgl. dazu insbesondere Kapitel 9 und 10.

[2] Ergebnisse einer Umfrage von 1913 japanischen Privatunternehmen (Rücklaufquote 70.8%) mit dem Kapitalstock über 1 Mrd Yen. Eigendarstellung nach: KAGAKU GIJUTSUCHÔ KAGAKU GIJUTSU SEISAKUKYOKU: "Minkan kigyô no kenkyû katsudô ni kansuru chôsa chôkoku" no gaiyô, 26. 06.1997, Punkt 2.8 und Abb. 6-1.

[3] D.h. "hiring on new staff on an as-needed basis to fill specific posts, as opposed to the yearly or "regular recruitment" ... of university graduates carried out by Japanese corporations" (Ferber, 1994, S. 444 u. 448); vgl. frühere Daten zum "mid-career employment" des FuE-Personals in japanischen Unternehmen z. B. bei Sato 1989, S. 29 f.

[4] Unter den Gründen für diese äußerst mangelhafte Beschäftigung von ausländischen Forschern ist insbesondere die Angst der Arbeitgeber zu nennen, daß mit dem Austritt dieser, nicht über ein lebenslanges Commitment an das Unternehmen gebundenen, Forscher auch das unternehmensspezifische technologiche Wissen an die Wettbewerber abfließen würde (vgl. Sato, 1989, S. 31).

[5] Nonaka, 1988, S. 58.

Vorgehensweise und die *regulierte Verknüpfung des Alten mit dem Neuen* gekennzeichnet ist, denn die jährliche Fluktuationsquote beträgt bei Sony gerade 1 Prozent.[1]

Neben Sony können mit Fujitsu und Tokyo Electric Power Co. auch andere japanische Großunternehmen beispielhaft genannt werden, die das Mid-Career-Hiring u.a. von qualifizierten Ingenieuren intensivieren.[2] Insgesamt scheinen japanische Großunternehmen verstanden zu haben, daß man, um neuere, "heterogenere" Produkte vor allem durch Technologiefusionen und radikale Innovationen entwickeln zu können, offensichtlich ein heterogeneres Personal braucht, und versuchen, auch mit modernisierten Personalbeschaffungs- und auswahlroutinen dazu beizutragen.

Im Zusammenhang damit ist noch eine weitere, für die Analyse des Wandels der Innovationsidentität sehr wichtige Frage zu klären: *Welche Fähigkeiten bringen die neueingestellten frischen Absolventen mit in die Organisation, und an welchen Eigenschaften mangelt es ihnen, die für die Gestaltung von Innovationen relevant sind*? Differenzen gegenüber den alteingesessenen *Kaisha Ningen*, die auf eine, um mit K. Kobayashi zu sprechen, "*mentale Diversifizierung*" der japanischen Mitarbeiter schließen ließen, könnten hier denn auch vermutet werden.[3]

Einen möglichen Aufschluß über diese Differenzen gibt eine Umfrage des *KEIZAI KÔHÔ CENTÂ* aus dem Jahr 1997:

Tabelle 14.4: **Das Stammpersonal japanischer Unternehmen vergleicht sich mit den heutigen Neueinsteigern**[4]

"Wir waren damals besser als die heutigen neueingestellten Mitarbeiter" im Hinblick auf (die häufigsten Nennungen):		**"Die heutigen neueingestellten Mitarbeiter sind uns damaligen überlegen" im Hinblick auf** (die häufigsten Nennungen):	
Kooperationsfähigkeit	52.1%	Fähigkeit zur Handhabung von Informationen	61.5%
Streßresistenz	51.8%	Expressions- bzw. Präsentationsfähigkeit	39.3%
		Originalität	27.2%

Diese Differenzen können dahingehend interpretiert werden, daß die insbesondere im Kapitel 7 eruierte *Individuierung des Self* als kulturspezifischer Wandelprozeß jedenfalls aus *subjektiver* Sicht der japanischen *Contextuals* stattfindet (*neue Mitarbeiter seien weniger kooperationsfähig, dafür aber origineller als die älteren*) und dementsprechend einer bewußten

[1] vgl. Esser, 1994c, S. 170; Esser/Nakajima, 1994, S. 146.
[2] vgl. konkrete Datenangaben in: o.V.: Fujitsu plans major recruitment of mid-career engineers in FY 1997, April 15, 1997.
[3] vgl. Kobayashi, 1994, S. 165. Als Ursachen für diese mentale Diversifizierung nennt Kobayashi die kulturellen Einflüsse der internationalen Märkte und den zunehmenden Wertepluralismus in Japan.
[4] Eigendarstellung nach: KEIZAI KÔHÔ CENTÂ, 11.03.1997, Frage 11.

Berücksichtigung durch das Personalmanagement bedarf. Hiermit wurde auch die Frage nach konkreten *Kriterien* der Personalauswahl angesprochen.

Einstellungskriterien:

Im Rahmen eines *langfristig angelegten Beschäftigungsverhältnisses* benötigen die Unternehmen grundsätzlich nicht einzelne isolierte Fähigkeiten, sondern Mitarbeiter als Personen, die möglichst optimal *alle* erforderlichen Fähigkeiten mit der *Metafähigkeit* zu deren Weiterentwicklung in sich vereinigen;[1] diese Sichtweise war in mehreren Routinen der betrieblichen Personalarbeit in japanischen Großfirmen *traditionell* sehr fest verankert:

> "... *(W)hen Japanese companies hire young people, they do not buy skills for the purpose of filling in certain specific job openings. They literally buy individuals as a whole - and their lifetime potentials and commitment - in order to train and mold them to fit the needs and goals of individual companies.* ... Therefore, "the relevant categorization of the people available to be bought ... is in terms of their *development potential*, their capacity to acquire skills ..... ."[2]

Auf diese Orientierung auf die *Kaisha Ningen* bei der betrieblichen Personalbeschaffungspolitik wurde bereits im Kapitel 5 sowie im vorliegenden Kapitel 14 hingewiesen. Sie hat m.E. vieles mit den **auf der Ebene der Fundamentalannahmen eines Interdependent Contextual Self existierenden spezifischen Vorstellungen über das Wesen des Menschen** zu tun, z.B. den Fundamentalannahmen über die Beziehung zwischen der ausgeübten Rolle und der personellen Identität bzw. dem Selbst, über gegenseitig verpflichtendes Vertrauen und intrapersonelle Konfliktaustragung, über die sozio-emotionale Handlungsmotivation und interaktive Kreativität etc., kurzum: über all das, was in den Kapiteln 4 bis 6 als Merkmale von Kontextualisten bereits detailliert analysiert wurde.

Ausgehend davon läßt sich folgende **Hypothese** erstellen: Die Tatsache, daß in japanischen Großunternehmen

> "(p)rospective employees are not viewed as multifunctional cyborgs from whom a company purchases a single skill such as riveting or selling ability. *The corporation and the new employee both understand that the firm hires the whole individual*",[3]

hat auch damit zu tun, daß die japanische Organisation von ihren Mitgliedern tendenziell als Akkumulation von zwischenmenschlichen Beziehungen[4] interpretiert wird. Nicht zuletzt aus diesem Grund ging es bei der langfristigen Personalbeschaffung traditionell eben nicht um den käuflichen Erwerb von Einzelfähigkeiten, sondern eher um den *Eintritt ins zwischenmenschliche Beziehungsnetz.*

---

[1] vgl. dazu auch die theoretischen Überlegungen bei Marr/Stitzel, 1979.
[2] Ozawa, 1982, S. 8; hervorgehoben d. d. Verf..
[3] Hayashi, 1988, S.73 f.; hervorgehoben d. d. Verf.; vgl. auch Schmidt, 1996, S. 70, Vogel, 1979, S. 151.
[4] vgl. hierzu Kapitel 3 und 7.

Vor dem Hintergrund dieser theoretischen Plausibilitätsüberlegungen wäre zu erwarten, daß japanische Unternehmen bei der Einstellungsentscheidung *nach wie vor* sehr viel Wert auf die *kontextualistischen* Merkmale der künftigen *Kaisha Ningen* legen.

Gleichzeitig läßt sich jedoch feststellen, daß in Japan heute unter anderem von *KEIZAI DÔYÛKAI* und *KEIDANREN*[1] die Plädoyers dafür zu hören sind, daß die Unternehmen bei der Neueinstellung den individuellen Fähigkeiten und bereits vorhandenen Know-How-Stärken der Bewerber - also den Merkmalen von *Shigoto Ningen* - mehr Bedeutung beimessen sollten.

Wie reagieren die Großunternehmen auf diese Aufforderungen?

Die Ergebnisse einer 1995 durchgeführten Umfrage von 968 Unternehmen-Mitgliedern der *KEIDANREN* haben folgende Personenmerkmale aufgezeigt, denen *heute* bei der Personalauswahl eine besondere Bedeutung beigemessen wird:

Tabelle 14.5: **Zentrale Einstellungskriterien größerer japanischer Unternehmen**[2]

Key Recruitment Criteria (Stand 1995)	
Will to Work, Enthusiasm	86.7%
Character, Cooperativeness	57.3%
Creativity	40.7%
Expert Knowledge, Research Results	34.9%
Individuality	31.0%
Extensive Extracurricular Activities	16.7%
Practical Knowledge, Business Abilities	11.3%
Good School Grades	6.5%
Name of Alma Mater	5.0%

An dieser Stelle läßt sich folgendes festhalten: **Die Kooperationsbereitschaft und andere sozio-emotionale Fähigkeiten spielen nach wie vor eine sehr zentrale Rolle - und in diesem Sinne bleiben die japanischen Großunternehmen nach wie vor "Associations of Contextuals." Gleichzeitig wird aber versucht, Kreativität und Individuierung zu fördern und auch den vorhandenen individuellen fachlichen und sachlichen Kompetenzen und Erfahrungen der Bewerber mehr Bedeutung beizumessen**.

Im Prolog zur vorliegenden Arbeit wie auch im Kapitel 13 wurde bereits auf den **ganzheitlichen Charakter des Japanese-style Management** hingewiesen. Diese Ganzheitlichkeit ist auch an den Modernisierungsversuchen im Bereich der Personalbeschaffung

---

[1] vgl. z.B. KEIZAI DÔYÛKAI, 04.07.1996, Punkt 3.2.4 und KEIDANREN: Keidanren Proposes on Developing Japan's Creative Human Resources, March 26, 1996.

[2] Rücklaufquote der Umfrage betrug 51.8%. Quelle: o.V.: Companies Cast Their Recruitment Nets Wider, July 1996, P. 12.

hervorzuheben. Oben wurde an vielen Stellen auf das Beispiel von *Sony* rekurriert, hier soll mit der *Nissan Motor Co.* ein weiteres praktisches Fallbeispiel für das **systemische Experimentieren mit den Maßnahmen zur Erhöhung der Personalvielfalt** gebracht werden; das Unternehmen hat im Frühjahr 1997 folgendes verkündet:

> "The salient features of Nissan's hiring activities are summarized below.
> 1. Expansion of year-round hiring
> - Mid-career hiring of engineering staff, which was initiated last October, will be continued.
> - Autumn recruitment of new graduates for office and engineering staff positions will be initiated.
>
> 2. Open public recruitment
> - Office staff will be hired only through open public recruitment. (Use of the alumnus network for recruitment will be discontinued.)
> - Open public recruitment will also be initiated for engineering staff.
>
> 3. Others
> - Information about Nissan and hiring plans will be provided on the Internet."[1]

Generell scheinen alle oben geschilderten Maßnahmen zur Erhöhung der Personalvielfalt noch eher auf der Ebene der vorsichtigen Experimente zu bleiben. Viele japanische Großunternehmen haben offensichtlich Bedenken, daß eine abrupte Heterogenisierung das in schwierigen Zeiten so notwendige Commitment der *Kaisha Ningen* schädigen und die Unternehmensidentität negativ beeinflussen könnte. In quantitativer Hinsicht kann man diese vorsichtige Vorgehensweise mit dem Beispiel von *Asahi Chemical* konkretisieren: Das Unternehmen hat zwar erklärt, es werde 1996 für 10% der neu einzustellenden Mitarbeiter lediglich die Kollegeausbildung als unabdingbare Voraussetzung festlegen, während alle anderen Dimensionen des Anforderungsprofils offen bleiben sollen - Bewerber dürfen also bereits über Berufserfahrungen verfügen, Nicht-Japaner sein oder an einem beliebigen Zeitpunkt einsteigen.[2] Veränderungen sind also offensichtlich. Findet man jedoch heraus, daß Asahi Chemical 1996 insgesamt lediglich 100 neue Mitarbeiter einstellen wollte, so geht es bei den 10% lediglich um 10 Mann - beim Gesamtpersonalbestand des Unternehmens von 28.155 Mann (1996) sicherlich keine maßgebende Größe.[3]

Wenn man diese ganzen Maßnahmen zur Erhöhung der intraorganisationalen Vielfalt und Förderung der *Shigoto Ningen* mit vorher geschilderten traditionellen japanischen Unternehmensroutinen zum Erzielen von Einheit und Kohäsion der *Kaisha Ningen* auf einen gemeinsamen Nenner bringt, läßt sich zusammenfassend folgendes feststellen:

Auch im Bereich der Personalbeschaffung und -auswahl handelt es sich heute um das Entwicklungsmuster *der Fusion des Alten mit dem Neuen, des Japanischen mit dem aus dem Westen Kommenden*, das dem im Kapitel 6 beschriebenen Grundmuster der kulturspezifischen japanischen Innovationsidentität weitgehend entspricht.

---

[1] Nissan Motor Co., Ltd.: Nissan's Hiring Plan for Fiscal Year Ending March 1998, February 26, 1997.
[2] vgl. hier und im weiteren Ishibashi, 26.08.1996.
[3] vgl. Asahi Chemical Industry Co., Ltd., Consolidated Six-Year-Summary, 1996.

Es ist mit anderen Worten eine *Hybridisierung und Modernisierung* und keine radikale Zerstörung der betrieblichen Routinen der Personalbeschaffung und der betrieblichen Innovationsidentität.

14.3 Entgeltpolitik und ihre Modernisierung aus der Perspektive der humanbasierten Innovationsidentität

Auch die Transformation der betrieblichen Entgeltpolitik soll hier nur insofern konkretisiert werden, als sie Auswirkungen auf die Innovationsidentität hat; diese sind offensichtlich primär im *motivationalen* Bereich zu erwarten. Das bedeutet, daß wenn die japanischen Unternehmen heute mehr *Individuierung*, mehr *bahnbrechende Produktinnovationen*, kurzum mehr "*Learning through Elite*" *statt des bisherigen* "*Learning through People*" fördern wollen, ihr Entgeltsystem stärker *kompetenz- und leistungsabhängig* gestaltet werden sollte und die herausragenden Beiträge der einzelnen "*Stars*" mehr zu honorieren erlauben.

Im Kapitel 3 wurde konstatiert, daß in der Literatur die traditionelle Gestaltungsform des japanischen Engeltsystems als *senioritätsbasierte Belohnungspolitik* [*nenkô (joretsu) chingin*] bezeichnet und als eine der drei fundamentalen Säulen des Japanese-style Management identifiziert wird. Insbesondere unter den Bedingungen der weitgehend standardisierten Massenproduktion und der strategischen Ausrichtung auf eine hohe Qualität von Produkten und ihnen zugrunde liegenden Prozessen spiegelte die Dauer der Betriebszugehörigkeit vielfach das akkumulierte Wissen und Können der Mitarbeiter wider;[1] daher wurde auch bei der Belohnung und Beförderung der Mitarbeiter in japanischen Großunternehmen die unternehmensspezifische Arbeits- und Lebenserfahrung stark betont.[2]

Diese Entgeltpolitik kann somit überhaupt nicht, wie manchmal vermutet, als grundsätzlich feindlich gegenüber technischen und Marktinnovationen bezeichnet werden: Sie wirkte allerdings *nur* auf solche Innovationen förderlich, die aus dem *erfahrungsbasierten*, ggf. *impliziten* Wissen der *Kaisha Ningen* resultieren und vielfach das Ergebnis ihres *idiosynkratischen, kooperativen Learning by Doing* darstellen. Das Senioritätsprinzip trug dementsprechend dazu bei, daß das ständige inkrementale Refinement als Grundlage der Economies of Scale, Quality und Speed[3] zur starken Waffe der japanischen Unternehmen im Innovationswettbewerb geworden ist.

Daß aber *nur* mit solchen Innovationen und ihnen entsprechenden Routinen der Anreizpolitik der globale Wettbewerbskampf irgendwann nicht mehr zu gewinnen sein wird, haben führende japanische Firmen bereits vor Jahren erkannt; die Feststellung, die Westney/Sakakibara in ihrer Studie von NEC, Fujitsu und Toshiba schon 1984 gemacht haben, kann als symptomatisch für die FuE bei den *meisten* Großunternehmen betrachtet werden:

---

[1] vgl. detailliert Kapitel 9. Auch die erfolgreiche *Implementierung* neuer (insbesondere fremderworbener) Technologien in japanischen Unternehmen wurde teilweise durch das Senioritätsprinzip und die lebenslange Beschäftigung gefördert (vgl. Nakamura, 1994, S. 217).
[2] vgl. Esser, 1994c, S. 166.
[3] vgl. Kapitel 9.

"... *(P)ersonnel managers in all three Japanese firms insisted that neither salary nor rapid promotion were used to reward exceptional performance. Even the most brilliant engineer proceeded up the salary ladder at the same pace as his peers.* The principal rewards for outstanding performance were intrinsic (the respect of supervisors and peers)[1] and long-term (the opportunity to go abroad for advances study, for example, and the prospect of staying in the central lab rather than transferring to the division)."[2]

Daher haben einige führende japanische Großunternehmen ebenfalls bereits vor Jahren versucht, Elemente der Fähigkeits- und Leistungsorientierung ins senioritätsbasierte Entgeltsystem für ihre FuE-Mitarbeiter einzubauen.[3] Die Herausforderung, die für Personal- und Linienmanager eine derartige Modernisierung der Anreizsysteme in japanischen Großunternehmen bedeutet, hat einen *fundamentalen* Charakter, denn sie tangiert das **Wesen des Interdependent Contextual Self**, in dessen holistischer Denkwelt es, wie Kumon bemerkt, nur schwer möglich ist, Leistungsbeiträge von kooperierenden Einzelpersonen herauszunehmen bzw. adäquat zu messen.[4] *JETRO* schilderte 1994 die betriebliche Dimension dieses fundamentalen Problems folgendermaßen:

"The introduction of ... performance-related compensation, in even a watered-down form, is presenting new problems ... . (O)utstanding employees feel awkward being singled out from their colleagues for reward. Most Japanese white-collar workers are accustomed to corporate coddling within the group, in return for total commitment, and have come to understand well the Japanese saying that "the nail that sticks up gets hammered down."[5]

Diese Problematik ist grundsätzlich um so mehr von Interesse, als auch in Deutschland eine senioritätsgeleitete Entlohnung nach wie vor eine wichtige Rolle spielt.[6] Eine umfangreiche Diskussion dieses Modernisierungsprozesses in japanischen Unternehmen würde allerdings den Rahmen der vorliegenden Arbeit sprengen; daher sollen im weiteren nur einige seiner Komponenten diskutiert werden,

- die als Einflußfaktoren des Innovationsverhaltens der Unternehmensmitglieder für die betriebliche Innovationsidentität von hoher Relevanz sind *und*
- deren Analyse zur im Kapitel 6 eingeleiteten Diskussion über die evolutionäre Fusion des "Alten" mit dem "Neuen" und des "Japanischen" mit dem "Westlichen" als spezifisches japanisches Innovationsmuster beitragen kann.

---

[1] Interessanterweise bezeichnen Westney/Sakakibara die Motivationsformen als intrinsisch, die ausschließlich für das Interdependent Contextual Self als solche interpretiert werden können (vgl. die Ausführungen in den Kapiteln 4 bis 6). Im westlichen Kulturkreis bzw. bei dem Independent Construal of Self kann dagegen die Anerkennung der Leistung durch Kollegen und Vorgesetzte kaum als intrinsische Motivation verstanden werden.
[2] Westney/Sakakibara, 1986, S. 225 hervorgehoben d. d. Verf.
[3] So hat Rubinger 1986 über eine solche Entwicklung bei Toyota folgendes berichtet: "Following Japanese tradition, the salaries of R&D personnel are initially determined by their seniority in the company. After a period of ten years, however, the researchers' annual bonus - comprising about 40% of their salaries - is linked to performance" (Rubinger, 1986, S. 191).
[4] vgl. Kumon, 1982, S. 25 sowie die Ausführungen in den Kapiteln 4 bis 7. Dirks weist zu Recht darauf hin, daß als Voraussetzung zur Individualisierung von Bewertungs- und Entgeltystemen in japanischen Unternehmen "erst einmal Aufgabenbeschreibungen und allgemeingültige Kriterien für die ... Erreichung von Zielen im Rahmen individueller Stellendefinitionen entwickelt werden" müssen (Dirks, 1998).
[5] JETRO, 1994, Part "People, Structural Changes".
[6] vgl. dazu Knoll, 1997, S. 31 ff.

Das Problembewußtsein bezüglich des "prämodernistischen"[1] Lohngefüges nach dem Senioritätsprinzip ist in Japan, wie bereits erwähnt, nicht neu. Wie deutlich die Intensität der Kritik im Lande zunahm und was daraus resultierte, schildert folgende Beobachtung:

> 'Hunderte von Büchern und Tausende von Zeitschriftsartikeln beschäftigen sich [*in Japan* - A.d.V.] mit der Einführung amerikanischer Managementmethoden.. ... **Es ist in jüngster Zeit häufig behauptet worden, in Japan gewinne die Beförderung nach dem Leistungs- statt nach dem Senioritätsprinzip nach amerikanischem** ... **Muster an Attraktivität und allmählich gehe das moderne Management auch dazu über**. ... (D)ie Einführung eines Leistungs- anstatt des Senioritätssystems [ist] kein leichtes Unterfangen; **derartige Versuche, die in jüngster Zeit vor allem in Industriebetrieben unternommen wurden, führten im allgemeinen zu recht enttäuschenden Ergebnissen**."[2]

Bemerkenswert ist an dieser Beobachtung nicht nur ihr Inhalt, sondern ihr *Erscheinungsdatum*: Sie ist dem Buch von Nakane entnommen, das in Japan erstmals *1969* veröffentlicht wurde. Dementsprechend wirkt es geradezu verblüffend, wenn man heute, fast nach *30 Jahren, immer noch* feststellen kann, daß

> "... viele [japanische - A.d.V.] Firmen eine **zentrale Aufgabe zukünftiger Personalpolitik** in der **Entwicklung leistungsbezogener Gehalts- und Karrierestrukturen** [sehen]. ... Ob allerdings eine derart durchgängige Umorientierung der bislang stark gruppenorientiert organisierten Unternehmen hin zu mehr individualisierten Bewertungs- und Gehaltskriterien ... gelingt, ist **zweifelhaft**."[3]

Die Situation ist offensichtlich erklärungsbedürftig: Man ist sich der Nachteile des Systems bewußt, spricht seit Jahren von unvermeidlichen Änderungen - es scheint sich aber in der Zwischenzeit offenbar nicht viel geändert zu haben. Der Beitrag der Seniorität zur Lohnerhöhung ist in japanischen Unternehmen zwischen 1978 und 1987 von 57.9% auf 46% gesunken, während der Anteil der Fähigkeiten bzw. der Leistung von 42.1% auf 54% gestiegen ist[4] - etwa 12 Prozent Änderung in 10 Jahren also.

Bereits vor 15 Jahren wurde in der Literatur darauf hingewiesen, daß die Veränderungen des japanischen Lohnsystems nicht durch einen revolutionären 'Schlußstrich" unter dem Senioritätsprinzip, sondern durch die Verknüpfung mit ihm bewerkstelligt werden:[5] Die Faktoren, die *für* eine *weitere Umorientierung* des Entgeltsystems in Richtung Differenzierung und Leistungsprinzip sprechen, scheinen sich allerdings in den letzten Jahren deutlich verstärkt zu haben; mehrere dieser Faktoren wurden in vorangehenden Teilen der vorliegenden Arbeit bereits identifiziert:

---

[1] vgl. Nakamura, 1994, S. 217.
[2] Nakane 1969/1985, S. 118 ff., 147 u. 167; hervorgehoben d. d. Verf.
[3] Dirks, 1997b; hervorgehoben d. d. Verf.
[4] vgl. Mroczkowski/Hanaoka, 1989, S.46.
[5] vgl. Bergmann, 1983, S. 109.

- eine durch die Alterung der Bevölkerung veränderte demographische Struktur der Unternehmen und der mit ihr zusammenhängende, in der Wirtschaftsflaute besonders gravierend wirkende Kostendruck;[1]
- der Wertewandel bzw. die Transformation des Interdependent Contextual Self in Richtung stärkere Individuierung;[2]
- die Anforderungen der neuen Ära des globalen Innovationswettbewerbs, insbesondere der Bedarf an bahnbrechenden Produkt- und Industrieinnovationen;[3] sowie
- die Notwendigkeit, zur Förderung dieser bahnbrechenden Innovationen herausragende Forscher und Manager besonders zu motivieren.[4]

Einen Überblick über das Tempo der Modernisierung der Entgeltsysteme bei größeren japanischen Unternehmen liefert die Tabelle 14.6; die Einführung des "*annual pay system*" wird überwiegend mit dem Streben begründet, eine präzisere Evaluation der individuellen Leistung der Mitarbeiter sicherzustellen bzw. die Löhne und Gehälter u.a. von der im Vorjahr erbrachten Leistung (*performance*) abhängig zu machen.[5]

Tabelle 14.6: **Einführung des "Annual Pay System" in japanischen Unternehmen: Beschleunigung der evolutionären Entwicklung**[6]

	Umfrage 1992	Umfrage 1996
"Are already adopting an annual pay system"	10.4%	9.2%
"Are specifically planning to implement a annual pay system" or „consider such a system in the years ahead"	29.7%	68.2%
"Ruled out the possibility of instituting an annual salary program in the years to come"	57.4%	20.2%

Wie sich dieser Tabelle entnehmen läßt, ist trotz des steigenden Drucks auch die ***heutige*** Transformation des Entgeltsystems in japanischen Unternehmen im allgemeinen dadurch gekennzeichnet, daß sich eine stärkere Berücksichtigung der leistungsbezogenen Komponente eher als *graduelle Veränderung und evolutionäre Fusion von Konzepten denn als prinzipielle*

[1] vgl. Kapitel 9 und 14.1.
[2] Wie im Kapitel 7 erwähnt, hat der Jahresbericht des Prime Minister Office 1995 ergeben, daß ganze 76.5% der beschäftigten Japaner im Alter zwischen 20 und 59 Jahren der Ansicht sind, die Unternehmen sollten in ihrer Entgelt- und Karrierepolitik den Unterschieden in individuellen Fähigkeiten der Mitarbeiter als Entscheidungskriterien eine große Bedeutung beimessen (vgl. KEIZAI KIKAKUCHÔ KOKUMIN SEIKATSUKYOKU, 22.08.1996, Kapitel 2, Teil 3).
[3] vgl. Kapitel 9, 10 und 11.
[4] So haben Westney/Sakakibara in iher oben erwähnten Fallstudie des FuE-Personals von NEC, Fujitsu und Toshiba bereits Mitte der 80er Jahre eine "considerable dissatisfaction with the complete absence of immediate rewards for outstanding performance" feststellen können (Westney/Sakakibara, 1986, S. 228).
[5] vgl. Ebenda; praktische Probleme mit der Bemessung dieser Leistung haben sich auch als Hauptgrund dafür ergeben, daß mehrere Unternehmen auf das neue System verzichtet haben.
[6] Umfrage der für die Personalentwicklung zuständigen Manager bei börsennotierten japanischen Unternehmen, durchgeführt vom Japan Productivity Center for Socio-Economic Development. Eigendarstellung nach: o.V.: About 70% of Corporations Plan to Introduce Annual Pay System, August 1, 1996.

Abkehr[1] vollzieht: Trotz der z.T. sehr drastischen Rhetorik blieb die Systemanpassung bzw. die Berücksichtigung der fähigkeits- und leistungsabhängigen Komponenten in mehreren Branchen der japanischen Wirtschaft bis jetzt eine vorsichtige und überlegene.[2] Der Hauptgrund für diese Vorsicht scheint mit dem Gegenstand der obigen Ausführungen zu tun zu haben: *Ein stark differenziertes Entgeltsystem könnte sich vor allem auf die sozio-emotionalen horizontalen und vertikalen Netzwerke, die zwischen den kontextualistisch orientierten Kaisha Ningen in japanischen Unternehmen aufgebaut werden, negativ auswirken.* Auf die bei der Einführung von stark differenzierten individuellen Prämien bei Mitsubishi Electric entstandenen Schwierigkeiten wurde als Fallbeispiel im Kapitel 7 bereits hingewiesen.

Bei dieser im allgemeinen eher *evolutionären* Entwicklung lassen sich allerdings bei einer näheren Betrachtung von einzelnen Unternehmenssituationen auch Beispiele dafür finden, daß einige Unternehmen *wesentlich weiter* in der Modernisierung gehen, u.U. sogar *radikale Transformationen* im Entgelt- und Managementsystem initiieren. Unter solchen Transformationen sollen hier zwei genannt werden, die auch mit den im Kapitel 14.1 gebrachten Überlegungen zur Zukunft der vertrauensstiftenden Mitarbeiterorientierung des japanischen Managements als Fundament der betrieblichen Innovationsidentität („Trust and Relatedness") in enger Verbindung stehen.

Im Kapitel 14.1 wurde darauf hingewiesen, daß sich mehrere japanische Unternehmen heute intensiv darüber Gedanken machen, wie sie den monetären Interessen der Shareholder besser Rechnung tragen können. Die erste unter den möglichen Maßnahmen hierzu, die im Bereich der Entgeltpolitik liegen, ist eine explizite Berücksichtigung des erzielten Shareholder Value, beispielsweise in Form des ROE, als Leistungs- bzw. *Performance*-Kriterium bei der Belohnung und Beförderung von Führungskräften. Wie dies durchgeführt werden kann, läßt sich anschaulich an einem konkreten Fallbeispiel zeigen:

> 'Hitachi Zosen Corp. ... plans to introduce a system reflecting performance of its in-house independent business units on manager salaries, bonuses and promotion from July [1998 - A.d.V.] ... . *The method is designed to reward managers in units performing well. The new system should also help cut production costs and increase competitiveness. ... Some 900 managers will be covered under the new system* from July ... . *The system will incorporate such factors as turnover of total capital and return on equity, assigning points to each. Performance evaluations of each unit will determine the size of manager bonuses, raises and the pace of promotion.* The company has progressively increased the proportion of merit-based pay in determining salaries. Under a system currently in use, department chiefs who perform well receive up to 15% more than the average bonus while those performing poorly receive up to 15% less. *The new system will widen the maximum differentials to 20%.* Hitachi Zosen also introduced an *annual salary system based on individual job performance* in April 1997."[3]

[1] vgl. Esser, 1994a, S. 10 f. sowie zu den Beispielen Mrczkowski/Hanaoka, 1989, S. 47.
[2] vgl. Steffensen/Dirks, 1997, S. 208.
[3] o.V.: Hitachi Zosen To Base Pay, Promotion On Division Performance, April 3, 1998; hervorgehoben d. d. Verf.

Dieses Fallbeispiel zeigt, daß die neueren Entgeltsysteme nicht mehr den Umsatz bzw. Marktanteil, sondern vielmehr die Rendite in den Vordergrund stellen und somit theoretisch die Wahrscheinlichkeit der Personalfreisetzung als Mittel zur kurzfristigen Steigerung des Shareholder Value erhöhen können. An dieser Stelle soll aber auch darauf aufmerksam gemacht werden, daß die entsprechende 'Shareholder Value"-abhängige Gehaltsdifferenz (und damit ceteris paribus auch die Motivation zu solchen Handlungen) auch in modernisierten Systemen deutlich beschränkt wird, im Fall Hitachi Zosen z.B. auf 20%.

Diese Beschränkung erscheint auch vor dem Hintergrund der Ausführungen in den Kapiteln 7 und 14.2 erklärlich: Zur Bildung der *Mittelschicht-Identität* auf der nationalen Ebene sowie zur Homogenität *der Kaisha Ningen* auf der betrieblichen Ebene hat in Japan deutlich beigetragen, daß die *Vergütungen in den Unternehmen unter den Beschäftigten gleichmäßiger aufgeteilt werden* als dies in den Unternehmen vieler anderer Länder der Fall ist:[1] Der Gehaltsunterschied zwischen einem Vorstandsmitglied und einem neueingestellten Hochschulabsolventen betrug bis vor kurzem in japanischen Unternehmen in der Regel zwischen dem 10- und 20fachen, während etwa in den USA mehr als das 100fache üblich ist, und bis vor kurzem bekamen die Vorstände japanischer Unternehmen auch "a straight salary without any stock option considerations."[2] Dies soll sich aber in der nächsten Zeit ändern:

Die zweite Maßnahme zur radikaleren Transformation der traditionellen japanischen Entgeltsysteme kann nämlich in einer direkten Abhängigkeit des Einkommens der Führungskräfte vom Aktienkurs ihrer Unternehmung gesehen werden; *man macht also Führungskräfte selbst zu Shareholders.*

Nachdem im Mai 1997 das entsprechende Gesetz vom japanischen Parlament verabschiedet wurde, haben mehrere japanische Großunternehmen erklärt, sie beabsichtigen, *Stock Options als Motivationsinstrument für ihre Top Manager und z.T. auch für Middle Manager* einzuführen[3] Die damit eventuell einhergehenden Veränderungen können derart nachhaltige Wirkungen haben, daß an dieser Stelle einige konkrete Unternehmenspläne *im einzelnen* unter die Lupe genommen werden sollen. Bei dieser näheren Betrachtung erscheint sehr bemerkenswert, daß diese Maßnahmen insbesondere von den Unternehmen eingeleitet werden, die auch in der Wirtschaftsflaute ausgesprochene ökonomische Erfolge verbuchen konnten. Diese Unternehmen wurden im Kapitel 1 bereits beispielhaft genannt, so daß es auch naheliegt, an dieser Stelle den Blick speziell auf sie zu lenken und, ebenfalls wie es im Kapitel 1 gemacht wurde, die relevanten Daten in tabellarischer Form zusammenzufassen (vgl. Tabelle 14.7).

---

[1] vgl. bereits bei Abegglen/Stalk, 1986, S. 236 ff.
[2] Schmidt, 1996, S. 74.
[3] vgl. Landers, 29.05.97, S. 54.

Tabelle 14.7: **Stock Options für japanische Manager: Orientierungswechsel von den Mitarbeitern zu Shareholders?**

Toyota Motor Corp	Matsushita Electric Industrial Co.	Sony
Toyota Motor Corp. plant, die Beteiligung am Eigenkapital als Motivationsform für ihre Direktoren (Executives) 1998 einzuführen:[1] "Fifty-five **directors** would be eligible to buy several thousand company shares a year. ... (T)he automaker ... may also extend the privilege to **middle managers** and apply it to overseas subsidiaries. Toyota is the first major Japanese company known to be considering such a step." [2]	*Matsushita Electric Industrial Co.* erklärte Ende März 1998, daß das Unternehmen "... is planning ... a **stock-option plan for board members and senior executives**. ... **To focus management's attention on shareholder interests**, the company will allot stock-option rights to board members and some senior executives. The rights, the amounts of which will range from 2,000 to 10,000 shares of common stock, will be exercisable during a four-year period beginning in 2000. Matsushita Electric will also create a new remuneration plan for employees at the managerial level. The program will pay such employees bonuses based on stock-price gains from the previous fiscal year." [3]	Besonders radikal scheint aber - erwartungsgemäß - *Sony* vorzugehen. Ende Februar 1998 berichtete Nihon Keizai Shimbun von folgenden massiven Änderungen im Sony's Entgeltsystem für Führungskräfte: "Sony Corp. has introduced a **stock-ownership plan for executives** linked to the electronics giant's stock price ... . The scheme, which covers vice presidents of Sony "in-house" companies and high-ranking administrators, is said to be more profitable than conventional stock ownership plans. The scheme involves **200 participants** setting up an association to invest in Sony stock. Each member can borrow from banks, under Sony's guarantee, up to 20 times the amount he or she puts forward. **As a result, participants can earn a far larger return on investment than from an ordinary employee stock-purchasing plan when Sony's stock price rises**. The plan, developed jointly with Salomon Brothers Asia Ltd., is expected to be attractive to other companies wishing to see their executives remain conscious of share prices. The first investment, a purchase of 230,000 shares, was made Feb. 2. [*1998 - A.d.V.*] Each participant contributed about 700,000 yen, for cumulative investment of 140 million yen. Bank loans added another 2.5 billion yen. Association members are eligible for return on investment payments from next February. A member investing 700,000 yen, for example, would be paid some 2.1 million yen if Sony's stock rises 20%. **Even if the price drops below the purchase price, the investor needs only to give up the original investment, leaving Sony to shoulder any additional loss**." [4]

[1] vgl. o.V.: Ban Lifted on Stock Option Systems, August 1, 1997.
[2] o.V.: Toyota aims to offer directors stock options from 1998, April 23, 1997; hervorgehoben d. d. Verf.
[3] o.V.: Matsushita Electric Industrial Unveils Management Program, March 25, 1998.
[4] o.V.: Sony Starts Employee Incentive Plan Linked To Stock Value, February 28, 1998; Hervorhebungen d. d. Verf.

Auf der Ebene der *Rhetorik* sollte also mit diesen Veränderungen bei den Unternehmen insbesondere erreicht werden, daß das Einkommen der Führungskräfte von der ökonomischen Leistung der Unternehmung eher als von der Dauer ihrer Unternehmenszugehörigkeit in direkte Abhängigkeit gerät und dadurch den Interessen der Leistungsträger[1] *und* der Aktionäre mehr Rechnung getragen werden soll.

In der Form, die sie insbesondere bei Sony in der *Realität* eingenommen haben, können diese Veränderungen allerdings u.U. auch die Grundlagen des Japanese-style Managements erschüttern, vor allem zum Revidieren der Fundamentalannahme der *Kaisha Ningen*, sie seien Mitglieder einer *vertrauensbasierten Schicksalsgemeinschaft*, führen, und damit auch die humanbasierte Innovationsidentität der Unternehmen massiv beeinflussen. Im Kapitel 14.1.3 wurde denn auch erwähnt, daß mit 97.1% praktisch alle Middle Managers der größeren japanischen Unternehmen erwarten, daß im Spannungsfeld "Dividenden vs. Arbeitsplätze" die jeweiligen Topmanager sich für den *Erhalt von Arbeitsplätzen* entscheiden würden,[2] und daß diese Erwartungshaltung der in Japan bis heute immer noch gültigen Fundamentalannahme über das *Wesen einer Unternehmung* und der Position der Belegschaft als zentrale "*controlling group*" unter allen Stakeholders entspricht.

Ob diese Erwartungshaltung auch realistisch bleibt, während das Einkommen der Manager zum Teil vom "*Shareholder Value*" unmittelbar abhängig sein wird, kann heute noch nicht geklärt werden, denn die neuen Anreizsysteme werden erst ausprobiert und damit kann von keinen Ist-Daten ausgegangen werden; allenfalls eilen sich einige westliche Autoren bereits eine "dramatic change in the corporate strategies of Japanese executives" in Richtung "meet investor's short-term return objectives"[3] zu prognostizieren.

Angesichts aller obigen Überlegungen zur humanbasierten Innovationsidentität erscheint jedoch wahrscheinlicher, daß auch diese Veränderungen in der Regel eher vorsichtig sein werden und kaum eine einseitige schlagartige Umorientierung des japanischen Topmanagements von den Stakeholders, vor allem den Mitarbeitern, auf die Shareholders nach sich ziehen wird. Eins sollen die obigen Ausführungen auf jeden Fall gezeigt haben: Japanische Manager haben bereits mehrfach bewiesen, daß sie in ökonomisch schweren Zeiten durchaus bereit sind, auch auf Teile ihres Einkommens zugunsten des Fortbestandes der "*Trust-based Association of Contextuals*" zu verzichten. Außerdem werden, wie ebenfalls oben gezeigt, die neuen Anreizsysteme insbesondere von ökonomisch erfolgreichen Unternehmen implementiert, für die sich das Dilemma "Dividenden vs. Arbeitsplätze für das Kernpersonal" als essentielle Entscheidung nicht stellt.

Argumentiert werden kann heute jedoch nur mit solchen Plausibilitätsüberlegungen; auf sinnvolle empirische Daten zu dieser sehr spannenden und - insbesondere auch für die westlichen Konkurrenten wichtigen - Frage der strategischen Orientierung japanischer Unternehmen wird offensichtlich noch eine Zeit lang zu warten sein.

---

[1] Bei einem Wertewandel bzw. bei der *Transformation des Interdependent Contextual Self in Richtung Individuierung* kann unter anderem erwartet werden, daß die gesellschaftliche Akzeptanz von zwischenmenschlichen Unterschieden - und auch die von Einkommensunterschieden - zunehmen wird.

[2] vgl. Yoshimori, 1995, S. 35.

[3] vgl. Steadman et al., 1995.

14.4 Personalentwicklung aus der Perspektive der humanbasierten Innovationsidentität

In der neueren Japanliteratur wird hervorgehoben, daß "current human resource development routines are seen to have constituted a cornerstone in the successful upbringing of organizational knowledge creation by Japanese firms."[1] Diese Routinen sollen im vorliegenden Abschnitt im Hinblick auf ihren Einfluß auf die Innovationsidentität unter die Lupe genommen werden.

14.4.1 Wissensstrategische Job Rotation: Förderung der *Kaisha Ningen*

Job Rotation kann als personalwirtschaftliche Unternehmensroutine mindestens unter zwei Gesichtspunkten betrachtet werden. Vor dem Hintergrund des Rationalisierungszwanges, dem die japanischen Großunternehmen in den letzten Jahren massiv ausgesetzt sind,[2] gewinnt die *arbeitssichernde Rolle* der Job Rotation zunehmend an Bedeutung. Sie fungiert damit als Instrument der *internen Personalbeschaffung* bzw. *Aufgabenumverteilung*[3], und die japanischen Großunternehmen verwenden diese Praktik (ergänzt durch den oben bereits betrachteten interorganisationalen Personaltransfer) in der Regel sehr aktiv, um Entlassungen zu vermeiden.[4]

Ein anderer Gesichtspunkt ergibt sich daraus, daß Job Rotation das *Hauptinstrument der Personalentwicklung* in allen japanischen Großunternehmen darstellt,[5] was als einer der wesentlichsten Unterschiede zu westlichen Konzepten der Personalentwicklung angesehen wird.[6]

Diese beiden Gesichtspunkte sind - jedenfalls im Rahmen des *Japanese-style Managements* - als *interdependent* anzusehen: *Kaisha Ningen*, die für verschiedene Tätigkeiten im Unternehmen *ausgebildet* sind und auch *willens* sind, die unterschiedlichen Arbeitsaufgaben wahrzunehmen, können offensichtlich mit einer wesentlich höheren ökonomischen und sozialen Effizienz unternehmensintern versetzt werden.

Diese Polyvalenz der Job Rotation soll an dieser Stelle festgehalten werden, im weiteren wird der Einfluß dieser Unternehmensroutine auf die Innovationsidentität allerdings primär im Zusammenhang mit der *Wissenshandhabung* interessieren. Während Nonaka die Rotation zwischen verschiedenen Technologiefeldern und Funktionen in japanischen Unternehmen als "*strategische Rotation*" bezeichnet,[7] wird hier diese Bezeichnung ergänzt und im weiteren von einer systemisch durchgeführten **wissensstrategischen Job Rotation** gesprochen.

---

[1] Dirks, 1997a, S. 38; vgl. auch Steffensen/Dirks, 1997, S. 204
[2] vgl. Kapitel 1 u. 14.1.
[3] vgl. dazu z.B. Marr/Stitzel, 1979, S. 306 ff.
[4] vgl. Abegglen/Stalk, 1986, S. 25; Mroczkowski/Hanaoka, 1989, S. 43 ff.; Ernst, 1988, S.140.
[5] vgl. z.B. Izumi, 1994, S. 393 f.; Kolatek, 1989, S. 194 f.
[6] Miyamoto, 1994, S. 351; Esser, 1994c, S. 169.
[7] Nonaka, 1992, S. 101, hervorgehoben d. d. Verf.

Betrachtet man diese wissensstrategische Job Rotation als innovationsprägende Unternehmensroutine im Spannungsfeld zwischen Einheit (Homogenität) und Mannigfaltigkeit (Heterogenität), läßt sich feststellen, daß sie eine **doppelte Funktion** ausübt:

Durch wissensstrategische Job Rotation werden
- **einerseits die unternehmensweite relative Homogenisierung der Wissensbasen der Mitarbeiter, und**
- **gleichzeitig die Heterogenisierung der Wissensbasis eines jeden Mitarbeiters erzielt.**

Viele Aspekte der Job Rotation in japanischen Unternehmen sind in der Literatur hinreichend beschrieben, so daß die Diskussion im weiteren nur auf die Erläuterung dieser beiden Teilfunktionen *aus der speziellen Sicht der Wissenshandhabung und Innovationsidentität* beschränkt werden soll. Dabei sei vorwegnehmend bemerkt, daß diese beiden Teilfunktionen grundsätzlich einen *ambivalenten* Charakter im Hinblick auf die Anforderungen des Innovationswettbewerbs und den entsprechenden Modus der Innovationsidentität haben. Das, was gestern von großem Vorteil war, wird morgen vielfach zum Problem; dieser *dynamische* Aspekt soll im weiteren konkretisiert werden.

Die wesentlichsten Auswirkungen der **wissensstrategischen Job Rotation** (im weiteren: **WJR**) auf die **Innovationsidentität** können in folgendem gesehen werden:

1) Die Mitarbeiter bekommen eine **ganzheitliche Vorstellung von dem Unternehmen und seinem Wertschöpfungsprozeß**. Dieser "*sense of the organization*"[1] bildet dann den *Wissenskontext,* in den die *Kaisha Ningen* alle neu kommenden Informationen setzen. Das bedeutet insbesondere, daß die WJR zu einem gemeinsamen Verständnis von organisationsspezifischen Zusammenhängen zwischen verschiedenen Innovationsphasen[2] und damit auch von der komplexen Innovationsidentität der Unternehmung beiträgt. Nicht nur die *Unterschiede innerhalb der Organisation* werden dadurch reduziert, sondern die *Unterschiede zwischen Organisationen* und demzufolge die *distinctive core capacities* werden als Grundlage von Wettbewerbsvorteilen aufgebaut:

> "The intent is to differentiate employees from nonemployees by training the former to think and act the company way."[3]

In diesem Sinne scheinen japanische Unternehmen höchst autopoietische soziale Systeme zu sein.

2) Der *Kreis* der durch die WJR Betroffenen umfaßt nicht nur Manager mit Aufstiegsperspektiven, wie in vielen westlichen Firmen üblich, sondern eine wesentlich breitere Schicht von Mitarbeitern, auch z.B. Arbeiter in der Produktion.[4] Damit werden die

---

[1] vgl. Kidd/Teramoto, 1995, S. 45 f.
[2] vgl. Badawy, 1991, S. 210.
[3] Wiersema/Bird, 1993, S. 1002.
[4] Branscomb/Kodama, 1993, S. 16.

Abstimmungen auf allen Hierarchieebenen erleichtert. Bei Toyota z.B. waren bereits Mitte der 80er Jahre zu jeder Zeit etwa 35% des FuE-Personals in der Produktion tätig.[1]

3) Die **Dauer der WJR** ist länger als in vielen westlichen Unternehmen üblich, was den Betroffenen nicht bloß allgemeine Vorstellungen über den anderen Job, sondern relativ gute Kenntnisse zu bekommen erlaubt. Einer McKinsey-Studie zufolge wird z.B. in den deutschen Elektronikunternehmen die Job Rotation für jeweils ca. 4 Monate praktiziert, in japanischen dagegen geht es vielfach um 24 Monate.[2]

4) Diese intensive WJR führt dazu, daß viele Mitarbeiter ähnliche Lernprozesse durchlaufen und so die identitätskonforme **High-Context-Communication**[3] einfacher gestalten können. Wegen dem notwendigerweise kooperativen Charakter der modernen FuE kommt den Kommunikationsfähigkeiten der Ingenieure eine zunehmend wichtige Bedeutung zu; einer Umfrage der American Society of Engineers zufolge "communication skills captured five of the top nine crucial needs in engineering,"[4] und diese Ergebnisse scheinen sinngemäß auch für Ingenieure in anderen Ländern zu gelten. Viele Ingenieure tendieren allerdings dazu, "non-verbal thinkers" zu sein, die es weder ganz besonders wollen noch besonders gut können, schriftliche Berichte zu verfassen;[5] darum spielt die Möglichkeit einer impliziten Kommunikation für sie eine recht wichtige Rolle.

5) Die WJR trägt dazu bei, daß die Mitarbeiter lernen, mit den für sie unerwartet auftretenden Problemen bzw. **Diskontinuitäten** klarzukommen, was als eine extrem wichtige Komponente ihrer Anpassungsfähigkeit angesehen wird.[6] Im Zuge dieser ständigen Anpassungen, die ein häufiger Aufgabenwechsel erfordert, lernen die Mitarbeiter, den Wandel sozusagen als Normalität wahrzunehmen.

6) Der Einstieg in fachfremde Aufgabenstellungen, den die WJR in japanischen Unternehmen vielfach beinhaltet, setzt eine hohe **fachliche Lernleistung**, die die einzelnen Mitarbeiter auch in der FuE zu erbringen haben, voraus.[7] Die fachlichen Fortschritte, die von jungen Ingenieuren und Forschern in japanischen Großunternehmen erzielt werden, werden vor bestimmten Personalentscheidungen in firmeninternen schriftlichen *Prüfungen* abgefragt.[8] Dies gilt nicht nur für die FuE, sondern auch unternehmensweit: Einer Studie aus dem Jahr 1995 zufolge führen 36.1% japanischer Unternehmen mit durchschnittlichem Personalbestand von ca. 3.300 Mitarbeitern firmeninterne Examina zur Überprüfung der Qualifikationen ihrer Mitarbeiter durch.[9] Durch diesen Prüfungszwang wird offensichtlich versucht, die innovationsrelevanten

---

[1] vgl. Rubinger, 1986, S. 191.
[2] vgl. Kluge/Deger/Wunram, 1996, S. 146. Eine derartige Job Rotation praktiziert auch das MITI (vgl. Nonaka/Takeuchi, 1995, S. 83).
[3] vgl. dazu Kapitel 6.1.
[4] im Anschluß an Huckin/Olsen DeHart, 1995.
[5] vgl. Maruyama Magoroh, 1989, S. 426.
[6] vgl. Aoki, 1986, S. 972.
[7] vgl. Ernst/Wiesner, 1994, S. 18 ff.
[8] vgl. Ernst/Wiesner, 1994, S.46.
[9] vgl. Kawakita, April 1, 1996.

Nachteile für die Organisation auszugleichen, die *Kaisha Ningen* gegenüber den *Shigoto Ningen* im Hinblick auf eine **geringere Spezialisierung** und damit auch auf die **Tiefe ihrer fach- und berufsspezifischen Kenntnisse**[1] sonst aufweisen würden. Die erforderlichen Qualifikationen haben die Mitarbeiter nicht zuletzt im Laufe des *Selbststudiums* zu erwerben: Die "Self-Development"-Bildung ist in etwa 95% japanischer Unternehmen verbreitet.[2]

7) Indirekt kann die WJR vor allem in kundennahen Unternehmensbereichen auch zur Erhöhung der **Treffsicherheit von Innovationen** führen, denn die Mitarbeiter, etwa aus der Produktion oder der FuE, lernen durch sie konkrete Bedürfnisse, Probleme und Einstellungen der Kunden kennen.[3]

8) Diese WJR zwischen verschiedenen Technologiefeldern und zwischen Funktionen wie FuE und Marketing "verflüssigt," um mit Nonaka zu sprechen, das kollektive Wissen der Unternehmung und läßt es in verschiedene **praktische Anwendungen** strömen.[4] Die Grenzen zwischen verschiedenen Abteilungen und Bereichen werden dadurch durchlässiger für ein neues Wissen, seien es Technologien oder Marktinformationen,[5] was die Schaffung von **neuen Produkten** fördert.

9) Die WJR fördert die **intraorganisationale Absorptionsfähigkeit**. In diesem Zusammenhang ist auf das von Nonaka vorgeschlagene Konzept der *Wissensredundanz*[6] hinzuweisen, die sich auf die absichtlich gemachten Überschneidungen von Informationen über geschäftliche Aktivitäten und Zuständigkeiten bezieht und als Faktor angesehen werden kann, der die "cross function absorptive capacity" und "innovative performance" einer Organisation fördert.[7] Die im Kapitel 9.4 analysierte schnelle Produktentwicklung in japanischen Unternehmen hat vieles mit dem Transfer von Informationen durch einen *intensiven "zirkulierenden" Personaleinsatz* zu tun:

> "Internal technology transfer in the Japanese firms seems to follow the maxim that, **to move information, you move people**."[8]

Mit Ito, der die hohe Personalmobilität zwecks Beschleunigung und Vervollkommnung des Technologietransfers als zentrales Merkmal der besonders wettbewerbsfähigen verarbeitenden und Montageindustrie Japans sieht, kann hier resümiert werden:

> "Die Industriezweige und Unternehmen, die sich dieser "**Humannetzwerke**" bedienen, weisen eine **rasante technologische Innovation** auf und sind bei der Herstellung neuer

---

[1] vgl. hierzu Kapitel 5.
[2] vgl. Esser, 1994c, S. 182. Auch die Manager müssen in vielen japanischen Unternehmen schriftliche und mündliche Prüfungen ablegen, um in der Firmenhierarchie die nächste Ebene erreichen zu können (vgl. Pronnikow/Ladanow, 1989, S. 182 f.; Khlynow, 1995, S. 56 ff. und die dort angegebenen Quellen; Porter, 1991).
[3] vgl. auch die Ausführungen in den Kapiteln 6 und 14.1.
[4] Nonaka, 1992, S. 101, hervorgehoben d. d. Verf.
[5] vgl. z.B. M. Nakamura, 1994, S. 212 f., Miyamoto, 1994, S. 352 f.
[6] vgl. zu weiteren Ausführungen Nonaka, 1992, S. 100 f.; Nonaka/Takeuchi, 1995, S. 80 ff.
[7] vgl. Cohen/Levinthal, 1990, S. 134 f.
[8] Westney/Sakakibara, 1986, S. 223.

> Produkte auf der Basis der **Integration prinzipiell unterschiedlicher Technologien** hochgradig kompetent und konkurrenzfähig."[1]

Mit anderen Worten: Auch die **Technologiefusionen**[2] werden durch die WJR vorangetrieben.

10) In die WJR in den führenden japanischen Großunternehmen werden auch die Mitarbeiter der **Personalabteilung** involviert, die in die Produktion, das Controlling oder andere Funktionsbereiche versetzt werden.[3] Erfolgreiche japanische Firmen gehen dabei offensichtlich davon aus, daß in modernen High-Tech-Unternehmen Innovationsprozesse von der Personalabteilung nur dann effizient flankiert und gefördert werden können, wenn ihre Mitarbeiter grundsätzlich in der Lage sind, den **Kontext** der Innovationsträger zu nachvollziehen. Und dieses Nachvollziehen wird *nicht* durch zweiwöchige Seminare, sondern vielmehr durch die **alltägliche Zusammenarbeit**, durch **Akkumulation des impliziten "hands-on"-Wissens in direktem Arbeitskontakt** ermöglicht. Der Personalexperte, dem als **Träger von sozialen Innovationen** eine extrem wichtige Rolle in der Organisation zukommt, läuft sonst u.U. Gefahr, von den **Trägern von techno-ökonomischen Innovationen** schlicht nicht ernst genommen zu werden:

> "Most technical professionals believe only colleagues with similar specialties are capable of evaluating their work. Because the work is frequently exploratory and abstract, the reason, one must understand the process of the work in order to evaluate it."[4]

Dies ist vermutlich mit einer der Gründe dafür, daß in den japanischen Unternehmen in die Personalabteilung mit die besten Mitarbeiter geschickt[5] - und interfunktional weiterentwickelt werden. So hat Matsushita Electric bereits Ende der 80er Jahre eine "Interdepartmental Rotation" in die Wege geleitet,[6] in deren Rahmen ca. 200 Mitarbeiter aus verschiedenen Sektionen der Personalabteilung in andere Abteilungen, vor allem Vertrieb, Produktion und FuE versetzt wurden, und umgekehrt. Solche Aktionen zielen vor allem darauf ab, eine Überspezialisierung der Mitarbeiter der Personalabteilung ausschließlich in einem Feld, dem Personalwesen zu verhindern. Mit anderen Worten: Die WJR soll auch aus Personalmanagern *Kaisha Ningen* machen. Diese Maßnahmen stellen aber auch eine Voraussetzung dafür dar, daß "(p)ersonnel departments in Japanese firms manage engineers *differently* from the economics and business departments graduates because their *behaviours are very different*."[7]

Insgesamt läßt sich feststellen, daß durch die Entwicklung eines gemeinsamen **Wissens- und Erfahrungskontextes** bei den Mitarbeitern aus verschiedenen Bereichen die WJR die **zwischenmenschliche Zusammenarbeit - auch bei der Innovationsgestaltung** - fördert. Die meisten Innovationsprojekt-Teams werden in japanischen Unternehmen aus 10 bis 30 Mitarbeitern aus unterschiedlichen Funktionsbereichen gebildet, und in den meisten Firmen

---

[1] Ito, 1994b, S. 231; hervorgehoben d. d. Verf.
[2] vgl. detailliert Kapitel 11.
[3] vgl. z.B. Esser, 1994a, S. 14; Miyamoto, 1994, S. 357 ff.
[4] Resnick-West/von Glinow, 1990, S. 242.
[5] vgl. Takeuchi, in: Sherman/Takeuchi/Davies, 29.04.1996.
[6] vgl. hierzu Nonaka, 1988, S. 57.
[7] Etô/Matsui, 1984, S. 194, hervorgehoben d. d. Verf.

enthalten solche Projektteams 4 oder 5 Kernmitglieder, von denen jedes im Rahmen der Job Rotation bereits in mehreren Funktionsbereichen tätig war[1] und die Zusammenarbeit fördern kann.

Das heißt, die *personalwirtschaftliche Unternehmensroutine der wissensstrategischen Job Rotation* fördert "**contextual thinking**" und " **psychological togetherness**"[2] - die Merkmale, die für ein **Contextual Interdependent Self** bzw. die **Kaisha Ningen** von konstitutiver Bedeutung sind.

Dies scheint ein wichtiger Grund dafür zu sein, warum *nicht nur die Unternehmen, sondern auch die Mitarbeiter selbst* viel Wert bei ihren Kollegen auf die Entwicklung der Merkmale des *Kaisha Ningen* legen. Wie eine Umfrage des *KEIZAI KÔHÔ CENTÂ* 1997 gezeigt hat, haben auf die Frage, **wozu** die neueingestellten Mitarbeiter gleich am Anfang ganz besondere Anstrengungen vornehmen sollten,

- 58.1% des Stammpersonals geantwortet, die Neulinge sollten sich ganz besonders darum bemühen, sich den "**common sense**" und die **Denk- und Verhaltensweisen eines rechtschaffenen Gesellschafts- und Unternehmensmitgliedes** anzueignen, und
- wesentlich weniger, nämlich 33.2% des Stammpersonals waren der Meinung, ihre neuen Kollegen sollten sich ganz besonders anstrengen, um in der Lage zu sein, *die ihnen gerade zugewiesenen Arbeitsaufgaben* zu erfüllen.[3]

Im Zusammenhang mit dieser nachdrücklichen Formung der *Kaisha Ningen* durch japanische Organisationen sollen auch sehr kritische Stimmen, unter anderem aus Japan selbst, nicht unerwähnt bleiben, die darin einen Prozeß der *Unterdrückung von Individualität*[4] und *Kreativität*, ja *Indoktrination* und *Gehirnwäsche*[5] sehen und dementsprechend diese Politik der Personalentwicklung bei einigen japanischen Großunternehmen als *totalitaristisch*[6] bezeichnen. Da, wie bereits an anderen Stellen konstatiert, die meisten Unternehmensroutinen nicht "*digital*" innovationsfreundlich oder -feindlich sind, sondern zur Bildung eines ***bestimmten** Modus der Innovationsidentität* der jeweiligen Unternehmung beitragen, der sich je nach *Situation* als *funktional* oder *dysfunktional* erweist, sollen nun auch die *Probleme* aufgezeigt werden, die die WJR als innovationsrelevante personalwirtschaftliche Routine im Hinblick auf die *aktuellen strategischen Wettbewerbsanforderungen* bei japanischen Unternehmen verursacht.

Diese aktuellen Wettbewerbsanforderungen können unter dem Stichwort "*Innovationsoffensive*" zusammengefaßt werden: Wie in den Kapiteln 9 bis 12 detailliert aufgezeigt, wird heute von vielen japanischen Spitzenunternehmen eine verstärkte Entwicklung von originellen Technologien und Produkten angestrebt, die vielfach auf neuen Ergebnissen der

---

[1] vgl. Nonaka/Takeuchi, 1995, S. 76 sowie die Ausführungen im Kapitel 11.
[2] vgl. Maruyama Magoroh, 1989, S. 424.
[3] vgl. KEIZAI KÔHÔ CENTÂ, 11.03.1997, Frage 12.
[4] vgl. z.B. Morishima, 1985, S. 125.
[5] vgl. Chikudate, 1997, S. 180; Arita, 1994, S. 371.
[6] vgl. Arita, 1994, S. 383.

Forschung basieren sollen. Neben den oben aufgelisteten Vorteilen ruft die WJR *im Hinblick auf diese anvisierte Innovationsoffensive* folgende Probleme hervor:

Maruyama Magoroh hat die Job Rotation in japanischen Unternehmen sehr zutreffend als "**self-heterogenization**"[1] bezeichnet. Diese interaktionsförderliche intensive Heterogenisierung der Wissensbasis und Fähigkeiten eines jeden Mitarbeiters steht einer *kumulativen und konzentrierten Profilierung der Fachexperten* und damit auch vielfach den technologiebasierten bahnbrechenden Innovationen im Wege, die in aller Regel von hochspezialisierten Eliten bzw. 'Stars" initiiert werden. Bei NEC z.B. bleibt weniger als die Hälfte der Ingenieure, die in der FuE-Abteilung ihre Karriere angefangen haben, nach 10 Jahren noch in dieser Abteilung,[2] und dieser Anteil scheint bei NEC als technologie- und innovationsorientiertes Unternehmen noch sehr hoch im Vergleich zum *Durchschnitt* zu liegen: Nach Einschätzung von Ernst/Wiesner verbleiben in der elektrotechnischen Industrie Japans im Endeffekt nur noch etwas mehr als 30% der FuE-Mitarbeiter im FuE-Bereich, in dem sie ursprünglich die Beschäftigung aufgenommen hatten, während zwei Drittel in anderen Funktionsbereichen wie Fertigung oder Marketing beschäftigt sein werden.[3] Dies erhöht zwar die Offenheit anderer Funktionsbereiche gegenüber dem technischen Wissen, erleichtert die interfunktionale Zusammenarbeit und trägt zur Economies of Speed bei, gleichzeitig wird aber damit auch die Entwicklung von *Shigoto Ningen* und Stars erschwert.

Außer diesem Aspekt, der sich eher auf das *Können* der Innovationsträger bezieht, ist ein weiterer im Hinblick auf ihr *Wollen* zu nennen. Während viele westliche Forscher, insbesondere vermutlich die höher qualifizierten, durch ein Streben nach Unabhängigkeit und Autonomie auch in ökonomischen Organisationen gekennzeichnet sind und u.U. eine mangelnde Loyalität gegenüber den Unternehmenszielen an den Tag legen,[4] identifizieren die japanischen FuE-Mitarbeiter ihre Arbeit dagegen stärker mit der generellen Unternehmensmission[5] - was auch bedeutet, daß sie als *Kaisha Ningen* eher dazu neigen, gemeinsam mit Vertretern der ökonomischen Effizienz nach *Kompromißlösungen* bzw. *konsensualen Entscheidungen* zu suchen[6] und somit weniger zu *konfliktträchtigen radikalen Innovationen* bereit sind.

Aus dem oben Gesagten läßt sich folgende **Schlußfolgerung** ziehen.

Im Kapitel 10 wurde bereits detailliert gezeigt, daß japanische Unternehmen ihre FuE-Personalkapazitäten in quantitativer wie auch qualitativer Hinsicht intensiv ausbauen. Dieser Ausbau der kritischen Innovationsmasse ist kaum zu überschätzen; ob es diesen Unternehmen

---

[1] vgl. Maruyama Magoroh, 1985, S. 388.
[2] Nevens/Summe/Uttal, 1990, S. 162 f.
[3] vgl. Ernst/Wiesner, 1994, S.122 ff.
[4] vgl. bereits Kern/Schröder, 1977, S. 315 und die dort angegebenen Quellen.
[5] vgl. z.B. Asakawa, 95/91/OB, S. 15 ff. In japanischen Unternehmen wird eine ganze Reihe von weiteren Maßnahmen eingesetzt, die eine soziale Selbstabgrenzung akademisch qualifizierter Ingenieure und Forscher gegenüber dem Rest des Kernpersonals verhindern soll; genannt seien z.B. die Zuordnung von innovationsrelevanten Tätigkeiten zu Personen mit unterschiedlichen Bildungsgängen und -abschlüssen sowie ein weitgehender Verzicht auf die Differenzierung der technisch orientierten Belegschaft durch Statusbezeichnungen (vgl. Ernst/Wiesner, 1994, S. 22 ff.).
[6] vgl. hierzu auch die Ausführungen im Kapitel 6.1.

aber gelingen wird, die angestrebten originären Technologie- und Produktinnovationen wirklich voranzutreiben, wird allerdings auch von einem anderen Faktor wesentlich abhängig sein:

Das **fundamentale Dilemma des japanischen Innovationsmanagement** scheint heute darin zu bestehen, daß "**(w)orkers who were promoted by mastering in-house information through in-house education are not necessarily suitable for creating and developing new business opportunities**."[1] Somit kommt

- der dynamischen, unternehmensspezifischen Balance zwischen der Förderung von *Kaisha Ningen* und von *Shigoto Ningen* durch die Maßnahmen der Personalentwicklung wie auch
- deren Abstimmung mit anderen personalwirtschaftlichen Unternehmensroutinen, wie z.B. der Personalbeschaffung,

die ausschlaggebende, zukunftsentscheidende Rolle zu.

Bei dieser Frage geht es m.E. um etwas mehr als nur um die Intensität der Anwendung eines der zahlreichen personalwirtschaftlichen Instrumente. Durch wissensstrategische Job Rotation japanischer Prägung wird das Selbstverständnis bzw. die **Beziehung zwischen der Rolle des Mitarbeiters in der Organisation und seiner personellen Identität** tangiert: Den Ausführungen im Kapitel 5 entsprechend läßt eine *mangelhafte fachbezogene Spezialisierung* für eine *attributsbasierte Identitätsdefinition* grundsätzlich kaum Möglichkeiten zu.

Dem Gesagten zufolge kann sich das Prinzip "Job Rotation für alle" auf die Kreativität hinderlich auswirken, denn, wie Eiswein zu Recht bemerkt, die Mitarbeiter können nur in solchen Bereichen kreativ sein, in denen ihre eigenen Interessen und Begabungen liegen - "(d)as Individuum muß also wissen, was es will und kann."[2] In dieser Hinsicht können - jedenfalls als *schwache Signale* - in der letzten Zeit **Anzeichen für einen Wandel** festgestellt werden: Man bemerkt, daß die Bereitschaft *junger* japanischer Ingenieure und Naturwissenschaftler, sich nach einem erfolgreichen Studienabschluß in Produktionswerken einsetzen zu lassen, abnimmt, und sie die Arbeit in FuE-Labors und einigen anderen Bereichen zunehmend vorziehen; diese sinkende Bereitschaft zur Job Rotation bzw. zur Entwicklung zum *Kaisha Ningen* kann sich evtl. auch am umfassenden Commitment gegenüber der Organisation negativ auswirken.[3]

Um diesen Wandelprozessen sowohl im Hinblick auf die Strategie der Innovationsoffensive wie auch im Hinblick auf die Erwartungshaltungen der jüngeren Unternehmensmitglieder Rechnung zu tragen, wird in japanischen Unternehmen intensiv nach Modifikationen der bestehenden Routinen gesucht. Wie bereits gesagt, sind viele dieser Routinen als interdependent anzusehen, so daß neben der Personalentwicklung z.B. auch das traditionelle Karrieremuster des japanischen FuE-Personals, das sich ebenfalls als problematisch im Hinblick auf die Spezialisierung der begabten FuE-Mitarbeiter ergibt, einer Modernisierung bedarf. Aus der Sicht der Förderung der *Kaisha Ningen* scheint es denn auch logisch zu sein, daß diese

---

[1] Niimura, 1996; hervorgehoben d. d. Verf.
[2] Eswein, 1996.
[3] vgl. Ernst/Wiesner, 1994, S. 36 f.; Porter, 1991, S. 729.

japanischen Unternehmen bislang auf eine ziemlich standardisierte Laufbahnentwicklung sowie den im weiteren Karriereverlauf fast vollständigen Wechsel des im FuE-Bereich verbleibenden Personals auf die Führungspositionen setzten.[1] Dies hat allerdings viele 'Stars" wegen der Unberücksichtigung ihrer persönlichen Präferenzen demotiviert. Heute arbeiten viele japanische Unternehmen, z.B. Nissan, aktiv an der Modifikation der Personalentwicklungssysteme,[2] um diese Nachteile zu beseitigen.

Die Strategie der Wissenshandhabung soll sich ändern - und so auch die Routinen der Personalentwicklung. Die Spezialistentätigkeiten nehmen in japanischen Unternehmen zu, aber diese Zunahme scheint (vorerst jedenfalls) keine bruchartige Zerstörung der dominierenden Denk- und Verhaltensweisen der *Kaisha Ningen* und der darauf basierenden Innovationsidentität, sondern einen evolutionären, regulierten und partiellen Übergang[3] zu einer stärkeren Interessenberücksichtigung und Förderung der *Shigoto Ningen* zu bedeuten.

14.4.2 Unternehmensspezifisches On-The-Job Learning: Förderung der *Kaisha Ningen*

Nachdem die Rolle der wissensstrategischen Job Rotation als innovationsrelevante personalwirtschaftliche Unternehmensroutine geschildert wurde, soll im vorliegenden Abschnitt die Frage beantwortet werden, **wie** die japanischen Mitarbeiter aus- und weitergebildet werden, wenn sie infolge der Job Rotation auf einen jeweils neuen Arbeitsplatz transferiert werden, und welchen Einfluß diese Routinen der Weiterbildung auf die *Innovationsidentität* der Unternehmen ausüben. Im Mittelpunkt des Interesses sollen dabei vor allem die Funktionsbereiche *Produktion* und *Forschung und Entwicklung* stehen, die an der Gestaltung von *technologiebasierten Innovationen* maßgeblich mitwirken.[4]

Vor dem Hintergrund des in den vorangehenden Teilen dieser Arbeit bereits Geschilderten lassen sich zunächst aus Plausibilitätsüberlegungen folgende **drei Hypothesen** entwickeln. Angesichts der für japanische Unternehmen charakteristischen und größerenteils angestrebten Unternehmensspezifität von Wissen und Innovation kann *erstens* vermutet werden, daß die **unternehmensinternen** Formen der Weiterbildung deutlich dominieren dürften. *Zweitens* wurde insbesondere im Kapitel 6.2 bereits detailliert geschildert, daß der Innovationsidentität der Japaner in vielerlei Hinsicht ein Mechanismus des Lernens entspricht, der einen engen Kontakt zwischen den Beteiligten voraussetzt und insbesondere zur Übernahme/Übergabe impliziten Wissens geeignet ist. Als solcher Mechanismus, der sowohl die kognitiven wie auch die sozio-emotionalen Dimensionen des Lernens beansprucht, kann vor allem das *Learning by Doing/ Learning by Following* in Frage kommen. Vor diesem Hintergrund wäre zu erwarten,

---

[1] vgl. Ernst/Wiesner, 1994, S. 117 ff. sowie Nonaka, 1988, S. 50 f.
[2] vgl. detailliert Miyamoto, 1994.
[3] vgl. Hemmert, 1996, Teil 3.5.
[4] Viele Aspekte der Personalentwicklung in japanischen Unternehmen sind, wie die Fußnoten zu diesem Kapitel belegen, in der Literatur bereits hinreichend analysiert, so daß die weitere Darstellung nur auf solche Teilaspekte beschränkt werden soll, die für die Problemstellung der vorliegenden Arbeit von besonderer Relevanz sind.

daß das **On-the-Job-Training (OJT)** bzw., wie im Anschluß an Sato[1] die Überschrift zu diesem Abschnitt besagt, das **On-the-Job-Learning** eine ausschlaggebende Rolle auch in der Personalentwicklung in japanischen Unternehmen einnimmt. Da oben ebenfalls darauf hingewiesen wurde, daß es grundsätzlich *nicht* nur manuelle, ausführende Fertigkeiten sind, bei denen das Learning by Doing effektiv sein kann, wäre *drittens* zu vermuten, daß das OJT nicht nur etwa in der Produktion, sondern auch für die Weiterbildung von *FuE-Mitarbeitern als Innovationsträger* von Relevanz sein kann.

Mit diesen drei Thesen, verbunden mit den obigen Ausführungen zur wissensstrategischen Job Rotation, läßt sich *tatsächlich* der Kern der innovationsrelevanten betrieblichen Personalentwicklung in japanischen Unternehmen beschreiben, der eine maßgebliche Rolle bei der Bildung von *Kaisha Ningen* spielt:

In der Tat spielt die **unternehmensinterne** Weiterbildung in japanischen Unternehmen die zentrale Rolle,[2] und das OJT wird nach wie vor als "the main mode of training" praktiziert.[3] Eine umfangreiche Studie von 579 japanischen Unternehmen mit durchschnittlich 3341 Mitarbeitern hat 1995 ergeben, daß 51.8% der Unternehmen "pick **an instructor from among senior employees** for **each newly hired employee** and let the former look after the latter until they have acquired basic skills."[4] In vielen kleineren Betrieben ist das OJT überhaupt die **einzige** Form der Ausbildung; dieses OJT orientiert sich nicht an übergeordneten Berufsbildern, sondern an jeweiligen betriebsspezifischen Abläufen[5] und Kontexten und ist deshalb **immer unternehmensspezifisch** und auf die *Kaisha Ningen* ausgerichtet.

Betrachtet man die für Produkt- und Prozeßinnovationen relevanten Funktionsbereiche der japanischen Unternehmen im einzelnen, läßt sich auch feststellen, daß in der *Herstellung* die Qualifizierung der neueingestellten jungen Mitarbeiter im wesentlichen in der Produktionsarbeit selbst erfolgt, angeleitet von erfahrenen Arbeitern, und daß die theoretische Ausbildung recht begrenzt ist.[6] Bei *Toyota* z. B. findet die Ausbildung der in der Produktion eingesetzten Mitarbeiter überhaupt *ausschließlich* als On-the-Job-Training statt.[7] Dasselbe gilt auch für *Mazda*: Einem Bericht der Nihon Keizai Shimbun zufolge

> "Mazda Motor Corp. has introduced a mentoring program to help younger employees master auto assembly skills. The training program is also designed to offset any adverse effects on product quality resulting from cost cutting ... . Under the new training program, an experienced worker will be teamed with two younger employees for eight hours a day, every day, for up to two years. The mentor will help his students master skills ... . Upon completion of the program, the trainees will return to their plants as specialists ... ."[8]

---

[1] vgl. Sato, 1989, S. 34.
[2] vgl. Stern/Muta, 1990, S. 78.
[3] vgl. z.B. McCormick, 1995, S. 203 sowie weitere Ausführungen im vorliegenden Kapitel.
[4] Kawakita, April 1, 1996; hervorgehoben d. d. Verf.
[5] vgl. Esser, 1994c, S. 172.
[6] vgl. Bergmann, 1983, S. 108 f.
[7] vgl. Esser, 1994c, S. 174.
[8] o.V.: Mazda begins skilled worker training scheme, 21.08.1996. Einige Parallelen zum deutschen System sind hier unverkennbar.

Dieses intensive *OJT/Learning by Following* in der Produktion trägt also insbesondere zu Economies of Scale und Economies of Quality[1] bei und fördert die *Kontinuität* der Innovationsidentität des Unternehmens.

Aber nicht nur in der Produktion, sondern auch in traditionell als "kreativer" geltenden Bereichen *Forschung und Entwicklung* hat das OJT eine breite Verwendung gefunden. Der japanische Personalforscher Sato meint sogar, "(t)he emphasis on OJT is more marked for R&D personnel than for workers in other fields, such as sales and clerical."[2] Worauf läßt sich das in japanischen Unternehmen zurückführen?

Zunächst kann konstatiert werden, daß die Aufmerksamkeit, die die japanischen Unternehmen der betrieblichen Aus- und Weiterbildung ihrer jungen FuE-Ingenieure widmen, jedenfalls teilweise dadurch bedingt ist, daß sie *gar nicht anders können.* Wie im Kapitel 14.2 bereits gezeigt, stellen die meisten Großunternehmen überwiegend frische Universitätsabsolventen ein, und somit ist die externe Personalbeschaffung die Schnittstelle, an der die japanischen Unternehmen direkt mit dem nationalen Ausbildungssystem in Berührung kommen. In diesem Zusammenhang ist festzustellen, daß[3] die Absolventen der meisten japanischen Hochschulen von ihrer Ausbildung her vielfach nicht in der Lage sind, nach einer kurzen Einarbeitung verantwortungsvolle Ingenieuraufgaben in Industrieunternehmen selbständig zu übernehmen (wie es etwa in Deutschland oder Frankreich üblich ist[4]). Daher *muß* die naturwissenschaftlich-technische Ausbildung der jungen FuE-Mitarbeiter in japanischen Großunternehmen aktiv fortgesetzt werden, und die Art, wie sie fortgesetzt wird, hat deutliche Auswirkungen auf die Wissensbasis und die Innovationsidentität der Unternehmungen:

In diesem Zusammenhang ist es offensichtlich symptomatisch, daß, wie die obige Tabelle 14.3 zeigt, ca. 57% der japanischen Privatunternehmen Forscher, die *Doktorandenkurse* absolviert haben - also die potentiellen *Shigoto Ningen - (noch) nicht einstellen*:[5] Unternehmen, die ihre Wettbewerbsstrategien[6] vielfach auf der Fähigkeit aufgebaut haben, Technologien vor allem im Prozeßbereich ständig an die unternehmensspezifischen Gegebenheiten anzupassen und den gesamten Innovationskreislauf durch eine effizientere intraorganisationale Zusammenarbeit zu beschleunigen - diese Unternehmen haben schwerpunktmäßig ein ganz anderes Wissen von ihren Ingenieuren bzw. FuE-Mitarbeitern verlangt als es durch Doktorandenprogramme vermittelt wird. Man brauchte vielfach das unternehmensspezifische kontextuelle Wissen und schien davon auszugehen, daß "career development through OJT involves special skills to be

---

[1] vgl. zu diesen Wettbewerbsvorteilen detailliert Kapitel 9.
[2] Sato 1989, S. 35.
[3] vgl. zu weiteren Ausführungen Asakawa, 95/91/OB, S. 15; Baba, 1989, S. 91; Westney, 1993; Ernst/Wiesner, 1994, S.166 ff.; Wiesner, 1992, S. 10 f.; Koyama, 1991, S. 279 f.; Keys/Miller, 1984, S. 350 f.; Alexander, 1994, S. 65ff.; Porter, 1991, S. 418; Esser, 1994c, S. 172.
[4] Eine internationale Studie hat ergeben, daß während französische Ingenieure "enter companies with recognized skills; entry-level Japanese engineers acquire professional status through on-the-job training." (vgl. Lanciano/Nohara, 1993; vgl. ähnlich über japanische Unternehmen Yamada, 1991, S. 12)
[5] vgl. Tabelle 14.3 im vorliegenden Kapitel 14.
[6] vgl. detailliert Kapitel 9.

acquired only within specific firms and corporate secrets ... ."[1] Dementsprechend war der **Arbeitsplatz** auch für die FuE-Ingenieure der wichtigste Lernort.

Wie die Studie des ifo Instituts zum Lernverhalten des hochqualifizierten FuE-Personals in japanischen und deutschen Unternehmen (Erhebungsfeld elektrotechnische Industrie) festgestellt hat,[2] halten die hochqualifizierten FuE-Mitarbeiter in *japanischen* Unternehmen die Effizienz externer wie auch interner Kurse *außerhalb vom Arbeitsplatz* für wesentlich geringer als es ihre Berufskollegen in *deutschen* und *amerikanischen* Firmen tun. Auf einer aktiven Kommunikation zwischen den Organisationsmitgliedern basierende, weniger formalisierte Methoden der Wissensvermittlung wie die "*Anleitung von Vorgesetzten und erfahrenen Kollegen*" und "*interne Präsentation der Forschungsergebnisse*" hält das FuE-Personal in *japanischen* Unternehmen dagegen für effizienter als dies die FuE-Mitarbeiter in *deutschen* und *amerikanischen* Firmen tun.

Je häufiger man dabei von einem auf den anderen Arbeitsplatz innerhalb des FuE-Bereiches versetzt bzw. je mehr man als FuE-Mitarbeiter in vielfältige, interdisziplinäre hochtechnologische Projekte involviert wird, um so stärker kann das *On-the-Job-Learning* auch zur individuellen und kollektiven Fähigkeit zu Technologiefusionen beitragen.[3] In einer Umfrage der japanischen Unternehmensdirektoren zur Entwicklung von 'Specialist Skills" des FuE-Personals rangierten solche mannigfaltige praktische Projekterfahrungen der Mitarbeiter ganz oben:

Tabelle 14.8: **Die fünf effektivsten Methoden für die Entwicklung von "Specialists Skills" des FuE-Personals in japanischen Unternehmen**
(Die Sicht der Unternehmensdirektoren)[4]

Experiencing work on advanced R&D projects	54.9%
Self development	46.0%
Experiencing a variety of R& D projects and themes	43.9%
Contact with specialists from outside the company	40.7%
Participation in R&D projects	40.5%

Es versteht sich von selbst, daß bei einer solchen Akzentuierung des On-the-Job-Learning bei diversen Projekten die Anforderungen an die *eigene Lernleistung* der Mitarbeiter sehr hoch sind. Daß so viele japanische Unternehmensdirektoren die Selbstentwicklung für die effektivste Weiterbildungsmethode halten, bedeutet dementsprechend, daß sie damit fest rechnen, daß

[1] Takanashi, 1.04.1995; vgl.ähnlich auch TSÛSHÔ SANGYÔSHÔ: Heisei 9 Nenpan tsûshô hakusho yôshi, Teil 9.
[2] vgl. im weiteren Wiesner, 1992, S. 12ff.; Ernst/Wiesner, 1994, S.108ff.
[3] Auf einige relevante Aspekte wurde bereits im Zusammenhang mit *Economies of Technology Fusion* eingegangen, vgl. Kapitel 11.
[4] Bis zu drei Mehrfachnennungen waren möglich; diese empirischen Daten aus dem Jahr 1985 sind Sato (1989, S. 34) entnommen.

diese hohe Lernleistung vollbracht wird, und überprüfen sie auch; darauf wurde oben im Zusammenhang mit der Job Rotation bereits hingewiesen.

Ein letzter Aspekt soll im Zusammenhang mit der internen Weiterbildung in japanischen Unternehmen noch hervorgehoben werden. Wie bereits festgestellt, werden in das OJT in aller Regel *sämtliche* neue Mitarbeiter in mehreren Funktionsbereichen des Unternehmens involviert. Das bedeutet aber auch, daß es *sehr viele* erfahrene Mitarbeiter gibt, die willens und bereit sind, als *Coach* zu agieren.[1] Bei einem personenorientierten OJT ist in vielen Fällen festzustellen, daß nicht nur der 'Schüler," sondern auch sein Lehrer lernt - so daß das Unternehmen von diesem unternehmensspezifischen *Learning By Teaching* auch profitiert.[2]

Diesen Lerneffekt scheinen die japanischen Unternehmen auch im Rahmen des **Off-The-Job-Training** zu nutzen: Einer Studie des japanischen Arbeitsministeriums aus dem Jahr 1993 zufolge führten 77% der Privatunternehmen der Herstellungsindustrie Off-the-Job-Training-Programme durch,[3] und viele von ihnen erwarten, daß als Trainer praktisch *jeder erfahrene Mitarbeiter* auftreten kann, so daß es in der Regel nur wenige Full-Time-Training-Specialists gibt.[4] Von einem japanischen Großunternehmen wird z.B. berichtet, daß dort mehr als 80% der erfahrenen Ingenieure und Manager mindestens einmal in ihrer Karriere als Teacher an einem Off-the-Job-Trainig-Course teilgenommen haben.[5] Solche Programme laufen vielfach auf sämtlichen Organisationsebenen, inklusive der höchsten: "*Top Management themselves* provide training to division managers, while division managers to section heads or below."[6]

Wenn mehrere Mitarbeiter (im Idealfall *jeder*) sowohl das Lernen wie auch das Lehren als unabdingbare Elemente ihres Arbeitsalltags wahrnehmen, ist es eine zukunftsträchtige Grundlage für eine innovationsförderliche "*lernende Organisation.*"

14.5 "Relatedness" als Führungsstil aus der Perspektive der humanbasierten Innovationsidentität

Nicht jede Organisation ist eine *lernende*, aber eine jede Organisation ist für ihre Mitglieder eine *lehrende*. Wie Schein zutreffend bemerkt,

> "(e)**ven if a company does not deliberately and consciously indoctrinate its new employees**, its important beliefs, values, and **ways of doing things** will, **in any case, powerfully socialize anyone** who remains in the organization and wishes to move upward and inward in it."[7]

---

[1] Würde man das Senioritätsprinzip radikal reformieren, wäre sehr fraglich, ob diese Bereitschaft nach wie vor vorhanden wäre.
[2] vgl. Stern/Muta, 1990, S. 78.
[3] vgl. Yahata, May 1, 1994.
[4] Angesichts der angestiegenen Komplexität und Vielfalt des erforderlichen Wissens sehen mehrere Unternehmen dies allerdings auch als Problem.
[5] vgl. Stern/Muta, 1990, S. 78.
[6] Kawakita, April 1, 1996; hervorgehoben d. d. Verf.
[7] Schein, 1993, S. 336; hervorgehoben d. d. Verf.

An vielen Stellen der vorliegenden Arbeit wurde bereits gezeigt, daß von japanischen Großorganisationen diese Funktion des Lehrens besonders *intensiv*, *bewußt* und *zielorientiert* zur Bildung des *Kaisha Ningen* ausgeübt wird.

Im Rahmen dieses Lern- bzw. Sozialisationsprozesses, bei welchem **die eingestellten Contextuals zu Kaisha Ningen entwickelt werden**, eignen sich die neuen Mitarbeiter die organisationsspezifischen Routinen als "ways of doing things" vor allem durch Beobachtung anderer Organisationsmitglieder sowie durch Informationen von und Interaktionen mit ihnen an.[1] Unter den Organisationsmitgliedern, die sie beobachten, von denen sie Informationen erhalten und mit denen sie interagieren, kommt dem *mittleren Management* eine ganz zentrale Rolle zu: Personalführung und -entwicklung werden in japanischen Unternehmen vor allem als Aufgaben der *Linienmanager* angesehen, die somit vielfach die Rolle der *Ausbilder* und der "*agent(s) in human resource management*" übernehmen.[2] Auf sie sei im Hinblick auf ihren Einfluß auf die humanbasierte Innovationsidentität der Unternehmen eingegangen.

Die Eignung zur Mitarbeiterführung hängt in japanischen Unternehmen als Teil der japanischen Gesellschaft traditionell in erster Linie von der Fähigkeit des Vorgesetzten ab, seine Mitarbeiter auch *emotional* für sich zu gewinnen.[3] Dieses Prinzip, das sicherlich auch bei vielen deutschen Managern eine verbale Zustimmung findet, bleibt allerdings vielfach *Rhetorik*, solange die jeweilige Organisation nicht entsprechende Instrumente schafft, die es umzusetzen bzw. zur *Unternehmensroutine* zu verwandeln erlauben.

Als solches Instrument gilt z.B. die Leistungsbewertung, der zufolge der berufliche Erfolg eines japanischen Managers im wesentlichen vom Erfolg seiner Tätigkeit als *Coach* abhängig ist,[4] wobei bei diesem Coaching, wie bereits gezeigt, das On-the-Job-Training eine zentrale Rolle spielt. Diese Aufgabe erleichtert sich im innovationstragenden FuE-Bereich dadurch, daß viele der sich als *Manager* einstufenden Ingenieure und Naturwissenschaftler in japanischen Großunternehmen ohnehin sozusagen als "*spielende Coachs*" agieren, denn neben einzelnen dispositiven Tätigkeiten, die sie als Manager ausüben, werden sie nach wie vor mit konkreten FuE-Arbeiten beschäftigt[5] und verlieren dadurch den Anschluß an das "*hands-on*"-*Wissen* nicht. Dies ist bei den Vorgesetzten auf unteren Ebenen am deutlichsten zu beobachten, denn sie sind eher als Mitglieder der Arbeitsgruppe und "coordinators" denn als von oben eingesetzte Aufsichtspersonen anzusehen.[6]

Einer umfangreichen Untersuchung größerer japanischer Unternehmen aus dem Jahr 1995 zufolge wird in ca. 30% der Unternehmen von Managern verlangt, einen Trainingsplan für *jeden* ihrer Mitarbeiter zu entwickeln bzw. mit dem letzteren einmal bis zweimal jährlich zu

---

[1] vgl. Kieser, 1994, S. 199ff.
[2] vgl. Ballon, 1994, S. 292; Ernst/Wiesner, 1994, S.46; Esser, 1994a, S. 14; Esser, 1994c, S. 172; McCormick, 1995, S. 203.
[3] vgl. Nakane 1985, S. 101; Schneidewind, 1987, S. 558; vgl. auch die Ausführungen zum Vertrauen im Kapitel 6.
[4] vgl. Stern/Muta, 1990, S. 81; Wood, 1989, S. 452; Kawakita, April 1, 1996.
[5] vgl. Ernst/Wiesner, 1994, S. 117 f.
[6] vgl. bereits bei Bergmann, 1983, S. 113 und Pegels, 1984, S. 46.

besprechen.[1] Bei diesem Coaching stehen allerdings nicht nur fachlich-professionelle Qualifikationen, sondern auch sozialisationsorientierte Aspekte des Learning by Following[2] bzw. der Entwicklung der Mitarbeiter zu *Kaisha Ningen* im Mittelpunkt, worauf z.B. folgende Ergebnisse einer empirischen Untersuchung der "conceptual maps" von japanischen und amerikanischen Bankangestellten hindeuten:

> "Japanese respondents placed *Supervisors* in the category of "company friends," implying that **they socialize with their supervisors as well as with their colleagues**. Americans placed *Supervisors* in the "authority figure" category, implying that they perceived the supervisors as bosses and not as people to socialize with. **In the Japanese cognitive system, Authority is located far from *Supervisors*.**"[3]

In diesem Sinne ist Reger Recht zu geben bei der These, "(s)ocialization as an informal coordination mechanism plays a decisive role for Japanese enterprises in the realization of strategies."[4] Wenn die Manager eine derart zentrale Rolle als "Sozialisationskraft" in japanischen Unternehmen spielen, ist zu vermuten, daß zwischen ihnen und den Mitarbeitern ein "**more intimate nexus of personal relations**"[5] entsteht als dies etwa in vielen amerikanischen Unternehmen der Fall ist. Diese Hypothese kann mit den Resultaten einer weiteren empirischen Studie gestützt werden, die u.a. folgende Unterschiede im **Führungsstil** der japanischen und der amerikanischen Manager erwiesen hat:

> "While American managers emphasize supervisory style, decision making, and control mechanism, the Japanese are more concerned with **communication process**, ... and **paternalistic approach**"[6] - beides m.E. sehr **kontextualistische Routinen**.

Spätestens an dieser Stelle ist zu fragen, ob diese Ergebnisse nicht etwa einen *situativen Charakter* haben? Mit anderen Worten: Ist dieser kommunikationsbasierte paternalistische Führungsstil für die Manager in japanischen Großunternehmen *grundsätzlich* kennzeichnend? Wenn ja, wie paßt er zu den jeweiligen *Erwartungshaltungen* der Mitarbeiter? Und, last but not least - *wann ist dieser Stil effizient*?

Besonders umfassend und weitreichend sind im Hinblick auf diese Frage die *Schlußfolgerungen*, die Markus/Kitayama in Bezug auf den Führungsstil und die Motivation der Mitarbeiter nach der Auswertung von japanischen empirischen Studien gezogen haben. Diese seien hier angeführt:

> "A longitudinal survey conducted in Japan over the last 30 years ... has repeatedly shown that **approximately 80% of the Japanese, regardless of sex, age, education, and social class, prefer a manager with a fatherlike character (who demands a lot more than officially required in the work, yet extends his care for the person's personal matters even outside of work) over a more Western-type, task-oriented manager (who separates personal matters from work and demands as much as, yet no more**

---

[1] Kawakita, April 1, 1996.
[2] vgl. zum Learning by Following Kapitel 6.2.
[3] Chikudate, 1991, S. 229; kursiv hervorgehoben im Original, fett markiert d. d. Verf.
[4] Reger, 1997, S. 137.
[5] vgl. bereits bei Vogel, 1979, S. 46.
[6] Culpan/Kucukemiroglu, 1993, S. 39.

than, officially required). In a large number of surveys and experiments, Misumi and his colleagues ... have demonstrated that **in Japan a leader who is both demanding and personally caring is most effective regardless of the task or the population examined** (e.g., college students, white-collar workers, and blue-collar workers)."[1]

Auch Nisihira, der die Daten der, in der Zeitspanne von 1953 bis 1988 achtmal durchgeführten, repräsentativen "*Study of Japanese National Character*" analysierte, stellte fest, daß

> "(w)hen given a choice between „*a boss who doesn't push his staff very hard but is unwilling to help out in private matters*" and „*a boss who works his staff very hard but is willing to help out in private matters,*" *close to 90% of respondents invariably choose the second ... boss.*"[2]

Diese Daten - sei es mit 80%, sei es mit 90% - stehen aber, wie Markus/Kitayama ebenfalls aufgefallen ist, in einem starken *Widerspruch* zur Klassik der westlichen Führungsliteratur (deren Großteil amerikanischer Herkunft ist).[3] Sie meinen damit vor allem den *Kontingenzansatz der Führungseffizienz*. Dessen Grundannahme[4] ist ja, daß es eben *keine generelle Erfolgswirksamkeit bestimmter Personenmerkmale des Führenden gibt,* sondern daß der Führungserfolg *stets* das Ergebnis der Wechselbeziehung von Merkmalen der Führungs*person* und Merkmalen der Führungs*situation* ist. Aus den oben angeführten japanischen Studien resultiert aber genau das Gegenteil:

> "... **According to our analysis, in Japan as well as in other interdependent cultures, it is the personal attachment to the leader and the ensuing obligation to him** or her [*fast immer "him" - A.d.V.*] **that most strongly motivate people to do their work**. Motivation mediated by a **strong personal relationship**, then, is unlikely to be contingent on factors associated with the specific task or environment."[5]

Diese These stimmt offensichtlich mit den Ausführungen überein, die insbesondere in den Kapiteln 4 bis 6 bezüglich der Eigenschaften des **Interdependent Contextual Self** gemacht wurden, und sie erklärt auch, warum die japanischen Manager zuallererst *Menschenführer* sein müssen[6] und warum ihre zentrale Aufgabe auch bei der Projektleitung vielfach darin besteht, als "*Angelpunkt zwischenmenschlicher Beziehungen*" (Nakane) zu agieren und die *sozio-emotionale Harmonie* in der Gruppe aufrechtzuerhalten.[7]

---

[1] Markus/Kitayama, 1991, S. 241; hervorgehoben d. d. Verf.
[2] Nisihira, 1993, S. 40; hervorgehoben d. d. Verf.
[3] vgl. Markus/Kitayama, 1991, S. 241.
[4] vgl. insbesondere Fiedler 1967; zur kritischen Auseinandersetzung vgl. Marr/Stitzel, 1979, S. 128ff.; Neuberger, 1984, S. 155 ff.; Gebert/v.Rosenstiel, 1989, S. 162 ff.; hier sei insbesondere auf eine *mangelnde empirische Bestätigung* der fiedlerschen Hypothese durch andere Forscher hingewiesen.
[5] Markus/Kitayama, 1991, S. 241; hervorgehoben d.d. Verf. „Interdependent cultures" heißt hier, Kulturen, für die das Interdependent Construal of Self kennzeichnend ist.
[6] vgl. z.B. Meid, 1985, S. 147. An dieser Stelle sei bemerkt, daß dies auch in Deutschland nicht unbedingt ein völlig unbekanntes Phänomen ist. Der *traditionelle deutsche Führungsstil* scheint im Großen und Ganzen zwischen diesen beiden Polen zu liegen (so daß hier eigentlich von einem *American-Style* und nicht von einem *Western-Style* gesprochen werden sollte), und insbesondere bei mittelständischen Unternehmen - dem sozialen Kern und gleichzeitig dem Innovationskern der deutschen Industrie - ähnelte er eher dem paternalistischen japanischen Führungstil als dem amerikanischen.
[7] vgl. Nakane, 1985, S. 107 u. 117; vgl. ähnlich auch Schubert, o.J., S. 120; Kawai, 1990b, S. 126.

Die Pojektteams, die diese mittleren Manager in japanischen Organisationen leiten, werden dort als *organisatorische Unternehmensroutine zur Entwicklung von neuen Produkten und Prozessen* durchgehend eingesetzt.[1] Somit kommt dem oben betrachteten Führungsstil auch speziell im Hinblick auf die **Gestaltung von Innovationen** eine ganz zentrale Bedeutung zu. Der Erfolg ihrer Tätigkeit als 'Knowledge Engineers" (Nonaka/Takeuchi) hängt im wesentlichen von der Fähigkeit der Middle Managers ab, das *Vertrauen* zwischen den Teammitgliedern und den *Dialog* zwischen ihnen zu fördern, ihnen zu helfen, die Phantasie zu entfalten und zu artikulieren und verschiedene Arten der *Wissenserzeugung* zu integrieren.[2]

Diese mehrdimensionale Aufgabe des **mitarbeiterzentrierten Innovationsmanagements**, die die Middle Managers in Projektgruppen zu erfüllen haben, stellt *auf der Gruppenebene* ein Pendant zu dem, im Kapitel 13 analysierten, *organisationalen* Spannungsfeld zwischen Einheit und Vielfalt dar. Es handelt sich hier um zwei auf die *Innovation als Gruppenleistung* positiv wirkende Faktoren, die Marr zufolge[3] einander zum Teil konkurrierend gegenüberstehen und daher ein Balancemanagement erforderlich machen - die *Gruppenkohäsion*, die weitgehend durch die *Homogenität* der Gruppenmitglieder (*Relatedness*) bestimmt wird, und die *Gruppenkreativität*, die durch *Heterogenität* (*Individuierung*) der Gruppenmitglieder gefördert wird.

Im Hinblick auf die *Zieleffizienz* dieser Innovationsteams kann das Gesagte etwas vereinfacht dahingehend interpretiert werden, daß sie dann besonders leistungsfähig sind, wenn ihre Zusammensetzung fachlich heterogen ist, die Mitglieder menschlich zueinander passen und sich in ihren Talenten ergänzen.[4] Damit ergeben sich Chancen für kreative Problemlösungen aus der "notwendigen Gemeinsamkeit und erwünschten Vielfalt des bei den Gruppenmitgliedern verfügbaren Wissens."[5]

Die wichtigste **Leistung der Middle Managers in japanischen Spitzenunternehmen** ist dementsprechend darin zu sehen, **die sozio-emotionale Dimension der kooperativen Innovationsgestaltung gleichermaßen zu aktivieren wie die kognitive und damit die interdisziplinären und interfunktionalen Teams zum maßgeblichen Medium der interaktiven Kreativität und des "Learning by Cooperating" zu entwickeln**.

---

[1] vgl. Nonaka/Takeuchi, 1995, S. 241.
[2] vgl. dazu: Nonaka/Takeuchi, 1995, S. 151ff.
[3] vgl. Marr, 1973, S. 116 f.
[4] Frey, 21.08.1996, S. VI.
[5] Weinert, 1991, S. S. 73.

14.6 Einfluß des Wandels personalwirtschaftlicher Unternehmensroutinen auf die humanbasierte Innovationsidentität: ein Resümee

Je heterogener und komplexer die technologische Wissensbasis des Unternehmens ist bzw. in der Zukunft werden soll, um so höhere Anforderungen werden an die Mitarbeiter als Innovationsträger und damit auch an die personalwirtschaftliche Unterstützung des betrieblichen Innovationsmanagements gestellt. Gerade die Fusionen von Hochtechnologien als Innovationsmuster lassen deutlich erkennen, daß die langfristigen Herausforderungen des Innovationsmanagements ohne gezielte, kontinuierliche *menschenbezogene* Einflußmaßnahmen der jeweiligen Organisation nicht erfolgreich gemeistert werden können.

Das traditionelle Japanese-style Management zielte mit einer ganzen Reihe von konsistenten Maßnahmen darauf ab, die meisten Unternehmensmitglieder zu *Kaisha Ningen* zu entwickeln, und setzte sie in Innovationsprozessen entsprechend ein. Die Unternehmen scheinen dabei ihre *personalwirtschaftlichen Routinen* auf grundlegenden Mechanismen des japanischen *Interdependent Contextual Self* aufgebaut zu haben, die die Akkumulation interpersoneller und kontextbezogener Wissenskomponenten fördern.[1] An dem gesamten innovationsrelevanten Wissen der Mitarbeiter hatte dementsprechend das implizite unternehmensspezifische Wissen einen sehr hohen Anteil, was auch zur *Stärkung der distinktiven organisationalen Innovationsidentität* beitrug und diese zur Grundlage für *Wettbewerbsvorteile* machte.

Indem man die Wissensbasis eines jeden Mitarbeiters als *Kaisha Ningen* heterogenisierte, wurden die Wissensbasen verschiedener Mitarbeiter untereinander homogener. Das traditionelle Muster der personal- und wissensstrategischen Handhabung der Einheit des Mannigfaltigen in japanischen Großunternehmen kann demnach folgendermaßen zusammengefaßt werden: *Jeder einzelne Mitarbeiter lernte immer mehr an verschiedenen Wissenskomponenten, und immer mehr an Mitarbeitern lernten die gleichen Wissenskomponenten.*

Neuere japanische Untersuchungen vermuten allerdings das Entstehen einer *Kluft zwischen den Erwartungen der Unternehmen und denen ihrer Mitarbeiter*, die angesichts der im Kapitel 7 auf der Ebene des *Interdependent Contextual Self* betrachteten *Individuierungstendenzen* nicht überraschend ist. Die Verhaltenslogik des *Kaisha Ningen* wird etwas schwächer, während speziell bei der jungen Generation der Wunsch wächst, von Unternehmen als *Shigoto Ningen* wahrgenommen zu werden,[2] als Person also, die auf unternehmensübergreifende berufsspezifische Wissenskomponenten und Fähigkeiten sehr viel Wert legt und dementsprechend ihre *personelle Identität* eher aus diesen heraus definiert. Außerdem wünschen viele Mitarbeiter die Veränderung zu einem solchen System hin, das *vielfältige Arbeitsweisen und -formen* ermöglicht und die Möglichkeiten zum *Neuanfang* offen läßt.[3]

---

[1] vgl. zu diesen Mechanismen die Kapitel 4 bis 6.
[2] vgl. KEIZAI KIKAKUCHÔ, 14.11.1995, Teil "Schlußfolgerungen."
[3] vgl. Ebenda; es handelt sich hierbei u.a. um die Möglichkeiten des Arbeitgeberwechsels.

In diesem Spannungsfeld bewegen sich heute die japanischen Großunternehmen und ihre Mitglieder. Einige Innovationsforscher haben bereits *vor* der letzten Krise, als das Japanese-style Management weltweit noch überwiegend als das absolute Erfolgsrezept galt, diese Änderungen als "schwache Signale" eines *bevorstehenden Wandels der konstitutiven Unternehmensroutinen* interpretiert; hiermit ist insbesondere Nonaka gemeint, der diese Tendenz 1988 in den internationalen vergleichenden Kontext setzte und folgende Prognose erstellte:

> "*While Western companies have been adopting Japanese "groupism" to reconstruct their production systems, Japanese companies have started introducing Western "individualism" to encourage creative self-transformation.*"[1]

Diese Wandeltendenzen tangieren, 1998 entscheidend stärker als 1988, sowohl das **Personalmanagement** wie auch die **Gestaltung von technologischen Innovationsprozessen in japanischen Unternehmen** - was die vorliegende Arbeit auch belegt haben will.

Das Gesagte soll allerdings - und in diesem Punkt ist Nonaka zu widersprechen - nicht heißen, daß man heute von einer **Paradigmen-Konvergenz** zwischen westlichen und japanischen Managementsystemen bereits sprechen kann:

Angesichts der praktischen Auswirkungen insbesondere der umgesetzten Konzepte des Lean Management, Business Reengineering und Shareholder Value [2] wäre es m.E. heute kaum angemessen, eine stärkere *psychologische*, nicht bloß aus der *Arbeitsstrukturierung* resultierende Gruppen- und Vertrauensorientierung der Mitarbeiter in **westlichen Unternehmen** zu vermuten. In vielen *deutschen* Unternehmen z.B. wird zwar, wie Frey konstatiert, tatsächlich "per Lippenbekenntnis und Hochglanzbroschüren" die *Teamarbeit* propagiert, die Karriere- und Entgeltsysteme fördern dagegen in der Regel nach wie vor andere Qualitäten, wie etwa das *individuelle Durchsetzungsvermögen*.[3] Außerdem vermuten die Mitarbeiter in mehreren deutschen Firmen hinter der im Modus eines 'Top-Down"-Projektes gestalteten Einführung der Teamarbeit vielfach das Ziel des Top-Managements, *ihre Arbeitsplätze abzubauen*.[4] Je mehr Vertrauen durch "radikales" Reengineering, Downsizing, Lean Management u.ä. vernichtet wurde, desto stärker dürfte diese Sichtweise verankert sein[5] - ein in *japanischen* Großunternehmen offensichtlich weniger bekanntes Phänomen; wie oben bereits erwähnt, haben im Dezember 1997 ca. 84% der japanischen Unternehmensmitglieder ihrem Unternehmen vertraut.[6]

Zugleich wollen die obigen Ausführungen aber auch belegt haben, daß die **japanischen Spitzenunternehmen** tatsächlich mit einer ganzen Reihe von Maßnahmen versuchen, der von

[1] Nonaka, 1988, S. 45; hervorgehoben d. d. Verf.
[2] Den Ausführungen im Kapitel 1 zufolge beides originär westliche, nicht in Japan entstandende Managementideen.
[3] Frey, 21.08.1996, S. VI.
[4] Frey, 21.08.1996, S. VI.
[5] vgl. hierzu z. B. die Thesen der Vorträge von Marr am 5., 6. und 7. Personalforum an der Universität der Bundeswehr München (o.J., 02.02.1996, 14.02.1997).
[6] vgl. KEIZAI KÔHÔ CENTÂ, 12.02.1998, Punkt I.4.

Nonaka angesprochenen Individuierung als innovationsfördernde Kraft mehr organisationalen Freiraum einzuräumen.

Ebenfalls wurde oben gezeigt, daß dieser Prozeß der Modernisierung der personalwirtschaftlichen Unternehmensroutinen im wesentlichen dem Modus entspricht, der in den vorhergehenden Kapiteln als *identitätsgerecht* für *japanische Innovationsträger* geschildert wurde. Es ist das "**Sowohl-als-Auch**"-Muster, bei dem heterogene, alte und neue Komponenten nebeneinander koexistieren und einander ergänzen. Es bleibt die Aufgabe der innovationswirtschaftlichen Managementforschung, an der weiteren Entwicklung festzustellen, ob aus diesem organisationalen Nebeneinander jene "**Verstärkung von Modernem durch Traditionelles, von Traditionellem durch Modernes**" (Wehler) entsteht, die in der vorliegenden Arbeit für Modernisierungsprozesse auf mehreren anderen Gebieten und in anderen Zeitspannen in Japan festgestellt werden konnte. Zu diesem Traditionellen, was selbst viele Verfechter von fundamentalen, systemischen Wirtschaftsreformen in Japan auf jeden Fall bewahrt, ja gefördert sehen wollen, zählt auf der Unternehmensebene vor allem "(t)he Japanese tradition of cooperative relations between labor and management."[1]

Daß diese Modernisierung im *Personal- und Innovationsmanagement* problem- und fehlerfrei ablaufen wird, wäre realistischerweise nicht anzunehmen. Vor dem Hintergrund aller obigen Ausführungen kann man jedoch eine Hypothese entwickeln, derzufolge in *japanischen Spitzenunternehmen* etwas vorhanden zu sein scheint, was im Anschluß an Bleicher generell als die "*große Kunst der Führung in den Zeiten der Neuorientierung*" definiert werden kann:

Es ist die *Fähigkeit*, nicht nur das Neue zu generieren, sondern zugleich jene Bereiche zu erkennen, "*in denen das Alte noch gilt und bewahrt und weiterentwickelt werden kann.*"[2] Gerade diese Kunst könnte den japanischen Unternehmen eine erfolgreiche Handhabung auch des aktuellen Wandels ermöglichen.

Zum Abschluß des IV. Teils der Arbeit seien die ermittelten Tendenzen der im Hinblick auf die Innovationsidentität relevanten Modernisierung zentraler personalwirtschaftlicher Routinen zusammenfassend in tabellarischer Form dargestellt (Tabelle 14.9).

---

[1] so Miyoshi (January 1998), Präsident des KEIZAI KÔHÔ CENTÂ; vgl. auch Sakakibara, in: "Wir haben die Orientierung verloren," 1998, S. 112 f.
[2] vgl. Bleicher, 1994, S. 68 f.; hervorgehoben d. d. Verf.

Tabelle 14.9: **Modernisierung zentraler personalwirtschaftlicher Core Innovation-Shaping Corporate Routines bei führenden japanischen Großunternehmen** (*Zusammenfassung*)

Traditioneller Modus	**Modernisierter Modus**
vorherrschende lebenslange Beschäftigung	stärkere Segmentierung der Belegschaft mit diversen Beschäftigungsformen bei betontem Aufrechterhalten gegenseitigen lebenslangen Commitments für das langfristig schrumpfende Kernpersonal
überwiegend senioritätsbasierte Belohnung und Beförderung	gemischte, differenziertere Entgeltsysteme mit verstärkter Berücksichtigung des jeweiligen Leistungsbeitrags als Einkommens- und Beförderungsdeterminante
vorherrschende Orientierung des paternalistisch führenden Managements auf die Unternehmensmitglieder als "Controlling Group" der Stakeholder	Diversifizierung der Handlungsorientierungen des Managements mit einer stärkeren Berücksichtigung, z.T. Übernahme, der Interessen der Shareholder, beim Aufrechterhalten einer starken Orientierung auf das Kernpersonal
unternehmensinterne Weiterbildung, fast ausschließlich durch wissensstrategische Job Rotation und On-the-Job-Training	stärkere Differenzierung und Zulassung divergenter "Tracks" für spezialisierte Stars, beim Aufrechthalten der Dominanz des On-the-Job-Training und der wissensstrategischen Job Rotation für den Großteil des Kernpersonals
starres Einstellungsverfahren und feste Vorschriften bezüglich der kontextualistischen Soll-Merkmale der Organisationseinsteiger	Flexibilisierung des Einstellungsverfahrens und Zulassung der Quereinsteiger in verschiedenen Variationen bei grundsätzlichem Aufrechterhalten der kontextualistischen Integration des Großteils der Belegschaft

Das Navigationsschema: Multi-Level-Modell der Innovationsidentität japanischer Unternehmen (kumulierte Ergebnisse)

An dieser Stelle können die im letzten, IV. Teil der vorliegenden Arbeit gewonnenen Erkenntnisse dem Multi-Level-Modell hinzugefügt werden; damit kann auch die Darstellung der human- und wissensbasierten Innovationsidentität japanischer Unternehmen abgeschlossen werden. Die Ergebnisse des IV. Teiles sind auf der folgenden Abbildung schattiert gekennzeichnet.

Navigationsschema: **Multi-Level-Modell der humanbasierten Innovationsidentität japanischer Unternehmen** (kumulierte Ergebnisse)

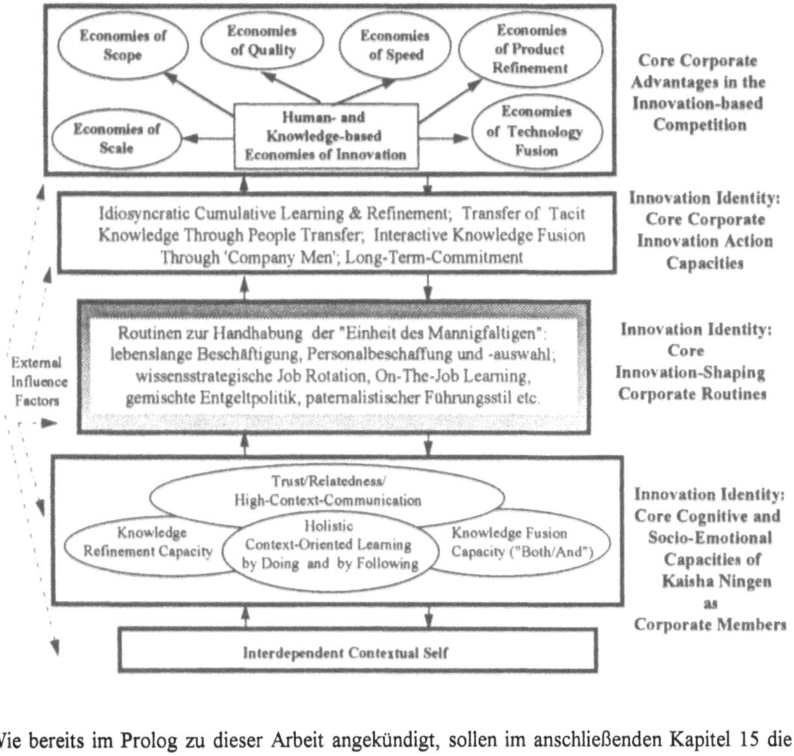

Wie bereits im Prolog zu dieser Arbeit angekündigt, sollen im anschließenden Kapitel 15 die Schlußfolgerungen aus der Analyse der Innovationsidentität japanischer Unternehmen gezogen werden; insbesondere sollen

- relevante Konsequenzen für die deutschen Unternehmen als Wettbewerber der japanischen gezogen werden sowie
- relevante Schlußfolgerungen für die Theorie und Praxis des Managements von Mitarbeitern, ihrem Wissen und den von ihnen durchgeführten Innovationen gemacht werden.

KAPITEL 15

HUMANBASIERTE INNOVATIONSIDENTITÄT DER UNTERNEHMUNG ALS THEORETISCHE UND PRAKTISCHE MANAGEMENTHERAUSFORDERUNG

In der vorliegenden Arbeit konnte festgestellt werden, daß führende innovationsstarke japanische Großunternehmen trotz der aktuellen Wirtschaftskrise in Japan im globalen Wettbewerb nach wie vor konkurrenzfähig bleiben konnten. Wenn die Nachfrage auf dem japanischen Binnenmarkt weiter stagniert und die Arbeitsplätze des Kernpersonals in Japan nicht massenhaft der Rezession zu Opfer fallen sollen, ist ceteris paribus anzunehmen, daß diese Unternehmen versuchen werden, mehr zu exportieren. In der Tat sind zum Beispiel die japanischen Autoexporte im krisenhaften Finanzjahr 1997 um mehr als 21% gegenüber dem Vorjahr gestiegen - ihre erste zweistellige Wachstumsrate seit 1985.[1]

Berücksichtigt man, daß japanische Spitzenunternehmen den deutschen einen globalen Innovationskampf vor allem in *zukunftswichtigen technologieintensiven Kernbranchen* liefern,[2] erscheint dieses bekannte japanische Exportkalkül aus deutscher Sicht "*klar und bedrohlich.*"[3] Für beide Länder steht hier sehr viel auf dem Spiel: *Sowohl in Japan als auch in Westdeutschland* geht heute ungefähr jeder fünfte Industrie-Arbeitsplatz auf das Konto der High-Tech-Branchen,[4] d.h. er wird mit der Entwicklung der Innovationsfähigkeit sicherer oder zum Wegfall verurteilt.

Vor diesem Hintergrund kommt dem Ziel, die Grundlagen der Konkurrenzfähigkeit technologieintensiver japanischer Topunternehmen im Innovationswettbewerb anhand eines theoretischen Modells zu analysieren und in ihrer Dynamik zu verfolgen, gerade aus der *deutschen* Managementperspektive eine wichtige praktische Bedeutung zu. Will man mit diesen Unternehmen in der Zukunft erfolgreich konkurrieren können, sollte man versuchen, zu ermitteln, *was* die Konkurrenten heute tun, zu verstehen, *warum* sie das tun und welche *Folgen* dieses Tun für die deutschen Unternehmen haben kann.

Ein solcher Versuch wurde mit der vorliegenden Arbeit unternommen. Dabei wurde insbesondere die Hypothese in den Mittelpunkt gestellt, daß die Stärken und Schwächen der Unternehmen im Wettbewerb insofern *interdependent* sind, als sie aus ihrer *humanbasierten Innovationsidentität* resultieren. Vor diesem Hintergrund sollen im vorliegenden Kapitel einige Schlußfolgerungen zusammenfassend gezogen werden, die aus gewonnenen Erkenntnissen bezüglich der humanbasierten Innovationsidentität für die Theorie und Praxis des Managements resultieren. Im Einklang mit den bereits im Prolog formulierten Forschungsaufgaben dieser Arbeit kann das Interessenfeld des abschließenden 15. Kapitels wie folgt definiert werden:

---

[1] vgl. o.V.: Japanese Auto Exports Jump 21.4% In FY 1997, April 28, 1998. Zu einzelnen Einflußfaktoren vgl. den Bericht der Industrial Bank of Japan „Industrial Survey 1998", July/August 1998.
[2] vgl. hierzu insbesondere Kapitel 1 und 11.
[3] vgl. Köhler, 27.03.1998, S. 29; hervorgehoben d. d. Verf.
[4] o.V.: Gute Job-Aussichten bei High-Tech, 16.9.1995.

Inwiefern stellt die Innovationsidentität heute und in erster Linie in der Zukunft eine Herausforderung

- für das Management *japanischer* Unternehmen und vor allem
- für die Theorie und Praxis des Managements der *deutschen* Unternehmen dar?

Diese beiden Teilfragen - die japan- und die deutschlandbezogene - werden im weiteren näher spezifiziert und unter die Lupe genommen.

15.1 Innovationsidentität und ihr Wandel als Herausforderung für das Japanese-style Management: Eine zusammenfassende Betrachtung

Ausgehend von den Ausführungen im II., III. und IV. Teil der Arbeit läßt sich zusammenfassend folgende Schlußfolgerung ziehen: Ihre humanbasierte Innovationsidentität stellt für wissensintensive japanische Großunternehmen insofern eine Managementherausforderung dar, als sie heute in erster Linie der Kategorie der *Herausforderungen des Wandels* bzw. *der Modernisierung* zugeordnet werden kann. Mit dieser Modernisierung soll die Zukunftsfähigkeit der Unternehmen gesichert werden, und sie läßt sich konkret in drei Dimensionen als Herausforderung betrachten:

- im Hinblick darauf, *warum* die Innovationsidentität *heute* modernisiert werden muß,
- im Hinblick darauf, *was* es ist, was als Innovationsidentität modernisiert werden muß, sowie
- im Hinblick darauf, *wie* die Innovationsidentität modernisiert werden sollte.

Im Hinblick darauf, *warum* die Innovationsidentität modernisiert werden muß, wurden in der vorliegenden Arbeit zwei wichtige Auslöser ermittelt und detailliert analysiert:

- einerseits ist es der *Zwang des Wettbewerbswandels* bzw. die Notwendigkeit, neue menschenbasierte, also nachhaltige und unnachahmliche, Unternehmensfähigkeiten zu entwickeln, um auf deren Basis *neue Wettbewerbsvorteile* stiften zu können,[1]
- und andererseits ist es der *Zwang des Menschenwandels* bzw. die Notwendigkeit, den tieferliegenden Veränderungen auf der Ebene der personellen Identitätsauslegung und damit den neuen Werten und Fähigkeiten der Mitarbeiter mit der Entwicklung neuer Unternehmensroutinen[2] Rechnung zu tragen.

Da diese beiden Dimensionen offensichtlich ganz fundamentale Aspekte der Existenz einer Unternehmung tangieren, können sie als ernsthafte Herausforderung für das Management interpretiert werden.

Betrachtet man eingehender, *was* es genau ist, was als Innovationsidentität heute modernisiert werden muß, wird der Maßstab dieser Managementherausforderung noch deutlicher. Es handelt sich nämlich um die Re-Konzeptualisierung dessen, was

---

[1] vgl. hierzu insbesondere Teil II.
[2] vgl. hierzu insbesondere Teil III.

- eine langjährige Grundlage für human- und wissensbasierte Wettbewerbsvorteile der besten japanischen Unternehmen und das entsprechende Selbst-Bewußtsein ihrer Mitarbeiter als Mitglieder einer stabilen erfolgreichen 'people association' darstellte,
- in vergangenheitsbasierten Erfahrungen, aber auch in zukunftsbezogenen Erwartungshaltungen der einzelnen Organisationsmitglieder verankert ist und
- nicht nur auf rein kognitiven, quasi-rationalen Schaltfunktionen und Mechanismen der individuellen und kollektiven Wissenshandhabung (*Knowledge Handling*) basiert, sondern auch die sozio-emotionale Dimension der zwischenmenschlichen Beziehungen in Organisationen (*Trust/Relatedness*) massiv involviert,
- sich darüber hinaus als komplexes, ganzheitliches Phänomen in denk- und handlungsorientierenden Strategien, Strukturen, Entscheidungsabläufen, personalwirtschaftlichen Unternehmensroutinen niederschlägt, und
- gegenwärtig unter Zeitdruck des globalen Wettbewerbs und den Bedingungen der nationalen Wirtschaftskrise, sozusagen bei Unwetter auf hoher See, verändert werden muß.

Der dritte Aspekt der Managementherausforderung bezieht sich darauf, *wie* die Innovationsidentität modernisiert werden sollte. Die aktuelle Situation des japanischen Personal- und Innovationsmanagements wurde im Kapitel 1 als *Suchprozeß* charakterisiert, und vor diesem Hintergrund erscheint es sinnvoll, als Kerndimensionen der *Japanese-style Innovation Identity*

- nicht nur die *Ergebnisse* dieses Suchprozesses wie etwa die veränderten Beschäftigungsverhältnisse, neue Anreizsysteme, neue strategische Orientierungen und Strukturen etc. zu betrachten,
- sondern vor allem die Art und Weise in Betracht zu ziehen, wie diese Ergebnisse von den Unternehmen erzielt werden, d.h. die *Art und Weise des Unternehmensprozesses*, mit dem die bestehenden Komponenten insbesondere des Personal- und Innovationsmanagements modernisiert werden.[1]

Es lassen sich folgende drei wichtige interdependente Komponenten dieses *Modernisierungsprozesses* hervorheben, die auch im Sinne eines *Spiegel-Effektes*[2] aus der deutschen Managementperspektive als besonders relevant anzusehen sind.

a) Einmal geht es darum, daß im Zuge der Modernisierung in mehreren Bereichen etwas *Neues* geschaffen werden soll - was offensichtlich eine herausfordernde Arbeitsaufgabe darstellt. Viele einflußreiche japanische Entscheidungsträger sehen das Idealbild der Zukunft ihres Landes in einer wissens- und innovationsbasierten High-Tech-Gesellschaft; so erklärt Kume, Vice-Chairman der Keidanren, daß

---

[1] Diese prozessuale Dimension kann bzw. sollte auch in einem breiteren Kontext betrachtet werden; wie bereits im Kapitel 1 gezeigt, sind heute nicht nur hochtechnologische Großunternehmen, sondern auch die japanische Gesellschaft als Ganze im Wandel begriffen.

[2] vgl. den Prolog zu dieser Arbeit.

> "(f)or the future of Japan, it is essential for us to pursue, first, innovations in industry, particularly technological innovations, second, creation of a new Japanese culture and establishment of self-direction, and third, nurturing of human resources through reform and improvement of educational systems."[1]

Bringt man diese Aspekte - technologische Innovationen, kulturellen bzw. Identitätswandel einer "Zivilisation" und die Humanressourcen - mit der in der vorliegenden Arbeit vorgenommenen Analyse der Innovationsidentität in Verbindung, läßt sich feststellen, daß die heutige japanische Innovationsorientierung bzw. Modernisierung neben der *kreativen Schaffung von Neuem* zwei weitere sehr wichtige Dimensionen hat:

b) Es handelt sich nicht, wie in einigen Berichten vermutet,[2] um einen hastigen Abbau bisheriger (Management-)Traditionen ohne Rücksicht auf sozio-emotionale Verluste, sondern vor allem um den Versuch, eigene Stärken bzw. eigene Identität besser zu begreifen und zu nutzen; es handelt sich also um die Modernisierung als *identitätsbewußte* Schaffung von Neuem. Samejima formuliert dies pointiert: "Following the change in world economic systems we must now develop new industries and businesses based on our unique Japanese identities."[3]

In der vorliegenden Arbeit wurde detailliert gezeigt, was unter dieser "Japanese identity" im Zusammenhang mit der Durchführung von Innovationen verstanden werden kann. Und an dieser Stelle ist darauf hinzuweisen, daß diese

> "... "Japaneseness" has survived all waves of institutional change since the "black ships" of some 140 years ago. The cardinal societal rules and behavioral code, the philosophy governing life and death, have not greatly changed ... ."[4]

Das zukunftsträchtige Neue zu schaffen *und* das überlebensfähige Alte weiterzuentwickeln - dieser Herausforderung kommt im Hinblick auf die Zukunftsfähigkeit der japanischen Unternehmen - ebenfalls wie auf die ihrer deutschen Konkurrenten - eine ganz zentrale Bedeutung zu. Der Wettbewerb scheint heute in eine neue Phase übergegangen zu sein, in der Integration und Wissensfusion eine maßgebliche Rolle sowohl bei technologischen[5] wie auch bei Managementinnovationen[6] spielen. Bringt man diesen Gedanken mit der Theorie der organisationalen Routinen von Nelson/Winter in Verbindung, läßt sich feststellen, daß

> "... success at the innovative frontier may depend on the quality of the support from the "civilized" regions of established routine."[7]

---

[1] Kume, 16.05.1995.
[2] vgl. z.B. o.V.: Ende der Harmonie, 1995 sowie die detaillierte Diskussion im Kapitel 14 der vorliegenden Arbeit.
[3] Samejima, 26/28 November 1995.
[4] Nukazawa, January 1998.
[5] vgl. insbesondere Kapitel 11.
[6] vgl. insbesondere Kapitel 13 u. 14.
[7] Nelson/Winter, 1982, S. 130 f.

Darin, diese "*civilized regions of established routine*" ausfindig und zur Weiterentwicklung fruchtbar zu machen, besteht eine sehr wichtige Herausforderung des Modernisierungsprozesses bei japanischen, aber auch bei westlichen Unternehmen.

c) Die dritte Komponente ist die *motivationale*. Die Innovationsförderung unterscheidet sich von ad-hoc durchgeführten Kostenabbau-Aktionen vor allem dadurch, daß sie mehr Phantasie und Zukunftsorientierung voraussetzt. Daher kommt es maßgeblich auf *Ideale* und *Leitbilder* an, die *Menschen als Innovatoren bewegen* können: "... (W)e Japanese have to strive for higher goals than we currently do. We need to have higher dreams for the future and make efforts to realize them" - verkündete Keidanren-Chairman Toyoda.[1]

Japan will also in der eingetretenen Epoche der Globalisierung sein Selbst wiederfinden bzw. seine Identität als Zivilisation erneuern - was allerdings mit Sicherheit nicht problemlos gehen kann:

> " ... (T)he position that Japan finds itself in today is clearly a dangerous one, on the very edge of a precipice. It's teacher, the Western world, is engaged in serious self-criticism, and is beginning to identify new goals for itself. This will leave Japan an honor student without a school, and the fact of the matter is that Japan does not know what to do."[2]

Vor diesem Hintergrund scheint eine der zentralen Aufgaben für das Japanese-style Management darin zu liegen, das *Selbst-Vertrauen* wiederzugewinnen und den eigenen, identitätsspezifischen Weg der Modernisierung[3] zu gehen.

Die von Kume, Samejima u.a. genannten Ziele der Modernisierung sind so hochgesteckt, daß sie am ehesten als *gesamtnationale Aufgabe* verstanden und erreicht werden können. "People in private-sector business, in academia, in the arts must join hands to shape a new vision for Japanese society"[4] - so Toyoda. Und Japan hat in seiner Vor- und Nachkriegsgeschichte bereits mehrfach gezeigt, daß es gesamtnationale Aufgaben erfolgreich zu lösen weiß - auch wenn die Lösung diesmal vermutlich mit einem erheblichen Zeitaufwand verbunden sein wird.

Alle drei genannten Komponenten des Modernisierungsprozesses als **identitätsbewußte, auf Visionen und Zusammenarbeit beruhende Schaffung von Neuem** haben einen ganz wichtigen gemeinsamen Nenner. Sie sind weniger als technologische oder administrative, sondern vielmehr als **soziale, menschenbezogene Herausforderungen** zu verstehen. Weder ein innovationsorientierter Unternehmenswandel noch ein innovationsorientierter gesellschaftlicher Wandel lassen sich ohne die betroffenen Menschen bewerkstelligen.[5]

---

[1] Toyoda, January 1996.
[2] Kurokawa, 1994, Chapter 2.
[3] d.h. auch dem Identitätswandel Rechnung tragen zu können bzw. zu wollen; vgl. hierzu auch den Punkt 15.2.3.
[4] Toyoda, 01.12.1995.
[5] In diesem Sinne ist m.E. auch die von Keidanren an die Unternehmen gerichtete Aufforderung zu verstehen, derzufolge Japans "business community ... must see that Japan moves in this direction *with the understanding and cooperation of the people*" (Keidanren: An Attractive Japan - Keidanren's Vision for 2020, September 1996; hervorgehoben d. d. Verf.).

Die als Schlüsselfaktor verstandene Rolle der Menschen bei den Modernisierungs- und Innovationsprozessen auf der betrieblichen Ebene scheint ganz grundsätzlich die **wichtigste Spezifik der japanischen Unternehmen als Vergleichsobjekt der Managementforschung** zu sein, die einige Experten dazu bewegte, die Bedeutung einer humanorientierten Managementperspektive auch für den Wandel der europäischen Unternehmen hervorzuheben. So hat Bleicher 1994 vorgeschlagen, daß ...

> "... wir .... den Gegensatz von einer traditionell *technokratischen*, sehr stark von Amerika geprägten und von uns kopierten Unternehmensphilosophie und dem Aufkeimen einer anderen, vielleicht noch nicht erprobten neuen, *human-orientierten* Managementphilosophie erkennen [müssen]. **Das ist uns durch den Kulturvergleich zwischen Amerika und Japan deutlich geworden**."[1]

Vor diesem Hintergrund ist an dieser Stelle auf die These zurückzukommen, die bereits im Prolog formuliert wurde: **Der Weg geht in dieser Arbeit zwar nach Japan, aber er fängt in Deutschland an und soll auch nach Deutschland zurückführen**. Mit dem Hinweis auf die zentrale Rolle der Menschen als Resultat eines Japan-Vergleiches ist die Darstellung an der Stelle angelangt, an welcher dieser Weg zurückzuschlagen ist.

Diesem Ziel entsprechend wird es im weiteren darum gehen, zu analysieren, welche *Änderungen* in der in Deutschland vorherrschenden Theorie und Praxis des Managements von Innovationen, ihren Trägern und deren Wissen vor dem Hintergrund der in der vorliegenden Arbeit durchgeführten Analyse der Innovationsidentität der Unternehmung zweckmäßig erscheinen.

15.2 Human- und wissensbasierte Innovationsidentität als Herausforderung für die Theorie und Praxis des deutschen personalwirtschaftlichen Innovationsmanagements

In der vorliegenden Arbeit wurde ein theoretisches **Konzept der human- und wissensbasierten Innovationsidentität der Unternehmen** als Managementmodell entwickelt und am Beispiel der japanischen Großunternehmen detailliert ausgearbeitet. Dieses Managementmodell[2] ist *interdisziplinär* angelegt und soll eine *ganzheitliche* Perspektive bieten, die

- Überlegungen aus mehreren, im betrieblichen Technologie- und Innovationsmanagement bisher *weitgehend vernachlässigten*, Wissenschaftsbereichen (der interkulturellen sowie psychologischen Identitätsforschung, Sozialpsychologie, Kulturforschung, dem Personalmanagement)
- mit den Perspektiven des Wissensmanagements und des Strategischen Managements zu einem konsistenten Ansatz zu integrieren erlaubt,
- mit dem Ziel, das spezifische Innovationsverhalten von Menschen und ökonomischen Organisationen zu erklären und zu beeinflussen.

---

[1] Bleicher, 1994, S. 67; fett hervorgehoben d. d. Verf., kursiv im Originaltext.
[2] Ebenso wie im Kapitel 1 wird auch hier von den Unterschieden zwischen den Begriffen Konzept, Modell und Ansatz abgesehen.

Diese interdisziplinäre Orientierung hat auch dazu geführt, daß in der vorliegenden Arbeit eine sehr vielfältige Palette an relevanten Facetten analysiert werden mußte. Bringt man die *theoretischen Kernfelder* zusammen, mit denen sich die vorliegende Arbeit beschäftigt hat, lassen sich verallgemeinert folgende zentrale Themen hervorheben:

- Technologische Innovation ist aus der betriebswirtschaftlichen Erklärungs- und Gestaltungsperspektive nicht als rein technisches Phänomen, sondern vielmehr als kognitiver und sozio-emotionaler Prozeß der Wissenshandhabung bzw. als Umsetzung idiosynkratischer Fähigkeiten zur spezifischen Handhabung spezifischen Wissens in spezifischen zwischenmenschlichen Beziehungsfeldern zu interpretieren.

- Ein mehrdimensionaler theoretischer Bezugsrahmen zur Erforschung des Konstruktes *humanbasierte Innovationsidentität der Unternehmen* wurde konzipiert, dem folgende strukturbildende Hypothese zugrunde liegt: Nachhaltige *Vorteile der Unternehmen* im technologieintensiven Innovationswettbewerb resultieren aus ihren *human- und wissensbasierten Kernfähigkeiten*, welche vor allem durch personalwirtschaftliche, organisatorische und andere *Unternehmensroutinen* auf der Basis *identitätsspezifischer Fähigkeiten der Unternehmensmitglieder* entwickelt werden. Dieser theoretische Bezugsrahmen verbindet drei zentrale Phänomene, die in der vorliegenden Arbeit ganz besonders interessierten: *Organisationsmitglieder, organisationales Personal- und Innovationsmanagement und organisationale Wettbewerbsvorteile*.

- Um diesen Bezugsrahmen mit konkreten Inhalten zu füllen, hat die vorliegende Arbeit versucht, die psychologische Theorie des *Construal of Self* in die betriebliche Personal- und Innovationsforschung zur Erklärung der sozio-emotionalen und kognitiven Aspekte des Innovationsverhaltens der Unternehmensmitglieder zu bringen. Es wurde insbesondere gezeigt, daß ein spezifisches Construal of Self spezifische Fähigkeiten zur Wissenshandhabung (aber auch Rigiditäten) maßgeblich bedingt. Ferner wurde analysiert, wie ein spezifisches Construal of Self spezifische Basisvorstellungen von Beruf, Spezialisierung und Qualifizierung beeinflußt und damit auf fundamentaler Ebene eine weitere wichtige Grundlage zur Bildung eines spezifischen Typs der Unternehmensmitgliedschaft bildet.

- Darüber hinaus wurde gezeigt, wie zur Formung eines spezifischen Typs der Unternehmensmitgliedschaft und damit eines spezifischen Modus der organisationalen Wissenshandhabung und Innovationsgestaltung konkrete personalwirtschaftliche Unternehmensroutinen beitragen.

- Schließlich wurde analysiert, wie die Denk- und Handlungsaktionen der Träger eines spezifischen Typs der Unternehmensmitgliedschaft idiosynkratische human- und wissensbasierte Fähigkeiten des Unternehmens verkörpern und wie aufgrund dieser Unternehmensfähigkeiten nachhaltige Vorteile im Innovationswettbewerb erzielt werden.

Unter den relevanten Implikationen der vorgenommenen Auseinandersetzung mit der Innovationsidentität können an dieser Stelle insbesondere folgende drei Kernfragen hervorgehoben werden, die als theoretische und praktische Herausforderung für das deutsche Personal- und Innovationsmanagement einen höheren Neuheits- und Relevanzgrad aufweisen:

Ausgewählte Dimensionen der humanbasierten Innovationsidentität als theoretische und praktische Managementherausforderung
Zentrale Rolle des Construal of Self als kognitive und sozio-emotionale Denk- und Handlungsdeterminante und seine Berücksichtigung durch das Personal- und Innovationsmanagement (Punkt 15.2.1)
Management of Interdependence als zukunftswichtige personal- und innovationswirtschaftliche Aufgabe und Basis für das neue Selbstverständnis des Personalmanagements (Punkt 15.2.2)
Entwicklung idiosynkratischer humanbasierter Innovationsfähigkeiten der Unternehmung: Die Suche nach dem eigenen Weg (Punkt 15.2.3)

15.2.1 Zentrale Rolle des Construal of Self als kognitive und sozio-emotionale Denk- und Handlungsdeterminante und seine Berücksichtigung durch das Personal- und Innovationsmanagement

Bevor die Frage diskutiert werden kann, was aus der vorgenommenen Analyse des *japanischen* Construal of Self für das deutsche Personal- und Innovationsmanagement resultiert, sollen kurz die Hauptaspekte dieser Analyse zusammengefaßt werden.

Im Teil II der vorliegenden Arbeit wurde die Hypothese entwickelt und bestätigt, daß die idiosynkratischen Fähigkeiten zur Handhabung des Wissens im zwischenmenschlichen Beziehungsfeld auf der fundamentalen Ebene durch das kulturspezifische *Construal of Self* stark determiniert sind; speziell für Japan handelt es sich dabei um ein *Contextual* (*Relational, Interdependent*) *Construal of Self.* Dieser dominierende kontextualistische Modus der personellen Identitätsauslegung wurde eingehend analysiert und die identitätsbedingten Kernfähigkeiten und Schwächen der Kontextualisten wurden unter die Lupe genommen, die für die kognitive und sozio-emotionale Dimension ihres Innovationsverhaltens in ökonomischen Organisationen von maßgeblicher Relevanz sind.[1]

[1] Es ist hervorzuheben, daß es sich bei diesen, für das Innovationsverhalten bzw. die Wissenshandhabung im zwischenmenschlichen Beziehungsfeld relevanten, Fähigkeiten um wesentlich mehr handelt als bloß um Fertigkeiten, die mit Kreativitätstechniken gefördert werden können. Vertrauen, Zuneigung, Freude, aber auch Angst oder Ärger und viele andere Verhaltensdimensionen können völlig unterschiedliche Auslöser und Muster haben - je nach dem, wie die Menschen in der jeweiligen Kultur ihr Selbst auslegen, und all diese Dimensionen beeinflussen das spezifische Innovationsverhalten dieser Menschen in ökonomischen Organisationen.

Ferner wurde diesem kontextualistischen Modus der personellen Identitätsauslegung das Menschenbild eines *Company Man* (*Kaisha Ningen*) als idealtypischer Modus der *Unternehmensmitgliedschaft* des Kernpersonals zugeordnet. Da ein Kontextualist sein Selbst grundsätzlich primär durch die interdependenten kontextstiftenden zwischenmenschlichen Relationen definiert, hat sich auch die jeweilige ökonomische Großorganisation, deren Kernmitglieder Kontextualisten als *Company Men* sind, ebenfalls vielfach als *Akkumulation spezifischer zwischenmenschlicher Interdependenzen* betrachten lassen. Diese *Company Men* wurden in beiden weiteren Teilen der Arbeit als *Träger von Wissen und Innovation* in japanischen Organisationen in den Mittelpunkt gestellt.

Darüber hinaus wurde mit den Überlegungen des II. Teiles dieser Arbeit versucht, den kulturellen Wandelprozessen in einer komplexen Gesellschaft Rechnung zu tragen und dementsprechend über die Beständigkeit und Veränderbarkeit des kontextualistischen Construal of Self als Grundlage eines spezifischen Innovationsverhaltens nachzudenken. Diese kulturspezifischen Wandelprozesse auf der Ebene der personellen Identitätsauslegung können zu stärkeren Verschiebungen in sozio-emotionaler und kognitiver Dimension des Verhaltens der Menschen als Innovationsträger führen, und somit lösen sie einen Handlungsbedarf seitens des Managements aus. Insbesondere scheint das festgestellte Streben nach einer stärkeren *Independenz* und *attributsbasierter* Identitätsauslegung eher dem alternativen idealtypischen Modus der Unternehmensmitgliedschaft, dem eines *Man of the Job* (*Shigoto Ningen*) als dem in Japan bisher präferierten Modus eines *Company Man* zu entsprechen.

In weiteren Teilen der vorliegenden Arbeit wurde analysiert, ob diese Wandelprozesse auf der Ebene der personellen Identitätsauslegung im Hinblick auf die von japanischen Unternehmen für die Zukunft angestrebten humanbasierten Vorteile im Innovationswettbewerb eher förderlich oder eher hinderlich sind, und mit welchen Modifikationen der bisherigen, grundsätzlich auf die Förderung der *Company Men* orientierten, Routinen das Personal- und Wissensmanagament der Unternehmen diesen Wandelprozessen begegnet.

Nun stellt sich die Frage, ob die vorgenommene Auseinandersetzung mit den Mustern der personellen Identitätsauslegung für die Theorie und Praxis des Managements in *Deutschland* heute von Relevanz ist? Ausgehend von den Ausführungen der vorangehenden Kapitel kann diese Frage mit vier Hauptargumenten positiv beantwortet werden.

1 Spiegel-Funktion der Auseinandersetzung mit dem Interdependent Construal of Self

Im Prolog wurde bereits im Anschluß an Pascale/Athos hervorgehoben, daß „(w)ir die Japaner betrachten [wollen], als wären sie eine besondere Art von Spiegel, der es uns erlaubt, uns selbst auf neue Art zu sehen."[1] Vor diesem Hintergrund läßt die vorliegende Arbeit als Ganze auf die gestellte Frage nach der Relevanz zunächst folgende *prinzipielle Antwort* geben:

[1] Pascale/Athos, 1982, S. 248; vgl. zur Rolle Japans als "Spiegel" für den Westen (vor allem für Amerika) bereits bei Vogel, 1979, S. 4 ff.

Der Sinn und Zweck einer Auseinandersetzung mit der Innovationsidentität japanischer Unternehmen *kann nicht* darin liegen, daß man ein paar neue ausgeklügelte Einzeltechniken als kontextfreie, ja "wurzellose" Patentrezepte hochpreist und dem deutschen Leser vor Augen führt. Der Sinn und Zweck dieser Auseinandersetzung ist dagegen vielmehr darin zu sehen, *daß man sich fundamentale Fragen nach den Grundlagen des eigenen Managementsystems bzw. der eigenen Innovationsidentität stellt*; etwas überspitzt formuliert: *kein Benchmarking, sondern Selbsterkenntnis*!

Geht man dabei davon aus, daß "*(c)ontrasting problems do not call for common solutions, but seeing their differences gives perspective for the solution of each*,"[1] kann festgestellt werden, daß im Hinblick auf die Auseinandersetzung mit dem *Modus der personellen Identitätsauslegung* diese Rolle Japans als Spiegel ganz besonders deutlich hervortritt: "The analysis of non-European-American views of self ... can help uncover some aspects of European-American social behavior that are not well captured in the current social psychological theories."[2]

Der vorliegenden Arbeit lag dementsprechend die Hypothese zugrunde, daß sich die identitätsbedingten Unterschiede notwendigerweise auch darin niederschlagen dürften, *wie man im jeweiligen intraorganisationalen zwischenmenschlichen Beziehungsnetz Wissen handhabt und Innovationen durchführt*. Eine wichtige Idee dieser Arbeit war es daher, *der Vielfalt des Menschlichen, vor allem der Verschiedenartigkeit der Identitätsauslegungen und der innovationsrelevanten Fähigkeiten Eingang in die betriebswirtschaftliche Innovationsforschung zu verschaffen - und sie damit noch viel stärker zu einem personalwirtschaftlich relevanten Feld zu machen*.

Gerade heute, wenn das Wissensmanagement eine zunehmend große Aufmerksamkeit sowohl in der Managementforschung wie auch in der Unternehmenspraxis genießt, scheint es eine wichtige Aufgabe zu sein, den tieferliegenden Faktoren nachzugehen, auf denen das Denken und das Verhalten der Mitarbeiter basiert. Die betriebliche Innovationsforschung und das Technologie- und FuE-Management haben sich dagegen bislang überwiegend mit "hard facts" und *instrumentellen* Aspekten beschäftigt, wie z. B. den Portfolioansätzen oder den Technologieentwicklungskurven, und waren schwerpunktmäßig *monokulturell* ausgerichtet.[3] Da in der letzten Zeit, vor allem dank den zu Bestsellern gewordenen Beiträgen von Nonaka, Takeuchi und anderen japanischen Autoren, das Interesse der westlichen Managementforschung auf die *Knowledge Creation* in japanischen Spitzenunternehmen gelenkt wurde und auch die westlichen Unternehmen an der Übernahme erfolgversprechender Methoden und Ansätze des Japanese-style Knowledge Management ein zunehmendes Interesse zeigen, ist es von ausschlaggebender Bedeutung, den Blick von der instrumentellen Ebene auf die spezifischen kognitiven, sozialen und emotionalen Grundlagen des japanischen Wissensmanagements zu richten.

---

[1] Bartels, 1982, S. 8, hervorgehoben d. d. V.; vgl. hierzu auch die Ausführungen im Prolog.
[2] Markus/Kitayama, 1994a, S. 569.
[3] vgl. hierzu Marr/Fliaster, 1999, i.V.

Im Kapitel 1 wurde gezeigt, daß die Wahrnehmung des Japanese-style Management im Westen häufig eine sehr euphorische war und daß nach diesen tieferliegenden psychologischen Prämissen, die den japanischen Konzepten und Ansätzen zugrunde liegen, nicht immer nachgefragt wurde. Vor dem Hintergrund der in der vorliegenden Arbeit durchgeführten Analyse der humanbasierten japanischen Innovationsidentität soll an dieser Stelle vor den "*dangers of romanticizing Japanese management innovations*"[1] auch im Zusammenhang mit dem Wissensmanagement gewarnt werden. Eine intensive Selbsterkenntnis mit Hilfe des "japanischen Spiegels" erscheint dagegen sehr zweckmäßig, um die Grenzen und die Chancen für eine kreative Absorption und Anpassung der japanischen Erfolgsmethoden ermitteln und vor allem um die eigenen Ansätze weiterentwickeln zu können.

Neben dieser Spiegel-Funktion sind zwei weitere sehr wichtige Aspekte hervorzuheben, welche die Notwendigkeit einer verstärkten Berücksichtigung der personellen Identitätsauslegung durch das deutsche Personal- und Innovationsmanagement begründen.

2 Auseinandersetzung mit dem Interdependent Construal of Self als Hilfestellung für die Globalisierung der Personal- und Innovationsarbeit

Ein weiterer wichtiger Punkt ergibt sich, wenn man der Frage nachgeht, ob denn auch die deutschen Unternehmen Mitarbeiter haben, die durch das *Interdependent Construal of Self* gekennzeichnet sind bzw. ob dieser Modus für sie nur als "japanischer Gegenpol" relevant sei?

Mehrere empirische Untersuchungen belegen, daß die interdependente Identitätsauslegung in verschiedenen Variationen nicht nur für die japanische, sondern auch für mehrere andere Kulturen in Asien, Afrika, Lateinamerika und Südeuropa grundsätzlich kennzeichnend ist.[2] Unter den Bedingungen der *Globalisierung*, die es mit sich bringt, daß die meisten deutschen Großunternehmen ihre Filialen und dementsprechend auch ihre Mitarbeiter mittlerweile in *allen diesen Kulturkreisen* haben, und die Tendenz zum Ausbau ausländischen Personalbestandes auch noch steigt, kommen diese Unternehmen nicht umhin, festzustellen, daß die Mitarbeiter im Ausland weder im Hinblick auf die kognitive noch im Hinblick auf die sozio-emotionale Determinante ihres Innovationsverhaltens dem individualistischen Muster des Independent Construal of Self entsprechen.

Dementsprechend ist eine zunehmend wichtige (und bisher kaum gelöste[3]) Aufgabe des Personal- und Innovationsmanagements in einer Diversifikation von relevanten Routinen zu sehen, die der Heterogenität der Wissensträger in global agierenden Unternehmen Rechnung zu tragen hat. Im Klartext: Ein Unternehmen, das seine Mitarbeiter in China, Japan, Indien, Deutschland und USA hat, hat für jeden Standort eine spezifische Palette an divergenten Unternehmensroutinen zu entwickeln.

---

[1] Branscomb/Kodama, 1993, S. 7. Das in der vorliegenden Arbeit dargestellte Bild des japanischen Wissensmanagements ist daher nicht rosig - es umfaßt seine Stärken wie auch seine Schwächen, wobei diese situativ, d.h. stets im Hinblick auf die jeweils anzustrebenden human- und wissensbasierten Vorteile im Innovationswettbewerb, im einzelnen zu bewerten sind.
[2] vgl. Markus/Kitayama, 1991, S. 225 u. 228 und die dort angegebenen Studien.
[3] vgl. hierzu auch Kapitel 12.

Diese Herausforderung bezieht sich auf die Berücksichtigung personal- und innovationswirtschaftlich relevanter Eigenarten ihrer Mitglieder in fremden Ländern durch die Unternehmen. Wie ist es aber mit dem *westeuropäischen Kulturkreis* selbst? Ist die individualistische Orientierung, die man als „America's civil religion"[1] bezeichnet, auch für *Deutschland* ausschlaggebend? Soll man die Schlußfolgerungen nur auf die *Spiegelfunktion* und eine bessere *Rücksichtnahme gegenüber dem Fremden* beschränken oder gibt es etwas auch an den Mitarbeitern in Deutschland, was eher dem japanischen Contextual Construal of Self nahe kommt?

3 Auseinandersetzung mit dem Interdependent Construal of Self in Deutschland: Unbekannte Bekannte

Um die gestellte Frage zu beantworten, erscheint es sinnvoll, zunächst verallgemeinernd darauf hinzuweisen, daß es sich bei den Modi der personellen Identitätsauslegung um „general tendencies that may emerge when the members of the culture are considered as a whole"[2] handelt. Das Verhalten der Einzelpersonen in einer Kultur ist somit nicht die Frage des Typs „Alle vs. Keiner", sondern vielmehr die der *Probabilität*,[3] und das bedeutet insbesondere, daß

> „... (t)he self-concept derives not only from the cultural self-scheme that is the focus herein but from the complete configuration of self-schemata, including those that are a product of gender, race, religion, social class, and one's particular social and developmental history."[4]

Dieser Hinweis erlaubt, von einer *interkulturellen* zur *differenzierten monokulturellen* Betrachtungsperspektive zu wechseln. Legt man also einen differenzierteren Raster an und betrachtet die nach den obengenannten Kriterien gebildeten sozialen Gruppen im Einzelnen, läßt sich feststellen, daß selbst in der tendenziell individualistischen Kultur der USA mehrere "besondere" soziale Gruppen durch eine höhere *Relatedness* bzw. eine stärker ausgeprägte *kontextualistische Orientierung* gekennzeichnet sind;[5] Markus/Kitayama zufolge handelt es sich dabei insbesondere um

- Vertreter bestimmter *religiöser Minderheiten* wie z.B. Quakers,[6] ferner um[7]
- Mitglieder mehrerer *ethnischer Minderheiten*,
- Menschen mit einem *geringeren Ausbildungsniveau*,
- *ältere* Menschen und - last but not least -
- *Frauen*.

---

[1] vgl. im Anschluß an Gates Markus/Kitayama, 1994a, S. 569.
[2] Markus/Kitayama, 1991, S. 225.
[3] vgl. Triandis, 1994b, S. 289.
[4] Markus/Kitayama, 1991, S. 230, Fußnote 3.
[5] In verallgemeinerter Perspektive läßt sich mit Bond/Smith feststellen, daß „interdependent people in all cultures endorse values such as restrictive conformity, prosociality, and security" (Bond/Smith, 1996, S. 212; Literaturangaben ausgelassen; vgl. hierzu auch Triandis/Bontempo/Villareal/Asai/Lucca, 1988, S. 335).
[6] vgl. Markus/Kitayama, 1991, S. 228 und die dort angegebene Literatur.
[7] vgl. Markus/Kitayama, 1994a, S. 575 und die dort angegebene Literatur.

Diese Ergebnisse lassen sich folgendermaßen auf einen gemeinsamen Nenner bringen: „... (T)hose with power and privilege are those most likely to internalize the prevailing European-American cultural frame ... to "naturally" experience themselves as autonomous individuals."[1] Die junge hochqualifizierte männliche Elite stellt allerdings nur einen Teil einer jeden Gesellschaft bzw. der Arbeitnehmerschaft dar - und offensichtlich nicht einmal ihren Großteil.

Es soll an dieser Stelle zwar konstatiert werden, daß diese Liste von kontextualistisch orientierten sozialen Gruppen zur Zeit noch eher als Hypothese wahrzunehmen ist, und als solche bedarf sie einer detaillierten Überprüfung anhand repräsentativer sozialwissenschaftlicher, insbesondere psychologisch fundierter empirischer Studien, welche im Rahmen der vorliegenden Arbeit, die sich mit dem *kulturspezifischen* japanischen Modus beschäftigte, nicht vorgenommen werden kann. Aber *auch unter diesem Vorbehalt* scheint diese Hypothese für *deutsche Unternehmen* aus folgendem Grund von besonderer Relevanz zu sein.

Der idealtypische Träger eines *Independent Self*, wie Kitayama/Markus ihn beschreiben - "white middle-class men with a Western European ethnic background"[2] -, scheint weitgehend dem idealtypischen Mitarbeiterbild zu entsprechen, mit dem die deutsche Personalwirtschaftslehre explizit und implizit seit Jahren weitgehend operiert hat - "deutsch, männlich, von mittlerem Alter, in einer Stellung von mittlerer Verantwortung in der Fertigung oder der Verwaltung."[3] Während aber die *Theorie* immer noch schwerpunktmäßig diesen *independenten* Mitarbeitertyp managt, trifft die *Unternehmenspraxis* dagegen verstärkt auf die von Markus/Kitayama genannten "besonderen" sozialen Gruppen, die eher durch eine höhere *interdependente Orientierung* gekennzeichnet sind.

In Zahlen ausgedrückt: Deutsche Unternehmen agieren heute in einer Gesellschaft, in der

- insgesamt fast 9 % der Erwerbspersonen eine ausländische Staatsangehörigkeit besitzen,[4] also Mitglieder ethnischer Minderheiten sind;
- in ca. 25 Jahren über 24% der Bevölkerung im Alter von 65 Jahren oder *älter* sein werden[5] und
- die Erwerbsquote für die 15- bis unter 65-jährigen *Frauen* fast bei 63% liegt.[6]

Speziell im Hinblick auf die letztere Gruppe ist darüber hinaus festzustellen, daß Frauen im Hinblick auf ein Motivations- und Aktivitätsmix zwischen Tätigkeiten innerhalb und außerhalb der Erwerbsarbeit als *Pioniere einer zukünftigen Tätigkeitsgesellschaft*[7] betrachtet werden - also als Träger eines in der Personalwirtschaftslehre bisher kaum berücksichtigten interdependenten Construal of Self ein wesentlich stärkeres zukunftsorientiertes Forschungsinteresse verdienen.

---

[1] vgl. Markus/Kitayama, 1994a, S. 575.
[2] vgl. Markus/Kitayama, 1991, S. 225.
[3] vgl. Marr, 1989b, S. 41.
[4] vgl. die Angaben des Statistischen Bundesamtes zur Erwerbstätigkeit vom April 1997 in: http://www.statistik-bund.de/basis/d/bd03.htm, Stand 26.06.1998.
[5] Prognose des japanischen Gesundheitsminiseriums, vgl. JETRO: Meeting The Challenge: Japanese Kaisha at the 90's, 1993.
[6] vgl. die Angaben des Statistischen Bundesamtes zur Erwerbstätigkeit vom April 1997 in: http://www.statistik-bund.de/basis/d/bd03.htm, Stand 26.06.1998.
[7] vgl. Kommission für Zukunftsfragen der Freistaaten Bayern und Sachsen, Teil II, Juli 1997, S. 34 f.

Vor diesem Hintergrund läßt sich im Anschluß an Marr zusammenfassend folgendes konstatieren: „Der ... Anteil der "besonderen" Mitarbeitergruppen an der gesamten Arbeitnehmerschaft läßt sich ... etwa auf 70% schätzen, was die erklärende Kraft *eines* Mitarbeitermodells [in dem hier diskutierten Fall - des eines *Independent Self* - A.d.V.] ... als sehr fragwürdig erscheinen läßt." [1]

Was aus diesen Feststellungen resultiert, kann etwas überspitzt folgendermaßen ausgedrückt werden: *Das ursprünglich exotisch vorkommende japanische Phänomen wirkt plötzlich sehr vertraut.* Und es verleitet daher zu weiteren wichtigen Fragen: Bedeutet dann diese unterschiedliche Identitätsauslegung etwa, daß Frauen sowie Vertreter anderer oben genannter sozialer Gruppen auch als Unternehmensmitglieder *das jeweilige sozio-emotionale und kognitive Beziehungsfeld* ceteris paribus *anders gestalten - d.h. das Wissen anders handhaben, anders lernen und anders innovieren*?

Diese Frage sollte m.E. zu einer der zentralen im Wissensmanagement, aber auch in zwei weiteren, noch zu entwickelnden Bereichen gemacht werden - *der differentiellen Personalwirtschaft*[2] und der *familienorientierten Personalpolitik*.[3] Sollten die Frauen ihr Selbst in bezug z.B. auf die Familienangehörigen tatsächlich tendenziell kontextualistisch und interdependent definieren, bedeutet dies, daß die betriebliche Personalpolitik gegenüber dieser Gruppe der Arbeitnehmer *nur* familienorientiert sinnvoll gestaltet werden kann. Hier liegt offensichtlich ein äußerst wichtiger Handlungsbedarf seitens des Personalmanagements vor, auf den sich auch ein neues, erweitertes *Selbstverständnis der betrieblichen Funktion Personalwirtschaft* stützen ließe.

Wendet man sich in diesem Zusammenhang vom personalwirtschaftlichen Soll-Stand an den Ist-Stand, stellt sich vor allem folgende Frage: Wenn der Anteil der eher *kontextualistisch bzw. relational denkenden, empfindenden und handelnden Mitarbeiter* an der Arbeitnehmerschaft in Deutschland recht hoch sein dürfte, inwieweit ist heute das betriebliche *Personal- und Innovationsmanagement* auf den Umgang mit diesen Mitarbeitern vorbereitet? Überträgt man diese Fragestellung aus dem praktischen Managementbereich in den wissenschaftlichen, läßt sie sich ergänzend folgendermaßen umformulieren: Welchen Platz räumen die personalwirtschaftlichen *Theorien* dieser *großen und wichtigen Gruppe der Mitarbeiter* ein?

Die Antwort auf die zweite Frage nach der Theorie scheint folgendermaßen zu lauten: *So gut wie keinen Platz.* Vor diesem Hintergrund lautet die Antwort auf die erste Frage nach der Praxis auch nicht sehr überraschend: *So gut wie nicht vorbereitet.*

Ein erster Schritt zu einer solchen Plazierung und Vorbereitung könnte mit der Nutzbarmachung des Konzeptes des Construal of Self für das Personal-, Innovations- und Wissensmanagement gemacht werden. Das heißt, eine "Sozialisierung" des in diesen Managementbereichen dominierenden independenten Menschenbildes erscheint dringend geboten.

---

[1] Marr, 1989b, S.41.
[2] vgl. hierzu z.B. die Überlegungen von Marr, 1989b; Marr/Friedel-Howe, 1989; Fritsch, 1993 u. 1994.
[3] vgl. zum heutigen Stand der Diskussion Marr/Grenz, 1997; Wollert/Wilms, 1997; Klug, 1997; Molis, 1997; Rosenstiel, 1992a, S. 168 ff. und die dort angegebene Literatur.

4 Zur "Sozialisierung" eines personal- und innovationswirtschaftlich relevanten Menschenbildes durch Einbindung zwischenmenschlicher Interdependenzen

Das *fundamentale* Konzept des Menschen, das als kaum hinterfragte Basisannahme in der deutschen Personal- und Organisationsforschung (und dementsprechend auch im Wissens- und Innovationsmanagement) dominiert, kann in Anlehnung an die im Kapitel 4 dargestellten Klassifikationen pointiert als *Very Independent Self* bezeichnet werden. Die im obigen Punkt gemachten Hinweise auf mehrere eher *interdependent* orientierte Gruppen der Arbeitnehmerschaft in Deutschland machen jedoch folgendes deutlich: Dieses

> "... Menschenbild des radikalen Individualismus, das immer noch in der ökonomischen Theorie vorherrschend ist, erweist sich als verzerrt, geht dieser doch von einem untersozialisierten Individuum aus, das völlig autonom und ohne soziale Bindung allein nach seinen individuellen Präferenzen handelt."[1]

Diese soziale Ignoranz der Theorie wurde im Kapitel 5 bereits kritisiert. Keines der Menschenbilder, die den westlichen organisationstheoretischen und personalwirtschaftlichen Konzepten als fundamentale *Basic Assumptions* zugrunde liegen, hebt die spezifische Art der zwischenmenschlichen Beziehung als *konstitutives Element der Selbstdefinition* hervor. Diese zwischenmenschlichen Beziehungen werden von der Theorie stillschweigend "amputiert" - was angesichts der festgestellten Vielzahl relational orientierter Mitarbeiter im In- und Ausland als sehr kritisch anzusehen ist.

Bemerkenswerterweise ist die immens wichtige Rolle des Zwischenmenschlichen den Praktikern bei den jüngsten Erfahrungen mit dem Downsizing, einem der zentralen personalwirtschaftlichen Problemfelder der 90er Jahre, stark aufgefallen; so stellt z.B. der amerikanische Berater Morrison fest: „Not all the fun at work comes from using our skills [*wie das Independent Construal of Self unterstellt - A.d.V.*], it also comes from personal relationships. ... Many relationships at work have been mauled by downsizing or restructuring."[2] Mehr noch, es wird vorgeschlagen, die noch funktionierenden informellen zwischenmenschlichen Beziehungen als Mittel zu nutzen, um negative psychologische Folgen des Downsizing abzumildern: "As employee bonds with their organizations loosen during restructuring, strengthening the loyalty employees feel to their work groups and supervisors may be an effective countervailing strategy."[3] Das Loyalitäts- und Vertrauensobjekt *Organisation* soll in der Wahrnehmung der Mitarbeiter durch *konkrete Personen* von Vorgesetzten und Kollegen ersetzt werden nach dem Prinzip: Was ihr aus Frust der Organisation antun könnt, werdet ihr doch einander nicht antun!

Um zu verstehen, warum es der westlichen Theorie generell vielfach schwer fällt, die in der Praxis vorzufindenden sozialen Bindungen als immanenter Teil des Menschenbildes bzw. der

---

[1] Reihlen, 1998; Fußnote ausgelassen; vgl. auch detailliert die Ausführungen im Kapitel 4.
[2] Morrison, 1994, S. 354. Hierzulande schlägt sich dies z.B. in folgenden Zahlen nieder: Einer ZEIT-Umfrage zufolge fanden 37 Prozent der deutschen Arbeitnehmer, daß sich das Klima am Arbeitsplatz verschlechtert habe (vgl. Piper, 13. 09.1996).
[3] Turnley/Feldman, 1998, S.83. Diese Empfehlungen amerikanischer Autoren scheinen übrigens implizit vielmehr dem japanischen relationalen Führungsstil bzw. der relationalen Organisationswahrnehmung als dem westlichen Modus zu entsprechen.

Selbst-Definition zu berücksichtigen, erscheint es sinnvoll, die psychologische Forschung zu bemühen. Mit Kitzinger läßt sich in diesem Zusammenhang folgende Hypothese vorschlagen:

> "Although there exists a wealth of ... data demonstrating alternatives to the "individuated self concept" of the West, there are real problems in using such data to construct an argument for the social construction of the self concept. These problems relate to the difficulty we have - as Western [*genauer gesagt, American - A.d.V.*] psychologists - in imaging the self as other than the way it is in our modern culture."[1]

Dieses für die ökonomische Theorie und Managementpraxis relevante Menschenbild des "radikalen Individualismus" scheint also vielfach zu resultieren aus dem „social science's persistent belief in the person as a rational, self-interested actor"[2] bzw. daraus, daß "(s)elves, as well as theories of selves, that have been constructed within a European-American cultural frame show the influence of one powerful notion - *the idea that people are independent, bounded, autonomous entities who must strive to remain unshackled by their ties to various groups and collectives.*"[3] Insofern lernen die Akteure dieses kulturspezifischen Rahmens *von der Kindheit an*, die zwischenmenschlichen Dependenzen möglichst zu meiden bzw. sich über solche gar zu schämen:

> "As much as the need to dependent is a reality, it is often avoided, degraded, and disguised. ... Since we were very young children we have been taught that dependency is shameful. „You're too big to need help with that anymore!" Some people learned that lesson so well they feel ashamed of any sign they may need someone else. ... Counterdependent people are very difficult to work with, and they don't make good team members."[4]

Mit anderen Worten. Wie insbesondere in den Kapiteln 4 und 5 gezeigt wurde, stellen die dominierenden Modi der personellen Identitätsauslegung *kulturspezifische Phänomene* dar. Insofern

- entspricht das Independent Construal of Self, das in der Kultur der USA weit verbreitet ist und als psychologisches Erklärungskonzept weitgehend auch in den USA entstanden ist,
- dem radikalen Individualismus, der im Mainstream der ökonomischen Theorien vorherrschend ist, von denen viele ebenfalls aus den USA stammen.

Die in der vorliegenden Arbeit vorgenommene Analyse des Interdependent Construal of Self sollte jedoch bestätigt haben, daß diese amerikanisch geprägte individualistische „...view of self and its relation to the collective *is only one view*. There are other, *equally powerful but strikingly different*, ... notions about the self and its relation to the collective."[5]

Man kommt also bei der Auseinandersetzung mit personal- und innovationswirtschaftlich relevanten Menschenbildern nicht umhin, den fundamentalen Prinzipien des jeweiligen Modus der personellen Identitätsauslegung nachzugehen. Und vor diesem Hintergrund ist zu fragen,

---

[1] Kitzinger, 1992, S. 237.
[2] Markus/Kitayama, 1994a, S. 568.
[3] Markus/Kitayama, 1994a, S. 568; hervorgehoben d. d. Verf.
[4] Morrison, 1994, S.361 f.
[5] Markus/Kitayama, 1994a, S. 570; Hervorhebungen d. d. Verf.

ob das individualistische Konzept des Menschen in der deutschen ökonomischen Theorie mit den Ergebnissen nicht der amerikanischen, sondern der *europäischen* psychologischen Forschung *kompatibel* ist?

Diese Frage ist m.E. *negativ* zu beantworten. In dem, wie man in den Sozialwissenschaften an die Erforschung des Phänomens Identität herangegangen ist, schlagen sich kulturelle Besonderheiten der jeweiligen Wissenschaftler nieder, und so kann man auch in der psychologischen Literatur unterscheiden "between a emphasis on the individualized self, more characteristic of US work, and collective conceptions of self (or identity) often featured in European models."[1] Zwar ist das Image des Kollektivismus bzw. des *Very Dependent Self* in Westeuropa (wegen der grausamen Erfahrungen mit Diktaturen auch nicht unbegründet) "deeply suspect."[2] Und dennoch: Wie vor allem von Tajfel bewiesen, verleiht die Mitgliedschaft in sozialen Gruppen bzw. Kollektiven auch im westlichen Kulturkreis eine wichtige Basis für Selbstdefinition, was mit anderen Worten bedeutet, daß diese *soziale Identität* als Teil des Selbstkonzepts eines Individuums angesehen werden kann.[3]

Vor diesem Hintergrund ist die im Kapitel 2 bereits angesprochene Frage explizit zu beantworten, wie dieses in der deutschen Personalwirtschaftslehre und Organisationspsychologie gut bekannte Konzept der sozialen Identität nach Tajfel und Turner und das Konzept des Interdependent Contextual Self, das insbesondere von Markus/Kitayama, Kimura, Hamaguchi, Triandis, Kumon und Cousins[4] entwickelt und in der vorliegenden Arbeit vorangetrieben wurde, zueinander stehen? Mit anderen Worten: Was brachte das Konzept des Construal of Self im Hinblick auf die Sozialisierung des personal- und innovationswirtschaftlichen Menschenbildes *Neues*?

Die Frage läßt sich in zwei Stufen beantworten. Zum einen geht es um das Gemeinsame, das die beiden Konzepte verbindet. Dieses Gemeinsame läßt sich im Anschluß an Deaux[5] als Teil eines historischen Prozesses betrachten, der die Beeinflussung ursprünglich in amerikanischer Tradition arbeitender Psychologen durch die Ideen ihrer europäischen Kollegen beinhaltet. Amerikanische Modelle des Selbst waren von Anfang an sehr individualistisch geprägt, während sich, wie in den Kapiteln 2 und 4 bereits konstatiert, die europäischen Psychologen vielfach der "recognition of the collective aspects of self"[6] widmeten. Eines der ersten und wichtigsten Konzepte, das für eine stärkere Berücksichtigung des sozialen Kontextes plädierte, war gerade die *Social Identity Theory* von Tajfel. Dieser "„European", non-reductionist approach to the social psychology"[7] hat Deaux zufolge Jahre später mehrere amerikanische Wissenschaftler geprägt, unter anderem auch die für die vorliegende Arbeit sehr wichtigen Ideen von Markus/Kitayama, Triandis, Cousins, die sich allerdings - und hier fängt das Neue an - der "social identity tradition" nicht angeschlossen haben, sondern die Überlegungen aus den Bereichen der Cross-Cultural Psychology und der Anthropologie in den Mittelpunkt ihrer Theorien setzten.

---

1 Deaux, 1992, S. 9 f.
2 vgl. Kitzinger, 1992, S. 228.
3 vgl. hierzu die Ausführungen im Kapitel 2.
4 vgl. hierzu detailliert insbesondere Kapitel 4.
5 vgl. hierzu Deaux, 1992, S. 10 ff.
6 vgl. Deaux, 1992, S. 12 f.
7 Abrams, 1992, S. 57.

Diese Anwendungsinnovation bzw. Nutzbarmachung von Ideen in weiteren Forschungsbereichen ist jedoch nicht der einzige und auch nicht der wichtigste Aspekt, im Hinblick auf welchen die Arbeiten der obengenannten Autoren einen hohen Neuheitsgrad aufweisen. In diesem Zusammenhang sei festgestellt, daß zu dieser Frage Markus/Kitayama selbst eine sehr aufschlußreiche Stellungnahme machten, wobei es ihnen gerade auf die Differenzen zu Tajfel/Turner bzw. auf das *Distinktive* an ihrem Konzept ankommt:

> "Interdependence ... is theoretically distinct from social identity (e.g. Tajfel & Turner, 1985; Turner & Oakes, 1989), which refers to social categorizations that define a person as a member of particular social categories (e.g., American, male, Protestant, engineer). Social identity, in the framework of Turner and colleagues, is always defined in counterpoint to personal identity, which is all the ways a person is *different* from his or her in-groups. **The key feature of interdependence is not distinctiveness or uniqueness but a heightened awareness of the other, and of the nature of one's relation to the other, and an expectation of some mutuality in this regard across all behavioral domains, even those that can be designated as private or personal.**"[1]

Diese Überlegungen sprechen deutlich für den Bedarf an einer Revidierung des auch im deutschen Innovations-, Wissens- und Personalmanagement absolut dominierenden Modells des Independent Self in Richtung einer stärkeren Berücksichtigung der zwischenmenschlichen Interdependenzen. Diese Aufgabe wurde mit der vorliegenden Arbeit in Angriff genommen. Ihr erster Aspekt - die *Sozialisierung bzw. Relationalisierung des Menschenbildes* - wurde hier bereits diskutiert, zum zweiten - der *Berücksichtigung dieses relationalen Menschenbildes in der Theorie und Praxis des Managements von Wissen und Innovation* - soll an dieser Stelle noch Einiges schlußfolgernd gesagt werden.

In den Ausführungen zur Wettbewerbs- und Innovationsfähigkeit der Unternehmung hat sich die vorliegende Arbeit der *wissensbasierten Theorie der Firma* angeschlossen, welche "die Unternehmen als soziale Gemeinschaften [modelliert], die sich auf den Aufbau, die Replikation und die Rekombination von Wissen zur Erstellung von Produkten und Dienstleistungen spezialisieren."[2] Diese wissensbasierte Theorie der Firma hat offensichtlich auch vieles mit dem Problemfeld der betrieblichen Innovation zu tun, und so lag es nahe, den Innovationsprozeß als Handhabung des Wissens im unternehmensspezifischen kognitiven und sozio-emotionalen Feld zu interpretieren.

In diesem Zusammenhang ist eine der zentralen theoretischen Implikationen der in der vorliegenden Arbeit vorgenommenen interdisziplinären Auseinandersetzung mit der human- und wissensbasierten Innovationsidentität der Unternehmen darin zu sehen, daß dieses *innovationsrelevante Wissen* nicht auf die objekt-, d.h. technologie- und produktbezogenen Komponenten relativiert werden kann, sondern daß die subjektbezogene Komponente des *zwischenmenschlichen Wissens* als immanenter Bestandteil des Innovationsprozesses aufgefaßt und als Erklärungsfaktor in den Mittelpunkt gestellt werden sollte. Denn:

> "... **(I)n creating knowledge, the participants also gradually get to know more about each other ... . This social knowledge is the key to effective knowledge creation.**"[3]

---

[1] Markus/Kitayama, 1994a, S. 570; kursiv im Originaltext..
[2] im Anschluß an Kogut/Zander Burr, 1998, Fußnote ausgelassen.
[3] von Krogh/ Nonaka/Ichijo, 1997, S.476; hervorgehoben d. d. Verf.

In vorangehenden Kapiteln wurde gezeigt, daß die spezifische Art, dieses sozio-emotionale Wissen wahrzunehmen, zu entwickeln und auch im Alltag der betrieblichen Innovationsprozesse zu nutzen, durch die spezifische Art der Selbstdefinition, das *Construal of Self*, maßgeblich geprägt ist. Die Notwendigkeit, unterschiedliche Construals of Self im Management von Personal, Wissen und Innovation zu berücksichtigen, stellt eine äußerst wichtige, allerdings nicht alleinige Schlußfolgerung dar, die aus dem theoretischen Konstrukt der Innovationsidentität im Zusammenhang mit dem Phänomen der *Interdependenz* gezogen werden kann. Wie im folgenden Abschnitt 15.2.2 gezeigt werden soll, hat das Phänomen der intraorganisationalen Interdependenz mehrere Dimensionen und Facetten, die es zu einem der zentralen Aufgabenfelder des Personal-, Wissens- und Innovationsmanagements machen.

15.2.2 Management of Interdependence als zukunftswichtige personal- und innovationswirtschaftliche Aufgabe

Oben wurde bereits konstatiert, daß eine wichtige Konsequenz, die aus der Auseinandersetzung mit dem Phänomen der human- und wissensbasierten Innovationsidentität der Unternehmen abgeleitet werden kann, in der Notwendigkeit besteht, *prinzipiellen* Fragen nachzugehen. Als eine solche kann auch die Frage nach der *Leistung und dem Selbst-Verständnis der Personalabteilung* als innovationsrelevanter betrieblicher Akteur angesehen werden.

Den Hintergrund für diese Frage bilden *drei Mißverhältnisse*, die in Deutschland aber auch etwa in den USA in der jüngsten Zeit massiv hervorzutreten scheinen und zu deren Beseitigung, so die hier zu entwickelnde Hypothese, ein personalwirtschaftliches Wissensmanagement beitragen kann, das sich als *Management of Interdependence* interpretiert. In knapper Form können diese drei Mißverhältnisse folgendermaßen dargestellt werden:

a) Mißverhältnis zwischen dem Leistungsbedarf an Personalarbeit und dem Fremdbild der Personalabteilung

Aus der, der vorliegenden Arbeit zugrunde gelegten, *fähigkeitsorientierten* Management-perspektive läßt sich feststellen, daß das, was der Personalabteilung zu managen obliegt, über das langfristige Überleben der Unternehmung offensichtlich *am meisten* entscheidet: „... (T)he Human Resource function manages the set of resources (e.g., human capital skills, employee commitment, culture, teamwork, etc.) that are most likely to be sources of sustained competitive advantage into the next century."[1]

Vor dem Hintergrund dieser essentiellen Aufgabe der Personalabteilung wäre zu erwarten, daß sie von allen anderen Unternehmensfunktionen und der Unternehmensleitung mit Respekt behandelt wird bzw. daß ihr Fremdbild ein positives sein dürfte. Dies scheint aber in der Regel nicht der Fall zu sein. Ganz im Gegenteil: Nicht nur jene Topmanager, welche die zentrale

[1] Barney/Wright, 1998, S. 43; vgl. auch die Ausführungen im Kapitel 3.

Wettbewerbsbedeutung der Unternehmensressource Personal verkennen, sondern auch, ja *ganz besonders* jene, die sich über diese Bedeutung im Klaren sind, stehen der aktuellen Leistung der Unternehmensfunktion Personalmanagement vielfach *sehr kritisch* gegenüber; das Personalwesen sei ineffektiv, kostenintensiv und inkompetent und trage zu wenig zur ökonomischen Leistung des Unternehmens bzw. zur Wertschöpfung bei[1] - so die üblichen Vorwürfe, mit denen der Personalbereich heute konfrontiert wird.

Die Konfrontation mit dem negativen Fremdbild macht zwei weitere brisante Problemfelder der Personalfunktion deutlich.

b) Mißverhältnis zwischen dem Selbst- und dem Fremdbild der Personalabteilung

Das Selbst-Verständnis einer Unternehmensfunktion kann sich insbesondere aus ihrer, durch die anderen Unternehmensfunktionen als arbeitsteilige Kooperationspartner *anerkannten, Leistung*, d.h. aus ihrem *Beitrag zu Wettbewerbsvorteilen,* entwickeln. Das negative intraorganisationale Fremdbild der Personalabteilung mag zum Teil darin begründet liegen, daß diese es versäumt hat, ihre Leistung organisationsweit angemessen zu kommunizieren und die eigene Existenz damit eindeutig zu *legitimieren*. Dieses Argument scheint aber höchstens nur eine Teilerklärung zu liefern, denn über das *Kommunikationsproblem* hinaus handelt es sich auch um ein *Qualifikations-* und *Handlungsproblem*:

> " ... (F)ew HR executives can explain, in economic terms, how a firm's people can provide sustainable competitive advantage and the role that the HR function plays in this process. Furthermore, due to this lack of understanding, many HR executives fail to direct the HR activities toward developing characteristics of the firm's human resources that can be a source of sustainable competitive advantage."[2]

Um es kurz zu machen: Während die nachhaltigen Wettbewerbsvorteile aus den spezifischen humanbasierten Fähigkeiten der Unternehmen zur Wissenshandhabung resultieren, sind die Personalmanager vielfach nicht in der Lage, zur Entwicklung dieser Fähigkeiten beizutragen, nicht unbedingt weil sie es nicht wollen, sondern eher weil sie nicht wissen *wie*. Gerade dieses Wissen, eher als etwas anderes, wird aber von ihnen von den Vertretern anderer Unternehmensfunktionen und dem Topmanagement in wissensbasierten hochkompetitiven Industrien heute erwartet.

Mit diesem Tatbestand hängt auch das dritte Mißverhältnis zusammen, zu dessen Beseitigung das personalwirtschaftliche Wissensmanagement, das sich als Management of Interdependence interpretiert, beitragen soll.

c) Mißverhältnis zwischen der erforderlichen Leistung und dem aktuellen Selbstverständnis bzw. Selbstbild der Personalabteilung

Da die heutige Leistung der Funktion Personalwirtschaft von westlichen Unternehmen immer stärker in Frage gestellt wird und offensichtlich den Anforderungen des globalen Wissens- und Innovationswettbewerbs nicht gewachsen ist, gilt es für die Wissenschaft wie für die Praxis, über diese Leistung nachzudenken und sie ggf. *neu zu definieren*.

---

[1] vgl. stellvertretend für andere Barney/Wright, 1998, S. 31 f.; Ulrich, 1998, S. 59; Kissler, 1994, S. 349.
[2] Barney/Wright, 1998, S. 31 f.

Gerade hierzu sollten auch mit dem in der vorliegenden Arbeit entwickelten Multi-Level-Modell der humanbasierten Innovationsidentität Anregungen geliefert werden. Dieses Modell diente nämlich dazu,

- zu klären, wie sich die nachhaltigen Vorteile im Innovationswettbewerb auf Grundlage humanbasierter Kernfähigkeiten der Unternehmen bilden,
- an einem kulturspezifischen Beispiel konkret zu zeigen, mit welchen personalwirtschaftlichen Routinen diese humanbasierten Kernfähigkeiten der Unternehmen entwickelt bzw. geblockt werden, und
- darauf basierend neue kreative Arbeitsaufgaben bzw. Leistungsfelder der Funktion Personalmanagement, vor allem das Management der Innovationsidentität der Unternehmung, zu definieren, aus denen sie auch ein neues Selbst-Verständnis ableiten kann.

Betrachtet man den Beitrag der Personalfunktion zur Konkurrenzfähigkeit der Unternehmung aus wettbewerbsstrategischer Sicht, lassen sich generell zwei Tatsachen feststellen. Zum einen spielt das betriebliche Personalmanagement im allgemeinen, d.h. von einigen kreativen und durchsetzungsfähigen Vorreitern einmal abgesehen, heute noch vielfach die Rolle eines *Ordnungsdienstes.*[1] Zweitens waren die Aktivitäten dieses Ordnungs- bzw. Verwaltungsdienstes in den letzten Jahren überwiegend auf die *Senkung der Personalkosten* ausgerichtet. Eine derartige Schwerpunktsetzung wurde in der Literatur als *nennerorientiertes Management* bezeichnet und im Hinblick auf ihre langfristigen Folgen insbesondere aus der fähigkeitsorientierten Managementperspektive zu Recht kritisiert.[2] Vor dem Hintergrund des oben erwähnten negativen Fremdbildes scheint es, daß diese Ausrichtung eher das intraorganisationale Image der Personalabteilung als Verwalter und als Aushilfskraft der betrieblichen Sparkomissare, nicht aber als kreativer Mitgestalter von innovationsbasierten nachhaltigen Wettbewerbsvorteilen weiter verfestigt haben dürfte.

Um dieses "post-downsizing"-Syndrom zu behandeln und der Personalfunktion eine neue Rolle zuzuordnen, wird in der Literatur vorgeschlagen, sie soll heute vielmehr auf die *Nutzen-Komponente* setzen, d.h. insbesondere einen Beitrag zur Verbesserung des Betriebsklimas sowie zur Arbeitszufriedenheit und Motivation der Mitarbeiter[3] leisten, in der offensichtlichen Hoffnung, daß Arbeitszufriedenheit Kundenzufriedenheit schafft und Qualität und Umsatz steigert.

Die daraus im Zusammenhang mit dem Wissensmanagement resultierenden Aufgaben, etwa die Schaffung neuer Anreizsysteme für die Leistungsträger, können unter dem Titel *Beitrag zur Innovationswilligkeit* zusammengefaßt werden, und sie sind zweifelsohne als sehr wichtig anzusehen. Diese notwendigen Aufgaben reichen aber nicht aus, um das gestellte Ziel der *Revitalisierung der Personalfunktion* zu erreichen. Ein größerer, u.U. ein inhaltlich wesentlich anderer als der bisherige Beitrag zur humanbasierten *Innovationsfähigkeit* der Unternehmung sollte von der Personalabteilung darüber hinaus geleistet werden.

---

[1] vgl. Ulrich, 1998, S. 70.
[2] vgl. Prahalad/Hamel, 1994, S. 8 f. und Friedrich/Hinterhuber, 1998 sowie weitere Ausführungen im vorliegenden Kapitel.
[3] vgl. hierzu Barney/Wright, 1998, S. 33 f.

Nur wenn die Personalabteilung mit Kenntnissen ausgestattet ist,

- *wie* ihre Aktivitäten die kognitiven und sozio-emotionalen Eigenschaften der Teilnehmer der betrieblichen Wissenshandhabungsprozesse und
- damit auch die *idiosynkratische emergente humanbasierte Innovationsfähigkeit* der Unternehmung beeinflussen, sowie
- *was* sie tun bzw. unterlassen soll, um diese kollektiven Prozesse der Wissenshandhabung auf die strategischen Unternehmensziele (Wettbewerbsvorteile) auszurichten, und

wenn die Personalabteilung zusätzliche Kommunikations- und Durchsetzungsfähigkeiten entwickeln wird, um diese Kenntnisse in der Organisation umzusetzen,

darf und sollte sie eine "neue strategische Rolle" als Innovationspartner beanspruchen.

Um nun die Frage zu beantworten, wie ein *personal- und innovationswirtschaftliches Management of Interdependence* zur Lösung der geschilderten Mißverhältnisse beitragen kann, erscheint es sinnvoll, zunächst einige relevante Inhalte, die in vorangegangenen Kapiteln diskutiert wurden, von der japanischen Spezifik zu trennen und in einer verallgemeinerten theoretischen Form kurz zusammenzufassen.

Eine Klassifikation von *Vorteilen im Innovationswettbewerb* wurde aus der fähigkeitsorientierten Managementperspektive vorgeschlagen. Dabei wurde insbesondere davon ausgegangen, daß alle identifizierbaren Wettbewerbsvorteile (Economies of Innovation) Resultat von human- und wissensbasierten Unternehmensfähigkeiten zu jeweils *spezifischen* Innovationen darstellen, die durch spezifische individuelle und kollektive Erfahrungen und Lernerfolge der Unternehmensmitglieder entwickelt werden konnten. Ausgehend von dieser allgemeinen Klassifikation wurde bei allen ermittelten Vorteilen im einzelnen die human- und wissensbezogene Dimension unter die Lupe genommen und dabei insbesondere die Frage beachtet, wie zum jeweiligen Wettbewerbsvorteil die idiosynkratischen Fähigkeiten der Mitarbeiter mit jeweils unterschiedlichen Typen der Unternehmensmitgliedschaft (*Company Man* und *Man of the Job*) als Wissens- und Innovationsträger beigetragen haben konnten.

Als zentrales Managementinstrument zur Bildung eines spezifischen Typs der Unternehmensmitgliedschaft und damit auch der spezifischen human- und wissensbasierten Innovationsidentität der Unternehmen wurden sodann die *personalwirtschaftlichen Unternehmensroutinen* identifiziert. Dementsprechend wurde das Personalmanagement primär als Management der Wissens- und Innovationsträger aufgefaßt, seine Einzelroutinen einer differenzierten Betrachtung unterzogen und in Verbindung mit bereits analysierten Fähigkeiten und Wettbewerbsvorteilen der Unternehmen gebracht. Dabei konnte generell festgestellt werden, daß *zur erfolgreichen Durchführung von technologierelevanten Innovationsprozessen die Organisationen in Japan wie im Westen "japanische" und "westliche" Merkmale zugleich bzw. ein Sowohl-Als-Auch-Muster der Handhabung von Fähigkeiten und Verhaltensweisen ihrer Mitglieder* kultivieren sollten.

Eine sehr wichtige Aufgabe eines Personalmanagements, das sich auch als Wissens- und Innovationsmanagement versteht, ist daher in der *systemerhaltenden und systementwickelnden dynamischen Beeinflussung der Fähigkeiten und Verhaltensweisen unterschiedlicher, im Hinblick auf die Unternehmensleistung jedoch wechselseitig abhängiger, Mitgliedergruppen* zu sehen. Die mit dieser Zielsetzung zusammenhängenden Modernisierungsprozesse wurden an mehreren personalwirtschaftlichen Routinen, den konstitutiven Kernelementen eines ganzheitlichen identitätsbewußten Managementsystems, im Einzelnen analysiert.

Aus diesen Überlegungen heraus lassen sich mehrere Dimensionen eines *Management of Interdependence* ableiten, das eine der wichtigsten Aufgaben eines *wettbewerbsrelevanten,* also *leistungsstiftenden Managements von Menschen und Wissen* bildet; diese sind in der Abbildung 15.1 dargestellt und im weiteren ansatzweise erörtert.[1]

Abbildung 15.1: **Personalwirtschaftliches Wissensmanagement als Management of Interdependence**

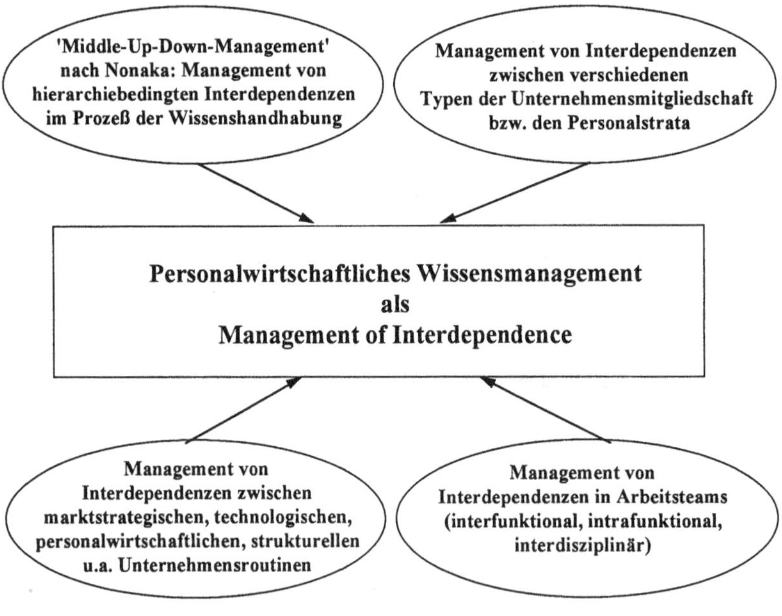

[1] Auf eine detaillierte Diskussion soll hier allerdings verzichtet werden, um den Rahmen der vorliegenden Arbeit nicht zu sprengen.

Feld 1: Management von Interdependenzen in Arbeitsteams

Im Kapitel 4 wurde bereits darauf hingewiesen, daß das kontextualistische Interdependent Self den, für einen idealtypischen Individualisten extrem wichtigen Wunsch, über ein hohes Maß an Unabhängigkeit zu verfügen, vielfach als unnatürlich und als Zeugnis von Unreife sieht. Wichtige Arbeitsformen, für die eine gegenseitige Abhängigkeit aller Beteiligten konstitutiv ist, gibt es allerdings nicht nur in kontextualistischen japanischen Organisationen, sondern ebenfalls in den meisten westlichen. Das sind die *Arbeitsteams*. „Wir können es einfach nicht, in den Teams independent zu sein,“[1] um mit einem amerikanischen Wissenschaftler plakativ zu formulieren - und die Organisationen können es einfach nicht, ohne Teamarbeit neue Produkte und Prozesse zu entwickeln, d.h. erfolgreich zu innovieren.

Ausgehend von den Ausführungen insbesondere des II. und des III. Teiles der Arbeit lassen sich zwei maßgebliche Kategorien von interdisziplinären Teams hervorheben, bei denen das *Management of Interdependence* ganz besonders ansetzen sollte, will man die distinktiven human- und wissensbasierten Unternehmensfähigkeiten als Grundlage für nachhaltige Vorteile im Innovationswettbewerb entwickeln:

- *Management von human- und wissensbezogenen Interdependenzen in interdisziplinären interfunktionalen Arbeits- und Innovationsteams*

Im Kapitel 9 wurde bereits darauf hingewiesen, daß eine sequentielle Entwicklung von Produkten und Prozessen aus Kosten- und Zeitgründen nicht mehr die Wettbewerbsfähigkeit gewährleisten kann. Für viele Branchen sind nicht-lineare Modelle erforderlich, die eine simultane Zusammenarbeit der Innovationsträger aus sämtlichen relevanten Funktionsbereichen der Unternehmung (Forschung, Entwicklung, Marketing, Produktion, Logistik etc.) ermöglichen. Dementsprechend bedarf es einer sehr intensiven *Personalarbeit*

- *im Laufe* des jeweiligen Gruppenprojektes, insbesondere um ein kreatives Klima ständig sicherzustellen und die ggf. entstehenden sozio-emotionalen Konflikte im Interesse des Gesamtunternehmens handhaben zu helfen, aber auch
- *davor*, damit die Mitarbeiter auf die Zusammenarbeit in solchen interfunktionalen Gruppen vorbereitet sind, d.h. auf eine intensive Kooperation mit Kollegen, die andere ziel- und mittelbezogene Prioritäten, berufs- und bereichsspezifische Zeitvorstellungen, Kommunikationsmuster etc. an den Tag legen, sowie
- *nach dem Abschluß* des jeweiligen Gruppenprojektes, damit der Erfahrungs- bzw. Wissenstransfer in der Organisation gefördert wird.

---

[1] vgl. Morrison, 1994, S.361.

- *Management von human- und wissensbezogenen Interdependenzen in interdisziplinären intrafunktionalen Arbeits- und Innovationsteams*

Wie insbesondere im Kapitel 11 gezeigt, müssen die Unternehmen zur Entwicklung neuartiger Produkte und Prozesse Technologien aus mehreren vorher weitgehend unverbunden erscheinenden Wissensfeldern kombinieren und miteinander integrieren. Das bedeutet vor allem, daß nicht nur die FuE mit anderen Funktionsbereichen, sondern darüber hinaus innerhalb der FuE Ingenieure und Naturwissenschaftler aus sehr verschiedenen Fachrichtungen und Disziplinen interagieren müssen - und daß sich das personalwirtschaftlich orientierte Wissensmanagement mit kooperationsbedingten *Interdependenzen* zwischen diesen Wissens- und Innovationsträgern auseinandersetzen muß, damit die Unternehmung die *Economies of Technology Fusion* als Vorteil im globalen Innovationswettbewerb erzielen kann.

Das Personalmanagement, das zur Lösung dieser beiden Teilaufgaben gefragt ist, *kann* sich offensichtlich nicht mehr als Verwaltungsdienst verstehen, sondern nur als *Management von humanbasierten Unternehmensfähigkeiten und als aktiver Partner für alle anderen organisationalen Wissenskreatoren.*

Die beiden betrachteten Arten von interdisziplinären Innovationsteams bilden grundsätzlich "einen *dialogischen Raum für die Zusammenarbeit von Spezialisten, die voneinander lernen und sich damit in Richtung einer* [*gewissen - A.d.V.*] *Generalisierung ihrer Perzeptionen und Präferenzen entwickeln.*"[1] Somit rücken als Gegenstand der Personalentwicklung, aber etwa auch als Aspekt der Personalauswahl sozio-emotionale und kognitive Fähigkeiten der Mitarbeiter in den Vordergrund, im jeweiligen *Gruppenkontext* mit Besitzern anderer Wissenkomponenten *dialogische Interdependenzen* aufzubauen. Die Mitarbeiter „müssen nunmehr in der Lage sein, Entscheidungen in der [heterogen zusammengesetzten - A.d.V.] Gruppe zu fällen, Konflikte auszutragen, Kompromisse zu schließen und einander bei eventuell auftretenden Problemen Hilfe zu leisten. In diesen Bereichen der sozialen Kompetenz eines Mitarbeiters bestehen momentan in zahlreichen Unternehmen noch massive Defizite"[2] - registriert allerdings der Arbeitskreis "Organisation" der Schmalenbach-Gesellschaft den aktuellen Stand in den deutschen Unternehmen.

Wenn also "(d)ie Fähigkeit und Bereitschaft von Mitarbeitern, ohne Zutun von außen bereichsübergreifende Kooperationsmöglichkeiten zu erkennen und zu nutzen, ... heute in aller Regel noch nicht vorausgesetzt werden ... "[3] kann, macht dieser Mangel den *Bedarf nach einer intensiven zielorientierten Personalarbeit zur Förderung der Wissenskreation* sehr deutlich.

Handelte es sich bei dem ersten Punkt schwerpunktmäßig um die personalwirtschaftliche Einzelfall-Betreuung von Arbeitsteams und ihrer Mitglieder, die sich mit konkreten Innovationsprojekten befassen, soll im zweiten und dritten Feld das Management von Interdependenzen auf der *Metaebene* der Innovationsidentität der Unternehmung als Ganze ansetzen. Diese Aspekte der Interdependenz wurden in vorangehenden Kapiteln nur am Rande angesprochen, um den Rahmen der vorliegenden Arbeit nicht zu sprengen, und sie sollen daher hier ebenfalls nur sehr thesenhaft skizziert werden.

---

[1] Bleicher, 1995, S. 590; hervorgehoben d. d. Verf.
[2] Organisation im Umbruch, 1996, S. 651.
[3] Organisation im Umbruch, 1996, S. 652.

Feld 2: Management von Interdependenzen zwischen marktstrategischen, technologischen, personalwirtschaftlichen und strukturellen Komponenten

Im Teil I wurde konstatiert, daß die Innovationsidentität einer Unternehmung als Multi-Level-Konstrukt aufgefaßt werden kann, das auf dem *kulturspezifischen personellen Construal of Self* aufbaut, aber auch durch *personalwirtschaftliche, marktstrategische, strukturelle, technologische und andere unternehmensspezifische Routinen* geformt wird.[1] Nachhaltige humanbasierte Vorteile im Innovationswettbewerb können nur dann erzielt werden, wenn diese Unternehmensroutinen einen konsistenten zielorientierten Set bilden. Das bedeutet mit anderen Worten, daß "die beiden Dimensionen "Struktur" - also das ... organisatorische Konzept - und Mensch - das heißt die Fähigkeiten, Einstellungen und Verhaltensweisen der Mitarbeiter ... - miteinander in Einklang gebracht werden"[2] müssen, ebenso wie mit der angestrebten technologischen und Geschäftsstrategie.[3]

Bei diesem Abstimmungsprozeß sollte dem *personalwirtschaftlichen Management of Interdependence* eine ganz zentrale Rolle zukommen, denn im Endeffekt ist es primär die Unternehmensressource Personal, von deren Leistungsfähigkeit und -willigkeit es abhängig sein wird, ob strukturelle Regelungen eingehalten, Marktstrategien umgesetzt, neue Technologien und Produkte entwickelt werden. Als wichtige Erfolgsvoraussetzung hat sich das Personalmanagement mit den Strategien, Strukturen und technologischen Trends inhaltlich auseinanderzusetzen, um die entsprechenden Zusammenhänge zu verstehen und aus der gesamtunternehmerischen Metaperspektive der Identität heraus denken und handeln zu können.

Feld 3: "Middle-Up-Down Management" nach Nonaka: Personalwirtschaftlich flankiertes Management von hierarchiebedingten Interdependenzen im Prozeß der Wissenshandhabung

Mit der Berücksichtigung hierarchiebedingter Interdependenzen im Prozeß der organisationalen Wissenskreation ist insbesondere das von Nonaka vorgeschlagene *Middle-Up-Down-Management* gemeint,[4] bei dem die Unternehmensmitglieder auf drei konstitutiven Organisationsebenen (*top, middle, bottom*) in *arbeitsteiliger, integrativer Zusammenarbeit* als "Knowledge-Creating-Crew" neues Wissen entwickeln und damit zum Erfolg im Innovationswettbewerb beitragen. Dieses "Middle-Up-Down Management for the Knowledge Creation" stellt dementsprechend eine Fusion des Top-Down- und des Bottom-Up-Managementkonzeptes dar, die insbesondere zur Förderung von Produktinnovationen dienen soll.

Eine ganz zentrale Rolle kommt im Rahmen dieses Konzeptes dem mittleren Management zu, das gefordert ist, als *Knowledge Engineers* die Rolle eines Informationsknoten zwischen dem Topmanagement als *Knowledge Officers* und den Front-line Employees als *Knowledge Practicioners* zu übernehmen und eine *praxisnahe Unternehmensvision* zu entwickeln und zu aktivieren. Als Informationsknoten soll das Middle Management die, ihrem Wesen nach sehr

[1] vgl. detailliert Marr/Fliaster, 1999, i.V.
[2] Organisation im Umbruch, 1996, S. 649.
[3] vgl. hierzu auch Ulrich, 1998, S. 62 f.
[4] vgl. Nonaka, 1988; Nonaka/Takeuchi, 1995, S. 151 ff.

unterschiedlichen, Wissenskomponenten, welche auf der oberen und der unteren Ebene der Hierarchie vorhanden sind, miteinander verknüpfen und das dadurch entstandene neue Wissen in beide Richtungen weiter kommunizieren.

Hinter diesem Konzept steht offensichtlich der Gedanke, daß es in einer Organisation weder Vorgesetzte ohne Mitabeiter noch Mitarbeiter ohne Vorgesetzte geben kann, so daß eine natürliche *Interdependenz* existiert; eine solche Grundüberzeugung ist gerade für die japanischen Großunternehmen als *people associations* nach wie vor kennzeichnend.[1] Diese Interdependenz äußert sich hier in der *Komplementarität der Funktionen bei der Wissensschöpfung*, die diesem Prozeß einen systemischen Charakter verleiht und ihn integrationsbedürftig macht.

Eine weitere zentrale Aufgabe eines personalwirtschaftlichen Wissensmanagements, das sich als Management of Interdependence versteht, kann dementsprechend darin gesehen werden, die Aktivitäten der Knowledge-Creating-Crew eines wissensbasierten Unternehmens zur Verknüpfung der auf verschiedenen Ebenen der Organisation vorhandenen Wissenskomponenten zu flankieren. Diese Wissensfusion kann denn auch offensichtlich nur dann gelingen, wenn

- zwischen allen Beteiligten das Vertrauen herrscht und
- die Fähigkeit zur Zusammenarbeit im Hinblick auf die gemeinsame Wissensentwicklung vorhanden ist.

Dafür, daß diese Voraussetzungen erfüllt sind, d.h. dafür, daß sowohl die sozio-emotionale wie auch die kognitive Komponente der Interdependenz entwickelt werden, hat die Personalabteilung einen Großteil der Verantwortung zu tragen. Zu diesem Zweck scheinen alle Organisationsmitglieder, allen voran das mittlere Management, sie als Partner dringend zu brauchen und die entsprechende Leistung wirklich schätzen zu können.

Feld 4: Management der Zusammenarbeit von Mitarbeitern mit divergenten Typen des psychologischen Kontraktes bzw. der Unternehmensmitgliedschaft (Personalstrata)

Als eine der wichtigsten Tendenzen im japanischen Personalmanagement, die nach sich massive Konsequenzen auch für die Innovationsidentität der Unternehmen ziehen kann, wurde im Teil IV der vorliegenden Arbeit die Modernisierung des Grundprinzips der lebenslangen Beschäftigung identifiziert. Aus der theoretischen Sicht kann man diese Tendenz auch als Neugestaltung des sogenannten **psychologischen Kontraktes** bezeichnen, der "individually held beliefs about the mutual obligations of employers and employees"[2] darstellt und auf der Ebene der fundamentalen Basisannahmen dem Arbeitsverhältnis bzw. der Unternehmensmitgliedschaft zugrunde liegt.

---

[1] vgl. Ballon, 1994, S. 284.
[2] Singh, 1998, S.62; vgl. auch Sims, 1994, S.375; Rousseau/Greller, 1994, S. 383 sowie detailliert Rousseau, 1995.

Vergleicht man die japanischen Modernisierungsversuche mit der Transformation personalwirtschaftlicher Routinen, die heute von deutschen und amerikanischen Unternehmen durchgeführt wird, soll auf die bereits im Kapitel 1 formulierte Hypothese hingewiesen werden, derzufolge viele dieser Veränderungsaktivitäten durch *globale* ökonomische, technologische und soziale Trends ausgelöst sind, insbesondere den Kostendruck, Ansprüche des Kapitalmarktes und den angestiegenen Innovationsbedarf im Produkt- und Prozeßbereich. Diese Trends haben einen langfristigen Charakter und bedeuten für entwicklungsfähige Unternehmen nicht nur Risiken, sondern auch große Chancen für die Stärkung ihrer Vitalität.

Vor diesem Hintergrund lassen sich in Verbindung mit dem psychologischen Kontrakt folgende Fragen hervorheben, die im Hinblick auf die Modernisierung der Innovationsidentität von besonderem Interesse sind:

- Was genau ändert sich heute am psychologischen Kontrakt?
- Welche Unterschiede bestehen im Hinblick auf diese Veränderungen zwischen den deutschen, amerikanischen und japanischen Unternehmen?
- Welche Folgen können diese Veränderungen für die Innovationsidentität und die Konkurrenzfähigkeit der betroffenen Unternehmen wie auch im Hinblick auf die soziale Effizienz haben?
- Welche neuen Aufgaben resultieren aus diesen Veränderungen für das Personalmanagement, das sich als Management von Wissens- und Innovationsträgern interpretiert, und welche Lösungsansätze können vorgeschlagen werden?

Diese Fragen können hier offensichtlich nicht umfassend diskutiert werden, um den Rahmen der vorliegenden Arbeit nicht zu sprengen;[1] daher sollen im weiteren nur ausgewählte Aspekte besprochen werden, die für das, in diesem Abschnitt im Mittelpunkt stehende, *Management of Interdependence* von zentraler Relevanz zu sein scheinen.

a) Inhalte der Neugestaltung des psychologischen Kontraktes

Die hauptsächliche Frage, um die es sich bei der Gestaltung des psychologischen Kontraktes generell handelt, stellt offensichtlich die *Frage nach gegenseitigen Verpflichtungen* dar, die, ob explizit oder implizit festgelegt, für beide Seiten verbindlich sein sollen. Die in dieser Hinsicht stattgefundenen Veränderungen können in tabellarischer Form folgendermaßen zusammengefaßt werden (Tabelle 15.1).

[1] vgl. zur Diskussion die Literaturangaben in der obigen Fußnote.

Tabelle 15.1: **Neugestaltung des psychologischen Kontraktes als Veränderung von Verpflichtungen**[1] (ausgewählte Dimensionen)

Verpflichtungen	OLD PSYCHOLOGICAL CONTRACT	NEW PSYCHOLOGICAL CONTRACT
... der Unternehmen	grundsätzliche *Interdependenz* mit den Mitarbeitern: lebenslange Beschäftigung, lebenslange Laufbahn und z.T. senioritätsbasierte finanzielle Anreize, Vertrauen.	grundsätzliche *Independenz* von den Mitarbeitern: Förderung der Beschäftigungsfähigkeit durch Training und Weiterbildung, kurzfristige leistungs- und kapitalmarktorientierte Anreize.
... der Mitarbeiter	grundsätzliche *Interdependenz* mit dem Unternehmen: lebenslange Treue und Commitment (Mitarbeiter als Familienmitglied), holistisches, unternehmensrelevantes Wissen und Fähigkeiten.	grundsätzliche *Independenz* vom Unternehmen: verstärkte Eigeninitiative und Eigenverantwortung (Mitarbeiter als Subunternehmer), spezielles, für die Marktsituation relevantes Wissen und Fähigkeiten.

Pointiert läßt sich der Wandel folgendermaßen auf den Punkt bringen: Standen im Mittelpunkt des alten psychologischen Kontraktes komplexe mehrjährige sozio-emotionale Verpflichtungen der *Company Men*, sind es im neuen kurzfristige sachliche Verpflichtungen der *Söldner* als Träger von Einzelleistungen. Betrachtet man diese Veränderungen in Verbindung mit der Innovationsidentität der Unternehmung, ist festzustellen, daß sie sowohl deren sozio-emotionale (Vertrauen) wie auch kognitive (Qualifikationen, Lernorientierungen) Dimensionen massiv tangieren. Diese Tendenz zur Neudefinition des psychologischen Kontraktes ist, wie bereits erwähnt, in Japan wie auch in den USA und der Bundesrepublik festzustellen,[2] nur divergiert der Modus, in dem sie sich etabliert, von Land zu Land sehr deutlich.

b) Neugestaltung des psychologischen Kontraktes im internationalen Vergleich

Während der traditionelle psychologische Kontrakt in den USA seine Gültigkeit weitgehend verloren hat,[3] ist der Modernisierungsmodus in Japan, wie die vorliegende Arbeit zeigt, ein wesentlich moderaterer;[4] in plakativer Form läßt sich der Unterschied folgendermaßen zusammenfassen (Tabelle 15.2).

---

[1] vgl. zu einzelnen Aspekten Sattelberger, 1996 u. 1998a; Kissler, 1994, S.338 ff.; Sims, 1994; Singh, 1998; Barney/Wright, 1998.

[2] Im Kapitel 14 wurde bereits die steigende Tendenz zum Ersatz der "Normarbeitsverhältnisse“ durch "Nicht-Normarbeitsverhältnisse,“ d.h. insbesondere die gestiegene Zahl der Gelegenheits- und Teilzeitbeschäftigten in Deutschland erwähnt; in der Tat haben in der Bundesrepublik zur Zeit fast 5.5 Millionen Menschen Teilzeitjobs und etwa 250.000 Zeitarbeiter werden von ihren Firmen für Tage oder Wochen an andere Unternehmen verliehen, wobei diese Zahl bemerkenswert wächst (vgl. Heuser/Willeke, 1997).

[3] vgl. z. B. Sims, 1994, S. 374; Turnley/Feldman, 1998, S. 71.

[4] Wie bereits erwähnt, scheint es weniger japanspezifische Fragen zu geben als es japanspezifische Antworten gibt.

Tabelle 15.2: **Handhabung des psychologischen Kontraktes in Japan und den USA**

DER AMERIKANISCHE WEG	DER JAPANISCHE WEG
"American business - its leaders and its employees - should respectfully *bury the paternalistic notion that employers should take care of their employees*. They should vigorously communicate that the path to the future depends on forging a new relationship...: *Employers are responsible for creating opportunities for employees to take care of themselves.*"[1] „In addition, employees have learned that *good performance is no longer a guarantee of job security.*"[2] „The new emergent contract is now contingent upon company profits, independence, and a strong economy."[3]	"We still attach great value to the traditional Japanese management style of long-term perspective and stable employment. *We believe that only with stable employment were Japanese companies able to accumulate technology and skill, and attain the highest level of quality control, thereby achieving their present global positions.* We are now going through an agonizing process of re-evaluation to *create a new Japanese system, a system that would retain certain important values from our traditional system and still be able to withstand the waves of globalization* that are engulfing Japan."[4]

Die Vor- und Nachteile des japanischen Weges wurden im Kapitel 14 eingehend diskutiert; vergleicht man diese mit dem amerikanischem Modus, läßt sich feststellen, daß

- während die radikale amerikanische Methode der "*organisationalen Bluttransfusion*" für mehr Dynamik sorgt und die hochqualifizierten Leistungsstars stark profitieren läßt,
- sie auch für negative psychologische Erscheinungen[5] bei den Mitarbeitern, wie z.B. den Zynismus und Loyalitätsschwund, Zukunftsängste und Depressionen, sorgt und bei den Managern Schuldgefühle und Angst vor den Mitarbeitern auslöst - was im Hinblick auf die *ökonomische Effizienz* langfristig negative Auswirkungen kann, und im Hinblick auf die *soziale Effizienz* bereits heute vermuten läßt, daß „the "psychological contracts" which workers have with their organizations have been changed dramatically and, for many employees, these changes have not been for the better."[6]

Betrachtet man diese unterschiedlichen Modi aus der dem *Multi-Level-Konzept der Innovationsidentität* zugrunde liegenden *fähigkeitsorientierten* Perspektive,[7] läßt sich für das Personalmanagement ein wichtiges Spannungsfeld feststellen. Einerseits ist die zentrale Aufgabe der Personalfunktion darin zu sehen, daß sie "must attempt to develop and nurture characteristics of the firm's human resources that *cannot* easily be imitated by competitors."[8] Andererseits erscheint es fraglich, ob man dies erzielen kann, indem man nicht auf *employment secu-*

---

[1] Ehrlich, 1994, S. 500; hervorgehoben d. d. Verf.
[2] Sims, 1994, S. 374; hervorgehoben d. d. Verf.
[3] Singh, 1998, S. 62.
[4] Ishihara, 1995; hervorgehoben d. d. Verf.
[5] vgl. hierzu stellvertretend für die anderen Singh, 1998, S.62 ff. und die dort angegebene Literatur.
[6] Turnley/Feldman, 1998, S.71.
[7] vgl. hierzu detailliert Kapitel 3.
[8] Barney/Wright, 1998, S. 34; Hervorhebung im Originaltext; vgl auch die Ausführungen im Kapitel 3.

rity, sondern nur auf *employability* setzt, denn: "Layoffs put important strategic assets [*also die Leistungsträger und ihr Wissen - A.d.V.*] on the street for the competition to employ."[1]

Die Frage ist außerdem, wo denn diese unnachahmlichen Charakteristiken bei einer starken Personalfluktuation begründet liegen können? Die vorliegende Arbeit legt nahe, sie grundsätzlich im *zwischenmenschlichen Bereich* zu suchen, denn geteilte Erfahrungen und eingespielte (auch informelle) netzwerkartige Verbindungen, die sich auf die kognitive und sozio-emotionale Komponente der humanbasierten Innovationsfähigkeit der jeweiligen Unternehmung zugleich auswirken, lassen sich grundsätzlich nicht kopieren und sind weitgehend unternehmensspezifisch bzw. distinktiv. Mit Barney/Wright läßt sich an dieser Stelle die Bedeutung der "socially complex phenomena such as organization's unique history or culture in providing competitive advantage"[2] nochmals hervorheben und feststellen, daß "... *trust and good relationships among organizational members are firm-specific assets that provide value, are quite rare, and are extremely difficult for competitors to imitate*"[3]; sie erfüllen damit die Kriterien für vorteilstiftende Schlüsselressourcen der Unternehmung.

Vor diesem Hintergrund erscheint die insbesondere im IV. Teil der vorliegenden Arbeit betrachtete Modernisierungsstrategie der japanischen Topunternehmen, welche vielmehr darauf abzielt, einen **Mix** zu finden als den alten psychologischen Kontrakt ohne Rücksicht auf Verluste bruchartig durch einen neuen zu ersetzen, jedenfalls langfristig *aussichtsreicher*.[4]

Diese Strategie scheinen, wenn auch mit einem stärkeren Blick auf die USA als es in Japan der Fall ist, ebenfalls viele *deutsche Unternehmen* heute zu fahren. Was daraus resultiert, ist eine **zunehmende Stratifizierung des Personalbestandes**, bei welcher die Personalstrata sich insbesondere durch unterschiedliche Dauer der Betriebszugehörigkeit, Loyalitätsstärke, Höhe, Markt- und Unternehmensrelevanz von Wissen und Fähigkeiten sowie durch weitgehend unterschiedliche Erwartungen an den Arbeitgeber kennzeichnen. Die Aufgabe der dynamischen Handhabung der personal- und innovationswirtschaftlichen "Einheit des Mannigfaltigen" bedeutet somit in der Epoche, in der sog. "normale" Arbeitsverhältnisse immer mehr aufgelöst werden,[5] das Management der deutlich stratifizierten Belegschaft, das einerseits eine personelle und wissensbezogene Erneuerung der Unternehmung ermöglicht und sich andererseits der Unternehmensidentität bewußt ist.

Diese Personalstrata sind nicht als konkurrierend, sondern vielmehr als komplementär anzusehen, so daß ihnen im Rahmen des Wertschöpfungsprozesses und des Wissenshandhabungsprozesses unterschiedliche Funktionen zukommen, die durch das **Management of Interdependence** zu integrieren sind. Einige der dabei neu entstehenden Aufgaben sollen in den Punkten c) und d) genannt werden.

---

[1] Pfeffer, 1998, S. 98.
[2] Barney/Wright, 1998, S. 34.
[3] Barney/Wright, 1998, S. 39. Hervorhebung d. d. Verf.
[4] Auch in den USA plädieren einige führende Personal- und Managementforscher für die "employment security" und begründen dies mit einer höheren ökonomischen Effizienz der letzten (vgl. z.B. Pfeffer, 1998).
[5] vgl. hierzu z. B. Sattelberger, 1996, S. 974.

c) Mögliche Folgen aus der Neugestaltung des psychologischen Kontraktes für andere Unternehmensroutinen

Die im Kapitel 14 vorgenommene Analyse der fundamentalen Unternehmensroutine der lebenslangen Beschäftigung des Kernpersonals hat gezeigt, daß "employment security is fundamental to the implementation of most other high-performance management practices."[1] Die zentrale Bedeutung dieser Routine ist also darin zu sehen, daß aus ihr auch die Gestaltung anderer personalwirtschaftlicher Routinen weitgehend resultiert.

An dem im Teil IV eingehend analysierten Beispiel der Personalauswahl läßt sich diese These weiter verfolgen: "Ironically, many [*Western - A.d.V.*] firms select for specific job-relevant skills [*Merkmale des neuen Kontraktes - A.d.V.*] that, while important, are easily acquired. Meanwhile, they fail to find people with the right attitudes, values, and cultural fit [*Merkmale des alten Kontraktes - A.d.V.*] - attributes that are harder to train or change and that are quite predictive of turnover and performance." [2] In japanischer Terminologie lautet die Frage:[3] Stellt man langfristig *Menschen* oder kurzfristig *Einzelfähigkeiten* ein? Wie die japanische *mix-* bzw. *fusionsorientierte* Antwort aussieht, wurde im Kapitel 14 detailliert diskutiert; die amerikanische Alternative zu ihr lautet: "(E)mployees are recruited, hired, and retained for their particular skills often only for the short run as organizations focus less and less on long-term performance."[4]

Aus der Sicht des Personalmanagements, das sich auch als Wissens- und Innovationsmanagement versteht, öffnet sich hier ein sehr wichtiges Spannungsfeld zwischen der Förderung organisationsspezifischer (*Company Men*) vs. berufs- und personenspezifischer (*Men of the Job*) Wissenskomponenten und Fähigkeiten. Im Teil IV wurde bereits festgestellt, daß eine erfolgreiche Organisation beide Typen der Unternehmensmitgliedschaft braucht. Dementsprechend läßt sich feststellen, daß die zentrale Dimension des personalwirtschaftlichen Paradigmenwandels im Zusammenhang mit dem psychologischen Kontrakt

- nicht eine *Entweder-Oder*-Wahl zwischen den Alternativen Unternehmung als *Kultur- bzw. Emotionsgemeinschaft* versus Unternehmung als angeheuerte *Söldner- bzw. Geldtruppen* zu sein scheint, die als Option in Abhängigkeit von spezifischen Geschäftszielen zu wählen sei,[5]
- sondern sie stellt eher eine *Sowohl-Als-Auch-Lösung* dar, d.h. eine dynamische Integration im Rahmen einer Unternehmung unterschiedlicher Belegschaftsgruppen bzw. Typen der Unternehmensmitgliedschaft - sowohl der *Company Men* (d.h. identitätstragenden, insbesondere multifunktional einsetzbaren Kernpersonals mit weitgehend lebenslanger Beschäftigungssicherheit) als auch der *Men of the Job* (als prinzipiell vorübergehend, soldnerähnlich beschäftigter Mitarbeiter, bei denen es sich nicht nur um weniger qualifizierte Teilzeitarbeiter, Aushilfskräfte etc., sondern ebenfalls um hochqualifizierte Experten, Projektmitarbeiter, Berater etc. handeln kann).

---

[1] Pfeffer, 1998, S. 100.
[2] Pfeffer, 1998, S. 102.
[3] vgl. hierzu Kapitel 14.
[4] Sims, 1994, S. 374.
[5] so lautet die Hypothese von Sattelberger (1996, S. 974 f.).

Vor diesem Hintergrund führt die personalwirtschaftliche Aufgabe, diese unterschiedlichen Mitarbeitergruppen auszuselektieren, unterschiedlich weiterzubilden, zu motivieren und zusammenarbeiten zu lassen, *„zu einer differenzierten Personalpolitik ..., wobei derzeit nur wenige Stellschrauben sichtbar sind, um die notwendige Balance zu schaffen.“*[1]

Zur Neugestaltung des psychologischen Kontraktes, die auf diesem *Sowohl-Als-Auch*-Prinzip aufbaut, hat das *Management of Interdependence* eine Antwort auf mehrere erfolgskritische Fragen zu bieten.

d) Neugestaltung des psychologischen Kontraktes: Beitrag des Management of Interdependence

Eine zukunftswichtige Aufgabe der Personalmanager kann im Anschluß an Sattelberger verallgemeinert darin gesehen werden, die Infrastruktur des neuen psychologischen Kontrakts zu gestalten und als Architekten sozialer Innovation zu agieren.[2] Betrachtet man diese Aufgabe in Verbindung mit der oben betrachteten Problematik des Wissens- und Innovationsmanagements, lassen sich insbesondere folgende Fragen hervorheben, auf die Antworten zu suchen sind (Tabelle 15.3).

Tabelle 15.3: **Zentrale Fragen aus der Modernisierung des psychologischen Kontraktes an das personalwirtschaftliche Wissensmanagement als Management of Interdependence**

Wie wird die Unternehmensmitgliedschaft auf der Ebene der kultur- und strataspezifischen Fundamentalannahmen implizit interpretiert? Was heißt es überhaupt für eine Person, “Unternehmensmitglied“ zu sein? Was ist das jeweilige Unternehmen aus der psychologischen Sicht seiner Mitglieder (ein Vertragspartner, eine 'People Association', ein Instrument zum Erreichen der monetären Interessen der Shareholder etc.)?
Für welche, insbesondere komplexen und anspruchsvollen Aufgaben im Prozeß der Wissenshandhabung braucht die jeweilige Organisation *Company Men*, für welche *Söldner*?
In bezug auf welche Wissensträger soll die Organisation eher den Mechanismus der *ability-insurance*[3] und *loyality-insurance* einsetzen, d.h. auch in der Rezession eine langfristige Beschäftigungssicherheit anbieten, und in bezug auf welche Mitglieder kann bzw. sollte sie eher die Überlegungen der *cost-efficiency* in den Mittelpunkt stellen?
Wie kann die Organisation erreichen, daß die Zusammenarbeit zwischen den Mitarbeitern mit unterschiedlichen Typen des psychologischen Kontraktes bzw. der Unternehmensmitgliedschaft funktioniert, ohne daß zwischen verschiedenen Strata sozio-emotionale Mauern und psychologische Feindschaften entstehen?

---
[1] Sattelberger, 1998a, S. 31; hervorgehoben d. d. Verf.
[2] vgl. Sattelberger, 1998b, S. 30.
[3] Dieser Begriff wurde Wakita (1995) entnommen.

Tabelle 15.3: **Zentrale Fragen aus der Modernisierung des psychologischen Kontraktes an das personalwirtschaftliche Wissensmanagement als Management of Interdependence** (Fortsetzung)

Mit welchen Mitteln kann die Organisation eine situationsgerechte Balance zwischen den unternehmensspezifischen, also auch auf konkrete stabile zwischenmenschliche Netzwerke bezogenen Kompetenzen ihrer Kernmitglieder, und den kurzfristig arbeitsmarktrelevanten Fähigkeiten des Randpersonals bzw. der qualifizierten Söldner erreichen?
Wie kann die Organisation das Commitment der *Company Men* aufrechterhalten und ihre Fähigkeiten weiter fördern, während sie (jedenfalls kurzfristig) diese Fähigkeiten rezessions- oder anderweitig situationsbedingt nicht nutzen kann?
Welche Arten von Ungleichheit und Vielfalt soll die Lohnpolitik erzeugen, damit sich die Innovationsfähigkeit der Leistungsstars entfaltet, die Kooperationsbereitschaft der gesamten Belegschaft aber auch nicht leidet?
Welchen Einfluß üben welche Entgeltsysteme auf die humanbasierte Innovationsidentität der Unternehmung aus? Zu welchen, für die Innovationsgestaltung relevanten Denkorientierungen verleiten welche Anreize, insb. die kapitalmarktabhängigen?
Wieviel Opferbereitschaft kann das Unternehmen von welchen Mitarbeitern erwarten, etwa im Sinne einer gesamtbetrieblichen Lohnkürzung?

Bringt man die Neugestaltung des psychologischen Kontraktes mit der im Kapitel 15.2.1 diskutierten Problematik des *Construal of Self* in Verbindung, lassen sich auch weitere relevante und komplexe Themen feststellen, mit denen sich das Personalmanagement auseinanderzusetzen hat. In der theoretischen Betrachtungsperspektive kann insbesondere darüber nachgedacht werden, welcher Modus der personellen Identitätsauslegung durch den aktuellen Wertewandel in der deutschen Gesellschaft eher gefördert wird und an welchen Modus des Construal of Self sich die modernisierten personalwirtschaftlichen Unternehmensroutinen schwerpunktmäßig richten?

Einerseits wird in der Literatur die Hypothese erhoben, derzufolge dem *postmodernen Wertewandel* an der Schwelle zum 21. Jahrhundert eher die *interdependente* personelle Identitätsauslegung entspricht.[1] Andererseits scheinen aber die Denk- und Handlungsweisen eines Independent Construal of Self in der letzten Zeit durch die ökonomischen Trends, wie z.B. die Globalisierung und den Kapitalmarktdruck, einen Auftrieb bekommen zu haben; nach Auffassung von Giersch sei eben ein individualistischer "homo oeconomicus, der auf sich allein gestellt seinen Vorteil wahrnimmt", der heutige Gewinner, während "der homo sociologicus, der für sein Wohlergehen auf gesellschaftliche Bindungen angewiesen ist", zu den Verlierern zählt.[2] Vor diesem Hintergrund sind nicht nur in Deutschland, sondern sogar in den USA Stimmen der Wissenschaftler zu hören, die vor einem sozio-ökonomischen Klima in der Gesellschaft und den Unternehmen warnen, „in dem [*definitionsgemäß eher kontextualistische*

[1] vgl. im Anschluß an Sampson Markus/Kitayama, 1991, S. 228.
[2] Giersch, zit. in: Piper, 27.06.1998.

- A.d.V.] Werte wie Vertrauen, Zugehörigkeit oder Bindung nicht mehr zählen,"[1] und die eine Rückbesinnung in der Führungskultur „auf wesentliche Grundwerte des Zusammenlebens" fordern.[2]

Die Fragen, die sich in diesem Zusammenhang stellen, haben aus der Sicht sowohl der ökonomischen wie auch der sozialen Effizienz vielmehr einen fundamentalen als operativen Charakter: „Bringt die neue Arbeitswelt nur noch Individualisten hervor, werden Wohlstand und beruflicher Erfolg zum Privileg kaltschnäuziger Einzelkämpfer?"[3] Oder werden jene Unternehmen erfolgreich sein, die sich selbst "as associations of people, not as aggregations of assets to be documented in any balance sheet"[4] definieren - und die dementsprechend den psychologischen Kontrakt vielfach interdependent konzipieren? Vor dem Hintergrund der Ausführungen im 4., 5., und 6. Kapitel ist offensichtlich, daß diese Fragen auch für den Ablauf betrieblicher Innovationsprozesse als Handhabung des Wissens im zwischenmenschlichen Beziehungsfeld von ausschlaggebender Bedeutung sein dürften.

Diese Spannungsfelder können in der vorliegenden Arbeit zwar nicht näher untersucht werden, um ihren Rahmen nicht zu sprengen, es erscheint aber zweckmäßig, ihnen in weiteren, für die Personalwirtschaft und demzufolge auch für das Innovationsmanagement relevanten, Studien nachzugehen.

Faßt man an dieser Stelle die obigen Ausführungen zum personal- und wissensorientierten *Management of Interdependence* zusammen, lassen sich folgende Schlußfolgerungen ziehen.

1) Es ist eine zentrale, *genuine* Aufgabe des *Personalmanagements*, einen Beitrag zur Entwicklung humanbasierter *Kernkompetenzen* der Unternehmung auf dem Gebiet der *Wissenshandhabung* zu leisten, ohne den die "Knowledge Creating Companies" und die "lernenden Organisationen" nur auf dem Papier werden bestehen können.

2) Vor diesem Hintergrund kommt dem betrieblichen Personalmanagement eine extrem wichtige Rolle als Akteur im *Innovationsmanagement* zu - eine Rolle, deren aktive Wahrnehmung einen gewissen Paradigmenwandel bedeutet: Das betriebliche Management von Innovationen soll nicht mehr auf das Management von Technologien oder Forschung und Entwicklung relativiert, sondern primär als Beeinflussung der Wissens- bzw. Innovationsträger verstanden werden.[5]

3) Nur so kann die Innovationsfähigkeit der Unternehmung nachhaltig beeinflußt werden und nur so kann die Funktion Personalwirtschaft *in engster Zusammenarbeit mit der Linie und allen Funktionsbereichen* einen realen Beitrag zu Wettbewerbsvorteilen der Unternehmung leisten - zu dem also, was organisationsintern als *Leistung* wirklich zählt.

---

[1] so z.B. R. Sennet, zit. in: Volk, 20.06.1998.
[2] Volk, 20.06.1998; vgl. auch die dort angegebene Literatur.
[3] Heuser/Willeke, 1997.
[4] Schütte, 1992, S. 67.
[5] vgl. hierzu detailliert Marr/Fliaster 1999, i.V.

4) Im Gegensatz zum "Dumbsizing" kann diese Aufgabe sowohl für die Funktion Personal wie auch für das Unternehmen als Ganzes *inspirierend* wirken und den notwendigen *schöpferischen Sinn* vermitteln.

5) Die Behandlung des intellektuellen Spitzenkapitals ist heute in vielen deutschen Unternehmen allerdings nicht konstruktiv;[1] das bedeutet, daß um den genannten Anforderungen gerecht zu werden, das betriebliche Personalmanagement Einiges *dazu lernen* muß.

6) Aus einer erfolgreichen Erfüllung dieser Aufgabe, die zur Stärkung der Unternehmung massiv beiträgt, kann auch die Funktion Personalmanagement ihr *neues Selbstverständnis* ableiten. Sie gewinnt damit das Recht, als kreativer, d.h. ökonomisch sehr wertvoller *Mitgestalter der Wettbewerbsfähigkeit der Unternehmung* angesehen zu werden, und kann damit ihre *Identität* jedenfalls teilweise *relational*, d.h. aus der Partizipation an der kooperativen betrieblichen Wertschöpfung, definieren. Das verschafft dem Personalwesen den ihm heute vielfach fehlenden Respekt[2] - und sichert damit auch sein *Existenzrecht*.

Wie soll aber das Management nach den Lösungen dieser komplexen Aufgaben eines *Modernisierungsprozesses* suchen? Wie bereits im Kapitel 1 gezeigt, hat es in den deutschen Unternehmen insbesondere in der jüngsten Vergangenheit zur Problemlösung vielfach ein globales Benchmarking betrieben. Vor dem Hintergrund der in der vorliegenden Arbeit durchgeführten detaillierten Analyse der Stärken und Schwächen eines anderen, japanischen, Managementmodells, läßt sich an dieser Stelle die Frage stellen, ob man diesen Weg des Benchmarking für die Zukunft als zweckmäßig empfehlen kann.

15.2.3 Entwicklung humanbasierter idiosynkratischer Innovationsfähigkeiten der Unternehmung: Die Suche nach dem eigenen Weg

"Oh, East is East, and West is West, and never the twain shall meet,
Till Earth and Sky stand presently at God's great Judgement Seat."
(Rudyard Kipling, 1889)

"SPIEGEL: Mehr Japanisierung statt Amerikanisierung -
lautet so Ihr Rezept gegen die Krise?
Sakakibara: Langfristig ist das unsere beste Chance."
(Vize-Finanzminister Japans E. Sakakibara im Spiegel-Interview, 1998)[3]

Anläßlich seines Besuches in Japan hat der damalige Bundespräsident Roman Herzog festgestellt, daß *"(u)nsere Länder kurz vor dem 21. Jahrhundert an einer ähnlichen Schwelle wie Deutschland zur Zeit der Humboldtschen Reformen und Japan zur Zeit der Meiji Erneuerung"*[4] stehen und heutzutage *"eine neue Form des Wachstums, nämlich*

---

[1] Sattelberger, 1998a, S. 30.
[2] vgl. z.B. auch Ulrich, 1998, S. 69.
[3] "Wir haben die Orientierung verloren," 1998, S. 113.
[4] Herzog, 7.04.1997.

wissensgestütztes Wachstum"[1] brauchen. Wenn diese fundamentalen Zielorientierungen unserer Gesellschaften und dementsprechend der Unternehmen als hauptsächliche Träger des wissensgestützten Wachstums ähnlich sein dürften, stellt sich die Frage, ob das auch die Mittel zur Wissenskreation, insbesondere die Systeme des Personal- und Innovationsmanagements sein *sollten*?

Die in der vorliegenden Arbeit vorgenommene Auseinandersetzung mit der japanischen Innovationsidentität und ihrem Wandel legt die Schlußfolgerung nahe, daß auch bei der Ähnlichkeit von zu lösenden Problemen die Unterschiede in den Mitteln aufrechterhalten bleiben und u.U. eine Grundlage für Vorteile im Wissens- und Innovationswettbewerb bilden. Mehr noch: Im Gegensatz zu der, von R. Herzog erwähnten, historischen Wandelsituation der beiden damaligen Nachholländer kann die fundamentale Herausforderung, der sich sowohl Japan wie auch Deutschland an der Schwelle zum 21. Jahrhundert zu stellen haben, gerade darin gesehen werden, daß es überhaupt keine Außenmodelle zum eifrigen Nachfolgen mehr gibt, und es primär darauf ankommt, *den eigenen* Weg zu finden, neues Wissen zu kreieren[2] - und auch den eigenen Weg, von den Anderen zu lernen.

Die heutigen Anforderungen an die Bewältigung des rapiden ökonomischen, technologischen und sozialen Wandels verlangen dementsprechend von japanischen ebenso wie von deutschen Unternehmen nicht nur ein grundsätzliches Überdenken vieler Managementroutinen, sondern auch ein Besinnen darauf, *mit welchen psychologischen, sozio-kulturellen Vorprägungen* an Führungsaufgaben, also auch an das Management von betrieblichen Modernisierungsprozessen, herangegangen wird.[3] Eine solche "intensive Beschäftigung mit sich selbst und die Wiederbesinnung auf traditionelle Wertsysteme" kann dabei grundsätzlich „zu einer sichereren Ausgangsbasis ... [werden], um das Fremde und das andere abwägend und damit besser und nahtloser in das Eigene zu integrieren ... ."[4]

Wie oben bereits hervorgehoben, wird gerade diese Fähigkeit, das zukunftsträchtige Neue zu schaffen *und* das überlebensfähige Alte weiterzuentwickeln, weitgehend über die Zukunft der Unternehmen[5] und vermutlich auch ganzer Nationen mitentscheiden. Mehrere deutsche und japanische Personal- und Innovationsforscher betrachten den westlichen und den japanischen

[1] Herzog, 7.04.1997. Sehr ähnlich stellt sich die Zukunftsorientierung auch die japanische Regierung vor, indem sie folgendes proklamiert: "Japan strebt an, eine Nation zu werden, die sich auf Wissenschaft, Technologie und Kreativität stützt" (KAGAKU GIJUTSUCHÔ, July 1995, Teil 1, Kapitel 3, Sektion 2).
[2] vgl. hierzu auch KAGAKU GIJUTSUCHÔ, July 1995, Teil 1, Kapitel 3, Sektion 1.
[3] vgl. Bleicher, 1990a, S. 12. „Wir können sehr wohl global konkurrieren und gleichzeitig an japanischen Management-Methoden festhalten. ... Wir können Kultur und Tradition nicht einfach über Bord werfen" - meint auch Sakakibara ("Wir haben die Orientierung verloren," 1998, S. 112), und insbesondere vor dem Hintergrund der Ausführungen zum Wandel des Construal of Self im Kapitel 7 sowie zur Modernisierung personalwirtschaftlicher Unternehmensroutinen im Teil III kann ihm an dieser Stelle Recht gegeben werden.
[4] Berndt, 1983, S. 158.
[5] Offensichtlich etwas überrascht stellen deutsche Wissenschaftler und Praktiker in der jüngsten Zeit beispielsweise fest, daß die *traditionellen, identitätsgerechten* Mechanismen der Mitbestimmung nicht einen anachronistischen Standortnachteil, sondern eine zukunftswichtige Unternehmensroutine darstellen, die zur Förderung einer kooperativen Handlungsfähigkeit unabdingbar ist (vgl. z.B. Deckstein, 20.05.1998; o.V.: Mitbestimmung gilt als Erfolgsmodell, 20.05.1998).

Modus der Innovation und der Wissenshandhabung als komplementär.[1] *Vielleicht ist ein identitätsbewußtes Kooperieren doch sinnvoller als ein modebewußtes Kopieren*?

"*Nur in seiner eigenen Art, aus keiner fremden kann sich der Strebende vollenden*", schrieb M. Buber, und für diese normative Aussage des jüdischen Philosophen läßt sich in der Sprache der Wettbewerbsstrategie eine "Übersetzungsvariante" finden; mit M. Porter kann nämlich folgendes festgestellt werden:

> "In a lot of companies, there is a mistaken sense that there is only one right strategy for that industry, and if one company can be the first to discover and implement it, they'll win. We've found from our research over the years that this way of thinking is ultimately *self-destructive*."[2]

Die Self-Destruction will hier im wörtlichen Sinne - als Zerstörung *des eigenen Selbst* - verstanden werden, und sie ist zu vermeiden, soll die *distinktive Identität* der Unternehmung als Grundlage für nachhaltige Wettbewerbsvorteile aufrechterhalten bleiben. In Anwendung auf das betriebliche Management von Personal, Wissen und Innovation kann in diesem Zusammenhang die eingangs zitierte These von R. Kipling zur Individualität dahingehend interpretiert werden, daß "*... es nicht nur einen gültigen Innovationsweg und nicht nur ein richtiges Innovationsresultat gibt.*"[3] Denkt man diese These in konkreten Managementkategorien weiter, läßt sich mit Marr feststellen, daß "... es sich bei Innovation nicht um einen Prozeß handelt, den es "nur richtig zu organisieren" gilt. Innovation ist Teil und Produkt der Unternehmenskultur, die Suche nach "geeigneten organisatorischen Regeln" greift damit zu kurz."[4]

Wie oben gesagt, bedeutet die kulturspezifische Innovationsidentität nicht so sehr, daß bestimmte "Dinge" vorhanden sind, sondern sie bezieht sich vielmehr auf deren Entstehung, Transformation und ggf. den Untergang. Vor diesem Hintergrund sollte in der betriebswirtschaftlichen Innovations- und Personalforschung wie auch in der Managementpraxis m.E. wesentlich mehr Aufmerksamkeit den Grundmustern dieser Veränderungsprozesse und ihren Erfolgsprämissen gewidmet werden. Im Anschluß an Kirsch läßt sich also schlußfolgern, daß ein soziales System Unternehmung die Bezeichnung als *lernfähig* nur dann verdient,

> "... wenn es ein Wissen darüber mobilisieren bzw. gewinnen kann, wie man erfolgreich in die Welt eingreift oder welche Handlungen in einer bestimmten Situation moralisch gerechtfertigt sind. Wenn man einer Unternehmung als einem sozialen System auch die Möglichkeit zusprechen will, ähnlich wie ein Individuum eine "Identität" zu finden, kann man auch die Gewinnung von Möglichkeiten eines "identitätsgerechten", "authentischen" Handelns dazuzählen"[5]

---

[1] vgl. Ernst/Wiesner, 1994, S.164; Nonaka/Takeuchi, 1995.
[2] Competing Interests: Interview with M. E. Porter / by R. Pastore, 01.10.1995; hervorgehoben d. d. Verf.
[3] Albach/de Pay/Okamuro, 1989, S. 93; hervorgehoben d. d. Verf.
[4] Marr, 1991, S. 359.
[5] Kirsch, 1990, S. 170.

Gerade dieses *identitätsgerechte, authentische Handeln zur Schaffung von Neuem* ist als zentrale Dimension der Innovationsidentität einer Unternehmung anzusehen. Wenn sich aus der vorgenommenen Auseinandersetzung mit der japanischen Innovationsidentität kritische Anregungen zu einer intensiveren Beschäftigung mit dieser Frage in der deutschen Managementforschung ergeben werden, wird die vorliegende Arbeit ihre wichtigste Aufgabe erfüllt haben.

Statt eines Epilogs

Ein russischer Emigrantenschriftsteller hat vor einiger Zeit bemerkt, daß für ein jedes literarisches Werk drei Dimensionen kennzeichnend sind,[1] nämlich

- *das, was der Autor zum Ausdruck bringen wollte,*
- *das, was ihm gelungen ist, zum Ausdruck zu bringen*, und
- *das, was er zum Ausdruck gebracht hat, ohne es gewollt zu haben.*

Für eine wissenschaftliche Arbeit gilt diese Bemerkung offensichtlich gleichermaßen. Über diese drei Dimensionen zu urteilen bzw. die vorliegende Arbeit in seinen eigenen Wissenskontext zu setzen, bleibt dem *interessierten Leser* überlassen.

[1] vgl. Dowlatow, 1993, S. 292.

LITERATURVERZEICHNIS[1]

Quellen in japanischer Sprache

DIHS (Hrsg.): “21-seiki e no kachi kan henka“ -omona naiyô [「２１世紀への価値観変化」主な内容], avl. in: URL: http://www.dihs.co.jp/RESEARCH/values2.html, Stand 23.09.1998

Fukuda,Y.: Ajia wa "idainaru chôwa" o umidaseru ka/"Sekai kachikan chôsa" o "Ajia no kachikan / yûshikisha chôsa" kara [アジアは「偉大なる調和」を生み出せるか「世界 価値観 調査」と「アジアの価値 観・有識 者調査」から], in: Human Studies/ Hrsg. von DIHS, Japan, Nr.15, im Handel seit 20.9.1995, avl. in: URL: http:// www.dihs.co.jp/PUBLICATION/PR_BROCHRE15/FUKUDA.HTML, Stand 23.09.1998

Fukukawa, S.: Ajia o kyôtsûsei to tokushitsu ni semaru kachi kan no bunseki o [アジアの共通性と 特質に迫る 価値 観 の分析を], in: Human Studies / Hrsg. von DIHS, Japan, Nr. 15, im Handel seit 20.9.1995, avl. in: URL: http://www.dihs.co.jp/ PUBLICATION/PR_BROCHRE15/FUKUKAWA.HTML, Stand 23.09.1998

KAGAKU GIJUTSUCHÔ (Hrsg.): Heisei 7-nenpan kagaku gijutsu hakusho wabun gaiyô, Heisei 7-nen 7-gatsu [科学技術庁: 平成７年版科学技術白書和文概要 平成7年7月], July 1995, avl. in: URL: http://www.sta.go.jp/shokai/publications/ 1995_white_paper/wp-j.html, Stand 23.09.1998

KAGAKU GIJUTSUCHÔ (Hrsg.): Heisei 8-nenpan kagaku gijutsu hakusho: Heisei 7-nendo kagaku gijutsu no shinkô ni kansuru nenji hôkoku (Gaiyô), -- Heisei 8-nen 5-gatsu -- [科学技術庁: 平成８年版科学 技術白書 - 平成７年度科学技術 の振 興に関する年次報告 (概要), -- 平成8年5月 --], Mai 1996, avl. in: URL: http://www.sta.go.jp/shokai/publications/1996_white_paper/wp-j.html, Stand 23.09.1998

KAGAKU GIJUTSUCHÔ (Hrsg.): Heisei 9-nenpan kagaku gijutsu hakusho (Heisei 9-nendo kagaku gijutsu no shinkô ni kansuru nenji hôkoku (Gaiyô), Heisei 9-nen 5-gatsu [科学技術庁: 平成９年版科学技術白書 - 平成８ 年度科学技術の振興に関する年次報告 (概要), -- 平成9年5月--], Mai 1997, avl. in: URL: http://www.sta.go.jp/shokai/publications/1997wp/JHAN.HTM, Stand 23.09.1998

[1] Bei den zitierten Dateien aus dem World Wide Web (WWW) werden keine Seitenangaben gemacht, denn die Seitennumerierung hängt mit der jeweiligen Formatierung zusammen. Dort, wo es möglich war, sind Verweise auf die von den Autoren gemachten Gliederungspunkte (Kapitelnumerierung, Sektionen etc.) gemacht. Als Stand wird das Datum angegeben, an dem die Existenz der jeweiligen Datei vom Verfasser zum letzten Mal überprüft wurde. Im Anschluß an das Literaturverzeichnis werden WWW-Adressen öfters zitierter Zeitschriften angeführt.

KAGAKU GIJUTSUCHÔ KAGAKU GIJUTSU SEISAKU KENKYÛ JO (Hrsg.): Kagaku gijutsu shihyô (Heisei 9-nenpan) ni tsuite, Heisei 9-nen 5-gatsu [科学技術庁 科学技術政策研究所：科学技術指標（平成９年版）」について, 平成 ９年 ５月], Mai 1997, avl. in: URL: http://www.sta.go.jp/shokai/publications/70523.htm, Stand 23.09.1998

KAGAKU GIJUTSUCHÔ KAGAKU GIJUTSU SEISAKUKYOKU (Hrsg.): "Minkan kigyô no kenkyû katsudô ni kansuru chôsa chôkoku" no gaiyô, --- Heisei 9-nen 6-gatsu 26-nichi, [科学技術庁科学技術政策局: 「民間企業の研究活動に関する調査報告」の概要, 平成９年６月26日], 26. 06.1997, avl. in: URL: http://www.sta.go.jp/shokai/publications/minkan/minkan8.htm, Stand 23.09 1998

KAGAKU GIJUTSUCHÔ KAGAKU GIJUTSU SEISAKUKYOKU (Hrsg.): "Waga kuni no kenkyû katsudô no jittai ni kansuru chôsa hôkoku" (Sentan kagaku gijutsu kenkyûsha ni taisuru chôsa) no gaiyô ni tsuite, Heisei 9-nen 6-gatsu 26-nichi, [科学技術庁 科学技術政策局: 「我が国の研究活動の実態に関する調査報告」（先端科学技術研究者に対する調査）の概要について, 平成９年６月26日], 26.06.1997, avl. in: URL: http://www.sta.go.jp/shokai/publications/ sentan/sentan8.htm, Stand 23.09.1998

KEIZAI DÔYÛKAI (Hrsg.): Kokoroyutakana jôhô shakai o mezashite - Atarashii shakaij o sôzô o sasaeru jôhôka, 1996-nen 7-gatsu 4-nichi happyô [経済同友会: 心豊かな情報社会をめざして ―新しい社会の 創造を支える情報化― 1996年 7月4日発表], Publikation vom 04.07.1996, avl. in: URL: http://www.doyukai.or.jp/ database/teigen/960704.htm, Stand 23.09.1998

KEIZAI KIKAKUCHÔ (Hrsg.): Heisei 7-nendo kokumin seikatsu hakusho (yôshi): Sengo 50-nen no jibunshi - tayô de yutakana ikikata o motomete, Heisei 7-nen 11-gatsu 14-nichi [平成７年度国民生活白書(要旨): 戦後50年の自分史―多様で豊かな 生き方を求めて, 平成７年11月14日, 経 済 企 画 庁], 14.11.1995, avl. in: URL: http://www.epa.go.jp/j-j/doc/seikatsu-j-j.html, Stand 23.09.98

KEIZAI KIKAKUCHÔ KOKUMIN SEIKATSUKYOKU (Hrsg.): Heisei 7-nendo kokumin seikatsu yorigonomido chôsa - yutakana shakai no kokumin ishiki - (yôshi), Heisei 8-nen 2-gatsu 22-nichi [経済企画庁国民生活局: 平成７年度 国民生活 選好度調査, -豊かな社会の国民意 識 - (要旨)平成８ 年２月２２日], 22.02.1996, avl. in: URL: http://www.epa.go.jp/j-j/doc/senkoudo-j-j.html, Stand 23.09.1998

KEIZAI KÔHÔ CENTÂ (Hrsg.): Dai 17 Kai "Kaishain no koe" ankêto: "Gen´ eki kaishain no miru shinnyû shain" no kekka hôkoku ni tsuite, 1997-nen 3-gatsu 11-nichi [第１７回「会社員の声」アンケート: 「現役 会社員の見る新入社員」の 結果 報告について, １９９７年３月１１日], 11.03.1997, avl. in: URL: http://www.keidanren.or.jp/, Stand 17.10.1997

KEIZAI KÔHÔ CENTÂ (Hrsg.): "Seikatsusha no kigyôkan ni kansuru ankêto" no kekka hôkoku ni tsuite [「生活者の企業観に関するアンケート」の結果 報告 について], 12.02.1998, avl. in: URL: http://www.keidanren.or.jp/, Stand 23.09.1998

KÔGYÔ GIJUTSUIN, TSÛ SHÔ SANGYÔ (Hrsg.): Sangyô kagaku gijutsu kenkyû kaihatsu shien (Heisei 6-nen 6-gatsu 14-nichi ni torimatomerareta shien no pointo [工業技術院 通商産業省: 産業科学技術研究 開発指針, 平成６年６月１４日に取りまとめられたれた指針 の オイント)], 14.06.1994, avl. in: URL: http://www.aist.go.jp/www_j/aistssin.html, Stand 23.09.1998

o.V.: 3-gatsu no sitsugyôritsu, saiaku kôshin no 3.9% [３月の失業率、最悪更新の３．９％], in: Asahi Shimbun, 28.04.1998, WWW-Ausgabe

o.V.: 96-nendo GDP seichô ritsu ga seifu mitooshi uwamawaru [９６年度GDP成長率が 政府見通し上回る], in: Asahi Shimbun, 13.06.1997, WWW-Ausgabe

o.V.: Fukyô ga shigoto ni "eikyô" 76%, bigguban wa "fuan" 43% - Honsha seron chôsa, [不況が 仕事に「影響」７６％、ビッグバンは「不安」４３％ - 本社世論調査], in: Asahi Shimbun, 11.03.1998, WWW-Ausgabe

o.V.: Jakunen dansei no sitsugyôritsu wa 10.1%, [若年男性の失業率は１０．１％], in: Asahi Shimbun, 28.04.1998, WWW-Ausgabe

o.V.: Keiki "gekô" "akka" kyûzô 72 sha --- Shûyô 100 sha kinkyûankêto [景気「下降」「悪化」急増７２社——主要１００社緊急アンケート], in: Asahi Shimbun, 21.01.1998, WWW-Ausgabe

o.V.: Kigyô no R&D, kenchôna-nobi -- 96-nendo 5.8% zô・honsha chôsa [企業のR&D、堅調な 伸び——96年度5.8%増・本社調査], in: Nihon Keizai Shimbun, 28.07.1997, 19:39, WWW-Ausgabe. Englischer Bericht zu diesem Thema (nicht identisch mit dem japanischen, sondern eher ergänzend zu ihm) findet sich unter dem Titel: o.V.: Manufacturers R&D spending rises 5.8% in FY96: Nikkei survey in: URL: Nihon Keizai Shimbun, Monday, July 28, 1997, Volume 2 No. 428 Issued: 01:00 p.m. JST, WWW-Ausgabe

o.V.: Nihon no seichô 2.3% o yosoku -- OECD ga jôhôshûsei [日本の成長２．３％を予測 -- ＯＥＣＤが上方修正], in: Asahi Shimbun, Morning Issue, 13.06.1997, WWW-Ausgabe

o.V.: Nissan, seishain ni mo keiyakusei raigetsu dônyû, 1-nengoto ni kôshin [日産、正社員 にも 契約制 —— 来月導入、１年ごとに更新], Nihon Keizai Shimbun, 20.06.1997, WWW-Ausgabe. Englischer Bericht (nicht ganz identisch mit dem japanischen) findet sich unter: o.V.: Nissan's contract system spells break with lifetime employment, in: Nihon Keizai Shimbun, Friday, June 20, 1997, Volume 2 No. 396 Issued: 01:00 p.m. JST, WWW-Ausgabe

o.V.: OECD ga bunseki "Nihon no keiki wa setogiwa" - Kotoshi 0.3% mainasu seichô yosoku [ＯＥＣＤが 分析「日本の景気は瀬 戸 際」/ 今年 ０．３％ マイナス成長予 測], in: Asahi Shimbun, 09.04.1998, WWW-Ausgabe

o.V.: Seizôgyôchûshin ni zôekitsuku yosô [製造業中心に増益続く予想], in: Asahi Shimbun, Morning Issue, 11.06.1997, WWW-Ausgabe

o.V.: Seizôgyô, tekkô nozoki zennen ware [製造業、鉄鋼除き前年割れ], Nihon Keizai Shimbun, 07.04.1998, 07:00, avl. in: URL: http://www.nikkei.co.jp/topic7/tokushu5/, Stand 07.04.1998

o.V.: Shuntô chinageritsu, saitei 2.57%, Honsha 1 ji shûkei [春闘賃上げ率、最低の 2.57%・本社１次集計], in: Nihon Keizai Shimbun, 07.04.1998, 15:59

SÔMUCHÔ TÔKEIKYOKU*TÔKEI CENTÂ (Hrsg.): Heisei 8-nen kagaku gijutsu kenkyû chôsa kekka sokuhô (yôten), Heisei 8-nen 11-gatsu 22-nichi kôhyô [総務庁統計局・統計センター: 平成８年科学技術研究 調査 結果速報 (要点), 平成８年１１月２２日公表], 22.11.1996, avl. in: URL: http://www.stat.go.jp/053.htm, Stand 15.09.1997

SÔMUCHÔ TÔKEIKYOKU*TÔKEI CENTÂ (Hrsg.): Heisei 9-nen kagaku gijutsu kenkyû chôsa kekka sokuhô (yôten), Heisei 9-nen 11-gatsu 26-nichi kôhyô [総務庁統計局・統計センター: 平成９年科学技術研究 調査結果速報 (要点); 平成９年１１月２６日公表], 26.11.1997, avl. in: URL: http://www.stat.go.jp/0531.htm, Stand 22.03.1998

SÔMUCHÔ TÔ KEIKYOKU*TÔ KEI CENTÂ (Hrsg.): Heisei 10-nen kagaku gijutsu kenkyû chôsa kekka sokuhô (yôten), Heisei 10-nen 11-gatsu 28-nichi kôhyô [総務庁統計局・統計センター: 平成10年科学技術研究 調査結果速報 (要点); 平成10年11月28日公表], 28.11.1998, avl. in: URL: http://www.stat.go.jp/0531.htm, Stand 22.12.1998

SÔMUCHÔ TÔKEIKYOKU*TÔKEI CENTÂ (Hrsg.): PSI nenpô 1997, Teil 21: Kagaku gijutsu ・ Bunka [総務庁統計局・統計センター: PSI年報 1997, Teil 21: 科学技術・文化], avl. in: URL: http://www.stat.go.jp/061121.htm sowie PSI 年報 (1997) 64ページの更新 [PSI nenpô (1997) 64 peji no kôshin] (http://www.stat.go.jp/061213.htm#p21-1) *(Daten unter dieser Adresse werden regelmäßig aktualisiert)*, Stand 07.05.1998

SÔMUCHÔ TÔKEIKYOKU*TÔKEI CENTÂ (Hrsg.): PSI nenpô 1998 [総務庁統計局・統計センター: PSI年報 1998 (Pocket Statistical Information)], avl. in: URL: http://www.stat.go.jp/0611m.htm, Stand 07.05.1998

SÔMUCHÔ TÔKEIKYOKU*TÔKEI CENTÂ (Hrsg.): PSI nenpô (1998 Nenpan) dêta no kôshinjôhô, [総務庁統計局・統計センター: PSI 年報（１９９８年版）データの更新情報], avl. in: URL: http://www.stat.go.jp/061213.htm, Stand 07.05.1998

TSÛSHÔ SANGYÔSHÔ (Hrsg.): Heisei 9 nenpan tsûshô hakusho yôshi [通商産業省: 平成９年版通商白書要旨], avl. in: URL: http://www.miti.go.jp/report-j/g197521j.html, Stand 01.06.1997

Tsutsumi Iinkai Hôkokusho: "Nihongata shijô keizai taisei no shinro" (Yôyakuhan), Heisei 7-nen 6-gatsu [堤委員会報告書: 『日本型市場経済体制の針路』(要約版), 平成７年６月], Juli 1995, avl. in: URL: http://ifrm.glocom.ac.jp/JERI/t01/sum.j/introduction.j.html, Stand 23.09.1998

Quellen in europäischen Sprachen

Abegglen, J. C.: Japan-U.S. Trade: Look anew at this market, in: The Japan Times, 1996, February 2-9, avl. in: URL: http://www.japantimes.co.jp/features/feat2-96/abegglen.html, Stand 20.01.1998

Abegglen, J.C. (Interview): How Does Japan Manage? Who's In Charge? Do They Know What They're Doing? Two Seasoned Observers Vent Their Views/ by J. Lloyd-Owen, in: Intersect Japan, March 1996, avl. in: URL: http://www.php.co.jp/japaninface/intersectjapan/intersectjapantext/mgt.html, Stand 20.01.1998

Abegglen, J.C./Stalk, jr. G.: Kaisha: Das Geheimnis des japanischen Erfolgs, Düsseldorf; Wien 1986

Abegglen, J.C.: The Japanese factory, Arno Press, New York 1979 (Reprint of the 1958 ed. published by the Free Press, Glencoe, Ill.)

Abernathy, W. J./Utterback, J. M.: Patterns of Industrial Innovation, in: Maidique, M./Burgelman, R. A. (Hrsg.): Strategic Management of Technology and Innovation, Homewood Illinois, 1988, S. 141-148 (Erstveröff. in: Technology Review, MIT Alumni Association, 1978)

Abrams, D./Hogg, M. A. (Ed.): Social Identity Theory: Constructive and Critical Advances, New York, 1990

Abrams, D.: Processes of Social Identification, in: Social Psychology of Identity and the Self Concept/Ed. by G. M. Breakwell, London u.a., 1992, S. 57-100

Ackermann, P.: Gibt es spezifisch japanische Ausdrucksformen? in: Japan-Lesebuch II/Hrsg. v. P.Portner, Tübingen, 1990, S. 19-36

Adami, G.: Wertmaßstäbe in Gesellschaft und Wirtschaft, in: Japan-Perspektiven: Wirtschaft, Gesellschaft, Markt/Tkocz, H. J. (Red.), FAZ GmbH Informationsdienste, Frankfurt am Main, 1990, S. 44-52

Adami, N. R./Kolatek, C.: Bibliographische Einführung in die Wirtschaft Japans und Koreas. Eine Schrifttumsübersicht für Wissenschaftler und Praktiker, München 1994

Adami, N. R.: Was ist 'Japanität'; in: Kaishain: Personalmanagement in Japan - Sinne und Werte statt Systeme/Hrsg. von M. Esser u. K. Kobayashi, Göttingen 1994a, S. 21-30

Adami, N. R.: Die Gruppe und der Einzelne - zu einigen Grundstrukturen der japanischen Gesellschaft, in: Kaishain: Personalmanagement in Japan - Sinne und Werte statt Systeme/Hrsg. von M. Esser u. K. Kobayashi, Göttingen 1994b, S. 50-59

Adler, P. S.: Managing High Tech Processes: The Challenge of CAD/CAM, in: Managing Complexity in High-Technology Organizations/Edited by M. A. von Glinow; S. A. Mohrman. - New York; Oxford, 1990. S. 188-215

Aggarwal, S. C.: Dynamic Japanese Manufacturing Versus Static U.S. Manufacturing: The Incomplete Picture, in: Management International Review, vol. 31, 1991/3, S. 253-256

Albach, H.: Innovationen als Fetisch und Notwendigkeit, in: Innovationsmanagement: Theorie und Praxis im Kulturvergleich/Schriftl. H. Albach. - Wiesbaden 1989 (ZfB, Ergänzungsheft; 1989, 1), S. 97-108

Albach, H.: Japanischer Geist und internationaler Wettbewerb, in: ZfB, 4, 1990, S. 369-382

Albach, H.: Innovationsmanagement, in: Schüler, W.(Hrsg.): Aspekte des Innovationsmanagements. - Wiesbaden 1991, S. 43-70

Albach, H./de Pay, D./Okamuro, H.: Der Einfluß kultureller Faktoren auf den Innovationsprozeß, in: Innovationsmanagement: Theorie und Praxis im Kulturvergleich/Schriftl. H. Albach. - Wiesbaden 1989 (ZfB, Ergänzungsheft; 1989, 1), S. 55-96

Albach, H./de Pay, D./Rojas, R.: Quellen, Zeiten und Kosten von Innovationen: Deutsche Unternehmen im Vergleich zu ihren japanischen und amerikanischen Konkurrenten, in: ZfB, 1991, H. 3, S. 309-324

Alexander, P.-J.: Struktur und Ziele des japanischen Bildungswesens - ein Modell für Deutschland? in: Kaishain: Personalmanagement in Japan - Sinne und Werte statt Systeme/Hrsg. von M. Esser u. K. Kobayashi, Göttingen 1994, S. 60-89

Alston, J. P.: Wa, Guanxi, and Inhwa: Managerial Principles in Japan, China, and Korea, in: Business Horizons, Vol. 32, Nr. 2, March-April 1989, S. 26-31

Amaha, E./Landers, P.: Breaking Boundaries, in: Far Eastern Economic Review, 25.12.1997-1.01.1998, S. 72 f.

An R&D Elixir for Rejuvenating Mature Industries: T. Kitaoka Interviewed by J. Suzuki, in: Japan Update, January 1997, Vol. 2, No. 1, S. 2, avl. in: URL: http://www.keidanren.or.jp/, Stand 23.09.1998

Anarina, N.G.: Учение Дзэами об актерском искусстве [Zeami's Lehre von der schauspielerischen Kunst], in: Zeami, 1989, S. 8-85 (in russischer Sprache)

Anchordoguy, M.: Japan's Technology Policies: The Transition to an Inventor Nation, Vortrag am CyberJapan: Technology, Policy & Society Symposium/Business Plans, Technology Policy and Deregulation, May 31, 1996, Library of Congress Washington, DC, Presented by The Japan Documentation Center of The Library of Congress, May 31, 1996, avl. in: URL: http://www.nmjc.org/jiap/jdc/cyberjapan/anchordo.html, Stand 20.01.1998

Ando, K.: Japanese View of Self - Is it Unique? in: Japan Labor Bulletin, Published by the Japan Institute of Labour, Special Topic, Vol.33-No.03 March 1,1994, WWW-Ausgabe

>Anlehnung< und >Moratorium<: Ein Gespräch zwischen Doi Takeo und Okonogi Keio, in: Heise, H. (Hrsg.): Die kühle Seele: Selbstinterpretationen der japanischen Kultur, Frankfurt a. Main, 1990, S. 80-87

Aoki, K.: Virtual Communities in Japan/ Paper recently presented at the Pacific Telecommunications Council 1994 Conference, avl. in: URL: http://www.uni-koeln.de/themen/cmc/text/aoki.94.txt, Stand 20.01.1998

Aoki, M.: Horizontal vs Vertical Information Structure of the Firm, in: The American Economic Review, December 1986, S. 971-983

Aoki, T.: Der Japan-Diskurs im historischen Wandel: zur Kultur und Identität einer Nation/Übers. aus dem Japanischen, München 1996 (Monographien aus dem Deutschen Institut für Japanstudien der Philipp-Franz-von-Siebold-Stiftung; Bd. 14)

Aoyagi, Yo.: Unternehmen und Innovation, in: Das Industrieunternehmen in Japan/Hrsg. von R. Herold (OAG-Reihe JAPAN MODERN, Band 4), - Berlin, 1986, S. 145-162

Argyle, M./Henderson, M./Bond, M./Iizuka, Yu./Contarello, A.: Cross-Cultural Variations in Relationships Rules, in: International Journal of Psychology, 21, 1986, S. 287-315

Argyris, Ch.: On Organizational Learning, Cambridge, Mass., 1993

Arima, T.: "Gruppe und Individuum in Asien", Rede gehalten am 19.10.1996 in Berlin vor der Johanniter-Arbeitsgemeinschaft für Gegenwartsfragen in Norddeutschland, avl. in: URL: http://www.embjapan.de/botred.htm, Stand 23.09.1998

Arita, S.: Ein Ausschnitt aus der Realität von Toyota: Die Ausbildung von Universitätsabsolventen, in: Kaishain: Personalmanagement in Japan - Sinne und Werte statt Systeme/Hrsg. von M. Esser u. K. Kobayashi, Göttingen 1994, S. 376-384

Arthur D. Little Int.: Management des geordneten Wandels/Arthur D. Little. - Wiesbaden 1988, S. 36-38

Asahi Chemical Industry Co., Ltd.: Asahi Chemical/About Asahi/Financial Information/Consolidated Six-Year-Summary, avl. in: URL: http://www.asahi-kasei.co.jp/asahi/english/cpnydata/zaimu.htm, Stand 21.01.1998

Asakawa, K.: External-Internal Linkages And Overseas Autonomy-Control Tension: The Management Dilemma Of The Japanese R &D in Europe, INSEAD Working Papers Series, 95/90/OB, INSEAD, Fontainebleau, France

Asakawa, K.: Managing Knowledge Conversion Process Across Borders: Toward A Framework of International Knowledge Management, INSEAD Working Papers Series, 95/91/OB, INSEAD, Fontainebleau, France

Aufterbeck, S.: Deutschland hinkt internationalen Standards hinterher, in: Die Welt, 14.03.1997

Axel, M.: Towards an Analysis of Japanese-style Management: A Psycho-cultural and Socio-historical Approach, in: MIR, vol. 35, Special Issue, 1995/2, S. 57-73

Baba, Ya.: The dynamics of continuous innovation in scale-intensive industries, in: Strategic Management Journal, 1989, Vol. 10, S. 89-100

Badawy, M. K.: Technology and strategic advantage: managing corporate technology transfer in the USA and Japan, in: International Journal of Technology Management, Special Publication on the Role of Technology in Corporate Policy, 1991, S. 205-215

Bahrami, H.: The Emerging Flexible Organization: Perspectives from Silicon Valley, in: California Management Review, Summer 1992, S. 33-52

Ballon, R. J.: Das Entscheidungsmanagement japanischer Unternehmen, in: Kaishain: Personalmanagement in Japan - Sinne und Werte statt Systeme/Hrsg. von M. Esser u. K. Kobayashi, Göttingen 1994, S. 278-293

Banaji, M. R./Prentice, D. A.: The Self in Social Science, in: Annual Review of Psychology, 1994, 45, S. 297-332

Bandura, A.: Sozial-kognitive Lerntheorie, Stuttgart, 1979

Bandura, A.: Social foundations of thought and action - A social cognitive theory, Englewood Cliffs, N. J., 1986

Barney, J.B./Wright, P.M.: On Becoming A Strategic Partner: The Role of Human Resources In Gaining Competitive Advantage, in: Human Resource Management, Spring 1998, Vol. 37, No. 1, S. 31-46

Barnlund, D. C.: Public and Private Self in Communicating with Japan, in: Business Horizons, Vol. 32, Nr. 2, March-April 1989, S. 32-40

Bartels, R.: National Culture - Business Relations: United States and Japan Contrasted, in: Management International Review, 22, 1982, S. 4-12

Bartholet, J. (with H. Takayama): Is Japan Back? in: Newsweek, July 8, 1996, S. 36-38

Bartlett, Ch. A./Yoshihara, H.: New Challenges for Japanese Multinationals: Is Organization Adaptation Their Achilles Heel? in: Human Resource Management, Spring 1988, Vol. 27, Nr. 1, S. 19-43

Bartmess, A./Cerny, K.: Building Competitive Advantage through a Global Network of Capabilities, in: California Management Review Winter 1993, S. 78-103

Batkin, L.: Итальянское Возрождение в поисках индивидуальности [Italienische Renaissance auf der Suche nach der Individualität], Moskau 1989 (in russischer Sprache)

Becker, H./Langosch, I.: Produktivität und Menschlichkeit: Organisationsentwicklung und ihre Anwendung in der Praxis, 4., erw. Aufl., Stuttgart 1995

Befu, H.: Symbols of Nationalism and *Nihonjinron*, in: Goodman, R./Refsing, K. (Ed.): Ideology and Practice in Modern Japan, London and New York, 1992, S. 26-46

Научно-технический прогресс в Японии [Wissenschaftlich-technischer Fortschritt in Japan], Moskau, 1990 (in russischer Sprache)

Belohradsky, E.: Das Wirtschaftswunderland verkommt zur Service-Wüste, in: Die Welt, 4.07.1997.

Ben Dasan, I.: Abacus and Formula Thinking, in: Weinshall, T.D. (Hrsg.): Social Culture and Management, New York 1993, S. 325-334

Ben-Chorin, S.: Die Problematik jüdischer Theologie, in: Lust an der Erkenntnis: Jüdische Theologie im 20. Jahrhundert/Hrsg. von S. Ben-Chorin u. V. Lenzen, München, 1988, S. 9-16

Bergdoll, U.: Für Ost-Identität und gegen Schubladendenken, in: SZ, 27.05.97

Berger, J.: Modernisierung und Modernisierungstheorie, in: Leviathan, Jhg. 24, Heft 1, 1996, S. 8-12 (Editorial)

Berger, J.: Was behauptet die Modernisierungstheorie wirklich - und was wird ihr bloß unterstellt? in: Leviathan, Jhg. 24, Heft 1, 1996, S. 45-62

Berger, R.: Wirtschaftsstandort Deutschland: Mit neuen Strukturen zurück zur Spitze, in: Technologie & Management, Heft 1, 1994, S. 9-13

Berndt, J.: Streiflichter aus Japan, 2-e Aufl., Leipzig, 1983

Berth, R.: Die Zukunftsverweigerer, in: Wirtschaftsstandort Deutschland/Beilage der Süddeutschen Zeitung, Nr. 192, 21.08.1996, S. VII

Bierfelder, W.: Innovationsmanagement, München; Wien, 1987

Billing, B. A./Yaprak, A.: Inventive efficiency: How the U.S. compares with Japan, in: R & D Management, 1995, 25, 4, S. 365-276

Bleicher, K.: Ganzheitliches Denken in arbeitsteiligen Organisationen, in: Bleicher, K./Gomez, P. (Hrsg.): Zukunftsperspektiven der Organisation - Festschrift zum 65. Geburtstag von Prof. Dr. R. Staerkle, Bern 1990, S. 11-27 (1990a)

Bleicher, K.: Unternehmensphilosophien im internationalen Wettbewerb, in: ZfO, 1, 1990b, S. 5-14

Bleicher, K.: Zum Verhältnis von Kulturen und Strategien der Unternehmung, in: Organisationskultur: Phänomen - Philosophie - Technologie/E. Dülfer (Hrsg.). - 2., erw. Aufl. - Stuttgart 1991, S. 111-128

Bleicher, K.: Zum "Management of Change": Orientierungslosigkeit und Verunsicherung in einer Zeit des Paradigmenwechsels, in: Technologie & Management, Heft 2, 1994, S. 65-69

Bleicher, K.: Technologiemanagement und organisationaler Wandel, in: Handwörterbuch Technologie-management/ Hrsg. von E. Zahn, Stuttgart 1995, S. 579-596

Bleicher, K./Gomez, P. (Hrsg.): Zukunftsperspektiven der Organisation - Festschrift zum 65. Geburtstag von Prof. Dr. R. Staerkle, Bern 1990

Blöske, G./Fuchs, Th.: Mit weltumspannenden Aktivitäten überall zu Hause: Die SZ durchleuchtet den Club der größten Unternehmen, in: SZ, 25.07.1996

Blume, G.: Gesellschaft ohne Philosophie, in: Zeit-Punkte, Nr. 4, 1995, S. 31-33

Blüthmann, H.: In die Falle der Japaner getappt, in: Die Zeit, Nr. 1, 26.12.1997, S. 21

Bogaert, I./Martens, R./van Cauwenbergh, A.: Strategy as a Situational Puzzle: The Fit of Components, in: Hamel, H./Heene, A. (Ed.): Competence-based competition, John Wiley & Sons, Chichester etc. 1994, S. 57-74

Bogner, W.C./Thomas, H.: Core Competence and Competitive Advantage: A Model and Illustrative Evidence from the Pharmaceutical Industry, in: Hamel, H./Heene, A. (Ed.): Competence-based competition, John Wiley & Sons, Chichester etc. 1994, S. 111-144

Bohl, D. L./Slocum, J. W., Jr./Luthans, F./Hodgetts, R. M.: Ideas that Will Shape the Future of Management Practice, in: Organizational Dynamics, Summer 1996, S. 7- 14

Böhler, H.: Geleitwort zu: Wolfrum, B. Strategisches Technologiemanagement, Wiesbaden, 1991

Bolton, M. K.: Imitation versus Innovation: Lessons to Be Learned From the Japanese, in: Organizational Dynamics, Winter 1993, S. 30-45

Bond, M. H./Smith, P.B.: Cross-Cultural Social and Organizational Psychology, in: Annual Review of Psychology, Vol. 47, 1996, S. 205-235

Böndel, B.: Ära der Systeme, in: WirtschaftsWoche, Nr. 3/14.1.1994, S. 70-72

Boos, F./Jarmai, H.: Kernkompetenzen - gesucht und gefunden, in: Harvard Manager, Nr. 4, 1994, S. 19-26

Booz.Allen & Hamilton (Hrsg.): Integriertes Technologie- und Innovationsmanagement: Konzepte zur Stärkung der Wettbewerbsfähigkeit von High-Tech-Unternehmen, Berlin 1991

Bork, H.: Das Ende der Illusion, in: Die Zeit, Nr. 25, 10. Juni 1998, S. 26ff.

Botskor, I.: Wissenschaft und Technologie in Japan, in: Heiduk, G. (Hrsg.): Japan als führende Wirtschaftsmacht in einem zukünftigen pazifischen Weltwirtschaftszentrum, Baden-Baden 1985, S. 79-84

Bowonder, B./Miyake, T.: A model of corporate innovation management: some recent high-tech innovations in Japan, in: R&D Management, 22, 4, 1992, S. 319-335

Boyd, J.: The Fujitsu shock shakes up Japan's PC market, in: The Japan Times, 1966, February 9-16, avl. in: URL: http://www.japantimes.co.jp/features/feat2-96/boyd1.html, Stand 24.09.1998

Boynton, A. C./Victor, B.: Beyond Flexibility: Building and Management the Dynamically Stable Organization, in: California Management Review, Fall 1991, S. 53-66

Branscomb, L. M./Kodama, F.: Japanese innovation strategy: technical support for business visions. - CSIA occasional paper series, University Press of America, 1993

Braun, M./Tiby, C.: Die chemische und pharmazeutische Industrie: Sich mit Innovationsfähigkeit im globalen Wettbewerb behaupten, in: Arthur D. Little Int.: Management des geordneten Wandels/Arthur D. Little. - Wiesbaden 1988, S. 36-38

Breakwell, G.M.: Introduction, in: Social Psychology of Identity and the Self Concept/Ed. by G. M. Breakwell, London u.a. 1992, S. 1-9

Breger, R.: The Discourse of Japan in the German Press: Images of Economic Competition, in: Goodman, R./Refsing, K. (Ed.): Ideology and Practice in Modern Japan, London and New York, 1992, S. 171-195

Breiner, S./Cuhls, K./Grupp, H.: Technology foresight using a Delphi approach: a Japanese-German co-operation, in: R & D Management, 24, 2, 1994, S. 141-153

Bremner, B.: Has Tokyo Got The Bears On The Run? The Nikkei's sudden upturn may herald more robust growth, in: Business Week (International Edition), Nr. 20, May 19, 1997

Bremner, B./Armstrong, L./Kerwin, K./Naughton, K.: Toyota's Crusade, in: Business Week, European Edition, April 7, 1997 (Cover Story), S. 44-50

Bremner, B./Capell, K.: Getting Set For Japan's Rebound, in: Business Week, September 8, 1997, S. 46-49

Bremner, B./Glasdall, W./Galuszka, P.: Two Japans: The gulf between winners and losers is growing, in: Business Week, January 20, 1997, S. 30-34

Bremner, B./Takahashi, T.: Japan: Is It Headed For Another Recession?, in. Business Week (International Edition), Cover Story-Asia, Nr. 51, December 16, 1996

Brieter, K.: 10 Autos im Leserurteil, in: ADAC Motorwelt, April 1998, S. 24-30

Brockhoff, .K.: Technologischer Wandel und Unternehmenspolitik, in: ZfbF, 36, 1984, 8/9, S. 619-635

Brockhoff, K.: Forschung und Entwicklung: Planung und Kontrolle/2., erg. Aufl. - München; Wien: Oldenburg, 1989

Brockhoff, K.: Forschung und Entwicklung: Planung und Kontrolle/3., erg. Aufl. - München; Wien: Oldenburg, 1992

Brockhoff, K.: Management der Schnittstellen zwischen Forschung und Entwicklung sowie Marketing, in: Handwörterbuch Technologiemanagement/Hrsg. v. E. Zahn, Stuttgart, 1995, S. 437-454

Brockhoff, K./von Ghyczy, T.G.J./Wilhelm, W.: Die großen Drei im Test, in: Manager Magazin, Nr. 10, 1988, S. 185-197

Brockhoff, K./von Ghyczy, T.G.J./Wilhelm, W.: Die Triade im Test, in: Manager Magazin, Nr. 11, 1988, S. 218-229

Brockhoff, K./Hauschildt, J.: Schnittstellen-Management - Koordination ohne Hierarchie, in: ZfO, 6, 1993, S. 396-403

Brockhoff, K./Wilhelm, W.: Die Zeitfalle, in: Manager Magazin, Nr. 1, 1989, S. 84-89

Buber, M.: Das Problem des Menschen, 5., verbesserte Aufl., Heidelberg, 1982

Buber, M.: Ich und Du, 12. Aufl., Gerlingen 1994

Buckley, P.J./Mirza, H.: The Wit and Wisdom of Japanese Management: An Iconoclastic Analysis, in: Management International Review, Vol. 25, 1985/3, S. 16-32

Bühner, R.: Economies of Speed - Beschleunigung der Abläufe im Unternehmen zur Erhöhung der Wettbewerbsfähigkeit, in: Bleicher, K./Gomez, P. (Hrsg.): Zukunftsperspektiven der Organisation - Festschrift zum 65. Geburtstag von Prof. Dr. R. Staerkle, Bern 1990, S. 29-43

Bühner, R.: Technologieorientierung als Wettbewerbsstrategie, in: ZfbF, Vol. 40, No. 5, 1988a, S. 387-406

Bühner, R.: Gefährliche Versuchung High-Tech, in: Harvard Manager, 1988b, Nr. 3, S. 92-96

Bulgakov, M. A.: Aufzeichnungen eines Toten (Theaterroman), in: Gesammelte Werke, Band 2, Berlin, 1993

Bullinger, H.-J.: Einführung in das Technologiemanagement: Modelle, Methoden, Praxisbeispiele/Unter Mitarb. von U. A. Seidel. - Stuttgart 1994

Bullinger, H.-J./Warschat, J./Berndes, S./Stanke, A.: Simultaneous Engineering, in: Handwörterbuch Technologie-management/Hrsg. v. E. Zahn, Stuttgart 1995, S. 377-394

Bundesministerium für Bildung, Wissenschaft, Forschung und Technologie (BMBF) (Hrsg.): Zur technologischen Leistungsfähigkeit Deutschlands, Bonn, 1996 (zit. als: BMBF, 1996).

Bundesministerium für Bildung, Wissenschaft, Forschung und Technologie (BMBF): Wichtige Ergebnisse der Studie 'Zur technologischen Leistungsfähigkeit Deutschlands", Januar 1996, avl. in: URL: http://www.bmbf.de/archive/pressedok/pressedok96/ pd011096.htm, Stand 20.01.1998

Burgelman, B./Kosnik, T.J./van den Poel, M.: Toward an Innovative Capabilities Audit Framework, in: Maidique, M./Burgelman, R. A. (Hrsg.): Strategic Management of Technology and Innovation, Homewood Illinois 1988, S. 31-44

Burr, W.: Regeln, wissensbasierte Theorie der Firma und neue Organisationsformen, Arbeitspapier eingereicht für den 22. Workshop 'Organisation" vom 26.2.-28.2.1998 am Institut für Management der Freien Universität Berlin

Burton, F./Saelens, F.: International alliances as a strategic tool of Japanese electronic companies, in: Campbell,N./Burton, F. (Hrsg.): Japanese multinationals: strategies and management in the global kaisha, London 1994, S. 58-70

Byrne, J.: Management New Gurus, in: Business Week, August 31, 1992, S. 42-50

Campbell, N./Burton, F. (Hrsg.): Japanese multinationals: strategies and management in the global kaisha, London 1994

Caroselli, M.: Praxistest: Wie gut ist die Mittelklasse? in: ADAC Motorwelt, 1995, No. 12, S. 34-40

Chemers, M./Oscamp, S./Costanzo, M.A. (Ed.): Diversity in Organizations: New Perspectives for a Changing Workplace, Sage Publications, 1995

Chen, Ch.-Ch.: Technology Transfer - Changes in the Performance Paradigm, in: Social Science Japan/Institute of Social Science, University of Tokyo, No. 3 April 1995

Chen, Ch.: The Diversity Paradox, in: Personnel Journal, January 1992, S. 32-36

Chiesa, V./Barbeschi, M.: Technology Strategy in Competence-based Competition, in: Hamel, H./Heene, A. (Ed.): Competence-based competition, John Wiley & Sons, Chichester etc. 1994, S. 292-314

Chikudate, N.: Cross-cultural Analysis of Cognitive Systems in Organizations: A Comparison between Japanese and American Organizations, in: Management International Review, vol. 31, 1991/3, S. 219-231

Chikudate, N.: Identifying the Spell Binding Power of Control in Organizational Change: A Phenomenological Study in Tokyo, in: XIVth EAMSA Conference, October 23-25, 1997, University of Metz (France): "Asian Firms Looking Towards the Global Market", S. 171-190

Chung, Tzöl Zae: Die Eroberung neuer Märkte: Personalstrategie japanischer Unternehmen, in: Kaishain: Personalmanagement in Japan - Sinne und Werte statt Systeme/Hrsg. von M. Esser u. K. Kobayashi, Göttingen 1994, S. 193-201

Cinnirella, M.: Towards a European identity? Interactions between the national and European social identities manifested by university students in Britain and Italy, in: British Journal of Social Psychology, Vol. 36, Part 1, March 1997, S. 19-32

Claassen, D.: Toyotas Paukenschlag, in: SZ, 01.02.1997

Clark, G.: Japanisches Management - Instinkt und Feudalismus als kulturelle Grundlagen, in: Kaishain: Personalmanagement in Japan - Sinne und Werte statt Systeme/Hrsg. von M. Esser u. K. Kobayashi, Göttingen 1994, S. 90-99

Clark, G.: Ways to Shape Up Japanese Education, in: Japan Update, July 1996, P. 9; avl. in: URL: http://www.keidanren.or.jp/, Stand 23.09.1998.

Clark, R.: The Japanese Company, New Haven, Conn.: Yale University Press, 1979

Clark, K./Ford, D./Saren, M.: Company technology strategy, in: R&D Management, Vol. 19, No. 3, 1989, S. 215-229

Clark, K./Fujimoto, T.: Product Development Performance: Strategy, Organization and Management in the World Auto Industry, Boston, Harvard Business Press, 1991

Cleland, D. I./Bursic, K. M. Strategic Technology Management: Systems for Products and Processes. - AMACOM, New York, 1992

Cohen, W.M./Levinthal, D.A.: Absorptive Capacity: A New Perspective on Learning and Innovation, in: Administrative Science Quarterly, 35 (1990), S. 128-152

Cohen, W.M./Levinthal, D.A.: Innovation and Learning: The Two Faces of R&D, in: The Economic Journal, September 1989, S. 569-596

Competing Interests: Interview with Michael E. Porter/by R. Pastore, in: CIO, October 1, 1995, avl. in: URL: http://www.cio.com/CIO/porter_100195.html , Stand 02.06.1998

Concise Warojiten, Sanseido-Verlag, Tokyo 1976

Conrad, P./Sydow, J.: Organisationskultur, Organisationsklima und Involvement, in: Organisationskultur: Phänomen - Philosophie - Technologie/E. Dülfer (Hrsg.). - 2., erw. Aufl. - Stuttgart 1991, S. 93-110

Cornelsen, I.: Der Fall Japan: Kultur als Triebkraft wirtschaftlicher Entwicklung, Frankfurt am Main etc., 1991

Crowell, T./Murakami, M.: Speed Zone Ahead, in: Asiaweek, March 13, 1998

Cousins, S. D.: Culture and Self-Perception in Japan and the United States, in: Journal of Personality and Social Psychology, 1989, Vol. 56, No. 1, S. 124-131

Cuhls, K./Kuwahara, T.: Outlook for Japanese and German future technology: comparing technology forecast, Heidelberg, 1994

Culpan, R./Kucukemiroglu, O.: A Comparison of U.S. and Japanese Management Styles and Unit Effectiveness, in: Management International Review, vol. 33, 1993/1, S. 27-42

Dachler, P.: Führung und Organisation im Kontext von kultureller und sprachlicher Vielfalt in zukünftigen Organisationen, in: Bleicher, K./Gomez, P. (Hrsg.): Zukunftsperspektiven der Organisation - Festschrift zum 65. Geburtstag von Prof. Dr. R. Staerkle, Bern 1990, S. 45-65

Dale, P. N.: The Myth of Japanese Uniqueness, Croom Helm/London, Sydney and Oxford, 1986

Davis, S. T.: Personnel Administration in Japan, in: Organization and Administration of R&D Personnel in Japan/By H. Sato, K. Imano, S. Yahata and S.T. Davis, in: Management Development Professionals, MCB University Press Limited, Volume 10, Nr. 2, 1989, S. 5-13

Dawar, N./Parker, P.M./Price, L.J.: A Cross-Cultural Study of Interpersonal Information Exchange, INSEAD Working Papers Series, 95/89/MKT, INSEAD, Fontainebleau, France

Deaux, K.: Personalizing Identity and Socializing Self, in: Social Psychology of Identity and the Self Concept/Ed. by G. M. Breakwell, London u.a. 1992, S. 10-34

Deaux, K./Reid, A./Mizrahi, K./Ethier, K.A.: Parameters of Social Identity, in: Journal of Personality and Social Psychology, 1995, Vol. 68, No. 2, S. 280-291

Deckstein, D.: Vertrauen ist der Anfang von allem, in: SZ, 20.05.1998

DeHart, J.A.: Laying Hold of the Challenges: Cultural Obstacles for Technical Writing, in: The University of Aizu, Japan, September 1995, avl. in: URL: http://www.u-aizu.ac.jp/~dehart/AR/AR.html, Stand 09.09.1998

Delapierre, M.: Technology Bunching and Industrial Strategies, in: Innovation and Management: International Comparisons/ed. by K. Urabe, J.Child, T.Kagono. - Berlin; New York. - 1988, S. 1 45-163

Dengg, I.: Rotweißrot rutscht ab, in: WirtschaftsWoche, 24/96, 5. Juni 1996, S. 48f.

Denisov, Yu. D.: Формирование новой технологической структуры производства в современной Японии [Formierung einer neuen technologischen Produktionsstruktur im heutigen Japan], in: Научно-технический прогресс в Японии [Wissenschaftlich-technischer Fortschritt in Japan], Moskau 1990, S. 6-17 (in russischer Sprache)

Deutschmann, Ch.: Der "Clan" als Unternehmensmodell der Zukunft?, in: Leviathan, Heft 1, 1989, S. 85-107

Deutschmann, Ch.: Marx, Schumpeter und Mythen ökonomischer Rationalität, in: Leviathan, Heft 3, 1996, S. S. 323-338

Die lernende Organisation: Konzepte für eine neue Qualität der Unternehmensentwicklung/Th. Sattelberger (Hrsg.), Wiesbaden 1991

Die psychische Struktur der Japaner: Ein Gespräch zwischen Itami Jûzô und Kishida Shû, in: Heise, H. (Hrsg.): Die kühle Seele: Selbstinterpretationen der japanischen Kultur, Frankfurt a. Main, 1990, S. 20-29

Dill, A.: Standort-Gejammer zeigt Wirkung, in: Wirtschaftsstandort Deutschland/Beilage der Süddeutschen Zeitung, Nr. 192, 21.08.1996, S. VI

Dirks, D.: Japanisches Management in internationalen Unternehmen: Methodik interkultureller Organisation, Wiesbaden 1995 (1995a)

Dirks, D.: The Quest for Organizational Competence: Japanese Management Abroad, in: MIR, vol. 35, Special Issue, 1995/2, S. 75-90 (1995b)

Dirks, D.: Employment Trends in Japanese Firms, in: The Japanese Employment System in Transition: Five Perspectives/German Institute for Japanese Studies, Economic Section, Arbeitspapier 97/3, Tôkyô 1997, S. 35-53. (1997a)

Dirks, D.: Aktuelle personalpolitische Strategien japanischer Unternehmen, in: Japan Markt, 05/97, S. 17-19, Tokyo: Deutsche Industrie- und Handelskammer in Japan; avl. in: URL: http://dijtokyo.twics.com/Aktuelles/Personalpolitik.htm, Stand 12. November 1997 (1997b)

Dirks, D.: Personalanpassungsmaßnahmen japanischer Firmen in der Rezession, in: DBW, 57, 1997, Nr. 4, S. 541-562 (1997c).

Dirks, D.: Personalbewertung in Japan: Neue Maßnahmen sollen individuelle Leistung stärker berücksichtigen, 1998; avl. in: URL: http://dijtokyo.twics.com/Aktuelles/Personalbewertung.html, Stand 13.04.1998

Disseminating Know-How and Creating New Disciplines: H. Yoshikawa Interviewed by T. Sekimoto, in: Japan Update, January 1997, Vol. 2, No.1, S. 9, avl. in: URL: http://www.keidanren.or.jp/, Stand 05.06.1997

Diversifikation: Wege zu neuen Geschäften/Dr. Wieselhuber & Partner-Unternehmensberatung., München, 1988

Dlugos, G.: Innovationswiderstände und die Grundmuster der Innovationspolitik, in: Innovations- und Technologiemanagement/D. Müller-Bölling ... (Hrsg.). - Stuttgart 1991, S. 63-81

Doi, T.: Amae: Freiheit in Geborgenheit - Zur Struktur japanischer Psyche, Frankfurt a. Main 1982

Domsch, M./Sabisch, H./Siemers, S.H.A. (Hrsg.): F&E-Management, Stuttgart 1993

Domsch, M.: Laufbahnentwicklung für Industrieforscher, in: F&E-Management/Domsch, M.; Sabisch, H.; Siemers, S. H. A. (Hrsg.). Stuttgart 1993, S. 153-190

Dore, R.: When will the Japanese Slow Down? Simon Frazer University at Harbour Centre, David Lam Centre for International Communication, Pacific Region Forum on Business and Management Communication, Presented on 22. 11.1991 (Summary by L. McClanaghan), in: gopher://hoshi.cic.sfu.ca:70/00/dlam/business/forum/japan/dore, Stand 21.01.1998

Dornbusch, R.: On the Edge, in: Far Eastern Economic Review, February 26, 1998, S. 52 f.

Dosi, G.: The Contribution of Economic Theory To The Understanding Of A Knowledge-Based economy, in: Employment and Growth in the Knowledge-based Economy/OECD Documents, OECD 1996, S. 81-90

Dosi, G./Gianetti, R./Toninelli, P.A. (Ed.): Technology and enterprise in a historical perspective, Clarendon Press, Oxford 1992

Dosi, G./Teece, D. J./Winter, S.: Toward a Theory of Corporate Coherence: Preliminary Remarks, in: Dosi, G./Gianetti, R./Toninelli, P.A. (Ed.): Technology and enterprise in a historical perspective, Clarendon Press, Oxford 1992, S. 185-211

Dowlatow, S.:Записные книжки [Notizbücher], in: Werke in 3 Bänden, Band 3, St.-Petersburg, 1993, S. 237-340 (in russischer Sprache)

Drumm, H. J.: Das Paradigma der Neuen Dezentralisation, in: DBW, 56 (1996), 1, S. 7-20

Duden Fremdwörterbuch, 1990

Dülfer, E.: Organisationskultur: Phänomen - Philosophie - Technologie. Eine Einführung in die Diskussion, in: Organisationskultur: Phänomen - Philosophie - Technologie/E. Dülfer (Hrsg.). - 2., erw. Aufl. - Stuttgart 1991, S. 1-22 (1991a)

Dülfer, E.: Internationales Management in unterschiedlichen Kulturbereichen, München 1991b

Economic Survey of Japan (1993-1994) - A Challenge to New Frontiers Beyond The Severe Adjustment Process - (Summary), (Provisional Translation), Economic Planning Agency, Government of Japan, July 26, 1994, avl. in: URL: http://www.epa.go.jp/e-e/doc/summary.html, Stand 17.08.1998

Economic Survey of Japan (1994-1995) - Toward the Revival of a Dynamic Economy in Japan (Summary), Economic Planning Agency, Government of Japan, (Provisional Translation), July 25, 1995, avl. in: URL: http://www.epa.go.jp/e-e/doc/economic-survey-1995.html, Stand 17.08.1998

Edge, G.: Thinking about the technology future, in: R & D Management, 1995, 25, 2, S. 117-128

Edosomwan, J. A.: Integrating innovation and technology management, New York etc. 1989

Egelhoff, W.G.: Great Strategy or Great Strategy Implementation - Two Ways of Competing in Global Markets, in: Sloan Management Review, Winter 1993, S. 37-50

Ehmcke, F.: Individuum und Gesellschaft in Japan. Die Frage nach dem Menschenbild, in: Japan-Lesebuch II/Hrsg. v. P.Portner, Tübingen, 1990, S. 262-270

Ehrlich, C. J.: Creating an Employer-Employee Relationship for the Future, in: Human Resource Management, Fall 1994, Vol. 33, Nr. 3, S. 491-501.

Eido Tai Shimano: Japanese Views of Religion as Opposed to Those of the West, in: Journal of Japanese Trade & Industry, published by Japan Economic Foundation, September 1, 1996, avl. in: URL: http://www.jef.or.jp/over/jti/j90-c2.html, Stand 24.09.1998

Elbe, M.: Betriebliche Sozialisation: Grundlagen der Gestaltung personaler und organisatorischer Anpassungsprozesse, 1.- Aufl., Sinzheim, 1997

Elington, L.: Japan's Economy: 21st Century Challenges, May 1995, avl. in: URL: http://www.indiana.edu/~japan/digest8.htm, Stand 17.08.1998

Elington, L.: Japanese - U.S. Economic Relations, May 1992, avl. in: URL: http://www.indiana.edu/~japan/digest4.html, Stand 17.08.1998

Employment and Growth in the Knowledge-based Economy/OECD Documents, OECD 1996

Erikson, E. H. : Identität und Lebenszyklus: 3 Aufsätze, Frankfurt am Main, 1973

Erikson, E.: Das Problem der Ich-Identität, in: Erikson, E. H.: Identität und Lebenszyklus: 3 Aufsätze, Frankfurt am Main, 1973, S. 123-215 (Englischsprachige Erstveröffentlichung 1956)

Erikson, E.: Ich-Entwicklung und geschichtlicher Wandel, in: Erikson, E. H.: Identität und Lebenszyklus: 3 Aufsätze, Frankfurt am Main, 1973, S. 11-54 (Englischsprachige Erstveröffentlichung 1946)

Ernst, A.: Dauerbeschäftigung und Flexibilität in Japan: Beschäftigungspolitik japanischer Unternehmen in Rationalisierungs- und Krisenphasen, München 1988

Ernst, A.: Forscher und Entwickler in Japan und Deutschland, in: ifo Schnelldienst, 4-5/1992, S. 25-42

Ernst, A./Hild, R./Hilpert, H.G./Martsch, S.: Technologieschutz in Japan - Strategien für Unternehmens-kooperationen, in: IFO Schnelldienst, 46. Jhg/8. März 1993, 7/93, S. 1 6-29

Ernst, A./Laumer, H.: Japan an der Schwelle zur globalen Wirtschaftsmacht: Strukturwandel und Internationalisierung. Ifo-Institut für Wirtschaftsforschung, München 1989

Ernst, A./Wiesner, G.: Japans technische Intelligenz - Personalstrukturen und Personalmanagement in Forschung und Entwicklung, ifo-Studien zur Japan-Forschung, München 1994

Esser, M./Nakajima, F.: Prinzipien japanischen Personalmanagements, in: Kaishain: Personalmanagement in Japan - Sinne und Werte statt Systeme/Hrsg. von M. Esser u. K. Kobayashi, Göttingen 1994, S. 139-158

Esser, M.: Kaishain - der Japaner und sein Unternehmen, in: Kaishain: Personalmanagement in Japan - Sinne und Werte statt Systeme/Hrsg. von M. Esser u. K. Kobayashi, Göttingen 1994, S. 3-18 (1994a)

Esser, M.: Mitarbeiterentwicklung in japanischen Großunternehmen, in: Kaishain: Personalmanagement in Japan - Sinne und Werte statt Systeme/Hrsg. von M. Esser u. K. Kobayashi, Göttingen 1994, S. 1 66-192 (1994b)

Eswein, M.: Die Rolle der Berufsbildung beim sozialen Wandel in Japan, in: Publikationen des Instituts für Ostasienwissenschaften, Gerhard-Mercator-Universität-Gesamthochschule Duisburg, Reihe Duisburger Arbeitspapiere Ostasienwissenschaften, 1996, avl. in: URL: http://www.uni-duisburg.de/Institute/OAWISS/Publikationen/arbeitspapier11.html, Stand 27.03.1997

Etô, H./Matsui, K.: R and D management system in Japanese industry, Elesevier Science Publishers B.V. 1984

Etzioni, A.: Die Entdeckung des Gemeinwesens: Ansprüche, Verantwortlichkeiten und das Programm des Kommunitarismus. Stuttgart, 1995

Europäisches Patentamt: Fakten und Zahlen/Herausgeber und Schriftleitung: Direktion Öffentlichkeitsarbeit, Europäisches Patentamt, München. EPA/EPO/OEB, 1997

Farrell, W. R.: Stability may be Japan's road to ruin, in: Japan Times, 1996, April 26 - May 3, avl. in: URL: http://www.japantimes.co.jp/features/feat4-96/farrell1.html, Stand 24.09.1998

Feldman-Konrad, N. I.: Японско-русский учебный словарь иероглифов [Das japanisch-russische Lehrwörterbuch der Schriftzeichen], 2., erg. u. erw. Auflage, Moskau, 1977 (in russischer Sprache)

Ferber, G.: English-Japanese Business Dictionary, Cassell, London 1993

Ferdman, B.F.: Cultural Identity and Diversity in Organizations: Bridging the Gap Between Group Differences and Individual Uniqueness, in: Chemers, M./Oscamp, S./Costanzo, M.A. (Ed.): Diversity in Organizations: New Perspectives for a Changing Workplace, Sage Publications, 1995, S. 37-62

Festinger, L.: A theory of cognitive dissonance, Stanford Univ. Press, 1970

Fiedler, F. E.: A Theory of Leadership Effectiveness, New York 1967

Figures for Economic Survey of Japan (1993-1994), avl. in: URL: http://www.epa.go.jp/doc/fig, Stand 17.08.1998

Figures for Economic Survey of Japan (1994-1995), avl. in: URL: http://www.epa.go.jp/doc/economic-survey-1995-fig, Stand 17.08.1998

Fingleton, E.: Misreporting ... Japan's economy, in: Nr. 1 Shimbun, Hrsg. vom The Foreign Correspondents' Club of Japan, Mai 1996, ursprünglich avl. in: URL: http://www.fccj.or.jp/may96/ns4.html (die WWW-Seite z.Z. im Umbau).

Fischer, H.: Führung durch innovative Unternehmenskultur bei Hewlett-Packard, in: Simon, Herm. (Hrsg.): Herausforderung Unternehmenskultur. - Stuttgart 1990, S. 74-89

Fleck, A.: Hybride Wettbewerbsstrategien: zur Synthese von Kosten- und Differenzierungsvorteilen. Wiesbaden, 1995

Fliaster, A.: Управление персоналом на высокотехнологичных оборонных фирмах с учетом стратегии конверсии [Personalstrategien in hochtechnologischen Rüstungsfirmen unter Berücksichtigung der Konversionsstrategie], in: Personalmanagement unter Bedingungen einer sozialen Marktwirtschaft/Hrsg. R. Marr u. H. Schmidt, Moskau 1997 (in russischer Sprache), S. 325-349

Fliaster, A./Bulach, Yu.: Инновационные фирмы в наукоёмких отраслях и банки - на примере Японии и ФРГ [Innovative Unternehmen in forschungsintensiven Industrien und Banken in Japan und der BRD], in: Den'gi i Kredit, Moskau, 1991, Nr. 9, S. 48-54 (in russischer Sprache)

Foray, D./Lundvall, B.-A.: The Knowledge-based Economy: From the Economic of Knowledge to the Learning Economy, in: Employment and Growth in the Knowledge-based Economy/OECD Documents, OECD 1996, S. 11-34

Ford, D.: Develop Your Technology Strategy, in: Long Range Planning, Vol.21, No. 5, 1988, S. 85-95

Frankel, E. G.: Management of technological change: the great challenge of Management to the future. Dordrecht/Boston/London, 1990

Fransman, M.: Information, Knowledge, Vision and Theories of the Firm, in: Industrial and Corporate Change, Oxford University Press, Vol. 3, No. 3, 1994, S. 713-757

Frey, D.: Sammlung von Talenten - Teamarbeit als Schlüssel zum Erfolg, in: Wirtschaftsstandort Deutschland/ Beilage der Süddeutschen Zeitung, Nr. 192, 21.08.1996, S. VI

Friedland, J.: Out in Front, in: Far Eastern Economic Review, February 24, 1994, S. 72-75

Friedrich, P.: Mit Kernkompetenzen im Wettbewerb gewinnen, in: io Management Zeitschrift, 64 (1995), Nr. 4, S. 87-91

Friedrich, S.A./Hinterhuber, H.H.: Restrukturierung auf dem Prüfstand: Streben wir nach einer „falschen" Wettbewerbsfähigkeit?, in: io management, Nr. 1/2, 1998, S. 1 6-21

Frijda, N. H./Mesquita, B.: The Social Roles and Functions of Emotions, in: Emotion and Culture: Empirical Studies of Mutual Influence/Ed. by S. Kitayama and H.R. Markus, American Psychological Association, Washington D.C., 1994, S. 51-87

Fritsch, S.: Differentielle Personalpolitik - Personalarbeit zwischen Generalisierung und Individualisierung, in: Personal, 7, 1993, S. 302-304

Fritsch, S.: Differentielle Personalpolitik: Eignung zielgruppenspezifischer Weiterbildung für ältere Arbeitnehmer, Wiesbaden, 1994

Frühwald, W.: Wider die deutsche Angst: Über den Umgang der jungen Generation mit dem Fortschritt, in: Die Zeit, Nr. 46, 10.11.1995, S. 48

Fukui, H./Fukai, S. N.: Japan in 1996: Between Hope and Uncertainty, in: Asian Survey, Vol. XXXVII, No. 1, January 1997, S. 20-28

Fukushima, G. S.: Interest in Japan is latent, in: Asahi Shimbun, 19.06.1996, WWW-Ausgabe

Galtung, J.: Struktur, Kultur und intellektueller Stil, in: Leviathan, 1983, Heft 3, S. 303-338

Galtung, J./Nishimura, F.: Struktur, Kultur und Sprachen: Indoeuropäische, chinesische und japanische Sprachen im Vergleich, in: Leviathan, Heft 4, 1984, S. 478-505

Garvin, D. A.: Das lernende Unternehmen I: Nicht schöne Worte - Taten zählen, in: Harvard Manager, Nr. 1, 1994, S. 74-85

Gebert, D.: Die Besonderheiten der japanischen Sozialstruktur - Anregungen für den Betrieb?, in: io Management Zeitschrift, 64 (1995), Nr. 3, S. 55-58

Gemünden, H. G.: Zeit - Strategischer Erfolgsfaktor in Innovationsprozessen, in: Domsch, M./Sabisch, H./Siemers, S.H.A. (Hrsg.): F&E-Management, Stuttgart 1993, S. 67-118

Gerpott, T. J.: Simultaneous-Engineering, in: DBW, Vol. 50, 1990, Nr. 3, S. 399-400

Gerpott, T.J.: Globales F&E-Management: Bausteine eines Gesamtkonzeptes zur Gestaltung eines weltweiten F&E-Standortsystems, in: Booz.Allen & Hamilton (Hrsg.): Integriertes Technologie- und Innovationsmanagement: Konzepte zur Stärkung der Wettbewerbsfähigkeit von High-Tech-Unternehmen. - Berlin 1991, S. 51-73

Gerpott, T.J.: Kommunikation als Erfolgsfaktor der F&E von Unternehmen, in: Handwörterbuch Technologie-management/ Hrsg. v. E. Zahn, Stuttgart 1995, S. 553-577

Gerpott, T. J./Wittkemper, G.: Verkürzung von Produktentwicklungszeiten: Vorgehensweise und Ansatzpunkte zum Erreichen technologischer Sprintfähigkeit, in: Booz.Allen & Hamilton (Hrsg.): Integriertes Technologie- und Innovationsmanagement: Konzepte zur Stärkung der Wettbewerbsfähigkeit von High-Tech-Unternehmen. - Berlin 1991, S. 119-145

Gerybadze, A.: Innovationswettbewerb: Der Hase und der Igel in den Märkten von morgen, in: Arthur D. Little Int.: Management des geordneten Wandels/Arthur D. Little. - Wiesbaden 1988, S. 109-122

Gerybadze, A.: Technology forecasting as a process of organizational intelligence, in: R & D Management, 24, 2, 1994, S. 131-140

Gerybadze, A.: Management der Schnittstellen innerhalb von Technologie-Allianzen, in: Handwörterbuch Technologiemanagement/Hrsg. v. E. Zahn, Stuttgart 1995, S. 469-490

Gerybadze, A./Reger., G.: Globalization of R&D: Recent Changes in the Management of Innovation in Transnational Corporations, Discussion Paper 97-01, Stuttgart-Hohenheim

Ghemawat, P.: Dauerhafte Wettbewerbsvorteile aufbauen, in: Simon, Herm. (Hrsg.): Wettbewerbsvorteile und Wettbewerbsfähigkeit, Stuttgart 1988, S. 30-36 (Erstveröff. in Harvard Manager, 2/1987)

Ghyczy, T. G.J. von: Wir sind zu langsam geworden, in: Manager Magazin, Nr. 1, 1989, S. 89-94

Gibney, F. Jr./Moffett, S.: Sony's Vision Factory, in: Time Digital, March 17, 1997, S. 4-7

Giddens, A.: Die Konstitution der Gesellschaft - Grundzüge einer Theorie der Strukturierung/Übersetz. aus d.. Engl., Frankfurt am Main, 1988

Giesen, B.: Kulturelle Vielfalt und die Einheit der Moderne, in: Leviathan, Jhg. 24, Heft 1, 1996, S. 93-108

Gilbert, X./Lorange, P.: National Approaches to Strategic Management - A Resource-based Perspective, in: International Business Review, Vol. 3, Nr. 4, 1994, S. 411-423

Gillies, P.: Vision oder Utopie, in: Die Welt, 5.12.1996 (Forum)

Ginten, E.A..: Autostreit in der Endrunde: USA ringen um Durchbruch - Produktionsabbau in Japan unerläßlich, in: Die Welt, 26.06.1995

Glotz, P.: Änderung des Schaltplans, in: Die Zeit, Nr. 46, 10.11.1995, S. 58

Golownin, I.W.: Грамматика современного японского языка [Grammatik der modernen japanischen Sprache], Moskau, 1986 (in russischer Sprache)

Gomez, P./Hahn, D./Müller-Stewens, G./Wunderer, R. (Hrsg.): Unternehmerischer Wandel: Konzepte zur organisatorischen Erneuerung, Wiesbaden 1994

Gomez, P.: Die Organisation der Autonomie - neue Denkmodelle für die Unternehmensführung, in: ZfO, 6/1988, S. 389-393

Gomez, P.: Autonomie durch Organisation - die Gestaltung unternehmerischer Freiräume, in: Bleicher, K./Gomez, P. (Hrsg.): Zukunftsperspektiven der Organisation - Festschrift zum 65. Geburtstag von Prof. Dr. R. Staerkle, Bern 1990, S. 99-113

Good, A.: The Changing Nature of United States Government Policy on the Transfer of Strategic Technology: An Overview, in: Technology Transfer in International Business/Edited by T. Agmon and M. A. von Glinow. - New York; Oxford, 1991, P. 37-55

Goodman, R.: Ideology and Practice in Modern Japan: Towards a Theoretical Approach, in: Goodman, R./Refsing, K. (Ed.): Ideology and Practice in Modern Japan, London and New York, 1992, S. 1-25

Goodman, R./Refsing, K. (Ed.): Ideology and Practice in Modern Japan, London and New York, 1992

Goregliad, V. N: Страна за захлопнутой дверью [Ein Land hinter der verschlossenen Tür]. - Vorwort zur russischen Auflage von K.P. Kirkwood's "Renaissance in Japan", Moskau 1988) (in russischer Sprache)

Goregliad, V.N.: Японская литература VIII-XVI вв: Начало и развитие традиции [Japanische Literatur des VIII. bis XVI. Jahrhundert: Beginn und Entwicklung der Tradition], St..-Petersburg, 1997 (in russischer Sprache)

Goto, A./Wakasugi, R.: Technology Policy, in: Komiya, R./Okuno, M./Suzumura, K. (Eds.): Industrial Policy in Japan, Tokyo 1988, S. 183-204

Green C.: What Ails the U.S. - Japanese Relationship: A View from Washington, in: Speaking of Japan, 1988, January-February, Vol. 8, Nr. 86, S.11-17

von Greiff, B./Müller, R.W.: 'Japan III", in: Leviathan, 1989, Heft 2 (Editorial), S. 1 61-163

von Greiff, B.: Über das gegenwärtige wissenschaftliche Interesse an Japan, in: Leviathan, Heft 4, 1984 (Editorial), S. 445-447

Greig, I.D.: Basic Motivation and Personality in R & D Management, in: R & D Management, 12, 3, 1982, S. 113-122

Gries, W.: Überleben der europäischen Mikroelektronik- und Halbleiterbranche - Überlegungen und Maßnahmen der Bundesregierung, in: Wirtschaftsmacht Japan - Ohnmacht Europas? (Red. und Koordination D. Görgmaier). Bayer. Staatsministerium für Wirtschaft und Verkehr, 1. Aufl., 1993, S. 245-259

Grilliches, Z. (Ed.): R&D, Patents, and Productivity. - Chicago and London, National Bureau of Economic Resarch, 1984

Große-Oetringhaus, W. F.: Strategische Identität - Orientierung im Wandel: Ganzheitliche Transformation zu Spitzenleistungen, Berlin u.a., 1996

Grossman, R. J.: Damaged, Downsized Souls: How To Revitalize The Workplace, in: Human Resource Magazine, May 1996, S. 54-62

Guzzoni, U.: Identität oder nicht: Zur Kritischen Theorie der Ontologie, Freiburg/München, 1981

Habermas, J.: Zur Rekonstruktion des historischen Materialismus, Frankfurt 1976

Habermas, J.: Theorie des kommunikativen Handels, Bd. 1: Handlungsrationalität und gesellschaftliche Rationalisierung, Frankfurt, 1981

Hall, E.T.: Die Sprache des Raumes, Düsseldorf, 1976

Hall, E.T.: Beyond Culture, Garden City, NY, 1977

Hall, E.T.: The Dance of Life, Garden City, N.Y., 1983

Hall, E. T./Hall, M. R.: Understanding cultural differences, Yarmouth, 1990

Hamaguchi, E.: A Contextual Model of the Japanese: Toward a Methodological Innovation in Japan Studies, in: Journal of Japanese Studies, 11:2, 1985, S. 289--321

Hamaguchi, E.: Ein Modell zur Selbstinterpretation der Japaner - >Intersubjekt < und >Zwischensein<, in: Heise, H. (Hrsg.): Die kühle Seele: Selbstinterpretationen der japanischen Kultur, Frankfurt a. Main, 1990, S. 138-146

Hamel, G./Prahalad, C.K.: "Strategic Intent" - aber jetzt gegen die Japaner, in: Harvard Manager, 4/1989, S. 90-102

Hamel, H./Heene, A. (Ed.): Competence-based competition, Chichester etc. 1994

Handwörterbuch Technologiemanagement/Hrsg. v. E. Zahn, Stuttgart 1995

Handy, Ch.: Trust and the Virtual Organization, in: Harvard Business Review, May-June 1995, S. 40-50

Harada, Y.: The Origins of Japanese-style Management, in: NIRA Review, Winter 1995, avl. in: URL: http://www.nira.go.jp/publ/index.html, Stand 21.01.1998

Hardach-Pinke, I. (Hrsg.): Japan, eine andere Moderne, Tübingen, o.J.

Hardach-Pinke, I.: Vorwort, in: Hardach-Pinke, I. (Hrsg.): Japan, eine andere Moderne, Tübingen, o.J.a, S. 7-9

Hardach-Pinke, I.: Die Entstehung des modernen Japans und seine Wahrnehmung durch den Westen, in: Hardach-Pinke, I. (Hrsg.): Japan, eine andere Moderne, Tübingen.- o.J.b, S. 11-36

Hauschildt, J.: Innovationsmanagement, München, 1993

Häußer, E.: Zukunftstechnologien und Patentbilanz, in: Das Management von Innovationen/Hrsg. von E. Staudt.- Blick durch die Wirtschaft, hrsg. von der FAZ. Frankfurt am Main, 1986, S. 571-589

Häußer, E.: Die wirtschaftliche Bedeutung der Zukunftstechniken, in: Schlüsselfrage Innovationsfähigkeit/Frankfurter Institut - Stiftung Marktwirtschaft und Politik, Kleine Handbibliothek, Band 23, S. 111-136

Hayashi, Shuichi: Internationale Weiterbildung bei NEC, in: Kaishain: Personalmanagement in Japan - Sinne und Werte statt Systeme/Hrsg. von M. Esser u. K. Kobayashi, Göttingen 1994, S. 385-389

Hayashi, Shuji: Culture and Management in Japan, University of Tokyo Press, 1988

Hayashi, T.: R&D Capabilities of Eastern Asian Countries - Centering on Asian NIEs -, in: XIVth EAMSA Conference, October 23-25, 1997, University of Metz (France): "Asian Firms Looking Towards the Global Market", S. 157-170

Hayes, R. H./Wheelwright, S. C.: Industrielles Management in Deutschland, in: Simon, Herm. (Hrsg.): Wettbewerbsvorteile und Wettbewerbsfähigkeit, Stuttgart 1988, S. 150-164

Heidegger, M: Der Satz der Identität, in: Heidegger, M.: Identität und Differenz, 10. Aufl, Stuttgart 1996 (1957) S. 9-30

Heiduk, G. (Hrsg.): Japan als führende Wirtschaftsmacht in einem zukünftigen pazifischen Weltwirtschaftszentrum, Baden-Baden 1985

Heinen, E. (Hrsg.): Unternehmenskultur, München/Wien, 1987

Heinen, E.: Entscheidungsorientierte Betriebswirtschaftslehre und Unternehmenskultur, in: ZfB, 1985, S. 980ff.

Heinen, E.: Identität: Ein bisher vernachlässigtes Element des Zielsystems der Unternehmung, in: Mückl, W.G./Ott, A.E. (Hrsg.): Wirtschaftstheorie und Wirtschaftspolitik - Gedenkschrift für E. Preiser zum 80. Geburtstag, Passau, 1981, S. 125-143

Heinz, M.: Ethnizität und ethnische Identität: eine Begriffsgeschichte, Bonn 1993

Heise, J.: Nihonjinron - Materialien zur Kulturhermeneutik, in: Im Schatten des Siegers: Japan. Band I: Kultur und Gesellschaft, hrsg. v. U. Menzel, Frankfurt 1989, S. 76-97

Heise, J. (Hrsg.): Die kühle Seele: Selbstinterpretationen der japanischen Kultur, Frankfurt a. Main, 1990

Heise, J.: Einleitung, in: Heise, H. (Hrsg.): Die kühle Seele: Selbstinterpretationen der japanischen Kultur, Frankfurt a. Main, 1990a, S. 7-19

Heise, J.: Das Unüberwindbare der Seele, in: Japan-Lesebuch II/Hrsg. v. P.Portner, Tübingen, 1990b, S. 276-286

Heise, J.: Buchbesprechungen: Kimura, B.: Zwischen Mensch und Mensch - Strukturen japanischer Subjektivität, in: Nachrichten der Gesellschaft für Natur- und Völkerkunde Asiens e.V., Jhg. 1995, Heft 157-158, avl. in: URL: http://www.uni-hamburg.de/Wiss/FB/10/JapanS/Zeitschr/rez157_4.html, Stand 27.03.1997

Helson, R./Stewart, A. J./Ostrove, J.: Identity in Three Cohorts of Mid-life Women, in: Journal of Personality and Social Psychology, 1995, Vol. 69, No. 3, S. 544-557

Hemmert, M.: Technologieführer Japan? Die Umstrukturierung der japanischen Forschungslandschaft, Japanstudien, in: Jahrbuch des Deutschen Instituts für Japanstudien der Philipp-Franz-von-Siebold-Stiftung, Band 7/1995, S. 239-278, hier zitiert nach der WWW-Ausgabe, avl. in: URL: http://www.iid.de/informationen/japan/ (Bundesministerium für Bildung, Wissenschaft, Forschung und Technologie, 1996), Stand 10.04.1997

Hemmert, M.: Forschung und Entwicklung in Japan - eine quantitative Bestandsaufnahme, in: Japanstudien, Band 6/1994, Jahrbuch des Deutschen Instituts für Japanstudien der Philipp-Franz-von-Siebold-Stiftung, München, 1995, S. 261-296.

Hemmert, M.: Human Resource Management in the Japanese Innovation System, in: The Japanese Employment System in Transition: Five Perspectives/German Institute for Japanese Studies, Economic Section, Arbeitspapier 97/3, Tôkyô 1997, S. 55-67

Henderson, B. D: Die Erfahrungskurve in der Unternehmensstrategie, Frankfurt/New York 1974, 2. Auflage 1984

Henderson, B. D: Geht es um Strategie - schlag nach bei Darwin, in: Harvard Manager, 3/1990, S. 9-12

Henderson, R./Clark, K. B.: Architectural Innovation: The Reconfiguration of Existing Product Technologies and the Failure of Established Firms, in: Administrative Science Quarterly, 35 (1990), S. 9-30

Hendry, J.: Individualism and Individuality: Entry into a social world, in: Goodman, R./Refsing, K. (Ed.): Ideology and Practice in Modern Japan, London and New York, 1992, S. 55-71

Henkel, H.-O.: Japan - Das unerschlossene Potential für die deutsche Wirtschaft, Vortrag vor der Handelskammer Hamburg (leicht gekürzt), 18.09.1996, in: Der Redenberater, avl. in: URL: http://www.rentrop.com/Reden-berater/reden/redeoo8.htm, Stand 02.02.1998

Henkel, H.O.: Globalisierung als Herausforderung für eine neue Innovationspolitik/Rede auf der VDA/BDI-Veranstaltung "Auto verbindet - Innovationspolitik für mehr Wettbewerbsfähigkeit" anläßlich der IAA am 19. September 1997 in Frankfurt a.M., avl. in: URL: http://www.deutschland-innovativ.de/seiten/news/iaa.htm, Stand 10.06.1998

Henkoff, R./Kano, C./Rao, R. M.: New Management Secrets from Japan - Really, in: Fortune, 27.12.1995

Herzog, R.: "Partnerschaft in Verantwortung" (Rede anläßlich der Verleihung der Ehrendoktorwürde der Waseda-Universität), Tokio 7. April 1997, avl. in: URL: http://www.bundespraesident.de/n/nph-b/reden/de/waseda.htm?reden/deutsch1997.map, Stand 21.01.1998

Heuser, U.-J.: Die deutsche Industrie verläßt den Sparkurs in der Forschung. Doch der Rückstand in der Spitzentechnik ist noch groß, in: Die Zeit, 1998, Nr.9

Heuser, U.-J./Willeke, S.: Das neue Wagnis Arbeit: Job-Nomaden vertreiben Angestellte aus ihrer geschützten Welt, in: Die Zeit, 1997, Nr. 39, avl. in: URL: http://uranus.ecce-terram.de/zeit-archiv/1997/39/thema.txt.19970919.html

Hielscher, G.: Japan Has Become a "Normal" Country, in: Japan Update, January 1996, avl. in: URL: http://www.keidanren.or.jp/, Stand 23.09.1998

Hielscher, G.: Ewiger Urlaub für den Störenfried, in: SZ, 09.10.1997, Nr. 232, S. 11

Hijiya-Kirschnereit, I.: Einleitung zu: Suzuki, T.: Eine verschlossene Sprache: Die Welt des Japanischen, Übers. aus d. Japan., München 1990, S. 9-28

Hill, W./Fehlbaum, R./Ulrich, P.: Organisationslehre 2. Theoretische Ansätze und praktische Methoden der Organisation sozialer Systeme. - 4., erg. Aufl. - Bern; Stuttgart 1992

Hinterhuber, H. H./Winter, L.: Unternehmenskultur und Corporate Identity, in: Organisationskultur: Phänomen - Philosophie - Technologie/E. Dülfer (Hrsg.). - 2., erw. Aufl. - Stuttgart 1991, S. 189-200

von Hippel, E.: Novel Product Concepts from Lead Users, in: Innovation and Management: International Comparisons/ed. by K. Urabe, J. Child, T. Kagono. - Berlin; New York. - 1988, S. 81-101

Hirata, M.: Change in Management in Postwar Japanese Companies, in: Japanstudien/Jahrbuch des Deutschen Instituts für Japanstudien der Philipp-Franz-von-Siebold-Stiftung, München, 1993, S. 103-112

Hirschbühl, F. H.: Die Japaner werden uns erst noch aufwecken, in: io Management Zeitschrift, 59 (1990), Nr. 1, S. 47-50

Hirsh, M.: A Nation Of The World, in: Newsweek, July 8, 1996, S. 39

Hofstede, G.: Interkulturelle Zusammenarbeit: Kulturen - Organisationen - Management. Wiesbaden 1993

Holenstein, E.: Zu Japans Andersheit: Vorwort zu: Doi, T.: Amae: Freiheit in Geborgenheit - Zur Struktur japanischer Psyche, Frankfurt a. Main 1982, S. 7-16

Holyoak, K. J./Spellman, B. A.: Thinking, in: Annual Review of Psychology, 1993, 44, S. 265-315

Horenczyk, G./Nisan, M.: The Actualization Balance of Ethnic Identity, in: Journal of Personality and Social Psychology, 1996, Vol. 70, No. 4, S. 836-843

Howard, N./Teramoto, Y.: The Really Important Difference between Japanese and Western Management, in: Management International Review, vol. 21, 1981/3, S. 19-30

Huber, G. P.: Organizational Learning: The Contributing Processes and the Literature, in: Organization Science, 2, 1991, S. 88-115

Hughes, E.C.: Individualismus für das F+E-Team, in: Harvard Manager, 1982, I. Quartal, S. 32-43

Human Abilities in Cultural Context/ Irvine, S.H.; Berry, J.W. (Ed.)., Cambridge University Press, 1988

Hunold, W.: Personalanpassung in Recht und Praxis. Eine Anleitung zur Lösung betrieblicher Probleme bei rückläufiger Beschäftigung, 2. Aufl., München 1992

Huntington, S.: The Clash of Civilizations?, in: Foreign Affairs, Summer 1993, S. 22-49

Iansiti, M.: Stetige Produktentwicklung - gesteuert von einer Hand, in: Harvard Manager, 1993, No. 4, S. 34-44

Iansiti, M./Clark, K.B.: Integration and Dynamic Capability: Evidence form Product Development in Automobiles and Mainframe Computers, in: Industrial and Corporate Change, Oxford University Press, Vol. 3, No. 3, 1994, S. 557-605

Iansiti, M./West, J.: Technology Integration: Turning Great Research in Great Products, in: Harvard Business Review, May-June 1997, S. 69-79

"Ich sehe Gefahren" - Interview mit Industrieminister R.Hashimoto über die Krise Japans, in: Der Spiegel, 45/1995

Ichikawa, H.: Moving Beyond the Catch--up Mode, in: Japan Update, July 1996, Cover 2; avl. in: URL: http://www.keidanren.or.jp/, Stand 21.01.1998

Ida, I: Ich denke an eine Förderung von Talenten als "Partner bei der Betriebsführung", in: Innovation und Erziehung: Deutschland und Japan/H. Albach (Hrsg.). - Wiesbaden, 1991, S. 77f.

Ikeda, K.: Die "Toyota Engineering Society", in: Kaishain: Personalmanagement in Japan - Sinne und Werte statt Systeme/Hrsg. von M. Esser u. K. Kobayashi, Göttingen 1994, S. 366-370

Im Schatten des Siegers: Japan. Band I: Kultur und Gesellschaft, hrsg. v. U. Menzel, Frankfurt 1989

Imai, K.: Ein neues industrielles System für Japan, in: Japan Echo, Nr. 4, 1996a, S. 35-41

Imai, K.: Information Infrastructures and the Creation of New markets: Japan's Perspective, in: Employment and Growth in the Knowledge-based Economy/OECD Documents, OECD, 1996b, S. 101-114

Imai, K.: Industrial Policy and Technological Innovation, in: Komiya, R./Okuno, M./Suzumura, K. (Eds.): Industrial Policy in Japan, Tokyo 1988, S. 205-232

Imai, M.: Kaizen. Der Schlüssel zum Erfolg der Japaner im Wettbewerb, München, 1994

IMD (International Institute for Management Development): The World Competitiveness Yearbook, avl. in: URL: http://www.imd.ch/

Individualism and Collectivism: Theory, Method, and Applications/Kim, U.; Triandis, H. C.; Kagitçibasi, Ç.; Choi, S.-G.; Yoon, G. (Ed.), Sage Publications, Thousand Oaks u.a., 1994

Industrial Survey 1998 / Automotive: Domestic Market Remains Stagnant, in: Journal of Japanese Trade & Industry, Vol.17, No.4 (100th issue), July/August 1998, Special Report, Compiled by the Industrial Research Department of the Industrial Bank of Japan, Ltd., avl. in: URL: http://www.jef.or.jp/, Stand 07.12.1998

Innovation und Erziehung: Deutschland und Japan/H. Albach (Hrsg.). - Wiesbaden, 1991

Innovation: Adaption and Growth: An International Perspective (Proceedings of the Fifth International Conference on Product Innovation Management, Brighton, United Kingdom, August 24-26, 1987)/Ed. by R. Rothwell and J. Bessant, Amsterdam etc., 1987

Innovations- und Technologiemanagement/D. Müller-Bölling, D. Seibt, U. Winand (Hrsg.) - Festschrift für Prof. Dr. N. Szyperski, Stuttgart 1991

Innovationsmanagement: Theorie und Praxis im Kulturvergleich/Schriftl. H. Albach. - Wiesbaden 1989 (ZfB: Ergänzungsheft; 1989,1)

Inoue, M.: Menschen als Datenbanken: Management im japanischen Stil, in: Japan Echo, 21. Jhg., Nr. 4, 1994, S. 68-76

Inui, S.: Die Japaner und die Entwicklung der Kreativität, in: Innovation und Erziehung: Deutschland und Japan/H. Albach (Hrsg.). - Wiesbaden, 1991, S. 117-128

Isaka, S.: Manufacturers Reshape Asian Strategies, in: The Nikkei Weekly, January 12, 1998, Volume 36, Number 1,807 Issued: 1:00 AM JST, WWW-Ausgabe

Ishibashi, A.: Companies ease rules on hiring as global competition mounts, in: Nikkei Weekly, Vol. 34, Nr. 1.737, August 26, 1996, WWW-Ausgabe

Ishibashi, A.: Manufacturers shift strategies in Asia, in: Nikkei Weekly, July 15, 1996, WWW-Ausgabe

Ishige, N.: Diversity and Commonality in Northern Asian Cultures, in: NIRA Review, Winter 1995, avl. in: URL: http://www.nira.go.jp/publ/index.html, Stand 23.09.1998

Ishihara, H.: Re-evaluating the Japanese Corporate System, Speech at the Japan Canada Business Conference, in: Keidanren Review on Japanese Economy, No. 150, August 1995 Final issue, avl. in: URL: http://www.keidanren.or.jp/english/journal/review/rev002.html, Stand 21.01.1998

Ishikawa, K.: What Is Total Quality Control? The Japanese Way, Prentice Hall, 1988

Itami, H. (with T.W. Roehl): Mobilizing invisible Assets. - Harvard University Press, Cambridge, Massachusetts and London, 1987

Itami, H.: The Japanese Corporate System and Technology Accumulation, in: Innovation and Management: International Comparisons/ed. by K. Urabe, J. Child, T. Kagono. - Berlin; New York. - 1988, S. 27-46

Itami, H.: Häufige Kontakte, in: Wirtschaftswoche, Nr. 39, 18.9.1992, S. 59-62

Itami, H./Numagami, T.: Dynamic Interaction Between Strategy And Technology, in: Strategic Management Journal, Vol. 13, 1992, S. 119-135

Ito, K.: Reforming The Way Companies Govern Themselves, in: Japan Update, November 1997, P. 6, avl. in: URL: http://www.keidanren.or.jp/, Stand 04.12.1997

Ito, M.: Industrielle Gruppenarbeit: Ihr Aufbau und ihre Funktion in der japanischen Forschung und Entwicklung (F&E) und im japanischen Produktionssystem, in: Kaishain: Personalmanagement in Japan - Sinne und Werte statt Systeme/Hrsg. von M. Esser u. K. Kobayashi, Göttingen 1994, S. 221-247 (1994b)

Ito, M.: Qualitätsmanagement in Japan - ein kurzer Abriß seiner Entwicklung, in: Kaishain: Personalmanagement in Japan - Sinne und Werte statt Systeme/Hrsg. von M. Esser u. K. Kobayashi, Göttingen 1994, S. 114-123 (1994a)

Iwabuchi, K.: 'Complicit exoticism: Japan and its other', in: Continuum: The Australian Journal of Media & Culture, vol. 8, No. 2 (1994): 'Critical Multiculturalism", Ed. by T. O'Regan, avl. in: URL: http://kali.murdoch.edu.au/cntinuum/8.2/Iwabuchi.html, Stand 12.01.1997

Iwao, S.: The Graying Society: Introduction, in: Japan Echo, Vol. 23, Special Issue, 1996

Iwawaki, S./Vernon, P. E.: Japanese abilities and achievements, in: Human Abilities in Cultural Context/ Irvine, S.H.; Berry, J.W. (Ed.)., Cambridge University Press, 1988., S. 358-384

Izumi, M.: Selbstbeurteilungen als Personalentwicklung bei SONY, in: Kaishain: Personalmanagement in Japan - Sinne und Werte statt Systeme/Hrsg. von M. Esser u. K. Kobayashi, Göttingen 1994, S. 390-398

Jacobs, S.: Strategische Erfolgsfaktoren der Diversifikation, Wiesbaden, 1992

Jakubczik, G.-D./Bergmann, M./Skubch, N.: Flexible Integration, in: Diebold Management Report, Nr. 5, 1991, S. 14-20

James, B. G.: Wirtschaftsmacht Japan: Das Trojanische Pferd (Übers. aus d. Amerikan.), Freiburg im Breisgau, 1990

JCER (Hrsg.): Medium-term Economic Forecast: Japan's Economic Outlook 1997-2002: Macroeconomics, December 4th 1997 (Research Director: M. Kanno; Assistant Director: Yu.Ito), avl. in: URL: http://www.jcer.or.jp/jpn/b/keizai/04.htm (japanische Version) bzw. http://www.jcer.or.jp/eng/eco-for/medium.htm (englische Übers.), Stand 01.03.1998

Japan's Agenda for the Future: Building a Dynamic and Creative Society/Resolutions of Keidanren's General Assembly, May 26, 1995, in: Keidanren Review on Japanese Economy, No. 150, August 1995 Final issue, in: www.keidanren.or.jp/English/journal/review/rev002.html, Stand 17.04.1996

Japan-Bibliographie: Ein Bestandsverzeichnis der ifo Bibliothek zu Japans Wirtschaft und deren internationalen Beziehungen/Hrsg. vom Informationszentrum des ifo Instituts für Wirtschaftsforschung, München 1994

Japan-Lesebuch II/ Hrsg. v. P.Portner, Tübingen, 1990

Japan-Perspektiven: Wirtschaft, Gesellschaft, Markt, FAZ GmbH Informationsdienste, Frankfurt am Main, 1990

Japan's Resurging Industrial Competitiveness/Ed. by Y. Suzuki, in: NRI Quarterly, Autumn 1996, Vol. 5, No. 3, avl. in: URL: http://www.nri.co.jp/nri/publications/nriqF/96autumn/gaiyo.html, Stand 21.01.1998

Japanese and European Management: Their International Adaptability/Ed. by K. Shibagaki, M. Trevor, T. Abo, University of Tokyo Press, 1989

Japanese business: cultural perspectives/edited by S. Durlabhji and N. E. Marks; with assistance from S. Roach, State University of New York 1993

Japans Wirtschaft auf dem Weg ins 21. Jahrhundert, in: Japan-Perspektiven: Wirtschaft, Gesellschaft, Markt, FAZ GmbH Informationsdienste, Frankfurt am Main, 1990, S. 10-15

Япония: Экономика, общество и научно-технический прогресс [Japan: Wirtschaft, Gesellschaft und wissenschaftlich-technischer Fortschritt]/Hrsg. W. Tsaitsew, Ya. Pewzner, W. Ramzes, Moskau, 1988 (in russischer Sprache).

Jasinowski, J.: America's Manufacturing Revolution: The New Economy, in: American Civilization, Volume 1, Issue 5, April 1995, avl. in: URL: http://www.pff.org/pff/amciv/ac-april/ac495jj.html, Stand 14. July 1996

Jeffrey's Japanese<->English Dictionary Server, avl. in: URL: http://www.gsquare.or.jp/cgi-bin/j-e/dict, Stand 20.11.1998

JETRO: Meeting The Challenge: Japanese Kaisha at the 90's, 1993, avl. in: URL: http://www.jetro.go.jp/it/e/pub/meeting1993/index.html

JETRO: Seeking A New Reality: The Japanese People in the 90-s, 1994, avl. in: URL: http://www.jetro.go.jp/it/e/pub/seeking1994/index.html

Johansson, J.K./Nonaka, I.: How the Japanese Satisfy Customers: Practice and Theory, Georgetown University CIBER, Working Paper 3, February 1993

Johnson, Ch.: Japanese-style Management in America, in: California Management Review, Summer 1988, S. 34-45

Jones, K. K.: Competing to learn in Japan, in: The McKinsey Quarterly 1992, Nr. 1, S. 45-57

K. Eguchi (Interview): How Does Japan Manage? Who's In Charge? Do They Know What They're Doing? Two Seasoned Observers Two Seasoned Observers Vent Their Views/by J. Lloyd-Owen, in: Intersect Japan, March 1996, avl. in: URL: http://www.php.co.jp/japaninface/intersectjapan/intersectjapantext/mgt.html, Stand 12.02.1998

Kagitçibasi, Ç./Berry, J. W.: Cross-Cultural Psychology: Current Research and Trends, in: Annual Review of Psychology, 1989, 40, S. 493-531

Kagitçibasi, Ç.: A Critical Appraisal of Individualism and Collectivism: Toward a New Formulation, in: Individualism and Collectivism: Theory, Method, and Applications/Kim, U.; Triandis, H. C.; Kagitçibasi, Ç.; Choi, S.-G.; Yoon, G. (Ed.), Sage Publications, Thousand Oaks u.a., 1994, S. 52-65

Kagono, T./Nonaka, I./Sakakibara, K./Okumura, A.: Strategic vs. Evolutionary Management: A U.S. - Japan Comparison of Strategy and Organization, Elsevier Science Publishers B.V. , Amsterdam etc. 1985

Kahle, E.: Zur Bedeutung der Unternehmensidentität als Erfolgsfaktor: Unternehmensführung und Unternehmenskultur als Ausdrucksformen unterschiedlicher Betrachtungsweisen von Management, Lüneburg, Februar 1988

Kaishain: Personalmanagement in Japan - Sinne und Werte statt Systeme/Hrsg. von M. Esser u. K. Kobayashi, Göttingen 1994

Kaji, N.: Die konfuzianischen Wurzeln japanischer Religiosität, in: Japan Echo, Nr. 4, 1995, S. 58-64

Kameyama, N.: Management Restructuring and Multi-faceted Manpower Procurement-Development of Annual Pay System and Contract-based Employee System, in: Japan Labor Bulletin, Vol. 31, No. 7, July 1, 1992

Kameyama, N.: Japanese-style Employment Practices at a Turning-Point?, in: Japan Labor Bulletin, Vol. 32, No. 6, June 1, 1993

Karatsu, H.: Preisverfall als Wirtschaftslokomotive, in: Japan Echo, 21. Jhg., Nr. 4, 1994, S. 18-25

Kashima, Y./Yamaguchi, S./Kim, U./Choi, S.-Ch./Gelfand, M.J./Yuki, M.: Culture, Gender, and Self: A Perspective From Individualism-Collectivism Research, in: Journal of Personality and Social Psychology, 1995, Vol. 69, No. 5, S. 925-937

Kato, H.: Japan 2000, in: Futures, December 1985, S. 570-579

Katô, K.: Auf dem Weg zu einer neuen nationalen Vision, in: Japan Echo, Nr. 2, 1997, S. 31-35.

Katô, S.: Geschichte der japanischen Literatur, Übersetzung aus dem Japanischen, 1. Auflage, Darmstadt, 1990 (Japanische Teilausgaben 1979 u. 1983)

Kawai, H./Murakami, H.: Betrachtungen über Individualismus und Engagement, in: Japan Echo, 3, 1996, S. 86-93

Kawai, H.: Die >Ewig Jungen < in Japans materneller Gesellschaft, in: Heise, H. (Hrsg.): Die kühle Seele: Selbstinterpretationen der japanischen Kultur, Frankfurt a. Main, 1990a, S. 88-108

Kawai, H.: Die Krise Japans als Krise der >Struktur der leeren Mitte<, in: Heise, H. (Hrsg.): Die kühle Seele: Selbstinterpretationen der japanischen Kultur, Frankfurt a. Main, 1990b, S. 121-137

Kawakita, T.: Japanese In-House Job Training and Development, in: Japan Labor Bulletin, Vol. 35, No. 4, April 1, 1996

Kawazu, T.: Deregulation keeps recovery on track, in: Japan Times, 1996, April 26 - May 3, avl. in: URL: http://www.japantimes.co.jp/features/feat4-96/jptk1.html, Stand 23.09.1998

Keegan, A.: A Profile of the Japanese System of Industrial Relations, in: Foresight Business Journal / School of Business Studies, Trinity College Dublin, 1995, avl. in: URL: http://www.maths.tcd.ie/pub/econrev/fbj/html/anne.html, Stand 23.09.1998

Keidanren: An Attractive Japan: Keidanren's Vision for 2020, Provisional Summary, Third Edition, September 1996, avl. in: URL: http://www.keidanren.or.jp/english/policy/vision/index.html, Stand 23.09.1998

Keidanren: Keidanren Proposes on Developing Japan's Creative Human Resources - An Action Agenda for Reform in Education and Corporate Conduct, March 26, 1996, avl. in: URL: http://www.keidanren.or.jp/english/policy/pol043.html, Stand 23.09.1998

Keizai-Shingo-Jiten, Tokyo 1977

Ken, T.: Japan's Matrix of Nature, Culture, and Technology, in: Japanese business: cultural perspectives/edited by S. Durlabhji and N. E. Marks; with assistance from S. Roach, State University of New York 1993, S. 31-42

Kennedy, J./Everest, A.: Put Diversity in Context, in: Personnel Journal, September 1991, S. 50-54

Kern, W./Schröder, H.-H.: Forschung und Entwicklung in der Unternehmung, Reinbeck bei Hamburg, 1977

Kevenhörster, P.: Politik und Gesellschaft in Japan, Mannheim u.a. , 1993

Keys, J. B./Miller, Th. R.: The Japanese Management Theory Jungle, in: Academy of Management Review, 1984, Vol. 9, No. 2, S. 342-353

Khlynov, V. N.: Японские "секреты" управления персоналом [Japanische "Geheimnisse" des Personalmanagements], Moskau, 1995 (in russischer Sprache)

Kidd, J. B./Teramoto, Y.: The Learning Organization: The Case of the Japanese RHQs in Europe, in: MIR, vol. 35, Special Issue, 1995/2, S. 39-56

Kidd, J.B./Kanda, M.: Organizational Learning in Practice: The Behavior of Senior Production Managers in Britain & Japan, in: XIVth EAMSA Conference, October 23-25, 1997, University of Metz (France): "Asian Firms Looking Towards the Global Market", S. 239-256

Kiechl, R.: Managing Diversity: Postmoderne Kulturarbeit in der Unternehmung, in: Die Unternehmung, 1993, Nr.1, S. 67-72

Kieser, A.: Adapting Organizations to Micro-Electronics - and Micro-Electronics to Organizations: Experiences in the Federal Republic of Germany, in: Innovation and Management: International Comparisons/ed. by K.Urabe, J.Child, T.Kagono, Berlin; New York, 1988, S. 319-336

Kieser, A.: Von der "Morgensprache" zum gemeinsamen "HP-Frühstück" - Zur Funktion von Unternehmenskultur in der Zunft und im modernen Unternehmen, in: Organisationskultur: Phänomen - Philosophie - Technologie/E. Dülfer (Hrsg.). - Stuttgart 1988, S. 207-266

Kieser, A.: Organisationsstruktur, Unternehmenskultur und Innovation, in: Bleicher, K./Gomez, P. (Hrsg.): Zukunftsperspektiven der Organisation - Festschrift zum 65. Geburtstag von Prof. Dr. R. Staerkle, Bern 1990, S. 1 57-178

Kieser, A.: Evolutionstheoretische Ansätze, in: Kieser, A. (Hrsg.): Organisationstheorien. - Stuttgart; Berlin; Köln 1993, S. 243-276

Kieser, A.: Fremdorganisation, Selbstorganisation und evolutionäres Management, in: ZfbF, Vol. 46, Nr. 3, 1994, S. 199-228

Kieser, A.: Moden & Mythen des Organisierens, in: DBW, 56 (1996), 1, S. 21-39

Kieser, A.: Über die allmähliche Verfertigung der Organisation beim Reden. Organisieren als Kommunizieren - Vortrag am 21. Workshop „Organisation"/Kommission „Organisation" im Verband der Hochschullehrer für Betriebswirtschaft, Berlin, 28.02.1997 (Vortragsmanuskript)

Kikuchi, M.: Creativity and ways of thinking: the Japanese style, in: Physics Today, September 1981, S. 42-51

Kim, U.: Individualism and Collectivism: Conceptual Clarification and Elaboration, in: Individualism and Collectivism: Theory, Method, and Applications/Kim, U.; Triandis, H. C.; Kagitçibasi, Ç.; Choi, S.-G.; Yoon, G. (Ed.), Sage Publications, Thousand Oaks u.a., 1994, S. 19-40

Kim, U.; Triandis, H. C.; Kagitçibasi, Ç.; Choi, S.-G.; Yoon, G.: Introduction, in: Individualism and Collectivism: Theory, Method, and Applications/Kim, U.; Triandis, H. C.; Kagitçibasi, Ç.; Choi, S.-G.; Yoon, G. (Ed.), Sage Publications, Thousand Oaks u.a., 1994, S. 1-18

Kimura, B.: Zeit und Angst, in: Zeitschrift für klinische Psychologie, Psychopathologie und Psychotherapie, 33, 1985, Heft 1, S. 41-50

Kimura, B.: Zeit und Angst, in: Grassi, E./Schmale, H. (Hrsg.): Anspruch und Widerspruch, München, 1987a, S. 130-138

Kimura, B.: Jibun (Selbstsein) als Begrenzung des Unbegrenzbaren, in: Grassi, E./Schmale, H. (Hrsg.): Anspruch und Widerspruch, München, 1987b, S. 141-151

Kimura, B.: Psychopathologie des Aida oder der Zwischenmenschlichkeit, in: Daseinsanalyse, 1991, 8, S. 80-95

Kimura, B.: Zwischen Mensch und Mensch: Strukturen japanischer Subjektivität, Übers. aus dem Jap., Darmstadt 1995 (1-e Auflage Tokyo 1972, 26-e Auflage Tokyo 1993)

Kimura, Y.: Japan's New Growth Industries, in: NRI Quarterly, Spring 1995, Vol.4, No.1, avl. in: URL: http://www.nri.co.jp/nri/publications/nriqF/95spring/Gaiyo.HTML, Stand 18.08.1997

Kinias, C.: Mythos Japan und die Realität der 'Lean Production", in: io Management Zeitschrift, 61 (1992), Nr. 3, S. 48-51

Kirkpatrick, D./Goldblatt, H.: Your next PC may be Japanese, in: Fortune, October 28, 1996, avl. in: URL: http://pathfinder.com/@@lZgCGgUAGTFTYtaH/fortune/1996/961028/war.html, Stand 23.09.1998

Kirsch, W. (Hrsg.): Unternehmenspolitik - von der Zielforschung zum Strategischen Management, München 1981

Kirsch, W. Die Handhabung von Entscheidungsproblemen: Einführung in die Theorie der Entscheidungsprozesse. - 3., völlig überarbeitete und erweiterte Auflage. - München 1988

Kirsch, W. Unternehmenspolitik und strategische Unternehmensführung. - München 1990

Kirsch, W. (Hrsg.): Beiträge zum Management strategischer Programme. - München 1991

Kirsch, W.: Kommunikatives Handeln, Autopoiese, Rationalität: Sondierungen zu einer evolutionären Führungslehre. - München 1992

Kirsch, W./Trux, W.: Perspektiven eines Strategischen Managements, in: Kirsch, W. (Hrsg.): Unternehmenspolitik - von der Zielforschung zum Strategischen Management, München 1981, S. 290-396

Kishi, N.: Japans unsichtbare Arbeitslosigkeit, in: Japan Echo, 22. Jhg., Nr. 3, 1995, S. 39-45

Kishi, N.: Lies, Damned Lies: The Real Story of Unemployment in Japan, in: NIRA Winter 1996, avl. in: URL: http://www.nira.go.jp/publ/index.html, Stand 21.01.1998

Kissler, G.D.: The New Employment Contract, in: Human Resource Management, Fall 1994, Vol. 33, Nr. 3, S. 335-352

Kitayama, S./Markus, H.R.: Introduction to Cultural Psychology and Emotion Research, in: Emotion and Culture: Empirical Studies of Mutual Influence/Ed. by S. Kitayama and H.R. Markus, American Psychological Association, Washington D.C., 1994, S. 1-19

Kitzinger, C.: The Individuated Self Concept: A Critical Analysis of Social-Constructionist Writing on Individualism, in: Social Psychology of Identity and the Self Concept/Ed. by G. M. Breakwell, London u.a. 1992, S. 221-250

Kleinfeld, K.: Corporate Identity und strategische Unternehmensführung, München 1992

Klotz, A.: Dopingtest am Kabutocho, in: Börse Online, Nr. 10, 26.2-5.3.1998, S. 10-18

Kluckhohn, F.R./Strodbeck, F.L.: Variations in value orientation. Westport, CT: Greenwood Press, 1961

Klug, C.: Für die Vereinbarkeit von Familie und Beruf, in: Personalwirtschaft, 9, 1997, S. 24-26

Kluge, J./Deger, R./Wunram, J.: Can Germany Still Innovate, in: The McKinsey Quarterly, 1996, Nr. 2, S. 142-153

Knippenberg, van A./Oers, van H.: Social identity and equity concerns in intergroup perceptions, in: British Journal of Social Psychology, 1984, 23, S. 351-361

Knoll, L.: Senioritätsentlohnung, in: Personalwirtschaft, 2/1997, S. 31-33

Knyphausen, D. zu: Unternehmungen als evolutionsfähige Systeme: Überlegungen zu einem evolutionären Konzept für die Organisationstheorie, München, 1988

Knyphausen, D. zu: Selbstorganisation und Führung: Systemtheoretische Beiträge zu einer evolutionären Führungskonzeption, in: Die Unternehmung, 45 Jhg., 1991, Nr. 1, S. 47-63

Knyphausen, D. zu: "Why are firms different?" Der 'Ressourcenorientierte Ansatz" im Mittelpunkt einer aktuellen Kontroverse im Strategischen Management, in: Die Betriebswirtschaft, 1993, 53, 6, S. 771-792

Knyphausen-Aufsess, D. zu: Theorie der strategischen Unternehmensführung: State of the Art und neue Perspektiven, Wiesbaden 1995

Kobayashi, K.: Implications of global integrated communications networks and services for future society, in: International Journal of Technology Management, Vol. 3, No. 3, 1988, S. 225-232

Kobayashi, K.: Wie japanische Unternehmen ihre Mitarbeiter motivieren, in: Kaishain: Personalmanagement in Japan - Sinne und Werte statt Systeme/Hrsg. von M. Esser u. K. Kobayashi, Göttingen 1994, S. 159-165

Kobayashi, Yo.: The Globalization of Technology and the Asia-Pacific Region, in: KEIZAI KÔHÔ CENTÂ, Occasional Paper Studies, No.3, February 1998, avl. in: URL: http://www.keidanren.or.jp/, Stand 23.09.1998

Kobrin, S. J.: The Implications of Global Integration for the National Control of Technology, in: Technology Transfer in International Business/Edited by T. Agmon and M. A. von Glinow, New York; Oxford, 1991, S. 29-36

Kobyakow, A.: Усталость капитала [Müdigkeit des Kapitals], in: Expert, Nr. 15 (132), 20.04.1998, avl. in: URL: http://www.expert.ru/current/number1/98-15-32/data/japanfi.htm, Stand 22.04.1998 (in russischer Sprache).

Kodama, F.: Analyzing Japanese high technologies: the techno-paradigm shift, London 1991

Kodama, F.: Technologiefusion - der Weg zu den Zukunftsmärkten, in: Harvard Manager, 15 Jhg., 1993, Quartal I, S. 41-49

Köddermann, R.: Sind Löhne und Steuern zu hoch? - Bemerkungen zur Standortdiskussion in Deutschland, in: IFO-Schnelldienst, 20/1996, S. 6-15

Kogut, B./Zander, U.: Knowledge of the firm, combinative capabilities, and the replication of technology, in: Organization Science, August 1992, Vol. 3, Nr. 3, S. 383-397

Köhler, R.: Konjunktur als Staatsgeschenk, in: SZ, 20.06.1996

Köhler, R.: Wandel durch Handel, in: SZ, 20.07.1996

Köhler, R.: Japan in schlimmster Finanzkrise aller Industriestaaten, in: SZ, 29.07.1996

Köhler, R.: Japans Autoindustrie fährt im Rückwärtsgang, in: SZ, 31.07.1996

Köhler, R.: Das japanische Finanz-Drama geht in die vierte Runde, in: SZ, 06.11.1996.

Köhler, R.: Markenzeichen wünschenswert, in: SZ, 12.04.1997

Köhler, R.: Moody's schockiert die Märkte, in: SZ, 04.04.1998

Köhler, R.: So sorry, "Tokyo bei Nacht" ist einfach zu teuer, in: SZ, 13.03.1998

Köhler, R.: Japan droht eine Rezession, in: SZ, 16.03.1998, S. 26

Köhler, R.: Die Macht der Schreibtisch-Samurais, in: SZ, 19.03.1998

Köhler, R.: Paket Nummer sieben, in: SZ, 27.03.1998, S. 29.

Koji M.: The Japanese Corporate System is Stable, in: Journal of Japanese Trade & Industry, published bimonthly by Japan Economic Foundation, January 1, 1998, avl. in: http://www.jef.or.jp/

Kolatek, C.: Das Management von Forschungs- und Entwicklungsaktivitäten in japanischen Unternehmen, in: Innovationsmanagement: Theorie und Praxis im Kulturvergleich/Schriftl. H. Albach. - Wiesbaden 1989, S. 177-213

Komiya, R./Okuno, M./Suzumura, K. (Eds.): Industrial Policy in Japan, Tokyo 1988

Komiya, R.: Introduction, in: Komiya, R./Okuno, M./Suzumura, K. (Eds.): Industrial Policy in Japan, Tokyo 1988, S. 1-22

Kommission für Zukunftsfragen der Freistaaten Bayern und Sachsen: Erwerbstätigkeit und Arbeitslosigkeit in Deutschland: Entwicklung, Ursachen und Maßnahmen. Teil I: Entwicklung von Erwerbstätigkeit und Arbeitslosigkeit in Deutschland und anderen frühindustrialisierten Ländern, Bonn, Oktober 1996

Kommission für Zukunftsfragen der Freistaaten Bayern und Sachsen: Erwerbstätigkeit und Arbeitslosigkeit in Deutschland: Entwicklung, Ursachen und Maßnahmen. Teil II: Ursachen steigender Arbeitslosigkeit in Deutschland und anderen frühindustrialisierten Ländern, Bonn, Juli 1997

Kondo, D.: Multiple selves: the aesthetics and politics of artisanal identities, in: Rosenberger, N. R. (Ed.): Japanese sense of self, Cambridge Univ. Press, 1992, S. 40-66

Konno, N./Nonaka, I./Johansson, J.K.: Understanding Customers by 'Creative' Listening: How the Japanese Do It. - Georgetown University CIBER, Working Paper 5, February 1993

Kono, T.: Factors Affecting the Creativity of Organizations - An Approach from the Analysis of New Product Development, in: Innovation and Management: International Comparisons/ed. by K. Urabe, J. Child, T. Kagono. - Berlin; New York, 1988, S. 105-144

Konrad, N. I. (Hrsg.): Японско-русский словарь [Japanisch-Russisches Wörterbuch], in 2 Bänden, Moskau 1970 (in russischer Sprache)

Kornwachs, K.: Identifikation, Analyse und Bewertung technologischer Entwicklungen, in: Handwörterbuch Technologiemanagement/Hrsg. v. E. Zahn, Stuttgart 1995, S. 219-242

von Krogh, G./Nonaka, I./Ichijo, K.: Develop Knowledge Activists!, in: European Management Journal, Vol. 15, No. 5, 1997, S. 475-483

Kosiol, E.: Grundlagen und Methoden der Organisationsforschung, 2., überarb. u. erw. Aufl., Berlin, 1968

Koyama, A.: Eigenarten des japanischen Managements, in: ZfbF, 43, 3/1991, S. 275-282

Kubota-Müller, B.: Freundliches Kopfnicken bedeutet keine Zustimmung: Entscheidungsfindung im japanischen Wirtschaftsleben, in: Blick durch die Wirtschaft, 1989, 32, (13), S. 7

Kuemmerle, W.: Building Effective R &D Capabilities, in: Harvard Business Review, March-April 1997, S. 61-70

Kuhn, R. L. (Ed.): Handbook for Creative and Innovative Managers, McGraw-Hill Book Company, New York u.a., 1988

Kume, Yu.: Technology. Culture. Education, in: Messages from Monthly Keidanren, 1995, Nr. 04, avl. in: URL: http://www.keidanren.or.jp/english/journal/jou004.html, Stand 17.08.1998

Kumon, S.: Some Principles Governing the Thought and Behavior of Japanese (Contextuals), in: The Journal of Japanese Studies, Winter 1982, Vol. 8, Nr. 1, S. 5-28

Kumon, S.: Japan as a Network Society, Pacific Region Forum on Business and Management Communication, Presented on 17.10.1989 (Summary by D. Thomas and S. Kumon), avl. in: URL: gopher://hoshi.cic.sfu.ca:70/00/dlam/business/forum/japan/kumon, Stand 23.09.1998

Kunisch, P. (1989): Personalreduzierung - Aufhebungsvertrag, Kündigung, Sozialplan, 2. Aufl., Stuttgart u.a, 1989

Kupsch, U./Marr, R./Picot, A.: Innovationswirtschaft, in: Industriebetriebslehre: Handlungen im Industriebetrieb/ Hrsg. von E. Heinen. - 9., vollst. neu bearb. und erw. Aufl., Wiesbaden, 1991

Kurita, N.: Die innerbetriebliche Weiterbildung sehr guter Ingenieure: Das Beispiel der privaten Ingenieurschule von Mitsubishi Denki, in: Innovation und Erziehung: Deutschland und Japan/H. Albach (Hrsg.). - Wiesbaden, 1991, S. 149-159

Kurokawa, K.: The Philosophy of Symbiosis, avl. in: URL: http://www.kisho.co.jp/Books/(vgl. dort die Gliederung und die entsprechenden Links zu den einzelnen Kapiteln dieses 1994 im Verlag Academy Press, London erschienenen Buches), Stand 24.09.1998

Kuwahara, Y.: Arbeit und Kapital in Japan: Betriebsgewerkschaften als Teil der Unternehmen, in: Kaishain: Personalmanagement in Japan - Sinne und Werte statt Systeme/Hrsg. von M. Esser u. K. Kobayashi, Göttingen 1994, S. 294-303

Kuwayama, T.: The reference other orientation, in: Rosenberger, N. R. (Ed.): Japanese sense of self, Cambridge Univ. Press, 1992, S. 121-151

Lafayette De Mente, B.: NTC's Dictionary of Japan's Cultural Code Words, Lincolnwood, Illinois 1995

Lanciano, C./Nohara, H.: The Socialization of Engineers and the Development of Their Skills: A Comparison of France and Japan (Abstract), Centre d'Etudes et de Recherches sur les Qualifications, Marseilles (France).Training & Employment: French Dimensions, n13 Aut 1993, in: National Clearinghouse for U.S.-Japan Studies, avl. in: URL: http://www.indiana.edu/, Stand 17.08.1998

Landers, P.: Sharing the Wealth, in: Far Eastern Economic Review, May 29, 1997, S. 54

Landers, P.: American Accents, in: Far Eastern Economic Review, July 31, 1997, S. 46-49

Landers, P.: No Paradise, in: Far Eastern Economic Review, October 9, 1997, S. 82 f.

Landers, P.: No Help Here, in: Far Eastern Economic Review, November 20th, 1997, S. 60 f.

Landers, P.: Needed: a real Bang, in: Far Eastern Economic Review, April 16, 1998, S. 10-13

Landers, P./Biers, D.: This Will Hurt, in: Far Eastern Economic Review, December 4, 1997, S. 74-77

Langmann, H.-J.: Die Wettbewerbsfähigkeit der deutschen Industrie, in: Simon, Herm. (Hrsg.): Wettbewerbs-vorteile und Wettbewerbsfähigkeit, Stuttgart 1988, S. 142-149

Laukamm, T./Walsh, I.: Neue Geschäftsfelder auf der Grundlage verfügbarer Human-Ressourcen, in: Management im Zeitalter der strategischen Führung/Arthur D. Little Internat. (Hrsg.). -2. Aufl. - Wiesbaden, 1986, S. 1 15-122

Laukamm, T./Steinthal, N.: Methoden der Strategieentwicklung und des Strategischen Managements - Von der Portfolio-Planung zum Führungssystem, in: Management im Zeitalter der strategischen Führung/Arthur D. Little Internat. (Hrsg.). -2. Aufl. - Wiesbaden, 1986, S. 7-36

Laumer, H.: Vorwort zu: Ernst, A./Wiesner, G.: Japans technische Intelligenz - Personalstrukturen und Personalmanagement in Forschung und Entwicklung, ifo-Studien zur Japan-Forschung, München 1994

Layng, B. J./Tomasko, R./van Oene, F./Deschamps, J.-Ph.: Lehren von innovativen Unternehmen in den USA, in Japan und in Europa, in: Management der Geschäfte von morgen/Arthur D. Little Internat. (Hrsg.).- 2-e Auflage. - Wiesbaden 1987, S. 41-53

Lazonick, W.: Business Organization and Competitive Advantage: Capitalist Transformations in the Twentieth Century, in: Dosi, G./Gianetti, R./Toninelli, P.A. (Ed.): Technology and enterprise in a historical perspective, Clarendon Press, Oxford 1992, S. 119-163

Lebra, T. S.: Self in Japanese culture, in: Rosenberger, N. R. (Ed.): Japanese sense of self, Cambridge Univ. Press, 1992, S. 105-120

Legewie, J.: The 'Hollowing Out' of Japanese Industry and its Effect on Employment in Japan, The Japanese Employment System in Transition: Five Perspectives/German Institute for Japanese Studies, Economic Section, Arbeitspapier 97/3, Tôkyô 1997, S. 19-34

Leonard-Barton, D.: Core Capabilities and Core Rigidities: A Paradox in Managing New Product Development, in: Strategic Management Journal, Vol. 13, 1992, S. 111-125

Leuenberger, Th./Weinstein, M. (Eds.): Europe, Japan and America in the 1990s: Cooperation and Competition, Springer Verlag, Berlin u.a., 1992

Lewin, A.Y./Stephens, C. U.: Designing Postindustrial Organizations: Combining Theory and Practice, in: Organizational Change and Redesign: Ideas and Insights for Improving Performance/Ed. by G. P. Huber and W. H. Glick. - New York; Oxford. - Oxford University Press 1993, S. 393-409

Liebkind, K.: Ethnic Identity - Challenging the Boundaries of Social Psychology, in: Social Psychology of Identity and the Self Concept/Ed. by G. M. Breakwell, London u.a. 1992, S. 147-186

Linden, F. A.: Traurige Bilanz, in: Manager Magazin, August 1996, S. 112 f.

Linneweh, K.: Innovation als Führungsaufgabe: Führungskräfte werden für ihre Ideen bezahlt und nicht für die Routine. Vortrag anläßlich des Personalforums 1995 der Süddeutschen Zeitung in Berlin etc.

Littler, C. R.: Technology, Innovation and Labour-Management Strategies, in: Innovation and Management: International Comparisons/ed. by K.Urabe, J.Child, T.Kagono. - Berlin; New York. - 1988, S. 337-358

Lücke, W.: Wer hat das bessere Management?, in: Gablers Magazin, Nr. 7, 1988, S. 38-43

Luhmann, N.: Komplexität, in: HWO, 2.Aufl., hrsg. v. E. Grochla, Stuttgart 1980, Sp. 1064-1070

Macintyre, D.: Ministries of Shame, in: Time, Asian Edition, March 23, 1998, Vol. 151, No. 11

M. Makihara interviewed by J. Suzuki: Emerging Times in Japan-U.S. Business Relations, in: Japan Update, July 1996, P. 2; avl. in: URL: http://www.keidanren.or.jp/, Stand 21.01.1998.

Maddox, J./Swinbanks, D.: Why basic research matters, in: Nurturing Creativity in Research Conference, Canberra, Australia/26-28.11.1995, avl. in: URL: http://biology.anu.edu.au/Pages/Pubs/NatConf/Natpap2.html, Stand 17.08.1998

Maeda, K.: Thinking about Japanese Manufacturing Industry, in: Messages from Monthly Keidanren, March 1998, avl. in: URL: http://www.keidanren.or.jp/english/journal/jou9803.html, Stand 12.03.1998.

Maidique, M./Burgelman, R. A. (Hrsg.): Strategic Management of Technology and Innovation, Homewood Illinois 1988

Maidique, M./Zirger, B.J.: The New Product Learning Cycle, in: Maidique, M./Burgelman, R. A. (Hrsg.): Strategic Management of Technology and Innovation, Homewood Illinois 1988, S. 320-337 (Erstveröff. in: Research Policy, December 1995)

Maidique, M.A./Hayes, R.H: The Art of High Technology Management, in: Maidique, M./Burgelman, R. A. (Hrsg.): Strategic Management of Technology and Innovation, Homewood Illinois 1988, S. 566-581 (Erstveröff. in: Sloan Management Review, Vol. 25, Winter 1984, S. 18-31)

Makoto, T.: Die Zeit des Übergangs von der Entwicklung der Kreativität zur "Kreativitätsrevolution" , in: Innovation und Erziehung: Deutschland und Japan/H. Albach (Hrsg.). - Wiesbaden, 1991, S. 129-138

Малая история искусств. Искусство стран Дальнего Востока [Kleine Kunstgeschichte: Kunst in Ländern des Fernen Ostens], Moskau 1979 (in russischer Sprache)

Malik, F.: Strategie des Managements komplexer Systeme: Ein Beitrag zur Management-Kybernetik evolutionärer Systeme, 4. Aufl., Bern etc. 1992

Malik, F.: Systemisches Management, Evolution, Selbstorganisation: Grundprobleme, Funktionsmechanismen und Lösungsansätze für komplexe Systeme, Bern u.a., 1993

Manabe, K./Befu, H.: Japanese Cultural Identity. An Empirical Investigation of *Nihonjinron*, in: Japanstudien/Jahrbuch des Deutschen Instituts für Japanstudien der Philipp-Franz-von-Siebold-Stiftung, München, 1993, S. 89-102

Managing Complexity in High-Technology Organizations/Edited by M. A. von Glinow; S. A. Mohrman. - New York; Oxford, 1990

Mansfield, E.: R&D and Innovation: Some Empirical Findings, in: Grilliches, Z. (Ed.) R&D, Patents, and Productivity. - Chicago and London, National Bureau of Economic Research, 1984, S. 1 27-154

Mansfield, E.: The speed and cost of industrial innovation in Japan and the United States: External vs. internal technology, in: Management Science, 1988a, 34 (10), S. 1157-1168

Mansfield, E.: Industrial R & D in Japan and the United States: A Comparative Study, in: American Economic Review, 1988b, Vol. 78, No. 2, S. 223-228

Mansfield, E.: Technological Creativity: Japan and the United States, in: Business Horizons, Vol. 32, Nr. 2, March-April 1989, S. 48-53.

Markus, H. R./Kitayama, S.: A Collective Fear of the Collective: Implications for Selves and Theories of Selves, in: Personality and Social Psychology Bulletin, October 1994a, Vol. 20, No. 5, S. 568-579

Markus, H. R./Kitayama, S.: The Cultural Construction of Self and Emotion: Implications for Social Behavior, in: Emotion and Culture: Empirical Studies of Mutual Influence/Ed. by S. Kitayama and H.R. Markus, American Psychological Association, Washington D.C., 1994b, S. 89-130

Markus, H. R./Kitayama, S.: The Cultural Shaping of Emotion, in: Emotion and Culture: Empirical Studies of Mutual Influence/Ed. by S. Kitayama and H.R. Markus, American Psychological Association, Washington D.C., 1994c, S. 339-351

Markus, H. R./Kitayama, S.: Culture and the Self: Implications for Cognition, Emotion, and Motivation, in: Psychological Review, 1991, Vol. 98, No. 2, S. 224-253

Marr, R.: Innovation und Kreativität - Planung und Gestaltung industrieller Forschung und Entwicklung, Wiesbaden, 1973

Marr, R.: Innovation, in: HWO/hrsg. von E. Grochla. - 2., völlig neu gestaltete Aufl. - Stuttgart, 1980, Sp. 947-959

Marr, R.: Entwicklungstendenzen der Personalwirtschaftslehre, in: Humanität und Rationalität in Personalpolitik und Personalführung: Beiträge zum 60. Geburtstag von E. Zander/Hrsg. von H. Glaubrecht u. D. Wagner, Freiburg im Breisgau, 1987

Marr, R.: Perspektiven des technisch-kulturellen Wandels für das Personalmanagement der 90er Jahre, in: Marr, R. (Hrsg.): Mitarbeiterorientierte Unternehmenskultur - Herausforderung für das Personalmanagement der 90er Jahre: Beiträge zum Personalmanagement-Symposion' 88, UniBwM, Neubiberg, 1989a, S. 2-16

Marr, R.: Überlegungen zu einem Konzept einer 'Differentiellen Personalwirtschaftslehre", in: Individualisierung der Personalwirtschaft: Grundlagen, Lösungsansätze und Grenzen/H.J. Drumm (Hrsg.), Bern u.a., 1989b, S. 37-48

Marr, R.: Innovationsmanagement, in: DBW, 51, 1991, 3, S. 355-371

Marr, R.: Innovation, in: HWB/hrsg. von W. Wittmann u.a. - 5., völlig neu gestaltete Aufl. - Stuttgart, 1993, Sp. 1796-1812

Marr, R.: Lean Management - über die Gefährlichkeit von Illusionen. Vortrag am 5. Münchener Personalforum, Universität der Bundeswehr München, im Februar 1993, in: Marr, R. (Hrsg.): Szenen des Wandels - Herausforderungen an ein zukunftsorientiertes Personalmanagement". Tagungsband zum 5. Münchener Personalforum, Neubiberg, o.J., S. 71-83

Marr, R.: Wieviel Vertrauen ist notwendig, um Wandel erfolgreich zu gestalten?, unveröffentlichtes Manuskript für den Vortrag anläßlich des 6. Münchener Personalforums, Universität der Bundeswehr München, 02. 02. 1996

Marr, R.: Personalmanagement im Zeichen des Shareholder Value-Ansatzes, unveröffentlichtes Manuskript für den Vortrag anläßlich des 7. Münchener Personalforums, Universität der Bundeswehr München, 14.02.1997

Marr, R./Fliaster, A.: Technologietransfer als Mittel der Unternehmensentwicklung, in: Globale Soziale Marktwirtschaft: Ziele - Wege - Akteure (Festschrift für Prof. Dr. Dr. S. G. Echevarria aus Anlaß seines 60. Geburtstages)/H. Albach (Hrsg.). - Wiesbaden: Gabler 1994 (ZfB-Edition), S. 311-338

Marr, R./Fliaster, A.: Personalbasiertes Innovationsmanagement, 1999, i.V.

Marr, R./Friedel-Howe, H.: Perspektiven der Entwicklung einer Differentiellen Personalwirtschaft für den entscheidungsorientierten Ansatz, in: Die Betriebswirtschaftslehre im Spannungsfeld zwischen Generalisierung und Spezialisierung: E. Heinen zum 70. Geburtstag,/Kirsch, W. (Hrsg.), Wiesbaden, 1989, S. 323-336

Marr, R./Grenz, O.: Personalpolitik im Spannungsfeld von Berufs- und Familienorientierung am Beispiel der Bundeswehr, in: Vereinbarkeit von Beruf und Familie - Familienorientierte Personalpolitik/Projekt der Gemeinnützige HERTIE-Stiftung, München, 1997 (unveröff. Zwischenbericht)

Marr, R./Stitzel, M.: Personalwirtschaft - ein konfliktorientierter Ansatz, München 1979

Martens, E.: Ein Zug ohne Bremsen, in: Zeit-Punkte, Editorial, Nr. 1, 1997, S. 65-69

Maruyama, Magoroh: Mindspaces and science theories, in: Current Anthropology, October 1980, Vol. 21, No. 5, S. 589-599

Maruyama, Magoroh: Experience Looping, Design Looping and Concept Crossing: The Key to Successful Product Invention, Development and Adaptation, in: Futures, August 1985, S. 385-389

Maruyama, Magoroh: Practical Steps for Interactive Innovation, in: Technology Analysis and Strategic Management, 1989, Vol. 1, No. 4, S. 423-430

Maruyama, Magoroh: Japanese Reaction to Management Problems in Europe: Cultural Aspects, in: European Management Journal, Vol. 9, No. 2, June 1991, S. 212-215

Maruyama, Masao: Denken in Japan, in: Maruyama, Masao: Denken in Japan, Suhrkamp Frankfurt am Main, 1988, S. 22-88

Matsuda, T.: "Organizational Intelligence" als Prozeß und als Produkt - Ein neuer Orientierungspunkt der japanischen Managementlehre, in: Technologie & Management, Heft 1, 1993, S. 12-17

McCallum, J.: Managing rapid change, in: Business Quarterly, Winter 1993, S. 91-95

McCormick, K.: Career paths, technological obsolescence and skill formation: R&D staff in Britain and Japan, in: R & D Management, 1995, 25, 2, S. 197-211

McCormick, K.: The Internationalization of R&D: Japanese Firms in Europe, in: XIVth EAMSA Conference, October 23-25, 1997, University of Metz (France): "Asian Firms Looking Towards the Global Market", S. 99-124

McGee, J./Thomas, H.: Technology and strategic management: progress and future directions, in: R&D Management, 19, 3, 1989, S. 205-213

Meid, K.-H.: Arbeitnehmerverhalten in Japan, in: Heiduk, G. (Hrsg.): Japan als führende Wirtschaftsmacht in einem zukünftigen pazifischen Weltwirtschaftszentrum, Baden-Baden 1985, S. 146-149

Menzel, S.: Land des Schwächelns?, in: Die Welt, 12.2.1997

Menzel, U.: Vorwort, in: Im Schatten des Siegers: Japan. Band I: Kultur und Gesellschaft, hrsg. v. U. Menzel, Frankfurt 1989, S. 9-40

Meshcheryakov, A. N.: Герои, творцы и хранители японской старины [Helden, Kreatoren und Hüter des japanischen Altertums], Moskau, 1988 (in russischer Sprache)

Meshcheryakov, A. N.: Внешний фактор в истории культуры Японии [Externe Faktoren in der Geschichte der japanischen Kultur], in: Азия - диалог цивилизаций [Asien - Dialog zwischen den Zivilisationen]/Russische Akademie der Wissenschaften, Instutut für Orientforschung, St.-Petersburg, 1996, S. 17-56 (in russischer Sprache) de Meyer, A.: Automation und Wettbewerbsfähigkeit der europäischen Industrie, in: Simon, Herm. (Hrsg.): Wettbewerbsvorteile und Wettbewerbsfähigkeit, Stuttgart 1988, S. 137-142 (Erstveröff. in: Harvard Manager, 2, 1987)

de Meyer, A.: Management of an international network of industrial R&D laboratories, in: R&D Management, 23, 2, 1993, S. 109-120

Meyer, A. D./Goes, J. B./Brooks, G. R.: Organizations Reacting to Hyperturbulence, in: Organizational Change and Redesign: Ideas and Insights for Improving Performance/Ed. by G. P. Huber and W. H. Glick, New York; Oxford, 1993, S. 67-103

Meyer, J.: Qualität als strategische Wettbewerbswaffe, in: Simon, Herm. (Hrsg.): Wettbewerbsvorteile und Wettbewerbsfähigkeit, Stuttgart 1988, S. 73-88

Meyer, M. A.: Jüdische Identität in der Moderne, Frankfurt 1992

Meyer, N./Sommerlatte, T.: Innovationsdynamik und technische Erneuerung, in: Arthur D. Little Int.: Management des geordneten Wandels/Arthur D. Little. - Wiesbaden 1988, S. 57-71

Miles, R. E./Snow, Ch. C.: Organizational Strategy, Structure and Process, New York, 1978 (Deutsche Ausgabe: Miles, R. E./Snow, Ch. C.: Unternehmensstrategien, Hamburg 1986)

Miller, R. A.: Die japanische Sprache: Geschichte und Struktur, München 1993, Übersetzung aus dem überarb. engl. Orig. (The Japanese Language, Chicago, 1967)

Ministry of International Trade and Industry (MITI), Industrial Policy Bureau: Highlights of the corporate survey report on overseas operating strategy [Outline of Survey], November 1996, avl. in: URL: http://www.jef.or.jp//news/highlights.html, Stand 01.06.1997

Ministry of International Trade and Industry (MITI): Highlights of "The 6th Basic Survey of Overseas Business Activities (Preliminary Report)" (Outline of Survey), March 1997, avl. in: URL: http://www.jef.or.jp/news/970508.html, Stand 01.06.1997

Misumi, J./Peterson, M. F.: Psychology in Japan, in: Annual Review of Psychology, 1990, 41, S. 213-241

Miura, K.: Für die Umsetzung von Kreativität sind Durchhaltevermögen und die Qualität der Führungskräfte entscheidend, in: Innovation und Erziehung: Deutschland und Japan/H. Albach (Hrsg.). - Wiesbaden, 1991, S. 99-106

Miwa, Y.: Corporate Governance in Japanese Firms: Organization Specific Human Capital and Friendly Shareholders/Firms and Industrial Organization in Japan, Part 10, University of Tokyo, Discussion Paper 94-F-27, August 1994, avl. in: URL: http://www.e.u-tokyo.ac.jp/rije/94/f27/contents.htm, Stand 17.08.1998

Miyamoto, K.: Job-Rotation bei NISSAN - ein Beitrag zur Entwicklung der Human-Ressourcen, in: Kaishain: Personalmanagement in Japan - Sinne und Werte statt Systeme/Hrsg. von M. Esser u. K. Kobayashi, Göttingen 1994, S. 351-360

Miyazaki, K.: Search, Learning and Accumulation of Technological Competences; The Case of Optoelectronics, in: Industrial and Corporate Change, Oxford University Press, Vol. 3, No. 3, 1994, S. 631-654

Miyoshi, M.: Japan's Capitalism in Systemic Transformation in: KEIZAI KÔHÔ CENTÂ, Occasional Paper Series, No. 1, January 1998, avl. in: URL: http://www.keidanren.or.jp/, Stand 10.02.1998.

Mizuguchi, K.: Kundenorientierung, in: Kaishain: Personalmanagement in Japan - Sinne und Werte statt Systeme/Hrsg. von M. Esser u. K. Kobayashi, Göttingen 1994, S. 108-113

Mizukoshi, K.: Das betriebliche Vorschlagswesen im Canon-Werk Oita, in: Innovation und Erziehung: Deutschland und Japan/H. Albach (Hrsg.). - Wiesbaden, 1991, S. 141-148

Moffett, S.: Perseverance Pays: Sony Demonstrates Why It's Still No. 1, in: Far Eastern Economic Review, Dec. 28 1995 & Jan. 4, 1996, S. 74-76

Moffett, S.: The Sun Also Rises, in: Far Eastern Economic Review, June 20, 1996, S. 62-66

Moffett, S.: It's the Recovery, Stupid, in: Far Eastern Economic Review, October 24, 1996, S. 63f.

Moffett, S.: Opportunity Knocks, in: Far Eastern Economic Review, Dec. 26, 1996, Jan. 2., 1997, S. 1 18-120

Moffett, S.: Ahead of the Pack, in: Far Eastern Economic Review, Dec. 26, 1996, Jan. 2., 1997, S. 76f.

Moffett, S.: In The Line of Fire, in: Far Eastern Economic Review, Jan. 16, 1997 S. 26-28

Moffett, S.: Happy Days Are Here Again, in: Time, March 10, 1997, Vol. 149, No. 10, avl. in: URL: http://pathfinder.com/time/magazine/1997/int/970310/business.happy_days.html, Stand 21.01.1998

Moffett, S./Sakamaki, S.: Fact of Friction, in: Far Eastern Economic Review, February 1, 1996, S. 40-42

Molis, H.: Betriebliche Familienpolitik: Auf den Prüfstand?!, in: Personalführung, 5, 1997, S. 410-415

Molle, J.: Euro-Knigge für Manager, Frankfurt, 1992, S. 188-198

Momm, Ch.: Organizational Intelligence: Das japanische Managementkonzept der Zukunft?, in: Technologie & Management, Heft 1, 1993, S. 45-46

Morgan, G./Ramirez, R.: 'Action Learning: a holographic metaphor for guiding change, in: Human Relations, vol. 37, 1, 1983, S. 1-28

Morinaga, M.: Trapped by Its Own Invention: Japan's Myth of Homogeneity, in: NIRA Review, Autumn 1995, avl. in: URL: http://www.nira.go.jp/publ/index.html, Stand 21.01.1998

Morishima, M.: Warum Japan so erfolgreich ist: Westliche Technologie und japanisches Ethos (Übers. aus dem Engl.), München 1985

Morley, J. D.: Die verstummte Gesellschaft: Im Sozialprodukt sucht Japan seine Identität, in: SZ, 3.03.1997, S. 11

Morley, D./Robins, K.: Techno-Orientalism: Features, Foreigners, and Phobias, in: New Formations, 16, 1992, S. 136-156

Morone, J.: Strategic Use of Technology, in: California Management Review, Summer 1989, S. 91-110

Morrison, D. E.: Psychological Contracts and Change, in: Human Resource Management, Fall 1994, Vol. 33, Nr. 3, S. 353-372.

Mouer, R./Sugimoto, Y.: Images of Japanese Society: A Study in the Social Construction of Reality, London and New York, 1986

Mroczkowski, T./Hanaoka, M.: Continuity and Change in Japanese Management, in: California Management Review, Winter 1989, S. 39-53

Müller, G.: New Venture Management: Ein Weg zu einer innovativen Organisationskultur? in: Organisations-kultur: Phänomen - Philosophie - Technologie/E. Dülfer (Hrsg.). - 2., erw. Aufl. - Stuttgart 1991, S. 216-230

Müller, M.: Japan fürchtet Arbeitslosigkeit, in: Die Welt, 2.7.1996

Müller, R.W.: Das sozialwissenschaftliche Japan und der Okzident - Von der Verurteilung zur Anerkennung des Gruppen-Ichs, in: Leviathan, Nr. 4/1984, S. 506-549

Müller, R.W.: Tradition und Moderne. Zum Verhältnis von Vorurteil und sozialwissenschaftlichem Begriff, in: Im Schatten des Siegers: Japan. Band I: Kultur und Gesellschaft, hrsg. v. U. Menzel, Frankfurt 1989a, S. 243-276

Müller, R. W.: Einführung in das Denken Maruyamas, in: Leviathan, Nr. 2/1989b, S. 165-175

Müller, R. W.: Ordnung und Chaos, in: Leviathan, Nr. 2/1989c, S. 226-246

Müller, S.: Die Psyche des Managers als Determinante des Exporterfolges: Eine kulturvergleichende Studie zur Auslandsorientierung von Managern aus 6 Ländern, Stuttgart 1991

Müller, S.: Entscheidungsfindung: Eine interkulturelle Betrachtung am Beispiel Japan, in: Interkulturelles Management/Bergmann, N./Sourisseaux, A.L.J. (Hrsg.), Heidelberg, 1992, S. 111-137

Müller, W.: Globaler Wettlauf um den High-Tech-Rohstoff Chip: Investitionen von 165 Milliarden Dollar bis zum Jahr 2000 - Siemens sucht neuen Standort - Chancen für Ostdeutschland, in: Die Welt, 3.8.1995

Müller-Merbach, H.: Die Intelligenz der Unternehmung: Management von Information, Wissen und Meinung, in: Technologie & Management, Heft 1, 1995

Müller-Merbach, H.: Gesamtwirtschaftliches Reengineering der Technologiepolitik: Abgestimmte Prozeßketten statt isolierter Einzelprojekte, in: Technologie & Management, Heft 2, 1995

Müller-Merbach, H.: Sich freuen auf die Zukunft: Kreativ und tatkräftig an der Gestaltung mitwirken, in: Technologie & Management, Heft 4, 1995

Müller-Merbach, H.: Außenhandel Deutschland-Japan: Verbesserung der deutschen Position?, in: Technologie & Management, Heft 4, 1996, S. 175-183

Müller-Stewens, G./Osterloh, M.: Kooperationsinvestitionen besser nutzen: Interorganisationales Lernen als Know-How-Transfer oder Kontext-Transfer?, in: ZfO, 1/1996, S. 18-24

Mummendey, A.: Verhalten zwischen sozialen Gruppen: Die Theorie der sozialen Identität, in: Gruppen- und Lerntheorien/mit Beitr. von H. Crott.. - 1. Aufl., Bern u.a., 1985, S. 185-218

Murata, J.: Technologie und Lebenswelt, in: Alexander von Humboldt-Stiftung, Japanisch-deutsches Kolloquium zur Bedeutung der Geisteswissenschaften/Sektion Tradition heute, Kyoto, im März-April 1996, avl. in: URL: http://www.kclc.or.jp/Humboldt/muratag.htm; Stand 31.03.1997

Murphy, J. T.: Japanese and U.S. Education: Learning from Each Other, in: Japan Update, July 1996, P. 8; avl. in: URL: http://www.keidanren.or.jp/, Stand 21.01.1998

Nakamura, H.: The Ways of Thinking of Eastern Peoples, Ministry of Education, Japan, 1960/Reprint 1988, Greenwod Press, Inc.

Nakamura, M.: Hiring Practices in Japan, in: Japan Labor Bulletin, Vol. 31, No. 02, February 1, 1992

Nakamura, M.: Technologische Innovation und Humanressourcen, in: Kaishain: Personalmanagement in Japan - Sinne und Werte statt Systeme/Hrsg. von M. Esser u. K. Kobayashi, Göttingen 1994, S. 203-220

Nakane, Ch: Die Struktur der japanischen Gesellschaft, Frankfurt am Main, 1985 (Die Erstveröffentlichung erfolgte unter dem Titel 'Tate Shakai no Ningen Kankei: Tan'itsu Shakai no Riron" in Tokyo 1967, die englische Übersetzung erschien unter dem Titel 'Japanese Society" in London 1970)

Nasu, Sh.: Consensus, Genuine and Otherwise, in: Messages from Monthly Keidanren (Electronic Journal), 2.8.1995, avl. in: URL: http://www.keidanren.or.jp/, Stand 17.04.1996

Naughton, K./Thornton, E. u.a.: Can Honda Build A World Car?, in: Business Week, European Edition (Cover Story), September 8, 1997, S. 38-44.

Naumann, N.: Identitätsfindung - das geistige Problem des modernen Japans, in: Bernd, M. (Hrsg.): Japans Weg in die Moderne: Ein Sonderweg nach deutschem Vorbild? Frankfurt/New York, 1987

NEC Corp.: Annual Report 1995, Part Financial Highlights (NEC CORPORATION AND CONSOLIDATED SUBSIDIARIES, For the years ended March 31, 1993, 1994 and 1995), avl. in: URL: http://www.nec.co.jp/english/profile/annual/1995/high/high.html; Stand 04.05.1997

NEC Corp.: Annual Report 1996, Part Financial Highlights (NEC CORPORATION AND CONSOLIDATED SUBSIDIARIES, For the years ended March 31, 1994, 1995 and 1996), avl. in: URL: http://www.nec.co.jp/english/profile/annual/1996/high/index.html, Stand 04.05.1997

Nefiodow, L. A.: Nachlassende Innovationskraft und Kreativität in der Wirtschaft - Auswege aus der Orientierungskrise unserer Gesellschaft, in: Wirtschaftsmacht Japan - Ohnmacht Europas? (Red. und Koordination D. Görgmaier). Bayer. Staatsministerium für Wirtschaft und Verkehr, 1. Aufl., 1993, S. 205-241

Neipp, G.: Wettbewerbsvorteile durch bessere Organisation und Technik, in: Pfeiffer, W./Weiß, E. (Hrsg.): Internationaler High-Tech-Wettbewerb: Herausforderungen, Lösungen, Erfahrungen. - Berlin 1992, S. 1 47-168

Nelson, R. R.: Understanding Technical Change as An Evolutionary Process, Elsevier Science Publishers B.V., North-Holland etc., 1987

Nelson, R.R.: Why do firms differ, and does it matter?, in: Strategic Management Journal, Vol. 12, 1991, S. 61-74

Nelson, R. R.: The Roles of Firms in Technical Advance: A Perspective from Evolutionary Theory, in: Dosi, G./Gianetti, R./Toninelli, P.A. (Ed.): Technology and enterprise in a historical perspective, Oxford 1992, S. 164-184

Nelson, R.R./Winter, S.G.: An evolutionary theory of economic change, Cambridge Mass: Harvard University Press, 1982

Neue Technologien: Höhere Produktivität, weniger Arbeit - Interview mit dem Präsidenten der Fraunhofer-Gesellschaft, Prof. H. J. Warnecke, in: SZ, Nr. 61, 1995, S. 25

Nevens, T. M./Summe, G.L./Uttal, B.: Commercializing Technology: What the Best Companies Do, in: Harvard Business Review, May-June 1990, S. 154-163

Niimura, Y.: The Changing Reality of the Japanese-style Employment System, in: NIRA Review, Autumn 1996, avl. in: URL: http://www.nira.go.jp/publ/index.html, Stand 21.01.1998

Nisihira, S.: Public Opinion in Japan, in: Japanstudien/Jahrbuch des Deutschen Instituts für Japanstudien der Philipp-Franz-von-Siebold-Stiftung, München, 1993, S. 37-54

Nissan Motor Co., Ltd.: Annual Report 1996 (Fiscal Year Ended March 31, 1996), Internet Edition, avl. in: URL: http://www.nissan.co.jp/GCC/Japan/Annual/cover2.html, Stand 06.03.1997

Nissan Motor Co., Ltd.: Nissan To Start Hiring Engineers This October, in: Supplemental Nissan News, From: Corporate Communications Department, A30-SN-6051, Date: September 30, 1996, avl. in: URL: http://www.nissan.co.jp/GCC/Japan/NEWS/News7Eng.html, Stand 06.03.1997

Nissan Motor Co., Ltd.: Nissan's Hiring Plan for Fiscal Year Ending March 1998 -- Hiring of Office Staff for First Time in Four Years, Expansion of Year-round Hiring, Open Public Recruitment--, in: SUPPLEMENTAL NISSAN NEWS From: CORPORATE COMMUNICATIONS DEPARTMENT, A30-SN-7018, Date: February 26, 1997, avl. in: URL: http://www.nissan.co.jp/GCC/Japan/NEWS/News9Eng.html, Stand 06.03.1997

Noguchi, T.: High Technology and Its Impact on Business Management, in: Innovation and Management: International Comparisons/ed. by K. Urabe, J. Child, T. Kagono. - Berlin; New York. - 1988, S. 304-318

Nonaka, I.: Self-renewal of the Japanese Firm and the Human Resource Strategy, in: Human Resource Management, Spring 1988, Vol. 27, No. 1, S. 45-62

Nonaka, I.: Redundant, Overlapping Organization: A Japanese Approach to Managing the Innovation Process, in: California Management Review, Spring 1990, S. 27-38

Nonaka, I.: Wie japanische Konzerne Wissen erzeugen, in: Harvard Manager 2/1992, S. 95-103

Nonaka, I.: Innovationsmanagement als ein Prozeß der Wissensschöpfung: Ein neues Modell für das wissenserzeugende Unternehmen, in: Kaishain: Personalmanagement in Japan - Sinne und Werte statt Systeme/Hrsg. von M. Esser u. K. Kobayashi, Göttingen 1994, S. 248-277

Nonaka, I.: Inobêshon kenkyû e no chishiki sôzô riron no, in: Business Review, o.J., Vol. 45, No.1, S. 29-35

Nonaka, I./Takeuchi, H.: The Knowledge-Creating Company: How Japanese Companies Create the Dynamics of Innovation, New York; Oxford, Oxford University Press 1995

Nonaka, I./Byosiere, Ph./Borucki, C. C./Konno, N.: Organizational Knowledge Creation Theory: A First Comprehensive Test, in: International Business Review, Vol. 3, No. 4, 1994, S. 337-351

Nonaka, I./Takeuchi, H./Umemoto, K.: A Theory of organizational knowledge creation, in: IJTM, Special Publication on Unlearning and Learning, Vol. 11, No. 7/8, 1996, S. 833-845

Nonaka, I./Johansson, J. K.: Japanese Management: What About the "Hard Skills"?, in: Academy of Management Review, 1985, Vol. 10, Nr. 2, S. 181-191

Noppeney, C.: Dauerhafte Innovationen: ein unerfüllbarer Traum? in: Gablers Magazin, 11-12, 1996, S. 33-44

Nukazawa, K.: The Changing Social and Political Environment and Japanese Business: Social and political pressures are forcing changes on Japanese business that will have international ramifications, in: KEIZAI KÔHÔ CENTÂ, Occasional Paper Series, No.2, January 1998, avl. in: URL: http://www.keidanren.or.jp/, Stand 04.04.1998

Nukazawa, K.: Post-Bubble Asia and Capitalism Models: Asian countries need to reform their economies, but they will not become U.S. clones, in: KEIZAI KÔHÔ CENTÂ, Occasional Paper Series, No.4, March 1998, avl. in: URL: http://www.keidanren.or.jp/, Stand 04.04.1998

o.V.: About 70% of Corporations Plan to Introduce Annual Pay System, in: Japan Labor Bulletin, Vol. 35-No.08, August 1, 1996

o.V.: A better sort of Japan-basher, in: The Economist, January 11, 1997 , S. 14.

o.V.: An UnMITIgated success, in: The Economist, August 31st, 1996, S. 55f.

o.V.: Analysten für Tokio skeptisch, in: Die Welt, 20.1.1997

o.V.: Anstöße "von draußen": Frühjahrsgutachten, in: AußenWirtschaft, 7/1994, S. 7-9

o.V.: Asienkrise und Konsumflaute lösen in Japan unerwartet tiefe Rezession aus, in: SZ, 13.06.1998

o.V.: Aug. unemployment rate falls 0.1 pt from July to 3.3%, in: Nihon Keizai Shimbun, Wednesday, October 2, 1996, Volume 1 No:187 Issued: 02:00 p.m. JST, WWW-Ausgabe

o.V.: Auslandskonjunktur: Ein gespaltenes Bild, in: IWD, Jhg. 22, 1.08.1996, S. 4f.

o.V.: Auto-parts makers steer toward diversified product lines, in: Nihon Keizai Shimbun, Tuesday, May 28, 1996, Volume 1 No:97 Issued:02:00 p.m. JST, WWW-Ausgabe

o.V.: Autohersteller fahren Erträge hoch, in: SZ, 29.06.1996

o.V.: Automakers, machinery firms to lead FY96 profit growth, in: Nihon Keizai Shimbun, Wednesday, June 5, 1996, Volume 1 No:103 Issued:02:00 p.m. JST, WWW-Ausgabe

o.V.: Automobilindustrie: Japaner drehen auf, in: Der Spiegel, 23/1996, S. 101

o.V.: Ban Lifted on Stock Option Systems, in: Japan Labor Bulletin, Issued by the Japan Institute of Labor, Vol.36-No.08, August 1, 1997.

o.V.: Bank of Japan men took entertainment for granted, in: Asahi Shimbun, 12.03.1998, WWW-Ausgabe

o.V.: Biotechnik: Es mangelt an der Umsetzung, in: Die Welt, 24.7.1995

o.V.: "Bitte um Hilfe", in: Spiegel, 1, 1994, S. 1 12-114

o.V.: BOJ chief faces the ax, in: Asahi Shimbun, 12.03.1998, WWW-Ausgabe

o.V.: BOJ arrest may rock economy, in: Asahi Shimbun, 12.03.1998, WWW-Ausgabe

o.V.: Business mood grim, survey says, in: Asahi Shimbun, January 21, 1998, WWW-Ausgabe

o.V.: Companies Cast Their Recruitment Nets Wider, in: Japan Update, July 1996, P. 12; avl. in: URL: http://www.keidanren.or.jp/, Stand 23.09.1998

o.V.: Corporate profit to grow 8.3% in FY97: Nomura Research, in: Nihon Keizai Shimbun, Monday, March 10, 1997, Volume 2 No:308E Issued: 07:30 p.m. JST, WWW-Ausgabe

o.V.: Companies to boost hirings in 1997, says Labor Ministry, in: Nihon Keizai Shimbun, Friday, June 7, 1996, Volume 1 No:105 Issued:02:00 p.m. JST, WWW-Ausgabe

o.V.: 'Der Neue Markt ist eine Spielhölle mit gezinkten Karten" - SZ-Interview mit André Kostolany , in: SZ, 14.05.98 (SZ-Beilage)

o.V.: Deutsche Erfinder auf dem Vormarsch, in: Die Welt, 22.05.1997 o.V.: Deutsche M+E-Industrie: Hartes Ringen um Marktanteile, in: IWD, Nr. 36, 5. September 1996, S. 4-5

o.V.: Die Geldmaschine, in: Der Spiegel, 47/1995, S. 132-136

o.V.: "Die Messe ist ein Pflichtprogramm", in: SZ, 28.08.1996, S. 23

o.V.: DIHT: Harte DM schafft Arbeitsplätze Vorteile überwiegen die Nachteile, in: SZ, 27.08.1996

o.V.: Diversifying Recruitment at Companies, in: Japan Labor Bulletin, Vol. 35, No. 12, December 1, 1996

o.V.: "Düstere Zeiten": Das Ansehen der deutschen Manager schwindet, in: Der Spiegel, 23, 1996, S. 98

o.V.: Earnings: Canon expects interim profit up 75%; FY96 seen up 31%, in: Nihon Keizai Shimbun, Tuesday, June 4, 1996, Volume 1 No:102 Issued:02:00 p.m. JST, WWW-Ausgabe

o.V.: Earnings: Fanuc posts 4% rise in FY96 pretax profit, in: Nihon Keizai Shimbun, Saturday, May 31, 1997, Volume 2 No:379 Issued: 01:00 p.m. JST, WWW-Ausgabe

o.V.: Economic recovery at a crucial point after strong 1st quarter, in: Nihon Keizai Shimbun, Wednesday, June 19, 1996, Volume 1 No:113 Issued:02:00 p.m. JST, WWW-Ausgabe

o.V.: Elektroindustrie baut 30 000 Jobs ab, in: Die Welt, 12.7.1996

o.V.: Employees At Electric Appliance Firms To See Smaller Pay Rises, in: Nihon Keizai Shimbun, Tuesday, March 17, 1998, Volume 3, No:624 Issued 10:00 a.m. JST, WWW-Ausgabe.

o.V.: Ende der Harmonie, in: Der Spiegel, 45/1995

o.V.: Entziehungskur schafft Arbeit, in: SZ, 24.04.1998

o.V.: Features of the Science and Technology Basic Plan, in: Japan Update, January 1997, Vol. 2, No.1, S. 8, avl. in: URL: http://www.keidanren.or.jp/, Stand 05.06.1997

o.V.: Firms Expect Profit To Dip 2.2% In FY97: Nikkei Survey, in: Nihon Keizai Shimbun, Saturday, February 28, 1998, Volume 3 No:610 Issued: 01:00 p.m. JST, WWW-Ausgabe

o.V.: Frequently Asked Questions (FAQ) and Answers on "An Attractive Japan: Keidanren's Vision for 2020", avl. in: URL: Japan Update, May 1996, P. 23, in: http://www.keidanren.or.jp/, Stand 23.09.1998

o.V.: Friends, Koreans, Countrymen, in: The Economist, November 9th, 1996, S. 81

o.V.: Fujitsu plans major recruitment of mid-career engineers in FY 1997, in: Nihon Keizai Shimbun, Tuesday, April 15, 1997, Volume 2 No:339 Issued: 01:00 p.m. JST, WWW-Ausgabe

o.V.: “Good-bye, Japan“, in: Der Spiegel; Nr. 49, 1997, S. 96-99

o.V.: GDP in 2nd quarter shrinks 0.6%: JCER, in: Nihon Keizai Shimbun, Wednesday, July 31, 1996, Volume 1 No:143 Issued: 02:00 p.m. JST, WWW-Ausgabe

o.V.: GDP rises 3% in 1st quarter, in: Asahi Shimbun, 19.06.1996, WWW-Ausgabe

o.V.: Gov't to spend 4.3 yen trl on science in FY2000, in: Nihon Keizai Shimbun, Friday, June 21, 1996, Volume 1 No:115 Issued:02:00 p.m. JST, WWW-Ausgabe

o.V.: Group Earnings: Automakers' FY96 resulted mixed, in: Nihon Keizai Shimbun, Friday , May 30, 1997, Volume 2, No:378 Issued: 01:00 p.m. JST, WWW-Ausgabe o.V.: Group Earnings: Honda Motor expects record profit, in: Nihon Keizai Shimbun, Monday, August 26, 1996, Volume 1 No:161 Issued:02:00 p.m. JST, WWW-Ausgabe

o.V.: Group Earnings: Nidec (6594) To Post Record High Profit, in: Nihon Keizai Shimbun, Wednesday, April 8, 1998, Volume 3 No:643 Issued: 10:00 a.m. JST, WWW-Ausgabe

o.V.: Group Earnings: Nintendo Estimates 46% Rise In FY97 Pretax Profit, in: Nihon Keizai Shimbun, Thursday, April 9, 1998, Volume 3 No:644 Issued: 10:00 a.m. JST, WWW-Ausgabe

o.V.: Group Earnings: Nintendo (7974) Records 28% Rise In Net Profit For FY97, in: Nihon Keizai Shimbun, Friday, May 15, 1998, Volume 3 No:675 Issued: 10:00 a.m. JST, WWW-Ausgabe

o.V.: Group net profits of listed firms double in FY95: Nikkei, in: Nihon Keizai Shimbun, Monday, July 1, 1996, Volume 1 No:121 Issued: 02:00 p.m. JST, WWW-Ausgabe

o.V.: Gute Job-Aussichten bei High-Tech: Forschungsintensive Branchen fördern die Beschäftigung - Wachstumsschub durch Info-Technik, in: Die Welt, 16.9.1995

o.V.: Harmonie fördert das internationale Geschäft, in: SZ, Nr. 286, 12. Dezember 1995, S. 27

o.V.: Harte Währung schafft neue Jobs, in: Die Welt, 27.8.1996

o.V.: High-Flying Sony To Raise Dividend In FY98, in: Nihon Keizai Shimbun, Tuesday, April 7, 1998, Volume 3 No:642 Issued: 10:00 a.m. JST, WWW-Ausgabe

o.V.: Hitachi To Set Up Division In Feb To Boost Multimedia Business, in: Nihon Keizai Shimbun, Thursday, January 29, 1998, Volume 3 No. 584, Issued: 01:00 p.m. JST, WWW-Ausgabe

o.V.: Hitachi Zosen To Base Pay, Promotion On Division Performance, in: Nihon Keizai Shimbun, Friday, April 3, 1998, Volume 3 No:639 Issued: 10:00 a.m. JST, WWW-Ausgabe

o.V.: Honda Motor expects record pretax profit of around 100 bln yen in FY96, in: Nihon Keizai Shimbun, Tuesday, July 9, 1996, Volume 1 No:127 Issued:02:00 p.m. JST, WWW-Ausgabe

o.V.: Honda Motor Nets Record Quarterly Profit, in: Nihon Keizai Shimbun, Thursday, February 19, 1998, Vol. 3 No:602 Issued 01:00 p.m. JST, WWW-Ausgabe

o.V.: Im Kampf gegen die Rezession lockert Japan die Steuerschraube, in: SZ, 11./12./13. April 1998, S. 27

o.V.: Industrie startet Japan-Initiative, in: Die Welt, 19.9.1996

o.V.: Industrie, Wissenschaft und Staat setzen auf die Telekommunikation, in: BMFT-Journal, Nr. 4, August 1994, S. 4

o.V.: Industrie-Renditen international: Der Nachholbedarf bleibt, in: IWD, Nr. 39, 25.09.1997, S. 3.

o.V.: Informationstechnologien kommt eine strategische Doppelrolle zu, in: BMFT-Journal, Nr. 4, August 1994, S. 4

o.V.: January-March GDP growth falls to 8.7% using U.S. method, in: Nihon Keizai Shimbun, Thursday, September 12, 1996, Volume 1 No:174 Issued: 02:00 p.m. JST, WWW-Ausgabe o.V.: Japan Automakers Cut Temporary Workers Amid Slow Domestic Demand, in: Nihon Keizai Shimbun, Thursday, April 30, 1998, Volume 3 No:662 Issued: 10:00 a.m. JST, WWW-Ausgabe

o.V.: Japan, EU Agree To Raise '98 Auto Export Quota, in: Nihon Keizai Shimbun, Thursday, March 26, 1998, Volume 3 No:632 Issued: 10:00 a.m. JST, WWW-Ausgabe

o.V.: Japan erholt sich nur langsam: Staatsschulden und starker Yen bremsen Aufschwung - OECD fordert stärkere Deregulierung, in: Die Welt (Wirtschaft), 8.12.1995

o.V.: Japan in Transition, in: Focus Japan, Cover Story, April 1996

o.V.: Japan is buying its way into U.S. university labs, in: Business Week, 24.09.1984, S. 118f.

o.V.: Japan könnte von der Asienkrise profitieren, in: SZ, 19.03.1998.

o.V.: Japan startet zur Aufholjagd, in. Wirtschaftswoche, Nr. 19, 2.5.1996, S. 198f.

o.V.: Japan's leading automakers report FY95 pretax profits, in: Nihon Keizai Shimbun, Thursday, May 30, 1996, Volume 1 No:99 Issued:02:00 p.m. JST, WWW-Ausgabe

o.V.: Japan's Trade Surplus Jumps 52% In April, in: Nihon Keizai Shimbun, Wednesday, May 20, 1998, Volume 3 No:679E Issued: 07:00 JST, WWW-Ausgabe

o.V.: Japans Zentralbankchef bietet Rücktritt an, in: Die Welt, 13.03.1998.

o.V.: Japaner in Europa - immer mehr Produktion vor Ort, in: IWD, 13. Februar 1997, Nr.7, S. 6

o.V.: Japanese Auto Exports Jump 21.4% In FY 1997, in: Nihon Keizai Shimbun, Tuesday, April 28, 1998, Volume 3 No:660 Issued 10:00 a.m. JST, WWW-Ausgabe

o.V.: Japanese Corporate Net Profits Slide 24.5% In FY97: Nikkei Survey, in: Nihon Keizai Shimbun, Saturday, April 18, 1998, Volume 3 No:652 Issued: 10:00 a.m. JST, WWW-Ausgabe

o.V.: Japanese Economy Faces First Contraction In 24 Years: OECD, in: Nihon Keizai Shimbun, Thursday, April 9, 1998, Volume 3 No:644 Issued: 10:00 a.m. JST, WWW-Ausgabe

o.V.: Japanese industrial parks attract foreign high-tech firms, in: Nihon Keizai Shimbun, Wednesday, August 21, 1996, Volume 1 No:158, WWW-Ausgabe

o.V.: Japanese makers seek to retain experienced engineers, in: Nihon Keizai Shimbun, April 14, 1997, Volume 2 No:338 Issued: 01:00 p.m. JST, WWW-Ausgabe

o.V.: Japan's Jan-March Real GDP Shrinks 1.3% From Oct-Dec, in: Nihon Keizai Shimbun (Evening News), Friday, June 12, 1998, Volume 3 No:699E Issued: 07:00 p.m. JST, WWW-Ausgabe

o.V.: Japan's GDP Suffers Largest Postwar Fall In FY97, in: Nihon Keizai Shimbun, Saturday, June 13, 1998, Volume 3 No:700 Issued: 10:00 a.m. JST, WWW-Ausgabe

o.V.: Japans Wirtschaft erholt sich, in: Die Welt, 20.12.1995

o.V.: Jobless rate hits postwar record, in: Asahi Shimbun, 28.04.1998, WWW-Ausgabe

o.V.: June jobless rate remains at record high 3.5%, in: Nihon Keizai Shimbun, Wednesday, July 31, 1996, Volume 1 No:143 Issued: 02:00 p.m. JST, WWW-Ausgabe

o.V.: Keidanren to ask firms not to hire based on university, in: Nihon Keizai Shimbun, Thursday, June 13, 1996, Volume 1 No:109 Issued:02:00 p.m. JST, WWW-Ausgabe

o.V.: Keiner wird entlassen, in: Manager Magazin, August 1996, S. 106

o.V.: "Kopf abschneiden", in: Der Spiegel, 16/1996, S. 116-119

o.V.: Labor Ministry seeks improvement in working rights of part-timers, in: Nihon Keizai Shimbun, Monday, March 31, 1997, Volume 2 No:326 Issued: 01:00 p.m. JST, WWW-Ausgabe

o.V.: Like Old Times, in: The Economist, November 9th, 1996, S. 82

o.V.: Major Japan Firms See Dollar In 120-125 Yen Range For FY98 First Half, in: Nihon Keizai Shimbun, Tuesday, March 31, 1998, Volume 3 No:636 Issued: 10:00 a.m. JST, WWW-Ausgabe

o.V.: Majority of Companies Plan Reviews of Personnel Evaluation Systems, in: Japan Labor Bulletin, Vol. 35, No. 6, June 1, 1996

o.V.: Matsushita Electric Industrial Unveils Management Program, in: Nihon Keizai Shimbun, Wednesday, March 25, 1998 Volume 3 No:631 Issued 10:00 a.m. JST, WWW-Ausgabe

o.V.: Mazda begins skilled worker training scheme, in: Nihon Keizai Shimbun, August 21, 1996, Volume 1 No:158o.V.: Measures to Cope with The Recession - From Cost-Cutting to Employment Adjustment, in: Japan Labor Bulletin, Vol. 32, No. 05, May 1, 1993

o.V.: Mikroelektronik 2000: In sechs Jahren verdoppelt, in: IWD, Jhg. 21/27.04.1995, S. 6

o.V.: Mitbestimmung gilt als Erfolgsmodell: Studie belegt Beschäftigungsimpulse, in: SZ, 20.05.1998

o.V.: Mitsubishi: The diamonds lose their sparkle, in: The Economist, May 9th 1998, S. 73-74.

o.V.: More people want to change jobs: gov't survey, in: Nihon Keizai Shimbun, Friday, June 21, 1996, Volume 1 No:115 Issued:02:00 p.m. JST, WWW-Ausgabe

o.V.: Nikkei vor dem großen Sprung Analysten halten Anstieg des Index auf 22 000 Punkte für möglich, in: Die Welt, 11.12.1995

o.V.: Nippons Exportwerte bekommen Aufwind, in: Die Welt, 15.3.1997

o.V.: Nissan Announces Financial Results for the Fiscal Year Ended March 31, 1996, in: Nissan/Nissan News, May 28, 1996, avl. in: URL: http://www4.nissan.co.jp/GCC/Japan/NEWS/RESULTS/results1.html, Stand 24.09.1998

o.V.: Nissan Estimates Big Loss, Announces Restructuring, in: Nihon Keizai Shimbun, Wednesday, May 20, 1998., Volume 3 No:679E Issued: 07:00 p.m. JST, WWW-Ausgabe

o.V.: Nissan Motor plans big hiring increase for FY98, in: Nihon Keizai Shimbun, Thursday, February 27, 1997, Volume 2 No:299 Issued: 01:00 p.m. JST, WWW-Ausgabe

o.V.: Nissan Motor to reduce steel varieties used to cut costs, in: Nihon Keizai Shimbun, Friday, July 12, 1996, Volume 1 No:130 Issued:02:00 p.m. JST, WWW-Ausgabe

o.V.: Nissan Motor to reduce steel varieties used to cut costs, in: Nihon Keizai Shimbun, Friday, July 12, 1996, Volume 1 No:130 Issued:02:00 p.m. JST, WWW-Ausgabe

o.V.: Nissan Motor to resume hiring temporary labor, in: Nihon Keizai Shimbun, Monday, March 3, 1997, Volume 2 No:302 Issued: 01:00 p.m. JST, WWW-Ausgabe

o.V.: Nissan restructures European sales and output operations, in: Nihon Keizai Shimbun, Wednesday, Juli 3, 1996, Volume 1 No:123 Issued: 02:00 p.m. JST, WWW-Ausgabe

o.V.: Nissan to cut development time for all models to 19 months, in: Nihon Keizai Shimbun, Tuesday, February 18, 1997, Volume 2, No:291 Issued: 01:00 p.m. JST, WWW-Ausgabe

o.V.: Nissan to consolidate Maxima production at single plant, in: Nihon Keizai Shimbun, Wednesday, January 28, 1998, Volume 3 No:583 Issued 01:00 p.m. JST, WWW-Ausgabe

o.V.: Nissan to cut polypropylene varieties in cost-cutting drive, in: Nihon Keizai Shimbun, Tuesday, August 13, 1996, Volume 1 No:152 Issued:02:00 p.m. JST, WWW-Ausgabe

o.V.: Nissan to cut polypropylene varieties in cost-cutting drive, in: Nihon Keizai Shimbun, Tuesday, August 13, 1996, Volume 1 No:152 Issued:02:00 p.m. JST, WWW-Ausgabe

o.V.: Nissan to resume hiring clerical staff, in: Nihon Keizai Shimbun, Monday, February 24, 1997, Volume 2 No:296 Issued: 01:00 p.m. JST, WWW-Ausgabe

o.V.: Nonfinancial firms improve return in FY95: Nikkei survey, in: Nihon Keizai Shimbun, Friday, June 7, 1996, Volume 1 No:105 Issued:02:00 p.m. JST, WWW-Ausgabe

o.V.: OECD fordert von Japan höhere Investitionen und Steuersenkungen, in: SZ, 09.04.98

o.V.: Opel-Werk in Eisenach Spitze bei der Produktivität, in: Die Welt, 21.8.1996

o.V.: Overseas production to grow despite yen's fall: Nikkei survey, in: Nihon Keizai Shimbun, Monday, August 19, 1996, Volume 1 No:156, WWW-Ausgabe

o.V.: Parts makers fail to raise profits in FY95, in: Nihon Keizai Shimbun, Tuesday, May 28, 1996, Volume 1 No:97 Issued:02:00 p.m. JST, WWW-Ausgabe

o.V.: Pay Increases Hit 22-Year Low This Spring: Nikkei Survey, in: Nihon Keizai Shimbun, Tuesday, April 7, 1998, Volume 3 No:642 Issued: 10:00 a.m. JST, WWW-Ausgabe

o.V.: Poverty amid plenty, in: The Economist, 21.12.1996, S. 96

o.V.: Public mistrust central in central bank scandal (Editorial), in: Asahi Shimbun, 12.03.1998, WWW-Ausgabe

o.V.: Pushing Your Keyboard's Emotional Buttons, in: Japan Insider, Year End 1995, avl. in: URL: http://rikyu.japanese.com/newsletter/9503nl.html, Stand 23.09.1998

o.V.: Real GDP growth hits 23-year high at 12.7% for Jan.-March, in: Nihon Keizai Shimbun, Wednesday, June 19, 1996, Volume 1 No:113 Issued:02:00 p.m. JST, WWW-Ausgabe

o.V.: Reality hits Japan, in: The Economist, November 29th, 1997, S. 13f.

o. V.: Reflecting On Fifty Years, in: Japan Insider, Spring 1995, avl. in: URL: http://rikyu.japanese.com/ newsletter/ 9502nl.html, Stand 03.09.1998

o.V.: Regierung in Tokyo plant größtes Konjunkturprogramm aller Zeiten, in: SZ, 27.03.1998, S. 29

o.V.: Reinventing A Giant, in: Asiaweek, 22.09.1995

o.V.: Rekord bei den Patentanmeldungen überdeckt Wettbewerbsnachteile nicht, in: SZ, 17.04.1996, S. 25

o.V.: Rekord-Kombination auf japanisch, in: AußenWirtschaft, 3/1994, S. 29

o.V.: Rekordeinsatz bei den Robotern, in: Süddeutsche Zeitung, 14.10.1998

o.V.: Rekordwachstum in Japan, in: Die Welt, 20.06.1996

o.V.: Schatten über Japan, in: Blick durch die Wirtschaft, 23.09.1996, Nr. 184, S. 2

o.V.: Siemens in Ostasien, in: Anlage-Management/Hrsg. von der Deutschen Bank AG, Nr. 6/1993, S. 5

o.V.: Signs of upbeat economy seen on broader front: Nikkei, in: Nihon Keizai Shimbun, Monday, July 1, 1996, Volume 1 No:121 Issued: 02:00 p.m. JST, WWW-Ausgabe

o.V.: Sony Starts Employee Incentive Plan Linked To Stock Value, in: Nihon Keizai Shimbun, Saturday, February 28, 1998, Volume 3 No:610 Issued 01:00 p.m. JST, WWW-Ausgabe

o.V.: Sony wächst in Europa gegen den Markttrend, in: Die Welt, 29.08.1997

o.V.: Strong Profit Growth Estimated At Major Firms, in: Asahi Shimbun, May 22, 1996, WWW-Ausgabe

o.V.: Strukturwandel: Die richtige Strategie zum Erfolg, in: IWD, Nr. 14, 1996, S. 4f.

o.V.: Survey: Most feel economy's squeeze, in: Asahi Shimbun, 11. März 1998, WWW-Ausgabe

o.V.: Suzuki Motor to start merit-pay system for all employees in April, in: Nihon Keizai Shimbun, Wednesday, Thursday, February 20, 1997, Volume 2 No:293 Issued: 01:00 p.m. JST, WWW-Ausgabe

o.V.: The Coming Car Crash: Global Pile-Up, in: The Economist, May 10th, 1997, S. 19-23

o.V.: The Japanese Economy in 1997, in: Journal of Japanese Trade & Industry/Published by Japan Economic Foundation, May 1, 1997; avl. in: URL: http://www.jef.or.jp/, Stand 30.05.1997

o.V.: Think tanks revise FY96 real GDP growth upward, in: Nihon Keizai Shimbun, Thursday, June 27, 1996, Volume 1 No:119 Issued:02:00 p.m. JST, WWW-Ausgabe

o.V.: Tohoku Electric Power to hire more employees in midcareer, in: Nihon Keizai Shimbun, Wednesday, June 19, 1996, Volume 1 No:113 Issued:02:00 p.m. JST, WWW-Ausgabe

o.V.: Top 5 automakers to raise capital spending in FY96, in: Nihon Keizai Shimbun, Thursday, May 30, 1996, Volume 1 No:99 Issued:02:00 p.m. JST, WWW-Ausgabe

o.V.: Toyota aims to cut procurement costs 11% by '98, in: Nihon Keizai Shimbun, Thursday, May 30, 1996, Volume 1 No:99 Issued:02:00 p.m. JST, WWW-Ausgabe

o.V.: Toyota aims to offer directors stock options from 1998, in: Nihon Keizai Shimbun, Wednesday, April 23, 1997o.V.: Toyota Motor (7203) Sees Group Net Profit Up 17% In FY97, in: Nihon Keizai Shimbun, April 27, 1998, Volume 3 No:659 Issued 10:00 a.m. JST, WWW-Ausgabe

o.V.: Toyota targets 30% increase in FY98 hiring, in: Nihon Keizai Shimbun, Wednesday, March 26, 1997, Volume 2 No:322 Issued: 01:00 p.m. JST, WWW-Ausgabe

o.V.: Toyota targets domestic market share of 45% in 2000, in: Nihon Keizai Shimbun, Thursday, September 12, 1996, Volume 1 No:174, WWW-Ausgabe

o.V.: Toyota To Raise Dividend, Buy Back 100 Bln Yen In Shares, in: Nihon Keizai Shimbun, Wednesday, February 25, 1998, Volume 3 No:607 Issued: 01:00 p.m. JST, WWW-Ausgabe

o. V.: Tracking Japanese Technology, in: Japan Insider, Summer 1994; avl. in: URL: http://rikyu.japanese.com/newsletter/9403nl.html#9403feature, Stand 17.08.1988

o.V.: Trend zu mehr Technikfreundlichkeit, in: Die Welt, 16.07.1995 o.V.: Trends in Diversifying Recruitment, in: Japan Labor Bulletin, Vol. 34, No. 10, October 1, 1995, WWW-Ausgabe

o.V.: Unwillkommener Rekord, in: SZ, 29.06.1996

o.V.: Variable fallout, in: The Economist, November 29th, 1997, S. 87f.

o.V.: Waiting for Japan's typhoon to pass by, in: The Economist, November 29th, 1997, S. 86f.

o.V.: Welt steht vor 25 Jahren Boom, in: Die Welt, 22.3.1996

o.V.: Whispering reform, in: The Economist, January 11th 1997, S. 21-23

o.V.: Why Hashimoto Has To Hang Tough, in: Business Week, January 27 1997, S. 35

o.V.: Wirtschaft wieder auf Wachstumspfad: Steigende Exporte belebten die Konjunktur im ersten Halbjahr, in: Die Welt, 6.9.1996, S. 1

o.V: Weniger Geld für die Manager, in: Manager Magazin, August 1996, S. 108f.

o.V.: "Wir verlieren die Köpfe", in: Der Spiegel, Nr. 37, 06.09.1996

o.V.: Yet another Asian value, in: The Economist, August 1st, 1998, S. 54

o.V.: Yuasa (6933) Cuts Management Pay In Restructuring Drive, in: Nihon Keizai Shimbun, Monday, April 6, 1998, Volume 3 No:641 Issued: 10:00 a.m. JST, WWW-Ausgabe

Ohga, N.: Fostering A Risk Taking Corporate Culture, in: Japan Update, March 1996, S. 6; avl. in: URL: http://www.keidanren.or.jp/, Stand 23.09.1998

Ohmae, K.: Die Macht der Triade - Die neue Form weltweiten Wettbewerbs, Wiesbaden 1985

Okabe, R.: Cultural Assumptions of East and West: Japan and the United States, In: W. B. Gudykunst (Ed.): Intercultural Communication Theory, Beverly Hills, CA, 1983, S. 21-44

Okimoto, D. I./Rohlen, Th. P. (Ed.): Inside the Japanese System: Readings on Contemporary Society and Political Economy, Stanford University Press, Stanford, 1988

Okonogi, K.: Der Ajase-Komplex des Japaners, in: Heise, H. (Hrsg.): Die kühle Seele: Selbstinterpretationen der japanischen Kultur, Frankfurt a. Main, 1990, S. 30-79

Okumura, A.: The Globalization of Japanese Companies, in: Japanese and European Management: Their International Adaptability/Ed. by K. Shibagaki, M. Trevor, T. Abo, University of Tokyo Press, 1989, S. 31-40

Okumura, H.: Корпоративный капитализм в Японии [Der korporative Kapitalismus in Japan]. - Übers. aus dem Japanischen, Moskau, 1986. [in russischer Sprache]

Ooshika, Y.: Universitätsausbildung und Kreativität, in: Innovation und Erziehung: Deutschland und Japan/H.Albach (Hrsg.). - Wiesbaden, 1991, S. 107-115

Organisation im Umbruch: (Was) Kann man aus den bisherigen Erfahrungen lernen?/Arbeitskreis 'Organisation" der Schmalenbach-Gesellschaft/Deutsche Gesellschaft für Betriebswirtschaft e.V., in: ZfbF, 48, 6/1996, S. 621-665

Organization and Administration of R&D Personnel in Japan/By H. Sato, K. Imano, S. Yaata and S.T. Davis, in: Management Development Professionals, MCB University Press Limited, Volume 10, Nr. 2, 1989

Organizational Change and Redesign: Ideas and Insights for Improving Performance/ Ed. by G.P. Huber and W.H. Glick, Oxford University Press 1993

Osawa, M.: "Companyism" oder: Der männlichkeitszentrierte Charakter der japanischen Gesellschaft, in: Kaishain: Personalmanagement in Japan - Sinne und Werte statt Systeme/Hrsg. von M. Esser u. K. Kobayashi, Göttingen 1994, S. 32-49

Osawa, M./Kingston, J.: Flexibility and Inspiration: Restructuring and the Japanese Labor Market, in: Japan Labor Bulletin, Issued by the Japan Institute of Labor, January 1, 1996, Special Topic, Vol.35, No.01

Osterloh, M.: Innovation und Routine: Das organisatorische Dilemma in klassischer und neuer Sicht, in: ZfO, 4, 1993, S. 214-220

Osterloh, M.: Neue Ansätze im Technologiemanagement: vom Technologieportfolio zum Portfolio der Kernkompetenzen, in: io Management Zeitschrift, Vol. 63 (1994), Nr. 5, S. 47-50

Ouchi, W. C.: Theory Z: How American business can meet the Japanese challenge, Reading, MA, 1981

Ozawa, T.: Multinationalism: Japanese Style: The Political Economy of Outward Dependency, Princeton, NJ, 1979

Ozawa, T.: People and Productivity in Japan, New York etc., 1982

Papanastassiou, M./Pearce, R.: The internationalization of research and development by Japanese enterprises, in: R&D Management, 24, 2, 1994, S. 155-165

Park, S.-J.: The International Automotive Industry - is Toyotaism Dead? in: Social Science Japan/Institute of Social Science, University of Tokyo, No. 3 April 1995

Pascale, R. T./Athos A. G.: Geheimnis und Kunst des japanischen Managements, München 1982

Pavitt, K.: What We Know About The Strategic Management Of Technology, in: California Management Review, Spring 1990, S. 17-26

Pavitt, K.: Technology, Innovation and Strategic Management, in: Strategic Management Research: A European Perspective (eds. McGee, J./Thomas, H.), New York 1986

Pavitt, K.: Some Foundations for a Theory of the Large Innovating Firm, in: Dosi, G./Gianetti, R./Toninelli, P.A. (Ed.): Technology and enterprise in a historical perspective, Clarendon Press, Oxford 1992, S. 212-228

de Pay, D.: Kulturspezifische Determinanten der Organisation von Innovationsprozessen: Ein empirischer Vergleich in deutschen und amerikanischen Unternehmen, in: Innovationsmanagement: Theorie und Praxis im Kulturvergleich/Schriftl. H. Albach. - Wiesbaden 1989 (ZfB: Ergänzungsheft; 1989, 1), S. 131-175

de Pay, D.: Der Einfluß des Erziehungssystems auf die Innovationsfähigkeit eines Forscherteams: Ein Vergleich zwischen dem deutschen, amerikanischen und japanischen System, in: Innovation und Erziehung: Deutschland und Japan/H. Albach (Hrsg.). - Wiesbaden, 1991, S. 171-192

Pegels, C.C.: Japan vs. the West: Implications for Management, Kluwer-Nijhoff Publishing, Boston etc. 1984

Penrose, E. T.: The Theory of the Growth of the Firm, Oxford, 1959

Perillieux, R./Wittkemper, G.: Einleitung: Ziele und Module eines integrierten Technologie- und Innovationsmanagements, in: Booz.Allen & Hamilton (Hrsg.): Integriertes Technologie- und Innovationsmanagement: Konzepte zur Stärkung der Wettbewerbsfähigkeit von High-Tech-Unternehmen. - Berlin 1991, S. 1 3-20

Perillieux, R.: Der Zeitfaktor im strategischen Technologiemanagement: früher oder später Einstieg bei technologischen Produktinnovationen? Berlin, 1987

Perillieux, R.: Strategisches Timing von F&E und Markteintritt bei innovativen Produkten, in: Booz.Allen & Hamilton (Hrsg.): Integriertes Technologie- und Innovationsmanagement: Konzepte zur Stärkung der Wettbewerbsfähigkeit von High-Tech-Unternehmen. - Berlin 1991, S. 21-48

Perlitz, M.: Wettbewerbsvorteile durch Innovation, in: Simon, Herm. (Hrsg.): Wettbewerbsvorteile und Wettbewerbsfähigkeit, Stuttgart 1988, S. 47-65

Perlitz, M.: Internationales Management, Stuttgart; Jena, 1993

Petersen, J. L. New Roles for the U.S. Military, in: Sloan Management Review, Winter 1993, S. 93-98

Pfeffer, J.: Competitive Advantage Through People, in: California Management Review, Winter 1994, S. 9-28

Pfeffer, J.: Seven Practices of Successful Organizations, in: California Management Review, Vol. 40, Nr. 2, Winter 1998, S. 96-124.

Pfeiffer, W./Staudt, E.: Innovation, in: Grochla, E.; Wittmann, W. (Hrsg.): HWB, Bd.2, 4. Aufl., Stuttgart, 1975

Pfeiffer, W./Weiß, E.: Zeitorientiertes Technologie-Management als Kombination von "just-in-time-design", "just-in-time-production" und "just-in-time-distribution", in: Technologie-Management: Philosophie, Methodik, Erfahrungen/W. Pfeiffer; E. Weiß (Hrsg.). - Göttingen, 1990, S. 1 -39

Pfeiffer, W./Weiß, E.: High-Tech-Wettbewerb: Herausforderungen-Lösungen-Erfahrungen. Eine Einführung., in: Pfeiffer, W./Weiß, E. (Hrsg.): Internationaler High-Tech-Wettbewerb: Herausforderungen, Lösungen, Erfahrungen, Berlin 1992, S. 1-18

Piper, N.: Neue ZEIT-Serie: Die mageren Jahre - Wie die Angst um den Arbeitsplatz die Menschen verändert hat, in: Die Zeit, Nr. 38, 13.09.1996

Piper, N.: Die neue soziale Frage, in: SZ, 28.05.1998

Piper, N.: Denkmodell Globalisierung, in: SZ, 27.06.1998

Pohl, M.: Japanische Forschungs- und Entwicklungspolitik, in: Heiduk, G. (Hrsg.): Japan als führende Wirtschaftsmacht in einem zukünftigen pazifischen Weltwirtschaftszentrum, Baden-Baden 1985, S. 85-111

Polanyi, M.: The Tacit Dimension, London 1966 [Deutsche Ausgabe: Polanyi, M.: Implizites Wissen, 1-e Aufl., Frankfurt am Main, 1985]

Pomeranets, E. N.: Робототехника Японии: состояние и перспективы [Robotertechnik Japans: Zustand und Perspektiven], in: Wissenschaftlich-technischer Fortschritt in Japan, Moskau 1990, S. 18-31 (in russischer Sprache)

Porter, M. E.: Competitive Strategy - Techniques for Analyzing Industries and Competitors, New York; London 1980

Porter, M. E.: The technological dimension of competitive strategy, in: Research on technological innovation, management and policy (A Research Annual)/Edited by R. S. Rosenbloom, Volume 1, Creenwich; London 1983a, S. 1-33

Porter, M. E.: Wettbewerbsstrategie: Methode zur Analyse von Branchen und Konkurrenten (Übers. ins Deutsche), Frankfurt am Main, 1983b

Porter, M. E.: The Competitive Advantage of Nations, in: Harvard Business Review, March-April 1990, S. 73-93

Porter, M.: Nationale Wettbewerbsvorteile, München, 1991.

Porter, M. E./Millar, V. E.: Wettbewerbsvorteile durch Information, in: Simon, Herm. (Hrsg.): Wettbewerbs-vorteile und Wettbewerbsfähigkeit, Stuttgart 1988, S. 89-102 (Erstveröff. in: Harvard Manager, 1, 1986)

Porwollik, U.: Japan auf dem Weg zur Normalität, in: Die Welt, 18.10.1996

Prahalad, C.K.: How HR can help to win the future (Edited version of the speech to the IPD's 1994 national conference), in: People Management, 12. January 1995, S. 34-36

Prahalad, C.K./Hamel, G.: The Core Competence of the Corporation, in: Harvard Business Review, May-June 1990, S. 79-91

Prahalad, C.K./Hamel, G.: Competing for the Future. Harvard Business School Press, Boston, Massachusetts 1994

Prestowitz, C.: Going Down With Japan, in: Far Eastern Economic Review, April 16, 1998, S. 1 5

Probst, G.: Organisation: Strukturen, Lenkungsinstrumente und Entwicklungsperspektiven, 1. Aufl., Landsberg/Lech, 1992

Probst, G./Büchel, B.: Organisationales Lernen: Wettbewerbsvorteil der Zukunft. - Wiesbaden 1994

Probst, G./Schwager, F.: Das Bleibende im Wandelnden - Gedanken zum Thema "Kultur und systemorientierte Organisation", in: Bleicher, K./Gomez, P. (Hrsg.): Zukunftsperspektiven der Organisation - Festschrift zum 65. Geburtstag von Prof. Dr. R. Staerkle, Bern 1990, S. 211-238

Promoting Science and Technology: Special Report, in: Japan Update, January 1997, Vol. 2, No.1, avl. in: URL: http://www.keidanren.or.jp/, Stand 05.06. 1997

Pronnikov, V./Ladanov, I.: Управление перрсоналом в Японии [Personalmanagement in Japan], Moskau, 1989 (in russischer Sprache)

Psychologisches Wörterbuch/Hrsg. von F. Dorsch, 9-e vollst. neubearb. Aufl., Bern u.a., 1976

Pucik, V.: Strategic Alliances, organizational learning and competitive advantage: the HRM agenda, in: HRM, 1988, 27 (1), S. 77-93

Pucik, V.: Technology Transfer in Strategic Alliances: Competitive Collaboration and Organizational Learning, in: Technology Transfer in International Business/Edited by T. Agmon and M. A. von Glinow. - New York; Oxford, 1991, S. 121-138

Pümpin, C./Kobi, J.-M./Wüthrich, H. A.: Unternehmenskultur: Basis strategischer Profilierung erfolgreicher Unternehmen, in: Die Orientierung, Nr. 95, Schweizerische Volksbank, Bern 1985

Ramzes, W. B.: Geleitartikel zu: Pronnikov, V./Ladanov, I.: Personalmanagement in Japan, Moskau, 1989, S. 3-16 (in russischer Sprache)

Rapp, W. V.: Japanese Multinationals: An Evolutionary Theory, in: Leuenberger, Th./Weinstein, M. (Eds.): Europe, Japan and America in the 1990s: Cooperation and Competition, Berlin-New York, 1992, S. 221-267

Rappaport, A.: Shareholder Value. Wertsteigerung als Maßstab für die Unternehmensführung, Stuttgart, 2. Aufl., 1998

Rasche, Ch./Wolfrum, B.: Ressourcenorientierte Unternehmensführung, in: DBW, 54 (1994), Nr. 4, S. 501-516

Raub, S./Büchel, B.: Organisationales Lernen und Unternehmensstrategie - "core capabilities" als Ziel und Resultat organisationalen Lernens, in: ZfO, 1, 1996, S. 26-31

Reger, G.: Benchmarking the Internationalization and Coordination of R&D Activities of European and Japanese Corporations, in: XIVth EAMSA Conference, October 23-25, 1997, University of Metz (France): "Asian Firms Looking Towards the Global Market", S. 125-156

Reihlen, M.: Die Heterarchie als postbürokratisches Organisationsmodell der Zukunft? Arbeitspapier eingereicht für den 22. Workshop "Organisation" vom 26.2.-28.2.1998 am Institut für Management der Freien Universität Berlin, Januar 1998, Köln

Rickards, T.: Innovation and creativity: woods, trees and pathways, in: R&D Management, 21, 2, 1991, S. 97-108

Riesenhuber, H.: Aspekte der Wettbewerbsfähigkeit von Industrienationen, in: Simon, Herm. (Hrsg.): Wettbewerbs-vorteile und Wettbewerbsfähigkeit, Stuttgart 1988, S. 129-136

Riggs, H. E.: Innovations: A United States - Japan Perspective, in: Okimoto, D. I./Rohlen, Th. P. (Ed.): Inside the Japanese System: Readings on Contemporary Society and Political Economy, Stanford University Press, Stanford, 1988, S. 246-252

Ringlstetter, M.: Auf dem Weg zu einem evolutionären Management: Konvergierende Tendenzen in der deutschsprachigen Führungs- bzw. Managementlehre, München 1988

Ringlstetter, M./Kirsch, W.: Varianten einer "Differenzierungsstrategie," in: Beiträge zum Management strategischer Programme/Hrsg. von W. Kirsch. - München 1991, S. 561-574

Roberts, E. B./Mizouchi, R.: Inter-firm technological collaboration: the case of Japanese biotechnology, in: International Journal of Technology Management, Vol. 4, No. 1, 1989, S. 43-61

Ropella, W.: Synergie als strategisches Ziel der Unternehmung. - Berlin; New York: de Gruyter, 1989

Röpke, J.: Vom Nachzügler zum Pionier. Industriepolitische Anmerkungen zum Erwerb innovativer Fähigkeiten im Prozeß der nachholenden Entwicklung, in: Im Schatten des Siegers: Japan. Band 3: Ökonomie und Politik, hrsg. v. U. Menzel, Frankfurt 1989, S. 29-62

Rosenberg, N.: Science and Technology in the Twentieth Century, in: Dosi, G./Gianetti, R./Toninelli, P.A. (Ed.): Technology and enterprise in a historical perspective, Clarendon Press, Oxford 1992, S. 63-96

Rosenberger, N.: Introduction, in: Rosenberger, N. R. (Ed.): Japanese sense of self, Cambridge Univ. Press, 1992, S. 1-20

Rosenberg, N./Steinmüller, W. E.: Why Are Americans Such Poor Imitators?, in: American Economic Review, 1988, Vol. 78, No. 2, S. 229-234

Rosenbloom, R.S./Christensen, C.M.: Technological Discontinuities, Organizational Capabilities, and Strategic Commitments, in: Industrial and Corporate Change, Oxford University Press, Vol. 3, No. 3, 1994, S. 655-685

Rosenbloom, R. S./Cusumano, M. A.: Technological Pioneering and Competitive Advantage: The Birth of the VCR Industry, in: California Management Review, Vol. 29, Nr. 4, Summer 1987, S. 51-76

von Rosenstiel, L./Molt, W./Rüttinger, B.: Organisationspsychologie, 8., überarb. u. erw. Aufl., Stuttgart u.a., 1995

von Rosenstiel, L.: Grundlagen der Organisationspsychologie: Basiswissen und Anwendungshinweise. - 3., überarb. und erg. Aufl. - Stuttgart, 1992a

von Rosenstiel, L.: Symbolische Führung, in: io Management Zeitschrift, 61, 1992b, Nr. 3, S. 55-58

Rosiyagojiten, Hakujusha-Verlag, Tokyo 1984

Rousseau, D. M.: Psychologicial Contracts in Organizations, Sage Publications, 1995

Rousseau, D.M./Wade-Benzoni, K. A.: Linking Strategy and Human Resource Practices: How Employee and Customer Contracts Are Created, in: Human Resource Management, Fall 1994, Vol. 33, Nr .3, S. 463-489

Rousseau, D.M./Greller, M.M.: Guest Editors' Overview: Psychological Contracts and Human Resource Practices, in: Human Resource Management, Fall 1994, Vol. 33, Nr. 3, S. 383f.

Rubinger, B.: Technology Policy in Japanese Firms: Decision-Making, Supplier Links, and Technical Goals, in: Technology In The Modern Corporation: A Strategic Perspective/Ed. by M. Horwitch, 1. print, New York etc., 1986, S. 184-199

Rüttgers, J.: Die Stärkung der Wettbewerbsposition Europas durch Wissenschaft und Technologie, in: Technologie & Management, Heft 3, 1995

Rüttgers, J.: Asien: Gradmesser für die Zukunftsfähigkeit Deutschlands, in: Politische Studien, Heft 352, 48. Jhg., März-April 1997, S. 120-125

Sachs, S.: Innovative Organisationsforschung: eine Perspektive auf der Basis der modernen Evolutionstheorie, unveröffentlichtes Manuskript für den Vortrag anläßlich des 21. Workshop 'Organisation'/Kommission „Organisation" im Verband der Hochschullehrer für Betriebswirtschaft, Berlin, 27.02.1997

Sackmann, S.: Organisationskultur: Die unsichtbare Einflußgröße, in: Gruppendynamik: Zeitschrift für angewandte Sozialwissenschaft, 14, 1983, S. 393-406

Sackmann, S.: Culture and Subcultures: An Analysis of Organizational Knowledge, in: Administrative Science Quarterly, 37, 1992, S. 140-161

Sackmann, S.: Die lernfähige Organisation: Theoretische Überlegungen, gelebte und reflektierte Praxis, in: G.Fatzer (Hrsg.): Organisationsentwicklung für die Zukunft, Edition Humanistische Psychologie, 1993, S. 227-254

Safizadeh, M.H.: Strategy Japanese Style: Mobilizing the Manufacturing Workforce, in: Long Range Planning, 1997, Vol. 30, No. 2, S. 227-241

Sakai, N.: Modernity and Its Critique: The Problem of Universalism and Particularism, in: The South Atlantic Quarterly, 87:3, Summer 1988, S. 475-504

Sakaiya, T. interviewed by Sekimoto, T.: Building a Diversified and Individualistic Society: The Information Age Will Feature a Consumer-Driven Economy and a Pleasure-Seeking Society, in: Japan Update, May 1996, avl. in: URL: http://www.keidanren.or.jp/, Stand 21.01.1998.

Sakurai, T.: Challenges in the Japanese Employment System, in: Japan Update, September 1996, P. 12; avl. in: URL: http://www.keidanren.or.jp/, Stand 21.01.1998.

Samejima, M.: Japan's Newest Basic Law: Support for Basic Research and Technology, in: Nurturing Creativity in Research Conference, Canberra, Australia/26-28 November 1995, avl. in: URL: http://biology.anu.edu.au/Pages/Pubs/NatConf/Natpap4.html, Stand 19.06.1997

Sato, H.: Recruitment, Placement And Separation, in: Organization and Administration of R&D Personnel in Japan/By H. Sato, K. Imano, S. Yaata and S. T. Davis, in: Management Development Professionals, MCB University Press Ltd., Volume 10, Nr. 2, 1989, S. 28-42.

Sato, H.: New Education and Training System for White-Collar Workers, in: Japan Labor Bulletin, Vol. 34, No. 2, February 1, 1995

Sato, Y.: Die Erfahrung der abendländischen Kultur im modernen Japan - 'Fudo" von Watsuji Tetsuro und die Kritik des Scientifizismus, in: Alexander von Humboldt-Stiftung, Japanisch-deutsches Kolloquium zur Bedeutung der Geisteswissenschaften/Sektion Interkulturalität, Kyoto, im März-April 1996, avl. in: URL: http://www.kclc.or.jp/Humboldt/ysatoe.htm; Stand 31.03.1997

Satori, A.: Statistische Idylle, in: Wirtschaftswoche, Nr. 44, 29.10.1993

Satori, A./Kowalewsky, R.: Kollektiver Tiefschlag, in: Wirtschaftswoche, Nr. 4, 22.1.1993, S. 94-97

Satori, A./Fuchs, H./Kempkens, W.: Seltsame Mischung, in: Wirtschaftswoche, Nr. 18, 26.4.1991

Sattelberger, Th.: Die lernende Organisation im Spannungsfeld von Strategie, Struktur und Kultur, in: Die lernende Organisation: Konzepte für eine neue Qualität der Unternehmensentwicklung/Th. Sattelberger (Hrsg.), Wiesbaden 1991, S. 11-56

Sattelberger, Th.: Zehn Thesen zu Human Ressourcen in virtueller werdenden Organisationen: neue Karrierestrategien sind gefragt, in: Personalführung, Nr. 11, 1996, S. 974-984

Sattelberger, Th.: Mentale Grenzen in fluiden Organisationen (I), in: Gablers Magazin, Nr. 2, 1998a, S. 30-33

Sattelberger, Th.: Mentale Grenzen in fluiden Organisationen (II), in: Gablers Magazin, Nr. 3, 1998b, S. 30-32

"Scheibe abschneiden": Siemens-Manager Ralph Gündling über die Angst der deutschen Wirtschaft vor dem japanischen Markt und die verpaßten Chancen/Interview mit B. Ziesemer, in: Wirtschaftswoche, Nr. 38, 12.9.1996, S. 58

Schein, E. H.: Organizational Culture and Leadership, San Francisco etc., 1985

Schein, E. H.: Organisationskultur: Ein neues unternehmenstheoretisches Konzept, in: Organisationskultur: Phänomen - Philosophie - Technologie/E. Dülfer (Hrsg.). - 2., erw. Aufl. - Stuttgart 1991, S. 23-37

Schein, E. H.: Does Japanese Management Style Have a Message for American Managers?, in: Weinshall, T.D. (Hrsg.): Social Culture and Management, New York 1993, S. 335-353

Schein, E.H.: Wenn das Lernen in Unternehmen wirklich gelingen soll, in: Harvard Manager, Nr. 3, 1997, S. 61-72

Scherm, M./Bischoff, P. R.: Lean Management - stereotype Sichtweisen japanischer Unternehmensphänomene, in: Kaishain: Personalmanagement in Japan - Sinne und Werte statt Systeme/Hrsg. von M. Esser u. K. Kobayashi, Göttingen 1994, S. 100-107

Schinzinger, R.: Japanisches Denken: der weltanschauliche Hintergrund des heutigen Japans, Berlin 1983 (OAG-Reihe Japan modern; Bd. 5)

Schlesinger, P. On National Identity: Some Conceptions and Misconceptions Criticised, in: Social Science Information. 26:2 (1987), S. 219-264

Schmelzer, H. J.: Zeitmanagement in der Produktentwicklung, in: Domsch, M./Sabisch, H./Siemers, S.H.A. (Hrsg.): F&E-Management, Stuttgart 1993, S. 1 19-136

Schmelzer, H. J./Buttermilch, K.-H.: Reduzierung der Entwicklungszeiten in der Produktentwicklung als ganzheitliches Problem, in: ZfbF, 1988, Sonderheft 23, S. 43-73

Schmidt, R. J.: Japanese Management, Recession Style, in: Business Horizons, March-April 1996, Vol. 39, No. 2, S. 70-76

Schmitt, R. W.: Successful corporate R&D, in: Harvard Business Review, May-June 1985, S. 124-128

Schneiderman, H. A.: Managing R&D: A Perspective from the Top, in: Sloan Management Review, Summer 1991, Vol. 32, Number 4, S. 53-58

Schneidewind, D.: Management-Perspektiven für die Zukunft und kritische Einschätzung des japanischen Beispiels, in: ZfbF, 39, 7, 1987, S. 552-564

Schneidewind, D.: A European Industrial Perspective, in: Leuenberger, Th./Weinstein, M. (Eds.): Europe, Japan and America in the 1990s: Cooperation and Competition, Berlin u.a., 1992, S. 69-97

'Schneller mehr aus unserem Wissen machen", Interview mit J. Rüttgers, in: SZ, 15.04.1997, S. 27

Scholl, W./Blumschein, H.: Personalplanung und Personalpolitik in der Rezession - eine empirische Studie, hrsg. vom Rationalisierungs-Kuratorium der Deutschen Wirtschaft (RKW) e.V., Frankfurt am Main 1979.

Scholz, Ch.: Informationskultur als Innovationsdeterminante, in: Organisationskultur: Phänomen - Philosophie - Technologie/E. Dülfer (Hrsg.). - 2., erw. Aufl. - Stuttgart 1991, S. 241-250

Scholz, Ch.: Trugschlüsse zur Unternehmenskultur, in: Simon, Herm. (Hrsg.): Herausforderung Unternehmens-kultur. - Stuttgart 1990, S. 25-40

Schrader, J.: Innovationsförderung als Führungsaufgabe, in: Schüler, W. (Hrsg.): Aspekte des Innovationsmanagements. - Wiesbaden 1991, S. 15-42

Schrader, S.: Management der Schnittstellen zwischen Lieferant, Hersteller und Kunde, in: Handwörterbuch Technologiemanagement/Hrsg. v. E. Zahn, Stuttgart 1995, S. 455-468

Schreyögg, G.: Die internationale Unternehmung im Spannungsfeld von Landeskultur und Unternehmenskultur, in: Marr, R. (Hrsg.): Euro-strategisches Personalmanagement, Band 1, München 1991, S. 17-42

Schreyögg, G.: Kann und darf man die Unternehmenskultur ändern? in: Organisationskultur: Phänomen - Philosophie - Technologie/E. Dülfer (Hrsg.). - 2., erw. Aufl. - Stuttgart 1991, S. 201-214

Schröder, J./van Suntum, U.: Die deutsche Beschäftigungspolitik ist im internationalen Vergleich nur noch Mittelmaß - schlechte Aussichten im Kampf gegen die Arbeitslosigkeit, in: Die Zeit, Nr. 18, 23.04.1998

Schubert, V.: Identität, individuelle Reproduktion und Bildung: Probleme eines aneignungstheoretischen Konzepts von Vergesellschaftung als Vereinzelung, Giessen 1984

Schubert, V.: Die Inszenierung der Harmonie - Erziehung und Gesellschaft in Japan, Darmstadt, 1992

Schubert, V.: Moderne ohne Individualität?, in: Hardach-Pinke, I. (Hrsg.): Japan, eine andere Moderne, Tübingen, o.J., S. 115-133

Schüler, W.(Hrsg.): Aspekte des Innovationsmanagements. - Wiesbaden 1991

Schumpeter, J. A.: Kapitalismus, Sozialismus und Demokratie, 7., erw. Aufl., Tübingen; Basel 1993

Schumpeter, J.: Theorie der wirtschaftlichen Entwicklung (unveränderter Nachdruck der 1934 erschienenen 4. Auflage), Berlin 1964

Schütte, H.: Competing and Cooperating with Japanese Firms, in: Leuenberger, Th./Weinstein, M. (Eds.): Europe, Japan and America in the 1990s: Cooperation and Competition, Berlin u. a., 1992, S. 38-68

Schwarzer, U: Die Stimmung steigt, in: Manager Magazin, August 1996, S. 104-110

Science and Technology Agency, Prime Minister's Office, Japan: White Paper on Science and Technology 1994 - Japan in the World in Transition -, November 1994 (Summary); Englische Version avl. in: URL: http://www.sta.go.jp/shokai/publications/1994_white_paper/white_paper-e.txt, Stand 23.09.1998

Seifert, H./Steiner, M.: F+E: Schneller, schneller, schneller, in: Harvard Manager, 2/1995, S. 16-22

Seifert, W.: Contemporary Japanese Studies in Social Science (International Conference in Berlin, December 5-7, 1995), in: Social Science Japan/Institute of Social Science, University of Tokyo, No.6, February 1996

Seiler, Th.B. (Hrsg.): Kognitive Strukturiertheit, Stuttgart etc. 1973

Seisl, P.: Der Abbau personeller Überkapazitäten: Unternehmerische Handlungsspielräume, Folgewirkungen, Implikationen für ein Trennungsmanagement, Berlin; Bielefeld; München 1998

Sekimoto, T.: Spinning Off Ventures to Revitalize Japanese Manufacturing, Interview in: Japan Update, March 1996, S. 2; avl. in: URL: http://www.keidanren.or.jp/, Stand 23.09.1998

Sekimoto, T.: Produktion: Japans Schlüssel zum 21. Jahrhundert, in: Japan Echo, Nr. 4, 1996, S. 27-32

Semenzov, V. S.: Проблемы трансляции традиционной культуры на примере судьбы Бхагавадгиты [Probleme der Translation einer traditionellen Kultur, dargestellt am Beispiel des Schicksals von Bhagavadgita], in: Восток - Запад: Исследования, переводы, публикации [West-Ost: Studien, Übersetzungen, Veröffentlichungen], Moskau, 1988 (in russischer Sprache)

Sender, H.: Offshore Attractions, in: Far Eastern Economic Review, June 15, 1995, S. 48-52

Sender, H.: The Sun Never Sets, in: Far Eastern Economic Review, February 1, 1996, S. 46-50

Senge, P. M.: Creating the learning organization: An interview mit Peter M. Senge/D. E. Meen and M. Keough, in: The McKinsey Quarterly 1992, Nr. 1, S. 58-77

Serapio, M. G. Jr.: Macro-Micro-Analyses of Japanese Direct R&D Investments in the U.S. Automotive and Electronics Industries, in: Management International Review, 1993, Vol. 33, Nr. 3, S. 209-226

Servatius, H.-G.: Methodik des strategischen Technologie-Managements, Berlin, 1985

Servatius, H.-G.: Erneuerung von Unternehmen durch innovative Technologien - Von der Frühaufklärung über Suchfeldanalysen zur Selektion von F&E-Projekten, in: Management der Geschäfte von morgen/Arthur D. Little Internat. (Hrsg.), 2-e Aufl., Wiesbaden, 1987a, S. 77-95

Servatius, H.-G.: Erfolgreicher Technologietransfer durch ein Vorfeld-Marketing und Venture Management - "Intrapreneuring" als Chance für Großunternehmen, in: Management der Geschäfte von morgen/Arthur D. Little Internat. (Hrsg.), 2-e Aufl., Wiesbaden 1987b, S. 99 -118

Servatius, H.-G.. New Venture Management: Erfolgreiche Lösung von Innovationsproblemen für Technologie-Unternehmen, Wiesbaden, 1988

Servatius, H.-G.: Evolutionäre Führung in chaotischen Umfeldern, in: ZfO, 3, 1994, S. 1 57-164

Sherman, S./Takeuchi, H./Davies, E.M.: Hot Products From Hot Tubs, Or How Middle Managers Innovate, in: Fortune, 29.04.1996, avl. in: URL: http://pathfinder.com/@@MfRD@kOuLQAAQOO7/fortune/magazine/1996/ 960429/front.html, Stand 09.09.1998

Shibata, G./Tse, D./Vertinsky, I./Wehrung, D.: Do Norms of Decision-Making Styles, Organizational Design and Management Affect Performance of Japanese, Firms? An Exploratory Study of Medium And Large Firms, in: Managerial and Decision Economics, Vol. 12, 1991, S. 135-146

Shibata, T.: Sony's Successful Strategy for Compact Discs, in: Long Range Planning, Vol.26, 1993, No. 4, S. 16-21

Shih, S.: On Asian Competitiveness: Under A New Paradigm, Regional Companies Can Outpace the Global Giants, in: Asiaweek, November 3, 1995, avl. in: URL: http://pathfinder.com/@@nYNvTgYAAfnKNef2/ Asiaweek/95/1103/feat3.html, Stand 17.08.1998

Shima, N.: Die Aushöhlung Japans, in: Japan Echo, 22. Jhg., Nr. 2, 1995, S. 46-53

Shimada, H.: The Globalization of Business and the New World of Work, in: Japan Labor Bulletin, Vol. 31, No. 4, April 1, 1992

Shimizu, T.: Organisationslehre III (japanische), in: Grochla, E. (Hrsg.): HWO, 2. Aufl., Stuttgart, 1980, Sp. 1619-1629

Shinsen-Kanwa-Jiten: Shimpan/Hrsg. von S. Kobayashi, Kodansha-Verlag, 8 Auflage, Tokyo, 1984

Shiratori, A.: Earnings outlook good for Japan firms, in: Asahi Evening News, 12.06.1996, WWW-Ausgabe

Shrivastava, P./Souder, W.E.: The strategic management of technological innovations: A review and a model, in: Journal of Management Studies, 24:1, January 1987, S. 25-41

Siegele, L.: Netzcomputer soll PC ablösen, in: SZ, 22.05.1996

Siems, D.: Japans Wirtschaft aus den Tritt, in: Die Welt, 31.07.1996

Siems, D.: Japan am Scheideweg, in: Die Welt, 02.08.1996

Simon, D.: International Business and the Transborder Movement of Technology: A Dialectic Perspective. - In: Technology Transfer in International Business/Edited by T. Agmon and M. A. von Glinow. - New York; Oxford, 1991, P. 5-28

Simon, H.A.: Understanding Creativity and Creative Management, in: Kuhn, R. L. (Ed.): Handbook for Creative and Innovative Managers, McGraw-Hill Book Company, New York u.a., 1988, S. 11-24

Simon, H./Bauer, B./Jägeler, F.: Auf der Suche nach Europas Stärken/Roland Berger & Partner; Verlag Moderne Industrie, 1995

Simon, Herm. (Hrsg.): Herausforderung Unternehmenskultur, Stuttgart 1990

Simon, Herm.: Management strategischer Wettbewerbsvorteile, in: Simon, Herm. (Hrsg.): Wettbewerbsvorteile und Wettbewerbsfähigkeit, Stuttgart 1988, S. 1-17

Simon, Herm.: Die Zeit als strategischer Erfolgsfaktor, in: ZfB, 1989, 1, S. 70-93

Simonton, D. K.: Foreign Influence and National Achievement: The Impact of Open Milieus on Japanese Civilization, in: Journal of Personality and Social Psychology, 1997, Vol. 72, No. 1, S. 86-94

Sims, R .R.: Human Resource Management's Role in Clarifying the New Psychological Contract, in: Human Resource Management, Fall 1994, Vol. 33, Nr. 3, S. 373-382.

Singelis, T. M.: The Measurement of Independent and Interdependent Self-Construals, in: Personality and Social Psychology Bulletin, October 1994, Vol. 20, No. 5, S. 580-591

Singh, R.: Redefining Psychological Contracts With the U.S. Work Force: A Critical Task For Strategic Human Re-source Management Planners in the 1990s, in: Human Resource Management, Spring 1998, Vol. 37, No. 1, S. 61-69.

Slocum, J. W. Jr./Lei, D. T.: Designing Global Strategic Alliances: Integrating Cultural and Economic Factors, in: Organizational Change and Redesign: Ideas and Insights for Improving Performance/Ed. by G. P. Huber and W. H. Glick. - New York; Oxford. - Oxford University Press 1993, S. 295-322

Slocum, John W., Jr./McGill, Michael/Lei, David T.: The New Learning Strategy: Anytime, Anything, Anywhere, in: Organizational Dynamics, Autumn 1994, S. 33-47

Smith, Ch.: Searching For New Path, in: Far Eastern Economic Review, June 15, 1995, S. 44-46

Smith, K. G./Carroll, S. J./Ashford, S.J.: Intra- and interorganizational cooperation: toward a research agenda, in: Academy of Management Journal, 1995, Vol. 38, No. 1, S. 7-23

Snow, C./Hrebiniak, L.: Strategy, distinctive competence, and organizational performance, in: Administrative Science Quarterly, 1980, Vol. 25, S. 317-336

Social Psychology of Identity and the Self Concept/Ed. by G. M. Breakwell, London u.a. 1992

Sommer, Th.: Das entzauberte Modell, in: Die Zeit, Nr. 1, 26.12.1997, S. 4.

Sommer, Th.: Theo Sommer über den Irrtum der Propheten: Amerikanische Herausforderung, asiatisches Wunder, europäischer Niedergang: Wie Weissagungen an der Wirklichkeit zerschellen, in: Die Zeit, 1998, Nr. 02

Sommerlatte, T.: Die Veränderungsdynamik, die uns umgibt. Ist das Unternehmen ausreichend darauf eingestellt? , in: Management der Geschäfte von morgen/Arthur D. Little Internat. (Hrsg.).- 2-e Auflage. - Wiesbaden 1987, S. 3-15

Sommerlatte, T.: Jenseits von Darwin und Schumpeter, in: Arthur D. Little Int.: Management des geordneten Wandels/Arthur D. Little. - Wiesbaden 1988a, S. 3-17

Sommerlatte, T.: Visionen des Wandels, in: Arthur D. Little Int.: Management des geordneten Wandels/Arthur D. Little. - Wiesbaden 1988b, S. 21-35

Sommerlatte, T.: Veränderung der Unternehmenskultur, in: Arthur D. Little Int.: Management des geordneten Wandels/Arthur D. Little. - Wiesbaden 1988c, S. 1 89-208

Sommerlatte, T./Deschamps, J.-Ph.: Der strategische Einsatz von Technologien - Konzepte und Methoden zur Einbeziehung von Technologien in die Strategieentwicklung des Unternehmens, in: Management im Zeitalter der strategischen Führung/Arthur D. Little Internat. (Hrsg.). -2. Aufl. - Wiesbaden, 1986, S. 39-76

Sommerlatte, T./Layng, B. J./van Oene, F.: Innovationsmanagement - Schaffen einer innovativen Unternehmens-kultur, in: Management der Geschäfte von morgen/Arthur D. Little Internat. (Hrsg.).- 2-e Auflage. - Wiesbaden 1987, S. 57-74

Sontheimer, B.: Die Marktanalyse als Basis der externen Diversifikationsentscheidungen. - München, 1989

Spaeth, A./Colmey, J./Kunii, I./Mattos, J./Shapiro, D.: Technology: Desktops of Destiny, in: Time Magazine, September 25, 1995, Vol. 146, Nr. 13

Specht, G./Michel, K. Integrierte Technologie- und Marktplanung mit Innovationsportfolios, in: ZfB, Heft 4, 1988, S. 502-520

Staehle, W. H.: Management: Eine verhaltenswissenschaftliche Einführung. - München, 1980

Staehle, W. H.: Management: Eine verhaltenswissenschaftliche Einführung. - 3., verbesserte und erweiterte Auflage. - München, 1986

Staehle, W. H.: Management: Eine verhaltenswissenschaftliche Perspektive. - 6., überarbeitete Auflage. - München 1991 (1991a)

Staehle, W.: Redundanz, Slack und lose Kopplung in Organisationen: Eine Verschwendung von Ressourcen, in: Managementforschung I/Hrsg. von W.H. Staehle u. J. Sydow, Berlin, New York, 1991, S. 313-345 (1991b)

Staehle, W. H.: Management: Eine verhaltenswissenschaftliche Perspektive. - 7. Aufl./ überarb. von P.Conrad und J. Sydow, München, 1994

Stalk, G. Jr./Hout, T. M.: Competing Against Time: How Time-Based Competition is Reshaping Global Markets, New York, 1990

Stalk, G. Jr.: Time - The Next Competitive Advantage, in: Harvard Business Review, Vol. 66, July-Aug. 1988, S. 41-51

Stalk, G./Evans, Ph./Shulman, L. E.: Competing on Capabilities: The New Rules of Corporate Strategy, in: Harvard Business Review, March-April 1992, S. 57-69

Staudt, E.: Struktur und Methoden technologischer Voraussagen/Innovative Unternehmensführung: Planung, Durchführung und Kontrolle von Innovationen. - Hrsg. von W. Pfeiffer, Band 1. - Göttingen, 1974

Steadman, M.E./Zimmerer, Th. W./Green, R. F.: Pressures from Stakeholders Hit Japanese Companies, in: Long Range Planning, 1995, Vol. 28, No. 6, S. 29-37.

Steele, L. W.: Innovation in Big Business, New York/Oxford/Amsterdam, 1975

Steele, L. W.: Managing Technology: The Strategic View, New York etc., McGraw-Hill, 1989

Steffensen, S. D./Dirks, D.: Between Efficiency and Effectiveness: Technological Change, Restructuring, and Human Resource Management in Japanese Firms, in: XIVth EAMSA Conference, October 23-25, 1997, University of Metz (France): "Asian Firms Looking Towards the Global Market", S. 191-220

Steinmann, H./Schreyögg, G.: Management: Grundlagen der Unternehmensführung: Konzepte - Funktionen - Fallstudien. 3., überarb. u. erweit. Aufl., Wiesbaden 1993

Stern, S./Muta, H.: The Japanese Difference, in: Training & Development Journal, March 1990, S. 74-82

Stewart, R.: German Management: A Challenge to Anglo-American Managerial Assumptions, in: Business Horizons, May-June 1996, S. 52-54

Stock, U.: Das Management von Forschung und Entwicklung, München 1990

Stock, U.: Ansätze zu einem Strategischen FuE-Management, in: Beiträge zum Management strategischer Programme/Hrsg. von W. Kirsch. - München 1991, S. 607-646

Strom, S.: Toyota's Troubles: A Move Away From Autos & Toyota: Carmaker Dips Into Reserves to Fund Disparate Investment Strategy, in: International Herald Tribune, November 21-22, 1998, S.11 u. 15

Sturm, N.: 'Wir leben von der Substanz': Industrie vernachlässigt mit der Forschung ihre Vorsorge, in: SZ, 09. 11.1996

Sturm, N.: Forschung weiter stiefmütterlich behandelt, in: SZ, 24.02.1997.

Suehiro, A.: Thai Factory, Japanese Factory, in: Social Science Japan/Institute of Social Science, University of Tokyo, No. 1, Juli 1994

Suematsu, K.: Creativity: A New Goal in Education And Employment, in: Japan Update, Juli 1996, P. 6; avl. in: URL: http://www.keidanren.or.jp/, Stand 21.01.1998.

Sugahara, M.: Fünf verhängnisvolle Symptome des japanischen Leidens, in: Japan Echo, 21. Jhg., Nr. 2, 1994, S. 84-93

Sugiue, K.: High-Technology Versus Low-Wage Competition on International Markets, in: Heiduk, G. (Hrsg.): Japan als führende Wirtschaftsmacht in einem zukünftigen pazifischen Weltwirtschaftszentrum, Baden-Baden, 1985, S. 112-114

Sullivan, J./Nonaka, I.: The Application Of Organizational Learning Theory To Japanese And American Management, in: Journal Of International Business Studies, Fall 1986, S. 127-147

Suzuki, D. T.: Zen und die Kultur Japans: Der Geist des Zen in Dichtung und Malerei, Theater, Tee-Weg, Garten- und Baukunst, Philosophie und den Kampfkünsten Japans, Übers. aus dem Engl., 1. Aufl., 1994

Suzuki, K.: Toppan Printing: Successful Diversification Through Technology, in: Long Range Planning, Vol.26, 1993, No. 4, S. 42-52

Suzuki, S.: Thoughts on the Hollowing-out of Japan's Industry, in: Messages from Monthly Keidanren (Electronic Journal), March 1995, avl. in: URL: http://www.keidanren.or.jp/, Stand 17.04.1996

Suzuki, T.: Eine verschlossene Sprache: Die Welt des Japanischen, Übers. aus d. Japan., München 1990.

Tabata, H.: From Collectivism to Individualism: A Paradigm Shift in Japanese Labor Law Theory, in: Social Science Japan/Institute of Social Science, University of Tokyo, No. 3, April 1995

Taira, K.: Japan as Economic Hegemon, in: Leuenberger, Th./Weinstein, M. (Eds.): Europe, Japan and America in the 1990s: Cooperation and Competition, Springer Verlag, Berlin u.a., 1992, S. 206-220

Tajfel, H.: Differentiation between social groups, London, 1978

Tajfel, H.: Gruppenkonflikt und Vorurteil: Entstehung und Funktion sozialer Stereotypen, Übers. ins Deutsche, Bern u.a., 1982

Takagai, S.: Roots of the Japanese Religions Spirit, in: Journal of Japanese Trade & Industry, published by Japan Economic Foundation, September 1, 1996, avl. in: URL: http://www.jef.or.jp/, Stand 24.09.1998

Takahashi, N.: Design of Adaptive Organizations: Models and Empirical Research. Berlin, Heidelberg etc. 1987

Takanashi, A.: Employment Practices and Unemployment in Contemporary Japan, in: Japan Labor Bulletin, Vol. 34, No. 4, April 1, 1995

Takahashi, N.: Keine Angst vor einer überalterten Bevölkerung, in: Japan Echo, Nr. 2, 1997, S. 1 7-22

Takao, Y./Nemoto, N.: Long-Term Outlook: Japan's Economy in an Era of Structural Change, in: NRI Quarterly, Summer 1995, Vol. 4, No. 2, avl. in: URL: http://www.nri.co.jp/nri/publications/nriF/95summer/, Stand 26.04.1996 (insgesamt 9 Kapitel)

Takashi, K.: Creative Challenges: Mitsubishi Electric recharges the corporate machine, in: Japan Update/May 1995, avl. in: URL: http://www.keidanren.or.jp/, Stand 10.09.97

Takashima, T.: Kotowaza no izumi, 6th printing, Tokyo 1985

Takashina, S.: Das Erbe der Erinnerung, in: Japan Echo, Nr. 4, 1996, S. 77-85

Takashina, S.: Formale Schönheit, bedingte Schönheit, in: Japan Echo, 21. Jhg., Nr. 2, 1994, S. 107f.

Takeuchi, H./Nonaka, I.: Das neue Produktentwicklungsspiel, in: Harvard Manager 3/1986, S. 40-47

Takeuchi, Ya.: Das Ende des japanischen Konzernfeudalismus, in: Japan Echo, Nr. 3, 1997, S. 38-41.

Taylor, A. III/Puri, Sh.: The Man Who Put Honda Back On Track, in: Fortune, September 9, 1996, WWW-Ausgabe, Stand 21.01.1998.

Technologie-Management: Philosophie, Methodik, Erfahrungen/W. Pfeiffer; E. Weiß (Hrsg.). - Göttingen, 1990

Technology In The Modern Corporation: A Strategic Perspective/Ed. by M. Horwitch, 1. print, New York etc., 1986

Teece, D.: Economies of Scope and the Scope of the Enterprise, in: Journal of Economic Behavior and Organization, 1 (1980), no. 3, S. 223-247

Teece, D.: Towards an economic theory of the multiproduct firm, in: Journal of Economic Behavior and Organization, 3, 1982, S. 39-63

Teece, D./Pisano, G.: The Dynamic Capabilities of Firms: an Introduction, in: Industrial and Corporate Change, Oxford University Press, Vol. 3, No. 3, 1994, S. 537-556

Teramoto, Yo./Richter, F.-J./Iwasaki, N./Takai, T./Wakuta, Yu.: Global strategy in the Japanese semiconductor industry: knowledge creation through strategic alliances, in: Campbell, N./Burton, F. (Hrsg.): Japanese multinationals: strategies and management in the global kaisha, London 1994, S. 71-84

The Japan of Today/Published by the International Society for Educational Information, Inc., Tokyo, 1989

The Japanese Employment System in Transition: Five Perspectives/German Institute for Japanese Studies, Economic Section, Arbeitspapier 97/3, Tôkyô 1997

Thoits, P.A.: Identity structures and psychological well being: Gender and marital status comparisons, in: Social Psychology Quarterly, 55, 1992, S. 236-256

Thomas, A.: Psychologie interkulturellen Lernens und Handelns, in: Thomas, A (Hrsg.): Kulturvergleichende Psychologie - Eine Einführung, Göttingen 1993, S. 377-424

Thornton, E.: Goodbye, Mr. Chips, in: Far Eastern Economic Review, March 21, 1996, S. 48-51

Thornton, E.: Seeking Immortality, in: Far Eastern Economic Review, January 30, 1997, S. 50

Tiby, C.: Die Basis unternehmerischer Initiative: Systematisch neue Produkte und Leistungen entwickeln, in: Arthur D. Little Int.: Management des geordneten Wandels/Arthur D. Little. - Wiesbaden 1988, S. 93-105

Tichy, R.: Schildkröte überholt Gazelle, in: Wochenpost, 13. Juli 1995, Nr. 29, S. 28.

Tobin, J.: Japanese preschools and the pedagogy of selfhood, in: Rosenberger, N. R. (Ed.): Japanese sense of self, Cambridge Univ. Press, 1992, S. 21-39

Toffler, A.: Machtbeben: der globale Vorstoß der Informationseliten, Düsseldorf u.a. 1993.

Tokunaga, S.: Die Beziehungen zwischen Lohnarbeit und Kapital in japanischen Großunternehmen, in: Leviathan, 1983, Heft 1, S. 79-98

Tominaga, M.: Die kundenfeindliche Gesellschaft: Erfolgsstrategien der Dienstleister, Düsseldorf, 1996

Torii, Y.: Universities Out Of Step With The Times, in: Japan Update, Juli 1996, P. 10; avl. in: URL: http://www.keidanren.or.jp/, Stand 21.01.1998

Toshiba Corporation: Five-Year-Summary, in: Toshiba Corporation 1995: Annual Report 95, Financial Section, avl. in: URL: http://www.toshiba.co.jp/about/reports/ar95/fin_sec/analyse1.htm, Stand 24.09.1998

Toyoda, S.: An Attractive Japan - A Word of Introduction from the Chairman: Toward the Creation of an Attractive Japan, in: Keidanren's Vision for 2020 (Provisional Summary; Third Edition), September 1996, KEIDANREN, avl. in: URL: http://www.keidanren.or.jp/, Stand 17.08.1998Toyoda, S.: The Japanese Economy and Europe-Japan Relations (Speech at Chatham House.), 1.12.1995, avl. in: URL: http://www.keidanren.or.jp/, Stand 17.04.1996

Toyoda, S.: Meine Tagesordnung für den Keidanren (Interview), in: Japan Echo, 21. Jhg., Nr. 3, 1994, S. 72f..

Toyoda, S.: Reengineering the Economy and Government, in: Japan Update, September 1996, P. 6; avl. in: URL: http://www.keidanren.or.jp/, Stand 21.01.1998.

Toyoda, S.: Restructuring for the Next Half Century, in: Messages from Monthly Keidanren, January 1997, avl. in: http://www.keidanren.or.jp/, Stand 24.09.1998

Toyoda, S.: The Way Japan Ought to Be: Keidanren Maps a Vision for Japan in the 21s Century, in: Messages from Monthly Keidanren, January 1996, avl. in: URL: http://www.keidanren.or.jp/, Stand 23.09.1998

Triandis, H. C./Bontempo, R./Villareal, M. J./Asai, M./Lucca, N.: Individualism and Collectivism: Cross-Cultural Perspectives on Self-Ingroup Relationships, in: Journal of Personality and Social Psychology, 1988, Vol. 54, No. 2, S. 323-338

Triandis, H. C.: Major Cultural Syndromes and Emotion, in: Emotion and Culture: Empirical Studies of Mutual Influence/Ed. by S. Kitayama and H.R. Markus, American Psychological Association, Washington D.C., 1994b, S. 285-306

Triandis, H.: The Self and Social Behavior in Differing Cultural Contexts, in: Psychological Review, 1989, Vol. 96, No. 3, S. 506-520

Triandis, H.: Theoretical and Methodological Approaches to the Study of Collectivism and Individualism, in: Individualism and Collectivism: Theory, Method, and Applications/ Kim, U.; Triandis, H. C.; Kagitçibasi, Ç.; Choi, S.-G.; Yoon, G. (Ed.), Sage Publications, Thousand Oaks u.a., 1994, S. 41-51

Trommsdorff G.: Value Change in Germany: A Comparative Perspective, in: Japanstudien/ Jahrbuch des Deutschen Instituts für Japanstudien der Philipp-Franz-von-Siebold-Stiftung, München, 1993, S. 63-88

Trux, W./Müller, G./Kirsch, W.: Das Management strategischer Programme, 2-e Auflage, München 1985 (1. Halbband)

Trux, W./Müller, G./Kirsch, W.: Strategisches Management, in: Trux, W./Müller, G./Kirsch, W.: Das Management strategischer Programme, 2-e Auflage, München 1985a (1. Halbband), S. 1-36

Trux, W./Müller, G./Kirsch, W.: Strategische Frühaufklärung und das Management von Diskontinuitäten und Innovationen, in: Trux, W./Müller, G./Kirsch, W.: Das Management strategischer Programme, 2-e Auflage, München 1985b (1. Halbband), S. 313-402

Turner, J. C./Oakes, P. J./Haslam, S. A./McGarty, C.: Self and Collective: Cognition and Social Context, in: Personality and Social Psychology Bulletin, October 1994, Vol. 20, No. 5, S. 454-463

Turner, J. C./Oakes, P. J.: The significance of the social identity concept for social psychology with reference to individualism, interactionism and social influence, in: British Journal of Social psychology, 1986, 25, S. 237-252

Turnley, W. H./Feldman, D.C.: Psychological Contract Violations During Corporate Restructuring, in: Human Resource Management, Spring 1998, Vol. 37, No. 1, S. 71-83.

Überwindung der Moderne?: Japan am Ende des zwanzigsten Jahrhunderts. Hrsg. v. Hijiya-Kirschnereit, I. u. Günther, I. Suhrkamp, 1996

Uchihashi, K./Yakushiji, T.: Die japanische Fertigungsindustrie in der Sackgasse, in: Japan Echo, 21. Jhg., Nr. 1, 1994, S. 56-62

Uekusa, K.: Die chronische Erkrankung der japanischen Wirtschaft, in: Japan Echo, 22. Jhg., Nr. 3, 1995, S. 33-38

Uekusa, M.: The Oil Crisis and After, in: Komiya, R./Okuno, M./Suzumura, K. (Eds.): Industrial Policy in Japan, Tokyo 1988, S. 89-121

Ulrich, D.: Das neue Personalwesen: Mitgestalter der Unternehmenszukunft, in: Harvard Manager, Nr. 4, 1998, S. 59-69.

Ulrich, H./Probst, G.: Anleitung zum ganzheitlichen Denken und Handeln, 2. Aufl., Bern u. Stuttgart, 1990

Ummen, R.: Die "Zukunft" schrumpft, in: Die Welt, 28.11.1996,- Forum

"Uns fehlt der Gründergeist", Interview mit H. Markl, in: Der Spiegel, 4/1997, S. 176-182

Urabe, K.: Innovation and Japanese Management System, in: Innovation and Management: International Comparisons/ed. by K. Urabe, J. Child, T. Kagono. - Berlin; New York. - 1988, S. 1 -25

Urakawa, T.: How Bridgestone Creates New Business Through New Research, in: Long Range Planning, Vol. 26, No. 2, 1993, S. 17-23

Usunier, J.-C. G.: Business Time Perceptions and National Cultures: A Comparative Survey, in: Management International Review, vol. 31, 1991/3, S. 197-217

van de Ven, A. H./Poole, M.S.: Explaining development and change in organizations, in: Academy of Management Review, 1995, Vol. 20, Nr. 3, S. 510-540

Vaubel, D.: Von wegen Lean: Erfahrungen aus Japan, in: Gablers magazin, 4/1996, S. 32-35

Verspielen wir unsere Zukunft? - Top-Business-Umfrage/von G. Schäfer u. B. Vogel, in: Top-Business, Dezember 1992, S. 1 38-146

Vogel, Ch.: Mikroelektronik - Eine Zukunftstechnologie im Fokus, in: Technologie & Management, Heft 3, 1994

Vogel, E.F.: Japan as Number One: Lessons for America, Cambridge, Mass., 1979

Volk, H.: Unternehmenskultur am Ende des Jahrhunderts: Viel Wunsch und wenig Wirklichkeit, in: SZ, 20.06.1998

Wada, H.: Arbeitszeitflexibilisierung in Japan und Deutschland, in: Alexander von Humboldt-Stiftung, Japanisch-deutsches Kolloquium zur Bedeutung der Geisteswissenschaften, Sektion Recht und Gesellschaft, Kyoto, im März-April 1996, avl. in: URL: http://www.kclc.or.jp/Humboldt/wadag.htm; Stand 31.03.1997

Wada, T.: Chip makers downgrade profit outlook, in: Nikkei Weekly (Cyber News), , Volume 34, Number 1,736, September 4, 1996; WWW-Version, Stand 21.01.1998

Wagner, J. A. III: Studies of Individualism-Collectivism: Effects on Cooperation in Groups, in: Academy of Management Journal, 1995, Vol. 38, No. 1, S. 152-172

Wakita, S.: The White Paper on the Economy, in: Social Science Japan/Institute of Social Science, University of Tokyo, No. 3 April 1995, avl. in: URL: http://www.iss.u-tokyo.ac.jp/Newsletter/SSJS/wakita.html, Stand 20.04.1998

Waldenberger, F.: The Aging Society: A Structural Challenge for the Japanese Employment System, in: The Japanese Employment System in Transition: Five Perspectives/German Institute for Japanese Studies, Economic Section, Arbeitspapier 97/3, Tôkyô 1997, S. 5-17.

Waldenfels, B.: Herausforderung durch das Fremde, in: Alexander von Humboldt-Stiftung, Japanisch-deutsches Kolloquium zur Bedeutung der Geisteswissenschaften, Festvortrag, Kyoto, 30.3.1996, avl. in: URL: http://www.kclc.or.jp/Humboldt/fest.htm; Stand 31.03.1997

Walsh, J.P./Ungson, G.R.: Organizational Memory, in: Academy of Management Review, 1991, Vol. 16, Nr. 1, S. 57-91

Warum sind Japaner für uns so komisch? Ein Interview mit H. Yoshida, in: SZ Magazin, 3.01.1997, Nr. 1, S. 20-25

Watkins, W. M.: Business aspects of technology transfer: marketing and acquisition. Park Ridge, New Jersey, 1989

Weber, J.: Unternehmensidentität und unternehmenspolitische Rahmenplanung. - München 1985

Wehler, H.-U.: Modernisierungstheorie und Geschichte, Göttingen 1975

Wehr, G.: Martin Buber, 12. Aufl., Reinbeck bei Hamburg, 1995

Weiler, B.: Japanische Depression in: Die Welt, 15. 09.1997 (Forum).

Weinert, F. E.: Der aktuelle Stand der psychologischen Kreativitätsforschung, in: Innovation und Erziehung: Deutschland und Japan/H. Albach (Hrsg.). - Wiesbaden, 1991, S. 55-75 (Überarbeitetes Manuskript eines Vortrages, gehalten am 12.4.1989 vor der Arbeitsgruppe der Akademie der Wissenschaften zu Berlin)

Weinmayr, E.: Zur deutschen Übersetzung von Kimura Bin, Zwischen Mensch und Mensch, in: Kimura, B.: Zwischen Mensch und Mensch: Strukturen japanischer Subjektivität, Übers. aus dem Jap., Darmstadt 1995, S. 173-198

Weinshall, Th. D.: Management in Japan - What Can, and Cannot, be Copied in the West, in: Weinshall, T.D. (Hrsg.): Social Culture and Management, New York 1993, S. 354-358

Weiß, E.: Management diskontinuierlicher Technologie-Üvergänge: Analyse und Therapie hemmender Faktoren. - Göttingen, 1989

Weltz, F.: Reengineering oder Evolution. Wissensverwertung, Macht und Innovation in Unternehmen, in: Management Review, 4/1995, S. 241-258

Westney, D. E./Sakakibara, K.: The Role of Japan-Based R&D in Global Technology Strategy, in: Technology In The Modern Corporation: A Strategic Perspective/Ed. by M. Horwitch, 1. print, New York etc., 1986, S. 217-232

Westney, D. E.: Cross-Pacific Internationalization of R&D by U.S. and Japanese firms, in: R&D Management, 1993, 23, 2, S. 171-181

Whitehill, A. M.: Japanese Management: Tradition and Transition, London and New York, 1991

White Paper on Labor 1997 - A Summary of the Analysis -, in: Japan Labor Bulletin, Vol.36-No.10 October 1, 1997

Wiebecke, G./Tschirky, H.: "Interface" zwischen Forschung + Entwicklung und Marketing, in: io Management Zeitschrift, 56 (1987), Nr. 1, S. 23-26

Wiegand, M.: Prozesse organisationalen Lernens, Wiesbaden 1996

Wiegran, G.: Entwicklungsansatz einer differentiellen Personalwirtschaft, Neubiberg, Univ. der Bundeswehr München, Diss., 1996

Wiersema, M. F./Bird, A.: Organizational Demography in Japanese Firms: Group Heterogeneity, Individual Dissimilarity, and Top Management Team Turnover, in: Academy of Management Journal, 1993, Vol. 36, No. 5, S. 996-1025

Wiesner, G.: Personalmanagement in der Forschung und Entwicklung: Ein Vergleich zwischen der japanischen und der deutschen Industrie, in: ifo Schnelldienst, 11/1992, S. 9-26

Wildemann, H.: Betriebswirtschaftliche Wirkungen einer flexibel automatisierten Fertigung, in; Betriebswirschaftliche Forschung und Praxis, 39 Jhg., Nr. 3, 1987, S. 209-224

Wildemann, H.: Erfolgspotentialaufbau durch neue Produktionstechnologien, in: Simon, Herm. (Hrsg.): Wettbewerbsvorteile und Wettbewerbsfähigkeit, Stuttgart 1988, S. 116-128

Wildhagen, A.: Maschinenbau braucht mehr als tüchtige Techniker, in: Die Welt, 12.7.1996

Wildhagen, A.: Wohnzimmer-PC als Phantom - Grundig-Chef Pieter van der Wal glaubt an die Zukunft des Fernsehers, in: Die Welt, 29.8.1996

Williams, J. R.: How Sustainable is Your Competitive Advantage?, in: California Management Review, Spring 1992, S. 29-51

"Wir haben die Orientierung verloren"/Vize-Finanzminister Eisuke Sakakibara über japanische Führungs-schwächen und Seelennöte, in: Der Spiegel, 26/1998, S. 112f.

"Wir kämpfen jeden Tag"/Interview mit dem japanischen Unternehmensberater Minoru Tominaga über die Defizite deutscher Unternehmen, in: Der Spiegel, 51/1995

Wirtschaftsmacht Japan - Ohnmacht Europas? (Red. und Koordination D. Görgmaier). Bayer. Staatsministerium für Wirtschaft und Verkehr, 1. Aufl., 1993

Wolfrum, B.: Strategisches Technologiemanagement, Wiesbaden: Gabler, 1991

Wollert, A./Wilms, G.: Gewinnen durch Teilen - Sind Konflikte zwischen Beruf und Familie unvermeidbar? in: Personalführung, 5, 1997, S. 398-404

Wollnik, M.: Das Verhältnis von Organisationsstruktur und Organisationskultur, in: Organisationskultur: Phänomen - Philosophie - Technologie/E. Dülfer (Hrsg.). - 2., erw. Aufl. - Stuttgart 1991, S. 65-92

Womack, J.P./Jones, D.T./Roos, D.: The Machine that Changed the World. The Story of Lean Production, New York 1990

Wood, S.: The Japanese Management Model: Tacit Skills in Shop Floor Participation, in: Work And Occupations, Vol. 16, No. 4, November 1989, S. 446-460

Wörl, V.: Deutschland, ein neurotischer Standort, in: SZ, 29.06.1996 (Kulturbeilage)

Wüthrich, H. A.: Neuland des strategischen Denkens: Wege zu einem postkompetitiven Strategieverständnis, in: Die Unternehmung, 44. Jhg., 1990, Nr.3, S. 178-201

Wüthrich, H. A.: Neuland des strategischen Denkens: Von der Strategietechnokratie zum mentalen Management, Wiesbaden 1991

Yahata, S.: In-House Training and OJT, in: Japan Labor Bulletin, Vol. 33, No. 05, May 1, 1994

Yamada, H.: Obstacles to Basic Research in Japanese Firms, in: Research & Technology Management, 1991, Vol. 34, Nr. 3, S. 32-34

Yamada, K.: Creativity in Japan, in: Leadership & Organization Development Journal, Vol. 12, No. 6, 1991, S. 11-14

Yamaguchi, H.: Toward A Japanese Renaissance, in: Japan Update, January 1997, Vol. 2, No.1, S. 6, avl. in: URL: http://www.keidanren.or.jp/, Stand 05.06.1997

Yamaguchi, S.: Collectivism Among the Japanese: A Perspective From the Self, in: Individualism and Collectivism: Theory, Method, and Applications/Kim, U.; Triandis, H. C.; Kagitçibasi, Ç.; Choi, S.-G.; Yoon, G. (Ed.), Sage Publications, Thousand Oaks u.a., 1994, S. 175-188

Yoshihara, H.: Dynamic Synergy and Top Management Leadership: Strategic Innovation in Japanese Companies, in: Innovation and Management: International Comparisons/ed. by K. Urabe, J. Child, T. Kagono. - Berlin; New York. - 1988, S. 47-62

Yoshimori, M.: Whose Company Is It? The Concept of the Corporation in Japan and the West, in: Long Range Planning Vol. 28, Nr. 4, 1995, S. 33-44

Young, J./Nakajima-Okano, K.: Learn Japanese/New College Text, Volume I. University of Hawaii Press, Honolulu, 1988

Zahn, E./Weidler, A.: Integriertes Innovationsmanagement, in: Handwörterbuch Technologiemanagement/ Hrsg. von E. Zahn, Stuttgart 1995, S. 351-376

Zahn, E.: Gegenstand und Zweck des Technologiemanagements, in: Handwörterbuch Technologiemanagement/ Hrsg. von E. Zahn, Stuttgart 1995, S. 3-32

Zahn, E.: Innovation und Wettbewerb, in: Innovations- und Technologiemanagement/D. Müller-Bölling... (Hrsg.). - Stuttgart 1991, S. 115-133

Zapf, W.: Die Modernisierungstheorie und unterschiedliche Pfade der gesellschaftlichen Entwicklung, in: Leviathan, Jhg. 24, Heft 1, 1996, S. 63-77

Zeami, M.: Предание о цветке стиля [Fushi kaden - A Tale of the Style Flower], Übersetzt. aus dem Altjapan. ins Russ., erforscht und kommentiert von N.G. Anarina. Moskau, 1989 (in russischer Sprache)

Zeit-Punkte, Nr. 4, 1995

Zentes, J./Zimmermann, Ch.: Asian Foreign Direct Investments - Analysis Of Their Significance And Empirical Findings On Site Selection Process And Management, Manuskript für den Vortrag anläßlich der XIVth EAMSA Conference, October 23-25, 1997, University of Metz (France): "Asian Firms Looking Towards the Global Market"

Ziesemer, B.: Reale Gefahr, in: WirtschaftsWoche, Nr.42, 15.10.1993, S. 188

Ziesemer, B.: Bis zum Overkill, in: WirtschaftsWoche, Nr.20, 11.5.1995, S. 68-74

Ziesemer, B.: Von allen Seiten, in: Wirtschaftswoche, Nr. 29, 13.7.1995, S. 56-61

Ziesemer, B.: Dritte Öffnung, in: WirtschaftsWoche, Nr. 38, 12.9.1996, S. 46-55

Zirn, M.: Kommunikation zwischen Japanern und Europäern, in: Japan-Perspektiven: Wirtschaft, Gesellschaft, Markt, FAZ GmbH Informationsdienste, Frankfurt am Main, 1990, S. 53-56

URL-Addressen der oben zitierten Zeitungen und Zeitschriften

(Aktualisierter Stand November 1999)

Quelle	URL-Addresse
Asahi Shimbun	http://www.asahi.com
Asiaweek	http://cnn.com/ASIANOW/asiaweek/
Business Week	http://www.businessweek.com/
Der Spiegel	http://194.163.254.145/spiegel.de
Fortune	http://pathfinder.com/fortune/
Japan Echo	http://www.japanecho.co.jp/
Japan Labor Bulletin	http://www.jil.go.jp/bulletin/index.htm
Japan Times	http://www.japantimes.co.jp/
Journal of Japanese Trade & Industry	http://www.jef.or.jp/over/index_jti.html
Messages from Monthly Keidanren	http://www.keidanren.or.jp/english/journal/
Nachrichten der Gesellschaft für Natur- und Völkerkunde e.V.	http://www.uni-hamburg.de/Wiss/FB/10/JapanS/Zeitschr/noag.html
Nihon Keizai Shimbun und The Nikkei Weekly	http://www.nikkei.co.jp/ und http://www.nni.nikkei.co.jp/
NIRA Review	http://www.nira.go.jp/publ/index.html
NRI Quarterly	http://www.nri.co.jp/nri/publications/NRIQE.html
Social Science Japan	http://www.iss.u-tokyo.ac.jp/
Süddeutsche Zeitung	http://www.sueddeutsche.de/
Die Welt	http://www.welt.de/
Die Zeit	http://www2.zeit.de/bda/int/zeit/

Claus-Dieter Fischer

Informationsmanagement im Wandel

Praxisorientierte Lösungsansätze und Managementmodelle zur Bewältigung von Veränderungen im Informationsmanagement

Frankfurt/M., Berlin, Bern, New York, Paris, Wien, 1999.
LXVIII, 410 S., zahlr. Tab. u. Graf.
Europäische Hochschulschriften: Reihe 5, Volks- und Betriebswirtschaft. Bd. 2422
ISBN 3-631-34212-8 · br. DM 128.–*

Die seit Jahren zu beobachtende Beschleunigung der Veränderungen in unseren Arbeits- und Wirtschaftsprozessen verlangt vom Informationsmanagement ein Umdenken. Das in dieser Arbeit geforderte veränderungsorientierte, strategisch-dynamische Informationsmanagement versucht, die vielfachen Schwächen des Informationsmanagements in der Unternehmenspraxis zu heilen und die erkannten Schwächen in Stärken umzukehren. Auf Basis von Situationen, Schwachstellen und Veränderungen im Informationsmanagement werden praxisorientierte Lösungsansätze und Managementmodelle erarbeitet. Diese sind eine Orientierungsleitlinie für Geschäftsfeld- und IT-Manager und erleichtern den Übergang von einem status-quo-orientierten zu einem veränderungsorientierten Informationsmanagement.

Aus dem Inhalt: Informationsmanagement im Wandel · Grundlagen für das Informationsmanagement · Situation und Schwachstellen des Informationsmanagements in der Praxis · Veränderungen im Informationsmanagement · Lösungsansätze zur Bewältigung von Veränderungen im Informationsmanagement · Managementmodelle zur Bewältigung von Veränderungen im Informationsmanagement

Frankfurt/M · Berlin · Bern · New York · Paris · Wien
Auslieferung: Verlag Peter Lang AG
Jupiterstr. 15, CH-3000 Bern 15
Telefax (004131) 9402131
*inklusive Mehrwertsteuer
Preisänderungen vorbehalten

Kolibri 360 GmbH
Ferdinand-Jühlke-Straße 7
99095 Erfurt, Deutschland
produktsicherheit@kolibri360.de

Druck:
CPI Druckdienstleistungen GmbH
im Auftrag der
Kolibri 360 GmbH
Ferdinand-Jühlke-Str. 7
99095 Erfurt